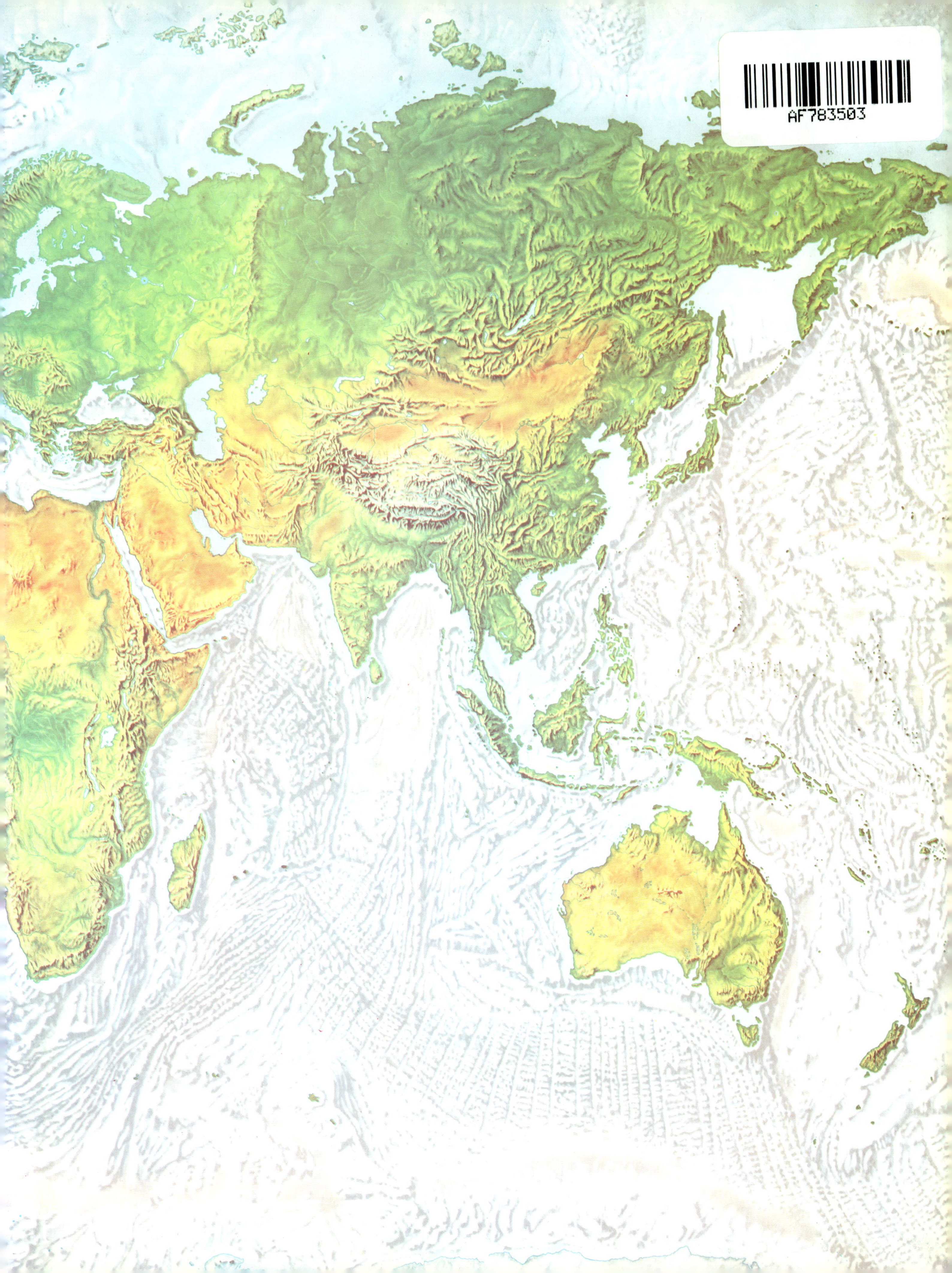

ATLAS
GEOGRÁFICO UNIVERSAL

Textos de los apéndices
El mundo y sus continentes
y La comunidad europea
Emilia González Ordás

Fotografías de los apéndices
El mundo y sus continentes
y La comunidad europea
A.G.E. Fotostock
Miguel Raurich
Archivo Everest

OCTAVA EDICIÓN

ISBN: 84-241-2136-8
Depósito legal: LE. 320-1999
Printed in Spain - Impreso en España

EDITORIAL EVERGRÁFICAS, S. L.
Carretera León-La Coruña, km 5
LEÓN (España)

ATLAS
GEOGRÁFICO UNIVERSAL

EDITORIAL EVEREST, S. A.

Madrid • León • Barcelona • Sevilla • Granada • Valencia
Zaragoza • Las Palmas de Gran Canaria • La Coruña
Palma de Mallorca • Alicante • México • Lisboa

Prólogo

Editorial EVEREST presenta una nueva edición, actualizada y ampliada, de una obra importante, el Atlas Geográfico Universal. Esta importancia radica en la cantidad y variedad de mapas contenidos en la obra, así como un índice de cerca de 20 000 topónimos.

Centenares de mapas nos dan una idea clara de nuestro globo y sus aspectos más diversos: topografía, geología, relieve, clima, precipitaciones, vientos dominantes, densidad de población, etc.

Tras una presentación general de la Tierra, observamos detalladamente los diferentes países de los cinco continentes. En Europa, España, como es lógico, ocupa un puesto privilegiado. Aparecen mapas físicos, climáticos, económicos y amplios conjuntos autonómicos con profusión de detalles.

La cartografía ha sido particularmente cuidada, dando un colorido a los mapas que permite una clara legibilidad a los nombres. Asimismo, se ha añadido un sombreado en los mapas físicos con el fin de dar mayor impresión gráfica del relieve.

El Atlas cartográfico viene precedido de un estudio muy interesante. Son nociones geográficas básicas y fundamentales para comprender los fenómenos geográficos: la Tierra en el universo; nociones de tiempo y clima; la evolución de los continentes; la inestabilidad de la Tierra; la formación del relieve; el agua y la vegetación. Y también de geografía humana (población, idiomas y religiones) y económica (recursos vegetales, animales y minerales), etc.

Mención especial merecen las páginas dedicadas a la representación de las imágenes que envía el Landsat, desde su órbita, a la Tierra.

El conjunto de la obra se presenta pues como un manual valioso de estudio y consulta. Cualquier hecho natural (seísmo, inundación, etc.) o científico (conquista de la luna y del espacio en general, descubrimientos en el subsuelo, etc.) puede encontrar aquí su explicación primera.

Cualquier acontecimiento a nivel mundial, en cualquier país o en cualquier ciudad, se refleja en la cartografía de esta obra. En caso de confusión o duda el índice toponímico y las coordenadas remiten a los mapas para su localización exacta.

Tarea difícil ha sido la transcripción toponímica. En principio se han mantenido las modalidades lingüísticas de cada país; únicamente se transcriben al español los nombres de los Estados y su capital cuando hay lugar a ello. El índice toponímico presenta igualmente ciudades o regiones muy conocidas con su nombre en español; en ese caso remite a su topónimo original (ejem.: Baviera, *véase* Bayern). Más difícil se presenta la transcripción con relación a países que no utilizan el alfabeto latino Rusia, países árabes, China, Japón, etc.). En este caso, se ha seguido preferentemente el modelo inglés que obedece a las reglas del Comité Permanente de la Sociedad Geográfica para nombres geográficos.

Finalmente, los mapas políticos están sujetos a una evolución continua ya que nuevos Estados alcanzan su independencia, otros son invadidos, otros se unen, etc. Aquí vienen dibujadas las fronteras y límites que existen de facto, sin que por ello haya un reconocimiento internacional de las mismas.

EDITORIAL EVEREST

CONTENIDOS

Seccion Informativa
1–48

Imágenes del Landsat
1 Introduccion
2 Río Ebro
3 Tenerife
4 Río de la Plata
5 El Altiplano boliviano
6 El sur del Perú
7 Ciudad de Mexico
8 Colombia central

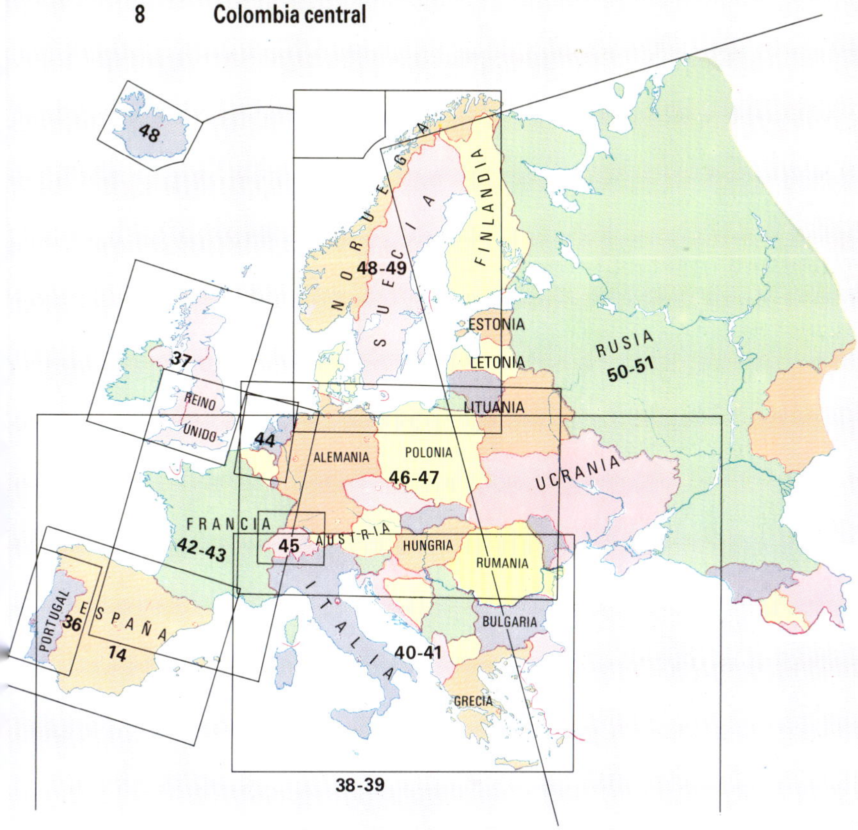

48
NORUEGA
SUECIA
FINLANDIA
48-49
ESTONIA
LETONIA
RUSIA
50-51
LITUANIA
37
REINO UNIDO
44
ALEMANIA
POLONIA
46-47
UCRANIA
FRANCIA
42-43
45
AUSTRIA
HUNGRIA
RUMANIA
PORTUGAL
36
ESPAÑA
14
ITALIA
40-41
BULGARIA
GRECIA
38-39

La Comunidad Europea
2-15

El Mundo y sus Continentes
2-7 África
8-13 América
14-19 Asia
20-25 Europa
26-31 Oceanía

El Mundo
1 Político y referencia general
2-3 Geología 1:90 000 000
Estructura 1:126 000 000
4-5 Físico 1:100 000 000
Geografía astronómica:
Eclipses de Sol y de Luna. Sistema solar, planetas, órbita terrestre, fases de la Luna, zonas terrestres y duración del día y de la noche
6 Temperaturas y corrientes oceánicas 1:190 000 000
7 Presiones, vientos y precipitación anual 1:190 000 000

Europa
8 Geología 1:25 000 000
Estructura 1:40 000 000
9 Física 1:20 000 000
10 Clima 1:40 000 000
11 Vegetación natural 1:20 000 000
12 Política 1:20 000 000
13 Precipitación anual, población, idiomas y religiones 1:40 000 000

España y Portugal
14 España: física
15 España: política
16–17 España: clima
18–19 España: minerales, industria y energía
20 España: población
21 España: agricultura y pesca
22 España: transportación
23 España: comercio y turismo
24–25 Galicia, Cantabria, País Vasco, Asturias y Navarra 1:1 500 000
26–27 Aragón, Cataluña y Baleares 1:1 500 000
28–29 Castilla – León, La Rioja y Madrid 1:1 500 000
30–31 Castilla – La Mancha y Valencia 1:1 500 000
32–33 Andalucía 1:1 500 000
34–35 Extremadura, Murcia y Canarias 1:1 500 000
36 Portugal 1:2 500 000

37 Islas Británicas 1:4 000 000
38–39 Países Mediterráneos 1:10 000 000
40–41 Italia y los Estados Balcánicos 1:5 000 000
42–43 Francia y Benelux 1:4 000 000
44 Países Bajos, Bélgica y Luxemburgo 1:2 500 000
45 Suiza 1:1 500 000
46–47 Europa Central 1:5 000 000
48–49 Escandinavia, Países Bálticos e Islandia 1:5 000 000
50–51 Europa del Noreste y Turquia 1:10 000 000

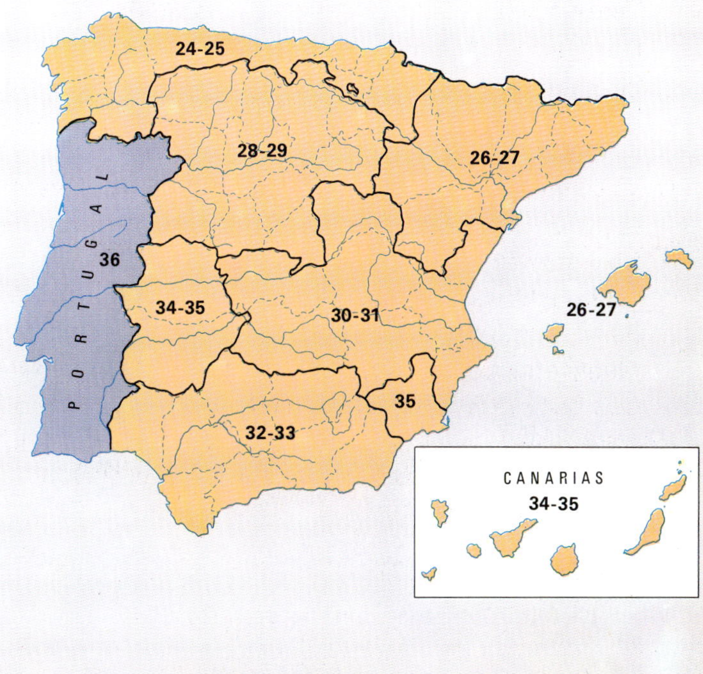

24-25
28-29
26-27
PORTUGAL
36
34-35
30-31
26-27
35
32-33
CANARIAS
34-35

Asia

52–53	Física	1:40 000 000
	Precipitación anual, densidad de población	1:80 000 000
54–55	Política	1:40 000 000
	Lenguas, Religiones	1:80 000 000
56–57	Clima	1:80 000 000
	Evolución de los monzones	1:100 000 000
58–59	Rusia y Asia del Norte	1:20 000 000
60–61	Asia del suroeste y Valle del Nilo	1:15 000 000
	Palestina	1:1 500 000
62–63	Asia del Sur	1:10 000 000
64–65	China y Japón	1:15 000 000
	Japón	1:7 500 000
66	Indias Orientales	1:20 000 000
67	Vegetación natural	1:40 000 000

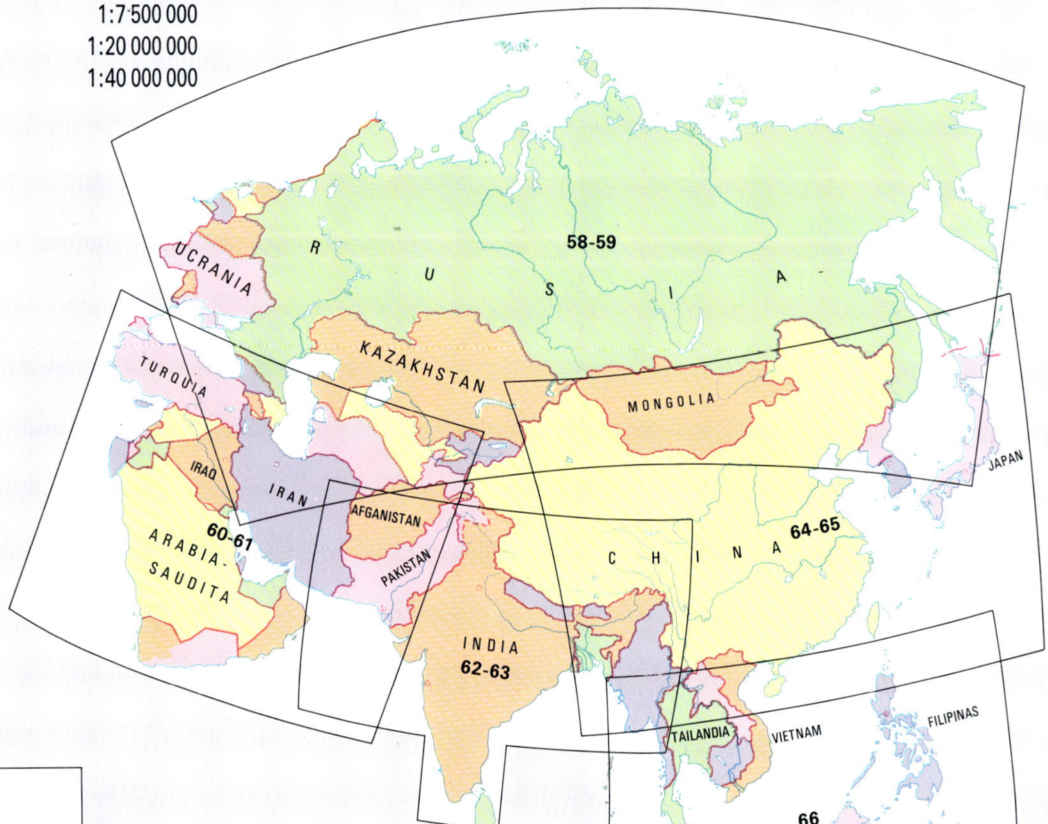

R U S I A
58-59
UCRANIA
TURQUIA
KAZAKHSTAN
MONGOLIA
JAPAN
IRAQ
IRAN
AFGANISTAN
60-61
ARABIA-SAUDITA
PAKISTAN
C H I N A
64-65
INDIA
62-63
TAILANDIA
VIETNAM
FILIPINAS
66
MALAYSIA
INDONESIA

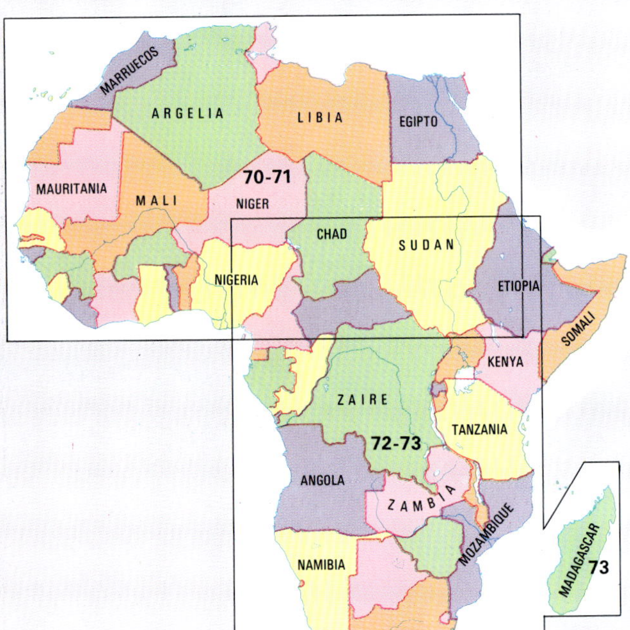

MARRUECOS
ARGELIA
LIBIA
EGIPTO
MAURITANIA
MALI
70-71
NIGER
CHAD
SUDAN
NIGERIA
ETIOPIA
SOMALI
KENYA
ZAIRE
72-73
TANZANIA
ANGOLA
ZAMBIA
MOZAMBIQUE
NAMIBIA
MADAGASCAR
73
SUDAFRICA

Africa

68	Física	1:40 000 000
	Precipitación anual	1:80 000 000
69	Política	1:40 000 000
	Densidad de población	1:80 000 000
70–71	Africa del Norte	1:15 000 000
72–73	Africa Central y del Sur	1:15 000 000
74	Clima	1:80 000 000
75	Vegetación natural	1:40 000 000

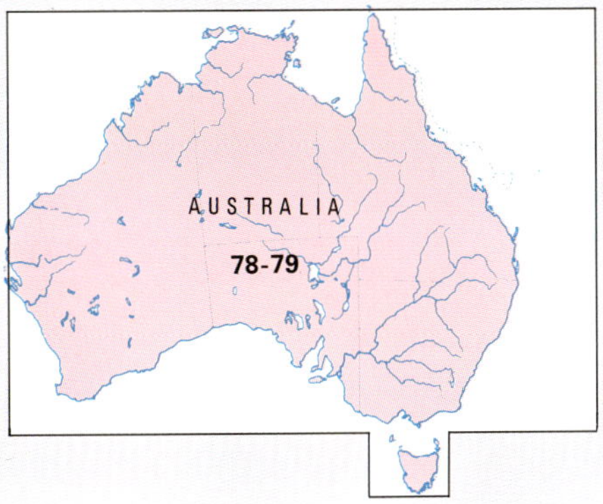

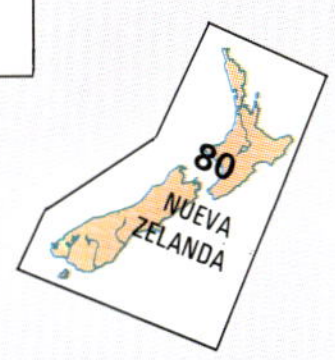

Australia y Nueva Zelanda

76	Clima	1:60 000 000
77	Vegetación natural	1:30 000 000
	Precipitación anual	1:60 000 000
	Densidad de población	1:50 000 000
78–79	Australia	1:12 000 000
80	Nueva Zelanda	1:6 000 000
	Nueva Zelanda y dependencias	1:60 000 000
	Samoa	1:12 000 000
	Fidji e islas Tonga	1:12 000 000

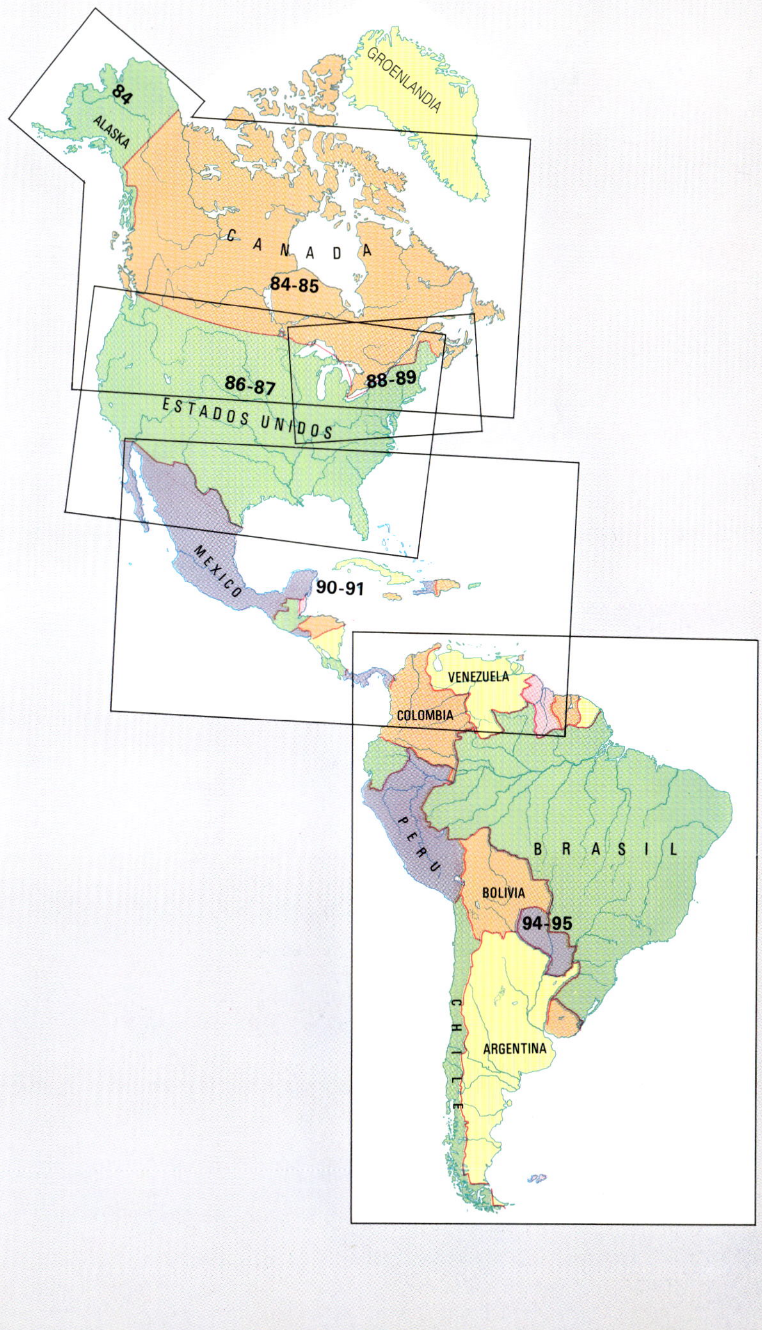

América del Norte

81	Vegetación natural	1:32 000 000
82	Física	1:40 000 000
	Temperatura	1:80 000 000
83	Política	1:40 000 000
	Precipitaciones	1:80 000 000
84–85	Canadá	1:15 000 000
	Alaska	1:30 000 000
86–87	Estados Unidos	1:12 000 000
	Hawaii	1:10 000 000
88–89	Región de los Grandes Lagos y el Noreste	1:6 000 000
	Densidad de población	1:50 000 000
90–91	América Central y Antillas	1:15 000 000

América del Sur

92	Física	1:40 000 000
	Política	1:40 000 000
93	Vegetación natural	1:40 000 000
	Clima	1:80 000 000
94–95	América del Sur	1:20 000 000

Regiones polares

96	Artico, Antártico	1:50 000 000

Indice Toponimico

Sigue un amplísimo índice toponímico ordenado por orden alfabético que, con sus diferentes coordenadas, remite a la Sección cartográfica.

El Sistema Solar

El Sistema Solar es una pequeña parte de una de las inumerables galaxias que constituyen el universo. Nuestra galaxia está representada en el dibujo de la derecha y el Sistema Solar (S) está situado junto al plano de la galaxia en forma de espiral, pero a 27 000 años luz del centro. El sistema consta del Sol en el centro con planetas, lunas, asteroides, cometas, meteoros, meteoritos, polvo y gases girando alrededor de él. Se le calcula una antigüedad de 4 700 millones de años.

El Sistema Solar puede ser considerado en dos partes: planetas de las regiones interiores (Mercurio, Venus, la Tierra y Marte) todos pequeños y sólidos, y los planetas de las regiones exteriores (Júpiter, Saturno, Urano y Neptuno) todos ellos de un tamaño gigante, y, en el límite del sistema el más pequeño, Plutón.

Nuestra galaxia

Planetas de las regiones interiores

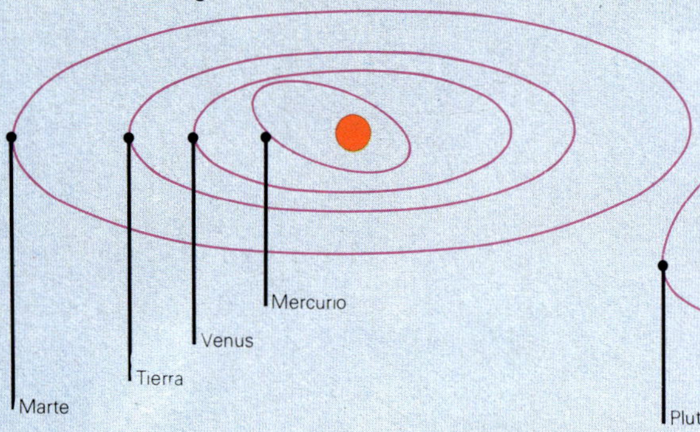

Planetas de las regiones exteriores

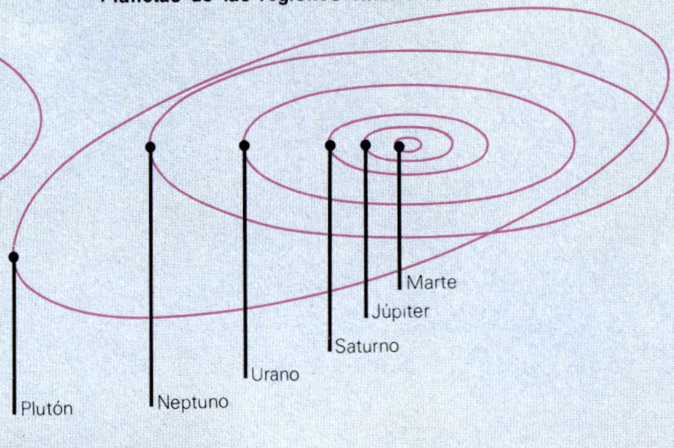

Los planetas

Los planetas giran alrededor del Sol en la misma dirección, y en general en el mismo plano. Sus órbitas aparecen representadas a la izquierda, y no son trayectorias circulares perfectas.

El cuadro siguiente resume las dimensiones y movimientos del Sol y de los planetas.

El Sol

Se cree que el Sol tiene un núcleo con temperaturas del orden de varios millones de °C producidas por continuas fusiones termonucleares de hidrógeno en helio. Esta inmensa energía es transferida por radiación a las capas de gas circundantes, la más exterior de las cuales es conocida con el nombre de cromosfera. Desde esta «superficie», con una temperatura de muchos miles de °C, las «llamas» (protuberancias solares) saltan al interior de la corona difusa, que cuando mejor puede verse es en momentos de eclipse total (véase fotografía de la derecha). La superficie brillante del Sol, fotosfera, se ha calculado que tiene una temperatura de unos 6 000 °C, y cuando se observa a través de un telescopio presenta un aspecto manchado; las manchas oscuras son denominadas manchas solares, y son lugares donde se producen grandes perturbaciones de la superficie.

Eclipse total de Sol

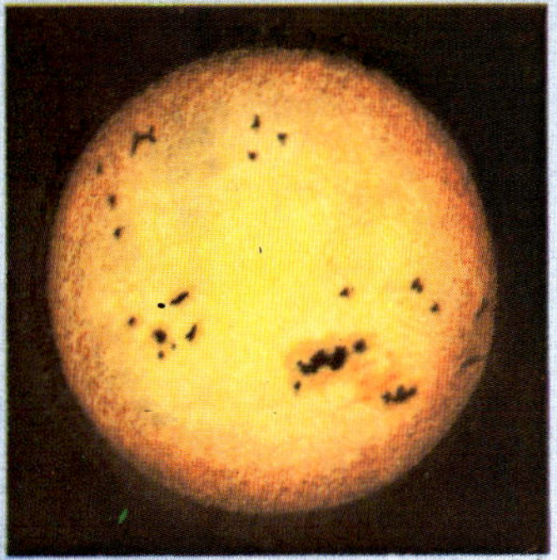
Superficie solar

	Diámetro ecuatorial en km	Masa (Tierra = 1)	Distancia media desde el Sol en millones de km	Radio medio de la órbita (Tierra = 1)	Inclinación orbital	Período sideral medio (días)	Período medio de rotación sobre el eje (días)	Número de satélites
Sol	1 392 000	332 946	—	—	—	–	25,38	–
Mercurio	4 878	0,05	57,9	0,38	7°	87,9	58,6	0
Venus	12 104	0,81	108,2	0,72	3°23′	224,7	243	0
Tierra	12 756	1,00	149,6	1,00	—	365,2	0,99	1
Marte	6 794	0,10	227,9	1,52	1°50′	686,9	1,02	2
Júpiter	142 800	317,9	778,3	5,20	1°18′	4 332,5	0,44	14?
Saturno	120 000	96,1	1 427	9,53	2°29′	10 759,2	0,42	11
Urano	52 000	14,5	2 869	19,7	0°46′	30 684,8	0,45	5
Neptuno	48 400	17,2	4 496	30,05	1°46′	60 190,5	0,67	2
Plutón	3 000?	0,001	5 900	39,43	17°1′	91 628,6	6,38	1?

El diámetro del Sol es 109 veces más grande que el de la Tierra.

Mercurio es el planeta más cercano al Sol. Está compuesto principalmente por metales de gran densidad y probablemente tiene una atmósfera de gases pesados.

Venus, similar en tamaño a la Tierra, , probablemente en composición, es, sin embargo, mucho más cálido, teniendo una densa atmósfera de anhídrido carbónico que obstaculiza la observación de su superficie.

La Tierra es el más grande de los planetas interiores. Tiene un núcleo denso de ferroníquel rodeado por capas de silicato. La superficie es aproximadamente unas 3/8 partes de tierra y 5/8 partes de agua, constando la atmósfera inferior de una mezcla de nitrógeno, oxígeno y otros gases complementados por vapor de agua. Con esta atmósfera y temperaturas superficiales, por lo general entre −50 °C y +40 °C, la vida es posible.

Marte, más pequeño que la Tierra, tiene un color rojizo característico. Las fotografías tomadas por las sondas cósmicas «Mariner» muestran calaramente la superficie salpicada de cráteres y capas de hielo en los polos, cuya formación se atribuye al anhídrido carbónico congelado.

Los asteroides siguen la órbita solar principalmente entre Marte y Júpites. Están compuestos por miles de cuerpos de diversos tamaños, con diámetros que van desde unos kilómetros a cientos de miles.

Júpiter es el planeta más grande del Sistema Solar. Las fotografías tomada por el «Voyager» I y II han revelado un sistema de anillos ecuatoriales y muestran con mucho detalle la Gran Mancha Roja que le distingue, así como las capas de nubles rotativas.

Saturno, el segundo planeta más grande, está compuesto de hidrógeno, helio y otros gases. Los anillos ecuatoriales están compuestos por pequeñas partículas de hielo.

Urano se encuentra muy distante de la Tierra, pero es visible a simple vista, teniendo un aspecto grisáceo. En 1977 se descubrió un sistema de anillos acuatoriales de poco brillo. El eje del planeta está inclinado a través de 98° desde su plano orbital; por consiguiente, el mismo gira de forma inversa al resto de los planetas.

Neptuno, todavía más distante que Urano y mayor que él, está compuesto de gases y tiene un aspecto verde azulado cuando se ve a través de un telescopio. Igual que ocurre con Urano, en su superficie se observan pocos detalles.

Plutón. No se conocen detalles sobre su composición o superficie. La existencia de este planeta estuvo primeramente sumergida en una hipótesis calculada, la cual fue probada mediante repetidas investigaciones con grandes telescopios hasta que fue encontrado el planeta en el año 1930. Las pruebas más recientes parecen sugerir que Plutón tiene un satélite denominado provisionalmente Charon.

La Tierra

Estaciones. Equinoccios y Solsticios

La Tierra gira alrededor del Sol una vez al año y sobre su eje una vez al día. Dicho eje tiene una inclinación de 66,5° con respecto al plano orbital. La Tierra mantiene esta inclinación en todos los puntos de su plano orbital. Como consecuencia, y tomando como referencia el Polo Norte, podemos comprobar cómo este está más enfrentado al Sol en el momento del solsticio de verano (N), y mirando hacia el exterior del plano orbital en el solsticio de invierno (véase figura de la derecha).

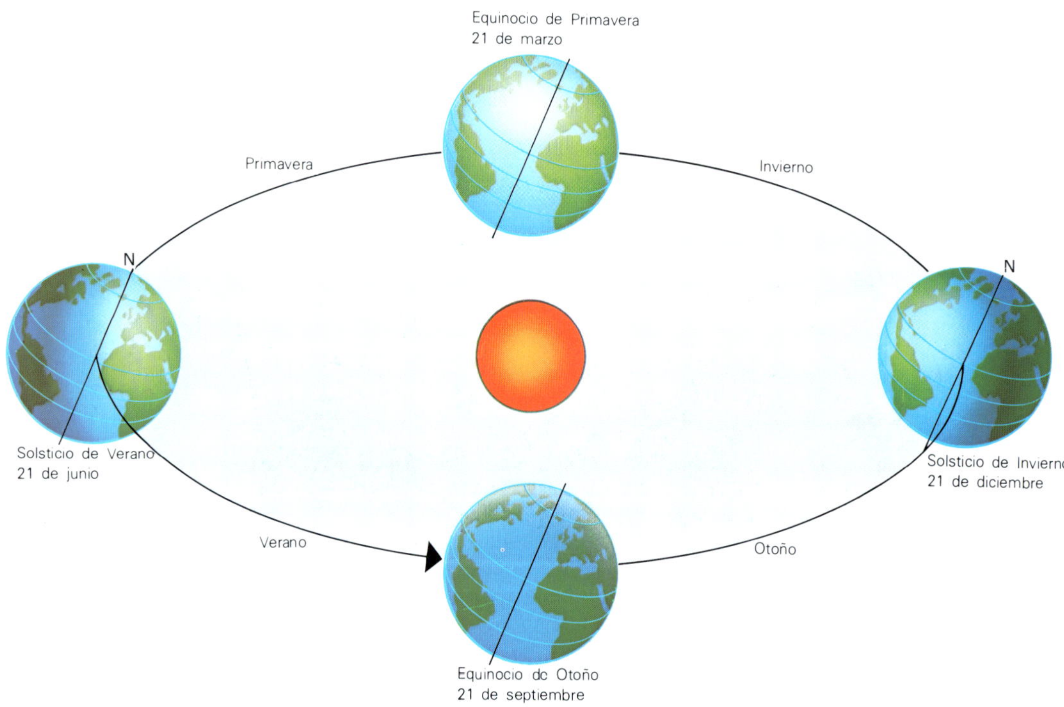

Datos sobre la Tierra

Distancia máxima desde el Sol (Afelio): 152 007 016 km
Distancia máxima desde el Sol (Perihelio): 147 000 830 km
Oblicuidad de la eclíptica 23°27′08″
Duración año tropical (equinoccio a equinoccio) 365,24 días
Duración año sideral (de estrella fija a estrella fija) 365,26 dias
Duración día solar 24h 03m 56s
Duración día sideral 23h 56 m 04s

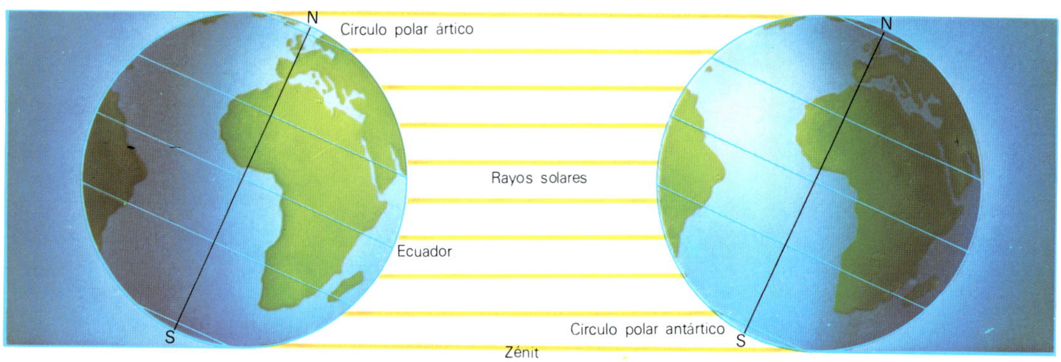

Duración del día y de la noche

Durante el solsticio de verano en el hemisferio norte, el Círculo polar ártico tiene un día perpetuo y el Círculo polar antártico tiene una noche perpetua. En el solsticio de invierno ocurre lo contrario. En el Ecuador la duración del día y de la noche son casi iguales durante todo el año; a 30° la duración del día varía entre unas 14 y 10 horas, y a 50° entre unas 16 y 8 horas.

Movimiento aparente del Sol

Los diagramas (derecha) ilustran la trayectoria del Sol en A, el ecuador, y B, latitud media; es decir, 45° N; C en el Círculo Artico, 66°5, y D en el Polo Norte, en donde existen seis meses de día perpetuo y seis meses de noche perpetua.

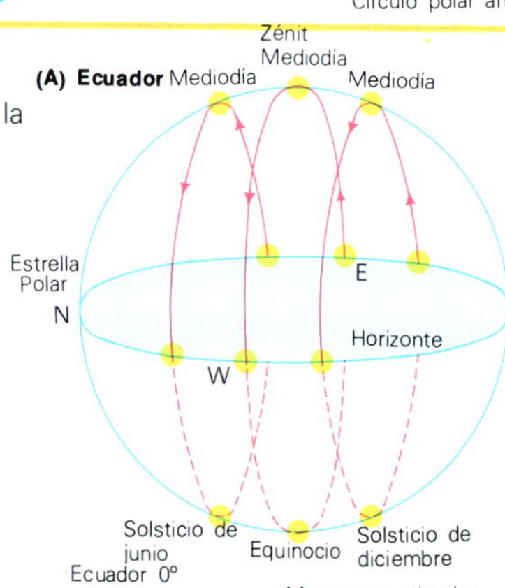

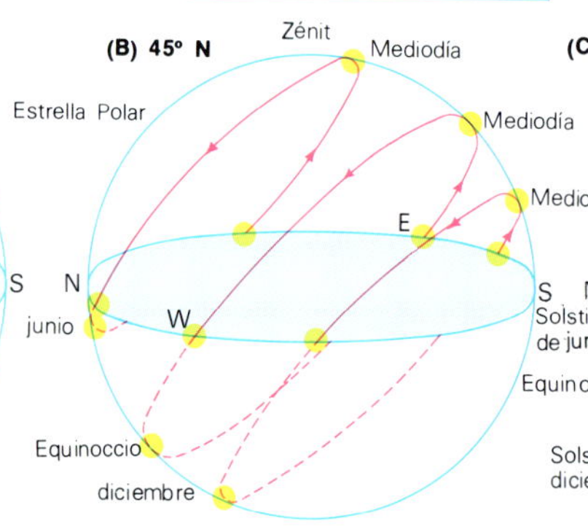

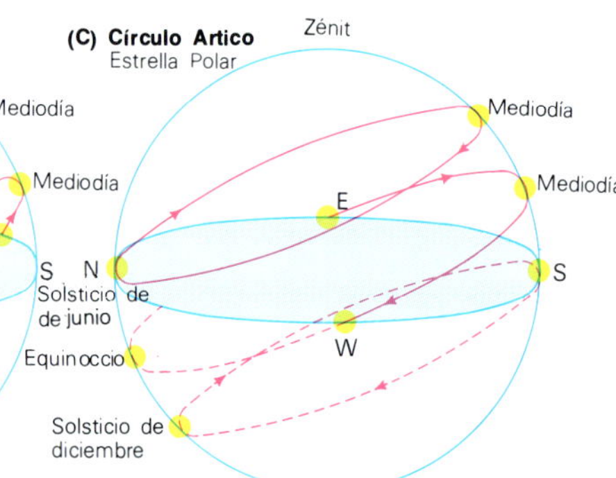

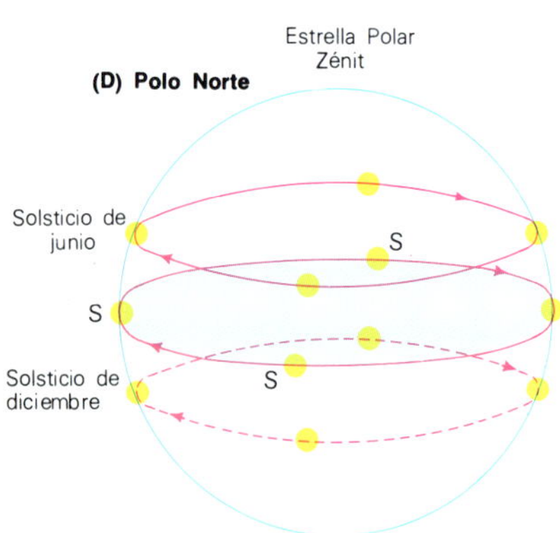

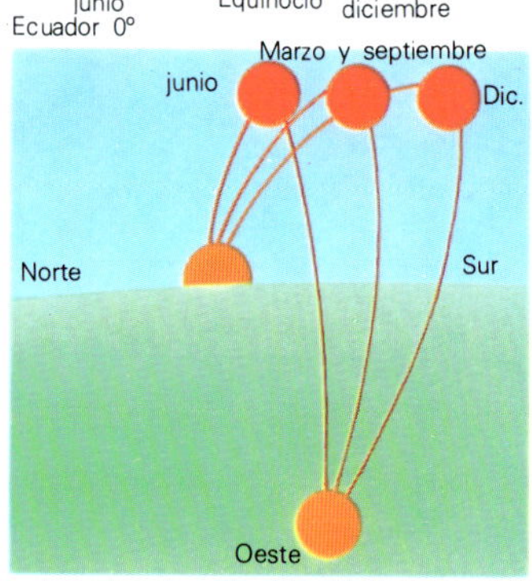

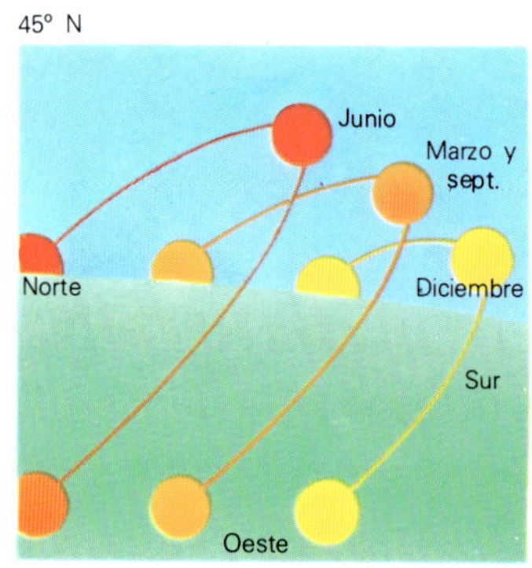

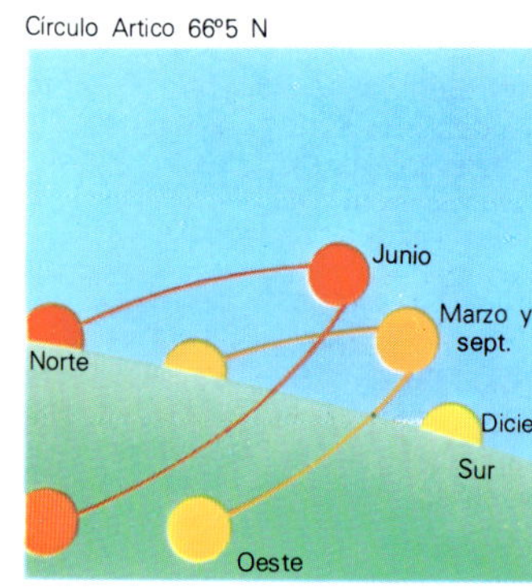

La Luna

La Luna gira lentamente dando una vuelta completa sobre su eje en algo más de 27 días. Este tiempo es el mismo que el de su giro alrededor de la Tierra y por eso la Luna nos muestra siempre el mismo hemisferio («cara»). Los estudios y fotografías proporcionadas por las naves espaciales han aumentado muchísimo nuestro conocimiento de la Luna, logrando por vez primera vistas del hemisferio oculto.

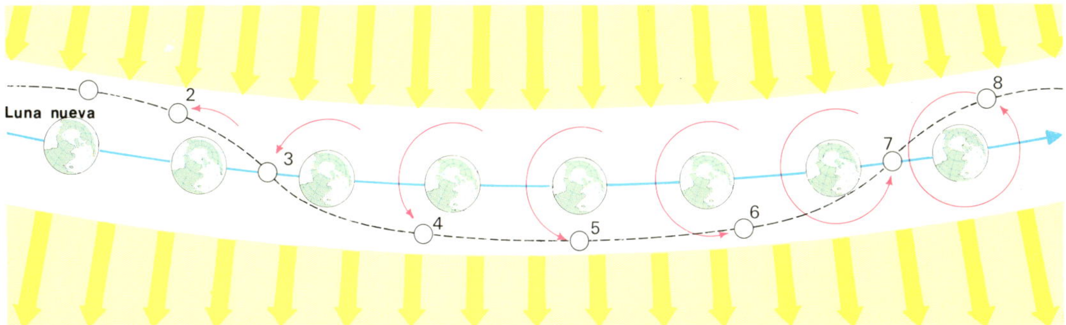

Fases de la Luna

El intervalo entre una Luna llena (o Plenilunio) y la siguiente es aproximadamente de 29 días y medio, así que hay una Luna nueva (o Novilunio) y una Luna llena (o Plenilunio) cada mes. El diagrama y las fotografías (derecha) muestran cómo los cambios aparentes en el aspecto de la Luna desde el Novilunio al Plenilunio tienen lugar por sus cambios de posición con relación a la Tierra y ambos con respecto a la dirección de los rayos solares.

Datos sobre la Luna

Distancia desde la Tierra 356 410 km hasta 406 685 km
Diámetro medio 3 473 km
Masa aproximada 1/81 de la masa de la Tierra
Gravedad superficial 1/6 de la gravedad de la Tierra
Atmósfera: carece de atmósfera; por lo tanto, no hay nubes, ni condiciones meteorológicas, ni ruido
Variación diurna de la temperatura en el Ecuador +200°C

Alunizajes

A la izquierda, los lugares de alunizaje del programa «Apolo» de los Estados Unidos:
Apollo 11, Mar de la Tranquilidad (1° N 23° E), 1969
Apollo 12, Océano de las Tormentas (3° S 24° W), 1969
Apollo 14, Fra Mauro (4° S 17° W), 1971.
Apollo 15, Hadley Ril (25° N 4° E), 1971
Apollo 16, Descartes (9° S 15°E), 1972
Apollo 17, Mar de la Serenidad (20° N 31° E), 1972

Eclipses de Sol y de Luna

Cuando la Luna pasa entre el Sol y la Tierra se produce un eclipse parcial de Sol (derecha 1) si la Tierra pasa a través de la sombra exterior de la Luna (P); el eclipse será total (derecha 2) si el cono de sombra interior cruza la superficie de la Tierra.
En un eclipse lunar, la sombra de la Tierra atraviesa la Luna, dando lugar a eclipses totales o parciales.

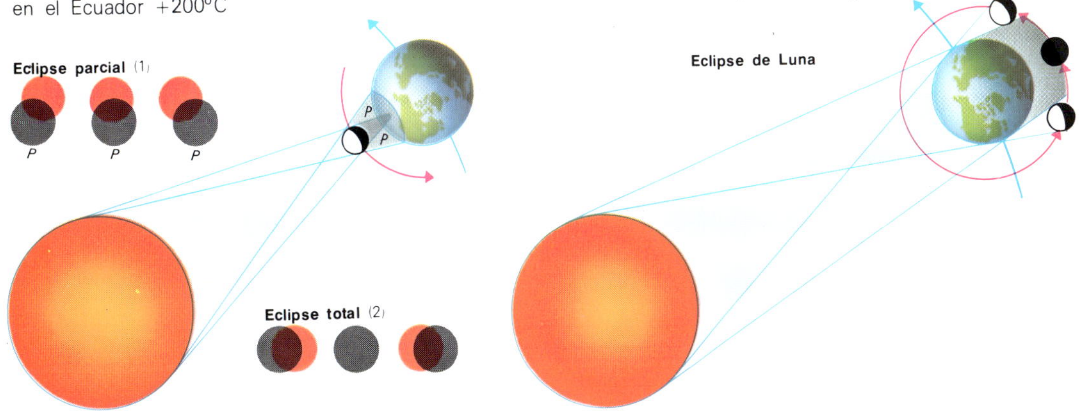

Mareas

Las aguas del mar se mueven alrededor de la Tierra por la atracción gravitatoria de la Luna y menos intensamente por la del Sol. Cuando las fuerzas solares y lunares ejercen su atracción a la vez (cerca de las fases lunares nueva y llena) se forman las mareas vivas o de sicigia. Cuando las fuerzas de atracción solares y lunares no se combinan (cerca del primer y tercer cuarto de la Luna) tienen lugar las mareas muertas o de cuadratura.

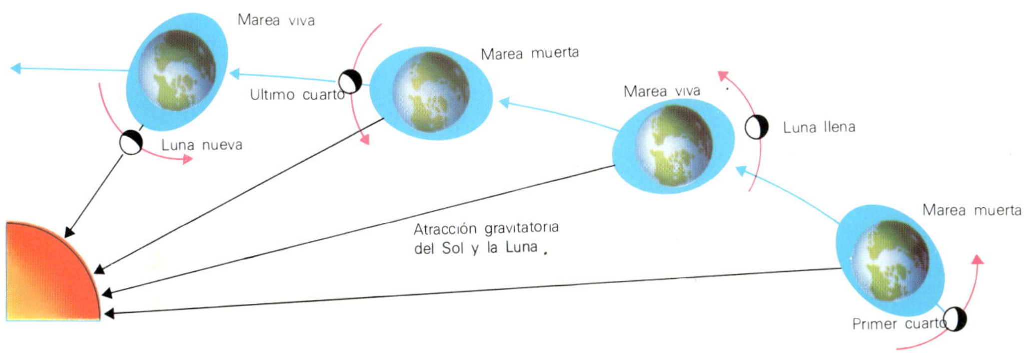

El Tiempo

Medida del tiempo

La unidad básica para medir el tiempo es el día, una rotación de la Tierra sobre su eje. La subdivisión del día en horas y minutos es arbitraria y sencillamente para nuestra comodidad. Nuestro calendario actual está basado en el año solar de 365 1/4 días, el tiempo que tarda la Tierra en su giro alrededor del Sol. Antiguamente el mes se basaba en el intervalo desde Luna nueva a Luna nueva, aproximadamente 29 1/2 días, y los calendarios primitivos eran totalmente lunares.

Rotación de la Tierra

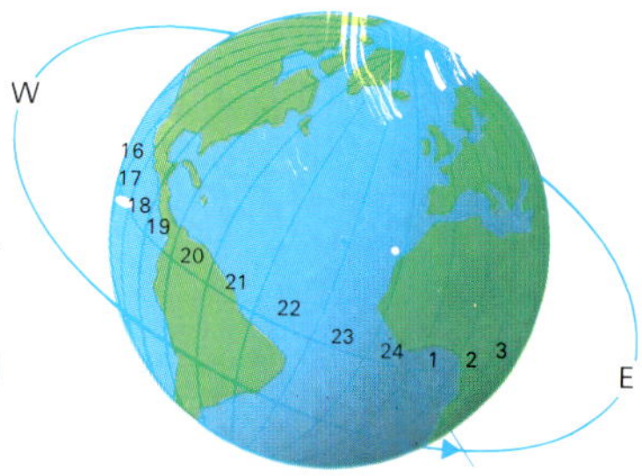

Observatorio de Greenwich

Meridiano principal

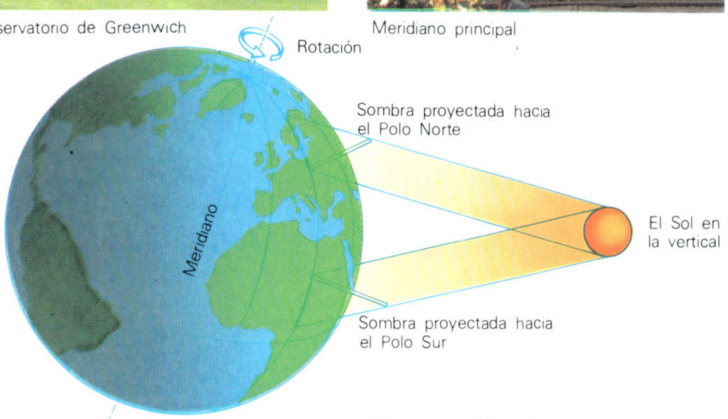

Tiempo solar

El tiempo consumido por la Tierra para completar una vuelta alrededor de su propio eje es constante y da origen a un día, pero la velocidad de la Tierra a lo largo de su órbita alrededor del Sol no es constante. La duración del día, o «día solar aparente», definida por los pasos sucesivos aparentes del Sol es irregular porque la Tierra debe completar más de un giro sobre sí misma antes de que el Sol vuelva a pasar por el mismo meridiano.

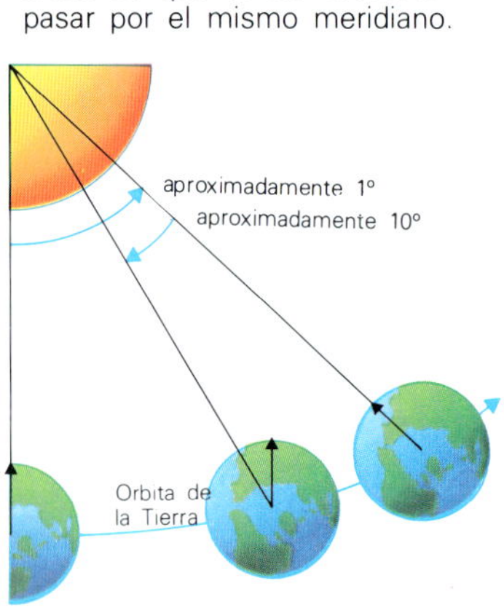

Tiempo sideral

El tiempo sideral constante se define como el intervalo entre dos pasos aparentes sucesivos de una estrella, o del primer punto de Aries, a través del mismo meridiano. Si el Sol está en el equinoccio y sobre la vertical de un meridiano en un día, entonces al día siguiente el Sol estará aproximadamente un grado al Este; por lo tanto, el Sol no cruzará el meridiano hasta aproximadamente cuatro minutos después del mediodía sideral.

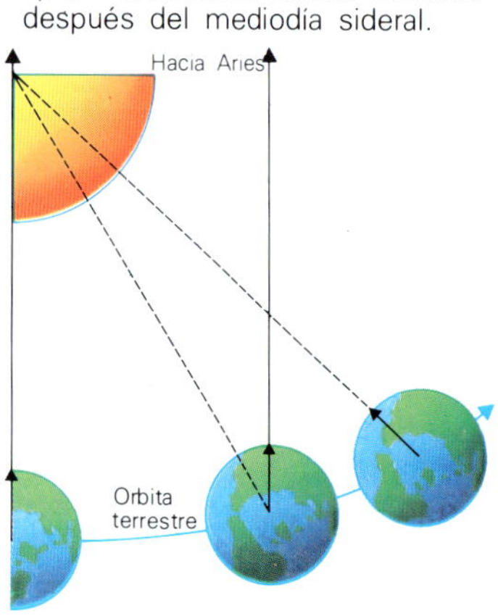

El meridiano internacional de cambio de fecha

Cuando son las 12 del mediodía en el meridiano de Greenwich, a 180° Este es medianoche del mismo día, mientras que a 180° Oeste se está iniciando un nuevo día. Para superar esto se estableció el meridiano de cambio de fecha internacional, siguiendo aproximadamente el meridiano de 180°. Así, por ejemplo, si uno viaja hacia el Este desde Japón (140° Este) a Samoa (179° Oeste) puede pasar del domingo por la noche al domingo por la mañana.

Husos horarios

El mundo está dividido en 24 husos horarios, cada uno de los cuales se centra sobre meridianos a intervalos de 15°, que es la distancia longitudinal recorrida por el Sol cada hora. El meridiano que atraviesa Greenwich pasa a través del centro del primer huso. Los husos sucesivos al Este del huso de Greenwich están adelantados con respecto al tiempo de Greenwich una hora por cada 15° de longitud, mientras que los husos al Oeste de Greenwich están atrasados una hora.

El día y la noche

En el movimiento de rotación de la Tierra de Oeste a Este el Sol comienza a salir por el Este y se pone por el Oeste: cuando se pone el Sol en Shanghai, en el lado exactamente opuesto de la Tierra, Nueva York, comienza a amanecer. Mediodía, cuando el Sol se encuentra exactamente por encima de nuestra cabeza, coincide en todas partes sobre el mismo meridiano, cuyas sombras se proyectan directamente hacia los polos.

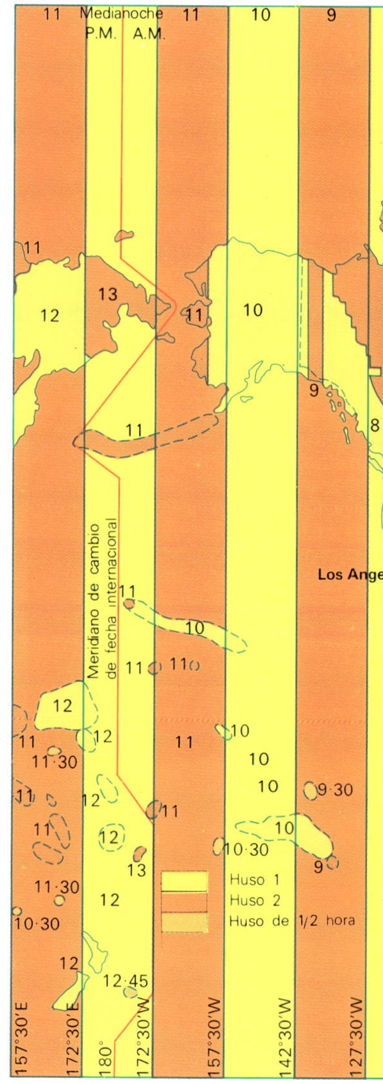

Reloj astronómico, Nueva Delhi

Cronómetro de Kendall

Relojes de sol

Los documentos más antiguos sobre los relojes de sol datan del año 741 a. de J.C., aunque sin duda existían ya en el año 2000 a. de J.C., probablemente sólo como una varilla vertical u obelisco. Un reloj de sol marca el avance del Sol a través del cielo, proyectando la sombra de una aguja central o gnomon sobre la base. La base, por lo general hecha de piedra, está diseñada para representar las horas desde la salida hasta la puesta del Sol.

Cronómetros

Con el aumento del tráfico marítimo en el siglo XVIII y la necesidad de una navegación precisa, los relojeros tuvieron que hacer frente a un problema fascinante. Harrison, un carpintero inglés, ganó un premio británico por diseñar un reloj que proporcionaba una precisión en el mar de un segundo por día. Compensó el efecto de los cambios de temperatura incorporando láminas bimetálicas conectadas a finos alambres y ruedas de equilibrio circulares.

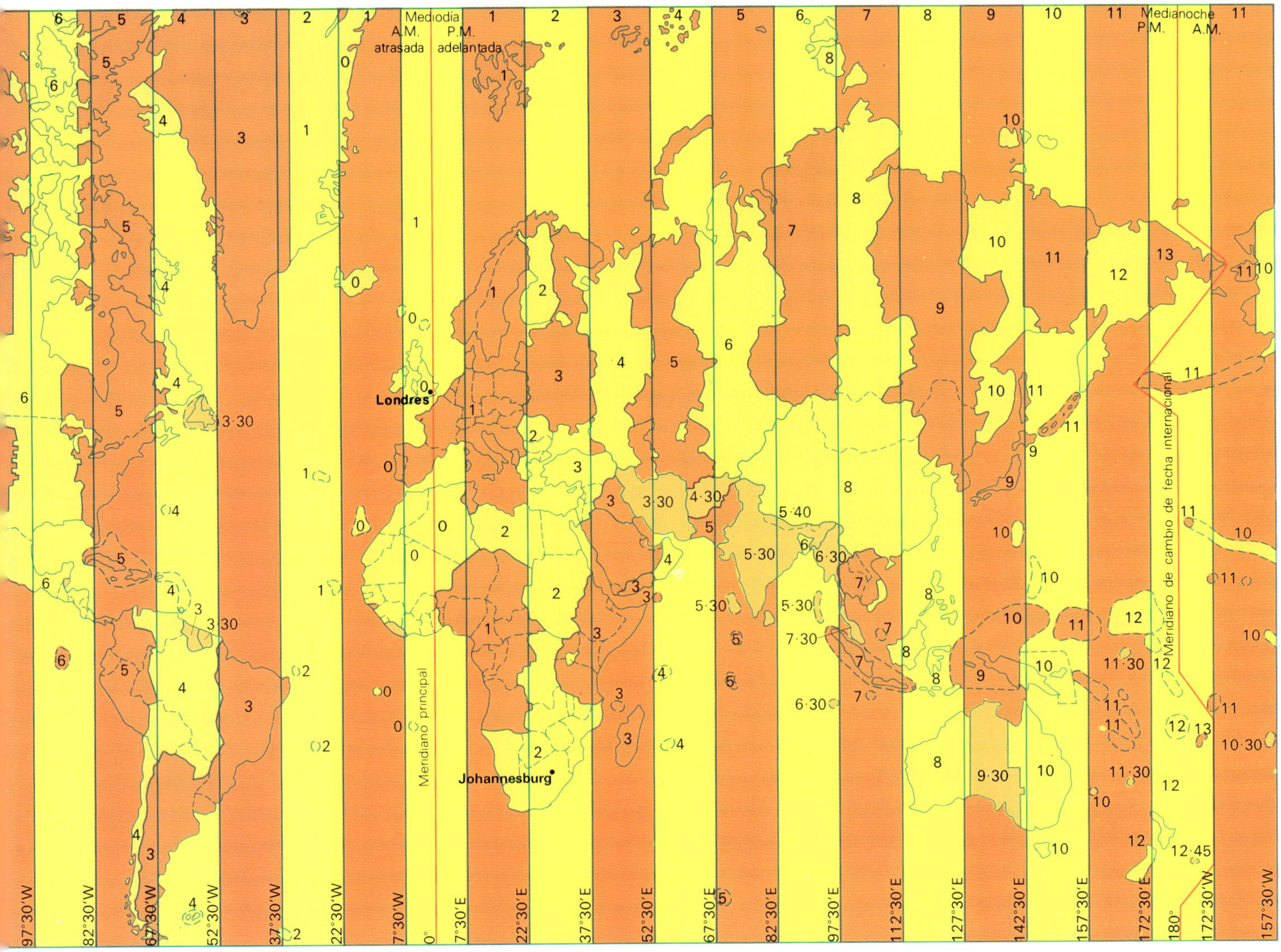

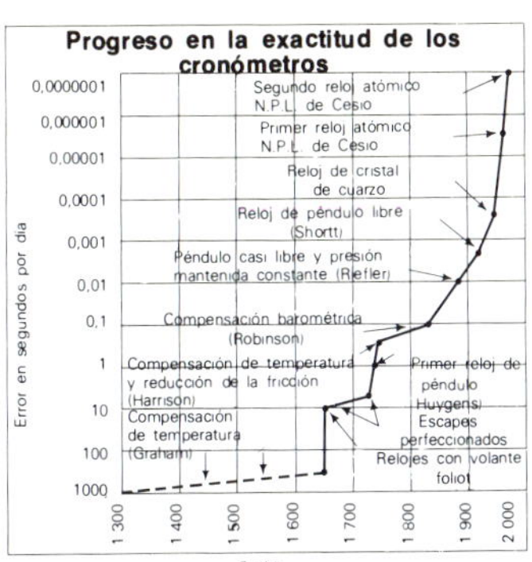

Cronógrafos

La invención del cronógrafo por Charles Wheatstone en 1842 hizo posible el registro de intervalos de tiempo de una precisión de 1160 de segundo. El tipo de cronógrafo más sencillo es el cronoscopio, que fue perfeccionado hasta conseguir el tipo de base de tambor giratorio y aguja, y posteriormente el de señales eléctricas. Un reciente avance es el constituido por el tubo de rayos catódicos, que puede registrar lapsos de tiempo inferiores a una diezmilésima de segundo.

Vibraciones del anillo de cuarzo

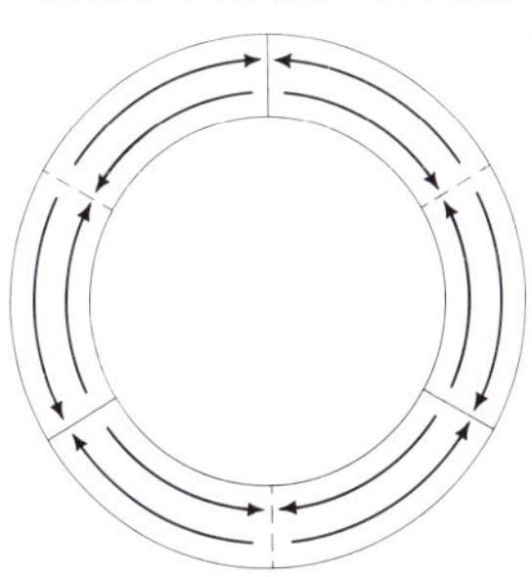

Relojes de cristal de cuarzo

El reloj de cristal de cuarzo, proyectado por primera vez en América en 1929, puede medir pequeñas unidades de tiempo y radiofrecuencias. La relación existente entre los relojes de cuarzo y las vibraciones naturales de los átomos y moléculas hacen posible la utilización de las frecuencias invariables emitidas por los átomos para la regulación del oscilador que controla el reloj de cuarzo. Una versión más reciente del reloj atómico tiene una precisión de un segundo en 300 años.

Diferencias horarias al viajar en avión

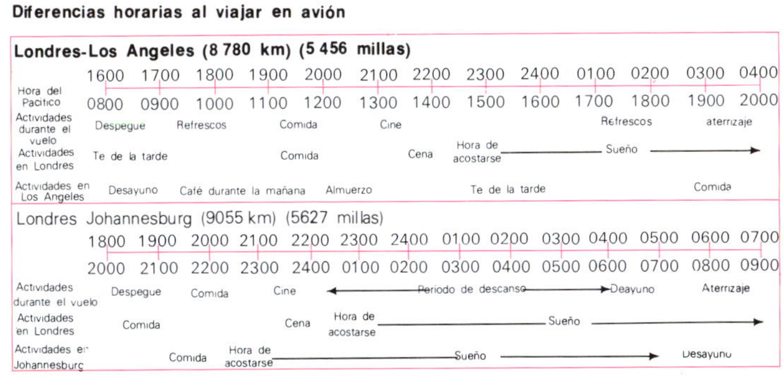

Meridiano de cambio de fecha internacional

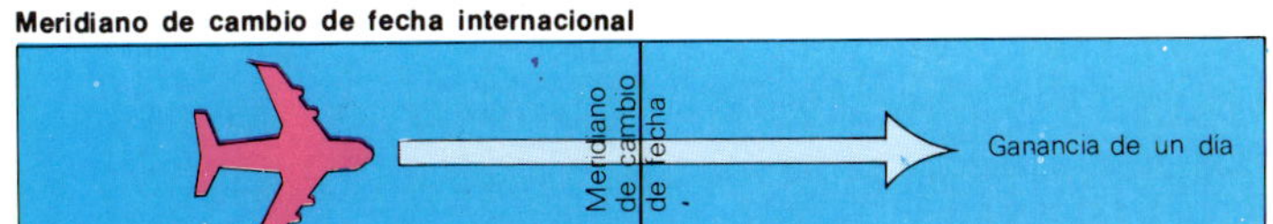

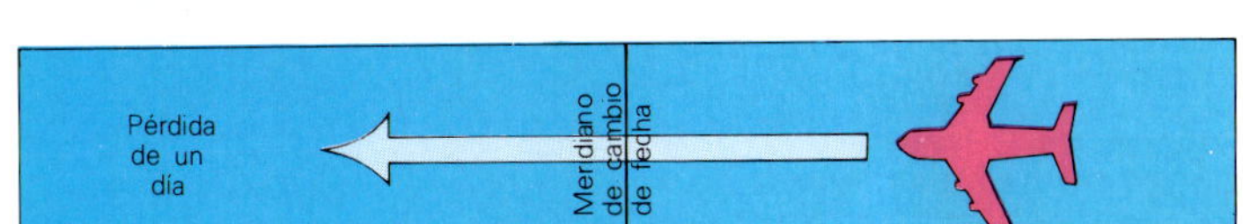

La Atmósfera y las Nubes

Una delgada capa en torno a la Tierra (derecha)
La atmósfera se halla constituida por una capa protectora de gases en torno a la Tierra que sirve de aislamiento atenuador de los bruscos cambios de temperatura. La fuerza de gravedad acrecienta la densidad en las zonas más próximas a la Tierra, por lo que unas cinco sextas partes de la masa atmosférica se encuentran situadas en los 15 primeros kilómetros. Es una capa sumamente delgada, en relación con el diámetro terrestre, de 12 680 km, como la capa de celulosa de un globo.

Exosfera *(1)*
La exosfera se amalgama con el espacio interplanetario, y aunque no existe una clara delimitación entre la misma y la ionosfera, se inicia a una altitud de aproximadamente 600 km. Su aire enrarecido se halla compuesto principalmente de una pequeña cantidad de oxígeno atómico hasta los 600 km y de partes iguales de hidrógeno y helio, con predominio del hidrógeno por encima de los 2 400 km.

Ionosfera *(2)*
Las partículas de aire de la ionosfera son cargadas eléctricamente por los rayos del Sol, agrupándose en cuatro capas principales, D, E, F1 y F2, capaces de reflejar las ondas radioeléctricas. Se producen auroras boreales provocadas por las partículas cargadas de electricidad y desviadas hacia los polos por el campo magnético terrestre, entre los 65 y los 95 km sobre la Tierra. Es principalmente en la baja ionosfera donde se queman y extinguen los meteoros procedentes del espacio exterior al hallar una mayor resistencia del aire.

Estratosfera *(3)*
Una delgada capa de ozono contenida en la estratosfera absorbe los rayos untravioletas, proceso que desprende calor. La temperatura oscila entre aproximadamente −55 °C, en la tropopausa, y −60 °C en la parte superior, denominada «mesosfera», con una elevación térmica de 2°C por encima de la capa de ozono. Dicha parte de la atmósfera se encuentra separada de la capa inferior por la tropopausa.

Troposfera *(4)*
Las condiciones climatológicas terrestres se hallan limitadas a esta capa, relativamente delgada, que se extiende a la vertical hasta unos 8 km en los polos y 15 km en el ecuador. Contiene aproximadamente un 85 % de la masa atmosférica total y casi la totalidad de la humedad.
La temperatura disminuye de modo constante de 1°C cada 100 metros.

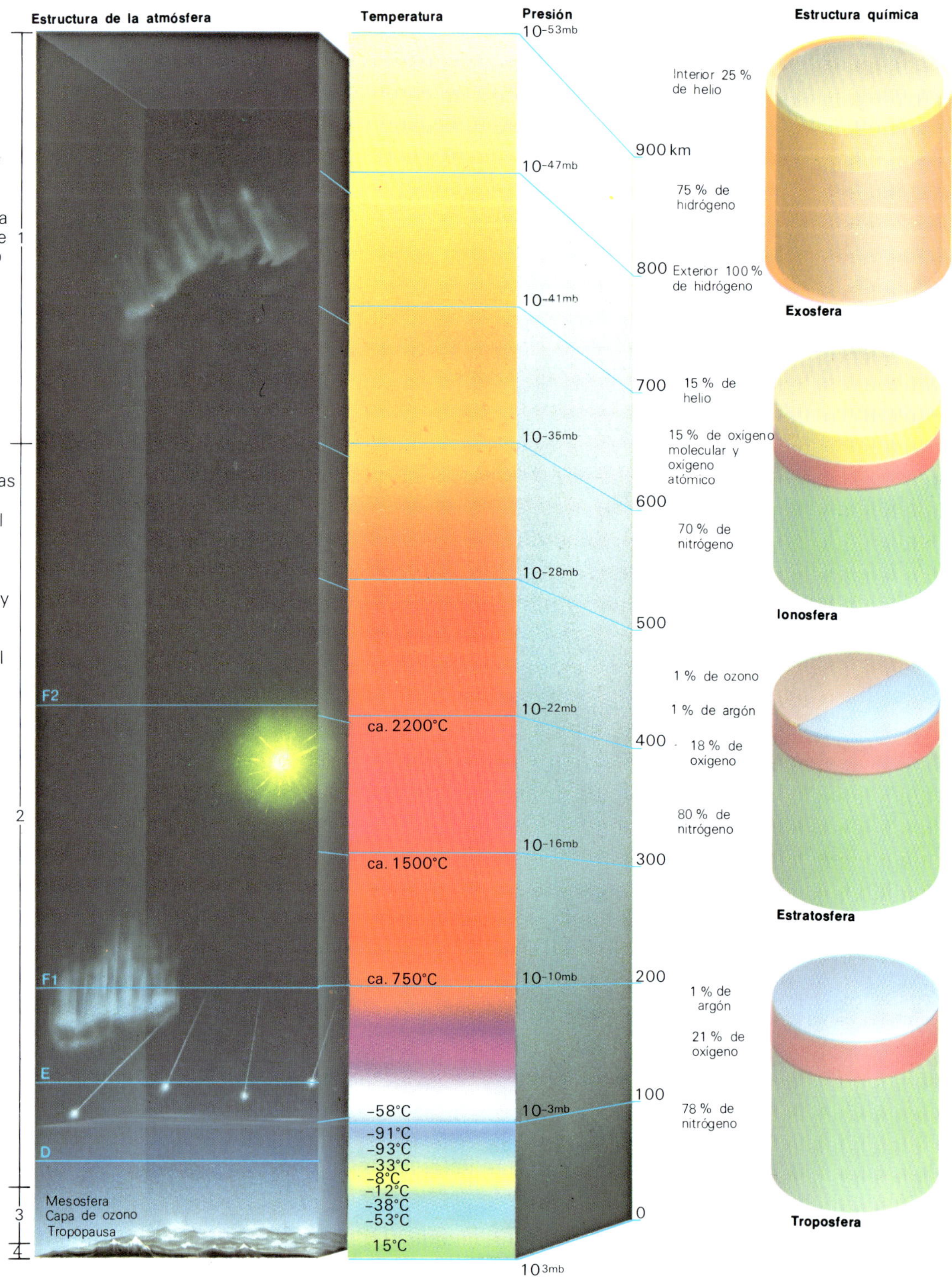

Océano Pacífico
Los tipos de nubes sobre el Pacífico indican la dirección de los vientos reinantes.

Circulación del aire

Circulación del aire
Debido a las altas temperaturas de las regiones ecuatoriales, el aire próximo a la Tierra se calienta, dilata y eleva, produciendo una faja de bajas presiones. Al enfriarse provoca la lluvia, se esparce y desciende nuevamente hacia las latitudes 30° Norte y Sur, formando capas de altas presiones.

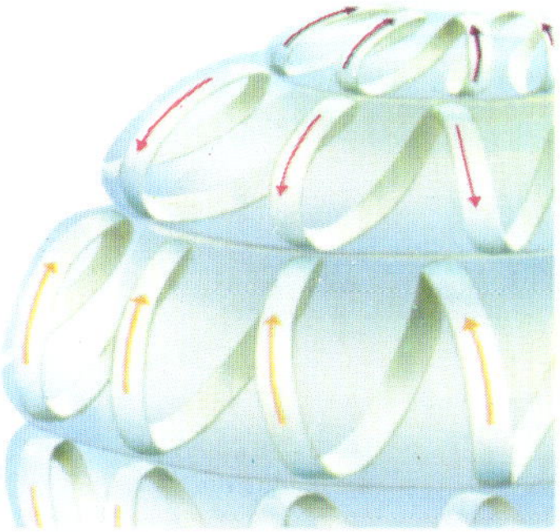

Dichas capas de altas y bajas presiones constituyen unas zonas de relativa calma; pero entre las mismas, de las altas a las bajas presiones, se encuentran los vientos reinantes, que se desvían hacia la derecha en el hemisferio septentrional y hacia la izquierda en el meridional (efecto Corolis). La circulación de los mismos compone tres capas distintas, con desplazamiento, según la estación del año, hacia el Norte y Sur, siguiendo al Sol.

Tipos de nubes
Las nubes se forman al enfriarse el aire cargado de humedad, generalmente por elevación. Lo que puede producirse en tres formas distintas: al elevarse el viento, atravesando los cerros o montañas; al ascender por encima de ellos una masa de aire o elevarse impulsada por otra masa de aire de mayor densidad o cuando un calentamiento local del suelo provoca unas corrientes por convección térmica.

Los **cirros** *(1)* son nubes aisladas, compuestas de cristales de hielo microscópicos que brillan con blanco fulgor a los rayos del Sol, asemejándose al cabello o las plumas. Se encuentran a altitudes de 6 000 a 12 000 metros.

Los **cirroestratos** *(2)* se hallan constituidos por un velo nuboso blanquecino compuesto de cristales de hielo, a través del cual puede verse el Sol, produciendo frecuentemente un halo luminoso intenso.

Los **cirrocúmulos** *(3)* son otras nubes de altitudes elevadas formadas por la turbulencia producida entre capas que se desplazan en distintos sentidos.

Los **altostratos** *(4)* son unas capas nubosas grises o azuladas estriadas, fibrosas o uniformes, que producen ligeras lloviznas.

Los **altocúmulos** *(5)* constituyen una versión más densa y «mullida» del cirrocúmulo; se trata de una lámina desigual nubosa blanca y gris.

Los **nimboestratos** *(6)* son una capa nubosa de color gris oscuro que oscurecen la luz del Sol, provocando lluvias o nevadas casi continuas.

Los **cúmulos** *(7)* son unas nubes sueltas encopetadas y densas. Las partes iluminadas por los rayos del Sol tienen una coloración blanca intensa, mientras que su base es relativamente plana y oscura.

Los **estratos** *(8)* forman unos cielos encapotados mates, asociados a depresiones atmosféricas, produciéndose a bajas altitudes de hasta sólo 1 500 metros.

Los **cumulonimbus** *(9)* son unas nubes densas y pesadas asociadas a lluvias y tempestades. Tienen sus bases planas y el contorno apelusado, extendiéndose hasta grandes alturas.

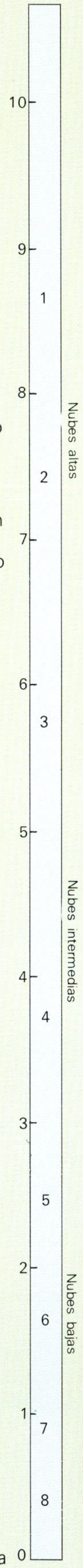

1 Cirros

2 Cirroestratos

3 Cirrocúmulos

4 Altoestratos

5 Altocúmulos

6 Nimboestratos

7 Cúmulos

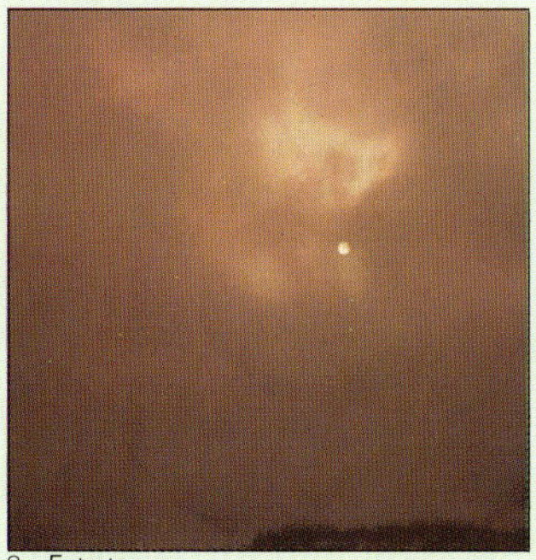
8 Estratos

9 Cumulonimbus

Clima y Tiempo

Todo el tiempo imperante se produce sobre la superficie de la Tierra, en el nivel más bajo de la atmósfera: la troposfera. Se ha definido el tiempo como el estado de la atmósfera en un lugar determinado y a una hora dada, en relación con los distintos elementos: temperatura, sol, presiones, vientos, nubes, niebla, precipitaciones. Por otra parte, el clima se halla constituido por un promedio de elementos climatológicos respecto a los meses y años anteriores.

Gráficos climatológicos *(derecha)* Cada gráfico tipifica el tipo de condiciones climatológicas que hallaríamos en la región a que se halla referida, según el color en el mapa. La escala indica los grados C, o Celsius de temperatura y los milímetros de lluvia, señalados en bares. Los gráficos indican observaciones medias basadas en largos períodos de tiempo, en cuyo estudio se comparan, asimismo, los principales factores determinantes de las diferentes vegetaciones.

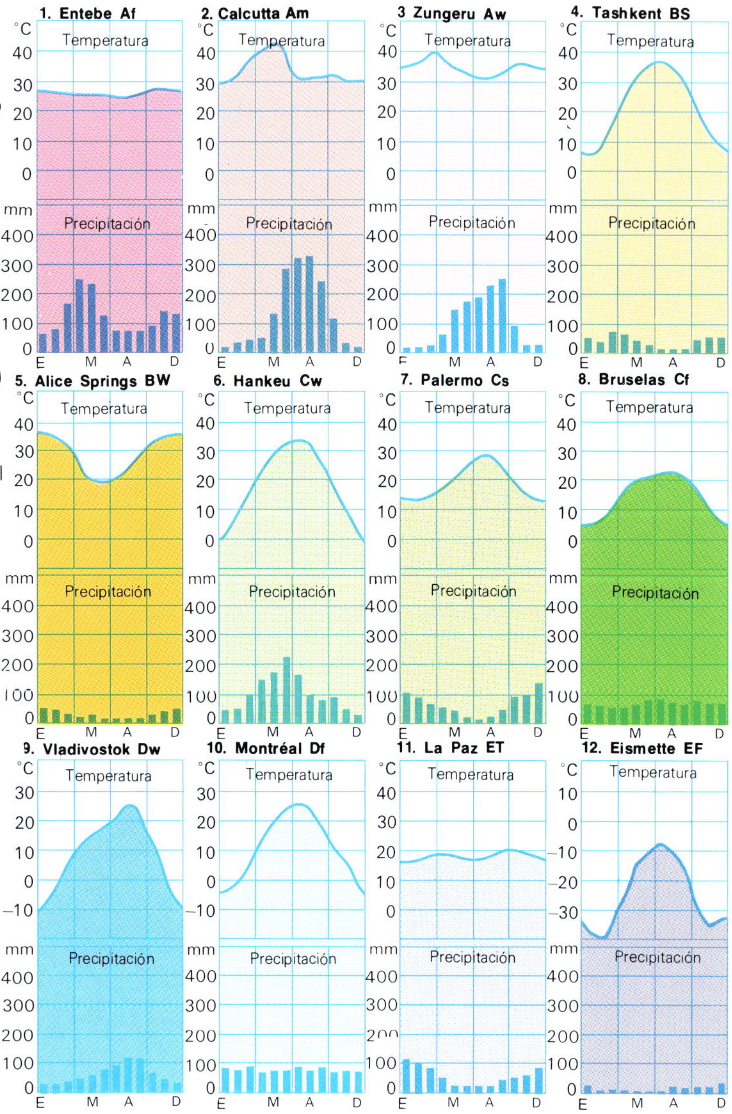

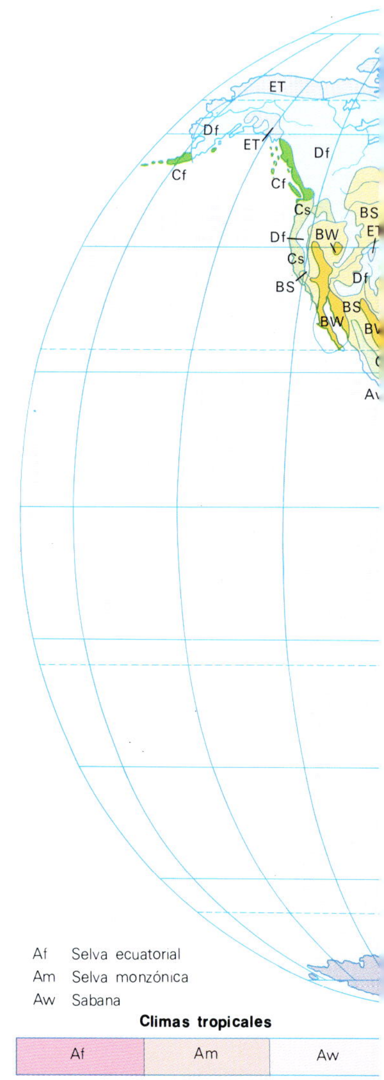

Desarrollo de una depresión
En un frente en equilibrio entre las masas de aire frío y cálido (i) se produce una onda perturbadora cuando una masa de aire frío (ii) corta por debajo el aire cálido. Ello hace desviarse la corriente de aire, y, al avanzar la perturbación, se establece una circulación ciclónica con los frentes cálido y frío (iii). El frente frío se desplaza con mayor rapidez que el cálido, al que acaba por alcanzar, produciéndose una oclusión al contraerse el aire cálido (iv).

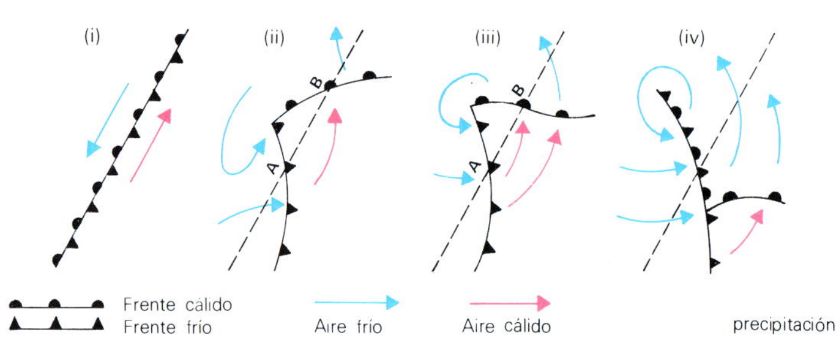

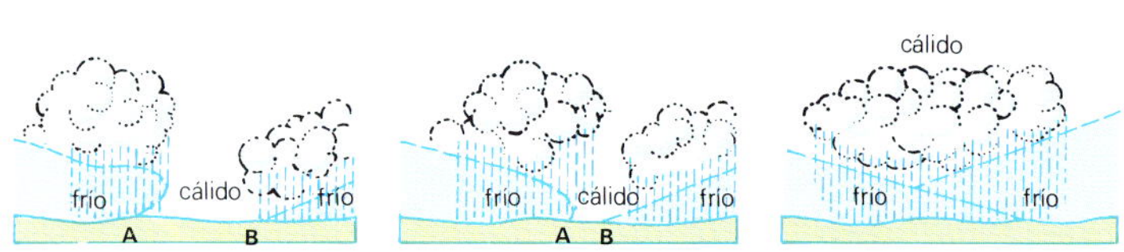

Estos diagramas presentan, en forma de planos, las distintas etapas del desarrollo de una depresión. Los cortes transversales seguidamente expuestos corresponden a las etapas (ii) y (iv).

Tipos de precipitaciones.
Lluvia La condensación de la humedad atmosférica sobre partículas microscópicas de polvo, azufre, hollín o hielo en la atmósfera forman las partículas de agua. Estas se combinan hasta adquirir la densidad suficiente para caer en forma de lluvia.

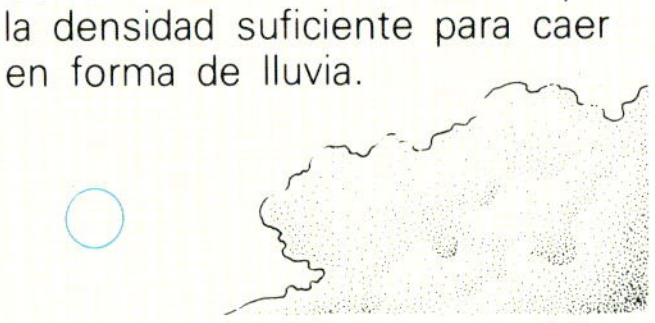

Granizo Las partículas de agua, arrastradas hasta una altitud elevada, se convierten en partículas de hielo que caen y quedan recubiertas de fresca humedad, siendo arrastradas hacia arriba nuevamente y recongeladas. Lo que puede ocurrir varias veces antes de que las mismas caigan en forma de granizada.

Hielo La escarcha, el tipo más frecuente de helada, se precipita, en lugar del rocío, cuando el vapor atmosférico se transforma directamente en cristales de hielo sobre la superficie de los objetos en el suelo enfriados hasta por debajo de la temperatura de congelación.

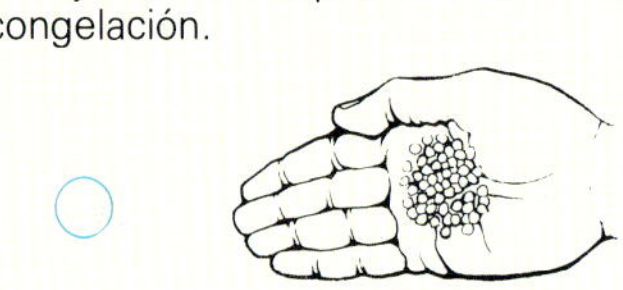

Nieve Es una precipitación de hielo en forma de copos, grumos o cristales de hielo fundamentalmente exagonales. Se forman mediante la condensación directa de la humedad atmosférica en hielo.

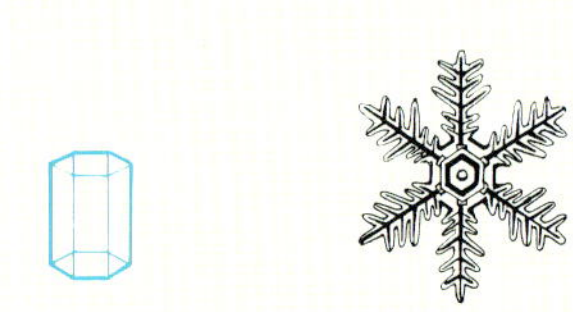

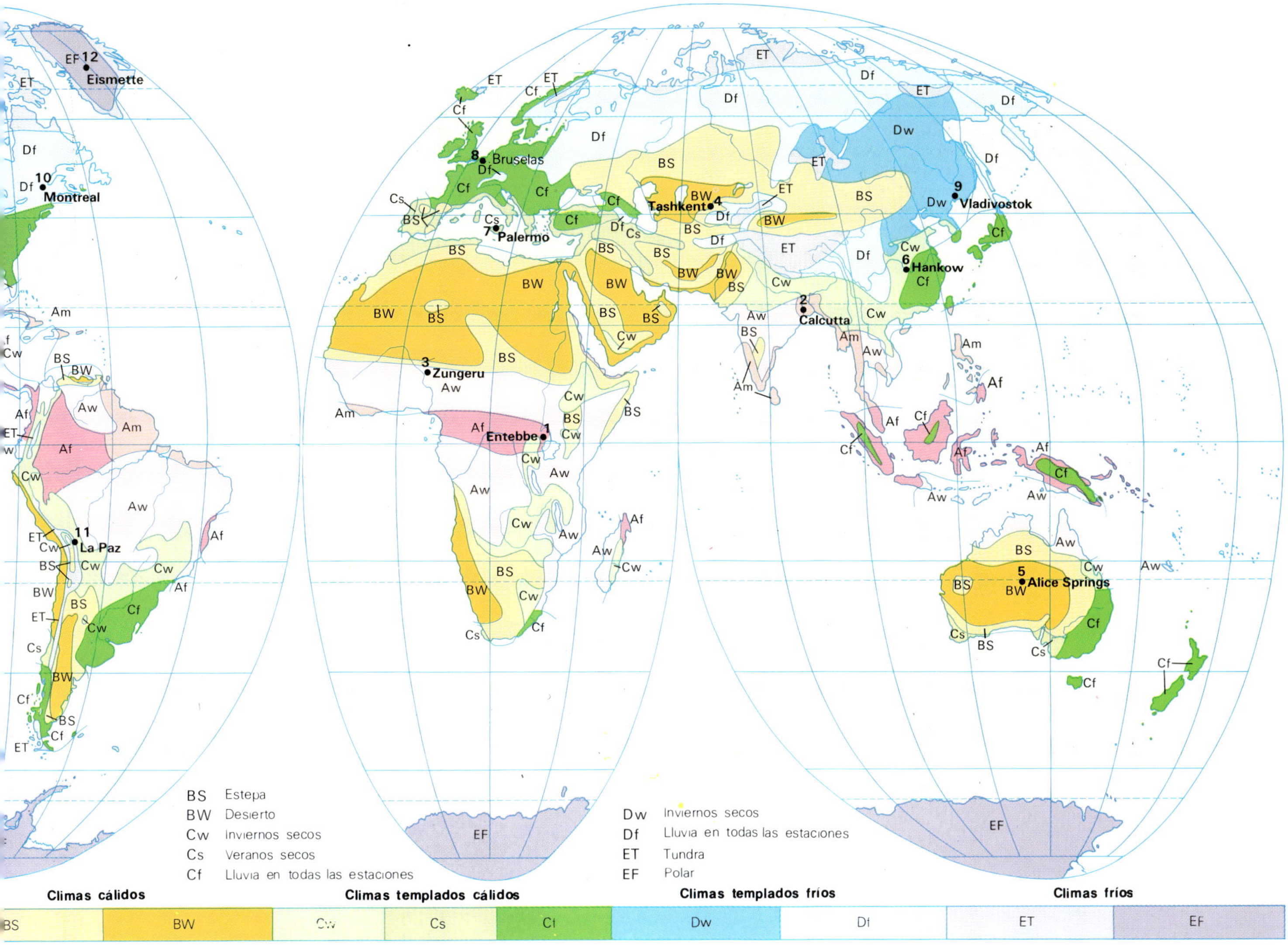

Trayectorias de las tormentas tropicales *abajo*

Un ciclón, o tormenta, se caracteriza por tener vientos fuertes borrascosos (60 km/h). Es una masa de aire homogénea con corrientes de aire en espiral ascendentes alrededor de un centro o eje sin viento. Por término medio se producen cada año 65 tormentas tropicales, de las cuales más del 50 % alcanzan fuerza huracanada. Se producen principalmente en verano sobre los océanos tropicales.

Climas y condiciones meteorológicas extremas *derecha*

Las altas temperaturas tropicales y las bajas temperaturas polares combinadas con sistemas de vientos, altitud y la desigual distribución pluviométrica dan como resultado bosques, desiertos interiores y heladas tierras polares. Las fluctuaciones en los límites de estas zonas de condiciones meteorológicas extremas, dan lugar a olas de calor, sequías, inundaciones, tormentas, heladas y nevadas.

Devastación por un huracán

Desierto ardiente

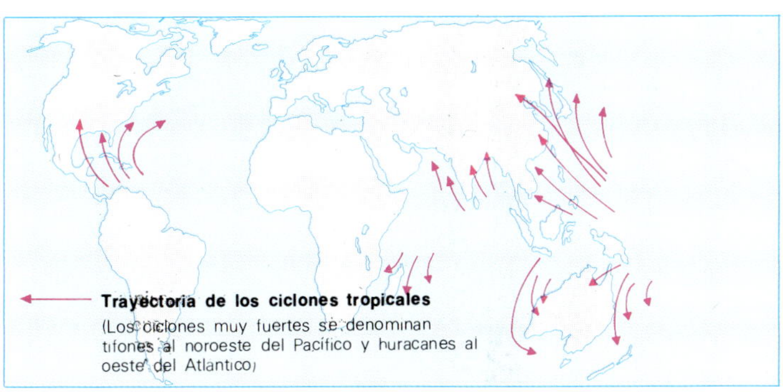

Tornado

Viviendas árticas

La Tierra desde el espacio

Monte Etna, Sicilia *izquierda*
El Etna aparece en la parte superior de la fotografía; en el centro, la Llanura de Catania, y a la derecha el Mediterráneo. Esta es una fotografía por rayos infrarrojos; la vegetación aparece en color rojo, el agua en azul/negro y las zonas urbanas en gris. Las zonas por las que fluye la lava todavía sin vegetación aparecen en azul/negro, a diferencia de las laderas cultivadas, que se distinguen en rojo y rojo/rosado.

Hawai, Océano Pacífico *arriba*
Esta es una fotografía de Hawai, la más extensa de las Islas Hawai, en el Pacífico Central. El Norte aparece en la parte superior de la fotografía. Es posible distinguir los cráteres nevados de los volcanes Mauna Kea (apagado), en el centro norte, y el Mauna Loa (en actividad), en el centro sur de la fotografía. La capital, Hilo, está situada en la costa noroeste.

Río Brahmaputra, India *izquierda*
Una vista panorámica de la parte oeste del Brahmaputra, con el Himalaya a la derecha y las Colinas Khasi de Assam a la izquierda.

Se Chuan, China *derecha*
El río Tachin, en la región montañesa de Se Chuan, China Central. La zona que aparece en color azul claro en el valle del río, al noroeste de la fotografía, es un pueblo y su zona de cultivo.

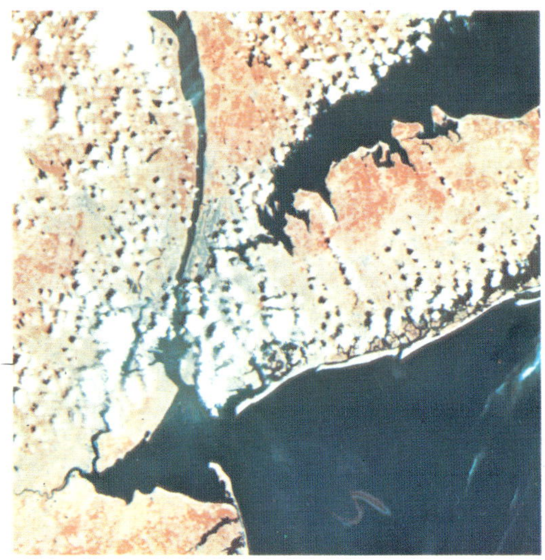

Nueva York, EE. UU. *izquierda*
Esta fotografía por rayos infrarrojos muestra el extremo oeste de Long Island y la desembocadura del río Hudson. La vegetación aparece en color rojo, el agua el azul/negro y las zonas metropolitanas de Nueva York a través de la capa de nubes, en gris.

La Gran Barrera de Arrecifes, Australia *derecha*
La Gran Barrera de Arrecifes y la costa de Queensland, desde cabo Melville hasta el cabo Flattery. En el centro de la fotografía puede verse el humo de varios incendios forestales.

El Himalaya Oriental, Asia
arriba, a la izquierda
Una vista desde el Apollo IX dominando el Noroeste sobre los picos montañosos iluminados por el Sol y coronados de nieve, y las aguas pesadas del Mekong, Salween, Irrawaddy, y a lo lejos el Brahmaputra con su característico serpenteo.

El desierto de Atacama, Chile
arriba, a la derécha
Este panorama mirando hacia el Este desde el Pacífico por encima de la península de Mejillones, con la ciudad de Antofagasta, en la bahía sur de esa península. En el interior, el desierto y las salinas de Atacama, y más allá los Andes.

Los Alpes, Europa *derecha*
Esta aerofotografía muestra las montañas cubiertas de nieve y los glaciares de los Alpes a lo largo de la frontera de Suiza, Italia y Francia. Pueden distinguirse también el Mont Blanc y el Matterhorn, o Cervino, y en la parte superior de la fotografía se aprecia el Valle del Ródano, con su curva cerrada hacia la derecha, cerca de Martigny. Al sur, las aguas pesadas del Dora Baltea corren hacia el Po, pudiendo verse al noroeste el lago Annecy.

La evolución de los continentes

El origen de la Tierra sigue todavía supeditado a numerosas conjeturas, si bien la teoría más ampliamente aceptada es la de que se formó a partir de una nube solar compuesta principalmente de hidrógeno. Por efecto de la gravitación, la nube se condensó y se contrajo hasta formar numerosos planetas que giran alrededor del Sol. La gravitación empujó a los elementos más ligeros hasta la superficie de la Tierra, en donde se enfriaron para formar una costra mientras que el material interno permanecía a elevada temperatura y fundido. Las primeras rocas de la Tierra se formaron hace más de 3 500 millones de años, pero desde entonces la superficie ha experimentado alteraciones constantes.

Hasta una época relativamente reciente se consideraba como algo de sentido común la idea de que las unidades primarias de la Tierra habían permanecido esencialmente fijas a través de las eras geológicas, aunque el concepto del movimiento de los continentes se remonta a referencias hechas en la Biblia sobre una fragmentación de la Tierra después del diluvio de Noé. La teoría de la deriva de los continentes fue desarrollada por vez primera por Antonio Snider en el año 1858, pero probablemente su más importante defensor fue Alfred Wegener, quien en 1915, publicó las pruebas geológicas, climatológicas y biológicas. Sus conclusiones son muy similares a las logradas por la investigación actual.

El rompecabezas
Con el aumento de los conocimientos sobre la forma y estructura de la superficie terrestre, varios de los primeros geógrafos apreciaron el gran parecido existente en la forma de las costas que bordean el Atlántico. Esta extraordinaria semejanza fue la que condujo a las primeras comparaciones detalladas geológicas y estructurales. Pueden efectuarse unos acoplamientos más exactos colocando los bordes de las plataformas continentales en yuxtaposición.

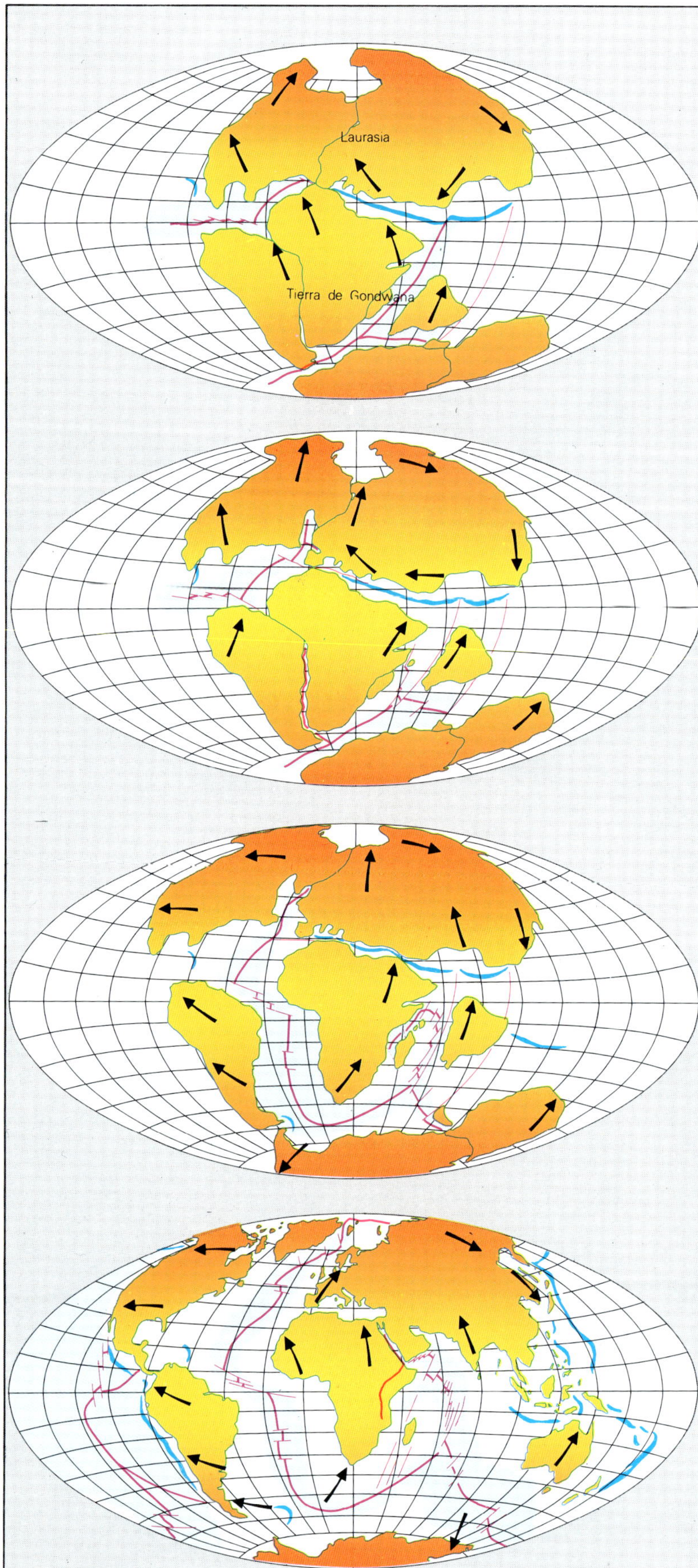

Hace 180 millones de años
La masa de tierra originaria Pangea se dividió en dos grupos continentales principales. El grupo sur, continente de Gondwana (antigua región surasiática), comenzó a resquebrajarse, quedando aisladas India y Antártica-Australia. Entre América del Sur y Africa comenzó a aparecer una grieta, y en el Este, Africa se iba acercando al Mar de Tetis.

Hace 135 millones de años
Tanto el continente de Gondwana, como Laurasia, continuaron derivando hacia el Norte, pero el ensanchamiento de las grietas persistió en el Atlántico Norte y en Océano Indico. La grieta suratlántica continuó extendiéndose, apareciendo otra grieta perpendicular que acabaría por separar Groenlandia de América del Norte. India continuó avanzando hacia el Norte en dirección hacia Asia.

Hace 65 millones de años
América del Sur, separada totalmente, se movió rápidamente hacia el Norte y Oeste. Madagascar se separó de Africa, pero hasta ahora no hay indicios sobre la grieta del Mar Rojo que separará Africa de la Península de Arabia. El Mar Mediterráneo ya podía identificarse. Al Sur, Australia seguía todavía unida a la Antártica.

Hoy día
India se ha desplazado hacia el Norte y está colisionando con Asia, plegando los sedimentos para formar la montaña del plegamiento del Himalaya. América del Sur ha girado y se ha desplazado hacia el Oeste para unirse con América del Norte. Australia se ha separado de Antártica.

Fosa submarina
Grieta
Nuevo fondo oceánico
Zonas de deslizamiento

(Según Dietz. Holden, Sci. Am., 1970)

Transporte tectónico

La primitiva controversia acerca de la deriva de los continentes constituyó tan sólo un preludio de un concepto más radical: el del transporte tectónico. La teoría fundamental es que la corteza terrestre se halla compuesta de una serie de capas rígidas que «flotan» sobre una capa blanda del manto y son desplazadas por las corrientes de convección del interior de la Tierra. Dichas capas rígidas realizan un movimiento convergente y divergente a lo largo de los márgenes marcados por los terremotos, volcanes y demás actividades sísmicas. Las capas divergen de las crestas de los bancos centrales oceánicos, en donde la lava en fusión las impulsa hacia arriba, obligándolas a separarse a un ritmo de 30 mm anuales. Las capas convergentes forman una fosa en la que la capa oceánica se hunde hasta por de bajo de la roca continental, más ligera o las cordilleras, en las que chocan dos continentes. Ello explica el hecho paradójico de que si bien siempre ha existido océanos, ninguno de los actuales contiene sedimentos de más de 150 millones de años de antigüedad.

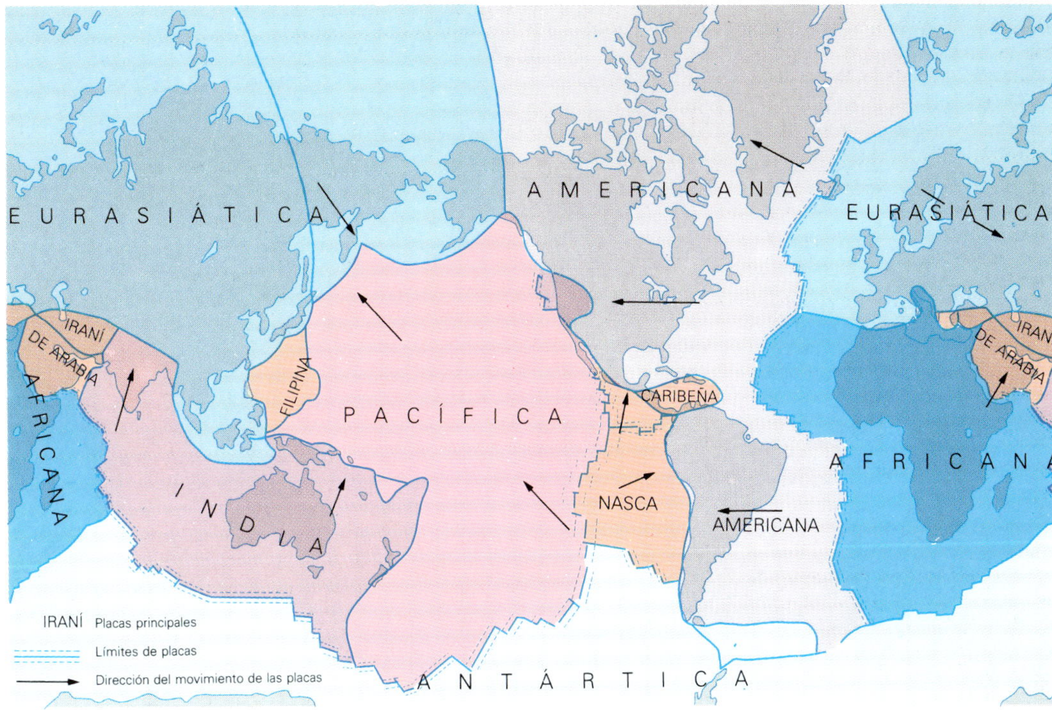

Límites de la fosa

La explicación actualmente formulada a propósito de la «juventud» de los fondos de los océanos es la que, allí donde se unen un océano y un continente, la capa oceánica desciende hasta por debajo de la continental, de menor densidad, formando un ángulo de aproximadamente 45º, hundiéndose seguidamente la totalidad de la corteza anterior mediante corrientes de convección descendentes. En la fosa submarina este fenómeno se produce a un ritmo aproximado de 120 mm al año.

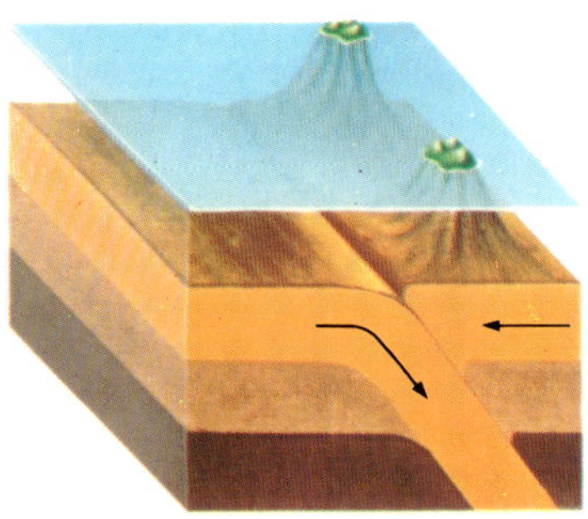

Falla de transformación

La reciente identificación de la falla de transformación, o transversal, ha constituido uno de los factores esenciales para el estudio de los transportes tectónicos de las capas. Estos se producen cuando dos capas resbalan una sobre la otra sin separarse ni aproximarse en grado considerable, complementando el contorno de las capas reproducidas por las cordilleras y fosas, resultando demostrativo de la existencia de grandes movimientos de desprendimiento de parte de la corteza terrestre.

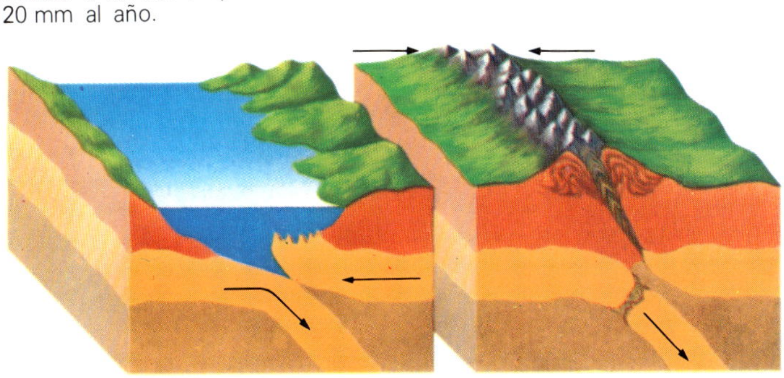

Límites de las lomas o crestas

Las lomas o crestas oceánicas se componen esencialmente de lavas basálticas, ya que, si bien no puede existir ningún espacio vacío entre las capas, una capa puede llegar a apartarse de la otra. En este caso, una masa rocosa en fusión de temperatura muy elevada asciende instantáneamente, rellenando la grieta incipiente y formando una loma o cresta. Dichas crestas trazan una línea que pasa casi exactamente por el centro de los grandes océanos.

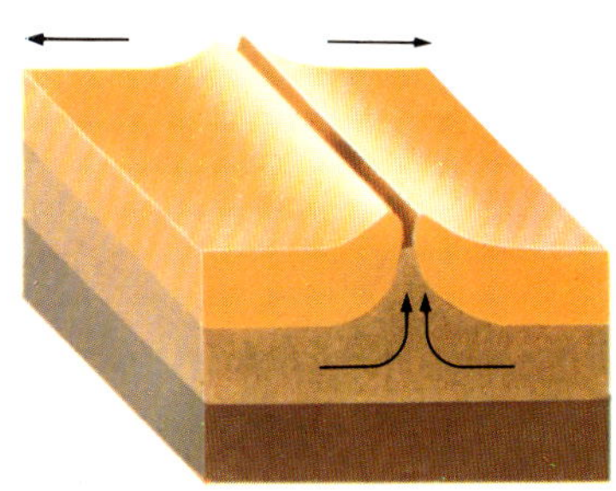

Destrucción de las capas oceánicas

Al hundirse la capa oceánica hasta por debajo de la continental, algunos de los sedimentos situados en su superficie se desprenden y apilan sobre el lado de tierra. Dichos sedimentos se agrupan posteriormente, formando una cordillera de plegamiento que, por lo general, emerge en el borde del continente, como sucede con los Andes. Igualmente, si chocan dos continentes los sedimentos se aglutinan y forman nuevas montañas.

Despliegue del fondo del mar

Durante toda la historia se han producido inversiones del campo magnético terrestre. Al emerger nuevas capas rocosas en las dorsales oceánicas se enfrían, magnetizándose en el sentido del campo magnético imperante. La cartografía de las configuraciones magnéticas de cada lado de la cresta permite observar una simétrica disposición en franjas de campos alternativos. Al conocerse las fechas de las últimas inversiones, puede calcularse el ritmo de despliegue del fondo del mar.

Inestabilidad de la Tierra

La superficie de la Tierra experimenta una lenta, pero continua remodelación. Algunas de las modificaciones, como la erosión y la sedimentación, son sumamente lentas, pero a pesar de ellos perturban el equilibrio, provocando otros cambios más bruscos, frecuentemente originados en las profundidades del interior de la Tierra. Dichos movimientos constantes son de intensidad variable, causando con frecuencia tensiones que alcanzan su punto culminante, por ejemplo, al producirse una erupción volcánica de gran violencia o un fuerte terremoto.

La corteza *(abajo y derecha)*
La cara exterior de la corteza terrestre está formada por una materia quebradiza de escasa densidad, de 5 a 50 km de profundidad, situada bajo los continentes. Por debajo de ella hay una capa rocosa compuesta principalmente de sílice y aluminio; de ahí su denominación de «sial». Bajo los fondos oceánicos y por debajo del sial se extiende una capa basáltica conocida por el nombre de «sima» y compuesta principalmente de sílice y magnesio.

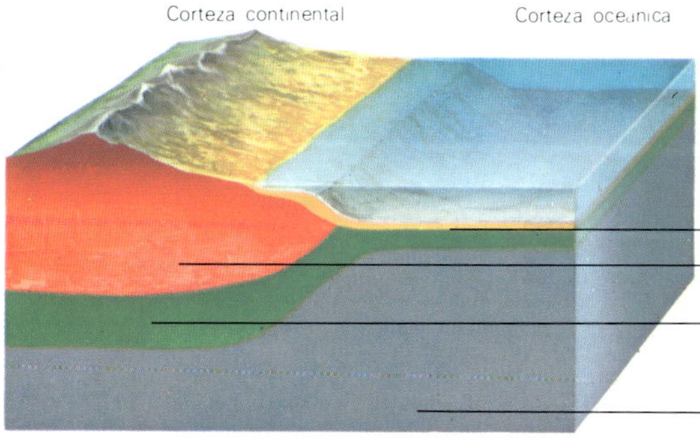

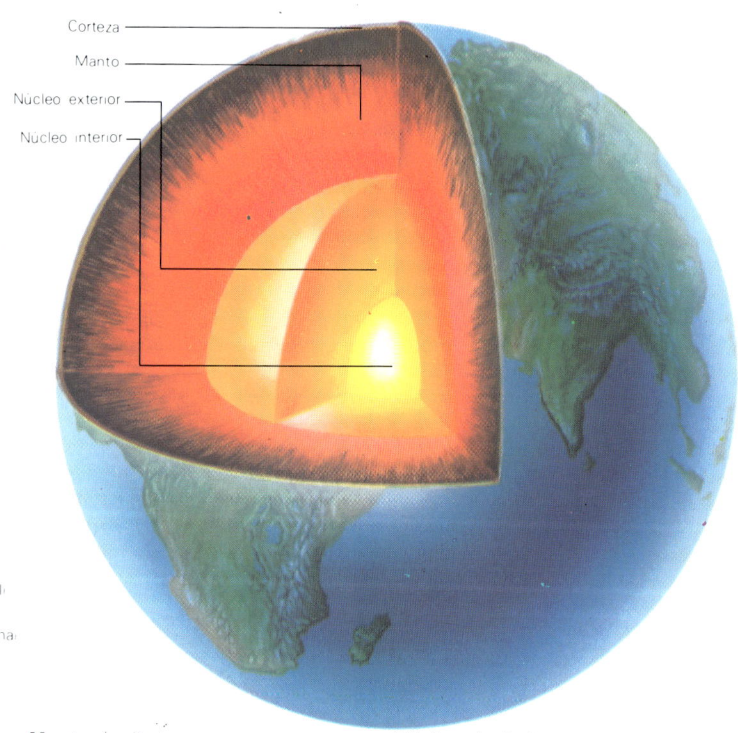

Volcanes *(derecha abajo y más a la derecha)*
Los volcanes se producen cuando una masa rocosa en estado líquido y ardiente, situada bajo la corteza, aflora en forma de lava. Las cenizas acumuladas en torno a un hueco o conducto forman un cono. Nuevas capas de lava forman un volcán de lava ácida cuyos flujos componen un volcán de lava básica, formándose una caldera volcánica cuando una erupción extremadamente violenta hace saltar la parte superior o techo de un cono ya existente.

Manto *(arriba)*
Inmediatamente debajo de la corteza, en la línea de discontinuidad de Mohorovic, se produce un evidente cambio de intensidad y de las propiedades químicas. Se trata del manto —compuesto de silicatos de hierro y magnesio— a unas temperaturas que alcanzan los 1 600º C. El rígido manto superior desciende hasta una profundidad de unos 1 000 km, bajo el que se encuentra situado el manto inferior, más viscoso, de aproximadamente 1 900 km de espesor.

Núcleo *(arriba)*
El núcleo exterior, de aproximadamente 2 100 km de espesor, se halla compuesto de hierro y níquel en fusión, a temperaturas de 2 000 a 5 000º C, posiblemente separado del manto, de menor densidad, por una concha o capa oxidada. A unos 5 000 km por debajo de la superficie se encuentra la zona de transición líquida, bajo la cual se halla el núcleo interior sólido, esfera de 2 700 km de diámetro en la que la masa rocosa tiene una densidad tres veces mayor que la corteza.

Volcán de escudo

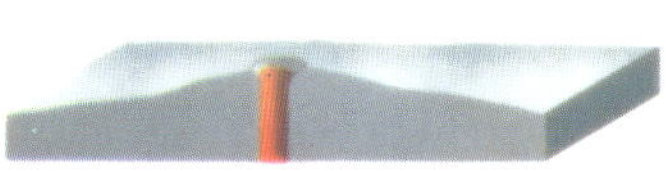

Cono de cenizas

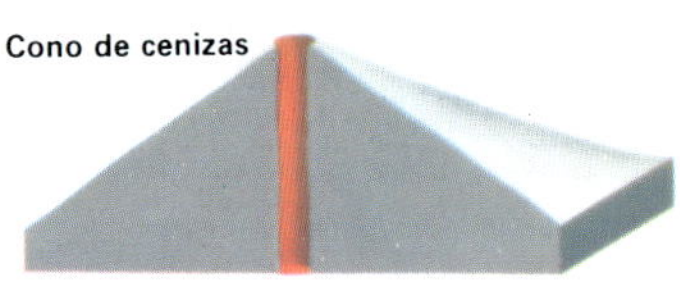

Cono de lava

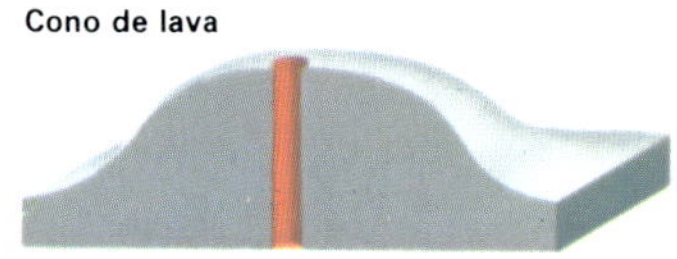

Caldera

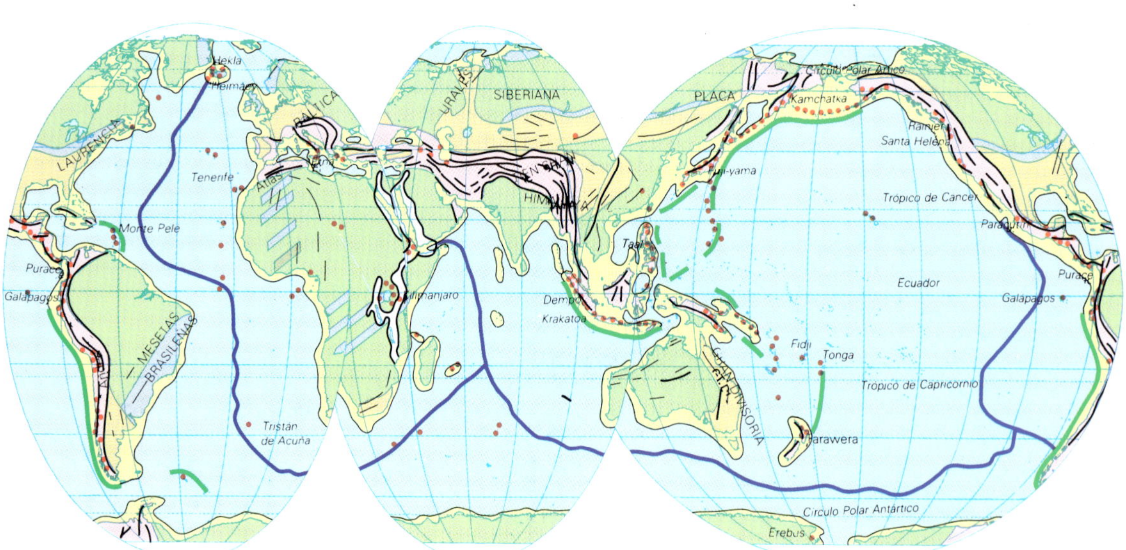

Volcanes y estructura

- Volcanes
- Centro de dispersión del fondo marin
- Falla oceánica
- Plataforma continental

Estructura
Según L. Kober y otros

- Precámbrico
- Plegamiento de Caledonia
- Plegamiento Herciniano
- Plegamiento terciario
- Valle del Gran Rift
- Principales líneas directrices

Principales terremotos en los últimos 100 años y número de víctimas.

1896	Japón (tsunami)	22.000
1906	San Francisco	destruido
1906	Chile, Valparaíso	22.000
1908	Italia, Mesina	77.000
1920	China, Kansu	180.000
1923	Japón, Tokyo	143.000
1930	Italia, Nápoles	2.100
1931	Nueva Zelanda, Napier	destruida
1931	Nicaragua, Managua	destruida
1932	China, Kansu	70.000
1935	India, Quetta	60.000
1939	Chile, Chillan	20.000
1939/40	Turquía, Erzincan	30.000
1948	Japón, Fukui	5.100
1956	N. Afganistán	2.000
1957	O. Irán	10.000
1960	Marruecos, Agadir	12.000
1962	NO. Irán	10.000
1963	Yugoslavia, Skopje	1.000
1966	Tashkent, Uzbek.	destruido
1970	N. Perú	66.800
1974	N. Paquistán	10.000
1976	China, Tangshan	650.000
1978	Irán, Tabas	11.000
1980	Argelia, El Asnam	20.000
1985	México, Ciudad de México	20.000

Distribución mundial de los terremotos

Principales zonas de terremotos

Areas que experimentan frecuentes terremotos

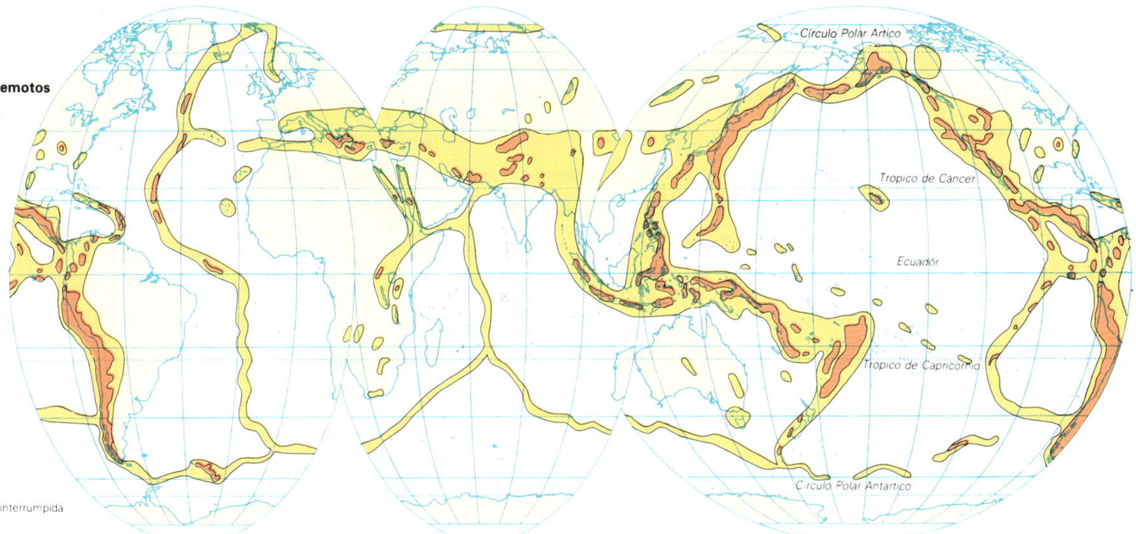

Proyección: homolográfica de Mollweide interrumpida

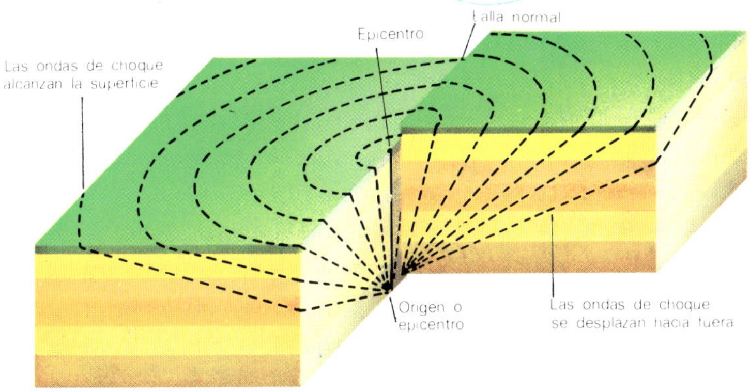

Terremotos *(derecha y arriba)*
Los terremotos son una serie de rápidas vibraciones provocados por el fallamiento o deslizamiento de partes de la corteza terrestre, cuando las tensiones existentes en el interior de la Tierra alcanzan el punto de ruptura. Generalmente, se producen a profundidades comprendidas entre 8 y 30 km. Los grandes terremotos ocasionan graves daños si se producen en zonas densamente pobladas, destruyendo las edificaciones y cortando las comunicaciones.

Alaska. Terremoto de 1964

Ondas sísmicas *(derecha)*
Las ondas de choque (u ondas de Mach), transmitidas desde el epicentro de un terremoto, son de tres tipos principales, cada uno de propiedades distintas. Las ondas primarias (P) son ondas de presión que pueden transmitirse tanto a través de los cuerpos sólidos como de los líquidos, atravesando, por tanto, el núcleo líquido terrestre. Las secundarias (S) son unas ondas transversales que sólo pueden atravesar los sólidos. Al no poder atravesar el núcleo, se reflejan sobre el límite entre el núcleo y el manto, volviendo a la superficie siguiendo un curso cóncavo. El núcleo refracta también las ondas P, haciéndolas cambiar de dirección, y los claros efectos de dichas reflexión y refracción son el establecimiento de una zona inactiva a cierta distancia del epicentro, exenta de ondas P y S. El tercero de dichos principales tipos de ondas es la onda larga (L), que se desplaza por la superficie terrestre en sentido horizontal o vertical.

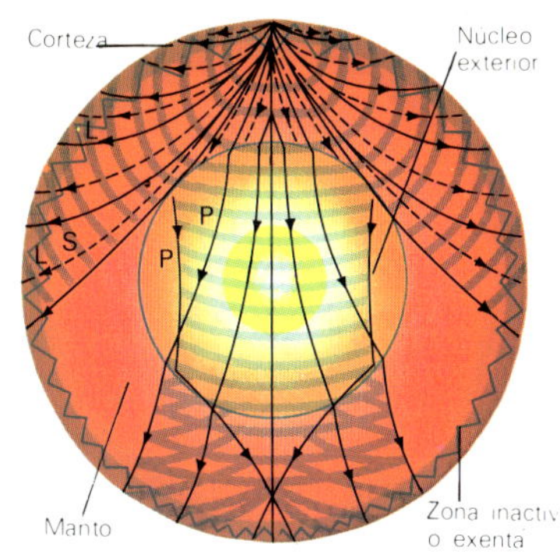

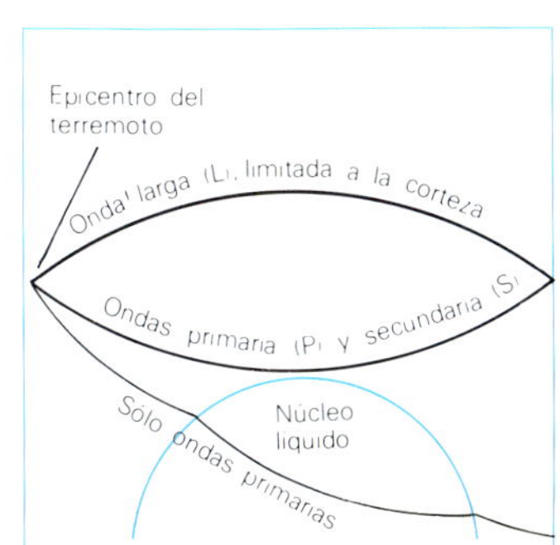

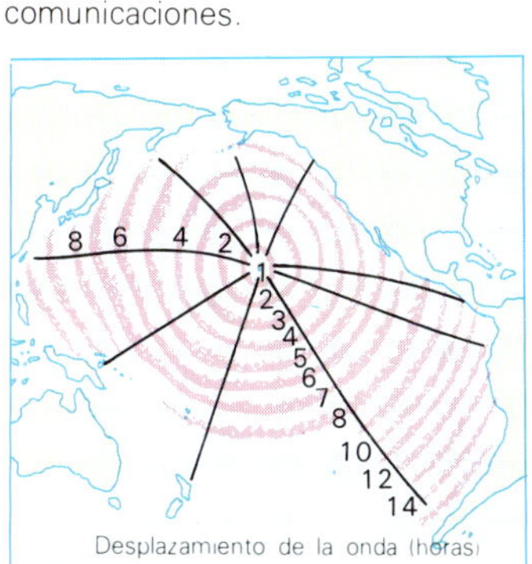

Desplazamiento de la onda (horas)

Maremotos *(izquierda)*
El súbito desprendimiento producido en el fondo del océano durante un terremoto forma una depresión en la superficie del agua, seguida inmediatamente de crestas y olas más pequeñas. Un cambio del nivel del fondo del mar más pronunciado puede originar una cresta, o sea, el principio de un maremoto que se desplaza a velocidades de hasta 600 km por hora, con olas de hasta 60 metros de altura.

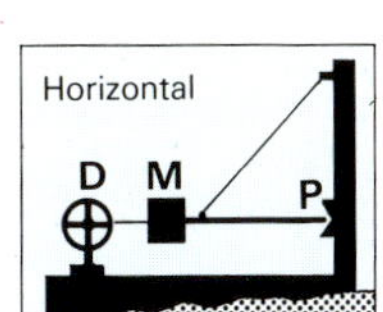

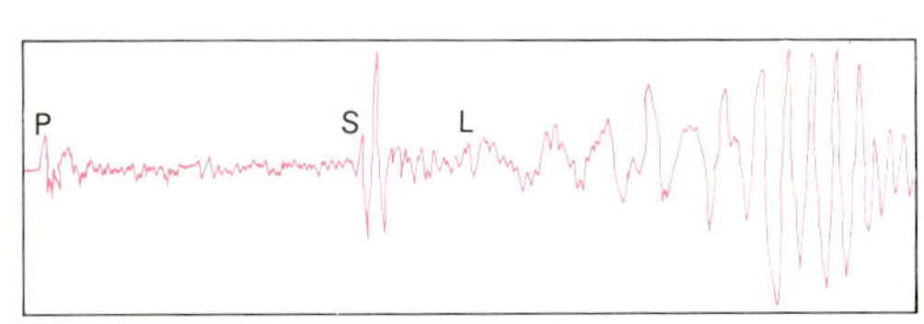

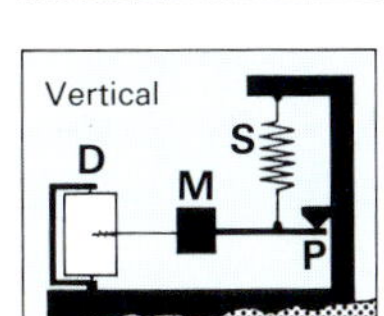

Principios del sismógrafo (izquierda)

M = Masa del péndulo
D = Tambor
P = Pivote
S = Resorte

Sismógrafos. Son instrumentos capaces de detectar y registrar las vibraciones debidas a los terremotos a miles de kilómetros de distancia. Las ondas P causan los primeros temblores de tierra, las S de los segundos y las L del choque principal.

Formación del relieve

Configuración del paisaje

Las grandes fuerzas que configuran nuestros paisajes parecen actuar con gran lentitud, en relación con la vida media del hombre; pero geológicamente la erosión de las rocas es en realidad sumamente rápida. La Tierra atraviesa un ciclo de transformación. Es quebrada por los terremotos y otros movimientos terrestres, los cambios de temperatura, el agua, el viento y el hielo. Luego, los derrubios rocosos son transportados por el agua, el viento y los glaciares y depositados en las tierras bajas y en el fondo del mar, donde se acumulan, y por la presión de su propio peso, se convierten en nuevos estratos rocosos, que a su vez pueden levantarse, ya sea suavemente, formando las llanuras o mesetas, o en forma más irregular, formando las montañas; en ambos casos, la nueva tierra más alta experimenta una erosión, reiniciándose el ciclo indicado.

Ríos

Los ríos configuran el terreno mediante tres procesos fundamentales: erosión, transporte y sedimentación. Un río joven corre con rapidez, produciendo una rápida erosión descendente y formando velozmente un estrecho valle (1). Al alcanzar la madurez, deposita algunos derrubios y produce una erosión lateral, ensanchando el valle (2). En su última etapa, discurre serpenteando por una llanura aluvial, depositando finas partículas de tierra, los aluviones (3).

Aguas subterráneas

El agua penetra en las rocas porosas y permeables desde la superficie, descendiendo hasta llegar a una capa de roca impermeable. Las grietas de la roca subterránea, como la caliza, son erosionadas, formando grutas y cavernas subterráneas. Al derrumbarse el techo de una caverna se forma un cañón o garganta. Frecuentemente, las entradas de la superficie hasta las grietas se ensanchan, formándose unas aberturas verticales denominadas simas o sumideros.

Viento

La acción del viento es particularmente potente en las regiones áridas y semiáridas, en las que los residuos o derrubios rocosos se utilizan como una herramienta abrasiva por el viento. El grado de erosión varía de acuerdo con las características de la roca, pudiendo producir extraños efectos y configuraciones (derecha). Asimismo puede acumularse por el viento la arena de los desiertos, formando dunas de barján (más a la derecha), que avanzan lentamente, las agujas o picachos en cabeza.

Penillanura

Penillanura levantada

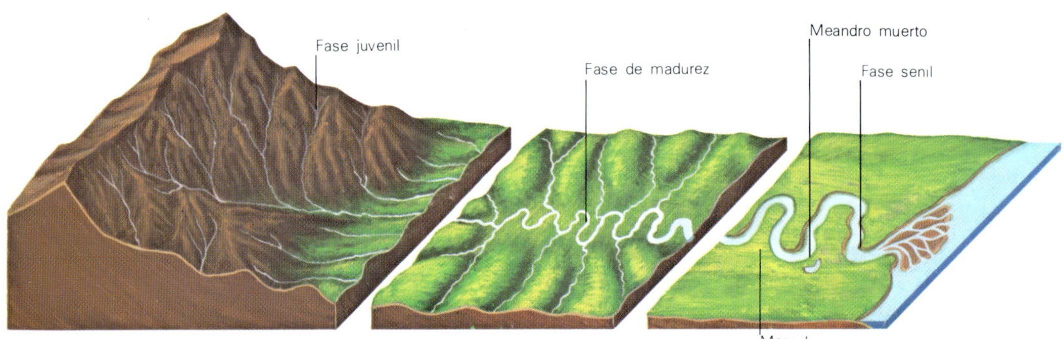

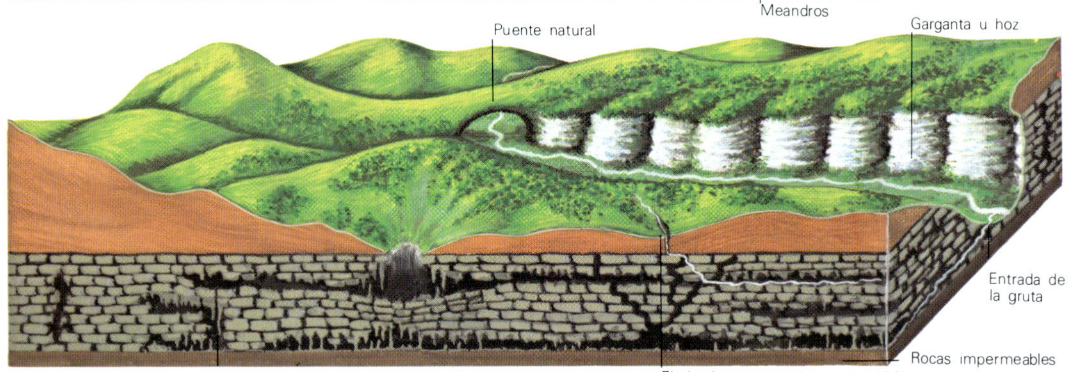

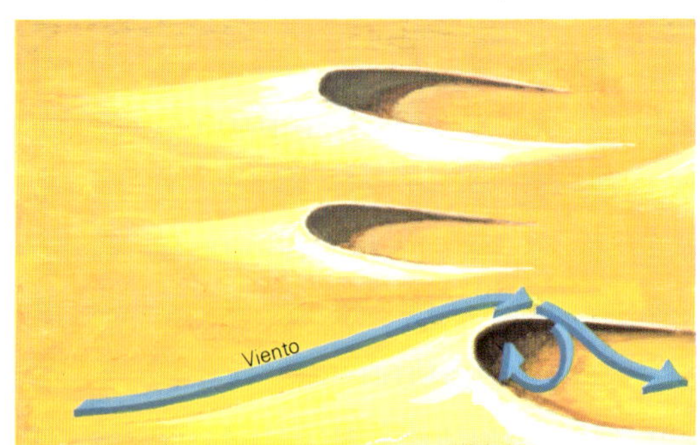

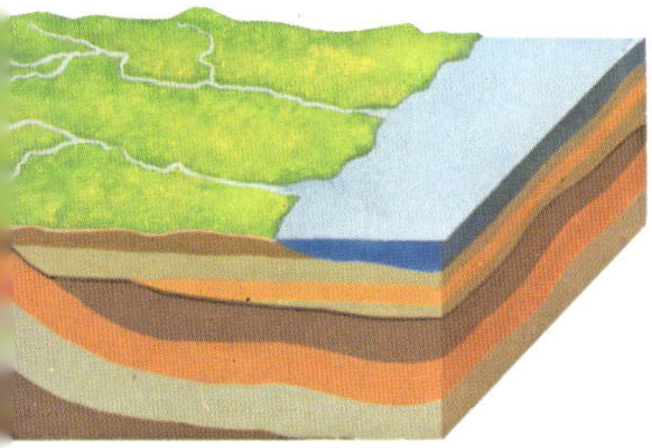

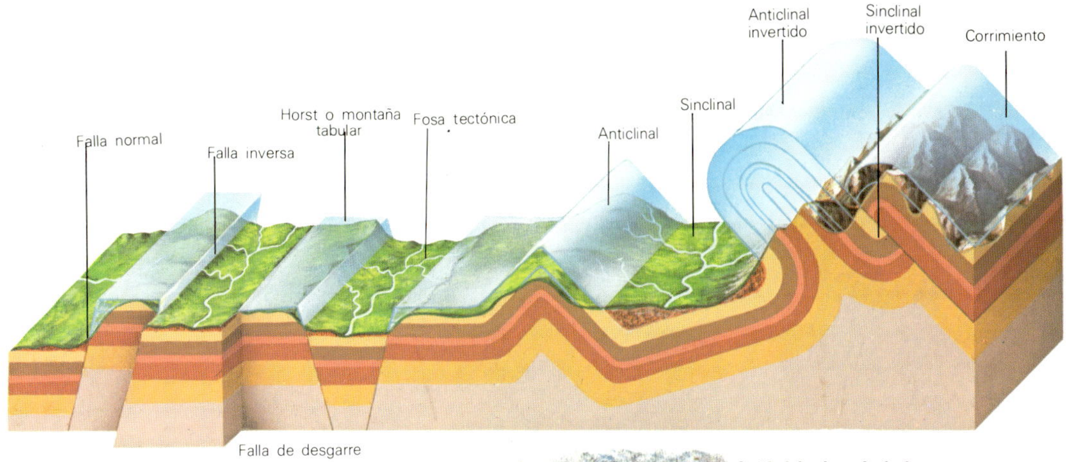

Plegamiento y fallamiento
El desplazamiento vertical de la corteza terrestre recibe el nombre de falla; el desplazamiento lateral es de falla de desgarre. Un bloque elevado se denomina horst; lo contrario es la fosa de hundimiento. Una serie de capas horizontales comprimidas de roca sedimentaria se pliegan, formando montañas. Las capas plegadas hacia arriba forman un anticlinal, las plegadas hacia abajo un sinclinal; la presión continuada produce un pliegue invertido.

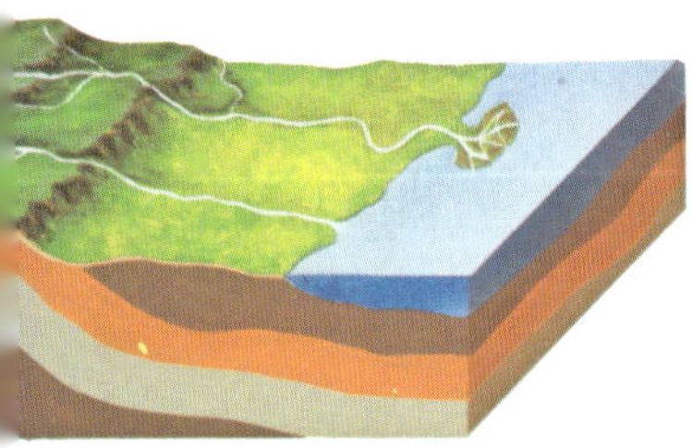

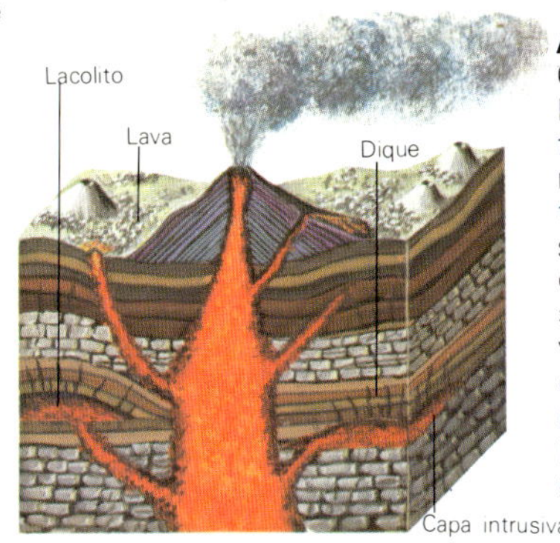

Actividad volcánica
Cuando la presión ejercida sobre las rocas situadas bajo la corteza terrestre desaparece, la masa rocosa semisólida ardiente se transforma en magma líquido, que se abre camino hasta las grietas de la corteza, pudiendo alcanzar la superficie, donde forma los volcanes, o recogerse en la corteza, en forma de diques, rocas filonianas o lacolitos. Al llegar a la superficie, el magma se enfría, formando la lava.

Olas
Las costas se hallan en constante modificación; mientras unas retroceden por la erosión de las olas, otras avanzan debido a la sedimentación de las mismas. Dicha acción combinada forma abruptos acantilados y plataformas de abrasión. A su vez, los derrubios producidos por la erosión se sedimentan en forma de terraza. Al hacerse menos profundas las aguas, la capacidad erosiva de las olas disminuye y paulatinamente el acantilado desaparece.

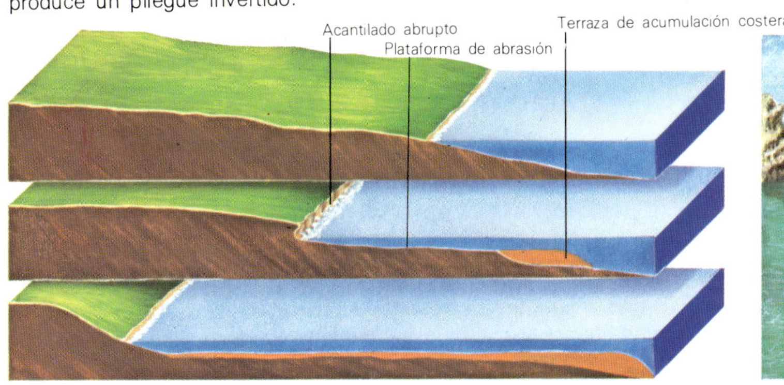

Hielo
Estas ilustraciones indican *(derecha)* la forma en que puede haberse formado un valle de glaciar. Este ahonda, endereza o rectifica y ensancha el valle fluvial, cuyas estribaciones entrelazadas se truncan o cortan. Las divisorias entre valles son dislocadas por los hielos, formando afiladas aristas y picos. Los valles suspendidos señalan la entrada de los ríos tributarios, y las rocas erosionadas forman la morrena mediana. La morrena terminal se sedimenta al retroceder el glaciar.

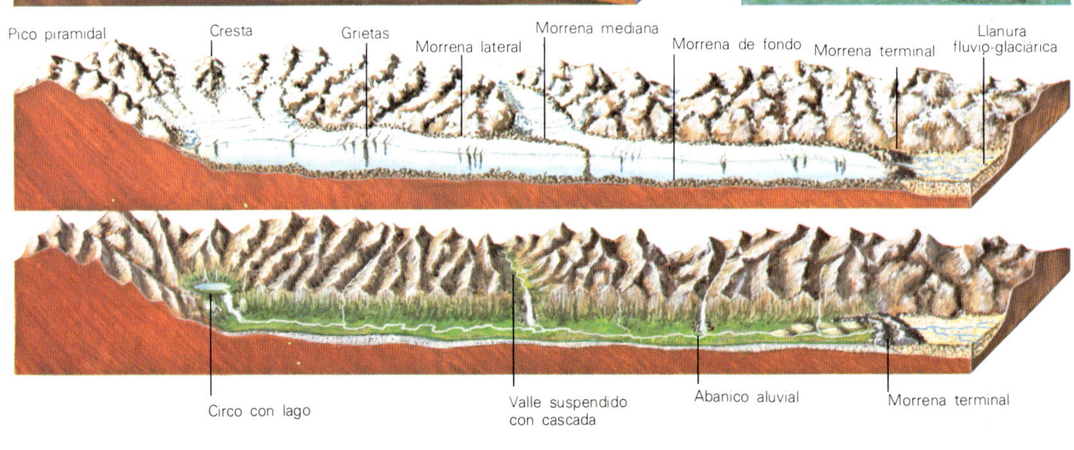

Hundimiento y levantamiento
Al erosionarse la superficie de la Tierra, ésta puede convertirse en una planicie: una penillanura, sólo interrumpida por cerros de escasa altitud, restos de anteriores montañas. A su vez, dicha penillanura puede levantarse, formando una meseta de bordes con pronunciada pendiente. En la costa, la llanura de abrasión marina levantada se convierte en una llanura costera y en los ríos rejuvenecidos impera, una vez más, la erosión descendente.

Dimensiones de la Tierra

Superficie

Punto más alto de la tierra: monte Everest, situado entre Tíbet y Nepal	8 848 m
Punto más bajo de la tierra: mar Muerto (Jordania), situado bajo el nivel del mar	−395 m
Mayor profundidad oceánica: fosa oceánica Challenger, situada en las Marianas	11 022 m
Altitud media de la tierra	840 m
Profundidad media de los mares y océanos	3 808 m

Configuración de la Tierra
Una superficie al nivel del mar imaginaria se denomina geoide. Midiendo en puntos distintos los ángulos respecto de una estrella fija, se han realizado numerosos cálculos relativos a la configuración de las partes del geoide: un esferoide achatado con su eje situado a lo largo del eje de rotación de la Tierra. Las observaciones efectuadas desde disintos satélites artificiales permiten obtener un nuevo método de cálculo más exacto de la forma de la Tierra y sus irregularidades en las distintas áreas geográficas.

Hemisferios terrestres y marítimos
Aproximadamente un 85 % de la superficie terrestre total se halla contenida en el hemisferio centrado sobre un punto situado entre París y Bruselas.

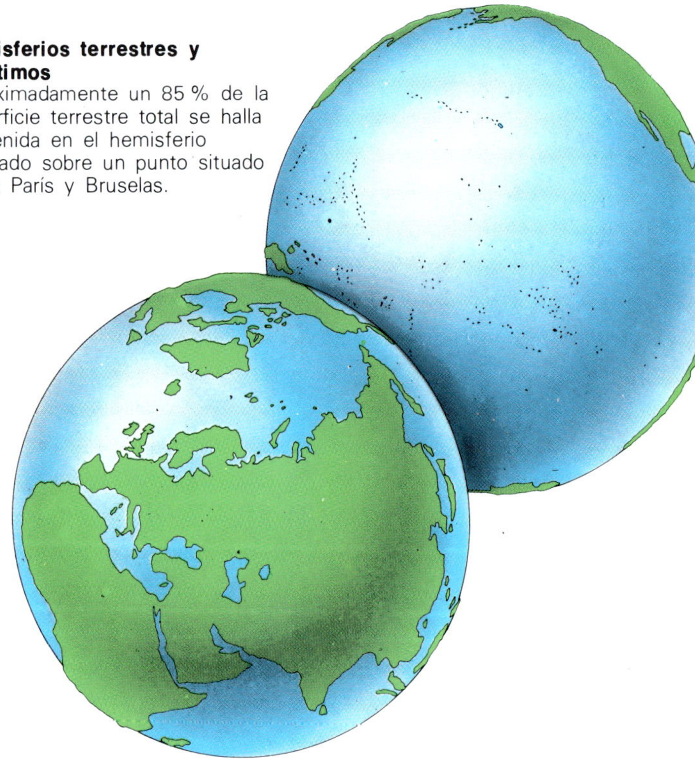

Dimensiones

Superficie	510 000 000 km^2
Superficie de tierra firme	149 000 000 km^2
Superficie de tierra firme, como % del área total	29,2 %
Superficie cubierta por las aguas	361 000 000 km^2
Perímetro en el ecuador	40 077 km
Perímetro meridiano	40 009 km
Diámetro ecuatorial	12 756,8 km
Diámetro polar	12 713,8 km
Radio ecuatorial	6 378,4 km
Radio polar	1 356,9 km
Volumen de la Tierra	1 083 230 × 10^6 km^3
Masa de la Tierra	5,9 × 10^{21} toneladas

Océanos y mares
Área en 1 000 de km²

Océano Pacífico	165 721
Océano Atlántico	81 660
Océano Índico	73 442
Océano Ártico	14 351
Mar Mediterráneo	2 966
Mar de Bering	2 274
Mar Caribe	1 942
Golfo de Méjico	1 813
Mar de Ojotsk	1 528
Mar de la China Oriental	1 248
Bahía de Hudson	1 230
Mar del Japón	1 049
Mar del Norte	575
Mar Negro	448
Mar Rojo	440
Mar Báltico	442
Golfo Pérsico	238
Golfo de San Lorenzo	236
Canal de la Mancha y Mar de Irlanda	179
Golfo de California	161

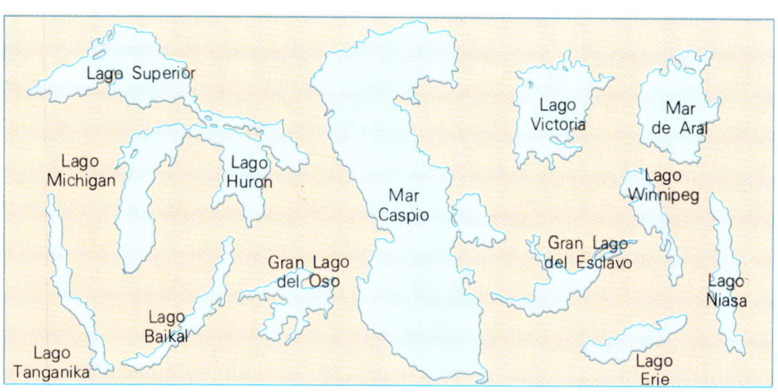

Lagos y mares interiores
Áreas en 1 000 de km²

Mar Caspio, Asia	424,2
Lago Superior, América del N.	82,4
Lago Victoria, África	69,5
Mar de Aral, Asia	63,8
Lago Hurón, América del N.	59,6
Lago Michigan, América N.	58,0
Lago Tanganica, África	32,9
Lago Baikal	31,5
Gran Lago del Oso, Am. N.	31,1
Gran Lago del Esclavo, Am. N.	28,9
Lago Nyassa	28,5
Lago Erie, América del Norte	25,7
Lago Winnipeg, América N.	24,3
Lago Chad, África	20,7
Lago Ontario, América del N.	19,5
Lago Ladoga, Europa	18,4
Lago Baljash	17,3
Lago de Maracaibo, Am. Sur	16,3
Lago Onega, Europa	9,8
Lago Eyre (salado), Australia	9,6
Lago Turkana (salado), África	9,1
Lago Titicaca, América del S.	8,3
Lago de Nicaragua, Am. Cen.	8,0
Lago Athabasca, América N.	7,9
Lago del Reno, América N.	6,3
Lago de Issyk-Kul, Asia	6,2
Lago Torrens (sal.), Australia	6,1
Lago Koko Nor (salado), Asia	6,0
Lago Urmia Asia	6,0
Lago Vänern, Europa	5,6

Los ríos más largos	km
Nilo, África	6 690
Amazonas, América del Sur	6 280
Mississippi-Missouri, Am. N.	6 270
Yang Tse Kiang (R. Azul), Asia	4 990
Zaire (Congo), África	4 670
Amur, Asia	4 410
Hohang ho (R. Amarillo), Asia	4 350
Lena, Asia	4 260
Mekong, Asia	4 180
Niger, África	4 180
Mackenzie, América Norte	4 040
Ob, Asia	4 000
Ienisei, Asia	3 800

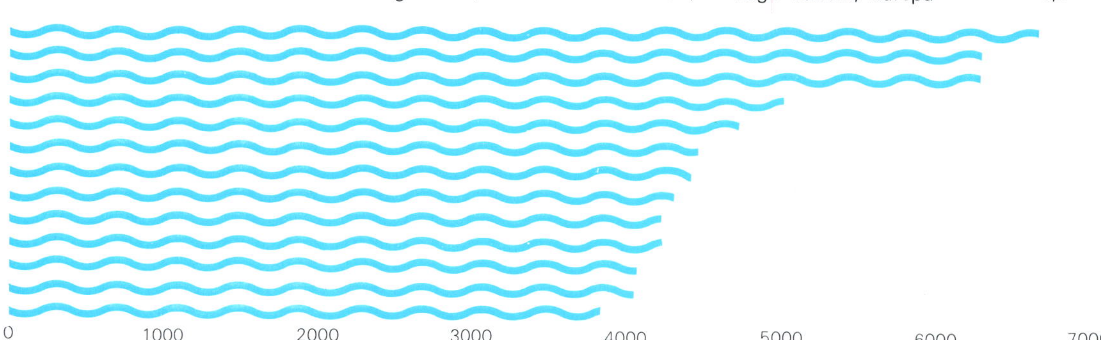

Montañas más altas y mayores profundidades

El monte Everest ha desafiado a los más grandes alpinistas durante 32 años, cobrándose numerosas vidas humanas. Hasta 1920 no se concedió autorización por el Dalai Lama para tratar de escalar dicha cima, habiéndose realizado el primer ascenso a la misma con éxito en 1953. Desde entonces, se ha alcanzado varias veces. Los picos más elevados del mundo ya han sido escalados, pero quedan todavía muchos sin explorar en el Himalaya, algunos de los cuales pueden superar los 7 600 m de altitud.

Las mayores fosas submarinas son la de Puerto Rico (9 200 m), la de Tonga (10 822 m) y la de Mindanao (10 497 m), situada en el Pacífico. Las fosas representan menos del 2 % de la superficie total del fondo del mar, pero son de gran interés como líneas de debilitamiento estructural de la corteza terrestre y como zonas de frecuentes terremotos.

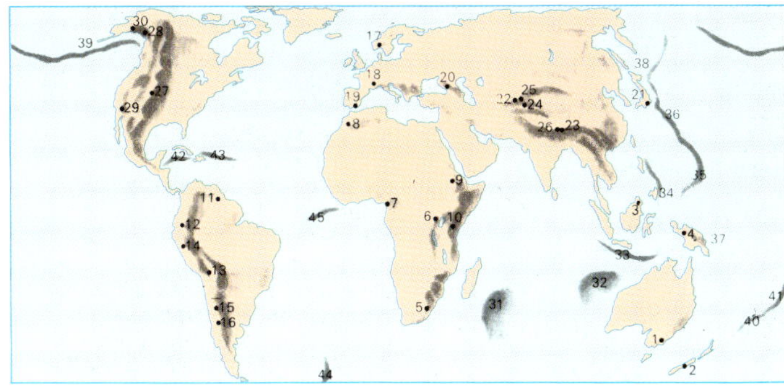

Montañas altas

Altitud de las montañas (en metros)

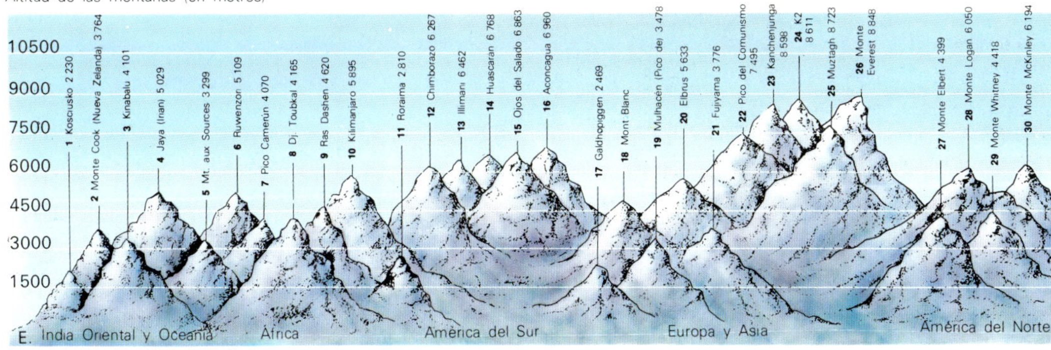

Batiscafo

Profundidades oceánicas (en metros)

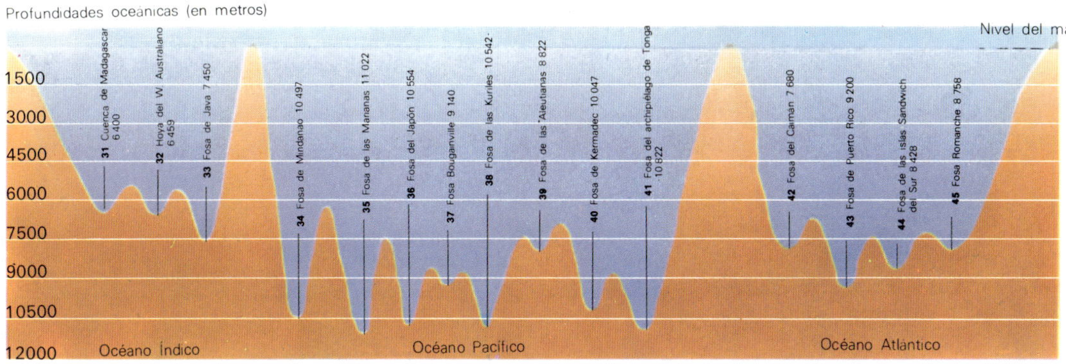

Cataratas

Cataratas importantes (altura en metros)

Ángel, Venezuela	980
Tugela, África del Sur	853
Mongefossen, Noruega	774
Yosemite, California (EE. UU.)	738
Mardalsfossen, Noruega	655
Cuquenán, Venezuela	610
Sutherland, Nueva Zelanda	579
Reichenbach, Suiza	548
Wolomombi, Australia	518
Ribbon, California (EE. UU.)	491
Gavarnie, Francia	422
Tyssefallene, Noruega	414
Krimml, Austria	370
King George VI, Guyana	366
Silver Strand, California	356
Geissbach, Suiza	350
Staubbach, Suiza	299
Trümmelbach, Suiza	290
Chirombo, Zambia	268
Livingstone, Zaire	259
King Edward VIII, Guyana	256
Gersoppa, India	253
Vettifossen, Noruega	250
Kalambo, Zambia	240
Kaieteur, Guyana	226
Maletsunyane, Lesotho	192
Terui, Italia	180
Muchison, Uganda	122
Victoria, Zimbabwe-Zambia	107
Cauvery, India	97
Stanley, Zaire	61
Niagara, Am. Norte	51
Schaffhausen, Suiza	30

Embalse

Presas importantes altura en metros

África

Cabora Bassa, río Zambeze	168
Embalse principal de Akosombo, río Volta	141
Kariba, río Zambeze	128
Presa de Asuán, río Nilo	110

Asia

Nurek, río Vakhsch, Tadzik.	317
Bhakra, río Sutlei, India	226
Kurobegawa, río Kurobe, Jap.	186
Charvak, río Chirchik, Uzbek.	168
Okutadami, río Tadami, Japón	157
Bhumiphol, río Ping, Tailandia	154

Australia

Warragamba, Australia, N.S.W.	137
Eucumbene, Australia, N.S.W.	116

Europa

La Gran Dixence, Suiza	284
Vajont, río Vajont, Italia	261
Mauvoisin, río Drance, Suiza	237
Contra, río Verzasca, Suiza	230
Luzzone, río Brenno, Suiza	208
Almendra, río Tormes, España	202
Tignes, río Isère, Francia	180
Vidraru, río Arges, Rumania	165
Kremasta, río Acheloos, Grecia	165

América del Norte

Oroville, río Feather U.	235
Hoover, río Colorado U.	221
Cañón Glen, río Colorado	
Daniel Johnson, Canadá	214
New Bullards Bar, río Nuevo Yuba	194
Mossyrock, río Cowlitz,	
Shasta, río Sacramento,	
W.A.C. Bennett, Canadá	183
Don Pedro, río Tuolumne,	
Hungry Horse, río Flathead,	
Grand Coulee, río Columbia,	

América Central y América del Sur

Guri, río Caroní, Venezuela	106

PRECIPITACIONES : El mundo

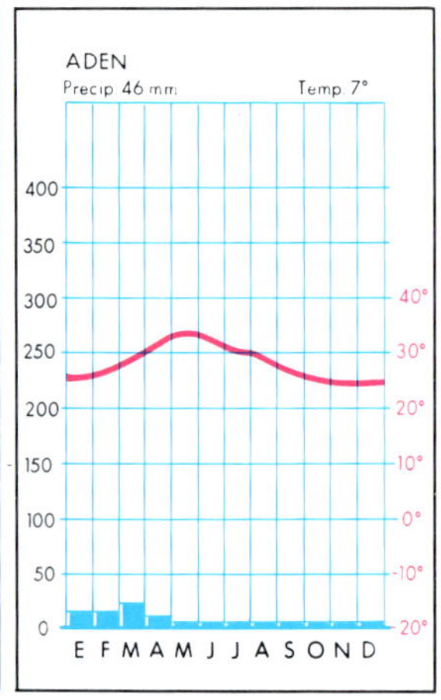

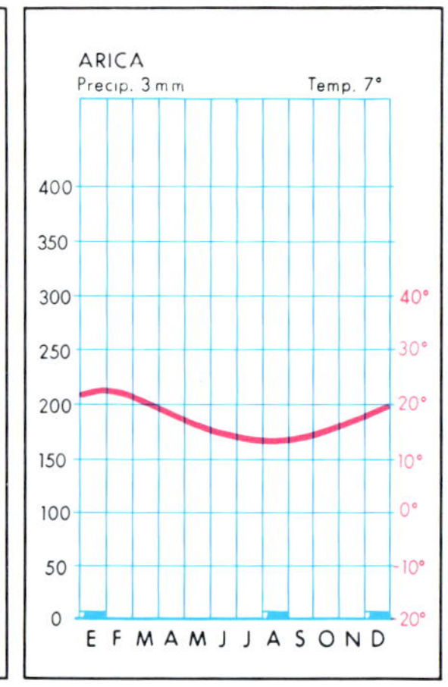

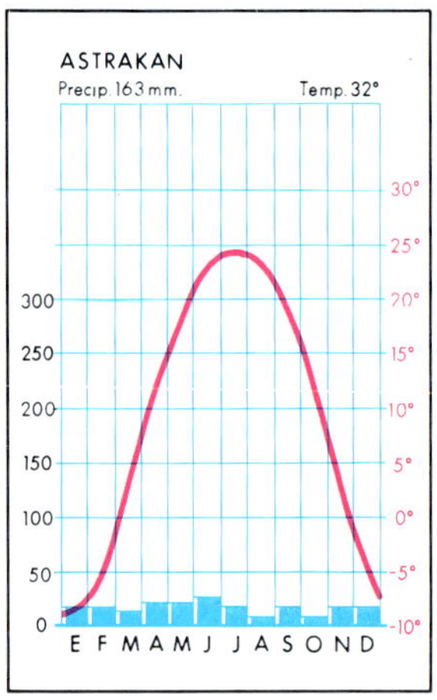

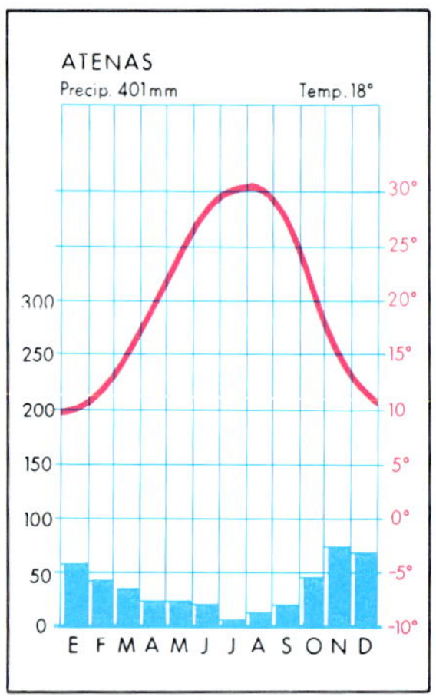

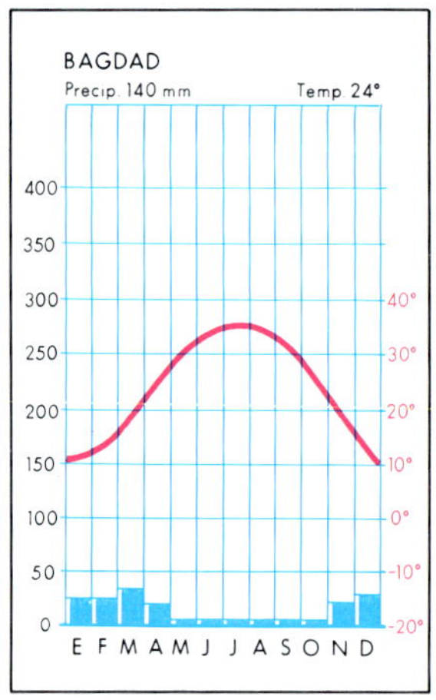

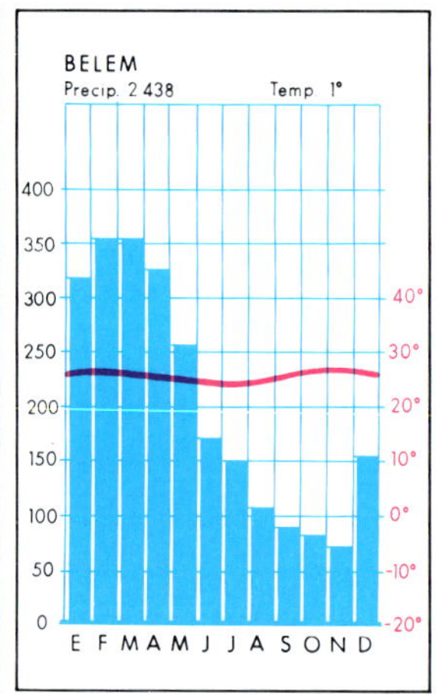

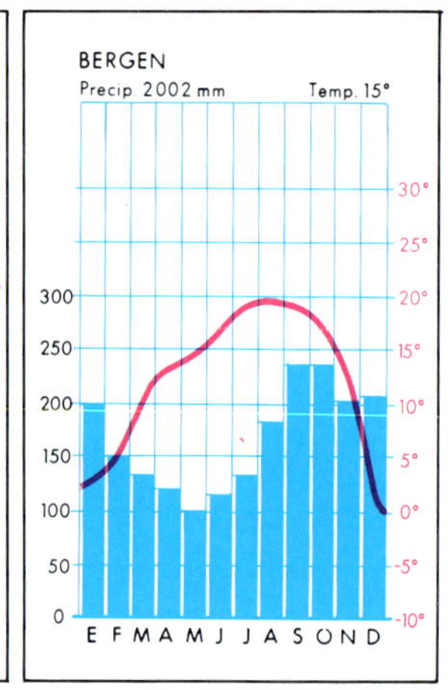

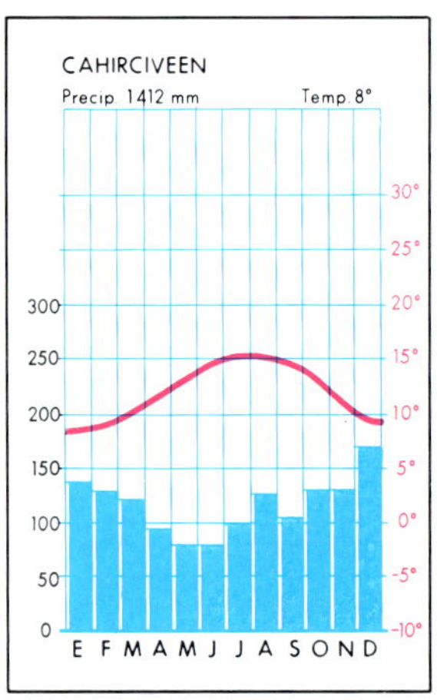

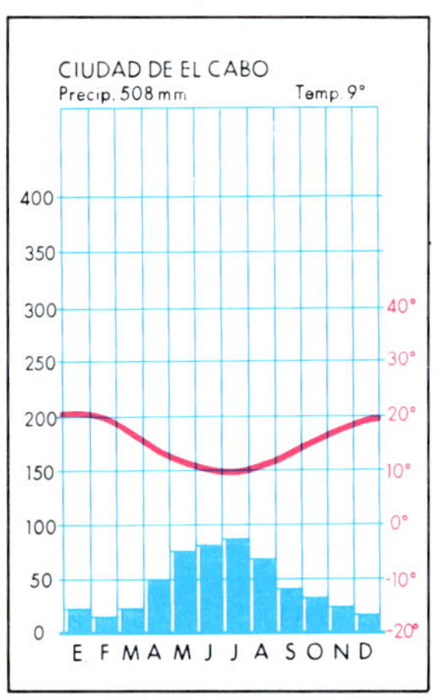

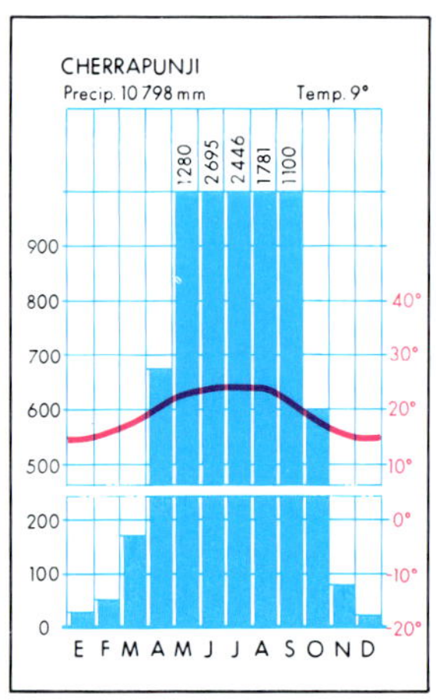

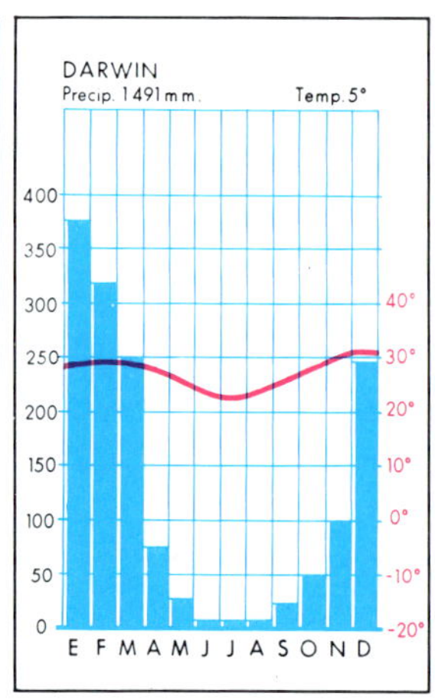

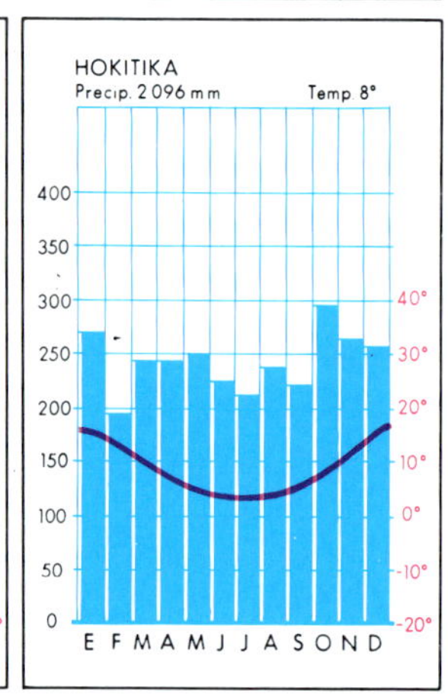

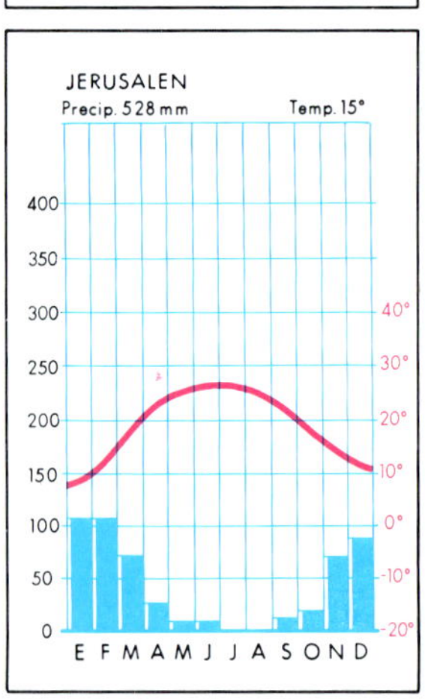

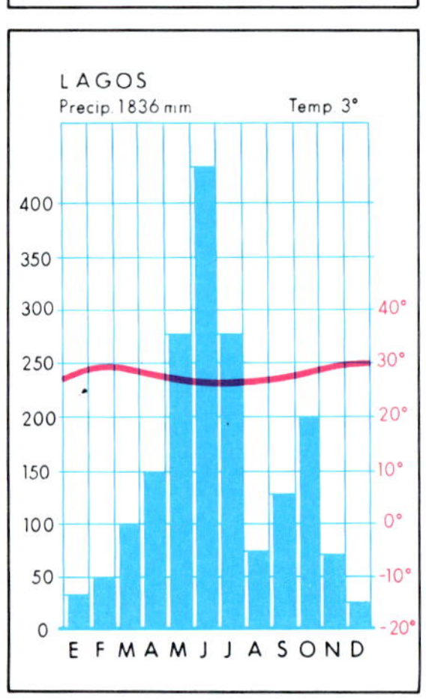

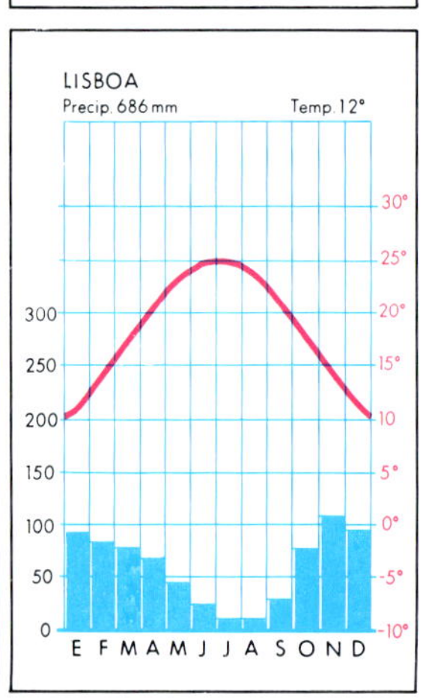

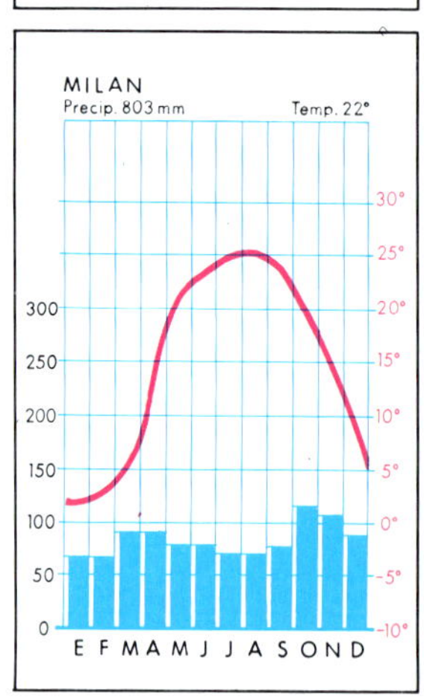

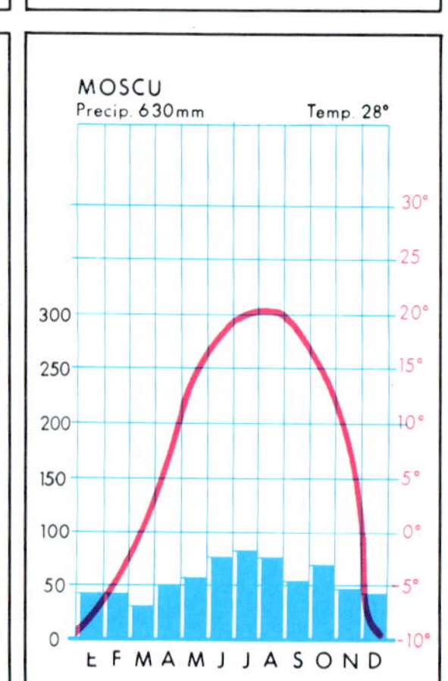

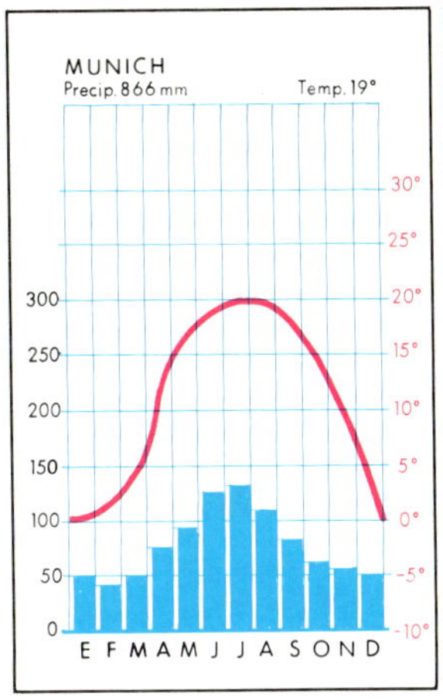

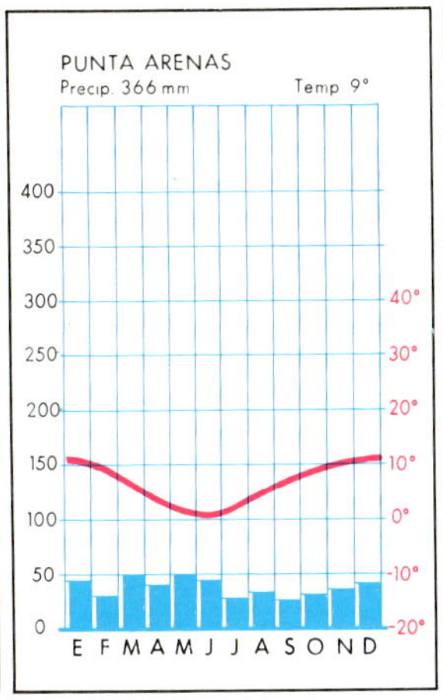

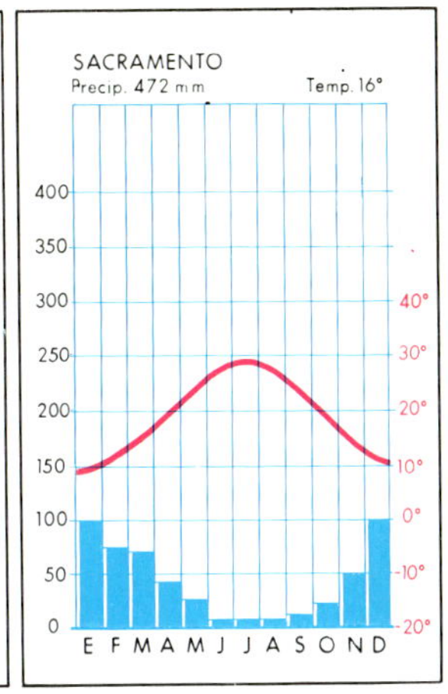

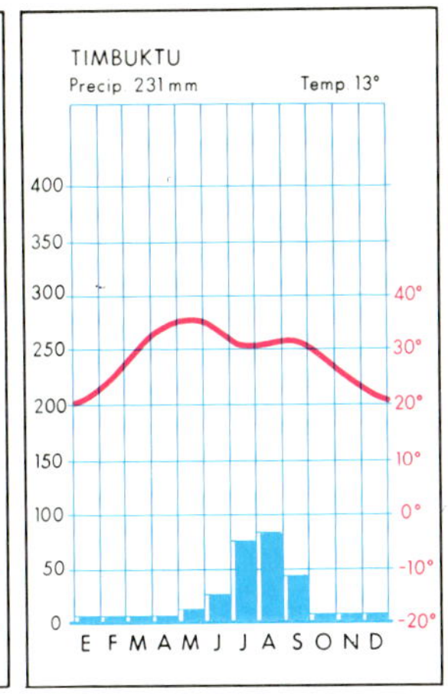

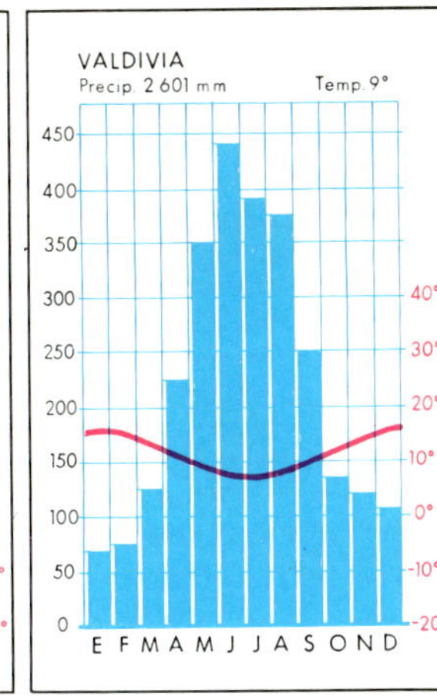

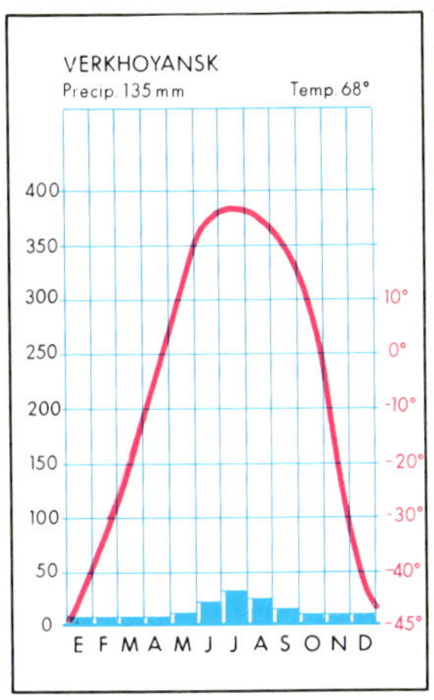

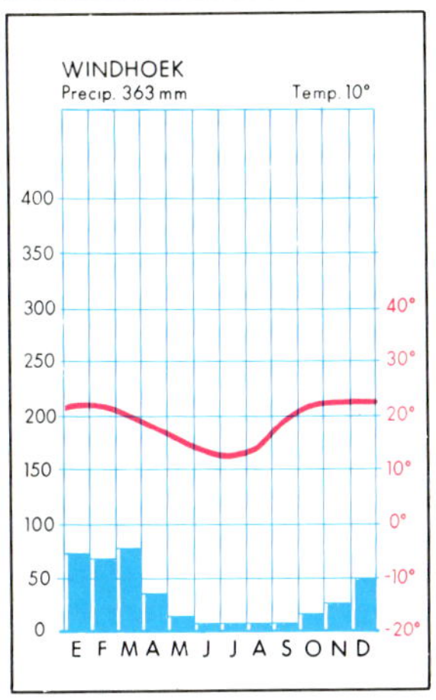

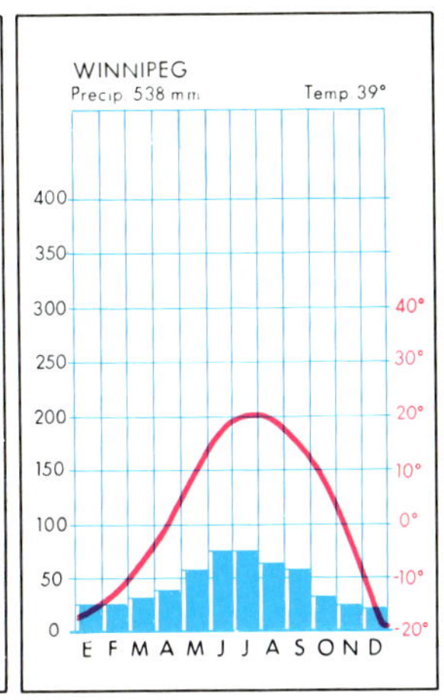

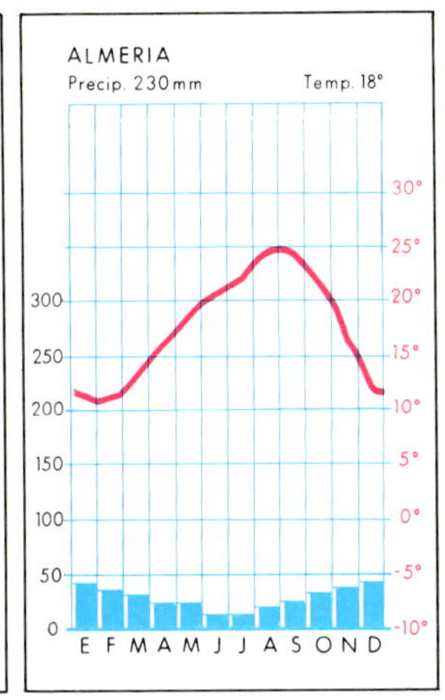

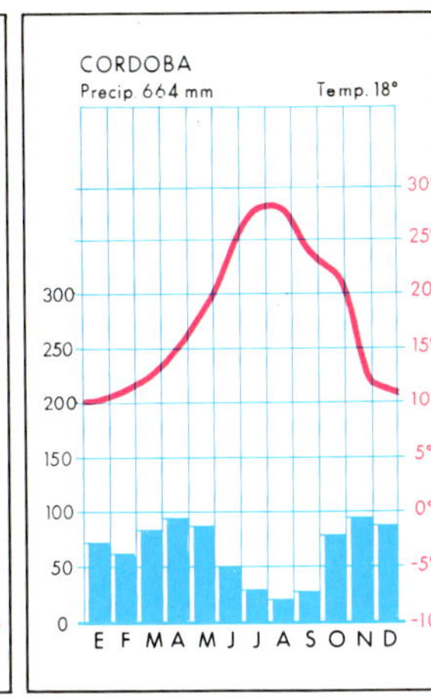

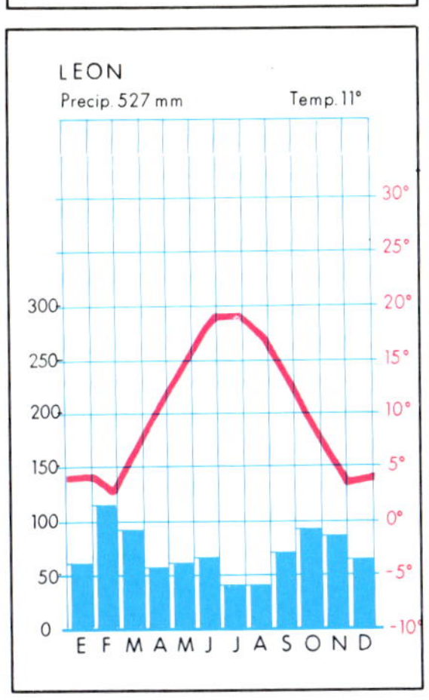

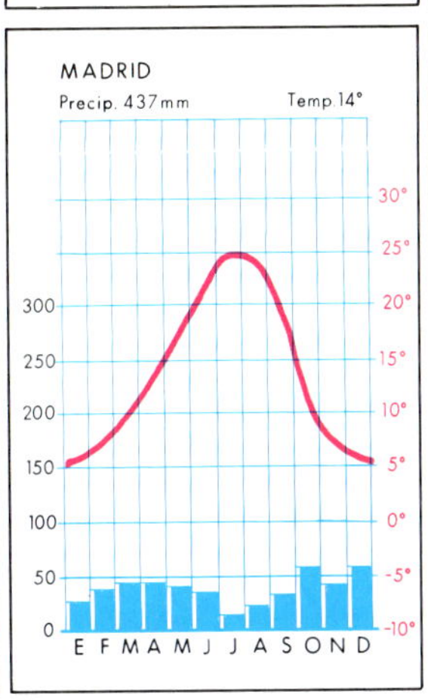

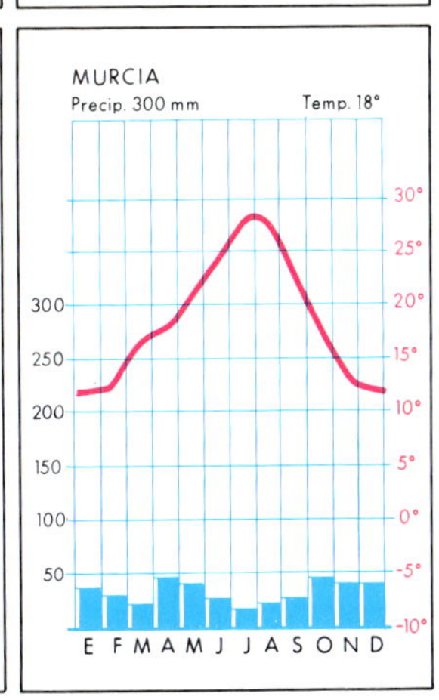

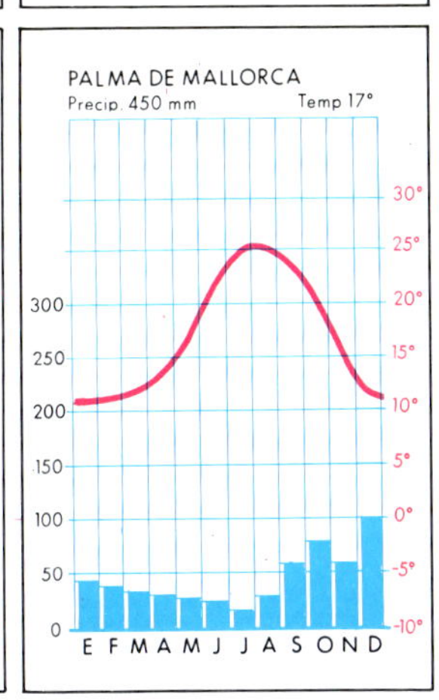

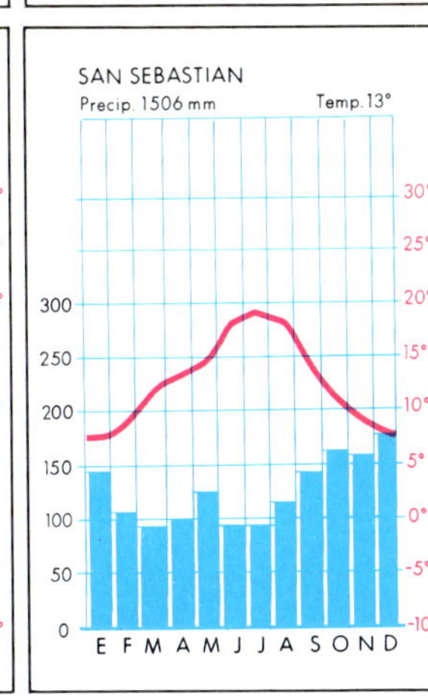

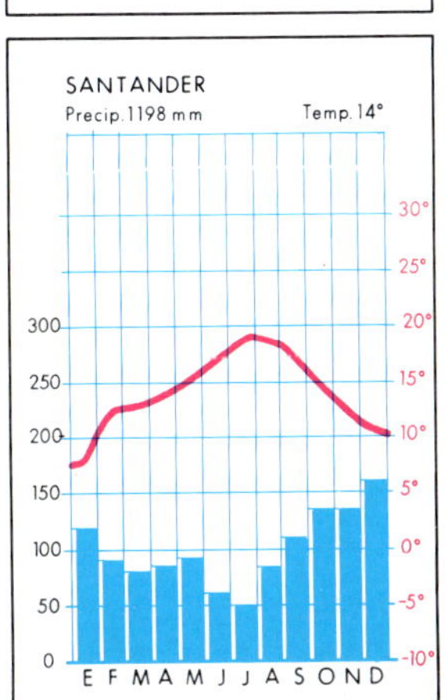

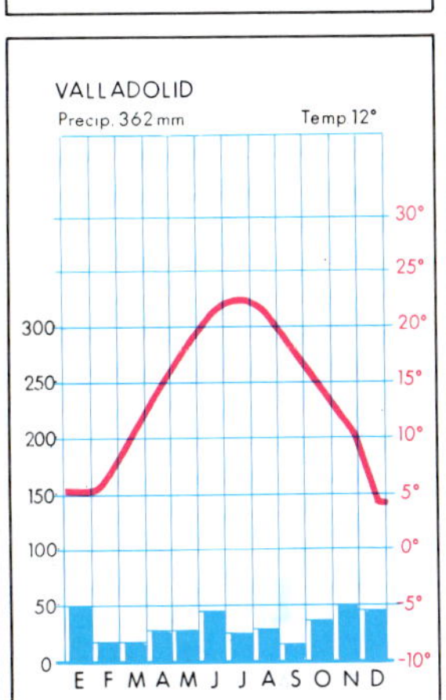

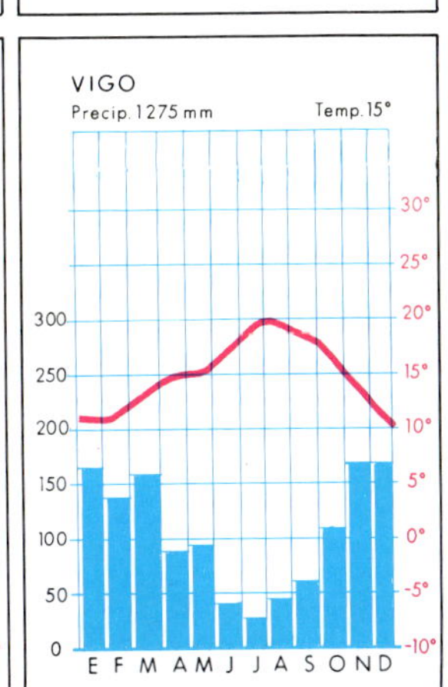

La temperatura reseñada dentro del gráfico corresponde a la temperatura media anual en España, y, en el resto de los países, a la amplitud térmica anual.

Recursos del agua y vegetación

Recursos del agua y vegetación
El agua fresca resulta esencial para la vida en la Tierra y en algunas regiones del mundo constituye el artículo más preciado. Por otra parte, es sumamente fácil para los países templados industrializados dar por supuesta su existencia y la creciente demanda de agua del hombre sólo puede atenderse en última instancia mediante la desalinización de los 1 250 millones de kilómetros cúbicos de agua salada. El 70 % del agua fresca de la Tierra está en forma de hielo.

Ciclo hidrológico
El agua es constantemente absorbida por la atmósfera en forma de vapor, procedente de los océanos, lagos, ríos y la transpiración vegetal. El vapor, al enfriarse, se condensa o congela y cae en forma de lluvia, hielo o nieve. La mayor parte de las precipitaciones caen sobre el mar, pero una cuarta parte de ellas desciende hasta la tierra, evaporándose la mitad de las mismas nuevamente, poco después de haber caído, mientras el resto vuelve de nuevo a los océanos.

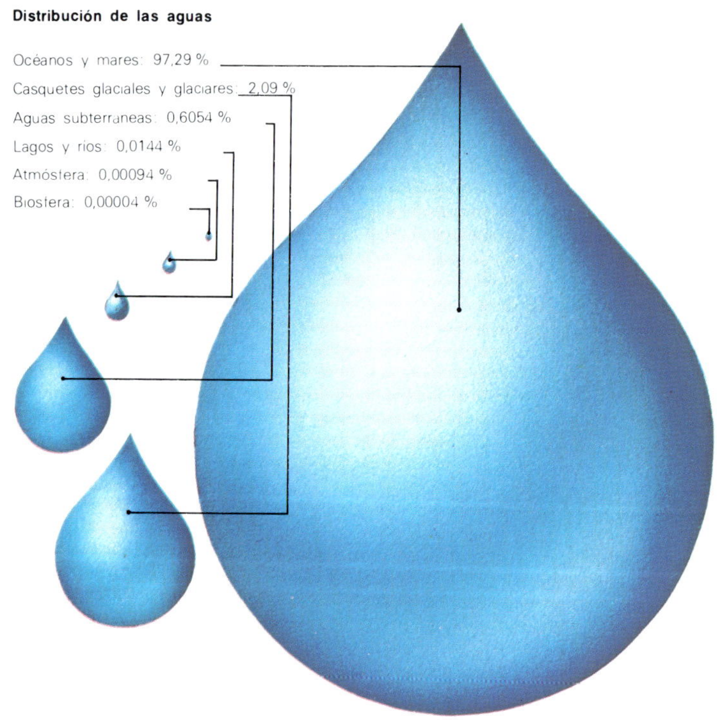

Tundra

Matorral mediterráneo

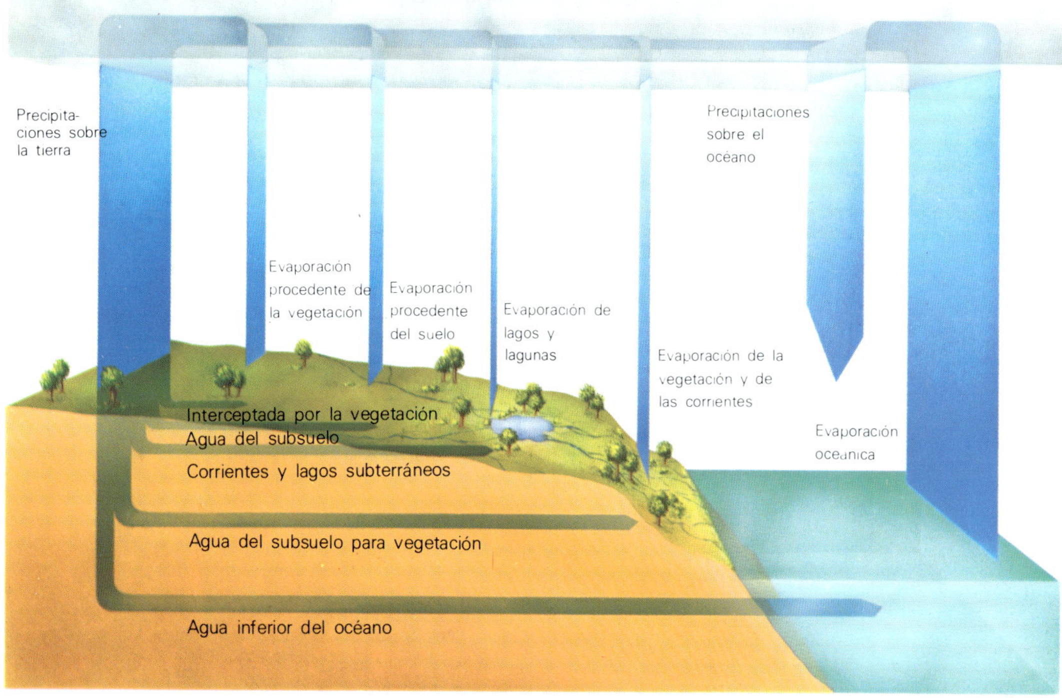

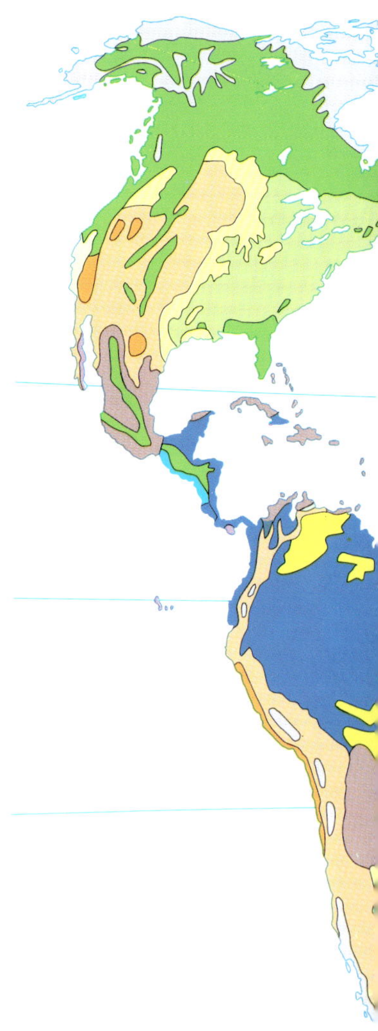

Consumo doméstico de agua
Cierto grado de industrialización de la región, su clima y el nivel de vida alcanzado en ella constituyen los principales factores determinantes del consumo de agua. Europa consume, por término medio, 636 litros por habitante cada día, 180 de los cuales se gastan en usos dométicos. En Estados Unidos este último uso es de 270 litros diarios. El gráfico (derecha) correspondiente representa el consumo doméstico en un país europeo industrializado en 1970.

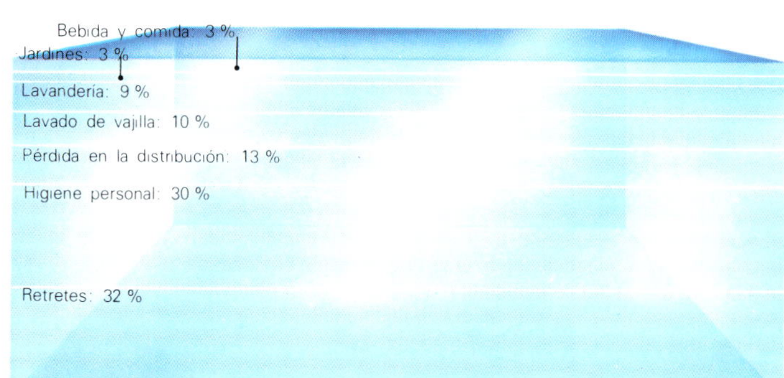

Bosque de coníferas

Bosque de hoja caduca y mixto

Bosque tropical

Bosque monzónico

Pradera

Sabana

Zona árida

Desierto

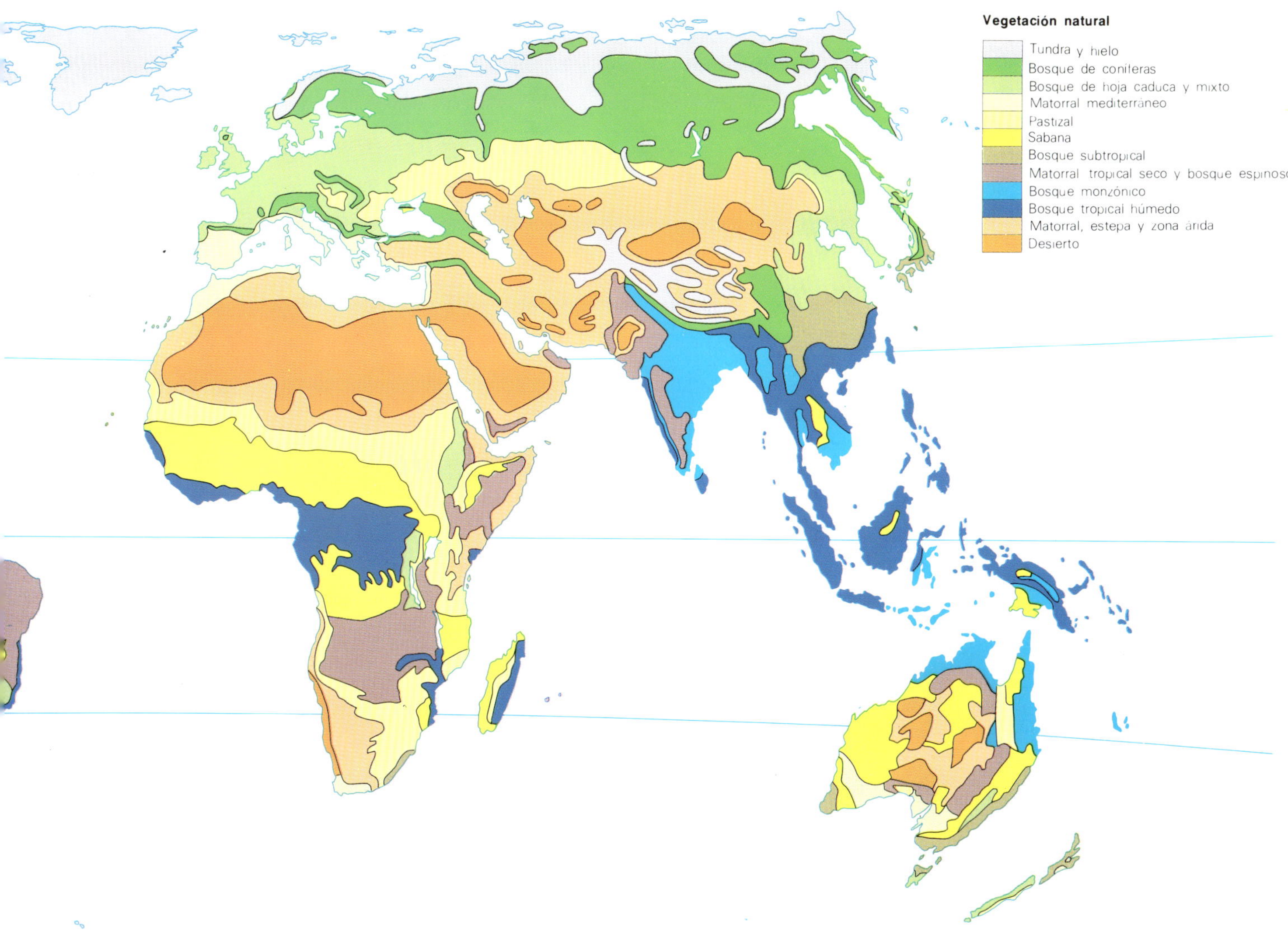

Población

Distribución de la población

(derecha e inferior derecha)

La población ha estado siempre distribuida de manera desigual en el mundo. Europa tuvo durante varios siglos casi el 20 % de la población mundial, pero después de las exploraciones de los siglos XVI-XIX y las posteriores migraciones, esta proporción ha disminuido rápidamente. En 1750, América tenía el 2 % del total mundial; se espera que en el 2000 d.C. tenga el 14 %.

Las regiones más densamente pobladas son la India, China y Europa, donde la densidad media oscila entre 100 y 200 habitantes por km^2, aunque en todos los lugares existen centros de elevada densidad. Por el contrario, la Guayana Francesa tiene menos de 1,0 personas por km^2 Los países del mapa inferior han sido trazados de manera que su superficie sea proporcional a la población.

EE. UU. 1985

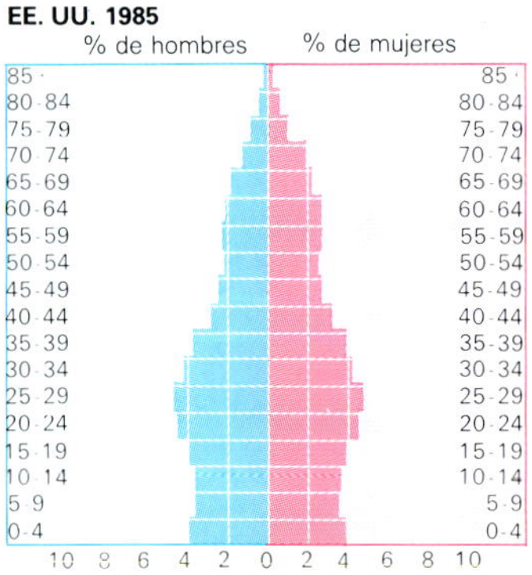

R. U. 1985

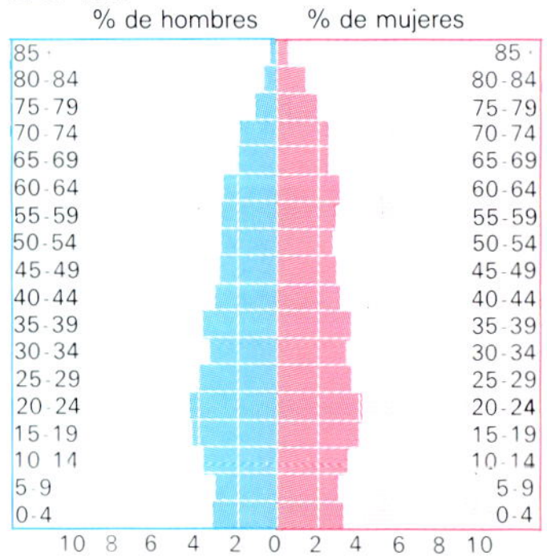

Brasil 1985

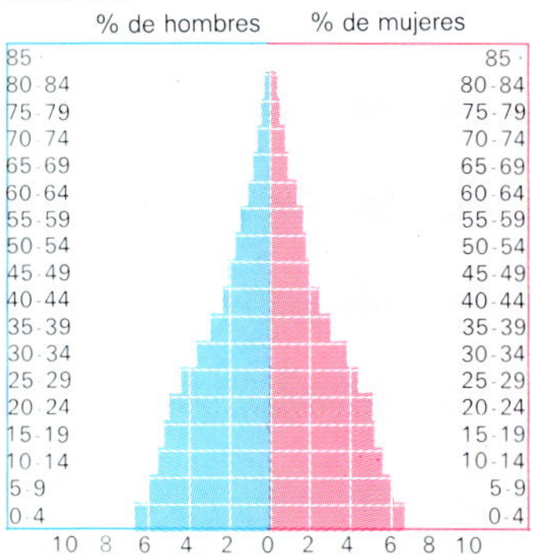

URSS 1985

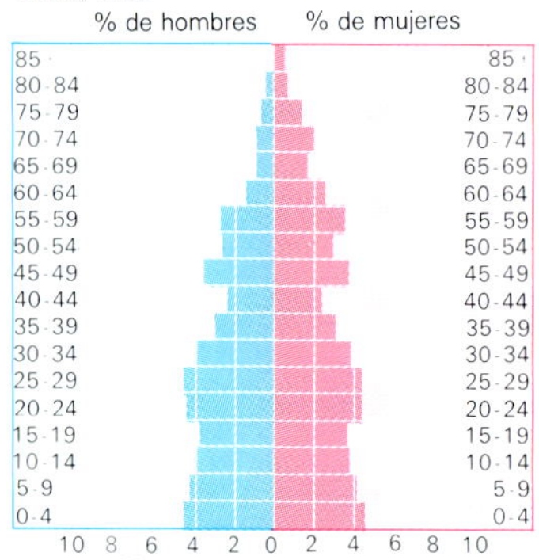

Suráfrica 1985

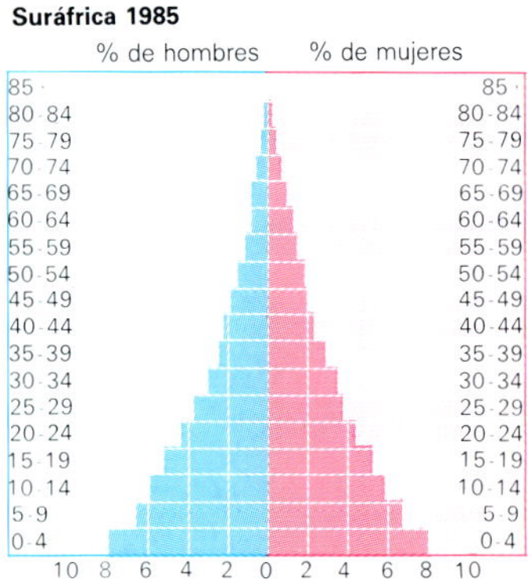

India 1985

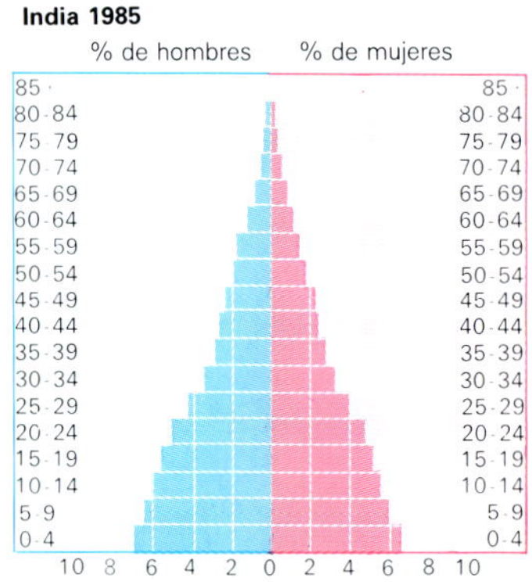

Aumento de la urbanización en países desarrollados y en vías de desarrollo.

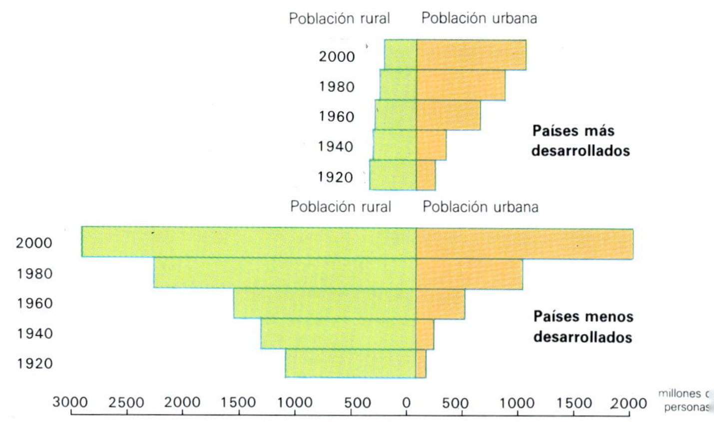

Distribución por edades

El R. U. muestra muchas características demográficas de los países europeos. Los índices de natalidad y mortalidad han disminuido, al tiempo que se registra un aumento moderado de la población: existen casi tantos ancianos como jóvenes. En cambio, la India y otros muchos países tienen pocos ancianos y muchos jóvenes debido a los elevados índices de mortalidad y a los de natalidad todavía más altos. Este exceso es el responsable de la explosión demográfica en el mundo.

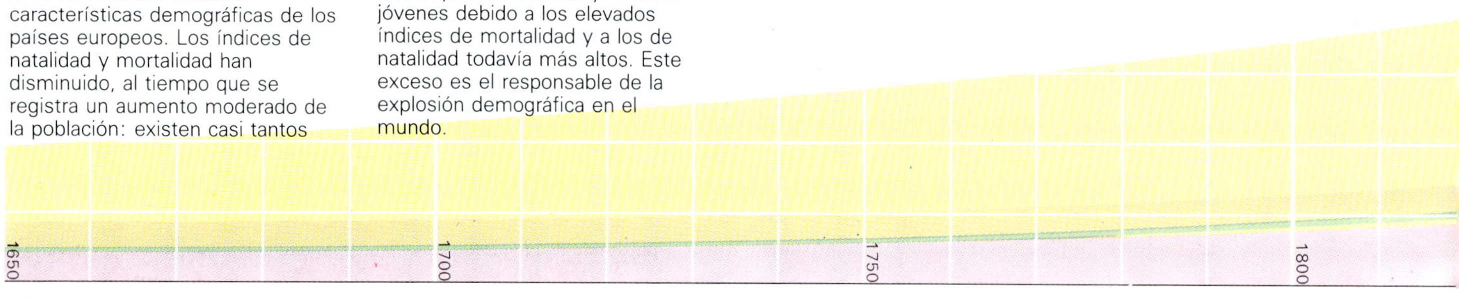

Distribución de la población mundial

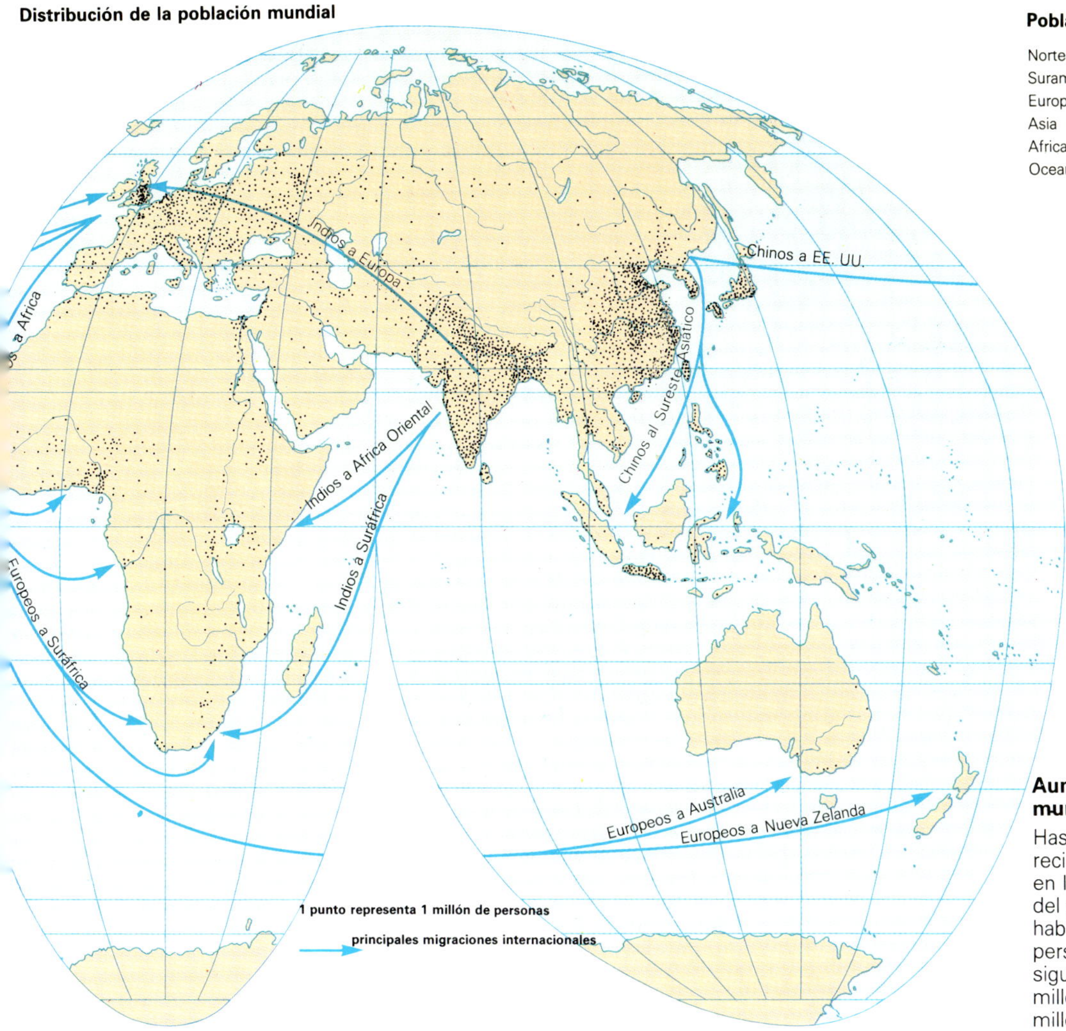

Población en el año 2000

Norteamérica	298 000 000
Suramérica	550 000 000
Europa, incl. Rusia	828 000 000
Asia	3 544 000 000
Africa	877 000 000
Oceanía	30 000 000

Aumento de la población mundial

Hasta épocas relativamente recientes, hubo escasos aumentos en la población mundial. Alrededor del año 6000 a.C. se cree que había unos 200 millones de personas y en los 7 000 años siguientes el aumento fue de 100 millones. En 1800 había unos 1 000 millones; en la actualidad más de 4 000 millones y si la tendencia actual continúa, en el año 2000 habrá más de 6 000 millones de personas.

Países según el tamaño de su población

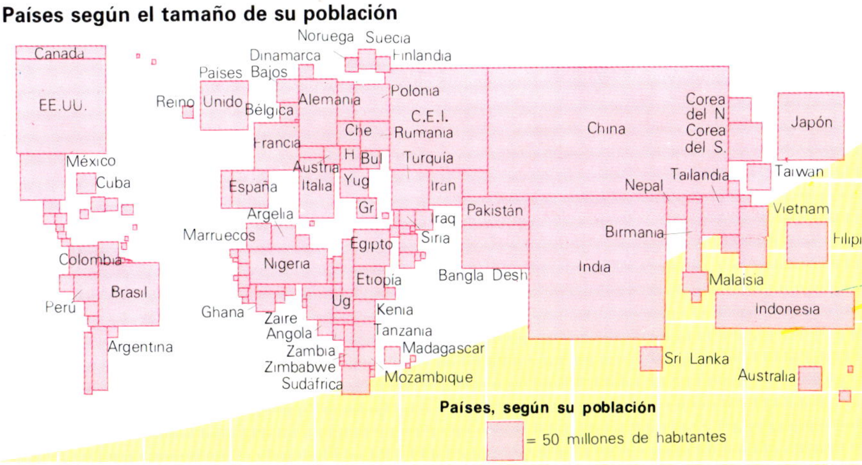

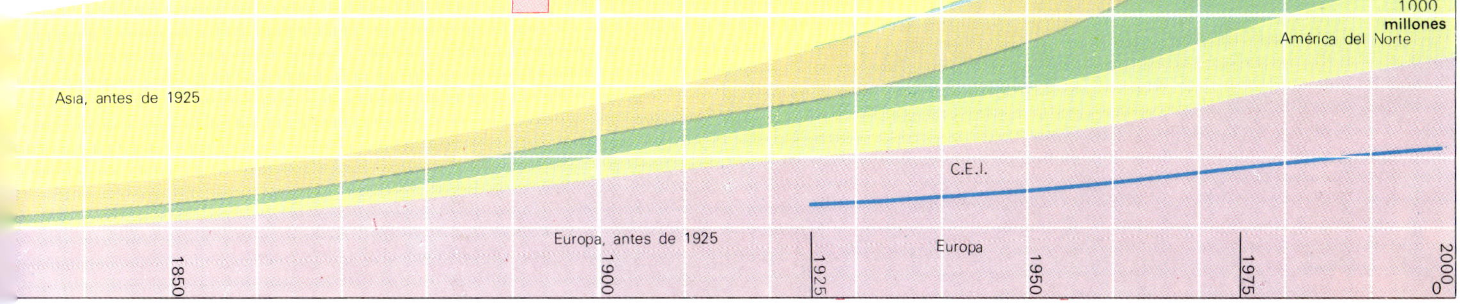

Idioma

Cabe achacar, en parte, a los idiomas la culpa de la división de comprensión entre las naciones. Mientras un idioma común establece sólidos vínculos entre los países, dicha lengua común aisla, a su vez, a los mismos de los demás paises y comunidades. Por lo que las creencias, conceptos e invenciones se hacen exclusivos de dichas nacionalidades, desarrollándose culturas distintas.

Existen miles de idiomas y dialectos hablados actualmente, lo que puede originar desavenencias dentro de un mismo país, como en India, donde los distintos dialectos se bastan para descomponer el país en diversos grupos diferentes.

Como consecuencia de la colonización y la difusión de los idiomas internacionalmente aceptados, muchos países han implantado un idioma del todo extraño, a fin de poder establecer una conciliación entre las comunidades nacionales aisladas, facilitando la comprensión internacional; por ejemplo, el inglés en India.

Idiomas propios

Ciertos idiomas, que presentan marcadas analogías, se cree que han surgido de lenguas madres comunes, como el latín. Tras la derrota del Imperio Romano, en el que el latín se hallaba sólidamente establecido, este idioma se mantuvo como lengua de la nueva nación. Al no existir un centro unificador, el latín evolucionó hasta convertirse en otros varios nuevos idiomas.

Caligrafía

La escritura, en un principio, se realizaba mediante una serie de imágenes, que paulatinamente se convirtieron en estilos y modelos por los instrumentos generalmente utilizados. Los alfabetos grabados, como los empleados por los sumerios, tendían a ser angulares, mientras que los pintados o escritos tendían a los caracteres curvados, como en los jeroglíficos egipcios, cuyo desarrollo podemos seguir, a través del semítico occidental y los alfabetos griego y latino, hasta nuestro propio abecedario.

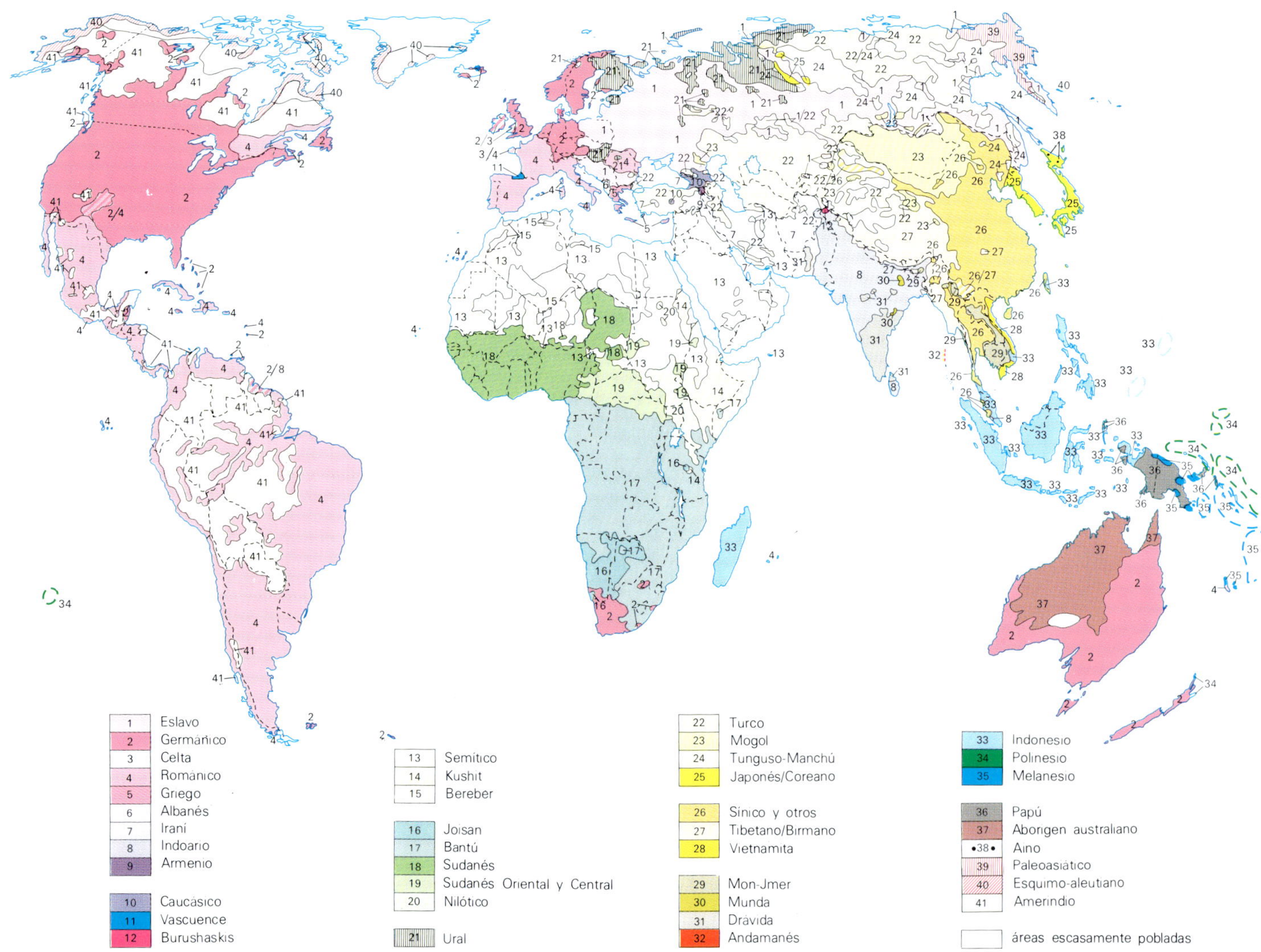

Religión

A través de la historia, el hombre ha creído en los poderes sobrenaturales basados en las fuerzas de la naturaleza, creencias que se han traducido por el culto a un dios y, en algunos casos, a varias deidades.
El **hinduismo** rinde culto a numerosos dioses y diosas, todos ellos simples manifestaciones de un espíritu divino, Brahma, con una doctrina que comprende una serie de creencias, como la reencarnación, los animales sagrados y el sistema de castas.
El **budismo,** derivado del hinduismo, fue fundado en India nororiental por Gautama Buddha (años 563-483 a.J.C.), quien predicaba que la disciplina espiritual y moral era esencial para lograr la suprema paz.
El **confucianismo** es una amalgama entre las enseñanzas de Buda y Confucio, ideadas con objeto de facilitar un fundamento ético a la estructura política de la China imperial, englobando al propio tiempo las formas ya existentes del culto ancestral.
El **judaísmo** se remonta al siglo XIII a. de J.C.

Monasterio cristiano

Los judíos, o hebreos, son monoteístas, es decir, creen en un único dios transcendente y esperan a un mesías salvador.
El **islam,** fundado en la Meca por Muhammad (Mahoma 570-632 de la era cristiana), se propagó por Asia y Africa, dejando en su retroceso zonas aisladas de comunidades adictas.
El **cristianismo** fue fundado por Jesús de Nazaret en el siglo I de nuestra era. La autoridad papal, establecida en el siglo IV, fue rechazada por las iglesias de Oriente en el siglo XI (ortodoxos).

Lugar santo judío

Templo hindú

Mezquita mahometana

Templo budista

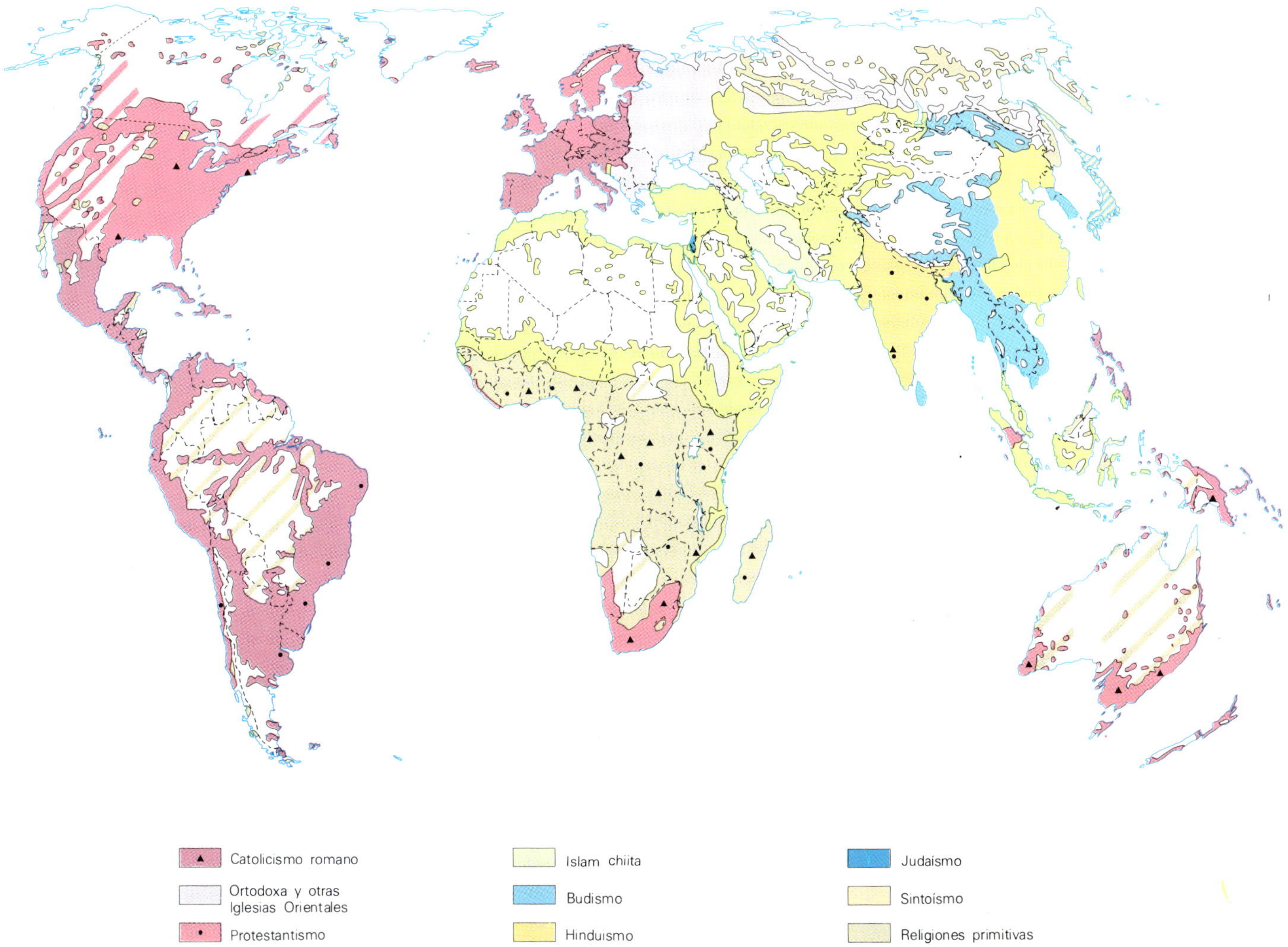

Crecimiento de las ciudades

Las ciudades a través de la Historia
La evolución de los asentamientos semipermanentes del Neolítico hasta convertirse en una ciudad se realizó entre los años 5 000 y 3 500 a. de C., estableciéndose unos sistemas eficaces de comunicaciones e intercambios al

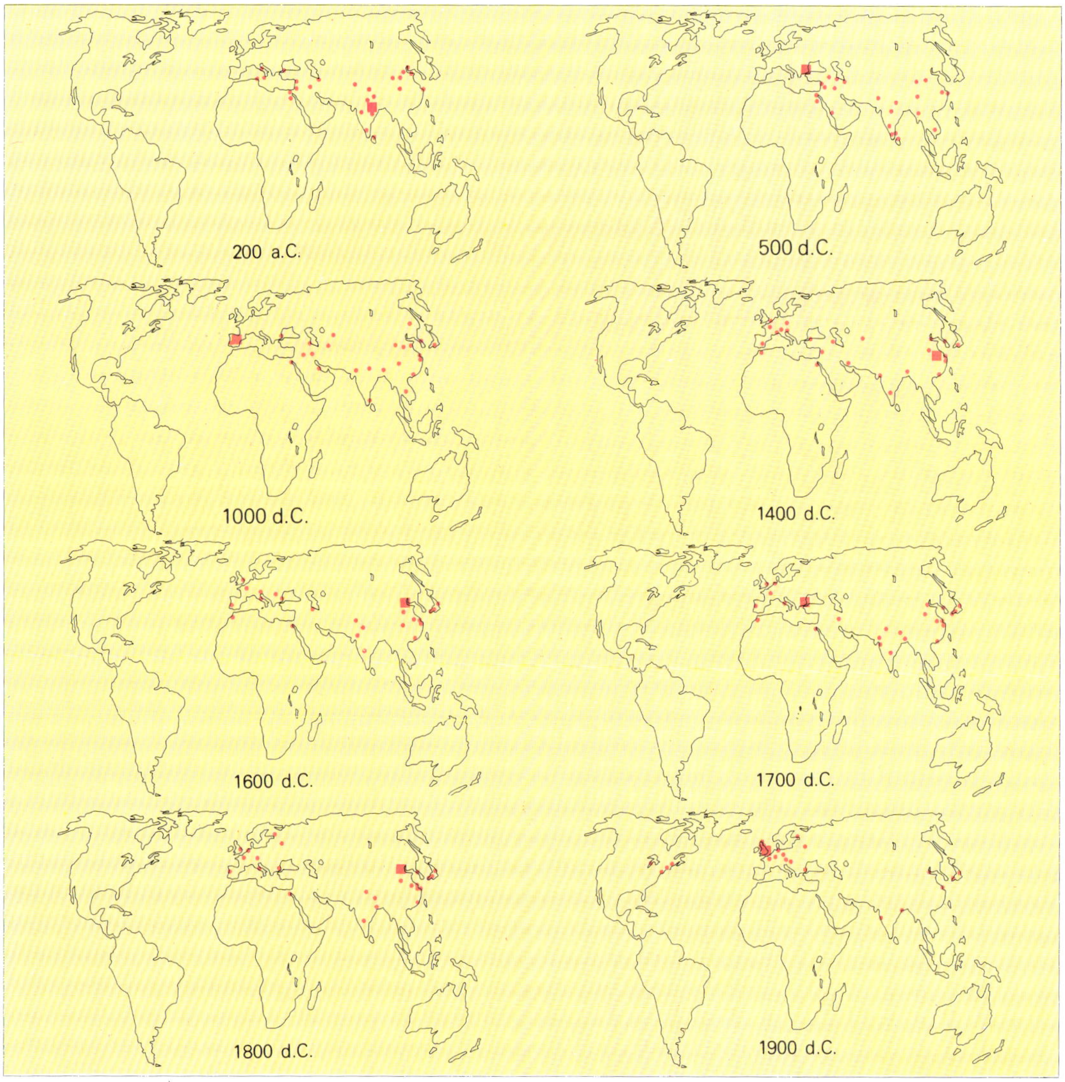

■ La ciudad más grande del Mundo

• Las veinticinco ciudades más grandes del mundo

Aumento de la urbanización
El aumento de la urbanización es principalmente el resultado de unas mejores condiciones sanitarias y de salud, que tiene como consecuencia el aumento de la población y, en segundo lugar, el paso del hombre desde la agricultura a la industria y a los servicios de las ciudades. Por lo general, las naciones industriales más desarrolladas son las que están más intensamente urbanizadas, aunque excepciones como Noruega o Suiza demuestran que puede existir la industrialización rural.

Areas metropolitanas
Un área metropolitana puede ser definida como una ciudad que hace de centro para comunidades adyacentes con áreas en crecimiento continuo controladas por un único gobierno municipal. Con la mejora de comunicaciones, las comunidades vecinas continúan mandando a la ciudad la mano de obra. La tabla (derecha) compara la población total de las veinte ciudades más grandes del mundo.

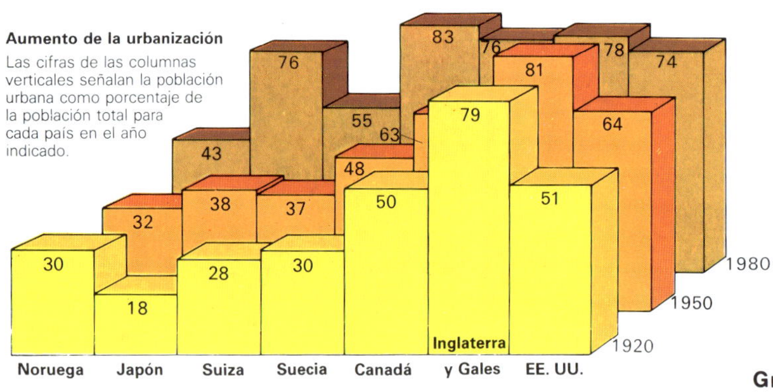

Población de las ciudades

		1950	1983-5	Proyección 2000
1.	Nueva York	14 830 192	17 687 400	22 773 000
2.	Ciudad de México	2 967 000	14 750 182	31 025 000
3.	Los Angeles	4 046 000	12 190 600	14 154 000
4.	Sao Paulo	2 227 512	12 183 634	25 796 000
5.	Tokyo	6 275 190	11 746 190	24 172 000
6.	Sanghay	4 300 630	11 185 100	22 677 000
7.	Buenos Aires	5 251 000	9 967 826	12 104 000
8.	Seúl	1 446 019	9 200 000	14 246 000
9.	Calcuta	4 446 000	9 194 018	16 678 000
10.	Beijing	2 163 000	9 179 660	19 931 000
11.	Río de Janeiro.	2 937 000	8 821 845	18 961 000
12.	París.	5 525 000	8 706 963	11 330 000
13.	Moscú.	4 841 000	8 642 000	9 087 000
14.	Bombay.	2 901 000	8 243 405	17 056 000
15.	Chicago.	3 620 962	8 015 900	9 411 000
16.	Tianin.	2 392 000	7 790 160	9 200 000
17.	El Cairo.	2 466 000	7 464 000	13 058 000
18.	Londres.	8 348 023	7 379 014	6 860 200
19.	Chonkin.	1 573 000	6 511 130	4 247 000
20.	Yakarta.	1 725 000	6 503 449	16 591 000

Grandes ciudades
Normalmente, éstas no son únicamente grandes centros de población y riqueza, sino también de poder político y comercial. Son el emplazamiento de aeropuertos internacionales y, a menudo puertos desde los que se distribuyen por carretera y ferrocarril las mercancías importadas que convergen en la urbe. Sus comercios e industrias son variados y flexibles, dependiendo más del diseño y la moda, que de la producción de materias primas.

aumentar la densidad de la población hasta 30 000 ó 50 000 habitantes por kilómetro cuadrado en el año 2 000 a. de C. en Egipto y Babilonia, en comparación con la de 10 000 de la ciudad de Nueva York actualmente.

Recursos alimentarios - Vegetales

Cacao, té, café
Estos productos tropicales o subtropicales se cultivan principalmente para la exportación a los países económicamente avanzados. El té y el café son las principales bebidas en el mundo. El cacao se utiliza más en la fabricación del chocolate.

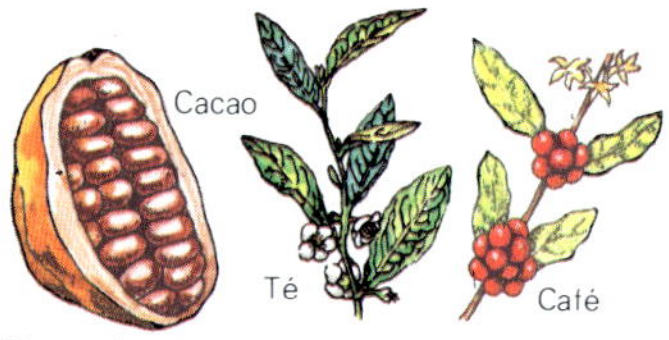

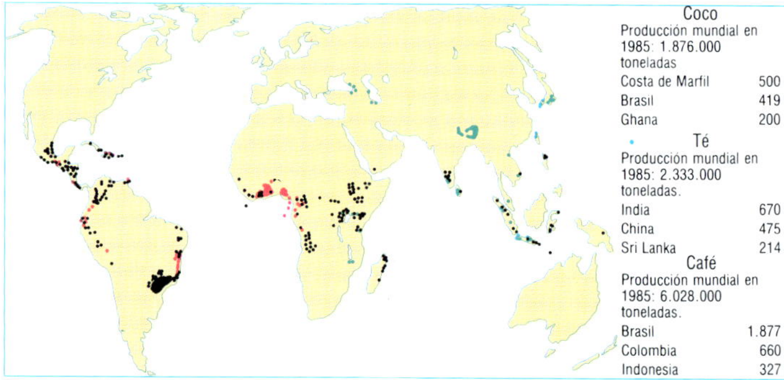

Remolacha azucarera y caña de azúcar
El azúcar de caña representa la mayor parte del azúcar del comercio internacional. Por su parte, el azúcar de remolacha exige un clima templado, produciéndose principalmente para el consumo doméstico.

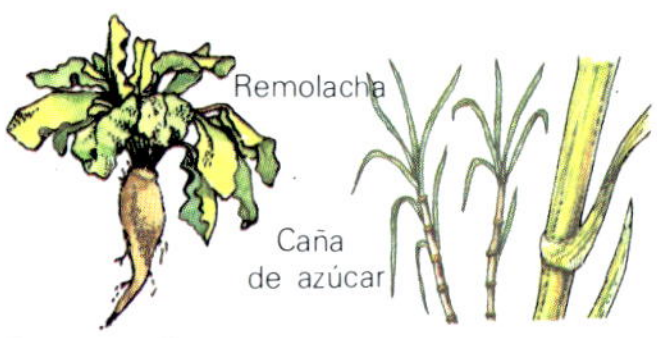

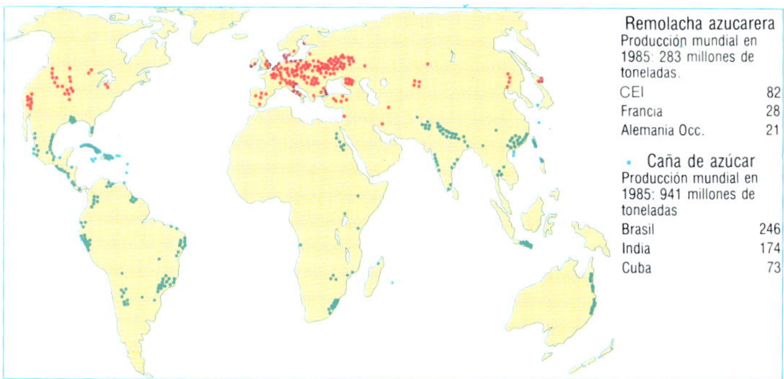

Fruta y vino
Con las mejoras en la conservación, deshidratación y congelación, así como en el transporte y la comercialización, el comercio y el consumo internacionales de frutos perecederos y blandos, de cítricos y de frutas tropicales ha experimentado un gran aumento.
Más del 80 % de la uva se destina a la producción de vino, más de la mitad del cual procede de los países ribereños del Mediterráneo.

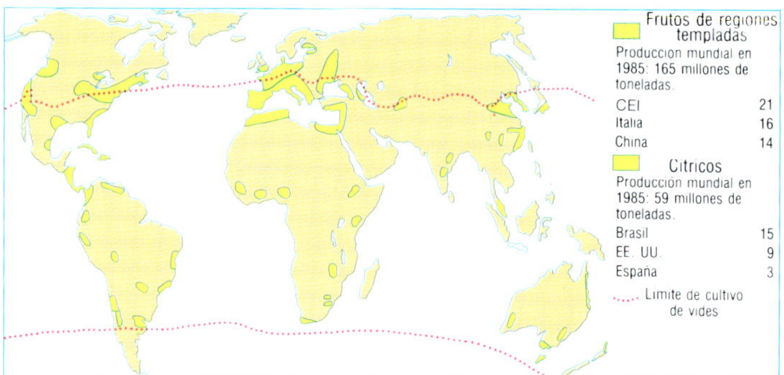

Semillas oleaginosas y aceites vegetales
A pesar de la creciente utilización de productos químicos sintéticos y grasas animales y marinas, los aceites vegetales extraídos de dichas cosechas ven acrecentado su volumen, valor e importancia.

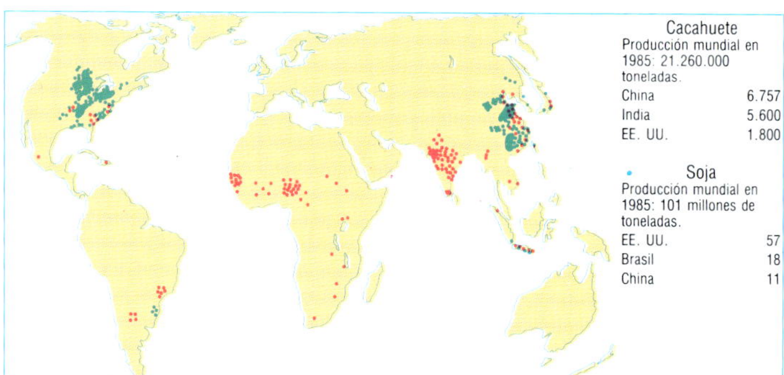

El cacahuete constituye, asimismo, un valioso cultivo de subsistencia, utilizándose su harina como pienso. La harina de soja es una creciente fuente de obtención de proteínas para la alimentación humana y animal. Los países mediterráneos son los principales productos de aceite de oliva.

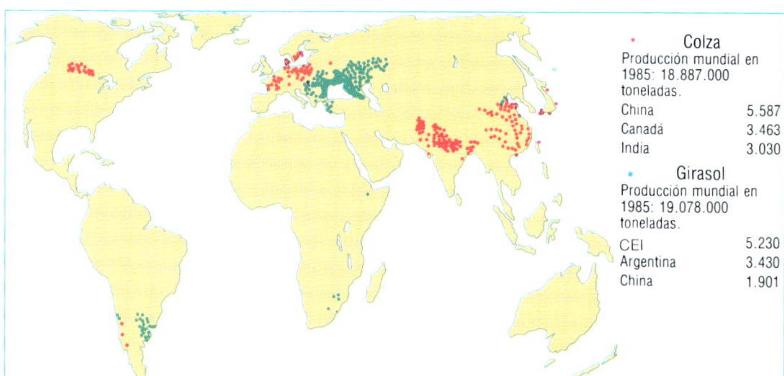

Cereales
Entre los cereales figuran los asociados con la familia de los granos de semillas feculentas comestibles: trigo, maíz, cebada, avena, arroz, mijo y sorgo.

Los cereales y la patata (que no es un cereal, pero sí un producto feculento) constituyen la principal fuente de alimentos de nuestras modernas civilizaciones debido a su gran rendimiento en cuanto a volumen y utilidad alimentaria, terreno y mano de obra necesaria Son, además, fáciles de almacenar y transportar y suministran piensos para los animales productores de carne, leche y huevos. El trigo es el principal cereal panificable de las regiones templadas, en las que la patata constituye, en volumen, la segunda fuente de obtención de alimentos. En las regiones más cálidas y húmedas especialmente en Asia, el arroz es el principal cereal. La avena, la cebada y el maíz se cultivan sobre todo para suministro de pienso a los animales; el mijo y el sorgo, son los principales cultivos de subsistencia en Africa e India.

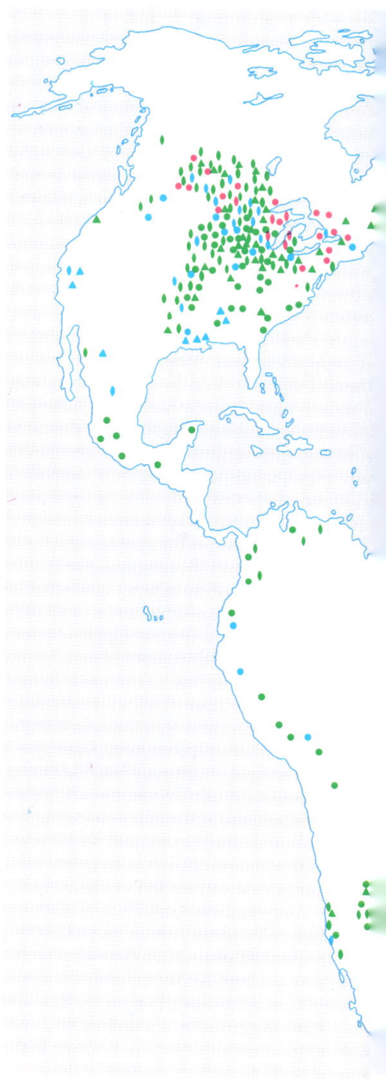

Maíz

Necesita mucho sol lluvia invernal o regadío y ausencia de heladas durante seis meses. Es importante su consumo en forma de pienso y para la alimentación humana

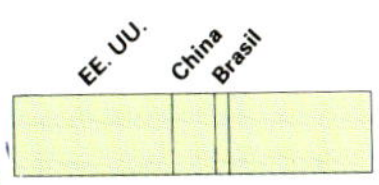

Producción mundial en 1985: 490 millones de toneladas.

Cebada

Es amplísimamente cultivada, requiriendo tan sólo tres a cuatro meses entre la siembra y la cosecha. Se utiliza principalmente como pienso y en la fabricación de la cerveza.

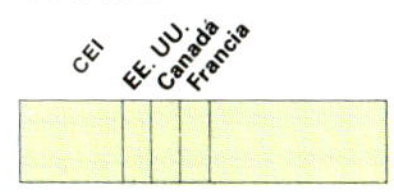

Producción mundial en 1985: 178 millones de toneladas.

Avena

Es ampliamente cultivada en las zonas templadas. Se emplea principalmente en la alimentación del ganado. La avena de mejor calidad se utiliza para hacer gachas

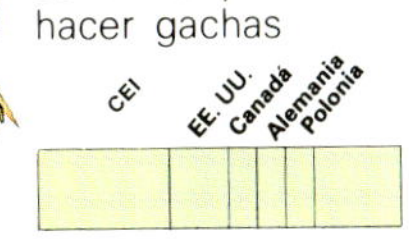

Producción mundial en 1985: 45,6 millones de toneladas.

Arroz

Exige extensiones llanas o bancales que puedan contener agua en abundancia durante la época de cultivo. Es el principal alimento de la mitad de la especie humana. El arroz no desgranado es el arroz con cáscara.

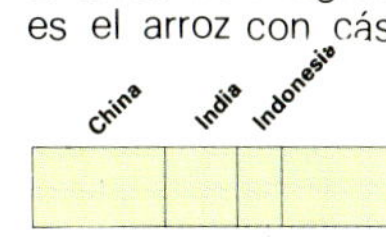

Producción mundial en 1985: 466 millones de toneladas.

Trigo

Aparte de constituir el cultivo más importante de las regiones templadas, se cosecha también en climas variados, como las regiones monzónicas, en calidad de cultivo invernal.

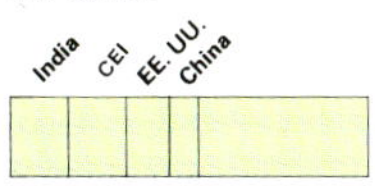

Producción mundial en 1985: 510 millones de toneladas.

Centeno

El más duro de los cereales, es también más resistente al frío, plagas y enfermedades que el trigo. Es un importante alimento en forma de piensos en Europa central y oriental, así como en la CEI.

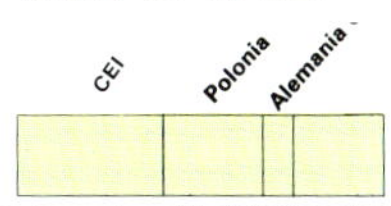

Producción mundial en 1985: 29,6 millones de toneladas.

Mijo

Nombre por el que se conoce a varias especies de la familia de las gramíneas, de la que uno de los más importantes es el sorgo. Proporcionan cereales nutritivos.

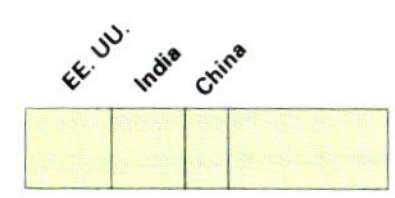

Producción mundial en 1985: 109 millones de toneladas.

Patata

Importante cultivo alimentario, aunque menos nutritivo, en relación con el peso, que los cereales. La producción mundial supera los 300 millones de toneladas.

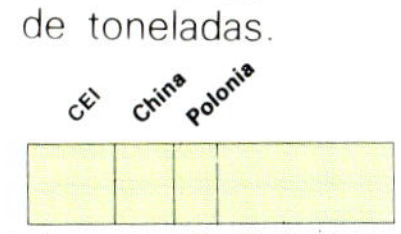

Producción mundial en 1985: 299 millones de toneladas.

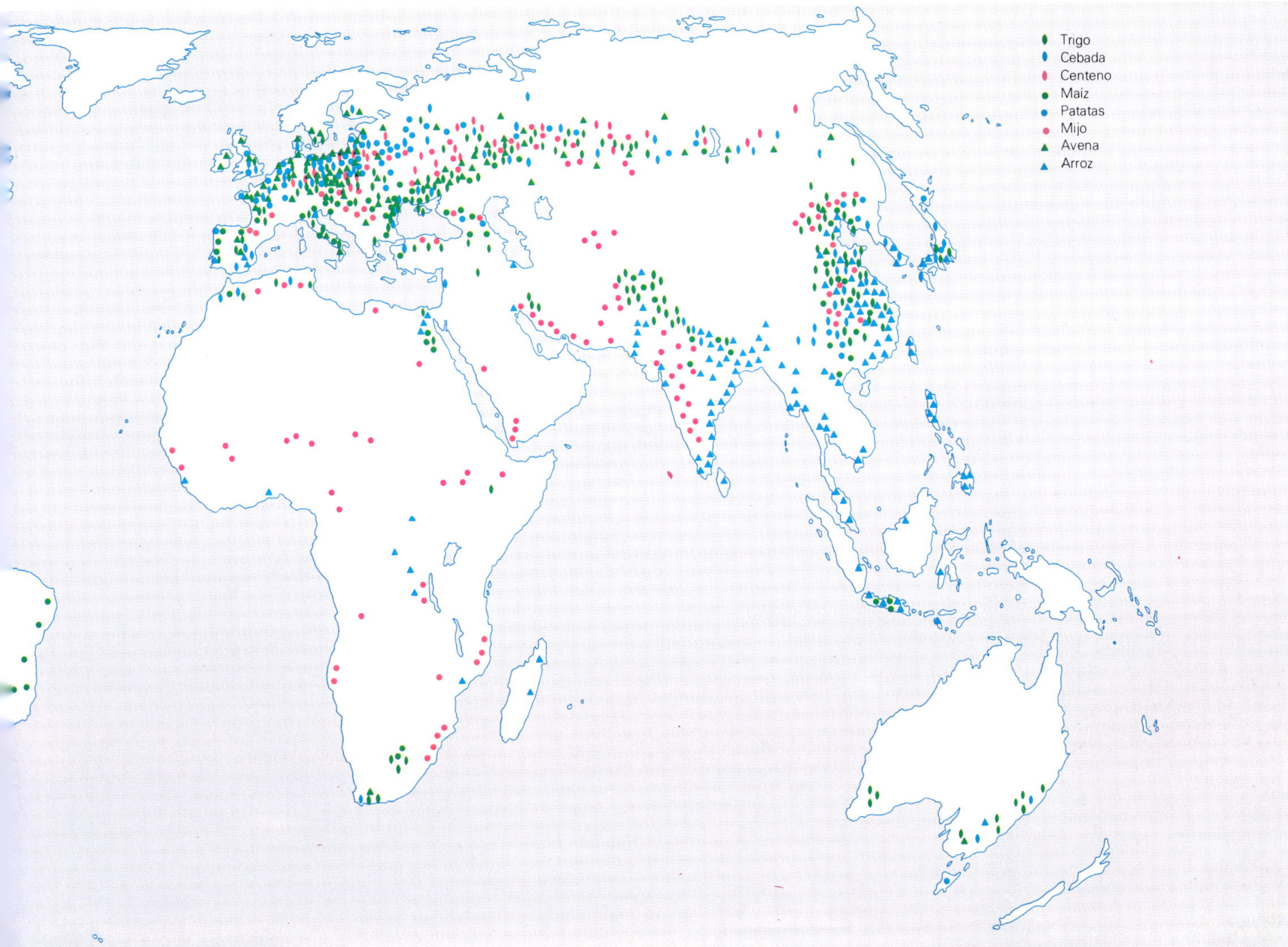

Recursos alimentarios - Animales

Recursos alimentarios animales
La carne y la leche son otros tantos elementos suministradores de proteínas, originando igualmente las vitaminas esenciales. La carne es el producto principal de las tierras de pastos continentales, de las sabanas y de las costas occidentales, sobre todo en Europa. Leche y queso, huevos y pescado son productos obtenidos principalmente en las zonas templadas.

Carne de vacuno
Australia, Nueva Zelanda y Argentina proporcionan la mayor parte de las mejores exportaciones internacionales. El oeste americano y Europa occidental producen una cantidad considerable de carne de vacuno para satisfacer la gran demanda existente en dichos países.

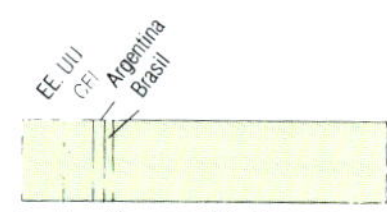

Producción mundial de carne en 1985:
97 millones de cabezas

Leche de vaca
La necesidad de este ganado para una rica dieta alimentaria y suministro de mercados cercanos, hace que la cría de ganado lechero resulte característica de las zonas densamente pobladas de las regiones templadas de EEUU, Europa del Noroeste, Nueva Zelanda y Australia sudoriental.

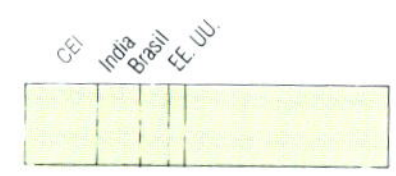

Total mundial en 1985:
222 millones de cabezas

Queso
Los principales productores son EE UU, India, Europa Occidental, la CEI y Nueva Zelanda; y de los principales exportadores: Países Bajos, Nueva Zelanda, Dinamarca y Francia.

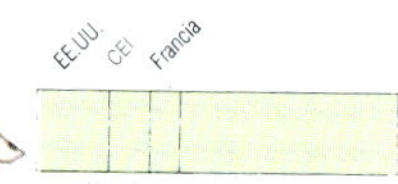

Total mundial en 1985:
12,8 millones de toneladas

Ovino
La oveja, criada principalmente para aprovechar su lana y su carne, proporciona igualmente leche, de la que se obtiene queso; son importantes productos en ciertos países. El cordero merino proporciona una lana excelente, y los cruces de dicha raza son los mejores en cuanto a producción de carne

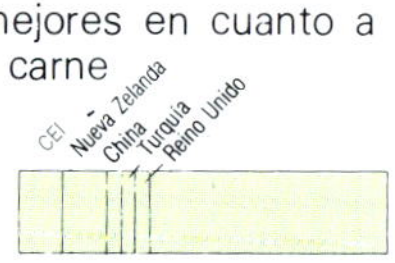

Producción mundial de carne en 1985.
6 millones de toneladas

Porcino
El cerdo puede criarse en la mayoría de los climas, desde el monzónico al templado-fresco. Abunda en China, la zona de cultivo de maíz de EEUU y Europa noroccidental y central, Brasil y la URSS.

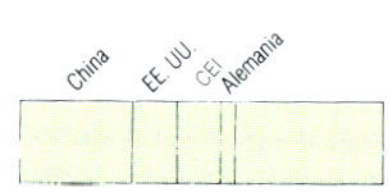

Producción mundial de carne en 1985:
58 millones de toneladas

Pescado
La pesca comercial requiere grandes bancos de peces de una determinada especie dentro del alcance de los mercados. Asimismo es importante el pescado de agua dulce. El pescado, rica fuente de proteínas, llegará a ser una fuente de obtención de alimentos cada vez más valiosa.

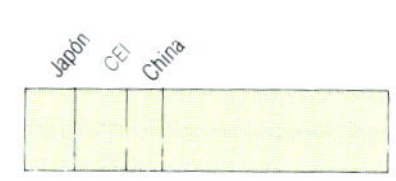

Capturas mundiales en 1984:
82,8 millones de toneladas

Mantequilla
Los mayores productores son la URSS, India, Francia y Alemania Occidental.

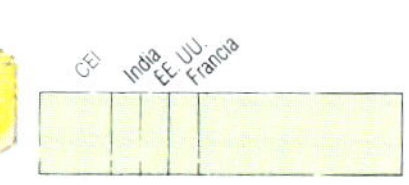

Total mundial en 1985:
7,6 millones de toneladas

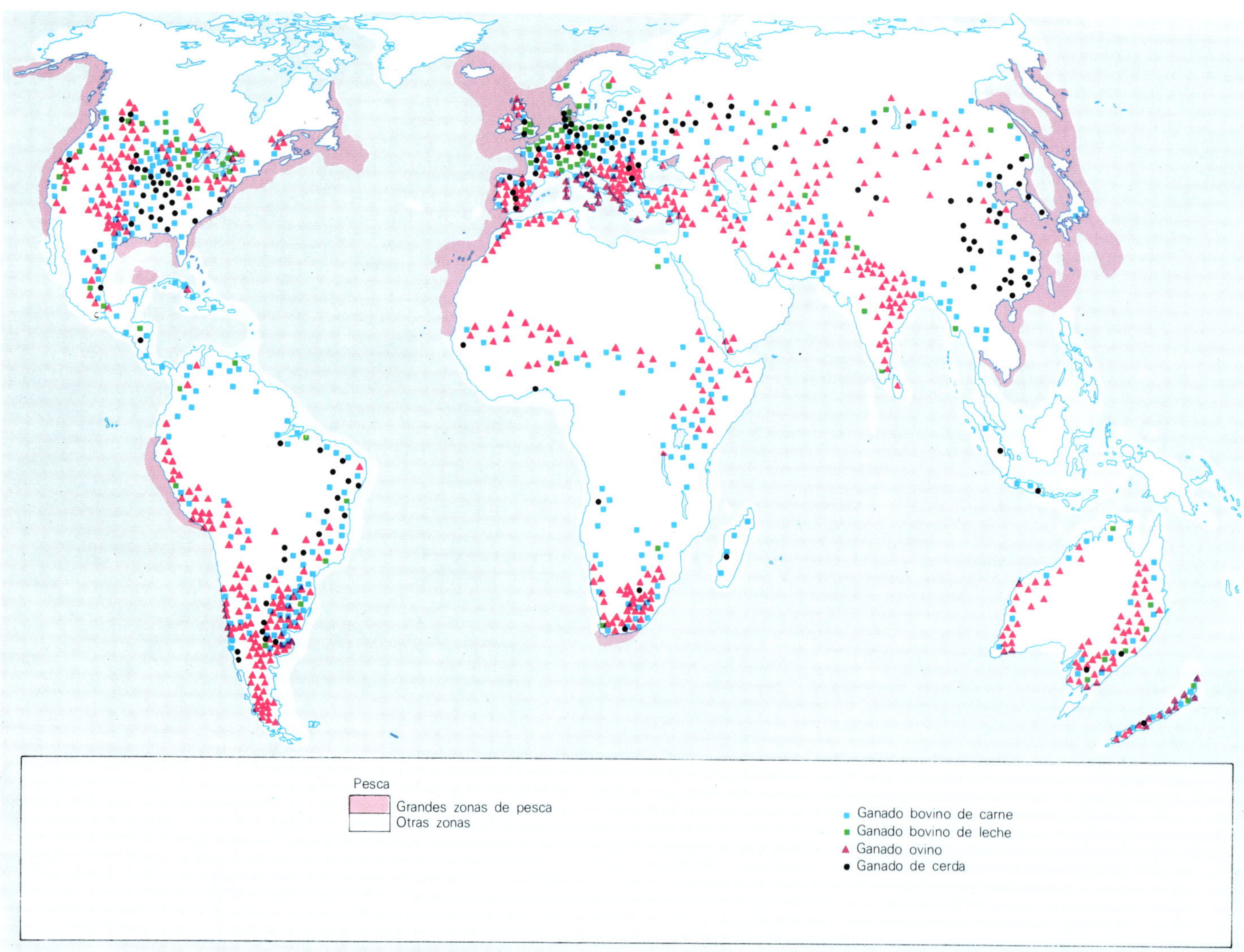

Desde el punto de vista nutritivo, los productos alimenticios se dividen en tres grupos: energéticos, proteínicos y vitamínicos. Los cereales y semillas oleaginosas suministran calorías y proteínas secundarias; la leche, carne y productos afines, proteínas y vitaminas; la fruta y las verduras proporcionan vitaminas, especialmente la C, y algunas calorías. Para evitar la malnutrición es necesario alcanzar un determinado nivel de dichos grupos de artículos alimentarios.

Comparación entre dietas diarias

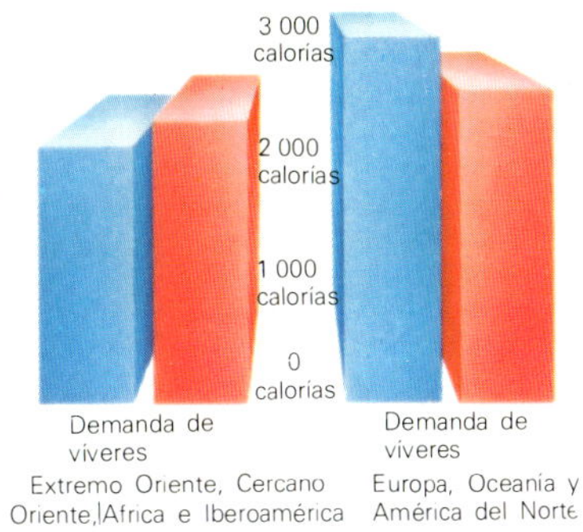

Proporción de calorías

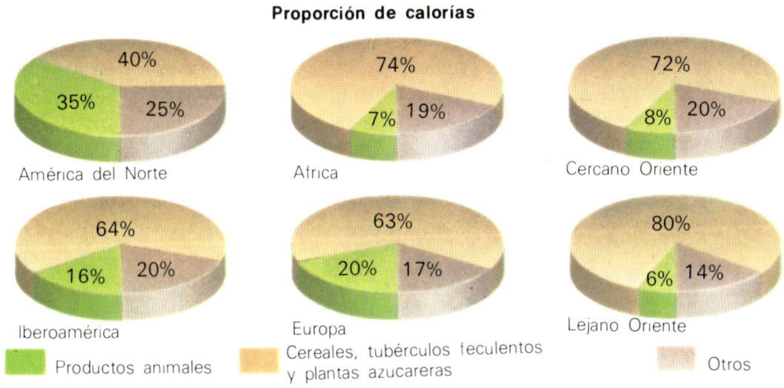

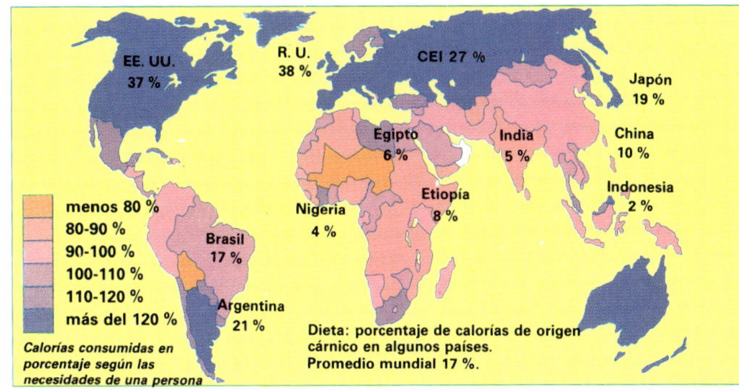

Dependencia de la agricultura

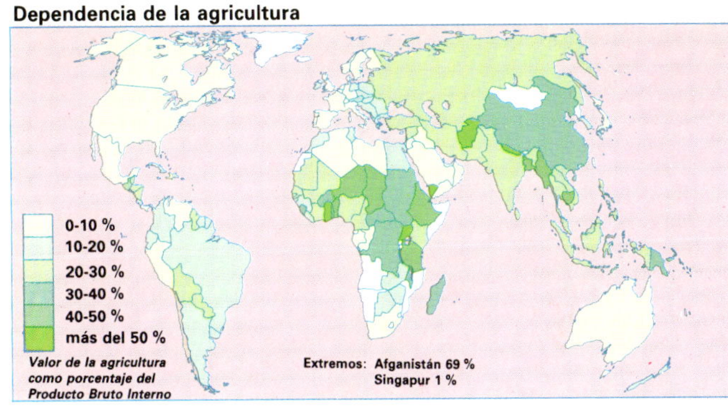

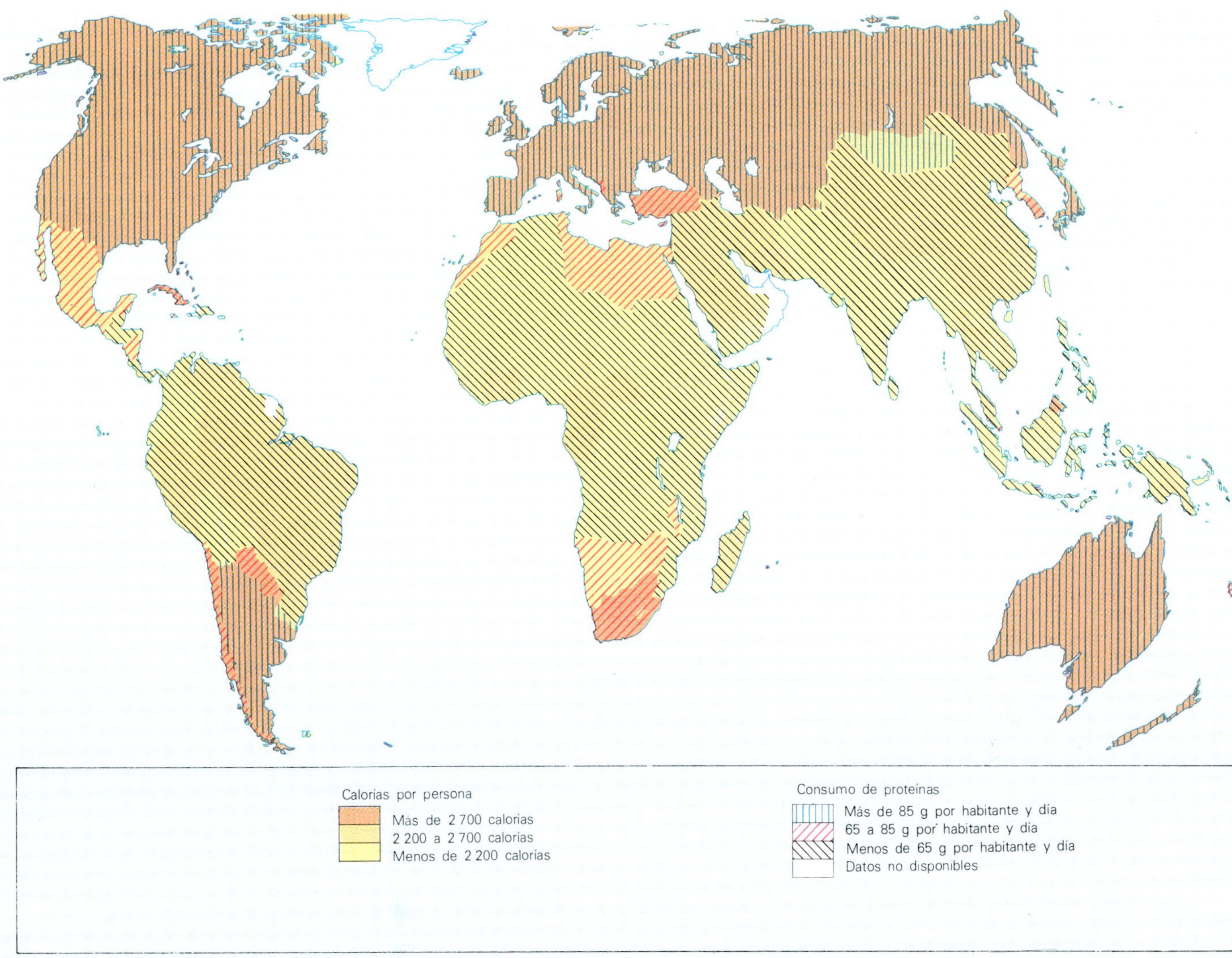

Recursos minerales I

El hombre primitivo utilizaba el hierro para fabricar utensilios y recipientes, extendiéndose paulatinamente su empleo hasta que el hierro, y después el acero, llegaron a convertirse en la espina dorsal del mundo moderno con la revolución industrial de finales del siglo XVIII. En un principio se utilizaban los minerales locales; en la actualidad, ya han sido descubiertos enormes yacimientos más ricos en mineral de hierro, explotados en gran escala, con frecuencia a gran distancia de las regiones en que se le utiliza; por ejemplo, en Australia occidental, Suecia septentrional, Venezuela y Liberia. Las plantas de fundición de hierro muestran hoy una creciente tendencia a emplazarse en zonas litorales, en donde los grandes buques transportadores de minerales pueden descargar con mayor facilidad su mercancía.

El acero es hierro refinado al que se han añadido otros minerales, ferroaleaciones, que confieren al acero sus especiales propiedades y características, como la resistencia a la corrosión (cromo, níquel, cobalto), la dureza o tenacidad (volframio, vanadio), la elasticidad (molibdeno), las propiedades magnéticas (cobalto), la elevada resistencia a la tracción (manganeso) y la gran ductilidad (molibdeno).

Producción de metales utilizados en las aleaciones de hierro

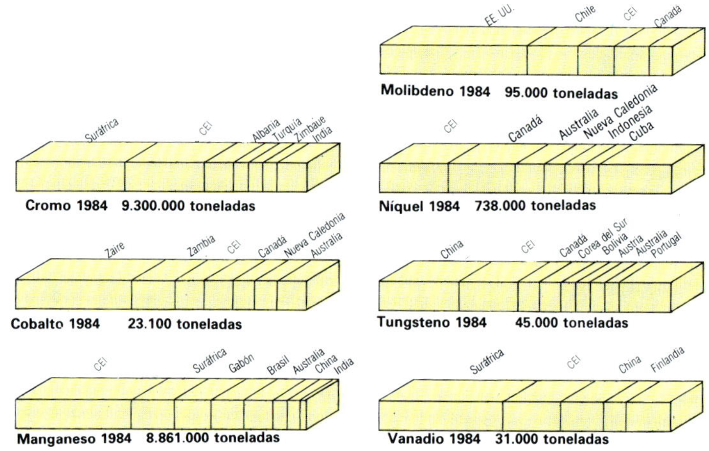

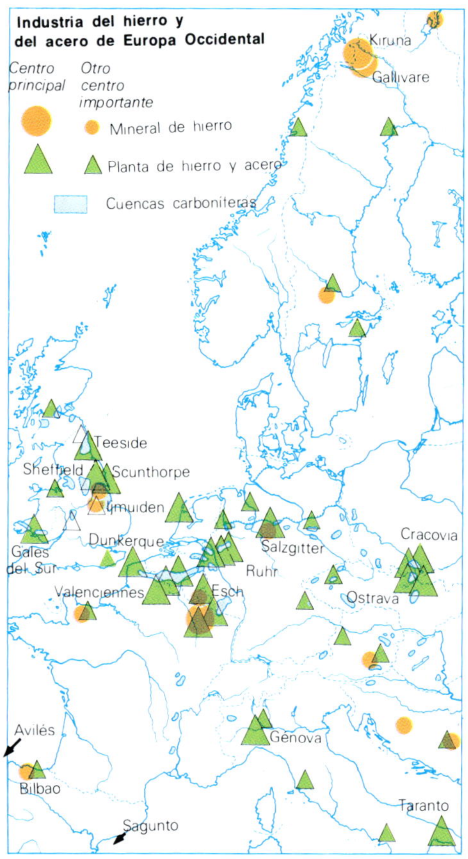

Mineral de hierro importado por Europa Occidental
Millones de toneladas

Importados por ▼	Austria	Bélgica-Lux.	Francia	Italia	Países Bajos	España	U.K.	Alemania Oc.
Argelia		7		2				
Australia	1	13	24	17	5	3	31	56
Brasil	7	39	29	67	24	17	23	152
Canadá	7	4	13	13	7		35	58
Liberia		12	12	36	5	11		63
Mauritania		18	18	28		4	8	4
CEI	13							
Venezuela					4	5	9	5
Otros (mundial)	3	13	12	29	4	2	16	35
Francia		44					1	
Noruega		4			1		11	30
España		1	4		7		2	4
Suecia	8	41	27		15		8	20
Total de importaciones	39	196	139	192	72	42	144	427
Mineral de producción nacional	36		150	2		80	4	10

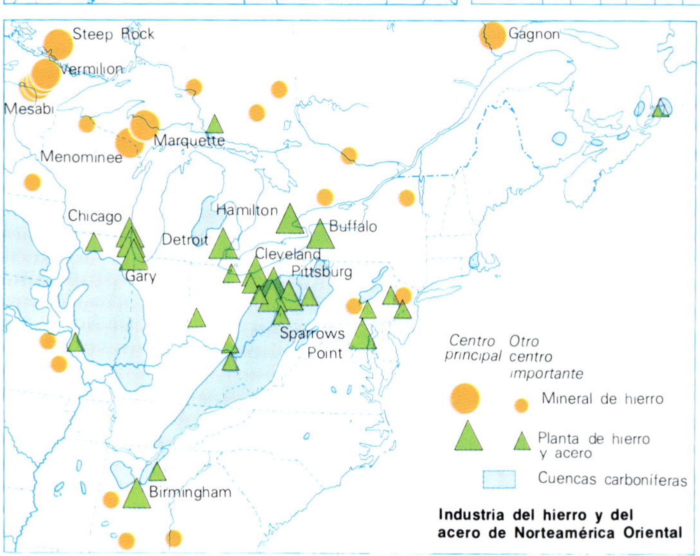

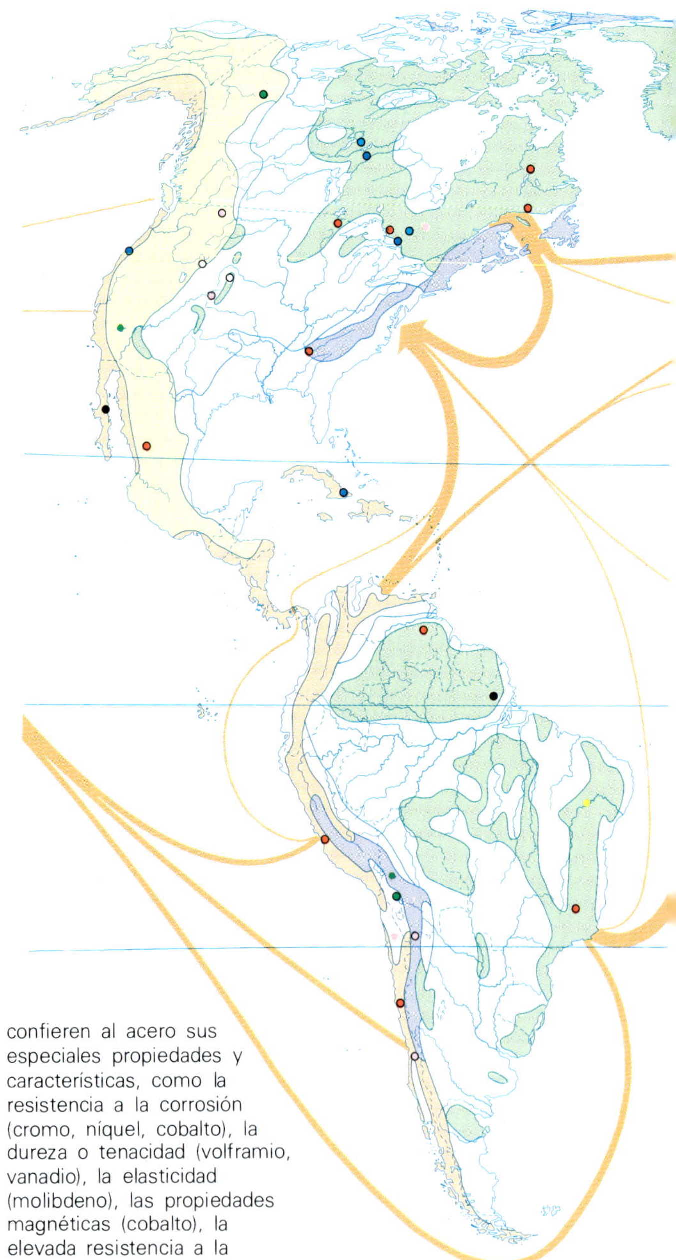

Producción mundial de hierro en lingotes y ferroaleaciones

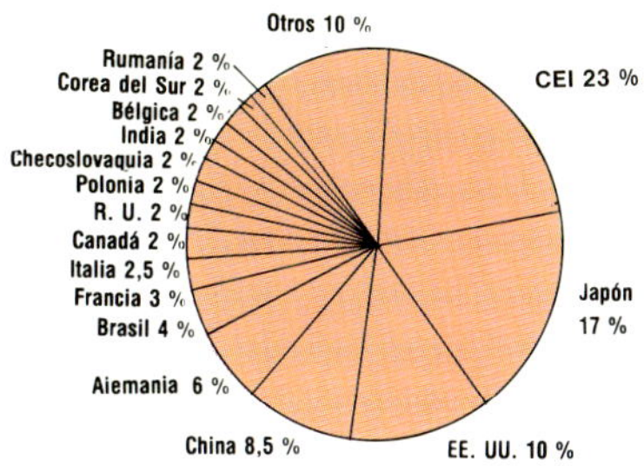

Desarrollo de la producción mundial de arrabio y aleaciones de hierro

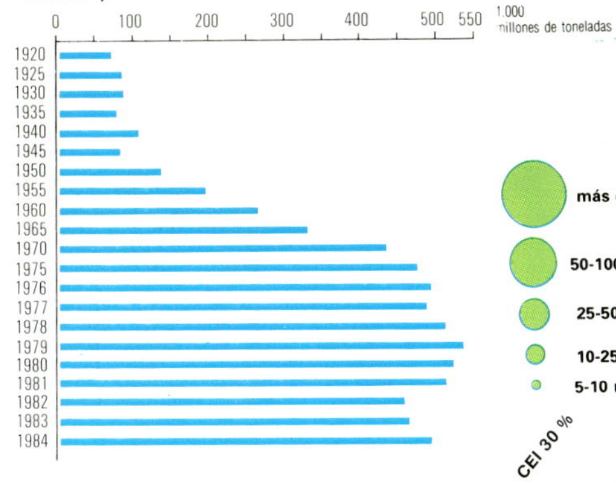

Principales productores mundiales de acero

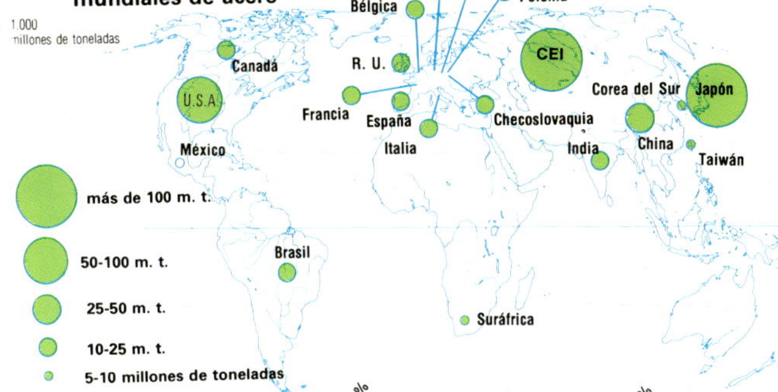

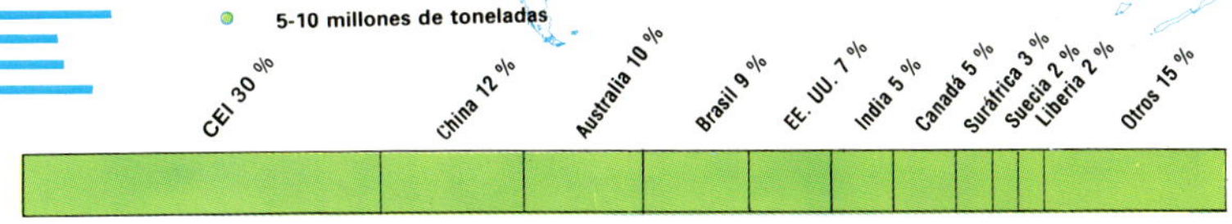

Producción mundial de mena de hierro (contiene Fe)

Producción mundial 1984: 495 millones de toneladas

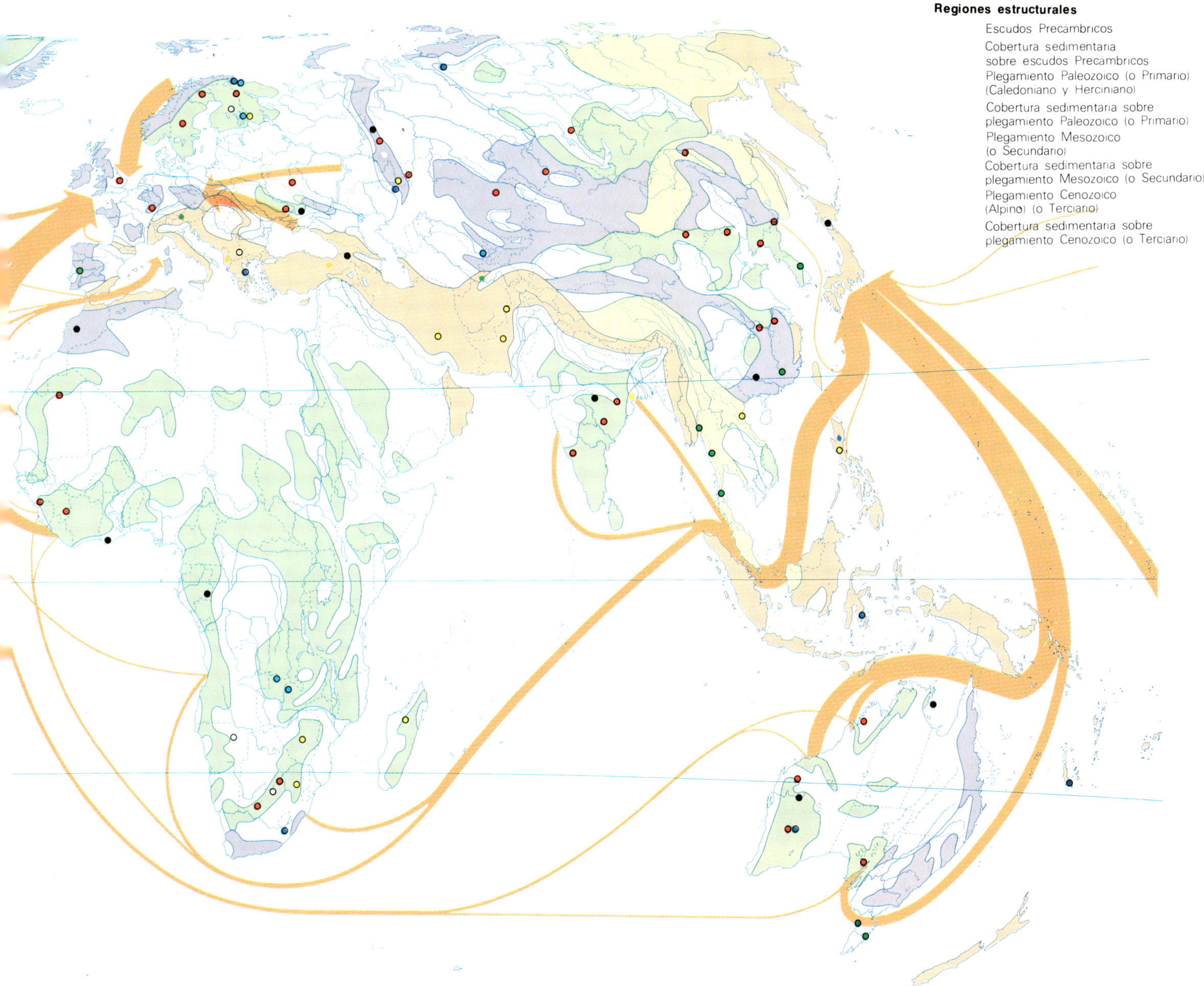

Fuentes principales de obtención de mineral de hierro

- Hierro
- Cromo
- Cobalto
- Manganeso
- Molibdeno
- Níquel
- Wolframio
- Vanadio
- Comercio internacional del mineral de hierro

Recursos minerales II

Antimonio. Confiere dureza, aleado con otros metales, especialmente el plomo.
Usos: metal de imprenta, colorantes para pinturas, vidrio y esmaltes, incombustibilización de artículos textiles.

Producción mundial 1984 51.600 toneladas.

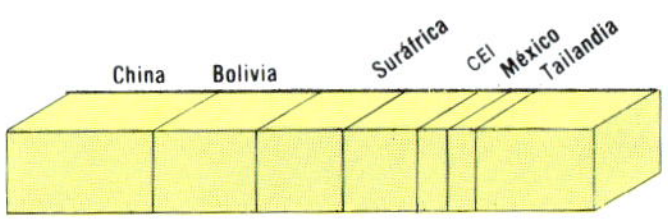

Plomo. Pesado, blando, maleable, resistente a los ácidos.
Usos: baterías de acumuladores, planchas y tuberías, revestimiento de cables, municiones, tipos, pesas, aditivo del petróleo.

Producción mundial 1984 3,4 millones de toneladas.

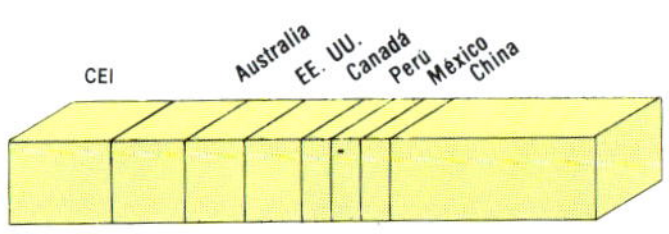

Estaño. Resistente al ataque de los ácidos orgánicos, maleable.
Usos: latas de conservas, papel de estaño, como aleación para otros metales (latón y bronce).

Producción mundial 1984 194.000 toneladas.

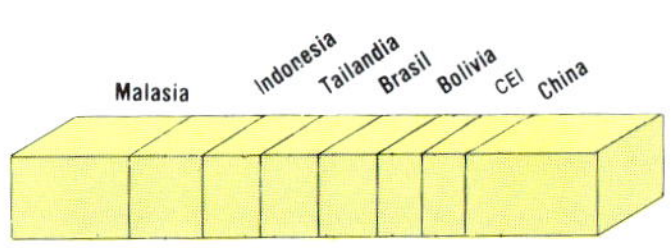

Aluminio. Ligero, anticorrosivo, buen conductor.
Usos: aeronáutica, vehículos automóviles y ferroviarios, utensilios domésticos, cables, permite obtener aleaciones ligeras y de gran resistencia a la tracción.

Producción mundial 1984 91 millones de toneladas (bauxita).

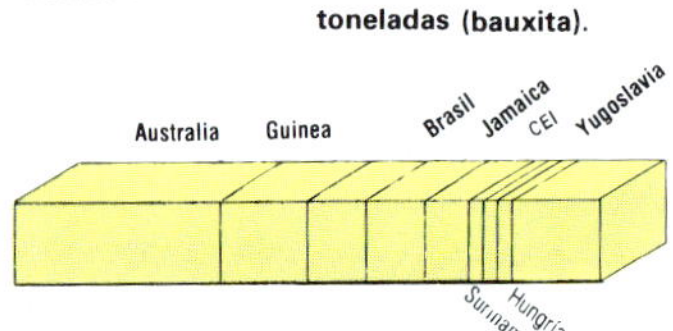

Oro. Indeslustrable y anticorrosivo, sumamente dúctil y maleable, buen conductor. En estado nativo o puro este metal es blando, siendo aleado con objeto de conferirle una mayor dureza.
Usos: barras y lingotes, monedas, joyería, electrónica.

Producción mundial 1984 1.400 toneladas.

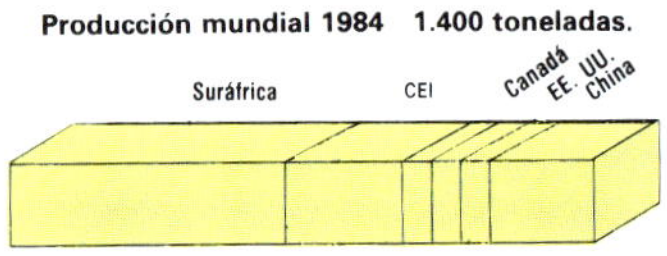

Cobre. Excelente conductor eléctrico y térmico, duradero, anticorrosivo, resistente y dúctil.
Usos: hilos y cables, tuberías, latón (aleado con el zinc y el estaño), bronce (en aleación con el estaño), compuestos químicos, tintorería.

Producción mundial 1984 8.300.000 toneladas.

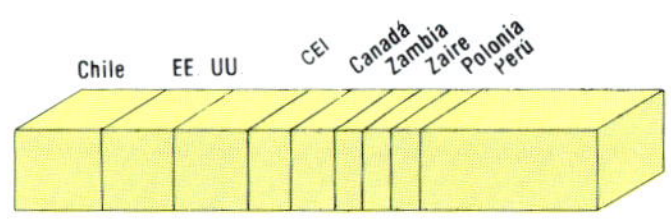

Mercurio. El único metal líquido existente, excelente conductor de electricidad.
Usos: termómetros, industria eléctrica, extracción de mineral de oro y plata, compuestos químicos, fármacos, colorantes, productos químicos, dentistería.

Producción mundial 1984 5,5 millones de kg.

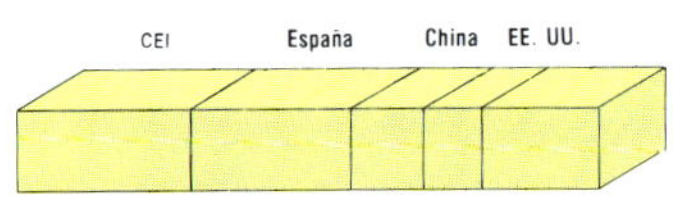

Zinc. Metal duro, de bajo coeficiente de corrosión.
Usos: latón (aleado con cobre y estaño), galvanización, fundición en coquilla, medicinas, pinturas y colorantes.

Producción mundial 1984 6,8 millones de toneladas.

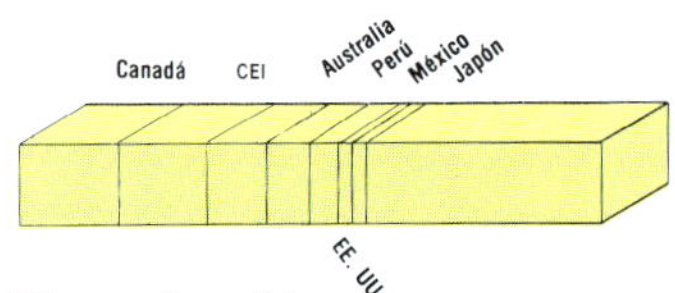

Diamantes. Muy duros y resistentes al ataque químico, de gran brillo, sumamente raros.
Usos: joyería, corte y abrasión de otros materiales.

Producción mundial 1984 63 millones de quilates.

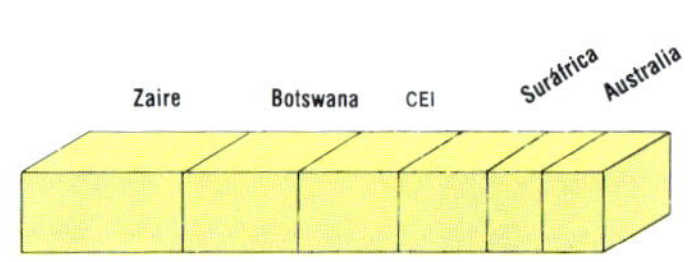

Plata. Dúctil y maleable; se trata de un metal blando, que ha de alearse para su utilización en la acuñación de monedas.
Usos: monedas, joyería, fotografía, electrónica, medicamentos.

Producción mundial 1984 12.779 toneladas.

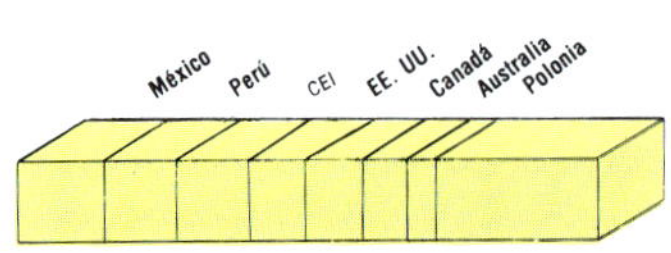

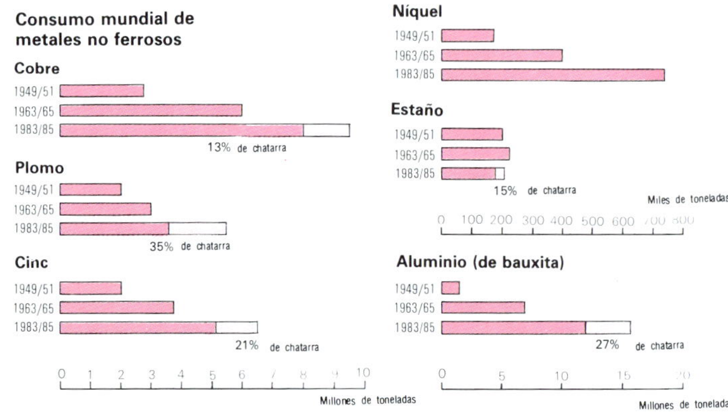

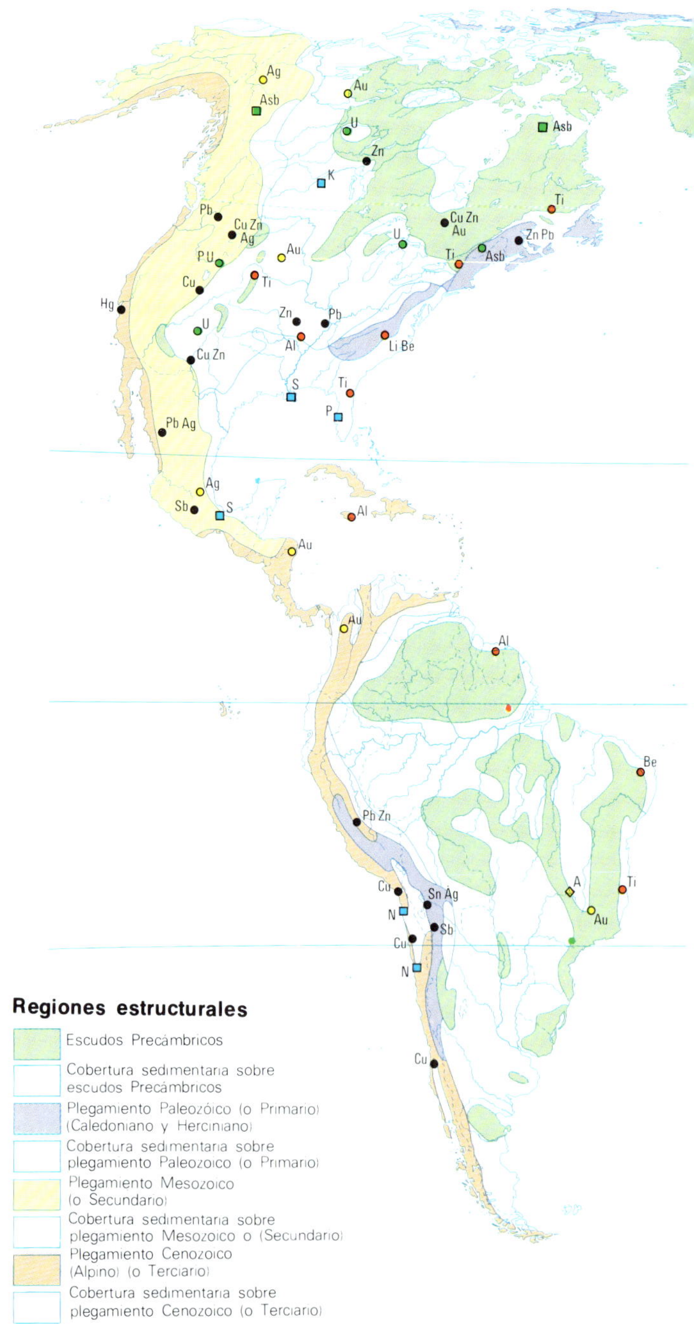

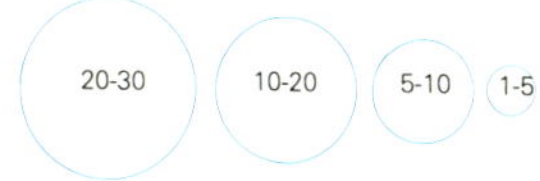

Los fertilizantes sintéticos se producen a partir de los minerales nitrato de sodio, potasio, sal, fosfato y potasa, y como subproductos de otras industrias.

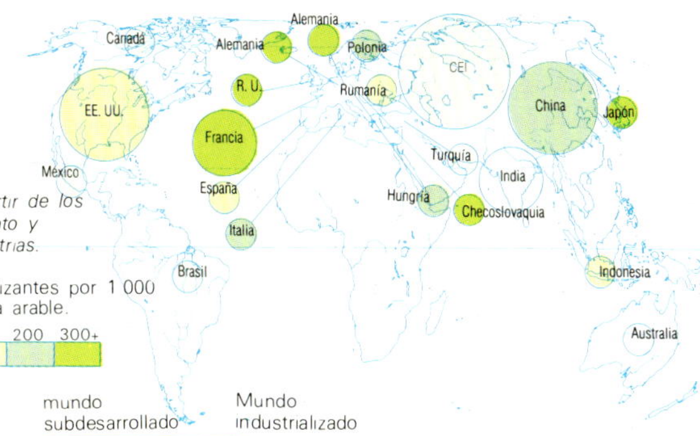

Fertilizantes; principales productores

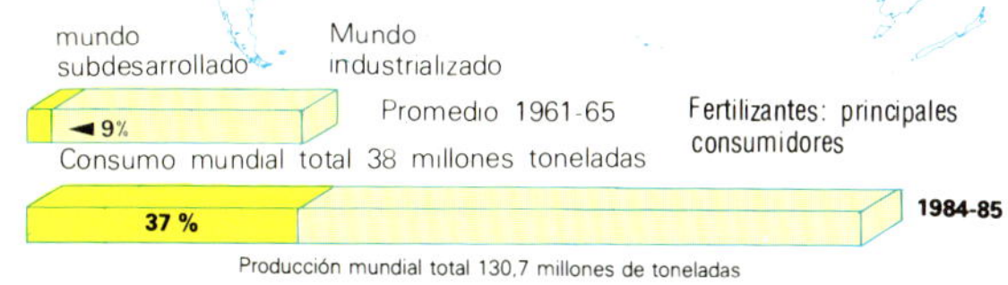

Fertilizantes: principales consumidores

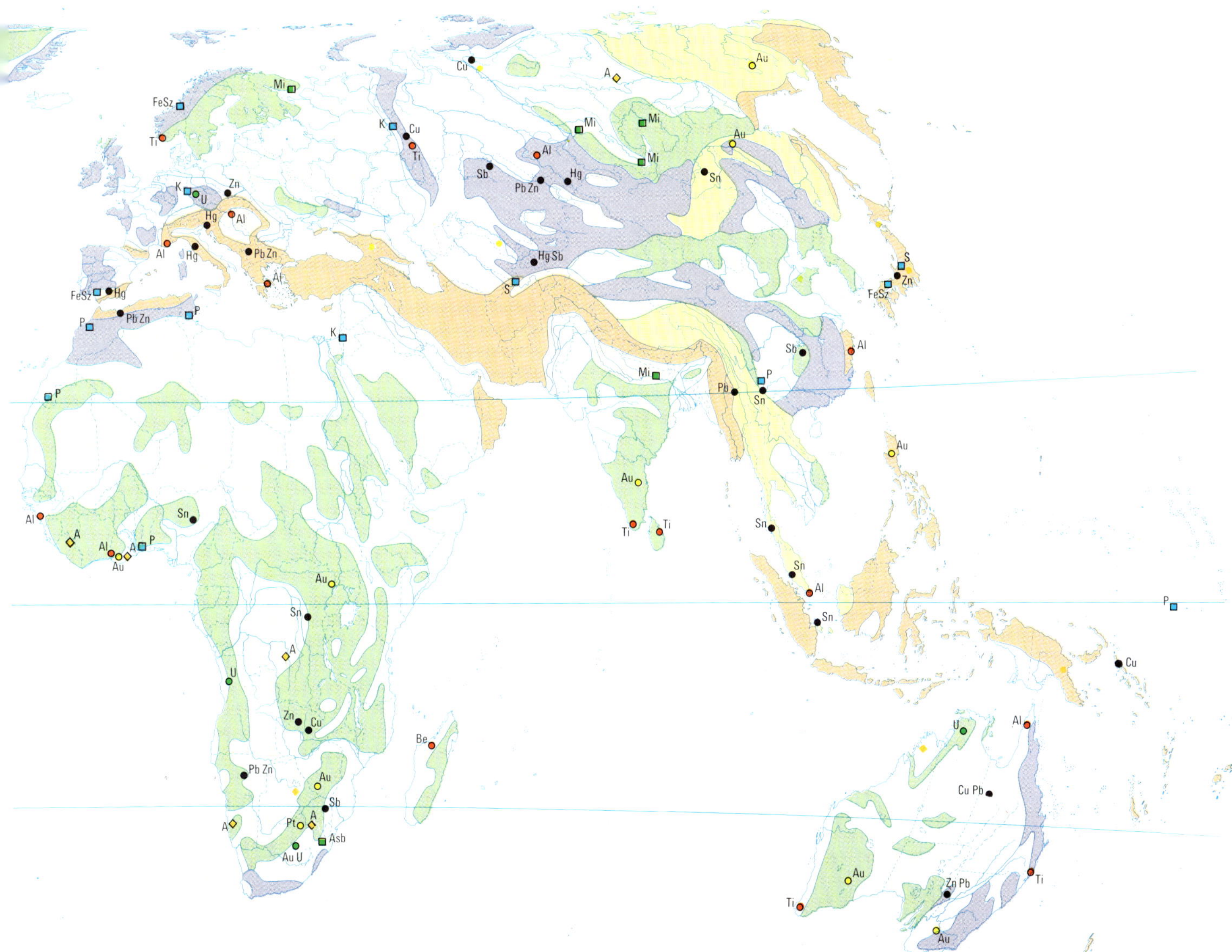

Yacimientos principales de metales no férricos y otros minerales

● **Metales básicos**
Sb Antimonio
Cu Cobre
Pb Plomo
Hg Mercurio
Sn Estaño
Zn Zinc

● **Metales ligeros**
Al Aluminio
Be Berilio
Li Litio
Ti Titanio

● **Metales raros**
U Uranio

○ **Metales preciosos**
Au Oro
Pt Platino
Ag Plata

◇ **Piedras preciosas**
A Diamantes

■ **Fertilizantes minerales**
N Nitratos
P Fosfatos
K Potasa
S Sulfuro
FeSz Piritas

■ **Otros minerales**
Asb Asbestos (amianto)
Mi Mica

Recursos energéticos

Carbón
El carbón es el resultado de la acumulación de la vegetación durante millones de años. Posteriormente, bajo la presión de los sedimentos depositados sobre la misma, se endurece en cuatro periodos: los de turba, lignito, carbón bituminoso (hulla grasa) y, por último, antracita. El carbón, antaño la fuente de energía más importante, ve hoy limitada principalmente su utilidad a la producción de electricidad y como materia prima para la fabricación de plásticos, productos químicos viscosos y desinfectantes.

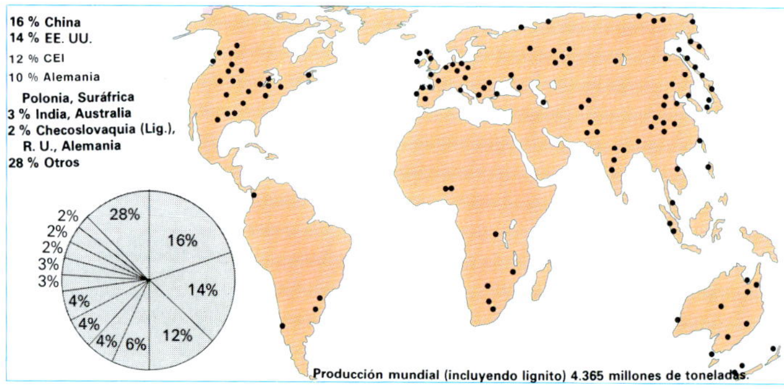

Mina de carbón

Petróleo
El petróleo tiene su origen en los restos de animales y plantas marinos, probablemente como consecuencia de la presión, el calor y la acción química. Es una compleja mezcla de hidrocarburos que se refinan para extraer los distintos componentes, entre los que figuran la gasolina, queroseno y aceites pesados. El petróleo está sustituyendo rápidamente al carbón, debido a su mayor facilidad de manejo y menor capacidad de contaminación.

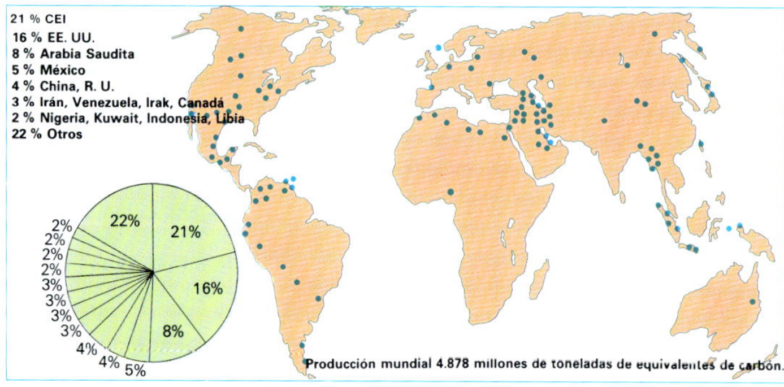

Torre de perforación

Gas natural
Desde los primeros años de la década de 1960, el gas natural (metano) ha pasado a ser una de las fuentes de energía más importantes. Mediante la liquefacción puede reducirse su volumen a 1/600 del primitivo en la forma gasolina, queroseno y puede transportarse fácilmente. Frecuentemente se halla inmediatamente por encima de los yacimientos petrolíferos, y, dado que resulta más barato que el gas-ciudad y menos contaminante, posee grandes potencialidades.

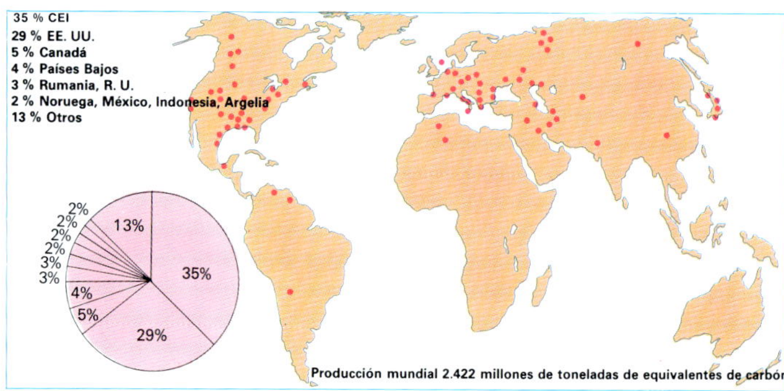

Sondeo de gas en mar del Norte

Agua
Las centrales hidroeléctricas utilizan el agua para accionar unas turbinas que, a su vez, generan, electricidad. El emplazamiento óptimo es un lugar en que un enorme volumen de agua caiga constantemente desde considerable altura; de ahí que las fuentes de obtención de energía hidroeléctrica se encuentren principalmente en las regiones montañosas. Aún faltan por explotar fuentes potenciales de obtención de hidroelectricidad mediante la utilización del oleaje o las mareas.

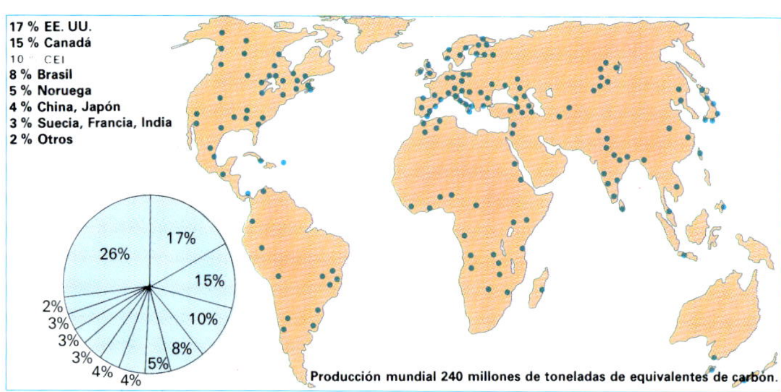

Energía hidroeléctrica

Energía nuclear
La energía se obtiene en este caso del calor generado por la reacción producida al desintegrarse el átomo de ciertos elementos simples, siendo los más importantes el uranio y el plutonio. Aunque el desembolso inicial de las instalaciones es sumamente elevado, los auténticos costes de explotación son reducidos, dado el lento consumo del combustible.

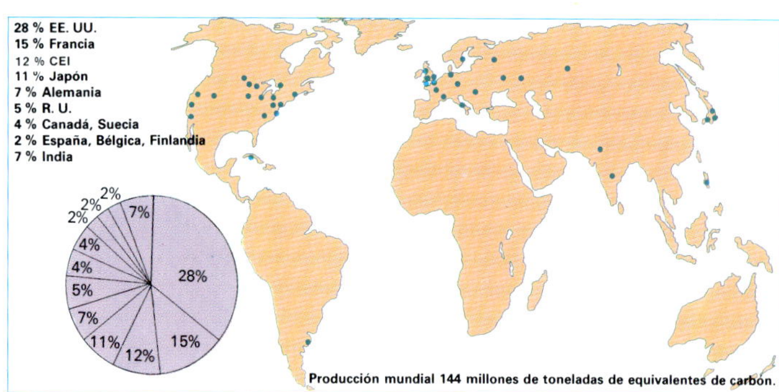

Central nuclear

En un corto espacio de tiempo estos dos diagramas pueden experimentar un notable cambio; puede producirse una disminución de los suministros debido a cambios políticos internacionales (Irán) o una reducción del consumo mediante una acción gubernamental vigorosa (EE. UU.) La producción de petróleo del Mar del Norte ha modificado el equilibrio del comercio en el R. U. y Noruega, aunque resulta muy costosa la extracción, es relativamente de corta duración y pequeña a escala mundial.

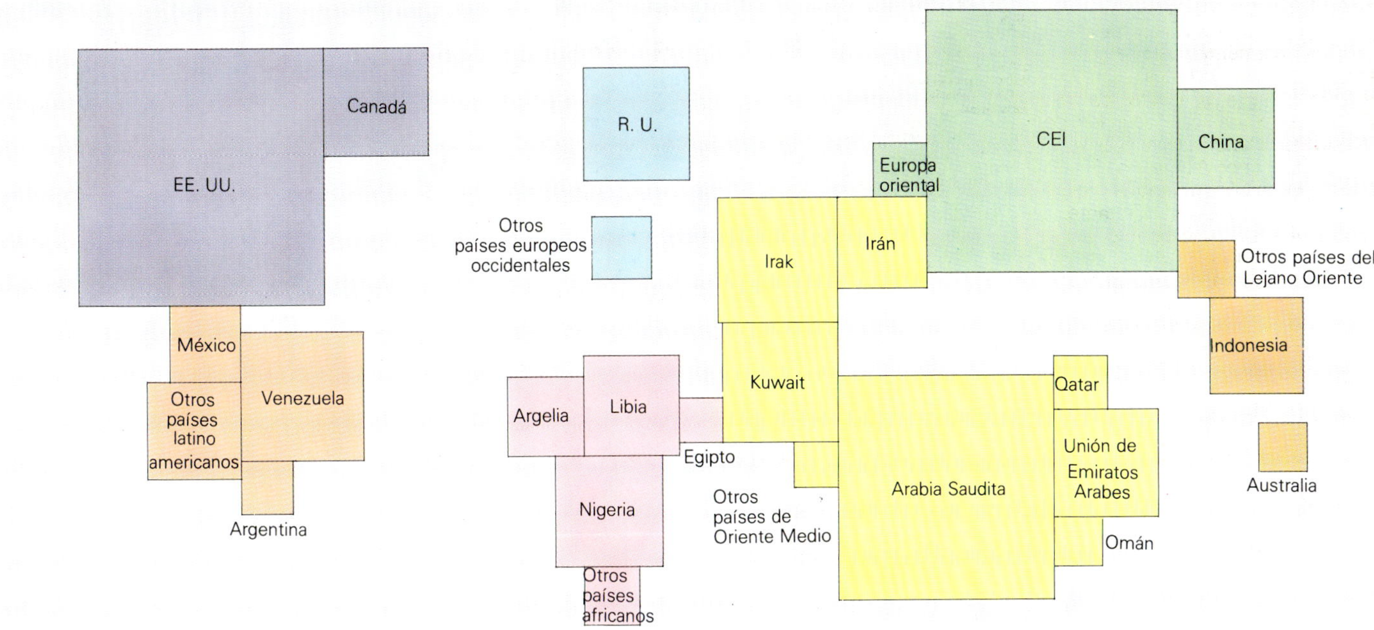

Producción de petróleo

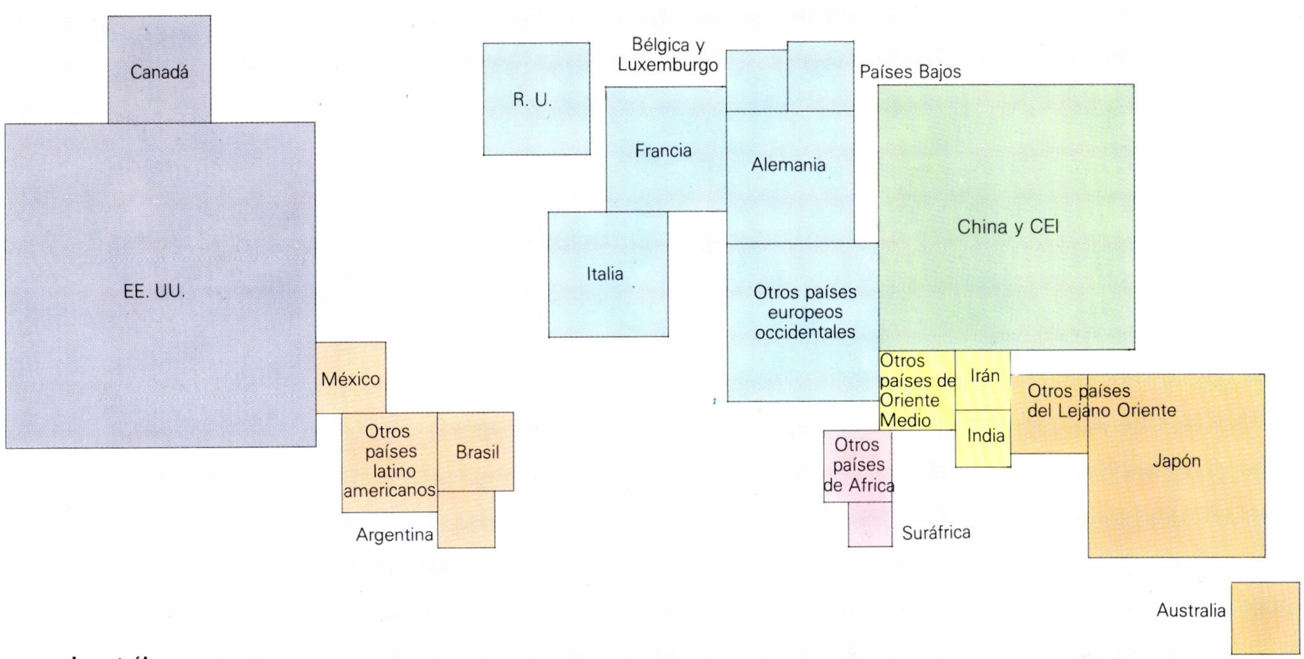

Consumo de petróleo

Nuevas potencias petrolíferas *arriba*

Cuando se representan los países con escalas a tenor de su producción y consumo, adquieren nuevas dimensiones. En la actualidad, los grandes suministros de petróleo se concentran en unos pocos países del Caribe, Oriente Medio y África del Norte, salvo las grandes reservas propias de los EE. UU. y la CEI. El Oriente Medio con el 58 % de las reservas mundiales, produce el 19 % de los suministros totales y sólo consume un 3 %. Los EE. UU., a pesar de su gran producción, tienen un déficit de casi 155 millones de toneladas al año, consumiendo el 25 % del total mundial. La CEI con un 9 % de las reservas del mundo, produce el 23 % del total y consume un 15 %. La producción rusa continúa aumentando cada año, aunque el índice disminuyó desde mediados de los años 1970. Japón es el tercer consumidor mundial de petróleo, pero tiene que importar el 98 % de sus necesidades.

Balance energético

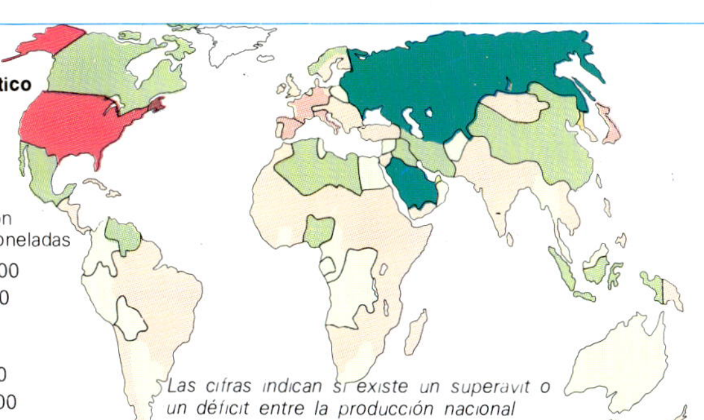

Las cifras indican si existe un superávit o un déficit entre la producción nacional y el consumo interior

Ocupación

Parte de la cadena de montaje en una fábrica de tabacos.

Empleos industriales

El número de personas empleadas en cada sector industrial se indica como porcentaje del empleo industrial total dentro de cada país.

Sector industrial	India	México	Japón
Alimentación y tabaco	14,6 %	24,1 %	10,8 %
Instrumentos de precisión	0,4 %	—	2,3 %
Equipos de transportes	7,0 %	9,8 %	8,5 %
Maquinaria eléctrica	5,9 %	6,8 %	12,8 %
Maquinaria general	6,7 %	1,1 %	11,1 %
Metales no ferrosos	0,7 %	2,9 %	1,4 %
Hierro y acero	7,0 %	11,0 %	4,2 %
Cerámica y vidrio	1,3 %	4,2 %	1,4 %
Refinerías y productos petrolíferos	0,5 %	0,8 %	0,4 %
Productos químicos y caucho	9,4 %	14,1 %	5,3 %
Papel y productos del papel	2,0 %	5,2 %	2,7 %
Productos madereros	0,8 %	1,0 %	4,1 %
Productos de cuero y piel	0,4 %	—	0,4 %
Textiles	30,4 %	10,0 %	7,4 %
Otros	12,9 %	9,0 %	27,2 %

La tabla compara las industrias manufactureras de una economía de bajos ingresos (India), otra de ingresos medios altos (México) y otra de mercado industrial (Japón).

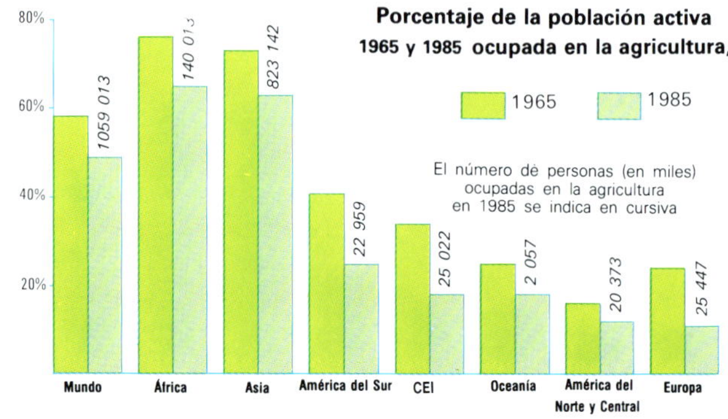

EMPLEO

Empleo por sectores en 1980

Clave para los colores del mapa

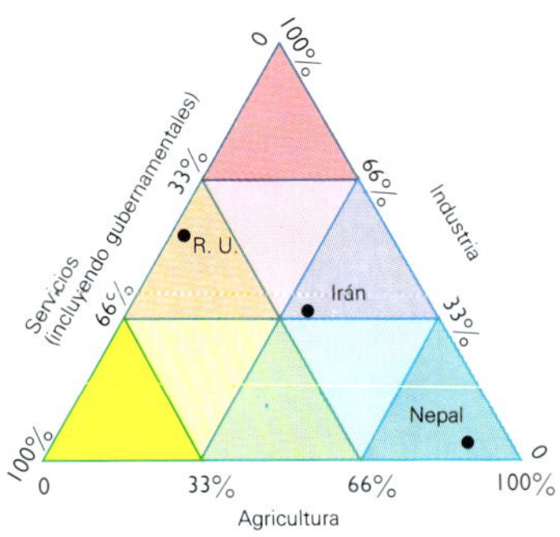

Ejemplos: Nepal 93 % en la agricultura
2 % en la industria
5 % en los servicios

R. U. 2 % en la agricultura
42 % en la industria
56 % en los servicios

Irán 38 % en la agricultura
33 % en la industria
29 % en los servicios

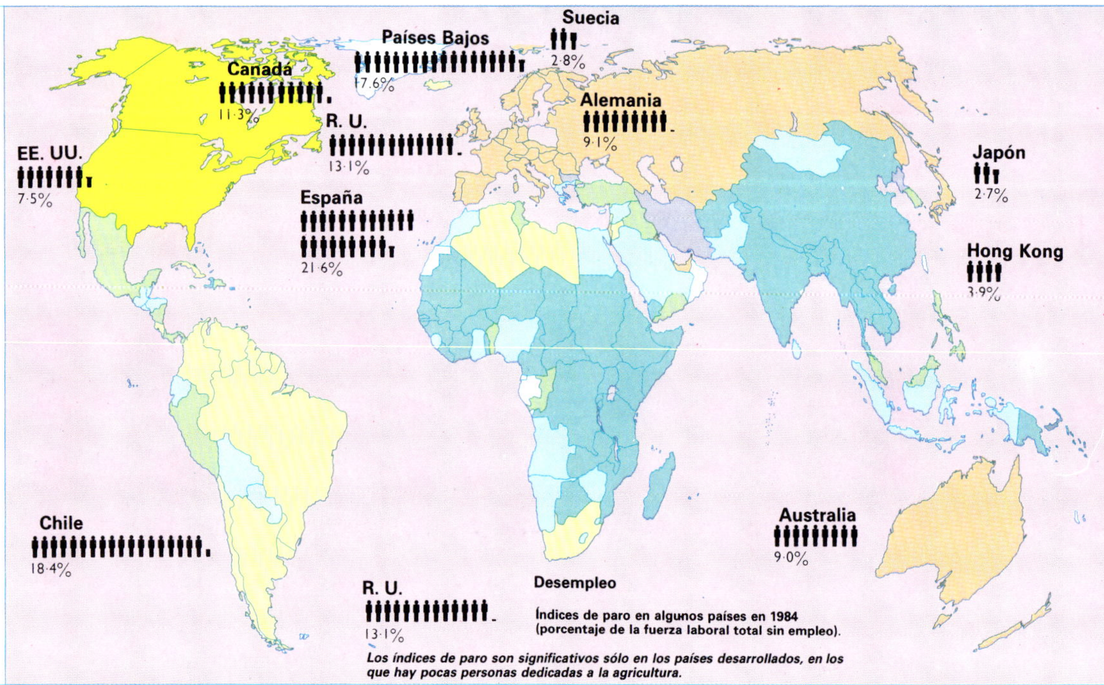

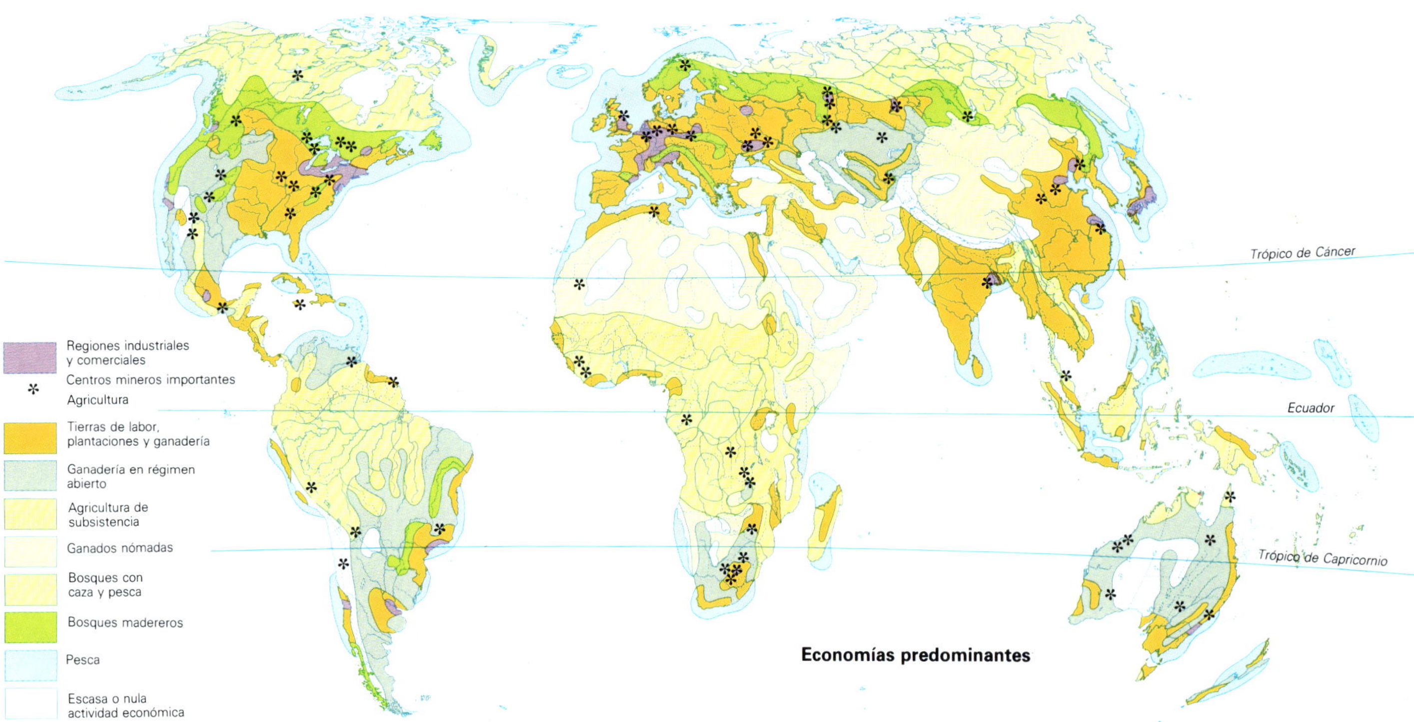

Economías predominantes

Fundición de lingotes de acero

Producción mundial de acero

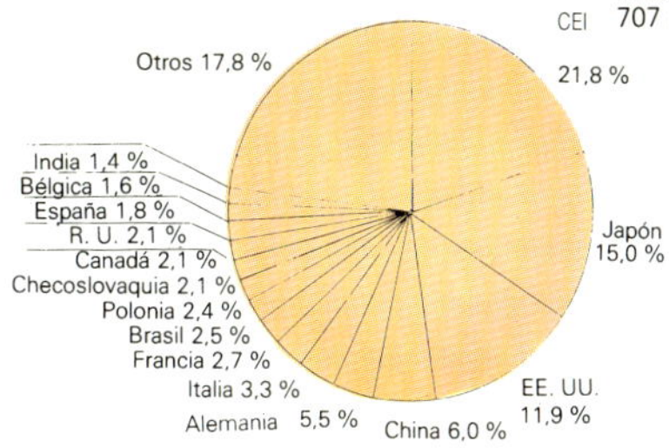

Crecimiento de la producción mundial de acero

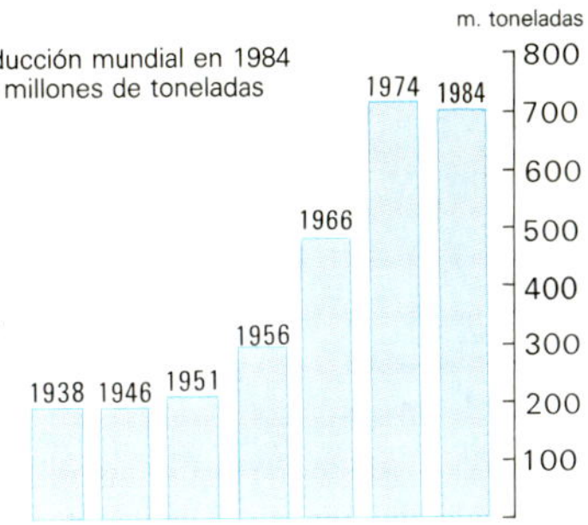

Producción mundial de acero per cápita

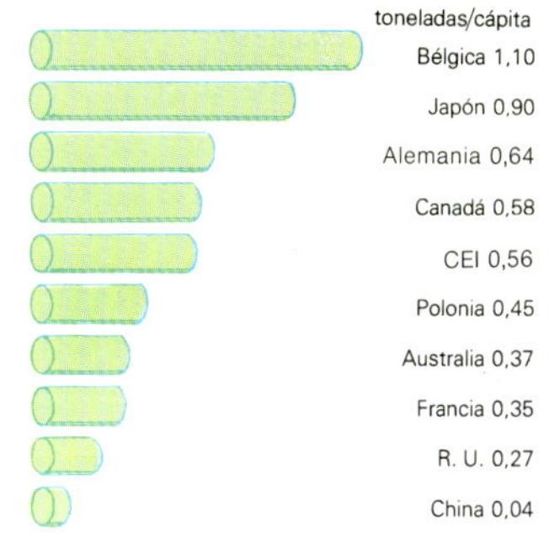

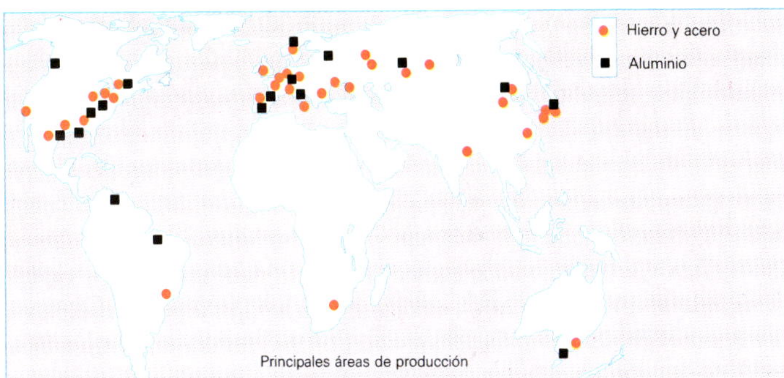

Aluminio

Producción mundial en 1984 15,9 millones de toneladas

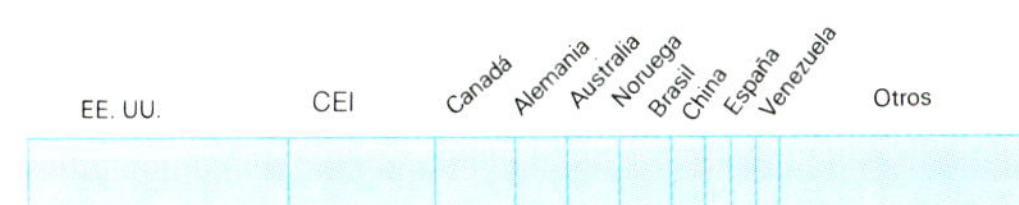

Cuando se compara con la producción de bauxita en la página 38, es evidente que los países con minería de bauxita no necesariamente producen cantidades proporcionales de aluminio. Por ejemplo, las minas de EE. UU. dan sólo el 1 % de la bauxita del mundo, pero son los principales productores de aluminio. El refino se hace donde existen recursos abundantes de electricidad barata, por ejemplo la hidroeléctrica. Convertir 2 toneladas de alúmina en 1 tonelada de aluminio consume 15.000 kWh.

Productos químicos

Caucho sintético

Producción mundial en 1983 8.257.600 toneladas

EE. UU.	1.985
CEI	1.970
Japón	1.003
Francia	514
Alemania	432
R. U.	253

Sosa cáustica

Producción mundial en 1983 80,4 millones de toneladas

EE. UU.	9,3
Alemania	3,4
CEI	2,9
Japón	2,8
China	2,1
Canadá	1,5
Francia	1,4

Cemento

Producción mundial en 1984 890 millones de toneladas

CEI	130,1	España	25,5
China	121,1	Francia	22,7
Japón	78,9	Corea del Sur	20,4
EE. UU.	70,5	Brasil	19,5
Italia	38,3	México	18,4
India	29,0	Polonia	16,6
Alemania	28,7	R. U.	15,7

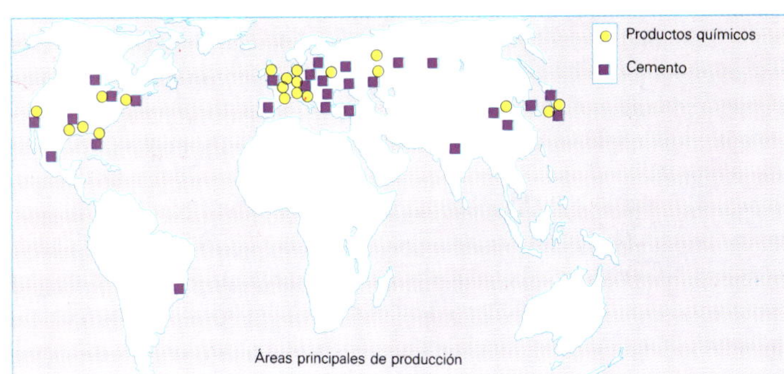

Textiles

Hilo de algodón

Producción mundial en 1983 11.623.800 toneladas

China	3.270
CEI	1.659
India	1.180
EE. UU.	1.064
Corea Sur	477
Paquistán	448
Japón	438
Egipto	229
Italia	217
Polonia	177

Linter de algodón

Producción mundial en 1984 17.794.000 toneladas

China	6.077
EE. UU.	2.894
CEI	2.400
India	1.250
Paquistán	990
Brasil	618
Turquía	586
Egipto	390
México	257
Sudán	219

Lana grasa

Producción mundial en 1984 2.888.000 toneladas

Australia	729
CEI	463
N. Zelanda	363
China	187
Argentina	155
Suráfrica	109
Uruguay	91
Turquía	63
R. U.	51
EE. UU.	46

Hilo de lana

No está disponible la cifra del total mundial miles de toneladas en 1983

CEI	447,0
Italia	290,8
R. U.	121,2
Japón	110,0
Francia	107,9
China	101,0
Bélgica	86,7
Polonia	81,3
Rumanía	78,8
Alemania	76,4

Madera y papel

Tronco de coníferas

Producción mundial en 1983 1.187 millones de m^3

CEI	296
EE. UU.	277
Canadá	129
China	111
Suecia	45
Brasil	37
Finlandia	31
Polonia	21
Alemania	21
Japón	21

Tronco no de coníferas

Producción mundial en 1983 1.741 millones de m^3

India	214
EE. UU.	158
Brasil	153
China	121
Indonesia	121
Nigeria	79
CEI	60
Malasia	40
Tanzania	39
Tailandia	37

Pasta de celulosa

Producción mundial en 1983 128 millones de toneladas

EE. UU.	47,7
Canadá	19,2
CEI	9,2
Japón	8,8
Suecia	8,6
Finlandia	7,2
Brasil	3,4
Alemania	2,1
Francia	1,9
Noruega	1,6

Papel y cartón

Producción mundial en 1983 175 millones de toneladas

EE. UU.	58,8
Japón	18,4
Canadá	13,4
CEI	8,9
Alemania	8,3
Finlandia	6,4
Suecia	6,3
Francia	5,3
Italia	4,3
Brasil	3,4

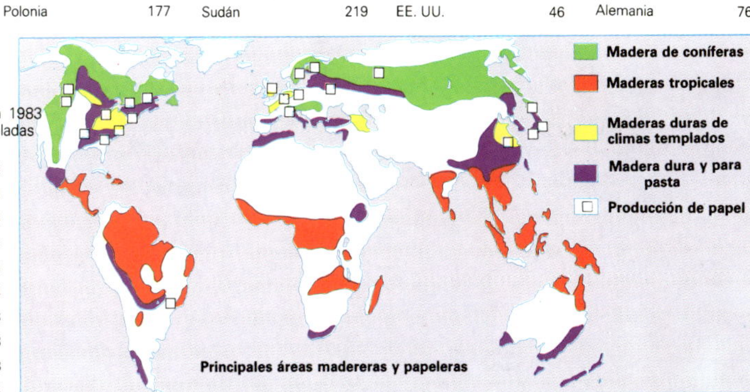

Transportes

Astilleros

Construcción naval

Tonelaje botado en miles de toneladas de registro bruto.

Producción mundial 1985
17,7 millones de toneladas

Japón	9.408
Corea del Sur	2.515
Alemania	528
Brasil	460
Dinamarca	393
Alemania Or.	362
Polonia	320
Finlandia	317
Rumanía	263
Italia	241
Francia	229
Yugoslavia	214

Principales centros de construcción de buques

Concorde y Boeing 747

Industria aeronáutica

En 1985 había aproximadamente 9.400 aviones de pasajeros en servicio. Este diagrama indica el lugar de construcción.

EE. UU. 53 % · CEI 33 % · R. U. 6 % · Países Bajos 3 % · Francia 2 %

Comercio aeronáutico

millones de $ USA

Importaciones		Exportaciones	
EE. UU.	11.076	Alemania	3.670
Alemania	3.817	EE. UU.	3.042
R. U.	2.853	R. U.	1.699
Francia	2.801	Canadá	1.192
Italia	1.072	Japón	939
Canadá	1.004	Arabia Saudita	921
Países Bajos	533	Italia	885

Principales centros de construcción aeronáutica.

Vehículos de motor. Producción mundial en 1985, 43.660.614 vehículos

	Producción *miles de unidades*	Exportaciones *millones de $ USA*	Importaciones *millones de $ USA*
Japón	11.465	32 798	619
EE. UU.	10.925	14 621	37 587
Alemania	4.045	26 657	7 601
Francia	3.062	9 626	6 987
CEI	1.900	2 299	2 682
Canada	1.829	16 482	14 129
Italia	1.601	4 700	4 328
España	1.309	2 401	1 013
R. U.	1.134	4 666	8 721

Fábricas de locomotoras

Vehículos ferroviarios

Exportaciones *millones de $ USA*		Importaciones *millones $ USA*	
EE. UU.	587,3	EE. UU.	365,7
Alemania	549,4	Irak	174,4
Japón	517,4	Indonesia	146,9
Francia	321,5	Canadá	146,9
Canadá	173,3	Irán	141,1
R. U.	168,9	Países Bajos	94,2
Italia	127,0	Brasil	77,8
Bélgica-Lux.	60,0	Egipto	74,1
Suiza	45,3	Alemania	70,6
Corea del Sur	33,8	Yugoslavia	68,8
Suecia	28,9	Tunicia	55,6
España	16,2	Suráfrica	49,2
Portugal	13,9	México	47,3

Principales centros de construcción de locomotoras.

Cadena de montaje de automóviles.

Principales fábricas de motores de automóvil.

Marina mercante y puertos

Tonelaje registrado bruto de las flotas mercantes registradas en cada país.

- más de 20.000.000
- 10.000.000-20.000.000
- 5.000.000-10.000.000
- 1.000.000-5.000.000
- 100.000-1.000.000
- 10.000-100.000
- menos de 10.000

Los puertos marcados con ● trataron el mayor tonelaje de carga dentro de cada continente en junio de 1985. Algunos de ellos son puertos de conveniencia, por ejemplo, Valdez y Bonny son puertos petroleros y Richards Bay y Damples lo son de mineral de hierro.

○ Otros puertos que manejan grandes cantidades de carga.

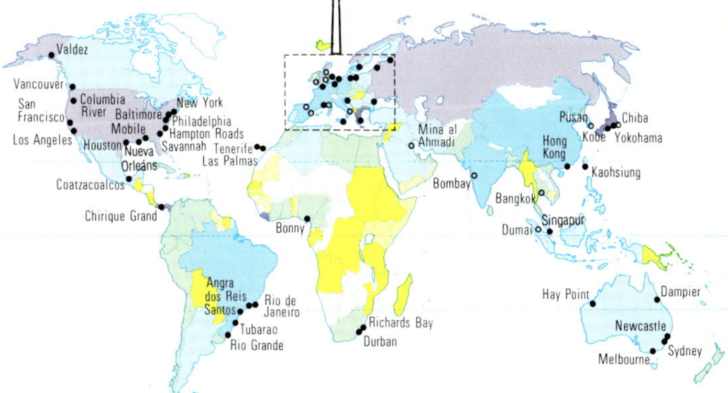

Transporte marítimo de fletes.

Peso de mercancías cargadas y descargadas en el comercio exterior de cada país (millones de toneladas métricas).

- 400-800
- 200-400
- 100-200
- 50-100
- 25-50
- menos de 25

Se nombran los países en los que el petróleo y sus derivados representan el 75 % o más de los bienes cargados y descargados, señalándose el porcentaje.

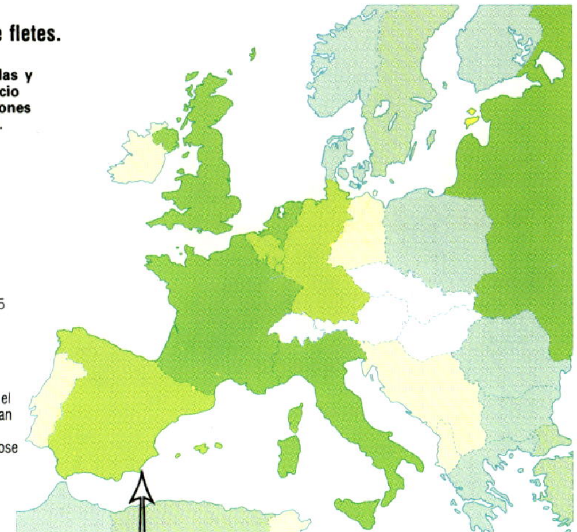

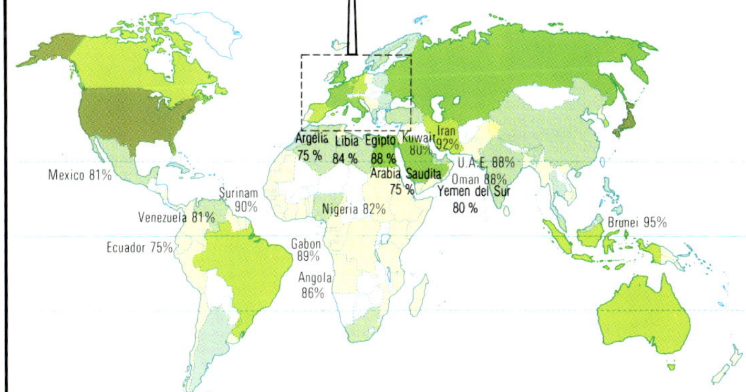

Transporte aéreo

Millones de pasajeros-km. en transporte interno de cada país.

- más de 100.000
- 10.000-100.000
- 1.000-10.000
- 100-1.000
- menos de 100

Se indican las ciudades que canalizan la mayoría del tráfico interior dentro de cada continente, con el número en miles.

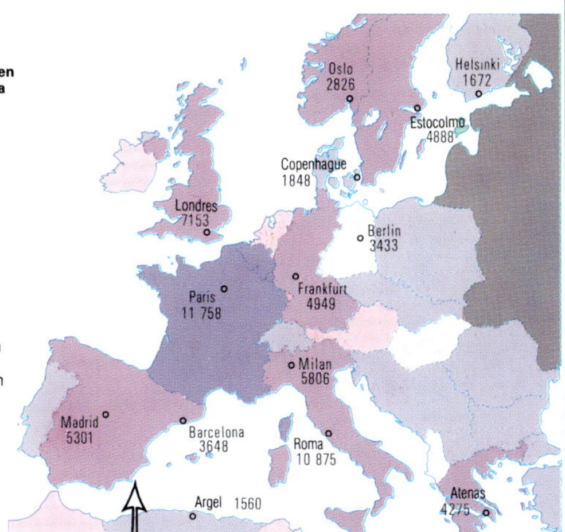

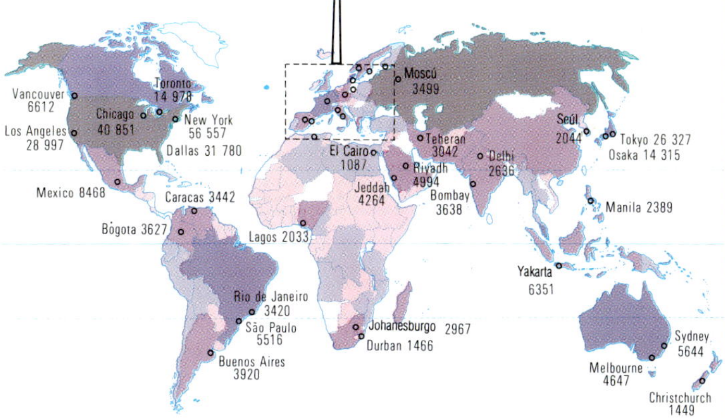

Transporte de pasajeros por ferrocarril y carretera.

Millones de pasajeros-km. transportados por ferrocarril.

- menos de 1.000
- 50 000-100
- 10 000-50 000
- 1 000-10 000
- más de 100.000

Países con más de 100 automóviles por cada 1.000 habitantes.

- más de 400
- 200-400
- 100-200

Número de accidentes de carretera con heridos por cada 1.000 vehículos (automóviles y vehículos comerciales).
Colombia 81

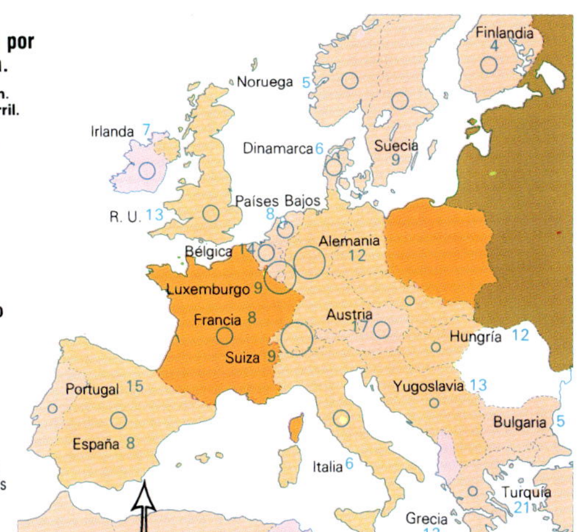

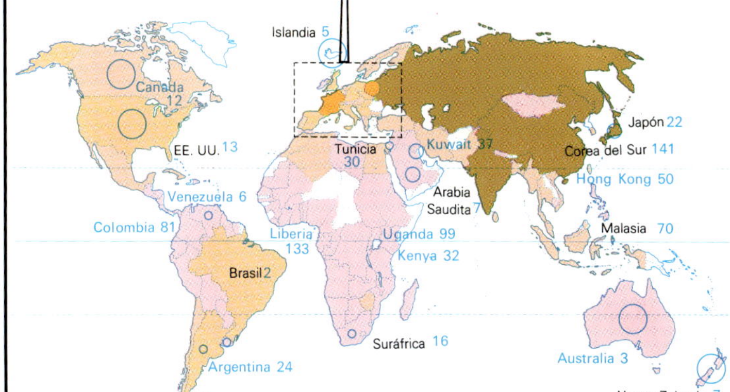

Comercio

Camión transportador de contenedores

Petrolero

Flete aéreo

Depósito de contenedores de carretera/ferrocarril

El comercio en Europa

Los círculos en este mapa están a la misma escala que en el mapamundi de abajo. Véase la leyenda en éste.

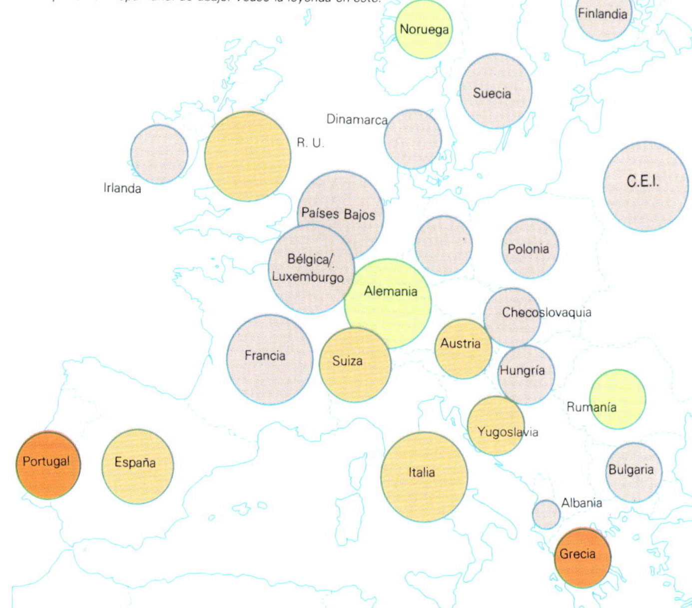

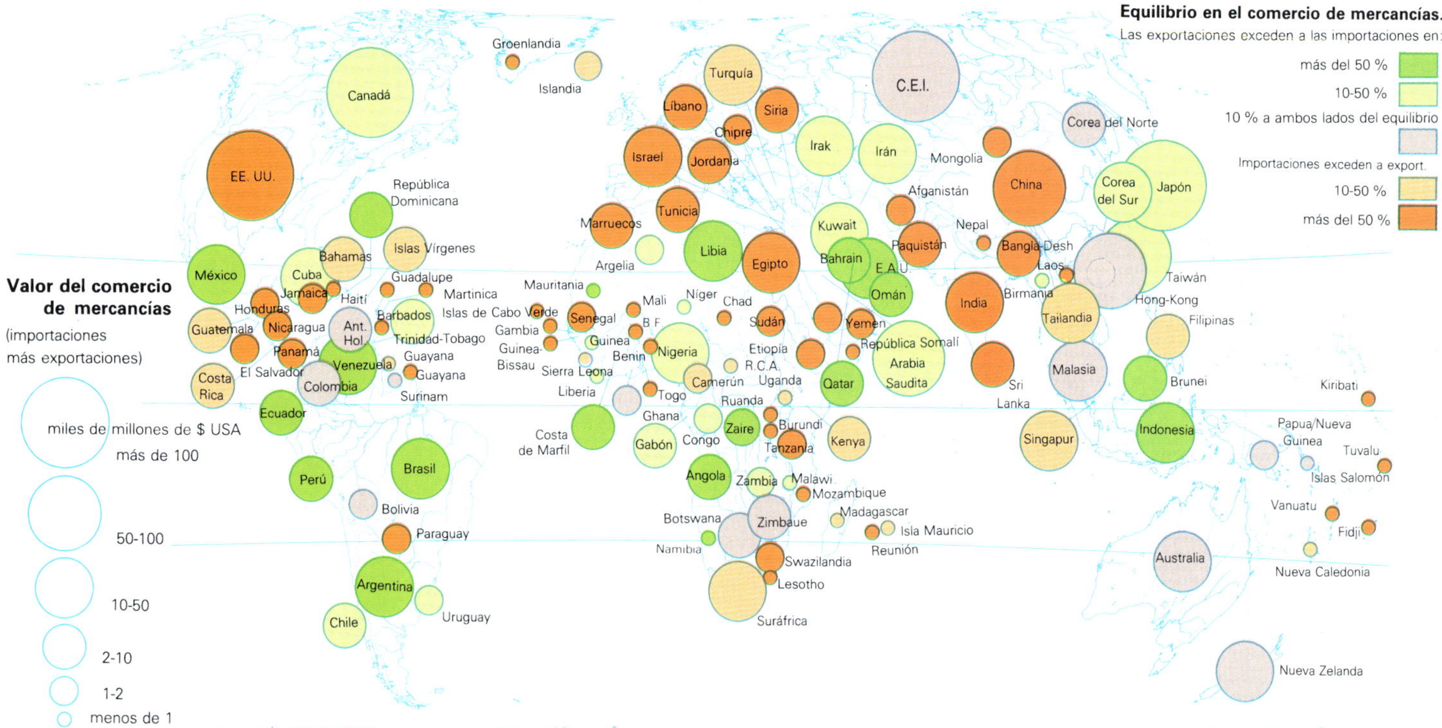

Exportaciones per cápita

Exportaciones totales divididas por la población
Valor en $ USA

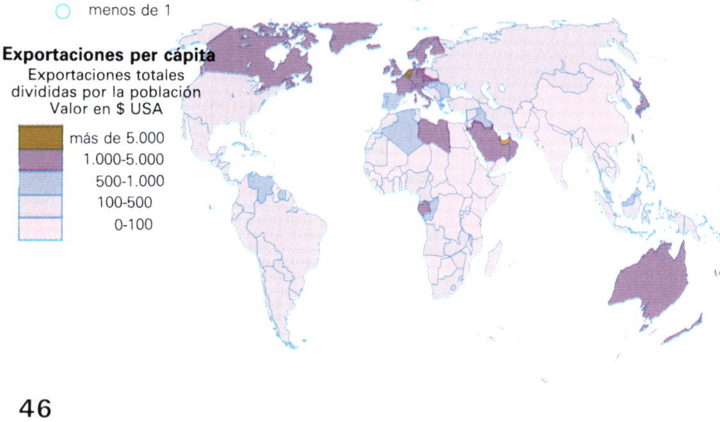

Producción primaria

Valor de la producción primaria como porcentaje del total de exportaciones

Importaciones

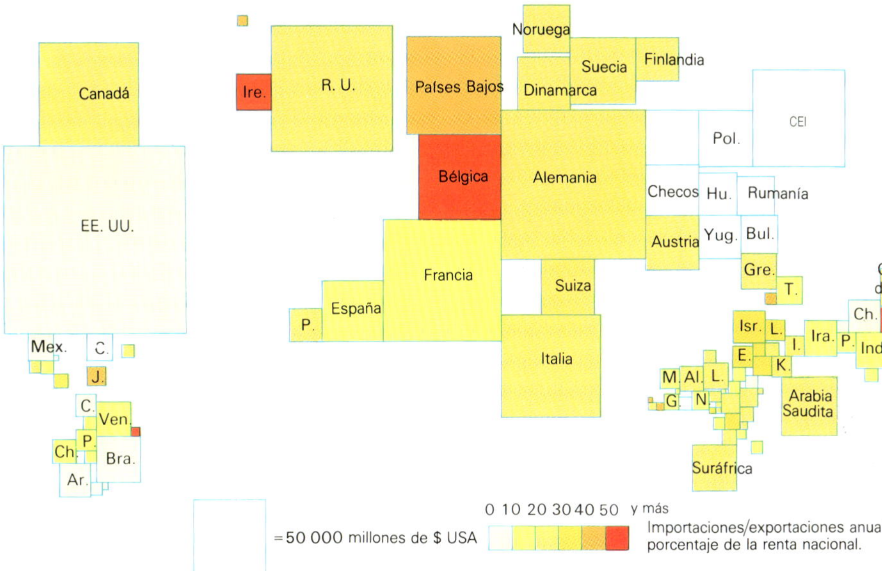

Comercio y renta nacional *izquierda.*

El área de un cuadrado es proporcional al valor de las importaciones/exportaciones del país y el color indica el valor de las importaciones/exportaciones como porcentaje de la renta nacional.

El comercio de cereales

Principales importadores de cereales

Valor total: 233.828.000 toneladas

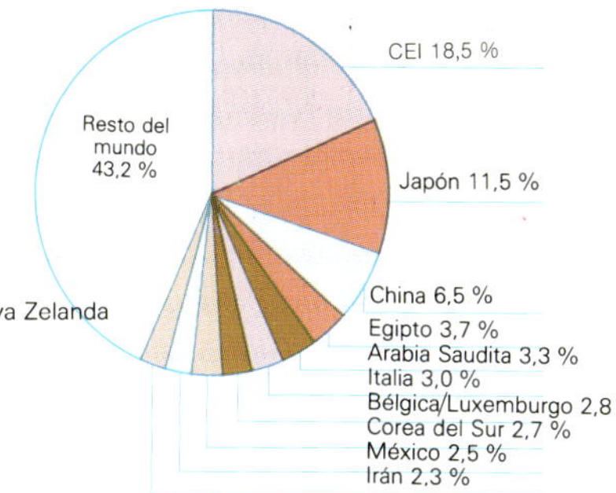

Exportadores

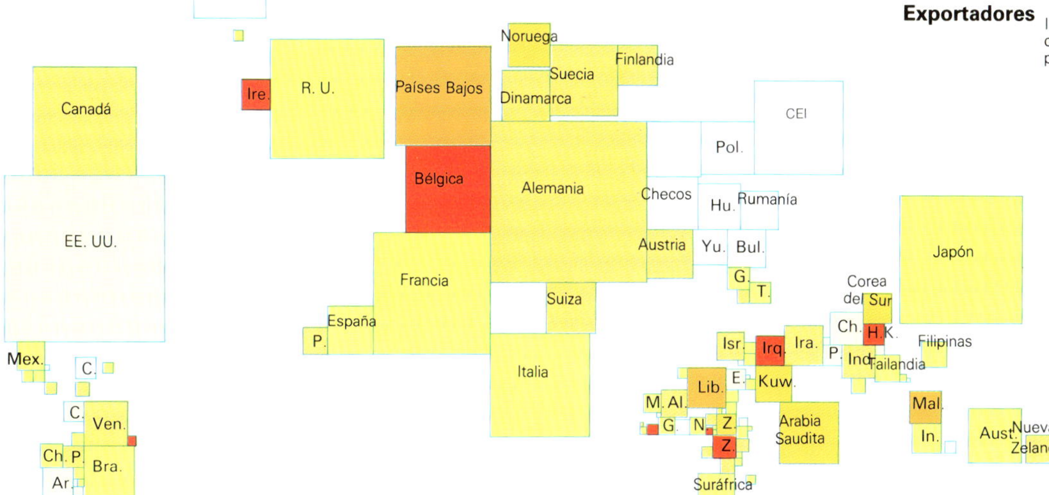

Importaciones/exportaciones como porcentaje del producto interno

- más del 200 %
- 100-200 %
- 50-100 %
- 25-50 %
- 0-25 %

Los diez principales exportadores de cereales

Total mundial: 234.927.000 toneladas

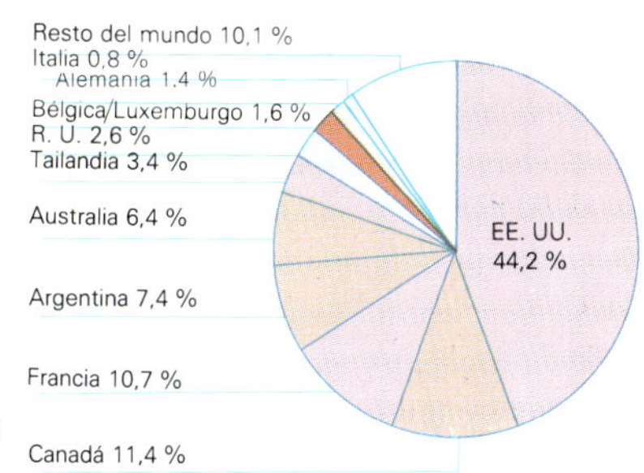

Comercio de los EE. UU.

EE. UU. importa mercancías por valor de 341.177 millones de $ USA de:

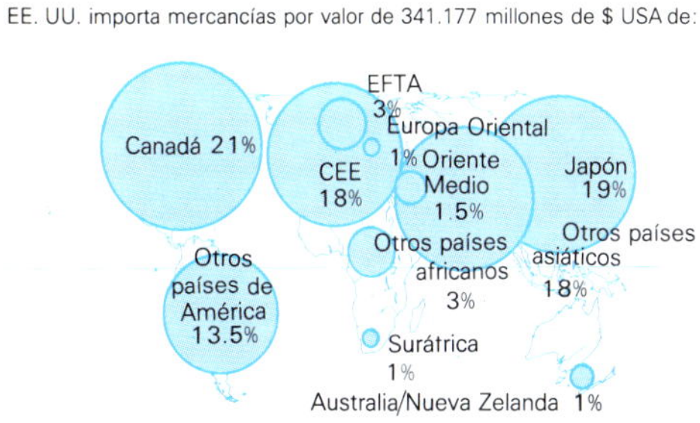

Comercio del Japón

Japón importa mercancías por valor de 136.522 millones de $ USA de:

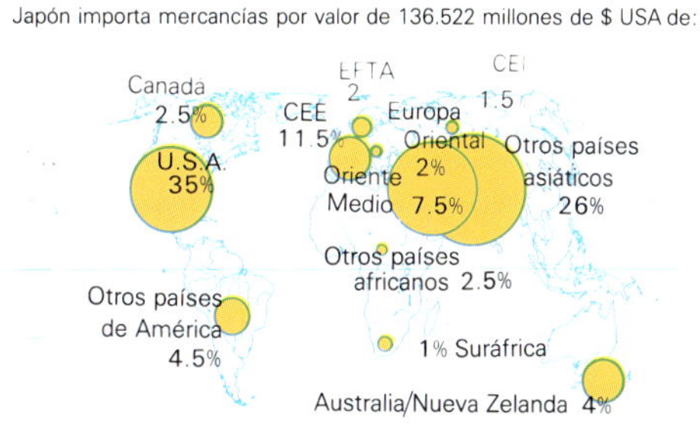

Comercio de la CEE

La CEE importa mercancías por valor de 582 065 millones de $ USA de:

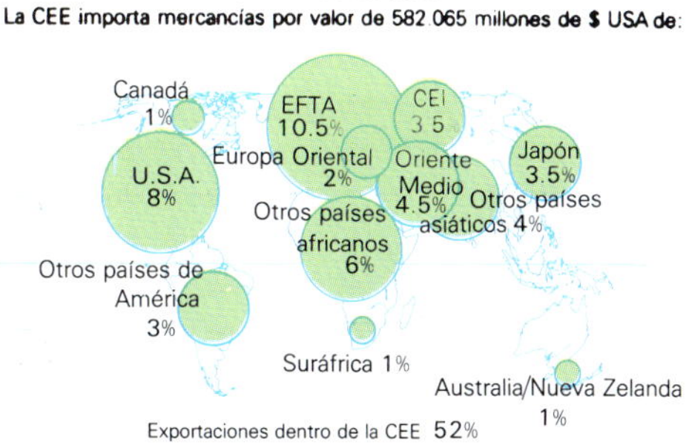

El porcentaje muestra la contribución de las diversas zonas al total de las importaciones y exportaciones

EE. UU. exporta mercancías por valor de 217.888 millones de $ USA de:

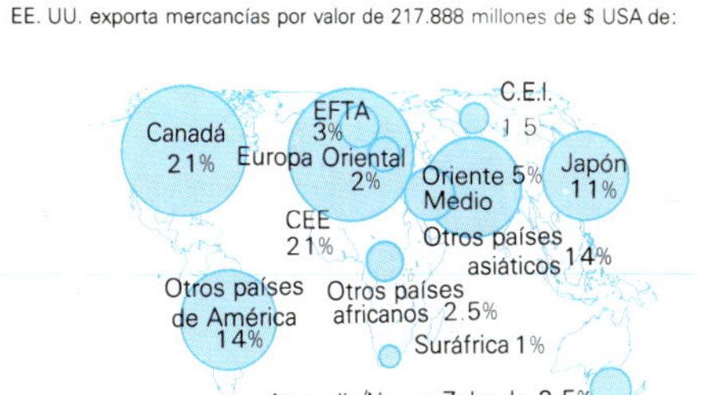

Japón exporta mercancías por valor de 170.107 millones de $ USA de:

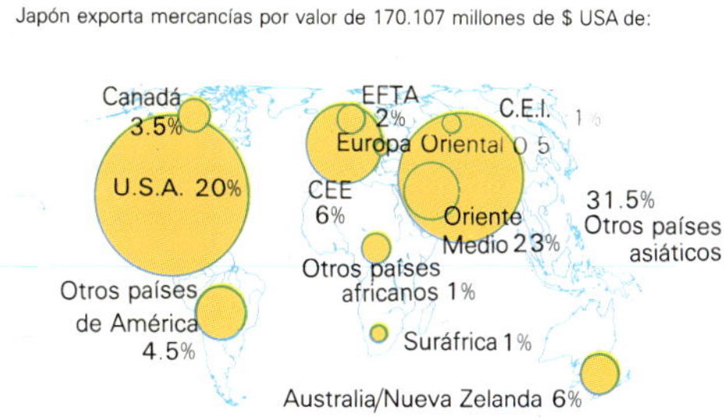

La CEE exporta mercancías por valor de 580.198 millones de $ USA de:

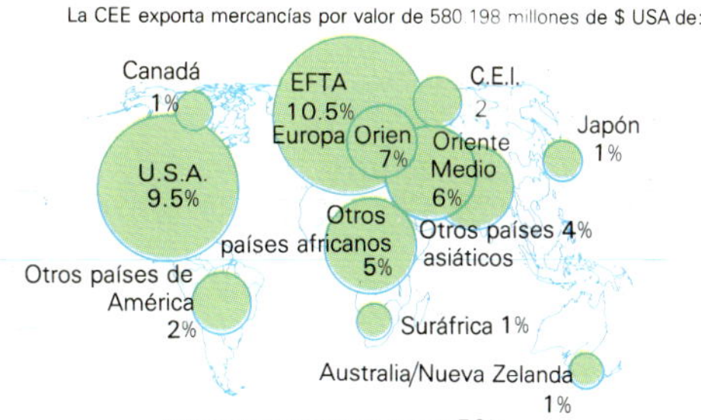

Riqueza

El nivel de vida de unos pocos países muy desarrollados, urbanizados e industrializados constituye un contraste completo con las condiciones de la gran mayoría de los estados agrarios económicamente subdesarrollados. Es el contraste que divide a la humanidad entre ricos y pobres, bien alimentados y hambrientos. El mundo en vías de desarrollo sigue siendo predominantemente agrícola: más del 70 % de su población viven de la tierra pero incluso así el rendimiento del campo sigue siendo bajo. Muchos africanos, suramericanos y asiáticos luchan con el suelo, pero los años malos son demasiado frecuentes y apenas tienen nada que guardar. Necesitan capital extranjero para salir adelante.

Renta nacional

La diferencia entre el mundo desarrollado y el que se encuentra en vías de desarrollo continúa aumentando en la realidad; por ej., en 1938 las rentas de los EE. UU. y de la India se encontraban en la relación 1:15 mientras que hoy la proporción es de 1:53.

Renta per cápita en dólares

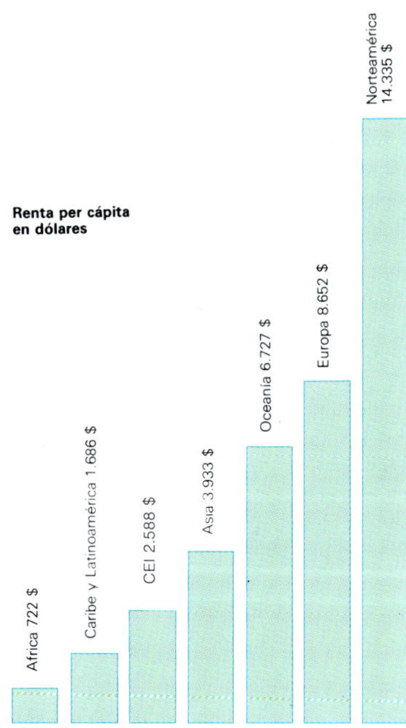

Ayuda al desarrollo

La provisión de ayuda extranjera, definida como asistencia o cláusulas de concesión para promocionar el desarrollo, es un aspecto actualmente aceptado aunque objeto de controversias en las políticas económicas de la mayoría de los países avanzados con respecto a los que lo están menos. La ayuda al desarrollo no se basa en consideraciones meramente económicas sino también en factores sociales, políticos e históricos. El comité internacional más importante fundado después de la guerra fue la ONU; sin embargo, la práctica totalidad de la ayuda se ha concedido de manera bilateral directamente desde un país industrializado a uno subdesarrollado. Aunque la ayuda aumentó durante los años 1950, la proporción concedida del PNB de los países industrializados ha disminuido del 0,5 al 0,4 %. La participación de los países menos desarrollados en el comercio mundial y el aumento de población han anulado cualquier progreso conseguido.

Inflación

Índice anual medio de aumento 1973-83

0-5% | 5-10% | 10-15% | 15-20% | 20-50% | 50-100% | más del 100 %

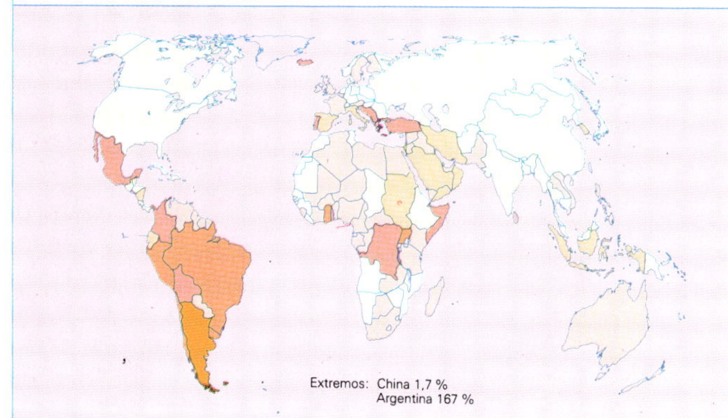

Ayuda al desarrollo

Ayuda al desarrollo recibida per cápita en $ USA, media de 1979-81

0-10$ | 10-20$ | 20-50$ | 50-100$ | más de 100

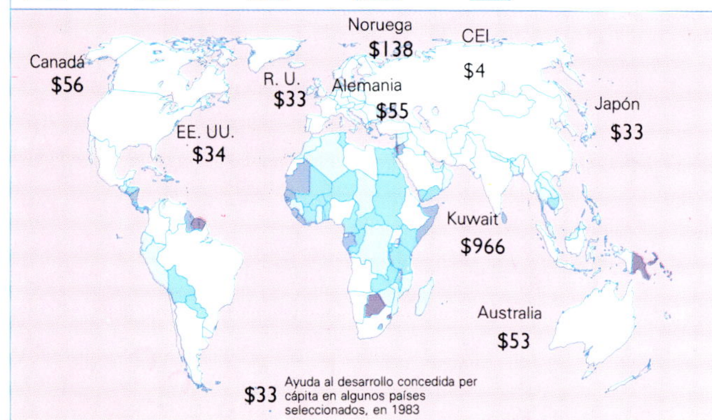

NIVELES DE VIDA

LOS RICOS

- Países con ingresos cuatro veces superiores a la media mundial
- Países con ingresos dos veces superiores a la media mundial.
- Países con ingresos ligeramente superiores a la media mundial.

LOS POBRES

- Países con ingresos ligeramente inferiores a la media mundial.
- Países con ingresos inferiores a la mitad de la media mundial.
- Países con ingresos inferiores a una cuarta parte de la media mundial.
- No hay datos disponibles.

La renta media mundial es de 2.200 $ USA al año. El país más rico en cuanto a renta per cápita es Kuwait, con ingresos 200 veces superiores a los de Mali, el país más pobre.

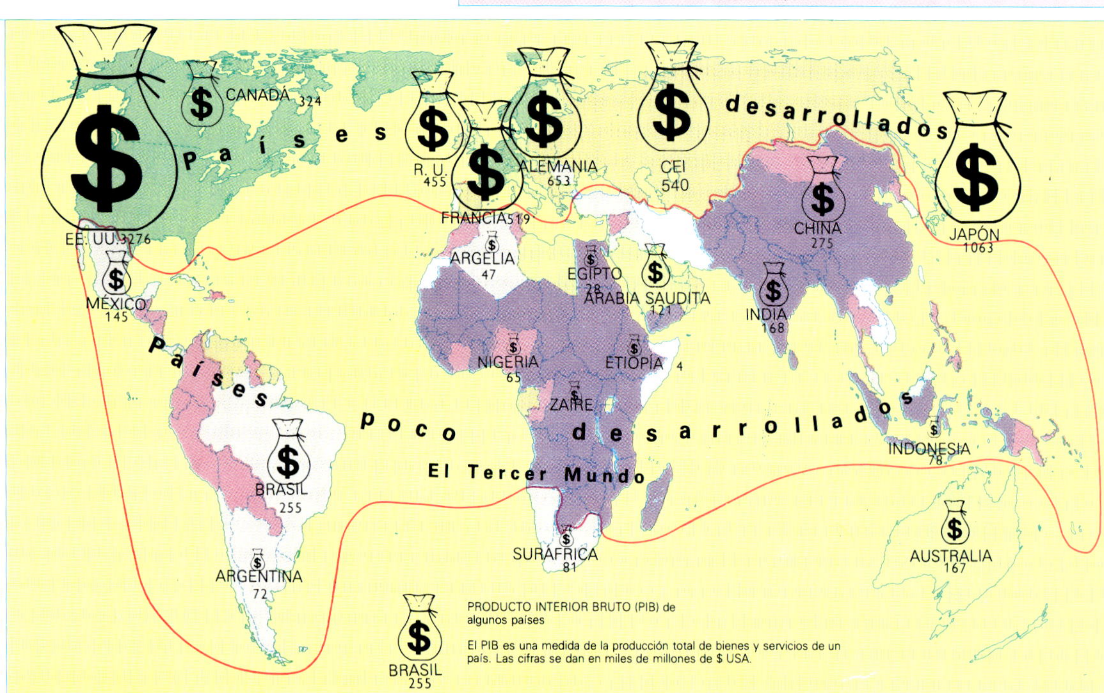

Imagenes del Landsat - Introducción

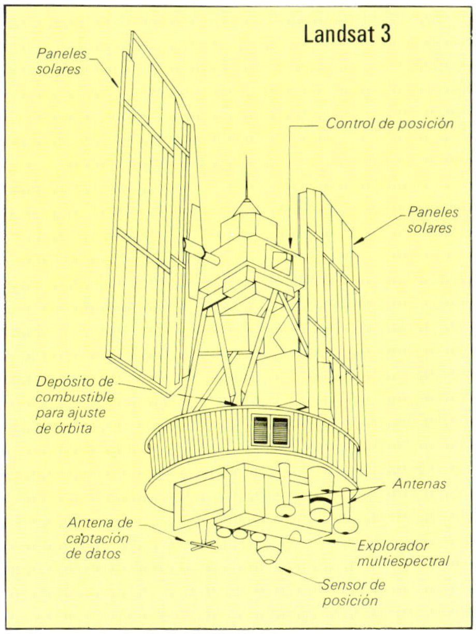

La Administración Nacional de la Aeronáutica y del Espacio o NASA (National Aeronautics and Space Administration) de los Estados Unidos emprendió un programa de prospección de los recursos terrestres en 1965. Así, desarrolló los programas espaciales Gemini, Apollo, Skylab y Landsat. El primer Landsat (contracción de Land Satellite, o satélite terrestre) se lanzó en 1972, y el cuarto en 1982. Situado en órbita, recoge datos a distancia, desde gran altura y con la retransmisión a la Tierra de las imágenes que capta.

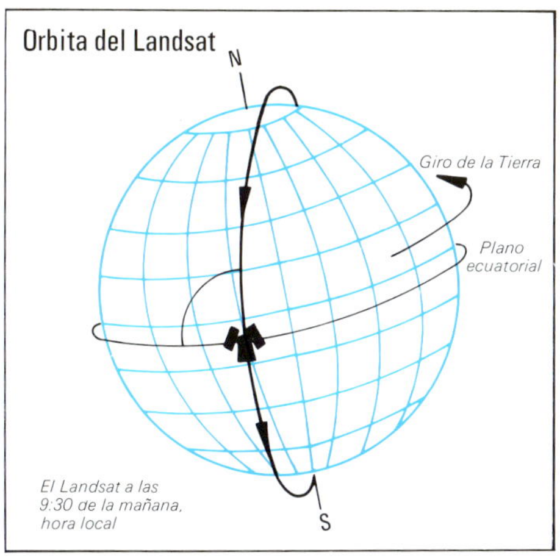

La nave espacial Landsat gira alrededor de la Tierra a 919 km de altura, pasa casi sobre los polos y cruza el ecuador en ángulo de 81°. Su peso es de 959 kg y emplea 103 minutos en completar una revolución alrededor de nuestro planeta. Cruza el ecuador siempre a la misma hora local, hacia las 9.30 de la mañana, por tanto en la parte iluminada por el Sol. Efectúa catorce revoluciones a la Tierra por día, e inicia su quinceava órbita 159 km al oeste del punto de partida, con relación a la Tierra. Pasa de nuevo sobre el punto de partida a los dieciocho días, pero cuando los Landsat 2 y 3 giraban a la vez alrededor del planeta este tiempo de retorno al punto de partida se redujo a nueve días. Los instrumentos de a bordo registran una franja de la Tierra de 185 km de anchura, con un área de unos 35.000 km² por imagen. El cuarto Landsat, lanzado en 1982, vuela a una altitud de 705 km y tiene un ciclo de dieciséis días.

Los Landsat portan diversos instrumentos, uno de los cuales sirvió para captar las imágenes que figuran en las páginas siguientes; se conoce como explorador multiespectral o MSS (Multi Spectral Scanner). Se emplea la palabra «imagen» en lugar de fotografía porque no es producida por una cámara ni aparece en su color natural. En el interior del satélite un espejo oscila ligeramente, para barrer una franja de la Tierra en ángulo recto con la trayectoria orbital. La luz procedente de la superficie terrestre es descompuesta a través de filtros en cuatro partes determinadas del espectro, dos de luz visible y otras dos de luz infrarroja. Se mide la intensidad de cada una de esas gamas de longitudes de onda a bordo del satélite, que luego envía a la Tierra los valores obtenidos para cada pequeña zona de la superficie en forma de señal. Cuando el satélite está fuera del campo de visión de las estaciones en tierra, almacena los datos y los transmite al entrar en contacto de nuevo con alguna de ellas.

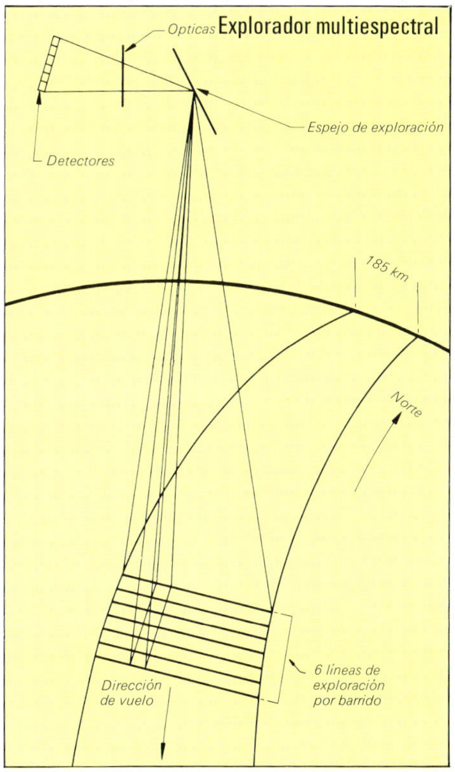

En tierra se obtienen cuatro imágenes en blanco y negro para cada una de las bandas espectrales, por la conversión de los datos según una escala de grises. Las imágenes en colores falseados de las páginas siguientes se obtienen superponiendo las imágenes en blanco y negro de esas cuatro bandas, filtradas a través de filtros distintos para cada una de ellas.

En esas imágenes de colores falseados, la vegetación floreciente aparece en rojo; las zonas con agua en negro si el líquido es transparente y de poca profundidad, y azul si contiene sedimentos, como en las desembocaduras de los ríos. La tierra y las rocas aparecen en color azulado, aunque con variaciones amarillentas y parduzcas; cuando el contenido de agua es elevado, salen en negro. Las ciudades y grandes carreteras oscilan entre el blanco y el azul grisáceo. Esto es orientativo, pues los matices varían con el ángulo de iluminación del Sol en la escena original, las condiciones atmosféricas, la fase de crecimiento de los vegetales, etc.

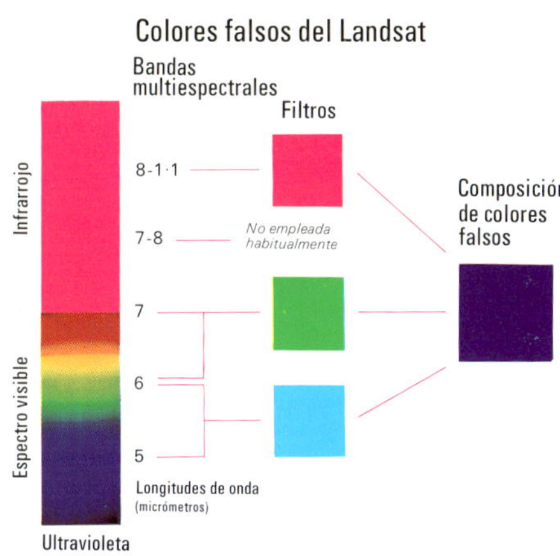

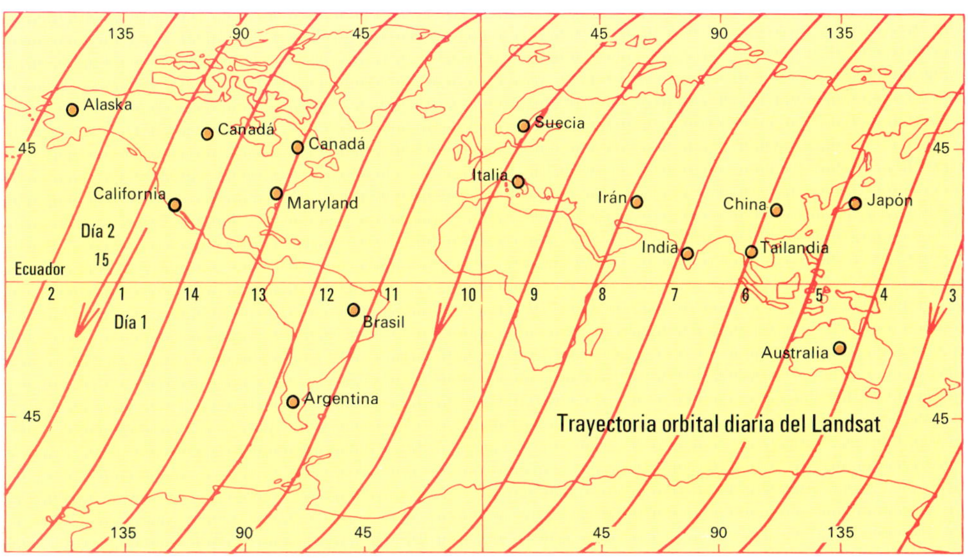

Estacion receptora en tierra

En cada una de las páginas siguientes se presenta una imagen en colores falseados de una parte de la Tierra a escala 1:1.000.000 (1 cm = 10 km), un mapa de la misma zona y una breve descripción. Generalmente el mapa se ha representado a escala 1:2.500.000 (1 cm = 25 km), aunque en algunos casos se ha hecho a una escala menor, lo que se indica mediante un recuadro rojo en su interior, que se refiere a la zona cubierta por la imagen del satélite.

Algunas aplicaciones de los Landsat

Geología	Determinación de los tipos de rocas, rasgos del relieve y minerales.
Recursos de agua	Área del agua en superficie, disponibilidad de agua; extensión de los mantos de nieve o hielo, glaciares, inundaciones e irrigación; sedimentos y cartografía submarina en aguas poco profundas, y cambios en la línea de la costa.
Medio ambiente	Efectos de catástrofes naturales, contaminación atmosférica y cartografía de regiones remotas.
Agricultura	Cultivos, vegetación, recursos madereros: vigilancia y posibles enfermedades de las plantas; condiciones de los suelos; zonas cultivadas y rendimiento obtenido en el uso de la tierra.

El Delta del Ebro

El delta del Ebro constituye el más importante accidente geográfico del litoral mediterráneo español por su originalidad y considerable superficie. Las causas de su formación son, por un lado, el gran caudal de aluviones que transportan tanto el Ebro como sus afluentes y, por otro lado, la inexistencia de mareas en el Mediterráneo lo cual hace que el mar sea incapaz de limpiar y extender esta masa de aluviones arrastrados por el río.

A partir de Amposta, el delta se abre ampliamente en una extensa llanura plana por donde el agua circula lentamente entre canales de desagüe o regadío, o forma islas, lagunas . . .

El río, con su principal caudal, circula por el centro del delta dividiendo éste en dos sectores.

Tenerife

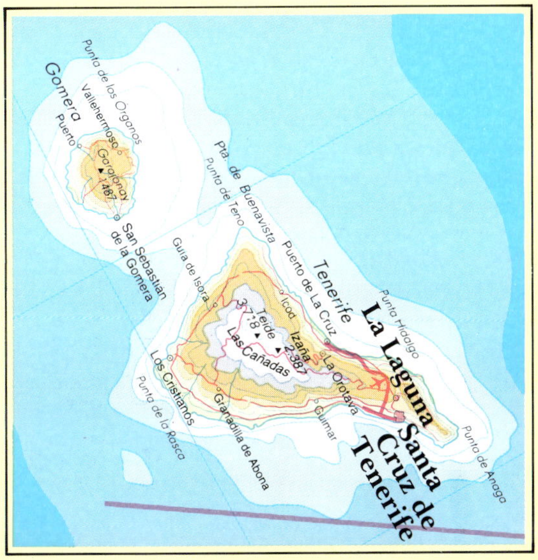

Tenerife es la isla mayor del archipiélago canario, con poco más de 2000 km. La costa tinerfeña está dominada por abruptos bordes, dislocada, erosionada y muy castigada por el mar. En forma de triángulo gigante, sus ángulos constituyen puntas que se adentran en el mar.

La costa norte combina formas abruptas y desgarradas con rías ínfimas y playas de arena gorda, la costa oeste muestra los acantilados más impresionantes de la isla y la costa este es la menos accidentada, con zonas bajas y playas.

Pero en Tenerife lo más destacado es el "edificio" Teide-Cañadas, espectacular construcción de masa volcánica: un estrato-volcán dentro de una caldera de subsidencia, que culmina a 3718 m.

Río de la Plata

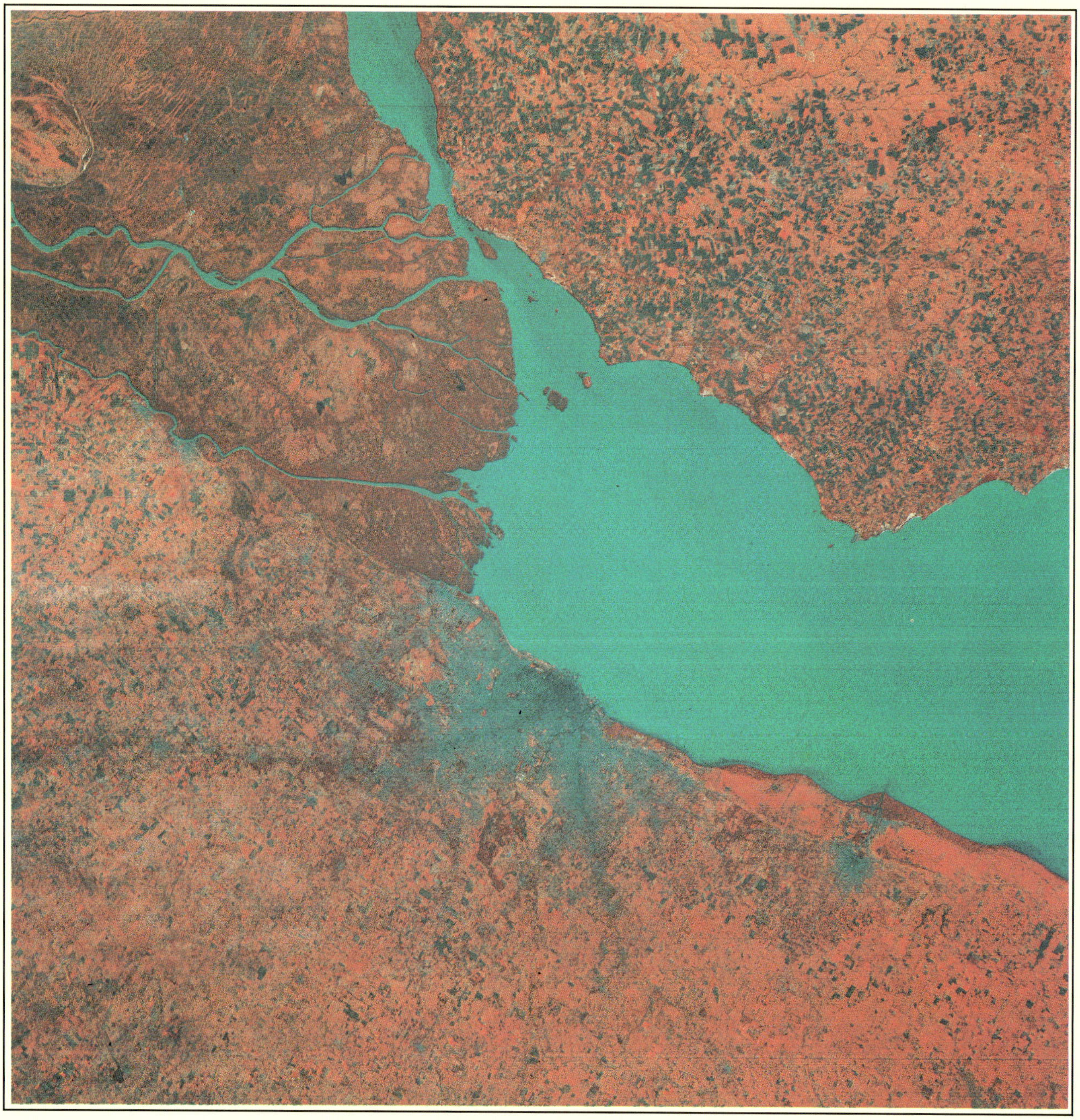

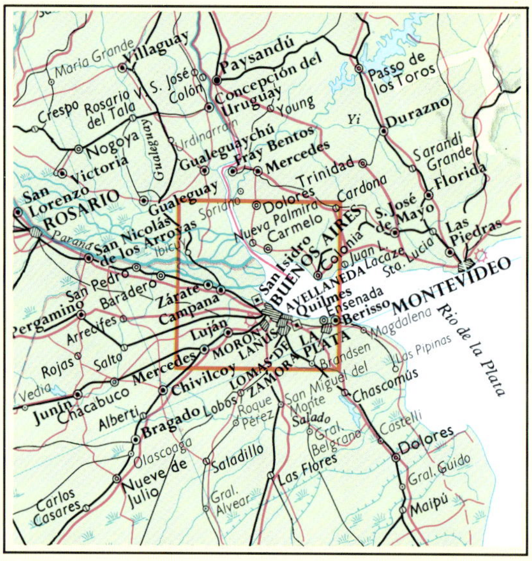

Los ríos Paraná y Uruguay se unen para formar el amplio estuario del Río de la Plata. En conjunto avenan más de 4.000.000 de km^2, y los sedimentos que arrastran, además de depositarse en el delta del Paraná, hacen que el estuario sea poco profundo. Se ha construido un canal para trasvasar sus aguas a Buenos Aires, capital de Argentina y puerto más importante del país, así como al río Uruguay. La población de Buenos Aires, compuesta en su mayoría por descendientes de emigrantes europeos, ha pasado de un millón de habitantes a principios de siglo a 10 millones en la actualidad. Es, pues, la mayor ciudad del hemisferio sur. Constituye un nudo importante de carreteras y líneas de ferrocarril desde el cual se exporta la mayor parte de la producción agraria argentina *(fotografía tomada en julio)*.

El Altiplano boliviano

El Altiplano boliviano

El Altiplano es una meseta relativamente llana, que se halla a unos 3.000 m de altura y encerrada entre los picos más altos de la cordillera de los Andes, algo más al norte del punto en el que se unen las cordilleras oriental y occidental. En el centro de esta imagen se aprecia el Salar de Uyuni, una vasta llanura salada alimentada por los arroyos de las montañas. La parte occidental de esta llanura está dominada por cráteres volcánicos y formaciones de lava. El entorno es árido, remoto e inhóspito, aunque no despoblado por completo; además, son posibles algunos cultivos en valles con ríos protegidos del clima hostil *(imagen captada en marzo)*.

El sur del Perú

El sur del Perú

Del ecuador al norte de Chile, los ríos que fluyen por las vertientes occidentales de los Andes atraviesan una franja de tierras bajas de 50 km escasos de anchura antes de llegar al Pacífico. Estas tierras son desérticas y se cuentan entre las más secas del mundo. Como se aprecia en la fotografía, la vegetación está ausente por completo, con la excepción de las granjas que bordean los ríos. Más al interior, la cordillera de los Andes se eleva bruscamente a más de 5.000 m de altura, y sus vertientes aparecen con un color rojo intenso, debido a los matorrales que las cubren. Al noreste se halla la extensa meseta conocida como Altiplano. Entre las extensiones rocosas, de color gris más claro, por encima de la línea de nieves perpetuas, hay zonas montañosas con árboles y maleza, donde pastan alpacas y llamas *(imagen captada en abril)*.

Ciudad de México

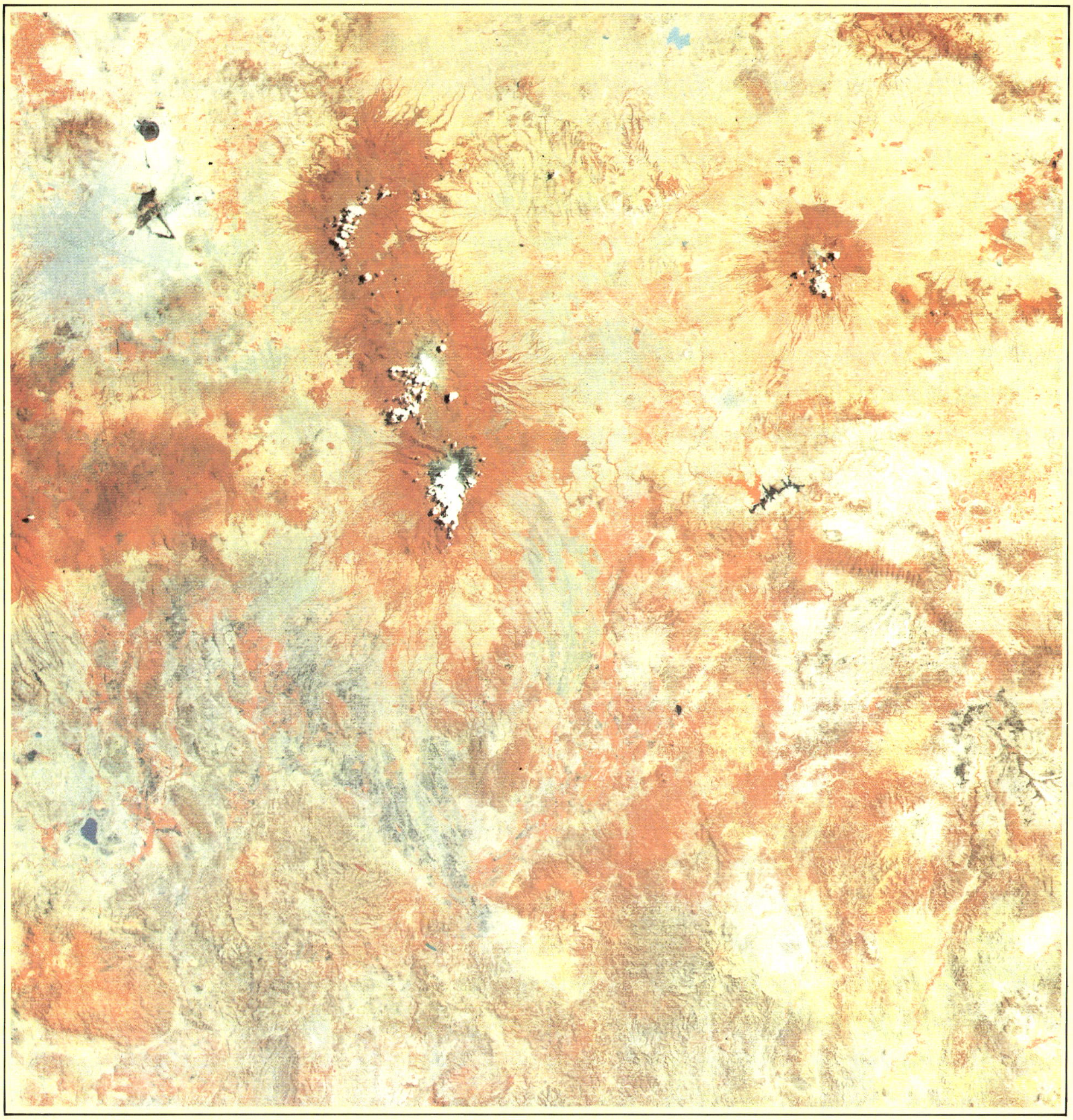

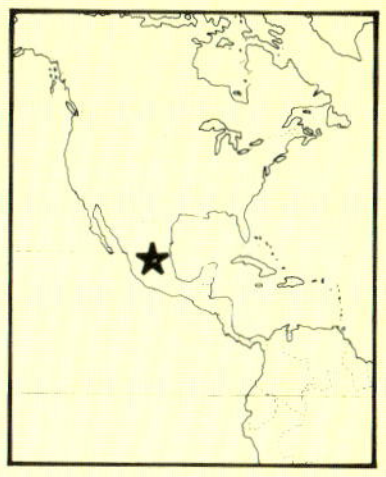

Ciudad de México

Muy por encima de la Meseta Central asoman las cumbres nevadas de los volcanes Popocatepetl, Iztacihuatl y La Malinche, con sus laderas cubiertas de densos bosques. A esta tierra de clima templado y suelo volcánico fértil llegaron los indios, que cultivaron la tierra y fundaron ciudades a partir de sus asentamientos. La gran civilización azteca surgió en Tenochtitlán, a la orilla del lago Texcoco, en el valle de México. Hoy, como en la antigüedad, el maíz y las habichuelas son los cultivos principales de la meseta, y la antigua ciudad azteca, con el nombre de Ciudad de México, es una de las áreas urbanas más extensas del mundo, con una población de 10 millones de habitantes *(imagen captada en mayo)*.

Colombia central

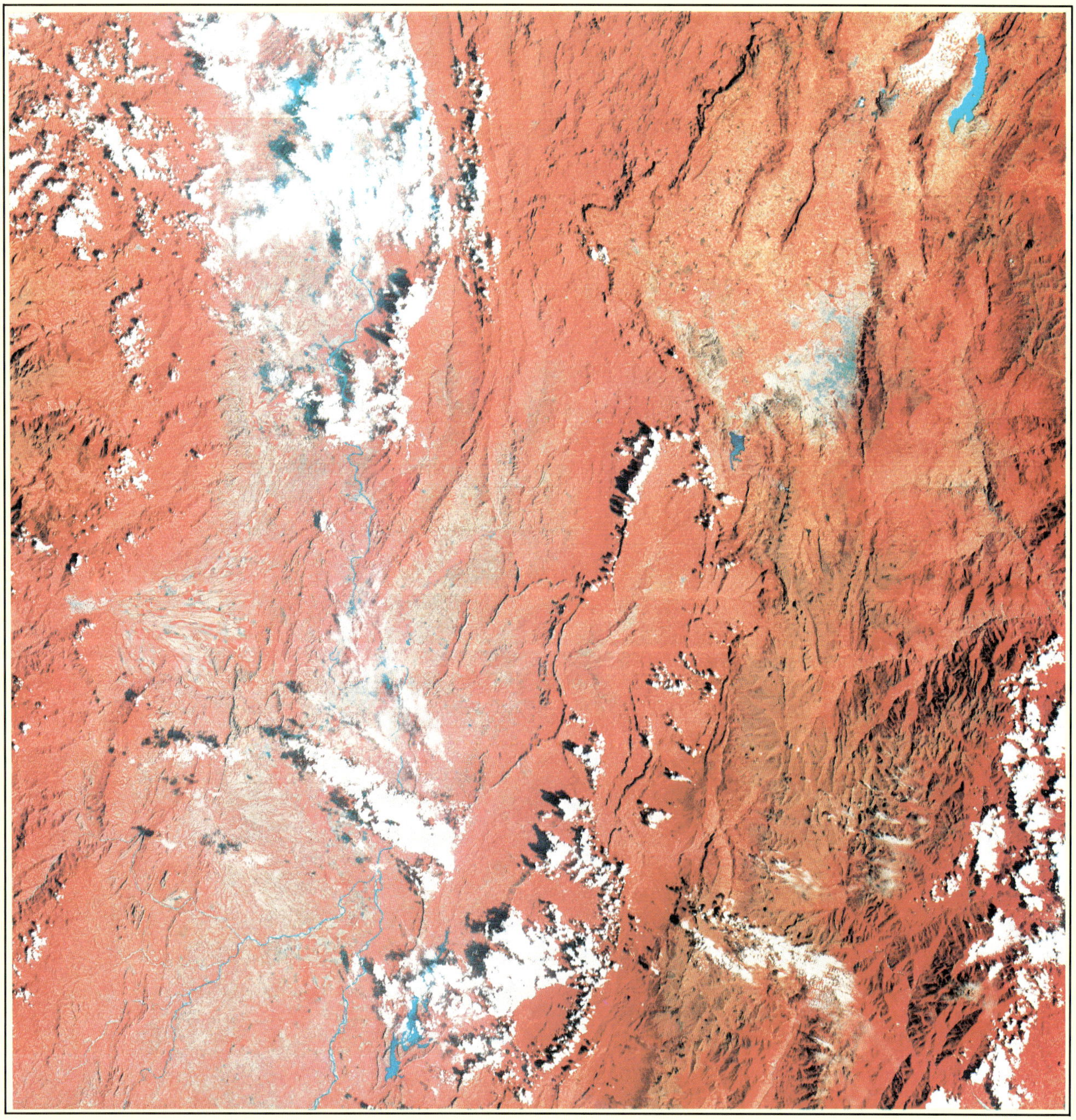

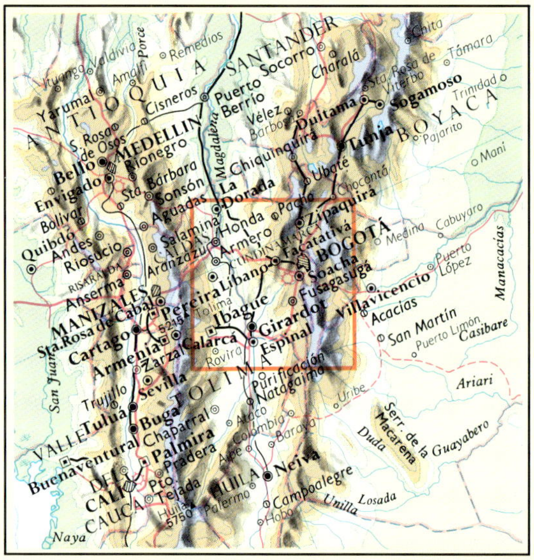

En Colombia, los Andes se separan y forman dos sistemas montañosos entre los que discurre el río Magdalena. En la fotografía, este último aparece en el centro y la ciudad de Bogotá se divisa en el ramal oriental de los Andes. Algunos de los ríos que se aprecian en el extremo derecho desembocan en el Orinoco y otros en el Atlántico, en tanto que el Magdalena lo hace en el Caribe. Bogotá, capital de Colombia, está situada a 2.500 m sobre el nivel del mar. La ciudad, cuyos orígenes son muy antiguos, ha quintuplicado su población desde 1950 y hoy cuenta con más de tres millones de habitantes. Aunque se halla próxima al ecuador, su altitud la hace disfrutar de un clima bastante templado. Muchos de los picos de la fotografía superan los 4.000 m *(fotografía tomada en enero).*

LA UNIÓN

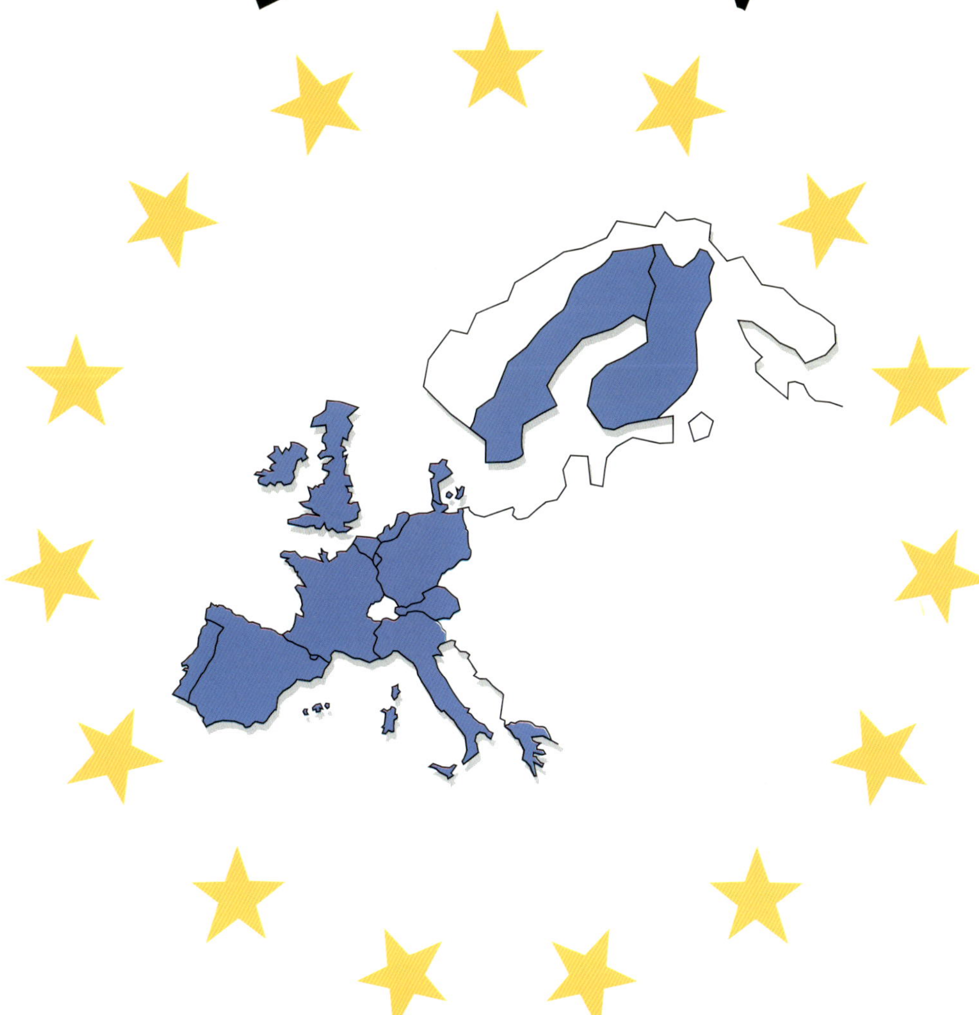

EUROPEA

1957: LA EUROPA DE LOS SEIS

1973: LA EUROPA DE LOS NUEVE

1981: LA EUROPA DE LOS DIEZ

1986: LA EUROPA DE LOS DOCE

1992: LA UNIÓN EUROPEA

1995: LA NUEVA UNIÓN EUROPEA

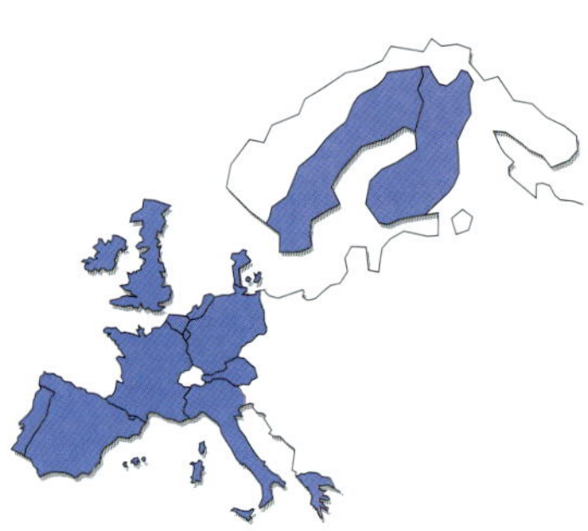

Historia

Los esfuerzos por conseguir la unión efectiva de Europa han sido muy numerosos, aunque siempre se han encontrado grandes dificultades. Los primeros intentos de unir Europa parten, posiblemente, de los tiempos del Imperio Romano, y la idea nunca ha desaparecido de la conciencia — o del inconsciente— de los europeos.

Mucho más próximos a nuestros días están los intentos poco pacíficos de Napoleón, o el sueño paneuropeo del conde Coudenhove Kalergi en 1923. Pero el germen directo de la Comunidad Europea, surge de las teorías de Robert Schuman, quien, en 1950, sugiere la idea de la Unión Europea del Carbón y del Acero, respondiendo al deseo de crear una Europa unida y sobre todo pacífica, después de los desastres sufridos en las dos guerras mundiales.

La propuesta de Schuman se materializa en abril de 1951 con la firma del Tratado de París por seis países: República Federal Alemana, Bélgica, Holanda, Luxemburgo, Francia e Italia, y que da lugar a la creación de la Comunidad Europea del Carbón y del Acero (CECA). Posteriormente estos países firman, el 25 de marzo de 1957, el Tratado de Roma, que entrará en vigor el 1 de enero del año siguiente, origen de dos nuevas comunidades europeas: la Económica (CEE) y la de la Energía Atómica (EURATOM).

Estos tres organismos, base de la unión europea, se convierten en uno sólo, la Comunidad Económica Europea, en 1967 que se reforzará al año siguiente con el establecimiento de la unión aduanera entre los países miembros: es la Europa de los Seis.

Pronto, ante las ventajas que ofrecían los organismos supranacionales, algunos países solicitan entrar a formar parte de la Comunidad; así el 1 de enero de 1973 accederán Dinamarca, Irlanda y el Reino Unido: en 1981 Grecia pasa a ser el décimo país, y España y Portugal se integrarán en 1986, completando el grupo de países que en la actualidad froman la CE, sin olvidar la incorporación de lo que fue la antigua Alemania del Este, tras el proceso de reunificación de este país que tuvo lugar en 1990.

El Tratado de Roma sufrió una primera revisión en 1986, cuando entró en vigor el Acta Única, acordada en Luxemburgo, mediante la cual la comunidad da vía libre a un mercado realmente unificado en el que quedará liberalizada la circulación de personas, capitales y servicios. Además se empieza a trabajar en la Unión Económica y Monetaria (UEM) y en la Unión Política (UP).

La Comunidad Europea, que desde sus inicios ha tenido un marcado carácter económico, no ha olvidado nunca su dimensión política. Desde el principio se trató de crear una verdadera federación de países; pero esta idea había quedado un tanto relegada hasta la firma, el 7 de febrero de 1992, del Tratado de Unión Europea, conocido como Tratado de Maastrich por haberse firmado en esta localidad holandesa. Con este tratado los países miembros buscan una unión en todos los ámbitos y supone la realización de los proyectos antes citados (UEM y UP). Como reflejo de este giro dado en la Comunidad —lo que sería la segunda modificación del Tratado de Roma— el nombre del organismo pasa a ser Unión Europea.

Como en todos los procesos importantes, en la creación de la Comunidad ha habido numerosos problemas (como los intentos separatistas de algunos países —Groenlandia se separó en 1982 tras haber entrado con Dinamarca; Noruega rechazó la entrada en 1973 mediante *referendum*—) pero es en este momento, en el que se enfrenta a la verdadera y total unión, cuando surgen las dificultades más graves; por ejemplo, la diversidad económica entre estados, distinta fortaleza de las monedas nacionales e incluso diferentes posturas entre los que quieren ampliar aún más la Comunidad y los que prefieren consolidar los acuerdos ya establecidos. Es ahora cuando los países deben ratificar el Tratado de Unión Europea y adaptar su economía interior a las exigencias del mismo, para llegar al mercado único y al establecimiento del Sistema Monetario Europeo, cuya base será, pasados unos años, el Ecu.

La UE el Mundo

La Unión Europea, aunque todavía no haya alcanzado la Unión Política, se presenta al mundo como un todo, gracias al peso económico del grupo. El principal elemento unificador al respecto es el arancel común que los estados miembros marcan para los intercambios comerciales frente a terceros.

Se han establecido acuerdos comerciales con Estados Unidos, con países del este de Europa y se ayuda a los del tercer mundo, permitiendo la entrada de algunos productos procedentes de éstos libres de aranceles. Un hecho importantísimo dentro de las relaciones comerciales de la UE con otros países es la firma de las tres Convenciones de Lomé (1975, 81 y 84), que pretenden aglutinar los esfuerzos de ricos y pobres para desarrollar la capacidad económica de países de África, el Pacífico y el Caribe. Además se realizan acuerdos bilaterales con países pobres que han quedado fuera de los acuerdos de Lomé. La relación histórica de España, Portugal y otros países con América Latina hace que este continente esté siempre presente en los acuerdos comerciales y de cooperación.

Puesto que hay varios países europeos que pretenden unirse a la UE como miembros de pleno derecho, a éstos se les ofrece el «espacio económico europeo», de modo que pueden beneficiarse del Mercado Único, aunque no participar en las decisiones políticas de la Comunidad. Entre los que disfrutarán del EEE están los países de la EFTA, Islandia, Noruega, Suiza, Austria, Finlandia y Suecia, éstos tres últimos integrados a la Unión Europea en 1995. Otros candidatos a la entrada en la UE son Turquía, Chipre y Malta, Bulgaria, Polonia o Hungría.

La UE puede convertirse en la primera fuerza económica y política del mundo, aunque de momento no tenga una política exterior común, lo que no impide que en los foros internacionales los comunitarios defiendan posturas acordadas con anterioridad.

España en la UE

Ya queda dicho que España se integró en la UE como miembro de pleno derecho en 1986. Pero las negociaciones se habían iniciado en 1962, aunque en aquel momento no cumplía las condiciones de entrada. En el año 70 se firma un acuerdo comercial entre España y la CEE que otorga ventajas arancelarias tanto a los productos españoles como comunitarios; sin embargo quedaban fuera los sectores del carbón y del acero.

En julio de 1977, en plena transición política, España presenta oficialmente la solicitud de adhesión al Consejo de Ministros de la UE.

Las negociaciones han de esperar hasta el año 79 y fueron largas y complicadas, sobre todo en los apartados de agricultura y pesca. Intensificadas a partir de 1984, culminan en marzo del 85, se hicieron efectivas en 1986 y se consolidaron en el 89 con la incorporación de España al Sistema Monetario Europeo.

España se presenta ante la UE como una potencia intermedia que deberá adaptarse a los países más ricos de la Unión.

INSTITUCIONES DE LA COMUNIDAD EUROPEA

Parlamento europeo

626 miembros

Asesora al Consejo de Ministros. Controla al Consejo y a la Comisión. Determina el presupuesto comunitario. Es elegido por sufragio universal.

Consejo de Ministros

15 miembros

Toma la mayoría de las decisiones. En él hay un ministro de cada país, dependiendo del tema a tratar.

Consejo Europeo

15 miembros

Formado por los Jefes de Estado de los países miembros. En él se adoptan las decisiones más importantes.

Comisión Europea

20 miembros

Propone la política comunitaria y es responsable de su ejecución. Sus miembros son elegidos entre los gobiernos de los países miembros.

Tribunal de Justicia

15 miembros

Resuelve las disputas legales referidas a las leyes comunitarias.

ALEMANIA

Sistema de gobierno: República federal
Capital: Berlín
Extensión: 557.046 km^2
Habitantes: 78.420.000
Idiomas: Alemán
Moneda: Marco alemán

De Alemania partió uno de los primeros intentos de unificar Europa: el Sacro Imperio Romano Germánico. Con el paso de los años, tras la Segunda Guerra Mundial, Alemania quedó dividida en dos estados; esta situación artificial se solventó en 1990, momento en el que se produjo la reunificación.

Superada la división política de las dos Alemanias, el país resultante ha adoptado el nombre República Federal de Alemania. En su superficie se reconocen tres unidades de **relieve:** al norte una extensa llanura que recorre gran parte de Europa y que en su zona más septentrional ha sido afectada por las glaciaciones, cuya consecuencia más visible son varios lagos de origen glaciar. En la parte media del país, el relieve está constituido por macizos hercinianos, desgastados por la erosión y por tanto de menor altura, separados entre sí por depresiones. La línea divisoria entre la llanura y los macizos se conoce con el nombre de Börde, y son tierras formadas por loes, especialmente fértiles. La tercera unidad, las más meridional, son los Prealpes, zona montañosa en la que son abundantes los ríos y los lagos.

Los ríos principales son el Rin, que discurre por el oeste del país; el Danubio, por el sur, y el Elba, por el noroeste. Son caudalosos y de amplias cuencas, con regímenes irregulares a lo largo del año.

Las costas alemanas corresponden al mar del Norte y al mar Báltico. La línea costera es muy irregular, por el gran desarrollo de los estuarios que forman la mayoría de los ríos, la abundancia de islas próximas a tierra y por los pólderes, muy habituales en Alemania, aunque menos conocidos que los de otros países.

El **clima,** templado, aglutina influencias oceánicas y continentales. La amplitud térmica aumenta a medida que se avanza hacia el interior, donde los inviernos son muy fríos y los veranos pueden deparar temperaturas de hasta 20°C. Las temperaturas disminuyen según sea mayor la altitud. Las precipitaciones se distribuyen de manera irregular tanto en el espacio como a lo largo del año. Por lo general no suelen superar los 1.000 mm anuales; en muchos casos y dependiendo de la altura y de la latitud, pueden ser de nieve. En general predominan los bosques de coníferas y frondosas.

La **población** alcanza casi los 80 millones de habitantes, lo que supone la cifra más alta de la Comunidad y convierte a Alemania en uno de los países más densamente poblados de Europa. La mayoría de los alemanes viven en localidades de menos de 100.000 habitantes, puesto que éxodo rural no ha sido muy acusado. El crecimiento vegetativo de la población es negativo y son muy numerosos los emigrantes. Las religiones protestante y católica son las mayoritarias, acogiendo casi al mismo número de fieles.

La **economía** alemana es una de las más fuertes del mundo y sin duda la más sólida de la Comunidad; un hecho incontestable que lo demuestra es el papel decisivo del marco en las relaciones económicas de la Comunidad. A pesar de todo, actualmente tiene que hacer frente a las desigualdades que ha traído consigo la reunificación.

La agricultura cubre con creces las necesidades del país y una buena parte se dedica a la exportación. Los cultivos principales son los cereales y las hortalizas. Por lo que se refiere a la ganadería, las especies más sobresalientes son la bovina y la porcina.

La industria, muy desarrollada en la antigua Alemania occidental, ha tenido su base en la producción de carbón y de acero. Los sectores más productivos son el automovilístico, el electrónico, el químico con atención especial a la industria farmacéutica, cuyos índices de exportación son los más altos del mundo- y el de transformación de productos agropecuarios.

Los intercambios comerciales se establecen en su mayor parte con países de la Comunidad, especialmente Francia, Holanda e Italia, y las inevitables relaciones con los países productores de petróleo.

Situado en la Europa central, Austria es en la actualidad un pequeño país, resultado de la pérdida territorial del Imperio que dirigió los destinos de Europa durante mucho tiempo.

Su **relieve** presenta una disposición este-oeste, con forma alargada, en cuya superficie se distinguen tres unidades geológicas y estructurales: la alta montaña, los macizos antiguos y la depresión. La alta montaña está representada por el sector más oriental de los Alpes, que ocupan casi 3/4 partes de la superficie del país, hacia el oeste y el centro, con una dirección fundamental E-O; algunas de sus alturas superan ampliamente los 3 000 m de altitud. En esta zona montañosa son posibles las comunicaciones a través de los valles y gracias al desarrollo de una extensa red ferrroviaria. Los macizos antiguos, hercinianos, constituidos por materiales duros se localizan al norte de Danubio, la Alta Austria, y presentan un aspecto ondulado y tabular. La depresión se corresponde con la cuenca de Viena, Baja Austria, que se abre hacia Hungría.

Desde el punto de vista hidrográfico, el gran protagonista es el Danubio, auténtico aglutinante del diverso relieve austriaco: procedente de los Alpes, discurre encajonado entre los macizos antiguos y se abre en la llanura vienesa. Sigue una dirección dominante O-E, aunque variable a lo largo de su recorrido, y recoge buena parte del agua de los pequeños ríos austriacos, si bien otra parte de éstos desagua hacia el Rin.

El **clima** está marcado por la presencia de los Alpes. En esta zona montañosa las precipitaciones son muy abundantes, en muchos casos en forma de nieve, y los inviernos rigurosos, aunque en algunos puntos altos la insolación es elevada. Pero la presencia de los Alpes afecta también a las zonas más bajas, ya que actúan como barrera ante las precipitaciones, que son escasas, y provocan la existencia de un clima continentalizado, con veranos calurosos e inviernos fríos.

Los bosques son muy abundantes en Austria, puesto que ocupan casi el 40% de la superficie del país; determinados por el clima y el relieve, se encuentran en ellos desde coníferas hasta frondosas.

Una gran parte de la **población** austriaca se concentra en la capital, Viena, y en otros núcleos urbanos de importancia secundaria respecto de ésta, como Salzburgo o Innsbruck. A pesar de ello la zona montañosa mantiene una densidad aceptable, debido sobre todo al desarrollo del turismo. La población austriaca tiende al envejecimiento, ya que la disminución del índice de natalidad es constante, si bien el número de habitantes sigue creciendo.

Las condiciones de altitud y del suelo determinan el tipo de agricultura. En la zona alpina dominan las pequeñas explotaciones, donde se combina la agricultura con una ganadería predominantemente vacuna, que ejerce la trashumancia estival hacia los pastos más altos. En las zona bajas es donde se encuentran las explotaciones agrícolas más extensas y rentables; se cultivan en éstas cereales, remolacha azucarera, frutales y viñedos.

El **sector industrial** se apoya en los productos agrícolas y en los metales extraídos del subsuelo. Así las industrias más pujantes son las alimentarias y las metalúrgicas de transformación. Son también destacables las tradicionales industrias del vidrio y del cristal.

El sector terciario está muy desarrollado, y uno de sus puntales es el turismo, que tiene dos lugares de destino fundamentales: las ciudades de Viena y Salzburgo, y la zona montañosa, especialmente la región del Tirol. Este turismo ayuda a compensar el déficit del comercio internacional.

AUSTRIA

Sistema de gobierno: República constitucional
Capital: Viena
Extensión: 83.849 km^2
Habitantes: 7.614.000
Idiomas: Alemán
Moneda: Chelín austriaco

El nombre de Austria está íntimamente ligado a la música clásica europea, gracias a Mozart y a la familia Strauss; a Salzburgo, con su festival de música mundialmente conocido, y a Viena, cuyo concierto de Año Nuevo se escucha en casi todos los países.

BÉLGICA

Sistema de gobierno: Monarquía parlamentaria
Capital: Bruselas
Extensión: 30.518 km^2
Habitantes: 9.932.000
Idiomas: Francés, alemán, flamenco
Moneda: Franco belga

Las ciudades belgas norteñas de Brujas, Flandes o Amberes fueron la cuna de la escuela flamenca de pintura, surgida en el siglo XVI y que perduró en el siguiente; de ella formaron parte maestros tan destacados como El Bosco, Breugel el Viejo, Rubens, Van Dyck o Jordaens.

Bélgica es uno de los estados que forman el Benelux, junto con Holanda y Luxemburgo.

En su **relieve** se distinguen dos zonas fundamentales: la primera corresponde al macizo herciniano, ya erosionado, de las Ardenas, el cual hacia la frontera luxemburguesa finaliza con una serie de cuestas. El otro elemento del relieve belga es la llanura que se localiza al norte del país y que forma parte de la Gran Llanura Europea. El relieve ha sido poco modificado por las glaciaciones, pero las transgresiones marinas sí han tenido una influencia decisiva. Con todo, Bélgica presenta una escasa altitud media, e incluso hay terrenos por debajo del nivel del mar. Los ríos son muy abundantes y riegan totalmente el país; presentan un caudal importante y forman estuarios en su desembocadura. Entre ellos sobresalen el Escalda y el Mosa. Las costas presentan una línea continua, sin apenas entrantes y salientes, y están bañadas por el Mar del Norte.

El **clima,** templado, presenta dos variantes: al norte domina la influencia oceánica, que penetra hacia el interior por la ausencia de barreras montañosas; las temperaturas son moderadas, con escasa amplitud térmica y precipitaciones abundantes, repartidas a lo largo del año. Más al sur del país se acentúa la continentalidad del clima; las temperaturas sufren cambios estacionales más bruscos y las precipitaciones disminuyen. La vegetación, muy abundante en las Ardenas, está formada por bosques de coníferas y frondosas.

Bélgica es un país **densamente poblado,** pues su reducida superficie acoge a casi 10 millones de personas. De ellas una buena parte son emigrantes. La tasa de natalidad ha caído en cifras negativas, contribuyendo al envejecimiento de la población. Los belgas practican mayoritariamente la religión católica. Están divididos en dos comunidades tradicionalmente enfrentadas entre sí: la comunidad valona, que habla el francés y que se localiza en los territorios más próximos a Francia, y la comunidad flamenca, que se expresa en este idioma, similar al holandés. Aunque estas dos lenguas son las principales, se reconoce la existencia de una tercera, el alemán.

Estas diferencias se marcan también en la **economía,** pues a pesar de que la región valona siempre había tenido primacía económica, en la actualidad es la región flamenca la más próspera del país. La agricultura, a la que apenas se dedica un 10 % de la población, presenta unos rendimientos muy aceptables, aunque su aportación al Producto Interior Bruto es escasa. Se cultivan principalmente hortalizas y flores. La ganadería vacuna es la dominante y se dedica a la producción láctea y cárnica. La industria, marcada por la escasez de materias primas y de recursos enérgeticos, asiste en este momento a un periodo de recesión. Los sectores más destacados son el automovilístico, la fabricación de armas y de aparatos eléctricos, el químico, el textil, con una considerable tradición, y las industrias agroalimentarias.

Los transportes están muy desarrollados en Bélgica, tanto los terrestres (con una gran extensión de la red ferroviaria y de autopistas) como los marítimos (con puertos tan importantes como el de Amberes) o el fluvial. Bélgica presenta una balanza comercial negativa, por su dependencia energética. Sus intercambios los realiza en su mayor parte con los países del Benelux y con los restantes de la Comunidad. El sector terciario ha tenido un gran impulso con la implantación en Bruselas de la sede de la Comunidad Europea.

Dinamarca ocupa una estrecha península del norte de Europa, cuyo territorio se completa con numerosas islas de tamaño desigual que rodean aquélla.

Su **relieve** está poco accidentado, y alcanza en su conjunto escasa altura, puesto que el país está situado en el dominio de la Gran Llanura Europea. Ha sido modificado por transgresiones marinas, por lo que están presentes sedimentos marinos en la composición del suelo. Además la superficie de Dinamarca ha sido modelada por la acción de los glaciares, que le han conferido su aspecto actual. Las costas, que superan los siete mil kilómetros (estableciendo una de las relaciones más altas de Europa entre kilómetros de costa y km^2 de superficie), están bañadas por los mares del Norte y Báltico, y son muy variadas: en el norte son bajas y arenosas, mientras en la zona del estrecho de Kattegat son muy recortadas. Los ríos son muy abundantes, y presentan un caudal aceptable, si bien son de curso corto, debido a la morfología del país. Los lagos son de origen glaciar, y se localizan sobre todo en la parte oriental de la península.

La morfología de Dinamarca, antes mencionada, también influye en el **clima** del país. Es de tipo oceánico, puesto que no hay ninguna barrera montañosa que dificulte el paso de influencias marítimas. Por tanto las temperaturas son suaves, aunque bajas, como corresponde a la latitud, y las precipitaciones bastante abundantes, repartidas a lo largo de todo el año, pero casi nunca en forma de nieve. La vegetación está constituida por bosques caducifolios, especialmente de hayas, que en algunos casos alternan con agrupaciones de coníferas.

Dinamarca es, después de Irlanda y Luxemburgo, el tercer país con el número de habitantes más bajo de la CE, puesto que sólo tiene algo más de 5 millones. La densidad de **población,** con ser alta, no es de las más elevadas de Europa.La población habita preferentemente en ciudades no demasiado grandes, si exceptuamos la capital, Copenhague. En los últimos tiempos el crecimiento vegetativo es negativo, debido a un fuerte retroceso en la natalidad.

El **sector primario** danés es uno de los más rentables de la Comunidad, a pesar de que sólo ocupa a una mínima parte de la población activa. Ello es debido a unas condiciones físicas favorables y a un alto grado de mecanización. Dentro de este sector el grupo más destacado es la ganadería. El ganado vacuno, dedicado a la producción láctea y cárnica, es el más abundante, seguido del avícola y del porcino. La agricultura, un tanto supeditada a la ganadería, se concentra en la producción de cereales y pastos para el ganado; además se cultivan patatas y hortalizas. La pesca se ve favorecida por la posición del país, la extensión de la línea de costa y por la tradición; se practica pesca de altura, dedicada especialmente a la fabricación de conservas y salazones. A pesar de esta pujanza del sector primario, la industria danesa está muy desarrollada y extendida por el país. Cuenta con el inconveniente de depender de fuentes de energía extranjeras, sobre todo de los hidrocarburos; sobresale la industria naval, las alimentarias, incluyendo las destilerías, las manufactureras y las químicas.

Dinamarca cuenta con una importante red de comunicaciones, no sólo terrestres, sino también marítimas, debido a la estructura del país. Esto facilita el desarrollo del comercio interno. Los intercambios comerciales, desfavorables para Dinamarca, que vende productos agrícolas y que ha de comprar, entre otras cosas, petróleo, se establecen con los países productores y con los miembros de la CE. El déficit se compensa con remesas de capital aportadas por los armadores y por el turismo.

DINAMARCA

Sistema de gobierno: Monarquía parlamentaria
Capital: Copenhague
Extensión: 43.092 km^2
Habitantes: 5.132.000
Idiomas: Danés
Moneda: Corona danesa

La aportación danesa a la literatura infantil está determinada por la figura de Hans Christian Andersen, nacido a principios del siglo XIX, y autor de cuentos conocidos por todos como *El Soldadito de Plomo* o *La Reina de las Nieves,* entre otros.

ESPAÑA

Sistema de gobierno: Monarquía parlamentaria
Capital: Madrid
Extensión: 504.750 km^2
Habitantes: 39.618.000
Idiomas: castellano, euskera, catalán, gallego
Moneda: Peseta

En su suelo han convivido desde siempre gentes de diferentes culturas y religiones; de ellas, las que han dejado más huella son la judía y sobre todo los árabes, que estuvieron en España durante ocho siglos y qué nos legaron su arte e influyeron decisivamente en la lengua.

España, situada en la encrucijada entre Europa y África, entre el Atlántico y el Mediterráneo, es, junto con Portugal, uno de los integrantes de la más occidental de la penínsulas europeas, la Ibérica. Se completa el territorio con los archipiélagos de las Baleares y de las Canarias.

Su **relieve** se articula en torno a la Meseta, un macizo antiguo erosionado hasta convertirlo en un terreno casi plano y con una inclinación hacia el oeste. La Meseta se halla dividida en dos mitades por el Sistema Central, y cerrada en tres de sus lados por rebordes montañosos: el Macizo Galaico Leonés, la Cordillera Cantábrica, el Sistema Ibérico y Sierra Morena. El panorama montañoso se completa con las dos cadenas alpinas de la península, los Pirineos y los Sistemas Béticos. Las depresiones del Ebro y del Guadalquivir, ambas de forma triangular, no impiden que España sea un país con una altitud media muy elevada, la segunda más alta de Europa después de Suiza. En las costas, rígidas y rectilíneas excepto en la zona de las rías gallegas, predominan los acantilados y las costas altas frente a las playas, y pertenecen a dos mares de características diferentes: el Mediterráneo y el Atlántico. Los ríos españoles vierten sus aguas a tres mares. Los cantábricos son cortos, de caudal abundante y alto poder erosivo. Los mediterráneos son irregulares, puesto que sufren estiaje y en numerosas ocasiones crecidas torrenciales. Los atlánticos son los más largos y caudalosos, por la inclinación de la Meseta hacia el océano, y desembocan tras su paso por Portugal, o estableciendo la frontera.

España disfruta de un **clima** templado, con variantes oceánicas en la zona norte y noroeste, y de tipo mediterráneo en el resto. A pesar de la presencia de los dos mares, el rasgo más acusado del clima es la continentalidad, ya que la disposición del relieve no permite el paso de influencias marinas. La vegetación atlántica tiene su base en los bosques de robles y hayas, mientras que en la mediterránea predominan las encinas y los matorrales.

La **población** española, algo menos de 40 millones de habitantes, mantiene un crecimiento vegetativo, aunque se desarrolla un proceso de envejecimiento paulatino. Está desigualmente repartida, en favor de la periferia, mientras que en el centro, más despoblado, se concentra en la capital, Madrid. Aunque el estado es aconfesional, la religión mayoritaria es la católica.

La **economía** española, entre las diez más desarrolladas del mundo, asiste a un problema de adaptación para superar antiguos problemas y adecuarse así a las exigencias de la CE. El sector primario, con predominio de la agricultura, pierde mano de obra, aunque se intensifica la mecanización y se mejoran las estructuras para conseguir mayores rendimientos. Los cultivos principales son los cereales, tanto atlánticos como mediterráneos, la vid, el olivo y las plantas industriales. Entre la ganadería, donde destaca el vacuno, pierde su peso el ovino, tradicional en España. La pesca, aunque es un sector destacado, no tiene la importancia que cabría esperar en un país con más de 4000 km de costa, ya que su aporte al PIB es sólo del 0,5%. No obstante España es el undécimo país del mundo en capturas. El sector secundario, en proceso de reconversión, pierde empleos continuamente. Son industrias destacadas la siderurgia, la manufacturera, la de transformación de productos agropecuarios y la química. Por lo que se refiere a fuentes de energía es aceptable la producción eléctrica, pero se depende del petróleo. Las actividades terciarias, el grupo más dinámico, tienen su estrella en el turismo, cuyos aportes enjugan el déficit de la balanza comercial, hasta hacer que la de pagos sea favorable a España.

FINLANDIA

Sistema de gobierno: República constitucional
Capital: Helsinki
Extensión: 337.032 km^2
Habitantes: 4.971.000
Idiomas: Finés y sueco
Moneda: Marco finés

Una buena parte del territorio de Finlandia se localiza más al norte del Círculo Polar Ártico; situado entre los golfos de Finlandia, al sur, y el de Botnia, al oeste, ambos pertenecientes al mar Báltico, un mar con bajo índice de salinidad y en el que el hielo es frecuente durante parte del año.

Su **relieve** actual es consecuencia del modelado glaciar, visible en cualquier punto del país. El zócalo está constituido por materiales antiguos (precámbricos), muy erosionados. Las cotas más altas del país se localizan en el oeste, si bien no son demasiado elevadas, ya que están limadas por la acción de hielo, y las tierras más bajas son las del este. Las costas, cuya línea es variable, debido a los movimientos isostáticos, son recortadas, y en ellas existen numerosas zonas anfibias. Son abundantes las islas costeras, de las cuales la mayor es Ahvenanmaa.

Por lo que se refiere a la hidrografía, los ríos son escasos y de curso corto, y, en general, se dirigen hacia el este. Por el contrario, son muy abundantes los lagos y pantanos, hasta el punto de que ocupan un 10% de la superficie total finlandesa.

El **clima** es subártico, modificado por la latitud, el relieve y la influencia marina. En general las temperaturas son bajas, con veranos cortos y precipitaciones abundantes, que en muchos casos son de nieve y presentan su máximo al final del verano. Pueden aparecer situaciones anticiclónicas de origen continental, cálidas en verano y frías en invierno, y entrar borrascas oceánicas que barren el país de oeste a este.

La vegetación, determinada por la latitud y el clima, presenta una marcada diversidad norte-sur. En las zonas más septentrionales, la vegetación existente es de bajo porte, ya que las condiciones climáticas no permiten el desarrollo de grandes árboles; más al sur se localiza una vegetación de transición, con pequeños árboles en las zonas más favorables, y por último en las latitudes más meridionales se encuentran los extensos bosques de coníferas boreales, formados, principalmente, por pinos y abetos. Estos bosques se explotan intensamente para la producción maderera, pero conservando su equilibrio.

Las condiciones físicas y climáticas determinan también que la **población** presente una baja densidad (menos de 5 hab./km^2). Se localiza especialmente en el suroeste del país. Es todavía importante el porcentaje de la población rural; el índice de natalidad es cada vez más bajo y alta la esperanza de vida.

La agricultura tropieza con las dificultades ya expuestas que plantean el clima y una superficie interrumpida por la existencia de numerosos lagos. Las tierrras cultivadas ocupan una pequeña parte del país, divididas en pequeñas explotaciones de rendimiento bajo. Completan este sector primario la silvicultura, la ganadería y la pesca, realizada en el mar Báltico.

En cuanto a la **industria**, es sobresaliente la maderera, sobre todo la del mueble, la textil y la del vidrio, y también la industria pesada metalúrgica, naval y electrónica. Posee Finlandia algunos recursos mineros y energéticos, pero en general es deficitaria, sobre todo en lo que se refiere al petróleo. A cambio, exporta buena parte de su producción maderera y electrónica, y disfruta de una balanza comercial positiva. Los intercambios, tradicionalmente realizados con los países vecinos, sin duda se dirigirán a partir de ahora hacia los países de la Unión Europea. En los últimos años se asiste a un desarrollo del turismo, animado por el impresionante paisaje y por las condiciones favorables para la práctica de los deportes de invierno.

El músico nacional finés es Jean Sibelius (1865-1957), creador de un música que enlaza los motivos tradicionales de su país con las formas del sinfonismo novecentista. Uno de sus poemas sinfónicos lleva por título, precisamente, *Finlandia*

FRANCIA

Sistema de gobierno: República parlamentaria
Capital: Paris
Extensión: 543.945 km^2
Habitantes: 56.160.000
Idiomas: Francés, bretón, catalán, occitano, euskera, alsaciano, flamenco
Moneda: Franco francés

La aportación de Francia a la Historia del Arte ha sido muy intensa; baste citar que aquí han tenido su origen el Románico, el Gótico y el Impresionismo, entre otros movimientos artísticos. De Francia partió la Revolución, que acabó con el Antiguo Régimen en toda Europa.

Francia es el país más extenso de la CE y se halla situado en uno de los espacios europeos más favorables para el desarrollo de la vida humana. Su **relieve** presenta tres grandes unidades morfoestructurales diferenciadas que se distribuyen por su superficie: las montañas alpinas, los sistemas hercinianos y las llanuras. Las primeras se localizan en el este y el sur, y presentan las mayores alturas del país; son los Alpes y los Pirineos. Próximas a ellos se encuentran montañas de origen más antiguo y por tanto más erosionadas y de menor altura; a este grupo pertenecen el macizo Armoricano (al este), el Central (al sur), los Vosgos y las Ardenas (al noreste). Para completar la topografía hay zonas bajas, llanuras de origen sedimentario, como la Cuenca de París, la de Aquitania y las de los ríos Lorena y Ródano. Además de estos ríos citados, entre los principales de los franceses se cuentan el Sena, el Loira y el Garona. Todos tienen cuencas y caudales muy reducidos si se comparan con los grandes ríos europeos.

Las costas francesas corresponden a dos mares bien diferentes, el Atlántico y el Mediterráneo, hasta completar casi 3000 km en los que hay zonas rocosas, altas y abruptas, pero también bajas y arenosas.

El **clima** es templado, con predominio del oceánico sobre el mediterráneo. Las temperaturas medias son suaves, más elevadas en el sur y más estables en las costas; las precipitaciones, abundantes, se reparten a lo largo del año, excepto en la zona mediterránea, en la que hay meses secos. En los puntos más elevados encontramos un clima de montaña, extremo en invierno y con precipitaciones de nieve. Como consecuencia de este clima y del relieve, dominan los bosque de hayas y robles en la zona oceánica, mientras que en la mediterránea sobresalen los encinares y garrigas y en la montañosa los abetos.

La **población** francesa está formada por 56 millones de personas que habitan en su mayor parte en las ciudades; tienen una esperanza de vida elevada y se asiste a un crecimiento de la población, tanto vegetativo como por la llegada de inmigrantes. La religión más practicada es la católica, si bien el estado es aconfesional y hay minorías de protestantes, judíos y musulmanes, reflejo de la distinta procedencia de sus habitantes.

Francia pertenece al privilegiado grupo de los siete países más ricos del mundo, dato que nos da una primera idea de la importancia de la **economía** francesa en el mundo. Dentro de la Comunidad se le considera uno de los motores políticos de la misma. El sector más poderoso y el único que presenta un crecimiento constante es el terciario, que representa más de un 65% del PIB y al que se dedica la mayoría de la población activa. Francia tiene una balanza comercial favorable y establece sus intercambios con países de la CE y con Estados Unidos, entre otros. Por el contrario el crecimiento industrial ha tocado techo e inicia un ligero descenso. Aún así Francia tiene reservas enérgeticas y minerales abundantes y es uno de los mayores productores mundiales de energía nuclear. En cuanto a las industrias son destacables las manufactureras, las químicas y últimamente las aeronáuticas y de sistemas de comunicación.

El sector primario, que sentó las bases para el posterior desarrollo industrial, pierde mano de obra y peso en el PIB constantemente, aunque se ha hecho un esfuerzo por alcanzar mejores rendimientos mediante la mecanización. En este sector son destacables la producción láctea y la vitivinícola, que tienen una gran presencia en las exportaciones francesas.

Grecia ocupa una de las tres grandes penínsulas europeas mediterráneas, pero la superficie del país se completa con numerosas islas en los mares Jónico y Egeo.

En el **relieve** se distinguen tres grandes unidades morfoestructurales; los montes Pindo recorren la zona occidental de la península de norte a sur y corresponden a una cadena de plegamiento de la edad alpina; es aquí donde se localizan las mayores alturas del país. La segunda unidad son los macizos antiguos, que se ha fragmentado en bloques posteriormente levantados y rehundidos; se localizan al este de los montes Pindo y al noroeste del país. Completan el relieve una serie de llanuras, como la de Tesalia, de superficie variable, pero por lo general escasa, y situadas próximas a la línea de costa. Ésta es bastante irregular, con multitud de cabos, pequeñas penínsulas y golfos, sin olvidar la gran cantidad de islas, especialmente en el mar Egeo. Los ríos son muy numerosos en Grecia; algunos nacen en este país, por lo que su curso es relativamente corto; otros proceden de centroeuropa y son más largos. Su caudal es variable a lo largo del año, dependiendo de la condiciones climáticas. Entre ellos están el Pinos, el Alikmon y el Vadar. Los lagos de origen tectónico o glaciar, son muy abundantes.

El **clima** es fundamentalmente mediterráneo, pero con numerosas variantes. La influencia marítima está presente en una estrecha franja costera y en las islas de menor superficie, mientras que en el resto el rasgo dominante es la continentalización. Las temperaturas son suaves o altas, con mayor amplitud térmica en el interior; disminuyen con la altura y hacia el norte. Las precipitaciones, no muy abundantes y casi inexistentes en verano, son menores en el este y más elevadas en las montañas. La vegetación está formada por especies xerófilas, como las encinas, muy degradadas y los matorrales de arbustos; en las zonas más altas se localizan bosques de abetos.

La **población** supera los 10 millones de habitantes y se distribuye irregularmente por la superficie del país, dentro del cual hay dos zonas muy pobladas, como la llanura de Tesalia y la capital, Atenas, mientras el campo pierde población constantemente. El crecimiento vegetativo es lento, a pesar de que se mantiene una tasa de natalidad aceptable. La religión mayoritaria es la ortodoxa.

El **sector agrario,** que aún ocupa a una cuarta parte de la población activa, incrementa progresivamente los rendimientos mediante la mejora de técnicas, si bien el regadío es todavía escaso. Los cultivos son de tipo mediterráneo, como cereales, olivos y viñas, aunque también están presentes las plantas industriales —tabaco, algodón, remolacha azucarera— y las hortalizas. La ganadería, dedicada a la producción láctea y de carne, se va intensificando paulatinamente, siendo cada vez más abundantes las granjas. La pesca es un sector destacado, como corresponde a un país con gran tradición pesquera y abundancia de costas.

La industria ocupa a un 30% de la población y su principal inconveniente es la dependencia de fuentes de energía, especialmente los derivados del petróleo. A pesar de que se ha hecho un esfuerzo para adaptarse a las exigencias de la Comunidad Europea, aún persisten numerosas pequeñas industrias que coexisten con multinacionales y grandes empresas estatales. Las más destacadas son las de transformación de alimentos, manufactureras, mecánicas, de material de construcción y químicas. Los servicios, en continua expansión, son los que más población emplean, y se concentran en las ciudades; los intercambios comerciales se realizan con los países de la CE y con los productores de petróleo, en una relación desfavorable para Grecia.

GRECIA

Sistema de gobierno: República parlamentaria
Capital: Atenas
Extensión: 131.990 km^2
Habitantes: 10.031.000
Idiomas: Griego
Moneda: Dracma

La civilización occidental ha tenido su cuna en Grecia. Tras el desarrollo de la cultura Cretomicénica, surge en la Península, siete siglos antes de Jesucristo, una civilización que destacó por su organización social, su literatura, filosofía y su arte.

IRLANDA

Sistema de gobierno: República parlamentaria
Capital: Dublín
Extensión: 70.284 km^2
Habitantes: 3.515.000
Idiomas: Irlandés, inglés
Moneda: Libra irlandesa

La capital irlandesa es la ciudad de James Joyce, que ambientó en ella sus más famosos relatos,sobre todo su *Ulysses*. Los seguidores más fervientes del escritor peregrinan a Dublín tras las huellas del protagonista de la novela cada 16 de junio; es el *Bloomsday*.

La República de Irlanda ocupa la mayor parte de la isla homónima, cuyo territorio comparte con Irlanda del Norte, que se encuentra bajo soberanía del Reino Unido.

El **relive** irlandés presenta dos unidades morfoestructurales: los macizos antiguos y la llanura. Los macizos que se localizan al norte, este y oeste del país son de origen caledoniano, mientras que los montes Kerry, localizados al sur, son de origen herciniano. Por la zona central se extiende una llanura sedimentaria. Toda la superficie irlandesa ha sido intensamente modificada por la acción de los glaciares. Las costas son muy recortadas y en ellas predominan los acantilados. Los ríos son muy abundantes, de caudal considerable, pero de curso corto; debido a la planitud del país discurren con gran lentitud. Forman grandes estuarios en su desembocadura. Entre ellos destacan el Shannon, el Boyne y el Liffey. Los lagos están presentes en toda la superficie del país, si bien son más numerosos al norte; en su mayoría son de origen glaciar.

Por la situación de Irlanda, su **clima** es marcadamente oceánico con nubosidad casi constante y precipitaciones muy abundantes repartidas regularmente a lo largo del año. Las temperaturas son bajas, debido a la latitud, pero suaves, incluso en invierno. Son muy frecuentes los vientos violentos. La vegetación en las zonas más bajas está formada por bosques de hayas y frondosas. En las tierras más elevadas dominan las turberas y las landas, ya que la arboleda no puede soportar la fuerza de los vientos.

Irlanda mantiene una tasa de natalidad muy elevada y superior a todos los países miembros de la Comunidad Europea. Por ello en los últimos años ha habido un crecimiento de la **población,** tras una caída continuada debida al mantenimiento de unos índices de emigración muy altos, que en la actualidad han disminuido. La religión mayoritaria en Irlanda es la católica, muy arraigada en la población y que determina muchos de sus comportamientos.

La **economía** irlandesa es una de las más pobres entre los países miembros de la Comunidad. Se enfrenta a un alto índice de desempleo, situación que puede mejorar tras la implantación de varias empresas extranjeras aprovechando los bajos salarios, y a las ayudas enviadas por el FEDER (Fondo Europeo para el Desarrollo Regional) de la CE.

Irlanda es esencialmente un país agrario, con unos índices de empleo en el sector primario superiores a los de toda Europa. El sistema de producción se basa en pequeñas explotaciones de carácter familiar, que en algunos casos se agrupan en cooperativas. La agricultura es una actividad subsidiaria de la ganadería, debido a la pobreza de los suelos. Los cultivos principales están destinados al alimento del ganado: avena, cebada y patatas. El ganado más abundante es el vacuno, seguido del ovino, porcino y avícola.

Irlanda produce una gran cantidad de energía eléctrica, bien hidráulica o bien termoeléctrica; ésta, junto con las reservas de gas natural, han dado un impulso al sector secundario, aunque es preciso comprar petróleo. La industria irlandesa se dedica a la transformación de productos alimentarios, al sector textil y a otras actividades manufactureras.

El sector terciario está muy poco desarrollado en Irlanda si lo comparamos con otros países de la Comunidad. Los intercambios comerciales se establecen prioritariamente con el Reino Unido, con el que ha estado ligada hasta principios de este siglo, y el resto de los países miembros de la CE. La balanza comercial es deficitaria para Irlanda, pero se ve compensada por las remesas del turismo extranjero, que han aumentado en los últimos años.

Italia es un país que, por su situación, aglutina elementos mediterráneos y continentales; europeos y africanos. En su **relieve** se aprecian dos unidades fundamentales: la montaña y la llanura. La primera está representada por los Alpes, que establecen el límite norte y que presentan las mayores alturas del país; y por los Apeninos, que conforman el centro del territorio de norte a sur.

Las zonas llanas están formadas por la llanura del Po, al sur de los Alpes y que es la única gran superficie plana de Italia. Otras llanuras de menor tamaño se distribuyen por la superficie italiana entre las montañas. Además de la península, forman parte de Italia dos grandes islas: Cerdeña y Sicilia, la primera con un relieve más suave que la segunda.

El **clima** es predominantemente mediterráneo, con veranos secos e inviernos suaves. Pero también existe un clima de montaña muy extremo, en los Alpes y los Apeninos; uno de tipo continental, en el norte del país, al que no llegan apenas las precipitaciones por la barrera que establecen los Alpes; y en Sicilia encontramos influencias africanas, subtropicales. Determinadas por el relieve y el clima están la vegetación y la hidrografía. Los bosques mediterráneos están formados por encinas y olivos; en las montañas dominan las coníferas y las frondosas; en los territorios más meridionales aparecen plantas tropicales, como las palmeras. Los ríos italianos sufren los regímenes irregulares característicos de las zonas mediterráneas, y son bastante cortos. Todo ello con excepción del Po, que es un río largo y de caudal regular por los aportes venidos de los Alpes; discurre por la gran llanura de su mismo nombre.

Italia es el segundo país más **poblado** de la Comunidad Europea, detrás de Alemania, con más de 57 millones de habitantes, y tradicionalmente superpoblado, de forma que la emigración hacia otros lugares fue práctica habitual hace pocos años. En la actualidad, con una esperanza de vida alta y un descenso de la natalidad, se asiste a un proceso de envejecimiento. Directamente relacionado con la economía del país hay un trasvase continuo de personas desde el sur, más pobre, hacia el norte, y una progresiva urbanización, con disminución de la población rural. Los italianos son en su mayoría practicantes de la religión católica.

Italia forma parte del grupo de los siete países más ricos del mundo, pese a una serie de problemas endémicos a su **economía** como la grave desigualdad entre el norte, industrializado, y el sur, más pobre.

El sector primario pierde peso constantemente, tanto en lo que se refiere a la mano de obra como a su aportación al Producto Interior Bruto; ello es debido a que las estructuras se ha quedado obsoletas. Los cultivos más destacados en la actualidad son los cereales y los viñedos, como corresponde a un país netamente mediterráneo, aunque también se cultivan hortalizas y plantas industriales. La ganadería, no muy abundante, está representada por el vacuno, el porcino y el avícola. La actividad pesquera, a pesar de que Italia está situada entre los mares Adriático y Tirreno, también es escasa.

La industria, concentrada, como ya se ha dicho, en el norte del país, ha tenido un considerable desarrollo en la segunda mitad de nuestro siglo, a pesar del inconveniente de contar con escasos recursos energéticos; los sectores punteros son el automovilístico, el químico, y el textil y del calzado. El sector terciario, el más fuerte en la actualidad, agrupa a entidades financieras y empresas turísticas, cuyas remesas compensan en la balanza de pagos el déficit comercial que Italia tiene respecto a los países de la CE y a los productores de petróleo.

ITALIA

Sistema de gobierno: República parlamentaria
Capital: Roma
Extensión: 301.227 km^2
Habitantes: 57.517.000
Idiomas: Italiano, albanés, ladino, griego, francés, sardo, alemán, friulano, romagnolo
Moneda: Lira italiana

En territorio de la península itálica, pero como un país independiente, se encuentra el estado del Vaticano. Italia fue el origen del Imperio Romano, que extendería su dominio a gran parte de Europa, e incluso fuera del continente. Se puede considerar el primer intento de unir Europa.

LUXEMBURGO

Sistema de gobierno: Monarquía constitucional
Capital: Luxemburgo
Extensión: 2.586 km²
Habitantes: 377.000
Idiomas: Francés, alemán, dialecto luxemburgués
Moneda: Franco luxemburgués, franco belga

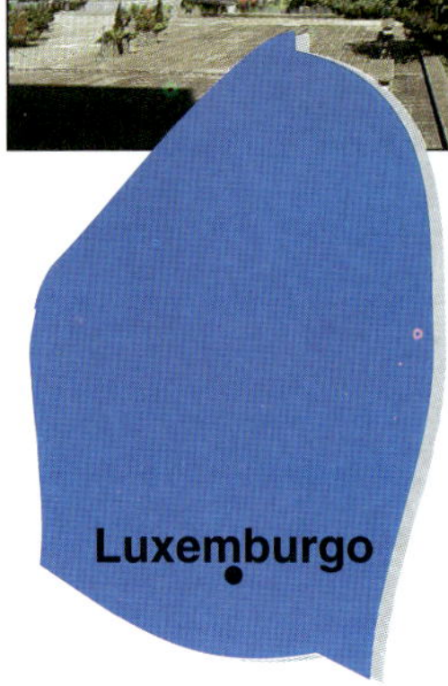

Uno de los firmantes del primer acuerdo para la formación de la CE, fue en su orígen un condado que luego se transformó en un Gran Ducado. A pesar de su pequeña superficie, sus fronteras han sido modificadas hasta alcanzar la configuración actual.

Es Luxemburgo el país menos extenso de la Comunidad, con algo menos de 3000 km² de superficie. En este pequeño territorio se distinguen dos tipos de **relieve:** un macizo herciniano, el de las Ardenas, que ocupa el norte del país y que apenas supera los 500 metros de altitud, por lo que no se puede considerar verdadera montaña; al sur de este macizo se encuentra una cuenca de sedimentación, también con origen en la era Primaria, pero colmatada en el Secundario, y que ha dado lugar a un relieve en cuesta, con altitudes en torno a los 200 metros. A la vista de todo ello, podemos decir que Luxemburgo es un estado prácticamente llano, sin grandes elevaciones. En este territorio los ríos han tenido un interesante papel en la configuración final del relieve. De éstos el principal es el Mosela, que recorre el sur, y sus afluentes, el Sure, Clerf y Wiltz.

Por su situación, en el interior de Europa, sin contacto directo con el mar, Luxemburgo tiene un **clima** continental, aunque la ausencia de montañas facilita la penetración de la influencias oceánicas hasta el interior. Las temperaturas, no demasiado altas, no sufren una acusada amplitud térmica anual, por esa influencia suavizadora del mar, y son más bajas en la zona del macizo. Las precipitaciones, abundantes, superan los 1000 mm en muchos casos y presentan un máximo en otoño. Los bosques de frondosas ocupan un tercio de la superficie del país.

Directamente relacionada con su extensión, Luxemburgo tiene una **población** de 400.000 habitantes, el número más bajo de la Comunidad, y se enfrenta a un crecimiento vegetativo negativo, por lo que siempre ha necesitado aceptar mano de obra extranjera. Las ciudades no sufren una gran presión demográfica, lo que junto con el elevado nivel de vida, convierte a este país en un lugar agradable para vivir. Practican mayoritariamente la religión católica.

Teniendo en cuenta su pequeño tamaño, Luxemburgo ha procurado estar siempre integrado en organismos de caracter supranacional a nivel económico. Así estableció la unión económica con Bélgica en mayo de 1922 y estos dos países y Holanda crearon en 1947 el Benelux. Por todo ello, la **economía** luxemburguesa está relacionada con la de sus vecinos.

El sector primario ocupa a una pequeña parte de la población activa y poco aporta al PIB; dentro de este sector predomina la ganadería, sobre todo la bovina, sobre la agricultura; ésta se organiza en pequeñas explotaciones y está dedicada a la producción de alimentos para el ganado y a la horticultura.

La industria tuvo su base en los yacimientos de mineral de hierro que ofrece el subsuelo. No obstante se encontraba con la dificultad de tener que importar el carbón para el funcionamiento de la industria siderúrgica. En la actualidad se ha diversificado y la producción industrial se dirige al sector químico, textil y agroalimentario.

Lo que realmente impulsa la economía luxemburguesa es el sector terciario, que ocupa a la mayoría de la población activa. Dentro de él, el aspecto más destacado es el financiero, siendo este país una de las plazas financieras más importantes de Europa. Además, Luxemburgo ha conseguido, por su situación y prestigio, ser sede de varias instituciones de la Comunidad Europea: Banco Europeo de Inversión, Tribunal de Justicia, Tribunal de Cuentas y Oficina de Publicaciones, y el Consejo de Comunidades se reúne aquí tres veces al año. Los intercambios comerciales se establecen con los otros dos miembros del Benelux y con los países comunitarios, y son desfavorables para Luxemburgo, pero su balanza de pagos es excedentaria por el peso del sector terciario.

PAÍSES BAJOS

Sistema de gobierno: Monarquía parlamentaria
Capital: Amsterdam
Extensión: 41.500 km^2
Habitantes: 14.835.000
Idiomas: Holandés
Moneda: Florín

También llamados Holanda o Nederland, reciben el nombre de Países Bajos por sus especiales **rasgos físicos,** ya que la mitad del territorio se encuentra por debajo del nivel del mar. Este hecho se completa con que las alturas habituales no superan los 100 m y la cota más alta del país apenas sobrepasa los 300 metros. El suelo holandés se incluye dentro de la Gran Llanura Europea, y su superficie ha sido modificada tanto por las transgresiones marinas como por las glaciaciones. La acción del hombre, con la creación de pólderes, ha sido decisiva para arrebatar territorio al mar y ampliar así la superficie del país, especialmente la dedicada a la agricultura.

Las corrientes fluviales son muy abundantes en los Países Bajos, y por territorio holandés discurren dos de los grandes ríos europeos: el Rin y el Mosa. Todos desembocan formando amplios estuarios, llamados bocas; así tenemos las Bocas del Rin o las Bocas del Mosa. Los lagos son también numerosos, especialmente en zonas próximas a la costa. Debido a los estuarios y a los terrenos ganados al mar, las costas holandesas son bajas y recortadas, con numerosos entrantes y salientes y con abundancia de medios anfibios. El **clima** es marcadamente oceánico, con influencias marinas presentes en todo el territorio. Por ello las temperaturas son suaves, con escasa amplitud térmica; la nubosidad es frencuente y las precipitaciones se reparten a lo largo de todo el año, aunque no son excesivas. La vegetación, muy degradada en la actualidad por la extensión de los cultivos, está formada por bosques de frondosas, que debido a las repoblaciones comparten el territorio con las coníferas.

Los Países Bajos están **densamente poblados,** puesto que acogen a más de 15 millones de habitantes en su superficie relativamente reducida. El reparto de esta población es desigual, ya que en la zona costera la presión demográfica es mayor que en el este. Existen varios núcleos importantes considerados ciudades, pero la mayor parte de las localidades tienen un caracter urbano. El crecimiento vegetativo se ha visto reducido en los últimos años; este hecho, junto con la disminución de la llegada de emigrantes provoca un envejecimiento paulatino de la población, que en su mayoría es de religión protestante.

La **economía** holandesa está dominada por el sector terciario, tras un relativo descenso de la agricultura y de la industria. La agricultura, que ha sido la primera responsable del interés por recuperar terrenos al mar, pierde mano de obra, si bien aún mantiene su peso en el PIB. Se cultivan principalmente plantas ornamentales y flores, leguminosas, frutales y hortalizas. La ganadería, tradicionalmente volcada en el ganado vacuno, destinado a la producción lechera, se diversifica progresivamente con la inclusión de granjas porcinas y avícolas.

La industrialización de los Países Bajos fue tardía, pero contó con la ventaja de poseer recursos energéticos propios como el petróleo y el carbón, junto con el gas en los últimos tiempos. Los sectores más destacados son el eléctrico, el químico, naval y automoción. La producción industrial se distribuye por todo el territorio, a pesar de que en un primer momento se concentró en el occidente; esto es debido a la política de descentralización industrial llevada a cabo. El sector terciario se beneficia de una red de comunicaciones desarrollada y bien estructurada, y de que Holanda es centro de relaciones financieras y comerciales. Los intercambios exteriores se realizan con los países de la Comunidad Europea, especialmente con los otros dos miembros del Benelux, del que los Países Bajos forman parte, y con Alemania.

La capital de Holanda es Amsterdam, pero, a diferencia de lo que ocurre en otros países, la sede del gobierno se localiza en La Haya.
Las flores que salen de Holanda representan, aproximadamente, el 70% del comercio mundial floral.

PORTUGAL

Sistema de gobierno: República parlamentaria
Capital: Lisboa
Extensión: 92.389 km^2
Habitantes: 10.467.000
Idiomas: Portugués
Moneda: Escudo

Portugal se convierte en reino independiente de León y Castilla a mitad del siglo XII. Se produjo una efímera unión con España en el siglo XVI, reinando Felipe II, pero en 1640 la separación fue definitiva. Ya en el siglo XV, inició su expansión colonial, que continúo hasta el presente.

Portugal es uno de los dos estados que conforman la península Ibérica, casi sin solución de continuidad con España.

El **relieve** presenta tres unidades fundamentales: los macizos hercinianos, que se corresponden con el límite occidental de la Meseta y que ocupan la mayor parte de la superficie del país; éstos se interrumpen con las estribaciones montañosas del Sistema Central, la sierra de la Estrella (en el centro) y las del Macizo Galaico, en la zona de Tras-os-Montes (al norte). Se completa con las llanuras de sedimentación que se extienden por la costa y por el sur del país. En conjunto, Portugal presenta una altitud media escasa, puesto que los 1000 metros sólo se superan en el norte, mientras predominan las zonas por debajo de los 500 metros. Portugal comparte los grandes ríos de España. El Duero, Tajo y Guadiana son ríos caudalosos y de cuenca amplia en su tramo final. Totalmente portugués es el Sado, que discurre por la llanura del Alentejo y presenta un caudal irregular. Las costas portuguesas son rectilíneas y presentan pocos entrantes, excepto las desembocaduras del Sado-Tajo.

Por su situación, Portugal es un país atlántico, pero **climáticamente** se incluye dentro de los mediterráneos, puesto que el verano es una estación seca en todo el territorio. Las temperaturas aumentan de norte a sur, al contrario de las precipitaciones, que disminuyen. La influencia del océano hace que en las costas la amplitud térmica sea menor que en el interior, donde las temperaturas, tanto en verano como en invierno, son de caracter continental. La vegetación, en el norte, está formada por robles y carballos. En el resto del país predomina la de tipo mediterráneo, con bosques de encinas, alcornoques y matorrales. Se han introducido grandes cantidades de pinos y eucaliptos, sobre todo en la zona costera.

La **población** portuguesa sobrepasa los 10 millones de personas, tras un crecimiento sostenido a lo largo de todo este siglo, En los últimos años ha habido una disminución de la natalidad y de la mortalidad, por lo que se asiste a un envejecimiento de la población, aunque el crecimiento vegetativo aún es positivo. Tradicionalmente Portugal ha sido un pueblo acostumbrado a las migraciones, que se han dirigido hacia las colonias de América y de África, y hacia países de Europa, sobre todo Francia y España. Es todavía un estado eminentemente rural.

La **economía** portuguesa es una de las más débiles de la Comunidad Europea, aunque el país está haciendo un gran esfuerzo tras su incorporación a la misma. El sector primario, dominado por la agricultura, sigue ocupando a una buena parte de la población. La agricultura ha de enfrentarse a una serie de inconvenientes como son la pobreza de los suelos, el clima —sobre todo en el sur— y los continuos cambios en política agraria. Los productos más destacados son el maíz, al norte y los cultivos mediterráneos en el resto: cereales, especialmente el trigo, la vid, olivo y las hortalizas. La ganadería no tiene demasiado peso, y en ella lo más sobresaliente es la ovina. Por el contrario la pesca, cuya flota se está renovando, sigue siendo una actividad importante.

El sector secundario, que sufre la carencia de fuentes de energía, se concentra en la industria textil y del calzado, la química y la de materiales de construcción. Es destacable la presencia de multinacionales y de capital extranjero. El sector terciario, en continua expansión, es el que más mano de obra emplea, casi la mitad de la población activa. Los intercambios comerciales, desfavorables para Portugal, se realizan con países de la Comunidad Europea (Francia, Alemania, Reino Unido y España) y con Estados Unidos.

El Reino Unido está integrado por Inglaterra, Gales y Escocia, que ocupan la isla de Gran Bretaña, y por Irlanda del Norte, además de algunas islas de diferente tamaño. Es el único miembro de la CE totalmente insular.

En el **relieve** del Reino Unido se distinguen dos zonas, separadas por una línea imaginaría que iría desde Middlesbrough hasta Exeter. Al norte de dicha línea están las llamadas Tierras Altas, formadas por bloques levantados y hundidos, que en realidad no alcanzan demasiada altura: la mayor, el Ben Nevis, no llega a los 1400 m. Este tipo de relieve se extiende hasta Irlanda del Norte. Al sur de la línea encontramos las Tierras Bajas, constituidas por sedimentos plegados en el movimiento alpino. Toda la superficie del Reino Unido ha sido modelada por la acción de los glaciares, si bien en las Tierras Bajas la influencia fue menor. Las costas atlánticas, están bañadas por el Mar del Norte y por el Mar de Irlanda. Presentan una gran variedad, puesto que los acantilados se mezclan con playas bajas y arenosas, hasta formar una línea de costa irregular, con numerosos entrantes y salientes. Los ríos tienen un régimen regular; sin embargo no son demasiado largos, debido a la forma de las islas, y su caudal es escaso. Entre ellos sobresalen el Támesis, el Severn y el Lagan.

El **clima** es claramente oceánico, con abundancia de nubosidad y precipitaciones, que aumentan hacia el norte y hacia el oeste. Las temperaturas, que no sufren oscilaciones bruscas, disminuyen progresivamente hacia el norte. La vegetación, muy degradada, está formada por hayas y encinas en las zonas bajas y landas en las más altas. Se asiste a un proceso de repoblación en la implantación de pinos y abetos.

La **población** supera los 57 millones de habitantes, los que supone una de las cifras más altas de la CE y una densidad muy elevada. Se concentra principalmente en la ciudades, grandes o de tipo medio. En la actualidad el crecimiento vegetativo apenas existe y la población tiende al envejecimiento. A pesar de esto, en Irlanda del Norte la tasa de natalidad es elevada aún. En este país la población es católica, mientras que en el resto se practica mayoritariamente la protestante.

Pese a ocupar una mínima parte de la superficie del país, y de emplear poca mano de obra, el **sector primario** alcanza unas altas cotas de productividad, debido a un trabajo intensivo y al uso de métodos modernos. Se cultiva, principalmente, cereales, hortalizas, frutales y flores. Por lo que se refiere a la ganadería, se crían ovejas, vacas, cerdos y aves, tanto para el consumo directo de carne, como para la producción láctea o de huevos.

Inglaterra fue la pionera en la industrialización, amparada en una agricultura fuerte, una mano de obra abundante y sobre todo en la disponibilidad de fuentes de energía variadas. Pero en la actualidad, la industria en el Reino Unido va perdiendo peso; el empleo disminuye y los obreros se colocan en el sector terciario. No obstante aún están presentes poderosas industrias metalúrgicas, químicas y textiles, ahora con predominio de las fibras artificiales.

El sector terciario es el que más aporta ahora al PIB y el que más personas emplea. Su punto fuerte son los intercambios financieros, cuyo volumen convierte a Londres en una de las principales plazas financieras del mundo. También está muy desarrollado el turismo. Estos dos grupos compensan el déficit de la balanza comercial del Reino Unido. Este país realiza sus intercambios con miembros de la Comunidad Europea, especialmente Francia y Alemania, y con los integrantes de la Commonwealth.

REINO UNIDO

Sistema de gobierno: Monarquía parlamentaria
Capital: Londres
Extensión: 244.100 km^2
Habitantes: 57.236.000
Idiomas: Inglés, galés
Moneda: Libra esterlina

Antes del año 2000, el Reino Unido, constituido por Inglaterra, Escocia, Gales e Irlanda del Norte, dejará de ser la parte insular de Europa. A través de un túnel que atravesará el Canal de la Mancha, se podrá viajar de Londres a París por tierra en apenas tres horas.

SUECIA

Sistema de gobierno: Monarquía constitucional
Capital: Estocolmo
Extensión: 449.964 km^2
Habitantes: 8.523.000
Idiomas: Sueco
Moneda: Corona sueca

Cada año, Suecia celebra la ceremonia de entrega de los Premios Nobel, con los que premia a los personajes más destacados de la ciencia, la literatura y el pensamiento.

Suecia forma junto con Noruega la península Escandinava, de la que ocupa la zona oriental; de su territorio, una buena parte queda más al norte del Círculo Polar Ártico.

Su **relieve** presenta cuatro elementos morfoestructurales fundamentales: Al NO se localizan las montañas, pertenecientes a los denominados Alpes Escandinavos, donde se encuentran alturas que en algunos casos superan los 2 000 m de altitud, modelados por la acción glaciar, que ha formado valles en forma de U y lagos glaciares. Próximos a estas montañas se encuentran los macizos erosionados, tipo meseta y una zona de colinas de altura media, interrumpidos por el curso de los ríos. Hacia el sur se localiza una extensa depresión, en la que se sitúan dos de los lagos más extensos de Suecia, el Vattern y el Varnern, éstos de origen tectónico. Por último se distinguen en el suelo sueco una serie de llanuras litorales, próximas al mar. La línea de costa es muy recortada y aparece orlada por una gran cantidad de islas, de las que la más extensa es la isla de Gotland.

Los ríos del norte del país tienen un recorrido fundamental de oeste a este, para desembocar en el golfo de Botnia. Hacia el sur se reparten y unos desaguan hacia el Báltico (al este) y otros hacia el oeste (Skagerraak). En muchos casos el curso de los ríos aparece interrumpido por lagos, de origen diverso, y que son muy abundantes en el territorio sueco.

El **clima** está determinado por la latitud. Al norte los inviernos son extremos, con temperaturas muy bajas. Estas temperaturas se van suavizando hacia el sur y hacia el oeste. Las precipitaciones son muy abundantes, presentan su máximo en verano y en muchos casos a lo largo del año son en forma de nieve.

La vegetación está dominada por los bosques de coníferas boreales, cuyo protagonista es el pino. Hacia el sur también se encuentran bosques de frondosas con robles y hayas, que tienen aquí su límite septentrional. El bosque ocupa la mitad de la superficie del territorio sueco.

La **población** se concentra en las ciudades, hasta el punto de que la población rural prácticamente no existe, lo que produce un importante desequilibrio territorial. Además de este abandono del campo, son características de la población sueca su bajísimo índice de natalidad y, como consecuencia, el envejecimiento progresivo, frenado en parte por la recepción de emigrantes hasta los años 80.

A pesar de este despoblamiento de las zonas rurales, la agricultura presenta unos altos rendimientos, debido a la mecanización de las explotaciones, de manera que cubre la mayor parte de las necesidades de consumo nacionales. Se cultivan hortalizas, productos industriales y cereales, utilizados como alimento para el ganado. La actividad agrícola se complementa con un importante desarrollo ganadero, basado sobre todo en el vacuno y en la producción láctea. La pesca se realiza en el Báltico y en el Mar del Norte. Capítulo muy destacado dentro de este sector primario es la explotación forestal destinada a la producción maderera y pasta de papel.

Estas industrias, junto con la metalúrgica, la automovilística y la electrónica son las más importantes del país. El sector industrial sueco ha conseguido una productividad creciente, lo que, junto con otras variables, ha dado como resultado un superávit en la balanza de pagos en 1993. Suecia es deficitaria en recursos energéticos, por lo que se ve obligada a su compra, especialmente de petróleo. Establece intercambios con el resto de los países nórdicos y con los miembros de la UE, ya que desde 1972 existe un tratado comercial entre Suecia y la denominada entonces Comunidad Económica Europea.

EL MUNDO

Y SUS CONTINENTES

África: espacio físico

ANGOLA

República popular
Luanda
1 246 700 km²
9 747 000 hab
Portugués, lenguas bantús
Kwanza

ARGELIA

República
Argel
2 381 741 km²
24 597 000 hab
Árabe
Dinar argelino

BENIN

República popular
Porto Novo
112 622 km²
4 591 000 hab
Francés, fon, yoruba, mina, dendi, bariba, gun, adja, somba, pila-pila
Franco CFA

BOTSWANA

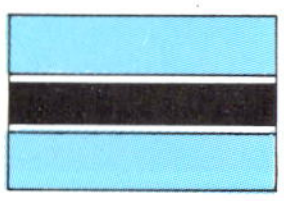

República presidencialista
Gaberones
600 372 km²
1 256 000 hab
Inglés, setswana
Pula

BURKINA FASO

República presidencialista
Uagadugú
274 212 km²
8 766 000 hab
Francés, moré, diulá, gurmantché
Franco CFA

BURUNDI

República presidencialista
Buyumbura
27 834 km²
5 302 000 hab
Kirundi, francés, suahili
Franco de Burundi

CABO VERDE

República
Praia
4 033 km²
369 000 hab
Portugués, créole
Escudo caboverdiano

CAMERÚN

República presidencialista
Yaoundé
475 442 km²
11 540 000 hab
Francés, inglés, bantú y otros
Franco CFA

África se sitúa al sur de Europa y al suroeste de Asia, y es el tercer continente por su extensión. Está limitado por el mar Mediterráneo al norte, el océano Atlántico al oeste y el Índico al este. La línea de costa carece de accidentes y no resulta adecuada para la formación de puertos naturales, debido a que África es un macizo que se alza abruptamente desde las profundidades oceánicas sin dejar espacio para la plataforma continental.

El relieve africano es muy sencillo: es en su mayor parte una meseta llana, bordeada por montañas en el noroeste, sureste y este. La meseta, cuya base son rocas de gran antigüedad, es muy resistente, lo que le ha permitido soportar los movimientos orogénicos, por lo que sus elevaciones sólo son producto de la erosión diferencial.

Como accidentes del continente están los Montes Atlas, en el borde noroeste; en el lado oriental el Kilimanjaro, de origen volcánico; y la cordillera Drakensberg en el borde sureste. Destacan además el valle del Nilo y el del Congo, una dilatada extensión que ocupa África central. Las islas no son numerosas; destaca por sus dimensiones la de Madagascar.

Los ríos africanos, al discurrir en general por la meseta, tienden a la formación de rápidos en su curso bajo, viendo su recorrido interrumpido por cataratas y teniendo que superar estrechas gargantas; como ejemplo se pueden citar las cataratas del Zambeze o las crecidas del Nilo. Además presentan numerosos contrastes debidos al clima de la zona por la cual discurren; así, los ecuatoriales reciben un gran aporte pluviométrico, sin embargo los que corren por el desierto sólo llevan agua en determinadas épocas. En general, las desembocaduras forman depósitos deltaicos; sólo el Congo forma un amplio estuario.

En África hay numerosos lagos de agua dulce, de los cuales el Victoria es el mayor y el tercero del mundo en extensión.

En cuanto al clima, éste viene determinado por el Ecuador, que pasa casi por el centro del continente; por ello, los predominantes son el ecuatorial y el tropical. Las temperaturas y las precipitaciones disminuyen al alejarse del ecuador. Hay también zonas desérticas - entre los 15 y 30° N y S -, y algunas de clima mediterráneo.

La vegetación, igual que el clima, se distribuye en bandas horizontales desde el Ecuador hacia el norte y el sur.

El continente africano ofrece una densidad de población muy baja, comparado con el resto de los continentes, pues existen varias zonas desfavorables o casi imposibles para el poblamiento humano. Lo que sí es evidente es que hay muy pocas ciudades, y que en su mayor parte éstas están fuera de la zona de los trópicos.

ÚLTIMA HORA
Desde abril de 1.993 un nuevo estado ha visto la luz tras su excisión de Etiopía, éste es ERITREA. Presenta una extensión de 119.000 km², 4 millones de habitantes y tiene su capital en Asmara.

Página anterior: El monte Kilimanjaro. Tanzania.

Arriba: Desierto del Sahara. Argelia.

No se sabe cuáles fueron los primeros habitantes de África y sus orígenes, sin embargo, está probado que desde tiempos muy remotos hubo un aporte importante de elementos asiáticos. En los últimos siglos fueron los europeos los que llegaron a África con fines colonizadores. La raza predominante en el continente es la negra, si bien hay árabes en la zona norte y muchos europeos de raza blanca; el mestizaje es muy abundante en este continente.

Entre las lenguas figura el bantú, el sudanés y las lenguas habladas por los árabes, de tronco camítico y semita. Además se hablan las lenguas europeas y una variante del holandés, que se habla en la República de Suráfrica, llamada *afrikaans*, antes llamado holandés del Cabo.

En la actualidad África se divide en estados, casi todos ellos soberanos, con regímenes políticos que van desde el segregacionista de la República de Suráfrica, hasta las monarquías árabes, pasando por repúblicas más o menos democráticas. África posee numerosos recursos naturales y minerales, pero debido a la dificultad de comunicaciones y al bajo nivel cultural de sus habitantes, aparecen deficientemente explotados.

La agricultura es variada, pero está condicionada por técnicas muy primitivas, como la agricultura migratoria y las estructuras de tipo familiar. Se cultivan plantas alimenticias como cereales, leguminosas, tubérculos y frutales. Son importantes también las oleaginosas y las estimulantes, y se intentan introducir otros cultivos como el té y la caña de azúcar.

En cuanto a la producción maderera, está deficientemente explotada por la inaccesibilidad a las zonas productoras y por los procedimientos primitivos de extracción.

CHAD

República presidencialista
N'Djamena
1 284 000 km²
5 538 000 hab
Francés, árabe, sara, baguirmi, bulalá
Franco CFA

COMORES

República federal islámica
Moroni
1 862 km²
421 000 hab
Francés, comoriano
Franco comoriano

CONGO

República popular
Brazzaville
342 000 km²
1 941000 hab
Francés, lenguas bantús
Franco CFA

COSTA DE MARFIL

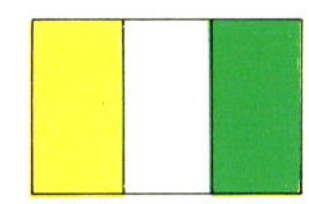

República presidencialista
Yamoussoukro
322 400 km²
12 098 000 hab
Francés, baulé, beté,diula, senufo
Franco CFA

EGIPTO

República
El Cairo
1 001 949 km²
53 080 000 hab
Árabe
Libra egipcia

ETIOPÍA

República popular
Addis Abeba
1 221 900 km²
49 513 000 hab
Amárico, oromo, tigrinya, guragé, afar, somalí, wälayta
Birr

GABÓN

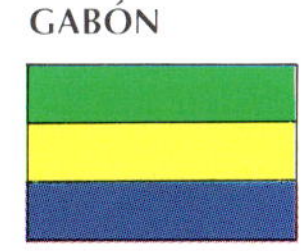

República
Libreville
267 667 km²
1 113 000 hab
Francés, lenguas bantús
Franco CFA

GAMBIA

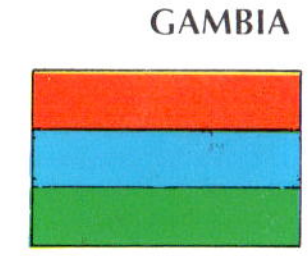

República presidencialista
Banjul
11 295 km²
835 000 hab
Inglés, uolof, malinké, peul, etc.
Dalasi

África: espacio físico

GHANA

República
Accra
238 537 km²
14 566 000 hab
Inglés, ewe, gaa, ganghé, akan, dagbandi, mamprusi
Cedí

GUINEA

República
Conakry
245 857 km²
6 706 000 hab
Francés, malinké, peul, susú
Franco de Guinea

GUINEA BISSAU

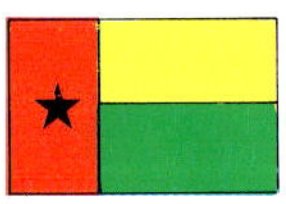

República
Bissau
36 125 km²
966 000 hab
Portugués, créole, mandé
Peso de Guinea

GUINEA ECUATORIAL

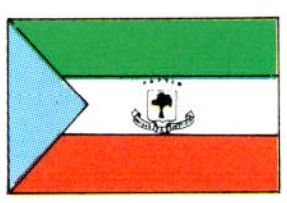

República presidencialista
Malabo
28 051 km²
341 000 hab
Español, lenguas bantús
Franco CFA

KENIA

República
Nairobi
582 646 km²
24 872 000 hab
Suahili, inglés, kikuyu, luo
Chelín de Kenia

LESOTHO

Monarquía constitucional
Maseru
30 355 km²
1 700 000 hab
Sesotho,inglés
Maloti y rand surafricano

LIBERIA

República presidencialista
Monrovia
111 370 km²
2 508 100 hab
Inglés
Dólar liberiano

LIBIA

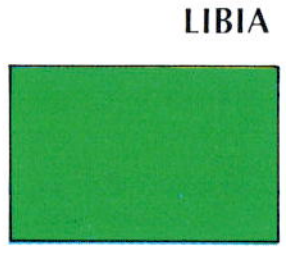

República popular
Trípoli
1 759 540 km²
4 385 000 hab
Árabe
Dinar

La ganadería no está muy desarrollada, por las enfermedades endémicas del continente y por la densidad de animales fieros que allí existen.

El ganado vacuno es numeroso, aunque no ofrece mucha calidad, y aun más abundante es el ovino. Por las especiales características de África es destacable el uso del camello, en zonas desérticas, y del asno para transporte y tiro.

El continente negro es el mayor productor de algunos minerales como el cobre, oro, diamantes y fosfatos, todos ellos destinados a la exportación, pero es deficitario en los más básicos, especialmente en fuentes de energía. Además cuenta con la dificultad de extracción y transporte. Por la disposición del relieve, África tiene una gran riqueza hidráulica, que hasta el momento no está demasiado explotada. La industria africana es incipiente, y sólo en la República de Suráfrica y algunos países del norte de África, alcanza un nivel aceptable.

Muchachas masai. Kenia.

África: espacio cultural

En la historia del continente africano se pueden hacer dos grupos o secciones. Por un lado, está la de los países mediterráneos que siempre han estado en contacto con Europa y con los países del suroeste asiático, y, por otro, la llamada África Negra, que hasta la colonización europea ha seguido diferentes derroteros.

A) África musulmana.

El Valle del Nilo fue una de las primeras zonas habitadas en el globo terráqueo. En él se desarrolló una impresionante cultura, de la cual se tiene noticia desde tiempos prehistóricos. La razón de este desarrollo cultural y político estuvo en el río Nilo, cuyas crecidas facilitaban el desarrollo de la agricultura y estimulaban el progreso intelectual al borrar todos los límites de las parcelas, que cada año debían reconstruirse.

Las dinastías egipcias se mantuvieron hasta que los persas las dominaron en el año 343 a. de C., los cuales se mantuvieron hasta la llegada de Alejandro en el 333.

Entre tanto, el resto de la costa mediterránea se iba desarrollando con colonias establecidas por diferentes pueblos. Entre éstos destaca la presencia de los fenicios, que lograron fundar varias colonias a lo largo de la costa; su punto culminante se sitúa en el siglo X a. de C. con el reinado de Hirán de Tiro.

Tras la expulsión de los persas de Egipto, Alejandro fundó Alejandría, una de las ciudades más importantes del helenismo.

En este período - el helenismo - se desarrolló en Egipto el reino de los lágidas, iniciado con Ptolomeo I (323-285) y que duró hasta que fue derrocado por los romanos en el año 30. Éstos conquistaron numerosos puntos a lo largo del Mediterráneo.

Los vándalos se establecieron en África, al mando de Genserico, labor facilitada por las diferencias entre los generales romanos. De hecho, esta dominación se acabó en el 477 d.de C. con la muerte del general bárbaro.

Pirámide de Kefrén en Giza. El Cairo, Egipto.

MADAGASCAR

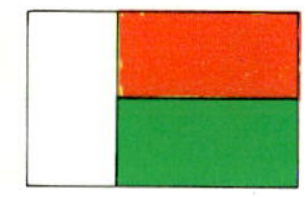

República parlamentaria
Atananarivo
587 041 km²
11 603 000 hab
Malgache, francés
Franco malgache

MALAWI

República presidencialista
Lilongwe
118 484 km²
8 027 000 hab
Inglés, chíchewa
Kwacha

MALÍ

República presidencialista
Bamako
1 240 192 km²
8 000 000 hab
Francés, banbara, senufo, surakolé, dogón, tuareg, árabe
Franco de Malí

MARRUECOS

Monarquía constitucional
Rabat
458 730 km²
24 522 000 hab
Árabe
Dirham

MAURICIO

Monarquía parlamentaria
Port Louis
2 045 km²
1 068 000 hab
Inglés, créole, francés, lenguas indias
Rupia de Mauricio

MAURITANIA

República presidencialista
Nouakchott
1 030 700 km²
1 970 000 hab
Francés, árabe, hassaniya, peul, soninké, uolof
Ouguiya

MOZAMBIQUE

República popular
Maputo
799 380 km²
15 326 000 hab
Portugués, macualomué, makonde, suahili, shona, tonga,chicheva
Metical

NAMIBIA

República
Windhoek
824 292 km²
1 818 000 hab
Inglés, afrikaan, khoi, ovambo
Rand surafricano

África: espacio cultural

NÍGER

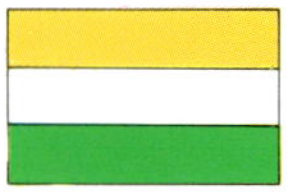

República
Niamey
1 267 000 km^2
6 895 000 hab
Francés, haussa, peul, zarma, kanuri
Franco CFA

NIGERIA

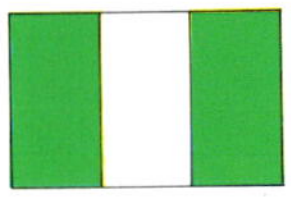

República federal presidencialista
Lagos
923 768 km^2
109 175 000 hab
Inglés, ibo, yoruba, hausa
Naira

REPÚBLICA CENTROAFRICANA

República presidencialista
Bangui
622 984 km^2
2 841 000 hab
Francés, sango
Franco CFA

REPÚBLICA SURAFRICANA

República presidencialista
Pretoria
1 221 037 km^2
34 492 000 hab
Afrikaan, inglés
Rand Surafricano

RUANDA

República presidencialista
Kigali
26 338 km^2
6 989 000 hab
Francés,kinya-ruanda, suahili
Franco CFA

SANTO TOMÉ Y PRÍNCIPE

República
São Tomé
964 km^2
116 000 hab
Portugués, créole, ngola
Dobra

SENEGAL

República presidencialista
Dakar
196 722 km^2
7 172 000 hab
Francés, uolof y otros
Franco CFA

SEYCHELLES

República presidencialista
Victoria
453 km^2
67 000 hab
Créole, francés, inglés
Rupia de Seychelles

SIERRA LEONA

República presidencialista
Freetown
71 740 km^2
4 047 000 hab
Inglés, krio, mendé, temné y otros
Leone

SOMALIA

República presidencialista
Mogadiscio
637 657 km^2
7 339 000 hab
Somalí, árabe
Chelín somalí

La Edad Media está marcada por el desarrollo de la doctrina y el poder musulmán. Éste se extendió por una gran franja, dejando una impronta religiosa y cultural que se mantiene hasta nuestros días, y que no se ha borrado a pesar de la dominación que esta zona ha sufrido por parte del imperio otomano y de las potencias europeas.

Hasta la primera guerra mundial, todo el norte de África pertenecía al imperio turco, pero la debilidad de éste y la ambición de los europeos, dieron lugar a la destrucción de dicho imperio. Pero no por ello los países africanos alcanzaron su independencia, sino que los turcos fueron sustituidos por ingleses y franceses, mientras que Italia dominaba Libia, y España obtenía algunas posesiones.

Todos estos países alcanzaron su indepen-

dencia en la segunda mitad de nuestro siglo y actualmente son países árabes de religión musulmana, aunque presentan numerosas diferencias.

B) África Negra.

Se llama así por el color de la piel de sus habitantes, si bien entre ellos existen algunas variantes. Esta zona ha estado ajena al discurrir de la historia universal por la dificultad de penetración al interior hasta la llegada de los colonizadores, con los portugueses a la cabeza, en el siglo XV.

Sin embargo, no por ello se debe caer en el error de considerar que los africanos vivían en un estado de absoluto salvajismo hasta contactar con los europeos, ya que hay poderosas unidades políticas desde épocas remotas. Éstas tienen su origen en el Sudán Occidental, organizado para controlar la producción de oro, que durante toda la Edad Media abasteció a Europa. También destacan el imperio Ghana, nacido en el siglo IV, que no tiene relación con el país del mismo nombre; el imperio Mai; y el de Abisinia. Mención especial merece Etiopía, cuya civilización perduró durante más de 25 siglos. Ya tuvo contacto con el antiguo Egipto, con Alejandro Magno y con Roma, manteniendo un importante papel en el comercio de Roma con el lejano Oriente.

Por estos lugares se han extendido también los musulmanes; no se debe olvidar que los almorávides surgieron de la zona del Senegal.

En el siglo XV empezó la colonización europea. La primera explotación que sufre este continente es, a nivel humano, pues se inició el comercio de esclavos que se prolongó hasta el siglo XIX. Durante los tres primeros cuartos del siglo XIX, los europeos no tuvieron mucho interés por penetrar en el continente para colonizarlo. Pero en el último cuarto se inició una carrera en la que participaron Francia, Inglaterra, Italia, Alemania, Bélgica, Portugal y España, marcada por ansias económicas y políticas.

En el siglo XX se inicia la descolonización, causada tanto por las alteraciones territoriales tras las dos guerras mundiales y la contribución de las colonias a las mismas, como por la propia evolución de los países sometidos, en los cuales se empezaron a organizar movimientos nacionalistas, que dan lugar al panafricanismo, proceso que se desarrolla en la segunda mitad de nuestro siglo, si bien aún existen algunos puntos colonizados.

A pesar de todo, los países que han alcanzado su independencia se enfrentan a la tarea de crear sus propias estructuras y desarrollarse adecuadamente, lo cua, en algunos de ellos, se prevee difícil. Por otro lado, en la República Surafricana se encuentran con un régimen segregacionista en proceso de integración democrática, que plantea numerosos problemas políticos, económicos y, sobre todo, morales.

Página anterior: Ruinas romanas en Túnez.

Arriba: La mezquita de Alí; al fondo, El Cairo. Egipto.

TANZANIA

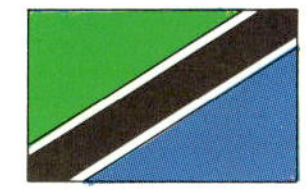

República federal
Dar es Salaam
945 087 km²
24 802 000 hab
Suahili, inglés
Chelín de Tanzania

TOGO

República presidencialista
Lomé
56 785 km²
3 349 000 hab
Francés, ewe, mina, kabiye.
Franco CFA

TÚNEZ

República
Túnez
163 610 km²
7 900 000 hab
Árabe, francés
Dinar tunecino

UGANDA

República
Kampala
236 036 km²
17 804 000 hab
Inglés, suahili, kiganda
Chelín ugandés

YIBUTI

República
Djibuti
23 200 km²
45 600 hab
Francés, árabe, affar, issa
Franco djibuti

ZAIRE

República
Kinshasa
2 345 490 km²
34 491000 hab
Francés, lingala, suahili, lenguas locales
Zaire

SUDÁN

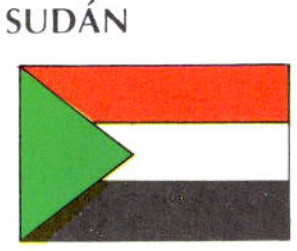

República
Jartum
2 505 813 km²
24 485 000 hab
Árabe, inglés, dinka, nuer, shilluck
Libra sudanesa

SWAZILANDIA

Monarquía constitucional
Mbabane
17 363 km²
763 000 hab
Inglés, swazi
Lilangeni y rand surafricano

ZAMBIA

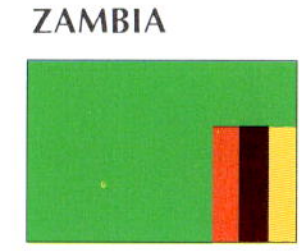

República
Lusaka
752 614 km²
7 804 000 hab
Inglés, lenguas bantús
Kwacha

ZIMBABWE

República parlamentaria
Harare
390 580 km²
9 122 000 hab
Inglés, shona, ndebele
Dólar de Zimbabwe

América: espacio físico

El continente americano es el más aislado con respecto a los demás, pues sólo por el Estrecho de Bering entra en contacto con el llamado Viejo Mundo. Su forma es extremadamente alargada en el sentido de los meridianos y podría dividirse en dos triángulos (América del Norte y del Sur) unidos por el núcleo central que forma Centroamérica.

Está limitado por tres océanos: el Glacial Ártico por el norte, de baja temperatura y costa muy recortada; el Pacífico por el oeste, donde hay grandes fosas marinas frente a las costas de Alaska, Perú y Chile, y que forma una línea de costa rectilínea aunque no faltan las bahías y las penínsulas, entre las que destaca la de California; y el Atlántico por el este, con numerosos accidentes geográficos, especialmente las penínsulas y las abundantes islas en la zona del Caribe.

En América están representadas las diferentes formas de relieve, y las grandes líneas del mismo son relativamente sencillas. Se puede apreciar una serie de montañas dispersas por el lado oriental, que van del norte al sur del continente y todas ellas son de la era primaria, por lo cual están muy desgastadas. Por el lado oeste del continente, hay una gran cadena montañosa, también estructurada de norte a sur, que se conoce con los nombres de Rocosas y los Andes; éstas son de formación terciaria, por lo que son altas y escarpadas.

Entre ambas formaciones montañosas hay llanuras y mesetas que ocupan los valles del Mackenzie, Misisipí, Orinoco, Amazonas y Río de la Plata, sin olvidar la Patagonia.

América es el continente que tiene los ríos más largos y caudalosos del mundo, especialmente en la vertiente atlántica, ya que existe

ANTIGUA Y BARBUDA

Monarquía parlamentaria
Saint John's
440 km²
86 500 hab
Inglés
Dólar del Caribe oriental

ARGENTINA

República presidencialista
Buenos Aires
3 761 275 km² (incluye la Antártida argentina)
32 880 000 hab
Español
Peso

BAHAMAS

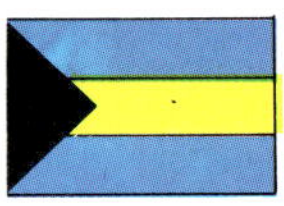

Monarquía parlamentaria
Nassau
13 940 km²
250 000 hab
Inglés, créole
Dólar de Bahamas

BARBADOS

Monarquía parlamentaria
Bridgetown
431 km²
256 000 hab
Inglés
Dólar de Barbados

BELICE

Monarquía parlamentaria
Belmopan
22 965 km²
178 500 hab
Inglés, español, lenguas indias, garifuna
Dólar de Belice

BOLIVIA

República presidencialista
La Paz
1 098 581 km²
7 314 000 hab
Español, quechua, aimara, guaraní
Peso boliviano

BRASIL

República federal presidencialista
Brasilia
8 511 995 km²
150 368 000 hab
Portugués
Nuevo Cruceiro

CANADÁ

Monarquía parlamentaria
Ottawa
9 970 610 km²
26 248 000 hab
Francés e inglés
Dólar canadiense

Página anterior: Ensenada de Botafogo en Río de Janeiro; al fondo, el Corcovado. Brasil.

Arriba: Paisaje del norte de Arizona, Cañón de Sedona. Estados Unidos.

una gran desigualdad, más marcada en el sur, entre las vertientes atlántica y pacífica, pues los ríos que desembocan en la primera son mucho más largos y caudalosos debido a la inclinación del continente hacia el este. También es característico de las dos zonas que los mayores ríos estén al norte de cada subcontinente. Sin embargo, se diferencian en que las cuencas atlánticas son muy amplias, pero pocos ríos llegan al mar, mientras que los de la vertiente pacífica son de menor longitud, pero casi todos llegan al mar. Los atlánticos discurren por amplias llanuras y son fácilmente navegables, mientras que los del Pacífico presentan grandes desniveles y cascadas.

Los lagos en América son abundantes, especialmente en la frontera entre Canadá y Estados Unidos, sin olvidar los de América del Sur, como el Titicaca.

Por este continente pasan cuatro de los cinco círculos fundamentales de la tierra: Polar, Ártico, Trópico de Cáncer, Ecuador y Trópico de Capricornio. Esto hace que en él se den todos los tipos posibles de clima: ecuatorial, tropical, templado, polar, alpino y de montaña, todos ellos modificados por la altitud, las estaciones y las corrientes marinas, hasta el punto de poder encontrar el clima mediterráneo en California. Esta diversidad climática marca la variedad de flora y de fauna, que presentan una desigualdad entre la del norte y la del sur, debida a que durante el Eoceno se interrumpió la comunicación entre ambas zonas y la evolución de las especies fue diferente.

El poblamiento americano antes de la llegada de los españoles estaba extendido por todo el continente, con diferentes grados de evolución y civilización. Se ignora si los americanos son autóctonos o si provienen de Asia; en este último caso, la separación entre ambos grupos debió de producirse en épocas remotas, pues los amerindios tenían unas características muy diferentes a las asiáticas.

CHILE

República
presidencialista
Santiago
736 902 km²
13 173 000 hab
Español, mapuche
Peso chileno

COLOMBIA

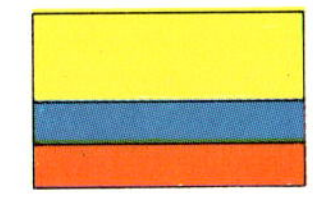

República
presidencialista
Bogotá
1 141 748 km²
32 978 000 hab
Español
Peso colombiano

COSTA RICA

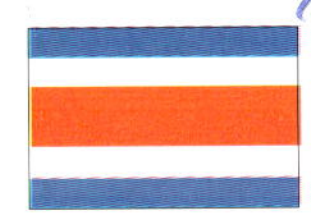

República
presidencialista
San José
51 100 km²
3 015 000 hab
Español, inglés, créole
Colón

CUBA

República
socialista
La Habana
110 922 km²
10 540 000 hab
Español
Peso cubano

DOMINICA

República
Roseau
751 km²
94 191 hab
Inglés, créole, francés
Dólar del Caribe oriental

ECUADOR

República
presidencialista
Quito
275 830 km²
10 782 000 hab
Español, quechua
Sucre

EL SALVADOR

República
presidencialista
San Salvador
21 041 km²
5 252 000 hab
Español, nahuatlpipil
Colón

EE UU

República federal
presidencialista
Washington, D.C.
9 372 129 km²
249 632 000 hab
Inglés
Dólar EE UU

América: espacio físico

GRANADA

Monarquía parlamentaria
Saint George's
344 km²
102 000 hab
Inglés
Dólar del Caribe oriental

GUATEMALA

República presidencialista
Guatemala
108 889 km²
9 257 000 hab
Español, 23 lenguas indias, garifuna
Quetzal

GUYANA

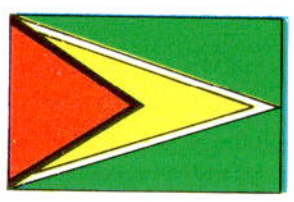

República
Georgetown
214 969 km²
1 023 000 hab
Inglés
Dólar de Guyana

HAITÍ

República presidencialista
Port-au-Prince
27 750 km²
5 609 000 hab
Francés, créole
Gourde

HONDURAS

República presidencialista
Tegucigalpa
112 088 km²
5 138 000 hab
Español, lenguas indias, garifuna
Lempira

JAMAICA

Monarquía parlamentaria
Kingston
10 991 km²
2 375 000 hab
Inglés, español
Dólar de Jamaica

MÉXICO

República federal presidencialista
México, D.F.
1 958 201 km²
88 598 000 hab
Español, lenguas indias
Peso

NICARAGUA

República presidencialista
Managua
130 700 km²
3 871000 hab
Español, inglés, créole, lenguas indias, garifuna
Córdoba

El contacto con los europeos en general fue funesto para los indígenas. Hasta el nuevo continente llegaron europeos, chinos, japoneses y africanos; la mezcla de razas ha dado lugar al mestizaje y a que actualmente sean los mestizos el grupo racial más numeroso. La distribución de la población es desigual, concentrándose en la vertiente atlántica de la zona templada; la densidad de población en conjunto es baja.

Debido a los diferentes orígenes de la población, las lenguas habladas son: el español, el portugués, el francés, el inglés y otros idiomas europeos; también se conserva algún dialecto autóctono.

Las religiones dominantes, al haberse abolido los cultos indígenas tras la conquista, son la católica y la protestante.

La práctica totalidad del territorio ha conseguido su independencia y se divide en estados con diferentes regímenes políticos, que van desde repúblicas democráticas hasta los que se hallan gobernados por una dictadura militar; simplificando, podría decirse que el norte tiene consolidados sus gobiernos, mientras que en el sur hay una situación política poco estable.

La diferencia más palpable entre América del Norte y del Sur radica en el aspecto económico; el Norte presenta gran pujanza industrial, y el Sur es una fuente de materias primas aún no explotadas totalmente. La riqueza de América está basada en la agricultura, que es la principal actividad de la mayoría de los países. De entre las plantas alimenticias, el maíz se destina a consumo interno, y el trigo a la exportación. También tiene importancia la producción de plantas estimulantes e industriales. Otros cultivos secundarios son la vid y las plantas oleaginosas, sin olvidar la producción forestal de los bosques de Canadá y Estados Unidos.

La ganadería sólo es importante en Argentina y en Uruguay. La pesca se practica para consumo local, excepto en las costas del Labrador, Terranova, Canadá y Nueva Inglaterra.

Por lo que se refiere a la riqueza minera, América es el primer continente productor de combustibles, minerales útiles y minerales preciosos. Esta producción está muy repartida por todo el continente, al contrario de lo que ocurre con la industrial, que se concentra prácticamente en América del Norte, si bien hay industrias cárnicas y lácteas en Argentina, Brasil y Cuba.

Las comunicaciones están desigualmente distribuidas. Las carreteras son adecuadas en el Norte y en algunas regiones de Brasil y Argentina, mientras que en el resto son deficientes. Las líneas aéreas y marítimas con el resto de los continentes están desarrolladas para facilitar el comercio exterior. Éste es intenso en Estados Unidos y en toda América del Norte, mientras que en el Sur no es importante y siempre desfavorable para estos países.

Arriba: Volcán Osorno. Chile.

Página siguiente: Templo del Jaguar, cultura Maya. Tikal, Guatemala.

América: espacio cultural

La historia del continente americano es tan antigua como la del resto del mundo, pese a la tendencia que hay a olvidarla hasta el Descubrimiento; antigüedad que puede fecharse hace 12000 años. Parece que todos los americanos proceden de un tronco común, si bien aún se duda de su origen.

La opinión más extendida es que la cultura americana fue independiente y autónoma respecto a otras zonas de la Tierra. Hay talladores de piedra, recolectores y cazadores durante la prehistoria. En el transcurso del tiempo, van surgiendo culturas cada vez más perfeccionadas aunque subsisten numerosos grupos de indígenas en estado primitivo. Ya en la protohistoria aparecen colectivos sedentarios cuya base de subsistencia es el maíz. Estas manifestaciones culturales superiores se dan en la zona del Golfo de México y en Sudamérica: en Colombia, Chavín y Tiahuanaco (las tres en los Andes), y en San Agustín (Colombia). También en la costa del Pacífico, donde destacan la cultura Mochica al norte, y la de Paracas y Nazca al sur.

En la zona conocida como Mesoamérica se desarrollan algunas de las más importantes culturas previas a la llegada de los españoles: Teotihuacán; los Toltecas, predecesores de los Aztecas, y los Mayas, en las tierras altas de Guatemala, que ya tienen una cultura organizada en el siglo I a. de C.; su Imperio Antiguo dura hasta el siglo X de nuestra era, y se acaba con una emigración al Yucatán; allí comienza a desarrollarse el Imperio Nuevo, que dura hasta el 1697, cuando es conquistado por los españoles, si bien ya anteriormente habían sido invadidos por los Toltecas y habían decaído sus ciudades.

Los Aztecas, una tribu chichimeca, se instalan en el lago de Texcoco. Tras diversas luchas son expulsados y han de situarse en unos islotes del centro del lago, fundando allí la ciudad de Tenochtitlán (México), en el año 1325; desde ella se extenderán por un vasto territorio.

En la banda coincidente con la Edad Media europea, Sudamérica contempla dos grandes culturas: la de los Chibchas, en la actual

PANAMÁ

República presidencialista
Ciudad de Panamá
75 517 km²
2 315 000 hab
Español, inglés, créole, lenguas indias, garífuna
Balboa

PARAGUAY

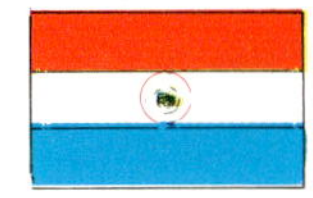

República presidencialista
Asunción
406 752 km²
4 279 000 hab
Español, guaraní
Guaraní

PERÚ

República presidencialista
Lima
1 285 216 km²
22 332 000 hab
Español, quechua, aimará
Inti

REPÚBLICA DOMINICANA

República presidencialista
Santo Domingo
48 308 km²
7 170 000 hab
Español
Peso dominicano

SAN CRISTÓBAL Y NEVIS

Monarquía constitucional
Basseterre
261 km²
50 000 hab
Inglés, créole
Dólar del Caribe oriental

SAN VICENTE Y GRANADINAS

Monarquía parlamentaria
Kingstown
388 km²
113 000 hab
Inglés
Dólar del Caribe oriental

SANTA LUCÍA

Monarquía parlamentaria
Castries
616 km²
148 000 hab
Inglés, créole
Dólar del Caribe oriental

SURINAM

República
Paramaribo
163 265 km²
400 000 hab
Holandés, sranang, tongo
Florín de Surinam

América: espacio cultural

TRINIDAD Y TOBAGO

República parlamentaria
Port of Spain
5 128 km²
1 263 000 hab
Inglés, español, hindi, créole
Dólar de Trinidad y Tobago

URUGUAY

República presidencialista
Montevideo
176 215 km²
3 128 000 hab
Español
Nuevo peso uruguayo

VENEZUELA

República presidencialista
Caracas
916 445 km²
19 735 000 hab
Español
Bolívar

Colombia, y la de los Incas, que se instalan en el valle andino de Cuzco, en el siglo XI, y que subsisten hasta la llegada de los conquistadores, quienes llegan en 1492 en una expedición dirigida por Colón. En ese momento se inicia el proceso de colonización y una explotación brutal e inhumana, que prácticamente acabó con la raza indígena en los lugares en que ambas culturas entraron en contacto, hasta que se alzaron voces en contra de tal estado de cosas y en defensa de los indios; entre ellas destaca la del padre Bartolomé de las Casas.

En el siglo XVI los españoles ya conocían prácticamente todo el continente, y se estableció un sistema político y administrativo para gobernar tan amplias extensiones y tantas riquezas. Precisamente por la abundancia de éstas, el resto de los países europeos intentaron atacar el Imperio español, especialmente los franceses e ingleses.

En el siglo XVII, en tiempos de Felipe II de España, se estabilizan los virreinatos de Nueva España y Perú, y la vida colonial en las Antillas y Tierra de Plata. En ese momento los criollos (españoles de América) se empiezan a plantear el porqué de su exclusión de los cargos políticos, hecho que se agravará con el paso del tiempo.

En el XVIII, el Imperio americano dependiente de España tiene que hacer frente a numerosos ataques de otros países europeos, sobre todo ante la intención de los británicos en América del Norte, y a varios conflictos internos con los indios. En la zona del Río de la Plata se establece el virreinato, igual que ocurre en Nueva Granada, que se desglosa del de Perú en 1717. Entre tanto, Portugal continuaba con su dominio en Brasil, donde se produjeron algunos roces con España.

En el siglo XIX comienzan los movimientos independentistas, que no estaban dirigidos contra España como metrópoli, sino que son movimientos liberales en contra de un régimen absolutista, enmarcados en la realidad liberal universal. Dichos movimientos se inician en 1808 y, tras una época de reacción por parte de España, comienza, hacia 1815, la definitiva guerra; aunque las colonias estuvieron muy unidas entre sí, cada una alcanzó su independencia en un tiempo distinto. Hacia mediados de siglo, la mayor parte de los territorios son independientes; pero hasta 1898 España mantiene colonias en América.

Tras la independencia, este continente se divide en dos grandes grupos: los países anglosajones y los hispanoamericanos.

Las colonias de Inglaterra tomaron el nombre de Estados Unidos de América, y fueron expansionándose hacia el oeste hasta conseguir un vasto territorio. Un hito importante en la historia de este país fue la guerra de Secesión (1861-65) entre los estados del Norte y del Sur. En 1865 se volvieron a unir en una gran nación federal, que tuvo un importante

desarrollo económico y político; su rápida y efectiva industrialización lo convirtió en uno de los países mas avanzados del mundo y, tras la segunda guerra mundial, es una de las dos grandes potencias económicas del mundo y árbitro en la política internacional.

Por el contrario, América del Sur, desde la independencia, se fragmentó en numerosos países que plantean problemas fronterizos entre ellos; pero lo más grave es su situación interna, ya que muchos de ellos no alcanzan un régimen político estable y duradero, sufriendo en muchos casos continuos golpes de estado; también la situación social es delicada, con graves diferencias entre clases, todo lo cual, salvo raras excepciones, hace que estén incluidos en el grupo de los países subdesarrollados o en vías de desarrollo.

Página anterior: Plaza de Mayo, Buenos Aires. Argentina.

Arriba: El Capitolio, Washington. Estados Unidos.

Abajo: Trajes típicos del baile que conmemora la conquista de Chichicastenango. Guatemala.

Asia: espacio físico

AFGANISTÁN

República
Kabul
652 090 km²
15 814 000 hab
Pashto y dari
Afganí

ARABIA SAUDÍ

Monarquía
Riad
2 149 690 km²
14 435 000 hab
Árabe
Rial

BAHREIN

Emirato
Manama
691 km²
489 000 hab
Árabe
Dinar de Bahrein

BANGLADESH

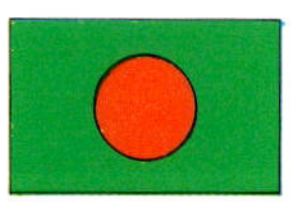

República
Dacca
143 998 km²
106 500 000 hab
Bengalí, ordú, inglés
Taka

BIRMANIA (MYANMAR)

República socialista
Rangún
676 552 km²
40 810 000 hab
Birmano, inglés, dialectos de minorías étnicas
Kyat

BRUNEI

Sultanato
Banda Seri Begawan
5 765 km²
249 000 hab
Malayo
Dólar de Brunei

BUTÁN

Monarquía
Timbu
47 000 km²
1 483 000 hab
Dzongkha (dialecto tibetano)
Ngultrum y rupia India

CAMBOYA

República popular
Pnom Penh
181 035 km²
8 055 000 hab
Khmer, vietnamita, francés, inglés
Riel

Es el mayor de los continentes y, según la mayoría de los autores, la cuna de la humanidad. Está situado en el hemisferio norte y sus límites son imprecisos: al oeste los montes Urales y el río Ural, el mar Caspio, el Cáucaso y los mares Negro y Mediterráneo; de África se halla separado por el canal de Suez. Por el sur limita con el oceano Índico, y la línea entre Asia y Australia se sitúa en los mares de Timor y Arafura. También comparte Asia las islas del noreste con Norteamérica, de la cual sólo está separada por 88 km de mar en el estrecho de Bering.

Asia está rodeada de mares por tres de sus cuatro lados, con una longitud de costa de 80.000 km en los cuales se dan todo tipo de perfiles costeros. Las del norte, que aparecen heladas casi todo el año, son dentadas y bajas. Las del Pacífico se caracterizan por la abundancia de islas, de origen volcánico en su mayoría; presentan, además, numerosos mares y golfos. La costa meridional, bañada por el Índico, es también muy irregular, aunque tiene menos islas que la anterior, y se halla densamente poblada.

El relieve asiático puede reducirse a unas unidades estables, formadas por materiales muy antiguos, interrumpidas por montañas que, en general, presentan una orientación este-oeste. Estas unidades básicas pueden organizarse en cinco bloques: mesetas occidentales, mesetas centrales, mesetas meridionales, tierras bajas septentrionales, y montañas y tierras bajas orientales.

En Asia predominan las tierras altas, excepto en el norte; son destacables las altiplanicies del Pamir y las cordilleras del Himalaya y los montes Karakorum.

Las características de los ríos asiáticos varían según el mar al que van a desembocar: en el norte, los que lo hacen en el océano Glacial Ártico son cortos y provocan desbordamientos en las primaveras; entre ellos destacan el Obi, Yenisey y Lena. Los de la cuenca del Pacífico son de los más largos del mundo, aumentando su caudal en verano, y se hallan muy canalizados para preservar los cultivos de las orillas; entre ellos están el Amur, el Amarillo y el Yangtsé-Kiang. Los del Índico son más cortos, pero muy caudalosos, como el Indo o el Ganges. También es preciso citar al Éufrates y

Tigris, que desembocan en el Golfo Pérsico, por su valor en cuanto a irrigación.

En Asia existen pocos lagos, entre los que destacan el Caspio, el mar de Aral y el lago Baikal, el más profundo del mundo.

Debido a la gran extensión del continente, en él se dan todos los tipos de clima: al norte, un clima polar ártico y desértico, con escasez de lluvias; no es posible la agricultura y sólo se da vegetación de tundra. Un poco más al sur, el clima es suave en verano, pero es extremo en invierno y las precipitaciones son escasas; aparecen los bosques de coníferas, llamados taiga. En el interior, el clima predominante es el desértico y continental, con temperaturas extremas, éste se suaviza en las zonas altas. También encontramos un clima mediterráneo, por el influjo suavizador de los mares Negro y Mediterráneo. Pero el clima más

característico de Asia es el monzónico, predominante en el sureste, de inviernos secos y veranos cálidos y lluviosos, con un intermedio cálido pero seco. En Malaisia y la India Oriental el clima es tropical y lluvioso.

La distribución de la población asiática es muy irregular. La mayor densidad se encuentra en la costa del sureste: valle del Ganges-Brahmaputra, India, China Oriental, Japón y Java, mientras que el resto de las zonas presentan un índice muy bajo de población. La mayor parte de los asiáticos posee un nivel de vida precario, tanto económico como cultural, con la excepción de las clases dirigentes y algunos países como el Japón.

En Asia se manifiesta una gran variedad racial, en la que se distinguen dos tipos fundamentales, los caucasianos y los mongoles, que presentan numerosas subdivisiones. En general, se puede decir que las razas predominantes son la blanca y la amarilla.

Las lenguas habladas son también variadísimas. El grupo más importante lo constituyen las indoeuropeas, que, procedentes de la zona del Caspio, han dado lugar a varios idiomas europeos. Son destacables asimismo los grupos uralo-altaico, semita, drávida, chino-tibetano y japonés.

Arriba: Formaciones salinas en Pamukkale. Turquía.

Izquierda: Cumbre del monte Everest en el Himalaya. Tibet.

CHINA

República popular
Pekín
9 596 961 km²
1 119 000 000 hab
Chino
Yuán

COREA DEL NORTE

República popular democrática
Pyongyang
120 538 km²
22 419 000 hab
Coreano
Won

COREA DEL SUR

República presidencialista
Seúl
99 016 km²
42 380 000 hab
Coreano
Won

EMIRATOS ÁRABES UNIDOS

Federación de siete emiratos
Abu Dhabi
83 600 km²
1 546 000 hab
Árabe
Dirham

FILIPINAS

República presidencialista
Manila
300 000 km²
60 097 000 hab
Tagalo, inglés
Peso filipino

INDIA

República federal
Nueva Delhi
3 287 782 km²
811 817 000 hab
Hindú, inglés, 14 lenguas regionales, 4 000 dialectos
Rupia

INDONESIA

República presidencialista
Yakarta
1 919 000 km²
179 136 000 hab
Bahasa, indonesio
Rupia de Indonesia

IRAK

República presidencialista
Bagdad
438 317 km²
18 279 000 hab
Árabe
Dinar iraquí

Asia: espacio físico

La religión más importante en cuanto al número de adeptos es el budismo, seguido por el hinduismo y los musulmanes.

Desde el punto de vista económico, el único recurso natural, de los muchos con que cuenta Asia, que se halla perfectamente explotado, es el suelo: es el continente que posee más tierras cultivadas y la agricultura es la actividad a la que se dedica la mayor parte de la población, sobre todo para consumo particular, especialmente en lo que se refiere a cereales. Son muy importantes los cultivos comerciales, tales como las especias, el algodón, yute, té y aceite de coco.

Asimismo se explotan las reservas madereras del noreste y de los bosques tropicales, pero los de la zona norte, por su inaccesibilidad, están aún sin explotar.

La pesca alcanza gran importancia por lo que aporta a la alimentación de los asiáticos.

En cuanto a minerales destaca el petróleo, aunque es de destacar que en muchos lugares el suelo esta aún sin explotar.

Los núcleos industriales se concentran en la Rusia asiática, China, India y Paquistán. Pero sobre todos ellos se sitúa la producción industrial de Japón. Sin embargo, la inaccesibilidad de muchas zonas, el bajo nivel cultural y la inestabilidad política han impedido que en otros lugares se alcance un verdadero desarrollo industrial, lo cual va unido a la mejora de las comunicaciones, que están muy limitadas en este continente.

Página siguiente: La Gran muralla china.

Abajo: Valle del río Yangtze. China.

IRÁN

República islámica
Teherán
1 648 000 km²
55 218 000 hab
Farsi
Rial iraní

ISRAEL

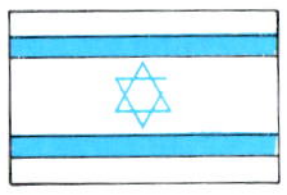

República
parlamentaria
Jerusalén
21 946 km²
4 625 000 hab
Hebreo
Nuevo shekel

JAPÓN

Monarquía
parlamentaria
Tokio
377 815 km²
123 116 000 hab
Japonés
Yen

JORDANIA

Monarquía
parlamentaria
Amman
91 816 km²
4 103 000 hab
Árabe
Dinar de Jordania

KUWAIT

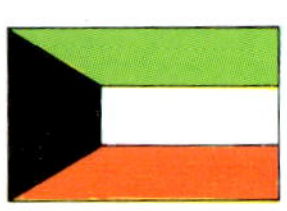

Emirato
Kuwait City
17 818 km²
2 048 000 hab
Árabe
Dinar de Kuwait

LAOS

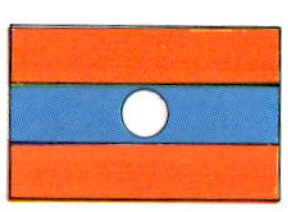

República popular
Vientiane
236 800 km²
3 972 000 hab
Lao, dialectos (taï, futheung, hmong), francés, inglés
Kip

LÍBANO

Democracia
parlamentaria
Beirut
10 400 km²
2 897 000 hab
Árabe, francés, inglés
Libra libanesa

MALAISIA

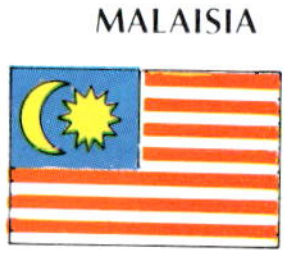

Monarquía
constitucional
Kuala Lampur
329 749 km²
17 377 000 hab
Malayo, chino
Dólar de Malaisia

Asia: espacio cultural

Al ser Asia un continente muy extenso y con una dilatada historia, hemos hecho una división, basada en criterios geográficos, en tres grupos, para una mejor comprensión de la misma: a) zona de Mesopotamia y península Arábiga; b) zona de las Estepas; c) medio y lejano Oriente, si bien la historia de estos tres lugares se entremezcla a lo largo del tiempo.

A) Mesopotamia y península Arábiga.

La amplia historia de Mesopotamia pasa por tres fases bien definidas: predominio de Babilonia, en la baja Mesopotamia; Asiria, en Mesopotamia media; y nuevo predominio del sur, si bien no son siempre los mismos pueblos los protagonistas. Esta cultura acaba con la caída de Babilonia en el siglo VI a. de C. al ser tomada por los persas.

Entre tanto, se estaban organizando varios pueblos con vocación expansionista. Los fenicios emplazaban sus ciudades en la costa de Siria, y desde allí fundaron numerosas colonias por todo el Mediterráneo, hasta que tropezaron con los imperios griego y romano. Los hebreos desde Arabia se extendieron hacia Mesopotamia y, luego, hasta Egipto y Palestina. Los hititas, que tuvieron relaciones con los acadios y sumerios, se organizaron como país hacia el 1810 a. de C. que es cuando en realidad comienza su historia, que dura hasta el siglo XI a. de C. cuando los derrotaron los asirios.

A mediados del siglo IX a. de C. desde las estepas del sur de Rusia llegaron a la meseta que va desde los montes Zagros hasta el Indo, un grupo de pastores que serán llamados medos o persas, según el lugar de su primer establecimiento (Madua o Parsua). Éstos son el origen de la historia de Persia. Los medos se

MALDIVAS

República presidencialista
Malé
298 km²
206 000 hab
Dhivehi, inglés
Rufiyaa

MONGOLIA

República
Ulan Bator
1 565 000 km²
2 070 000 hab
Mongol
Tughrik

NEPAL

Monarquía constitucional
Katmandú
140 797 km²
18 442 000 hab
Nepalí
Rupia nepalí

OMÁN

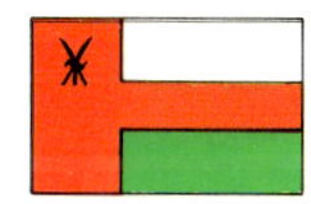

Sultanato
Mascate
212 457 km²
1 442 000 hab
Árabe
Rial omaní

PAQUISTÁN

República federal islámica
Islamabad
796 000 km²
108 678 000 hab
Ordú, punjabi, sindi, pasthu, inglés
Rupia paquistaní

QATAR

Monarquía
Doha
11 000 km²
422 000 hab
Árabe
Rial de Qatar

SINGAPUR

República parlamentaria
Singapur
618 km²
2 685 000 hab
Malayo, chino, inglés, tamil
Dólar de Singapur

SIRIA

República
Damasco
184 004 km²
11 710 000 hab
Árabe
Libra siria

SRI LANKA

República
Colombo
65 610 km²
16 806 000 hab
Cingalés, tamil, inglés
Rupia de Sri Lanka

TAILANDIA

Monarquía constitucional
Bangkok
514 000 km²
55 448 000 hab
Thai
Bath

TAIWÁN

República
Taipei
36 000 km²
20 449 000 hab
Chino
Dólar de Taiwán

organizaron como Imperio hacia el año 708, siendo derrotados por Ciro de Persia en el 550 a. de C. Una vez unidos bajo el reinado de este último, conquistaron Lidia, Babilonia, pueblos de la meseta del Irán, además de numerosos pequeños estados.

Ciro no tuvo un sucesor digno de él y su reino lo recogió Dario, que lo organizó de nuevo e intentó una expansión por Europa; durante su reinado, que acabo en el 485, se desarrollo la primera guerra médica. El imperio llega a su fin en el 330, con la intervención de Alejandro.

Esta zona fue también dominada por el Imperio romano en época de Trajano, y más tarde por los sasánidas, que establecieron una influencia de carácter religioso, basada en la religión de Zoroastro; el poderío sasánida se mantiene hasta la aparición de los árabes.

En el siglo VI a. de C. surge un personaje clave para la historia asiática y universal: Mahoma. Éste implanta la religión musulmana, origen de una organización política de raíz expansionista. Después de los primeros califas, la dinastía de los Omeyas extiende sus dominios por toda Arabia, Armenia, Persia e Irán, así como por el norte de África y la península Ibérica. En el siglo VIII los Omeyas son suplantados por los Abbasíes, que se instalaron en Mesopotamia y continuaron la expansión. Su dominio se extendió hasta el siglo IX; después el gran Imperio se fue dividiendo.

En el siglo XVI resurge el Imperio persa bajo el dominio de los sefévidas, que se decían descendientes de Alí y que mantienen su poderío hasta que los turcos otomanos llegan a Persia.

Ya en la Edad Contemporánea, este país consiguió mantenerse independiente, mientras que otras naciones fueron dominadas por los europeos hasta que, tras la segunda guerra mundial, todas han ido consiguiendo la independencia.

B) Las Estepas.

Durante la Edad Media surgen en Turquía varias tribus que inician su expansión por Europa y Asia. Los ávaros se dirigen hacia Europa y son sometidos por Carlomagno y los turcos. Los jázaros acabaron con el imperio asiático de los turcos y se extendieron por el norte del mar Negro, hasta que fueron derrotados por los abbasidas. Los pechenegos, también de raza turca y procedentes de las estepas de Asia Central, pasaron a la zona intermedia entre el Aral y el Caspio. Los turcos, propiamente dichos, son un conjunto de tribus procedentes del Altai. Hacia el 550 acabaron con los ávaros y dominaron un territorio que se extendió desde Manchuria hasta el mar Caspio. A mediados del siglo X una de sus ramas se convirtió al islamismo, tomando el nombre de selyúcidas, y en el 1055 el imperio musulmán puede considerarse turco; éste, en su expansión hacia Europa, dificultaba la peregrinación a los santos lugares, lo cual dio lugar al inicio de las cruzadas.

En el siglo XIII surge un nuevo pueblo en la meseta uralo-altaica: son los mongoles, que desarrollaron un vasto imperio bajo las órde-

nes de Genghis Khan. Sus sucesores continuaron su labor hasta 1368, año en que fue destronado por los chinos el último monarca mongol. La herencia de este pueblo fue recogida por Tamerlán, quien reinició las conquistas por Rusia, India, Mesopotamia y Egipto; incluso derrotó al Imperio turco. Éstos, expulsados por los mongoles, se instalaron en Armenia y se expandieron hasta tomar Constantinopla en 1453. Se mantienen con altibajos hasta la primera guerra mundial, en la que combaten al lado de los imperios centrales, lo que les iba a causar la ruina como Imperio.

C) Oriente Medio y Lejano.

Los primeros datos sobre la historia China son de carácter mítico. Hacia el 2205 a. de C. se funda la primera dinastía imperial china; durante la tercera, llamada Chu, hacia el siglo X a. de C., se desarrolla el llamado feudalismo chino. Hacia el 560, Confucio fijó los ritos y ceremonias religiosas, pero la máxima expresión de poder vino dada por Tcheng, cuyo imperio se mantuvo a lo largo de 2133 años; con él comienza realmente la historia de China y se acaba el feudalismo.

Hasta el siglo III d. de C. China fue un importante imperio; entonces empezó a sufrir numerosas invasiones, entre ellas las de los turcos en el 552. Para dominar a éstos, nace la dinastía Tang que dará a China una nueva etapa de esplendor. A su decadencia es sustituida por los Song, que duraron hasta la invasión mongola. Una vez sofocada ésta, nace la dinastía de los Ming, sustituidos por los Manchúes a los que siguió la república y, luego, el comunismo.

La historia de la India corre por distintas vías respecto al resto de Asia. Hacia el IV milenio a. de C. hay datos de la existencia de una floreciente civilización en la zona de Mohenjo-Daro y el Punjab. En el siglo IX se establecen en la India los arios, que formaron reinos organizados. En el 563 nació Buda, fundador del budismo; esta etapa se cierra con la intervención de Alejandro.

La India sufrió la invasión de los escitas, que llegaron al final del siglo I a. de C., de los turcos y luego de los árabes; hacia el año 1001, llegan los turcos gaznévidas, que introdujeron la religión mahometana. Tras la invasión musulmana, se fundan numerosos reinos de pequeño tamaño y diverso carácter político.

En la Edad Moderna los mongoles, descendientes de Tamerlán, dominan la India. Luego Francia e Inglaterra surgen como potencias colonizadoras; tras una larga lucha por su independencia, hasta 1947, India consigue ser un país libre, pero con numerosos problemas entre musulmanes e hindúes.

Japón entra en la historia en el siglo V, como prolongación de las conquistas chinas. En el siglo XII surgen las grandes dinastías que dieron lugar a la era Sogunal, con la que acabó la revolución Meiji, en 1868. En la primera guerra mundial lucha al lado de los aliados, pero en la segunda lo hace en el Eje y sufre cuantiosos daños. Tras recuperarse de dichos desastres, es actualmente una de las potencias económicas mundiales.

Página anterior: Templo de Kailasanatha, dedicado a la diosa Shiva. India.

Arriba: Santa Sofía, Estambul, Turquía.

Abajo: Parking de bicicletas en Shanghai. China.

TURQUÍA

República
Ankara
779 462 km^2
56 741 000 hab
Turco
Lira turca

VIETNAM

República popular
Hanoi
329 556 km^2
64 227 000 hab
Vietnamita, francés, inglés, ruso
Dong

YEMEN

República islamica
Sana
527 968 km^2
11 690 000 hab
Árabe
Rial y dinar

Europa: espacio físico

ALBANIA

República popular
Tirana
28 748 km²
3 199 000 hab
Albanés
Lek

ALEMANIA

República federal parlamentaria
Berlín
357 046 km²
78 420 000 hab
Alemán
Marco alemán

ANDORRA

Coprincipado
Androrra la Vella
464 km²
50 000 hab
Catalán, francés, español
Franco francés, peseta

ARMENIA

República
Eriván
29 800 km²
3 300 000 hab
Armenio, ruso
Dram

AUSTRIA

República federal
Viena
83 856 km²
7 618 000 hab
Alemán, esloveno
Chelín

AZERBAIYÁN

República
Bakú
86 600 km²
17 000 000 hab
Turco, ruso, armenio
Manat

BÉLGICA

Monarquía parlamentaria
Bruselas
30 518 km²
9 932 000 hab
Francés, alemán, holandés
Franco belga

BIELORRUSIA

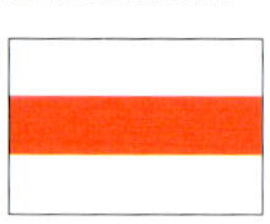

República
Minsk
207 600 km²
10 300 000 hab
Bielorruso, ruso, ucraniano, lituano
Rublo bielorruso

Europa está situada en uno de los lugares más favorables para la vida humana, pues casi toda su superficie se encuentra en la zona templada del hemisferio norte.

Está rodeada por el océano Glacial Ártico al norte, el Atlántico al oeste y el Mediterráneo, el Egeo, Negro y Caspio por el sur, presentando las costas más recortadas de todos los continentes, sobre todo en la franja occidental, donde abundan penínsulas e islas.

Europa tiene una baja altitud media (330 m) y más de la mitad de su superficie no sobrepasa los 180 m. Los sistemas montañosos actuales provienen de varios movimientos orogénicos. El sistema septentrional, que se extiende por Escocia, norte de las Islas Británicas y Alpes Escandinavos, hasta los Urales, se debe a los plegamientos huroniano y caledoniano, y es de estructura plegada; por su antigüedad, se trata de montañas muy erosionadas.

El sistema central, separado del anterior por una gran llanura, se extiende desde Francia hasta los Urales; no está formado por verdaderas cordilleras, sino que son macizos separados por fosas tectónicas formadas en el plegamiento herciniano; también están muy desgastadas.

El sistema meridional se formó en el plegamiento alpino, por eso son las montañas más altas y abruptas del continente, como los Alpes.

La península Ibérica merece mención aparte, pues al estar aislada por la barrera de los Pirineos, constituye un núcleo orográfico independiente, organizado en torno a la Meseta.

El clima de Europa es variado, pero en general suave, como corresponde a su situación en la zona templada de la Tierra. Las variaciones de temperatura son debidas a la diferente inclinación de los rayos solares y a la desigual duración de los días; también influye la situación respecto al mar.

Arriba: El Rin a los pies del castillo de Rheinstein. Alemania.

Página anterior: El Pirineo y el río Segre, Cataluña, España.

Hay tres centros de acción atmosférica que marcan el clima europeo: un centro de baja presión constante en el norte del Atlántico; uno de alta presión constante en las Azores, y otro de baja presión en verano y alta en invierno, situado en Asia.

Por ser Europa un continente relativamente pequeño, sus ríos no son muy largos ni caudalosos, pero presentan un régimen regular. Aquéllos que desembocan en el océano Glacial Ártico son poco aprovechables económicamente. Los que terminan en el Báltico, se usan para el transporte de madera; son los más largos y los de caudal más regular. Los ríos continentales que desembocan en los mares de Irlanda y del Norte, son los principales de Europa, tanto por su caudal como por su interés económico; entre ellos se halla el Rin. La vertiente atlántica recibe los ríos franceses y los de la península Ibérica, que forman una cuenca aparte. En el mar Negro desemboca el Danubio, el segundo río más largo del continente y el primero en cuanto a caudal e importancia económica.

Los lagos son abundantes, pero pequeños si exceptuamos el Caspio, considerado un mar.

Europa es el continente más densamente poblado por su situación en una zona de clima benigno. La población se reparte desigualmente, siendo el norte, noroeste y las regiones mediterráneas las más pobladas. Los europeos siempre han tenido tendencia a la emigración; en la Edad Moderna ésta se dirigió hacia el Nuevo Mundo, pero en la actualidad los movimientos de población son internos.

La raza predominante es la caucásica, dominando el tipo nórdico, si bien en los países del sur prevalece el moreno.

Las lenguas se agrupan en dos grandes familias: indoeuropeas y finougrias, aunque hay otros tipos como las célticas y el vasco.

La religión más importante es el cristianismo, en sus tres ramas: católica, protestante y ortodoxa.

Políticamente, Europa se divide en varios estados; el sistema más extendido es la democracia parlamentaria, bajo las formas de república o de monarquía constitucional. Los países del este, comunistas hasta hace poco tiempo, están revisando sus estructuras políticas.

Europa está a la cabeza mundial desde el punto de vista económico, tanto por la densidad de población y la cultura de sus habitantes, como por las ventajas del medio.

La producción agrícola es muy racional y está basada en los cereales, aunque la patata y el maíz están muy extendidos. Son interesantísimos

BOSNIA-HERZEGOVINA

República
51 129 km^2
4 365 639 hab
Serbio
Dinar bosnio

BULGARIA

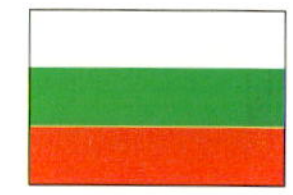

República
Sofía
110 912 km^2
9 004 000 hab
Búlgaro
Lev

CHEQUIA

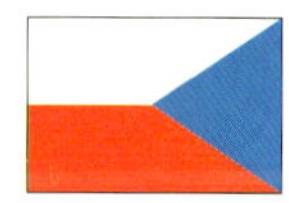

República
Praga
78 862 km^2
10 400 000 hab
Checo, eslovaco
Corona checa

CHIPRE

República presidencialista
Nicosia
9 251 km^2
695 000 hab
Griego, turco, inglés
Libra chipriota

CROACIA

República
Zagreb
56 538 km^2
4 500 000 hab
Croata, serbio
Kuna

DINAMARCA

Monarquía parlamentaria
Copenhague
43 092 km^2
5 132 000 hab
Danés
Corona danesa

ESLOVAQUIA

República
Bratrislava
49 014 km^2
5 300 000 hab
Eslovaco, húngaro
Corona eslovaca

ESLOVENIA

República
Liubliana
20 251 km^2
2 000 000 hab
Esloveno
Tolar

Europa: espacio físico

ESPAÑA

Monarquía parlamentaria
Madrid
504 750 km^2
39 618 000 hab
Español, euskera, catalán, gallego
Peseta

ESTONIA

República
Tallínn
45 100 km^2
1 573 000 hab
Estonio, ruso
Rublo

FINLANDIA

República parlamentaria
Helsinki
338 145 km^2
4 962 000 hab
Finés, sueco
Marco finés

FRANCIA

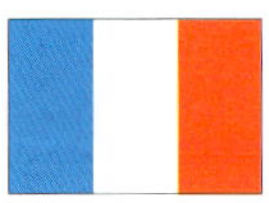

República parlamentaria
París
543 965 km^2
56 160 000 hab
Francés, bretón, catalán, occitano, euskera, alsaciano flamenco
Franco francés

GEORGIA

República
Tbilissi
69 700 km^2
5 400 000 hab
Georgiano, ruso
«Cupón»

GRECIA

República parlamentaria
Atenas
131 990 km^2
10 031 000 hab
Griego
Dracma

HUNGRÍA

República
Budapest
93 030 km^2
10 576 000 hab
Húngaro,
Forint

IRLANDA

República parlamentaria
Dublín
70 284 km^2
3 515 000 hab
Irlandés, inglés
Libra irlandesa

los cultivos mediterráneos y la producción maderera de los bosques del centro y norte de Europa.

La ganadería está muy desarrollada, destacando el vacuno, el porcino y el caballar, mientras que el ovino está en retroceso. También es muy importante la pesca, tanto fluvial como marítima, debido a la extensión de las costas y la longitud de los ríos.

Europa produce una gran cantidad de hierro, de mercurio y de otros metales de menor importancia. Sin embargo, carece casi totalmente de petróleo, de fosfatos y de metales preciosos. Es un centro de importación de materias primas que, al ser transformadas en manufacturas, convierten a Europa en la primera región industrial del mundo, especialmente en la rama siderometalúrgica.

El principal centro comercial del mundo es este continente. Si importante es el comercio interior, acentuado por el desarrollo de la CEE, aún de mayor volumen es el que se realiza con otros países del mundo, facilitado por la existencia de un gran número de puertos marítimos, amplias carreteras, vías férreas y bastantes ríos navegables. Después de la primera guerra mundial se desarrollaron las líneas aéreas y, actualmente, hay una extensa red con intenso tráfico de personas y mercancías. Además, están muy avanzadas las telecomunicaciones.

Arriba: Fiordo de Aurland. Sognefjord, Noruega.

Página siguiente: Círculo megalítico de Stonehenge. Salisbury, Gran Bretaña.

Europa: espacio cultural

Al parecer, los primeros pobladores de Europa procedían de Asia, por lo que podemos incluirlos en el grupo de los indoeuropeos. Se tienen evidencias arqueológicas de que Europa estaba habitada desde tiempos prehistóricos; en este sentido, destacan los túmulos y los campos de urnas de la Edad del Bronce.

Al iniciarse los tiempos históricos, al lado de los celtas, ilirios, griegos y romanos aparecen pueblos como los escitas, germanos, eslavos, finougrios, turcos y mongoles. La civilización griega reabsorbió las culturas orientales y creó la base de la civilización Occidental. Los romanos establecieron un amplio Imperio que duró hasta el final de la Edad Antigua.

En el siglo V, la actividad militar de Atila, al frente de los hunos, va sembrado el pánico y la desolación hasta que es detenido por los romanos.

Tras la invasión de los pueblos bárbaros se inicia el poder árabe que llega hasta Tours, donde sus ejércitos son derrotados en el 732, si bien su permanencia en España se mantiene hasta 1492.

En el siglo XIII se suceden varias invasiones de los mongoles, bajo el mando de los sucesores de Genghis Khan, por la estepa rusa.

Para el nacimiento de la Edad Moderna en Europa se toma como referencia la conquista de Constantinopla por los turcos, hecho que tuvo lugar en 1453. En esa época se desarrolla el Renacimiento, que representa un resurgimiento de las manifestaciones artísticas, políticas e intelectuales. Se inventaron los caracteres móviles de la imprenta, se descubrió el Nuevo Mundo y aparecieron las nacionalidades modernas, como postura intermedia entre el feudalismo y el Sacro Imperio Romano Germánico.

El siglo XVIII es la época del despotismo ilustrado. El liberalismo y el racionalismo, unidos a la tirantez existente en Francia, provocaron

ISLANDIA

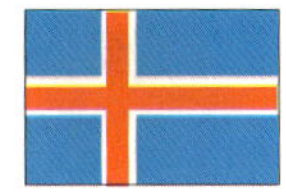

Monarquía parlamentaria
Reykjavik
103 000 km²
252 000 hab
Islandés
Corona islandesa

ITALIA

República parlamentaria
Roma
301 227 km²
57 517 000 hab
Italiano, albanés, ladino, griego, francés, sardo, alemán, friulano romagnolo
Lira italiana

KAZAJSTÁN

República
Alma-Ata
2 717 300 km²
16 700 000 hab
Kazajo, ruso
Tengue

KIRGUIZISTÁN

República
Bichkek
198 500 km²
4 400 000 hab
Kirguiz, ruso
Som

LETONIA

República
Riga
65 589 km²
2 681 000 hab
Letón, ruso
Rublo

LIECHTENSTEIN

Monarquía parlamentaria
Vaduz
160 km²
28 000 hab
Alemán
Franco suizo

LITUANIA

República
Vilna
65 200 km²
3 690 000 hab
Lituano, ruso
Rublo

LUXEMBURGO

Monarquía constitucional
Luxemburgo
2 586 km²
377 000 hab
Francés, alemán, dialecto luxemburgués,
Franco luxemburgués, franco belga

Europa: espacio cultural

MACEDONIA

República
Skopje
25 713 km^2
2 033 964 hab
Macedonio
Dinar macedonio

MALTA

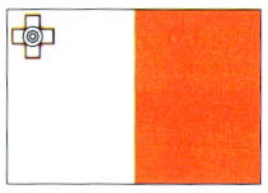

República
La Valetta
316 km^2
350 000 hab
Maltes, inglés, italiano
Libra maltesa

MOLDAVIA

República
Chisinau
33 700 km^2
4 400 000 hab
Rumano, ruso
Len

MÓNACO

Principado
Mónaco
1'9 km^2
28 000 hab
Francés, monegasco
Franco francés

NORUEGA

Monarquía parlamentaria
Oslo
385 878 km^2
4 227 000 hab
Noruego
Corona noruega

PAÍSES BAJOS (HOLANDA)

Monarquía parlamentaria
Amsterdam
41 500 km^2
14 835 000 hab
Holandés
Florín

POLONIA

República
Varsovia
312 677 km^2
37 854 000 hab
Polaco
Zloty

PORTUGAL

República parlamentaria
Lisboa
92 389 km^2
10 467 000 hab
Portugués
Escudo

en 1789 la Revolución Francesa. Este acontecimiento decisivo provocó la entrada de la Edad Contemporánea, ya que supuso una reforma completa en los aspectos político, económico y social. Pasados unos años, la lucha de los franceses contra los ejércitos europeos encumbra a Napoleón, quien llega a proclamarse emperador; finalmente es derrotado, y su Imperio acaba en 1814 con el congreso de Viena.

Muy pronto se produce la unificación italiana y la alemana. La confederación germánica es presidida por el emperador de Austria y se anexiona numerosos territorios, igual que hace el Imperio ruso o Inglaterra con sus conquistas coloniales.

Las tensiones internacionales de principios del siglo XX, desembocan en la primera guerra mundial (1914-19). Entre tanto se desarrollaba la revolución rusa, que originó un régimen de carácter comunista que trascendió a la política universal. Al finalizar la guerra, se ponen las bases para crear la Organización de Naciones, organismo encargado de velar por la paz internacional.

Pero la crisis económica de 1929 quebró el entendimiento entre los dirigentes, hecho agravado por la expansión de los regímenes fascistas que intervinieron en Renania y Etiopía.

En España, desde 1936 hasta 1939, tuvo lugar una guerra civil que trajo consigo un estancamiento del país respecto a los demás.

A pesar de los numerosos esfuerzos diplomáticos, Alemania invadió Polonia en 1939,

REINO UNIDO (GRAN BRETAÑA)

Monarquía parlamentaria
Londres
244 100 km^2
57 236 000 hab
Inglés, galés
Libra esterlina

RUMANÍA

República
Bucarest
237 500 km^2
23 152 000 hab
Rumano
Leu

RUSIA

República federal
Moscú
18 128 000 km^2
214 400 000 hab
Ruso, ucranio, bielorruso y rumano
Rublo

SAN MARINO

República parlamentaria
San Marino
61 km^2
23 000 hab
Italiano
Lira italiana

desencadenándose la segunda guerra mundial, que duró hasta 1945. Tras ella, dos países resultaron favorecidos: Estados Unidos y la URSS, que se convirtieron en las grandes potencias mundiales, mientras Europa quedó dividida en dos. Se crean organismos internacionales encargados de mantener la paz, especialmente la ONU, aunque quizá el más importante para el desarrollo de la Europa occidental sea el Mercado Común europeo (CEE), que en la actualidad agrupa a 12 países.

La Europa oriental se organizó en torno a la URSS y a los regímenes comunistas. Pero tras la caída del muro de Berlín en 1990, y la desintegración de la URSS en 1991, esta zona avanza hacia la democratización y el liberalismo económico, intentando adoptar sistemas capitalistas, lo que puede conducir a la unidad total de Europa.

Arriba: Picadilly Circus. Londres.

Abajo: Típicas casas sobre los canales. Amsterdam.

Página anterior: Iglesia de la Sacre Coeur. París.

SUECIA

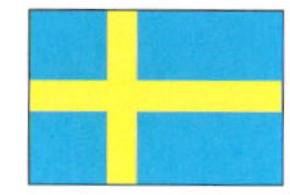

Monarquía parlamentaria
Estocolmo
449 964 km²
8 498 000 hab
Sueco
Corona sueca

SUIZA

República confederada
Berna
41 788 km²
6 647 000 hab
Alemán, italiano, francés, romanche
Franco suizo

TURMEKISTÁN

República
Achkhabab
488 100 km²
3 600 000 hab
Turmeno, ruso
Manat

TAYIKISTÁN

República
Dushanbé
143 100 km²
5 200 000 hab
Tayik, ruso
Rublo ruso

UCRANIA

República
Kiev
603 700 km²
52 000 000 hab
Ucraniano, ruso
Karbovanets

UZBEKISTÁN

República
Tachkent
447 400 km²
20 000 000 hab
Uzbeco, ruso
Som

VATICANO

Monaequía electiva
Ciudad del Vaticano
0'44 km²
1 500 hab
Latín, italiano
Lira italiana

YUGOSLAVIA (SERBIA Y MONTENEGRO)

República
Belgrado
179 000 km²
17 000 000 hab
Serbo-croata, macedonio
Nuevo dinar yugoslavo

Oceanía: espacio físico

AUSTRALIA

Monarquía parlamentaria
Canberra
7 682 300 km²
16 957 000 hab
Inglés
Dólar australiano

FIDJI

República
Suva
18 274 km²
738 000 hab
Fidji, inglés
Dólar de Fidji

KIRIBATÍ

República presidencialista
Bairiki
717 km²
68 000 hab
Inglés, gilbertés
Dólar australiano

NAURÚ

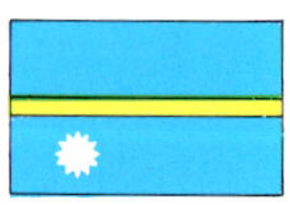

República parlamentaria
Yaren
21'4 km²
9 000 hab
Inglés y naurano
Dólar australiano

NUEVA ZELANDA

Monarquía parlamentaria
Wellington
269 677 km²
3 312 000 hab
Inglés, maorí
Dólar neozelandés

PAPUA-NUEVA GUINEA

Monarquía parlamentaria
Port Moresby
461 691 km²
3 593 000 hab
Pidgin, melanesio, inglés, 700 lenguas locales
Kina

Oceanía debe su nombre al océano Pacífico, pero no todos los archipiélagos situados en él forman parte de este continente, sino que los más próximos a América y Asia se consideran parte de esos continentes.

Australia es la mayor isla que forma Oceanía, hasta el punto que puede considerarse un pequeño continente. Los archipiélagos oceánicos se dividen en tres grandes grupos: Melanesia, que comprende las islas del noreste de Australia: Fidji, Papua-Nueva Guinea, islas Salomón y Vanuatú; Polinesia: Kiribatí,Naurú, Samoa Occidental, Tonga y Tuvalú; y Micronesia, que agrupa a las islas al norte de Melanesia.

Australia está formada topográficamente por una gran meseta, limitada al este por una cadena montañosa y cortada en el centro por una cuenca de tierras bajas; dicha meseta tiene una altitud media de 300 m y apenas presenta elevaciones interiores. Las montañas del este, la Gran Cordillera Divisoria, se extienden por la costa del Pacífico de norte a sur. La cuenca central está formada por varias depresiones, que en su conjunto no superan los 150 m de altitud.

El relieve de Nueva Zelanda, de carácter volcánico, presenta la misma disposición que en Australia, con las montañas en la zona oriental de las islas. En Nueva Guinea, por el contrario, las cadenas montañosas tienen una disposición noroeste-sureste y es aquí donde se encuentra la mayor elevación de Oceanía, el pico Carstenz, de 5000 m de altitud.

Los ríos en Australia son de dos tipos: los permanentes, que se localizan en las tierras

ISLAS SALOMÓN

Monarquía parlamentaria
Honiara
28 450 km²
317 000 hab
Pidgin, melanesio, inglés
Dólar de Salomón

SAMOA OCCIDENTAL

Monarquía constitucional
Apia
2 831 km²
163 000 hab
Samoano, inglés
Tala

TONGA

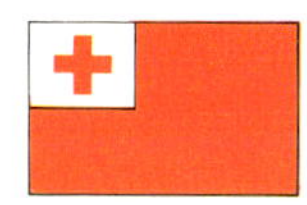

Monarquía constitucional
Nuku'alofa
699 km²
119 000 hab
Tongui, inglés
Pa'anga

TUVALÚ

Monarquía palamentaria
Funafuti
26 km²
8 300 hab
Tuvalino, inglés
Dólar australiano

VANUATÚ

República
Port Vila
14 763 km²
150 000 hab
Bislama, inglés, francés
Vatu

altas del este, de los cuales el más importante por su longitud y caudal es el Murray, con su afluente el Darling de más caudal que aquél; y los variables, mucho mas cortos, cuyo caudal varía según las estaciones y puede llegar incluso a desaparecer en la estación seca. Igual ocurre con los de Nueva Zelanda; sin embargo, los de Nueva Guinea presentan un amplio caudal debido a la abundancia de lluvias, y algunos como el Mamberrano son navegables. Los lagos de agua dulce son escasos en todo el territorio, y sólo destacan algunos salados como el Eyre.

Las costas de Oceanía son de dos tipos fundamentales: uno, abrupto y rocoso que dificulta la formación de puertos naturales o artificiales, al que corresponden las costas de Nueva Guinea y las orientales de Australia y Nueva Zelanda; y otro tipo más suave, bajas y llanas, favorables a la formación de golfos; aquí se pueden incluir las costas del oeste y sur de Australia, y las del oeste de Nueva Zelanda.

El clima de Oceanía varía desde el ecuatorial de Nueva Guinea, hasta el templado de Nueva Zelanda, pasando por el tropical de la isla de Australia, marcado por la influencia de los vientos alisios, de forma que se puede considerar que esta isla tiene un clima seco durante la mayor parte del año, lo que da lugar a numerosas zonas áridas en la isla.

Oceanía presenta una baja densidad de población, pues prácticamente están sin habitar la isla de Nueva Guinea y el interior de Australia. Además está muy desigualmente repartida, siendo los lugares más poblados el este de Australia y la isla norte de Nueva Zelanda. La mayoría de la población es de origen europeo, ya que éstos fueron allí como colonizadores, especialmente los británicos. Pero también hay algunos nativos, como los maoríes y los polinesios, que tienden a desaparecer y viven organizados en tribus. El mestizaje apenas existe. Por esta influencia europea, la religión dominante es la anglicana y el idioma más hablado es el inglés.

Arriba: Centro cultural en la isla de Viti Levu. Fidji.

Página anterior: El monte Ayers. Australia.

Oceanía: espacio físico

Página siguiente: Funicular en Welington. Nueva Zelanda.

Abajo: La playa de las cuatro millas, Port Douglas. Australia

La agricultura de Australia ha constituido la base del desarrollo económico. Debido a la diversidad climática puede cultivar plantas tropicales, como la caña de azúcar; subtropicales y templadas, entre las que destaca el trigo y el viñedo; pero cuenta con el inconveniente de la sequía en muchas zonas, y de que la mano de obra es cara y escasa, por lo que la mayoría de las explotaciones están mecanizadas. También en Nueva Zelanda los cultivos ocupan una superficie muy limitada.

La ganadería, por el contrario, está muy extendida; Australia es el primer país ganadero del mundo en relación a su población, en él destaca la cabaña ovina, especialmente de raza merina, y la ganadería bovina. Nueva Zelanda es esencialmente un país ganadero, que trabaja el ganado ovino y bovino.

La pesca en Oceanía tiene poca importancia como actividad laboral y económica, y se utiliza únicamente como mero recurso doméstico.

Los sectores secundario y terciario, prácticamente sólo están desarrollados en Australia y son incipientes en Nueva Zelanda. Estos países poseen en su subsuelo minerales variados, entre los que destaca el hierro y el carbón, además del gas natural, que se ha descubierto recientemente. El desarrollo industrial ha sido vertiginoso en los últimos años; a pesar de ello, sigue existiendo un comercio de países nuevos, donde las exportaciones se basan en productos agrícolas y mineros, mientras que las importaciones son productos industriales y manufacturados.

La principal vía de comunicación en un territorio tan complicado y particular como es Oceanía es la aviación, que está muy desarrollada. Por el contrario, la red viaria y la férrea son muy deficientes, si tenemos en cuenta la extensión del territorio.

Oceanía: espacio cultural

La historia de Oceanía se presenta complicada, porque el territorio es desigual y está disperso; además, cada grupo de islas evoluciona de forma diferente.

Los primeros pobladores que habitaron las islas del Pacífico procedían de Asia; no todos llegaron al mismo tiempo, sino que lo hicieron en pequeños grupos que, con el paso del tiempo y las especiales características de los lugares en los que se asentaron, se fueron diversificando cada vez más.

Los pigmeos y papúas están documentados en Nuevas Hébridas y Nueva Guinea desde hace 25 000 años, y se tiene noticia que la cultura de Polinesia se extendió a Micronesia y Melanesia en el año 2000 a. de C. y siguió su desplazamiento hasta llegar a Hawai, Samoa o Nueva Zelanda, donde arribó en el siglo XVI. Estos pueblos poseían una cultura de tipo neolítico que mantuvieron hasta el siglo XIX, al entrar en contacto con los europeos.

Éstos iniciaron sus viajes de exploración en el siglo XVI, pero esos primeros contactos con los habitantes de Oceanía fueron ocasionales; además, los exploradores no pasaban de las costas y eran incapaces de precisar el lugar al que llegaban, por lo que las cartas de navegación tenían muchos errores; asi se descubrían varias veces los mismos lugares. En realidad, Oceanía no fue conocida en su totalidad hasta el siglo XVIII, momento en que tuvieron lugar los viajes del capitán Cook: en el primero circunnavegó Nueva Zelanda y llegó al este de Australia; en el segundo, llegó a las Fidji y Nueva Caledonia y, en el tercero, recorrió el Pacífico norte.

La colonización de hecho tuvo lugar en el siglo XIX; los primeros europeos que se internaron en las islas fueron traficantes, aventureros y presidiarios, enviados allí a cumplir sus penas. El contacto con los indígenas fue, en general, violento; los misioneros trataron de poner orden, pero en su empeño por evangelizar, acabaron con la cultura tradicional.

En un principio se respetaron los reyes indígenas, siempre que se sometieran a los mandatos de los europeos, pero pronto se fue creando una aristocracia entre éstos, que al final se hicieron con el poder.

El reparto colonial de Oceanía tomó un nuevo

impulso en el último cuarto del siglo XIX, siendo Gran Bretaña, Francia, Alemania y Estados Unidos los países que controlaban el territorio.

Tras la primera guerra mundial, las colonias de Alemania pasan a Australia y a Nueva Zelanda, y Japón entra a formar parte de los países que tienen posesiones en Oceanía. La segunda guerra también afecto, en este caso muy negativamente, a Oceanía, que quedó devastada en muchas zonas. Tras ella, la ONU organizó un sistema de fideicomiso para llevar a la independencia a esta zona. A pesar de ello, en la actualidad, Estados Unidos, Indonesia, Chile, Gran Bretaña y Francia poseen territorios en Oceanía.

Arriba: Mina de cobre en Queenstown. Australia.

Abajo: Innisfail. Australia.

Página siguiente: arriba, Sydney. Australia. Abajo, plantación de piñas cerca de Nambour. Australia.

EL MUNDO

Proyección: Mercator

GEOLOGIA
según
Beyschlag, Nalivkin y otros

1:90 000 000

(A)

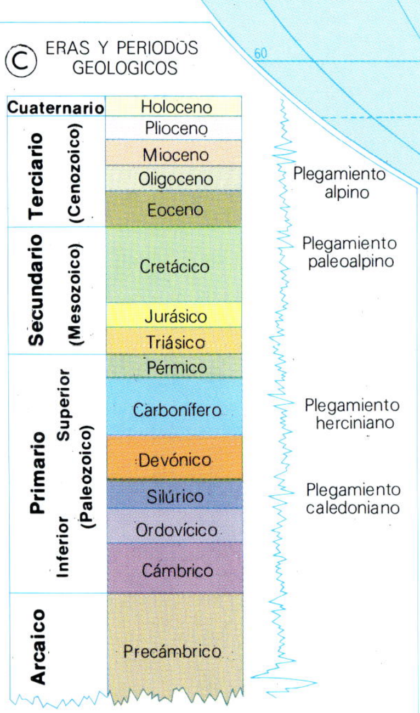

(B)

Interpretación de la
ESTRUCTURA
con distribución de las masas rígidas y las regiones de plegamiento
según L. Kober y otros.

- Tablas precámbricas de estructura compuesta, rígidas desde el período cámbrico que forman elementos estables y separan los geosinclinales de épocas posteriores.
- Regiones de plegamientos caledonianos; movimientos orogénicos siluricopérmicos.
- Regiones de plegamientos hercinianos; movimientos orogénicos permocarboníferos.
- Regiones de plegamientos terciarios; movimientos orogénicos cretácico-terciarios.
- Gran Fosa Tectónica.
- Principales líneas de plegamiento.

Proyección: homolográfica interrumpida de Mollweide.

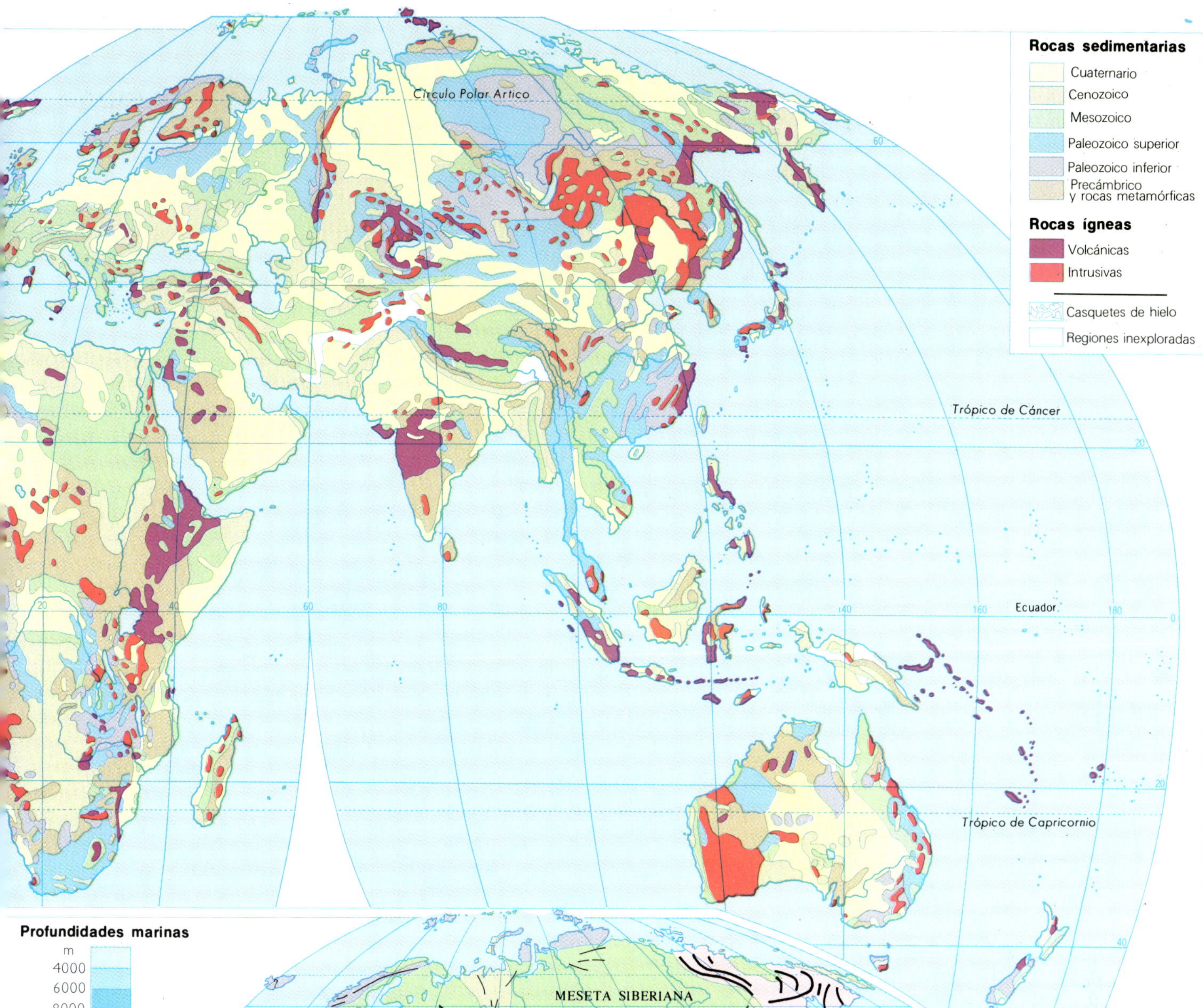
Rocas sedimentarias
Cuaternario
Cenozoico
Mesozoico
Paleozoico superior
Paleozoico inferior
Precámbrico y rocas metamórficas
Rocas ígneas
Volcánicas
Intrusivas
Casquetes de hielo
Regiones inexploradas
Círculo Polar Ártico
Trópico de Cáncer
Ecuador
Trópico de Capricornio

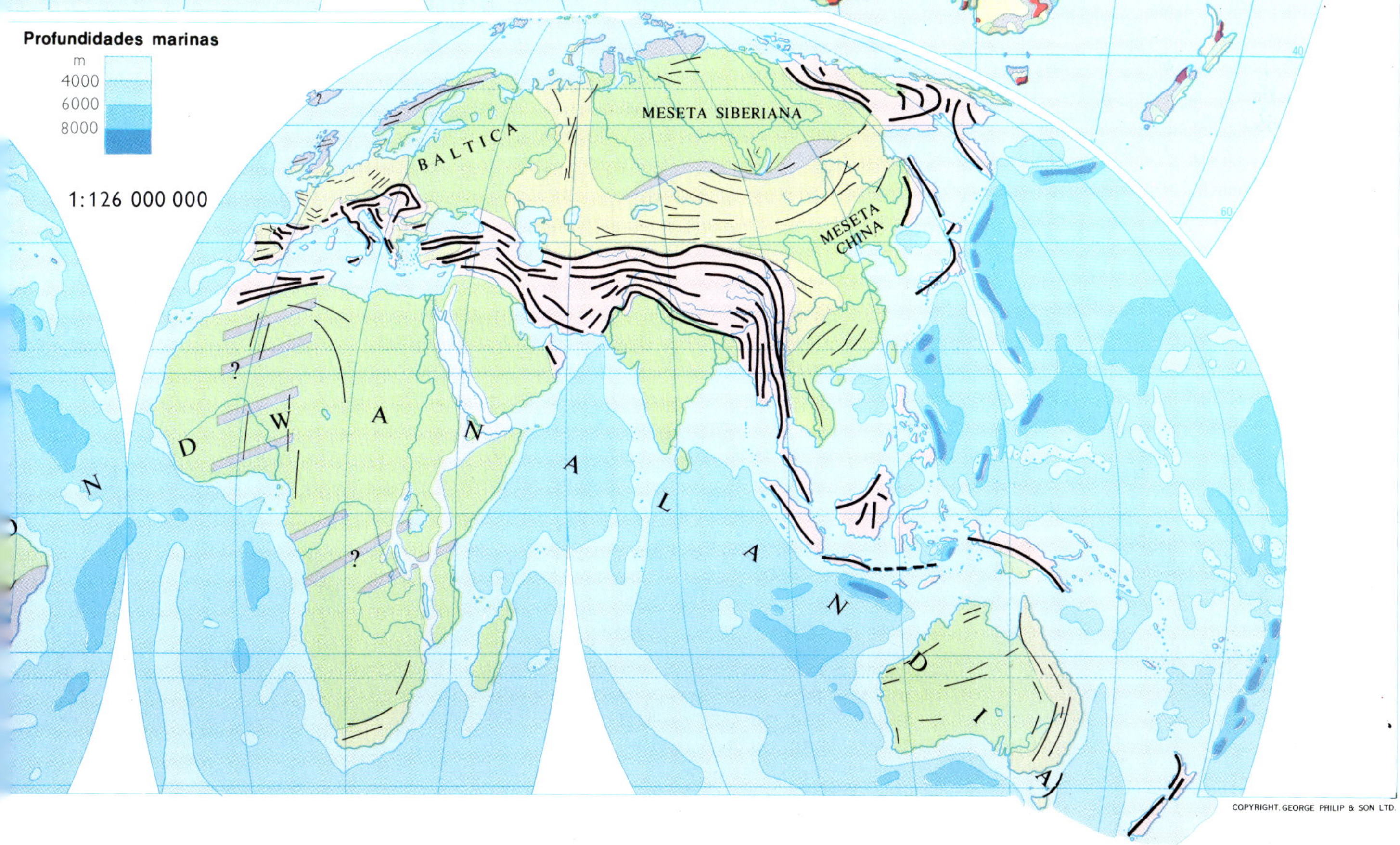
Profundidades marinas
m
4000
6000
8000
1:126 000 000
BALTICA
MESETA SIBERIANA
MESETA CHINA
G O N D W A N A L A N D I A

EL MUNDO

1:100

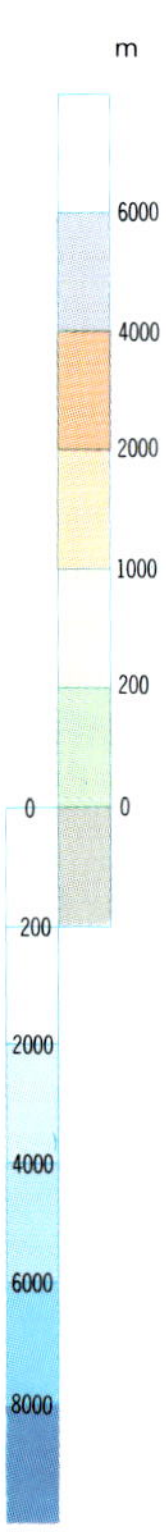

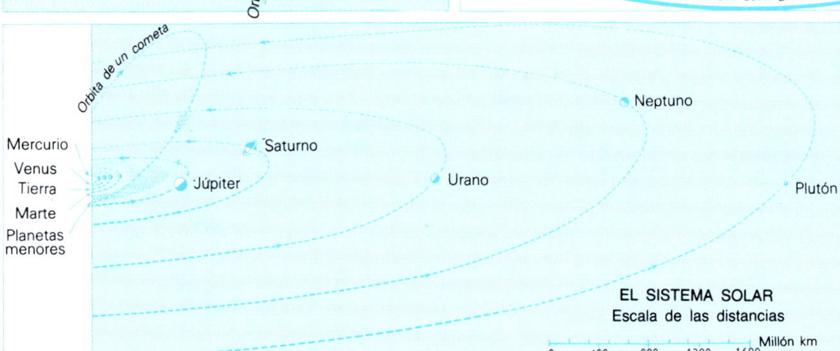

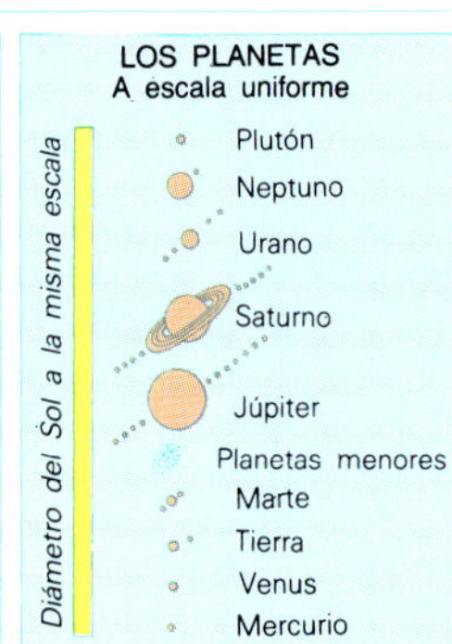

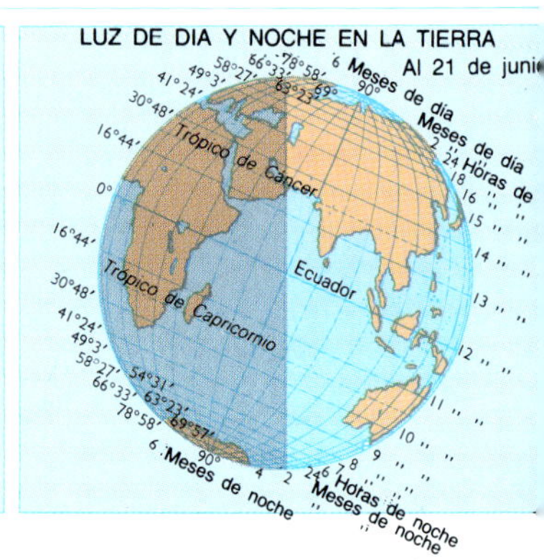

Proyección: equivalente azimutal de Lambert

FISICO

000 000

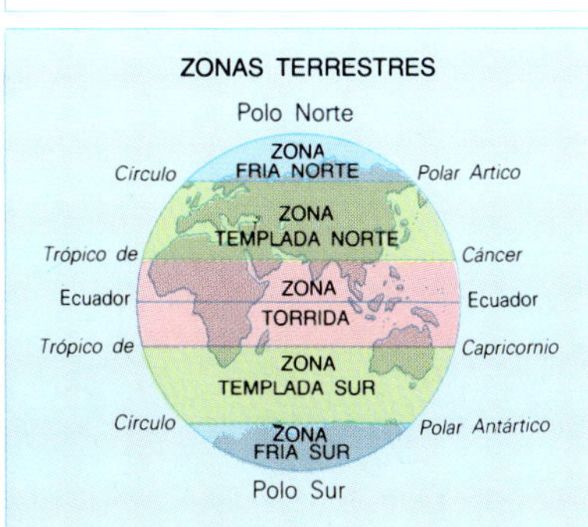

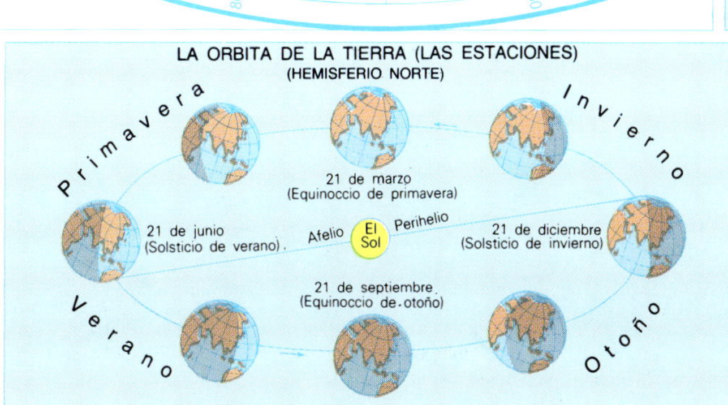

EL MUNDO : Temperatura y corrientes oceánicas

1:194 000 000

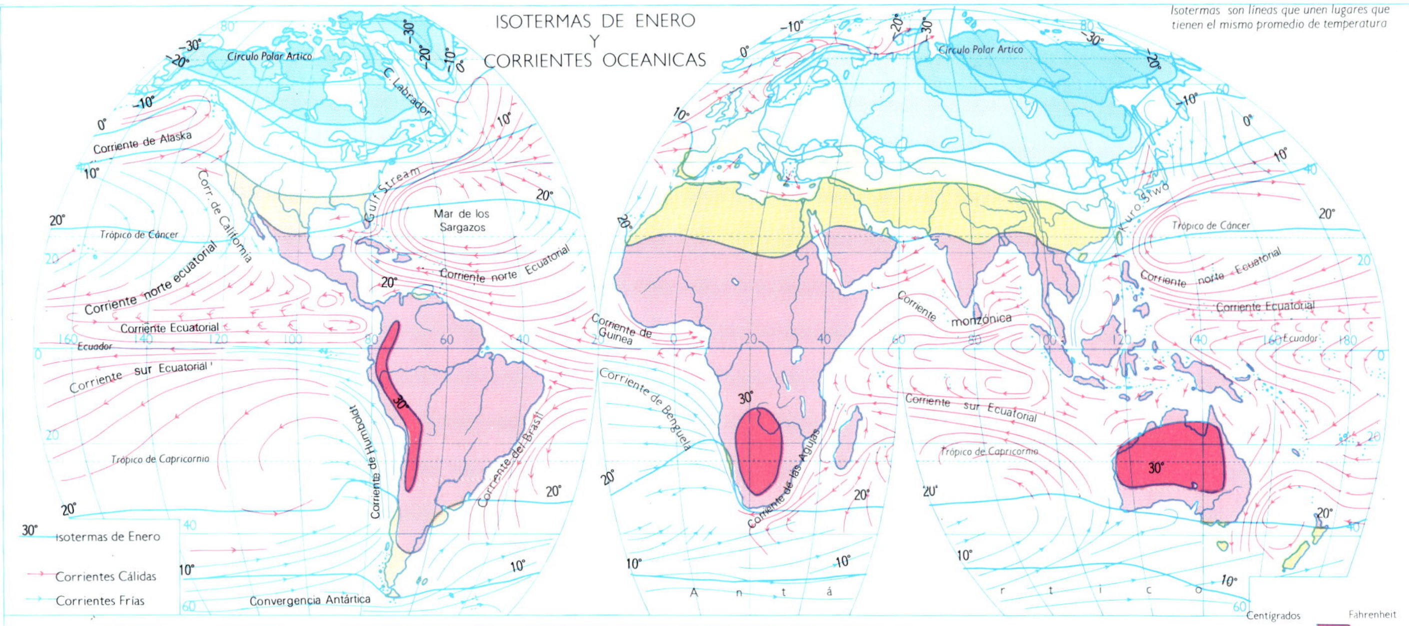

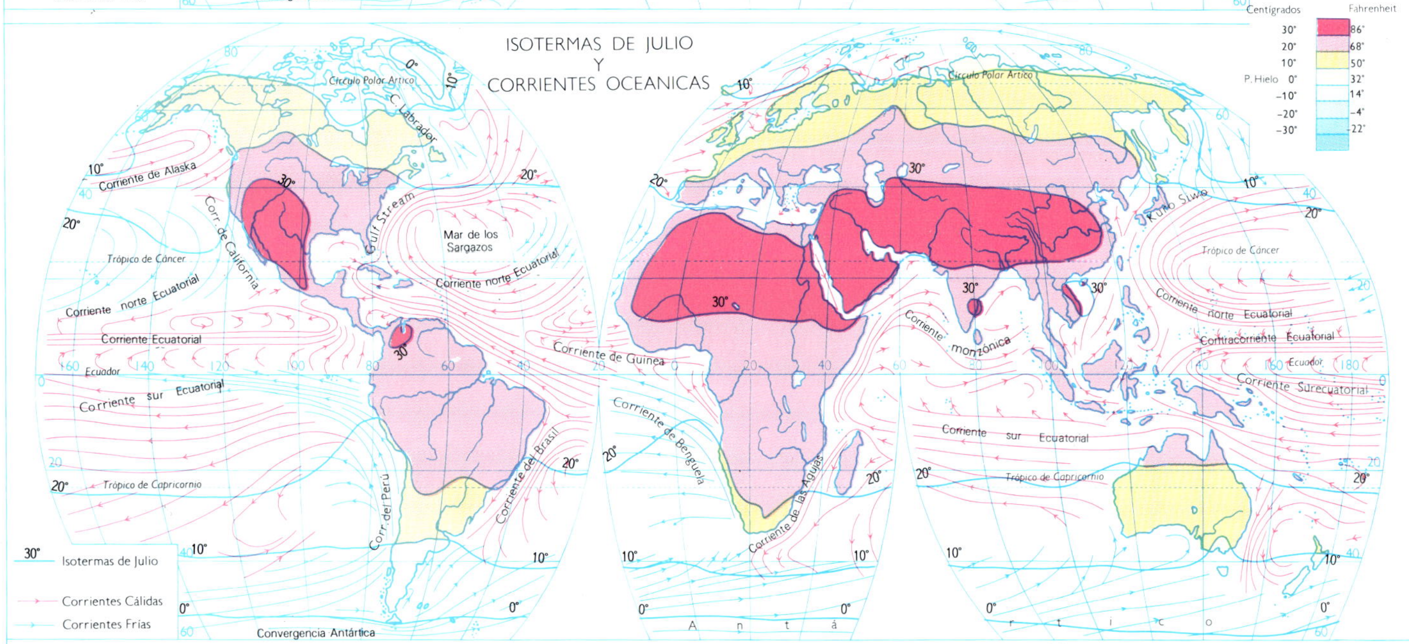

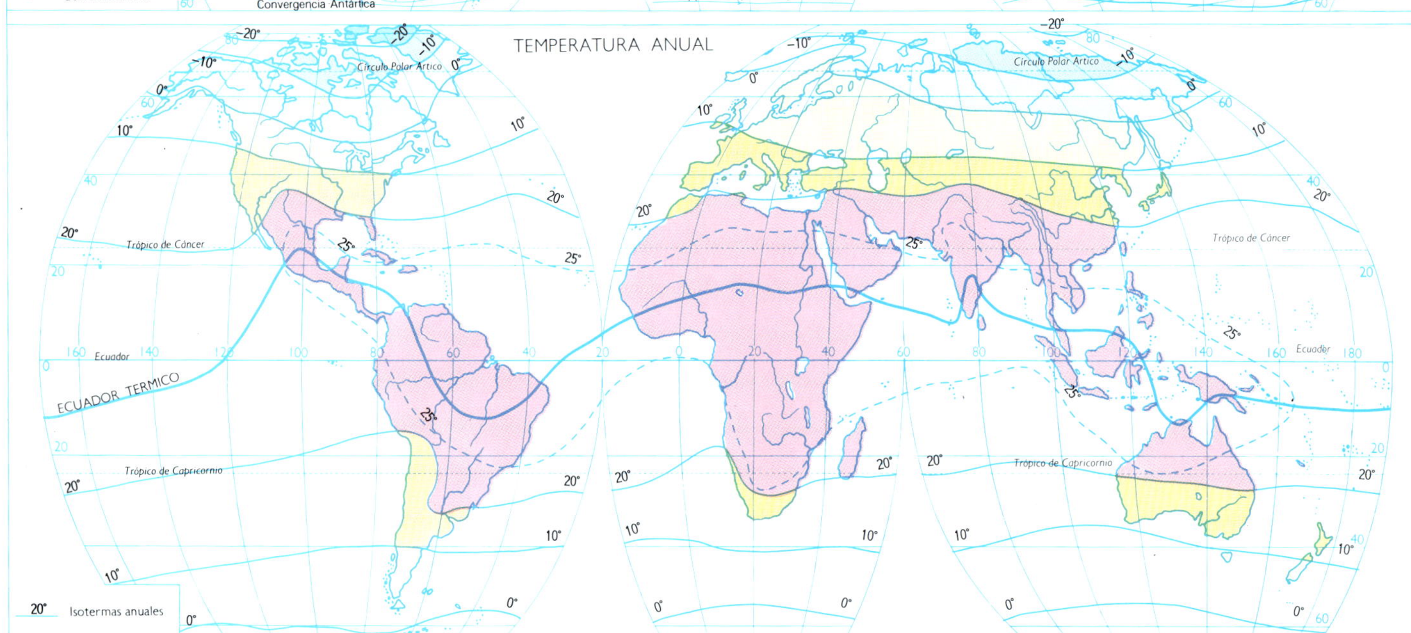

Proyección homolográfica interrumpida de Mollweide

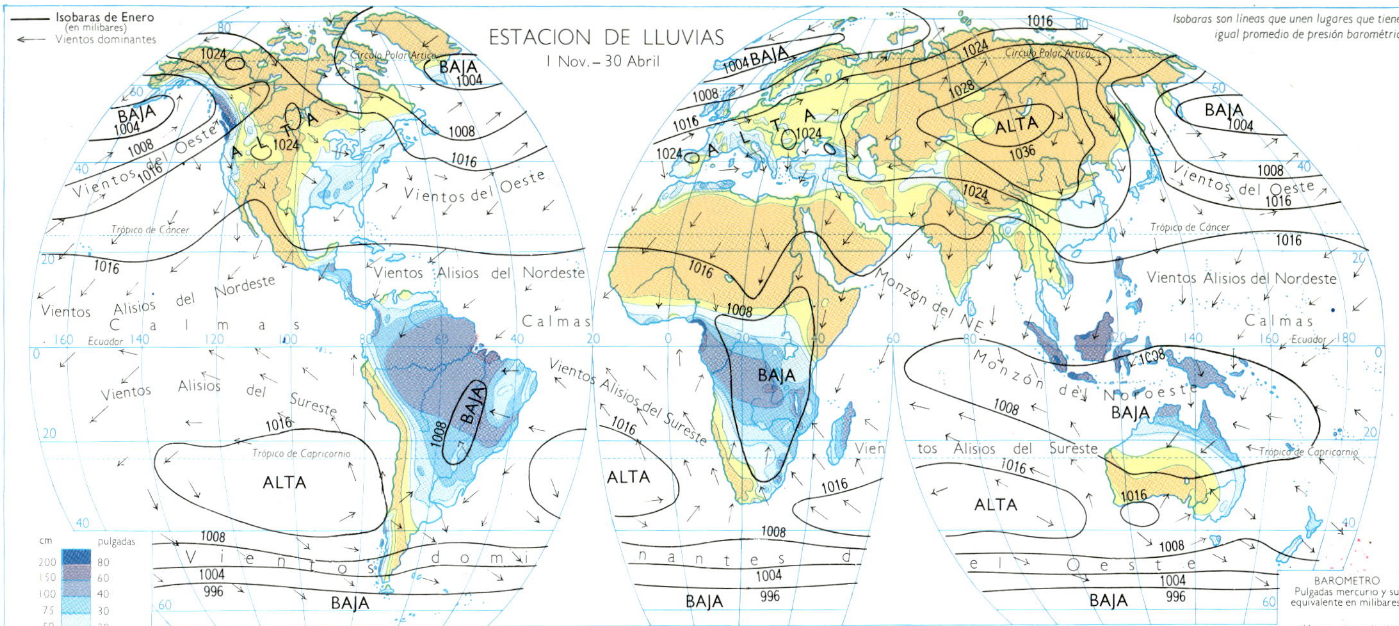
ESTACION DE LLUVIAS
1 Nov. – 30 Abril
Isobaras de Enero
(en milibares)
Vientos dominantes
Isobaras son líneas que unen lugares que tienen igual promedio de presión barométrica
Círculo Polar Ártico
Trópico de Cáncer
Ecuador
Trópico de Capricornio
Vientos del Oeste
Vientos Alisios del Nordeste
Calmas
Vientos Alisios del Sureste
Monzón del NE
Monzón del Noroeste
Vientos dominantes del Oeste
ALTA
BAJA
cm
pulgadas
200 80
150 60
100 40
75 30
50 20
25 10
12·5 5
BAROMETRO
Pulgadas mercurio y su equivalente en milibares
milibares pulgadas
1036 30·6
1032 30·5
1028 30·4
1024 30·3
1020 30·1
1016 30·0
1012 29·9
1008 29·8
1004 29·7
1000 29·5
996 29·4

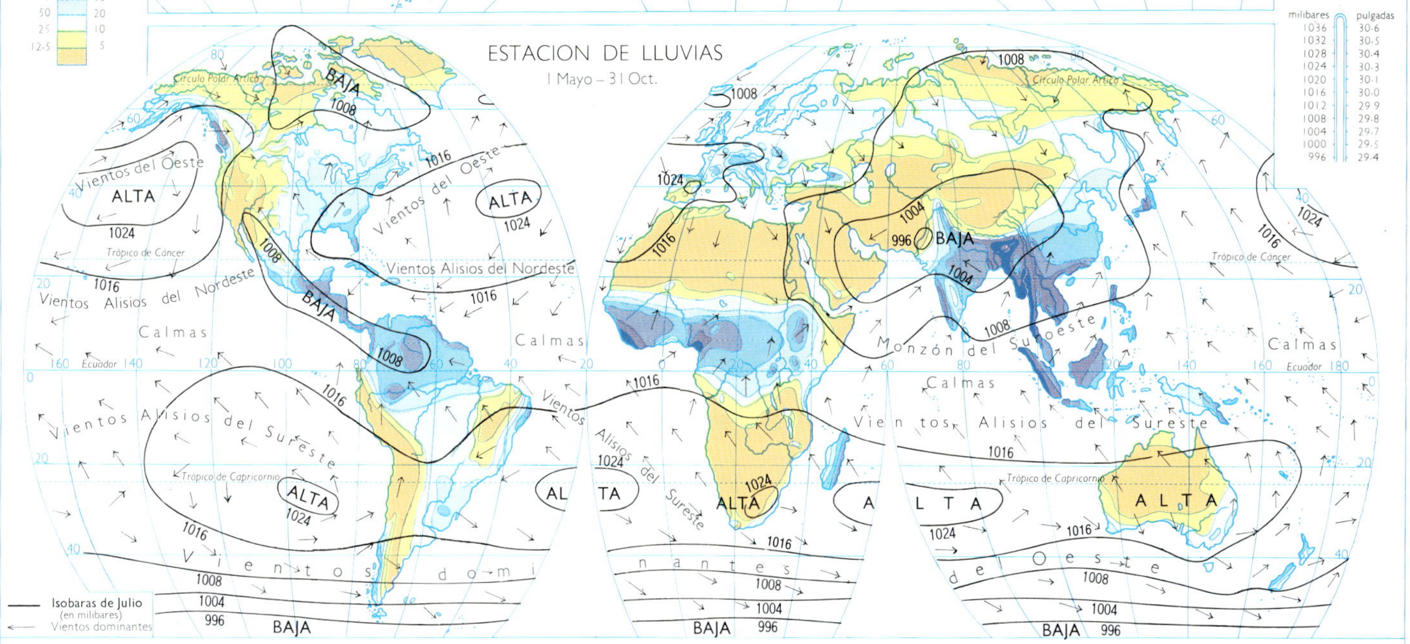
ESTACION DE LLUVIAS
1 Mayo – 31 Oct.
Círculo Polar Ártico
Trópico de Cáncer
Ecuador
Trópico de Capricornio
Vientos del Oeste
Vientos Alisios del Nordeste
Calmas
Monzón del Sureste
Vientos Alisios del Sureste
Vientos dominantes del Oeste
ALTA
BAJA
Isobaras de Julio
(en milibares)
Vientos dominantes

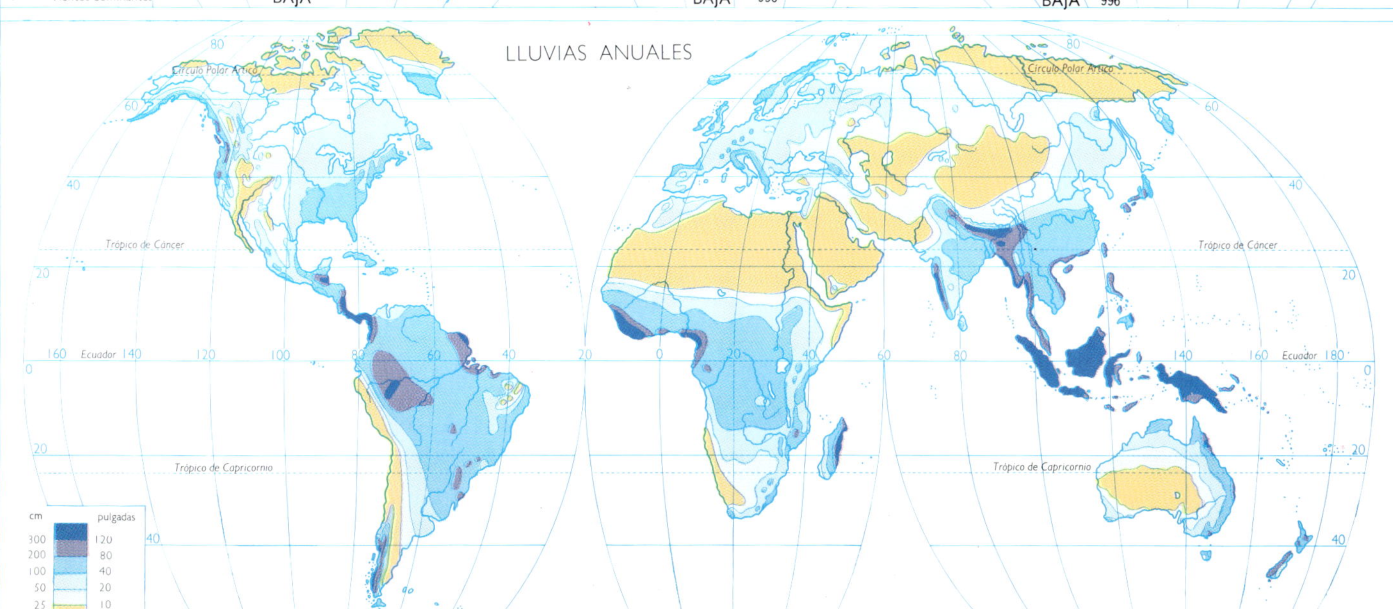
LLUVIAS ANUALES
Círculo Polar Ártico
Trópico de Cáncer
Ecuador
Trópico de Capricornio
cm
pulgadas
300 120
200 80
100 40
50 20
25 10

EUROPA : Geología y estructura

1:25 000 000

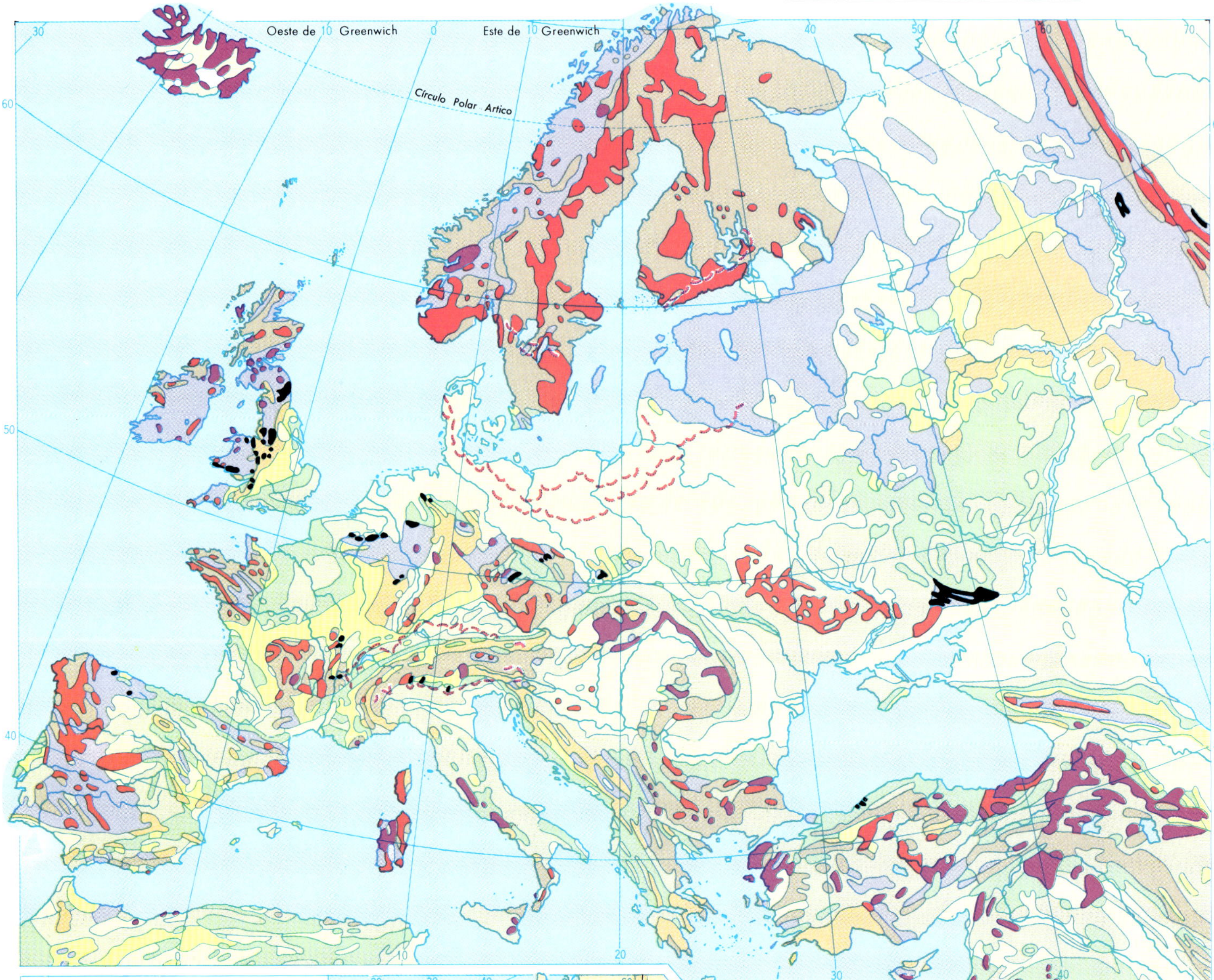

EUROPA: GEOLOGIA

según Franz Beyschlag y otros

ROCAS SEDIMENTARIAS
- Cuaternario
- Terciario (cenozoico)
- Cretácico, Jurásico, Triásico — Secundario (mesozoico)
- Primario (paleozoico)
- Arcaico (precámbrico)

ROCAS IGNEAS
- Volcánicas
- Intrusivas

- Afloramientos carboníferos (productivos)
- Morrenas terminales del Gran Manto de Hielo

1:40 000 000

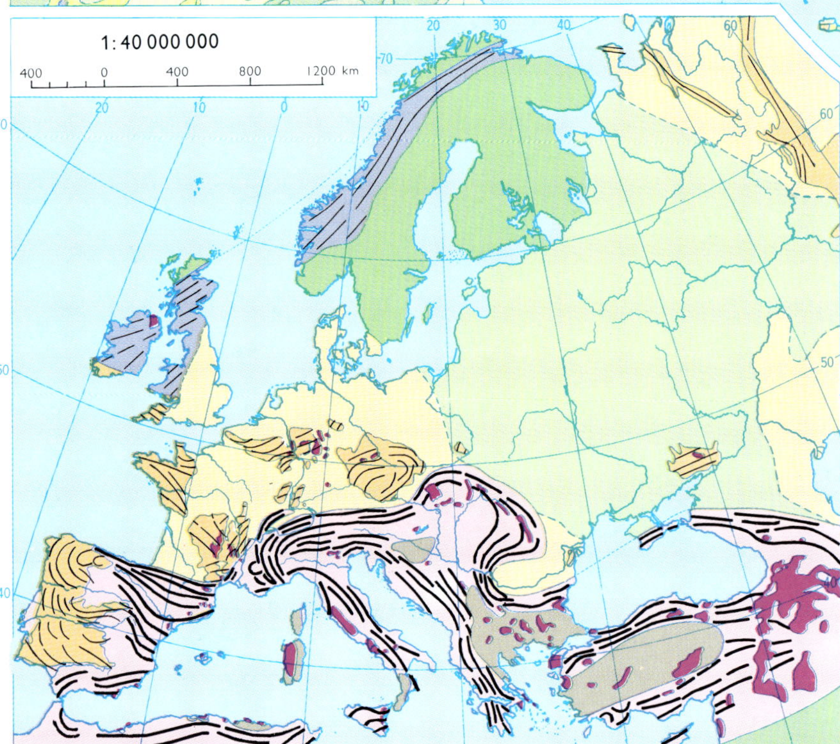

EUROPA: ESTRUCTURA

según E. Suess, Marcel Bertrand, J.J. Sederholm, E. Haug, L. de Launay y L. Kober

- a / b: Escudo precámbrico: masas primitivas rígidas desde el cámbrico que forman la subestructura del continente
  - a. Tabla fino-escandinava
  - b. Plataforma rusa; cubierta por depósitos más recientes
- Plegamiento caledoniano; movimientos orogénicos silúrico-devónicos
- a / b: Plegamiento herciniano; movimientos orogénicos permo-carboníferos
  - a. Afloramientos actuales en horsts y cadenas montañosas
  - b. Zonas de subsidencia
- Plegamiento alpino; movimientos orogénicos cretácico-terciarios
- Antiguos macizos en el sistema alpino
- Líneas de plegamiento
- Regiones volcánicas del terciario

1:20 000 000

200 0 200 400 600 800 km

1:40 000 000

400 0 400 800 1200 1600 km

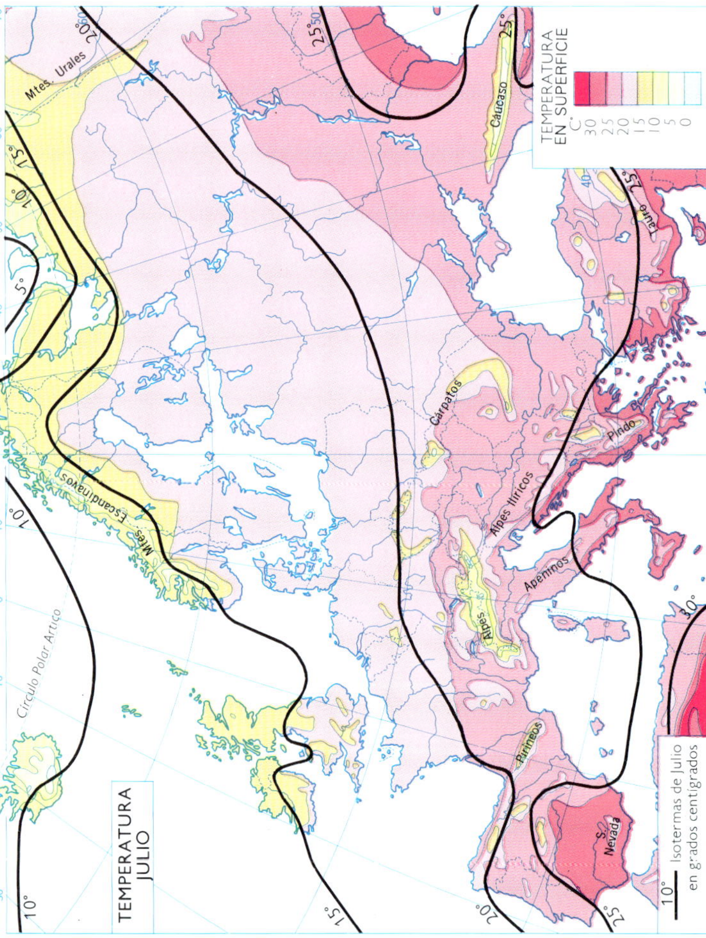

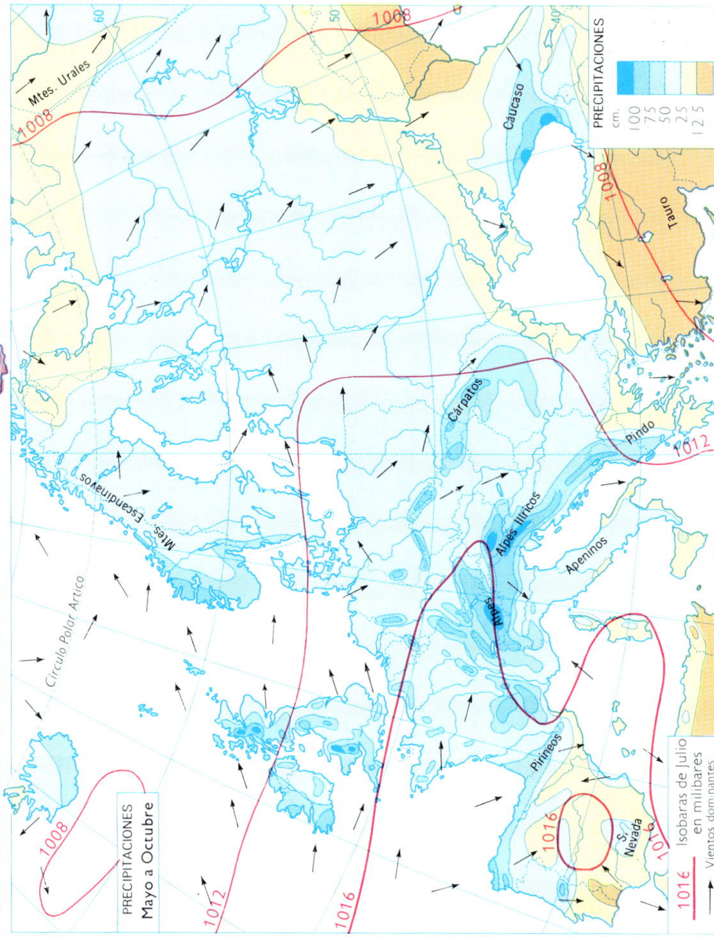

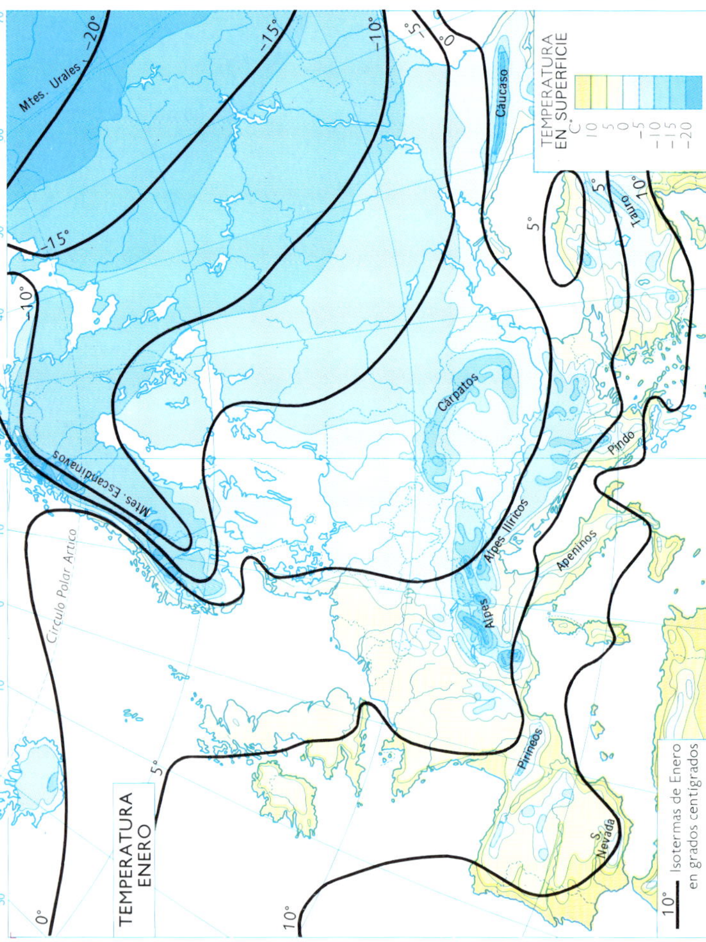

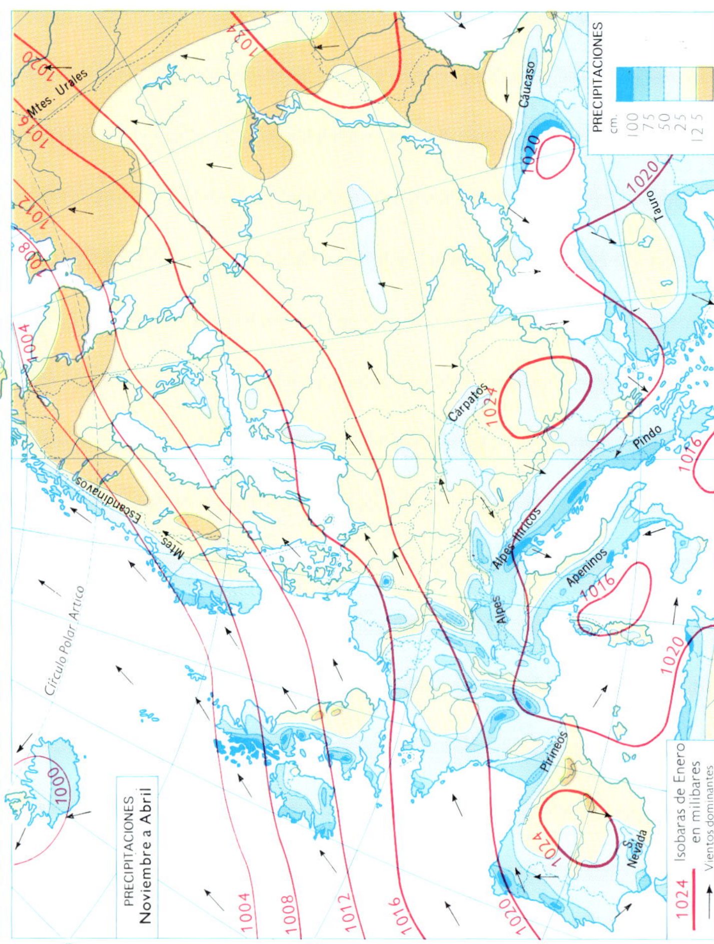

Proyección Bonne

1: 20 000 000
200 0 200 400 600 800 km
VEGETACION FORESTAL
Bosque septentrional de coníferas:
a. Bosque finoescandinavo (pino, abeto y abedul)
b. Taiga (alerce siberiano, pino y abeto)
Bosque montañoso, principalmente coníferas (pino y abeto), en ocasiones con un cinturón inferior de frondosas (roble, haya y castaño)
Bosque mixto, de coníferas y frondosas (roble, haya, abeto, etc.)
Bosque y pradera mixtos, de coníferas y frondosas
Bosque perennifolio de tipo mediterráneo (encina, pino albar y alcornoque en el suroeste de Europa)
Pradera y monte bajo perennifolio de tipo mediterráneo (mirto y otros arbustos aromáticos, además del olivo)
Tundra (musgos, líquenes, boj, sauce enano, abedul y aliso)
VEGETACION PRATENSE
Pradera
Estepa
Semidesierto y estepa salada
Baldío costero arenoso, páramo y brezal
Vegetación palustre (sujeta a inundaciones)
VEGETACION DESERTICA
Desierto
Zonas altas (donde no crecen árboles)
Límite septentrional del roble (Quercus robur)
Límites del haya (Fagus silvatica)
Límite septentrional del olivo (Olea europaea)
Límite oriental de la encina (Quercus ilex)
Mares y lagos helados en invierno
Montes Urales
Montes Kjölen
Meseta finlandesa de los lagos
Arctic Circle
MAR BALTICO
MAR DEL NORTE
OCEANO ATLANTICO
Sudetes
Carpatos
Erz Gebirge (Orce)
Selva de Bohemia
Selva Negra
Vosgos
Alpes
Apeninos
Cevennes
Pirineos
Cord. Cantábrica
Sist. Ibérico
Sist. Central
Gredos
Guadarrama
Sistemas Béticos
Montes Atlas
MAR ADRIATICO
Stara Planina (Balcanes)
Pindo
MAR EGEO
MAR MEDITERRANEO
MAR NEGRO
Montes Pónticos
Taurus
Cáucaso
MAR CASPIO
Obschchi Syrt
Proyección Bonne
Al este de Greenwich
COPYRIGHT GEORGE PHILIP & SON LTD

1: 20 000 000

200 0 200 400 600 800 km

1:40 000 000

400 0 400 800 1200 1600 km

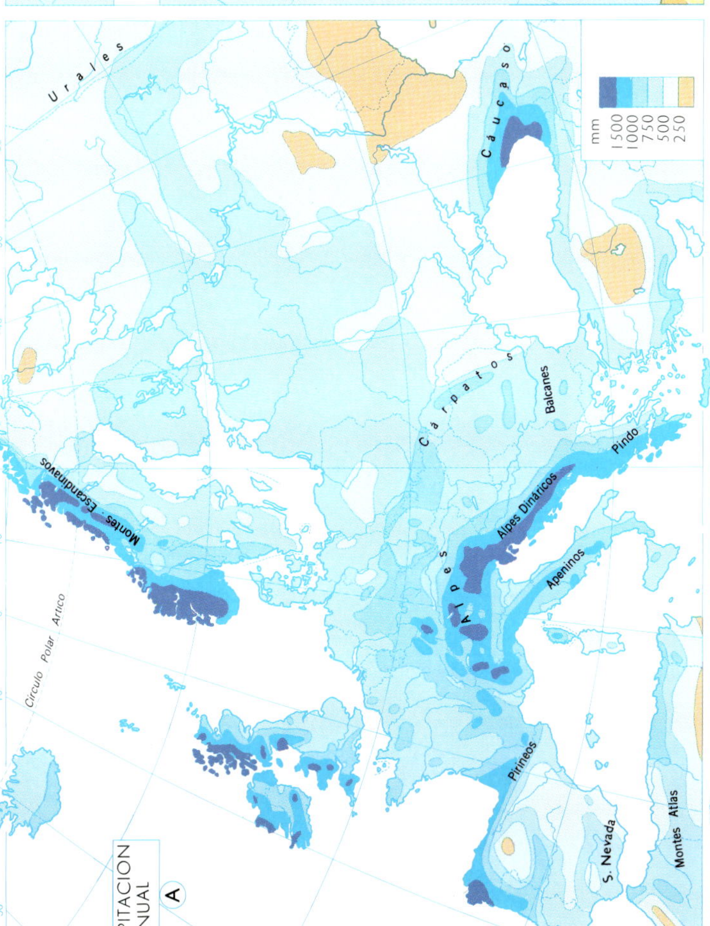

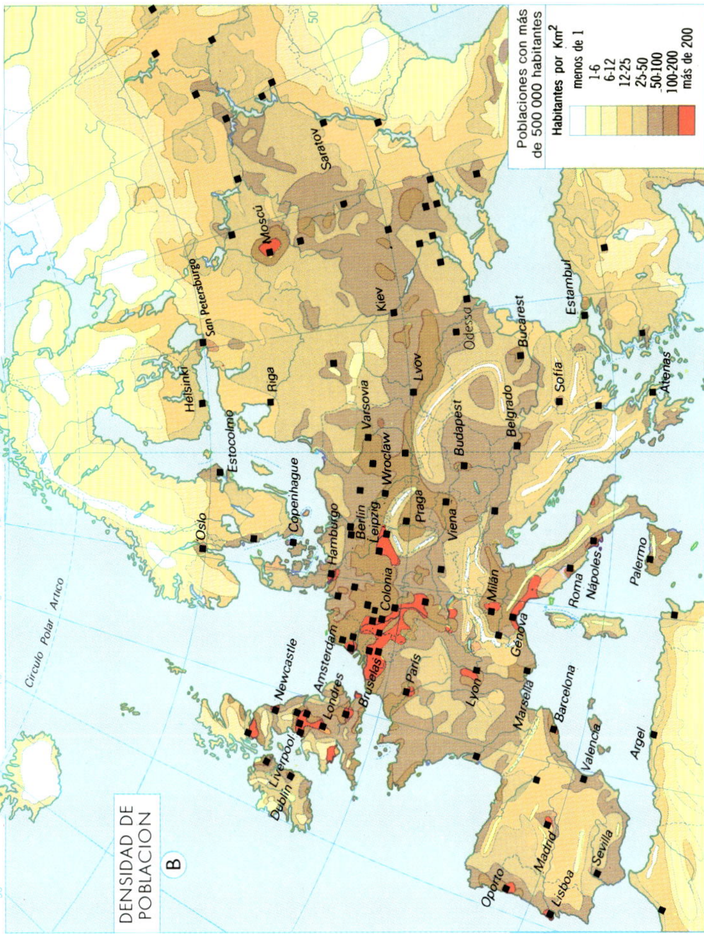

1: 6 400 000
50 0 50 100 150 k

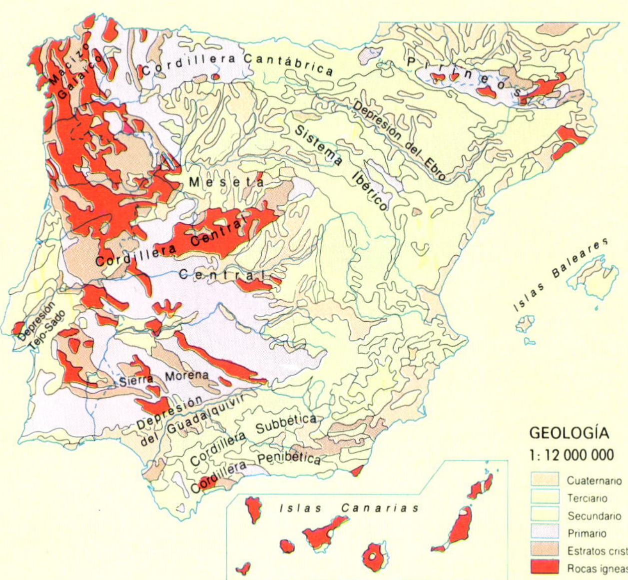

GEOLOGÍA
1: 12 000 000

- Cuaternario
- Terciario
- Secundario
- Primario
- Estratos cristalinos
- Rocas ígneas

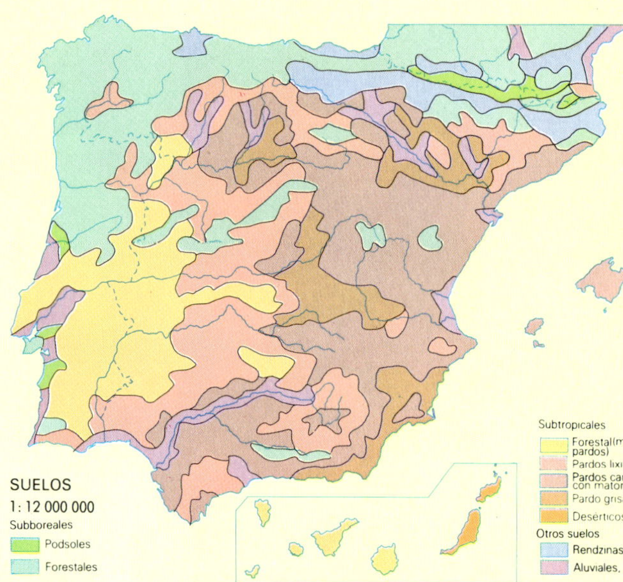

SUELOS
1: 12 000 000

Subboreales
- Podsoles
- Forestales

Subtropicales
- Forestal (mayoritariamente pardos)
- Pardos lixiviados con matorral
- Pardos carbonatados con matorral
- Pardo grisáceos con matorral
- Desérticos

Otros suelos
- Rendzinas
- Aluviales, salinos y arenales

1: 6 000 000
50 0 50 100 150 km
PROVINCIAS
La Coruña
LA CORUÑA
Lugo
LUGO
Oviedo
ASTURIAS
Santander
CANTABRIA
Bilbao
VIZCAYA
San Sebastián
GUIPÚZCOA
ÁLAVA
Vitoria
(Burg.)
Pamplona
NAVARRA
PONTEVEDRA
Pontevedra
León
LEÓN
Orense
ORENSE
PALENCIA
Palencia
Burgos
BURGOS
Logroño
LA RIOJA
HUESCA
Huesca
LÉRIDA
Lérida
GERONA
Gerona
BARCELONA
Barcelona
ZAMORA
Zamora
Valladolid
VALLADOLID
Soria
SORIA
Zaragoza
ZARAGOZA
TARRAGONA
Tarragona
SEGOVIA
Segovia
Salamanca
SALAMANCA
GUADALAJARA
Guadalajara
TERUEL
Teruel
Ávila
ÁVILA
Madrid
MADRID
CASTELLÓN
Castellón de la Plana
BALEARES
Palma de Mallorca
CÁCERES
Cáceres
Toledo
TOLEDO
Cuenca
CUENCA
VALENCIA
Valencia
Ciudad Real
CIUDAD REAL
Albacete
ALBACETE
Badajoz
BADAJOZ
ALICANTE
Alicante
CÓRDOBA
Córdoba
JAÉN
Jaén
Murcia
MURCIA
HUELVA
Huelva
Sevilla
SEVILLA
Granada
GRANADA
ALMERÍA
Almería
MÁLAGA
Málaga
Cádiz
CÁDIZ
Ceuta (Esp.)
I. Alborán (Esp.)
Melilla (Esp.)
Capital de provincia
Límite provincial
Canarias
SANTA CRUZ DE TENERIFE
Santa Cruz de Tenerife
LAS PALMAS
Las Palmas de Gran Canaria

REGIONES HISTÓRICAS
1: 12 000 000
GALICIA
ASTURIAS
VASCONGADAS
NAVARRA
LEÓN
CASTILLA LA VIEJA
ARAGÓN
CATALUÑA
EXTREMADURA
CASTILLA LA NUEVA
VALENCIA
MURCIA
IS. BALEARES
ANDALUCÍA
IS. CANARIAS
Límite de las regiones históricas
Límite provincial

AUTONOMÍAS
1: 12 000 000
Santiago
GALICIA
Oviedo
ASTURIAS
Santander
CANTABRIA
PAÍS VASCO
Vitoria
Pamplona
NAVARRA
Logroño
LA RIOJA
CASTILLA Y LEÓN
Valladolid
Zaragoza
ARAGÓN
CATALUÑA
Barcelona
MADRID
Madrid
Toledo
EXTREMADURA
Mérida
CASTILLA Y LA MANCHA
COMUNIDAD VALENCIANA
Valencia
BALEARES
Palma de Mallorca
Murcia
MURCIA
Sevilla
ANDALUCÍA
CANARIAS
Santa Cruz de Tenerife
Las Palmas de Gran Canaria
Capital de autonomía
Límite autonómico
Límite provincial

1: 12 000 000

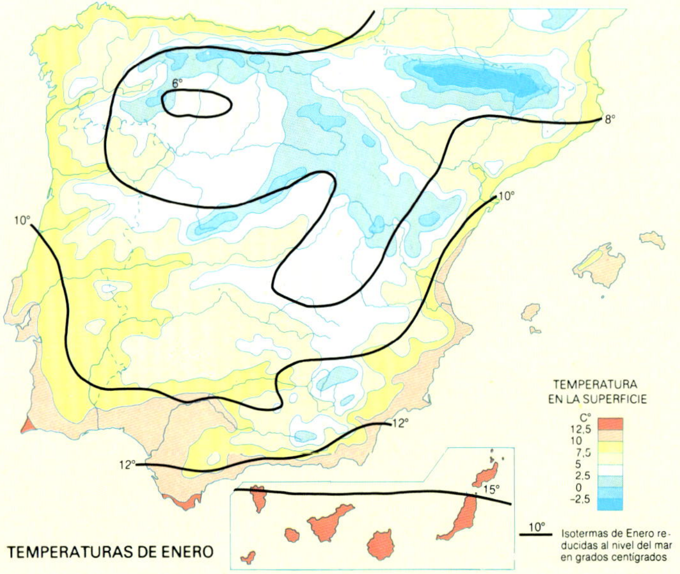

TEMPERATURAS DE ENERO

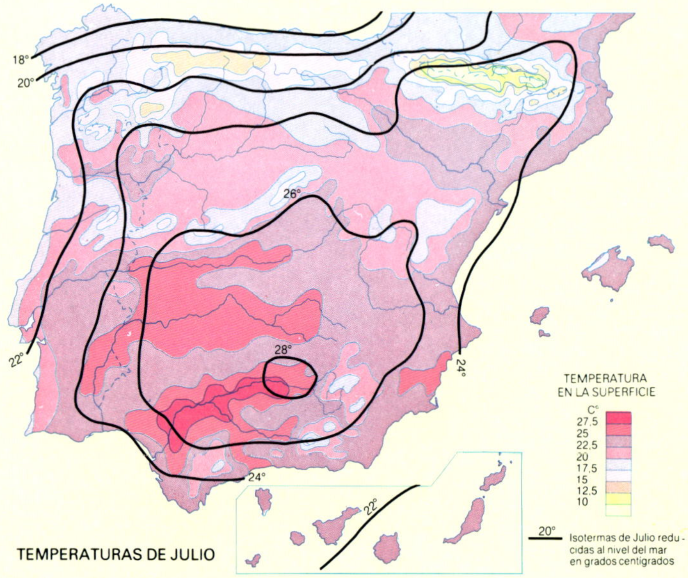

TEMPERATURAS DE JULIO

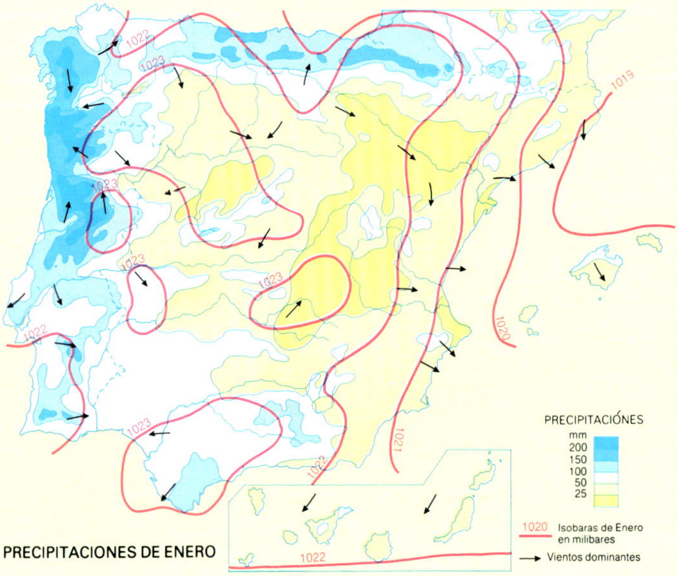

PRECIPITACIONES DE ENERO

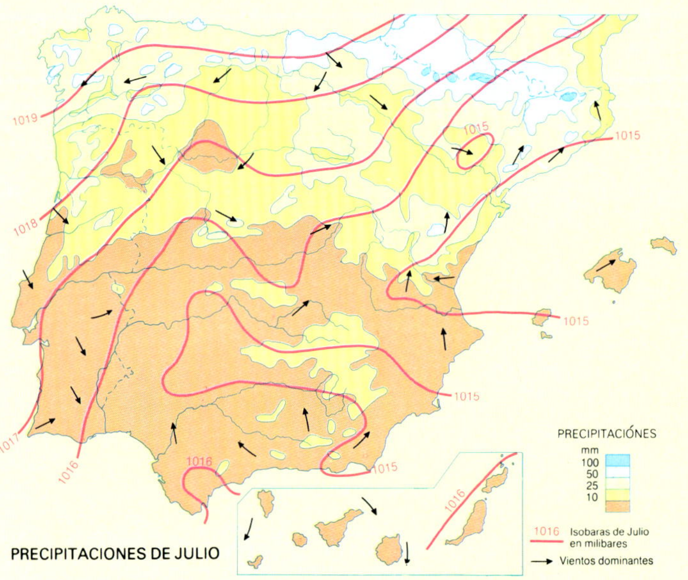

PRECIPITACIONES DE JULIO

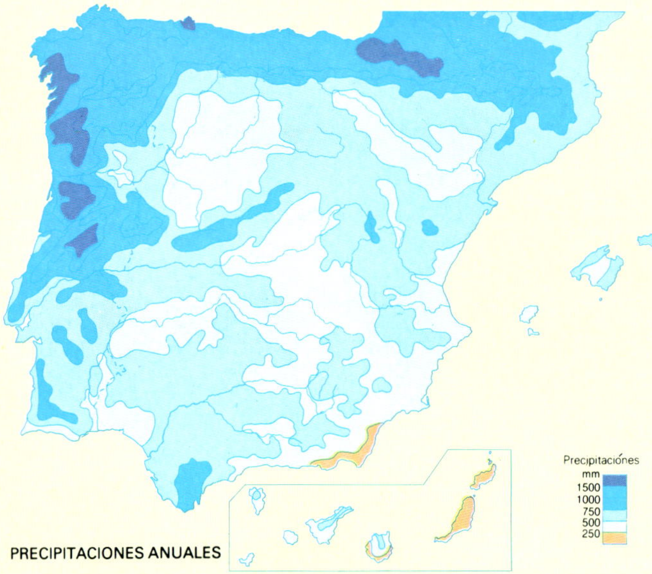

PRECIPITACIONES ANUALES

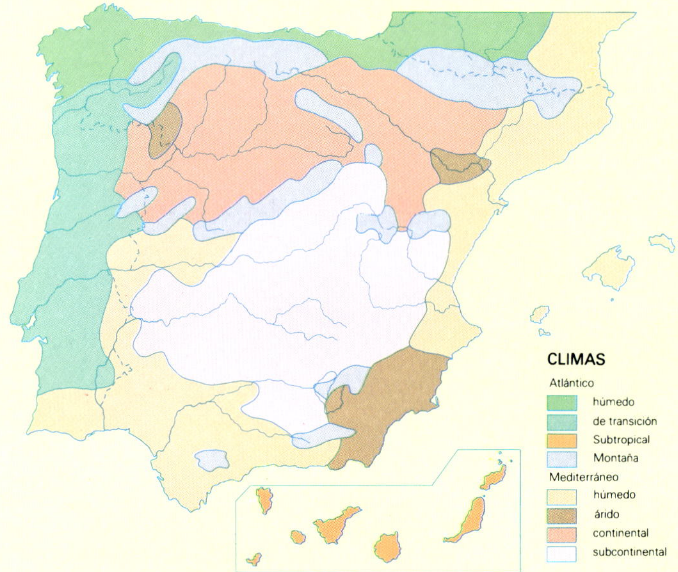

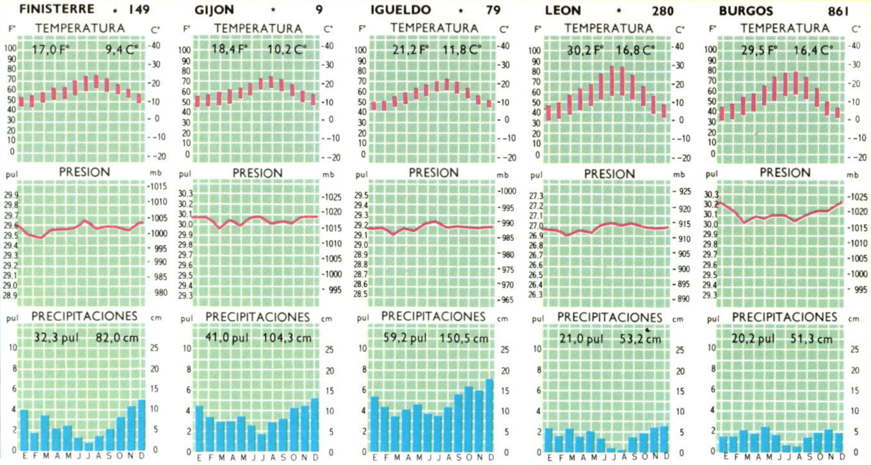

Los gráficos climatológicos pueden ser utilizados en unión de los mapas ilustrados de los climas de España de la pág. 16

Los diversos observatorios han sido seleccionados para mostrar las variaciones climáticas por toda España

En cada gráfico, el nombre del observatorio está seguido de su altura en metros sobre el nivel del mar, así las comparaciones entre observatorios pueden realizarse teniendo en cuenta sus alturas respectivas

Las temperaturas están representadas por una columna, la parte alta representa la máxima mensual y la parte baja de la columna representa la temperatura mínima de cada mes

Un punto medio entre las dos, es la temperatura media mensual; la línea media anual de temperatura (en grados Celsius y Fahrenheit) está dada por encima de la gráfica

Las gráficas de las líneas de presión, muestran la presión media de cada mes (en milibares y en pulgadas al nivel del mar)

Las gráficas de precipitaciones muestran el promedio mensual y por encima de la gráfica está indicado el promedio anual de lluvias expresado en pulgadas y milímetros

• Presión al nivel de la estación

1: 12 000 000

PRODUCCIÓN MINERA
MINERALES
Azufre
Bauxita
Cinc
Cobre
Estaño
Hierro
Manganeso
Mercurio
Oro
Piritas del hierro
Plata
Plomo
Potasas
Sal
Titanio
Uranio
Wolframio
Cabezón de la Sal
Solares
Reocín
Lalín
Coto Wagner
Sabiñánigo
Cardona
Suria
Hiendelaencina
Guarda
Setiles
Ojos Negros
San Carlos de la Rápita
Salinas
Belmonte
Libros
Chanca
Almadén
Hellín
La Carolina
Linares
Aljustrel
Riotinto
Aznalcóllar
Tharsis
Torrevieja
La Unión
Mazarrón
Conjuro
Rodalquilar
San Fernando

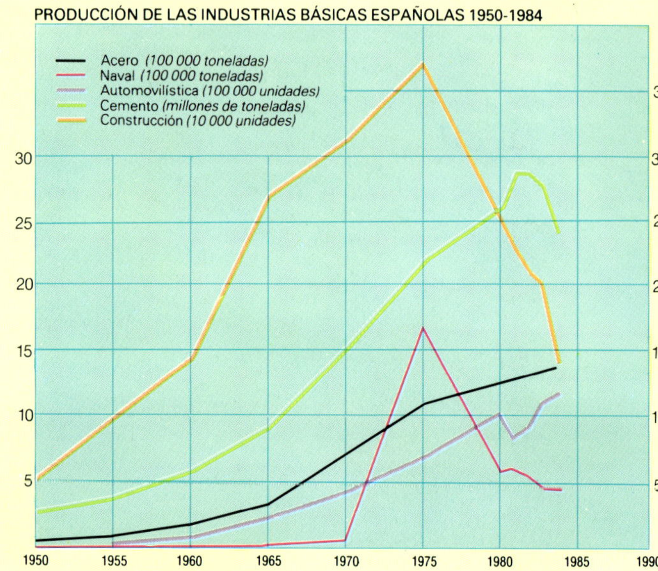
PRODUCCIÓN DE LAS INDUSTRIAS BÁSICAS ESPAÑOLAS 1950-1984
Acero (100 000 toneladas)
Naval (100 000 toneladas)
Automovilística (100 000 unidades)
Cemento (millones de toneladas)
Construcción (10 000 unidades)
35
30
25
20
15
10
5
1950
1955
1960
1965
1970
1975
1980
1985
1990

SANTANDER — PAÍS VASCO
Santander
Torrelavega
Astillero
Los Corrales de Buelna
Reinosa
Santurce
Algorta
Sestao
Baracaldo
Bilbao
Basauri
Valmaseda
Arrigorriaga
Durango
Eibar
Elgóibar
San Sebastián
Pasajes
Rentería
Lasarte
Hernani
Andoain
Tolosa
Vergara
Zumárraga
Mondragón
Legazpia
Arechavaleta
Amurrio
Olaberría
Leiza
Vitoria
Pamplona

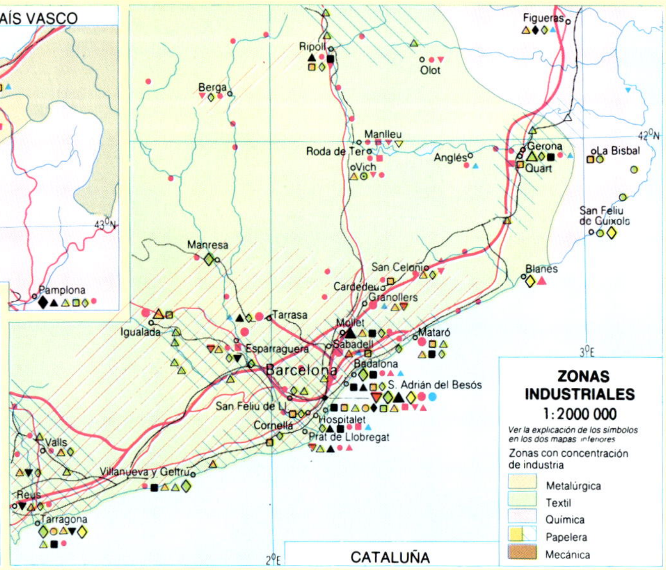
Figueras
Ripoll
Olot
Berga
Manlleu
Roda de Ter
Vich
Anglés
Gerona
Quart
La Bisbal
San Feliu de Guíxols
Manresa
San Celoni
Cardedeu
Granollers
Blanes
Tarrasa
Igualada
Mollet
Sabadell
Mataró
Esparraguera
Barcelona
Badalona
S. Adrián del Besós
San Feliu de L.
Cornellà
Hospitalet
Prat de Llobregat
Valls
Villanueva y Geltrú
Reus
Tarragona
CATALUÑA
ZONAS INDUSTRIALES
1:2000 000
Ver la explicación de los símbolos en los dos mapas inferiores
Zonas con concentración de industria
Metalúrgica
Textil
Química
Papelera
Mecánica

ASTURIAS
S. Juan de Nieva
Candás
Avilés
Gijón
Oviedo
La Felguera
Trubia
Mieres
Sama de Langreo

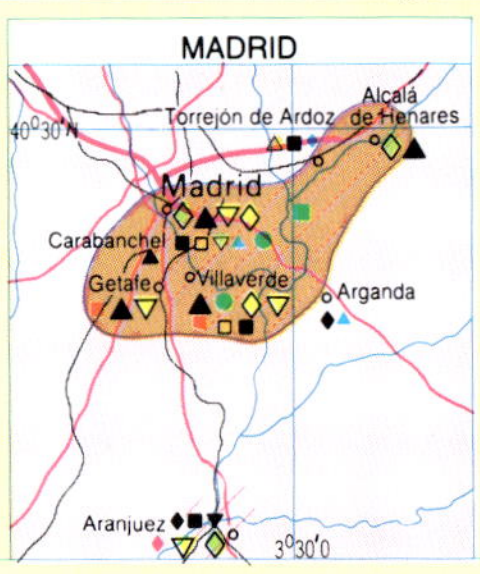
MADRID
Torrejón de Ardoz
Alcalá de Henares
Madrid
Carabanchel
Getafe
Villaverde
Arganda
Aranjuez

VALENCIA — SAGUNTO
Vall de Uxó
Sagunto
Liria
Burjasot
Manises
Valencia
Aldaya
Torrente
Benetúser
El Grao

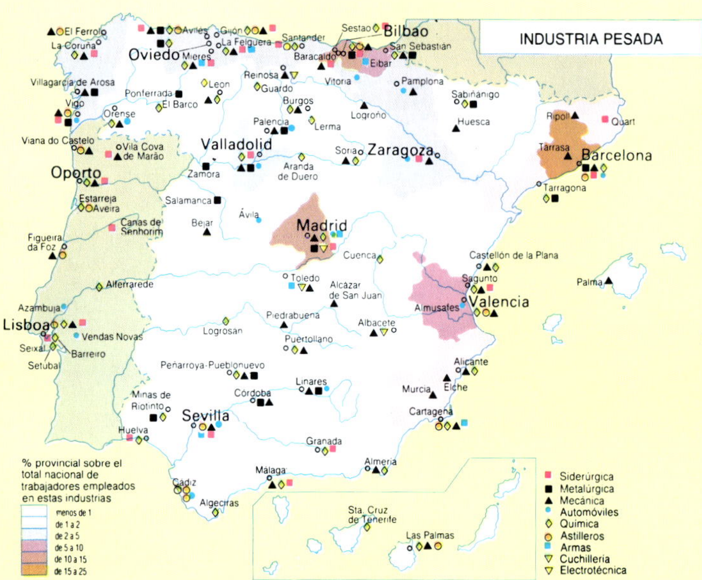
INDUSTRIA PESADA
El Ferrol
La Coruña
Oviedo
Bilbao
San Sebastián
Vigo
Valladolid
Zaragoza
Barcelona
Oporto
Madrid
Valencia
Lisboa
Sevilla
Cádiz
Algeciras
Málaga
Granada
Almería
Cartagena
Murcia
Alicante
Sta. Cruz de Tenerife
Las Palmas
% provincial sobre el total nacional de trabajadores empleados en estas industrias
menos de 1
de 1 a 2
de 2 a 5
de 5 a 10
de 10 a 15
de 15 a 25
Siderúrgica
Metalúrgica
Mecánica
Automóviles
Química
Astilleros
Armas
Cuchillería
Electrotécnica

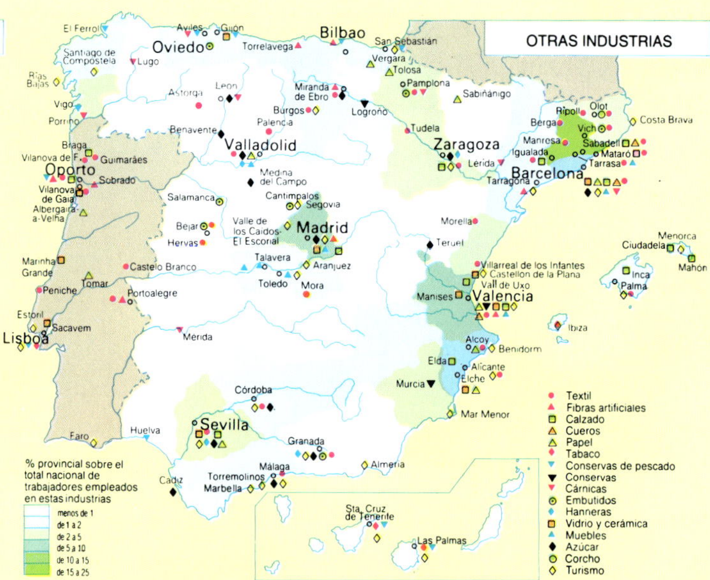
OTRAS INDUSTRIAS
Oviedo
Bilbao
Valladolid
Zaragoza
Barcelona
Oporto
Madrid
Valencia
Lisboa
Sevilla
Córdoba
Granada
Málaga
Almería
Sta. Cruz de Tenerife
Las Palmas
% provincial sobre el total nacional de trabajadores empleados en estas industrias
menos de 1
de 1 a 2
de 2 a 5
de 5 a 10
de 10 a 15
de 15 a 25
Textil
Fibras artificiales
Calzado
Cueros
Papel
Tabaco
Conservas de pescado
Conservas
Cárnicas
Embutidos
Harineras
Vidrio y cerámica
Muebles
Azúcar
Corcho
Turismo

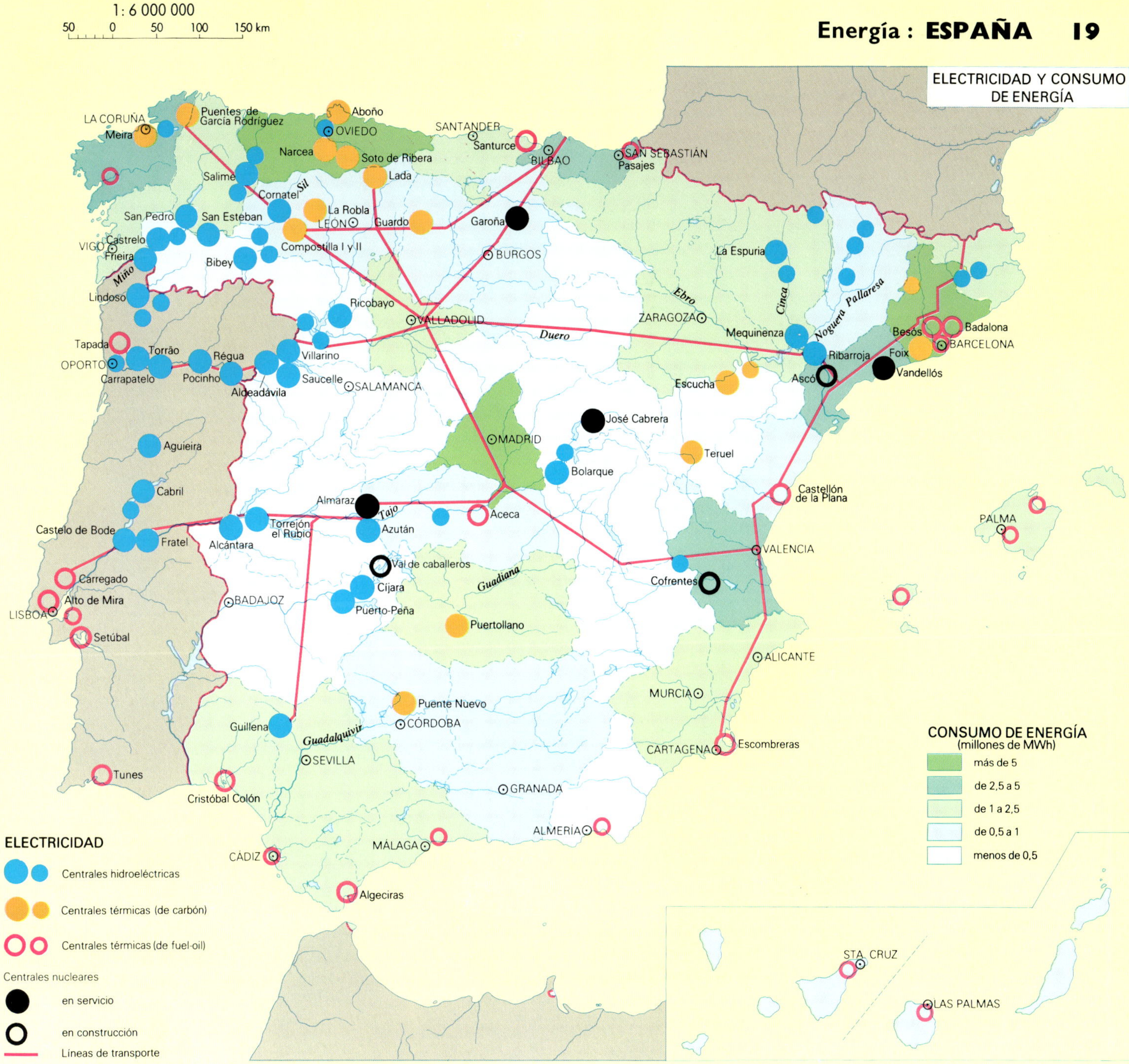
1: 6 000 000
50 0 50 100 150 km
ELECTRICIDAD Y CONSUMO DE ENERGÍA
LA CORUÑA
Meira
Puentes de García Rodríguez
Aboño
OVIEDO
SANTANDER
Santurce
BILBAO
SAN SEBASTIÁN
Pasajes
Narcea
Soto de Ribera
Salime
Lada
Cornatel
Sil
La Robla
LEÓN
Guardo
Garoña
San Pedro
San Esteban
VIGO
Castrelo
Frieira
Compostilla I y II
Bibey
BURGOS
Miño
Lindoso
Ricobayo
VALLADOLID
Duero
ZARAGOZA
Ebro
Cinca
Noguera Pallaresa
La Espuria
Mequinenza
Tapada
Torrão
OPORTO
Régua
Villarino
Carrapatelo
Pocinho
Saucelle
SALAMANCA
Aldeadávila
Ribarroja
Foix
Ascó
Vandellós
Besós
Badalona
BARCELONA
Escucha
José Cabrera
MADRID
Aguieira
Teruel
Bolarque
Cabril
Castellón de la Plana
Almaraz
Tajo
Aceca
Castelo de Bode
Torrejón el Rubio
Azután
Fratel
Alcántara
PALMA
VALENCIA
Val de caballeros
Carregado
Cijara
Guadiana
Cofrentes
Alto de Mira
BADAJOZ
LISBOA
Puerto-Peña
Setúbal
Puertollano
ALICANTE
MURCIA
Puente Nuevo
Guillena
CÓRDOBA
Guadalquivir
SEVILLA
CARTAGENA
Escombreras
Tunes
Cristóbal Colón
GRANADA
ALMERIA
MÁLAGA
CÁDIZ
Algeciras
STA. CRUZ
LAS PALMAS
CONSUMO DE ENERGÍA
(millones de MWh)
más de 5
de 2,5 a 5
de 1 a 2,5
de 0,5 a 1
menos de 0,5
ELECTRICIDAD
Centrales hidroeléctricas
Centrales térmicas (de carbón)
Centrales térmicas (de fuel-oil)
Centrales nucleares
en servicio
en construcción
Líneas de transporte

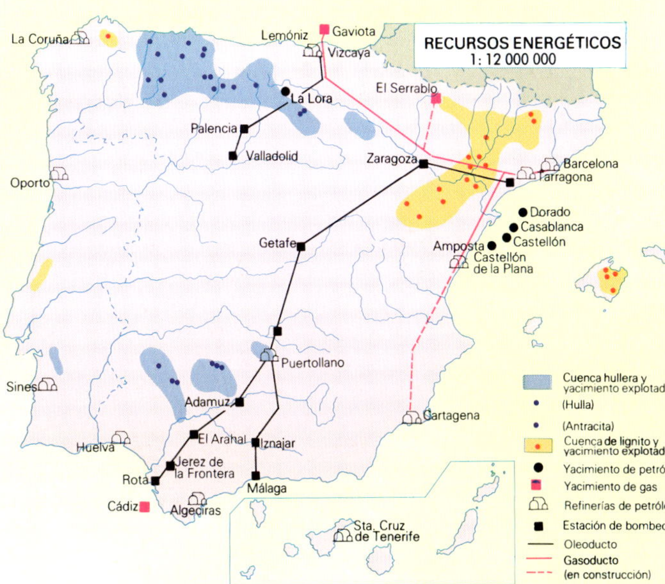
RECURSOS ENERGÉTICOS
1: 12 000 000
La Coruña
Lemóniz
Gaviota
Vizcaya
La Lora
El Serrablo
Palencia
Valladolid
Zaragoza
Barcelona
Tarragona
Oporto
Dorado
Casablanca
Castellón
Amposta
Castellón de la Plana
Getafe
Puertollano
Sines
Adamuz
Cartagena
El Arahal
Huelva
Iznajar
Jerez de la Frontera
Rota
Málaga
Cádiz
Algeciras
Sta. Cruz de Tenerife
Cuenca hullera y yacimiento explotado
(Hulla)
(Antracita)
Cuenca de lignito y yacimiento explotado
Yacimiento de petróleo
Yacimiento de gas
Refinerías de petróleo
Estación de bombeo
Oleoducto
Gasoducto
(en construcción)

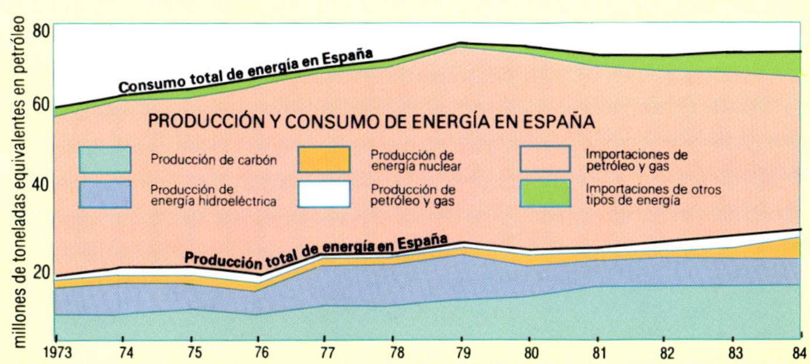
millones de toneladas equivalentes en petróleo
80
60
40
20
Consumo total de energía en España
PRODUCCIÓN Y CONSUMO DE ENERGÍA EN ESPAÑA
Producción de carbón
Producción de energía nuclear
Importaciones de petróleo y gas
Producción de energía hidroeléctrica
Producción de petróleo y gas
Importaciones de otros tipos de energía
Producción total de energía en España
1973
74
75
76
77
78
79
80
81
82
83
84

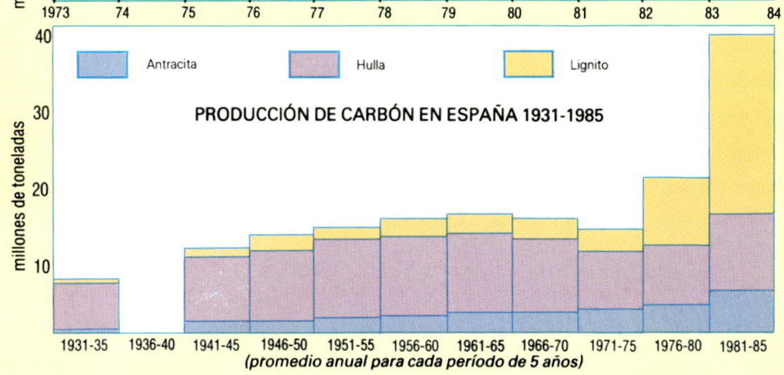
40
30
20
10
Antracita
Hulla
Lignito
PRODUCCIÓN DE CARBÓN EN ESPAÑA 1931-1985
millones de toneladas
1931-35
1936-40
1941-45
1946-50
1951-55
1956-60
1961-65
1966-70
1971-75
1976-80
1981-85
(promedio anual para cada período de 5 años)

1:12 000 000

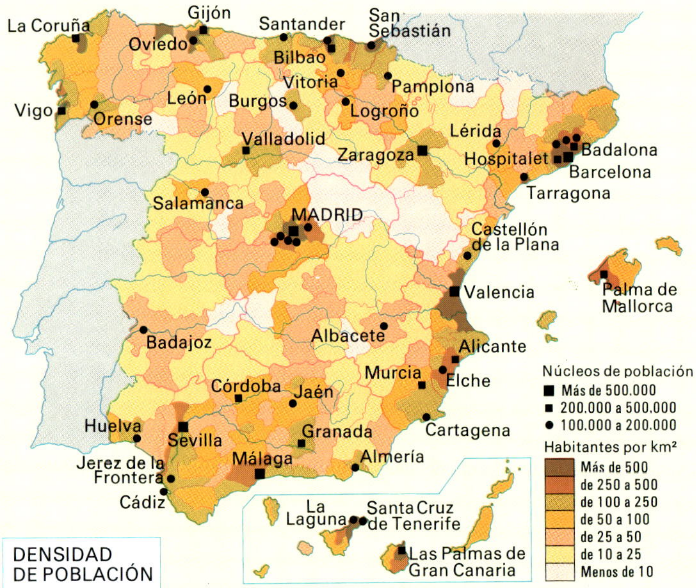
La Coruña
Gijón
Oviedo
Santander
San Sebastián
Bilbao
Vitoria
Pamplona
Vigo
Orense
León
Burgos
Logroño
Lérida
Valladolid
Zaragoza
Hospitalet
Badalona
Barcelona
Tarragona
Salamanca
MADRID
Castellón de la Plana
Palma de Mallorca
Valencia
Badajoz
Albacete
Alicante
Murcia
Elche
Córdoba
Jaén
Huelva
Sevilla
Granada
Cartagena
Jerez de la Frontera
Málaga
Almería
Cádiz
La Laguna
Santa Cruz de Tenerife
Las Palmas de Gran Canaria
DENSIDAD DE POBLACIÓN
Núcleos de población
Más de 500.000
200.000 a 500.000
100.000 a 200.000
Habitantes por km²
Más de 500
de 250 a 500
de 100 a 250
de 50 a 100
de 25 a 50
de 10 a 25
Menos de 10

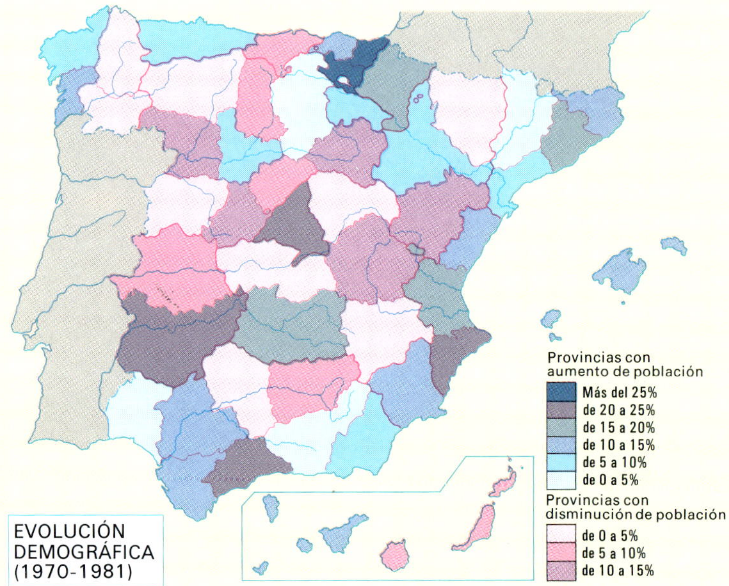
EVOLUCIÓN DEMOGRÁFICA (1970-1981)
Provincias con aumento de población
Más del 25%
de 20 a 25%
de 15 a 20%
de 10 a 15%
de 5 a 10%
de 0 a 5%
Provincias con disminución de población
de 0 a 5%
de 5 a 10%
de 10 a 15%

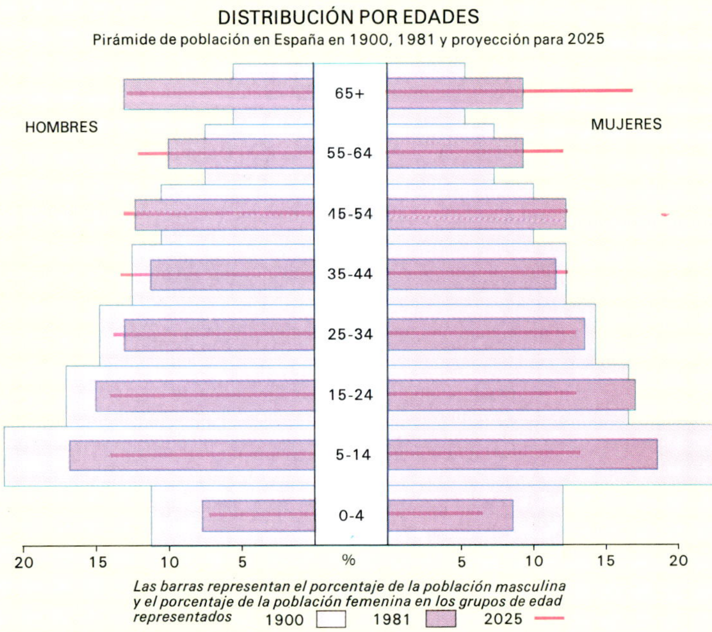
DISTRIBUCIÓN POR EDADES
Pirámide de población en España en 1900, 1981 y proyección para 2025
HOMBRES
MUJERES
65+
55-64
45-54
35-44
25-34
15-24
5-14
0-4
20 15 10 5 % 5 10 15 20
Las barras representan el porcentaje de la población masculina y el porcentaje de la población femenina en los grupos de edad representados
1900
1981
2025

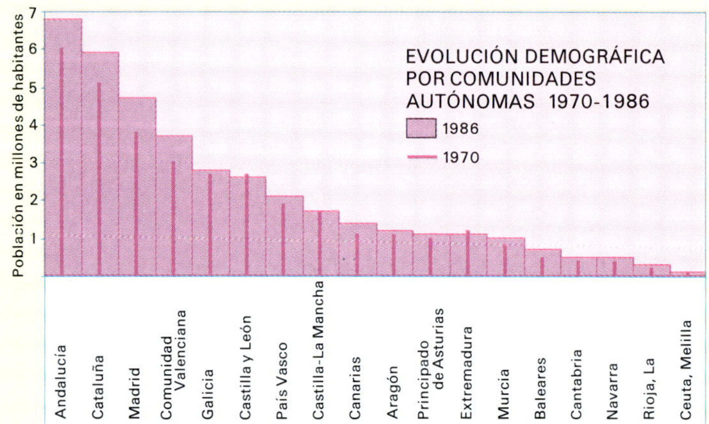
EVOLUCIÓN DEMOGRÁFICA POR COMUNIDADES AUTÓNOMAS 1970-1986
1986
1970
Población en millones de habitantes
0 1 2 3 4 5 6 7
Andalucía
Cataluña
Madrid
Comunidad Valenciana
Galicia
Castilla y León
País Vasco
Castilla-La Mancha
Canarias
Aragón
Principado de Asturias
Extremadura
Murcia
Baleares
Cantabria
Navarra
Rioja, La
Ceuta, Melilla

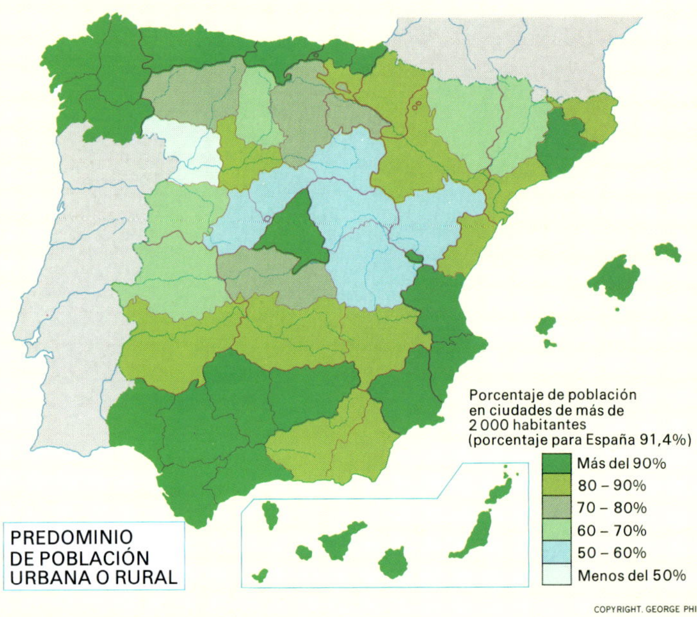
PREDOMINIO DE POBLACIÓN URBANA O RURAL
Porcentaje de población en ciudades de más de 2 000 habitantes (porcentaje para España 91,4%)
Más del 90%
80 – 90%
70 – 80%
60 – 70%
50 – 60%
Menos del 50%

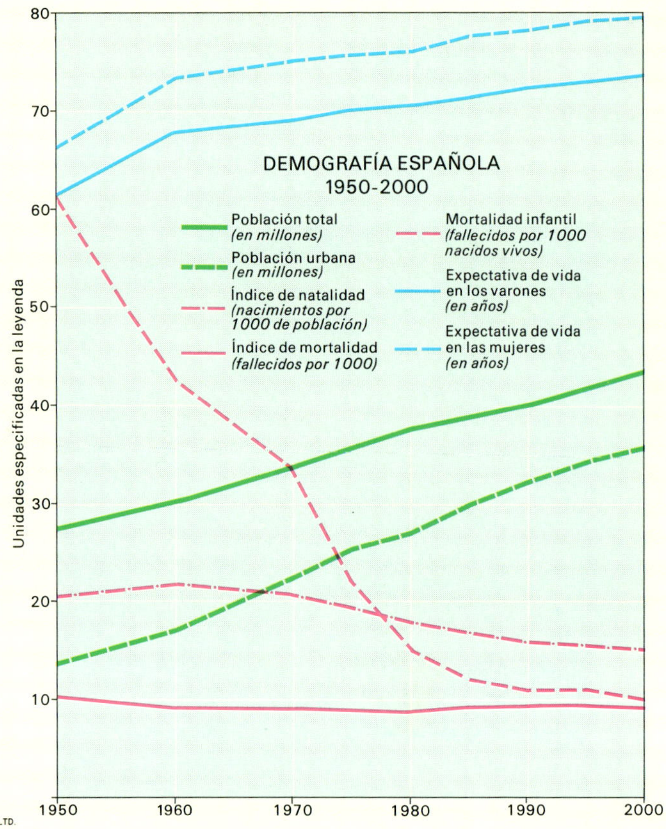
DEMOGRAFÍA ESPAÑOLA 1950-2000
Población total (en millones)
Población urbana (en millones)
Índice de natalidad (nacimientos por 1000 de población)
Índice de mortalidad (fallecidos por 1000)
Mortalidad infantil (fallecidos por 1000 nacidos vivos)
Expectativa de vida en los varones (en años)
Expectativa de vida en las mujeres (en años)
Unidades especificadas en la leyenda
10 20 30 40 50 60 70 80
1950 1960 1970 1980 1990 2000

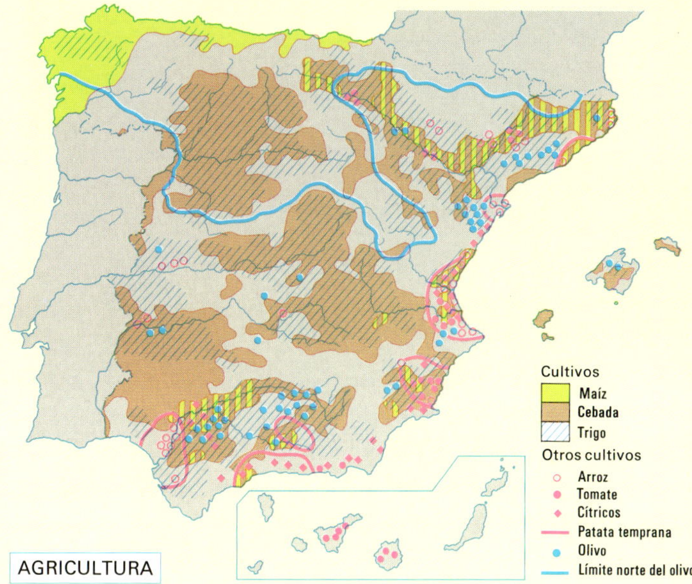

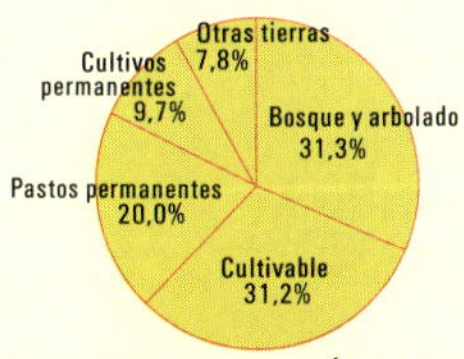

UTILIZACIÓN DE LA TIERRA

TOTAL 1985: 49.944.000 ha

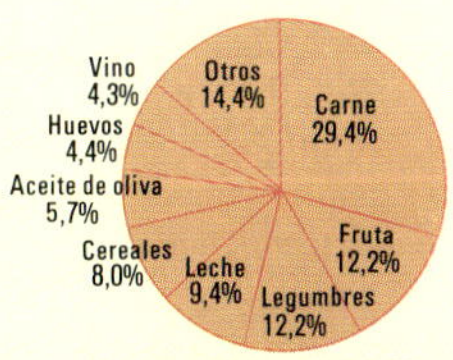

VOLUMEN DE PRODUCCIÓN AGRÍCOLA

TOTAL 1983: 2.610.634 millones de PTA

PRODUCCIÓN DE CULTIVOS SELECTOS

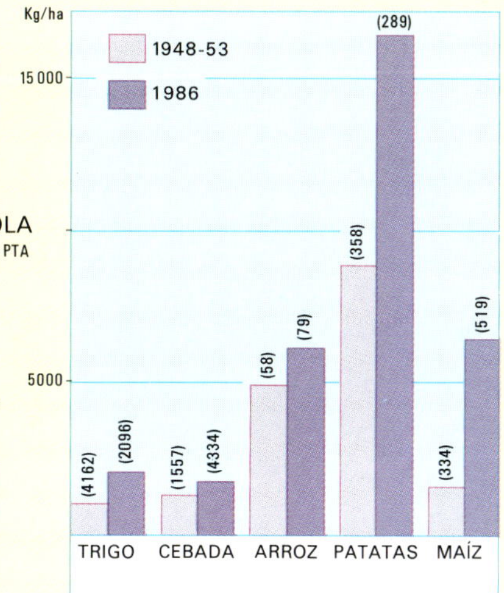

Encima de cada cultivo, entre paréntesis, figura la superficie en miles de hectáreas

TAMAÑO DE LAS PROPIEDADES

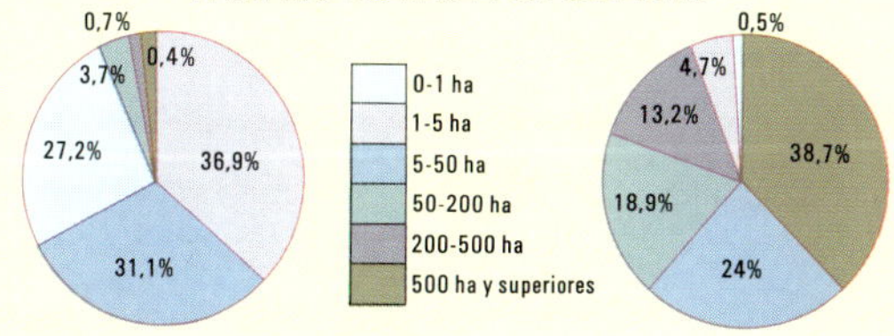

NÚMERO DE GRANJAS
(en % del total)

EXTENSIÓN
(en % del total)

Propiedades de 500 ha y superiores en porcentaje, referidos a las superficies agrupadas por provincias

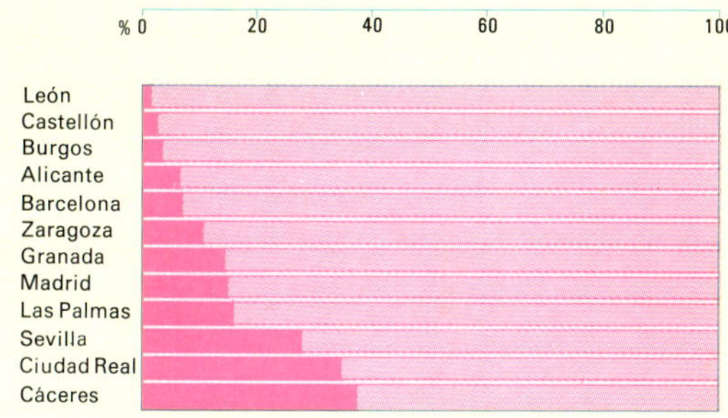

VOLUMEN DE PESCA CAPTURADA

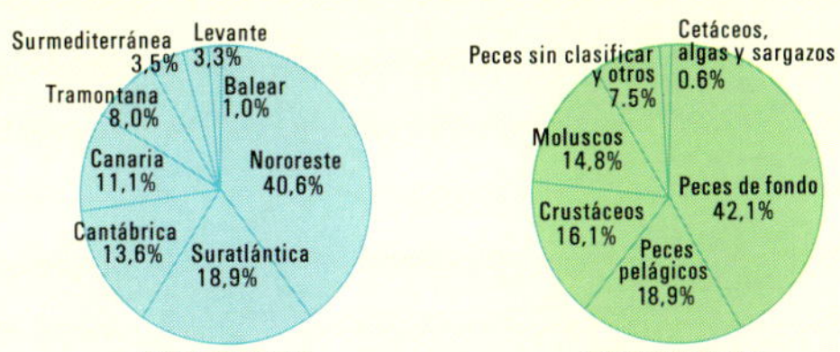

POR ZONAS

POR GRUPOS DE ESPECIES

TOTAL 1985: 211.530 millones de PTA

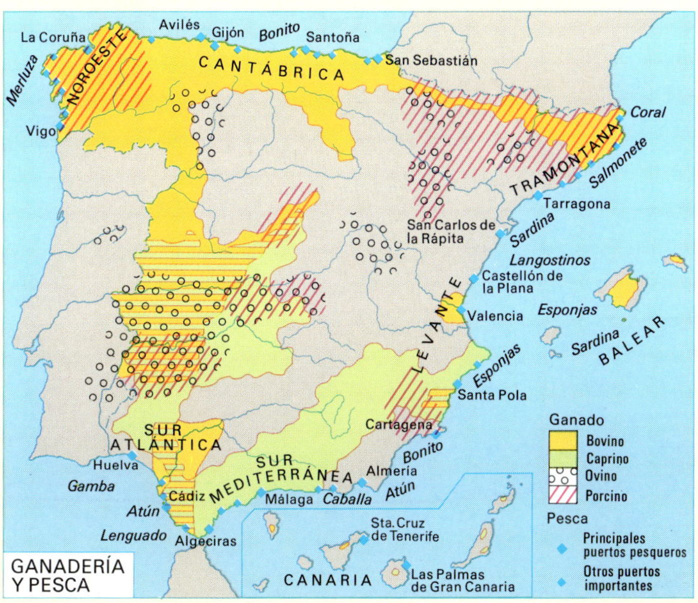

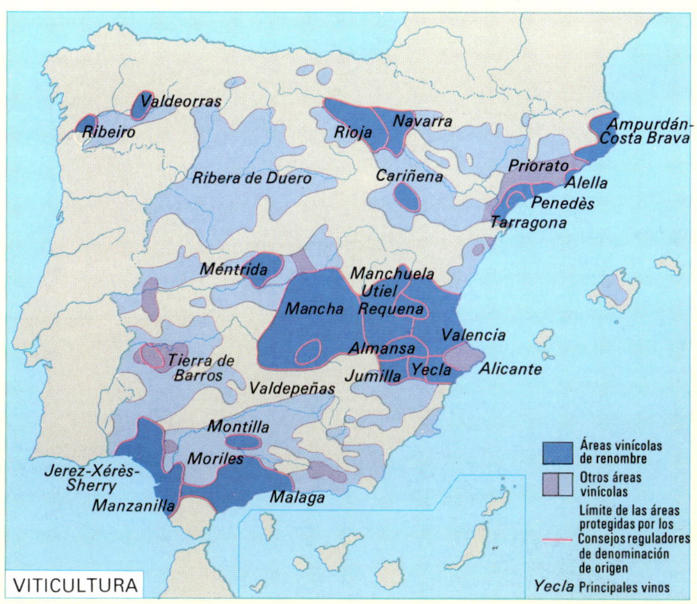

1:12 000 000

CARRETERAS Y AUTOPISTAS

FERROCARRILES

FERROCARRILES - DENSIDAD DE CARGA

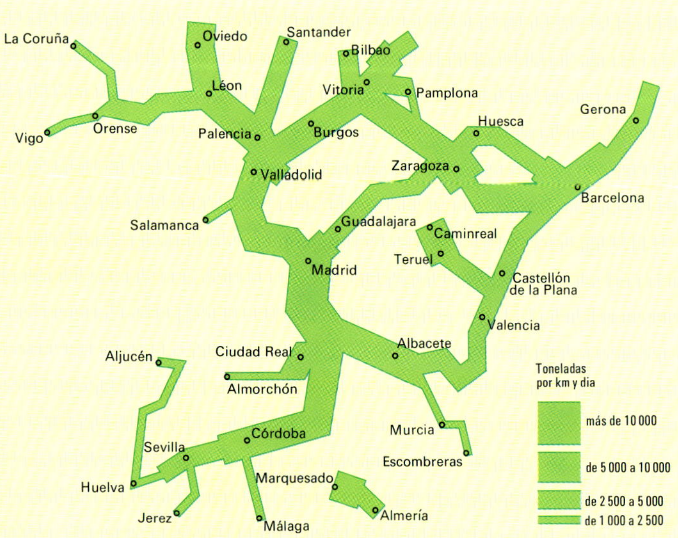

DISTRIBUCIÓN DEL TRÁFICO

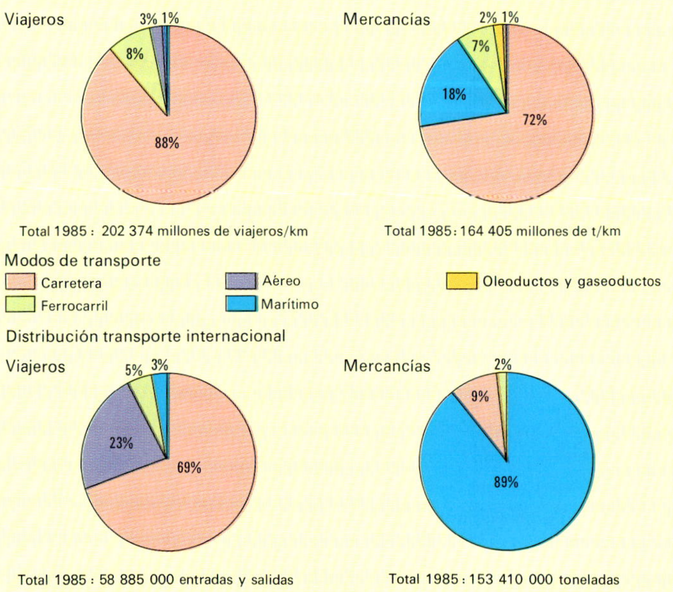

LÍNEAS AÉREAS

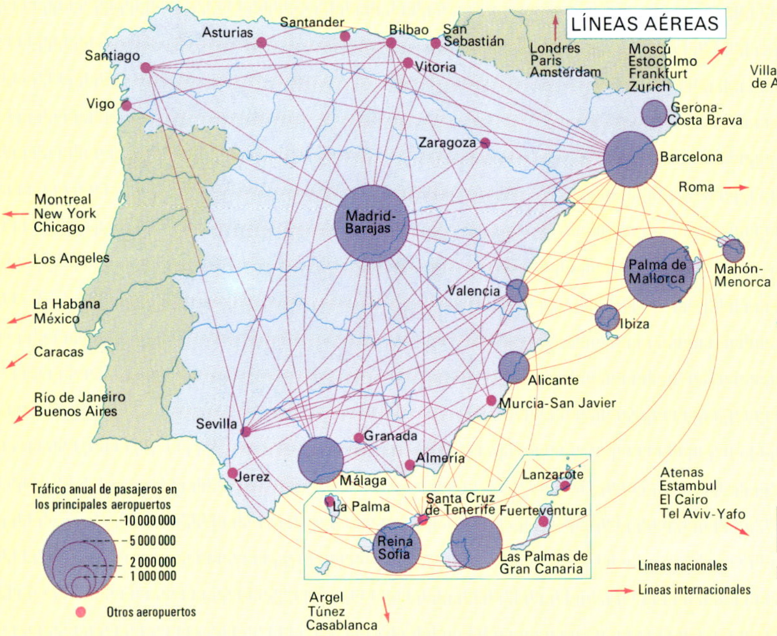

TRÁFICO MARÍTIMO

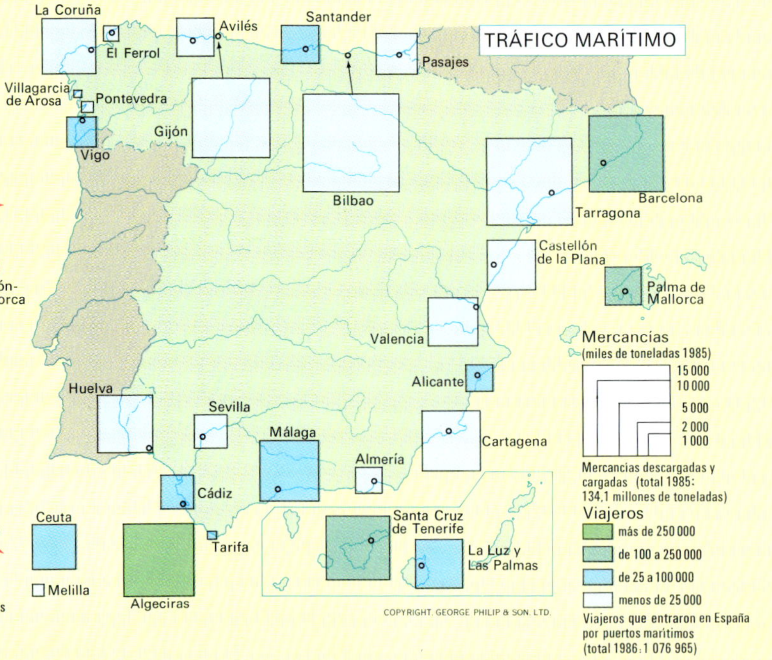

ALOJAMIENTOS TURÍSTICOS

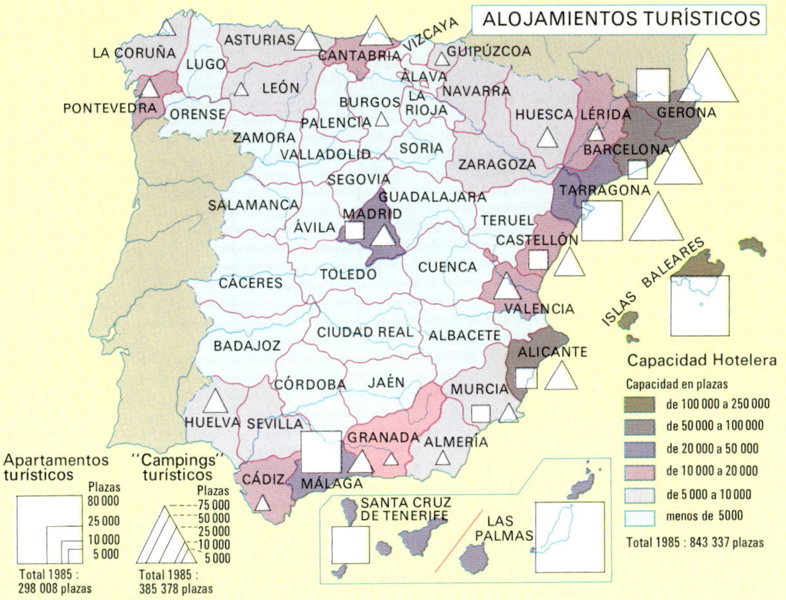

ATRACCIONES TURÍSTICAS

Puntos de Entrada (miles de turistas, 1986)

1. La Junquera (ctra.)	8 785	8. Las Palmas (aerop.)	1 473	14. Irún (ferroc.)	1 199
2. Irún (ctra.)	4 003	9. Santa Cruz de Tenerife (aerop.)	1 438	15. Dancharinea (ctra.)	1 178
3. Palma (aerop.)	3 523	10. Badajoz-Caya (ctra.)	1 369	16. Ayamonte (ctra.)	1 090
4. F. de Oñoro (ctra.)	2 003	11. Ceuta - Tarajal (ctra.)	1 352	17. Alicante (aerop.)	1 038
5. Tuy-Puente (ctra.)	1 936	12. Feces de Abajo (ctra.)	1 332	18. Ibiza (aerop.)	952
6. Málaga (aerop.)	1 704	13. Les (ctra.)	1 236	19. Port-Bou (ferroc.)	800
7. Madrid (aerop.)	1 589			20. Seo de Urgel (ctra.)	793

PROCEDENCIA DE LOS TURISTAS

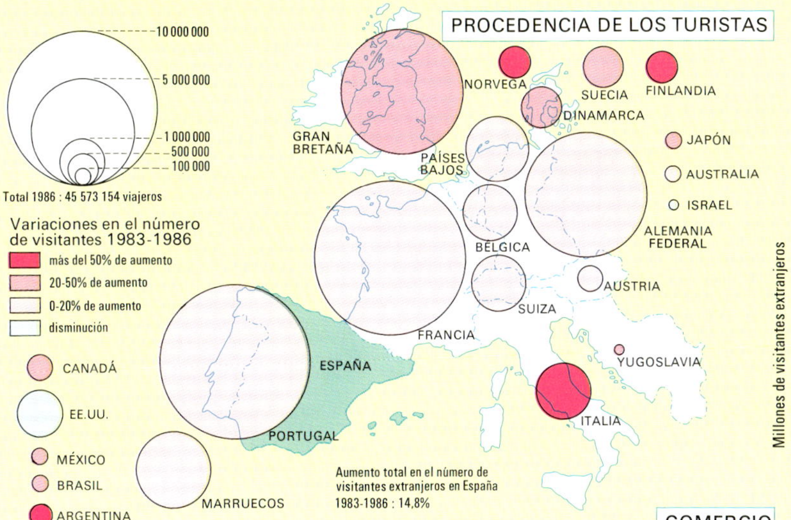

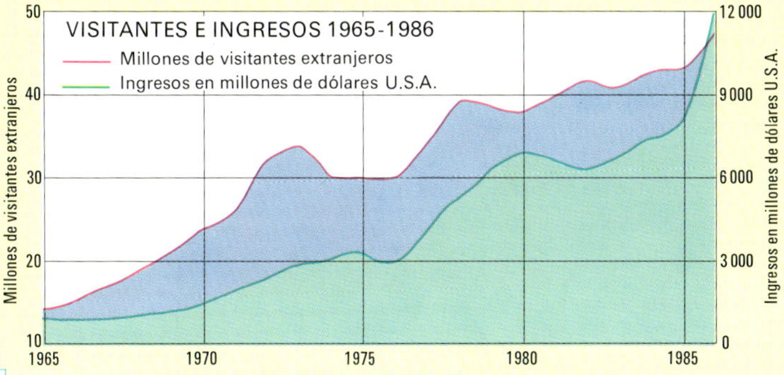

COMERCIO

Comercio exterior de España según valor de la mercancía, 1986

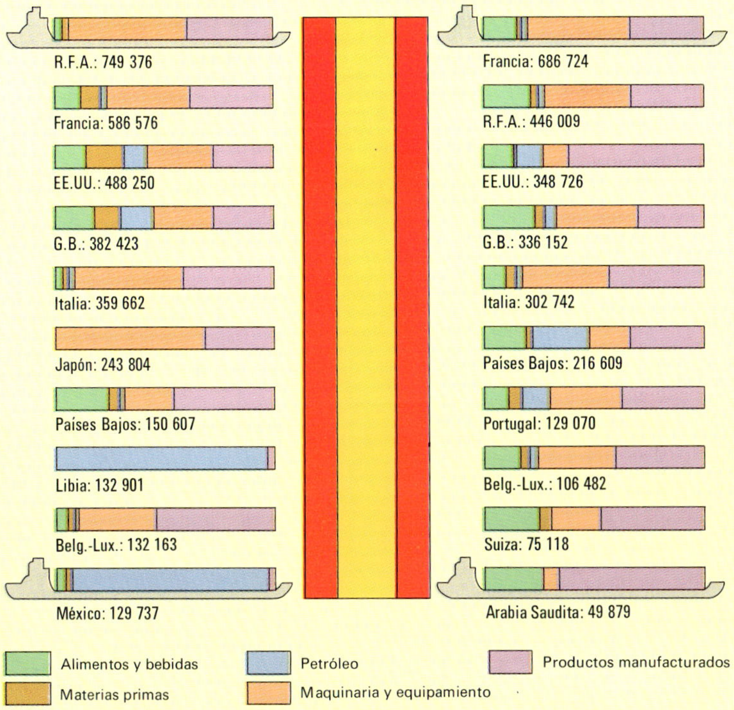

Comercio Español por grupos de países y tipos de mercancia
(Los porcentajes se refieren al valor de las transacciones comerciales)

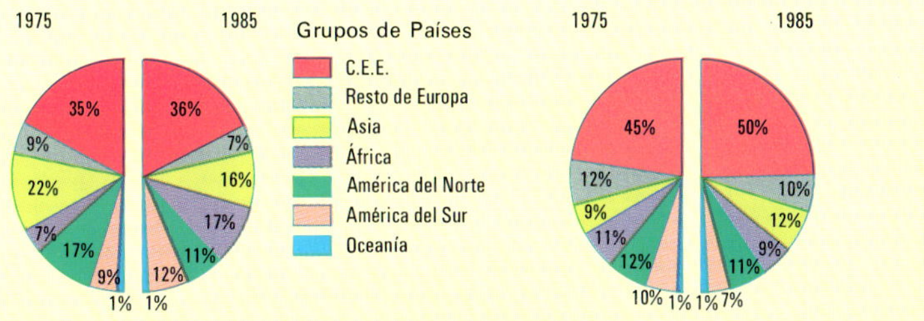

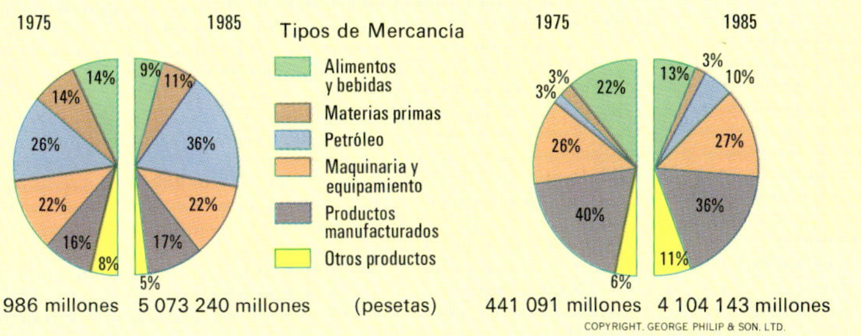

GALICIA

Extensión: 29.434 km²
Capital: Santiago de Compostela
Población: 2.731.669 hab.
Densidad: 92'8 hab./km²
Renta per capita: 479.066 ptas.

A CORUÑA - LA CORUÑA

Extensión: 7.876 km²
Capital: A Coruña - La Coruña (246.953 hab.)
Población: 1.096.966 hab.
Densidad: 139'2 hab./km²

LUGO

Extensión: 9.803 km²
Capital: Lugo (83.242 hab.)
Población: 384.365 hab.
Densidad: 39'2 hab./km²

OURENSE - ORENSE

Extensión: 7.278 km²
Capital: Ourense - Orense (102.758 hab.)
Población: 353.491 hab.
Densidad: 48'5 hab./km²

PONTEVEDRA

Extensión: 4.477 km²
Capital: Pontevedra (71.491 hab.)
Población: 896.847 hab.
Densidad: 200 hab./km²

PRINCIPADO DE ASTURIAS

Extensión: 10.565 km²
Capital: Oviedo (196.051 hab.)
Población: 1.093.937 hab.
Densidad: 103'5 hab./km²
Renta per capita: 576.000 ptas.

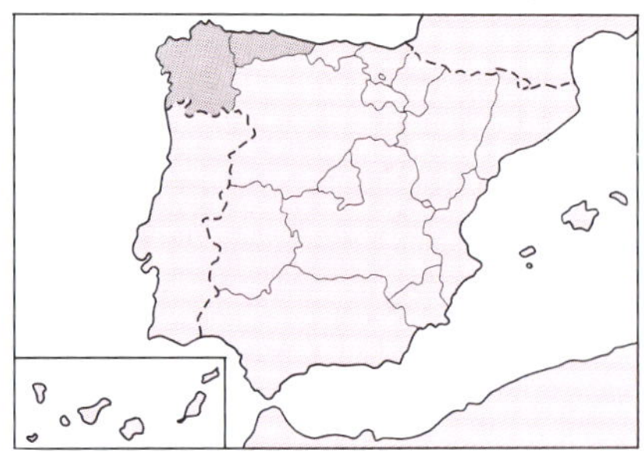

1:1 500 000

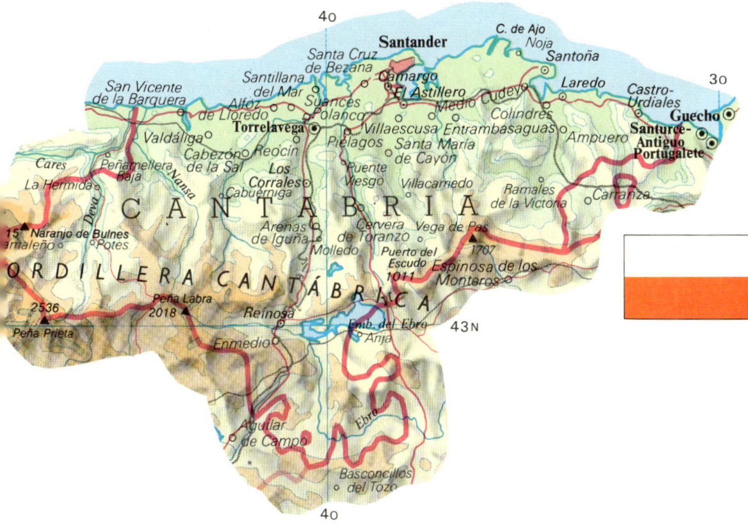

CANTABRIA

Extensión: 5.289 km²
Capital: Santander (191.079 hab.)
Población: 527.326 hab.
Densidad: 99'7 hab./km²
Renta per capita: 573.923 ptas.

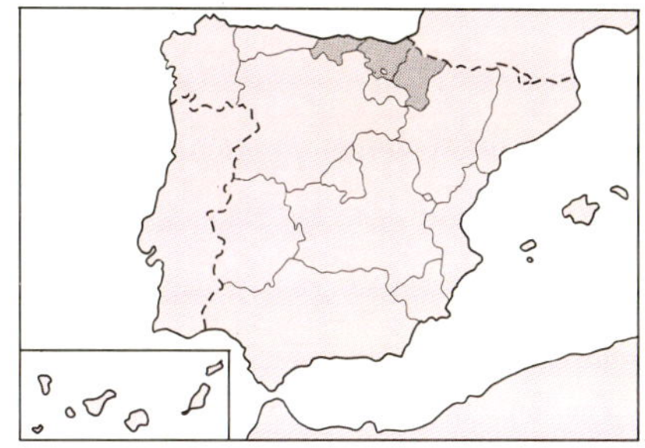

COMUNIDAD FORAL DE NAVARRA

Extensión: 10.421 km²
Capital: Pamplona (180.372hab.)
Población: 519277 hab.
Densidad: 49'8 hab./km²
Renta per capita: 656.204 ptas.

EUSKADI - PAÍS VASCO

Extensión: 7.261 km²
Capital: Gasteiz - Vitoria
Población: 2.104.041 hab.
Densidad: 289'7 hab./km²
Renta per capita: 699.097 ptas.

ARABA - ÁLAVA

Extensión: 3.047 km²
Capital: Gasteiz - Vitoria (206.116 hab.)
Población: 272.447 hab.
Densidad: 89'4 hab./km²

GUIPUZKOA - GUIPUZCOA

Extensión: 1.997 km²
Capital: Donostia - San Sebastian (171.439 hab.)
Población: 676.488 hab.
Densidad: 338'7 hab./km²

BIZKAIA - VIZCAYA

Extensión: 2.217 km²
Capital: Bilbo - Bilbao (369.839 hab.)
Población: 1.555.106 hab.
Densidad: 521 hab./km²

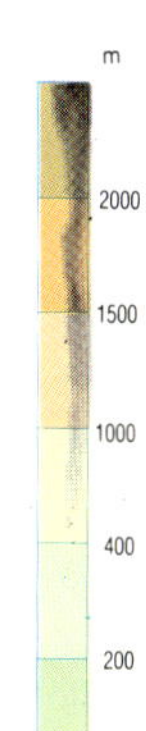

1:1 500 000

10 0 10 20 30 40 50 60 km

ARAGÓN

Extensión: 47.650 km²
Capital: Zaragoza
Población: 1.184.089 hab.
Densidad: 24'9 hab./km²
Renta per capita: 597.930 ptas.

HUESCA

Extensión: 15.613 km²
Capital: Huesca (44.165 hab.)
Población: 207.810 hab.
Densidad: 13'3 hab./km²

TERUEL

Extensión: 14.785 km²
Capital: Teruel (28.487 hab.)
Población: 143.680 hab.
Densidad: 9'7 hab./km²

ZARAGOZA

Extensión: 17.252 km²
Capital: Zaragoza (594.394 hab.)
Población: 837.327 hab.
Densidad: 48'5 hab./km²

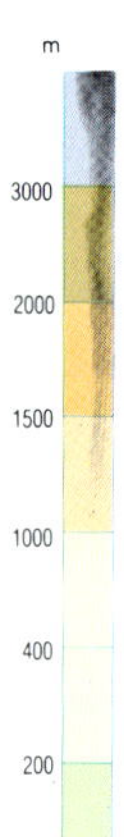

CATALUNYA - CATALUÑA

Extensión: 31.930 km²
Capital: Barcelona
Población: 6.059.494 hab.
Densidad: 189'7 hab./km²
Renta per capita: 679.420 ptas.

LLEIDA

Extensión: 12.028 km²
Capital: Lleida (112.093 hab.)
Población: 353.455 hab.
Densidad: 29'3 hab./km²

GIRONA

Extensión: 5.886 km²
Capital: Girona (68.656 hab.)
Población: 509. 628 hab.
Densidad: 86'5 hab./km²

BARCELONA

Extensión: 7.733 km²
Capital: Barcelona (1.643.542 hab.)
Población: 4.654.407 hab.
Densidad: 601 hab./km²

TARRAGONA

Extensión: 6.283 km²
Capital: Tarragona (110.153 hab.)
Población: 542.004 hab.
Densidad: 86'2 hab./km²

BALEARS - ISLAS BALEARES

Extensión: 5.014 km²
Capital: Palma de Mallorca (296.754 hab.)
Población: 709.138 hab.
Densidad: 141'4 hab./km²
Renta per capita: 715.902 ptas.

SALAMANCA

Extensión: 12.336 km²
Capital: Salamanca (152.833 hab.)
Población: 357.801 hab.
Densidad: 29 hab./km²

ÁVILA

Extensión: 8.048 km²
Capital: Ávila (45.977 hab.)
Población: 174.378 hab.
Densidad: 21'6 hab./km²

SEGOVIA

Extensión: 6.949 km²
Capital: Segovia (53.397 hab.)
Población: 147.188 hab.
Densidad: 21'1 hab./km²

1:1 500 000

10 0 10 20 30 40 50 60 km

CASTILLA Y LEÓN

Extensión: 94.193 km²
Capital: Valladolid
Población: 2.545.926 hab.
Densidad: 27 hab./km²
Renta per capita: 516.154 ptas.

LEÓN

Extensión: 15.468 km2
Capital: León (134.021 hab.)
Población: 525.896 hab.
Densidad: 33'9 hab./km2

BURGOS

Extensión: 14.309 km2
Capital: Burgos (160.278 hab.)
Población: 352.772 hab.
Densidad: 24'6 hab./km2

PALENCIA

Extensión: 8.035 km2
Capital: Palencia (77.863 hab.)
Población: 185.479 hab.
Densidad: 23 hab./km2

VALLADOLID

Extensión: 8.202 km2
Capital: Valladolid (330.700 hab.)
Población: 494.207 hab.
Densidad: 60'2 hab./km2

ZAMORA

Extensión: 10.559 km2
Capital: Zamora (60.364 hab.)
Población: 213.668 hab.
Densidad: 20 hab./km2

SORIA

Extensión: 10.287 km2
Capital: Soria (32.360 hab.)
Población: 94.537 hab.
Densidad: 9'8 hab./km2

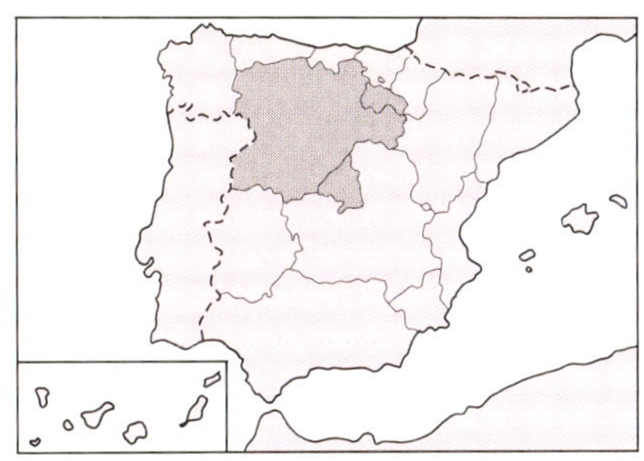

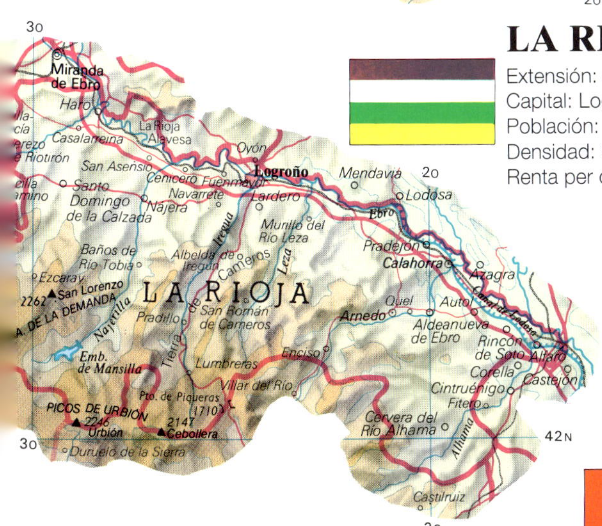

LA RIOJA

Extensión: 5.034 km²
Capital: Logroño (122.254 hab.)
Población: 263.434 hab.
Densidad: 52'3 hab./km²
Renta per capita: 676.240 ptas.

COMUNIDAD DE MADRID

Extensión: 7.995 km²
Capital: Madrid (3.010.492 hab.)
Población: 4.947.555 hab.
Densidad: 618'8 hab./km²
Renta per capita: 671.919 ptas.

CASTILLA - LA MANCHA

Extensión: 79.230 km²
Capital: Toledo
Población: 1.658.446 hab.
Densidad: 20'9 hab./km²
Renta per capita: 454.430 ptas.

GUADALAJARA

Extensión: 12.190 km²
Capital: Guadalajara (63.649 hab.)
Población: 145.593 hab.
Densidad: 11'9 hab./km²

TOLEDO

Extensión: 15.368 km²
Capital: Toledo (59.802 hab.)
Población: 489.543 hab.
Densidad: 31'8 hab./km²

CUENCA

Extensión: 17.061 km²
Capital: Cuenca (42.817 hab.)
Población: 205.198 hab.
Densidad: 12 hab./km²

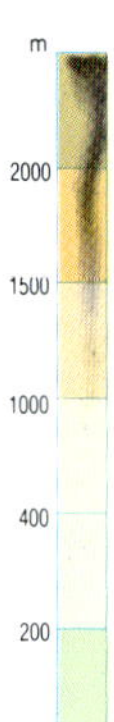

CIUDAD REAL

Extensión: 19.749 km²
Capital: Ciudad Real (57.030 hab.)
Población: 475.435 hab.
Densidad: 24 hab./km²

ALBACETE

Extensión: 14.862km²
Capital: Albacete (130.023 hab.)
Población: 342.677 hab.
Densidad: 23 hab./km²

1:1 500 000

10 0 10 20 30 40 50 60 km

COMUNITAT VALENCIANA - COMUNIDAD VALENCIANA

Extensión: 23.305 km²
Capital: València - Valencia
Población: 3.857.234 hab.
Densidad: 165'5 hab./km²
Renta per capita: 561'622 ptas.

CASTELLÓ - CASTELLÓN

Extensión: 6.679 km²
Capital: Castelló de la Plana - Castellón de la Plana (134.213 hab.)
Población: 446.744 hab.
Densidad: 66'8 hab./km²

VALÈNCIA - VALENCIA

Extensión: 10.763 km²
Capital: València - Valencia (752.909 hab.)
Población: 2.117.927 hab.
Densidad: 196'7 hab./km²

ALACANT - ALICANTE

Extensión: 5.863 km²
Capital: Alacant - Alicante (265.473 hab.)
Población: 1.292.563 hab.
Densidad: 220'4 hab./km²

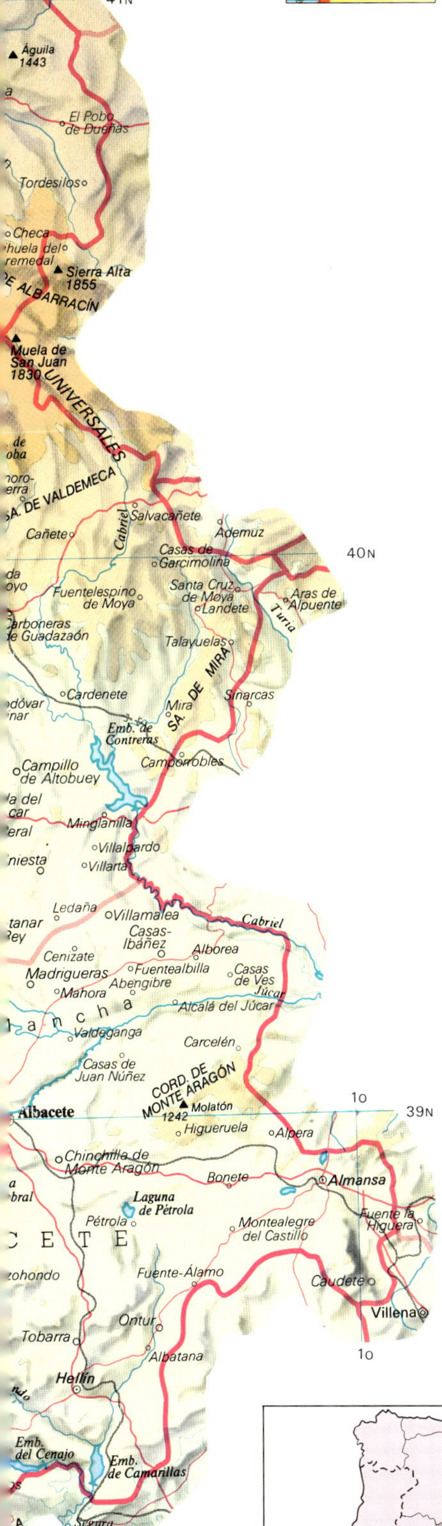

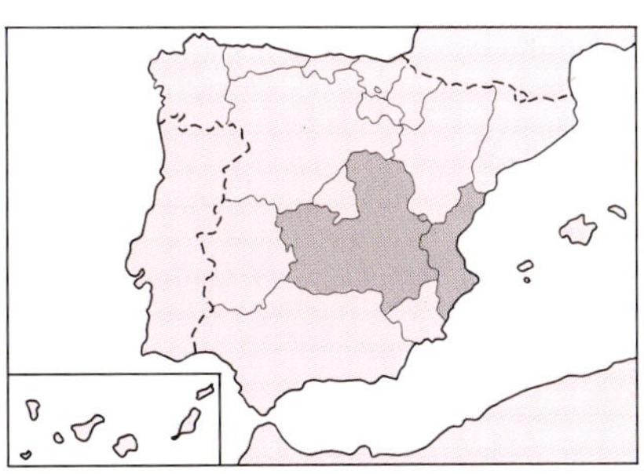

ANDALUCÍA

Extensión: 87.268 km²
Capital: Sevilla
Población: 6.940.522 hab.
Densidad: 79'5 hab./km²
Renta per capita: 430.109 ptas.

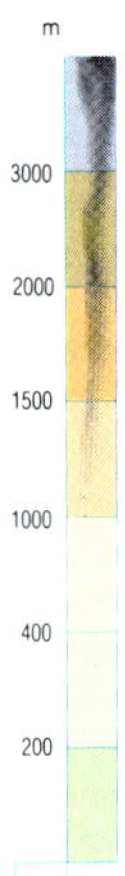

HUELVA

Extensión: 10.085 km²
Capital: Huelva (142.547 hab.)
Población: 443.476 hab.
Densidad: 43'9 hab./km²

CÁDIZ

Extensión: 7.385 km²
Capital: Cádiz (154.347 hab.)
Población: 1.078.404 hab.
Densidad: 146 hab./km²

1:1 500 000

10 0 10 20 30 40 50 60 km

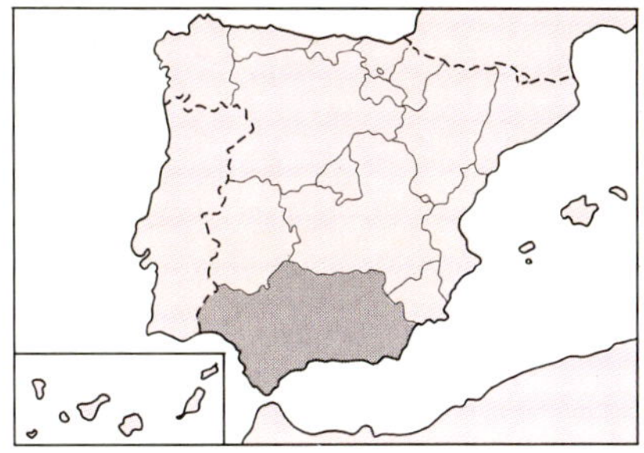

SEVILLA
Extensión: 14.001 km^2
Capital: Sevilla (683.028 hab.)
Población: 1.616.703 hab.
Densidad: 115'6 hab./km^2

CÓRDOBA
Extensión: 13.718 km^2
Capital: Córdoba (302.154 hab.)
Población: 754.452 hab.
Densidad: 54'9 hab./km^2

JAÉN
Extensión: 13.498 km^2
Capital: Jaén (103.260hab.)
Población: 637.632 hab.
Densidad: 47'2 hab./km^2

MÁLAGA
Extensión: 7.288 km^2
Capital: Málaga (522.108 hab.)
Población: 1.160.843 hab.
Densidad: 159'5 hab./km^2

GRANADA
Extensión: 12.531 km^2
Capital: Granada (255.212 hab.)
Población: 790.515 hab.
Densidad: 63 hab./km^2

ALMERÍA
Extensión: 8.774 km^2
Capital: Almería (155.120 hab.)
Población: 455.496 hab.
Densidad: 51'9 hab./km^2

EXTREMADURA

Extensión: 41.602 km²
Capital: Mérida
Población: 1.061.852 hab.
Densidad: 25'5 hab./km²
Renta per capita: 341'173 ptas.

BADAJOZ

Extensión: 21.657 km²
Capital: Badajoz (122.225 hab.)
Población: 650.388 hab.
Densidad: 30 hab./km²

CÁCERES

Extensión: 19.945 km²
Capital: Cáceres (74.589 hab.)
Población: 411.464 hab.
Densidad: 20'6 hab./km²

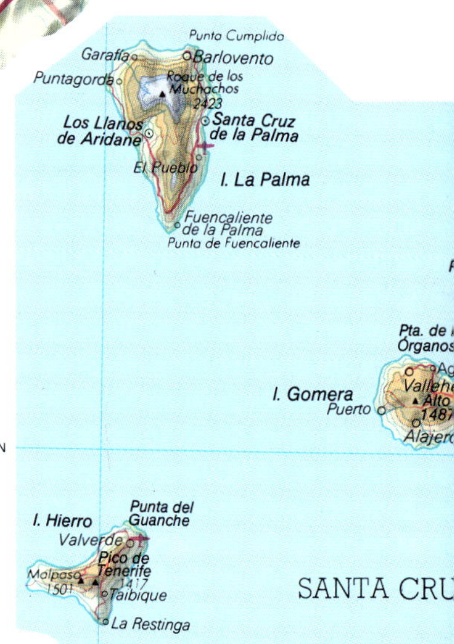

REGIÓN DE MURCIA

Extensión: 11.317 km²
Capital: Murcia (328.100)
Población: 1.045.601 hab.
Densidad: 92'3 hab./km²
Renta per capita: 523.669 ptas.

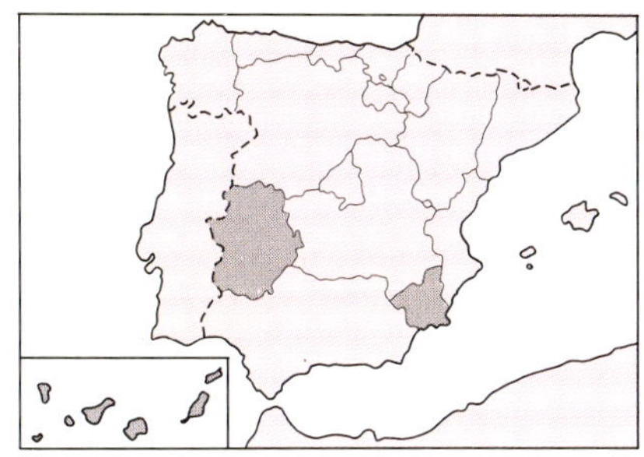

LAS PALMAS

Extensión: 4.072 km²
Capital: Las Palmas (354.877 hab.)
Población: 767.969 hab.
Densidad: 188'5 hab./km²

SANTA CRUZ DE TENERIFE

Extensión: 3.170 km²
Capital: Santa cruz de Tenerife (200.172 hab.)
Población: 725.815 hab.
Densidad: 228'9 hab./km²

ISLAS CANARIAS

Extensión: 7.242 km²
Capital: Las Palmas / Santa Cruz de Tenerife
Población: 1.493.784 hab.
Densidad: 206'2 hab./km²
Renta per capita: 543'534 ptas.

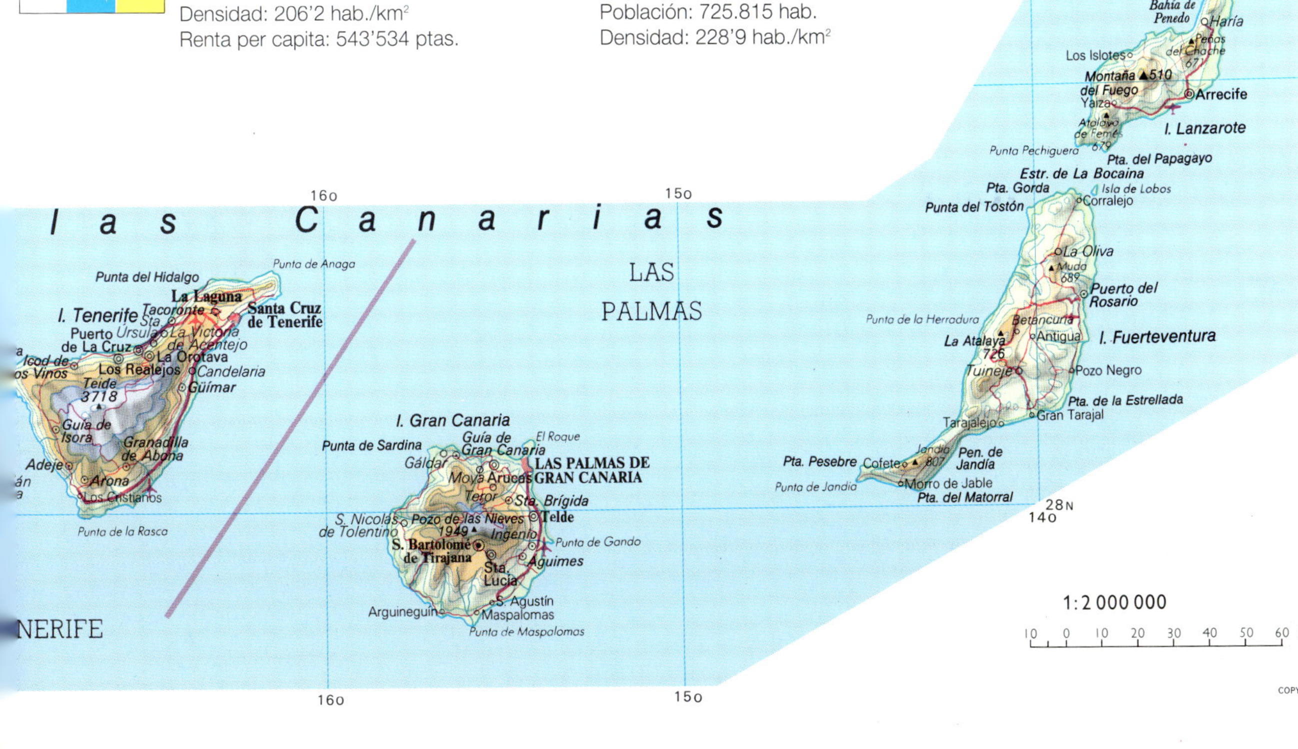

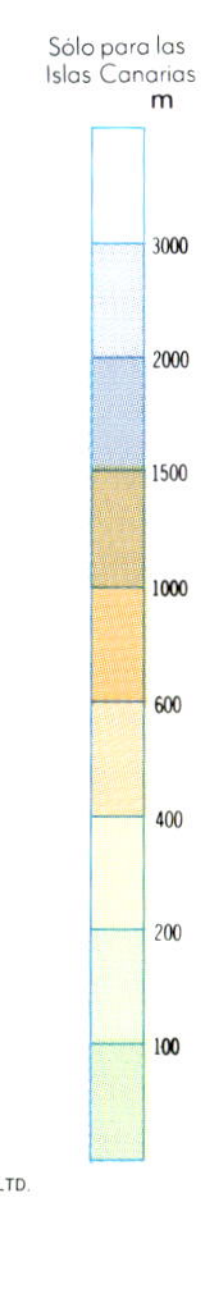

1:2 500 000

10 0 10 20 30 40 50 60 70 80 90 100 km

1:4 000 000

50 0 50 100 150 km

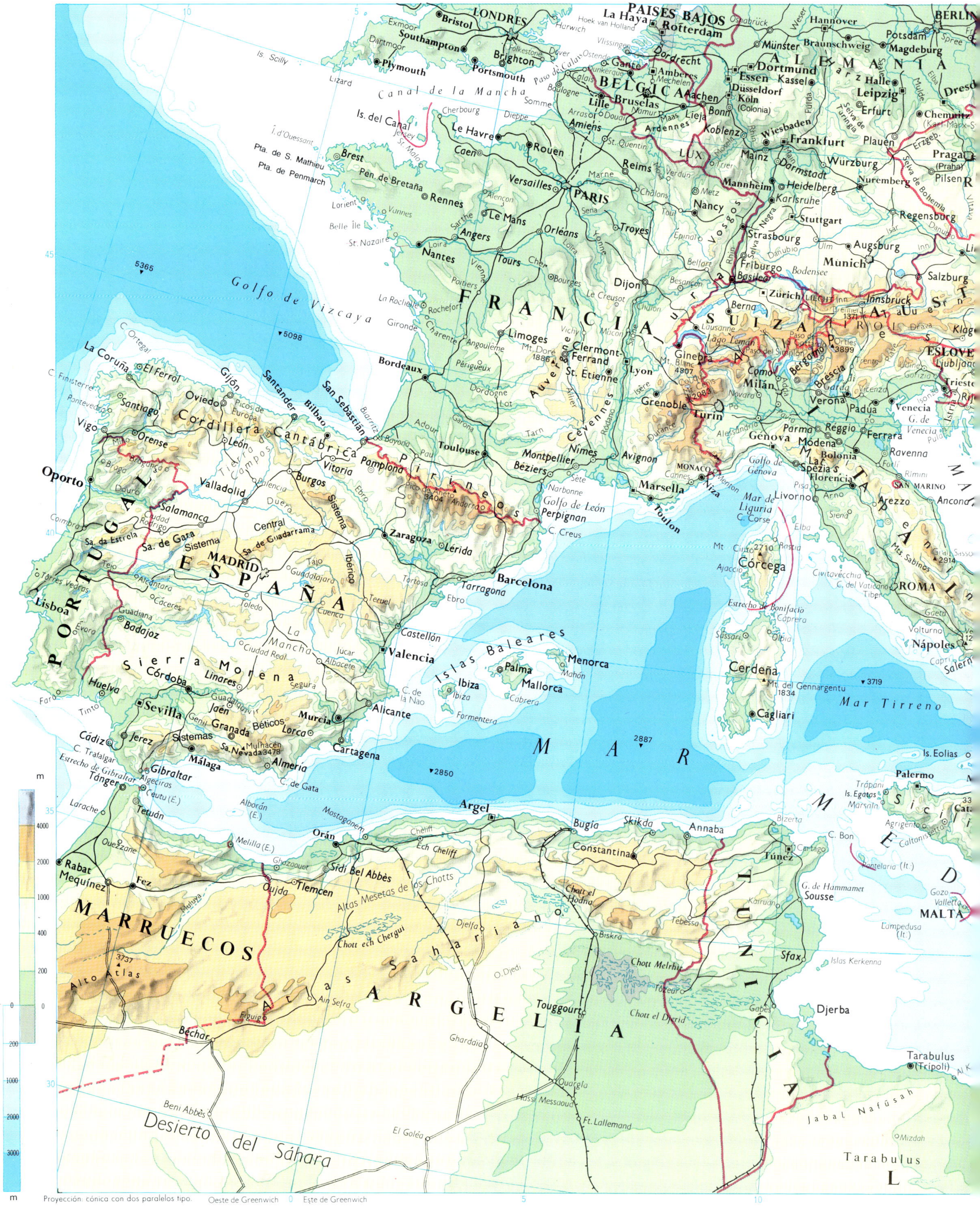

Proyección: cónica con dos paralelos tipo. Oeste de Greenwich 0 Este de Greenwich

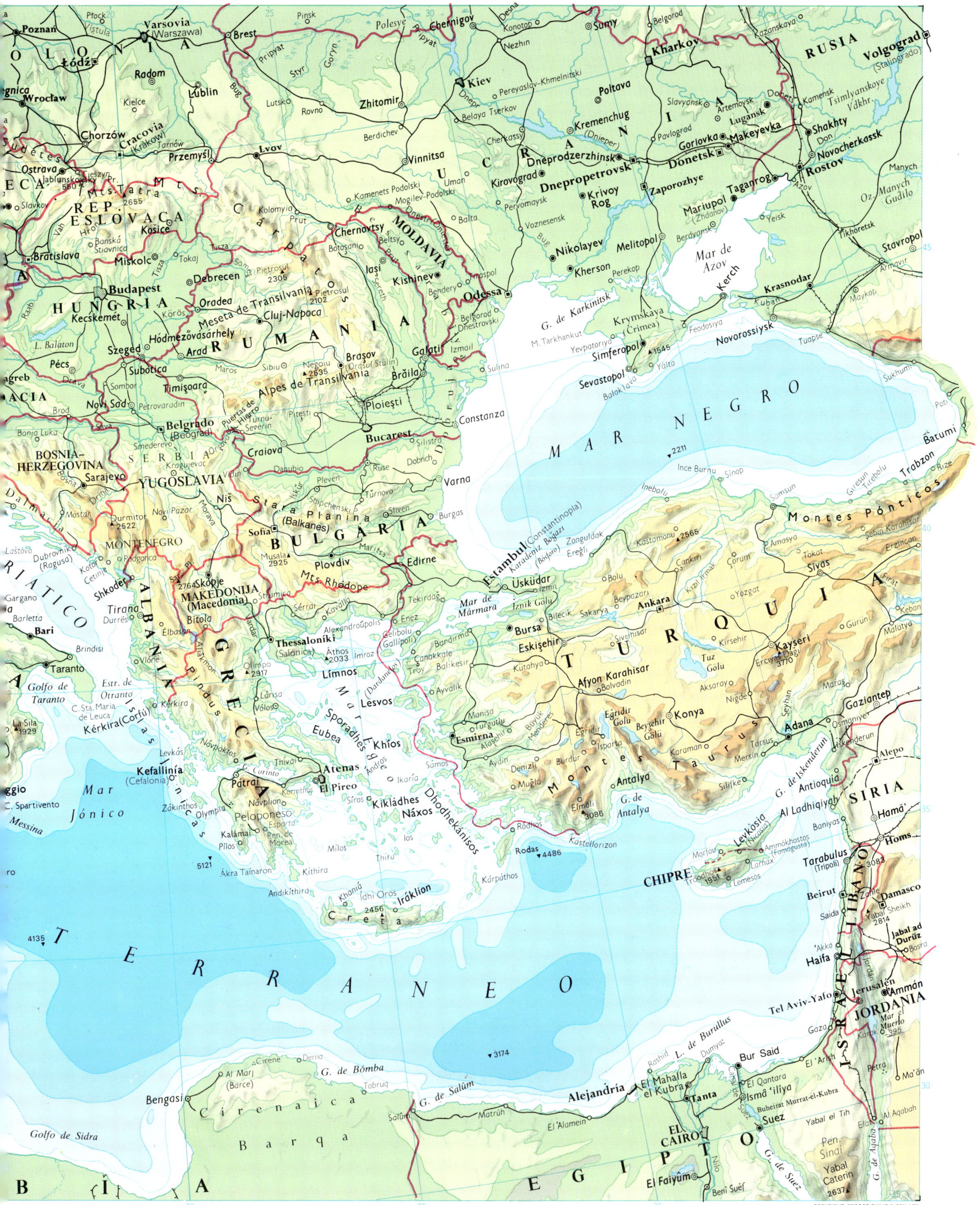
Poznań
Płock
Varsovia (Warszawa)
Brest
Pinsk
Polesye
Chernigov
Konotop
Sumy
Belgorod
Kharkov
RUSIA
Volgograd (Stalingrado)
Łódź
Radom
Kielce
Lublin
Wrocław
Zhitomir
Kiev
Poltava
Lutsk
Rovno
Berdichev
Belaya Tserkov
Kremenchug
Chorzów
Cracovia (Kraków)
Przemyśl
Lvov
Vinnitsa
Cherkassy
Dneprodzerzhinsk
Dnepropetrovsk
Donetsk
Makeyevka
Gorlovka
Lugansk
Shakhty
Novocherkassk
Rostov
Taganrog
Zaporozhye
Krivoy Rog
Kirovograd
Ostrava
Mts. Tatra
REP. ESLOVACA
Košice
Kamenets Podolski
Mogilev-Podolski
Uman
Balta
Chernovtsy
MOLDAVIA
Beltsy
Iaşi
Kishinev
Tiraspol
Bendery
Odessa
Nikolayev
Kherson
Melitopol
Mariupol (Zhdanov)
Berdyansk
Mar de Azov
Kerch
Krasnodar
Stavropol
Bratislava
Miskolc
Debrecen
Budapest
HUNGRIA
Kecskemét
Oradea
Meseta de Transilvania
Cluj-Napoca
Hódmezővásárhely
Szeged
Arad
RUMANIA
L. Balaton
Pécs
Subotica
Timişoara
Braşov
Alpes de Transilvania
Galaţi
Brăila
Izmail
Sulina
Ploieşti
Bucarest
Constanza
Novi Sad
Belgrado (Beograd)
Craiova
Sevastopol
Simferopol
Yalta
Novorossiysk
Feodosiya
Tuapse
Sukhumi
Poti
Batumi
MAR NEGRO
BOSNIA-HERZEGOVINA
Sarajevo
SERBIA
YUGOSLAVIA
Niš
Stara Planina (Balkanes)
BULGARIA
Sofia
Varna
Burgas
Plovdiv
Edirne
Mts. Rhodope
MONTENEGRO
Durmitor 2522
Dubrovnik (Ragusa)
Shkodër
Tirana
Skopje
MAKEDONIJA (Macedonia)
ALBANIA
Bitola
Thessaloníki (Salónica)
Estambul (Constantinopla)
Üsküdar
Zonguldak
Ince Burnu
Sinop
Samsun
Trabzon
Montes Pónticos
Kastamonu
Sivas
Ankara
Bursa
Eskişehir
Mar de Mármara
Límnos
Lesvos
GRECIA
Larisa
Vólos
Khíos
Esmirna
Afyon Karahisar
TURQUIA
Kayseri
Erciyas Daği 3770
Tuz Gölü
Konya
Adana
Gaziantep
Alepo
Mar Egeo
Sporadhes
Eubea
Atenas
El Pireo
Patrai
Peloponeso
Kefallinía (Cefalonia)
Kérkira (Corfú)
Kikládhes
Náxos
Dhodhekánisos
Rodas
Montes Tauro
Antalya
G. de Antalya
CHIPRE
Levkosia (Nicosia)
SIRIA
Hamá
Homs
Tarabulus (Trípoli)
LIBANO
Beirut
Damasco
Haifa
ISRAEL
Tel Aviv-Yafo
Jerusalén
Ammán
JORDANIA
Bari
Taranto
Golfo de Taranto
Mar Jónico
Irákleion
Creta
MEDITERRANEO
Bengasi
Cirenaica
Barqa
Golfo de Sidra
Alejandría
Bur Said
Suez
EL CAIRO
EGIPTO
El Faiyûm
Nilo
G. de Suez
G. de Aqaba
Pen. Sinaí

SUIZA
Genève
Lyon
Grenoble
Torino (Turin)
Milano (Milan)
Bergamo
Brescia
Verona
Vicenza
Padova (Padua)
Venezia (Venecia)
Golfo de Venecia
Trieste
Udine
Ljubljana
Zagreb
Rijeka
Klagenfurt
Maribor
Trento
Bolzano
Mantova (Mantua)
Cremona
Pavia
Piacenza
Alessándria
Génova
Golfo de Génova
La Spézia
Parma
Réggio
Módena
Bologna
Ferrara
Ravenna
Forlì
Rímini
SAN MARINO
Pésaro
Ancona
Firenze (Florencia)
Prato
Pistóia
Lucca
Pisa
Livorno
Siena
Arezzo
Perúgia
Terni
Pescara
L'Aquila
ROMA
Nice
Cannes
Toulon
Marseille
Avignon
Aix
MONACO
MAR DE LIGURIA
CORCEGA (Fr.)
Ajaccio
Bastia
CERDEÑA (Ital.)
Sássari
Cágliari
Nùoro
Oristano
MAR TIRRENO
MAR ADRIATICO
Fóggia
Bari
Tàranto
Nápoli (Nápoles)
Salerno
Potenza
BASILICATA
Cosenza
Catanzaro
Réggio
Messina
Palermo
Trápani
Catania
Siracusa
Ragusa
Caltanissetta
Etna 3340
Pantelleria (Ital.)
Lampedusa (Ital.)
Valletta
MALTA
AFRICA
MALTA
1:1 000 000
Gozo (Ghawdex)
Comino (Kemmuna)
Valletta
S.E. EUROPA
POLITICA
1:25 000 000
FRANCIA
SUIZA
AUSTRIA
HUNGRIA
RUMANIA
ESLOVENIA
CROACIA
BOSNIA-HERZ.
YUGOSLAVIA
BULGARIA
ALBANIA
MAK.
GRECIA
TURQUIA
ITALIA
MAR ADRIATICO
MAR EGEO
MAR MEDITERRANEO
Córcega (Fr.)
Sicilia
MALTA
Creta
m
4000
3000
2000
1500
1000
400
200
0

1:5 000 000

50 0 50 100 150 200 km

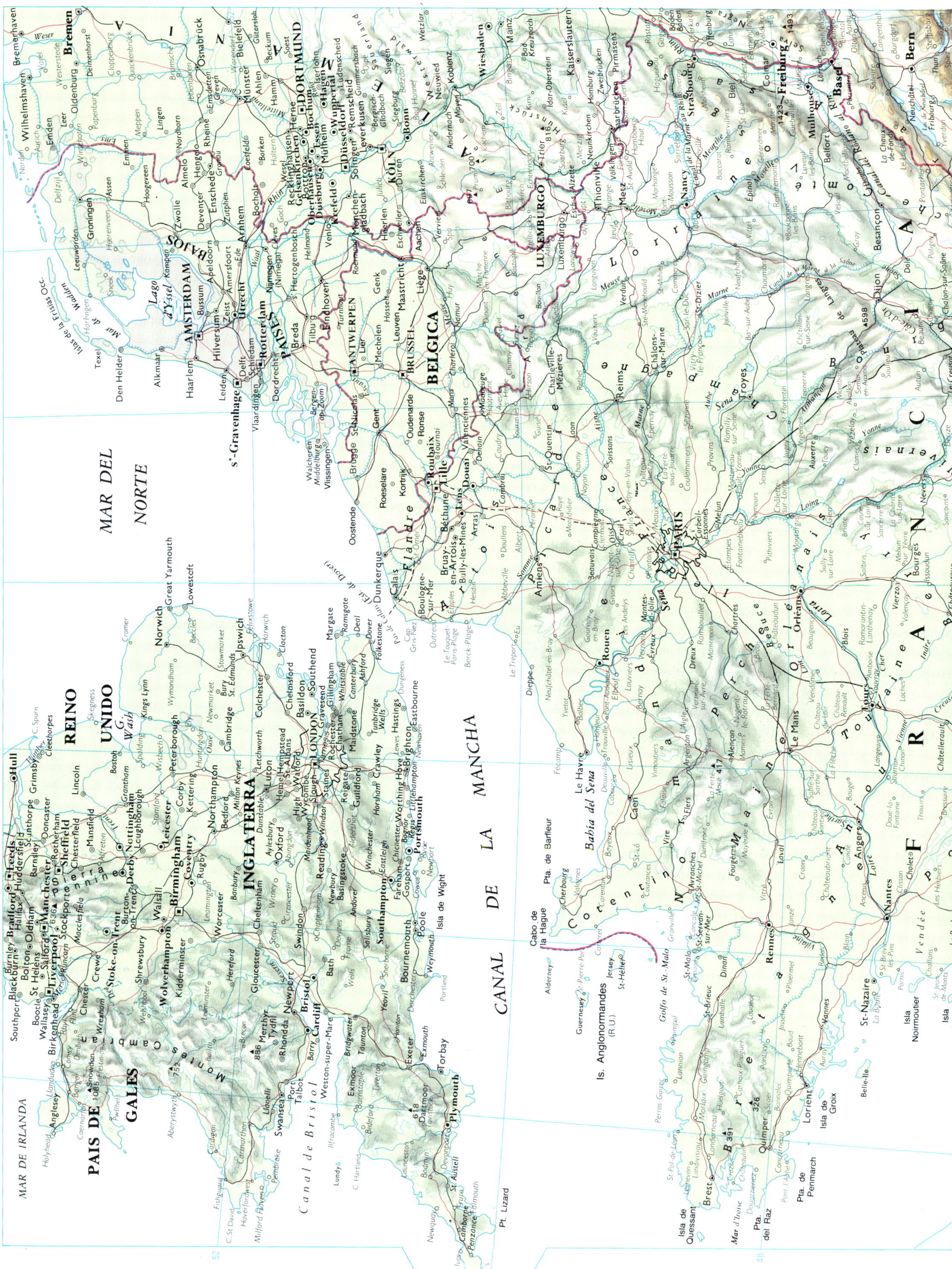
MAR DEL NORTE
MAR DE IRLANDA
REINO UNIDO
INGLATERRA
PAIS DE GALES
CANAL DE LA MANCHA
Canal de Bristol
PAISES BAJOS
BELGICA
LUXEMBURGO
AMSTERDAM
Lago d'Yssel
Mar de Wadden
Islas de la Frisias Occ.
's-Gravenhage
Rotterdam
BRUSSEL
ANTWERPEN
LONDON
PARIS
Birmingham
Manchester
Liverpool
Leeds
Sheffield
Bristol
Cardiff
Plymouth
Southampton
Portsmouth
Isla de Wight
Is. Anglonormandes (R.U.)
Golfo de St.-Malo
Bahía del Sena
Cabo de la Hague
Pta. de Barfleur
Isla de Ouessant
Isla de Groix
Belle-Ile
Isla Noirmoutier
Pta. de Penmarch
Pta. del Raz
Pt. Lizard
Dunkerque
Calais
Lille
Le Havre
Rouen
Caen
Rennes
Nantes
Brest
Lorient
Le Mans
Tours
Orléans
Reims
Nancy
Metz
Strasbourg
Dijon
Besançon
Mulhouse
Basel
Bern
Freiburg
Köln
Düsseldorf
Dortmund
Essen
Bremen
Wiesbaden
Sena
Loira
Marne
Rhin
F R A N C I A
Flandre
Artois
Picardie
Normandie
Bretagne
Maine
Anjou
Touraine
Orléanais
Champagne
Lorraine
Vosges
Ardennes
Eifel
Hunsrück
Westerwald
Sauerland
Vendée

1:4 000 000

20 0 20 40 60 80 100 120 km

1:2 500 000

10 0 10 20 30 40 50 60 70 80 90 100 km
MAR DEL
NORTE
INGLATERRA
PAISES BAJOS
BELGICA
LUXEMBURGO
FRANCIA
REPUBLICA FEDERAL ALEMANA
WADDENEILANDEN
(FRISIAS OCC.)
(FRISIAS ORIENTALES)
Waddenzee
IJsselmeer
Noordoost-Polder
FLEVOLAND
FRIESLAND
DRENTHE
OVERIJSSEL
GELDERLAND
UTRECHT
NOORD BRABANT
LIMBURG
Schiermonnikoog
Ameland
Terschelling
Vlieland
Texel
Den Burg
Den Helder
Alkmaar
Haarlem
AMSTERDAM
Hilversum
Leiden
'S-GRAVENHAGE
(La Haya)
Hoek van Holland
Delft
ROTTERDAM
Dordrecht
Utrecht
Amersfoort
Apeldoorn
Arnhem
Nijmegen
Zwolle
Kampen
Groningen
Leeuwarden
Emmen
Hengelo
Enschede
Breda
Tilburg
Eindhoven
Venlo
Roermond
Maastricht
Heerlen
Middelburg
Vlissingen
Oostende
Brugge
Gent
Antwerpen
Mechelen
Leuven
BRUSSEL
(Bruselas)
Kortrijk
Tournai
Mons
Charleroi
Namur
Liège
Verviers
Bastogne
Arlon
Luxemburgo
Esch
Diekirch
Emden
Oldenburg
Bremerhaven
Wilhelmshaven
Osnabrück
Münster
DORTMUND
ESSEN
DUISBURG
DÜSSELDORF
Wuppertal
KÖLN
(Colonia)
Bonn
Aachen
Koblenz
Wiesbaden
Mainz
Trier
Saarbrücken
Kaiserslautern
Metz
Nancy
Strasbourg
Thionville
Verdun
Reims
Charleville-Mézières
Sedan
Laon
Soissons
St. Quentin
Amiens
Abbeville
Arras
Lille
Roubaix
Tourcoing
Calais
Dunkerque
Boulogne-sur-Mer
Dover
Lowestoft
Great Yarmouth
PARIS
Versailles
Épernay
Châlons-sur-Marne
St. Dizier
Toul
ARDENAS
Champagne
Proyección: Cónica con dos paralelos tipo
Este de Greenwich
COPYRIGHT GEORGE PHILIP & SON LTD.

1:1 500 000

10 0 10 20 30 40 km

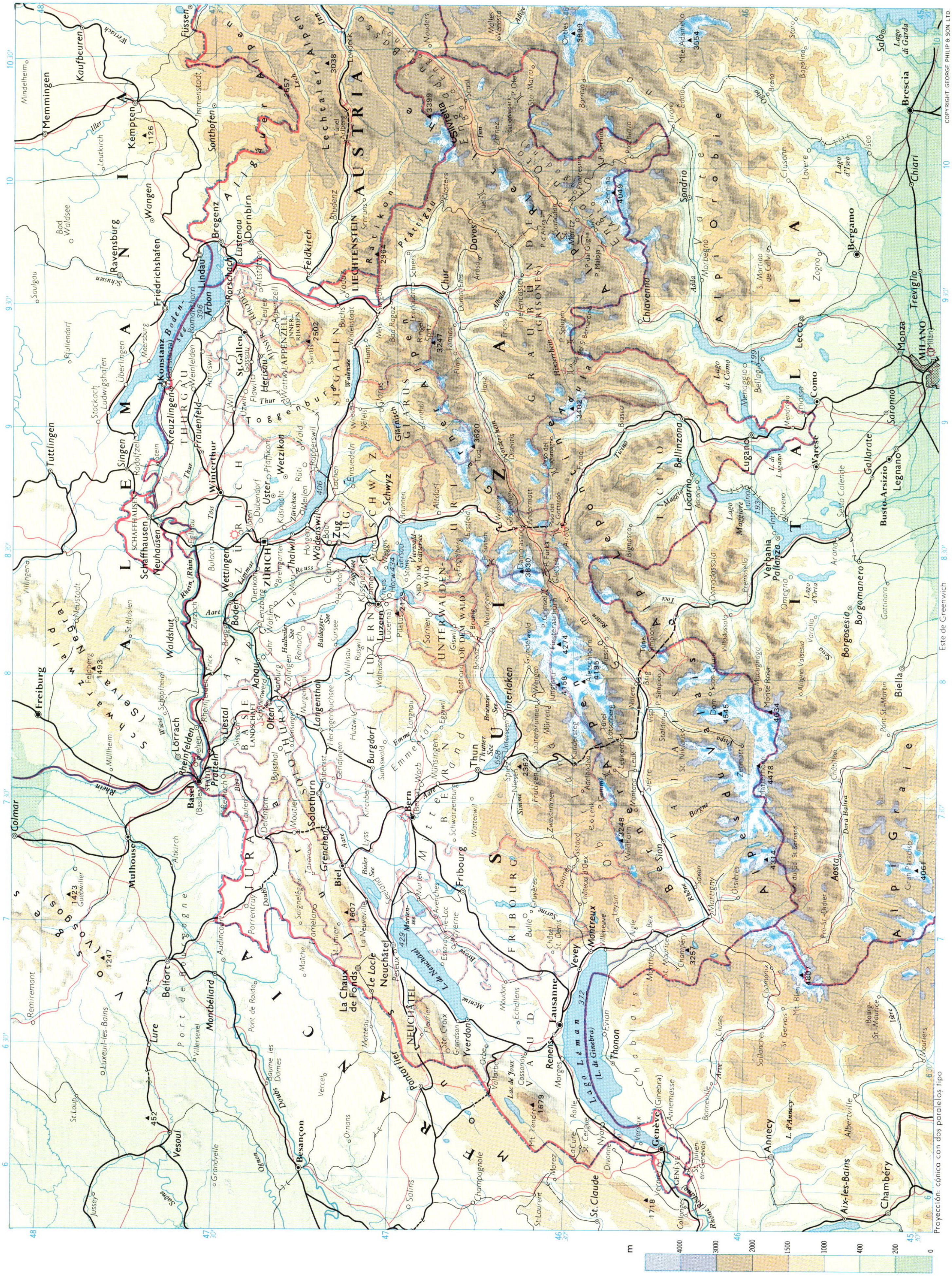

MAR DEL NORTE
MAR BÁLTICO
PAISES BAJOS
BELGICA
LUX.
REPUBLICA FEDERAL ALEMANA
REP. CHECA
AUSTRIA
SUIZA
FRANCIA
ITALIA
ESLOVENIA
CRO
P
HE
MAR ADRIATICO
Golfo de Venecia
Golfo de Génova
Frisias Occ.
B. de Helgoland
B. de Kiel
B. de Mecklenburger
SCHLESWIG
HOLSTEIN
SAJONIA BAJA
RIN SEPTENTRIONAL WESTFALIA
RENANIA
PALATINADO
SAARLAND
BADEN WÜRTTEMBERG
BAYERN
LORENA
CHAMPAGNE
BORGOÑA
FRANCO CONDADO
DELFINADO
PROVENZA
PIAMONTE
LIGURIA
LOMBARDIA
VENETO
TRENTINO ALTO ADIGIO
FRIULI VENEZIA GIULIA
EMILIA ROMAGNA
TIROL
SALZBURGO
STEIERMARK (ESTIRIA)
KÄRNTEN
BURGENLAND
ALTA AUSTRIA
BAJA AUSTRIA
Harz
Eifel
Ardenas
Taunus
Hunsrück
Westerwald
Rhön
Selva de Turingia
Vosgos
Selva Negra
Jura
Selva de Bohemia
Plateau de Langres
Alpes
Karawanken
Flensburg
Kiel
Lübeck
Hamburg
Bremen
Bremerhaven
Wilhelmshaven
Oldenburg
Rostock
Stralsund
Schwerin
Szczecin
Berlin
Potsdam
Hannover
Braunschweig
Magdeburg
Osnabrück
Münster
Bielefeld
Dortmund
Essen
Duisburg
Düsseldorf
Köln
Bonn
Kassel
Halle
Leipzig
Dresden
Chemnitz
Erfurt
Koblenz
Frankfurt
Wiesbaden
Mainz
Mannheim
Heidelberg
Saarbrücken
Karlsruhe
Stuttgart
Nürnberg
Regensburg
Ingolstadt
Augsburg
München
Ulm
Amsterdam
Rotterdam
Utrecht
's-Gravenhage (La Haya)
Antwerpen
Brussel (Bruselas)
Liège
Lille
Luxemburg
Metz
Nancy
Reims
Strasbourg
Dijon
Besançon
Lyon
Grenoble
Genève
Lausanne
Bern
Basel
Zürich
Innsbruck
Salzburg
Linz
Wien (Viena)
Graz
Klagenfurt
Praha
Plzeň
Brno
Ljubliana
Zagreb
Rijeka
Trieste
Venézia (Venecia)
Verona
Milano (Milán)
Torino
Génova
Bologna
Firenze (Florencia)
Marseille (Marsella)
Nice
MONACO
Nîmes
Avignon
Mt. Blanc 4807
Matterhorn 4478
Proyección: Cónica con dos paralelos tipo
Este de Greenwich

1: 5 000 000

50 0 50 100 150 200 km

ISLANDIA
A la misma escala que el mapa general
Reykjavík
Akureyri
Vatnajökull
Hofsjökull
Langjökull
Faxaflói
Húnaflói
Eyjafjördur
Skjálfandi
Ísafjördur
Hafnarfjördur
Keflavík
Akranes
Húsavík
Seydisfjördur
Oeste de Greenwich
Círculo Polar Ártico
MAR DE NORUEGA
Lofoten
Vesterålen
Vestfjorden
Tromsø
Narvik
Kiruna
Gällivare
Bodø
Luleå
Boden
Piteå
Skellefteå
Umeå
Haparanda
Tornio
Kemi
Oulu
Kajaani
Kuopio
Jyväskylä
Vaasa
Jakobstad
Kokkola
Hammerfest
Vadsø
L. Inari
Trondheim
Kristiansund
Molde
Ålesund
Östersund
Härnösand
Kramfors
Örnsköldsvik
Lycksele
Mosjøen
Namsos
Steinkjer
Levanger
Storuman
Hornavan
Torneträsk
N.-TRØNDELAG
Kvarken
FINNMARK
LAPONIA
NORRBOTTEN
VÄSTERBOTTEN
JÄMTLAND

1:5 000 000

50 0 50 100 150 200 km

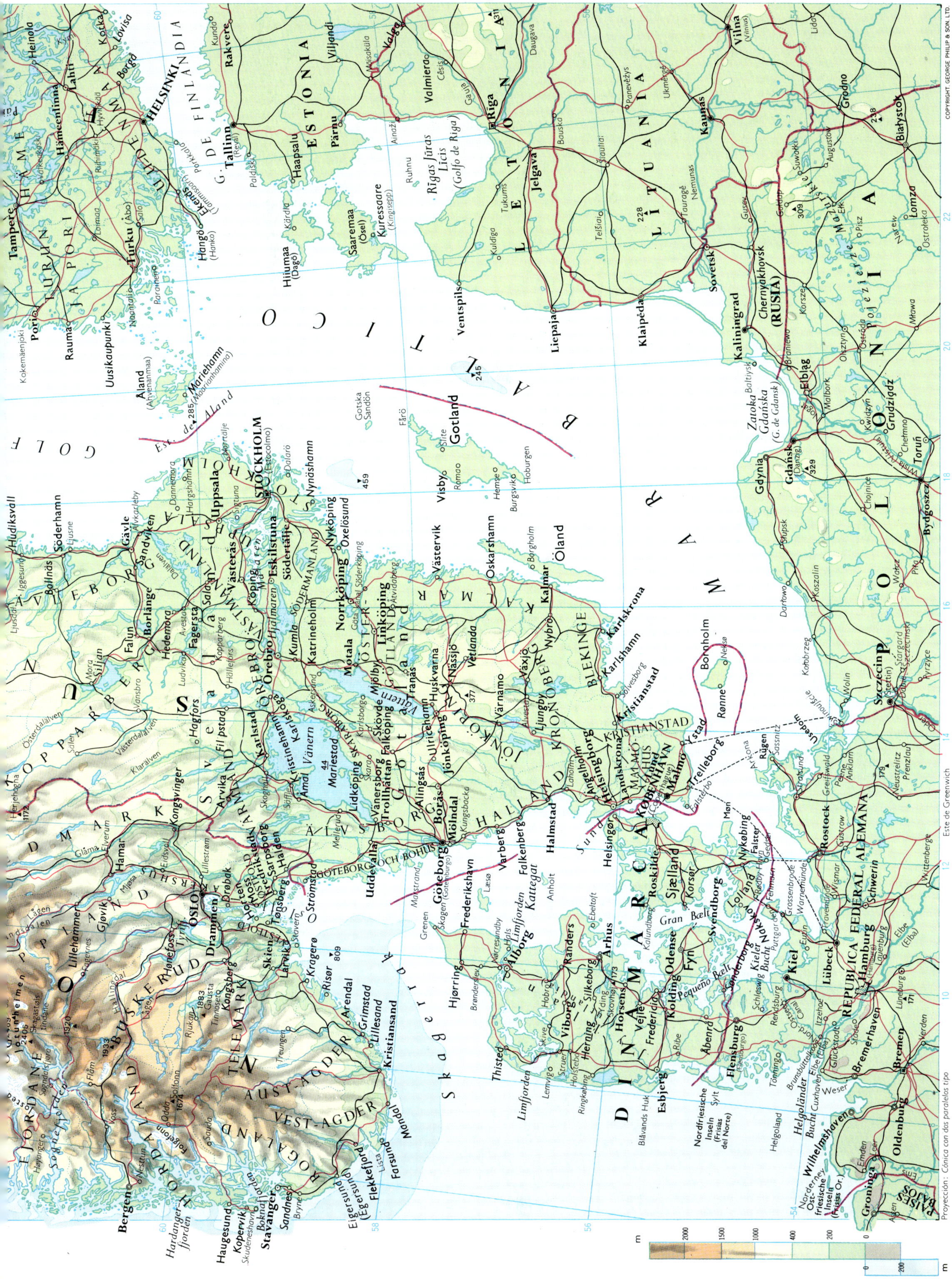

Kolguyev
Sierra de Timan
Pen. de Kanin
Pen. de Kola
Murmansk
Arkhangelsk
Beloye More (Mar Blanco)
Golfo de Onega
CARELIA
FINLANDIA
Golfo de Botnia
G. de Finlandia
ESTONIA
LETONIA
LITUANIA
BIELORUSIA (RUSIA BLANCA)
POLONIA
Helsinki
Tallinn
Riga
Vilnius
Minsk
Kaunas
Stockholm
SAN PETERSBURGO
MOSKVA
Vologda
Yaroslavl
Kostroma
Vyatka
Perm
YEKATERINBURG
Kazan
SAMARA
Ufa
Orenburg
Magnitogorsk
Penza
Ryazan
Tula
Bryansk
Smolensk
Pskov
Novgorod
Petrozavodsk
Ladozhskoye Ozero
Onezhskoye Ozero
Severnyye Uvaly
R.A. DE LOS UDMURTOS
R.A. DE LOS TÁRTAROS
CHUVAQUIA
R.A. DE LOS MORDVINOS
BASHKIRIA
NIZHNIY NOVGOROD
Kaliningrad
WARSZAWA (Varsovia)
Cherepovets
Rybinsk
Tver
Kaluga
Ivanovo
Vladimir
Syktyvkar
Izhevsk
Simbirsk
Chelyabinsk

1:10 000 000

100 0 100 200 300 400 km

Proyección: cónica con dos paralelos tipo.

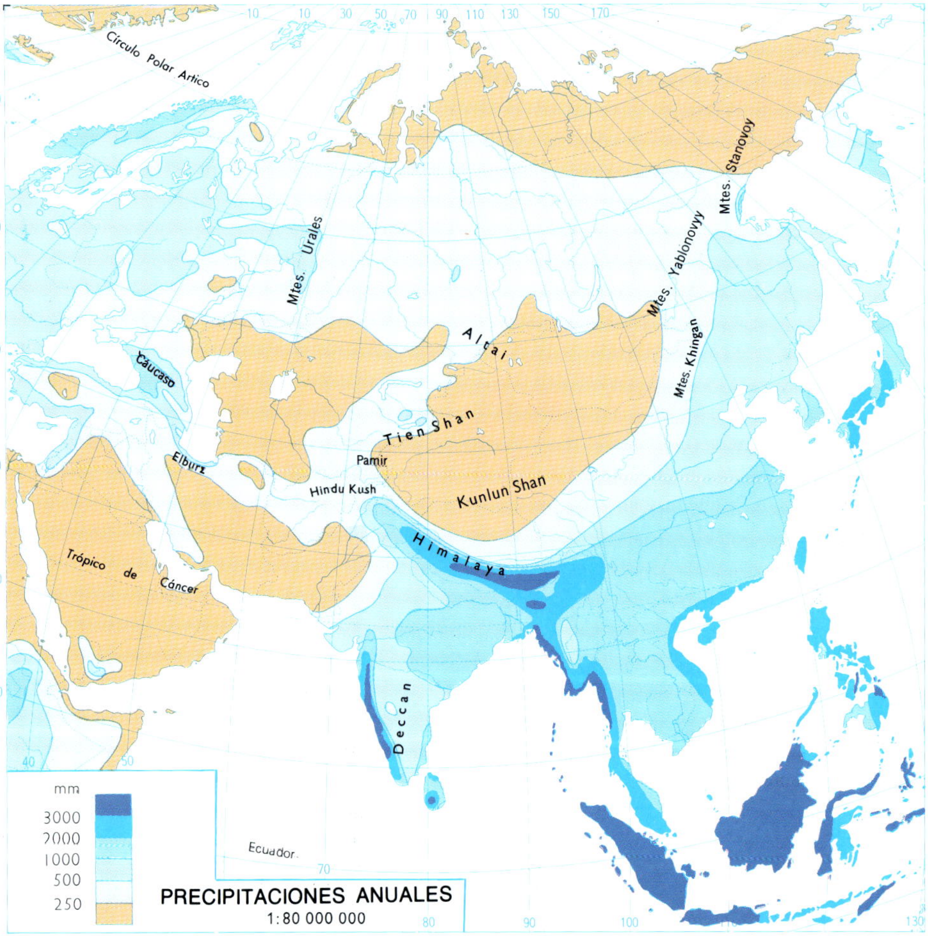

PRECIPITACIONES ANUALES
1:80 000 000

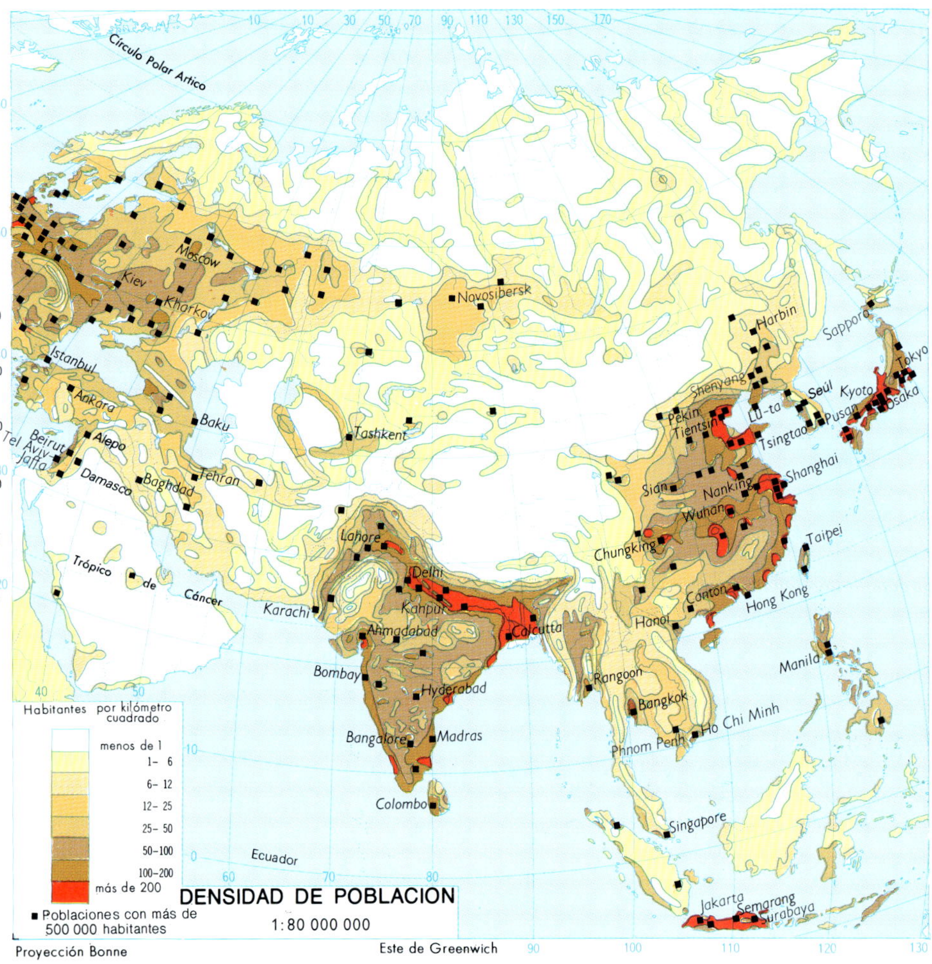

DENSIDAD DE POBLACION
1:80 000 000

Proyección Bonne
Este de Greenwich

1: 40 000 000

400 0 400 800 1200 1600 km

LENGUAS
1:80 000 000

RELIGIONES
1:80 000 000

Proyección Bonne   Este de Greenwich

Proyección: Bonne

1: 40 000 000

400 0 400 800 1200 1600 km

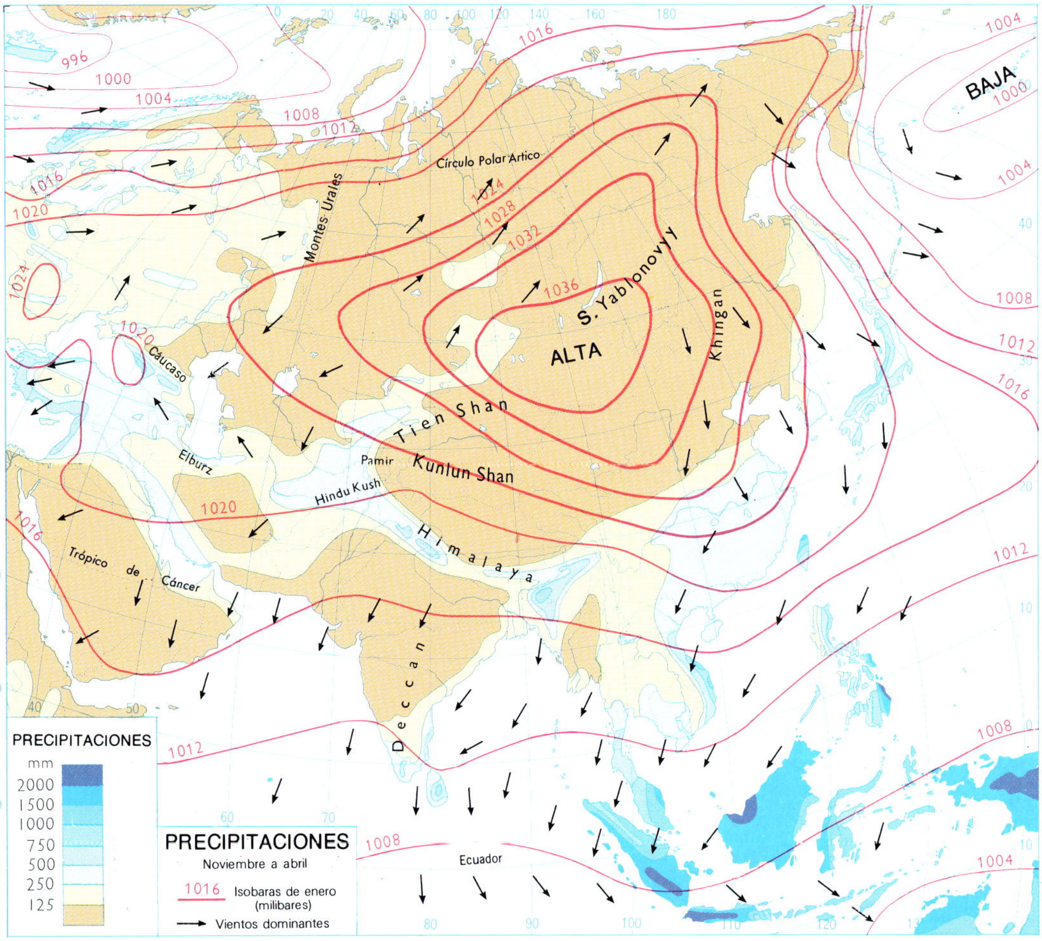

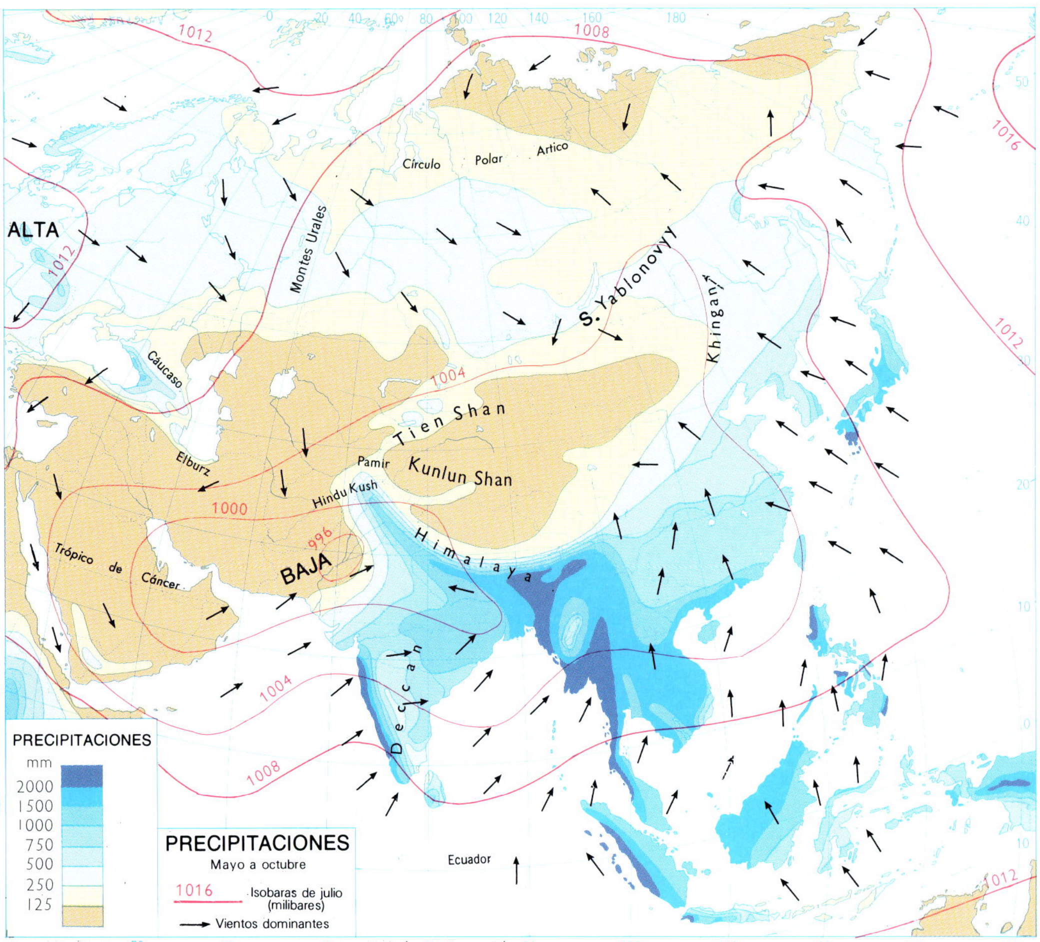

Proyección Bonne — Este de Greenwich

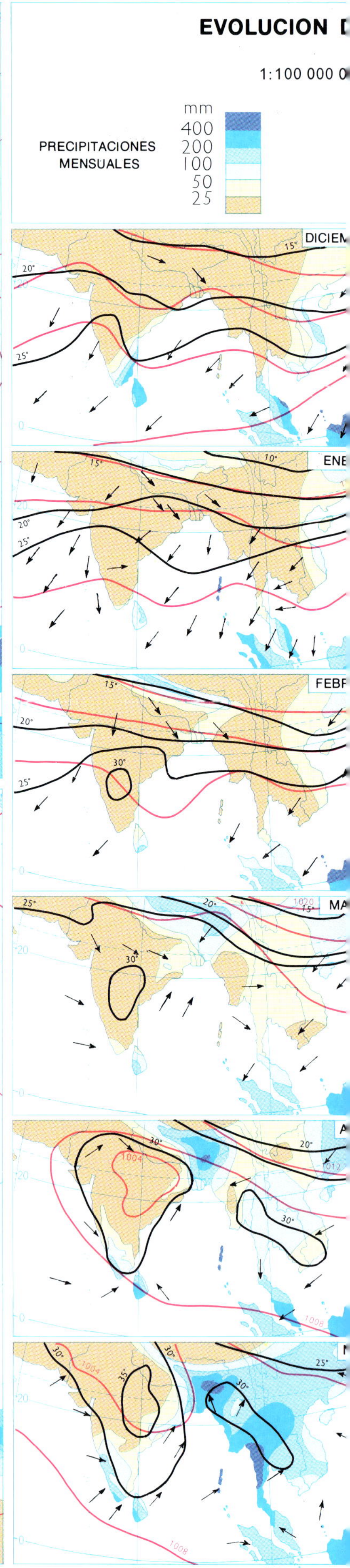

1:80 000 000

500 0 500 1000 1500 2000 2500 3000 km

S MONZONES

0 1000 2000 3000 4000 km

Isotermas reducidas al nivel del mar (grados centígrados)

1016 Isobaras (milibares)

Vientos

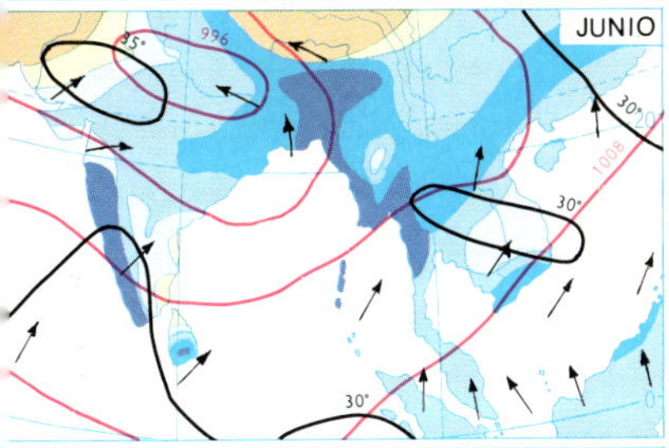

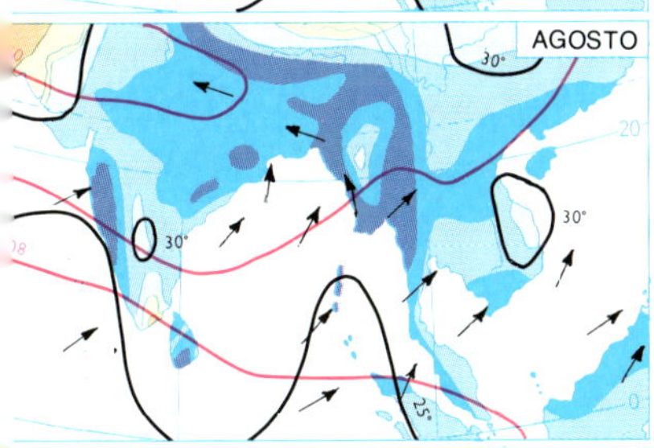

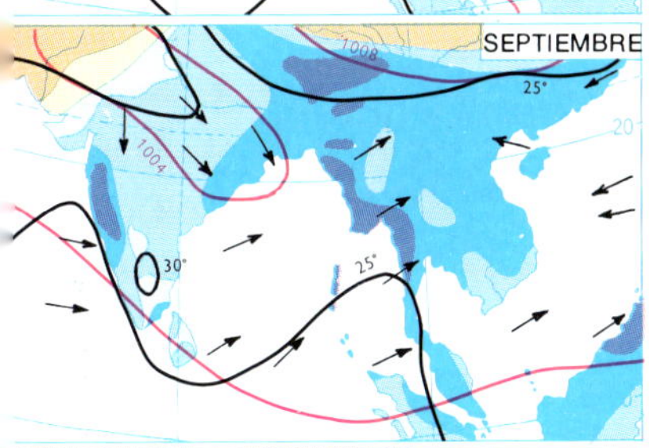

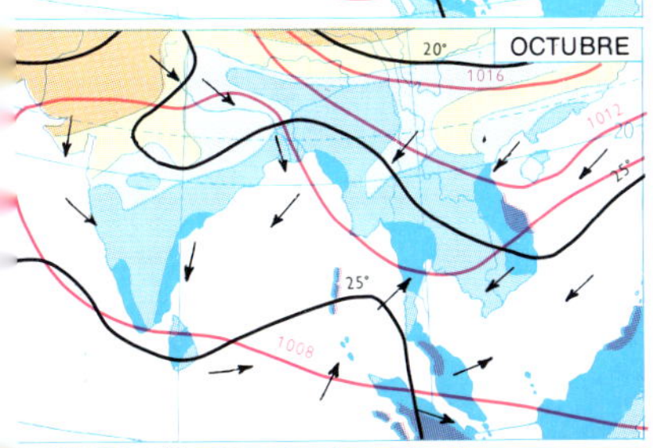

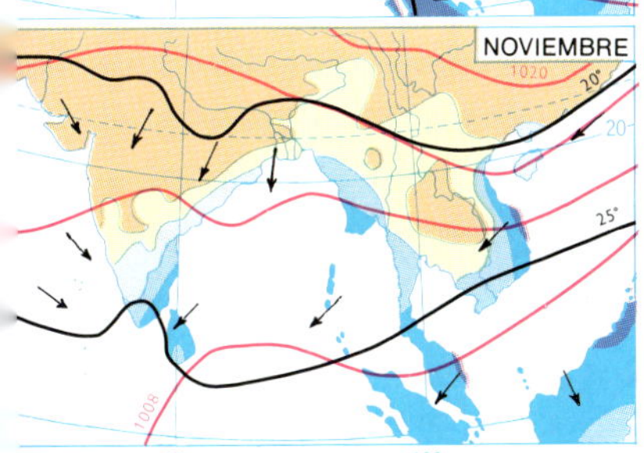

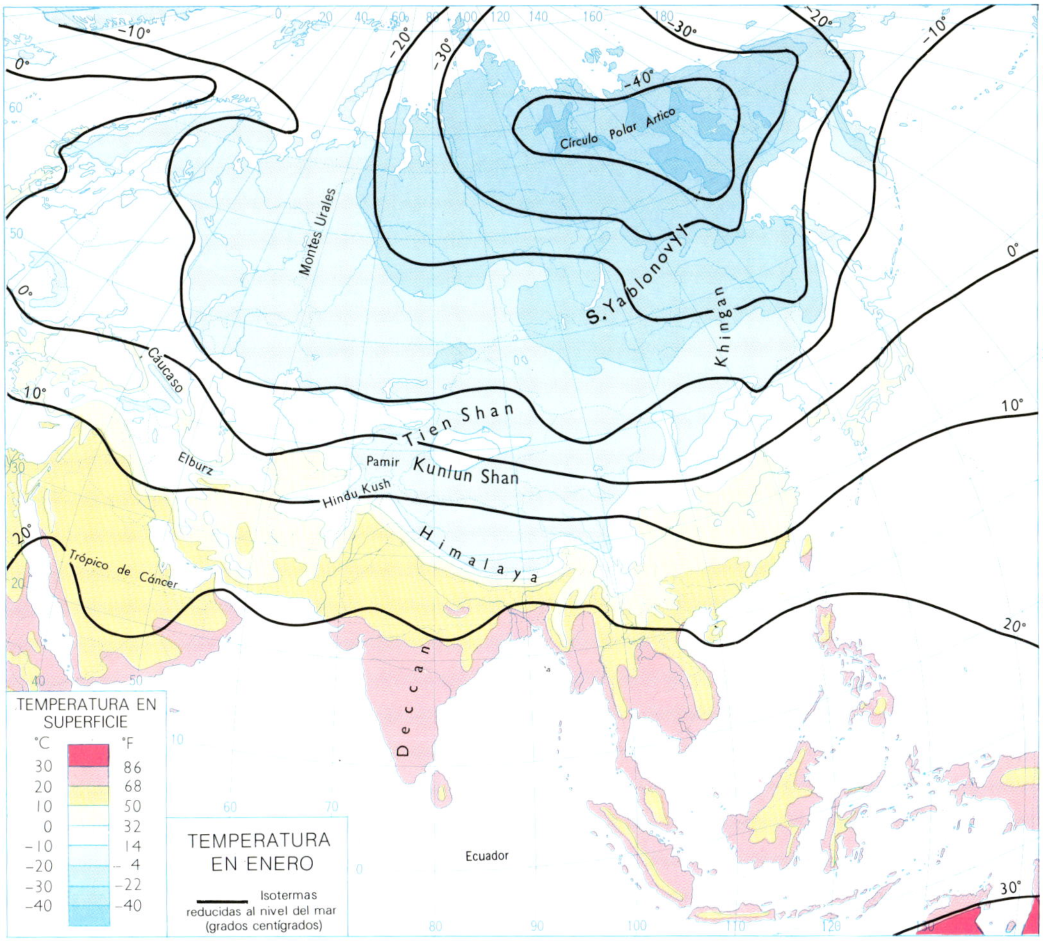

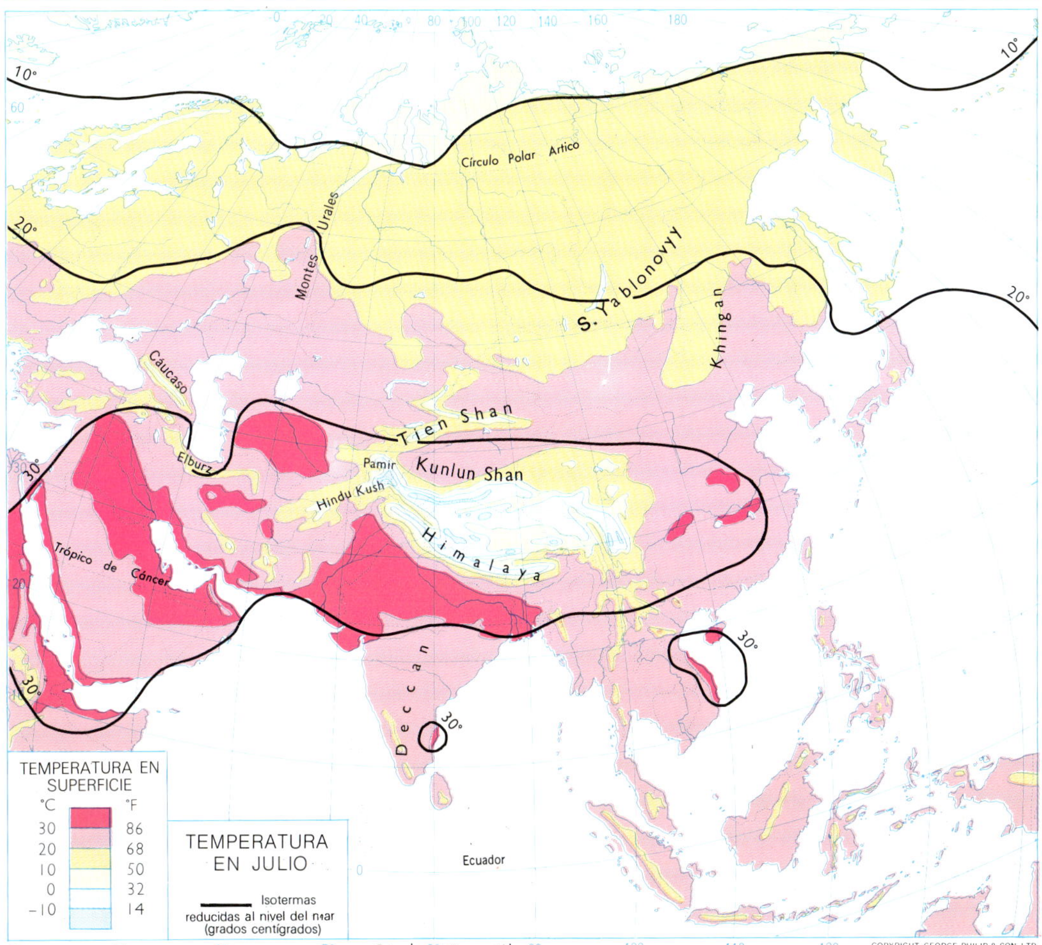

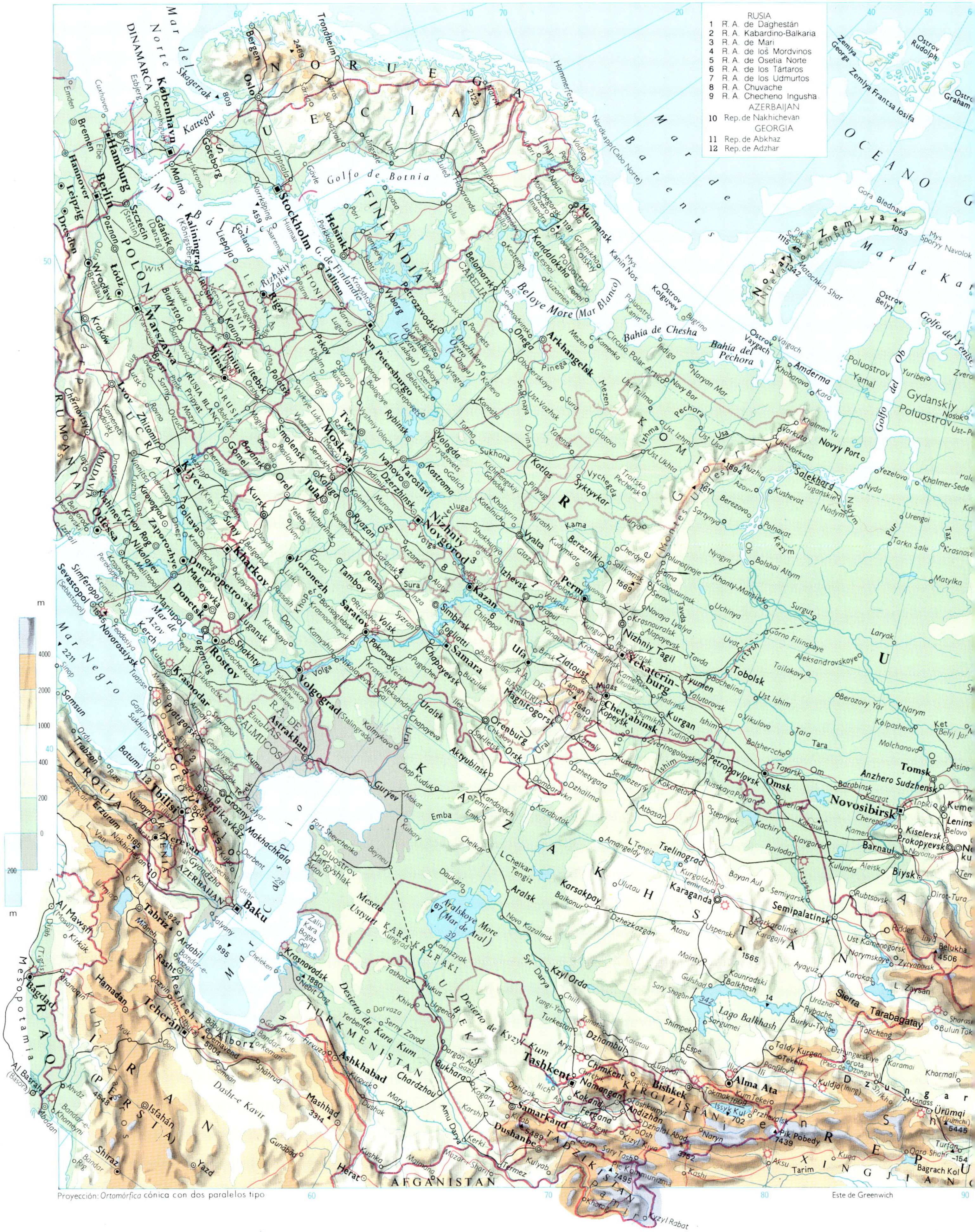
RUSIA
1 R.A. de Daghestán
2 R.A. Kabardino-Balkaria
3 R.A. de Mari
4 R.A. de los Mordvinos
5 R.A. de Osetia Norte
6 R.A. de los Tártaros
7 R.A. de los Udmurtos
8 R.A. Chuvache
9 R.A. Checheno Ingusha
AZERBAIJAN
10 Rep. de Nakhichevan
GEORGIA
11 Rep. de Abkhaz
12 Rep. de Adzhar
m
4000
2000
1000
400
200
0
200
m
OCEANO
Mar de Barents
Mar de Kara
Golfo de Botnia
Mar del Norte
Mar Báltico
Mar Negro
Mar Caspio
Beloye More (Mar Blanco)
Aralskoye More (Mar de Aral)
Zemlya Frantsa Iosifa
Novaya Zemlya
NORUEGA
SUECIA
FINLANDIA
DINAMARCA
POLONIA
UCRANIA
BELORUSIA (RUSIA BLANCA)
RUMANIA
MOLDAVIA
TURQUIA
GEORGIA
ARMENIA
AZERBAIJAN
IRAQ
IRAN (PERSIA)
AFGANISTAN
KAZAKHSTAN
UZBEKISTAN
TURKMENISTAN
KIRGIZISTAN
TADZHIKISTAN
KARAKALPAKI
KOMI
BASHKIRIA
R.A. DE CALMUCOS
Mesopotamia
Montes Urales
Kaliningrad
Stockholm
København
Hamburg
Berlin
Oslo
Helsinki
Tallinn
Riga
Vilnius
Minsk
Warszawa
Kiyev
Moskva
San Petersburgo
Arkhangelsk
Murmansk
Nizhniy Novgorod
Kazan
Perm
Yekaterinburg
Chelyabinsk
Omsk
Novosibirsk
Tomsk
Volgograd
Rostov
Kharkov
Donetsk
Odessa
Tbilisi
Yerevan
Baku
Tehran
Tashkent
Alma Ata
Bishkek
Dushanbe
Samarkand
Ashkhabad
Bagdad
Proyección: Ortomórfica cónica con dos paralelos tipo
Este de Greenwich

1:20 000 000

200 0 200 400 600 800 km

Proyección: cónica con dos paralelos tipo.

Este de Greenwich

1:15 000 000

100 0 100 200 300 400 500 600 km

PALESTINA

Fronteras entre Israel y los países árabes según el Armisticio (1949-1967)

1:1 500 000

10 0 10 20 30 40 50 60 km

Al este de Greenwich

Proyección: cónica con dos paralelos tipo

1:10 000 000

100 0 100 200 300 400 km

MONGOLIA
Ulan Bator
Hentiyn Nuruu
Dutulun Shan
Hangayn Nuruu
Aerhtai Shan (Altai)
Desierto de Gobi
MONGOLIA INTERIOR (REGION AUTONOMA)
Ala Tau
Tarbagatai
Junggar Pendi
Tian Shan
Ürümqi
Turpan
Bosten (Bagrax) Hu
Kuruktag
XINGJIANG UYGUR ZIZHIQU
Tarim Pendi
Lop Nor
Altun Shan
Qilian Shan
Qaidam Pendi
Qinghai Hu
QINGHAI
Kunlun Shan
Huh Xil Shan
XIZANG ZIZHIQU (TIBET)
Tanggula (Dangla) Shan
Nyainqêntanglha Shan
Lhasa
Himalaya
Everest 8848
BHUTAN
Brahmaputra
BANGLADESH
DACCA
CALCUTTA
Chittagong
GOLFO DE BENGALA
BIRMANIA
Mandalay
Rangoon
Arakan Yoma
Pegu Yoma
Irrawaddy
(Salween)
Mekong
TAILANDIA (SIAM)
LAOS
Vientiane
VIETNAM
Hanoi
Haiphong
Gulf of Tonkin
Hainan Dao
MAR DE CHINA MERIDIONAL
HONG KONG
Macau (Port.)
GUANGZHOU
Nan Ling
GUANGXI ZHUANGZU ZIZHIQU
KUNMING
YUNNAN
GUIZHOU
Guiyang
CHONGKING
CHENGDU
SICHUAN
WUHAN
HUBEI
HUNAN
Changsha
HENAN
ZHENGZHOU
XI'AN
LANZHOU
Xining
NINGXIA HUIZU ZIZHIQU
Mu Us Shamo
GRAN MURALLA
Hohhot
Baotou
Datong
TAIYUAN
SHANXI
BEIJING (Peking)
HEBEI
Shijiazhuang
JINAN
Huang He
Chang Jiang
Proyección Bonne
Este de Greenwich

1:15 000 000

100 0 100 200 300 400 500 600 km

1:20 000 000

200 0 200 400 600 800 km

1:50 000 000

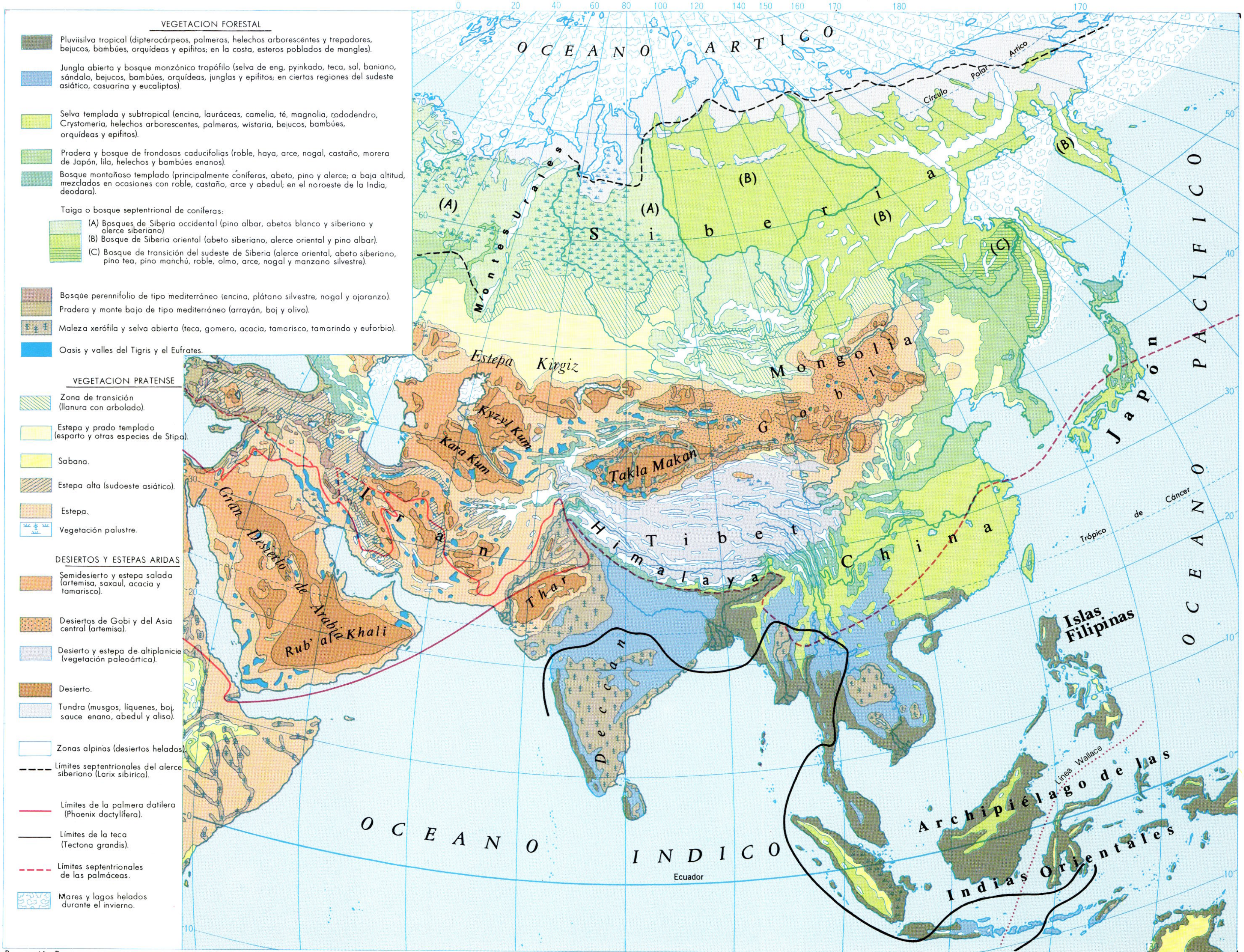

Proyección Bonne

1: 40 000 000

400 0 400 800 1200 1600 km

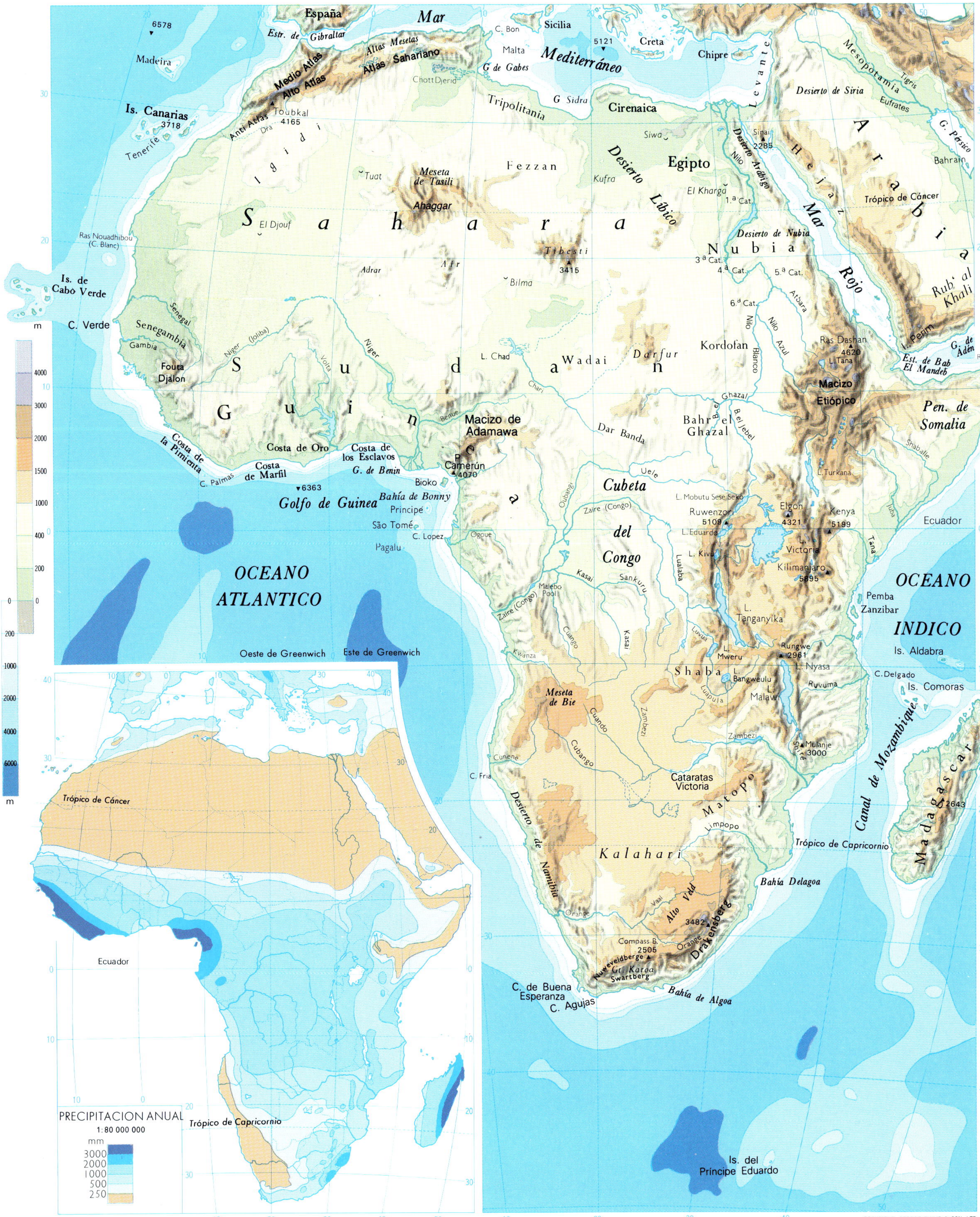

Proyección: equivalente azimutal de Lambert

1: 40 000 000

400 0 400 800 1200 1600 km

Proyección: equidistante cenital

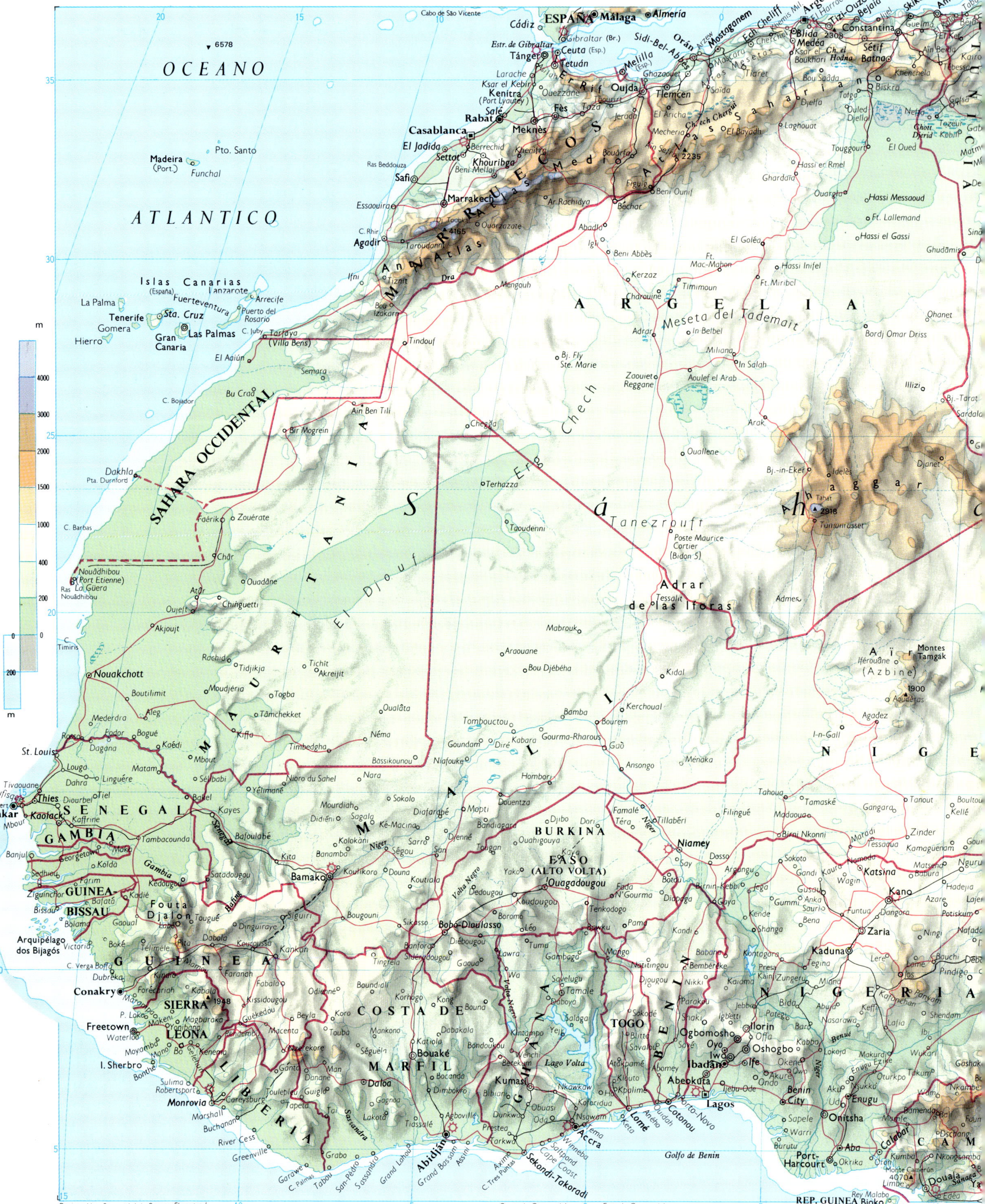

Proyección: Sinusoidal de Sanson-Flamsteed

MAR MEDITERRANEO
TURQUIA
SIRIA
IRAQ
LIBANO
ISRAEL
JORDANIA
CHIPRE
MALTA
Sicilia
Creta
Rodas
Karpathos
Halab
Hamā
Homs
Trípoli
Beirut
Damasco
Al Ladhiqiya
Al Mawsil (Mosul)
Mesopotamia
Nahr Dijlah (Tigris)
Nahr al Furat (Eufrates)
Ammān
Jerusalén (Al Quds)
Tel Aviv-Yafo
Bādiyat ash Shām
Tarābulus (Tripoli)
Misrātah
Bengasi
Golfo de Sidra
Tripolitania
Barqa (Cirenaica)
Fezzan
LIBIA
Sahrâ' Lîbîya
(Desierto de Libia)
Trópico de Cáncer
Tibesti
3415
3150
Borkou
Ennedi
Djourab
CHAD
Lago Chad
N'Djamena
EGIPTO
El Iskandarîya (Alejandría)
EL QÂHIRA (El Cairo)
El Giza
Bûr Sa'îd
El Suweis (Suez)
Asyût
Asuán
Buheiret en Naser (Lago Nasser)
Munkhafed el Qattâra (Depresión de Quattâra)
Es Sahrâ' en Nûbiya
(Desierto de Nubia)
Uweinat 1893
AN NAFŪD
ARABIA SAUDITA
Medina
Jiddah
Makkah (La Meca)
MAR ROJO
Bûr Sûdân (Port Sudan)
SUDAN
Omdurmân
El Khartûm
ESH SHAMALIYA
SHAMÂL DÂRFÛR
JANUB DÂRFÛR
SHAMÂL KORDOFÂN
JANUB KORDOFÂN
El Obeid
Dârfûr
3088
KASSALA
BAHR EL AHMAR
AN NIL
EL GEZIRA
AN NÎL EL ABYAD
AN NÎL EL AZRAQ
A'ALI EN NIL
BAHR EL GHAZAL
EL BUHEIRAT
JONGLEI
GHARB EL ISTIWA'IYA
SHARQ EL ISTIWA'IYA
Wâd Medanî
Kassala
Eritrea
Asmera
ETIOPIA
Addis Abeba
L. Tana
REPUBLICA CENTROAFRICANA
Bangui
ZAÏRE
KENIA
L. Turkana
15
20
25
30
35
40

NIGER
CHAD
NIGERIA
CAMERÚN
REPÚBLICA CENTRO-AFRICANA
SUDÁN
ETIOPÍA
KENIA
UGANDA
TANZANIA
ZAIRE
CONGO
GABÓN
REP. GUINEA ECUATORIAL
CABINDA
RWANDA
BURUNDI
Omdurmán
El Kharţum
Addis Abeba
Nairobi
Mombasa
Dar-es-Salaam
Zanzibar
Kampala
Kisangani (Stanleyville)
Kinshasa (Léopoldville)
Brazzaville
Libreville
Luanda
Yaoundé
Douala
Bangui
N'Djamena
Kano
Mbandaka
Kananga (Luluabourg)
Mbuji-Mayi
Bujumbura
L. Chad
L. Victoria
L. Tanganyika
L. Turkana (L. Rodolfo)
L. Alberto
L. Eduardo
L. Kivu
L. Tana
Asmera
Kassala
El Obeid
Juba
Pointe Noire
Matadi

1:15 000 000

100 0 100 200 300 400 500 600 km

1:80 000 000

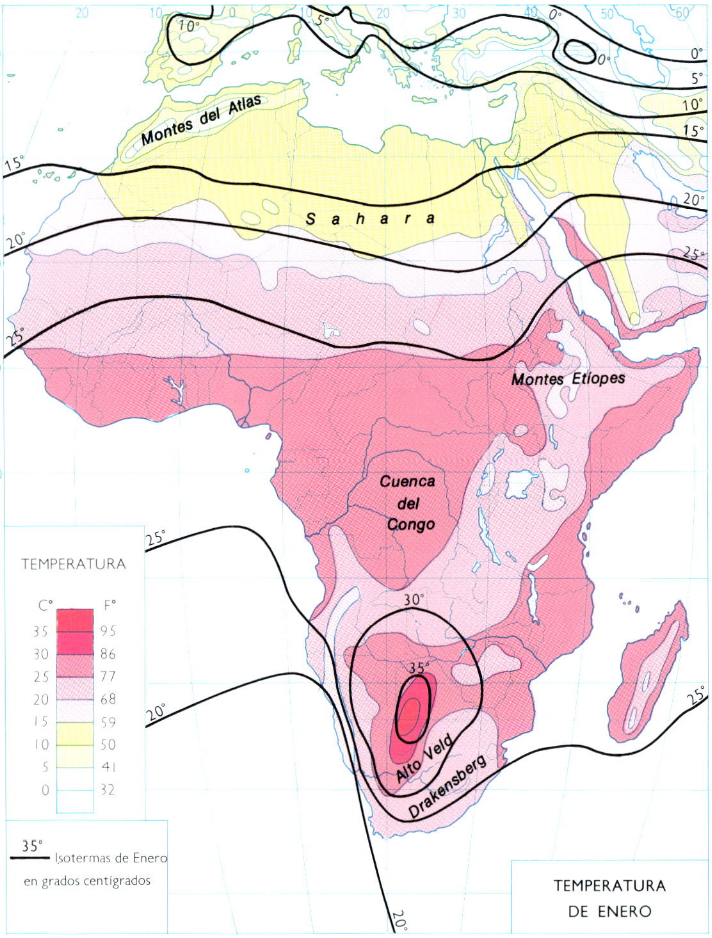
Montes del Atlas
Sahara
Montes Etíopes
Cuenca del Congo
Alto Veld
Drakensberg
TEMPERATURA
C° F°
35 95
30 86
25 77
20 68
15 59
10 50
5 41
0 32
35° Isotermas de Enero en grados centígrados
TEMPERATURA DE ENERO

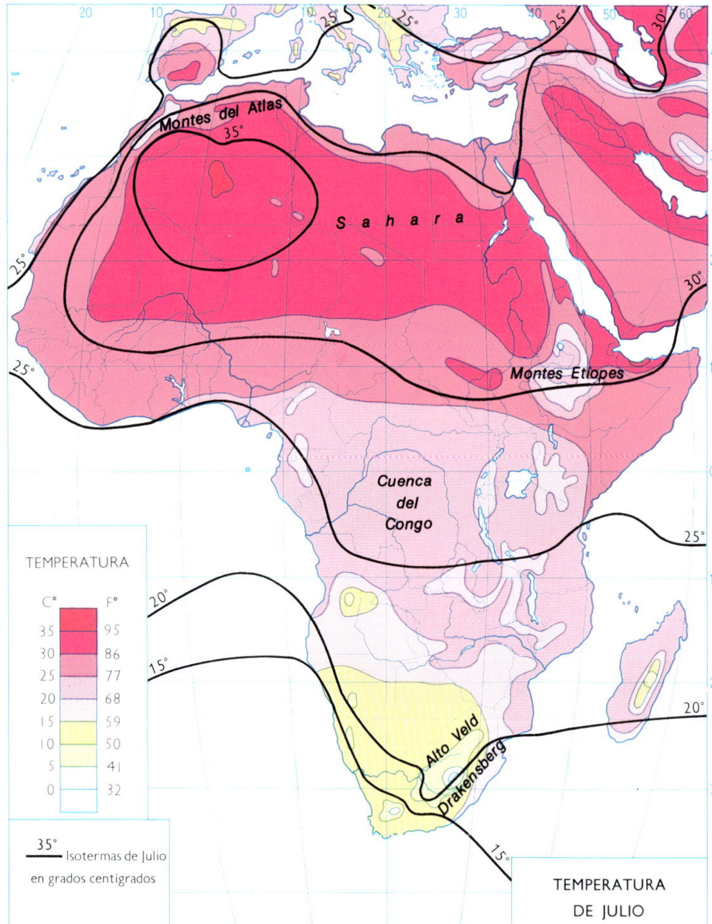
Montes del Atlas
Sahara
Montes Etíopes
Cuenca del Congo
Alto Veld
Drakensberg
TEMPERATURA
C° F°
35 95
30 86
25 77
20 68
15 59
10 50
5 41
0 32
35° Isotermas de Julio en grados centígrados
TEMPERATURA DE JULIO

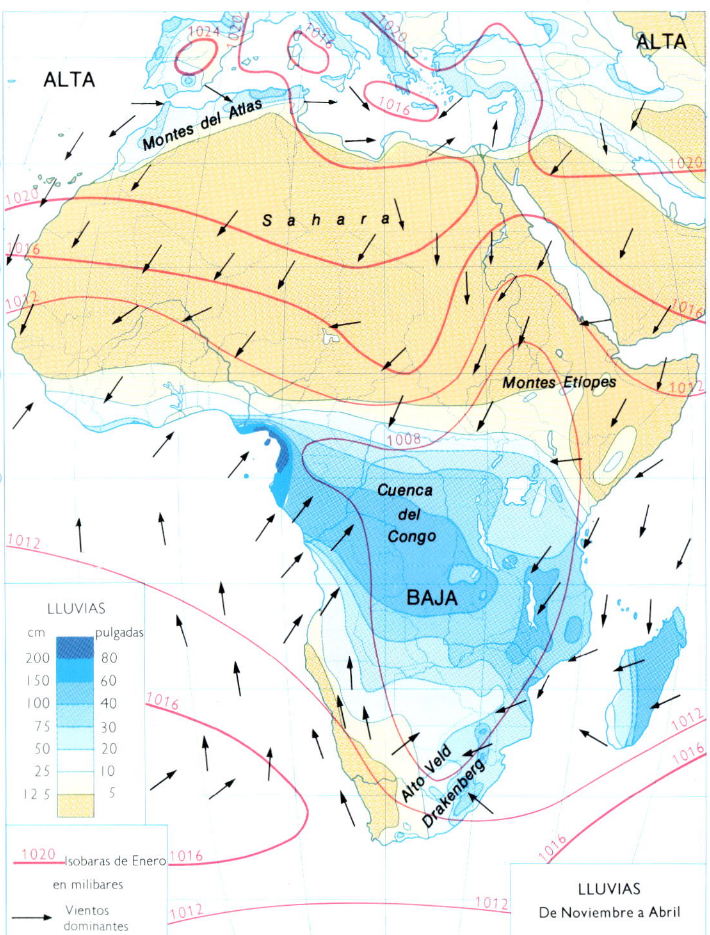
ALTA
ALTA
Montes del Atlas
Sahara
Montes Etíopes
Cuenca del Congo
BAJA
Alto Veld
Drakensberg
LLUVIAS
cm pulgadas
200 80
150 60
100 40
75 30
50 20
25 10
12.5 5
1020 Isobaras de Enero en milibares
Vientos dominantes
LLUVIAS
De Noviembre a Abril
Este de Greenwich

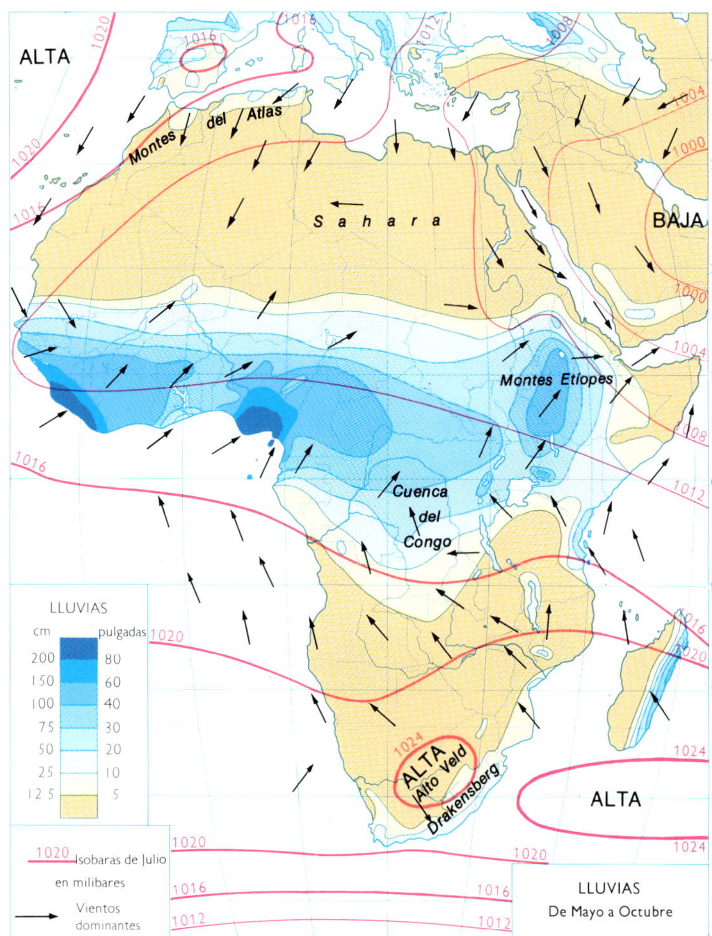
ALTA
Montes del Atlas
Sahara
BAJA
Montes Etíopes
Cuenca del Congo
ALTA
Alto Veld
Drakensberg
ALTA
LLUVIAS
cm pulgadas
200 80
150 60
100 40
75 30
50 20
25 10
12.5 5
1020 Isobaras de Julio en milibares
Vientos dominantes
LLUVIAS
De Mayo a Octubre
Oeste de Greenwich

1:40 000 000

Proyección: equidistante cenital

1:60 000 000

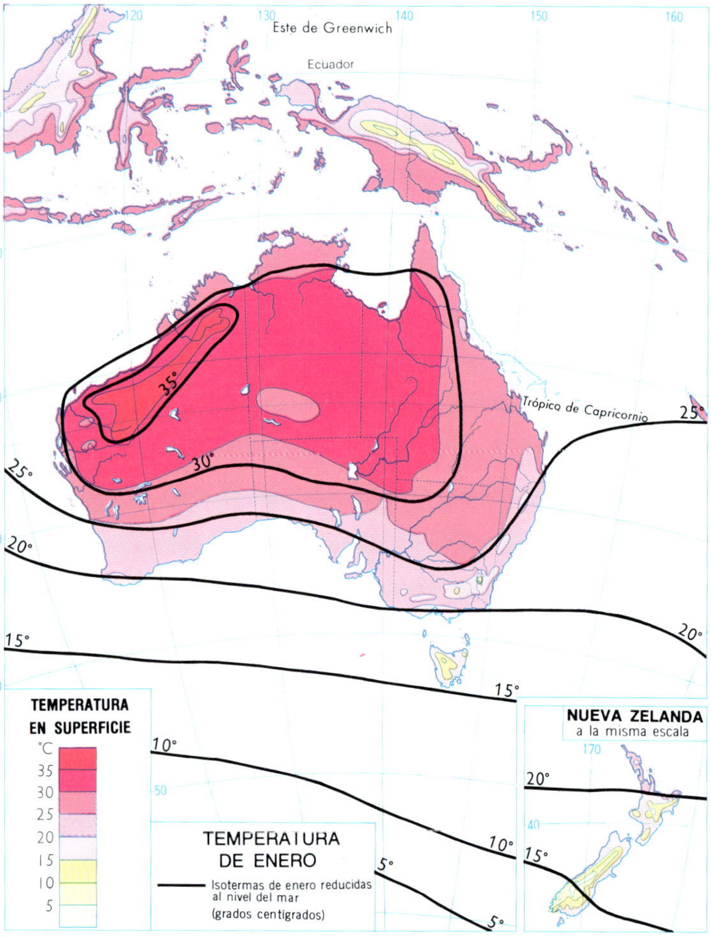

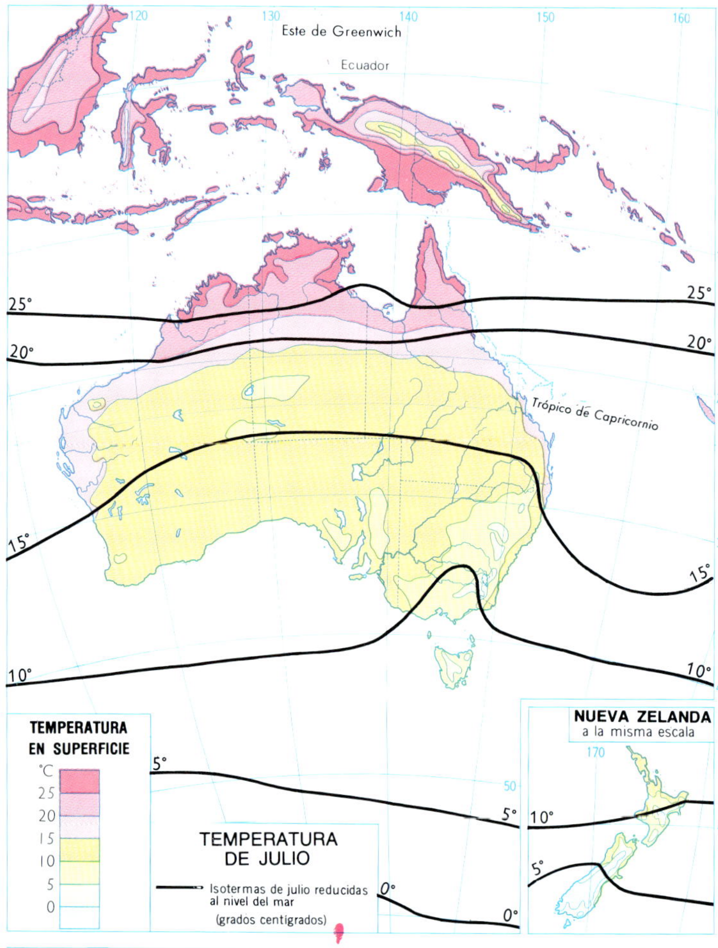

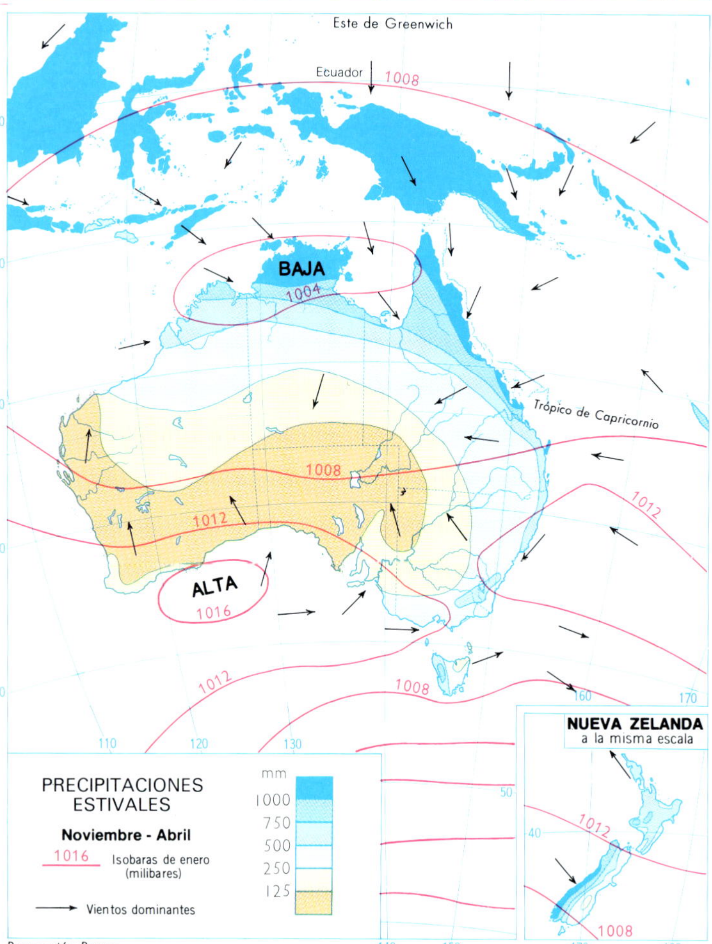

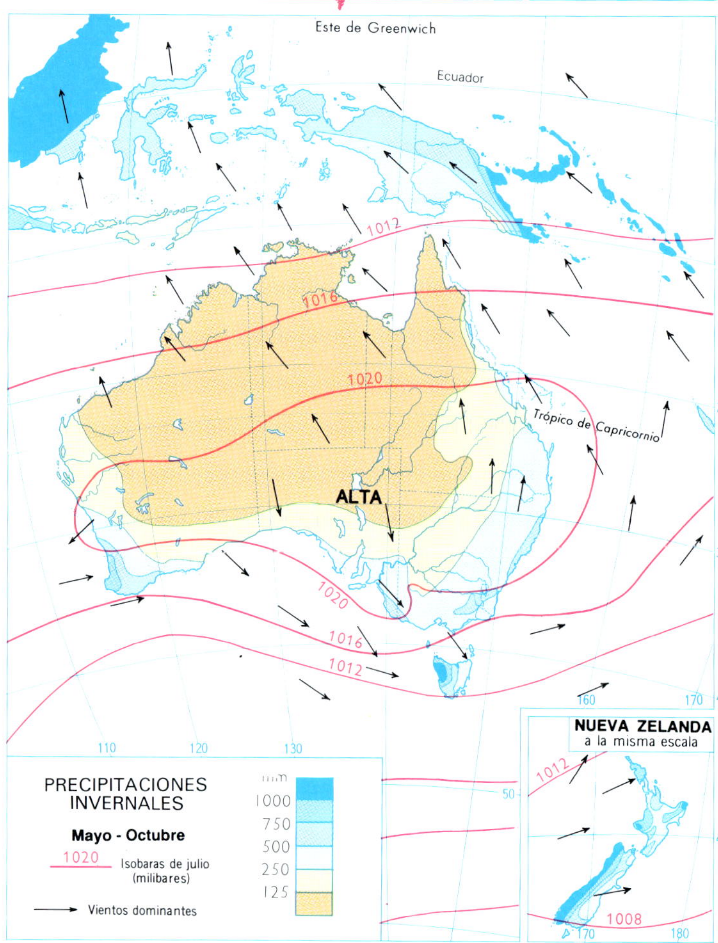

Proyección Bonne

1:30 000 000

200 0 200 400 600 800 1000 km

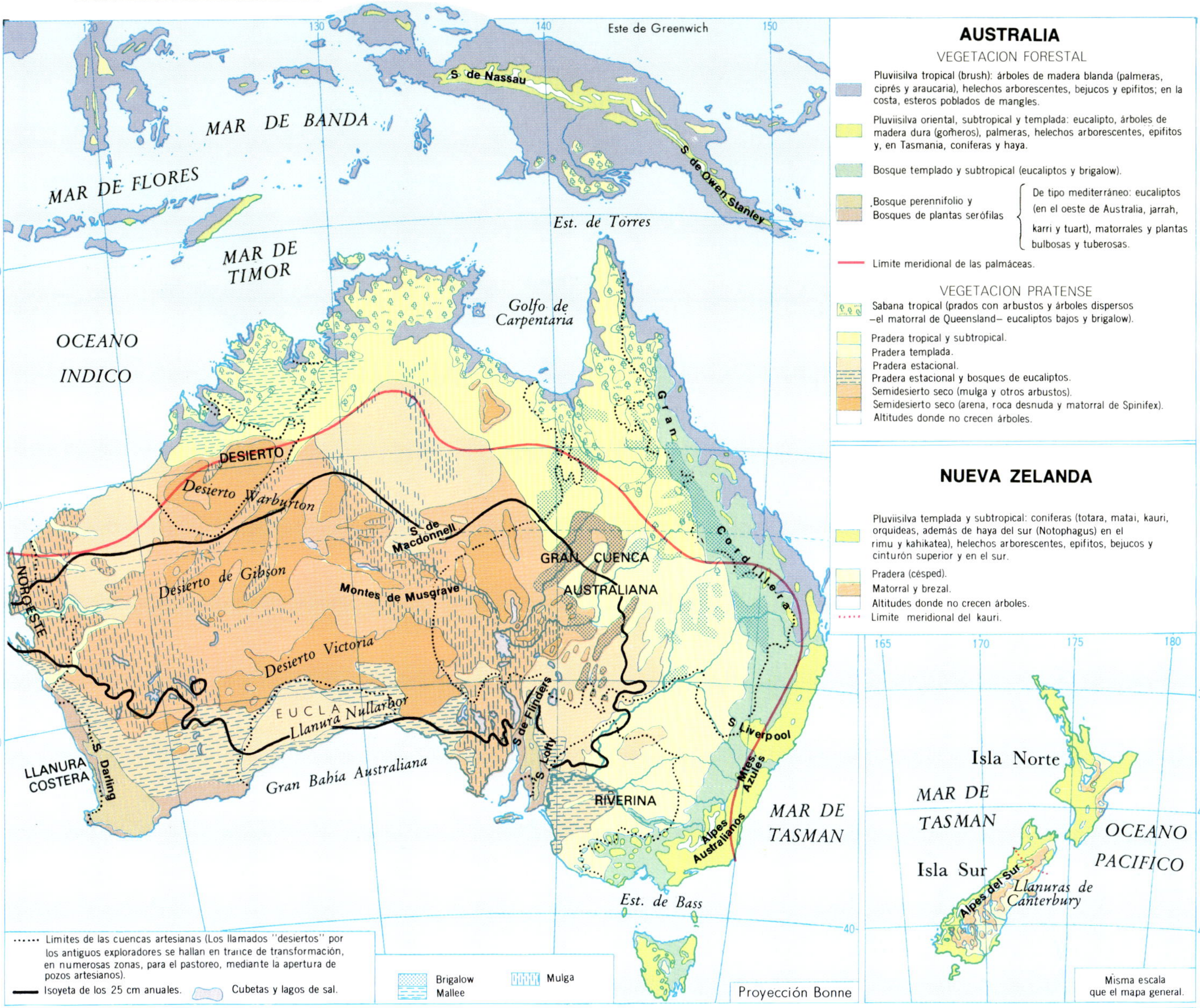

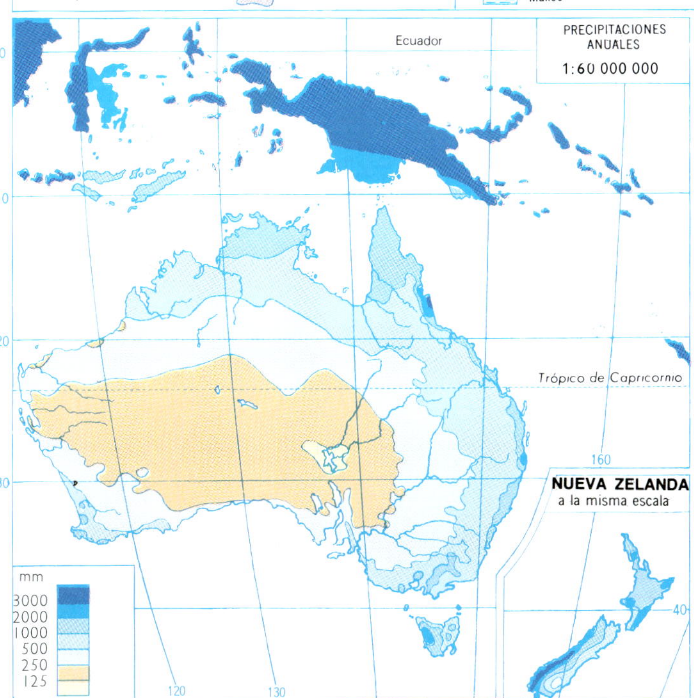

Proyección homolográfica de Mollweide

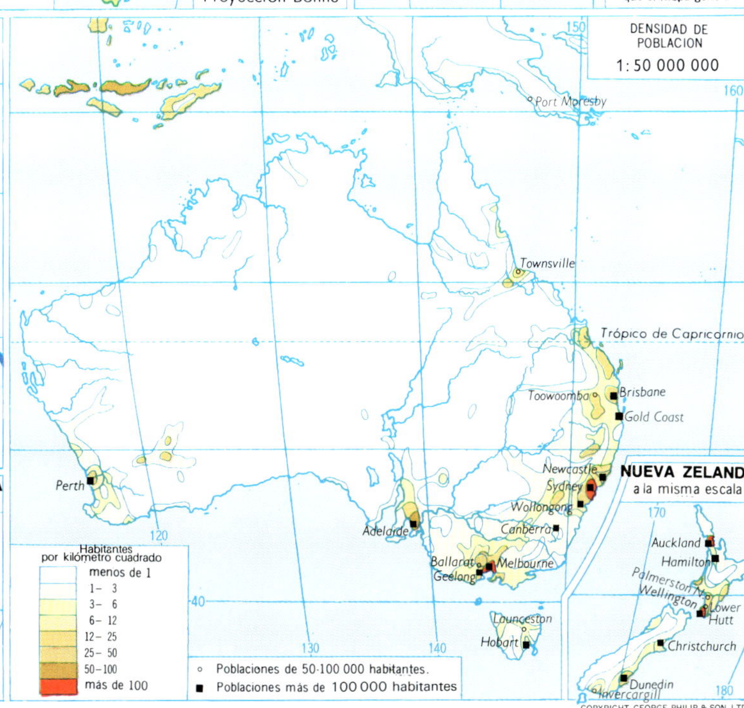

Fosa de Java
6389
Arrecife Ashmore
I. Cartier
MAR DE TIMOR
Arrecife Scott
Archipiélago Bonaparte
B. de Brunswick
C. Bougainville
C. Londonderry
C. Talbot
Golfo José Bonaparte
G. de Cambridge
Canal de Queens
Drysdale
Cuenca del Golfo
Wyndham
Kununurra
Victoria
Ord
DUNCAN
Mt. Hann
776
Kimberley
B. Collier
Is. Koolan y Cockatoo
C. Levêque
Yampi Sound
Sa. King Leopold
Mt. Ord
936
Glenroy
Meda
Derby
Sa. Durack
Ord
Hall's Creek
Is. Lacepede
C. Baskerville
C. Boileau
Rowley Shoals
Broome
Fitzroy
Fitzroy Crossing
GREAT NORTHERN
Dampier Downs
C. Latouche Treville
C. Bossut
La Grange
Sturt
Gordon Downs
Eighty Mile Beach
Cuenca de Canning
Port Site Three
L. Gregory
Mount Goldsworthy
P. Hedland
De Grey
Nimingarra
Gran Desierto de Arena
Archipelago Dampier
I. Monte Bello
I. Barrow
C. Preston
C. Dampier
Roebourne
Yule
Shaw
Marble Bar
Pilbara
Fortescue
Nullagine
L. Dora
Cabo NO
Exmouth
G. de Exmouth
Onslow
Learmonth
Pt Cloates
Sa. Hamersley
Mt. Enid
Wittenoom
L. Blanche
Sa. 1227
Mt. Bruce
Ophthalmia
Mount Tom Price
Mt. Nicholas
Desierto de Gibson
L. Disappointment
Ashburton
Mt. Newman 1128
Mount Whaleback
Sa. Robertson
N.W. COASTAL
Sa. Barlee
Sa. Rawlinson
AUSTRALIA OCCIDENTAL
C. Farquhar
L. Salt
Lyons
Mt. Augustus 1105
Mt. Egerton 994
GREAT NORTHERN
Sa. Barrow
C. Cuvier
L. Buchanan
I. Bernier
Carnarvon
Gascoyne
Sa. Robinson
Peak Hill
I. Dorre
B. Shark
Wooramel
Cuenca del NO.
L. Carnegie
Desierto de Gibson
L. Wells
661
I. Dirk Hartog
Denham
Murchison
Meekatharra
Wiluna
Pt. Steep
Sanford
Nannine
Cue
L. Yeo
L. Austin
Sandstone
Gran Desierto Victoria
Tallering Peak 453
Mt. Magnet
Laverton
L. Rason
Yalgoo
Leonora
Malcolm
L. Carey
L. Minigwal
Houtman Abrolhos
Northampton
Mullewa
L. Monger
L. Barlee
L. Raeside
L. Ballard
Menzies
Geraldton
Dongara
L. Moore
Kanowna
Llanuras Costeras
GERALDTON
Bonnie Rock
Bencubbin
Kalgoorlie
Coolgardie
Boulder
Zanthus
L. Lefroy
Bullfinch
EASTERN
Southern Cross
L. Cowan
I. Wedge
Northam
GREAT
Merredin
Kellerberrin
L. Johnston
Norseman
L. Dundas
Midland Junction
Swan
Perth
York
Fremantle
Kwinana
Beverley
Brookton
Narrogin
ALBANY
Pinjarra
Newdegate
Ravensthorpe
Hopetoun
Esperance
Collie
Bunbury
B. Geographe
Wagin
Nyabing
Katanning
Gnowangerup
C. Naturaliste
Busselton
Bridgetown
Sa. Stirling
B. Doubtful
Pt. Hood
C. Knob
Augusta
C. Leeuwin
Manjimup
Pemberton
Mt Barker
Albany
C. Pasley
C. Arid
Arch. Recherche
C.le Grand
Pt. d'Entrecasteaux
Pt. Nuyts
Denmark
B. Tor
King George Sound
OCEANO INDICO
I. Croker
Pen. Cobourg
I. Melville
Goulburn
Junction B.
Crocodile
Golfo Van Diemen
Estr. de Clarence
P. Darwin
Darwin
Pt. Blaze
B. Anson
C. Ford
Rum Jungle
Tierra de Arnhem
Batchelor
Frances Creek
Pine Creek
Daly
Katherine
Roper
Mataranka
Larrimah
Birdum
Daly Waters
Victoria River Downs
Wave Hill
Newcastle Waters
L. Woods
STUART
Powell Creek
Renner Springs
Bark
Desierto Tanami
Tennant Cre
TERRITORIO DEL NOR
Colinas Hordern
The Granites
Murchison
Sa. Davenp
Barrow Creek T.O.
Mt. Singleton 844
L. Mackay
Sa. Reynolds
Mt. Freeling 998
Mt. Ziel 1510
Mt. Laughle 1169
Mt. Liebig 1524
L. Macdonald
Sas. Macdonnell
Alice Springs
Sa. James
Hugh
Palmer
Finke
L. Amadeus
Mt. Olga 1069
Ayers Rock 867
Sas. Musgrave
1440
Mt. Woodroffe
Hamilton
Alberga
Oodnadatt
Sas. Everard
L. Maurice
Coober Pedy
AUSTRALIA
Maralinga
Ooldea
Tarcoola
L. Harris
L. Everard
Premier Downs
Forrest
Deakin
Rawlinna
Cuenca de Eucla
Llanura Nullarbor
Hampton Tableland
EYRE
Eucla Motel
Eyre
Penong
Ceduna
C. Adieu
B. Fowlers
Archipiélago Nuyts
C. Radstock
Pt. Dover
Pt. Culver
P. de Rocky
Gran Bahía Australiana
Grupo Investigador
Pen. de Coffin B.
Is. Whidbey
Port Lin
C. Catastro
m
2000
1500
1000
400
200
0
200
2000
4000
6000
m
Proyección Bonne
Este de Greenwich
115
120
125
130
135
10
15
20
25
30
35

1:12 000 000
100 0 100 200 300 400 500 km
AUSTRALASIA
POLITICA
1:80 000 000
INDONESIA
PAPUA NUEVA GUINEA
OCEANO INDICO
AUSTRALIA OCCIDENTAL
TERRITORIO DEL NORTE
QUEENSLAND
AUSTRALIA DEL SUR
NUEVA GALES DEL SUR
VICTORIA
TASMANIA
NUEVA ZELANDA
OCEANO DEL SUR
OCEANO PACIFICO
VANUATU
Nueva Caledonia
Fiji Is.
Is. Tonga
Trópico de Capricornio
Brisbane
Sydney
Canberra
Melbourne
Hobart
Adelaide
Perth
Auckland
Wellington
Christchurch
Dunedin
Thursday I.
Banks
Prince of Wales I.
C. York
B. Newcastle
Golfo de Carpentaria
Groote Eylandt
C. Arnhem
Pen. de Cabo York
Cuenca del Mar del Coral
Gran Barrera de Coral
Is. Wellesley
Bentinck
Mornington I.
C. van Diemen
Burketown
Normanton
Cairns
Cooktown
Innisfail
Townsville
Bowen
Mackay
Rockhampton
Gladstone
Bundaberg
Maryborough
I. Fraser
Gympie
Brisbane
Toowoomba
Ipswich
B. Moreton
I. N. Stradbroke
Southport
Mount Isa
Cloncurry
Richmond
Hughenden
Charters Towers
Winton
Longreach
Barcaldine
Emerald
Boulia
Birdsville
Windorah
Charleville
Roma
Cunnamulla
St. George
Dalby
Goondiwindi
TERRITORIO DE LAS ISLAS DEL MAR DE CORAL
Arrecife Lihou y Cays
Islas Chesterfield
Arrecife Bellona
Arrecife Saumarez
Arrecife Swain
Is. Bird
Cato
Trópico de Capricornio
OCEANO PACIFICO
QUEENSLAND
Gran Divisoria
Gran Cuenca Australiana
L. Eyre (Sur)
L. Frome
L. Callabonna
L. Blanche
Cooper Creek
NUEVA GALES DEL SUR
Bourke
Walgett
Moree
Narrabri
Armidale
Tamworth
Grafton
Lismore
C. Byron
Coffs Harbour
Kempsey
Port Macquarie
Taree
Newcastle
Maitland
Dubbo
Orange
Bathurst
Lithgow
Katoomba
Penrith
SYDNEY
Wollongong
Goulburn
Canberra
Queanbeyan
Cooma
Bega
Broken Hill
Menindee
Wilcannia
Cobar
Nyngan
Hay
Griffith
Narrandera
Wagga Wagga
Albury
Deniliquin
Mildura
Wentworth
Cuenca del Murray
Murray
Murrumbidgee
Lachlan
Darling
Riverina
Area irrigada del Murrumbidgee
Liverpool Plains
Mar de Tasmania
Adelaide
Port Augusta
Port Pirie
Peterborough
Renmark
Murray Bridge
Victor Harbor
Kingston S.E.
Naracoorte
Mt. Gambier
Millicent
C. Northumberland
VICTORIA
Wimmera
Horsham
Hamilton
Portland
Warrnambool
Ararat
Ballarat
Geelong
MELBOURNE
Bendigo
Echuca
Shepparton
Wangaratta
Benalla
Mt. Bogong 1986
Mt. Kosciusko 2230
Alpes Australianos
Gippsland
Orbost
Mallacoota Inlet
C. Howe
Wilsons Promontory
Corner Inlet
Ninety Mile Beach
Pt. Hicks
C. Otway
B. Port Phillip
Estrecho de Bass
I. King
Flinders
Grupo Furneaux
I. Clarke
Devonport
Burnie
Launceston
Ben Lomond
TASMANIA
Queenstown
Macquarie Harb.
Hobart
Pen. de Tasman
Port Arthur
I. Bruny
Cabo S.E.
a la misma escala
COPYRIGHT. GEORGE PHILIP & SON. LTD

1:6 000 000

50 0 50 100 150 200 250 km

1:32 000 000

400 0 400 800 1200 km

Proyección: policónica

1:40 000 000

400 0 400 800 1200 1600 km

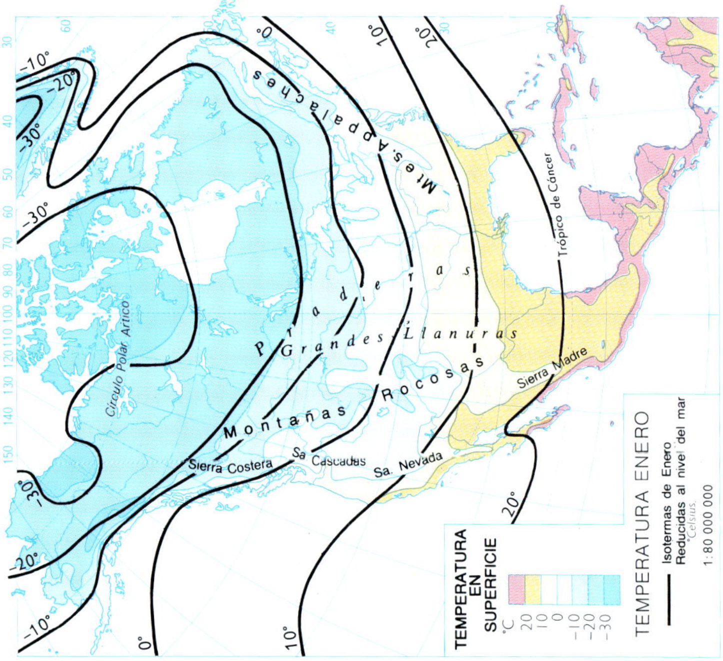

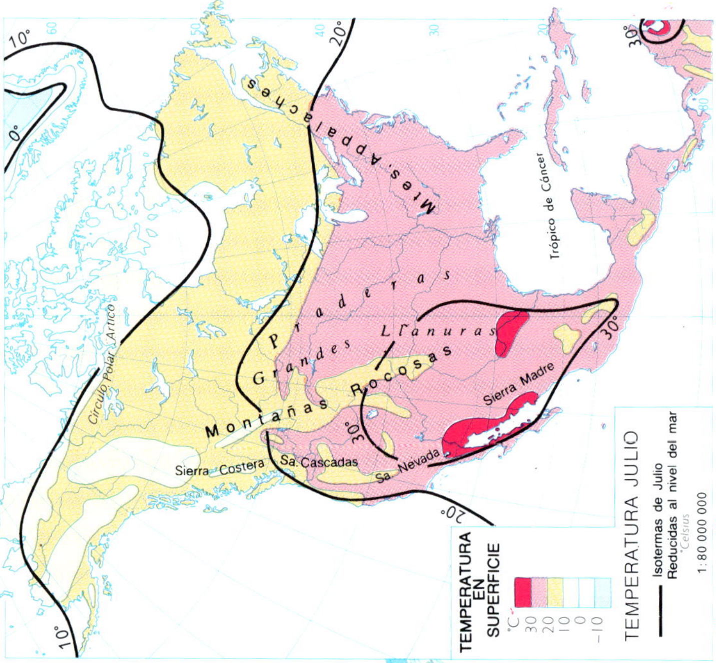

1:40 000 000

400 0 400 800 1200 1600 km

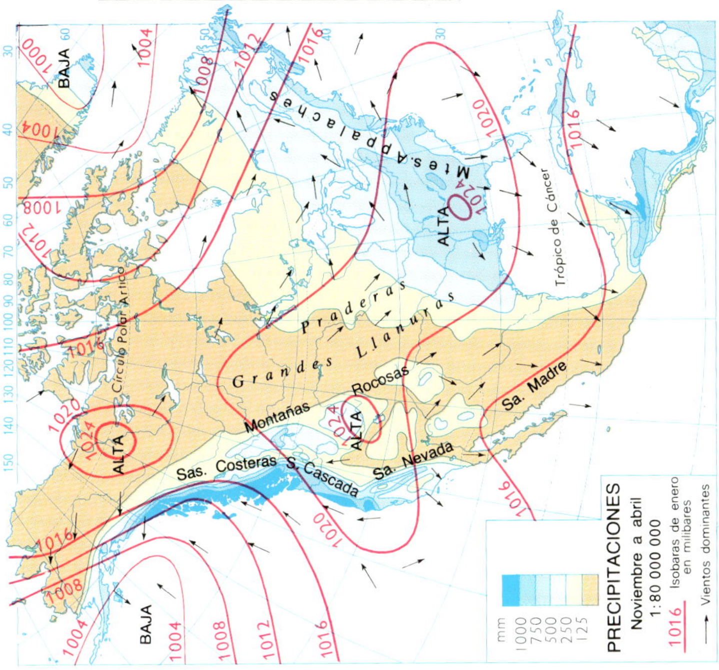

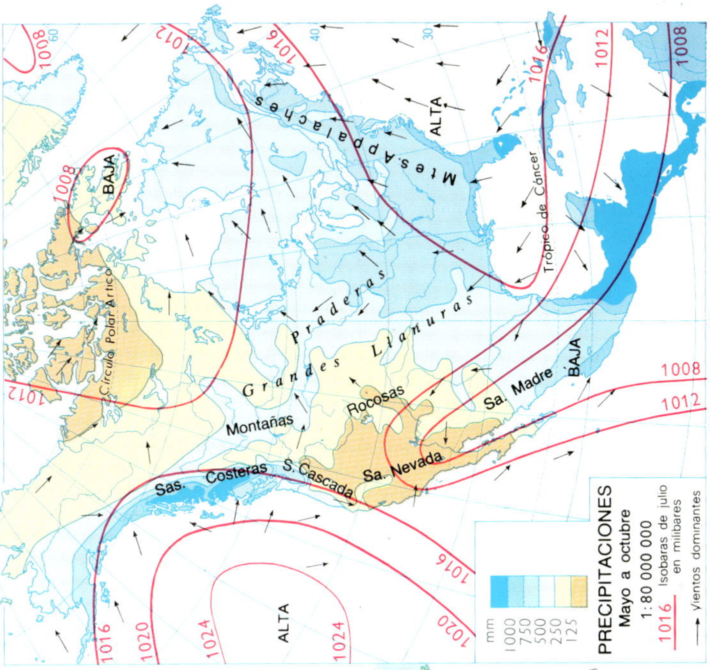

Proyección: equivalente azimutal de Lambert

OCEANO PACIFICO
ALASKA
TERRITORIO YUKON
COLUMBIA BRITANICA
ALBERTA
SASKATCHEWAN
MANITOBA
TERRITORIOS DEL NOROESTE
REGIÓN DE INUVIK
REGIÓN DE FORT SMITH
REGIÓN ARTICO CENTRAL
REGIÓN DE KEEWATIN
WASHINGTON
MONTANA
WYOMING
DAKOTA DEL NORTE
DAKOTA DEL SUR
NEBRASKA
MINNESOTA
ESTADOS UNIDOS
Montañas Rocosas
Montes Mackenzie
Montes Cassiar
Mts. Wrangell
Mt. McKinley
Mt. Logan
Mt. Fairweather 4663
Mt. Robson 3954
Mt. Waddington 3994
Churchill Pk. 3200
Isla de Banks
Tierra Victoria
Pen. Prince Albert
Golfo de Amundsen
Golfo de la Coronación
Gran Lago del Oso
Gran Lago de los Esclavos
Lago Athabasca
Lago Winnipeg
L. Manitoba
Is. Queen Charlotte (Is. Reina Carlota)
I. Vancouver
Est. de Juan de Fuca
Est. de Hecate
Fairbanks
Anchorage
Juneau
Skagway
Whitehorse
Dawson
Inuvik
Yellowknife
Fort Smith
Prince Rupert
Prince George
Vancouver
Victoria
Seattle
Tacoma
Spokane
Kamloops
Calgary
Edmonton
Lethbridge
Medicine Hat
Saskatoon
Regina
Moose Jaw
Prince Albert
Winnipeg
St. Boniface
Brandon
Churchill
The Pas
Flin Flon
Minneapolis
Omaha
Proyección: Bonne
ALASKA
1:30 000 000
100 0 200 400 km
Mar de Bering
Golfo de Alaska
Mts. Brooks
Is. Aleutianas
Oeste de Greenwich
RUSIA
CANADA
m
3000
2000
1500
1000
400
200
0
200
2000

1:15 000 000

100 0 100 200 300 400 500 600 km

Oeste de Greenwich

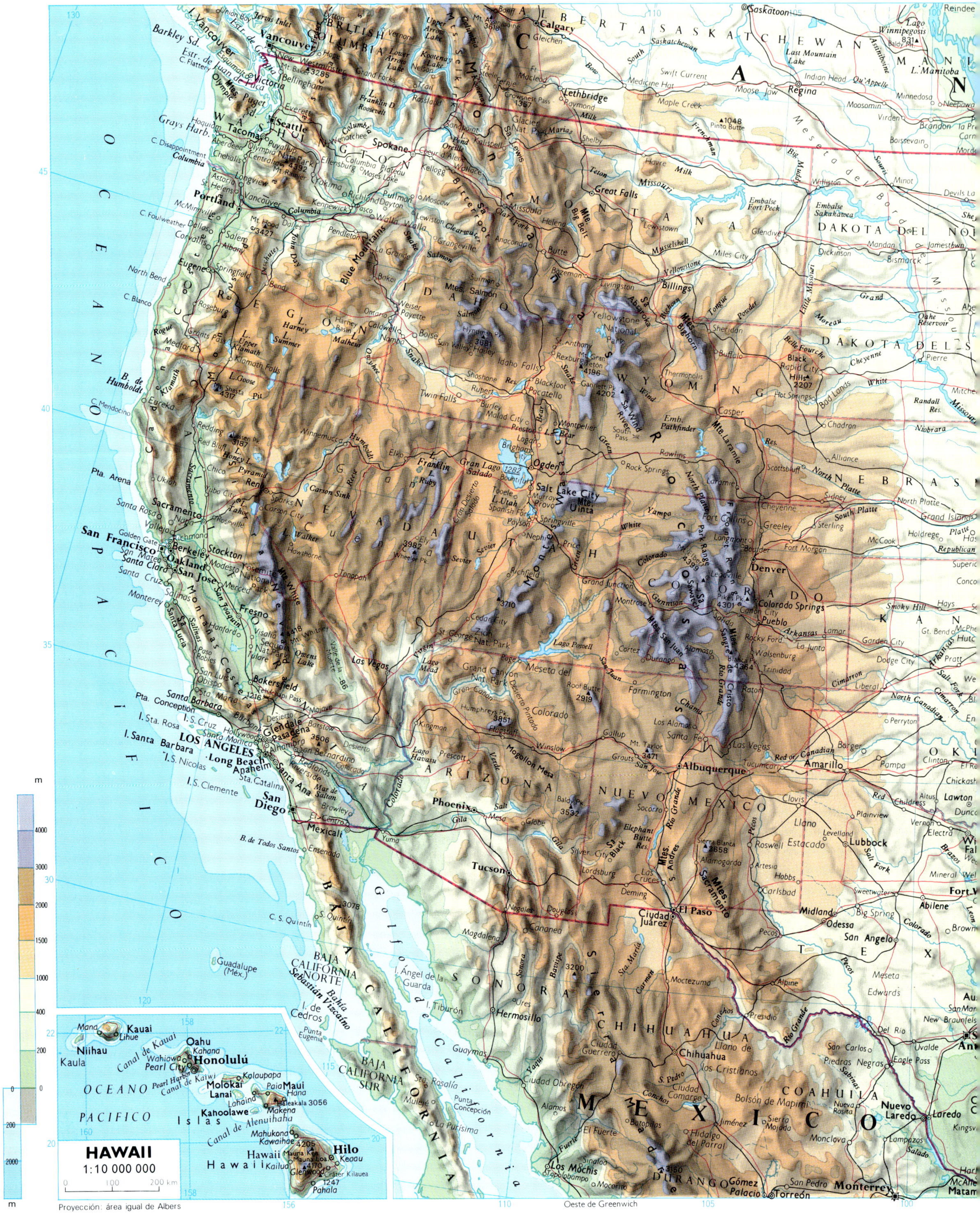
OCEANO PACIFICO
CANADA
MONTANA
IDAHO
WASHINGTON
OREGON
CALIFORNIA
NEVADA
UTAH
WYOMING
COLORADO
ARIZONA
NUEVO MEXICO
TEXAS
NEBRASKA
DAKOTA DEL NORTE
DAKOTA DEL SUR
MÉXICO
SONORA
CHIHUAHUA
COAHUILA
BAJA CALIFORNIA NORTE
BAJA CALIFORNIA SUR
Golfo de California
Sierra Nevada
Montañas Rocosas
Vancouver
Victoria
Seattle
Tacoma
Spokane
Portland
Salem
Eugene
Calgary
Lethbridge
Regina
Great Falls
Helena
Billings
Boise
Ogden
Salt Lake City
Gran Lago Salado
Reno
Sacramento
San Francisco
Oakland
Berkeley
San Jose
Stockton
Fresno
Bakersfield
Las Vegas
Santa Barbara
LOS ANGELES
Long Beach
Anaheim
San Diego
Mexicali
Phoenix
Tucson
Albuquerque
Santa Fe
El Paso
Ciudad Juárez
Denver
Colorado Springs
Pueblo
Cheyenne
Amarillo
Lubbock
Midland
Odessa
San Angelo
Hermosillo
Chihuahua
Torreón
Monterrey
Nuevo Laredo
Laredo
m
4000
3000
2000
1500
1000
400
200
0
200
2000
HAWAII
1:10 000 000
0 100 200 km
Kauai
Niihau
Oahu
Honolulú
Molokai
Lanai
Maui
Kahoolawe
Hawaii
Hilo
OCEANO PACIFICO
Proyección: área igual de Albers
Oeste de Greenwich

1:12 000 000

100 0 100 200 300 400 500 km

Proyección: área igual de Albers con dos paralelos tipo

Anticosti
Port Cartier
West Pt.
Jupiter
Heath Pt.
South Pt.
Rivière au Renard
Chibougamau
L. Chibougamau
556
L. Pipmuacan
Cap Chat
1310
Montes Shickshock
Gaspé
C. Gaspé
572
Matane
Peninsula de Gaspé
Mont Joli
(St. Lawrence-St. Laurent)
Peribonca
Dolbeau
Gouin Res.
Lago St. Jean
St. Félicien
Roberval
Chicoutimi
Saguenay
Jonquière
Chambord
Lac Bouchette
Bagotville
Tadoussac
Rimouski
Trois Pistoles
GOLFO DE S. LORENZO
Bahía de Chaleur
I. Miscou
I. Brion
Is. Magdalen
I. Grindstone
(Quebec)
Is. St. Paul
C. North
Dalhousie
Campbellton
Shippigan
Tracadie
Rivière du Loup
St. Siméon
Parent
Lac Edouard
La Malbaie
Baie St. Paul
San Lorenzo
La Tuque
Bathurst
B. Miramichi
North Pt.
Tignish
ISLA PRINCE EDWARD
Ingonish
I. Cap Breton
532
Edmundston
819
St. Leonard
NEW BRUNSWICK
Fort Kent
Grand Falls
Newcastle
Chatham
Summerside
Souris
East Pt.
Glace Bay
Sydney
Charlottetown
Georgetown
Inverness
Richibucto
Buctouche
Est. de Northumberland
Murray Hbr.
Port Hood
L. Bras d'Or
Quebec
Levis
Montmagny
Caribou
Presque Isle
St. John
Grand'Mère
Shawinigan
Trois Rivières
960
Plessisville
Victoriaville
Thetford Mines
Houlton
Woodstock
Fredericton
L. Grand
Chipman
Moncton
Shediac
Springhill
Pictou
New Glasgow
I. Madame
Chedabucto
Canso
Mulgrave
Stellarton
Parrsboro
Truro
Mte. Katahdin
1606
Sussex
Chignecto
Joliette
Sorel
Drummondville
L. Moosehead
Saint John
NOVA SCOTIA
Sherbrooke
Hawkesbury
St. Jérome
Lachute
Ottawa
St. Hyacinthe
MONTREAL
Mégantic
St. Stephen
Bahía de Fundy
Sheet Hr.
Windsor
Dartmouth
Sherbrooke
Magog
St. Jean
Coaticook
Penobscot
MAINE
Calais
Ottawa
Cornwall
Valleyfield
Kennebec
Rangeley
Bangor
Eastport
Machias
Annapolis Royal
Halifax
Newport
Digby
Mahone Bay
Lunenburg
Plattsburg
Ogdensburg
L. Champlain
Burlington
Farmington
Waterville
Ellsworth
I. Gran Manan
Bridgewater
Berlin
Augusta
Belfast
I. Mt. Desert
B. St. Mary
L. Rossignol
Montpelier
Barre
Lancaster
1917
Auburn
Lewiston
B. de Penobscot
Rockland
Yarmouth
Shelburne
Watertown
1629
Mtes. Adirondak
L. George
VERMONT
Connecticut
NEW HAMPSHIRE
C. Sable
Rutland
Laconia
Portland
Biddeford
Rochester
Rome
Utica
Glens Falls
Gloversville
Amsterdam
Saratoga Sps.
Concord
Dover
Portsmouth
Syracuse
Keene
Manchester
Schenectady
Bennington
Fitchburg
Haverhill
Nashua
Lawrence
Lowell
Watervliet
Troy
Albany
Gardner
Salem
Lynn
Bahía de Massachusetts
Pittsfield
MASS.
Clinton
Worcester
Newton
BOSTON
Hudson
Quincy
C. Cod
Mtes. Catskill
1281
Binghamton
Holyoke
Cambridge
Brockton
Kingston
Springfield
Woonsocket
Cape Cod B.
Delaware
Torrington
Hartford
Pawtucket
Providence
Fall River
New Bedford
New Britain
Ensenada de Nantucket
Poughkeepsie
Newburgh
Waterbury
R.I.
Bristol
Middletown
Meriden
Newport
Martha's Vineyard
I. Nantucket
Peekskill
New Haven
Wilkes Barre
Bridgeport
New London
I. Block
Stamford
Greenwich
Long Island
Montauk Pt.
Paterson
Yonkers
Easton
Newark
Allentown
Jersey City
Elizabeth
NEW YORK (Nueva York)
Reading
Trenton
Camden
NEW JERSEY
Chester
Wilmington
Bridgeton
Atlantic City
Dover
Cabo May
DELAWARE
OCEANO ATLANTICO
Cabo Charles
Oeste de Greenwich
Edmonton
Vancouver
Seattle
Winnipeg
Portland
Ottawa
Montreal
Boston
St. Paul
M.
Buffalo
New York
Pitts.
Philadelphia
Omaha
Chicago
Washington
Denver
Kansas City
St. Louis
Ind.
Cin.
San Francisco
Los Angeles
Oklahoma City
Memphis
Atlanta
San Diego
Fort Worth
Dallas
Jacksonville
Houston
New Orleans
Miami
Monterrey
Trópico de Cáncer
La Habana
Pto. Príncipe
Guadalajara
Mexico
Puebla
Guatemala
Habitantes por km²
menos de 1
1-3
3-6
6-12
12-25
25-50
50-100
100-200
más de 200
Ciudades con más de 500 000 habitantes
DENSIDAD DE POBLACION
1:50 000 000

Proyección Bonne

1:15 000 000

100 0 100 200 300 400 500 600 km

Oeste de Greenwich

1:40 000 000

400 0 400 800 1200 1600 km

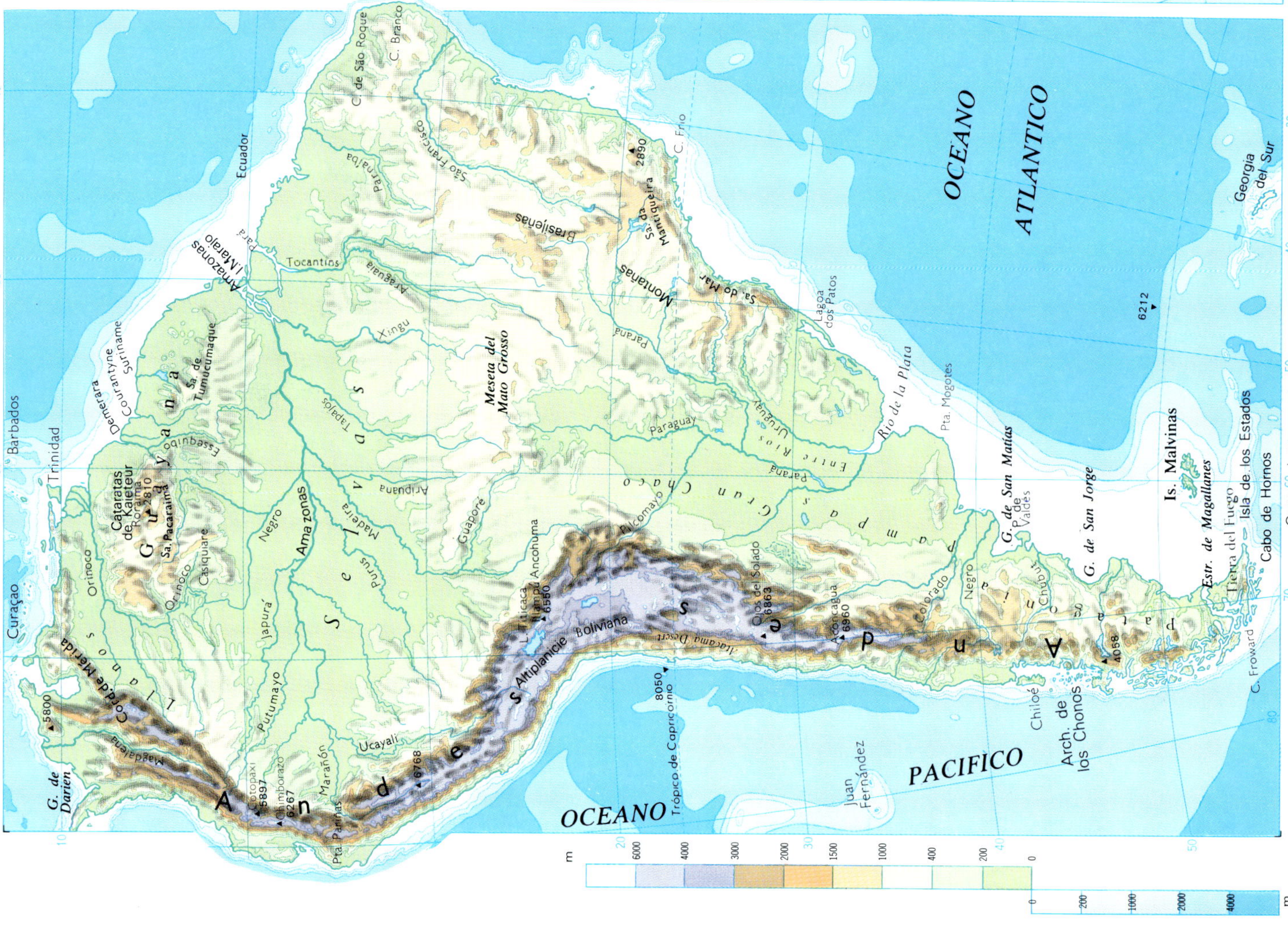

Proyección: equivalente azimutal de Lambert

1:40 000 000

400 0 400 800 1200 1600 km

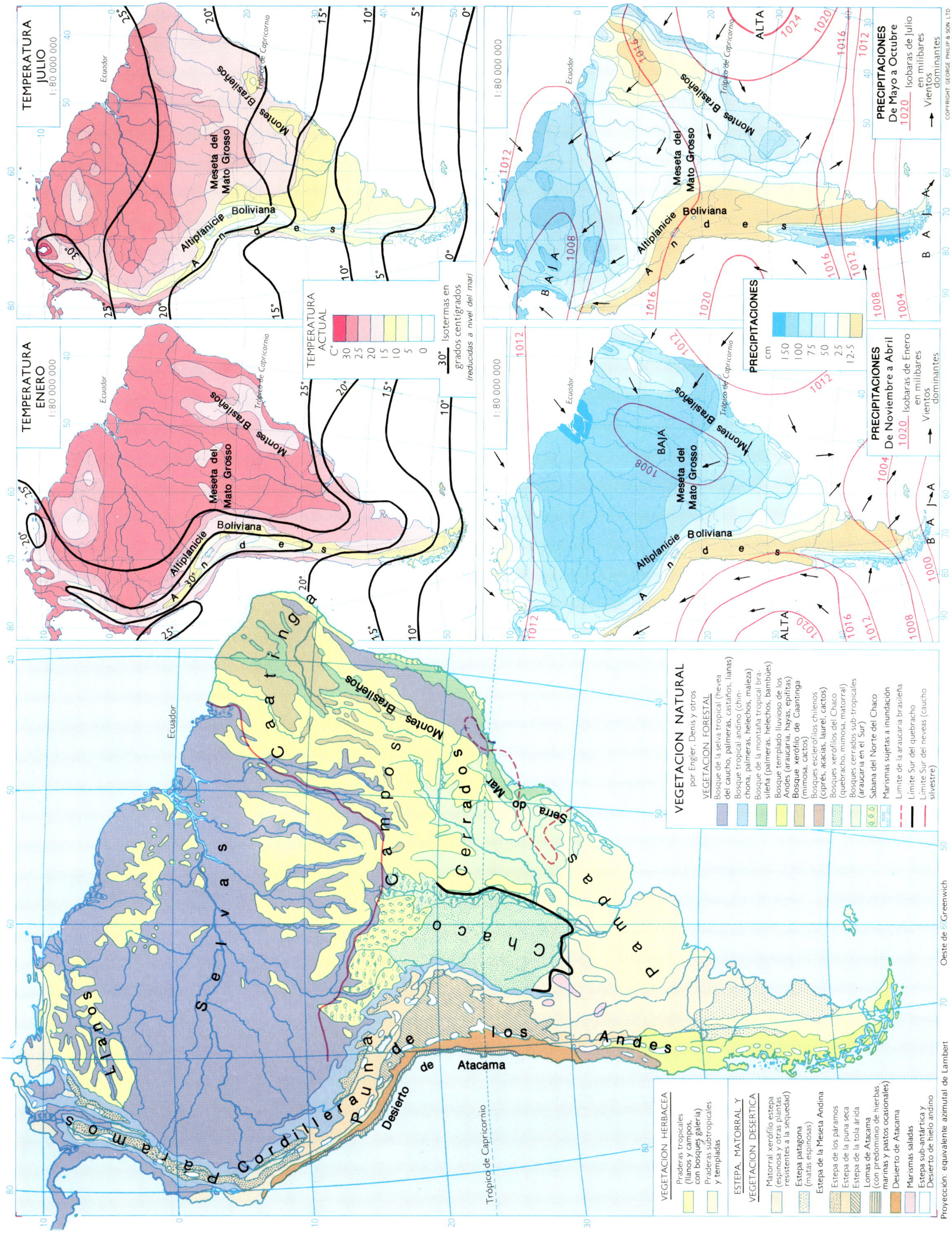

Proyección: equivalente azimutal de Lambert

MAR CARIBE
OCEANO ATLANTICO
PEQUEÑAS ANTILLAS
Islas de Barlovento
MARTINICA (Fr.)
STA. LUCIA
SAN VICENTE
Barbados
TRINIDAD Y TOBAGO
VENEZUELA
COLOMBIA
ECUADOR
PERU
BOLIVIA
GUYANA
SURINAM
GUAYANA FRANCESA
AMAPÁ
RORAIMA
AMAZONAS
ACRE
RONDÔNIA
MATO GROSSO
MARANHÃO
PIAUÍ
CEARÁ
RIO GRANDE DO NORTE
PARAIBA
PERNAMBUCO
ALAGOAS
SERGIPE
BAHIA
GOIÁS
MINAS GERAIS
CARACAS
BOGOTÁ
LIMA
Quito
Manaus
Belém
Fortaleza
Brasília
SALVADOR
RECIFE
La Paz
Equator

1:20 000 000

200 0 200 400 600 800 km

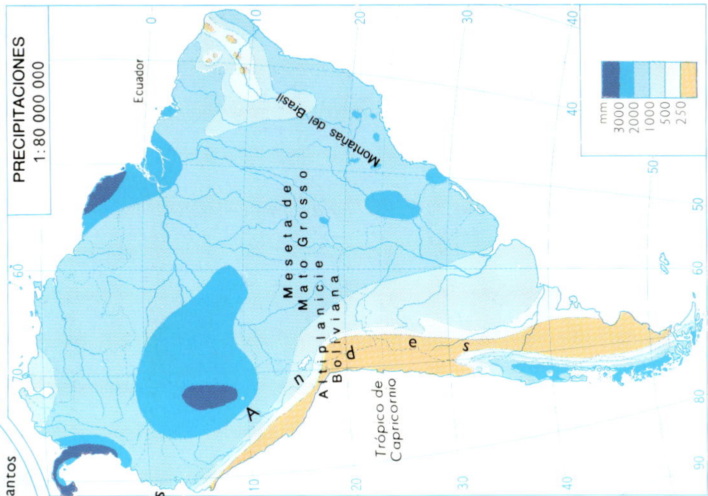

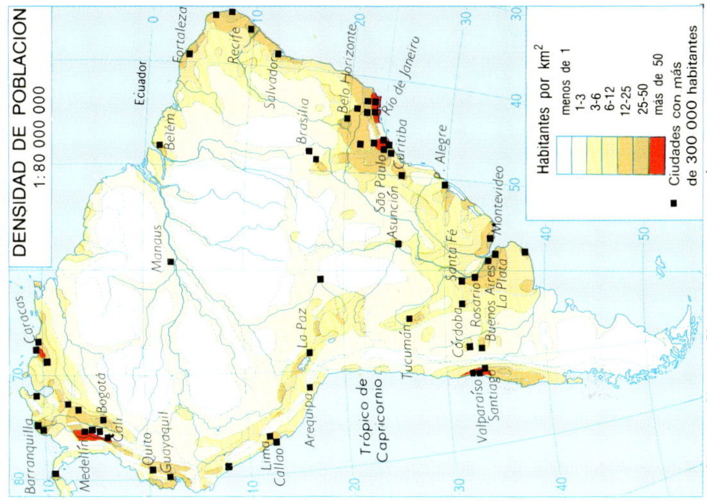

1:50 000 000

500 0 500 1000 1500 2000 km

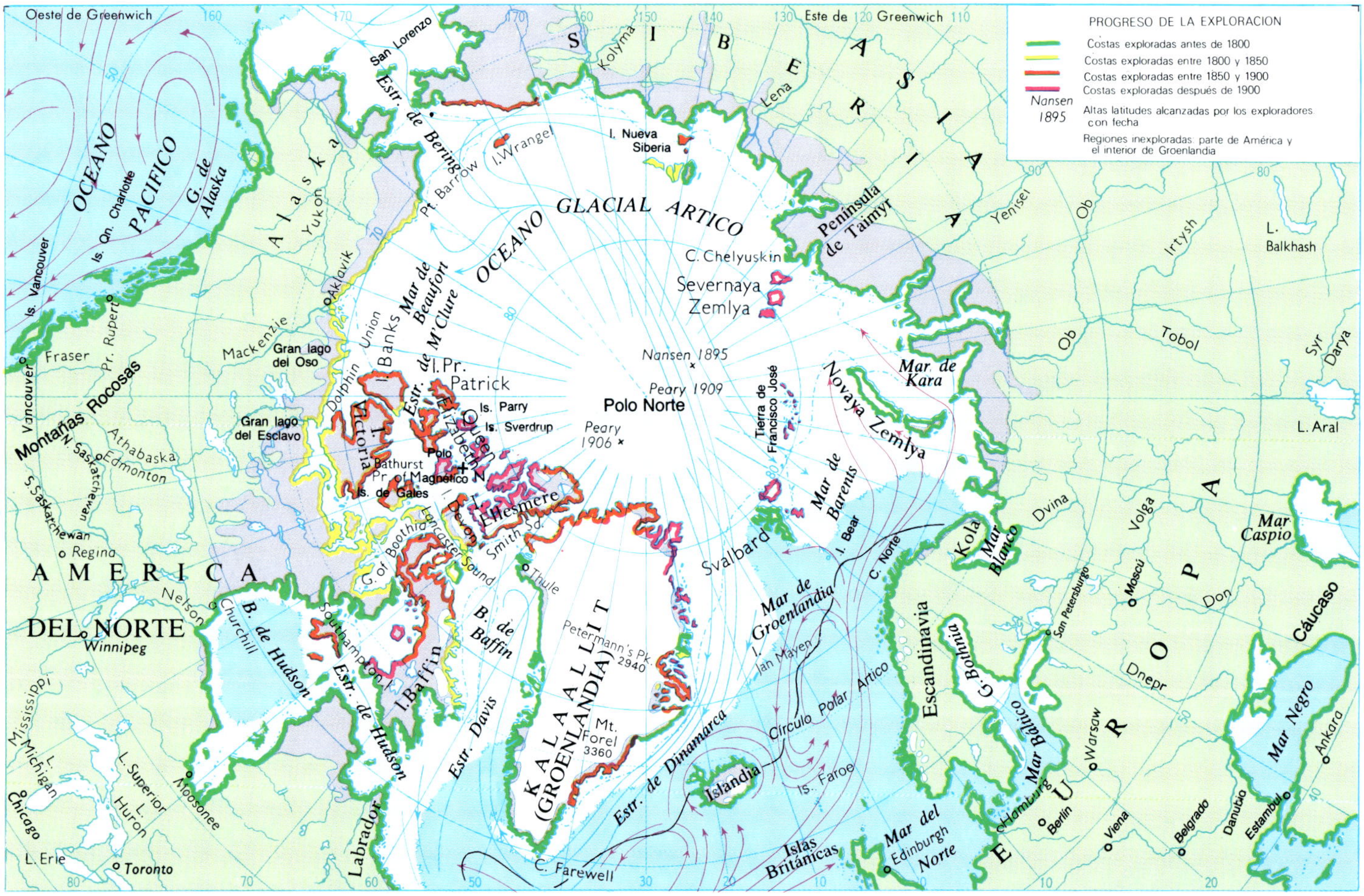

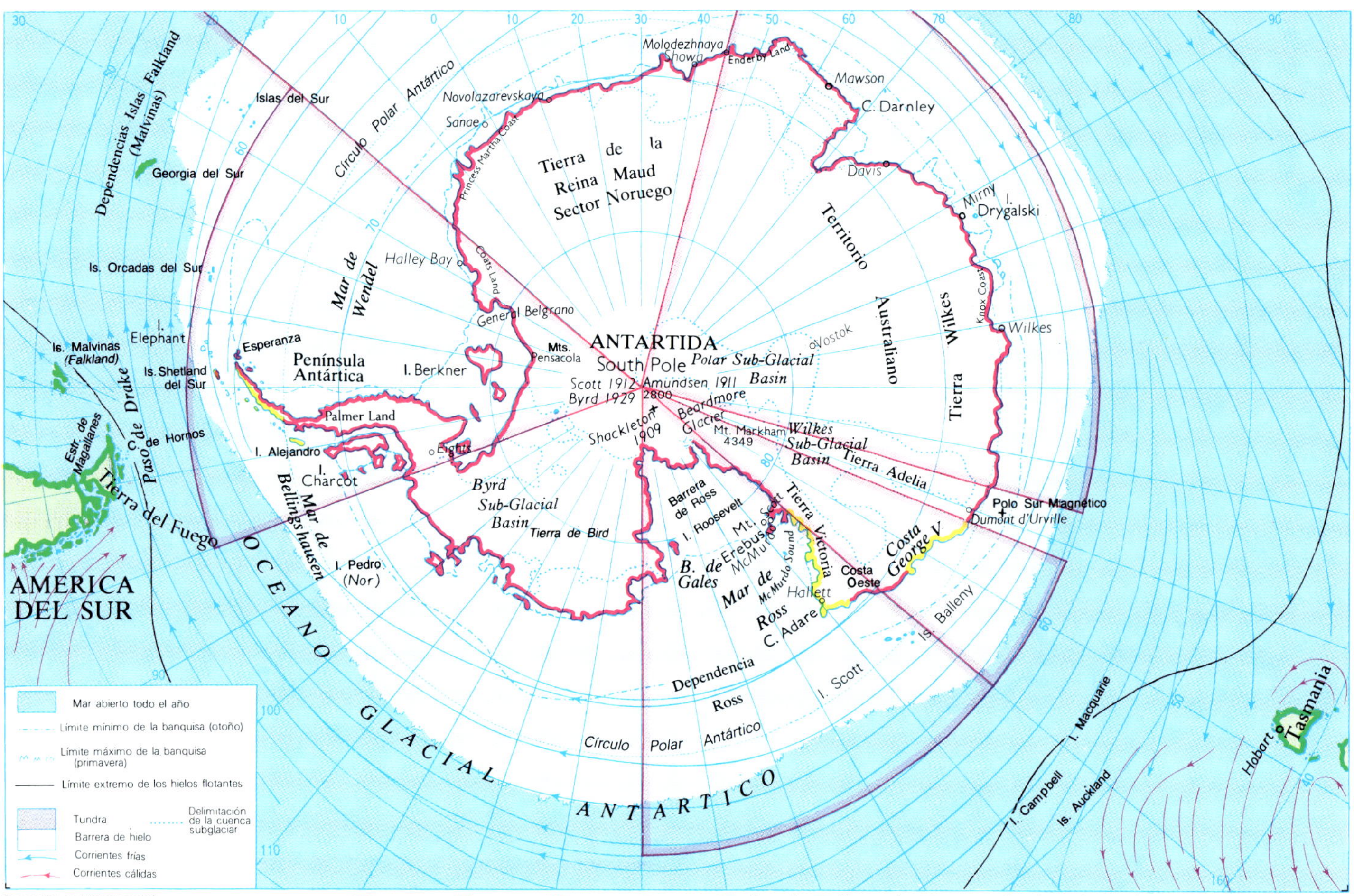

Proyección: equidistante cenital

INDICE TOPONIMICO

ABREVIATURAS

Afgan. - *Afganistán*
Áfr. - *Africa*
Ala. - *Alabama*
Al. - *Alemania*
Amér. - *América*
And. - *Andalucía*
Ang. - *Angola*
Antár. - *Antártida (Antártico)*
Ar. Saudí - *Arabia Saudí (o Saudita)*
Arag. - *Aragón*
Arch. - *Archipiélago*
Ark. - *Arkansas*
Atlán - *Atlántico*
Austral. - *Australia*
B. - *Bahía (baie, bay, bight)*
Bal. - *Baleares*
Bangla. - *Bangladesh*
Bél. - *Bélgica*
Bras. - *Brasil*
Bir. - *Birmania*
C. - *Cabo (cape, cap)*
V.B. - *Columbia Británica*
Cal. - *California*
Cam. - *Camerún*
Can. - *Canadá*
Canar. - *Canarias*
Cant. - *Cantabria (Cantábrica)*
Cap. - *Capital*
Cast.-La M. - *Castilla-La Mancha*
Cast.-León - *Castilla-León*
Cat. - *Cataluña*
Catar. - *Cataratas*
Cca. - *Comarca*
Cent. - *Central*
Cn. - *Cantón*
Col. - *Colombia (colonia)*
Com. Val. - *Comunidad Valenciana*
Con. - *Condado*
Conn. - *Connecticut*
Cord. - *Cordillera*
Chec. - *Checoslovaquia*
Del. - *Delaware*
Dep. - *Depresión*
Dept. - *Departamento*
Des. - *Desierto*
Din. - *Dinamarca*
Dist. - *Distrito*
Div. - *División (divisoria)*
E. - *Este*
E.A.U. - *Emiratos Arabes Unidos*
Emb. - *Embalse*
Esp. - *España*
Est. - *Estrecho*
Eur. - *Europa*
Extr. - *Extremadura*
Fd. - *Fjord (fiordo)*
Fed. - *Federal*
Fil. - *Filipinas*
Fin. - *Finlandia*
Fla. - *Florida*
Fr. - *Francia*
Ft. - *Fuerte (fort)*
G. - *Golfo (Gulf, Gebel)*
Ga. - *Georgia*
Gal. - *Galicia*
Gr. - *Grecia*
Guin.-B. - *Guinea-Bissau*
Guat. - *Guatemala*
Hants. - *Hampshire*
Hd. - *(Head) punta*
I(s). - *Isla(s) [island(s), ile(s)]*
Isl. - *Islandia*
Ill. - *Illinois*
Ind. - *Indiana (Indias)*
Indon. - *Indonesia*
Irl. - *Irlanda*
Istm. - *Istmo*
It. - *Italia*
Jap. - *Japón*
Jor. - *Jordania*
Kan. - *Kansas*
Ky. - *Kentucky*
L. - *Lago (lake)*
La. - *Louisiana*
Lag. - *Laguna (lagoon)*
Ld. - *Land*
Líb. - *Líbano*
Lux. - *Luxemburgo*
Ll. - *Llanura*
Madag. - *Madagascar*
Mad. P. - *Madhya Pradesh*
Marr. - *Marruecos*
Mass. - *Massachusetts*
Md. - *Maryland*
Me. - *Maine*
Medit. - *Mediterráneo*
Mes. - *Meseta*
Méx. - *México*
Mich. - *Michigan*
Minn. - *Minnesota*
Miss. - *Mississippi*
Mo. - *Missouri*
Mong. - *Mongolia*
Mozam. - *Mozambique*
Mte(s). - *Monte(s) [mount(s), mont(s), mountain(s)]*
Mur. - *Murcia*
N. - *Norte (north, nord)*
N.B. - *New Brunswick*
N.C. - *North Carolina*
N.D. - *North Dakota*
N.H. - *New Hampshire*
N.J. - *New Jersey*
N.Y. - *New York*
N.Z. - *Nueva Zelanda*
Nav. - *Navarra*
Neb. - *Nebrasca*
Newf. - *Newfoundland (Terranova)*
Nicar. - *Nicaragua*
Nor. - *Noruega*
O. - *Oasis*
Oc. - *Océano*
Ont. - *Ontario*
Ore. - *Oregón*
Okla. - *Oklahoma*
P. - *Paso (puerto de montaña, pass)*
P.B. - *Países Bajos*
P. de Ast. - *Principado de Asturias*
P.N. - *Parque Nacional*
P. Rico - *Puerto Rico*
P. Vasco - *País Vasco*
Pa. - *Pennsylvania*
Pak. - *Pakistán*
Pan. - *Panamá*
Papua N.G. - *Papua Nueva Guinea*
Para. - *Paraguay*
Pen. - *Península*
Pi. - *Pico*
Plat. - *Plateau (meseta)*
Pol. - *Polonia*
Port. - *Portugal*
Pref. - *Prefectura*
Prov. - *Provincia*
Pto. - *Puerto*
Pta.-Pt. - *Punta (point)*
R. - *Río*
R.A. - *República Autónoma*
R.A.S.S. - *República Autónoma Socialista Soviética*
R.I. - *Rhode Island*
R.S.S. - *República Socialista Soviética*
R. Unido - *Reino Unido*
Ra. - *Range (sierra)*
Reg. - *Región*
Rep. - *República*
Res. - *Reservoir (embalse)*
Rum. - *Rumania*
S. - *Sur (south, sud)*
S.C. - *South Carolina*
S.D. - *South Dakota*
S., Sto., St., Ste. - *San, Santo (são, saint, sainte)*
Sa. - *Sierra*
Sd. - *Sound (ensenada, bahía)*
Sist. - *Sistema*
Tail. - *Tailandia*
Tenn. - *Tennessee*
Terr. - *Territorio (territory)*
Tex. - *Texas*
Trans. - *Transvaal*
Tur. - *Turquía*
U.R.S.S. - *Unión de Repúblicas Socialistas Soviéticas*
U.S.A. - *Estados Unidos (United States of America)*
Va. - *Virginia*
Val. - *Valle*
Ven. - *Venezuela*
Vic. - *Victoria*
Vol. - *Volcán*
Vt. - *Vermont*
W. - *Oeste, wadi, western*
Wis. - *Wisconsin*
W. Va. - *West Virginia*
Yugs. - *Yugoslavia*
Zimb. - *Zimbabwe*

Las latitudes y longitudes intentan ser una ayuda para situar los nombres en los mapas; ambas son generalmente aproximadas.

ÍNDICE

Para buscar cualquier topónimo es preciso referirse a las coordenadas: latitud de 0 a 90º Norte o Sur; longitud 9 a 180º Oeste (W) o Este a partir del meridiano origen de Greenwich. Ejemplo: 28 León, y Prov., Reg., Cast.-León, Esp. 42 38 N 5 40 W

A

71 A'âlâ en Nil, prov., Sudán 8 0N 3 10E
46 Aachen, Alemania 50 49N 6 6E
61 Aalma Ech Chaab, Lib. 33 6N 35 10E
44 Aalsmeer, Países Bajos 52 16N 4 45E
44 Aalst, Bélgica 50 57N 4 3E
44 Aalten, Países Bajos 51 56N 6 35E
45 Aarau, Suiza 47 24N 8 3E
45 Aarberg, Suiza 47 3N 7 17E
45 Aare, R., Suiza 47 16N 7 45E
45 Aargau, cantón, Suiza 47 25N 8 10E
44 Aarschot, Bélgica 50 59N 4 50E
60 Ab Dam, Arabia Saudí 20 25N 44 30E
70 Aba, Nigeria 5 10N 7 19E
60 Abadán, Irán 30 22N 48 19E
24 Abadín, Gal., Esp. 43 30N 7 25W
70 Abadla, Argelia 31 0N 2 25W
59 Abakan, U.R.S.S. 53 59N 91 20E
94 Abancay, Perú 13 45S 72 45W
35 Abanilla, Mur., Esp. 38 12N 1 2W
35 Abarán, Mur. Esp. 38 12N 1 24W
65 Abashiri, Japón 43 55N 144 15E
72 Abaya, L., Etiopía 6 30N 37 50E
42 Abbeville, Francia 50 7N 1 50E
62 Abbottbad, Pakistán 34 10N 73 15E
71 Abeche, Chad 14 0N 20 40E
24 Abegondo, Gal., Esp. 43 20N 8 20W
29 Abejar, Cast.-León, Esp 41 47N 2 46W
45 Abelboden, Suiza 46 29N 7 33E
31 Abengibre, Cast.-La M., Esp. 39 12N 1 32W
30 Abenojar, Cast.-La M., Esp. 38 50N 4 20W
46 Åbenrå, Dinamarca 55 7N 9 20E
70 Abeokuta, Nigeria 7 0N 3 23E
37 Aberdeen, Escocia, R. Unido 57 9N 2 4W
86 Aberdeen, S. Dakota, U.S.A. 45 32N 98 30W
86 Aberdeen, Wash., U.S.A. 47 0N 123 47W
36 Abergaria-a-Velha, Port. 40 40N 8 30W
37 Aberystwyth, Gales, R. Unido 52 24N 4 4W
60 Abha, Arabia Saudí 18 0N 42 34E
70 Abidjan, Costa de Marfil 5 25N 3 58W
26 Abiego, Arag., Esp. 42 10N 0 6W
86 Abilene, U.S.A. 32 28N 99 45W
85 Abitibi, L., Canadá 49 40N 79 40W
51 Abkhaz, U.R.S.S. 43 0N 41 0E
33 Abla, And., Esp. 37 10N 2 44W
49 Abo, *véase* Turku
72 Abolo, Congo 0 10N 13 10E
70 Abomey, Benín 7 5N 2 5E
71 Abong Mbang, Camerún 4 0N 13 8E
71 Abou Deia, Chad 11 20N 19 20E
54 Abqaiq, Arabia Saudí 26 0N 49 45E
36 Abrantes, Portugal 39 28N 8 10W
36 Abraveses, Portugal 40 40N 7 55W
71 Abri, Sudán 20 45N 30 27E
94 Abrolhos, arch., Brasil 17 50S 38 35W
47 Abrud, Rumania 46 20N 23 0E
40 Abruzzi, región, Italia 42 10N 14 0E
86 Absaroka, Sa., U.S.A. 44 40N 110 0W
61 Abu Dhabi, E.A.U. 24 27N 54 18E
71 Abu Hamed, Sudán 19 35N 33 37E
71 Abu Matariq, Sudán 11 0N 26 10E
71 Abu Tig., Egipto 27 4N 31 15E
71 Abu Zabad, Sudán 12 28N 28 45E
70 Abuja, Nigeria 9 16N 7 2E
71 Abwong, Sudán 9 2N 32 14E
90 Acaponeta, México 22 3N 105 20W
90 Acapulco, México 17 0N 99 57W
70 Accra, Ghana 5 32N 0 12W
34 Acehuche, Extr., Esp. 39 45N 6 40W
34 Aceituna, Extr., Esp. 40 10N 6 20W
34 Aceuchal, Extr., Esp. 38 40N 6 31W
63 Achak Gomba, China 33 35N 96 20E
36 Achill, I., Irlanda 53 58N 10 17W
59 Achinsk, U.R.S.S. 56 20N 9 20E
91 Acklin's, I., Bahamas 22 15N 74 15W
95 Aconcagua, Mte., Arg. 32 37S 70 2W
61 Acra = Akko, Israel 32 56N 35 4E
94 Acre, Estado, Brasil 9 0S 71 0W
94 Acre, R., Brasil 10 45S 69 30W
28 Adaja, R., Cast.-León, Esp. 41 17N 4 45W
62 Adam's Bridge, Sri Lanka 9 15N 79 30E
62 Adam's, Pico, Sri Lanka 6 40N 80 40E
71 Adamaua, Macizo, Camerún 6 10N 12 30E
40 Adamello, Mte., Italia 46 10N 10 34E
33 Adamuz, And., Esp. 38 2N 4 31W
51 Adana, Turquía 37 10N 35 18E
28 Adanero, Cast.-León, Esp 40 56N 4 36W
51 Adapazari, Turquía 40 48N 30 25E
71 Adarama, Sudán 17 8N 34 58E
40 Adda, R., Italia 45 15N 9 50E
72 Addis Abeba, Etiopía 9 2N 38 43E
35 Adeje, Canar. Esp. 28 7N 16 43W
79 Adelaide, Austria 34 55S 138 43E
84 Adelaide, Pen., Canadá 67 60N 98 0W
45 Adelboden, Suiza 46 28N 7 36E
96 Adélie, Tierra, Antártida 69 0S 140 0E
60 Aden, G. de Arabia 12 0N 48 0E
60 Aden,Yemen del Sur12 45N 45 3E
60 Adh Dharma, Arabia Saudí 24 35N 46 12E
78 Adieu, C., Australia 32 0S 132 0E
40 Adige, R., Italia 45 9N 11 25E
62 Adilabad, India 19 50N 78 30E
89 Adirondack, Mtes., U.S.A. 43 50N 74 30W
70 Admer, Argelia 20 23N 5 20E
78 Admiralty, G., Australia 14 20S 126 0E.
62 Adoni, India 15 45N 77 20E
43 Adour, R., Francia 43 47N 0 50W
33 Adra, And., Esp. 36 43N 3 3W
60 Adraj, Arabia Saudí 20 1N 51 0E
40 Adrano, Sicilia, Italia 37 40N 14 49E
70 Adrar de las Iforas, Meseta, Malí 19 40N 1 40E
70 Adrar, Argelia 27 40N 0 12W
71 Adre, Chad 13 40N 22 20E
88 Adrian, Mich., U.S.A. 41 55N 84 0W
40 Adriático, Mar, Europa 43 0N 22 20E
45 Adula, Mte., Suiza 46 30N 9 3E
71 Adwa, Etiopía 14 13N 39 0E
31 Adzaneta, Com. Val., Esp. 40 12N 0 10W
51 Adzhar, R.A.S.S., U.R.S.S. 42 0N 42 0E
49 Aebeltoft, Dinamarca 56 12N 10 41E
60 Afars e Issas, Djibouti
62 Afganistán, Asia 33 25N 66 0E
60 Afif, Arabia Saudí 23 53N 42 59E
73 África del Suroeste, *véase* Namibia
68 África, Continente
61 Afula, Israel 32 36N 37 17E
31 Afyonkarahisar, Turquía 38 46N 30 33E
70 Agades, Níger 16 58N 7 59E
70 Agadir, Marruecos 30 32N 9 45W
63 Agartala, India 23 47N 91 15E
59 Agata, U.R.S.S. 66 50N 98 10E
70 Agboville, Costa de Marfil 5 55N 4 15W
43 Agde, Francia 43 20N 3 28E
27 Age, Cat., Esp. 42 0N 0 45E
31 Agost, Com. Val., Esp. 38 26N 0 38W
43 Agen, Francia 44 13E 0 37E
62 Agra, India 27 17N 78 0E
27 Agramunt, Cat., Esp.41 47N 1 10E
29 Agreda, Cast.-León, Esp. 41 49N 1 54W
51 Agri, R., Italia 40 10N 16 0E
40 Agriegento, Sicilia 37 19N 13 33E
41 Agrinion, Grecia 38 37N 21 27E
90 Agua Prieta, México 31 25N 109 30W
Agua, Sa. Morena, Esp. 38 30N 2 10W
91 Aguadilla, Puerto Rico 18 28N 67 5W
32 Aguadulce, And., Esp. 37 15N 5 0W
90 Aguas Calientes, México 22 0N 102 12W
31 Aguas de Bosot, Com. Val., Esp. 38 31N 0 19W
26 Aguas, Arag., Esp. 42 13N 0 13W
26 Aguasvivas, R., Arag., Esp. 41 20N 0 50W
26 Aguaviva, Arag., Esp. 40 48N 0 12W
30 Agudo, Cast.-La M., Esp. 38 58N 4 50W
36 Agueda, Port. 40 30N 8 38W
28 Agueda, R., Cast.-León, Esp. 40 50N 6 40W
31 Águila, Mte., Cast.-La M., Esp. 40 55N 1 45W
28 Aguilafuente, Cast.-León, Esp. 41 15N 4 8W
28 Aguilar de Campoo y Emb., Esp. 42 47N 4 15W
32 Aguilar, And., Esp. 37 30N 4 43W
35 Águilas, Mur., Esp. 37 23N 1 35W
73 Agujas, C., Sudáfrica 34 50S 20 5E
35 Aguimas, Canar., Esp. 27 55N 15 26N
34 Agulo, Canar., Esp. 28 11N 17 12W
61 Agur, Israel 31 41N 34 55E
80 Ahaura, N. Z. 42 20S 171 36E
44 Ahaus, Alemania 52 6N 7 0E
80 Ahipara, B., N. Z. 35 10S 173 0E
34 Ahigal, Extr., Esp. 40 11N 6 11W
62 Ahirí, India 19 30N 80 0E
62 Ahmadabad, India 23 2N 72 30E
62 Ahmadnagar, India 19 0N 74 40E
62 Ahmadpur, Pak 29 0N 71 40E
60 Ahvaz, Irán 31 25N 48 40E
49 Ahvenanmaa, Is. Fin 60 15N 20 0E
60 Ahwar, Yemen del Sur 13 33N 46 37E
25 Aibar, Nav., Esp. 42 35N 1 25N
65 Aibu, U.R.S.S. 50 10N 127 30N
65 Aichi, Pref. Japón 35 0N 137 15E
45 Aigle, Suiza 46 19N 6 58E
63 Aijal, India 23 50N 92 55E
52 Aim, U.R.S.S. 59 0N 133 55E
70 Ain Beida, Argelia 35 50N 7 29E
70 Ain Salah, Argelia 27 5N 2 30E
70 Ain Sefra, Argelia 32 46N 0 35W
43 Ain, Dept. Francia 46 5N 5 30E
71 Aine Galakka, Chad 18 5N 18 30E
26 Ainsa, Arag., Esp. 42 24N 0 10E
70 Air, Mtes., Níger 18 0N 8 20E
43 Aire, Francia 43 40N 0 20W
27 Aire, Bal., Esp. 39 47N 4 18E
37 Aire, R., Ingl., R. Unido 53 54N 2 0W
45 Airolo, Suiza 46 32N 8 37E
43 Aisne, Dept., Francia 49 42N 3 40E
42 Aisne, R., Francia 49 25N 4 0E
31 Aitana, Sa., Com. Val., Esp. 38 35N 0 24W
41 Aitos, Bulgaria 42 40N 27 18E
43 Aix-les-Bains, Francia 45 40N 5 55E
43 Aix, Francia 43 34N 5 26E
41 Aiyina, y G. Grecia 37 40N 23 30E
41 Aiyion, Grecia 38 15N 22 5E
43 Ajaccio, Córcega, Fr. 41 55N 8 40E
62 Ajanta, Sa., India 20 20N 75 30E
60 Ajibba, Arabia Saudí 27 28N 44 28E
59 'Ajlun, Jordania 32 20N 35 44E
61 'Ajlun, Mtes., Jordania 32 20N 35 50E
62 Ajmer, India 26 30N 74 39E
25 Ajo, C., Cant., Esp. 43 30N 3 40W
49 Akershus, Con., Noruega 60 0N 11 0E
72 Aketi, Zaire 2 28N 23 47E
41 Akhisar, Turquía 38 56N 27 48E
71 Akhmim, Egipto 26 31N 31 47E
65 Akita, y Pref., Japón 39 45N 140 6E
70 Akjoujt, Mauritania 19 45N 14 10W
84 Aklavik, Canadá 67 50N 135 0W
72 Akoafim, Camerún 2 20N 12 50E
71 Akobo, Sudán 7 50N 33 1E
62 Akola, India 20 55N 76 59E
48 Akranes, Islandia 64 18N 21 53W
88 Akron, Ohio, U.S.A. 41 14N 81 31W
51 Aksaray, Turquía 38 19N 34 12E
59 Aksenovo Zilovskoye, U.R.S.S. 53 20N 117 40E
71 Aksum, Etiopía 14 5N 38-40E
51 Aktyubinsk, U.R.S.S.50 20N 57 10E
70 Aku, Nigeria 6 40N 7 18E
70 Akure, Nigeria 7 15N 5 5E
48 Akureyri, Islandia 65 37N 18 3E
63 Akyab, Birmania 20 12N 92 58E
71 Al Bayda, Libia 32 35N 21 25E
71 Al Bu'ayrat, Libia 31 20N 16 0E
60 Al Ghaidha, Yemen del Sur 16 16N 52 7E
60 Al Hafr, Arabia Saudí 28 30N 46 0E
60 Al Hair, Arabia Saudí 24 18N 46 44E
60 Al Hamar, Arabia Saudí 22 23N 46 6E
60 Al Haraiba, Arabia Saudí 28 7N 35 15E
60 Al Hataba, Arabia Saudí 19 30N 44 11E
70 Al Hoceima, Marruecos 35 8N 3 58W
61 Al Husn, Jordania 32 30N 35 55E
71 Al Jarzirah, Libia 25 55N 21 0E
60 Al Jawf, Arabia Saudí 29 55N 39 37E
71 Al Jawf, Libia 24 15N 23 30E
61 Al Jazir, Omán 18 30N 56 31E
61 Al Jiftalik, Jordania 32 10N 35 30E
71 Al Junaynah, Sudán 13 27N 22 45E
61 Al Karak, Jordania 31 10N 35 42E
61 Al Khabura, Omán 23 57N 57 5E
61 Al Khalaf, Omán 20 30N 57 56E
60 Al Khobar, Arabia Saudí 25 30N 50 15E
71 Al Khums, Libia 32 32N 14 20E
60 Al Kuwait, Kuwait 29 20N 48 0E
61 Al Lubban, Jordania 32 5N 35 14E
71 Al Marj (Barce), Libia 32 30N 20 50E
61 Al Masira, I., Omán 20 30N 58 0E
61 Al Mazra, Jordania 31 18N 35 32E
71 Al Huwaylih, Arabia Saudí 27 35N 35 40E
71 Al Qatrun, Libia 24 45N 15 2E
61 Al Qunaytrah, Siria 33 7N 35 50E

60 Al Qunfidha, Arabia Saudí 19 20N 41 10E
71 Al Uquaylah, Libia 30 10N 18 50E
61 Al Yamuk, R., Siria 32 45N 35 40E
60 l'ula, Arabia Saudí 26 35N 38 0E
64 Ala Kul, U.R.S.S. 46 15N 81 50E
64 Ala Shan, Mtes., China 39 45N 103 20E
64 Ala Tau, Mtes., Asia 45 30N 80 40E
87 Alabama, Estado y R., U.S.A. 32 40N 87 0W
28 Alaejos, Cast.-León, Esp. 41 18N 5 14W
94 Alagoas, Estado, Brasil 9 45S 35 47W
26 Alagón, Arag., Esp. 41 46N 1 12W
34 Alagón, R., Extr., Esp. 39 50N 6 50W
34 Alajeró, Canar., Esp. 28 4N 17 14W
91 Alajuela, Costa Rica 10 0N 84 20W
50 Alakurtti, Fin. 67 0N 30 30E
32 Alameda, And., Esp. 37 13N 4 41W
30 Alameda, de la Sagra, Cast.-La M., Esp. 40 1N 3 48W
30 Alamillo, Cast.-La M., Esp. 38 12N 4 47W
86 Alamogordo, U.S.A. 32 55N 105 55W
86 Alamosa, U.S.A. 37 35N 105 55W
49 Aland, Is., *véase* Ahvenanmaa
49 Åland, Est., Finlancia 60 10N 19 30E
36 Alandroal, Port. 38 40N 7 26W
32 Alains, And., Esp. 38 3N 5 42W
34 Alange, Extr., Esp. 38 47N 6 5W
51 Alanya, Turquía 36 3N 32 0E
58 Alapayevsk, U.R.S.S. 57 55N 62 0E
28 Alar del Rey, Cast.-León, Esp. 42 40N 4 17W
28 Alaraz, Cast.-León, Esp. 40 44N 5 17W
30 Alarcón, Emb., Cast.-La M., Esp. 39 50N 2 20W
27 Alaró, Bal., Esp. 39 42N 2 47E
51 Alasehir, Turquía 38 20N 28 37E
84 Alaska, Estado, U.S.A. 65 0N 150 0W
84 Alaska, Sa., Alaska 63 0N 150 0W
50 Alatyr, U.R.S.S. 54 48N 46 32E
25 Álava, Prov., P. Vasco, Esp. 42 48N 2 28W
27 Alayor, Bal., Esh. 39 50N 4 10E
28 Alba de Tormes, Cast.-León, Esp. 40 50N 5 30W
47 Alba-Julia, Rumania 46 2N 23 54E
27 Albaña, Cat., Esp. 42 48N 2 42E
31 Albacete y Prov., Cast.-La M., Esp. 38 59N 1 53W
30 Albadalejo, Cast.-La M., Esp. 38 38N 2 49W
27 Albages, Cat., Esp. 41 24N 0 42E
31 Albaida, Com. Val., Esp. 38 51N 0 31W
30 Albalate de Zorita, Cast.-La M., Esp. 40 19N 2 50W
26 Albalate del Arzobispo, Arag., Esp. 41 6N 0 31W
33 Albánchez, And., Esp. 37 16N 2 10W
41 Albania, Europa 41 10N 20 0E
78 Albany, Australia 35 0S 117 52E
87 Albany, Georgia, U.S.A. 31 35N 84 16W
89 Albany, N.Y., U.S.A. 42 37N 73 50W
86 Albany, Oregon, U.S.A. 44 38N 123 0W
85 Albany, R., Vanadá 51 20N 86 30W
30 Alberca de Záncara, *véase* La Alberca de Záncara
30 Albares, Cast.-La M., Esp. 40 19N 3 2W
26 Albarracín, Arag., Esp. 40 52N 1 27W
30 Albarracín, Sa., Sist. Ibérico, Esp. 40 25N 1 26W
31 Albatana, Cast.-La M., Esp. 38 35N 1 30W
26 Albelda, Arag., Esp. 41 52N 0 28W
29 Albelda de Iregua, La Rioja, Esp. 42 22N 2 28W
31 Albatera, Com. Val., Esp. 38 5N 0 3W
87 Albemarle, Est., U.S.A. 36 2N 76 0W
28 Alberca, *véase* La Alberca
30 Alberche, R., Cast.-La M., Esp. 40 10N 4 30W
27 Alberes, Mtes., Esp.-Francia 42 30N 2 50E
36 Albergaria-a-Velha, Port. 40 46N 8 40W
31 Alberique, Com. Val., Esp. 39 7N 0 31W
72 Albert, L., *véase* Mobutu Sese Seko, L.
42 Albert, Francia 50 0N 2 40E
84 Alberta, Prov., Canadá 54 30N 115 0W
43 Albertville, Francia 45 40N 6 20E
72 Albertville, *véase* Kalemie
43 Albi, Francia 43 57N 2 9E
31 Albocácer, Com. Val., Esp. 40 21N 0 1E
33 Albolote, And., Esp. 37 14N 3 39W
14 Alborán, I., España 35 58N 3 0W
31 Alboraya, Com. Val., Esp. 39 31N 0 18W
31 Alborea, Cast.-La M., Esp. 39 17N 1 24W
49 Alborg, Dinamarca 57 1N 9 45E
33 Albox, And., Esp. 37 22N 2 9W
33 Albuñol, And., Esp. 36 48N 3 10W
34 Albuera, *véase* La Albuera
36 Albufeira, Port. 37 6N 8 20W
31 Albufera, *véase* La Albufera
45 Albula, R., Suiza 46 38N 9 30E
86 Albuquerque, U.S.A. 35 3N 106 36W
34 Alburquerque, Extr., Esp. 39 15N 6 59W
79 Albury, Australia 36 6S 146 59E
28 Alcañices, Cast.-León, Esp. 41 41N 6 21W
26 Alcañiz, Arag., Esp. 41 2N 0 8W
36 Alcacer do Sal, Port. 38 25N 8 30W
36 Alcaçovas, Port. 38 25N 8 8W
30 Alcadozo, Cast.-La M., Esp. 38 38N 1 58W
32 Alcalá de los Gazules, And., Esp. 36 29N 5 43W
31 Alcalá de Chivert, Com. Val., Esp. 40 19N 0 13W
32 Alcalá de Guadaira, And., Esp. 37 20N 5 50W
26 Alcalá de Gurrea, Arag., Esp. 42 6N 0 41W
29 Alcalá de Henares, Madrid, Esp. 40 28N 3 22W
26 Alcalá de la Selva, Arag., Esp. 40 50N 0 45W
31 Alcalá del Júcar, Cast.-La M., Esp. 39 11N 1 25W
32 Alcalá del Río, And., Esp. 37 31N 5 58W
32 Alcalá del Valle, And., Esp. 36 54N 5 10W
33 Alcalá la Real, And., Esp. 37 27N 3 58W
40 Alcamo, Sicilia 38 0N 12 58E
26 Alcampel, Arag., Esp. 41 54N 0 26E
26 Alcanadre, R., Arag., Esp. 41 43N 0 12W
27 Alcanar, Cat., Esp. 40 33N 0 28E
36 Alcanede, Port. 39 25N 8 49W
36 Alcanena, Port. 39 28N 8 40W
34 Alcántara, Emb., Extr., Esp. 39 45N 6 40W
35 Alcantarilla, Mur., Esp. 37 59N 1 12W
30 Alcaraz, Sa., Sist. Béticos, Esp. 38 40N 2 29W
30 Alcaraz, Cast.-La M., Esp. 38 40N 2 29W
32 Alcarocejos, And., Esp. 38 22N 4 56W
27 Alcarrás, Cat., Esp. 41 34N 0 30E
30 Alcarria, *véase* La Alcarria
30 Alcaudete de Jara, Cast.-La M., Esp. 39 48N 4 52W
33 Alcaudete, And., Esp. 37 35N 4 5W
30 Alcázar de S. Juan, Cast.-La M., Esp. 39 24N 3 12W
31 Alcira, Com. Val., Esp. 39 9N 0 30W
30 Alcoba, Cast.-La M., Esp. 39 15N 4 30W
36 Alcobaça, Portugal 39 30N 9 0W
29 Alcobendas, Madrid, Esp. 40 32N 3 38W
26 Alcolea de Cinca, Arag., Esp. 41 43N 0 10E
30 Alcolea del Pinar, Cast.-La M., Esp. 41 2N 2 28W
33 Alcolea, And., Esp. 37 57N 5 20W
34 Alconchel, Extr., Esp. 38 31N 7 6W
31 Alcora, Com. Val., Esp. 40 5N 0 14W
29 Alcorcón, Madrid, Esp. 40 20N 3 50W
26 Alcorisa, Arag., Esp. 40 54N 0 23W
36 Alcoutim, Port. 37 25N 7 28W
27 Alcover, Cat., Esp. 41 15N 1 12E
31 Alcoy, Com. Val., Esp. 38 42N 0 27W
26 Alcubierre, y Sa., Arag., Esp. 41 45N 0 30W
29 Alcubilla de Avellaneda, Cast.-León, Esp. 41 45N 3 16W
27 Alcudia, B., Bal., Esp. 39 50N 3 15E
27 Alcudia, Bal., Esp. 39 51N 3 9E
30 Alcudia, Sa., Cast.-La M., Esp. 38 34N 4 30W
34 Alcuéscar, Extr., Esp. 39 11N 6 14W
69 Aldabra, Is., Océano Índico 9 30S 46 15E
59 Aldan, R., U.R.S.S. 62 30N 135 30E
59 Aldan, U.R.S.S. 58 40N 125 30E
59 Aldanski Perezov, U.R.S.S. 62 5N 135 15E
34 Aldea del Cano, Extr., Esp. 39 18N 6 20W
30 Aldea del Fresno, Cast.-La M., Esp. 40 19N 4 14W
30 Aldea del Rey, Cast.-La M., Esp. 38 45N 3 50W
34 Aldeacentenera, Extr., Esp. 39 31N 5 38W
28 Aldeadávila, Emb., Cast.-León, Esp. 41 15N 6 30W
28 Aldeadávila de la Ribera, Cast.-León, Esp. 41 13N 6 37W
29 Aldeanueva de Ebro, La Rioja, Esp. 42 14N 1 53W
34 Aldeanueva del Camino, Extr., Esp. 40 15N 5 52W
34 Aldeanueva de la Vera, Extr., Esp. 40 8N 5 52W
28 Aldehuela, *véase* La Aldehuela
28 Aldehuela de la Bóveda, Cast.-León, Esp. 40 34N 6 4W
36 Aldeia Nova, Port. 37 55N 7 24W
37 Aldershot, Ingl., R. Unido 51 16N 0 45W
70 Aleg, Mauritania 17 15N 14 10W
35 Alegranza, I., Canar., Esp. 29 25N 13 33W
95 Alegrete, Brasil 29 40S 56 0W
25 Alegría, P. Vasco, Esp. 42 48N 2 34W
58 Aleisk, U.R.S.S. 52 40N 83 0E
71 Alejandría, Egipto 31 5N 29 45E
59 Aleksandrovsk, U.R.S.S. 50 50N 142 10E
59 Aleksandrovski Zavod, U.R.S.S. 50 40N 117 50E
58 Aleksandrovskove, U.R.S.S. 60 35N 77 50E
46 Alemania del Este, Europa 52 0N 13 0E
46 Alemania del Oeste, Europa 51 0N 9 0E
42 Alençon, Francia 48 25N 0 1E
36 Alentejo Alto, Prov., Portugal 39 0N 7 55W
36 Alentejo Baixo, Prov., Portugal 38 0N 8 20W
51 Alepo (Halab), Siria 36 30N 37 22E
43 Alés, Francia 44 9N 45E
40 Alesandria, Italia 44 47N 8 40E
48 Alesund, Noruega 62 28N 6 5E
45 Aletschhorn, Suiza 46 28N 8 0E
84 Al4utianas, Is., Océano Pacífico 52 0N 175 0W
73 Alexander, B., Sudáfrica 28 20S 16 40E
96 Alexander, I., Antártida 68 0S 70 0W
84 Alexandria, C. B., Can. 52 55N 122 20W
87 Alexandria, La., U.S.A. 31 17N 92 29W
73 Alexandria, Sudáfrica 33 38S 26 25E
88 Alexandria, Va., U.S.A. 38 50N 77 50W
79 Alexandrina, L., Austral. 35 32S 139 12E
41 Alexandroúpulis, Grecia 40 50N 25 55E
51 Alexandrov Gai, U.R.S.S. 50 30N 48 10E
61 Aley, Líbano 33 50N 35 36E
33 Alfacar, And., Esp. 37 14N 3 34W
26 Alfajarín, Arag., Esp. 41 38N 0 42W
26 Alfambra, y R., Arag., Esp. 40 33N 1 5W
36 Alfandega da Fe, Port. 41 20N 6 59W
33 Alfarnate, And., Esp. 36 58N 4 16W
29 Alfaro, La Rioja, Esp. 42 10N 1 50W
27 Alfarras, Cat., Esp. 41 48N 0 35E
31 Alfar de Pi, Com. Val., Esp. 38 35N 0 6W
27 Alforja, Cat., Esp. 41 12N 1 0E
24 Alfoz, Gal., Esp. 43 31N 7 24W
25 Alfoz de Lloredo, Cant., Esp. 43 23N 4 11W
48 Alftanes, Islandia 64 29N 22 10W
27 Algaida, Bal., Esp. 39 35N 2 57E
27 Algaire, Cat., Esp. 41 45N 0 36E
33 Algarinejo, And., Esp. 37 19N 4 9W
33 Algarrobo, And. Esp. 36 46N 4 2W
36 Algarve, Prov., Portugal 37 20N 8 35W
32 Algeciras, y B., And., Esp. 36 11N 5 28W
31 Algemesí, Com. Val., Esp. 39 15N 0 29W
29 Algete, Madrid, Esp. 40 36N 3 30W
40 Alghero, Cerdeña, Italia 40 34N 8 20E
31 Alginet, Com. Val., Esp. 39 17N 0 27W
73 Algoa, B., Sudáfrica 33 50S 26 0E
32 Algodonales, And., Esp. 36 54N 5 24W
30 Algodor, R., Cast.-La M., Esp. 39 51N 3 48W
35 Alguazas, Mur., Esp. 38 3N 1 15W
33 Alhama de Almería, And., Esp. 36 57N 2 34W
26 Alhama de Aragón, Arag., Esp. 41 18N 1 54W
33 Alhama de Granada, y Sa., And., Esp. 37 0N 3 59W
35 Alhama de Murcia, Mur., Esp. 37 51N 1 25W
30 Alhambra, Cast.-La M., Esp. 38 54N 3 4W
30 Alhambra, Sa., Cast.-La M., Esp. 38 50N 3 0W
33 Alhamilla, Sa., And., Exp. 37 0N 2 20W
33 Alhaurín de la Torre, And., Esp. 36 40N 4 34W
32 Alhaurín el Grande, And., Esp. 36 39N 4 41W
33 Alhendin, And., Esp. 37 6N 3 39W
34 Alia, Extr., Esp. 39 27N 5 12W
26 Aliaga, Arag., Esp. 40 40N 0 42W
72 Alibo, Etiopía 9 52N 37 5E
31 Alicante, y Prov., Com. Val., Esp. 38 23N 0 30W
14 Alicante, G., Com. Val., Esp. 38 23N 0 35W
78 Alice Springs, Australia 23 42S 133 58E
73 Alicedale, Sudáfrica 33 16S 26 2E
62 Aligarh, India 27 42N 78 25E
36 Alijo, Port. 41 16N 7 27W
62 Alikhel, Afganistán 33 50N 69 30E
63 Aling Kangri, Sa., Tíbet, China 32 45N 81 5E
49 Alingsas, Suecia 57 57N 12 36E
63 Alipur Duar, India 26 35N 89 30E
62 Alipur, Pakistán 29 25N 70 50E
88 Aliquippa, U.S.A. 40 38N 80 18W
28 Aliseda de Tormes, *véase* La Aliseda de Tormes
34 Aliseda, Extr., Esp. 39 26N 6 45W
47 Alitus, U.R.S.S. 54 20N 24 0E
32 Aljaraque, And., Esp. 37 16N 7 1W
36 Aljezur, Port. 37 18N 8 45W
36 Aljezur, Port. 37 20N 8 45W
34 Aljucén, Extr., Esp. Esp. 39 3N 6 20W
36 Aljustrel, Portugal 37 55N 8 10W
44 Alkmaar, Países Bajos 52 38N 4 44E
63 Allahabad, India 25 25N 81 50E
59 Allakn Yun, U.R.S.S. 60 50N 137 5E
24 Allende, P. de Ast., Esp. 43 16N 6 35W
24 Allariz, Gal., Esp. 42 11N 7 50W
88 Allegheny, Mtes., U.S.A. 39 0N 79 0W
88 Allegheny, R., U.S.A. 42 0N 79 0W
89 Allentown, U.S.A. 40 40N 75 25W
62 Alleppey, India 9 35N 76 25E
24 Aller, y R., P. de Ast., Esp. 43 12N 5 40W
86 Alliance, Neb., U.S.A. 42 8N 102 55W
43 Allier, Dept., Francia 46 25N 3 0E
43 Allier, R., Francia 44 50N 3 42E
25 Allo, Nav., Esp. 42 35N 2 1W
37 Alloa, Escocia, R. Unido 56 7N 3 47W
26 Allupuz, Arag., Esp. 40 58N 0 45W
58 Alma Ata, U.R.S.S. 43 20N 76 50E
27 Almacellas, Cat., Esp. 41 44N 0 25E
36 Almada, Portugal 38 45N 9 10W
32 Almadén de la Plata, And., Esp. 37 50N 6 10W
30 Almadén, y Sa., Cast.-La M., Esp. 38 48N 4 48W
30 Almadenejos, Cast.-La M., Esp. 38 43N 4 44W
36 Almadora, Port. 38 45N 9 13W
30 Almagro, Cast.-La M., Esp. 38 50N 3 45W
31 Almansa, Cast.-La M., Esp. 38 50N 1 0W
28 Almanza, Cast.-León, Esp. 42 40N 5 3W
28 Almanzor, Pico, Gredos, Esp. 40 15N 5 30W
33 Almanzora, R., And., Esp. 37 22N 2 30W
30 Almarcha, *véase* La Almarcha
29 Almazán, Cast.-León, Esp. 41 30N 2 30W
31 Almanzora, Com. Val., Esp. 39 56N 0 4W
29 Almazul, Cast.-León, Esp. 41 35N 2 10W
33 Almedinilla, And., Esp. 37 26N 4 5W
28 Almeida, Cast.-León, Esp. 41 17N 6 7W
36 Almeirim, Port. 39 10N 8 40W
44 Almelo, Países Bajos 52 21N 6 42E
29 Almenar de Soria, Cast.-León, Esp. 41 43N 2 15W
27 Almenar, Cat., Esp. 41 48N 0 34E
31 Almenara, Com. Val., Esp. 39 46N 0 15W
35 Almenara, Sa., Mur., Esp. 37 34N 1 40W
31 Almenara, Com. Val., Esp. 39 45N 0 13W
30 Almenarat, Pico, Sa. de Alcaraz, Esp. 38 32N 2 26W
28 Almendra, Emb., Cast.-León, Esp. 41 15N 6 15W
34 Almendral, Extr., Esp. 38 38N 6 50W
34 Almendralejo, Extr., Esp. 38 43N 6 28W
33 Almería, y G. y Prov., And., Esp. 36 53N 2 33W
33 Almería, R., And., Esp. 36 50N 2 28W
33 Almijara, Sa., And., Esp. 36 55N 4 0W
32 Almodóvar del Campo, Cast.-La M., Esp. 38 43N 4 12W
31 Almodóvar del Pinar, Cast.-La M., Esp. 39 45N 1 54W
32 Almodóvar del Río, And., Esp. 37 31N 5 2W
36 Almodóvar, Port. 37 30N 8 3W
32 Slmodóvar, R., And., Esp. 36 10N 5 45W
32 Almogía, And., Esp. 36 50N 4 35W
34 Almoharín, Extr., Esp. 39 11N 6 4W
26 Almolda, *véase* La Almolda
30 Almonacid de Zorita, Cast.-La M., Esp. 40 20N 2 51W
32 Almonáster la Real, And., Esp. 37 52N 6 45W
32 Almonte, And., Esp. 37 16N 6 35W
34 Almonte, R., Extr., Esp. 39 41N 6 0W
31 Almoradí, Com. Val., Esp. 38 7N 0 50W
30 Almorox, Cast.-La M., Esp. 40 15N 4 23W
26 Almudébar, Arag., Esp. 42 3N 0 35W
33 Almuñécar, And., Esp. 36 43N 3 40W
26 Almudia de Doña Godina, *véase* La Almudia de Doña Godina
30 Almuradiel, *véase* Calzada de Almuradiel
37 Alnwick, Ingl., R. Unido 55 25N 1 42W
63 Alon, Birmania 22 15N 95 10E
66 Alor Star, Malasia 6 3N 100 25E
66 Alor, E. I., Indonesia 8 10S 124 50E
32 Alora, And., Esp. 36 49N 4 45W
32 Alosno, And., Esp. 37 33N 7 10W
30 Alovera, Cast.-La M., Esp. 40 36N 3 15W
32 Alozaina, And., Esp. 36 40N 4 45W
27 Alp, Cat., Esp. 42 22N 1 53E
36 Alpedrinha, Port. 40 6N 7 13W
88 Alpena, Mich., U.S.A. 45 6N 83 20W
88 Alpena, U.S.A. 45 0N 83 35W
31 Alpera, Cast.-La M., Esp. 38 57N 1 12W
79 Alpes Australianos, Australia 37 0S 148 0E
45 Alpes Bernenses (Berner Alpen), Suiza 46 30N 7 30E
45 Alpes de Allgau (Allgauter Alpen), Alemania-Austria 47 20N 10 15E
45 Alpes du Valais, Suiza 46 0N 7 30E
45 Alpes Greos (Alphi Graie), Italia 45 10N 7 20E
43 Alpes Maritimes, Dept., Fr. 44 5N 7 0E
43 Alpes Maritimes, Francia 44 10N 6 52E
45 Alpes Réticos (Alpi Retiche), Suiza 46 30N 9 15E
46 Alpes, Los, Europa 46 a 47 0N 6 a 10 0E
45 Alpi Lepontine, Italia-Suiza 46 30N 8 30E
45 Alpi Orobie, Italia 46 10N 9 30E
45 Alpi Pennine, Mtes., Suiza 46 4N 7 35E
27 Alpicat, Cat., Esp. 41 40N 0 33E
86 Alpine, Texas, U.S.A. 30 25N 103 42W
31 Alpuente, Com. Val., Esp. 39 49N 1 2W

33 Alpujarras, *véase* Las Alpujarras
26 Alquézar, Arag., Esp. 42 12N 0 4E
43 Alsace, Reg., Francia 48 30N 7 30E
43 Alsacia, *véase* Alsace
25 Alsasua, Nav., Esp. 42 54N 2 10W
46 Alta Austria (Ober-osterreich), Austria 48 15N 15 10E
33 Alta Coloma, Sa., And. Esp. 37 30N 3 45W
26 Alta, Sa., Mtes. Universales, Esp. 40 30N 1 45W
64 Altai, Mtes., Asia Central 48 0N 90 0E
87 Altamaha, R., U.S.A. 31 45N 81 45W
64 Altanbulag, Mongolia 50 15N 106 25E
30 Altarejos, Cast.-La M., Esp. 39 54N 2 21W
38 Altas Mesetas, Argelia 35 0N 2 0E
64 Altay, China 46 40N 92 45E
45 Altdorf, Suiza 46 52N 8 40E
48 ASlte Fjord, Noruega 70 0N 23 25E
31 Altea, Com. Val., Esp. 38 38N 0 1W
36 Alter do Chao, Port. 39 12N 7 40W
73 lto Molocue, Mozam 15 50S 37 35E
70 Alto Volta, África 12 0N 1 0W
88 Alton, U.S.A. 38 54N 90 3W
46 Altona, Alemania 53 34N 9 51E
88 Altoona, U.S.A. 40 32N 79 27W
26 Altorrincón, Arag., Esp. 41 48N 0 25E
29 Altos de Barahona, Cast.-León, Esp. 41 15N 2 40W
47 Altos Tatras, Mtes., Checoslovaquia 49 0N 20 0E
45 Altstätten, Suiza 47 23N 9 33E
31 Altura, Com. Val., Esp. 39 51N 0 36E
86 Altus, U.S.A. 34 30N 99 25W
64 Altyn Tagh, Mtes., Tibet 39 0N 89 0E
36 Alvaiazere, Port. 39 49N 8 23W
90 Alvarado, México 18 45N 95 50W
36 Alverca, Port. 38 56N 9 1W
49 Alvesta, Suecia 56 57N 14 30E
36 Alvito, Port. 38 15N 8 0W
49 Älvkarleby, Suecia 60 32N 17 40E
45 Alvra, Paso, Suiza 46 35N 9 50E
49 Alvsborg, Con., Suecia 58 0N 12 30E
48 Älvsby, Suecia 65 42N 21 0E
62 Alwar, India 27 43N 76 40E
64 Alxa Zuoqi, China 38 50N 105 40E
51 Alyaty Pristan, U.R.S.S. 39 59N 49 28E
47 Alytus, U.R.S.S. 54 25N 24 0E
71 Am Djeress, Chad 16 15N 22 50E
71 Am Guereda, Chad 12 53N 21 14E
71 Am Timan, Chad 11 0N 20 10E
71 Am-Dam, Chad 12 40N 20 35E
78 Amadeus, L., Australia 24 45S 130 45E
71 Amadi, Sudán 5 29N 30 25E
85 Amadjuak, y L., Canadá 64 0N 72 40W
65 Amagasaki, Japón 34 45N 135 25E
65 Amakusa, B., e I., Japón 32 45N 130 5E
49 Åmal, Suecia 59 5N 12 35E
62 Amalner, India 21 0N 74 58E
65 Amahi o Shima, Is., Japón 27 0N 129 0E
58 Amangeldy, U.R.S.S. 50 10N 65 10E
94 Amapa, Estado, Brasil 2 0N 52 0W
60 Amara, Iraq 31 58N 47 5E
36 Amarante, Port. 41 16N 8 5W
62 Amaravati, *véase* Amraoti
36 Amareleja, Port. 38 12N 7 13W
65 Amarillo, Mar, China 35 30N 123 0E
86 Amarillo, U.S.A. 35 6N 101 57W
40 Amaro, Mte., Italia 42 4N 14 5E
51 Amasya, Turquía 40 45N 36 10E
94 Amazonas, Estado, Brasil 4 30S 64 0W
94 Amazonas, R., Brasil 1 0S 59 0W
62 Ambala, India 30 28N 76 50E
72 Amban, Camerún 2 20N 11 15E
73 Ambanja, Madagascar 13 40S 48 27E
59 Ambarchik, U.R.S.S. 69 40N 162 20E
94 Ambato, Ecuador 1 40S 78 30W
73 Ambatolampy, Madag. 19 0S 47 35E
73 Ambatondrazaka, Madag. 17 55S 48 28E
44 Amberes, *véase* Antwerpen
46 Amberg, Alemania 49 27N 11 52E
63 Ambikapur, India 23 10N 83 5E
73 Amboasary, Madagascar 24 10S 42 10E
73 Ambilobe, Madagascar 13 10S 49 3E
42 Amboise, Francia 47 24N 1 2E
66 Ambon, Indonesia 3 50S 128 15E
73 Ambositra, Madagascar 20 30S 47 25E
66 Amboyna, I., Mar de China Meridional 7 0N 113 10E
73 Ambré, C. de, Madagascar 12 0 49 20E
72 Ambriz, Angola 8 0S 13 20E
72 Ambrizete, *véase* Nzeto
58 Amderma, U.R.S.S. 69 45N 62 0E
90 Ameca, México 20 26N 104 5W
44 Ameland, I., Países Bajos 53 27N 4 45E
59 Amen, U.R.S.S. 68 50N 179 59E
27 Amer, Cat., Esp. 42 1N 2 36E
01 América, N. y S., continentes.
44 Amersfoort, Países Bajos 52 10N 5 24E
84 Amery, Canadá 56 35N 94 5W
24 Ames, Gal., Esp. 42 53N 8 38W
87 Ames, U.S.A. 42 3N 93 42W
59 Amga, R., U.R.S.S. 61 0N 132 0E
59 Amgu, U.R.S.S. 45 45N 137 15E
59 Amgun, R., U.R.S.S. 52 50N 138 0E
63 Amherst, Birmania 16 0N 97 40E
85 Amherst, Canadá 45 50N 64 30W
40 Amiata, Mte., Italia 42 49N 11 30E
42 Amiens, Francia 49 52N 2 15E
24 Amieva, P. de Ast., Esp. 43 16N 5 6W
05 Amirante, Is., Océano Indico 6 30S 53 0E
60 Amman, Jordania 31 57N 35 56E
24 Amoeiro, Gal., Esp. 42 25N 7 58W
25 Amorebieta-Echano, P. Vasco, Esp. 43 13N 2 44W
88 Amos, Québec, Can., 48 35N 78 5W
73 Ampanihy, Madagascar 24 40S 44 45E
28 Ampudia, Cast.-León, Esp. 41 54N 4 45W
25 Ampuero, Cant., Esp. 43 25N 3 25W
27 Ampurdán, Alto, Cat., Esp. 42 20N 3 10E
27 Ampurdán, Bajo, Cat., Esp. 42 10N 3 0E
60 Amran, Yemen 15 43N 43 57E
62 Amraoti, India 20 53N 77 15E
62 Amreli, India 21 40N 71 5E
62 Amritsar, India 31 40N 75 20E
62 Amroha, India 29 0N 78 25E
44 Amsterdam, Países Bajos 52 23N 4 53E
89 Amsterdam, U.S.A. 42 58N 74 6W
61 Amu Darya, R., U.R.S.S. 40 30N 62 0E
51 Amul, Irán 36 25N 52 10E
84 Amundsen, Golfo de, Canadá 70 30N 123 0W
59 Amur, R., U.R.S.S. 52 0N 126 30E
66 Amurang, Indonesia 1 15N 124 30E
25 Amurrio, P. Vasco, Esp. 43 3N 3 0W
60 An Nafud, Des., Arabia 28 40N 42 0E
60 An Najaf, Iraq 32 0N 44 20E
60 An Nastriyan, Iraq 31 ON 46 15E
66 An Nhon, Vietnam 13 40N 109 20E
37 An Vaimh, Irlanda 53 40N 6 42W
61 Anabta, Jordania 32 19N 35 7E
77 Anaconda, U.S.A. 46 8N 112 58W
36 Anadia, Port. 40 26N 8 27W
59 Anadyr, y G., U.R.S.S. 64 40N 178 0E
59 Anadyr, R., U.R.S.S. 65 0N 170 0E
35 Anaga, Pta., Canar., Esp. 27 0N 16 19W
86 Anaheim, U.S.A. 33 50N 118 0W
60 Anaiza, Arabia Saudí 26 4N 44 8E
63 Anakapalle, India 17 25N 82 50E
73 Analalava, Madagascar 14 35S 48 0E
66 Anambas, Is., Indonesia 3 0N 106 0E
51 Anamur, Turquía 36 8N 32 58E
62 Anantnag, Kachemira 33 40N 75 3E
60 Anatolia, Asia del Suroeste 39 0N 32 30E
95 Anatuya, Argentina 28 20S 62 45W
28 Anaya de Alba, Cast.-León, Esp. 40 42N 5 30W
71 Anaye, Níger 19 28N 13 20E
24 Ancares, Sa., Gal.-León, Esp. 42 45N 6 50W
42 Ancenis, Francia 47 23N 1 10W
94 Anchohuma, Mte., Bolivia 16 0S 68 50W
84 Anchorage, Alaska 61 10N 150 0E
30 Anchuras, Cast.-La M., Esp. 39 28N 4 50W
36 Anciao, Port. 39 54N 8 30W
90 Ancón, Panamá
40 Ancona, Italia 43 38N 13 34E
95 Ancud, y G., Chile 42 5S 73 48W
78 And. C., Australia 34 0S 123 20E
65 Anda, China 46 24N 125 19E
95 Andalgala, Argentina 27 25S 66 30W
48 Åndalsnes, Noruega 62 35N 7 43E
32 Andalucía, Reg., Esp. 37 20N 5 0W
87 Andalusia, U.S.A. 31 16N 86 30W
61 Andam, Wadi, Omán 21 30N 58 20E
66 Andaman, Is., y Mar, Océano Índico 12 0N 92 40E
73 Andara, Namibia 18 2S 21 9E
28 Andavias, Cast.-León, Esp. 41 37N 5 50W
45 Andermatt, Suiza 46 38N 8 37E
88 Anderson, Ind., U.S.A. 40 1N 85 40W
87 Anderson, S. C., U.S.A. 34 27N 82 36W
92 Andes, Mtes., América del Sur 7 0N A 53 65W 0 A 80W
32 Andévalo, *véase* El Andévalo
62 Andhra Pradesh, Estado, India 17 0N 81 0E
14 Andia, Sa., P. Vasco, Esp. 43 0N 2 0W
04 Andikithira, I., Grecia 35 40N 23 16E
25 Andoain, P. Vasco, Esp. 43 13N 2 19W
58 Andizhan, U.R.S.S. 41 0N 72 37E
27 Andorra la Vella, Andorra 42 31N 1 32W
26 Andorra, Arag., Esp. 40 57N 0 27W
14 Andorra, Europa 42 28N 1 30E
27 Andraitx, Bal., Esp. 39 35N 2 25E
84 Andreanof, Is., Alaska 50 30N 178 0W
40 Andria, Italia 41 11N 16 17E
91 Andros, I., Bahamas 24 40N 78 15W
41 Andros, I., Grecia 37 50N 24 53E
33 Andújar, And., Esp. 38 0N 4 5W
70 Anecho, Togo 6 8N 1 32E
91 Anega, Paso de, Caribe 20 0N 73 30W
14 Aneto, Pico, Pirineos, Esp. 42 37N 0 4W
59 Angara, R., Siberia 55 0N 103 0E
59 Angarsk, U.R.S.S. 52 30N 104 0E
48 Ånge, Suecia 62 31N 15 35E
49 Ängelholm, Suecia 56 15N 12 58E
63 Angenong, China 31 55N 94 10E
42 Angers, Francia 47 32N 0 38W
27 Anglés, Cat., Esp. 41 57N 2 38E
37 Anglesey, I., Gales, R. Unido 53 20N 4 20W
27 Anglesola, Cat., Esp. 41 42N 1 9E
85 Angnagssalik, Kalaallit 65 40N 37 20W
72 Ango, Zaire 4 10N 26 5E
95 Angol, Chile 38 0S 72 45W
73 Angola, África 12 0S 19 0E
43 Angoulême, Francia 45 40N 0 10E
43 Angoumois, Dist., Francia 45 43N 0 15E
58 Angren, U.R.S.S. 41 0N 69 10E
91 Anguilla, I., Antillas 18 0N 63 0W
49 Anholt, I., Dinamarca 56 43N 11 25E
64 Anhwei, Prov., China 32 0N 117 0E
26 Anie, Pico, Pirineos, 42 50N 0 43W
62 Anjidiv, I., India 14 45N 74 10E
42 Anjou, Prov., Francia 47 20N 0 50W
73 Anjozorobe, Madagascar 18 22S 47 52E
70 Anka, Nigeria 12 13N 5 58E
64 Ankahg, China 32 40N 109 1E
51 Ankara, Turquía 39 58N 32 28E
73 Ankazoabo, Madagascar 22 15S 44 45E
73 Ankazobe, Madagascar 18 17S 47 2E
49 Anklam, Alemania 53 50N 13 40E
72 Ankoro, Zaire 6 43S 26 45E
90 Anma, Trinidad 10 40N 61 15W
88 Ann Arbot, U.S.A. 42 12N 83 48W
70 Annaba, Argelia 36 55N 7 45E
66 Annam, Reg., Vietnam 16 0N 107 0E
89 Annapolis Royal, Canadá 44 45N 65 42W
88 Annapolis, Md., U.S.A. 39 0N 76 15W
43 Annecy, Francia 45 46N 6 5E
64 Anning, China, 24 55N 102 26E
87 Anniston, U.S.A. 33 45N 85 50W
69 Annobon, I., *véase* Pagalu
43 Annonay, Francia 45 15N 4 40E
94 Annos, R., Brasil 12 0S 57 0W
90 Annotto Bay, Jamaica 18 17N 76 43W
87 Anoka, U.S.A. 45 14N 93 29W
46 Ansbach, Alemania 49 21N 10 37E
65 Anshan, China 41 5N 122 58E
64 Ansi, China 40 37N 95 50E
26 Ansó, y R., Arag., Esp. 42 45N 0 49W
25 Ansoáin, Nav., Esp. 42 50N 1 39W
70 Ansongo, Mali 15 50N 0 25E
51 Antakya, Turquía 36 10N 36 15E
73 Antalaha, Madagascar 14 57S 50 20E
51 Antalya, G., Turquía 37 0N 30 43E
73 Antananarivo, Madagascar 19 0S 47 20E
24 Antas de Ulla, Gal., Esp. 42 46N 7 53W
33 Antequera, And., Esp. 37 1N 4 33W
70 Anti Atlas, Mtes., Marruecos 30 30N 7 0W
43 Antibes, Francia 43 40N 7 10E
89 Anticosti, I., Canadá 49 30N 63 0W
87 Antigo, U.S.A. 45 10N 89 11W
35 Antigua, Canar. Esp. 28 24N 14 0W
91 Antigua, I., Antillas 17 12N 61 45W
91 Antilla, Cuba 20 50N 75 50W
94 Antioquía, Colombia 6 40N 76 0W
04 Antípodas, I., Océano Antártico 50 0S 178 0E
95 Antofagasta, Chile 23 45S 70 18W
73 Antonio Enes, Mozambique 16 8S 40 0E
37 Antrim, Irl. N., R. Unido 54 42N 6 12W
37 Antrim, Mtes., Irl. N., R. Unido 54 55N 6 4W
73 Antsalova, Madagascar 18 40S 44 37E
73 Antsirapana, Madagascar 12 25S 49 20E
73 Antsirabe, Madagascar 19 55S 47 2E
73 Antsohihy, Madagascar 14 50S 47 50E
44 Antwerpen, y Prov., Bélgica 51 13N 4 15E
62 Anupgarh, India 29 10N 73 5E
62 Anuradhapura, Sri Lanka 8 25N 80 23E
78 Anxious, B., Australia 33 20S 134 40E
64 Anyang, China 36 5N 114 21E
60 Anzeli, Irán 37 37N 49 8E
60 Anzherd-Sudzhensk, U.R.S.S. 56 10N 85 40E
40 Anzio, Italia 41 28N 12 37E
25 Aoiz, Nav., Esp. 42 46N 1 22W
65 Aomori, y Pref., Japón 40 40N 140 40E
40 Aosta, Italia 45 46N 7 20E
70 Aoulef Arab, Argelia 27 0N 1 0E
87 Apalachee, B., U.S.A. 30 0N 84 10W
87 Apalachicola, U.S.A. 29 47N 85 5W
66 Aparri, Filipinas 18 15N 121 50E
44 Apeldoorn, Países Bajos 52 13N 5 58E
40 Apeninos, Mtes., Italia 43 0N 13 0E
80 Apia, I., Upolu, Samoa
36 Apiarca, Port. 39 12N 8 36W
71 Apollonia (Marsa Susa), Libia 32 52N 21 59E
88 Apostle, Is., U.S.A. 47 0N 90 45W
88 Appalaches, Mtes., U.S.A. 37 0N 80 20W
45 Appenzell, y Cn., Suiza 47 20N 9 24E
44 Appingedam, Países Bajos 53 17N 6 45E
37 Appleby, Ingl., R. Unido 54 35N 2 30W
88 Appleton, U.S.A. 44 17N 88 27W
40 Apulia, *véase* Puglia
91 Apure, R., Venezuela 7 30N 69 15W
94 Apurimac, R., Perú 13 0S 73 0W
60 'Aqaba (Al Aqabah), y G., Jordania 29 0N 35 0E
60 Aqiq, Sudán 18 10N 38 20E
70 Ar Rachidya, Marruecos 31 58N 4 20W
60 Ar Rutbah, Irag 33 0N 40 10E
70 Araba, Nigeria 13 7N 5 0E
60 Arabia Saudí, Asia del Suroeste 25 0N 45 0E
60 Arabia, Asia 15 0 A 30N; 35 0 a 59 0E
94 Aracajo, Brasil 11 0S 37 0W
94 Aracati, Brasil 4 20S 37 45W
32 Aracena, y Emb., And., Esp. 37 50N 6 35W
32 Aracena, y Sa., And., Esp. 37 53N 6 36W
94 Aracuai, Brasil 17 30S 42 0W
61 Arad, Israel 31 16N 35 13E
47 Arad, Rumania 46 10N 21 13E
55 Arafura, Mar, Indon.'10 0S 135 0E
26 Aragón, Reg., y R., Esp. 42 30N 0 50W
32 Arahal, *véase* El Arahal
63 Arakan Yoma, Mtes., Birmania 20 0N 94 0E
63 Arakan, Costa de Birmania 20 43N 93 20E
51 Araks, R., Asia 39 0N 47 30E
25 Aralar, Sa., Mtes. Vascos. Esp. 43 0N 2 0W
58 Aralsk, U.R.S.S. 46 50N 61 20E
79 Aramac, Australia 22 58S 145 14E
33 Arana, Sa., And., Esp. 37 20N 3 25W
40 Aranci, y G., Italia 41 0N 9 35E
28 Aranda de Duero, Cast.-León, Esp. 41 39N 3 42W
26 Aranda de Moncayo, Arag., Esp. 41 35N 1 49W
24 Aranga, Gal., Esp. 43 13N 8 0W
29 Aranjuez, Madrid, Esp. 40 1N 3 38W
73 Aranos, Namibia 24 9S 19 7E
87 Aransas Pass, U.S.A. 27 55N 97 0W
30 Aranzueque, Cast.-La M., Esp. 40 29N 3 8W
70 Araouane, Mali 19 0N 3 30W
25 Araquil, Nav., Esp. 42 55N 1 58W
45 Araq, Irán 34 0N 49 50E
79 Ararat, Australia 37 30S 142 37E
53 Ararat, Mte., Turquía 39 40N 44 25E
94 Araripe, Sa. Do, Meseta, Brasil 7 0S 40 0W
31 Aras de Alpuente, Com. Val., Esp. 39 54N 1 11W
40 Arbatax, Cerdeña, Italia 39 57N 9 42E
27 Arbeca, Cat., Esp. 41 32N 0 56E
45 Arbon, Suiza 47 31N 9 26E
24 Arbo, Gal., Esp. 42 7N 8 20W
27 Arbós, Cat., Esp. 41 15N 1 37E
27 Arbucies, Cat., Esp. 41 49N 2 31E
43 Arcachon, Francia 44 39N 1 13W
25 Arce, Nav., Esp. 42 50N 1 20W
25 Arceniega, P. Vasco, Esp. 43 10N 3 10W
35 Archena, Mur., Esp. 38 9M 1 16W
33 Archidona, And., Esp. 37 6N 4 22W
28 Arcones, Cast.-León, Esp. 41 10N 3 40W
29 Arcos de Jalón, Cast.-León, Esp. 41 12N 2 16W
32 Arcos de la Frontera, And., Esp. 36 45N 5 49W
26 Arcos de las Salinas, Arag., Esp. 40 0N 1 4W
36 Arcos de Valdevez, Port. 41 51N 8 25W
25 Arcos, *véase* Los Arcos
84 Arctic red, R., Canadá 67 15N 134 0W
32 Ardales, And., Esp. 36 53N 4 51W
51 Ardebil, Irán 38 24N 48 10E
43 Ardèche, Dept., Francia 45 0N 4 40E
43 Ardennes, Dept., Francia 49 33N 4 50E
43 Ardennes, Mtes., Bélgica-Francia 50 0N 5 30E
51 Ardestan, Irán 33 22N 52 24E
34 Ardilla, R., Extr., Esp. 38 10N 7 20W
87 Ardmore, U.S.A. 34 11N 97 9W
25 Arechavaleta, P. Vasco, Esp. 43 3N 2 30W
91 Arecibo, Puerto Rico 18 28N 66 30W
26 Aren, Arag., Esp. 42 15N 0 36E
28 Arenal, *véase* El Arenal
25 Arenas de Igüeña, Cant., Esp. 43 17N 4 50W
28 Arenas de San Pedro, Cast.-León, Esp. 40 12N 5 5W
49 Arendal, Noruega 58 28N 8 43E
27 Arenys de Mar, Cat., Esp. 41 35N 2 33W
94 Arequipa, Perú 16 30S 71 25W
24 Ares, Gal., Esp. 43 25N 8 13W
28 Arévalo, Cast.-León, Esp. 41 0N 4 45W
40 Arezzo, Italia 43 29N 11 54E
25 Arga, R., Nav., Esp. 42 20N 1 50W
30 Argamasilla de Alba, Cast.-La M. Esp. 39 8N 3 5W
30 Argamasilla de Calatrava, Cast.-La M., Esp. 38 45N 4 5W
29 Arganda, Madrid, Esp. 40 19N 3 26W
36 Arganil, Port. 40 13N 8 3W
70 Argel, Argelia 36 45N 3 5E
70 Argelia, África del Norte 33 40N 3 0E
42 Argentan, Francia 48 43N 0 2W
40 Argentario, Mte., Italia 42 23N 11 11E
42 Argentat, Francia 45 8N 2 0E
96 Argentina, Sudamérica 30 30S 65 0W
95 Argentino, L., Argentina 50 30S 72 54W
47 Arges, R., Rumania 44 25N 25 40E
70 Argo, L., Sudán 19 30N 30 28E
41 Argolis, G. de Grecia 37 44N 22 54E
41 Argos, Grecia 37 39N 22 42E
25 Arguedas, Nav., Esp. 42 11N 1 36W

35 Arguineguin, Canar., Esp. 27 45N 15 43W
70 Argungu, Nigeria 12 55N 4 30E
49 Århus, Dinamarca 56 9N 10 13E
43 Ariège, Dept., Francia 43 20N 1 30E
26 Ariño, Arag., Esp. 41 2N 0 36W
94 Arica, Chile 18 37S 70 18W
28 Arija, Cast.-León, Esp. 42 59N 3 55W
94 Aripuana, R., Brasil 7 30S 60 0W
25 Arive, Nav., Esp. 42 55N 1 15W
26 Ariza, Arag., Esp. 41 19N 2 3W
86 Arizona, Estado, U.S.A. 34 30N 111 30W
48 Arjeplog, Suecia 66 0N 18 0E
33 Arjona, And., Esp. 37 56N 4 4W
33 Arjonilla, And., Esp. 37 59N 4 6W
87 Arkansas City, U.S.A. 37 9N 97 3W
87 Arkansas, Estado, U.S.A. 35 0N 92 0W
86 Arkansas, R., U.S.A. 38 5N 103 0W
50 Arkhangelsk, U.R.S.S. 64 35N 40 50E
37 Arklow, Irlanda 52 47N 6 9W
28 Arlanza, R., Cast.-León, Esp. 42 6N 4 0W
28 Arlanzón, R., Cast.-León, Esp. 42 12N 4 0W
43 Arles, Francia 43 10N 4 42E
44 Arlon, Bélgica 49 41N 5 49E
37 Armag, Irl. N., R. Unido 54 20N 6 38W
51 Armavir, U.R.S.S. 45 0N 41 7E
51 Armenia, R.S.S., U.R.S.S. 40 0N 45 0E
28 Armenteros, Cast.-León, Esp. 40 36N 5 27W
44 Armentières, Francia 50 40N 2 55E
33 Armilla, And., Esp. 37 8N 3 37W
29 Armiñón, Cast.-León, Esp. 42 44N 2 49W
79 Armidale, Australia 30 30S 151 40E
28 Armuña, La, Cca., Cast.-León, Esp. 41 10N 5 45W
37 Arna, I., Irlanda 55 0N 8 32W
48 Arnar Fjord, Islandia 65 45N 23 50W
29 Arnedo, La Rioja, Esp. 42 12NN 2 5W
48 Arnes, Islandia 66 2N 22 32W
78 Arnhem, R., Australia 12 15S 136 4E
44 Arnhem, Países Bajos 51 59N 5 55E
78 Arnhem, Tierra de, Australia 13 15S 133 30E
40 Arno, R., Italia 43 41N 10 40W
48 Arnoy, I., Noruega 70 5N 20 30E
88 Arnprior. Canadé 45 28N 76 26W
73 Aroab, Namibia 26 41S 19 39E
32 Aroche, And., Esp. 37 58N 6 55W
32 Aroche, Pico, And., Esp. 38 2N 6 58W
35 Aroma, Canar., Esp. 28 6N 16 40W
24 Arosa, y Ría, Gal., Esp. 42 28N 8 57W
45 Arosa, Suiza 46 47N 9 41E
60 Arqa, Yemen del Sur 13 35N 47 22E
33 Arquillos, And., Esp. 38 12N 3 26W
63 Arrah, India 25 40N 84 38E
90 Arraijan, Panamá 8 57N 79 38W
36 Arraiolos, Port. 38 44N 7 59W
37 Arran, I., Escocia, R. Unido 55 35N 5 15W
42 Arras, Francia 50 17N 2 40E
35 Arrecife, Canar., Esp. 28 58N 13 35W
32 Arriate, And., Esp. 36 48N 5 8W
28 Arribes del Duero, Cca., Cast.-León, Esp. 41 10N 6 45W
25 Arrigorriaga, P. Vasco, Esp. 43 12N 2 53W
30 Arroba de los Montes, Cast.-La M., Esp. 39 10N 4 35W
36 Arronches, Port. 39 8N 7 16W
34 Arroyo de la Luz, Extr., Esp. 39 30N 6 38W
34 Arroyo de San Serván, Extrem., Esp. 38 51N 6 27W
32 Arroyomolinos de León, And., Esp. 38 2N 6 25W
27 Arsegüell, Cat., Esp. 42 20N 1 35E
27 Artá, Bal., Esp. 39 40N 3 20E
41 Arta, Grecia 39 10N 20 59E
25 Artajona, Nav. Esp. 42 35N 1 40W
24 Arteijo, Gal., Esp. 43 18N 8 29W
31 Artana, Com. Val. Esp. 39 53N 0 15W
59 Artem, U.R.S.S. 43 50N 131 55E
51 Artemovsk, U.R.S.S. 48 25N 38 5E
59 Artemovski, U.R.S.S. 54 45N 93 35E
27 Artés, Cat., Esp. 41 46N 1 56E
27 Artesa de Segre, Cat., Esp. 41 54N 1 3E
42 Artois, Prov., Francia 50 30N 2 20E
27 Artrutx, C. Bal., Esp. 39 55N 3 49E
51 Artvin, Turquía 41 10N 41 3E
72 Arua, Uganda 3 1N 30 58E
91 Aruba, I., Mar Caribe 12 30N 70 0W
35 Arucas, Canar., Esp. 28 9N 15 33W
63 Arunachal Pradesh, Estado, India 28 0N 95 0E
72 Arusha, Tanzania 3 10S 36 50E
72 Aruwimi, R., Zaire 1 30N 25 0E
43 Arve, R., Francia 45 56N 6 40E
49 Arvika, Suecia 59 43N 12 34E
65 Arxan, China 47 11N 119 57E
58 Arys, U.R.S.S. 42 20N 68 30E
50 Arzamas, U.R.S.S. 55 30N 43 45E
70 Arzew, Argelia 35 50N 0 40W
24 Arzúa, Gal., Esp. 42 50N 8 12W
61 As Rabbah, Jordania 31 10N 35 45E
60 As Sabya, Arabia Saudí 17 10N 42 37E
61 As Sali, Jordania 32 1N 35 44E
61 As Sohar, Oman 24 20N 56 40E
61 As Zahiriyan, Jordania 31 24N 34 56E
65 Asahigawa, Japón 43 50N 142 20E
05 Ascensión, I., Océano Atlántico 7 55S 14 0W
46 Aschaffenburg, Alemania 49 58N 9 10E
27 Ascó, Cat., Esp. 41 12N 0 34E
40 Ascoli Piceno, Italia 42 54N 13 37E
48 Asemakyla, Fin 66 1N 24 48E
60 Aser, Etiopía 13 5N 42 38E
72 Asela, Etiopía 8 0N 39 0E
44 Asfeld, Francia 49 27N 4 5E
60 Ash Shihr, Yemen del Sur 14 50N 49 35E
60 Asharia, Arabia Saudí 21 40N 40 40E
80 Ashburton, N.Z. 53 59S 171 52E
78 Ashburton, R., Australia 22 20S 115 12E
61 Ashdod Yam, Israel 31 47N 34 39E
61 Ashdod, Israel 31 49N 34 38E
87 Asheville, U.S.A. 35 40N 82 33W
37 Ashford, Ingl., R. Unido 51 8N 0 52E
65 Ashikaba, Japón 36 25N 139 20E
61 Ashkhabad, U.R.S.S. 38 5N 58 22E
88 Ashland, Ky., U.S.A. 38 30N 82 42W
88 Ashland, Wis., U.S.A. 46 30N 91 0W
88 Ashtabula, U.S.A. 41 55N 80 47W
05 Asia, Continente
51 Asia Menor, *véase* Anatolia
70 Asilah, Marruecos 35 30N 6 0W
40 Asinara, I., y G., Italia 41 5N 8 15E
58 Asino, U.R.S.S. 57 0N 86 0E
60 Asir, Dist., Arabia Saudí 18 25N 43 0E
40 Asis, *véase* Assisi
49 Askersund, Suecia 58 58N 14 8E
72 Asmara, Etiopía 15 20N 38 49E
25 Asparrena, P. Vasco, Esp. 42 53N 2 19W
31 Aspe, Com. Val., Esp. 38 20N 0 40E
80 Aspiring, Mte., N.Z. 44 31S 168 41E
63 Assam, Estado, India 25 20N 93 30E
04 Asse, Bélgica 50 55N 4 12E
44 Assen, Países Bajos 53 0N 6 35E
84 Assiniboia, Canadá 49 36N 106 4W
84 Assiniboine, R., Canadá 49 45N 99 0W
70 Assinie Coste de Marfil 5 9N 3 15W
40 Assisi (Asís), Italia 43 5N 12 38E
40 Asti, Italia 44 54N 8 15E
25 Astillero, Cant., Esp. 43 24N 3 49W
28 Astorga, Cast.-León, Esp. 42 28N 6 9W
86 Astoria, U.S.A. 46 10N 123 45E
51 Astrakhan, U.R.S.S. 46 25N 48 8W
28 Astudillo, Cast.-León, Esp. 42 12N 4 16W
28 Asturianos, Cast.-León, Esp. 42 6N 6 29W
24 Asturias, Reg., Esp. 43 20N 5 50W
95 Asunción, Paraguay 25 25S 57 35E
71 Aswan, Egipto 24 12N 32 59W
71 Asyut, Egipto 27 15N 31 0S
95 Atacama, Des., Chile 25 0S 70 0W
32 Atajate, And., Esp. 36 40N 5 14W
70 Atakpame, Togo 7 35N 1 0E
35 Atalaya de Femes, Canar., Esp. 28 55N 13 49W
31 Atalayas de Alcalá, Com. Val., Esp. 40 15N 0 15W
28 Ataquines, Cast.-León, Esp. 41 14N 4 47W
70 Atar, Mauritania 20 30N 13 0W
59 Atara, U.R.S.S. 63 10N 129 10E
33 Atarfe, And., Esp. 37 13N 3 41W
58 Atasu, U.R.S.S. 48 30N 71 0E
71 Atbara, Sudán 17 20N 35 0E
71 Atbara, R., Sudán 13 50N 36 0E
58 Atbasar, U.R.S.S. 51 50N 68 25E
87 Atchison, U.S.A. 39 31N 95 10W
62 Atcot, India 12 50N 79 26E
26 Ateca, Arag., Esp. 41 20N 1 49W
41 Atenas, Grecia 37 59N 23 42E
44 Ath. Bélgica 50 39N 3 48E
84 Athabasca, Canadá 54 48N 113 15W
84 Athabasca, L., y R., Canadá 59 20N 109 30W
37 Athenry, Irlanda 53 19N 8 45W
87 Athens, Georgia, U.S.A. 33 57N 83 29W
88 Athens, Ohio, U.S.A. 39 28N 82 12W
87 Athens, Tenn., U.S.A. 35 29N 84 42W
79 Atherton, Australia 16 54S 145 3E
41 Athinai, *véase* Atenas
37 Athlone, Irlanda 57 27N 7 55W
41 Athos, Mte., Grecia 40 9N 24 23E
37 Athy, Irlanda 53 0N 7 0W
71 Ati, Chad 13 25N 17 0E
30 Atienza, Cast.-La M., Esp. 41 12N 2 50W
88 Atikokan, Canadá 48 45N 91 43W
87 Atlanta, U.S.A. 33 45N 84 25W
89 Atlantic City, U.S.A. 39 24N 74 28W
70 Atlas Sahariano, Mte., Argelia 34 0N 3 0E
70 Atlas, Mtes., Marruecos 33 0N 1 0W
36 Atouguia, Port. 39 20N 9 20W
44 Attigny, Francia 49 29N 4 35E
62 Attock, Pakistán 33 58N 72 32E
66 Attopeu, Laos 14 50N 107 0E
62 Attur, India 11 35N 78 30E
49 Åtvidaberg, Suecia 58 12N 16 0E
43 Aubagne, Francia 43 20N 5 30E
43 Aube, Dept., Francia 48 30N 4 0E
42 Aube, R., Francia 48 35N 4 30E
43 Aubenas, Francia 44 38N 4 22E
44 Aubenion, Francia 49 50N 4 11E
45 Aubonne, Suiza 46 31N 6 42E
89 Auburn, Me., U.S.A. 44 0N 70 10W
88 Auburn, N.U., U.S.A. 42 55N 76 38W
96 Auckland, Is., Antártico 51 0S 168 0E
80 Auckland, N.Z. 36 50S 174 42E
43 Aude, Dept., Francia 43 2N 2 25E
43 Aude, R., Francia 42 47N 2 9E
46 Augsburg, Alemania 48 26N 10 53E
78 Augusta, Australia 34 18S 115 12E
87 Augusta, Ga., U.S.A. 33 30N 82 0W
40 Augusta, Italia 37 14N 15 12E
89 Augusta, Me., U.S.A. 44 20N 69 45W
47 Augustow, Polonia 53 51N 22 58E
78 Augustus, Mte., Australia 24 8S 117 0E
44 Aulnoye, Francia 50 10N 3 50E
44 Aumale, Francia 49 59N 1 45E
43 Aunis, Dist., Francia 46 9N 0 57W
62 Aurangabad, India 19 55N 75 30E
43 Aurillac, Francia 44 58N 2 27E
88 Aurora, Ill.,U.S.A. 41 48N 88 15W
73 Aus, Namibia 26 43S 16 12E
28 Ausines, *véase* Los Ausines
45 Ausser-Rhoden, Appenzell, Suiza 47 20N 9 20E
49 Aust-Agder, Con., Noruega 59 0N 8 30E
87 Austin, Minn., U.S.A. 43 39N 92 59W
86 Austin, Tex., U.S.A. 30 20N 97 46W
79 Austral Downs, Australia 20 45S 137 40E
04 Austral, Is., Océano Pacífico 23 0S 150 0W
72 Australia, Commonwealth De 25 0S 135 0E
46 Austria Inferior (Nieder Österreich), Prov., Austria 48 0N 16 0E
46 Austria, Europa 47 30N 13 20E
48 Austvagøy, I., Noruega 68 25N 14 45E
29 Autol, La Rioja, Esp. 42 15N 2 0W
42 Autun, Francia 47 1N 4 20E
43 Auvergne, Prov., Francia 45 30N 3 0E
42 Auxerre, Francia 47 48N 3 33W
72 Avakubi, Zaire 1 16N 27 30E
60 Aveh, Irán 35 35 40N 49 15E
36 Aveiro, y Prov., Portugal 49 39N 8 39W
40 Avellino, Italia 41 0N 14 42E
40 Aversa, Italia 41 0N 14 10E
42 Avesnes, Francia 50 9N 3 55E
40 Avesta, Suecia 60 13N 16 4E
43 Aveyron, Dept., Francia 44 10N 2 45E
95 Avia Terai, Argentina 26 30S 60 45W
24 Avia, R., Gal., Esp. 42 40N 8 8W
43 Avignon, Francia 43 58N 4 54E
28 Ávila, y Prov., Cast.-León, Esp. 40 39N 4 41W
28 Ávila, Sa., Cast.-León, Esp. 40 35N 5 10W
24 Avilés, P. de Ast., Esp. 43 33N 6 0W
27 Avinyo, Cat., Esp. 41 50N 1 59E
24 Avión, Gal., Esp. 42 23N 8 15W
36 Aviz, Port. 39 4N 7 5W
79 Avon Downs, Australia 19 58S 137 25E
42 Avranches, Francia 48 42N 1 18W
72 Awash, Etiopía 9 8N 40 7E
71 Awjilah, Libia 29 8N 21 7E
48 Axar, Fd., Islandia 66 20N 16 45W
70 Axim, Ghana 4 58N 2 6W
37 Axminster, Ingl., R. Unido 50 46N 3 0W
20 Aya, P. Vasco, Esp. 43 15N 2 10W
94 Ayacucho, Perú 12 58S 74 5W
58 Ayaguz, U.R.S.S. 48 10N 80 0E
29 Ayala, P. Vasco, Esp. 43 5N 3 2W
32 Ayamonte, And., Esp. 37 15N 7 26W
59 Ayan, U.R.S.S. 56 0N 137 0E
41 Aydin, Turquía 37 55N 27 55E
31 Ayelo de Malferit, Com. Val., Esp. 38 53N 0 35W
26 Ayerbe, Arag., Esp. 42 17N 0 42W
41 Ayios Evstratios, I., Grecia 39 30N 24 59E
30 Ayllón, Sa., Cast.-León, Esp. 41 26N 3 20W
30 Ayna, Cast.-La M., Esp. 38 33N 2 4W
31 Ayora, Com, Val., Esp. 39 3N 1 3W
79 Ayr, Australia 19 36S 147 25E
37 Ayr, Escocia, R. Unido 55 27N 4 37W
27 Aytona, Cat., Esp. 41 29N 0 26E
66 Ayuthaya, Tailandia 14 30N 100 40E
90 Ayutla, México 17 0N 99 5W
41 Ayvalik, Turquía 30 20N 26 50E
31 Azahar, Costa. Com. Val., Esp. 40 0N 0 30W
26 Azaila, Arag., Esp. 41 18N 0 30W
25 Azagra, Nav., Esp. 42 19N 1 54W
36 Azambuja, Port. 39 4N 8 51W
63 Azamgarh, India 26 15N 83 16E
26 Azanuy, Arag., Esp. 41 58N 0 24E
70 Azare, Nigeria 11 55N 10 10E
25 Azcoitia, P. Vasco, Esp. 43 11N 2 19W
51 Azerbaijan, R.S.S., U.R.S.S. 40 20N 48 0E
32 Aznalcázar. And., Esp. 37 18N 6 15W
32 Aznalcóllar, And., Esp. 37 32N 6 17W
01 Azores, Is., Océano Atlántico 39 0N 29 0W
51 Azov, Mar de, U.R.S.S. 45 53N 35 35E
51 Azov, U.R.S.S. 47 3N 39 20E
25 Azpeitia, P. Vasco, Esp. 43 13N 2 14W
91 Azua, Rep. Dominicana 18 15N 70 40W
34 Azuaga, Extr., Esp. 38 16N 5 42W
26 Azuara, Arag., Esp. 41 15N 0 50W
30 Azuer, R., Cast.-La M., Esp. 39 0N 3 30W
95 Azul, Argentina 36 25S 59 40W
30 Azuqueca de Henares, Cast.-La M., Esp. 40 36N 3 18W
34 Azután, Emb., Extr., Esp. 39 50N 5 10W

B

63 Ba'abda, Líbano 33 50N 35 32E
63 Ba'albakk (Baalbek), Líbano 34 0N 36 12E
44 Baarle-Nassau, Países Bauos 51 27N 4 57E
44 Baarn, Países Bajos 52 13N 5 17E
60 Bab el Mandeb, Est. 12 37N 43 22E
66 Babar, Is., Indonesia 8 2S 128 58E
28 Babilafuente, Cast.-León, Esp. 40 59N 5 25W
84 Babine, L., Canadá 54 40N 126 10W
72 Baboua, África Central 5 49N 14 58E
60 Babul, Irán 36 40N 52 40E
65 Babuyan, Is., Filipinas 19 20N 121 45E
47 Becau, Rumania 46 30N 26 59E
42 Baccarat, Francia 48 30N 6 45E
58 Bachelina, U.R.S.S. 57 45N 67 20E
66 Bacolod, Filipinas 10 40N 123 2E
66 Bacuit, Filipinas 11 0N 119 25E
46 Bad Ischl, Austria 47 40N 13 39E
86 Bad Lands, U.S.A. 43 30N 102 10W
45 Bad Ragaz, Suiza 47 0N 9 30E
62 Badagara, India 11 35N 75 35E
70 Badagri, Nigeria 6 25N 2 55E
34 Badajoz, y Prov., Extr., Esp. 38 50N 6 59W
62 Badakhshan, Dist., Afganistán 36 40N 70 0E
27 Badalona, Cat., Esp. 41 26N 2 51E
63 Badampahar, India 22 10N 86 10E
62 Baddo, R., Pakistán 28 20N 65 10E
46 Baden-Württemburg, Land, Alemania 48 45N 9 0E
46 Baden, Austria 48 0N 16 46E
45 Baden, Suiza 47 29N 8 18E
46 Badgasteinn, Austria 47 7N 13 9E
32 Badolatosa, And., Esp. 37 18N 4 40W
62 Badrinath, India 30 45N 79 25E
62 Badulla, Sri Lanka 6 48N 81 7E
33 Baena, And., Esp. 37 38N 4 20W
33 Baeza, And., Esp. 38 0N 3 25W
85 Baffin, B., e I., Canadá 73 0N 70 0W
72 Bafia, Camerún 4 40N 11 10E
70 Bafoulabe, Malí 13 45N 11 0W
61 Bafq, Irán 31 40N 55 28E
72 Bafwasende, Zaire 1 20N 27 20E
27 Bagá, Cat., Esp. 42 17N 1 50E
66 Bagansiapiapi, Indonesia 2 5N 101 0E
51 Bagdad, Iraq 33 23N 44 30E
95 Bage, Brasil 31 10S 54 10W
43 Bagnères de Bigorre, Francia 43 0N 0 5E
43 Bagnères de Luchon, Francia 42 45N 0 35E
89 Bagotville, Canadá 48 28N 70 58W
64 Bagrach Kol, China 42 0N 87 0E
66 Baguio, Filipinas 16 17N 120 47E
27 Bagur, y C., Cat., Esp. 41 58N 3 14E
87 Bahamas, Is., Antillas 26 0N 77 30W
18 Bahavón de Esgueva, Cast.-León, Esp. 41 52N 3 43W
62 Bahawalpur, Pakistán 29 0N 72 0E
95 Bahía Blanca, Argentina 38 45S 62 25W
94 Bahía, Prov., Brasil 12 0S 42 0W
95 Bahías, C. Dos, Argentina 45 0S 65 30W
60 Bahr el Abyad (Nilo Blanco), Sudán 13 30N 33 0E
60 Bahr el Azraq (Nilo Azul), Sudán 14 30N 33 30E
71 Bahr el Ghazal, R. y Prov., Sudán 9 0N 30 0E
71 Bahr el Jebel, R., Sudán 7 30N 30 35E
60 Bahra, Arabia Saudí 21 15N 39 30E
63 Bahraich, India 27 48N 81 30E
60 Bahrain, I., Golfo Pérsico 26 0N 50 23E
62 Bahu Kalat, Irán 25 40N 61 15E
47 Baia Mare, Rumania 47 40N 23 32E
24 Baiao, Gal., Esp. 41 12N 8 15W
85 Baie Comeau, Canadá 49 25N 68 20W
65 Baicheng, China 45 38N 122 42E
59 Baikit, U.R.S.S. 61 40N 96 5E
58 Baikonur, U.R.S.S. 47 48N 66 4E
33 Bailén, And., Esp. 38 8N 3 48W
26 Bailo, Arag., Esp. 42 30N 0 46W
73 Bailundo, Angola 12 10N 15 50E
87 Bainbridge, U.S.A. 31 0N 84 30W
84 Baird, Mtes., Alaska 60 45N 160 0W
79 Bairnsdale, Australia 38 0S 147 32E
63 Baitadi, Nepal, India 29 35N 80 25E
64 Baiyin, China 36 45N 104 14E
90 Baja California, México 28 0N 113 30W
46 Baja Sajonia (Niedersachsen), Land, Alemania 52 45N 9 0E
47 Baja, Hungría 46 10N 19 0E
72 Bakala, África Central 6 15N 20 20E
84 Baker Lake, Canadá 64 20N 96 0W
86 Baker, Mte., U.S.A. 48 45N 121 45W
86 Baker, Ore., U.S.A. 44 45N 117 50W
85 Baker's Dozen, Is., Canadá 56 45N 79 20W
86 Bakersfield, Calif., U.S.A. 35 22N 119 0W
48 Bakkagerdi, Islandia 65 33N 13 58W
47 Bakony, Selva, Hungría 47 30N 18 0E
51 Baku, U.R.S.S. 40 27N 49 48E
59 Bala, U.R.S.S. 66 40N 133 5E
62 Balaghat, India 18 58N 76 0E
27 Balaguer, Cat., Esp. 41 52N 0 50E
51 Balaklava, U.R.S.S. 44 27N 33 44E
63 Balangir, India 20 50N 83 25E
50 Balashov, U.R.S.S. 51 35N 43 5E

63 Balasore, India 21 31N 87 10E
47 Balaton, L., Hungría 46 47N 17 40E
30 Balazote, Cast.-La M., Esp. 38 50N 2 10W
90 Balboa, Canal de Panamá
37 Balbriggan, Irlanda 53 36N 6 12W
09 Balcanes, *véase* Stara Planina
95 Balcarce, Argentina 38 30S 58 0W
41 Balchik, Bulgaria 43 23N 28 11E
80 Balchutha, N. Z. 46 15S 169 50E
45 Baldegger See, L. Suiza 47 12N 8 17E
86 Baldy, Pico, U.S.A. 33 50N 109 30W
59 Baldzhikan, U.R.S.S. 49 20N 110 30E
27 Baleares, Is., Esp. 39 40N 3 0E
24 Baleira, Gal., Esp. 43 2N 7 15W
61 Balfounya, Israel 32 38N 35 17E
60 Balhaf, Yemen del Sur 14 0N 48 10E
72 Bali, Camerún 5 54N 10 0E
66 Bali, I., Indonesia 8 30S 115 20E
41 Balikesir, Turquía 39 40N 27 50E
66 Balikpapan, Indonesia 1 10S 116 55E
63 Balipara, India 26 54N 92 51E
61 Balkh, Afganistán 36 44N 66 47E
58 Balkhash, L., U.R.S.S. 46 30N 76 0E
24 Baltar, Gal., Esp. 41 57N 7 43W
63 Balla, Bangla Desh 24 10N 91 35E
37 Ballachulish, Escocia, R. Unido 56 42N 5 9W
79 Ballarat, Australia 37 37S 143 50E
37 Ballater, Escocia, R. Unido 57 3N 3 3W
96 Balleny, Is., Océano Antártico 64 0S 160 0E
30 Ballestero, *véase* El Ballestero
30 Ballesteros de Calatrava, Cast.-León, Esp. 38 50N 3 57W
79 Ballina, Australia 28 48S 153 40E
37 Ballina, Irlanda 54 8N 9 10W
26 Ballovar, Arag., Esp. 41 37N 0 12E
63 Balrampur. India 27 25N 82 20E
79 Balranald, Australia 34 40S 143 35E
90 Balsas, R., México 18 30N 102 0W
27 Balsereny, Cat., Esp. 41 47N 1 50E
45 Balsthal, Suiza 47 20N 7 42E
28 Baltanés, Cast.-León, Esp. 41 56N 4 15W
49 Báltico, Mar, Europa 57 0N 19 30E
49 Baltiisk, U.R.S.S. 54 40N 19 10E
Baltimore, U.S.A. 39 25N 76 40W
Baluchistán, Reg., Pakistán 27 30N 65 0E
61 Bam, Irán 29 5N 58 23E
70 Bamako, Malí 12 30N 7 45W
70 Bamba, Malí 17 0N 1 0W
72 Bambari, África Central 5 40N 20 35E
45 Bamberg, Alemania 49 53N 11 14E
71 Bambio. Rep Centroaf. 3 30N 16 35E
70 Bamenda, Camerún 5 57N 10 11E
62 Bamian, Afganistán 35 0N 67 53E
61 Bampur, Irán 27 8N 60 8E
66 Ban Aranyaprathet, Tailandia 13 40N 102 35E
66 Ban Khemmarat, Tailandia 16 0N 105 20E
72 Banalia, Zaire 1 40N 2 20E
47 Banat, Dist., Rumania 45 27N 21 35E
73 Bancroft, Zambia, *véase* Chililabombwe
66 Banda Aceh, Indonesia 5 35N 95 25E
51 Banda-E Torckeman, Irán 37 4N 54 0E
66 Banda, Mar, Indonesia 6 0S 127 30E
65 Bandaisan, Mte., Japón 37 40N 140 30E
70 Bandama, R., Costa de Marfil 7 0N 5 0W
61 Bandar Abbas, Irán 27 15N 56 23E
60 Bandar Rig, Irán 29 27N 50 47E
60 Bandar Shah, Irán 37 4N 54 0E
60 Bandar Khomeyni, Irán 30 10N 48 40E
24 Bande, Gal., Esp. 42 3N 7 58W
70 Bandiagara, Malí 14 12N 3 29W
41 Bandirma, Turquía 40 21N 27 58E
37 Bandon, Irlanda 51 45N 8 43W
72 undu, Zaire 3 12S 17 12E
31 Bañeres, Com. Val., Esp. 38 44N 0 38W
84 Banff, Canadá 51 14N 115 38W
37 Banff, Escocia, R. Unido 57 41N 2 32W
70 Banfora, Alto Volta 10 40N 4 40W
62 Bangalore, India 12 58N 77 30E
72 Bangassou, África Central 4 50N 22 48E
66 Banggai, Ach., Indonesia 1 15S 123 0E
66 Bangka, I., Indonesia 2 20S 106 0E
66 Bangkalan, Indonesia 7 10S 112 50E
66 Bangkok, Tailandia 13 55N 100 30E
63 Bangladesh, Asia del Sur 24 0N 90 0E
37 Bangor, Irl. N., R. Unido 54 39N 5 39W
87 Bangor, Me., U.S.A. 44 45N 68 40W
72 Bangui, África Central 4 23N 19 20E
66 Bangung, Indonesia 6 48S 107 45E
72 Bangweulu, L., Zambia 11 30S 30 5E
61 Banias, Siria 35 7N 36 2E
71 Baninah, Libia 32 10N 20 15E
40 Banja Luka, Yugoslavia 44 45N 17 0E
66 Banjarmasin, Indonesia 3 20S 114 25E
70 Banjul, Gambia 13 20N 16 38W
63 Bankipore, India 25 35N 85 10E
79 Banks, Estr., Australia 40 40S 148 10E
79 Banks, I., Australia 10 5S 142 12E
84 Banks, I., Canadá 73 30N 122 0W
80 Banks, Pen., N.Z. 43 47S 173 0E
63 Bankura, India 23 15N 85 5E
72 Banningville, *véase* Bandundu
62 Bannu, Pakistán 33 0N 70 18E
47 Banska Bystrica, Checoslovaquia 48 46N 19 54E
47 Banska Stiavnica, Checoslovaquia 48 26N 18 54E
37 Bantry, Irlanda 51 1N 9 27W
72 Banyo, Camerún 6 58N 11 50E
28 Bañeza, *véase* La Bañeza
27 Bañolas, Cat., Esp. 42 8N 2 44W
26 Bañón, Arag., Esp. 40 47N 1 13W
24 Baños de Molgas, Gal., Esp. 42 15N 7 40W
33 Baños de la Encina, And., Esp. 38 10N 3 46W
34 Baños de Montemayor, Extr., Esp. 40 18N 5 50W
29 Baños del río Tobía, La Rioja, Esp. 42 20N 2 45W
24 Bao, Emb., Gal., Esp. 42 20N 7 30W
64 Baoding, China 38 50N 115 28E
64 Baoji, China 34 20N 107 5E
64 Baoshan, China 25 10N 99 5E
64 Baoton, China 40 32N 110 2E
62 Bapatla, India 15 50N 80 30E
44 Bapaume, Francia 50 8N 2 49E
51 Baquba, Iraq 33 45N 44 50E
87 Bar Harbor, U.S.A. 44 20N 69 17W
42 Bar-le-Duc, Francia 48 45N 5 8E
42 Bar-s-Aube, Francia 48 18N 4 45E
41 Bar, Yugoslavia 42 4N 19 7E
59 Barabinsk, U.R.S.S. 55 30N 78 35E
88 Baraboo, U.S.A. 43 30N 89 48W
25 Baracaldo, P. Vasco, Esp. 43 20N 2 57W
91 Baracoa, Cuba 20 20N 74 20W
29 Barahona, Cast.-León, Esp. 41 17N 2 39W
91 Barahona, República Dominicana 18 0N 71 2W
63 Barail, Sa., India 25 15N 93 0E
30 Barajas de Melo, Cast.-La M., Esp. 40 10N 2 54W
63 Barakhola, India 25 0N 92 40E
24 Baralla, Gal., Esp. 42 53N 7 13W
62 Baramula, Kachemira 34 15N 74 25E
62 Baran, India 25 3N 76 30E
84 Baranof, I., Alaska 57 0N 135 0W
50 Baranovichi, U.R.S.S. 53 10N 26 0E
25 Barasdain, Nav., Esp. 42 35N 1 40W
26 Barasona, Emb., Arag., Esp. 42 12N 1 40W
94 Barbacena, Brasil 21 0S 44 0W
29 Barbadillo de Herreros, Cast.-León, Esp. 42 12N 3 10W
29 Barbadillo del Mercado, Cast.-León, Esp. 42 4N 3 19W
91 Barbados, I., Antillas 13 15N 59 30W
26 Barbastro, Arag., Esp. 42 2N 14 4W
32 Barbate, And., Esp. 36 13N 5 56W
32 Barbate, Emb., And., Esp. 36 24N 5 42W
73 Barbenton, Transvaal, Sudáfrica 25 42S 31 1E
91 Barbuda, I., Antillas 17 43N 61 42W
26 Barcabo, Arag., Esp. 42 15N 0 6E
79 Barcaldine, Australia 23 30S 145 17E
34 Barcarrota, Extre., Esp. 38 31N 6 51W
71 Barce (Al Marj), Libia 32 30N 20 50E
91 Barcelona, Venezuela 10 12N 64 45W
27 Barcelona, y Prov., Cat., Esp. 41 24N 2 9E
71 Barcelonnette, Francia 44 20N 6 35E
28 Bárcena, Emb., Cast.-León, Esp. 42 40N 6 35W
28 Barco de Ávila, *véase* El Barco de Ávila
24 Barco de Valdeorras, *véase* El Barco de Valdeorras
71 Bardai, Chad 21 5N 17 40E
26 Bárdenas de Sábada, Arag. Esp. 42 12N 1 15W
25 Bárdenas, Cca., Nav., Esp. 42 15N 1 30W
71 Bardiyah, Libia 31 45N 25 0E
62 Bareilly, India 28 25N 79 32E
96 Barents, Mar, Océano Ártico 73 0N 42 0E
72 Barentu, Etiopía 15 2N 37 35E
30 Bargas, Cast.-La M., Esp. 39 57N 4 3W
63 Barhi, India 24 10N 85 20E
62 Bari Doab, Pakistán 30 30N 73 0N
62 Bari Sadri, India 24 20N 74 27E
40 Bari, Italia 41 7N 16 53E
84 Baring, C., Canadá 70 0N 116 30W
72 Baringo, L., Kenia 0 35N 36 0E
63 Barisal, Bangladesh 22 50N 90 32E
78 Barkly Tableland, Australia 19 40S 138 30E
64 Barkol, China 44 18N 90 48E
78 Barlee, L., Australia 29 10S 119 28E
40 Barletta, Italia 41 18N 16 20E
34 Barlovento, Canar. Esp. 28 50N 17 48W
91 Berlovento, Is., Caribe 13 30N 61 0W
62 Barmer, India 25 49N 71 32E
56 Barnaul, U.R.S.S. 53 10N 83 30E
44 Barneveld, Países Bajos 52 7N 5 36E
37 Barnsley, Ingl., R. Unido 53 34N 1 29W
37 Barnstaple, Ingl., R. Unido 51 5N 40 20W
70 Baro, Nigeria 8 50N 6 25E
62 Baroda, *véase* Vadodara
73 Barotse, Prov., Zambia 15 30S 23 30E
63 Barpeta, India 26 20N 91 0E
36 Barquinha, Port. 39 30N 8 27W
91 Barquisimeto, Venezuela 9 55N 69 15W
94 Barra, Brasil 10 30S 42 28W
37 Barra, I., Escocia, R. Unido 57 0N 7 30W
31 Barracas, Com. Val., Esp. 40 2N 0 40W
63 Barrackpore, India 22 45N 88 30E
28 Barraco, Cast.-León, Esp. 40 27N 4 40W
36 Barrancos, Port. 38 10N 6 58W
91 Barranquilla, Colombia 10 49N 74 45W
30 Barrax, Cast.-La M., Esp. 39 4N 2 11W
89 Barre, U.S.A. 44 28N 72 25W
36 Barreiro, Port. 38 40N 9 6W
24 Barreiros, Gal., Esp. 43 32N 7 14W
73 Barren, Is., Madagascar 18 30S 44 0E
24 Barrié de la Maza, Emb., Gal., Esp. 42 50N 8 45W
88 Barrie, Canadá 44 30N 79 45W
88 Barrie, Ontario, Can. 44 25N 75 45W
28 Barrios de Luna, Emb., Cast.-León, Esp. 42 50N 5 50W
28 Barrios de Luna, Cast.-León, Esp. 42 50N 5 50W
32 Barrios, *véase* Los Barrios
24 Barro, Gal., Esp. 42 34N 8 38W
78 Barrow, I., Australia 20 47S 115 25E
37 Barrow, Ingl., R. Unido 54 8N 3 12W
78 Barrow, Sa., Mtes., Australia 26 0S 128 0E
28 Barruecopardo, Cast.-León, Esp. 41 4N 6 40W
28 Barruelo de Santullán, Cast.-León, Esp. 42 52N 4 17W
27 Barruera, Cat., Esp. 42 30N 0 40E
63 Barsoi, India 25 48N 87 57E
88 Bartlesville, U.S.A. 36 48N 96 15W
82 Bartlett Deep, Antillas 20 0N 85 0W
62 Baruch, India 21 50N 73 10E
43 Bas-Rhin, Dept., Francia 48 45N 7 35E
25 Basauri, P. Vasco, Esp. 43 15N 2 50W
27 Báscara, Cat., Esp. 42 11N 2 54E
28 Basconcillo de Tozo, Cast.-León, Esp. 42 44N 3 59W
45 Basel, y Cn., Suiza 47 33N 7 34E
27 Basella, Cat., Esp. 42 2N 1 16E
50 Bashkiria, R.A.S.S., U.R.S.S. 5 0N 56 0E
66 Basilan, I., Filipinas 6 40N 122 0E
45 Basilea, *véase* Basel
40 Basilicata, Prov., Italia 40 30N 16 0E
78 Baskerville, C., Australia 17 0S 122 5E
72 Basoka, Zaire 1 20N 23 38E
60 Basra (Basora), Iraq 30 30N 47 50E
79 Bass, Estr., Australia 39 30S 146 0E
84 Bassano, Canadá 50 45N 112 30W
40 Bassand, Italia 45 50N 11 40E
73 Bassas da India, Is., Océano Índico 21 45S 37 38E
90 Basse-Terre, Guadaloupe 16 0N 6 45W
63 Bassein, Birmania 17 0N 94 58E
43 Basses-Alpes, Dept., Francia 44 40N 6 20E
43 Basses-Pyrénées, Dept., Francia 43 17N 0 57W
63 Bastar, India 19 30N 81 30E
63 Basti, India 26 45N 82 58E
43 Bastia, Córcega, 42 40N 9 20E
44 Bastogne, Bélgica 50 0N 5 40E
73 Basutoland, *véase* Lesotho
61 Bat Shelomo, Israel 32 36N 35 0E
61 Bat Yam, Israel 32 0N 34 44E
72 Bata, Río Muni 1 57N 9 50E
91 Batabano, G., Cuba 22 20N 82 40W
36 Batalha, Port. 39 40N 8 56W
65 Batan, Is., Filipinas 20 25N 122 5E
64 Batang, China 30 20N 98 25E
66 Batangas, Filipinas 13 50N 121 5E
71 Batare-Oya, Camerún 5 40N 14 15E
88 Batavia, U.S.A. 43 0N 78 2W
27 Batea, Cat., Esp. 41 10N 1 18E
37 Bath, Ingl., R. Unido 51 24N 2 22W
87 Bath, Me., U.S.A. 43 57N 69 58W
61 Batha, Wadi, Oman 22 30N 59 0E
84 Bathurst Inlet, Canadá 67 30N 109 0W
79 Bathurst, Australia 33 28S 149 30E
89 Bathurst, Canadá 47 37N 65 49W
70 Bathurst, Gambia, *véase* Banjul
70 Batna, Argelia 35 32N 6 20E
87 Baton Rouge, U.S.A. 30 22N 90 50W
72 Batongafo, África Central 7 30N 18 20E
12 Batoun, Camerún 4 30N 14 25E
66 Battambang, Camboya 13 5N 103 8E
62 Batticaloa, Sri Lanka 7 50N 81 31E
88 Battle Creek, U.S.A. 42 17N 85 10W
85 Battle Harbour, Canadá 52 13N 55 42W
84 Battleford, Canadá 52 40N 108 12W
12 Batu, Mte., Etiopía 6 50N 39 30E
51 Batumi, U.R.S.S. 41 40N 41 30E
66 Baturaja, Indonesia 4 10S 104 10E
94 Baturite, Brasil 4 0S 38 40W
66 Batus, Is., Indonesia 0 20S 98 5E
42 Bauge, Francia 47 35N 0 10W
70 Bau Izakarn, Marruecos, 26 50N 9 1W
94 Bauru, Brasil 22 12S 49 8W
49 Bauska, U.R.S.S. 56 24N 24 15E
46 Bautzen, Alemania 51 14N 14 23E
46 Baviera, *véase* Bayern
70 Bawku, Ghana 11 3N 0 19W
63 Bawlake, Birmania 19 0N 97 30E
88 Bay Cy., Mich., U.S.A. 43 38N 83 48W
91 Bayamo, Cuba 20 25N 76 40W
64 Bayan Khara Shan, Mtes., China 34 0N 98 0E
72 Bayanga, África Central 2 55N 16 15E
64 Bayanhongor, Mtes., Mongolia 46 35N 99 45E
46 Bayern (Baviera), Land, Alemania 49 0N 12 0E
42 Bayeux, Francia 49 20N 0 44W
58 Bayhan Aul, U.R.S.S. 50 50N 75 50E
59 Baykal, L., U.R.S.S. 53 0N 108 0E
24 Bayo, Gal., Esp. 43 15N 8 58W
24 Bayona, y Ría, Gal., Esp. 42 12N 8 50W
43 Bayonne, Francia 43 30N 1 30W
46 Bayreuth, Alemania 49 57N 11 32E
33 Baza y Sa., And., Esp. 37 31N 2 46W
25 Baztán, Valle, Nav., Esp. 43 10N 1 30W
95 Beagle, Canal, Chile-Argentina 55 0S 68 30W
55 Bear, I. 75 0N 20 10E
86 Bear, L., y R., U.S.A. 42 0N 11 20W
96 Beardmore Glacier, Antártida 84 30S 170 0E
96 Beardmore, Antártida 83 30S 175 0E
24 Beariz, Gal., Esp. 42 30N 8 18W
43 Béarn. Prov., Francia 43 20N 0 40W
33 Beas de Segura, And., Esp. 38 15N 2 53W
25 Beasaín, P. Vasco, Esp. 43 3N 2 12W
87 Beatrice, U.S.A. 40 20N 96 46W
43 Beaucaire, Francia 43 50N 4 35E
66 Beaufort, Malaysia 5 25N 115 50E
96 Beaufort, Mar, Océano Ártico 75 0N 160 0W
37 Beaumaris, Gales, R. Unido 53 17N 4 6W
87 Beaumont, U.S.A. 30 4N 94 10W
42 Beaune, Francia 47 2N 4 50E
42 Beauvais, Francia 49 26N 2 2E
84 Beauval, Canadá 55 10N 107 55W
87 Beaverdam, U.S.A. 43 30N 8 50W
28 Becedas, Cast.-León, Esp. 40 22N 5 40W
41 Becejo, Yugoslavia 45 33N 20 2E
24 Becerreá, Gal., Esp. 42 51N 7 10W
28 Becerril de Campos, Cast.-León, Esp. 42 7N 4 38W
70 Bechar, Argelia 31 40N 2 17W
31 Bechí, Vom. Val., Esp. 39 56N 0 12W
28 Becilla de Valderaduey, Cast.-León, Esp. 42 8N 5 15W
88 Beckley, U.S.A. 37 44N 81 42W
43 Bedaneux, Francia 43 40N 3 10E
88 Bedford, Ind., U.S.A. 39 6N 86 37W
37 Bedford, Ingl., R. Unido 52 8N 0 28W
33 Bedmar, And., Esp. 37 49N 3 24W
72 Befale, Zaire 0 5N 21 0E
72 Bega, Australia 36 48S 149 55E
50 Beghitsa, U.R.S.S. 53 19N 34 17E
59 Begichev, I., U.R.S.S. 74 20N 112 30E
33 Begíjar, And., Esp. 37 59N 3 32W
24 Begonte, Gal., Esp. 43 10N 20N 5 33W
63 Behariganj, India 25 40N 87 0E
65 Bei'an, China 48 10N 126 20E
64 Beihai, China 21 28N 109 6E
60 Beihan al Daula, Yemen del Sur 14 45N 45 15E
64 Beijín (Peking) China, 39 55N 116 20E
73 Beira, Mozambique 19 45S 35 0E
36 Beira, Portugal 40 10N 8 0W
61 Beirut, Líbano 33 55N 35 30E
61 Beit Alfa, Israel 32 31N 35 25E
61 Beit Eddine, Líbano 33 42N 35 35E
61 Beit Hanun, Israel 31 32N 34 31E
61 Beit Shean, Israel 32 30N 35 30E
61 Beit Yosef, Israel 32 34N 35 33E
73 Beitbridge, Zimbabwe 22 12S 30 0E
70 Beja, Tunicia 36 55N 9 5E
36 Beja, y Prov., Portugal 38 2N 7 51W
70 Bejaia (Bougie), Argelia 36 49N 5 7E
28 Béjar, Cast.-León, Esp. 40 23N 5 46W
47 Békéscsaba, Hungría 46 40N 21 0E
41 Bela Crkva, Yugoslavia 44 54N 21 22E
32 Belalcázar, And., Esp. 38 35N 5 10W
66 Belawan, Indonesia 3 45N 98 45E
51 Belaya Tserkov, U.R.S.S. 49 40N 30 10E
50 Belaya, R., U.R.S.S. 54 45N 56 0E
85 Belcher, Is., Canadá 56 0N 80 30W
26 Belchite, Arag., Esp. 41 18N 0 43W
28 Beleña, Cast.-León, Esp. 40 43N 5 38W
50 Betebei, Rusia 54 10N 54 5E
94 Belem (Para), Brasil 1 25S 48 20W
61 Belén, Jordania 31 42N 35 12E
24 Bellesar, Emb., Gal., Esp. 42 45N 7 45W
50 Belev, U.R.S.S. 53 50N 36 5E
37 Belfast, Irl. Norte, R. Unido 54 35N 5 57W
89 Belfast, Me., U.S.A. 44 15N 69 0W
42 Belfort, Dept., Francia 47 38N 6 52E
47 Belfort, Francia 47 41N 6 54E
62 Belgaum, India 15 42N 74 40E
44 Bélgica. Europa 51 0N 4 10E
51 Belgorod Dnestrovski, U.R.S.S. 46 11N 30 23E
51 Belgorod, U.R.S.S. 50 30N 36 40E
41 Belgrado, *véase* Beograd
41 Beli Drin, R., Yugoslavia 42 30N 20 34E
27 Belianes, Cat., Esp. 41 34N 1 3E
30 Belinchón, Cast.-La M., Esp. 40 6N 3 1W
66 Belitón, I., Indonesia, 3 0S 108 0E
55 Belitung, I., Indon. 3 10S 107 50E
90 Belize, Hond, Brit. 17 28N 88 20W
27 Bell-Lloch, Cat., Esp. 41 38N 0 47E
95 Bell Ville, Argentina 32 30S 62 50W
84 Bella Coola, Canadá 52 25N 126 40W

88 Bellaire, Ohio, U.S.A. 40 1N 80 48W
62 Bellary, India 15 2N 77 5E
86 Belle Fourche, R., U.S.A. 44 40N 104 0W
42 Belle Ile, Francia 47 20N 3 12W
85 Belle Isle, Canadá 52 10N 55 18W
27 Belleaire de Urgel, Cat., Esp. 41 47N 0 58E
43 Bellegarde, Francia 46 4N 5 46E
85 Belleville, Canadá 44 15N 77 37W
88 Belleville, Ill., U.S.A. 38 30N 90 7W
41 Belley, Francia 45 45N 5 45E
43 Bellingen, Australia 30 25S 152 50E
86 Bellingham, U.S.A. 48 45N 122 48W
96 Bellingshausen, Mar Antártico 65 0S 80 0W
45 Bellinzona, Suiza 46 12N 9 1E
27 Bellpuig, Cat., Esp. 41 37N 1 1E
31 Bellreguart, Com. Val., Esp. 38 57N 0 10W
40 Belluno, Italia 46 8N 12 12E
27 Bellvier de Cerdaña, Cat., Esp. 42 20N 1 46E
27 Bellvis, Cat., Esp. 41 42N 0 47E
32 Bélmez, And., Esp. 38 15N 5 15W
30 Belmonte, Cast.-La M., Esp. 39 34N 2 43W
36 Belmonte, Port. 40 20N 7 20W
24 Belmonte de Miranda, P. de Ast., Esp. 43 17N 6 12W
90 Belmopan, Hond. Brit. 17 12N 88 0W
94 Belo Horizonte, Brasil 19 55S 44 0W
73 Belo Sur Tsiribihina, Madagascar 17 40S 44 30W
88 Beloit, Kans., U.S.A. 39 32N 98 9W
50 Belomorsk, U.R.S.S. 64 35N 34 30E
63 Belonia, India 23 15N 91 25E
29 Belorado, Cast.-León, Esp. 42 26N 3 12W
50 Beloretsk, U.R.S.S. 54 0N 58 0E
50 Belorzersk, U.R.S.S. 60 0N 37 30E
58 Belovo, U.R.S.S. 54 35N 86 27E
50 Beloye, L., U.R.S.S. 60 10N 37 35E
87 Belton, Texas, U.S.A. 31 30N 97 30W
47 Beltsy, U.R.S.S. 47 48N 28 0E
30 Belvis de la Jara, Cast.-La M., Esp. 39 45N 4 57W
32 Bembézar, R., And., Esp. 38 0N 5 20W
28 Bembibre, Cast.-León, Esp. 42 39N 6 25W
87 Bemidji, U.S.A. 47 30N 94 58W
37 Ben Nevis, Mte., Escocia, R. Unido 56 46N 5 0W
70 Bena, Nigeria 11 20N 5 50E
26 Benabarre, Arag., Esp. 42 8N 0 27E
32 Benacazón, And., Esp. 37 21N 6 12W
31 Benagéber, Com. Val., Esp. 39 43N 1 8W
31 Benaguacil, Com. Val., Esp. 39 35N 0 33W
79 Benalla, Australia 36 34S 146 0E
33 Benahía de Guadix, And., Esp. 37 21N 3 10W
27 Benalmádena, And., Esp. 36 36N 4 34W
33 Benalúa de las Villas, And., Eso. 37 24N 3 42W
33 Benamejí, And., Esp. 37 16N 4 33W
33 Benamocarra, And., Esp. 36 47N 4 10W
63 Benarés, *véase* Varanasi
26 Benasque, Arag., Esp. 42 37N 0 30E
28 Benavente, Cast.-León, Esp. 42 2N 5 43W
36 Benavente, Port. 38 59N 8 49W
28 Benavides de Órbigo, Cast.-León, Esp. 42 30N 5 54W
37 Benbecula, I., Escocia, R. Unido 57 26N 7 20W
78 Bencubbin, Australia 30 56S 118 5E
86 Bend, U.S.A. 44 3N 121 15W
47 Bendery, U.R.S.S. 46 50N 29 28E
79 Bendigo, Australia 36 48S 144 13E
61 Benei Berag, Israel 32 5N 34 50E
31 Benejúzar, Com. Val., Esp. 38 5N 0 50W
31 Benetúser, Com. Val., Esp. 39 25N 0 24W
40 Benevento, Italia 41 8N 14 50E
63 Bengala Oeste, Estado, India 23 0N 87 0E
63 Bengala Oriental, Reg., Bangladesh 24 30N 90 0E
55 Bengala, G., Bangladesh 19 0N 88 30E
71 Benghazi, Libia 32 10N 20 5E
66 Benghahulu, Indonesia 3 40S 102 40E
66 Bengkalis, Indonesia 1 38N 102 9E
73 Benguela, Angola 12 20S 13 10E
70 Beni Abbes, Argelia 30 10N 2 0W
71 Beni Mazar, Egipto 28 32N 30 44E
70 Beni Mellal, Marruecos 32 21N 6 14W
71 Beni Suef, Egipto 29 2N 30 58E
71 Beni Ulid, Libia 31 50N 14 20E
31 Benialí, Com. Val., Esp. 38 50N 0 15W
31 Benicarló, Com. Val., Esp. 40 23N 0 23W
31 Benicasim, Com. Val., Esp. 40 4N 0 3E
31 Benidorm, Com. Val., Esp. 38 33N 0 9W
35 Beniel, Mur., Esp. 38 3N 1 1W
31 Benifayó, Com. Val., Esp. 39 17N 0 26W
31 Benifazá, Cca., Com. Val., Esp. 40 40N 00
31 Benigánim, Com. Val., Esp. 38 57N 0 27W
70 Benin City, Nigeria 6 20N 5 31E
70 Benin, África del Oeste 9 0N 2 0E
31 Benisa, Com. Val., Esp. 38 43N 0 3E
84 Bennett, Canadá 59 50N 135 0W
59 Bennett, I., U.R.S.S. 76 30N 150 0E
89 Bennington, U.S.A. 42 55N 73 16W
73 Benoni, Sudáfrica 26 11S 28 18E
61 Bent Jbail, Líbano 33 7N 35 26E
79 Bentinck, I., Australia 17 15S 139 30E
71 Bentiu, Sudán 9 10N 29 55E
88 Benton Harbor, U.S.A. 42 8N 86 28W
70 Benue, R., Nigeria 8 0N 7 30E
34 Benvenida, Extr., Esp. 38 18N 6 14W
65 Benxi, China 41 20N 123 48E
41 Beograd (Belgrado), Yugoslavia 44 48N 20 33E
65 Beppu, Japón 13 15N 131 35E
90 Bequia, Antillas 13 0N 61 15W
70 Ber Rechid, Marruecos 33 0N 7 35E
41 Berat, Albania 40 40N 20 0E
26 Berbegal, Arag., Esp. 41 56N 0 2W
71 Berber, Sudán 18 2N 34 2E
69 Berbera, República Somalí 10 30N 45 25E
27 Berbería, C., Bal., Esp. 38 40N 1 25E
45 Bercher, Suiza 46 43N 6 43E
51 Berdichev, U.R.S.S. 49 50N 28 45E
26 Berdún, y Canal, Arag., Esp. 42 36N 0 48W
51 Berdyansk, U.R.S.S. 46 2N 36 47E
47 Beregovo, U.R.S.S. 48 15N 22 45E
70 Berekum, Ghana 7 20N 2 34W
47 Bereza, U.R.S.S. 52 45N 25 0E
50 Berezniki, U.R.S.S. 59 25N 56 5E
50 Berezovo, U.R.S.S. 64 5N 65 0E
27 Berga, Cat., Esp. 42 6N 1 48W
41 Bergama, Turquía 39 6N 27 20E
40 Bérgamo, Italia 45 42N 9 40E
24 Bergantiños, Cca., Gal., Esp. 43 20N 8 40W
44 Bergen Binnen, Países Bajos 52 40N 4 40E
44 Bergen-Op-Zoom, Países Bajos 51 30N 4 17E
49 Bergen, Noruega 60 21N 5 22E
43 Bergerac, Francia 44 53N 0 26E
24 Bergondo, Gal., Esp. 43 21N 8 14W
29 Bergüenda, P. Vasco, Esp. 42 45N 3 5W
44 Bergum, Países Bajos 53 12N 5 59E
63 Berhampore, India 24 10N 88 20E
63 Berhampur, India 19 24N 84 50E
59 Bering, Mar de, Océano Pacífico 57 0N 173 0E
33 Berja, And., Esp. 30 45N 3 0W
86 Berkeley, U.S.A. 38 6N 122 0W
29 Berlanga de Duero, Cast.-León, Esp. 41 27N 2 50W
34 Berlanga, Extr., Esp. 38 17N 5 50W
36 Berlanga, I., Port. 39 25N 9 30W
46 Berlín, Alemania 52 31N 13 20E
89 Berlín, N.H. U.S.A. 44 28N 71 11W
32 Bermeja, Sa., And., Esp. 36 30N 5 10W
33 Bermejales, Emb., And., Esp. 36 58N 3 50W
96 Bermejo, R., Argentina 25 40S 59 40W
25 Bermeo, P. Vasco, Esp. 43 25N 2 47W
28 Bermillo de Sayago, Cast.-León, Esp. 41 22N 6 8W
91 Bermudas, Is., Océano Atlántico 32 20N 65 0W
45 Bern, y Cn., Suiza 46 57N 7 27E
45 Berna, *véase* Bern
42 Bernay, Francia 49 5N 0 32E
46 Bernburg, Alemania 51 40N 11 42E
45 Bernenses, Alpes, Mtes., Suiza 46 25N 7 30E
28 Bernesga, R., Cast.-León, Esp. 42 45N 5 40W
78 Bernier, I., Australia 24 58S 113 0E
45 Bernina, Mte., Suiza 46 22N 9 50E
61 Beror Hayil, Israel 31 34N 34 39E
73 Beroroha, Madagascar 21 40S 45 10E
46 Beroun, Checoslovaquia 50 0N 14 5E
32 Berrocal, And., Esp. 37 38N 6 35W
42 Berry, Prov., Francia 46 48N 2 5E
72 Bertoua, Camerún 4 30N 13 45E
48 Berufjördur, Islandia 64 47N 14 28W
37 Berwick-Upon-Tweed, Ingl., R. Unido 55 47N 2 2W
73 Besalampy, Madagascar 16 43S 44 29E
27 Besalú, Cat., Esp. 42 13N 2 40E
42 Besançon, Francia 47 18N 6 0E
27 Bescanó, Cat., Esp 41 58N 2 45E
47 Beskides Occidentales, Mtes. Europa 49 8N 10 0E
47 Beskides Orientales, Mtes., Europa 49 8N 22 10E
47 Bessarabia, Reg., U.R.S.S. 47 20N 28 20E
43 Bessèges, Francia 44 20N 4 2E
88 Bessemer, U.S.A. 46 30N 90 0W
35 Betancuria, Pico, Canar., Esp. 28 25N 14 5W
24 Betanzos, Gal., Esp. 43 15N 8 12W
24 Betanzos, Ría, Gal., Esp. 43 20N 8 15W
31 Betera, Com. Val., Esp. 39 35N 0 27W
30 Beteta, Cast.-La M., Esp. 40 35N 2 7W
73 Bethanien, Namibia 26 32S 17 11E
89 Bethlehem, Pa., U.S.A. 40 25N 75 30W
73 Bethlehem, Sudáfrica 28 5S 28 30E
73 Bethulie, Sudáfrica 30 30S 26 0E
42 Bethune, Francia 50 30N 2 40E
11 Beticos, Mtes., And., Esp. 37 30N 4 0W
73 Betioky, Madagascar 23 48S 44 20E
85 Betsiamites, Canadá 48 53N 68 46W
63 Bettiah, India 26 59N 84 38E
62 Betul, India 21 50N 77 50E
44 Beveren, Bélgica 51 14N 4 16E
78 Beverley, Australia 32 2S 116 58E
37 Beverley, Ingl., R. Unido 53 51N 0 27W
44 Beverwijk, Países Bajos 52 28N 4 38E
45 Bex, Suiza 46 16N 7 2E
41 Beykoz, Turquía 41 6N 29 8E
70 Beyla, Guinea 8 35N 8 30W
51 Beypazari, Turquía 40 11N 31 50E
51 Beysehir Gölü, L., Turquía 37 50N 31 30E
50 Bezhitsa, U.R.S.S. 53 25N 34 18E
43 Béziers, Francia 43 27N 3 15E
33 Beznar, And., Esp. 36 54N 3 33W
62 Bhachau, India 23 20N 70 16E
63 Bhadrakh, India 21 0N 86 30E
63 Bhagalpur, India 25 12N 86 52E
63 Bhamo, Birmania 24 16N 96 50E
63 Bhamragarh, India 19 30N 80 30E
63 Bhandara, India 21 8N 79 40E
62 Bharatpur, India 27 19N 77 50E
63 Bhatpara, India 23 0N 88 30E
63 Bhavnagar, India 21 59N 72 19E
62 Bhima, R., India 17 25N 76 0E
63 Bhimvaram, India 16 30N 81 30E
62 Bhiwandi, India 19 25N 72 55E
63 Bhola, Bangladesh 22 45N 90 35E
62 Bhopal, India 23 15N 77 30E
63 Bhubaneswar, India 20 10N 85 50E
62 Bhuj, India 23 10N 69 45E
62 Bhusawal, India 21 10N 75 56E
63 Bhutan, Asia 27 30N 90 20E
72 Biafra, B. de, África Occidental 3 40N 9 30E
47 Biala Podlaska, Polonia 52 2N 23 0E
47 Bialystok, Polonia 53 4N 23 12E
31 Biar, Com. Val., Esp. 38 40N 0 15W
43 Biarritz, Francia 43 30N 1 32W
45 Biasca, Suiza 46 22N 8 39E
73 Bibala, Angola 14 35S 13 30E
70 Bibiam, Ghana 6 30N 2 8W
31 Bicorp, Com. Val., Esp. 39 11N 0 18W
70 Bida, Nigeria 9 2N 6 12E
62 Bidar, India 17 58N 77 35E
25 Bidasoa, R., Nav., Esp. 43 15N 1 43W
70 Bidon 5, *véase* Postre Maurice Cortier
73 Bie, Angola 12 16S 16 55E
73 Bie Meseta, Angola 13 0S 16 40E
26 Biel-Fuencalderas, Arag., Esp. 42 22N 0 56W
45 Biel, Suiza 47 9N 7 15E
47 Biele Karpaty, Checoslovaquia 49 0N 17 40E
46 Bielefeld, Alemania 52 2N 8 17E
45 Bieler See, Suiza 47 7N 7 18E
40 Biella, Italia 45 33N 8 3E
50 Bielorusia, *véase* Rusia Blanca
26 Bielsa, Arag., Esp. 42 36N 0 12E
47 Bielsko, Polonia 49 50N 19 10E
66 Bien Hoa, Vietnam 11 0N 107 0E
30 Bienvenida, Cast.-La M., Esp. 38 31N 2 37W
28 Bierzo, *véase* El Bierzo
26 Biescas, Arag., Esp. 42 38N 0 20W
87 Big Belt, Mtes., U.S.A. 46 40N 111 30W
84 Big Salmon, Canadá 61 50N 136 0W
86 Big Spring, U.S.A. 32 14N 101 32W
87 Big Stone, L., U.S.A. 45 30N 96 30W
85 Big Trout, L., Canadá 54 30N 90 0W
31 Bigastro, Com. Val., Esp. 38 6N 0 54W
84 Biggar, Canadá 52 6N 108 0W
86 Bighorn, Mtes. U.S.A. 44 30N 107 30W
45 Bignasco, Suiza 46 20N 8 36E
40 Bihac, Yugoslavia 44 46N 15 57E
63 Bihar, Estado, India 23 0N 85 30E
63 Bijapur, Mad. P., India 18 50N 80 50E
62 Bijapur, India 16 55N 75 57E
60 Bijar, Irán 32 52N 47 35E
41 Bijeljina, Yugoslavia 44 42N 19 15E
26 Bijuesca, Arag., Esp. 41 31N 1 56W
62 Bikaner, India 28 1N 73 40E
61 Bikfaya, Líbano 33 55N 35 40E
59 Bikin, U.R.S.S. 46 50N 134 15E
72 Bikoro, Zaire 0 48S 18 15E
62 Bilara, India 26 20N 73 58E
63 Bilaspur, India 22 2N 82 14E
25 Bilbao, P. Vaco, Esp. 43 16N 2 53W
48 Bildudalur, Islandia 65 20N 23 40W
51 Bilecik, Turquía 40 16N 29 52E
59 Bilir, U.R.S.S. 65 40N 131 20E
86 Billings. U.S.A. 45 58N 108 30W
71 Bilma, Niger 18 5N 13 20E
79 Biloela, Australia 24 25S 150 35E
87 Biloxi, U.S.A. 30 32N 89 0W
89 Biltine, Chad 14 40N 20 50E
70 Bimbereke, Benin 10 11N 2 43E
26 Binaced, Arag., Esp. 41 50N 0 12E
71 Bimbo, Rep. Centroaf. 4 15N 18 33E
24 Bimenes, P. de Ast., Esp. 43 20N 5 33W
62 Bina-Etawah, India 24 11N 78 12E
44 Binche, Bélgica 50 25N 14 12E
73 Bindura, Zimbabwe 17 15S 31 20E
26 Binéfar, Arag. 41 48N 0 18E
27 Binisalem, Bal., Esp. 39 41N 2 51E
89 Binghampton, U.S.A. 42 5N 75 48W
66 Binh-Dinh, *véase* An Nhon
66 Binjai, Indonesia 3 30N 98 30E
95 Bio Bio, R., Chile 37 40S 71 30W
72 Bioko, I., Guinea Ecuatorial
71 Bir Atrun, Sudán 28 15N 26 40E
70 Bir Mogrein, Mauritania 25 10N 11 25W
60 Bir Terfawi, Egipto 22 7N 28 10E
71 Bir Urgat, Egipto 22 8N 33 48E
61 Bir Zeit, Jordania 31 59N 35 11E
62 Bir, India 10 4N 75 58E
61 Bir, Irán 25 26N 59 47E
71 Birao, África Central 10 20N 22 40E
79 Birdsville, Australia 25 58S 139 20E
78 Birdum, Australia 15 30S 133 0E
61 Birjand, Irán 32 52N 59 7E
37 Birkenhead, Ingl., R. Unido 53 23N 3 3W
41 Birlad, Rumania 46 15N 27 38E
63 Birmania, Asia 21 30N 97 0E
37 Birmingham, Ingl., R. Unido 52 29N 1 54W
87 Birmingham, U.S.A. 33 37N 86 45W
63 Birmitrapur, India 22 30N 84 10E
70 Birnin-Kebbi, Nigeria 12 32N 4 12E
59 Birobidzhan, U.R.S.S. 48 50N 132 50E
45 Birs, RR., Suiza 47 24N 7 32E
50 Birsk, U.R.S.S. 55 23N 55 35E
62 Birur, India 13 30N 75 55E
27 Bisbal, *véase* La Bisbal
26 Biscarrues, Arag., Esp. 42 14N 0 45W
70 Bikra, Argelia 34 50N 5 45E
79 Bismarck, Arch., Papua Nueva Guinea 4 30S 149 0E
88 Bismarck, U.S.A. 46 52N 100 45W
70 Bissagos, Is., Guinea-B., 11 0N 16 0W
70 Bissau, Guinea-B. 11 50N 15 37W
47 Bistrita, Rumania 47 7N 24 32E
44 Bitburg, Alemania 49 59N 6 32E
71 Bitkiné, Chad 11 59N 18 13E
51 Bitlis, Turquía 38 30N 42 17E
41 Bitola (Monastir). Yugoslavia 41 1N 21 14E
73 Bitterfontein, Sudáfrica 31 0S 18 28E
86 Bitterroot, U.S.A. 46 30N 115 0W
65 Biwa, L., Japón 35 15N 135 45E
58 Biysk, U.R.S.S. 52 40N 85 0E
70 Bizerte, Tunicia 37 20N 9 45E
70 Bj-Tarat, Argelia 26 13N 9 18C
48 Bjargtangar, Islandia 65 30N 24 30W
48 Bjarnanes, Islandia 64 18N 15 10W
40 Bjelovar, Yugoslavia 46 0N 16 45E
49 Blaavands Huk, Dinamarca 55 33N 8 2E
86 Black Hills, U.S.A. 44 0N 104 0W
86 Black Range, Mtes., U.S.A. 33 0N 107 45W
80 Blackball. Nueva Zelanda 42 20S 171 35E
37 Blackburn, Ing., R. Unido 53 46N 2 30W
86 Blackfoot, U.S.A. 43 14N 112 22W
37 Blackpool, Ing., R. Unido 53 50N 3 3W
37 Blackwater, R., Irl. Norte, R. Unido 54 26N 7 5W
37 Blackwater, R., Irlanda 52 27N 6 20W
51 Blagodarnoye, U.R.S.S. 45 0N 43 45E
59 Blagoveshchensk, U.R.S.S. 50 30N 127 55E
42 Blain, Francia 47 30N 1 42W
79 Blair Athol, Australia 22 50S 147 0E
37 Blair Atholl, Escocia, R. Unido 56 46N 3 50W
84 Blairmore, Canadá 49 40N 114 25W
31 Blanca, Costa, Com. Val., Esp. 38 0N 0 10W
79 Blanche, L., Australia 29 15S 139 40E
90 Blanchisseuse, Trinidad 10 45N 61 18W
70 Blanco, C., Mauritania 20 40N 17 0W
50 Blanco, Mar, U.R.S.S. 65 30N 37 30E
32 Blanco, R., And., Esp. 37 28N 5 8W
24 Blancos, Gal., Esp. 41 58N 7 48W
27 Blanes, Cat., Esp. 41 40N 2 48E
44 Blankenberge, Bélgica 51 18N 3 8F
91 Blanquilla, I., Venezuela 12 0N 64 30W
73 Blantyre, Malawi 15 50N 35 1E
37 Blarney, Irlanda 51 58N 8 35W
27 Bledes, Is. Bal., Esp. 38 58N 1 10E
58 Blednaya, Mte., U.R.S.S. 75 50N 65 30E
46 Bleiburg, Austria 46 40N 14 55E
49 Blekinge, Con., Suecia 56 27N 15 10E
80 Blenheim, Nueva Zelanda 41 38S 174 5E
70 Blida, Argelia 36 30N 2 50E
66 Blitar, Indonesia 8 12S 112 25E
89 Block, I., U.S.A. 41 12N 71 32W
73 Bloemfontein, Sudáfrica 29 12S 26 15E
73 Bloemhof, Sudáfrica 27 30S 25 36E
42 Blois, Francia 47 37N 1 19E
48 Blonduos, Islandia 65 40N 20 12W
88 Bloomington, Ill., U.S.A. 40 28N 88 59W
88 Bloomington, Ind., U.S.A. 19 10N 86 12W
87 Blue Ridge, Mtes., U.S.A. 35 0N 82 0W
86 Blue, Mtes., U.S.A. 45 0N 119 5W
79 Blue, Mtes., *véase* Katoomba
78 Blue Mud, B., Australia 13 30S 136 10E
88 Bluefield, U.S.A. 37 28N 81 4W
91 Bluefields, Nicaragua 12 0N 83 45W
80 Bluff, Nueva Zelanda 46 32S 168 20E
95 Blumenau, Brasil 27 0S 49 0W
88 Blytheville, U.S.A. 35 56N 89 58W
70 Bo, Sierra Leona 7 55N 11 50W
64 Bo Hai. China 39 0N 120 0E
94 Boa Vista, Brasil 2 55N 60 15W
27 Boadella, Emb., Cat. Esp. 42 23N 2 50W
29 Boadilla del Monte, Madrid, Esp. 40 25N 3 52W
24 Boal, P. de Ast., Esp. 43 25N 6 49W
71 Boalí, Rep. Centroafr. 5 10N 17 31E
63 Bobbili, India 18 35N 83 30E
24 Bobia, Sa., Gal.-Ast., Esp. 43 20N 7 0W
70 Bobo-Dioulasso, Alto Volta 11 20N 4 0W
24 Boborás, Gal., Esp. 42 26N 8 8W
42 Bobr, R., Polonia 51 30N 15 28E
50 Bobruysk, U.R.S.S. 53 0N 30 0E

94 Boca del Dragón, Venezuela-Trinidad 10 40N 61 40W
35 Bocaina, *véase* La Bocaina
31 Bocairente, Com. Val., Esp. 36 46N 0 37W
70 Bocanda, Costa de Marfil 7 5N 4 31W
72 Bocaranga, África Central 7 0N 15 35W
28 Boceguillas, Cast.-León, Esp. 41 20N 3 38W
46 Bocholt, Alemania 51 51N 6 37E
46 Bochum, Alemania 51 30N 7 15E
72 Boda, África Central 4 19N 17 26E
50 Bodaibo, U.R.S.S. 57 50N 114 0E
48 Boden, Suecia 65 48N 21 45E
45 Bodensee, L., Alemania 47 33N 9 30E
62 Bodham, India 18 45N 77 50E
34 Bodion, R., Extr., Esp. 38 15N 6 25W
48 Bødø, Noruega 67 21N 14 20E
28 Bodón, *véase* El Bodón
47 Bodrog, R., Hungría 48 20N 21 45E
72 Boende, Zaire 0 15S 21 12E
79 Bogalusa, U.S.A. 30 51N 89 56W
79 Bogan, R., Australia 31 0S 147 2E
30 Bogarra, Cast.-La M., Esp. 38 36N 2 12W
73 Bogenfels, Namibia 27 31S 15 33E
70 Boghe, Mauritania 16 45N 14 10W
66 Bogor, Indonesia 6 30S 106 58E
70 Bogoro, Nigeria 9 37N 9 29E
94 Bogotá, Colombia 4 38N 74 15W
58 Bogotol, U.R.S.S. 56 15N 89 50E
63 Bogra, Bangladesh 24 48N 89 24E
44 Bohain, Francia 49 59N 3 28E
46 Bohemia, Selva (Bohmerwald), Checoslovaquia 49 15N 13 20E
46 Bohemia (Czech), Dist., Checoslovaquia 49 50N 51 0E
66 Bohol, I., Filipinas 9 45N 124 20E
34 Bohonal de Ibor, Extr., Esp. 39 47N 5 31W
24 Boimorto, Gal., Esp. 43 0N 8 6W
24 Boiro, Gal., Esp. 42 40N 8 55W
86 Boise, U.S.A. 43 54N 116 12W
70 Bojador, C., Sáhara Occidental 26 20N 14 55E
70 Boke, Guinea 10 56N 14 17W
49 Bokna, Fd., Noruega 59 12N 5 30E
72 Bokote, Zaire 0 12S 21 8E
72 Bokungu, Zaire 0 49S 23 12E
71 Bd. Chad 13 13N 15 0E
30 Bolaños de Calatrava, Cast.-La M., Esp. 38 54N 3 42W
70 Bolama, Guinea-B. 11 30N 15 35W
30 Bolarque, Emb., Cast.-La M., Esp. 40 25N 2 50W
64 Bole, China 45 11N 81 37E
33 Bolera, Emb., And., Esp. 37 45N 2 55W
46 Boleslawiec, Polonia 51 17N 15 37E
47 Bolgrad, U.R.S.S. 45 40N 28 40E
95 Bolívar, Argentina 36 0S 61 0W
94 Bolivia, Sudamérica 16 0S 64 30W
49 Bollnäs, Suecia 61 24N 16 27E
24 Bollo, *véase* EL Bollo
32 Bollullos, And., Esp. 37 19N 6 32W
72 Bolobo, Zaire 2 65S 16 20E
40 Bologna, Italia 44 29N 11 23E
50 Bologoye, U.R.S.S. 57 55N 34 5E
72 Bolomba, Zaire 0 35N 19 0E
40 Bolsena, L., Italia 42 40N 12 0E
58 Bolshereche, U.R.S.S. 56 5N 74 40E
59 Bolshevik, I., U.R.S.S. 78 30N 102 0E
50 Bolshezemelskaya Tundra, U.R.S.S. 67 0N 56 0E
59 Bolshoi Altym, U.R.S.S. 62 25N 66 50E
59 Bolshoi Mamyr, U.R.S.S. 56 20N 102 55E
58 Bolshoi, I., U.R.S.S. 73 30N 142 0E
44 Bolsward, Países Bajos 53 4N 5 31E
26 Boltaña, Arag., Esp. 42 20N 0 34E
45 Boltigen, Suiza 46 37N 7 24E
37 Bolton, Ingl. R. Unido 53 25N 2 25W
51 Bolu, Turquía 40 46N 31 38E
51 Bolvadin, Turquía 38 45N 31 57E
40 Bolzano, Italia 46 30N 11 23E
72 Boma, Zaire 5 57S 12 40E
79 Bombala, Australia 37 0S 149 3E
36 Bombarral, Port. 39 15N 9 9W
62 Bombay (Monbai), India 18 55N 73 0E
64 Bomda, China 30 10N 95 10E
72 Bomongo, Zaire 1 27N 18 21E
71 Bon, C., Tunicia 37 0N 11 0E
84 Bona, Mte., Canadá 61 20N 140 0W
27 Bonaigua, Puerto, Cat., Esp. 42 42N 0 58E
94 Bonaire, I., Caribe 12 2N 68 15W
78 Bonaparte, Arch., Australia 13 0S 124 0E
32 Bonares, And., Esp. 37 17N 6 43W
85 Bonavista, Canadá 48 42N 53 5W
70 Bone, Argelia, *véase* Annaba
66 Bone, Golfo de, Indonesia 4 38S 120 10E
31 Bonete, Cast.-La Mancha, Esp. 38 52N 1 20W
72 Bongandanga, Zaire 1 30N 21 0E
71 Bongor, Chad 10 35N 15 20E
40 Bonifacio, y Est., Medit. 41 18N 9 10E
30 Bonillo, *véase* El Bonillo
05 Bonis, Is., Océano Pacífico 21 0N 142 0E
46 Bonn, Alemania 50 43N 7 7E
78 Bonnie Rock, Australia 30 10S 118 5E
70 Bonthe, Sierra Leona 7 30N 12 33W
66 Bontoc, Filipinas 17 10N 121 0E
28 Boñar, Cast.-León, Esp. 42 50N 5 18W
44 Boom, Bélgica 51 5N 4 22E
84 Boothia, G., y Pen., Canadá 70 0N 90 0W
72 Booue, Gabón 0 5S 11 55E
24 Boqueijón, Gal., Esp. 42 49N 8 24W
41 Bor, Yugoslavia 44 16N 22 3E
49 Borås, Suecia 57 46N 12 55E
60 Borazjan, Irán 29 22N 51 10E
36 Borba, Port. 38 50N 7 26W
34 Borbollón, Emb., Extr., Esp. 40 5N 6 40W
43 Bordeaux, Francia 44 45N 0 38W
79 Bordertown, Australia 36 21S 140 50E
48 Bordeyn, Islandia 65 12N 21 8E
70 Bordj-In Eker, Argelia 24 5N 5 10E
70 Bondj Oman Driss, Argelia 28 10N 6 40E
48 Borgarnes, Islandia 64 33N 21 55W
48 Borgefjell, Mtes., Noruega 65 20N 13 30E
44 Borger, Países Bajos 53 55N 6 46E
88 Borger, U.S.A. 35 43N 101 25W
49 Borgholm, Suecia 56 55N 16 40E
59 Boris Vilkitski, Est., U.R.S.S. 77 40N 105 0E
47 Borislav, U.R.S.S. 49 5N 23 26E
51 Borisoglebsk, U.R.S.S. 51 21N 42 5E
50 Borisov, U.R.S.S. 54 14N 28 20E
26 Borja, Arag., Esp. 41 48N 1 34W
27 Borjas Blancas, Cat., Esp. 41 31N 0 52W
44 Borken, Alemania 51 50N 6 50E
46 Borkum, I., Alemania 53 38N 6 41E
49 Borlange, Suecia 60 28N 14 33E
66 Borneo, I., Asta 1 0N 114 30E
49 Bornholm, I., Dinamarca 55 9N 14 55E
32 Bornos, y Emb., And., Esp. 36 48N 5 42W
29 Borobia, Cast.-León, Esp. 41 40N 1 52W
70 Boromo, Alto Volta 11 56N 2 59W
50 Borovicht, U.R.S.S. 58 25N 33 58E
31 Borriol, Com. Val., Esp. 40 4N 0 4W
79 Borroloola, Australia 16 7S 136 28E
64 Borzya, U.R.S.S. 50 25N 116 0E
40 Bosa, Italia 40 20N 8 25E
40 Bosanska Gradiska, Yugoslavia 45 20N 17 20E
64 Bose, China 23 35N 106 35E
41 Bósforo, Turquía 41 10N 29 6E
41 Bosna, R., Yugoslavia 45 0N 18 10E
40 Bosnia (Bosna), y Hercegovina, Unión Fed. Yugoslavia 44 20N 17 40E
72 Bosobolo, Zaire 4 14N 19 50E
27 Bosots, Cat., Esp. 42 45N 0 40E
72 Bossangoa, África Central 6 35N 17 30E
72 Bossembele, África Central 5 25N 17 40E
64 Bosten Hu, China 41 55N 87 40E
87 Boston, Mtes., U.S.A. 36 0N 94 0W
89 Boston, U.S.A. 42 18N 71 0W
27 Bot, Cat., Esp. 41 2N 0 21E
48 Bothnia, Golfo de, Europa 62 0N 19 30E
36 Boticas, Port. 41 40N 7 40W
47 Botosani, Rumania 47 24N 26 42E
70 Botou, Alto Volta 12 45N 2 5E
73 Botswana, África 22 30S 24 0E
44 Bottrop, Alemania 51 34N 6 59E
70 Bou Arfa, Marruecos 33 0N 2 0W
70 Bouake, Costa de Marfil 7 45N 5 0W
43 Bouches-du-Rhône, Dept., Francia 43 28N 5 22E
24 Bougado, Gal., Esp 41 20N 8 40W
70 Bougie, Argelia, *véase* Bejaia
70 Bougouni, Mali 11 22N 7 12W
44 Bouillon, Bélgica 49 50N 5 2E
78 Bouldes, Australia 30 55S 121 28E
86 Bouldes, U.S.A. 40 0N 105 0W
79 Boulia, Australia 23 0S 139 50E
42 Boulogne, Francia 50 42N 1 33E
86 Bountiful, U.S.A. 41 0N 111 58W
04 Bounty, Océano Antártico 48 0S 179 0E
59 Bour Khaya, C., U.R.S.S. 71 50N 133 10E
42 Bourbon Lancy, Francia 46 39N 3 45E
43 Bourbonnais, Prov. Francia 46 20N 2 55E
70 Bourem, Mali 17 1N 0 24W
43 Bourg, Francia 46 14N 5 17E
42 Bourges, Francia 47 9N 2 25E
42 Bourgogne (Borgoña), Prov. Francia 47 0N 4 50E
43 Bourgoin, Francia 45 38N 5 15E
79 Bourke, Australia 30 8S 145 59E
37 Bournemouth, Ingl., R. Unido 50 43N 1 54W
71 Bousso, Chad 10 34N 16 52E
44 Boussu, Bélgica 50 25N 3 42E
70 Boutilimit, Mauritania 17 30N 14 40W
01 Bouvet, Is., Océano Antártico 55 0S 3 30E
28 Bóveda de Toro, *véase* La Bóveda de Toro
24 Bóveda, Gal., Esp. 42 40N 7 30W
44 Bovigny, Bélgica 50 12N 5 55E
79 Bowen, Australia 19 59S 148 18E
88 Bowling Green, U.S.A. 36 59N 86 25W
79 Bowral, Australia 34 27S 150 30E
44 Boxtel, Países Bajos 51 37N 5 17E
41 Bozca Ada, I., Turquía 39 50N 26 10E
86 Bozeman, U.S.A. 45 45N 111 5W
72 Bozoum, África Central 6 25N 16 35E
44 Brabant N., Países Bajos 51 37N 5 0E
44 Brabant, Prov., Bélgica 50 47N 4 30E
40 Brac, I., Yugoslavia 43 20N 16 40E
40 Bracciano, L., Italia 42 5N 12 15E
71 Brach, Libia 27 50N 14 50E
48 Bräcke, Suecia 62 50N 15 12E
47 Brad, Rumania 46 10N 22 45E
87 Bradenton, U.S.A. 27 30N 82 33W
37 Bradford, Ingl., R. Unido 53 48N 1 46W
36 Braga, Prov., Portugal 41 34N 8 28W
36 Bragança, y Prov., Port. 41 48N 6 50W
95 Braganza, Prov. Brasil 0 56S 47 0W
63 Brahmanbaria, Bangladesh 23 55N 91 15E
63 Brhmani, R., India 20 52N 85 40E
63 Brahmaputra, R., India 26 45N 93 0E
62 Brahmaur, India 32 28N 76 32E
47 Braila, Rumania 45 18N 27 57E
87 Brainerd, U.S.A. 46 16N 94 10W
62 Bramhapuri, India 20 40N 79 50E
88 Brampton, Canadá 43 40N 79 58W
92 Branco, C., Brasil 7 20S 36 0W
46 Brandenburg, Alemania 52 24N 12 31E
84 Brandon, Canadá 49 50N 99 57W
47 Braniewo, Polonia 54 25N 19 50E
47 Bransk, Polonia 52 45N 22 50E
85 Brantford, Canadá 43 17N 80 20W
92 Brasil, Sudamérica 0 0 a 30 0S; 35 0 a 75 0W
94 Brasilia (Dist. Fed.), Brasil 16 0S 48 10W
47 Braşov, Rumania 45 35N 25 35E
44 Brasschaat, Bélgica 51 17N 4 30E
46 Bratislava, Checoslovaquia 48 7N 17 2E
59 Bratsk, U.R.S.A. 56 10N 101 30E
27 Brava, Costa, Cat., Esp. 42 0N 3 20E
86 Brawley, U.S.A. 32 58N 115 35W
37 Bray, Irlanda 53 11N 6 6W
30 Brazatortas, Cast.-La M., Esp. 38 40N 4 17W
86 Brazos, R., U.S.A. 32 30N 97 30W
72 Brazzaville, Congo 4 7S 15 15E
41 Brcko, Yugoslavia 44 45N 18 40E
26 Brea de Aragón, Arag., Esp. 41 31N 1 36W
80 Bream, B., N.Z. 35 56S 174 35E
37 Brecon, Gales, R. Unido 51 57N 3 24W
27 Breda, Cat., Esp. 41 45N 2 33E
44 Breda, Países Bajos 51 36N 4 46E
45 Bregenz, Austria 47 28N 9 45E
48 Breidi, Fd., Islandia 65 15N 24 0W
46 Bremen, Alemania 53 6N 8 51E
46 Bremerhaven, Alemania 53 36N 8 40E
45 Bremgarten, Suiza 47 21N 8 20E
32 Brenes, And., Esp. 37 32N 5 54W
40 Brenner, P., Austria-Italia 47 1N 11 30E
45 Breno, Italia 45 57N 10 19E
40 Brescia, Italia 45 35N 10 17E
42 Bressuire, Francia 46 50N 0 30W
42 Brest, Francia 48 26N 4 32W
47 Brest, U.R.S.S. 52 10N 23 40E
47 Bretcu, Rumania 46 2N 26 10E
87 Breton, B., U.S.A. 29 30N 89 15E
80 Brett, C., N.Z. 35 12S 174 20W
43 Briançon, Francia 44 53N 6 35E
42 Briaire, Francia 47 40N 2 45E
79 Bribie, I., Australia 26 55S 153 17E
73 Brickaville, Madagascar 18 49S 49 4E
89 Bridgeport, U.S.A. 41 15N 73 13W
89 Bridgeton, U.S.A. 39 30N 75 15W
78 Bridgetown, Australia 33 59S 116 8E
62 Bridgetown, Barbados 13 5N 59 35W
89 Bridgewater, Canadá 44 27N 64 30W
45 Brienz, Suiza 46 47N 8 2E
45 Brienzer See, L., Suiza 46 44N 7 53E
44 Briey, Francia 49 15N 5 56E
45 Brig, Suiza 46 20N 8 0E
86 Brigham City, U.S.A. 41 35N 111 58W
37 Brighton, Ingl., R. Unido 50 49N 0 9W
30 Brihuega, Cast.-La M., Esp. 40 46N 2 50W
30 Brihuela, Cast.-La M., Esp. 40 45N 2 52W
40 Brindisi, Italia 40 40N 17 55E
24 Brión, Gal., Esp. 42 51N 8 39W
89 Brion, I., Canadá 47 50N 61 30W
79 Brisbane, Australia 27 30S 153 1E
37 Bristol Channel, Ingl., R. UNido 51 20N 4 0W
37 Bristol, Ingl., R. Unido 51 28N 2 36W
89 Bristol, R. I., U.S.A. 41 40N 71 15W
73 Britstown, Sudáfrica 30 33S 23 32E
43 Brive, Francia 45 10N 1 30E
29 Briviesca, Cast.-León, Esp. 42 32N 3 19W
46 Brno (Brünn), Checoslovaquia 49 19N 16 38E
68 Broach, *véase* Baruch
79 Broad, B., Australia 22 10S 149 40E
84 Brochet, Manitoba, Canadá 57 55N 101 40W
46 Brocken, Mte., Alemania 51 48N 10 50E
89 Brockton, Mass., U.S.A. 2 4N 71 0W
41 Brod, Yugoslavia 45 9N 18 0E
85 Brodeur, Pen., Canadá 72 0N 88 0W
47 Brody, U.R.S.S. 50 7N 25 8E
79 Broken Hills, Australia 31 59S 141 25E
49 Brönderslev, Dinamarca 57 17N 9 55E
87 Brookhaven, U.S.A. 31 48N 90 27W
87 Brookings, S. Dak, U.S.A. 44 25N 96 40W
78 Brookton, Australia 32 15S 117 0E
72 Broome, Australia 18 8S 122 15E
26 Broto, Arag., Esp. 42 36N 0 8W
44 Brouweshaven, Países Bajos 51 45N 3 53E
87 Browsville, Tex., U.S.A. 26 0N 97 20W
86 Brownwood, U.S.A. 31 42N 99 2W
34 Brozas, Extr., Esp. 39 37N 6 47W
48 Bru. Islandia 65 5N 15 25W
78 Bruce, Mte., Australia 22 40S 117 30E
45 Bruchsal, Alemania 49 10N 8 45E
46 Bruck, Austria 47 27N 15 15E
44 Bruges, Bélgica, *véase* Brugge
45 Brugg, Suiza 47 28N 8 12E
44 Brugge, Bélgica 51 12N 3 10E
44 Bruhl, Alemania 50 49N 6 51E
66 Brunci, Borneo 4 55N 114 52E
29 Brunete, Madrid, Esp. 40 23N 4 0W
45 Brunig, P., Suiza 46 48N 8 10E
46 Brünn, *véase* Brno
45 Brunnen, Suiza 47 0N 8 18E
80 Brunner, L., y N.Z. 42 30S 171 23E
46 Brunsbuttel, Alemania 53 55 9 14E
46 Brunswick, Alemania 52 17N 10 36E
78 Brunswick, B., Australia 15 15S 125 0E
87 Brunswick, Ga., U.S.A. 31 10N 81 31W
79 Bruny, I., Australia 43 20S 147 15E
44 Bruselas, Bélgica 50 51N 4 22E
44 Bruxelles, *véase* Bruselas
87 Bryan, Texas, U.S.A.30 17N 96 5W
50 Bryansk, U.R.S.S. 53 25N 34 22E
49 Bryne, Noruega 58 46N 5 38E
47 Brzeg, Polonia 50 52N 17 30E
70 Bu Craa, Sáhara Occ.26 45N 12 50W
31 Buñol, Com. Val., Esp. 39 26N 0 48W
66 Buayan, Filipinas 6 5N 125 20E
91 Bucaramanga, Colombia 6 55N 72 58W
47 Bucarest (Bucureşti). Rumania 44 25N 26 2E
47 Buchach, U.R.S.S. 49 5N 25 25E
70 Buchanan, Liberia 5 57N 10 2W
85 Buchans, Canadá 48 50N 57 30W
45 Buchs, Suiza 47 10N 9 20E
89 Buckingham, Canadá 45 40N 75 36W
37 Buckingham, Ingl., R. Unido 52 0N 0 59W
89 Buctouche, Canadá 46 30N 64 47W
88 Bucyrus, U.S.A. 40 52N 83 0W
63 Budahn, Birmania 22 25N 95 5E
47 Budapest, Hungría 47 33N 19 3E
48 Budareyn, Islandia 65 3N 14 10W
62 Budaun, India 28 15N 79 6E
37 Bude, Ingl., R. Unido 50 50N 4 32W
48 Budir, Islandia 64 48N 23 21W
72 Budjala, Zaire 2 50N 19 40E
73 Buena Esperanza, C. de Sudáfrica 34 20S 18 30E
91 Buenaventura, Colombia 3 55N 77 5W
28 Buenavista de Valdavia, Cast.-León, Esp. 42 40N 4 37W
35 Buenavista, Pta., Canar., Esp. 28 15N 16 50W
30 Buendía, Emb., Cast.-La M., Esp. 40 25N 2 40W
95 Buenos Aires, Argentina 34 50S 58 37W
24 Bucu, Gal., Esp. 42 20N 8 45W
31 Buey, Sa., Com. Val., Esp. 40 20N 0 25W
88 Buffalo, N.Y. U.S.A.42 57N 78 50W
86 Buffalo, Wyoming, U.S.A. 44 20N 106 42W
47 Bug, R., Polonia 52 39N 21 35E
51 Bug, R., U.R.S.S. 48 17N 30 0E
50 Bugulma, U.R.S.S., 54 35N 52 45E
50 Buguruslan, U.R.S.S.53 20N 52 10E
50 Bui, U.R.S.S. 58 0N 41 40E
44 Buitempost, Países Bajos 53 15N 6 6E
29 Buitrago, Madrid, Esp.41 0N 3 30W
33 Bujalance, And., Esp.37 54N 4 10W
24 Buján, Gal., Esp. 42 59N 8 20W
26 Bujaraloz, Arag., Esp.41 29N 0 20W
72 Bujumbura, Burundi 3 30S 29 30E
59 Bukachacha, U.R.S.S. 52 55N 116 50E
72 Bukama, Zaire 9 10S 25 50E
72 Bukavu, Zaire 2 20S 28 52E
72 Bukene, Tanzania 4 0S 33 0E
58 Bukhara, U.R.S.S. 39 50N 64 10E
66 Bukittingi, Malasia 0 25S 100 25E
72 Bukoba, Tanzania 1 15S 31 50E
62 Bulandshahr, India 28 30N 77 58E
73 Bulawayo, Rodesia 20 7S 28 38E
64 Bulgan, Mongolia 48 45N 103 0E
41 Bulgaria, Europa 42 35N 25 0E
59 Bulinski, U.R.S.S. 68 10N 123 5E
59 Bulkur, U.R.S.S. 71 50N 126 30E
30 Bullaque, R., Cast.-La M., Esp. 39 20N 4 13W
35 Bullas, Mur., Esp. 38 2N 1 40W
45 Bulle, Suiza 46 35N 7 6E
78 Bullfinch, Australia 31 10S 119 0E
80 Bulls, N.Z. 40 10S 175 21E
62 Bulsar, India 21 28N 72 35E
59 Bulun, U.R.S.S. 70 37N 126 0E
78 Bumbury, Australia 33 18S 115 40E
63 Bumhpa Bum, Mte. Birmania 26 45N 97 10E
72 Buna, Kenia 2 58N 39 30E
79 Bundaberg, Australia 24 54S 152 22E
37 Bundoran, Irlanda 54 29N 8 16W
65 Bungo, Canal, Japón 33 0N 132 15E
72 Bunia, Zaire 2 0N 30 20E
27 Buñola, Bal., Esp. 39 42N 2 42E
25 Buñuel, Nav., Esp. 41 58N 1 27W
71 Bur Safaga, Egipto 26 48N 34 0E
71 Bur Said, Egipto 31 28N 32 6E
71 Bur Sudan, Sudán 19 40N 37 20E
72 Bura, Kenia 1 0S 40 0E
60 Buraida, Arabia Saudí 26 3N 44 0E
26 Burbaguena, Arag., Esp.41 2N 1 20W
86 Burbank, U.S.A. 34 14N 118 28W
64 Burchun, Sinkiang, China 47 50N 86 30E
43 Burdeos, *véase* Bordeaux
51 Burdur, Turquía 37 40N 30 17E
65 Burdwan, India 23 18N 87 50E
29 Bureba, *véase* La Bureba
59 Bureya, R. U.R.S.S. 49 27N 129 30E
60 Burgan, Kuwait 29 0N 47 59E
41 Burgas, Bulgaria 42 36N 27 26E
45 Burgdorf, Suiza 47 4N 7 38E
46 Burgenland, Prov., Austria 47 20N 16 20E
73 Burgersdorp, Sudáfrica 31 0S 26 20E
26 Burgo de Ebro, *véase* El Burgo de Ebro

29 Burgo de Osma, Cast.-León, Esp. 41 35N 3 4W
28 Burgo Ranero, *véase* El Burgo Ranero
28 Burgohondo, Cast.-León, Esp. 40 25N 4 47W
28 Burgos, y Prov., Cast.-León, Esp. 42 21N 3 40W
49 Burgsvik, Suecia 57 2N 18 14E
25 Burgui, Nav., Esp. 42 45N 0 59W
28 Burguillo, Emb., Cast.-León, Esp. 40 26N 4 40W
32 Burguillos, And. Esp.37 35N 5 58W
34 Burguillos del Cerro, Extr., Esp. 38 23N 6 35W
31 Burjasot, Com. Val. Esp. 39 30N 0 25W
72 Burji, Etiopía 5 29N 37 51E
79 Burketown, Australia 17 45S 139 33E
25 Buñola, Bal., Esp. 39 42N 2 42E
86 Burley, U.S.A. 42 30N 113 55W
87 Burlington, Iowa, U.S.A. 41 0N 91 10W
89 Burlington, Vt., U.S.A. 44 30N 73 12W
58 Burlyu-Tyube, U.R.S.S. 46 30N 79 10E
79 Burnie, Australia 41 0S 146 0E
37 Burnley, Ingl., R. Unido 53 55N 1 46W
84 Burnside, R., Canadá 6 20N 110 0W
31 Burriana, Com. Val., Esp. 39 52N 0 5W
41 Bursa, Turquía 40 8N 29 1E
37 Burton-Upon-Trent, Ingl., R. Unido 52 48N 1 38W
66 Buru, I., Indonesia 3 30S 126 30E
60 Burujird, Irán 33 55N 48 50E
72 Burundi, África 3 30S 30 0E
70 Burutu, Nigeria 5 20N 5 29E
37 Bury St.-Edmunds, Ingl., R. Unido 52 14N 0 43E
59 Buryatos, de las, R.A.S.S., U.R.S.S. 51 0N 104 0E
60 Busaiya, Iraq, 30 1N 46 10E
31 Buseo, Emb., Com. Val., Esp. 39 33N 0 58W
60 Bushire, Irán 29 0N 50 50E
72 Businga, Zaire 3 30N 20 50E
49 Buskerud, Co., Noruega 60 20N 9 0E
60 Busra, Siria 32 30N 38 27E
78 Busselton, Australia 33 40S 115 20E
44 Bussum, Países Bajos 52 18N 5 10E
28 Bustillo del Páramo, Cast.-León, Esp. 42 27N 5 47W
24 Busto, C., P. de Ast., Esp. 43 35N 6 30W
72 Buta, Zaire 2 50N 24 53E
72 Butembo, Zaire 0 9N 29 18E
65 Butha Qi, China 48 0N 122 32E
88 Butler, Mo., U.S.A.38 17N 94 18W
61 Butmiya, Siria 32 57N 35 53E
86 Butte, Montana, U.S.A. 46 0N 112 32W
66 Butterworth, Malaysia 5 20N 100 35E
66 Butuan, Filipinas 9 0N 125 35E
66 Butung, I., Indonesia 5 0S 123 0E
51 Buturlinovka, U.R.S.S. 50 50N 4035E
59 Buyaga, U.R.S.S. 59 50N 127 0E
64 Buyanhongor, Mongolia 46 12N 102 3E
64 Buyr Nor, L., Mongolia 47 40N 17 40E
47 Buzau, y R. Rumania 45 10N 26 48E
71 Buzaymah, Libia 24 35N 22 0E
50 Buzuluk, U.R.S.S. 52 48N 52 5E
47 Bydgoszcz, Polonia 53 7N 17 59E
85 Bylot, I., Canadá 73 0N 78 0W
96 Byrd Basin, Antártida 80 0S 110 0W
96 Byrd Land, Antártida 79 30S 125 0W
86 Byrd, Antártida 80 5S 120 0W
79 Byron, C., Australia 28 30S 153 30E
59 Byrrang, Mtes., U.R.S.S. 75 0N 100 0E
48 Byske, y R., Suecia 64 57N 21 15E
59 Bysttakh, U.R.S.S. 69 30N 124 10E
47 Bytom, Polonia 50 23N 18 58E

C

55 Ca Mau, Pta., Vietnam 8 35N 104 42E
73 Caala, Angola 12 40S 15 45E
24 Cabana, Gal., Esp. 43 13V 8 53W
35 Cabañas, Mte., And., Esp. 37 50N 2 58W
27 Caballería,C.,Bal., Esp.40 5N 4 8E
37 Caban, Irlanda 54 0N 7 21W
27 Cabanellas, Cat., Esp.42 15N 2 47E
31 Cabanes, Com. Val., Esp. 40 9N 0 2W
24 Cabana, Gal., Esp. 43 13N 8 53W
94 Cabedelo, Brasil 6 45S 35 0W
30 Cabeza de Buey, Mte., Cast.-La M., Esp. 38 40N 3 12W
24 Cabeza de Manzaneda, Pi., Gal., Esp. 42 12N 7 15W
30 Cabeza de Villaverde, Mte., Cast.-La M., Esp. 38 54N 2 23W
34 Cabeza del Buey, Extr., Esp. 38 44N 5 13W
30 Cabezadas, *véase* Las Cabezadas
30 Cabezarados, Cast.-La M., Esp. 38 50N 4 19W
32 Cabezas de San Juan, *véase* Las Cabezas de San Juan
28 Cabezas del Villar, Cast.-León, Esp. 40 43N 5 14W
32 Cabezas Rubias, And., Esp. 37 45N 7 7W
32 Cabezo Gordo, Mte., And., Esp. 37 46N 7 6W
33 Cabezo Jara, Mte., And., Esp. 37 32N 2 0W
28 Cabezón, Cast.-León, Esp. 41 47N 41 37W
25 Cabezón de la Sal, Cant., Esp. 43 19N 4 12W
34 Cabezuela del Valle, Extr., Esp. 40 12N 5 45W
72 Cabinda, Angola 5 10S 12 10E
33 Cabo de Gata, Sa., And., Esp. 36 50N 2 0W
68 Cabo Verde, Is., Oc. Atlántico 16 0N 24 0W
85 Cabonge. Emb., Canadá 47 10N 77 0W
85 Cabot, Est., Canadá 47 20N 60 0W
33 Cabra del Santo Cristo, And., Esp. 37 42N 3 15W
33 Cabra, And., Esp. 37 30N 4 28W
33 Cabra, R., And., Esp. 37 27N 4 32W
24 Cabrales, P. de Ast., Esp. 43 20N 4 48W
24 Cabreiros, Gal., Esp. 43 30N 7 48W
29 Cabrejas, Sa., Sist. Ibérico, Esp. 41 40N 3 0W
27 Cabrera, I., Bal., Esp. 39 6N 2 59E
28 Cabrera, La, Cast.-León, Esp. 42 12N 6 40W
33 Cabrera, Sa., And., Esp. 37 20N 1 50W
31 Cabriel, R., Cast.-La M., Esp. 39 18N 1 13W
31 Cabriel, R., Com. Val., Esp. 39 20N 1 20W
28 Cabrillantes, Cast.-León, Esp. 42 57N 6 10W
25 Cabuérniga, Cant., Esp. 41 16N 4 14W
28 Cacabelos, Cast.-León, Esp. 42 36N 6 44W
41 Cacak. Yugoslavia 43 51N 20 22E
34 Cáceres, y Prov., Extr., Esp. 39 29N 6 22W
95 Cachoeira, Brasil 30 3S 52 53W
95 Cachoeiro, Brasil 20 45S 41 0W
31 Cachopo, Port. 37 20N 7 49W
33 Cacin, R., And., Esp. 37 8N 3 56W
71 Caconda, Angola 13 40S 15 9E
29 Cadalso de loa Vidrios, Madrid, Esp. 40 19N 4 28W
27 Cadaqués, Cat., Esp. 42 16N 3 16E
24 Cadeira, Sa., Gal., Esp. 43 25N 7 15W
27 Cadí, Sa., Pirineos, Esp. 42 17N 1 42E
87 Cadillac, U.S.A. 44 15N 85 28W
32 Cádiz, G. y B., And., Esp. 36 1N 6 30W
32 Cádiz, y Prov., And., Esp. 36 30N 6 20W
26 Cadrete, Arag., Esp. 41 33N 0 58W
42 Caen, Francia 49 15N 0 27W
37 Caernafon Bay, Gales, R. UNido 53 4N 4 28W
37 Caernafon, Gales, R. Unido 53 9N 4 15W
61 Caesarea, Israel 32 30N 34 54E
61 Cafarnaum, Israel 32 53N 35 34E
66 Cagayan de Oro, Filipinas 8 32N 124 35E
66 Cagayan, R. Filipinas 17 30N 121 40E
40 Cagliari, y G., Italia 39 19N 9 8E
91 Caguas, Puerto Rico 18 15N 66 0W
37 Cahirciveen, Irlanda 51 57N 10 14W
43 Cahors, Francia 44 28N 1 21E
94 Caiapo, Sa., Do. Mtes., Brasil 17 0S 52 0W
91 Caicos, Is., Antillas 21 45N 72 0W
79 Cairns, Australia 17 0S 145 42E
71 Cairo (El Qahira), Egipto 30 1N 31 14E
87 Cairo, Ill., U.S.A. 37 0N 89 20W
94 Cajamarca, Perñ 7 0S 78 18W
27 Cala Figuera, C., Bal., Esp. 39 28N 2 30E
32 Cala, Emb., And., Esp. 37 40N 6 12W
32 Calañas, And., Esp. 37 40N 6 53W
70 Calabar, Nigeria 4 59N 8 23E
40 Calabria, Reg., Italia 39 10N 16 20E
32 Calaburras, Pta., And., Esp. 36 30N 4 38W
26 Calaceite, Arag., Esp. 41 0N 0 11E
27 Calaf. Cat., Esp. 41 44N 1 30E
41 Calafat, Rumania 43 59N 22 54E
27 Calafell, Cat., Esp. 41 12N 1 35E
29 Calahorra, La Rioja, Esp. 42 18N 1 59W
42 Calais, Francia 50 59N 1 55E
89 Calais, U.S.A. 45 6N 67 14W
95 Calama, Chile 22 20S 69 0W
91 Calamar, Colombia 10 0N 75 0W
66 Calamián, Grupo, Filipinas 11 30N 120 0E
26 Calamocha, Arag., Esp. 40 50N 1 17W
34 Calamonte, Extr., Esp. 38 54N 6 23W
26 Calanda, Arag., Esp. 40 56N 0 15W
26 Calanda, y Des., Arag., Esp. 40 56N 0 12W
66 Calapán, Filipinas 13 15N 121 15E
33 Calar Alto, Mte., And., Esp. 37 15N 2 30W
47 Calarasi, Rumania 44 35N 27 35E
35 Calasparra, Mur., Esp. 38 14N 1 41W
26 Calatayud, Arag., Esp. 41 20N 1 40W
26 Calatorao, Arag., Esp. 41 31N 1 20W
66 Calanag, Filipinas 14 0N 122 20E
26 Calcena, Arag., Esp 41 40N 1 44W
63 Calcuta, India 22 38N 88 21E
36 Caldas da Reinha, Port 39 24N 9 8W
27 Caldas de Montbuy, Cat., Esp. 41 40N 2 12E
24 Caldas de Reyes, Gal., Esp 42 36N 8 39W
95 Caldera, Sa. Mses. de Toledo, Esp. 39 20N 3 40W
27 Caldes de Malavella, Cat., Esp. 41 50N 2 49E
86 Caldwell, Idaho, U.S.A. 43 42N 116 45W
79 Caledon, B., Australia 12 27N 136 50E
27 Calella, Cat., Esp. 41 37N 2 40E
30 Calera y Chozas, Cast.-La M., Esp 39 52N 4 59W
29 Caleruega, Cast.-León, Esp. 41 48 3 28W
32 Caleta, véase La Caleta
84 Calgary, Canadá 51 2N 114 5W
91 Cali, Colombia 3 30N 76 45W
63 Calicut, India 11 15N 75 43E
90 California, Baja, Estado México 28 0N 114 0W
86 California, Estado U.S.A. 37 0N 120 0W
90 California, G. de México, 28 0N 112 0W
79 Callabonna, L., Australia 29 45S 140 0E
94 Callao, Perú 11 48S 77 15W
31 Callosa de Ensarriá, Com. Val., Esp. 38 40N 0 8W
31 Callosa de Segura, Com. Val., Esp. 38 1N 0 53W
27 Callus, Cat., Esp. 41 46N 1 46E
51 Calmucos, de los, R.A.S.S., U.R.S.S. 46 30N 45 30N
27 Calonge, Cat., Esp. 41 52N 3 4E
31 Calpe, Com. Val., Esp. 38 39N 0 3W
40 Caltagirone, Italia 37 14N 14 33E
40 Caltanisetta, Italia 37 29N 14 7E
72 Calumbo, Angola 9 0S 13 0E
87 Calumet, U.S.A. 47 18N 88 28W
43 Calvados, Dept., Francia 49 5N 0 20W
28 Calvarrasa de Abajo, Cast.-León, Esp. 40 57N 5 33W
14 Calviá, Bal., Esp. 39 34N 2 31E
73 Calvinia, Sudáfrica 31 29S 19 59E
28 Calvitero, Pico, Cord. Central, Esp. 40 20N 5 45W
24 Calvos de Randín, Gal., Esp. 41 55N 7 55W
30 Calzada de Almuradiel, Cast.-La M., Esp. 38 32N 3 28W
30 Calzada de Calatrava, Cast.-La M., Esp. 38 42N 3 46W
28 Calzada de don Diego, Cast.-León, Esp. 40 52N 5 52W
30 Calzada de Oropesa, *véase* La Calzada de Oropesa
28 Calzada de Valdunciel, Cast.-León, Esp. 41 7N 3 44W
72 Camabaleta, Angola 8 20S 15 26E
73 Camacupa, Angola 11 58S 17 22E
91 Camagüey, Cuba 21 17N 78 10W
25 Camaleño, Cant., Esp. 43 10N 4 40W
27 Camarasa-Fontlarga y Emb., Cat., Esp. 41 50N 0 50E
30 Camarena, Cast.-La M., Esp. 40 8N 4 8W
25 Camargo, Cant., Esp. 43 26N 3 51W
31 Camarillas, Emb., Cast.-La M., Esp. 38 20N 1 40W
24 Camariñas, y Ría, Gal., Esp. 43 10N 9 15W
28 Camarzana de Tera, Cast.-León, Esp. 42 0N 6 2W
32 Camas, And., Esp. 37 24N 6 2W
24 Cambados, Gal., Esp.42 31N 8 49W
62 Cambay, y G., India 22 27N 72 42E
24 Cambeo, Gal., Esp. 42 25N 7 53W
33 Cambil, And., Esp. 37 40N 3 33W
37 Camborne, Ingl., R. Unido 50 12N 5 17W
66 (Kampuchea), Sureste de Asia 11 45N 105 0E
42 Cambrai, Francia 50 11N 3 13E
24 Cambre, Gal., Esp. 43 16N 8 17W
37 Cambrian, Mtes., Gales, R. Unido 52 20N 3 30W
84 Cambridge, B., Canadá 69 10N 105 0W
78 Cambridge, G., Australia 14 30S 128 30E
37 Cambridge, Ingl., R. Unido 52 11N 0 8E
90 Cambridge, Jamaica 18 16N 77 53W
89 Cambridge, Mass., U.S.A. 42 40N 71 3W
80 Cambridge, N.Z. 37 52S 175 28E
27 Cambrils, Cat., Esp. 41 8N 1 3E
87 Camden, Ark, U.S.A. 33 36N 92 52W
87 Camden, N.J. U.S.A. 39 58N 75 0W
88 Cameron Falls, Canadá 49 5N 88 16W
72 Camerún, África 6 0N 12 0E
72 Camerún, Mte., Camerún 4 30N 8 55E
36 Caminha, Port. 41 50N 8 50W
34 Caminomorisco, Extr., Esp. 40 18N 6 20W
26 Caminreal, Arag., Esp. 40 50N 1 18W
94 Camocim, Brasil 2 55S 40 50W
79 Cammoweal, Australia 19 59S 138 8E
95 Campaña, I., Chile 48 30S 75 30W
95 Campana, Argentina 34 10S 58 40W
34 Campanario, Extr., Esp. 38 52N 5 36W
40 Campania, Reg., Italia 40 50N 14 45E
28 Campaspero, Cast.-León, Esp. 41 30N 4 12W
96 Campbell, I., Océano Glacial Ártico 52 0S 169 0E
89 Campbellton, Cabadá 48 0N 66 75W
27 Campdevanol Cat., Esp. 42 14N 2 10E
90 Campeche, y G. México 19 50N 90 30W
27 Campello, Bal., Esp. 38 26N 0 23E
14 Campiña, *véase* La Campiña
31 Campillo de Altobuey, Cast.-La M., Esp. 39 36N 1 49W
33 Campillo de Arenas, And., Esp. 37 35N 3 40W
34 Campillo de Llerena, Extra., Esp. 38 30N 5 50W
32 Campillos, And., Esp. 37 4N 4 51W
94 Campiña Grande, Brasil 7 15S 36 0W
95 Campinas, Brasil 22 50S 47 0W
30 Campisábalos, Cast.-La M., Esp. 41 16N 3 10W
34 Campo de Arañuelo, Extr., Esp. 39 58N 5 30W
30 Campo de Calatrava, Cast.-La M., Esp. 39 10N 3 30W
26 Campo de Cariñena, Cca., Arag., Esp. 41 15N 1 15W
30 Campo de Criptana, Esp. 39 25N 3 7W
33 Campo de Dalias, And., Esp. 36 45N 2 50W
30 Campo de Montiel, Cast.-La M., Esp. 38 40N 2 40W
33 Campo de Nijar, And., Esp. 36 50N 2 15W
30 Campo de San Juan, Cast.-La M., Esp. 39 15N 3 0W
27 Campo de Tarragona, Cat., Esp. 41 12N 0 15E
27 Campo de Tremp., Cat., Esp. 42 8N 0 58E
94 Campo Grande, Brasil 20 27S 54 40W
24 Campo Lameiro, Gal., Esp. 42 33N 8 32W
36 Campo Maior, Port. 39 1N 7 7W
26 Campo, Arag., Esp. 42 24N 0 24E
72 Campo, Camerún 2 25N 9 55E
40 Campobasso, Italia 41 37N 14 44E
32 Campofrío, And., Esp. 37 46N 6 39W
28 Camporredondo, Emb., Cast.-León, Esp. 42 50N 4 45W
27 Camporrobles, Bal., Esp. 39 40N 1 20E
27 Campos del Puerto, Bal., Esp. 39 36N 3 3E
95 Campos, Brasil 21 45S 41 35W
27 Camprodón, Cat., Esp. 42 19N 2 23E
84 Camrose, Canadá 53 0N 112 57W
66 Can Tho, Vietnam 10 0N 105 40E
84 Canadá, América del Norte 42 0 A 70 0N; 60 0 A 140 0W
86 Canadian, R. U.S.A. 35 15N 102 0W
41 Canakkale, Turquía 40 5N 26 30E
28 Canal de Castilla, Cast.-León, Esp. 42 15N 4 30W
09 Canal de La Mancha, Europa 50 0N 2 30W
26 Canal de los Monegros, Arag., Esp. 41 55N 0 30W
35 Canal de Taibilla, Mur., Esp. 37 40N 1 12W
26 Canal de Tauste, Arag., Esp. 42 0N 1 15W
26 Canal de Zaidín, Arag., Esp. 41 45N 0 10E
31 Canals, Com. Val., Esp. 38 58N 0 35W
90 Cananea, México 31 0N 110 25W
34 Canarias, Is., Oc., Atlántico 28 0N 16 0W
94 Canastra, Sa. Da. Mtes., Brasil 9 30S 46 30W
88 Canawha, R., W. Va., U.S.A. 39 40N 82 0W
79 Canberra, Australia 35 15S 149 10E
24 Candamo, P. de Ast., Esp. 43 26N 6 3N
26 Candasnos, Arag., Esp. 41 31N 0 4E
35 Candelaria, Canar., Esp. 28 21N 16 22W
24 Candelaria, Pta., Gal., Esp. 43 40N 8 3W
28 Candelario, Cast.-León, Esp. 40 22N 5 44W
28 Candeleda. Cast.-León, Esp. 40 10N 5 14W
41 Candia, *véase* Iraklion, Grecia
26 Canelles, Emb., Arag., Esp. 42 5N 0 32E
27 Canet de Berenguer, Com. Val., Esp. 39 42N 0 14W
26 Canfranc, Arag., Esp. 42 42N 0 31W
24 Cangas de Narcea, P. de Ast., Esp. 43 10N 6 32W
24 Cangas de Onís, P. de Ast., Esp. 43 21N 5 8W
24 Cangas, Gal., Esp. 42 16N 8 47W
73 Canicado, Mozambique 24 45S 33 15E
33 Caniles, And., Esp. 37 24N 2 40W
33 Canjayar, And., Esp. 37 1N 2 44W
50 Cankin, Turquía 40 43N 33 35E
62 Cannanore, India 11 95N 75 32E
43 Cannes, Francia 43 35N 7 0E
78 Canning Basin, Australia 19 50S 124 0E
84 Canora, Canadá 51 48N 102 36W
27 Canovellas, Cat., Esp. 41 38N 2 17E
89 Canso, y C., Canadá 45 30N 61 0W
25 Cantabria, Reg., Esp. 43 0N 40W
25 Cantabria, Sa., P. Vasco, Esp. 42 18N 2 15W
25 Cantábrica, Cordillera, Esp. 43 0N 2 30W
14 Cantábrico, Mar, Esp. 43 50N 5 0W
43 Cantal, Dept., Francia 45 5N 3 0E
28 Cantalapiedra, Cast.-León, Esp. 41 10N 5 12W
28 Cantalejo, Cast.-León, Esp. 41 15N 3 54W
28 Cantalpino, Cast.-León, Esp. 41 4N 5 20W
26 Cantavieja, Arag., Esp.40 31N 0 25W
80 Canterbury Bight, N.Z. 44 20S 172 0E
80 Canterbury Plains, N.Z. 43 30S 172 0E
80 Canterbury, Dist., N.Z. 44 0S 171 0E
37 Canterbury, Ingl., R. Unido 51 15N 1 6E
32 Cantillana, And., Esp.37 36N 5 50W
28 Cantimpalos, Cast.-León, Esp. 41 5N 4 9W
28 Cantiveros, Cast.-León, Esp. 40 58N 4 57W
87 Canton, Miss., U.S.A. 32 37N 90 7W
88 Canton, Ohio, U.S.A. 40 48N 81 20W
64 Canton, *véase* Kwangchow
33 Cantoria, And., Esp. 37 19N 2 10W
34 Cantos Negros, Mte., Extr., Esp. 39 10N 4 50W
31 Cañada del Hoyo, Cast.-La M., Esp. 39 58N 1 54W

25 Cestona, P. Vasco, Esp. 43 15N 2 16W
24 Cesuras, Gal., Esp. 43 10N 8 9W
26 Cetina, Arag., Esp. 41 15N 1 58W
41 Cetinje, Yugoslavia 42 23N 18 54E
70 Ceuta, España 35 50N 5 20W
35 Ceutí, Mur., Esp. 38 5N 1 16W
43 Cevennes, Mtes., Francia 44 30N 4 0E
28 Cevico Navero, Cast.-León, Esp. 41 50N 4 11W
41 Cícladas, Is., *véase* Kikládhes
45 Ciechanów, Polonia 52 55N 20 35E
29 Ciempozuelos, Madrid, Esp. 40 10N 3 40W
94 Ciénaga, Colombia 11 0N 74 15W
91 Cienfuegos, Cuba 22 13N 80 30W
35 Cierva, Emb., Mur., Esp. 38 6N 28W
24 Cíes, Is., Gal., Eso. 42 10N 9 0W
47 Cieszyn, Polonia 49 45N 18 40W
35 Cieza, Mur., Esp. 38 17N 1 23W
30 Cifuentes, Cast.-La M., Esp. 40 47N 2 37W
28 Cigales, Cast.-León, Esp. 41 48N 4 42W
30 Cigüela, R., Cast.-La M., Esp. 39 47N 3 0W
30 Cíjara, Emb., Cast.-La M., Esp. 39 15N 4 45W
34 Cilleros, Extr., Esp. 40 8N 6 47W
87 Cimarron, U.S.A. 37 10N 102 0W
47 Cimpina, Rumania 45 10N 25 45E
47 Cimpulung, Rumania 45 18N 25 0E
26 Cinca, R., Arag., Esp. 42 20N 0 9E
88 Cincinnati, U.S.A. 39 17N 84 25W
26 Cinco Villas, Cca., Arag., Esp. 42 0N 1 12W
27 Cinetorres, Com. Val., Esp. 40 35N 0 12W
44 Ciney, Bélgica 50 19N 5 5E
35 Cingla, Sa., Mur., Esp. 38 40N 1 15W
25 Cintruenigo, Nav., Esp. 42 5N 1 49W
28 Cipérez, Cast.-León, Esp. 40 57N 6 17W
27 Cirat, Com. Val., Esp. 40 4N 0 27W
25 Cirauqui, Nav., Esp. 42 40N 1 52W
63 Circars Norte, India 17 30N 82 30E
71 Cirenaica, Prov., Libia 28 0N 22 0E
71 Cirene (Shahhat), Libia 32 39N 21 18E
29 Ciria, Cast.-León, Esp.41 38N 1 58W
28 Cisneros, Cast.-León, Esp. 42 15N 4 50W
28 Cistérniga, Cast.-León, Esp. 41 38N 4 41W
28 Cistierna, Cast.-León, Esp. 42 47N 5 10W
90 Citlaltepetl, Mte., México 19 3N 97 16W
91 Ciudad Bolívar, Venezuela 8 0N 63 30W
90 Ciudad Camargo, México 27 40N 105 10W
90 Ciudad del Carmen, México 18 45N 91 45W
30 Ciudad Encantada, Cast.-La M., Esp. 40 12N 2 0W
91 Ciudad Guayana, Venezuela 8 25N 62 30W
90 Ciudad Juárez, México 31 40N 106 28W
90 Ciudad Madero, México 22 40N 98 10W
90 Ciudad Mante, México 22 40N 99 2W
90 Ciudad de Obregón, México 27 40N 109 50W
30 Ciudad Real, y Prov., Cast.-La M., Esp. 38 59N 3 55W
28 Ciudad Rodrigo, Cast.-León, Esp. 40 35N 6 32W
90 Ciudad Victoria, México 23 50N 99 0W
27 Ciudadela, Bal., Esp. 40 0N 3 50E
40 Civitanova, Italia 43 20N 13 40E
40 Civitavecchia, Italia 42 6N 11 51E
43 Civray, Francia 46 10N 0 15E
51 Cizre, Turquía 37 27N 42 3E
25 Cizur, Nav., Esp. 42 48N 1 43W
84 Claire, L., Canadá 58 30N 112 0W
42 Clamecy, Francia 47 27N 3 30E
73 Clanwilliam, Sudáfrica 32 13S 18 59E
37 Clare, I., Irlanda 53 48N 10 0W
80 Clarence, R., N.Z. 42 15S 173 30E
86 Clark Fork, R., U.S.A. 46 45N 114 0W
79 Clarke, I., Australia 40 32S 148 10E
88 Clarksburg, U.S.A. 39 30N 80 15W
87 Clarksdale, U.S.A. 34 14N 90 31W
87 Clarksville, U.S.A. 36 35N 87 15W
37 Clear, C., Irlanda 51 26N 9 30W
85 Clearwater, L., Canadá 56 20N 75 0W
86 Clearwater, R., U.S.A. 46 15N 115 30W
87 Clearwater, U.S.A. 28 0N 82 47W
87 Cleburne, U.S.A. 32 21N 97 27W
43 Clermont-Ferrand, Francia 45 46N 3 10E
79 Clermont, Australia 22 45S 147 30E
44 Clervaux, Luxemburgo 50 3N 6 2E
87 Cleveland, Miss., U.S.A. 33 45N 90 50W
88 Cleveland, Ohio, U.S.A. 41 25N 81 40W
87 Cleveland, Tenn., U.S.A. 35 10N 84 35W
80 Clifden, Nueva Zelanda 46 5S 167 30E
87 Clinch, Mtes., U.S.A. 36 30N 83 0W
84 Clinton Colden, I., Canadá 64 0N 107 0W
88 Clinton, Canadá 51 0N 121 40W
88 Clinton, Iowa, U.S.A. 41 50N 90 15W
80 Clinton, Nueva Zelanda 46 24S 169 23E
86 Clinton, Okla, U.S.A. 35 30N 98 58W
78 Cloates, Meseta, Australia 22 30S 113 40E
78 Cloncurry, Australia 20 38S 140 30E
37 Clones, Irlanda 54 10N 7 13W
37 Clonmel, Irlanda 52 22N 7 40W
86 Clovis, U.S.A. 34 25N 103 16W
43 Cluses, Francia 46 4N 6 35E
80 Clutha, R., N.Z. 45 39S 168 55E
80 Clyde, Nueva Zelanda 45 12N 169 20E
37 Clyde, R., Escocia, R. Unido 55 38N 3 47W
36 Coa, R., Port. 40 45N 6 59W
24 Coaña, P. de Ast., Esp. 43 31N 6 44W
84 Coast, Mtes., Canadá 56 0N 130 0W
78 Coastal Plains Basin, Australia 30 30S 115 30E
89 Coaticook, Canadá 45 7N 71 50W
84 Coats, I., Canadá 62 30N 83 0W
90 Coatzacoalcos, México 18 7N 94 35W
24 Cova da Serpe, Sa., Gal., Esp. 43 15N 7 50W
85 Cobalt, Canadá 47 30N 79 42W
79 Cobar, Australia 31 29S 145 45E
37 Cobh, Irlanda 51 52N 8 17W
28 Cobos de Cerrato, Cast.-León, Esp. 42 4N 4 0W
88 Cobourg, Ontario, Can. 44 0N 78 20W
28 Cobreros, Cast.-León, Esp. 42 4N 6 42W
73 Cobue, Mozambique 12 0S 34 58E
46 Coburg, Alemania 50 16N 10 57E
28 Coca, Cast.-León, Esp. 41 13N 4 32W
63 Cocanada, India 17 0N 82 10E
30 Cocentaina, Com. Val., Esp. 38 45N 0 27W
94 Cochabamba, Bolivia 17 30S 66 27W
63 Cochín, India 9 59N 76 22E
66 Cochinchina, Vietnam 10 0N 106 0E
85 Cochrane, Canadá 49 12N 81 37W
95 Cockburn, Canal, Chile 54 30S 72 30W
91 Coco, R., América Central, *véase* Wanks R.
05 Cocos, I., Océano Índico 12 10S 96 50E
28 Coculina, Cast.-León, Esp. 42 33N 3 50W
87 Cod, C., U.S.A. 42 8N 70 10W
26 Codos, Arag., Esp. 41 17N 1 20W
34 Codosera, *véase* La Codosera
91 Codrington, Barbuda 17 40N 61 11W
79 Coen, Australia 13 55S 143 15E
44 Coesfeld, Alemania 51 57N 7 11E
86 Coeur d'Alène, U.S.A. 47 58N 116 57W
44 Coevorden, PaisesBajos 52 29N 6 45E
35 Cofete, Canar., Esp. 28 6N 14 21W
79 Coff's Harbour, Australia 30 17S 152 51E
31 Cofrentes, Com. Val., Esp. 39 13N 1 5W
28 Cogeces del Monte, Cast.-León, Esp. 41 32N 4 18W
40 Coghinas, R., Cerdeña, Italia 40 30N 8 50E
43 Cognac, Francia 45 42N 0 20W
30 Cogolludo, Cast.-La M., Esp. 39 59N 3 10W
91 Coiba, I., Panamá 7 30N 81 50W
62 Coimbatore, India 11 0N 77 0E
36 Coimbra, y Prov., Portugal 40 17N 8 26W
32 Coín, And., Esp. 36 40N 4 48W
40 Col de Tende, Francia 44 10N 7 30E
79 Colac, Australia 38 18S 143 40E
36 Colares, Port. 38 48N 9 30W
37 Colchester, Ingl., R. Unido 51 53N 0 55E
84 Coleman, Canadá 49 36N 114 30W
33 Coleraine, Irl. Norte, R. Unido 57 7N 6 39W
24 Coles, Gal., Esp. 42 24N 7 50W
90 Colima, y Vol., México 19 30N 103 50W
25 Colindres, Cant., Esp. 43 23N 3 26W
37 Coll, I., Escocia, R. Unido 56 40N 6 35W
29 Collado-Villalba, Madrid, Esp. 40 36N 3 59W
78 Collie, Australia 33 18S 116 5E
78 Collier, B., Australia 16 0S 124 0E
80 Collingwood, N.Z. 40 40S 172 40E
79 Collinsville, Australia 20 35S 147 50E
88 Collinwood, Ontario, Can. 44 30N 80 20W
42 Colmar, Francia 48 0N 6 43E
30 Colmenar de la Sierra, Cast.-La M., Esp. 41 7N 3 22W
29 Colmenar de Oreja, Madrid, Esp. 40 6N 3 25W
29 Colmenar Viejo, Madrid, Esp. 40 39N 3 47W
33 Colmenar, And., Esp. 36 54N 4 20W
27 Colom, I., Bal., Esp. Esp. 39 58N 4 20E
94 Colombia, Rep., Sudamérica 7 40N 75 0W
62 Colombo, Sri Lanka 6 56N 79 58E
91 Colón, Cuba 22 55N 80 55W
91 Colón, Panamá 9 22N 80 12W
46 Colonia (Köln), Alemania 50 56N 6 58E
86 Colorado Springs, U.S.A. 38 57N 104 59W
86 Colorado, Estado, U.S.A. 39 15N 105 30W
90 Colorado, I., Panamá
95 Colorado, R., Argentina 39 30S 63 0W
86 Colorado, R., U.S.A. 38 0N 109 30W
34 Colorado, Sa., Extr., Esp. 39 20N 6 45W
84 Columbia Británica, Prov. Canadá 54 0N 125 0W
88 Columbia, Dist. de, 38 50N 77 0W
86 Columbia, Plat., U.S.A. 47 0N 118 0W
86 Columbia, R., U.S.A. 46 15N 124 0W
87 Columbia, S.C., U.S.A. 33 95N 81 0W
87 Columbia, Tenn. U.S.A. 35 38N 86 59W
14 Columbretes, Is., Com. Val., Esp. 39 50N 0 50E
87 Columbus, Ga., U.S.A. 32 30N 84 58W
87 Columbus, Miss., U.S.A. 33 31N 88 17W
87 Columbus, Neb., U.S.A. 41 27N 97 20W
88 Columbus, Ohio, U.S.A. 39 57N 83 2W
24 Colunga, P. de Ast., Esp. 43 29N 5 16W
27 Coma Pedrosa, Mte., Pirineos, Esp. 42 37N 1 26E
40 Camacchio, Italia 44 42N 12 17E
33 Comares, And., Esp. 36 48N 4 17W
90 Comayagua, Honduras 14 10N 87 40W
44 Comblain, Bélgica 50 27N 5 34E
63 Comilla, Bangladesh 23 27N 91 15E
40 Comino, I., Malia 36 0N 14 21W
43 Commentry, Francia 46 10N 2 45E
42 Commercy, Francia 48 46N 5 30E
72 Commonwealth, Territorio, Australia 35 10s 151 0E
40 Como, y L., Italia 45 49N 9 8E
95 Comodoro Rivadavia, Argentina 45 45S 67 30W
69 Comoras, Is., Canal de Mozambique 11 30S 43 17E
62 Comorin, C., India 8 5N 77 40E
84 Comox, Canadá 49 50N 125 5W
33 Competa, And., Esp. 36 40N 3 57W
42 Compiègne, Francia 49 25N 2 49E
36 Comporta, Port, 38 22N 8 46W
70 Conakry, Guinea 9 25N 13 56W
42 Concarneau, Francia 47 55N 3 55W
95 Concepción del Uruguay, Argentina 33 0S 58 40W
95 Concepción, Chile 36 48S 73 5W
73 Conception, B., Namibia 23 55S 14 22E
86 Conception, Pta., U.S.A. 34 21N 120 40W
25 Concha de Álava, Cca., P. Vasco, Esp. 42 45N 2 35W
24 Conchas, *véase* Las Conchas
89 Concord, U.S.A. 43 7N 71 30W
95 Concordia, Argentina 31 0S 57 48W
44 Condé, Francia 50 25N 3 35E
79 Condobolin, Australia 33 1S 147 13E
66 Condore, Is., Vietnam 8 35N 106 30E
27 Conejera, I., Bal., Esp. 39 12N 2 58E
14 Confitol, B., Canar., Esp. 28 10N 15 35W
44 Conflans, Francia 49 10N 5 45E
43 Confolens, Francia 46 0N 0 45E
72 Congo, África 0 0 16 0E
72 Congo, Cuenca, África 1 0S 22 0E
72 Congo, R., África 2 0N 22 0E
72 Congo, Rep. Dem. de, *véase* Zaire
28 Congosto de Valdivia, Cast.-León, Esp. 42 42N 4 37W
32 Conil, And., Esp. 36 17N 6 7W
37 Conn, L., Irlanda 54 0N 9 15W
88 Cooneaut, U.S.A. 41 57N 80 32W
89 Connecticut, Estado, U.S.A. 41 35N 72 40W
88 Connelsville, U.S.A. 40 0N 79 33W
37 Connemara, Irlanda 53 27N 9 48W
88 Connors, Sa., Australia 21 40S 149 10E
47 Constanţa, Rumania 44 12N 28 39E
32 Constantina, And., Esp. 37 51N 5 43W
27 Constantí, Cat., Esp. 41 9N 1 12E
70 Constantine, Argelia 36 23N 6 29E
45 Constanza, L., Suiza-Alemania, *véase* Bodense
95 Constitución, Chile 35 18S 72 30W
30 Consuegra, Cast.-La M., Esp. 39 28N 3 40W
94 Contas, R., Brasil 13 40S 40 30W
31 Contreras, Emb., Cast.-La M., Esp. 39 40N 1 30W
87 Conway, U.S.A. 35 5N 92 30W
63 Cooch Behar, India 26 30N 89 20E
80 Cook, Est., N.Z. 41 15S 174 30E
80 Cook, Mte., N.Z. 43 30S 170 12E
79 Cooktown, Australia 15 35S 145 10E
78 Coolgardie, Australia 30 55S 121 7E
79 Cooma, Australia 36 13S 149 10E
79 Coonamble, Australia 31 0S 148 21E
62 Coondappor, India 13 30N 74 40E
79 Cooper, Cr., Australia 27 30S 139 17E
79 Cootamundra, Australia 34 40S 148 2E
35 Cope, C., Mur., Esp. 37 20N 1 30W
49 Copenhage, *véase* København
95 Copiapó, Chile 27 15S 70 20W
79 Copley, Australia 30 35S 138 20E
88 Coppercliff, Canadá 46 25N 81 6W
84 Coppermine, Canadá 68 0N 116 0W
95 Coquimbo, Chile 29 50S 71 27W
47 Corabia, Rumania 43 45N 24 30E
94 Coracora, Perú 15 0S 73 40W
87 Coral Gables, U.S.A. 25 46N 80 16W
88 Coral Rapids, Ontario, Can. 50 20N 81 40W
79 Coral, Mar de, Asia austral 18 0S 152 30E
40 Corato, Italia 41 10N 16 27E
42 Corbeil, Francia 48 38N 2 30E
31 Corbera de Alcira, Com. Val., Esp. 39 10N 0 21W
37 Corby, Ingl., R. Unido 52 30N 0 41W
40 Córcega, I., Mediterráneo 42 0N 9 0E
24 Corcubión, Gal., Esp. 42 56N 9 12W
24 Cordal de Lena, P. de Ast., Esp. 43 10N 5 50W
87 Cordele, U.S.A. 31 51N 83 49W
95 Cordill, Costera, Chile 24 0S 70 0W
14 Cordillera Penibética, And., Esp. 37 0N 4 0W
14 Cordillera Subbética, And., Esp. 37 30N 4 0W
95 Córdoba, Argentina 31 22S 64 12W
32 Córdoba, Sa., And., Esp. 37 58N 4 50W
95 Córdoba, Sierra de, Argentina 31 30S 65 0W
32 Córdoba, y Prov., And., Esp. 37 50N 4 50W
84 Cordova, Alaska 60 36N 145 45W
65 Corea del N., Asia 40 0N 127 0E
65 Corea del S., Asia 36 0N 128 0E
65 Corea, B., Corea 39 30N 124 0E
25 Corella, Nav., Esp. 42 7N 1 48W
41 Corfu, *véase* Kérkira
24 Corgo, Gal., Esp. 42 55N 7 30W
32 Coria del Río, And., Esp. 37 18N 6 8W
34 Coria, Extr., Esp. 39 59N 6 33W
40 Corigliano, Italia 39 37N 16 32E
87 Corinth, U.S.A. 34 54N 88 35W
41 Corinto, *véase* Kórinthos
32 Coripe, And., Esp. 36 58N 5 26W
24 Coristanco, Gal., Esp. 42 18N 8 45W
37 Cork Harbour, Irlanda 51 48N 8 16W
37 Cork, Irlanda 51 54N 8 28W
24 Corme y Lage, Ría, Gal., Esp. 43 50N 9 10W
27 Cornellá, Cat., Esp. 41 21N 2 4E
85 Corner Brook, Canadá 49 0N 58 0W
88 Corning, N.Y., U.S.A. 42 10N 77 3W
27 Cornudella, Cat., Esp. 41 15N 0 54E
89 Cornwall, Canadá 45 2N 75 10W
91 Coro, Venezuela 11 23N 69 45W
94 Corocoro, Bolivia 17 25S 68 25W
62 Coromandel, Costa, India 13 0N 80 20E
80 Coromandel, N.Z. 36 33S 175 28E
84 Coronation, G., Canadá 68 0N 110 0W
95 Coronel Pingles, Argentina 38 0S 61 30W
32 Coronil, *véase* El Coronil
90 Corozal, Hond. Brit. 17 20N 88 30W
87 Corpus Christi, U.S.A. 27 50N 97 28W
30 Corral de Almaguer, Cast.-La M., Esp. 39 45N 3 10W
30 Corral de Cantos, Mte., Mtes. de Toledo, Esp. 39 33N 4 30W
95 Corral, Chile 40 0S 73 40W
35 Corralejo, Canar., Esp. 28 45N 13 50W
28 Corrales, Cast.-León, Esp. 41 20N 5 45W
25 Corrales, *véase* Los Corrales
43 Corrèze, Dept., Francia 45 28N 2 5E
37 Corrib, Irlanda 53 30N 9 20W
95 Corrientes, Argentina 27 15S 58 45W
94 Corrientes, C., Colombia 5 30N 77 30W
90 Corrientes, C., México 20 20N 105 40W
24 Corrubedo, C., Gal., Esp. 42 34N 9 6W
43 Corse-du-Sud, Dept., Francia 42 0N 9 0E
43 Corse, C., Córcega 43 0N 9 20E
87 Corsicana, U.S.A. 32 5N 96 31W
36 Corte de Pinto, Port. 37 42N 7 29W
43 Corte, Córcega, Francia 42 17N 9 8E
32 Cortegana, And., Esp. 37 52N 7 29W
25 Cortes, Nav., Esp. 41 55N 1 25W
31 Cortes de Arenoso, Com. Val., Esp. 40 12N 0 32W
33 Cortes de Baza, And., Esp. 37 40N 2 45W
32 Cortes de la Frontera, And., Esp. 36 37N 5 20W
86 Cortez, U.S.A. 37 25N 108 45W
89 Cortland, U.S.A. 42 35N 76 12W
40 Cortona, Italia 43 19N 12 1E
28 Corullón, Cast.-León, Esp. 42 34N 6 49W
24 Coruña (La), y Prov., Gal., Esp. 43 0N 8 37W
36 Coruche, Port. 38 57N 8 30W
51 Corum, Turquía 40 35N 35 5E
94 Corumba, Brasil 19 0S 57 20W
24 Corvera de Asturias, P. de Ast., Esp. 43 31N 5 51W
25 Corvera de Toranzo, Cant., Esp. 43 12N 3 56W
40 Cosenza, Italia 39 20N 16 13E
29 Coslada, Madrid, Esp. 40 26N 3 34W
42 Cosne, Francia 47 22N 3 0E
24 Cospeito, Gal., Esp. 43 12N 7 34W
45 Cossonay, Suiza 46 37N 6 30E
62 Costa de Malabar, India 12 0N 75 22E
70 Costa de Marfil, África 7 0N 5 0W
85 Costa Rey Federico VI, Kalaallit 63 0N 43 0W
91 Costa Rica, América Central 10 0N 84 0W
86 Costeras, Sas., América del Norte 42 0N 123 0W
66 Cotabato, Filipinas 7 0N 124 10E
43 Côte d'Or, Dept., y Dist., Francia 47 40N 4 45E
42 Cotentin, Dist., Francia 49 20N 1 30W
43 Côtes du Nord, Dept., Francia 48 25N 2 45W
32 Coto de Doñana, P.N., And., Esp. 37 0N 6 25W
24 Cotobad, Gal., Esp. 42 28N 8 28W
70 Cotonou, Benin 6 25N 2 20E
94 Cotopaxi, Vol. Ecuador 0 40S 78 30W
37 Cotswolds, Ingl., R. Unido 51 45N 2 10W
46 Cottbus, Alemania 51 45N 14 24E
36 Couco, Port. 38 59N 8 17W

44 Coulommiers, Francia 48 46N 3 5E
87 Council Bluffs, U.S.A. 41 22N 95 50W
91 Courentyne, R., Sudamérica 6 0N 57 3W
40 Courmayeur, Italia 45 47N 7 0E
45 Courtelay, Suiza 47 10N 7 5E
24 Covadonga, P.N., P. de Ast., Esp. 43 15N 5 0W
29 Covaleda, Cast.-León, Esp. 41 56N 2 53W
29 Covarrubias, Cast.-León, Esp. 42 8N 3 30W
24 Covelo, Gal., Esp. 42 14N 8 22W
37 Coventry, Ingl., R. Unido 52 25N 1 31W
36 Covilha, Port. 40 20N 7 30W
36 Covilha, Portugal 40 20N 7 27W
88 Covington, U.S.A. 39 0N 84 38W
78 Cowan, L., Australia 31 50S 121 50E
79 Cowra, Australia 33 50S 148 37E
31 Cox, Com. Val., Esp. 38 8N 0 53W
63 Cox's Bazaar, Bangladesh 21 30N 92 5E
90 Cozumel, I. de, México 20 30N 87 0W
47 Cracovia, *véase* Kraków
73 Cradock, Sudárica 32 5S 25 38E
47 Craiova, Rumania 44 20N 23 49E
84 Cranbook, Canadá 49 30N 115 58W
44 Craonne, Francia 49 27N 3 42E
94 Crateus, Brasil 5 5S 40 43W
94 Crato, Brasil 7 0S 39 12W
36 Crato, Port. 39 16N 7 39W
44 Crécy-s.-Serre, Francia 49 45N 3 35E
24 Creciente, Gal., Esp. 42 8N 8 15W
44 Crécy, Francia 50 17N 1 53E
44 Creil, Francia 49 18N 2 30E
40 Crema, Italia 45 22N 9 40E
28 Crémenes, Cast.-León, Esp. 42 52N 5 10W
40 Crémona, Italia 45 10N 101E
44 Crépy, Francia 49 37N 3 32E
40 Cres, I., Yugoslavia 44 50N 14 25E
43 Crest, Francia 44 40N 5 0E
35 Cresta del Gallo, Mte., Mur., Esp. 37 55N 1 10W
87 Creston U.S.A. 41 2N 94 21W
41 Creta (Kriti), I., Grecia 35 15N 25 0E
27 Creus, C., Cat., Esp. 42 20N 3 19E
43 Creuse, Dept., Francia 45 57N 1 53E
42 Creuse, R., Francia 46 10N 1 20E
31 Crevillente, Com. Val., Esp. 38 12N 0 48W
37 Crewe, Ingl., R. Unido 53 8N 2 23W
37 Crieff, Escocia, R. Unido 56 23N 3 51W
51 Crimea, Pen., U.R.S.S. 45 30N 34 0E
35 Cristianos, *véase* Los Cristianos
24 Cristóbal de Cea, Gal., Esp. 42 30N 7 58W
90 Cristóbal, Panamá
47 Crişul Alb. R., Rumania 46 18N 22 20E
47 Crişul Negru, R., Rumania 46 40N 22 0E
41 Crna Gora, Mtes., Yugoslavia 42 20N 21 30E
41 Crna, R., Yugoslavia 41 20N 21 59E
40 Croatia (Hrvatska), Rep. Feder., Yugoslavia 45 30N 16 0E
80 Cromwell, Nueva Zelanda 45 0S 169 12E
84 Cross, Bahía de, Alaska 58 20N 136 30W
40 Crotone, Italia 39 5N 17 6E
84 Crows Nest P., Canadá 49 35N 115 0W
79 Croydon, Australia 18 30S 142 15E
05 Crozet, Is., Océano Índico 46 0S 51 0E
31 Cuart de Poblet, Com. Val., Esp. 39 29N 0 26W
31 Cuatretonda, Com. Val., Esp. 38 57N 0 24W
24 Cruces, Villa de, Gal., Esp. 42 48N 8 8W
94 Cruzeiro Do Sul, Brasil 7 30S 72 30W
47 Csongrad, Hungría 46 43N 20 12E
24 Cualedro, Gal., Esp. 41 58N 7 40W
73 Cuangar, Angola 17 28S 18 30E
72 Cuango, Congo 6 20S 16 50E
91 Cuba, Antillas 21 30N 79 30W
36 Cuba, Port. 38 10N 7 54W
73 Cubango, R., Angola 17 30S 18 0E
26 Cubel, Arag., Esp. 41 8N 1 40W
33 Cubillas, Emb., And. Esp. 37 45N 3 40W
29 Cubo de Bureba, Cast.-León, Esp. 42 40N 3 12W
28 Cubo de don Sancho, *véase* El Cubo de don Sancho
28 Cubo de la Tierra del Vino, *véase* El Cubo de la Tierra del Vino
26 Cucalón, Sa., Arag., Esp. 41 0N 1 10W
73 Cuchi, Angola 14 40S 17 5E
91 Cúcuta, Colombia 7 40N 72 40W
62 Cuddalore, India 11 42N 79 50E
62 Cuddapah, India 14 30N 78 50E
24 Cudillero, P. de Ast., Esp. 43 33N 6 9W
86 Cue, Australia 27 25S 118 0E
28 Cuéllar, Cast.-León, Esp. 41 23N 4 21W
94 Cuenca, Ecuador 2 46S 79 10W
30 Cuenca, Serranía, Esp. 40 5N 2 10W
30 Cuenca, Cap. y Prov., Cast.-La M., Esp. 40 5N 2 27W
29 Cuerda del Pozo, Emb., Cast.-León, Esp. 41 50N 2 50W
87 Cuero, U.S.A. 29 20N 97 30W
29 Cueva de Agreda, Cast.-León, Esp. 41 45N 1 50W
26 Cueva Foradada, Emb., Arag., Esp. 40 58N 0 45W
33 Cuevas de Almanzora, And., Esp. 37 18N 1 58W
33 Cuevas de San Marcos, And., Esp. 37 15N 4 26W
31 Cuevas de Vinromá, Com. Val., Esp. 40 18N 0 10E
32 Cuevas del Becerro, And., Esp. 36 48N 5 5W
28 Cuevas del Valle, Cast.-León, Esp. 40 19N 5 2W
88 Cuiabá, Brasil 15 30S 56 6W
73 Cuima, Angola 13 0S 15 50E
28 Culebra, Sa., Cast.-León, Esp. 41 55N 6 20W
90 Cultacán, México 24 49N 107 20W
33 Cullar-Baza, And., Esp. 37 35N 2 34W
31 Cullera, Com. Val., Esp. 39 9N 0 17W
24 Culleredo, Gal., Esp. 43 17N 8 20W
45 Cully, Suiza 46 30N 6 44E
91 Cumaná, Venezuela 10 30N 64 10W
85 Cumberland, B., Canadá 65 0N 65 0W
84 Cumberland, Canadá 49 34N 125 0W
79 Cumberland, Is., Australia 20 25S 149 0E
85 Cumberland, Pen., Canadá 67 0N 65 0W
87 Cumberland, Plat., U.S.A. 36 0N 84 40W
87 Cumberland, R., U.S.A. 36 15N 85 0W
88 Cumberland, U.S.A. 39 45N 78 57W
32 Cumbres de Enmedio, And., Esp. 38 6N 6 41W
37 Cumbrian, Mtes., Ingl., R. Unido 54 30N 3 0W
34 Cumplida, Pta., Canar., Esp. 28 50N 17 49W
73 Cunene, R., Angola 17 0S 15 0E
27 Cunillera, I., Bal., Esp. 39 0N 1 12E
79 Cunnamulla, Australia 28 0S 145 42E
24 Cuntis, Gal., Esp. 42 40N 8 38W
37 Cupar, Escocia, R. Unido 56 19N 3 2W
91 Curaçao, I., Antillas 12 2N 69 0W
95 Curicó, Chile 35 0S 71 15W
95 Curitiba, Brasil 52 25S 49 45W
24 Curtis, Gal., Esp. 43 7N 8 4W
79 Curtis, I., Australia 23 45S 151 17E
90 Curundu, Panamá
87 Cushing, U.S.A. 35 56N 96 50W
43 Cusset, Francia 46 10N 3 30E
63 Cuttack, India 20 30N 85 57E
46 Cuxhaven, Alemania 53 54N 8 42E
94 Cuzco, Perú 13 30S 72 8W
47 Czeremcha, Polonia 52 32N 23 20E
47 Częstochowa, Polonia 50 49N 19 4E

CH

94 Chachapoyas, Perú 6 15S 77 35W
66 Chachoengsao, Tailandia 13 45N 101 12E
62 Chachran, Pakistán 28 55N 70 30E
95 Chaco Central, Argentina 24 0S 61 0W
71 Chad, África 13 0N 14 0E
71 Chad, L., Chad 13 50N 14 30E
86 Chadron, U.S.A. 42 52N 103 4W
62 Chagai, Mtes., Afganistán 29 40N 64 0E
59 Chagda, U.R.S.S. 58 30N 130 45E
53 Chagos, Is., Océano Índico 6 0S 72 0W
62 Chahar Burjak, Afganistán 30 20N 62 0E
61 Chahbar, Irán 25 22N 60 33E
63 Chaibasa, India 22 42N 85 49E
62 Chakhansur, Prov., Afganistán 30 0N 62 0E
63 Chakradharpur, India 22 50N 85 40E
64 Chalainor, China 49 25N 117 30E
65 Chalatun, China 48 0N 122 40E
89 Chaleur, B. de, Canadá 47 50N 65 10W
62 Chalisgaon, India 20 30N 75 0E
42 Châlon-s-Marne, Francia 49 0N 4 20E
42 Châlon-s-Saône, Francia 46 51N 4 52E
62 Chaman, Pakistán 30 55N 66 50E
62 Chamba, India 32 55N 76 15E
73 Chamba, Tanzania 11 40S 37 0E
62 Chambal, R., India 26 0N 76 55E
43 Chambéry, Francia 45 35N 5 54E
89 Chambord, Canadá 48 27N 72 3W
64 Chamdo, Prov. China 31 0N 95 0E
43 Chamonix, Francia 45 55N 6 50E
42 Champagne, Dist., Francia 49 0N 4 30E
88 Champaign, U.S.A. 40 12N 88 17W
45 Champéry, Suiza 46 12N 6 52E
78 Champion Bay, Australia 28 30S 114 30E
89 Champlain, L., U.S.A. 44 30N 73 20W
36 Chamusca, Port. 39 21N 8 29W
95 Chanaral, Chile 26 16S 70 45W
62 Chanda, India 19 59N 79 15E
62 Chandigarh, India 30 32N 76 55E
63 Chandpur, Bangladesh 23 6N 90 35E
24 Chandreja, Emb., Gal., Esp. 42 15N 7 15W
64 Chang Tang, Tíbet 34 0N 88 0E
64 Changki, Sinkiang, China 44 10N 87 0E
65 Changpai Shan, Mtes., China 42 0N 126 30E
65 Changzhou, China 31 47N 119 58E
65 Chankiang, *véase* Tsamkong, China
64 Channapatna, India 12 40N 77 5E
24 Chantada, Gal., Esp. 42 36N 7 46W
66 Chanthaburi, Tailandia 12 35N 102 5E
32 Chanza, R., Esp. Port. 37 49N 7 15W
64 Chao'an, China 23 42N 116 32E
65 Chaoyang, China 41 35N 120 22E
58 Chap Kuduk, U.R.S.S. 48 40N 55 5E
24 Chapa, Gal., Esp. 42 48N 8 25W
94 Chapada dos Veadeiros, Mes., Brasil 15 0S 48 0W
90 Chapala, L. de, México 20 20N 103 10W
33 Chaparral, Sa., And., Esp. 36 55N 3 45W
50 Chapeyevsk, U.R.S.S. 53 0N 49 50E
63 Chapra, India 25 58N 84 39E
94 Charaña, Bolivia 17 45S 69 10W
61 Charak, Irán 26 40N 54 50E
96 Charcot, I., Antártida 70 0S 78 0W
58 Chardzhou, U.R.S.S. 39 0N 63 15E
43 Charente-Maritine, Dept., Francia 46 5N 0 48W
43 Charente, Dept., Francia 46 0N 0 30E
62 Charikar, Afganistán 35 5N 69 0E
44 Charleroi, Bélgica 50 25N 4 27E
87 Charles City, U.S.A. 43 2N 92 43W
89 Charles, C., U.S.A. 37 12N 75 43W
87 Charleston, U.S.A. 32 45N 79 55W
87 Charleston, S.C., U.S.A. 32 48N 80 0W
88 Charleston, W. Va., U.S.A. 38 24N 81 36W
91 Charlestown, Nevis, Antillas 17 10N 6235W
52 Charlesville, Zaire 5 27S 20 59W
42 Charleville-Mezières, Francia 49 46N 4 42E
79 Charleville, Australia 26 27S 146 14E
91 Charlotte Amalie, Islas Vírgenes 18 0N 65 0W
78 Charlotte Maters, Australia 25 55S 134 59E
87 Charlotte, N.C., U.S.A. 35 16N 80 50W
46 Charlottenburg, Alemania 52 31N 13 15E
88 Charlottesville, U.S.A. 38 0N 78 31W
85 Charlottetown, Canadá 46 20N 63 22W
85 Charlton, I., Canadá 52 0N 79 20W
43 Charrolles, Francia 46 27N 4 16E
79 Charters Towers, Australia 20 0S 146 13E
42 Chartres, Francia 48 30N 1 33E
59 Chasovnya Uchurskaya, U.R.S.S. 57 5N 133 20E
42 Château du Loir, Francia 47 40N 0 30E
42 Château Gontier, Francia 47 40N 0 42W
44 Château Porcien, Francia 49 32N 4 14E
42 Château Thierry, Francia 49 0N 3 28E
45 Château-d'Oex, Suiza 46 28N 7 10E
42 Châteaubriant, Francia 47 45N 1 23W
42 Châteaudun, Francia 48 0N 1 20E
42 Châteauroux, Francia 46 51N 1 39E
43 Châtel-St.-Denis, Suiza 46 32N 6 55E
42 Châtellerault, Francia 4 46N 0 30E
37 Chatham, Ingl., R. Unido 51 21N 0 32E
04 Chatham, Is., Océano Pacífico 44 0S 176 40W
85 Chatham, N.B., Canadá 47 0N 65 31W
88 Chatham, Ont., Canadá 42 20N 82 18W
42 Châtillon-s-Seine, Francia 47 50N 4 35E
63 Chatrapur, India, 19 25N 84 55E
87 Chattahoochee, R., U.S.A. 32 0N 85 7W
87 Chattanooga, U.S.A. 35 2N 85 10W
33 Chauchina, And., Esp. 37 12N 3 46W
44 Chaulnes, Francia 49 48N 2 47W
42 Chaumont, Francia 48 7N 5 10E
42 Chauny, Francia 49 40N 3 15E
36 Chaves, Portugal 41 45N 7 35W
73 Chavuma, Zambia 13 10N 22 55E
62 Chayul, Tíbet 28 20N 92 50E
46 Cheb, Checoslovaquia 50 9N 12 20E
50 Cheboksary, U.R.S.S. 56 8N 47 30E
87 Cheboygan, U.S.A. 45 29N 84 15W
31 Checa, Cast.-La M., Esp. 40 36N 1 48W
70 Chech (Erg), Des., Argelia 25 0N 7 0W
51 Checheno-Ingusg, R.A.S.S., U.R.S.S. 43 30N 46 0E
50 Checoslovaquia, Europa 49 0N 17 0E
63 Cheduba, I., Birmania 18 48N 93 43E
70 Chegga, Mauritania 25 25N 5 40W
86 Chehalis, U.S.A. 46 35N 122 55W
65 Cheju Do, I. (Quelpart), Corea 33 20N 126 30E
65 Cheju, Corea 33 30N 126 20E
65 Chekiang, Prov., China 29 10N 120 0E
60 Cheleken, I., U.R.S.S. 39 25N 53 15E
58 Chelkar, U.R.S.S. 47 50N 59 32E
31 Chella, Com. Val., Esp. 39 4N 0 40W
47 Chelm, Polonia 51 12N 23 39E
47 Chelmno, Polonia 53 20N 18 30E
37 Chelmsford, Ingl., R. Unido 51 43N 0 27E
47 Chelmza, Polonia 53 10N 18 45E
37 Cheltenham, Ingl., R. Unido 51 54N 2 4W
31 Chelva, Com. Val., Esp. 39 45N 1 0W
58 Chelyabinsk, U.R.S.S. 55 20N 61 15E
50 Chemikovsk, U.R.S.S. 54 55N 56 0E
64 Chengdu, China 30 38N 104 2E
64 Chengjiang, China 28 10N 96 40E
64 Cheng-Teh, China 41 3N 118 0E
64 Chengdu, China 30 38N 104 2E
64 Chengjiang, China 28 10N 96 40E
43 Cher, R., y Dept., Francia 47 0N 2 15E
31 Chera, Com. Val., Esp. 39 35N 0 59W
42 Cherbourg, Francia 49 39N 1 40W
64 Cherchen, R., China 39 20N 86 0E
50 Cherdyn, U.R.S.S. 60 20N 56 20E
59 Cheremkhovo, U.R.S.S. 53 5N 103 0E
50 Cherepovets, U.R.S.S. 59 10N 37 50E
51 Cherkassy, U.R.S.S. 49 20N 32 10E
50 Chernigov, U.R.S.S. 51 35N 31 15E
51 Chernovtsy, U.R.S.S. 48 21N 25 58E
59 Chernoye, U.R.S.S. 70 30N 89 10E
49 Chernyakhovsk, U.R.S.S. 54 29N 21 48E
87 Cherokee, U.S.A. 42 46N 95 39W
63 Cherrapunji, India 25 18N 91 57E
59 Cherskiy, Sa., U.R.S.S. 64 0N 145 0E
31 Chert, Com. Val., Esp. 40 31N 0 10E
27 Cherta, Cat., Esp. 40 52N 0 29E
87 Chesapeake, B., U.S.A. 37 0N 76 0W
50 Chesha, B., U.R.S.S. 67 20N 47 0E
31 Cheste, Com. Val., Esp. 39 30N 0 41W
37 Chester, Ingl., R. Unido 53 12N 2 53W
84 Chesterfield Intet, Canadá 63 45N 92 0W
37 Chesterfield, Ingl., R. Unido 53 15N 1 26W
79 Chesterfield, Is., Océano Pacífico 19 52S 158 0E
37 Cheviot Hills, Ingl.-Escocia, R. Unido 55 20N 2 30W
72 Chew Bahir, L., Etiopía 5 0N 36 50E
86 Cheyenne, R., U.S.A. 44 30N 101 45W
86 Cheyenne, U.S.A. 41 20E 104 57W
62 Chhatarpur, India 25 0N 78 35E
62 Chhindwara, India 22 6N 78 59E
63 Chiali, China 30 25N 93 0E
63 Chiang Mai, Tailandia 19 0N 99 55E
63 Chiang Rai, Tailandia 19 30N 99 50E
73 Chianje, Angola 13 35S 13 40E
90 Chiapa, R., México 16 45N 92 58W
45 Chiasso, Suiza 45 50N 9 0E
40 Chiavari, Italia 44 20N 9 20E
40 Chiavvena, Italia 49 20N 9 26E
65 Chiba, y Pref., Japón 35 40N 140 6E
73 Chibemba, Angola 15 48S 14 8E
73 Chibia, Angola 15 10S 13 50E
71 Chibuk, Nigeria 10 52N 12 50E
88 Chicago, U.S.A. 41 50N 87 50W
84 Chichagof, I., Alaska 57 50N 136 0W
37 Chichester, Ingl., R. Unido 50 50N 0 47W
86 Chickasja, U.S.A. 35 2N 98 0W
32 Chiclana de la Frontera, And., Esp. 36 26N 6 9W
94 Chiclayo, Perú 7 0S 79 30W
95 Chico, R., Argentina 49 0S 70 0W
73 Chicoa, Mozambique 15 35S 32 20E
85 Chicoutimi, Canadá 48 24N 71 2W
62 Chidambaram, India 11 20N 79 40E
72 Chiengi, Zambia 8 38S 29 10E
44 Chiers, R., Francia 49 30N 5 20E
40 Chiese, R., Italia 45 45N 10 35E
40 Chieti, Italia 42 21N 14 12E
64 Chihli, G., China 40 0N 116 30E
90 Chihuahua, México 28 47N 106 20W
62 Chik Ballapur, India 13 20N 77 40E
63 Chikmagalur, India 13 20N 75 52E
62 Chilaw, Sri Lanka 7 30N 79 50E
79 Childers, Australia 25 25S 152 17E
86 Childress, U.S.A. 34 25N 100 15W
95 Chile, Sudamérica 17 30S a 55 0S 71 15W
95 Chilecito, Argentina 29 0S 67 40W
58 Chili, U.R.S.S. 44 20N 66 59F
73 Chililabombwe, Zambia 12 10S 28 0E
63 Chilka, L., India 19 40N 85 28E
79 Chillague, Australia 17 0S 144 10E
95 Chillan, Chile 36 48S 72 12W
87 Chillicothe, Mo., U.S.A. 39 46N 93 34W
88 Chillicothe, Ohio, U.S.A. 39 28N 83 1W
30 Chillón, Cast.-La M., Esp. 38 47N 4 50W
95 Chiloé, I., Chile 43 0S 73 30W
37 Chiltern Hills, Ingl., R. Unido 51 45N 0 45W
64 Chimai, China 33 30N 100 45E
44 Chimay, Bélgica 50 2N 4 20E
94 Chimborazo, Mte., Ecuador 1 10S 79 5W
94 Chimbote, Perú 8 55S 78 33W
58 Chimkent, U.R.S.S. 42 40N 69 25E
64 China, Asia 55 0N a 18 30N; 70 0E a 133 0E
90 Chinandeza, Nicaragua 12 34N 87 5W
94 Chincha Alta, Perú 13 20S 76 0W
31 Chinchilla, Cast.-La M., Esp. 38 57N 1 43W
29 Chinchón, Madrid, Esp. 40 5N 3 26W
65 Chinchow, China 41 10N 121 2E
73 Chinde, Mozambique 18 45S 36 25E
63 Chindwin, R., Birmania 25 0N 95 0E
65 Chingkiang, China 32 7N 119 32E
73 Chingola, Zambia 12 31S 27 53E
70 Chinguetti, Mauritania 20 35S 12 25W
62 Chiniot, Pakistán 31 45N 72 55E
65 Chinnampo,. Corea 39 10N 126 0E
42 Chinon, Francia 47 12N 0 15E
72 Chinsali, Zambia 10 35S 32 3E
65 Chinwangtao, China 39 58N 119 30E
40 Chioggia, Italia 45 13N 12 17E
73 Chipata, Zambia 13 29S 32 36E
32 Chipiona, And., Esp. 36 44N 6 26W
89 Chipman, Canadá 46 10N 65 55W

87 Chippewa Falls, U.S.A. 44 55N 92 30W
60 Chipre, I., Mar Mediterráneo 35 0N 33 0F
62 Chirala, India 15 45N 80 20E
58 Chirchik, U.R.S.S. 41 40N 69 10E
33 Chirivel, And., Esp. 37 37N 2 12W
63 Chirmin, India 23 15N 82 20E
73 Chiromo, Malawi 16 25 35 12E
73 Chisamba, Zambia 14 55N 28 20E
63 Chisapani Garhi, Nepal 27 30N 84 2E
50 Chistopol, U.R.S.S. 55 22N 50 37E
59 Chita, U.R.S.S. 52 15N 113 50E
73 Chitembo, Angola 113 30S 16 50E
62 Chitorgarth, India 24 58N 74 36E
62 Chitral, India 35 57N 71 46E
91 Chitre, Panamá 7 50N 80 25W
63 Chittagong, Bangladesh 22 25N 91 43E
62 Chittoor, India 13 8N 79 5E
40 Chiusi, Italia 43 2N 11 56E
31 Chiva, Com. Val., Esp. 39 27N 0 41W
95 Chivilcoy, Argentina 35 0S 60 4W
73 Chobe Swamp, Botswana 18 25S 24 25E
95 Choele Choel, Argentina 39 15S 65 30W
49 Chojnice, Polonia 53 44N 17 40E
73 Choma, Zambia 16 57S 26 58E
46 Chomutov, Checoslovaquia 50 28N 13 23E
64 Chongking, China 29 35N 106 25E
95 Chonos, Arch., Chile 45 0S 74 0W
30 Chorito, Sa., Mtes., de Toledo, Esp. 39 24N 4 30W
47 Chortkov, U.R.S.S. 49 2N 25 46E
47 Chorzów, Polonia 50 20N 19 0E
65 Choshi, Japón 35 50N 140 48E
46 Choszczno, Polonia 53 7N 15 25E
62 Chotila, India 22 30N 71 3E
70 Chott Djerid, Tunicia 34 10N 8 0E
70 Chott el Hodna, Argelia 35 30N 4 30E
61 Choueifat, Líbano 33 48N 35 30E
64 Chowkow, China 33 40N 115 0E
64 Choybalsan, Mongolia 48 9N 114 30E
28 Choras de Abajo, Cast.-León, Esp. 42 46N 5 41W
80 Christchurch, N.Z. 43 30S 172 43E
72 Christiana, Sudáfrica 27 57S 25 8E
91 Christiansted, St. Croix, Antillas 17 45N 64 45W
05 Christmas, I., Océano Índico 10 0S 105 0E
59 Chuckchi o Chukot, Mar, U.R.S.S. 69 0N 177 0E
50 Chudskoye, L., U.R.S.S. 58 0N 27 30E
66 Chukai, Malaysia 4 10N 103 30E
14 Chullera, Pta., And., Esp. 36 15N 5 0W
33 Chullo, Mte., Sierra Nevada, Esp. 37 10N 3 0W
59 Chulman, U.R.S.S. 57 5N 124 50E
59 Chumikan, U.R.S.S. 54 45N 135 20E
66 Chumphon, Tailandia 10 35N 99 20E
72 Chunya, Tanzania 8 20S 34 0E
95 Chuquicamata, Chile 22 30S 69 0W
45 Chur, Suiza 46 51N 9 33E
49 Churchill Falls, Canadá 53 35N 65 20W
48 Churchill, L., Canadá 56 0N 108 30W
48 Churchill, R., Canadá 55 30N 104 0W
84 Churchill, y C., Canadá 58 45N 94 0W
70 Churquin, Argelia 29 10N 0 15W
33 Churriana, And. Esp. 37 9N 3 39W
62 Churu, India 28 25N 75 0E
50 Chusovoy, U.R.S.S. 58 15N 57 30E
62 Chusul, Kachemira 33 40N 78 40E
50 Chuvaquia, R.A.S.S., U.R.S.S. 55 40N 47 0E

D

66 Da Lat, Vietnam 12 0N 108 30E
66 Da Nang, Vietnam 16 20N 108 0E
64 Da, R., Vietnam 21 30N 104 0E
64 Da Qaidam, China 37 50N 95 15E
61 Daal, Siria 32 45N 36 8E
60 Dabat, Etiopía 13 0N 37 50E
40 Dabie, Polonia 53 27N 14 45E
70 Dabola, Guinea 10 50N 11 5W
72 Dabra Tabor, Etiopía 11 50N 38 0E
47 Dabrowa, Polonia 50 10N 21 0E
63 Dacca, Bangladesh 23 49N 90 25E
62 Dadu, Pakistán 26 45N 67 35E
66 Daet, Filipinas 14 3N 122 59E
60 Dafina, Arabia Saudí 23 11N 42 0E
70 Dagana, Senegal 16 30N 15 20W
51 Dagestan, R.A.S.S., U.R.S.S. 43 0N 47 0E
66 Dagupan, Filipinas 16 0N 120 20E
60 Dahlak, Arch., Mar Rojo 16 0N 40 10E
70 Dahomey, *véase* Benin
30 Daimiel, Cast.-La M., Esp. 39 5N 3 35W
65 Dairen, Port Arthur, China, *véase* Lu-Ta
71 Dairut, Egipto 27 34N 30 43E
65 Daishoji, Japón 36 15N 136 16E
60 Daiwasir, Arabia Saudita 20 25N 45 30E
79 Dajarra, Australia 21 47S 139 20E
70 Dakar, Senegal 14 45N 17 8W
71 Dakjla Oasis, Egipto 25 55N 27 30E
70 Dakhla, Sáhara occidental 23 55N 15 50W
51 Dakhovskaya, U.R.S.S. 44 15N 40 15E
86 Dakota del Norte, *véase* North Dakota
86 Dakota del Sur, *véase* South Dakota
41 Dakovica, Yugoslavia 42 25N 20 26E
70 Dakra, Senegal 15 30N 15 20W
49 Dal. R., Suecia 60 12N 16 40E
64 Dalai Nor, L., China 48 0N 116 30E
64 Dalandzadagad, Mong., 43 55N 104 10E
49 Dalarö, Suecia 59 10N 18 23E
62 Dalbandin, Pakistán 29 0N 64 23E
77 Dalby, Australia 27 6S 151 18E
89 Dalhouste, Canadá 48 0N 66 21W
64 Dalí, China 26 1N 100 2E
64 Dalian, China 39 10N 122 15E
33 Dalías, And., Esp. 36 47N 2 53W
86 Dallas, Oregón, U.S.A. 44 50N 123 20W
87 Dallas, Texas, U.S.A. 32 44N 96 55WE
40 Dalmacija, Prov., Yugoslavia 43 10N 17 10E
59 Dalnegorsk, U.R.S.S. 44 30N 135 57E
59 Dalnerechensk, U.R.S.S. 45 50N 133 50E
48 Dalvik, Islandia 66 2N 18 20W
78 Daly Waters, Australia 16 5S 133 30E
78 Daly, R., Australia 14 0S 130 50E
62 Daman, India 20 20N 72 59E
73 Damara, Namibia 22 25S 17 0E
61 Damasco (Esh Sham), Siria 33 30N 36 18E
72 Damba, Angola 6 44S 15 29E
71 Dambacha, Etiopía 10 40N 37 10E
60 Damghan, Irán 36 5N 54 20E
71 Damietta, Egipto 31 30N 31 32E
60 Damman, Arabia Saudí 26 27N 50 3E
45 Dammastock, Suiza 46 38N 8 24E
62 Damoh, India 23 58N 79 30E
78 Dampier Downs, Australia 18 5S 124 10E
78 Dampier, Arch., Australia 20 30S 116 40E
70 Dan Gora, Nigeria 11 30N 8 7E
66 Dang Rek, Mtes., Tailandia 13 30N 103 0E
63 Dandeldhura, Nepal 29 25N 80 30E
62 Dandeli, India 15 5N 74 30E
64 Dandong, China 40 10N 124 20E
62 Dankhar Gompa, India 32 10N 78 10E
49 Dannemora, Suecia 60 13N 17 50E
80 Dannevirke, N.Z. 40 8S 176 10E
88 Dansville, U.S.A. 42 35N 77 40W
47 Danubio, R., Europa 45 0N 28 0E
88 Danville, Ill., U.S.A. 40 10N 87 35W
88 Danville Ken., U.S.A. 37 40N 84 50W
36 Dao, Port. 40 30N 8 0W
36 Dao, R., Port. 40 28N 8 0W
72 Dar Es Salaam, Tanzania 6 48S 39 12E
70 Daraj, Libia 30 5N 10 30E
63 Darbhanga, India 26 15N 85 55E
41 Dardanelos (Hellespont), Estrecho, Turquía 40 10N 26 0E
61 Dareiya, Siria 33 28N 36 14E
71 Darfur, Prov., Sudán 15 0N 25 0E
62 Dargai, India 34 20N 71 50E
58 Dargan Ata, U.R.S.S. 40 40N 62 20E
80 Dargaville, N.Z. 36 0S 173 59E
91 Darien, G. de, Colombia 9 0N 77 0W
90 Darien, Panamá
63 Darjeeling, India 270N 88 18E
79 Darling, R., Australia 32 0S 143 0E
78 Darling, Sa., Australia 32 0S 116 0E
37 Darlington, Ingl., R. Unido 54 33N 1 34W
46 Darlowo, Polonia 54 13N 16 19E
45 Darmstowdt, Alemania 49 52N 8 40E
71 Darnah, Libia 32 40N 22 25E
96 Darnley, C., Antártica 68 0S 70 0E
26 Daroca, Arag., Esp. 41 9N 1 25W
37 Dartmoor, Ingl., R. Unido 50 39N 3 55W
89 Dartmouth, Canadá 44 50N 63 30W
37 Dartmouth, Ingl., R. Unido 50 21N 3 37W
78 Darwin, Australia 12 28S 131 0E
60 Darya Yi Namak, L., Irán 34 40N 51 30E
61 Dasht-i-Kavir, Des., Irán 35 0N 55 0E
61 Dasht-i-Lut, Des., Irán 31 0N 58 30E
62 Dasht-i-Margo, Des., Afganistán 30 40N 62 30E
64 Datong, China 40 6N 113 18E
50 Daugava, *véase* Dvina Oeste
50 Daugavpils, U.R.S.S. 56 0N 26 30E
58 Daukara, U.R.S.S. 45 55N 59 30E
62 Daulat Yar, Afganistán 34 35N 65 40E
61 Daulatabad, Afganistán 32 46N 62 34E
61 Daulatqabad, Irán 28 22N 56 38E
84 Dauphin, Canadá 51 13N 100 3W
43 Dauphiné, Prov., Francia 45 5N 5 30E
42 Dauville, Francia 49 20N 0 0
62 Davangere, India 14 30N 75 50E
66 Davao, y G., Filipinas 7 15N 125 35E
88 Davenport, U.S.A. 41 33N 90 34W
96 Davis, Antártida 69 10S 79 0E
85 Davis, Est., América del Norte 67 0N 58 0W
45 Davos-Platz, Suiza 46 50N 9 50E
45 Davos, Suiza 46 48N 9 49E
63 Dawna, Sa., Birmania 16 30N 98 30E
84 Dawson, Canadá 64 10N 139 30W
84 Dawson, Cr., Canadá 55 45N 120 15W
79 Dawson, Sa., Australia 24 45S 149 55E
42 Dax, Francia 43 41N 1 0W
64 Daxian, China 35 30N 104 33E
88 Dayton, Ohio, U.S.A. 39 47N 84 12W
87 Daytona Beach, U.S.A. 29 7N 81 2W
73 De Aar, Sudáfrica 30 46S 23 54E
78 De Grey, R., Australia 20 32S 120 0E
59 De Long, Is., U.R.S.S. 77 0N 155 0E
78 Deakin, Australia 30 34S 129 0E
84 Dease Arm, Canadá 66 45N 120 6W
84 Dease, R. y L. Canadá 59 10N 129 50W
86 Death Valley, U.S.A. 36 0N 117 0W
70 Deba Habe, Nigeria 10 14N 11 20E
41 Debar, Yugoslavia 41 30N 20 30E
72 Debre Markos, Etiopía 10 20N 37 45E
47 Debrecen, Hungría 47 37N 21 54E
87 Decatur, Alabama, U.S.A. 34 29N 86 43W
87 Decatur, Georgia, U.S.A. 33 42N 84 21W
88 Decatur, Ill., U.S.A. 39 53N 88 56W
43 Decazeville, Francia 44 37N 2 15E
63 Deccan, Reg., India 17 0N 78 30E
70 Dedougou, Alto Volta 12 35N 3 40W
37 Dee, R., Escocia, R. Unido 57 7N 2 10W
37 Dee, R., Gales, R. Unido 52 50N 3 30W
62 Deesa, India 24 25N 72 20E
46 Deggendorf, Alemania 48 29N 12 59E
62 Deh Titan, Afganistán 33 45N 63 50E
33 Dehesas de Guadix, And., Esp. 37 36N 3 8W
70 Dehibat, Tunicia 32 0N 10 10E
62 Dehra Dun, India 30 24N 78 5E
71 Deim Zubeir, Sudán 7 47N 26 20E
44 Deinze, Bélgica 50 59N 3 30E
61 Deir Abu Sa'id, Jordania 32 30N 35 42E
51 Deir Ez Zor, Siria 35 19N 40 15E
72 Dekese, Zaire 3 20S 21 21E
86 Del Río, U.S.A. 29 22N 100 55W
60 Delami, Sudán 11 50N 30 25E
87 Delaware, Est. y B., U.S.A. 38 45N 75 20W
89 Delaware, R., U.S.A. 42 0N 75 15W
34 Deleitosa, Extr., Esp. 39 37N 5 40W
45 Delémont, Suiza 47 20N 7 20E
44 Delft, Países Bajos 52 1N 4 21E
44 Delfzijl, Países Bajos 53 20N 6 55E
72 Delgado, C., Mozambique 10 40S 40 43E
60 Delgo, Sudán 20 1N 30 20E
62 Delhi, India 28 42N 77 20E
51 Delice, R., Turquía 39 45N 34 15E
90 Delicias, México 27 25N 105 0W
27 Delta del Ebro, Cat., Esp. 40 43N 0 50E
14 Delga del Llobregat, Cat., Esp. 41 45N 2 12E
29 Demanda, Sa., Sist. Ibérico, Esp. 41 12N 2 58W
51 Demavend, Mte., Irán 35 50N 52 12E
72 Dembidolo, Etiopía 8 34N 34 50E
72 Dembra, Zaire 5 25S 22 20E
44 Demer, R., Bélgica 51 0N 5 10E
86 Deming, U.S.A. 32 17N 107 48W
44 Den Burg, Países Bajos 53 5N 4 47E
90 Den Hague (S'Gravenhage). La Haya, Países Bajos 52 5N 4 18E
44 Den Helder, Países Bajos 52 58N 4 46E
42 Denain, Francia 50 20N 3 22E
37 Denbigh, Gales, R. Unido 53 11N 3 26W
63 Denchin, China 31 35N 95 10E
31 Denia, Com. Val., Esp. 38 49N 0 8W
79 Deniliquin, Australia 35 31S 144 59E
51 Denizli, Turquía 37 57N 28 41E
87 Denton, U.S.A. 33 10N 97 14W
86 Denver, U.S.A. 39 50N 104 57W
63 Deoghar, India 24 40N 86 40E
62 Deolali, India 19 55N 73 45E
63 Deoria, India 26 35N 83 50E
96 Dependencia Ross, Antártida 70 0S 170 0E
62 Dera Ghazi Khan, Pakistán 30 5N 70 53E
62 Dera Ismail Khan, Pakistán 31 46N 70 54E
60 Deraheib, Sudán 21 58N 35 7E
51 Derbent, U.R.S.S. 42 0N 48 23E
78 Derby, Australia 17 18S 123 40E
37 Derby, Ingl., R. Unido 52 56N 1 28W
37 Derg, Irlanda 54 40N 7 40W
63 Dérgaon, India 26 40N 94 0E
37 Derryveagh, Mtes., Irlanda 55 0N 8 3W
71 Derudub, Sudán 17 30N 36 30E
87 Des Moines, y R., U.S.A. 41 42N 93 34W
72 Dese, Etiopía 10 58N 39 45E
95 Deseado, R., Argentina 47 0S 68 0W
71 Desierto de Libia, Egipto-Libia 28 0N 32 20E
90 Désirade, I., Pequeñas Antillas 16 15N 61 0W
50 Desna, R., U.R.S.S. 51 30N 32 30E
95 Desolación, I., Chile 53 0S 74 30W
33 Despeñaperros, P., And., Esp. 38 24N 3 30W
70 Dessa, Niger 14 44N 1 6E
46 Dessau, Alemania 51 41N 12 14E
28 Destriana, Cast.-León, Esp. 42 20N 6 8W
46 Detmold, Alemania 51 55N 8 50E
88 Detroit, U.S.A. 42 22N 83 7W
48 Dettifoss, Islandia65 50N 16 7W
44 Deurne, Bélgica 51 13N 4 27E
44 Deurne, Países Bajos 51 27N 5 47E
43 Deux Sèvres, Dept., Francia 46 30N 0 30W
24 Deva, P. de Ast., Esp. 43 25N 4 30W
44 Deva, Rumania 45 55N 22 50E
62 Devakottai, India 9 55N 78 40E
44 Deventer, Países Bajos 52 16N 16 10E
85 Devon Island, Canadá 4 30N 85 0W
79 Devonport, Australia 41 8S 146 30E
37 Devonport, Ingl., R. Unido 50 22N 4 10W
80 Devonport, N.Z. 36 94S 174 49E
62 Dewas, India 23 0N 76 0E
29 Deza, Cast.-León, Esp. 41 27N 2 3W
59 Dezheneva, C., U.R.S.S. 66 0N 170 0W
64 Dezhou, China 37 26N 116 18E
60 Dhaba, Arabia Saudí 27 25N 35 50E
60 Dhahran, Arabia Saudí 26 20N 50 10E
63 Dhamtari, India 20 45N 81 30E
63 Dhanbad, India 23 50N 86 25E
63 Dhangarhi, Nepal 28 55N 80 40E
61 Dhank, Omán 23 33N 56 5E
63 Dhankuta, Nepal 27 0N 87 10E
62 Dhar, India 22 40N 75 5E
62 Dharmapuri, India 12 10N 78 5E
62 Dharwar, India 15 39N 75 59E
63 Dhaulagiri, Mte., Nepal 28 45N 83 25E
63 Dhenkanal, India 20 35N 85 30E
41 Dhidhimotikhon, Grecia 41 18N 26 33E
41 Dhikti, Mte., Creta 35 10N 25 34E
61 Dhilban, Jordania 31 30N 35 47E
61 Dhofar, Prov., Omán 17 0N 54 10E
62 Dholpur, India 26 45N 77 58E
61 Dhour Chouer, Líbano 33 53N 35 42E
62 Dhrol, India 22 40N 70 25E
63 Dhubri, India 26 3N 89 58E
60 Dhula, Yemen del Sur 15 10N 48 0E
62 Dhulia, India 21 0N 74 56E
90 Diablo H., Panamá
70 Diafarabe, Malí 14 17N 4 57W
95 Diamante, Argentina 32 0S 60 40W
94 Diamantina, Brasil 18 11S 43 45W
79 Diamantina, R., Australia 24 48S 140 0E
94 Diamantino, Brasil 14 25S 56 40W
72 Dibaya-Lubue, Zaire 4 12S 19 54E
72 Dibaya, Zaire 6 30S 23 0E
63 Dibrugarh, India 27 38N 94 55E
86 Dickinson, U.S.A. 46 55N 102 53W
70 Diebougou, Alto Volta 11 0N 3 15W
73 Diego Suárez, Madagascar 12 25S 49 20E
44 Diekirch, Luxemburgo 49 52N 6 10E
44 Diepenbeek, Bélgica 50 55N 5 22E
42 Dieppe, Francia 49 58N 1 13E
44 Dieren, Países Bajos 52 3N 6 6E
44 Diest, Bélgica 50 59N 5 2E
45 Dietikon, Suiza 47 24N 8 24E
33 Diezma, And., Esp. 37 19N 3 20W
44 Differdange, Luxemburgo 49 32N 5 53E
85 Digby, Canadá 44 42N 65 50W
43 Digne, Francia 44 6N 6 12E
48 Digranes, C., Islanda 66 5N 14 37W
63 Dihang, R., India 28 30N 95 0E
42 Dijon, Francia 47 20N 5 1E
59 Dikemda, U.R.S.S. 59 0N 121 35E
44 Diksmuide, Belgica, 51 3N 2 52E
55 Dikson, U.R.S.S. 73 40N 80 5E
71 Dikwa, Nigeria 12 6N 14 0E
60 Dilam, Arabia Saudí 23 55N 47 10E
66 Dili, Indonesia 8 45S 125 30E
72 Dimbelenge, Zaire 5 28S 23 5E
70 Dimbroko, Costa de Marfil 6 45N 4 30W
41 Dimitovgrad, Bulgaria 42 5N 25 35E
59 Dimitri Laptev, Est., U.R.S.S. 73 0N 140 0E
66 Dinagat, I., Filipinas 10 10N 125 35E
63 Dinajpur, Bangladesh 25 40N 88 32E
96 Dinamarca, Est., Océano Atlántico Notte 66 0N 30 0W
48 Dinamarca, Europa 55 45N 10 20E
44 Dinant, Bélgica 50 17N 4 56E
40 Dináricos, Alpes, Yugoslavia 44 0N 16 0E
72 Dincha, Etiopía 6 15N 37 32E
62 Dindigul, India 10 22N 78 0E
70 Dinguiraye, Guinea 11 30N 10 35W
37 Dingwall, Escocia, R. Unido 57 36N 4 26W
64 Dingxi, China 35 30N 104 33E
70 Diourbel, Senegal 14 40N 15 30W
66 Dipolog, Filipinas 8 35N 123 25E
62 Dir, Pakistán 35 25N 71 45E
73 Dirico, Angola 17 52S 20 40E
78 Dirk Hartog, I., Australai 25 50S 113 0E
79 Dirranbandi, Australia 28 29S 148 18E
78 Disappointment, L., Australia 23 20S 123 10E
45 Disentis, Suiza 46 42N 8 50E
85 Disko B., e I., Kallallit 69 0N 53 0W
62 Diu, India 20 48N 71 0E
87 Dixon, U.S.A. 41 51N 89 18W
60 Diyala, R., Iraq 34 0N 45 0E
51 Diyarbakir, Turquia 37 58N 40 25E
62 Dizar, Irán 27 20N 62 3E
60 Dizful, Irán 32 30N 48 33E
71 Djado, Níger 21 10N 12 5E
66 Djakarta (Yakarta), Indon. 6 9S 106 49E
72 Djambala, Congo 2 25S 14 45E
70 Djanet, Argelia 24 35N 9 32E
71 Djang, Camerún 5 30N 10 5E
70 Djelfa, Argelia 34 39N 3 14E
71 Djema, África Central 6 3N 25 0E
70 Djenne, Malí 14 0N 4 30W
70 Djerada, Marruecos 34 16N 2 4W
71 Djerba, I., Tunicia 33 50N 10 50E
70 Djibo, Alto Volta 14 15N 1 35W
60 Djibouti, Djibouti 11 30N 43 5E
60 Djibouti, Est., África 11 35N 43 0E
70 Djidjelli, Argelia 36 45N 5 50E
72 Djolu, Zaire 0 45N 22 5E
70 Djougou, Benin 9 40N 1 45E
72 Djoum, Camerún 2 46N 12 33E
61 Djounie (Juniyah), Líbano 33 58N 35 39E
72 Djugu, Zaire 1 50N 30 40E

48 Djupivogur, Islandia 64 38N 14 14W
51 Dneprodzerzhinsk, U.R.S.S. 48 32N 34 30E
51 Dnepropetrovsk, U.R.S.S. 48 25N 34 55E
51 Dniepr, R., U.R.S.S. 47 0N 33 35E
51 Dniestr, R., U.R.S.S. 48 30N 25 0E
33 Doña Mencía, And., Esp. 37 33N 4 20W
72 Doba, Chad 8 40N 16 50E
79 Dobbyn, Australia 19 40S 139 58E
47 Dobrogea, Reg., Ruminia 44 30N 28 20E
41 Dodecaneso (Dhodhekanisos), Is., Grecia 36 40N 27 0E
86 Dodge City, U.S.A. 37 50N 100 4W
72 Dodoma, Tanzania 6 0S 35 50E
24 Dodro, Gal., Esp. 42 43N 8 42W
44 Doetichen, Países Bajos 51 58N 6 18E
62 Dogi, Afganistán 32 20N 62 50E
65 Dogo, I., Japón 36 15N 133 20E
60 Doha, Qatar 25 15N 51 32E
62 Dohad, India 22 57N 74 20E
63 Dohazari, Bangladesh 22 10N 92 7E
24 Doiras, Emb., P. de Ast., Esp. 43 20N 6 47W
41 Dojran, Yugoslavia 41 10N 22 45E
44 Dokkum, Países Bajos 53 20N 6 1E
85 Dolbeau, Canadá 48 25N 72 18W
42 Dôle, Francia 47 6N 5 30E
37 Dolgellan, Gales, R. Unido 52 44N 3 54W
65 Dolinsk, U.R.S.S. 47 25N 142 48E
72 Dolisie, Congo 4 0S 13 10E
40 Colomitas, Italia 46 30N 11 40E
95 Dolores, Argentina 36 15S 57 50W
31 Dolores, Com. Val., Esp. 38 10N 0 45W
84 Dolphin y Union Str., Canadá 70 0N 120 0W
59 Dolya, U.R.S.S. 69 45N 132 0E
49 Dombas, Nor. 62 5N 9 10E
73 Dombe Grande, Angola 13 0S 13 0E
42 Domfront, Francia 48 35N 0 40W
91 Dominica, I., Antillas 15 25N 61 20W
91 Dominicana, Rep., Antillas 10 0N 70 30W
34 Don Benito, Extr., Esp. 38 53N 5 51W
37 Don, R., Escocia R. Unido 57 15N 2 15W
51 Don, R., U.R.S.S. 50 0N 42 0E
46 Donauworth, Alemania 48 42N 10 47E
37 Doncaster, Ingl., R. Unido 53 31N 1 8W
72 Dondo, Angola 9 45S 14 32E
73 Dondo, Mozambique 19 32S 34 45E
37 Donegal, y Bay, Irlanda 54 39N 8 6W
51 Donets, R., U.R.S.S. 48 48N 39 0E
51 Donetsk, U.R.S.S. 48 0N 37 30E
78 Dongara, Australia 29 15S 114 59E
64 Dongchuan, China 25 39N 102 50E
71 Dongola, Sudán 19 8N 20 23E
72 Dongou, Congo 2 4N 17 57E
48 Donna, I., Noruega 66 5N 12 40E
80 Donnelly's Crossing, N.Z. 35 38S 173 33E
61 Dor, Israel 32 36N 34 55E
40 Dora Baltea, R., Italia 45 42N 8 0E
78 Dora, L., Australia 22 0S 122 50E
37 Dorchester, Ingl., R. Unido 50 42N 2 26W
43 Dordogne, Dept., Francia 45 0N 0 7E
43 Dordogne, R., Francia 44 50N 0 30E
46 Dordrecht, Países Bajos 51 47N 4 40E
70 Dori, Alto Volta 14 0N 0 5W
47 Dorohoi, U.R.S.S. 47 55N 26 30E
44 Dorsten, Alemania 51 50N 6 55E
46 Dortmund, Alemania 51 36N 7 28E
72 Doruma, Zaire 4 50N 27 33E
32 Dos Hermanas, And., Eso. 37 16N 5 55W
30 Dosbarrios, Cast.-La M., Esp. 39 53N 3 29W
70 Dosso, Níger 13 0N 3 13E
87 Dothan, U.S.A. 31 13N 85 26W
42 Douai, Francia 50 22N 3 3E
72 Douala, Camerún 4 0N 9 45
42 Douarnenez, Francia 48 5N 4 20W
43 Doubs, Dept., Francia 47 16N 6 35E
43 Doubs, R., Francia 47 0N 5 30E
70 Douentza, Mali 14 58N 2 48W
86 Douglad, U.S.A. 31 25N 109 35W
37 Douglas, Islas de Man, Is. Británicas 54 9N 4n 4 31W
72 Doume, Camerún 4 10N 13 30E
70 Douna, Mali 13 13N 6 0W
36 Douro, R., Portugal 41 48N 8 0W
89 Dover, Del., U.S.A. 29 19N 75 23W
37 Dover, Ingl., R. Unido 51 7N 1 19E
89 Dover, N.H. U.S.A. 43 13N 70 55W
48 Dovrefjell, Mtes., Noruega 62 25N 9 10E
73 Dowa, Malawi 13 38S 33 58E
37 Downpatrick, Irl. Norte, R. Unido 54 19N 5 41W
63 Doyung, China 33 40N 99 30E
70 Dra. Wadi, Marruecos 29 0N 8 0W
44 Drachten, Países Bajos 53 7N 6 6E
41 Dragoman, P., Bulgaria 43 0N 22 57E
27 Dragonera, I., Bal., Esp. 39 35N 2 19E
43 Draguignan, Francia 43 38N 6 28E
73 Drakensberg, Mtes., Sudáfrica 30 0S 29 0E
41 Drama, Grecia 41 9N 24 10E
49 Drammen, Noruega 59 45N 10 14E
48 Dranka Jokul, Mte., Islandia 66 12N 22 15W
47 Drava, R., Yugoslavia 45 50N 18 0E
44 Drenthe, Prov., Países Bajos 52 53N 6 40E
46 Dresden, Alemania 51 5N 13 41E
41 Drina, R., Yugoslavia 44 30N 19 5E
49 Drobak, Noruega 59 39N 10 48E
37 Drogheda, Irlanda 53 43N 6 20W
47 Drogobych, U.R.S.S. 49 28N 23 30E
43 Drôme, Dept., Francia 44 50N 5 10E
84 Drumheller, Canadoa 51 27N 112 58W
79 Drummond, Sa., Australia 23 0S 147 15E
89 Drummondville, Canadá 45 54N 72 30W
96 Drygalski, I., Antártida 65 0S 91 0E
78 Drysdale, R., Australia 15 0S 126 50E
88 Du Bois, U.S.A. 41 6N 78 48W
84 Dubawnt, L., y R., Canadá 63 0N 101 30W
79 Dubbo, Australia 32 15S 148 37E
37 Dublín 'Baile Atha Cliath', Irlanda 53 21N 6 15W
87 Dublín, U.S.A. 32 32N 82 57W
47 Dubno, U.R.S.S. 50 24N 25 47E
51 Dubovka, U.R.S.S. 49 3N 44 40E
70 Dubreka, Guinea 9 46N 13 31W
47 Dubrovitsa, U.R.S.S. 51 31N 26 35E
41 Dubrovnik, Yugoslavia 42 40N 18 6E
59 Dubrovskoye, U.R.S.S. 58 55N 111 0E
88 Dubuque, U.S.A. 42 30N 90 45W
79 Duchess, Australia 21 15S 139 57E
01 Ducie, I., Océano Pacífico 25 0S 125 0W
63 Dudhi, India 24 15N 83 10E
28 Dueñas, Cast.-León, Esp. 41 52N 4 35W
28 Duero, R., Cast.-León, Esp. 41 37N 3 30W
47 Dugi Otok, I., Yugoslavia 44 0N 15 0E
45 Duisburg, Alemania 51 26N 6 45E
71 Duk Fadiat, Sudán 7 49N 31 31E
62 Duki, Pakistán 30 14N 68 25E
59 Dukinha, U.R.S.S. 69 30N 86 0E
47 Dukla, P., Polonia-Checoslovaquia 49 25N 21 40E
64 Dukou, China 27 59N 101 40E
70 Duku, Nigeria 10 43N 10 43E
64 Dulan, China 36 20N 97 52E
95 Dulce, R., Argentina 28 30S 63 30W
88 Duluth, U.S.A. 46 48N 92 10W
63 Dum Duma, India 27 35N 95 40E
37 Dumbar, Escocia, R. Unido 56 0N 2 31W
37 Dumbarton, Escocia, R. Unido 55 57N 4 33W
24 Dumbria, Gl., Esp. 42 59N 9 8W
37 Dumfries, Escocia, R. Unido 55 4N 3 35W
96 Dumont d'Urville, Antártida 67 0S 140 0E
37 Dun Laoghaire, Irlanda 53 15N 6 10W
47 Dunaújváros, Hungría 47 3N 18 58E
80 Dunback, N. Z. 45 23S 170 36E
37 Dundak, Irlanda 54 0N 6 23W
78 Dundas, Estr. Australia 11 0S 131 40E
37 Dundee, Escocia, R. Unido 56 27N 2 58W
37 Dundrum, Irlanda 53 17N 6 15W
80 Dunedin, Nueva Zelanda 45 51S 170 31E
37 Dunfermline, Escocia, R. Unido 56 4N 3 27W
37 Dungarvan, Irlanda 52 2N 7 38W
72 Dungu, Zaire 3 48N 28 37E
65 Dunhua, China 43 20N 128 14E
64 Dunhuang, China 40 8N 94 36E
42 Dunkerque, Francia 51 2N 2 21E
88 Dunkirk, N.Y., U.S.A. 42 30N 79 18W
70 Dunkwa, Ghana 6 0N 1 50W
71 Dunqul Oasis, Egipto 23 38N 31 3E
37 Duns, Escocia, R. Unido 55 46N 2 19W
80 Dunstan, Mtes., N.Z. 44 50S 169 30E
64 Duolun, China 42 12N 116 28E
61 Dura, Jordania 31 30N 35 2E
80 Durack, Sa., Australia 17 0S 127 30E
43 Durance, R., Francia 44 0N 6 0E
90 Durango, México 24 12N 105 15W
25 Durango, P. Vasco, Esp. 43 13N 2 40W
86 Durango, U.S.A. 37 20N 107 55W
87 Durant, U.S.A. 33 58N 96 27W
28 Duratón, R., Cast.-León, Esp. 41 27N 4 2W
95 Durazno, Uruguay 33 30S 56 30W
73 Durban, Sudáfrica 29 57S 30 59E
33 Dúrcal, And., Es. 37 0N 3 34W
44 Duren, Alemania 50 49N 6 29E
63 Durg, India 21 12N 81 20E
37 Durham, Ingl., R. Unido 54 47N 1 36W
87 Durham, U.S.A. 36 0N 78 35W
41 Durmitor, Mte., Yugoslavia 43 20N 19 10E
41 Durrës, Albania 41 20N 19 29E
29 Duruelo de la Sierra, Cast.-León, Esp. 41 47N 2 56W
80 D'Urville, I., N.Z. 40 55S 173 50E
58 Dushak, U.R.S.S. 37 20N 60 10E
58 Dushanbe, U.R.S.S. 38 20N 68 30E
46 Düsseldorf, Alemania 51 18N 6 47E
84 Dutch Harbor, Alaska 53 40N 166 30W
64 Dutulun Shan, Mtes., Mongolia 48 45N 111 30E
91 Duverge, Rep. Dominicana 18 15N 71 25W
64 Duyun, China 26 18N 107 29E
50 Dvina del Norte, R., U.R.S.S. 62 30N 43 0E
50 Dvina occidental, R., Europa 55 40N 28 0E
50 Dvina, R., U.R.S.S. 65 0N 39 30E
62 Dwarka, India 22 20N 69 0E
85 Dyer, C., Canadá 67 0N 61 0W
87 Dyersburg, U.S.A. 35 5N 89 10W
64 Dzamin Üüp, Mongolia 43 50N 111 58E
51 Dzankoi, U.R.S.S. 45 40N 34 30E
50 Dzerzhinsk, U.R.S.S. 56 15N 43 15E
58 Dzhailma, U.R.S.S. 51 30N 61 50E
58 Dzhalal Abad, U.R.S.S. 41 0N 73 0E
59 Dzhalinda, U.R.S.S;. 53 40N 124 0E
58 Dzhambul, U.R.S.S. 43 10N 71 0E
59 Dzhelinde, U.R.S.S. 70 0N 114 0E
58 Dzhetygara, U.R.S.S. 52 10N 61 0E
58 Dzhezkazgan, U.R.S.S. 47 10N 67 40E
59 Dzhuddzhur, Sa., U.R.S.S. 57 30N 138 0E
64 Dzhungarskiye, China 45 0N 82 0E
64 Dzuunmod, Mongolia 47 55N 107 0E

E

86 Eagle Pass, U.S.A. 28 45N 100 28W
84 Eagle, Alaska 64 44N 141 29W
80 Earnslaw, Mte., N.Z. 44 37S 168 28E
80 East Coast, Dist., N.Z. 38 30S 177 50E
88 East Liverpool, Ohio, U.S.A. 40 39N 80 35W
73 East London, Sudáfrica 33 1S 27 58E
87 East Pt., U.S.A. 33 38N 84 29W
88 East St. Louis, U.S.A. 38 36N 90 3W
80 East, C., Nueva Zelanda 37 39S 178 58E
37 Eastbourne, Ingl., R. Unido 50 46N 0 16E
80 Eastbourne, N.Z. 41 50S 174 47E
85 Eastmain, y R., Canadá 52 20N 78 30W
89 Easton, Pa., U.S.A. 40 42N 75 16'W
88 Eau Claire, U.S.A. 44 49N 91 30W
49 Ebelfoft, Din. 56 20N 10 30E
46 Eberswalde, Alemania 52 50N 13 50E
40 Eboli, Italia 40 38N 15 0E
72 Ebolowa, Camerún 3 0N 11 11E
25 Ebro, R., y Emb., Esp. 43 0N 4 0W
70 Ech Cheliff, Argelia 36 16N 1 20E
25 Echarri-Aranaz, Nav., Esp. 42 52N 2 14W
84 Echo Bay, Canadia 66 10N 117 40W
44 Echternach, Luxemburgo 49 50N 6 15E
79 Echuca, Australia 36 3S 144 50E
32 Ecija, And., Esp. 37 30N 5 8W
94 Ecuador, Sudamérica 2 30S 77 30W
71 Ed Damer, Sudán 17 27N 34 0E
71 Ed Debba, Sudán 17 0N 31 12E
71 Ed Dueim, Sudán 13 55N 32 20E
63 Ed Dzong, Tibet 32 10N 90 20E
44 Edam, Países Bajos 52 31N 5 3E
72 Edd, Etiopía 14 0N 41 30E
44 Ede, Países Bajos 52 3N 5 40E
37 Eden, R., Ingl., R. Unido 54 50N 2 45W
71 Edeyin, Des., Libia 27 0N 10 0E
71 Edfu, Egipto 24 57N 32 50E
41 Edhessa, Grecia 40 50N 22 5E
80 Edievale, Nueva Zelanda 45 20S 169 19E
37 Edinburgh, Escocia, R. Unido 55 57N 3 12W
41 Edirne, Turquía 41 41N 26 36E
84 Edmonton, Canadá 53 40N 113 30W
85 Edmundston, Canadá 47 22N 68 22W
41 Edremit, y G., Turquía 39 35N 27 2E
84 Edson, Canadá 53 35N 115 58W
72 Eduardo, L., Zaire 0 25S 29 40E
72 Edward, L., *véase* Idi Amin Dada
86 Edwards Plateau, U.S.A. 30 30N 100 40W
44 Eekloo, Bélgica 51 11N 3 34E
25 Ega, R., Nav., Esp. 42 32N 1 58W
40 Egadi Aegatas, Is., Italia 37 55N 12 10E
41 Egeo, Mar, Medit. S. 38 0N 25 0E
47 Eger, Hungría 47 57N 20 23E
49 Egersund, Nor. 58 26N 6 1E
78 Egerton, Mte., Australia 24 40S 118 0E
71 Egipto, África del Noreste 26 0N 30 0E
73 Egito, Angola 12 0S 13 50E
80 Egmont, C., N.Z. 39 12S 173 45E
80 Egmont, Mte., N.Z. 39 13S 174 7E
51 Egridir, Turquía 37 55N 30 50E
71 Eguei Timmi, Chad 15 35N 16 25E
65 Ehime, Pref., Japón 33 30N 132 30E
25 Eibar, P. Vasco, Esp. 43 11N 2 28W
49 Eidsvoll, Noruega 60 19N 11 17E
44 Eifel, Mtes., Alemania 50 5N 6 35E
49 Eigersund, Noruega 58 26N 6 3E
37 Eigg, I., Escocia, R. Unido 56 52N 6 15W
45 Eigg, Suiza 47 29N 8 52E
78 Eighty Mile Beach, Australia 19 30S 121 0E
79 Einasleigh, Australia 18 45S 144 15E
44 Eindhoven, Países Bajos 51 27N 5 29E
45 Einstedein, Suiza 47 9N 8 45E
46 Eisenach, Alemania 50 59N 10 21E
61 Eizariya, Jordania 31 47N 35 15E
26 Ejea de los Caballeros, Arag., Esp. 42 7N 1 9W
80 Eketahuna, N.Z. 40 34S 175 40E
59 Ekimchan, U.R.S.S. 53 0N 133 0E
71 El 'Alamein, Egipto 30 40N 29 0E
60 El 'Allaqi, Egipto 23 10N 32 54E
70 El Aaiún, Sáhara occidental 32 48N 35 43E
32 El Andévalo, Cca., And., Esp. 37 42N 7 10W
32 El Arahal, And., Esp. 37 15N 5 33W
28 El Arenal, Cast.-León, Esp. 40 17N 5 8W
71 El Arish, Egipto 31 3N 33 40E
70 El Asnam, Argelia 36 2N 1 22E
29 El Atazar, Emb., Madrid, Esp. 40 55N 3 25W
30 El Ballestero, Cast.-La M., Esp. 38 48N 2 26W
28 El Barco de Ávila, Cast.-León, Esp. 40 21N 5 30W
24 El Barco de Valdeorras, Gal., Esp. 42 23N 7 0W
60 El Bawiti, Egipto 28 27N 29 0E
70 El Bayadh, Argelia 33 45N 1 0E
28 El Bierzo, Cast.-León, Esp. 42 45N 6 30W
01 El Bira, Jordania 31 55N 35 13E
28 El Bodón, Cast.-León, Esp. 40 27N 6 36W
24 El Bollo, Gal., Esp. 42 20N 7 8W
30 El Bonillo, Cast.-La M., Esp. 38 55N 2 33W
30 El Bonillo, Cast.-La M., Esp. 38 57N 2 30W
26 El Burgo de Ebro, Arag., Esp. 41 33N 0 45W
29 El Burgo de Osma, *véase* Burgo de Osma
28 El Burgo Ranero, Cast.-León, Esp. 42 27N 5 13W
32 El Campillo, And., Esp. 37 42N 6 38W
30 El Carpio de Tajo, Cast.-La M., Esp. 39 52N 4 29W
33 El Carpio, And., Esp. 37 55N 4 30W
30 El Casar de Talamanca, Cast.-La M., Esp. 40 42N 3 25W
26 El Castelar, Cca., Arag., Esp. 41 50N 0 55W
32 El Castillo de las Guardas, And., Esp. 37 41N 6 19W
86 El Centro, U.S.A. 32 40N 115 38W
32 El Cerro de Andévalo, And., Esp 37 45N 6 57W
32 El Coronil, And., Esp. 37 5N 5 30W
28 El Cubo de don Sancho, Cast.-León, Esp. 40 50N 6 20W
28 El Cubo de la Tierra del Vino, Cast.-León, Esp. 41 15N 5 42W
90 El Cuyo, México 21 35N 87 50W
90 El Díaz, México 21 10N 87 30W
60 El Dirr, Egipto 22 40N 32 0E
70 El Djouf, Des., Mauritania 21 0N 8 0W
87 El Dorado, Ark., U.S.A. 33 14N 92 43W
87 El Dorado, Kan., U.S.A. 37 48N 96 56W
29 El Escorial, Madrid, Esp. 40 35N 4 5W
60 El Faiyum, Egipto 29 20N 30 59E
71 El Fasher, Sudán 13 37N 25 20E
24 El Ferrol, y Ría, Gal., Esp. 43 29N 3 10W
24 El Franco, P. de Ast., Esp. 43 33N 6 48W
90 El Fuerte, México 26 36N 108 30W
91 El Gallo, Nicaragua 13 5N 84 30W
71 El Geneina, Sudán 13 27N 22 45E
71 El Geteira, Sudán 14 54N 32 30E
71 El Gezira, Prov., Sudán 15 0N 33 0E
27 El Gironés, Cat., Esp. 42 7N 2 45E
71 El Giza, Egipto 30 0N 31 0E
70 El Golea, Argelia 30 40N 3 0E
26 El Grado, Arag., Esp. 42 10N 1 48W
26 El Grado, Emb., Arag., Esp. 42 15N 1 10W
32 El Granado, And., Esp. 37 32N 7 22W
24 El Grove, Gal., Esp. 42 28N 8 55W
71 El Gusbat, Libia 32 30N 14 1E
28 El Hoyo de Pinares, Cast.-León, Esp. 40 31N 4 25W
71 El Iskandariya, *véase* Alexandria
71 El Istwa'ya, Prov., Sudán 5 0N 30 0E
70 El Jadida, Marruecos 33 11N 8 17W
71 El Jebelein, Sudán 12 40N 32 55E
71 El Kab, Sudán 19 30N 32 46E
70 El Kala, Argelia 36 55N 8 33E
70 El Kef, Tunicia 36 12N 8 47E
61 El Khalil, *véase* Hebron
71 El Khandaq, Sudán 18 43N 30 38E
71 El Kharga, Egipto 25 30N 30 33E
61 El Leja, Mte., Siria 33 17N 36 5E
14 El Maestrazgo, Com. Val., Esp. 40 25N 0 5W
28 El Maíllo, Cast.-León, Esp. 40 33N 6 12W
71 El Mansura, Egipto 31 0N 31 20E
71 El Minya, Egipto 28 12N 30 30E
29 El Molar, Madrid, Esp. 40 42N 3 35W
72 El Niabo, Etiopía 4 30N 39 55E
71 El Obeid, Sudán 13 15N 30 45E
71 El Odaiya, Sudán 12 0N 27 5E
28 El Oso, Cast.-León, Esp. 40 50N 4 46W
70 El Qued, Argelia 33 20N 6 40E
70 El Ouig, Mali 19 25N 0 25E
28 El Páramo, Cast.-León, Esp. 42 25N 5 30W
29 El Pardo, Madrid, Esp. 41 31N 3 47W
86 El Paso, U.S.A. 31 56N 106 25W
28 El Payo, Cast.-León, Esp. 40 16N 6 45W
30 El Pedernoso, Cast.-La M., Esp. 39 29N 2 45W
32 El Pedroso, nd., Esp. 37 48N 5 47W
27 El Penedés, Cat., Esp. 41 15N 1 30E
31 El Peral, Cast.-La M., Esp. 39 30N 1 52W
30 El Picazo, Cast.-La M., Esp. 39 27N 2 8W
24 El Pino, Gal., Esp. 42 55N 8 18W
34 El Pintado, Emb., Extr., Esp. 38 2N 6 3W
31 El Pobo de Dueñas, Cast.-La M., Esp. 40 46N 1 39W

27 El Port de La Selva, Cat., Esp. 42 20N 3 12E
27 El Prat de Llobregat, Cat., Esp. 41 18N 2 3E
30 El Provencio, Cast.-La M., Esp. 39 21N 2 35W
09 El Pueblo, Canar., Esp. 28 36N 17 45W
30 El Puente del Arzobispo, *véase* Puente del Arzobispo
32 El Puerto de Santa María, *véase* Puerto de Santa María
71 El Qahira, Egipto *véase* Cairo
71 El Qantara, Egipto 31 0N 32 20E
71 El Qasr, Egipto 25 40N 28 42E
60 El Qattara, Egipto 30 10N 27 15E
32 El Real de la Jara, And., Esp. 37 57N 6 12W
30 El Real de S. Vicente, Cast.-La M., Esp. 40 10N 4 42W
91 El Real, Panamá 8 0N 77 40W
86 El Reno, U.S.A. 35 30N 98 0W
24 El Ribeiro, Gal., Esp. 42 30N 8 30W
32 El Ronquillo, And., Esp. 37 44N 6 10W
35 El Roque, Canar., Esp. 28 15N 15 35W
35 El Roque, Pta., Canar., Esp. 28 12N 15 26W
29 El Royo, Cast.-León, Esp. 41 54N 2 37W
32 El Rubio, And., Esp. 37 22N 5 0W
90 El Salvador, América Central 13 45N 88 50W
32 El Saucejo, And., Esp. 37 7N 5 8W
28 El Tiemblo, Cast.-León, Esp. 40 24N 4 32W
30 El Toboso, Cast.-La M., Esp. 39 30N 2 59W
60 El Tur, Egipto 28 14N 33 39E
27 El Vallés, Cat., Esp. 41 35N 2 20E
29 El Vellón, Emb., Madrid, Esp. 40 47N 3 40W
30 El Vicario, Emb., Cast.-La M., Esp. 39 5N 4 5W
29 El Villar, Cast.-León, Esp. 42 48N 2 6W
32 El Viso, And., Esp. 38 29N 4 57W
72 El Wak, Kenia 3 0N 41 0E
60 El Wasta, Egipto 29 25N 31 10E
51 Elazig, Turquía 38 37N 39 18E
40 Elba, I., Italia 42 50N 10 20E
41 Elbasan, Albania 41 8N 20 8E
46 Elbe, R., Alemania 53 55N 8 50E
43 Elbeuf, Francia 49 17N 0 58E
47 Elblag, Polonia 54 10N 19 22E
51 Elbrus, Mte., U.R.S.S. 43 45N 43 0E
30 Elche de la Sierra, Cast.-La M., Esp. 30 27N 2 2W
31 Elche, Com. Val., Esp. 38 15N 0 42W
31 Elche, Emb. Com. Val., Esp 38 20N 0 42W
31 Elda, Com. Val., Esp. 38 29N 0 47W
72 Eldoret, Kenia 0 20N 35 40E
86 Electra, U.S.A. 34 2N 98 55W
96 Elephan, I., Islas Malvinas (Falkland) 61 0S 54 0W
87 Eleuthera, I., Bahamas 25 0N 76 30W
37 Elgin, Escocia, R. Unido 57 39N 3 20W
88 Elgin, U.S.A. 422N 88 15W
25 Elgoibarl P. Vasco. Esp 43 15N 2 30W
72 Elgon, Mte., Kenia-Uganda 1 30N 34 50E
72 Elila, R., Zaire 3 0S 27 0E
73 Elisabethville, *véase* Lubumbashi
51 Elista (Stepnio). U.R.S.S. 46 28N 44 20E
87 Elizabeth City, U.S.A. 36 17N 76 12W
89 Elizabeth, U.S.A. 40 35N 74 8W
25 Elizondo, Nav., Esp. 43 8N 1 30W
34 Eljas, Extr., Esp. 40 13N 6 51W
49 Elk, Polonia 53 50N 22 20E
88 Elkhart, U.S.A. 41 39N 85 48W
86 Elko, U.S.A. 40 58N 115 48W
86 Ellensburg, U.S.A. 47 2N 120 32W
96 Ellesmere, I., Canada 79 0N 80 0W
62 Ellichpur (Achalpur), India 21 12N 77 30E
96 Ellsworth, Antártida 78 0S 41 0W
51 Elmali, Turquía 36 20N 30 0E
88 Elmira, U.S.A. 42 15N 76 54W
25 Elorrio, P. Vasco, Esp. 43 8N 2 36W
25 Elorz, Nav. Esp. 42 44N 1 35W
80 Eltham, N.Z. 39 25S 174 20E
63 Eluru, India 16 50N 81 0E
36 Elvas, Portugal 38 52N 7 13W
49 Elverum, Noruega 60 55N 11 34E
88 Elwood, Ind., U.S.A. 40 20N 85 50W
37 Ely, Ingl., R. Unido 52 23N 0 16W
71 Em Nahud, Sudán 12 33N 28 35E
58 Emba, R., R., U.R.S.S. 48 0N 56 0E
58 Emba, U.R.S.S. 47 0N 55 45E
72 Embu, Kenia 0 30S 37 30E
26 Embun, Arag., Esp. 42 38N 0 44W
46 Emden, Alemania 53 22N 7 12E
79 Emerald, Australia 23 30S 148 1E
84 Emerson, Canadá 49 0N 97 10W
71 Emi Koussi, Mte., Chad 20 0N 19 0E
40 Emilia-Romagna, Reg., Italia 44 33N 10 40E
61 Emiratos Árabes Unido. Asia 23 0N 54 0E
45 Emme, R., Suiza 47 0N 7 42E
44 Emmeloord, Países Bajos 52 43N 5 46E
44 Emmen, Países Bajos 53 46N 6 50E
45 Emmental, Suiza 47 0N 7 35E
44 Emmerich, Alemania 51 52N 6 18E
73 Empageni, Sudáfrica 28 43S 31 52E
87 Emporia, Kansas, U.S.A. 38 25N 96 16W
88 Emporium, Pa., U.S.A. 41 30N 78 17W
46 Ems, R., Alemania 52 47N 7 18E
32 Encinasola, And., Esp. 38 10N 6 50W
79 Encounter, B., Australia 35 50S 139 0E
79 Endeavour, Est., Australia 11 0S 142 0E
88 Endicott, N.Y., U.S.A. 52 6N 76 2W
41 Enez, Turquía 40 40N 26 5S
45 Engadin, Dist., Suiza 46 45N 10 10E
45 Engelberg, Suiza 46 48N 8 24E
50 Engels, U.R.S.S. 51 28N 46 6E
50 Engerman, R., Suecia 62 40N 18 0E
45 Engiadina Bassa (Baja Engladina). Suiza 46 51N 10 18E
45 Engiodin Ota (Alta Engladina), Suiza 46 38N 10 0E
65 English Bazar, India 24 58N 88 21E
31 Enguera, y Sa., Com. Val., Esp. 38 59N 0 40W
86 Enid, U.S.A. 36 25N 97 52W
44 Enkhuizen, Países Bajos 52 42N 5 17E
25 Enmedio, Cant., Esp. 42 59N 4 9W
40 Enna, Italia 37 34N 14 15E
37 Ennis, Irlanda 52 51N 8 59W
87 Ennis, U.S.A. 32 21N 96 45W
44 Enschede, Países Bajos 52 13N 6 53E
31 Enselle, Sa., Com. Val., Esp. 40 30N 0 0
90 Ensenada, México 31 45N 116 40W
72 Entebre, Uganda 0 3N 32 32E
25 Entrambasaguas, Cant., Esp. 43 23N 3 41W
24 Entrimo, Gal., Esp. 41 50N 8 10W
95 Entre Ríos, Prov., Argentina 31 0S 59 0W
78 Entrecasteaux, Pta. d', Australia 34 48S 116 0E
30 Entrepeñas, Emb., Cast.-La M., Esp. 40 34N 2 42W
70 Enugu, Nigeria 6 35N 7 30E
27 Envalira, Pto., Andorra 42 32N 1 45E
24 Eo, R., Gal., Esp. 43 20N 7 12W
44 Epe, Países Bajos 52 22N 5 59E
42 Epernay, Francia 49 3N 3 55E
26 Epila, Arag., Esp. 41 36N 1 17W
42 Epinal, Francia 48 15N 6 25E
41 Epiro (Ipiros), Prov., Grecia 39 50N 20 20E
73 Epukiro, y R., Namibia 21 30S 19 0E
71 Er Rahad, Sudán 12 50N 30 47E
60 Er Roda, Egipto 27 45N 30 58E
71 Er Roseires, Sudán 11 55N 34 30E
63 Erawadi, R. y delta, Birmania 17 0N 95 0E
60 Erbil, Iraq 36 12N 44 7E
59 Ercha, U.R.S.S. 69 40N 147 5E
39 Erciyas Dagi, Turquía 38 30N 36 10E
96 Erebus, Mte., Antártida 77 0S 166 0E
60 Eregli, Turquía 38 30N 34 7E
51 Eregli, Turquía 41 18N 31 25E
28 Eresma, R., Cast.-León, Esp. 41 13N 4 30W
64 Erenhot, Mongolia Int., China 43 48N 111 59E
46 Erfurt, Alemania 50 59N 11 0E
64 Erhlien, China 43 55N 111 45E
28 Eria, R., Cast.-León, Esp. 42 10N 6 8W
40 Erice, Italia 38 40N 12 34E
88 Erie, L., América del Norte 42 0N 81 0W
88 Eric, U.S.A. 42 6N 80 6W
60 Eritrea, Prov., Etiopía 15 0N 40 0E
34 Erjas, R., Esp.-Port. 39 55N 6 52W
26 Erla, Arag., Esp. 42 9N 0 57W
46 Erlangen, Alemania 49 38N 11 3E
41 Ermoúpolis, Grecia 37 10N 24 50E
25 Ermúa, P. Vasco, Esp. 43 11N 2 30W
62 Ernakular, India 9 58N 76 15E
37 Erne, L., Irl. Norte, R. Unido 54 28N 7 50W
62 Erode, India 11 24N 77 45E
37 Erris Hd., Irlanda 54 19N 10 0W
25 Erro, Nav., Esp. 42 56N 1 30W
46 Erz Gebirge, Mtes., Alemania 50 30N 13 0E
51 Erzincan, Turquía 39 49N 39 40E
51 Erzurum, Turquía 39 58N 41 20E
49 Esbjerg, Dinamarca 55 30N 8 29E
25 Esca, R., Nav., Esp. 42 45N 0 55W
27 Escala, *véase* La Escala
30 Escalona, Cast.-La M., Esp. 40 9N 4 20W
88 Escanaba, U.S.A. 45 47N 87 5W
49 Escandinavia, Europa 65 0N 15 0E
26 Escatrón, Arag. Esp. 41 17N 0 20W
44 Esch, Luxemburgo 49 30N 6 0E
90 Escobal, Panamá
28 Ecobar de Polendos, Cast.-León, Esp. 41 8N 4 9W
29 Escorial, *véase* El Escorial
26 Escucha, Arag., Esp. 40 45N 0 50W
25 Escudo, Puerto, Cord. Cant., Esp. 43 5N 3 48W
90 Escumapa, México 22 45N 105 30W
26 Esera, R., Arag., Esp. 42 24N 0 20W
28 Esgueva, R., Cast.-León, Esp. 41 46N 4 10W
28 Esguevillas de Esgueva, Cast.-León, Esp. 41 45N 4 20W
71 Esh Shimalya, Prov., Sudán 20 0N 30 0E
61 Esh Shuna, Jordania 32 36N 35 35E
48 Eskifjordur, Islandia 65 5N 13 55W
49 Eskilstuna, Suecia 59 20N 16 30E
51 Eskisehir, Turquía 39 20N 30 10E
14 Esla, R., y Emb., Cat.-León, Esp. 41 40N 5 50W
25 Eslava, Nav., Esp. 42 35N 1 30W
47 Eslovaquia, Slovak S.R., Checoslovaquia 48 50N 20 0E
46 Eslovenia, Slovenija, Union Federativa, Yug. 46 0N 15 0E
14 España, Europa 39 50N 3 40W
31 Espadán, Sa., Com. Val., Esp. 39 50N 0 30W
27 Espalmador, I., Bal., Esp. 38 48N 1 25E
27 Espardell, I., Bal., Esp. 38 47N 1 28E
27 Esparraguera, Cat., Esp. 41 33N 1 50E
58 Espe, U.R.S.S. 44 5N 74 0E
33 Espejo, And., Esp. 37 42N 4 36W
78 Esperance, y B., Australia 33 50S 121 57E
36 Espichel, C., Port. 38 25N 9 12W
32 Espiel, And., Esp. 38 11N 5 0W
24 Espina, *véase* La Espina
95 Espinhaco, Sa. Do, Mtes., Brasil 19 0S 43 45W
36 Epinho, Port. 40 58N 8 38W
29 Espinosa de los Monteros, Cast.-León, Esp. 43 5N 3 34W
95 Espirito Santo, St., Brasil 19 30S 40 30W
26 Esplás, Arag., Esp. 41 48N 0 17E
27 Espluga de Francoli, Cat., Esp. 41 24N 1 7E
27 Esplugas de Llobregat; Cat., Esp. 41 23N 2 5E
27 Espolla, Cat., Esp. 42 20N 3 0E
41 Eporadas, Is., N., Grecia 39 20N 24 0E
27 Esporlas, Bal., Ep. 39 40N 2 35E
27 Espot, Cat., Esp. 42 35N 1 9E
35 Espuña, Sa., Mur., Esp. 37 51N 1 35W
84 Esquimalt, Canadá 48 30N 123 50W
30 Esquivias, Cast.-La Mancha, Esp. 40 6N 3 46W
70 Essaouira, Marruecos 31 40N 9 45W
94 Essequibo, R., Guyana 6 50N 58 30W
46 Essen, Alemania 51 25N 7 0W
44 Essen, Bélgica 51 27N 4 26E
46 Esslingen, Alemania 48 45N 9 15E
43 Essonne, Dept., Francia 48 30N 2 15E
24 Estaca de Bares, Pta., Esp. 43 48N 7 39W
73 Estado Libre de Orange, *véase* Orange Free State
86 Estados Unidos de América, América del Norte 39 0N 96 0W
51 Estambul (Istanbul) Turquía 41 1N 28 56E
33 Estancias, Sa., And., Esp. 37 35N 2 10W
36 Estarreja, Port. 40 45N 8 40W
27 Estats, pico, Pirineos, Esp. 42 40N 1 20E
45 Estavayer-le-Lac, Suiza 46 51N 6 52E
25 Estella, Nav., Esp. 42 40N 2 0W
32 Estepa, And, Esp. 37 17N 4 52W
28 Estepar, Cast.-León, Esp. 42 16N 5 32W
32 Estepona, And., Esp. 36 24N 5 7W
27 Esterri de Aneu, Cat., Esp. 42 38N 1 5E
84 Estevan, Canadé 49 12N 103 0W
46 Estiria (Steiermark) Prov., Austria 47 18N 15 0E
31 Estivella, Com. Val., Esp. 39 42N 0 20W
49 Estocolmo, *véase* Stockholm
49 Estonia, R.S.S., U.R.S.S. 58 50N 25 40E
36 Estoril, Port. 38 42N 9 23W
24 Etrada, La, Gal., Esp. 42 40N 8 30W
42 Estrasburgo, *véase* Strasbourg
36 Estrela, Sa. Da, Portugal 40 20N 7 20W
33 Estrella, Mte., Sa. Morena, Esp. 38 25N 3 35W
30 Etrella, *véase* La Estrella
35 Estrellada, Pta., Canar., Esp. 28 10N 13 55W
36 Estremadura, y Prov., Portugal 39 0N 8 35W
36 Estremoz, Port. 38 51N 7 39W
95 Estrondo, Sa. do., Brasil 8 0S 48 45W
47 Esztergom, Hungría 47 49N 18 42E
42 Etampes, Francia 48 26N 2 6E
42 Etapies, Francia 50 38N 1 40E
62 Etawah, India 26 54N 79 4E
69 Etiopía, África oriental 8 0N 40 0E
40 Etna, Mte., Italia 37 42N 15 0E
73 Etosha Pan, Namibia 18 45S 16 20E
44 Ettelbruck, Luxemburgo 49 51N 6 6E
42 Eu, Francia 50 0N 1 30E
41 Eubea, *véase* Evvoia, Grecia
78 Eucla Basin, Australia 31 41S 127 0E
88 Euclid, U.S.A. 41 39N 81 32W
60 Eufrates, R., Iraq 34 0N 42 40E
86 Eugene, U.S.A. 44 6N 123 8W
25 Eulate, Nav., Esp. 42 45N 2 15W
24 Eume, R., Gal., Esp. 43 30N 7 45W
44 Eupen, Bélgica 50 38N 6 3E
43 Eure-et-Loire, Dept., Francia 48 15N 1 20E
43 Eure, Dept., Francia 49 0N 1 20E
86 Eureka, U.S.A. 40 48N 124 0W
73 Europa, I., Océano Índico 23 0S 40 30E
14 Europa, Picos, Cord. Cant., Esp. 43 10N 5 0W
32 Europa, Pta., Gibraltar 36 3N 5 21W
44 Europoort, Países Bajos 51 57N 4 10E
44 Euskirchen, Alemania 50 39N 6 47E
49 Eutin, Alemania 54 7N 10 38E
88 Evanston, U.S.A. 42 9N 87 43W
82 Evansville, U.S.A. 38 3N 87 27W
78 Everard, L., Australia 31 30S 135 0E
63 Everest, Mte., Himalaya, Nepal-Tíbet 28 3N 87 7E
86 Everett, U.S.A. 48 0N 122 13W
87 Everglades, Región, U.S.A. 26 0N 80 30W
36 Evora, y Prov., Portugal 38 37N 7 55W
42 Evreux, Francia 49 0N 1 5E
41 Evvoia (Eubea), I., Grecia 38 30N 23 50E
90 Ewarton, Jamaica 18 10N 77 2W
37 Exe, R., Ingl., R. Unido 50 50N 3 31W
37 Exeter, Ingl., R. Unido 50 44N 3 32W
37 Exmoor, Ingl., R. Unido 51 10N 3 43W
78 Exmouth, G., Australia 22 0S 114 20E
34 Extremadura, Reg., Esp. 39 30N 6 5W
72 Eyast, L., Tanzania 3 30S 35 0E
48 Eyja Fjord, Islandia 66 5N 18 27W
48 Eyrarbakki, Islandia 63 5N 21 2W
78 Eyre, Australia 32 13S 126 20E
79 Eyre, L., Autralia 29 20S 137 25E
78 Eyre, Pen., Australia 33 30S 135 40E
48 Eyriks J°okull, Mte., Islandia 64 45N 20 20W
60 Ez Zeidar, Sudán 17 30N 33 45E
29 Ezcaray, La Rioja, Esp. 42 20N 3 1W

F

26 Fabara, Arag., Esp. 41 11N 0 10E
27 Fabraitx, C., Bal., Esp. 40 0N 4 17E
28 Fabero, Cast.-León, Esp. 42 46N 6 38W
40 Fabriano, Italia 43 20N 12 50E
70 Fachi, Níger, 19 5N 11 0E
70 Fada N'gourma, Alto Volta 12 5N 0 30E
71 Fada, Chad 17 18N 21 35E
59 Faddeyev, I., U.R.S.S. 75 30N 144 0E
40 Faenza, Italia 44 19N 11 54E
36 Fafe, Port. 41 27N 8 10W
47 Fagaras, Rumania 45 50N 24 58E
49 Fagernes, Noruega 61 1N 9 5E
49 Fagersta, Suecia 60 1N 15 46E
37 Fair, I., Is. Británicas 59 30N 1 40W
84 Fairbanks, Alaska 64 59N 148 10W
80 Fairlie, Nueva Zelanda 44 5S 170 48E
87 Fairmont, Minn., U.S.A. 43 40N 94 30W
87 Fairmont, W. Va., U.S.A. 39 30N 80 6W
84 Fairweather, Mte., Alaska 58 50N 137 40W
61 Faizabad, Afganistán 37 18N 70 45E
63 Faizabad, India 26 50N 82 10E
55 Fakfak, Indonesia 2 50S 132 0E
24 Faladoira, Sa., Gal., Esp. 43 30N 7 50W
63 Falam, Birmania 22 58N 93 50E
25 Falces, Nav., Esp. 42 23N 1 48W
27 Falco, C., Bal., Esp. 38 47N 1 25E
40 Falcone, C., Italia 41 0N 8 10E
49 Falkenberg, Suecia 56 56N 12 30E
37 Falkirk, Escocia, R. Unido 55 59N 3 47W
49 Falköping, Suecia 58 10N 13 30E
89 Fall River, U.S.A. 41 43N 71 9W
70 Famale, Burkina (A. Volta) 15 2N 0 47E
90 Falmouth, Antigua 17 0N 61 47W
37 Falmouth, Ingl., R. Unido 50 9N 5 40W
90 Falmouth, Jamaica 18 30N 77 42W
27 Falset, Cat., Esp. 41 7N 0 50E
49 Falster, I., Dinamarca 54 50N 11 55E
49 Falsterbo, Suecia 55 21N 13 3E
49 Falun, Suecia 60 38N 15 32E
60 Famagusta, Chipre 35 10N 33 58E
95 Famatina, Mte., Argentina 28 30S 67 0W
40 Fandi, Italia 41 21N 13 25E
71 Fangak, Sudán 9 0N 30 50E
40 Fano, Italia 43 50N 13 4E
61 Fanuch, Irán 26 40N 59 35E
72 Faradje, Zaire 4 0N 29 52E
62 Farah Rud, R., Afganistán 32 30N 62 20E
62 Farah, Afganistán 32 22N 62 7E
62 Farah, Prov., Afganistán 32 0N 62 0E
28 Faramontanos de Tabara, Cast.-León, Esp. 41 48N 5 50W
70 Faranah, Guinea 10 3N 10 45W
60 Farasan, Is., Mar Rojo 17 0N 42 0E
85 Farewell, C., Groenlandia (Kalaallit) 60 0N 44 0W
80 Farewell, C., N.Z. 40 30S 172 40E
87 Fargo, U.S.A. 46 57N 96 47W
61 Faria, Wadi el, Jordania 32 12N 35 25E
87 Faribault, U.S.A. 44 16N 93 20W
70 Farim, Guinea-Bissau 12 27N 15 17W
35 Fariones, Pta., Canar., Esp. 29 14N 13 30W
28 Fariza, Cast.-León, Esp. 41 25N 6 16W
87 Farmington, U.S.A. 44 40N 70 8W
24 Faro, Sa., Gal., Esp. 42 40N 7 50W
49 Fårö, Suecia 58 0N 19 10E
36 Faro, y Prov., Portugal 37 5N 7 54W
09 Faroe, Is., Atlántico 62 0N 7 0W
41 Farala, Grecia 39 20N 22 28E
49 Farsund, Noruega 58 3N 6 42E
60 Fasa, Irán 28 57N 53 35E
62 Fatehgarh, India 27 25N 79 35E
62 Fatehpur, Rajasthan, India 27 57N 74 55E
63 Fatehpur, India 26 0N 80 50E
36 Fátima, Port., 39 37N 8 39W
31 Faura, Com. Val., Esp. 39 44N 0 16W
40 Favara, Italia 37 20N 13 40E
40 Favignana, Italia 37 55N 12 20E
48 Faxa Floi, Islandia 64 27N 23 0W
87 Fayetteville, Ark., U.S.A. 36 0N 94 5W
87 Fayetteville, N.C., U.S.A. 35 1N 78 58W
26 Fayón, Arag., Esp. 41 15N 0 20E
62 Fazilka, India 30 30N 74 2E
70 F'derik, Mauritania 22 40N 12 45W
87 Fear, C., U.S.A. 33 59N 78 0W

80 Featherston, N.Z. 41 1S 175 23E
42 Fécamp, Francia 49 47N 0 21E
46 Fehman Belt, Est., Dinamarca 54 35N 11 20E
49 Fehmarn, I., Alemania 54 27N 11 10E
82 Feilding, Nueva Zelanda 40 12S 175 30E
73 Feira, Zambia 15 30S 30 15E
27 Felanitx, Bal., Esp. 39 28N 3 12E
46 Feldkirch, Austria 47 12N 9 35E
24 Fene, Gal., Esp. 43 27N 8 10W
64 Fengjie, China 31 5N 109 36E
51 Feodosiya, U.R.S.S. 45 2N 35 28E
59 Fergana, U.R.S.S. 40 50N 71 55E
87 Fergus Falls, U.S.A. 46 25N 96 0W
40 Ferla, Italia 37 5N 14 55E
28 Fermoselle, Cast.-León, Esp. 41 19N 6 10W
37 Fermoy, Irlanda 52 9N 8 15W
48 Fermunden, L., Noruega 62 30N 11 55E
32 Fernán Núñez, And., Esp. 37 40N 4 40W
30 Fernancaballero, Cast.-La M., Esp. 39 10N 3 52W
86 Fernie, Canadá 49 30N 115 0W
62 Ferozepore, India 30 55N 75 20E
40 Ferrara, Italia 44 52N 11 40E
36 Ferreira do Alentejo, Port. 38 4N 8 0W
24 Ferreira, Gal., Esp. 43 40N 7 28W
27 Ferreiras, Bal., Esp. 40 0N 4 0E
28 Ferreruela, Cast.-León, Esp. 41 47N 6 6W
24 Ferrol, *véase* El Ferrol
27 Ferrutx, C., Bal., Esp. 39 46N 3 20E
24 Fervenza, Emb., Gal., Esp. 43 0N 8 58W
71 Fes, Marruecos 34 5N 4 55W
71 Fezzan, Dist., Libia 25 40N 16 0E
33 Fiñana, And., Esp. 37 10N 2 50W
73 Fianarantsoa, Madagascar 21 30S 47 0S
45 Fichtel Gebirge, Mtes., Alemania 50 0N 12 0E
73 Ficksburg, Sudáfrica 28 48S 27 55E
43 Figeac, Francia 44 40N 2 0E
27 Figols y Aliña, Cat., Esp. 42 12N 1 20E
21 Figueira Castelo Rodrigo, Port. 40 50N 6 55W
36 Figueira da Foz, Port. 40 10N 8 50W
36 Figueira de Castelo Rodrigo, Port. 40 52N 6 57W
27 Figueras, Cat., Esp. 42 18N 2 58W
36 Figuero dos Vinhos, Port. 39 55N 8 16W
70 Figuig, Marruecos 32 18N 1 20W
80 Fiji, Océano Pacífico 18 0S 178 0E
33 Filabres, Sa., And., Esp. 37 35N 2 25W
87 Filadelfia, *véase* Philadelphia
41 Filiatra, Grecia 37 5N 21 35E
66 Filipinas, Asia 13 0N 123 0E
49 Filipstad, Suecia 59 42N 14 5E
45 Filisur, Suiza 46 40N 9 40E
48 Filskivotn, Dist., Islandia 64 50N 20 45W
88 Findlay, U.S.A. 41 0N 83 32W
73 Fingoe, Mozambique 14 55S 32 10E
43 Finistère, Dept., Francia 48 13N 4 4W
24 Finisterre, C., Gal., Esp. 42 50N 9 19W
24 Finisterre, Gal., Esp. 42 54N 9 16W
49 Finlandia, Europa 62 20N 26 30E
50 Finlandia, G., de, Europa 60 0N 26 0E
84 Finlay, R., Canadá 55 50N 125 10W
49 Finnmark, Noruega 70 0N 25 0E
45 Finsteraarhorn, Suiza 46 31N 8 10E
40 Fiora, R., Italia 42 25N 11 35E
61 Fiq, Stria 32 47N 35 41E
60 Firat (Éufrates), R., Turquía-Iraq 39 0N 38 30E
40 Firenze, Italia 43 48N 11 8E
62 Firozabad, India 27 5N 78 20E
37 Firth of Clyde, Escocia, R. Unido 55 35N 5 0W
37 Firth of Forth, Escocia R. Unido 56 0N 3 0W
37 Firth of Tay, Escocia, R. Unido 56 27N 2 45W
59 Firyuza, U.R.S.S. 38 10N 57 45E
37 Fish Guard, Gales, R. Unido 51 59N 4 58W
09 Fisher Bank, Europa 61 0N 10 0W
25 Fitero, Nav., Esp. 42 4N 1 52W
87 Fitzgerald, U.S.A. 31 40N 83 10W
86 Flagstaff, U.S.A. 35 12N 111 38W
49 Flm, Noruega 60 52N 7 14E
37 Flamborough Hd., Ingl., R. Unido 54 9N 0 5W
44 Flandre Occidentale, Bélgica 51 0N 3 0E
44 Flandre Orientale, Bélgica 51 0N 3 30E
48 Flåasjön, L., Suecia 64 0N 15 40E
48 Flatey, I., Ilandia 65 22N 22 57W
48 Flatey, I., Islandia 66 12N 17 50W
48 Flateyri, Islandia 66 5N 23 30W
79 Flattery, C., Autralia 15 0S 145 30E
86 Flattery, C., U.S.A. 48 30N 124 56W
91 Flatts, The, Bermudas 32 30N 64 44W
44 Flavy-le-Martel, Francia 49 43N 3 13E
49 Flekkefjord, Noruega 58 18N 6 39E
49 Flensburg, Alemania 54 45N 9 27E
42 Flesinga, *véase* Vlissingen
45 Fleurier, Suiza 46 54N 6 35E
44 Fleurus, Bélgica 50 30N 4 30E
84 Flin Flon, Canadá 54 58N 101 58W
78 Flinders, B., Australia 34 25S 115 20E
79 Flinders, I., Australia 40 0S 148 0E
79 Flinders, R., Australia 20 35S 142 30E
79 Flinders, Sa., Australia 31 0S 139 0E
37 Flini, Gales, R. Unido 53 16N 3 10W
87 Flint, R., R., U.S.A. 31 15N 84 15W
88 Flint, U.S.A. 42 59N 83 45W
27 Flix, Presa, Cat., Esp. 41 14N 0 32E
87 Florence, Ala, U.S.A. 34 51N 87 35W
87 Florence, S.C., U.S.A. 34 12N 79 47W
94 Florencia, Colombia 1 50N 75 50W
40 Florencia, *véase* Firenze
44 Florennes, Bélgica 50 15N 4 35E
44 Florenville, Bélgica 49 40N 5 19E
66 Flores, I., Indonesia 8 35S 121 30E
66 Flores, Mar de, Indonesia 6 50S 122 0E
95 Florianópolis, Brasil 27 35S 48 25W
87 Florida Keys, Is., y B., U.S.A. 25 0N 80 30W
87 Florida, Estado, U.S.A. 28 30N 81 30W
95 Florida, Uruguay 34 10S 56 25W
49 Florø, Noruega 61 36N 5 0E
45 Fluela, Paso, Suiza, Suiza 46 45N 9 57E
26 Flumen, R., Arag., Esp. 41 50N 0 25W
27 Fluviá, R., R., Cat., Esp. 42 12N 3 7E
79 Fly, R., Papua Nueva Guinea 8 0S 142 0E
47 Focsani, Rumania 45 39N 17 13E
40 Foggia, Italia 41 27N 15 37E
36 Foia, Mte., Port. 37 20N 8 40W
43 Foix, Francia 42 58N 1 30E
48 Folda, Fd., Noruega 67 35N 15 25E
49 Folgefonni, Noruega 60 0N 6 15E
24 Folgoso del Caurel, Gal., Eap. 42 40N 7 12W
40 Foligno, Italia 42 58N 12 48E
24 Foncuberta, Sa., Gal., Esp. 43 0N 7 15W
84 Fond du Lac, Canadá 59 28N 107 5W
88 Fond du Lac, Wis., U.S.A. 43 50N 88 30W
33 Fonelas, And., Esp. 37 24N 3 10W
26 Fonfría, Arag., Esp. 40 59N 1 7W
28 Fonfría, Cast.-León, Esp. 41 37N 6 9W
24 Fonsagrada, Gal., Esp. 43 8N 7 4W
90 Fonseca, G. de, América Central 13 15N 87 40W
42 Fontainebleau, Francia 48 20N 2 40E
30 Fontanosas, Cast.-La M., Esp. 38 15N 4 35W
31 Forata, Emb. Com. Val., Esp. 39 20N 0 50W
42 Forbach, Francia 49 10N 6 52E
79 Forbes, Australia 33 24S 148 1E
31 Forcall, Com. Val., Esp. 40 38N 0 12W
24 Forcarey, Gal., Esp. 42 45N 8 20W
82 Forel, Mte., Groenlandia (Kalaallit) 67 0N 34 0W
37 Forfar, Escocia, R. Unido 56 50N 2 53W
40 Forli, Italia 44 14N 12 7E
27 Formentera, I., Bal., Eso. 38 40N 1 25E
27 Formentor, C., Bal., Esp. 39 58N 3 13E
95 Formosa, Argentina 26 10S 58 25W
72 Formosa, R., Kenia 2 50S 40 10E
65 Formosa, Est. de, China 24 0N 119 0E
65 Formosa, *véase* Taiwan
36 Fornos de Algodres, Port. 40 38N 7 32W
78 Forrest, Australia 30 50S 128 25E
48 Fors, Suecia 63 1N 16 38E
79 Forsayth, Australia 18 50S 143 45E
46 Forst, Alemania 51 45N 14 40E
85 Fort Albany, Ont., Canadá 52 10N 81 50E
71 Fort Archambault, Chad 9 0N 18 18E
71 Fort Bretonnet, Chad 10 40N 16 50E
85 Fort Chime, Canadá 58 30N 67 10W
84 Fort Chipewyan, Canadá 58 50N 111 0W
86 Fort Collins, U.S.A. 40 36N 105 10W
71 Fort Crampel, África Central 7 2N 19 18E
73 Fort Dauphin, Madagascar 25 0S 46 57E
90 Fort Davis, Panamá
91 Fort de France, Martinica 14 33N 61 2W
87 Fort Dodge, U.S.A. 42 32N 94 11W
84 Fort Frances, Canadá 48 52N 93 25W
70 Fort Gouraud, *véase* F'derik
63 Fort Hertz, *véase* Putao
73 Fort Jameson, *véase* Chipata
73 Fort Johnston, *véase* Mangoche
70 Fort Lallemand, Argelia 31 30N 6 35E
71 Fort Lamy, *véase* Ndjamena
87 Fort Lauderdale, U.S.A. 26 5N 80 5W
70 Fort Miribel, Argelia 29 30N 3 0E
87 Fort Myers, U.S.A. 26 39N 81 48W
84 Fort Nelson, y R., Canadá 58 49N 123 0W
84 Fort Norman, Canadá 65 0N 125 30W
86 Fort Peck, L., U.S.A. 47 40N 107 0W
87 Fort Pierce, U.S.A. 27 35N 80 25W
72 Fort Portal, Uganda 0 48N 30 20E
84 Fort Providence, Canadá 61 20N 117 30W
72 Fort Rousset, Congo 0 35S 16 5E
87 Fort Scott, U.S.A. 37 50N 94 44W
51 Fort Shevchenko, U.R.S.S. 44 37N 50 30E
84 Fort Simpson, Canadá 61 45N 121 30W
84 Fort Smith, Territ. del noroeste, Canadá 60 0N 112 25W
87 Fort Smith, U.S.A. 35 10N 94 30W
84 Fort St. John, Canadá 56 15N 120 50W
84 Fort Vermilion, Canadá 58 30N 115 57W
73 Fort Victoria, Zimbabwe 20 3S 30 50E
88 Fort Wayne, U.S.A. 41 0N 85 3W
37 Fort William, Escocia, R. Unido 56 49N 5 6W
88 Fort William, *véase* Thunder Bay
84 Fort Yukon, Alaska 66 35N 145 12W
95 Fortaleza (Ceará), Brasil 3 48S 38 38W
73 Forte Rocadas, *véase* Xangongo
78 Fortescue, R., Australia 22 5S 117 0E
86 Forth Worth, U.S.A. 32 50N 97 20W
35 Fortuna, Mur., Esp. 38 11N 1 7W
64 Foshan, China 23 4N 113 5E
88 Fostoria, U.S.A. 41 8N 83 10W
72 Fougamou, Gabón 1 16S 10 30E
37 Foula, I., Escocia, R. Unido 60 8N 2 7W
70 Foumban, Camerún 5 50N 10 58E
44 Fourmies, Francia 50 0N 4 0E
41 Fourmoi, I., Grecia 37 38N 26 50E
70 Foutas Djalon, Mte., Guinea 11 30N 12 0W
26 Fouz, Arag. Esp. 42 1N 0 16E
80 Foveaux, Est de, N.Z. 46 53S 168 15E
78 Fowler's, B., Australia 32 0S 132 50E
85 Foxe Basin, Canadá 66 30N 77 0W
85 Foxe, Pen., Canadá 65 0N 76 0W
80 Foxton, Nueva Zelanda 40 31S 175 13E
24 Foz, Gal., Esp. 43 40N 7 18W
24 Frades, Gal., Esp. 43 2N 8 16W
26 Fraga, Arag., Esp. 41 32N 0 21E
72 Franceville, Gabón 1 55S 13 40E
42 Franche Comté., Prov., Francia 47 15N 6 10E
42 Francia, Europa 47 0N 3 0E
73 Francistown, Botswana 21 6S 27 32E
44 Franeker, Países Bajos 52 12N 5 33E
88 Frankfort, Ind., U.S.A. 40 18N 86 31W
88 Frankfort, Ken., U.S.A. 38 10N 84 50W
46 Frankfurt-am-Main, Allemania 50 5N 8 42E
46 Frankfurt-am-Oder, Alemania 52 0N 14 32E
84 Franklin, B., Canadá 70 0N 126 0W
86 Franklin, D. Roosevelt, L., U.S.A. 48 30N 119 0W
84 Franklin, Est., Canadá 72 0N 96 0W
84 Franklin, Mtes., Canadá 66 0N 125 0W
84 Franklin, Terr., Canadá 71 0N 100 0W
79 Fraser o Gt. Sandy, I., Australia 25 0S 154 0E
84 Fraser, R., Canadá 53 30N 120 30W
37 Fraserburg, Escocia, R. Unido 57 42N 2 0W
45 Frauenfeld, Suiza 47 34N 8 54E
95 Fray Bentos, Uruguay 33 15S 58 25W
28 Frechilla, Cast.-León, Esp. 42 11N 4 48W
49 Fredericia, Dinamarca 55 36N 9 43E
88 Fredericksburg, Va, U.S.A. 38 16N 77 29W
85 Fredericton, Canadá 45 50N 66 40W
85 Frederikshab, Groenlandia (Kalaallit) 62 0N 49 30W
49 Frederikshavn, Dinamarca 57 26N 10 19E
88 Fredonia, U.S.A. 42 25N 79 20W
49 Fredrikstad, Noruega 59 16N 10 57E
91 Freeport, Is. Bhamas, 25 55N 78 20W
88 Freeport, U.S.A. 42 16N 89 42W
70 Freetown, ierra Leona 8 20N 13 5W
34 Fregenal de la Sierra, Extr., Ep. 38 10N 6 39W
46 Freiburg, lemania 47 59N 7 53E
46 Freising, Alemania 48 30N 11 40E
46 Freistadt, Austria 48 30N 14 30E
43 Frejus, Francia 43 12N 6 45E
78 Fremantle, Australia 32 6S 115 50E
87 Fremont, U.S.A. 41 33N 96 28W
30 Fresneda de la Sierra, Cast.-La M.,
28 Fresnedilla, Cast.-León, Esp. 40 16N 4 37W
28 Fresno del Río, Cast.-León, Esp. 42 42N 4 49W
27 Fresno el Viejo, Cast.-La M., Esp. 41 12N 5 8W
86 Fresno, U.S.A. 36 42N 119 48W
27 Freu, C., Bal., Esp. 39 43N 3 27E
73 Fría, C., Namibia 18 34S 12 0E
29 Frías, Cast.-León, Esp. 42 46N 3 19W
45 Fribourg, y Cn., Suiza 46 49N 7 9E
45 Friedrichshafen, Alemania 47 38N 9 30E
44 Friesland, Prov., Países Bajos 53 5N 5 50E
90 Frijoles, Panamá
95 Frío, C., Brasil 22 50S 41 50W
24 Friol, Gal., Esp. 43 3N 7 50W
49 Frisonas Norte, Is., Alemania 55 0N 8 20E
46 Frionas, Is., Países Bajos-Alemania 53 30N 6 0E
40 Friúli-Venezia Jiulia, Reg., Italia 46 15N 12 50E
85 Frobisher, y B., Canadá 63 45N 68 30W
84 Frobisher, L., Canadá 56 40N 108 20W
79 Frome, L., Autralia 30 40S 139 45E
28 Frómista, Cast.-León, Esp. 42 16N 4 25W
86 Front, Sa., U.S.A. 40 0N 105 10W
36 Fronteira, Port. 39 5N 7 40W
40 Frosinone, Italia 41 40N 13 29E
48 Frostisen, Mte. Noruega 68 17N 17 0E
24 Frouxeira, Pta., Gal., Esp. 43 35N 8 12W
95 Froward, C., Chile 55 0S 71 0W
58 Frunze, U.R.S.S. 42 55N 75 0E
45 Frutigen, Suiza 46 34N 7 38E
90 Fuego, Vol., Guatemala 14 20N 91 15W
30 Fuencaliente, Cast.-La M., Esp. 38 24N 4 18W
34 Fuencaliente, y Pta., Canar., Esp. 28 32N 17 50W
26 Fuendejalón, rag., Esp. 41 45N 1 28W
32 Fuengirola, And., Esp. 36 32N 4 41W
29 Fuenlabrada, Madrid, Esp. 40 18N 3 50W
34 Fuenlabrada de los Montes, Extr., Esp. 39 8N 4 56W
30 Fuensalida, Cst.-La M., Esp. 40 4N 4 14W
33 Fuensanta de Martos, And., Esp. 37 39N 3 54W
30 Fuensanta, Emb., Cast.-La M., Esp. 38 25N 2 12W
34 Fuente de Cantos, Extr., Esp. 38 14N 6 20W
30 Fuente de Pedro Naharro, Cast.-La M., Esp. 39 54N 3 1W
32 Fuente de Piedra y Laguna, And., Esp. 37 10N 4 45W
28 Fuente de San Esteban, *véase* La Fuente de San Esteban
34 Fuente del Arco, Extr., Esp. 38 10N 5 53W
34 Fuente del Maestre, Extr., Esp. 38 31N 6 28W
36 Fuente el Fresno, Cast.-La M., Esp. 39 15N 3 47W
31 Fuente la Higuera, Com. Val., Esp. 38 48N 0 50W
35 Fuente-Álamo, Mur., Esp. 37 41N 0 40W
31 Fuente-Álamo, Cast.-La M., Esp. 38 42N 1 22W
32 Fuente Palmera, And., Esp. 37 42N 5 6W
33 Fuente-Tojar, And., Esp. 37 31N 4 12W
31 Fuentealbilla, Cast.-La M., Esp. 39 15N 1 32W
28 Fuentecén, Cast.-León, Esp. 41 40N 3 50W
28 Fuenteguinaldo, Cast.-León, Esp. 40 22N 6 36W
28 Fuentelapeña, Cast.-La M., Esp. 41 17N 5 24W
31 Fuentelespino de Moya, Cast.-La M., Esp. 39 54N 1 30W
29 Fuenmayor, La Rioja, Esp. 42 26N 3 34W
28 Fuentemilanos, Cast.-León, Esp. 40 52N 4 12W
32 Fuenteovejuna, And., Esp. 38 15N 5 25W
28 Fuentepelayo, Cast.-La M., Esp. 41 13N 4 10W
25 Fuenterrabía, P. Vasco, Esp. 43 25N 1 48W
28 Fuenterroble de alvatierra, Cast.-León, Esp. 40 30N 5 43W
33 Fuente Vaqueros, And., Esp. 37 13N 3 47W
32 Fuentes de Andalucía, And., Esp. 37 27N 5 20W
26 Fuentes de Ebro, Arag., Esp. 41 31N 0 38W
26 Fuentes de Jiloca, Arag., Esp. 41 15N 1 32W
34 Fuentes de León, Extr., Esp. 38 4N 6 32W
28 Fuentes de Nava, Cast.-León, Esp. 42 8N 4 47W
28 Fuentes de Oñoro, Cast.-León, Esp. 40 33N 6 52W
30 Fuentes, Cast.-La M., Esp. 39 56N 2 2W
28 Fuentesaúco, Cast.-León, Esp. 41 15N 5 30W
29 Fuentidueña de Tajo, Madrid, Esp. 40 10N 3 12W
90 Fuerte, R., México 27 0N 108 30W
31 Fuerterrobles, Com. Val., Esp. 39 38N 1 25W
35 Fuerteventura, I., Canarias, Esp. 28 30N 14W
48 Fugløysund, Noruega 70 0N 20 0E
65 Fujiyama, Mte., Japón 35 30N 139 0E
64 Fukien, Prov., China 25 50N 118 0E
65 Fakue Shima, Japón 32 30N 128 40E
65 Fujui, y Pref., Japón 36 4N 136 8E
65 Fukuoka, y Pref., Japón 33 36N 130 27E
65 Fukushima, y Pref., Japón 37 30N 140 30E
46 Fulda, Alemania 50 37N 9 40E
27 Fuliola, Cat., Esp. 41 44N 1 3E
42 Fumay, Francia 40 59N 4 43E
70 Funchal, Madeira 32 40N 16 50E
36 Fundao, Portugal 40 10N 7 30W
85 Fundy, B. de, Canadá 45 0N 66 0W
45 Furka, Paso, Suiza 46 34N 8 35E
79 Furneaux, Australia 40 0S 148 0E
46 Furth, Alemania 49 29N 10 58E
25 Fustiñana, Nav., Esp. 42 3N 1 28W
80 Futuna, I., Océano Pacífico 14 3S 178 3E
65 Fuxin, China 42 5N 121 48E
64 Fuyang, China 30 5N 119 57E
64 Fuyun, China 42 12N 88 46E
65 Fuzhou, China 26 5N 119 16E
49 Fyn, Din. 55 20N 10 30E

G

30 Gabaldón, Cast.-La M., Esp. 39 40N 1 56W
72 Gabela, Angola 10 50S 14 27E
71 Gabes, Tunicia 33 53 N 10 4E
72 Gabón, África 1 55S 12 0E
73 Gaborone, Botswana 24 38S 25 50E
34 Gabriel y Galán, Extre., Esp. 40 20N 6 12W
41 Gabrovo, Bulgaria 42 50N 25 25E
62 Gadag, India 15 10N 75 45E

62 Gadarwara, India 22 58 N 78 50E
62 Gadhada, India 21 58N 71 30E
33 Gádor, Sa., And., Esp. 36 45N 2 45W
87 Gadsden, U.S.A. 34 5N 85 59W
62 Gadwal, India 16 8N 77 56E
40 Gaeta, Italia 41 18N 13 35E
43 Gaillac, Francia 43 58N 1 56E
78 Gairdner, L., Australia 31 30S 136 0E
32 Gaitunejo, Emb., And., Esp. 37 0N 4 40W
27 Ga, Pta., Bal., Esp. 39 10N 1 30E
73 Galangue, Angola 13 38S 16 0E
04 Galápagos, Is., Océano Pacífico 0 30S 91 0W
25 Galaz, Nav., Esp. 42 45N 1 39W
37 Galashiels, Escocia, R. Unido 55 37N 2 50W
47 Galati, Rumania 45 28N 28 2E
41 Galatina, Italia 40 10N 18 10E
30 Galbe de Sorbe, Cast.-La M., Esp. 41 13N 3 11W
25 Galdácano, P. Vasco, Esp. 43 14N 2 50W
35 Gáldar, Canar., Esp. 28 8N 15 40W
49 Galdhøpiggen, Mte., Noruega 61 40N 8 0E
90 Galeana, México 30 2N 107 30W
28 Galende, Cast.-León, Esp. 42 6N 6 40W
27 Galera, Pta., Bal., Esp. 39 20N 3 15E
87 Galesburg, U.S.A. 40 54N 90 20W
50 Galich, U.R.S.S. 58 22N 42 12E
24 Galicia, Reg., Esp. 42 43N 7 45W
61 Galilea, Dist., Israel 32 52N 35 20E
61 Galilea, Mar de, *véase* Kinneret, L.
34 Galisteo, Extr., Esp. 38 58N 6 18W
60 Gallabat, Sudán 13 10N 36 30E
33 Gallardos, *véase* Los Gallardos
62 Galle, Sri Lanka 6 2N 80 13E
29 Gallega, *véase* La Gallega
14 Gállego, R., Arag., Esp. 42 23N 0 30W
28 Gallegos de Argañán, Cast.-León, Esp. 40 36N 6 43W
28 Gallegos del Río, Cast.-León, Esp. 41 44N 6 10W
94 Gallinas, Punta, Colombia 12 28N 71 37W
41 Gallipoli, Italia 40 1N 18 0E
41 Gallipoli, Turquía, *véase* Gelibolu
48 Gällivare, Suecia 67 10N 20 32E
30 Gallo, R., Cast.-La M., Esp. 40 47N 2 17W
26 Gallocanta, Laguna, Arag., Esp. 40 58N 1 30W
86 Gallup, U.S.A. 35 28N 108 50W
26 Gallur, Arag., Esp. 41 49N 1 48W
62 Galoya, Sri Lanka 8 10N 80 55E
88 Galt, Canadá 43 25N 80 20W
87 Galveston, U.S.A. 29 15N 95 0W
30 Gálvez, Cast.-La M., Esp. 39 42N 4 16W
37 Galway, y Bahía, Irlanda 53 18N 9 3W
70 Gambaga, Ghana 10 35N 0 25W
70 Gambia, y R., África Occidental 13 50N 15 0W
90 Gamboa, Panamá
72 Gamboma, Congo 1 45S 16 0E
48 Gamlakarleby, *véase* Kokkola, Finlandia
29 Gamora, Cast.-León, Esp. 41 39N 2 15W
73 Ganda, Angola 13 3S 14 35E
63 Gandak, R., India 26 20N 84 56E
62 Gandava, Pakistán 28 40N 67 20E
85 Gander, Newf., Canadá 49 1N 54 53W
27 Gandesa, Cat., Esp.. 41 3N 0 26E
70 Gandi, Nigeria 12 55N 5 49E
31 Gandía, Com. Val., Esp. 38 58N 0 9W
35 Gando, Pta., Canar., Esp. 27 55N 15 20W
62 Ganganagar, India 29 55N 73 50E
63 Ganges, R., India y Pakistán 24 30N 88 20E
63 Gangtok, Sikkim 27 20N 88 30E
43 Gannat, Francia 46 8N 3 15E
86 Gannett, Pico, U.S.A. 43 10N 110 0W
70 Ganta, Liberia 7 15N 8 95W
64 Ganzhou, China 25 51N 114 56E
70 Gao, Malí 16 25N 0 10W
70 Gaoua, Alto Volta 10 20N 3 15W
70 Gaoual, Guinea 11 35N 13 25W
43 Gap, Francia 44 35N 6 5E
62 Gar Dzong, India 32 20N 79 55E
34 Garafía, Canar., Esp. 28 50N 17 57W
34 Garajonay, Mte., Canar., Esp. 28 6N 17 15W
34 García Sola, Emb., Extr., Esp. 39 12N 5 15W
34 Garciaz, Extr., Esp. 39 20N 5 37W
43 Gard, Dept., Francia 44 3N 4 20E
40 Garda, L., Italia 45 40N 10 40E
72 Gardala, Etiopía 5 40N 36 40E
86 Garden City, U.S.A. 38 0N 100 47W
62 Gardez, Afganistán 33 40N 69 0E
71 Gardian, Chad 15 45N 19 40E
89 Gardner, U.S.A. 42 35N 72 0W
40 Gargano, Mte., Italia 41 50N 16 5E
73 Garies, Sudáfrica 30 31S 18 0E
40 Garigliano, R., Italia 41 18N 13 50E
72 Garissa, Kenia 0 25N 39 40E
58 Garm, U.R.S.S. 39 25N 70 20E
43 Garonne, R., Francia 43 20N 1 20E
72 Garoua Malaba, Camerún 9 16N 13 25E
70 Garraway, Liberia 4 35N 8 0W
29 Garray, Cast.-León, Esp. 41 47N 2 26W
27 Garriga, *véase* La Garriga
27 Garrigas, Las, Cca., Cat., Esp. 41 25N 0 35E
27 Garrotxa, La, Cca., Cat., Esp. 42 15N 2 28E
34 Garrovilla, Extr., Esp. 38 55N 6 28W
33 Garrucha, And., Esp. 37 12N 1 48W
84 Garry, L., Canadá 66 0N 100 0W
72 Garsen, Kenia 2 25S 40 20E
62 Gartok, Tíbet, China 31 33N 80 30E
66 Garut, Java, Indonesia 7 20S 108 0E
36 Garvao, Port. 37 42N 8 20W
80 Garvie, Mtes., N.Z. 45 30S 169 0E
87 Gary, U.S.A. 41 36N 87 10W
64 Garzé, China 31 39N 99 58E
58 Gasan Kuli, U.R.S.S. 37 40N 54 20E
40 Gascogne, Prov., Francia 43 40N 0 10E
78 Gascoyne, R., Australia 25 0S 115 0E
30 Gascueña, Cast.-La M., Esp. 40 18N 2 32W
70 Gashaka, Nigeria 7 30N 11 30E
85 Gaspe, C., Canadá 48 50N 64 5W
30 Gasset, Emb., Cast.-La M., Esp. 39 8N 4 0W
31 Gata de Gorgo, Com. Val., Esp. 38 46N 0 6W
33 Gata, C., And., Esp. 36 41N 2 10W
34 Gata, y Sa., Extr., Esp. 40 20N 6 30W
37 Gateshead, Ingl., R. Unido 54 58N 1 38W
89 Gatineau, R., Canadá 47 0N 75 50W
73 Gatooma, Zimbabwe 18 15S 29 57E
31 Gatova, Com. Val., Esp. 39 45N 0 31W
90 Gatun, y L., Panamá
32 Gaucin, And., Esp., 36 31N 5 19W
62 Gaud-i-Zirreh, Afganistán 29 45N 62 0E
63 Gauhati, Assam, India 26 12N 91 50E
49 Gauja, R., U.R.S.S. 57 15N 24 50E
48 Gaula, R., Noruega 63 15N 10 15E
49 Gausta, Mte., Noruega 59 48N 8 40E
27 Gavá, Cat., Esp. 41 18N 2 0E
36 Gaviao, Port. 39 28N 7 50W
49 Gävle, Suecia 60 40N 17 4E
49 Gävleborg, Co., Suecia 61 0N 16 30E
62 Gawilgarh, Mtes., India 21 15N 76 30E
79 Gawler, Australia 34 39S 138 45E
63 Gaya, India 24 42N 85 0E
79 Gayndah, Australia 25 38S 151 40E
61 Gaza (Ghazzah), Egipto 31 30N 34 28E
61 Gaziantep, Turquía 37 10N 37 30E
47 Gdańsk, Polonia 54 19N 18 40E
50 Gdyia, U.R.S.S. 58 40N 27 55E
47 Gdynia, Polonia 54 38N 18 28E
71 Gebeit Mine, Sudán 31 3N 36 29E
60 Gebel Sabahi, Egipto 26 0N 34 0E
71 Gedaref, Sudán 14 0N 35 42E
61 Gedera, Israel 31 49N 34 47E
72 Gedo, Etiopía 9 0N 37 0E
49 Gedser, Dinamarca 54 35N 11 55E
44 Geel, Bélgica 51 9N 4 59E
44 Geeraardsbergen, Bélgica 50 46N 3 53E
71 Geidam, Nigeria 12 57N 11 57E
64 Geijin, China 23 20N 103 10E
45 Geisligem, Alemania 48 37N 9 47E
72 Geita, Tanzania 2 40S 32 18E
40 Gela, Italia 37 6N 14 18E
44 Gelderland, Prov., Países Bajos 52 6N 6 10E
44 Geldermalsen, Países Bajos 51 3N 5 17E
44 Geldrop, Países Bajos 51 24N 5 32E
70 Gelhak, Sudán 11 14N 32 45E
41 Gelibolu (Gallipoli), Turquía 40 30N 26 55E
44 Gelsenkirchen, Alemania 51 32N 7 4E
66 Gemas, Malasia 2 35N 102 50E
44 Gembloux, Bélgica 50 34N 4 41E
72 Gemena, Zaire 3 20N 19 40E
45 Gemmi, P., Suiza 46 25N 7 39E
95 Gen, Pico, Argentina 35 40S 63 45W
96 General Belgrano, Antártida 78 0S 38 0W
31 Generalísimo, Emb., Com. Val., Esp. 39 45N 1 0W
88 Genesse, R., N.Y., U.S.A. 41 35N 78 0W
88 Geneva, N.Y., U.S.A. 42 53N 77 0W
45 Genève, y Cn., Suiza 46 12N 6 8E
33 Genil, R., And., Esp. 37 12N 3 50W
44 Genk, Bélgica 50 58N 5 30E
40 Gennargentu, Mtes., Italia 40 0N 9 15E
40 Génova, y G., Italia 44 25N 8 58E
44 Gent (Ghent), Bélgica 51 5N 3 40E
78 Geographe Chan., Australia 24 20S 113 15E
66 George Town, Malasia 5 28N 100 5E
89 George, L., N.Y., U.S.A. 43 40N 73 33W
72 George, L., Uganda 0 0 30 15E
87 George, L., U.S.A. 29 20N 81 30W
73 George, Sudáfrica 34 0S 22 15E
70 Georgetown, Gambia 13 30N 14 47W
90 Georgetown, Guyana 6 40N 58 15W
87 Georgia, Estado, U.S.A. 33 0N 83 0W
51 Georgia, R.S.S., U.R.S.S. 42 0N 44 30E
85 Georgian B., Canadá 45 0N 80 30W
51 Georgievsk, U.R.S.S. 44 10N 43 17E
46 Gera, Alemania 50 53N 12 6E
78 Geraldton, Australia 28 48S 114 38E
61 Gerar, R., Israel 31 23N 34 35E
42 Gerardmer, Francia 48 0N 6 50E
32 Gerena, And., Esp. 37 32N 6 9W
33 Gérgal, And., Esp. 37 7N 2 31W
24 Germade, Ga., Esp. 43 21N 7 49E
73 Germiston, Sudáfrica 26 26S 28 12E
44 Gerolstein, Alemania 50 12N 6 24E
27 Gerona, Cat., Esp. 41 58N 2 46E
43 Gers, Dept., Francia 43 31N 0 10E
29 Getafe, Madrid, Esp. 40 18N 3 44W
89 Gettysburg, U.S.A. 39 50N 77 18W
48 Geyser, Manantiales, Islandia 64 22N 20 15W
61 Gezer, Israel 31 51N 34 55E
60 Gezira, Sudán 16 20N 34 0E
70 Ghadames, Libia 30 18N 9 5E
63 Ghaghara (Gogra), R., India 26 40N 82 40E
70 Ghana, África 8 0N 1 30W
61 Ghar, Wadi, Jordania 31 30N 35 20E
71 Gharyan, Libia 32 10N 13 0E
70 Ghat, Libia 25 0N 12 20E
62 Ghats Occidentales, Mtes., India 15 0N 74 0E
62 Ghats Orientales, Mtes., India 13 30N 79 0E
70 Ghazaouet, Argelia 35 1N 1 48W
62 Ghaziabad, India 28 35N 77 45E
63 Ghazipur, India 25 39N 83 28E
61 Ghazir, Líbano 34 1N 35 39E
44 Ghent, Bélgica, *véase* Gent
63 Giamda Dzong, China 30 2N 93 0E
40 Giarre, Italia 37 44N 15 10E
73 Gibeon, Namibia 25 11S 17 48E
32 Gibraleón, And., Esp. 37 22N 6 58W
32 Gibraltar, Est., Esp.-Marr. 35 55N 5 40W
32 Gibraltar, Europa 36 10N 5 20W
78 Gibson, Des., Australia 24 0S 126 0E
42 Gien, Francia 47 40N 2 35E
46 Giessen, Alemania 50 37N 8 42E
65 Gifu, y Pref., Japón 35 30N 136 45E
33 Gigante, Sa., And.-Mur., Esp. 37 45N 1 48W
24 Gijón, P. de Ast., Esp. 43 32N 5 42W
86 Gila, R., U.S.A. 33 0N 113 oW
79 Gilbert, R., Australia 17 0S 141 30E
32 Gilena, And., Esp. 37 15N 4 55W
79 Gilgandra, Australia 31 32S 148 37E
62 Gilgit, Kachemira 35 58N 74 27E
37 Gillingham, Ingl., R. Unido 51 22N 0 35E
44 Gilly, Bélgica 50 25N 4 25E
48 Gilsbakki, Islandia 64 42N 21 2W
72 Gimbi, Etiopía 9 3N 35 42E
45 Ginebra, L., Europa, *véase* L. Léman
45 Ginebra, *véase* Genève
32 Gines, And., Esp. 37 23 N 6 5W
30 Gineta, *véase* La Gineta
41 Giona, Mte., Grecia 38 40N 22 10E
40 Giovi, P., Italia 44 30N 8 55E
51 Giresun, Turquía 40 53N 38 19E
63 Giridih, India 24 10N 86 15E
43 Gironde, Dept., Francia 44 50N 0 22E
27 Gironella, Cat., Esp. 42 2N 1 53E
27 Gironés, *véase* El Gironés
80 Gisborne, N.Z. 38 39S 178 5E
42 Gisors, Francia 49 20N 1 45E
24 Gistral, Mte., y Sa., Gal., Esp. 43 30N 7 30W
28 Gistreo, Sa., Cord. Cant., Esp. 42 55N 6 15W
47 Giurgiu, Rumania 43 53 N 25 56E
61 Giv'atayim, Israel 32 4N 34 49E
42 Givet, Francia 50 8N 4 49E
59 Gizhiga, U.R.S.S. 62 0N 160 27E
47 Gizycko, Polonia 54 5N 21 50E
41 Gjirokaster, Albania 40 5N 20 10E
49 Gjøvik, Noruega 60 47N 10 43E
89 Glace Bay, Canadá 46 25N 60 0W
86 Glacier National Park, U.S.A. 48 45N 114 0W
79 Gladstone, Queensland, Australia 24 0S 151 15E
48 Glama Jökull, Mte., Islandia 65 47N 23 0W
49 Glåma, R., Noruega 61 0N 11 30E
45 Glarmisch, Paso, Suiza 47 0N 9 0E
45 Glarner Alpen, Suiza 46 40N 9 0E
45 Glarner, Alpes, Mtes., Suiza 46 54N 9 10E
45 Glarus, y Cn., Suiza 46 55N 9 0E
37 Glasgow, Escocia, R. Unido 55 52N 4 14W
88 Glasgow, U.S.A. 37 0N 85 55W
46 Glauchau, Alemania 50 49N 12 31E
50 Glazov, U.R.S.S. 58 9N 52 30E
89 Glen Falls, U.S.A. 43 25N 73 40W
79 Glen Innes, Australia 29 42S 151 45E
86 Glendale, U.S.A. 34 15N 118 20W
86 Glendive, U.S.A. 47 10N 104 45W
48 Glettinganes, Islandia 65 30N 13 30W
47 Gliwice, Polonia 50 20N 18 52E
86 Globe, U.S.A. 33 36N 111 0W
46 Glockner, Mte., Austria 47 0N 12 30E
46 Glogów, Polonia 51 35N 16 10E
73 Glorieuses, Is., Océano Índico 11 30N 47 20W
37 Gloucester, Ingl., R. Unido 51 53N 2 14W
89 Gloversville, U.S.A. 43 4N 74 25W
46 Gluckstadt, Alemania 53 49N 9 29E
46 Ghund, Austria 48 45N 15 0E
46 Gmunden, Austria 47 56N 13 46E
47 Gniezno, Polonia 52 30N 17 35E
66 Go Cong, Vietnam 10 25N 106 50E
62 Goa, India 15 30N 74 0E
63 Goalpara, India 26 10N 90 40E
72 Goba, Etiopía 7 1N 39 59E
73 Goba, Mozambique 26 15 32 10E
73 Gobabis, Namibia 22 17S 19 5E
64 Gobi (Shamo), Des., Mongolia 44 0N 108 0E
44 Goch, Alemania 51 42N 6 10E
63 Godavari, R., India 19 20N 76 0E
47 Godeanu, Mte., Rumania 45 25N 22 15E
88 Goderich, Ont., Can. 43 45N 81 40W
62 Godhara, India 22 45N 73 56E
84 Gods Lake, Canadá 54 40N 94 10W
85 Godthaan, Groenlandia (Kalaallit) 64 14N 51 0W
44 Goeree, I., Países Bajos 51 50N 3 55E
44 Goes, Países Bajos 51 31N 3 55E
63 Gogka, R., *véase* Ghaghara, R., India
71 Gogrial, Sudán 8 30N 28 0E
95 Goiania, Brasil 16 17S 48 16W
95 Goias, Brasil 15 55S 50 10W
36 Goiso Lousa, Port. 40 10N 8 15W
25 Goizneta, Nav., Esp. 43 14N 1 50W
62 Gojra, Pakistán 31 5N 72 35E
41 Gokceade, I., Turquía 40 10N 26 0E
24 Golada, Ga., Esp. 42 48N 8 2W
49 Goldap, Polonia 54 18N 22 22E
86 Golden Gate, U.S.A. 37 58N 122 30W
37 Golden Vale, Irlanda 52 33N 8 20W
80 Golden, B., N.Z. 40 40S 172 50E
87 Goldsboro, U.S.A. 35 26N 77 59W
36 Golega, Port. 39 24N 8 29W
46 Goleniów, Polonia 53 35N 14 50E
60 Golfo Pérsico, Asia del suroeste 27 0N 51 0E
64 Golmud, China 41 5N 93 60E
37 Golspie, Escocia, R. Unido 57 58N 3 59W
72 Goma, Zaire 1 40S 29 42E
50 Gomel, U.R.S.S. 52 28N 31 5E
34 Gomera, I., Canar., Esp. 28 10N 17 15W
90 Gómez (Palacio), México 25 45N 103 28W
63 Gomoh, India 23 52N 86 10E
45 Goms, Suiza 46 30N 8 15E
91 Gonaives, Haití 19 20N 72 45W
71 Gonder, Etiopía 12 40N 37 45E
24 Gondomar, Ga., Esp. 42 7N 8 45W
36 Gondomar, Port. 41 10N 8 30W
64 Gonghe, China 36 18N 100 32E
72 Goniri, Nigeria 11 30N 12 15E
79 Goondiwindi, Australia 28 31S 150 25E
85 Goose Bay, Canadá 53 25N 60 30W
86 Goose, L., U.S.A. 42 0N 120 0W
62 Gop, India 22 5N 69 50E
33 Gor, And., Esp. 37 20N 2 57W
63 Gorakhpur, India 26 49N 83 30E
33 Gorda, Sa., And., Esp. 37 0N 4 30W
78 Gordon Downs, Australia 18 30S 129 35E
71 Gore, Chad 8 0N 16 48E
71 Gore, Etiopía 8 12N 35 32E
80 Gore, Nueva Zelanda 46 5N 168 55E
44 Gorinchem, Países Bajos 51 50N 4 59E
40 Gorizia, Italia 45 58N 13 38E
50 Gorki (Gorkiy), U.R.S.S. 56 17N 44 0E
25 Górliz, P. Vasco, Esp. 43 25N 2 56W
46 Gorlitz, Alemania 51 11N 15 0E
51 Gorlovka, U.R.S. 48 25N 37 58E
58 Gorno, Filinskoye, U.R.S.S. 60 15N 70 3E
50 Gornyatski, U.R.S.S. 67 32N 64 15E
47 Gorodok, U.R.S.S. 49 46N 23 32E
66 Gorontalo, Indonesia 0 25N 123 5E
50 Goryn, R., U.R.S.S. 52 0N 27 0E
46 Gorzów, Polonia 52 43N 15 15E
63 Gosainthan, Mte., Tíbet 28 20N 85 45E
45 Goschenen, Suiza 46 41N 8 35E
46 Goslar, Alemania 51 57N 10 28E
40 Gospic, Yugoslavia 44 35N 15 20E
48 Göta, Canal, Suecia 58 40N 14 10E
49 Göteborg y Bohus, Co., Suecia 58 15N 11 30E
49 Göteborg, Suecia 57 20N 11 50E
46 Gotha, Alemania 50 56N 10 42E
49 Gotland, I., Suecia 57 35N 18 30E
49 Gotska Sandön, I., Suecia 58 24N 19 15E
46 Göttingen, Alemania 51 33N 9 58E
47 Gottwaldov, Checoslovaquia 49 15N 17 42E
71 Goubune, Chad 20 45N 17 5E
44 Gouda, Países Bajos 52 1N 4 42E
85 Gouin, Res., Canadá 48 35N 74 40W
79 Goulburn, Australia 34 45S 149 40E
78 Goulburn, Is., Australia 11 30S 133 35E
70 Goundam, Mali 16 25N 3 45W
71 Gounou-Gaya, Camerún 9 38N 15 31E
43 Gourdon, Francia 44 42N 1 25E
70 Gourma-Rarous, Mali 16 55N 2 5W
42 Gournay, Francia 49 30N 1 45E
70 Gourselik, Níger 13 40N 10 40E
88 Gowanda, N.Y., U.S.A. 42 29N 78 58W
95 Goya, Argentina 29 0S 59 15W
71 Goz Beida, Chad 12 20N 21 30E
60 Goz Reger, Sudán 16 0N 35 30E
40 Gozo, I., Malta 36 2N 14 18E
24 Gozón, P. de Ast., Esp. 43 37N 5 46W
26 Grañén, Arag., Esp. 41 55N 0 22W
73 Graaf Reinet, Sudáfrica 32 18S 24 37E
70 Grabo, Costa de Marfil 4 55N 7 25W
40 Gracac, Yugoslavia 44 20N 15 55E
91 Gracias a Dios, C., Nicaragua 15 0N 83 2W
35 Graciosa, I., Canar., Esp. 29 15N 15 35W
94 Gradaus, Sa. dos, Mtes., Brasil 7 0S 50 0W
28 Gradefes, Cast.-León, Esp. 42 40N 5 12W
24 Grado, P. de Ast., Esp. 43 23N 6 7W
26 Grado, *véase* El Grado
48 Graenalon, L., Islandia 64 10N 17 20W
79 Grafton, Australia 29 41S 153 0E
87 Grafton, U.S.A. 43 30N 97 25W
96 Graham Land, Antárc. 64 0S 65 0W
73 Grahamstown, Sudáfrica 33 20S 26 38E
37 Grampian, Mte., Escocia, R. Unido 56 42N 4 27W
59 Gran (Bolshoy) Anyui, R., U.R.S.S. 67 0N 163 0E.
09 Gran Bretaña, Europa 50 0 a 58 0N; 1 45E a 6 15W

64 Gran Canal, China 35 0N 117 0E
35 Gran Canaria, I., Canar., Esp. 28 0N 15 35W
95 Gran Chaco, Sudamérica 24 0S 60 0W
62 Gran Desierto de Tar, India, Pakistán 28 0N 72 0E
78 Gran Desierto Vitoria, Australia 28 30S 129 0E
79 Gran Divisoria, Australia 22 0S 145 45E
65 Gran Khingan, Mtes., China 47 0N 120 0E
84 Gran Lago del Esclavo, Canadá 62 0N 113 0W
86 Gran Lago Salado, y Des., U.S.A. 41 0N 112 30W
64 Gran Muralla de China 38 12N 109 0E
66 Gran Nicobar, I., Océano Índico 7 0N 95 0E
40 Gran Paradiso, Mte., Italia 45 33N 7 17E
72 Gran Ruaha, R., Tanzania 8 0S 36 40E
40 Gran S. Bernardo, P., Italia 45 47N 7 10E
40 Gran Sasso, Mte., Italia 42 30N 13 50E
66 Gran Sonda, Is., Indonesia 4 20S 112 0E
35 Gran Tarajal, y Pta., Canar., Esp. 28 12N 14 2W
90 Granada (isla), *véase* Grenada
33 Granada, And., Esp. 37 10N 3 35W
90 Granada, Nicaragua 12 0N 86 0W
27 Granadella, Cat., Esp. 41 18N 0 40E
35 Granadilla de Abona, Canar., Esp. 28 6N 16 33W
90 Granadinas, *véase* Grenadines
32 Granado, *véase* El Granado
85 Granby, Canadá 45 20N 72 43W
70 Grand Bassam, Costa de Marfil 5 10N 3 40W
90 Grand Bourg, Marie-Galante, I., Antillas 15 50N 61 20W
86 Grand Canyon, U.S.A. 36 0N 113 40W
91 Grand Cayman, I., Antillas 19 30N 81 15W
84 Grand Falls, Newf., Canadá 49 0N 55 43W
84 Grand Forks, Canadá 49 0N 118 30W
87 Grand Forks, U.S.A. 47 40N 97 5W
86 Grand Island, U.S.A. 41 0N 98 10W
86 Grand Junction, U.S.A. 39 2N 108 32W
70 Grand Lahou, Costa de Marfil 5 6N 5 0W
84 Grand Rapids, Canadá 54 25N 99 30W
88 Grand Rapids, U.S.A. 42 57 85 38W
45 Grand St. Bernard, paso, Italia-Suiza 45 52N 7 11E
89 Grand, L., Canadá 46 0N 66 0W
86 Grand, R., S. Dakota, U.S.A. 45 45N 101 30W
24 Grandas de Salime, P. de Ast., Esp. 43 13N 6 53W
84 Grande Prairie, Canadá 55 18N 118 50W
90 Grande Terre, Guadeloupe, Antillas 16 25N 61 15W
95 Grande, B., Argentina 51 0S 69 0W
91 Grandes Antillas (Indias occidentales), Caribe 18 0N 76 0W
36 Grandola, Port. 38 12N 8 35W
45 Grandson, Suiza 46 49N 6 39E
86 Grangeville, U.S.A. 47 57N 116 12W
87 Granite City, U.S.A. 38 45N 90 0W
80 Granity, Nueva Zelanda 41 38N 171 50E
34 Granja de Torrehermosa, Extr., Esp. 38 18N 5 35W
28 Granja, *véase* La Granja
27 Granollers, Cat., Esp. 41 39N 2 18W
37 Grantham, Ingl., R. Unido 52 55N 0 38W
86 Grants Pass, U.S.A. 42 28N 124 14W
86 Grants, U.S.A. 35 10N 107 50W
42 Granville, Francia 48 52N 1 39W
94 Grao Mogol, Brasil 16 30S 42 27W
84 Gras, L., de, Canadá 65 0N 118 5W
43 Grasse, Francia 43 43N 6 54E
45 Graubünden, Cantón, Suiza 46 45N 9 30E
43 Graulhet, Francia 43 45N 2 0E
26 Graus, Arag., Esp. 42 13N 0 18E
44 Gravenhage ('s-), *véase* La Haya
88 Gravenhurst, Canadá 44 56N 79 28W
42 Gray, Francia 47 25N 5 32E
86 Grays Harbor, U.S.A. 47 0N 124 0W
46 Graz, Austria 47 2N 15 25E
32 Grazalema y Sa., And., Esp. 36 46N 5 20W
87 Great Abaco, Bahamas 26 30N 77 20W
79 Great Australian Basin, Australia 27 0S 145 0E
78 Great Australian Bight 33 29S 129 0E
79 Great Barrier Reef, Australia 19 0S 149 0E
80 Great Barrier, I., N.Z. 36 8S 175 25E
86 Great Basin, U.S.A. 40 0N 116 30W
84 Great Bear, L. (Gran L. del Oso), y R., Canadá 66 0N 120 0W
86 Great Bend, U.S.A. 38 16N 99 6W
86 Great Falls, U.S.A. 47 40N 110 45W
91 Great Inagua, I., Bahamas 21 0N 73 20W
73 Groot Karroo, Sudáfrica 32 42S 22 20E
73 Great Namaqualand, Namibia 24 50S 17 50E
81 Great Plains, América del Norte 40 0N 104 0W
86 Great Sandy Desert, Australia 20 50S 123 30E
85 Great Whale, R., Canadá 55 10N 76 0W
37 Great Yarmouth, Ingl., R. Unido 52 40N 1 44W
41 Grecia, Europa 39 0N 23 0E
28 Gredos, Sa., Cord. Central, Esp. 40 20N 5 0W
86 Greeley, U.S.A. 40 29N 104 48W
87 Green Bay, U.S.A. 44 32N 88 0W
80 Green Island, N.Z. 45 50S 170 30E
88 Green, B., U.S.A. 45 0N 87 30W
86 Green, R., Utah, U.S.A. 39 30N 110 0W
37 Greenock, Escocia, R. Unido 55 57N 4 45W
37 Greenore, Irlanda 54 1N 6 8W
87 Greensboro, N.C., U.S.A. 36 8N 79 54W
70 Greenville, Liberia 5 2N 9 3W
87 Greenville, Miss., U.S.A. 33 29N 91 3W
87 Greenville, S.C., U.S.A. 34 53N 82 30W
87 Greenville, Texas, U.S.A. 33 9N 96 13W
89 Greenwich, U.S.A. 41 3N 73 40W
87 Greenwood, Miss., U.S.A. 33 30N 90 9W
87 Greenwood, S.C., U.S.A. 34 14N 82 19W
79 Gregory, L., Australia 29 10S 139 20E
79 Gregory, Sa., Australia 19 0S 143 15E
49 Greifswald, Alemania 54 3N 13 19E
50 Gremikha, U.R.S.S. 67 50N 39 40E
90 Grenada, Antillas 12 12N 61 45W
43 Grenade, Francia 43 42N 1 15E
90 Grenadines, Antillas 12 30N 61 30W
45 Grenchen, Suiza 47 12N 7 24E
49 Grenen, C., Din. 57 44N 10 40E
43 Grenoble, Francia 45 12N 5 44E
79 Grenville, C., Australia 12 0S 143 20E
90 Grenville, Grenada, Antillas 12 8N 61 36W
44 Grevenmacher, Luxemburgo 49 41N 6 25E
80 Grey, R., Nueva Zelanda 42 50S 171 30E
79 Grey, Sa., Australia 28 0S 143 0E
80 Greymouth, N.Z. 42 20S 171 20E
80 Greytown, Nueva Zelanda 41 0S 175 30E
73 Greytown, Sudáfrica 29 8S 30 39E
29 Griñón, Madrid, Esp. 40 13N 3 51W
79 Griffith, Australia 34 13S 145 46E
72 Grimari, África central 5 43N 20 0E
37 Grimsby, Ingl., R. Unido 53 35N 0 4W
49 Grimstad, Noruega 58 22N 8 35E
45 Grindelwald, Suiza 46 38N 8 3E
42 Gris Nez, C., Francia 50 53N 1 32E
45 Grisones, Cantón, Suiza, *véase* Graubünden
49 Grodno, U.R.S.S. 53 40N 23 50E
46 Grodzisk, Polonia 52 16N 16 36E
96 Groenlandia, Mar de 75 0N 5 0W
96 Groenlandia, *véase* Kalaallit
42 Groix, I. de Francia 47 40N 3 30W
47 Grójec, Polonia 51 52N 21 0E
46 Gronau, Alemania 52 14N 7 0E
48 Grong, Noruega 64 30N 12 20E
44 Groninga, *véase* Groningen
44 Groningen, Países Bajos 53 15N 6 35E
73 Groot-Brakrivier, Sudáfrica 34 0S 22 5E
79 Groote Eylandt, Australia 14 0S 136 35E
73 Grootfontein, Namibia 19 28S 18 12E
46 Gross Glockner, Mte., Austria 47 7N 13 0E
14 Grossa, Sa., Cast.-La M., Esp. 38 50N 1 20W
46 Grossenbrode, Alemania 54 21N 11 4E
46 Grossenhain, Alemania 51 20N 13 30E
40 Grosseto, Italia 42 46N 11 7E
84 Grouard, Canadá 55 40N 116 10W
88 Groundhog, R., Can. 48 45N 82 20W
24 Grove, *véase* El Grove
60 Grozny, U.R.S.S. 43 10N 45 34E
49 Grudziadz, Polonia 53 30N 18 50E
48 Grundarf, Islandia 64 55N 23 12W
80 Grupo oriental, Fiji 17 0S 178 0W
45 Gruyères, Suiza 46 35N 7 5E
50 Gryazi, U.R.S.S. 52 23N 39 56E
45 Gstaad, Suiza 46 27N 7 18E
63 Gua, India 22 18N 85 20E
63 Guad-i-Zireh, Afganistán 29 50N 62 30E
33 Guadahortuna, And., Esp. 37 35N 3 20W
32 Guadaira, R., And., Esp. 37 15N 5 40W
32 Guadairo, R., And., Esp. 36 35N 5 18W
32 Guadajoz, R., And., Esp. 37 50N 4 40W
30 Guadalajara, Cast.-La M., Esp. 40 39N 3 5W
90 Guadalajara, México 20 40N 103 17W
26 Guadalaviar, R., Arag., Esp. 40 25N 1 25W
32 Guadalcacín, Emb., And., Esp. 36 40N 5 45W
32 Guadalcanal, And., Esp. 38 8N 5 48W
79 Guadalcanal, I., Océano Pacífico 9 40S 160 0E
30 Guadalén, R., y Emb., Cast.-La M., Esp. 38 35N 3 5W
31 Guadalentín, R., Com. Val., Esp. 37 44N 1 30W
32 Guadalete, R., And., Esp. 36 45N 5 47W
32 Guadalhorce, R., And., Esp. 36 40N 4 20W
14 Guadalimar, R., And., Esp. 38 5N 3 33W
32 Guadalmellato, R., y Emb., And., Esp. 38 10N 4 40W
30 Guadalmena, R., Cast.-La M., Esp. 38 38N 2 50W
34 Guadalmez, R., Extr., Esp. 38 50N 5 55W
26 Guadalope, R., Arag., Esp. 40 40N 0 30W
32 Guadalquivir, R., And., Esp. 36 45N 6 25W
91 Guadalupe (isla), *véase* Guadeloupe
34 Guadalupe, Extr., Esp. 39 25N 5 20W
34 Guadalupe, Sa., Extr., Esp. 39 30N 5 30W
30 Guadamajud, R., Cast.-La M., Esp. 40 15N 2 35W
28 Guadarrama, Sa., Esp. 41 0N 4 0W
29 Guadarrama, y Pto., Madrid, Esp. 40 40N 4 8W
91 Guadeloupe, I., Fr., Antillas 16 25N 61 25W
33 Guadiana menor, R., And., Esp. 37 45N 3 7W
34 Guadiana, R., Extr., Esp. 38 50N 6 0W
32 Guadiato, R., And., Esp. 37 55N 4 53W
30 Guadiela, R., Cast.-La M., Esp. 40 25N 2 28W
33 Guadix, And., Esp. 37 18N 3 11W
94 Guainia, R., Colombia 2 30N 69 0W
91 Guajira, Pen., Colombia 12 10N 72 10W
33 Gualchos, And., Esp. 36 43N 3 21W
95 Gualeguaychu, Argentina 32 50S 58 45W
05 Guam, I., Océano Pacífico 13 25N 144 50E
90 Guamuchil, México 25 30N 108 0W
90 Guanajuato, México 21 10N 101 0W
91 Guane, Cuba 22 15N 83 5W
64 Guanghou, China 23 5N 113 10E
91 Guantánamo, Cuba 20 0N 75 20W
95 Guaqui, Bolivia 16 25S 68 50W
34 Guarbayuela, Extr., Esp. 39 3N 5 1W
36 Guarda, y Prov., Port. 40 32N 7 20W
69 Guardafui, C., *véase* Ras Asir
31 Guardamar, Com. Val., Esp. 38 7N 0 38W
24 Guardia, La, Ga., Esp. 41 56N 8 52W
30 Guardia, *véase* La Guardia
27 Guardiola de Berga, Cat., Esp. 42 15N 1 48E
28 Guardo, Cast.-León, Esp. 42 47N 4 50W
34 Guareña, Extr., Esp. 38 51N 6 6W
95 Guarpore, R., Brasil 13 30S 62 0W
33 Guarromán, And., Esp. 38 12N 3 43W
90 Guatemala, América Central 16 0N 91 0W
91 Guaviare, R., Colombia 3 50N 69 0W
92 Guayana francesa, Sudamérica 4 0N 53 0W
94 Guayaquil, y G., Ecuador 2 7S 80 0W
90 Guaymas, México 27 55N 111 0W
46 Gubin, Polonia 51 56N 14 43E
26 Gúdar, Sa., Sist. Ibérico, Esp. 40 20N 0 40W
49 Gudbrandsdalen, Val., Noruega 61 40N 9 30E
24 Gudiña, *véase* La Gudiña
62 Gudur, India 14 7N 79 45E
42 Guebwiller, Francia 47 55N 7 10E
25 Guecho, P. Vasco, Esp. 43 21N 2 59W
33 Güejar, Sa., And., Esp. 37 9N 3 26W
70 Guekedou, Guinea 8 40N 10 5W
85 Guelph, Canadá 43 35N 80 20W
25 Güeñes, P. Vasco, Esp. 43 14N 3 8W
70 Güera, Mauritania 20 51N 17 0W
43 Guéret, Francia 46 10N 1 54E
25 Guernica y Luno, P. Vasco, Esp. 43 19N 2 40W
42 Guernsey, I., Islas del Canal 49 30N 2 37W
27 Guerri, Cat., Esp. 42 18N 1 7E
25 Güesa, Nav., Esp. 42 48N 1 8W
45 Guglia, Paso, Suiza 46 28N 5 45E
35 Guía de Gran Canaria, Canar., Esp. 28 10N 15 40W
35 Guía de Isora, Canar., Esp. 28 15N 16 15W
73 Guibes, Namibia 26 42S 16 50E
70 Guiglo, Costa de Marfil 6 45N 7 30W
73 Guija, Mozambique 24 35S 33 15E
34 Guijo de Granadilla, Extr., Esp. 40 12N 6 10W
28 Guijuelo, Cast.-León, Esp. 40 29N 5 45W
37 Guildford, Ingl., R. Unido 51 14N 0 33W
64 Guilin, China 25 18N 110 15E
32 Guillena, And., Esp. 37 32N 6 3W
35 Güimar, Canar., Esp. 28 22N 16 24W
36 Guimarães, Port. 41 28N 8 19W
69 Guinea Ecuatorial, África 23 0N 10 0W
70 Guinea-Bissau, África del Oeste 12 0N 15 0W
70 Guinea, África 10 0N 11 0E
68 Guinea, Reg., África del Oeste 7 0N 5 0E
42 Guingamp, Francia 48 32N 3 20W
24 Guinzo de Limia, Ga., Esp. 42 3N 7 47W
25 Guipúzcoa, Prov., P. Vasco, Esp. 43 12N 2 15W
44 Guiscard, Francia 49 40N 3 0E
42 Guise, Francia 49 55N 3 40E
27 Guisona, Cat., Esp. 41 15N 1 35E
24 Guitiriz, Ga., Esp. 43 11N 7 50W
64 Guiyang, China 26 32N 106 40E
62 Gujarat, Estado, India 23 0N 71 0E
62 Gujranwala, Pakistán 32 10N 74 21E
62 Gujrat, Pakistán 32 40N 74 3E
62 Gulbarga, India 17 12N 76 59E
78 Gulf Basin, Australia 15 20S 129 0E
82 Gulf Plain, U.S.A. 30 0N 90 0W
87 Gulfport, U.S.A. 30 29N 89 3W
58 Gulshat, U.R.S.S. 46 45N 74 20E
72 Gulu, Uganda 2 50N 32 22E
70 Gummi, Nigeria 12 4N 5 9E
62 Guna, India 24 40N 77 20E
61 Gunabad, Irán 34 12N 58 40E
65 Gunma, Pref., Japón 36 0N 138 0E
79 Gunnedah, Australia 31 0S 150 12E
86 Gunnison, R., U.S.A. 38 30N 107 30W
24 Guntin, Gal., Esp. 42 50N 7 45W
62 Guntur, India 16 15N 80 18E
62 Gupis, Kachemira 36 15N 73 20E
62 Gurdaspur, India 32 4N 75 30E
62 Gurgaon, India 28 27N 76 58E
94 Gurgueia, R., Brasil 9 0S 44 0W
26 Gurrea de Gállego, Arag., Esp. 42 5N 0 42W
51 Gurun, Turquía 38 40N 37 20E
94 Gurupi, R., Brasil 2 30S 46 40W
51 Guryev, U.R.S.S. 47 20N 51 50E
70 Gusau, Nigeria 12 18N 6 31E
49 Gusev, U.R.S.S. 54 35N 22 20E
46 Güstrow, Alemania 53 50N 12 12E
90 Gutiérrez, México 16 45N 94 20W
64 Guyan, China 36 0N 106 20E
92 Guyana, Sudamérica 5 0N 58 0W
43 Guyenne, Prov., Francia 44 40N 1 0E
63 Gwa, Birmania 17 35N 94 25E
62 Gwadar, Pakistán 25 10N 62 18E
62 Gwalior, India 26 18N 78 18E
62 Gwater, Irán 25 8N 61 20E
73 Gwelo, Zimbabwe 19 28S 29 40E
79 Gwydir, R., Australia 29 30S 149 0E
63 Gyangtse, Tíbet 28 54N 89 36E
58 Gyda, Pen., U.R.S.S. 71 0N 78 0E
79 Gympie, Australia 26 10S 152 40E
47 Gyöngyös, Hungría 47 50N 20 10E
47 Györ, Hungría 47 40N 17 39E
84 Gypsumville, Canadá 51 53N 98 35W

H

48 Haapamakj, Finlancia 62 17N 24 33E
44 Haarlem, Países Bajos 52 23N 4 37E
62 Hab Nadi Chauki, Pakistán 24 55N 66 50E
91 Habana, La, Cuba 23 0N 82 30W
65 Hachinohe, Japón 40 28N 141 30E
65 Hachioji, Japón 35 30N 139 30E
29 Hacinas, Cast.-León, Esp. 41 59N 3 16W
37 Haddington, Escocia, R. Unido 55 57N 2 47W
61 Hadera, Israel 32 27N 34 55E
60 Hadhramaut, Dist., Arabia 16 30N 49 30E
65 Haeju, Corea 38 5N 125 30E
62 Hafizabad, Pakistán 32 10N 73 35E
63 Haflong, India 25 0N 93 0E
48 Harnarfjördur, Islandia 64 5N 21 58W
71 Hagar Banga, Sudán 10 40N 22 45E
46 Hagen, Alemania 51 21N 7 29E
88 Hagerstown, U.S.A. 39 40N 77 37W
49 Hagfors, Suecia 60 2N 13 34E
65 Hagi, Japón 34 36N 131 28E
42 Hague, C. de la, Francia 49 45N 2 0W
42 Haguenau, Francia 48 50N 7 50E
61 Haifa, Israel 32 50N 35 0E
60 Hail, Arabia Saudí 27 49N 42 42E
85 Haileybury, Canadá 47 30N 79 57W
48 Hailuoto, I., Finlandia 65 0N 24 45E
64 Hainan Dao, China 19 0N 109 30E
64 Hainan, I., y Est., China 19 30N 109 30E
44 Hainaut, Prov., Bélgica 50 32N 4 0E
64 Haiphong, Vietnam 20 57N 106 45E
91 Haití, La Española 19 0N 74 0W
47 Hajdúböszörmény, Hungría 47 42N 21 30E
47 Hajnowka, Polonia 52 45N 23 32E
55 Hakodate, Japón 41 45N 140 44E
62 Hala, Pakistán 25 45N 68 20E
46 Halberstadt, Alemania 51 53N 11 2E
49 Halden, Noruega 59 5N 11 5E
Haldwani, India 29 15N 79 25E
51 Haleb, Siria, *véase* Alepo
79 Halifac, B., Australia 18 50S 147 0E
85 Halifax, Canadá 44 45N 64 0W
37 Halifac, Ingl., R. Unido 53 44N 1 52W
78 Hall's Creek, Australia 18 18S 127 33E
49 Halland, Co., Suecia 57 10N 12 30E
46 Halle, Alemania 51 30N 11 59E
44 Halle, Bélgica 50 44N 4 14E
49 Hällefors, Suecia 59 46N 14 36E
96 Hallet, Antártida 71 30S 170 0E
96 Halley Bay, Antártida 72 30S 25 0W
49 Hallingdal, Va., Noruega 60 40N 8 50E
48 Hällnäs, Suecia 64 18N 19 40E
66 Halmahera, I., Indonesia 1 0N 128 0E
49 Halmstad, Suecia 56 42N 12 47E
70 Halq el Oued, Tunicia 36 58N 10 16E
49 Hals, Dinamarca 57 0N 10 16E
49 Hälsingborg, Suecia 56 3N 12 41E
62 Halvad, India 23 2N 71 3E
44 Ham, Francia 49 44N 3 3E
60 Hama, Siria 35 10N 36 42E

65 Hamada, Japón 34 58N 132 5E
60 Hamadan, Irán 34 45N 48 48E
65 Hamamatsu, Japón 34 45N 137 50E
32 Hamapega, Mte., Sierra Morena, Esp. 38 2N 5 45W
49 Hamar, Noruega 60 50N 11 5E
48 Hamarøy, Noruega 68 6N 15 35E
62 Hambantota, Sri Lanka 6 10N 81 10E
46 Hamburg (Hamburgo), Alemania 53 35N 9 58E
49 Häme, Co., Finlandia 61 30N 24 30E
49 Hämeenlinna, Finlandia 61 0N 24 30E
46 Hameln, Alemania 52 9N 9 22E
78 Hamersley, Sa., Australia 22 10S 118 0E
64 Hami, China 43 8N 93 50E
79 Hamilton, Australia 37 40S 142 0E
91 Hamilton, Bermudas 32 15N 64 46W
85 Hamilton, Canadá 43 14N 80 0W
37 Hamilton, Escocia, R. Unido 55 46N 4 3W
80 Hamilton, N.Z. 37 47S 175 18E
88 Hamilton, Ohio, U.S.A. 39 23N 84 30W
46 Hamm, Alemania 51 40N 7 49E
60 Hammam, Arabia Saudí 20 15N 46 50E
48 Hammerfest, Noruega 70 45N 23 37E
88 Hammond, U.S.A. 41 40N 87 30W
80 Hampden, Nueva Zelanda 45 18S 170 52E
71 Hamrat Esh Sheikh, Sudán 14 45N 27 40E
62 Hamun-e-Helmand, L., Afganistán 31 15N 61 15E
41 Han Pijesak, Yugoslavia 44 0N 19 0E
65 Hanamaki, Japón 39 25N 140 30E
43 Hanau, Alemania 50 10N 8 50E
88 Hancock, Mich., U.S.A. 47 10N 88 35W
64 Handan, China 36 35N 114 28E
72 Handeni, Tanzania 5 20S 38 0E
86 Hanford, U.S.A. 36 18N 119 37W
64 Hangayn Nurun, Mong. 43 30N 100 0E
65 Hangzhou, China 30 18N 120 11E
49 Hanko, Finlandia 59 49N 22 55E
84 Hanna, Canadá 51 35N 112 0W
46 Hannover, Alemania 52 25N 9 45E
64 Hanoi, Vietnam 20 57N 105 55E
95 Hanover, I., Chile 50 30S 75 30W
62 Hansi, India 29 5N 75 55E
64 Hanzhong, China 33 10N 107 1E
48 Haparanda, Suecia 65 58N 24 3E
62 Hapur, India 28 45N 77 40E
60 Haql, Arabia Saudí 19 19N 35 3E
65 Harbin, China 45 40N 126 40E
85 Harbour Grace, Canadá 47 40N 53 22W
46 Harburg, Alemania 53 28N 9 58E
49 Hardanger, Fd., Noruega 60 10N 6 5E
44 Harderwijk, Países Bajos 52 21N 5 38E
62 Hardoi, India 27 30N 80 5E
62 Hardwar, India 30 0N 78 9E
44 Harelbeke, Bélgica 50 50N 3 20E
49 Hargshamn, Suecia 60 12N 18 30E
62 Hari Rud, R., Afganistán 34 25N 64 20E
35 Haria, Canar., Esp. 29 10N 13 33W
63 Haringhata, R., Bangladesh 22 0N 90 0E
44 Harlingen, Países Bajos 53 11N 5 26E
86 Harlingen, U.S.A. 26 14N 97 45W
48 Härnösand, Suecia 62 37N 17 55E
29 Haro, La Rioja, Esp. 42 36N 2 48W
51 Harran, Turquía 36 58N 39 3E
88 Harricanaw, R., Can. 50 30N 79 10W
37 Harris, I., Escocia, R. Unido 57 50N 7 0W
88 Harrisburg, Pa., U.S.A. 40 22N 76 48W
87 Harrisonburg, U.S.A. 38 43N 78 36W
48 Harstad, Noruega 68 48N 16 25E
88 Hartford, Conn., U.S.A. 41 49N 72 49W
37 Hartland Point, Ingl., R. Unido 51 2N 4 31W
37 Hartlepool, Ingl., R. Unido 54 42N 1 11W
73 Hartley, Zimbabwe 18 8S 30 10E
37 Harwich, Ingl., R. Unido 51 57N 1 18E
62 Haryana, Estado, India 29 0N 76 00E
46 Harz, Mtes., Alemania 51 45N 10 40E
64 Has Us Nuur, L., Mongolia 48 0N 92 10E
60 Hasa, Dist., Arabia 26 0N 49 0E
61 Hasbaya, Líbano 33 25N 35 41E
62 Hassan, India 13 4N 76 8E
44 Hasselt, Bélgica 50 56N 5 21E
70 Hassi el Gassi, Argelia 30 40N 6 0E
70 Hassi Inifel, Argelia 29 50N 3 28E
70 Hassi Messaoud, Argelia 32 10N 6 10E
70 Hassi R'mel, Argelia 32 20N 3 30E
37 Hastings, Ingl., R. Unido 50 52N 0 35E
86 Hastings, Neb., U.S.A. 40 30N 98 30W
80 Hastings, Nueva Zelanda 39 44S 176 53E
62 Hathras, India 27 40N 78 35E
63 Hatia, Bangladesh 22 30N 91 5E
61 Hatsoi Ashdod, Israel 31 46N 34 42E
87 Hatteras, C., U.S.A. 35 15N 75 20W
87 Hattiesburg, U.S.A. 31 20N 89 19W
47 Hatvan, Hungría 47 40N 19 45E
49 Haugesund, Noruega 59 25N 5 13E
80 Hauraki, G., N.Z., 36 30S 175 5E
43 Haut-Rhin, Dept., Francia 48 0N 7 20E
43 Haute-Corse, Dept., Francia 42 15N 9 5E
43 Haute-Garonne, Dept., Francia 43 30N 1 10E
43 Haute-Loire, Dept., Francia 45 20N 3 50E
43 Haute-Marne, Dept., Francia 48 18N 5 7E
43 Haute-Saône, Dept., Francia 47 30N 6 0E
43 Haute-Savoie, Dept., Francia 46 4N 6 38E
43 Haute-Vienne, Dept., Francia 45 58N 1 12E
43 Hautes-Alpes, Dept., Francia 44 43N 6 40E
43 Hautes-Pyrénées, Dept., Francia 43 12N 0 12E
44 Hautmont, Francia 50 13 N 3 55E
43 Hauts-de-Seine, Dept., Francia 49 0N 2 10E
46 Havel, R., Alemania 52 40N 12 15E
44 Havelange, Bélgica 50 23N 5 15E
80 Havelock, Nueva Zelanda 41 18S 173 46E
37 Haverford West, Gales, R. Unido 51 49N 4 58W
89 Haverhill, U.S.A. 42 50N 71 2W
86 Havre, U.S.A. 48 35N 109 40W
60 Havrun, Wadi, Iraq 33 30N 41 30E
86 Hawai, Is., Océano Pacífico 21 0N 158 0W
86 Hawaii, Estado, U.S.A. 21 0N 158 0W
80 Hawea, L., Nueva Zelanda 44 30S 169 8E
80 Hawera, Nueva Zelanda 39 36S 174 30E
37 Hawick, Escocia, R. Unido 55 25N 2 48W
80 Hawke, B., N.Z. 39 15S 177 30E
79 Hawker, Australia 31 53S 138 25E
80 Hawker's Bay, Dist., N.Z. 39 25S 176 33E
89 Hawkesbury, Ont., Canadá 43 35N 74 48W
86 Hawthorne, U.S.A. 38 30N 118 50W
79 Hay, Australia 34 37S 144 45E
79 Hay, R., Australia 23 10S 137 0E
86 Haya, U.S.A. 38 55N 99 23W
43 Hayange, Francia 49 20N 6 0E
63 Hazaribagh, India 23 58N 85 15E
84 Hazelton, Canadá 55 23N 127 45W
88 Hazleton, U.S.A. 40 59N 76 0W
85 Hearst, Canadá 49 40N 83 25W
37 Hébridas, Is., Escocia, R. Unido 57 40N 7 0W
61 Hebron (El Khalil), Jordania 31 32N 35 5E
85 Hebron, Canadá 58 10N 62 50W
64 Hechi, China 24 40N 108 2E
26 Hecho, Arag., Esp. 42 45N 0 46W
64 Hechuan, China 30 2N 106 12E
48 Hede, Suecia 62 23N 12 43E
49 Hedemora, Suecia 60 18N 15 58E
80 Hedgehope, N.Z. 46 12S 168 34E
49 Hedmark, Co., Noruega 61 45N 11 0E
44 Heemstede, Países Bajos 52 19N 4 37E
44 Heerenveen, Países Bajos 52 58N 5 55E
44 Heerlen, Países Bajos 50 53N 5 58E
64 Hefei, China 31 52N 117 18E
65 Hegang, China 46 40N 130 26E
71 Heiban, Sudán 11 13N 30 27E
46 Heidelberg, Alemania 49 26N 8 46E
73 Heilbron, Sudáfrica 27 8S 28 12E
46 Heilbronn, Alemania 49 5N 9 19E
65 Heilungkiang, Prov., China 45 0N 130 0E
49 Heinola, Finlandia 61 13N 26 10E
63 Heinze, Is., Birmania 14 20N 97 45E
60 Hejaz, Dist., Arabia Saudí 25 30N 38 30E
48 Hekla Torfa Jökull, Islandia 64 0N 19 30W
64 Hekou, China 22 30N 103 59E
34 Helechal, Extr., Esp. 38 41N 5 23W
86 Helena Mont, U.S.A. 46 40N 111 55W
37 Helensburgh, Escocia, R. Unido 56 1N 4 43W
80 Helensville, N.Z. 36 39S 174 28E
48 Helgeland, Distr., Noruega 66 0N 13 15E
46 Helgoland, I., Y B., Alemania 54 11N 7 52E
41 Hellespont, *véase* Dardanelos
31 Hellín, Cast.-La M., Esp. 38 31N 1 40W
62 Helmand Rud, R., Afganistán 30 25N 63 0E
44 Helmond, Países Bajos 51 30N 5 41E
49 Helsinfors, *véase* Helsinki
49 Helsingør, Dinamarca 56 2N 12 35E
49 Helsinki, Finlandia 60 13N 24 55E
73 Helville, Madagascar 13 20S 48 12E
71 Helwan, Egipto 29 50N 31 20E
49 Hemse, Suecia 57 14N 18 21E
14 Henares, R., Madrid, Esp. 40 55N 3 0W
42 Hendaya (Hendaye), Francia 43 22N 1 50W
88 Henderson, Ken., U.S.A. 37 50N 87 30W
87 Henderson, N.C., U.S.A. 36 17N 78 25W
65 Hengchun, Taiwan 22 0N 120 40E
44 Hengelo, Países Bajos 52 17N 6 48E
64 Hengyang, China 26 30N 111 58E
44 Hénin-Liétard, Francia 50 25N 2 58E
85 Henrietta Maria, C., Canadá 55 0N 82 38W
64 Hentiyn Nuruu, Mte., Mongolia 49 0N 108 0E
63 Henzada, Birmania 17 39N 95 37E
62 Herat, y Prov., Afganistán 34 0N 63 0E
43 Hérault, Dept., Francia 43 37N 2 57E
41 Hercegnovi, Yugoslavia 42 25N 18 30E
40 Hercegovina, Prov., Yugoslavia 43 30N 17 45E
48 Herdhubreid, Mte., Islandia 65 10N 16 21W
37 Hereford, Ingl., R. Unido 52 4N 2 42W
31 Herencia, Cast.-La M., Esp. 39 22N 3 21W
44 Herentals, Bélgica 51 11N 4 51E
46 Herford, Alemania 52 8N 8 40E
45 Herisau, Suiza 47 24N 9 18E
49 Herjehogna, Mte., Nor. 61 43N 12 7E
25 Hermida, *véase* La Hermida
80 Hermitage, N.Z. 43 45S 170 7E
61 Hermom (El Cheikh), Mte., Siria 33 25N 35 50E
47 Hernad, R., Hungría 48 30N 21 5E
25 Hernani, P. Vasco, Esp. 43 18N 1 55W
49 Herning, Dinamarca 56 8N 9 0E
85 Heron Bay, Canadá 48 50N 86 10W
35 Herradura, Pta., Canar., Esp. 28 28N 14 10W
34 Herrera de Alcántara, Extr., Esp. 39 39N 7 25W
28 Herrera de Pisuerga, Cast.-León, Esp. 42 35N 4 20W
34 Herrera del Duque, Extr., Esp. 39 15N 5 3W
32 Herrera, And., Esp. 37 20N 4 50W
26 Herrera de los Navarros, Arag., Esp. 41 14N 1 7W
34 Herreruela, Extr., Esp. 39 57N 6 55W
88 Herrin, Ill., U.S.A. 37 50N 89 0W
44 Herstal, Bélgica 50 38N 5 35E
37 Hertford, Ingl., R. Unido 51 48N 0 4W
34 Hervás, Extr., Esp. 40 16N 5 52W
61 Herzliya, Israel 32 10N 34 50E
46 Hesse, Land, Alemania 50 27N 9 10E
87 Hibbing, U.S.A. 47 30N 92 50W
90 Hidalgo del Parral, México 27 0N 105 40W
35 Hidalgo, Pta., Canar., Esp. 28 6N 16 20W
30 Hiendelaencina, Cast.-La M., Esp. 41 5N 3 0W
34 Hierro, I., Canar., Esp. 27 45N 18 0W
84 High River, Canadá 50 30N 114 0W
25 Higuer, C., P. Vasco, Esp. 43 25N 1 50W
34 Higuera de la Serena, Extr., Esp. 38 40N 6 45W
32 Higuera de la Sierra, And., Esp. 37 49N 6 27W
34 Higuera de Vargas, Extr., Esp. 38 27N 6 58W
34 Higuera la Real, Extr., Esp. 38 10N 6 45W
31 Higueruela, Cast.-La M., Esp. 38 57N 1 25W
28 Hija de Dios, *véase* La Hija de Dios
26 Híjar, La Puebla de, Arag., Esp. 41 10N 0 27W
65 Hikone, Japón 35 7N 136 20E
80 Hikurangi, N.Z. 35 42S 174 17E
46 Hildesheim, Alemania 52 10N 9 58E
60 Hilla, Iraq 32 39N 44 30E
44 Hillegon, Países Bajos 52 18N 4 34E
87 Hillsboro, U.S.A. 32 0N 97 0W
90 Hillsborough, Carriacou, Antillas 12 14N 61 12W
79 Hillston, Australia 33 29S 145 32E
86 Hilo, Hawai 19 45N 155 15W
44 Hilversum, Países Bajos 52 15N 5 10E
62 Himachal Pradesh, Prov., India 31 30N 77 0E
63 Himalaya, Mtes., Asia 29 0N 82 0E
62 Himatnagar, India 23 37N 72 57E
65 Himeji, Japón 34 56N 134 48E
65 Himi, Japón 36 55N 137 0E
79 Hinchinbrook, I., Australia 18 21S 146 20E
72 Hinde, Rápidos de Zaire 5 25S 27 3E
60 Hindian, R., Irán 30 20N 50 20E
61 Kindu Kush, Afganistán 36 0N 71 30E
62 Hindubagh, Pakistán 30 55N 67 42E
62 Hindupur, India 13 45N 77 25E
84 Hines Creek, Canadá 56 20N 118 40W
62 Hingol, R., Pakistán 27 30N 66 0E
62 Hingoli, India 19 50N 77 6E
48 Hinnoy, Noruega 68 40N 16 0E
65 Hino, C., Japón 35 25N 132 45E
32 Hinojos, And., Esp. 37 18N 6 22W
28 Hinojosa de Duero, Cast.-León, Esp. 40 59N 6 48W
32 Hinojosa del Duque, And., Esp. 38 30N 5 9W
30 Hinojosas de Calatrava, Cast.-La M., Esp. 38 38N 4 10W
30 Hinojosos, *véase* Los Hinojosos
45 Hinterhein, R., Suiza 46 35N 9 20E
88 Hinton, U.S.A. 37 40N 80 50W
65 Hirosaki, Japón 40 35N 140 30E
65 Hiroshima, y Pref., Japón 34 30N 132 35E
42 Hirson, Francia 49 55N 4 3E
61 Hisban, Jordania 31 48N 35 49E
91 Hispaniola, *véase* La Española
62 Hissar, India 29 11N 75 41E
30 Hita, Cast.-La M., Esp. 40 50N 3 3W
48 Hitra, I., Noruega 63 30N 8 45E
49 Hjälmaren, L., Suecia 59 25N 15 50E
48 Hjeradsflói, Islandia 65 40N 14 0W
48 Hjeradsvotn, R., Islandia 65 40N 19 10W
49 Hjørring, Dinamarca 57 25N 10 0E
66 Ho-Chi-Minh (Saigón), Vietnam 10 40N 106 37E
64 Hoa-Binh, Vietnam 21 0N 104 25E
79 Hobart, Australia 42 49S 147 6E
86 Hobbs, U.S.A. 32 43N 103 11W
44 Hoboken, Bélgica 51 11N 4 21E
49 Hobro, Dinamarca 56 39N 9 46E
60 Hodeida, Yemen 14 50N 42 55E
84 Hodgson, Canadá 51 20N 97 40W
47 Hódmezövásárhely, Hungría 46 28N 20 22E
44 Hoek van Holland, Países Bajos 52 0N 4 10E
46 Hof, Alemania 50 20N 11 54E
48 Hof, Islandia 64 32N 14 35W
64 Hefei, China 31 50N 117 0E
48 Hofs Jökull, Mte., Islandia 64 45N 19 0W
48 Hofsós, Islandia 65 52N 19 19W
65 Hofu, Japón 34 0N 131 30E
60 Hofuf, Arabia Saudí 25 20N 49 40E
70 Hoggar, Mtes., Argelia 23 0N 6 30E
64 Hohhot, China 40 52N 111 40E
64 Hohsein, China 24 35N 111 20E
64 Hoihow (Haikow), China 20 0N 110 10E
72 Hoima, Uganda 1 25N 31 25E
80 Hokitika, N.Z. 42 44S 171 2E
65 Hokkaido, I., y Pref., Japón 43 30N 143 0E
44 Holanda Meridional, Países Bajos 52 5N 4 30E
44 Holanda Septentrional, Países Bajos 52 29N 4 47E
86 Holdrege, U.S.A. 40 30N 99 21W
91 Holguín, Cuba 20 50N 76 20ó
73 Hollams Birds, I., Namibia 24 35S 14 30E
86 Hollywood, U.S.A. 34 10N 118 28W
48 Hólmavik, Islandia 65 42N 21 43W
48 Holmsund, Suecia 63 42N 20 20E
61 Holon, Israel 32 2N 34 47E
85 Holsteinsburg, Kalaallit 67 0N 53 20W
37 Holyhead, Gales, R. Unido 53 20N 4 39W
42 Holyoke, U.S.A. 42 12N 72 40W
63 Homalin, Birmania 25 0N 94 55E
70 Homborti, Mali 15 20N 1 38W
44 Homburg, Alemania 49 18N 7 18E
79 Home Hill, Australia 19 40S 147 20E
85 Home, B., Canadá 68 40N 67 0W
84 Homer, Alaska 59 40N 151 35W
60 Homs, Siria 34 55N 36 43E
73 Hondeklipbaai, Sudáfrica 30 22S 17 18E
90 Honduras Británicas, América Central 17 0N 88 40W
90 Honduras, y G., América Central 15 0N 86 30W
49 Hønefoss, Noruega 60 10N 10 10E
42 Honfleur, Francia 49 24N 0 12E
64 Hong Ha (Rojo), R., Vietnam y China 22 10N 104 0E
64 Hongjiang, China 27 7N 109 59E
64 Hong-Kong, China 22 20N 114 10E
65 Honjo, Japón 39 28N 140 0E
86 Honolulu, Océano Pacífico 21 20N 158 0W
30 Honrubia, Cast.-La M., Esp. 39 38N 2 17W
65 Honshu, I., Japón 36 0N 139 0E
28 Hontalbilla, Cast.-León, Esp. 41 22N 4 7W
29 Hontoria del Pinar, Cast.-León, Esp., 41 50N 3 10W
87 Hood, Mte., U.S.A. 45 20N 121 0W
44 Hoogezand, Países Bajos 53 11N 6 45E
44 Hoogezand, *véase* Países Bajos 52 45N 6 30E
44 Hoorn, Países Bajos 52 40N 5 4E
96 Hope-Bay, Antártida 60 0S 57 0W
87 Hope, U.S.A. 33 43N 93 38W
85 Hopedale, Canadá 55 27N 60 22W
78 Hopetoun, Australia 33 52S 120 0E
73 Hopetown, Sudáfrica 29 42S 24 10E
88 Hopkinsville, U.S.A. 36 55N 87 29W
86 Hoquiam, U.S.A. 47 0N 123 58W
60 Hor al Hammar, Iraq 30 50N 46 0E
30 Horcajada de la Torre, Cast.-La M., Esp. 40 4N 2 36W
28 Horcajo de las Torres, Cast.-León, Esp. 41 4N 5 5W
30 Horcajo de los Montes, Cast.-La M., Esp. 39 20N 4 40W
30 Horcajo de Santiago, Cast.-La M., Esp. 39 50N 3 0W
28 Horcajo-Medianero, Cast.-León, Esp. 40 38N 5 26W
30 Horche, Cast.-La M., Esp. 40 35N 3 6W
49 Hordaland, Co., Noruega 60 8N 6 20E
45 Horgen, Suiza 47 16N 8 35E
28 Hormazas, *véase* Las Hormazas
46 Horn, Austria 48 40N 15 40E
48 Horn, C., Islandia 66 29N 22 27W
34 Hornachos, Extr., Esp. 38 33N 6 7W
32 Hornachuelos, And., Esp. 37 50N 5 14W
48 Hornavan, L., Suecia 66 30N 18 0E
88 Hornell, U.S.A. 42 20N 77 44W
33 Hornos, And., Esp. 38 14N 2 43W
95 Hornos, C., Chile 55 47S 67 0W
65 Horquin Yonyi Qiaqi, China 46 5N 122 3E
28 Horra, *véase* La Horra
79 Horsham, Australia 36 42S 142 13E
49 Horten, Noruega 59 25N 10 27E
29 Hortiguela, Cast.-León, Esp. 42 7N 3 24W
84 Horton, R., Canadá 69 0N 124 0W
45 Horscht, Alemania 50 6N 8 32E
62 Hoshangabad, India 22 50N 77 58E
62 Hoshiarpur, India 31 45N 75 58E
62 Hospet, India 15 10N 76 15E
27 Hospitalet, Cat., Esp. 41 22N 2 4E
27 Hostalric, Cat., Esp. 41 45N 2 45E
95 Hoste, I., Argentina 55 30S 70 0W
87 Hot Springs, U.S.A. 34 25N 93 2W
48 Hoting, Suecia 64 4N 16 20E
44 Houffalize, Bélgica 50 8N 5 48E
80 Houhora, Nueva Zelanda 34 49S 173 9E
89 Houlton, U.S.A. 46 15N 68 0W
87 Houma, U.S.A. 29 41N 90 43W
87 Houston, U.S.A. 29 45N 95 27W
64 Hovd (Jargalant), Mongolia 48 0N 91 30E
63 Howrah, India 22 40N 88 15E

87 Jackson, Tenn., U.S.A. 35 36N 88 45W
87 Jacksonville, Fla., U.S.A. 30 28N 81 40W
87 Jacksonville, Ill., U.S.A. 39 44N 90 16W
91 Jacmel, Haití 18 15N 72 35W
62 Jacobabad, Pakistán 28 20N 68 27E
95 Jacui, R., Brasil 30 0S 52 0W
71 Jado, Libia 32 0N 12 0E
30 Jadraque, Cast.-La M., Esp. 40 55N 2 50W
33 Jaén, And., Esp. 37 44N 3 40W
61 Jaffa, *véase* Tel Aviv-Yafo
62 Jaffna, Sri Lanka 9 45N 80 0E
63 Jagdalpur, India 19 1N 82 7E
73 Jagersfontein, Sudáfrica 29 40S 25 28E
71 Jaghbub, Libia 29 42N 24 38E
62 Jagraon, India 30 40N 75 40E
60 Jahrum, Irán 28 27N 53 30E
66 Jailolo, Paso de, Indonesia 0 30N 129 20E
62 Jaipur, India 27 0N 75 50E
70 Jajere, Nigeria 11 58N 10 25E
66 Jakarta, *véase* Djakarta
49 Jakobstad (Pietarsaari), Fin. 63 40N 22 40E
90 Jalapa Enríquez, México 19 32N 96 55W
62 Jalgaon, India 20 57N 76 30E
24 Jallas, R., Gal., Esp. 42 56N 9 6W
62 Jalna, India 19 45N 75 50E
26 Jalón, R., Arag., Esp. 41 20N 1 40W
63 Jalpaiguri, India 26 15N 88 0E
91 Jamaica, I., Antillas 18 15N 77 30W
63 Jamalpur, India 25 20N 86 30E
66 Jambi, Indonesia 1 40S 103 35E
85 James, B., Canadá 53 30N 81 0W
86 James, R., S., Dak., U.S.A. 43 40N 97 40W
78 James, Sa., Australia 24 10S 132 40E
79 Jamestown, Australia 33 11S 138 30E
86 Jamestown, Dakota del Norte, U.S.A. 46 58N 98 38W
88 Jamestown, N.Y., U.S.A. 42 8N 79 17W
33 Jamilena, And., Esp. 37 45N 3 55W
62 Jamkhandi, India 16 30N 75 5E
62 Jammu y Kashmir, Asia 34 0N 77 0E
62 Jammu, India 32 50N 74 58E
62 Jamnagar, India 22 32N 70 5E
63 Jamshedpur, India 22 50N 86 10E
48 Jamtland, Co., Suecia 62 45N 14 30E
96 Jan Mayen, I., Océano Ártico 71 0N 8 0W
62 Jand, Pakistán 33 30N 71 57E
32 Janda, Laguna, And., Esp. 36 15N 5 45W
35 Jandia, Mte., Canar., Esp. 28 6N 14 20W
35 Jandia, Pen., y Pta., Canar., Esp. 28 4N 14 31W
33 Jándula, R., y Emb., And., Esp. 38 25N 3 55W
88 Janesville, U.S.A. 42 48N 88 59W
61 Janin, Jordania 32 28N 35 18E
95 Januaria, Brasil 15 30S 44 30W
62 Jaora, India 23 42N 75 5E
65 Japón, Asia Oriental 36 0N 138 0E
65 Japón, Mar de, Asia Oriental 40 0N 134 30E
14 Jara, La, Cca., Cast.-La M., Esp. 39 40N 3 30W
34 Jaraicejo, Extr., Esp. 39 40N 5 46W
34 Jaraiz de la Vera, Extr., Esp. 40 4N 5 45W
29 Jarama, R., Madrid, Esp. 40 50N 3 30W
34 Jarandilla de la Vera, Extr., Esp. 40 8N 5 39W
61 Jarash, Jordania 32 17N 35 54E
60 Jarir, Wadi, Arabia Saudí 24 10N 42 0E
47 Jaroslaw, Polonia 50 0N 22 40E
31 Jarufuel, Com. Val., Esp. 39 10N 1 6W
63 Jarwa, India 27 52N 82 36E
61 Jask, Irán 25 52N 57 50E
47 Jaslo, Polonia 49 45N 21 30E
47 Jászberény, Hungría 47 37N 19 58E
31 Játiva, Com. Val., Esp. 39 0N 0 32W
94 Jauja, Perú 11 45S 72 25W
63 Jaunpur, India 25 42N 82 55E
66 Java, I., Indonesia 7 0S 110 0E
66 Java, Mar de, Indonesia 5 0S 111 30E
31 Jávea, Com. Val., Esp. 38 48N 0 10W
66 Jayapura, Indonesia 2 28S 140 38E
63 Jaynagar, India 26 43N 86 9E
60 Jeb Aneiza, Mte., Iraq 32 10N 39 20E
71 Jebel Abyad, Meseta de, Sudán 17 30N 28 40E
37 Jedburgh, Escocia, R. Unido 55 29N 2 32W
47 Jedrzejów, Polonia 50 35N 20 15E
87 Jefferson City, U.S.A. 38 40N 92 18W
87 Jeffersonville, U.S.A. 38 22N 85 94W
70 Jega, Nigeria 12 15N 4 23E
46 Jelenia Góra, Polonia 50 50N 15 45E
49 Jelgava, U.R.S.S. 56 39N 23 45E
46 Jena, Alemania 51 0N 11 30E
59 Jennette, I., U.R.S.S. 77 25N 157 20E
87 Jennings, U.S.A. 30 15N 92 45W
33 Jeres del Marquesado, And., Esp. 37 12N 3 12W
32 Jerez de la Frontera, And., Esp. 36 41N 6 7W
34 Jerez de los Caballeros, Extr., Esp. 38 20N 6 45W
61 Jericó, Jordania 31 51N 35 28E
89 Jersey City, U.S.A. 40 50N 74 10W
42 Jersey, Islas anglonormandas 49 17N 2 10W
61 Jerusalén, Jordania-Israel 31 47N 35 13E
66 Jesselton, *véase* Kota Kinabalu
63 Jessore, Bangladesh 23 12N 89 10E
44 Jette, Bélgica 50 52N 4 18E
63 Jeypore, India 18 45N 82 32E
61 Jezzin, Líbano 33 33N 35 34E
62 Jhal Jhao, Pakistán 26 20N 65 30E
62 Jhalawar, India 24 35N 76 10E
62 Jhang Maghiana, Pakistán 31 8N 72 15E
62 Jhansi, India 25 49N 78 49E
63 Jharsuguda, India 21 50N 84 5E
62 Jhelum, y R., Pakistán 32 58N 73 45E
64 Ji'an, China 27 6N 114 59E
63 Jiachan, Tíbet, China 31 40N 81 5E
65 Jiamusi, China 46 40N 130 26E
64 Jiangcheng, China 22 60N 100 60E
65 Jinhua, China 29 8N 119 38E
64 Jiangmen, China 22 32N 113 2E
64 Jiayuguan, China 39 50N 98 20E
60 Jidda (Jeddah), Arabia Saudí 21 30N 39 0E
46 Jihlava, y R., Checoslovaquia 49 21N 15 38E
31 Jijona, Com. Val., Esp. 38 34N 0 30W
65 Jilin, China 43 44N 126 30E
26 Jiloca, R., Arag., Esp. 41 0N 1 20W
71 Jima, Etiopía 7 50N 37 0E
32 Jimena de la Frontera, And., Esp. 36 27N 5 24W
33 Jimena, And., Esp. 37 49N 3 30W
90 Jiménez, México 27 10N 104 55W
64 Jinggu, China 23 35N 100 41E
64 Jinan, China 36 38N 117 1E
64 Jining, China 41 5N 113 0E
72 Jinja, Uganda 0 30N 33 15E
64 Jishou, China 28 21N 109 43E
65 Jinzhou, China 41 5N 121 3E
47 Jiu, R., Rumania 44 50N 23 50E
65 Jiugiang, China 29 42N 115 58E
65 Jixi, China 45 20N 130 50E
95 Joao Pessoa, Brasil 7 12S 35 0W
33 Jódar, And., Esp. 37 50N 3 21W
62 Jodhpur, India 26 10N 73 0E
50 Joensuu, Finlandia 62 40N 29 49E
42 Joeuf, Francia 49 12N 6 0E
73 Johannesburg, Sudáfrica 26 15S 28 4E
87 Johnston City, U.S.A. 36 29N 82 20W
72 Johnston Falls, *véase* Mambmma
88 Johnstown, U.S.A. 40 20N 75 52W
66 Johor, Baharu, Malasia 1 35N 103 40E
42 Joigny, Francia 48 0N 3 25E
88 Joilet, U.S.A. 41 36N 88 0W
48 Jokkmokk, Suecia 66 32N 19 56E
85 Joliette, Canadá 46 1N 73 40W
66 Jolo, I., Filipinas 6 3N 121 3E
87 Jonesboro, U.S.A. 35 50N 90 45W
41 Jónicas, Is. y S., Grecia 38 40N 20 0E
49 Jönköping, Suecia 57 48N 14 12E
85 Jonquière, Canadá 48 27N 71 10W
87 Joplin, U.S.A. 36 58N 94 30W
61 Jordán, R., Jordania-Israel 32 15N 35 32E
60 Jordania, Asia del Suroeste 32 0N 37 0E
63 Jorhat, India 26 42N 94 15E
48 Jörn, Suecia 65 8N 20 0E
70 Jos, Nigeria 9 53N 8 51E
78 Joseph Bonaparte, G., Australia 13 45S 129 0E
49 Jostedalsbree, Nor. 61 40N 7 2E
49 Jotunheimen, Mtes., Noruega 61 35N 8 20E
61 Jouaiya, Líbano 33 14N 35 20E
61 Joub Jennin, Líbano 33 38N 35 48E
45 Joux, L., Suiza 46 39N 6 18E
24 Jove, Gal., Esp. 43 50N 7 30W
84 Juan de Fuca, Estr., América del Norte 48 30N 124 30W
73 Juan de Nova, I., Madagascar 17 10S 43 45E
95 Juan Fernández, I., Océano Pacífico 33 15S 79 0W
95 Juazeiro, Brasil 9 30S 40 30W
68 Juba, R., África Oriental 1 45N 42 42E
71 Juba, Sudán 5 0N 31 35E
70 Juby, C., Marruecos 27 50N 13 45W
31 Júcar, R., Com. Val., Esp. 39 9N 0 17W
90 Juchitán, México 16 30N 95 15W
61 Judea, Desierto de, Jordania 31 25N 35 18E
61 Judea, Montes de, Jordania 31 45N 15 15E
95 Juiz de la Fora, Brasil 21 35S 43 40W
95 Jújuy, Argentina 24 5S 65 30W
79 Julia Creek, Australia 20 40S 141 55E
85 Julianehaab, Kalaallit 60 40N 45 40W
44 Julich, Alemania 50 56N 6 20E
46 Juliske Alpe, Yugoslavia 46 15N 13 40E
62 Jullundur, India 31 20N 75 40E
60 Jumaina, Arabia Saudí 29 40N 43 37E
44 Jumet, Bélgica 50 28N 4 27E
35 Jumilla, Mur., Esp. 38 28N 4 25W
62 Jumna, R., *véase* Yamuna
62 Junagadh, India 21 34N 70 30E
87 Junction City, U.S.A. 39 5N 96 58W
79 Jundah, Australia 24 56S 143 5E
84 Juneau, Alaska 58 13N 134 0W
27 Juneda, Cat., Esp. 41 33N 0 48E
79 Junee, Australia 34 53S 147 36E
45 Jungfrau, Mte., Suiza 46 30N 7 50E
95 Junin, Argentina 34 25S 61 0W
24 Junquera de Ambria, Gal., Esp. 42 15N 7 40W
27 Junquera, *véase* La Junquera
45 Jura, Cn., Suiza 47 50N 7 20E
43 Jura, Dept., Francia 46 46N 5 40E
37 Jura, I., Escocia, R. Unido 55 57N 5 55W
42 Jura, Mtes. de, Francia-Suiza 46 40N 6 5E
78 Jurien Bay, Australia 30 20S 115 0E
94 Jurua, R., Brasil 6 0S 68 0W
71 J'uweinat, Mte., Egipto 22 40N 25 0E
49 Jylland (Jutlandia), Dinamarca 56 10N 9 0E
48 Jyväskylä, Finlandia 62 12N 25 47E

K

41 Ka Valla, Grecia 41 0N 24 4E
66 Kabaena, I., Indonesia 5 15S 122 0E
70 Kabala, Sierra Leona 9 38N 11 37W
72 Kabale, Uganda 1 11S 30 0E
72 Kabalo, Zaire 6 0S 27 0E
72 Kabambare, Zaire 4 40S 27 44E
51 Kabardini-Balkar, R.A.S.S., U.R.S.S. 43 30N 43 30E
72 Kabarega, Cataratas, Uganda 2 24N 31 55E
73 Kabompo, R., Zambia 13 30S 24 30E
72 Kabongo, Zaire 7 18S 25 40E
62 Kabul, y R., Afganistán 34 30N 69 13E
73 Kabwe, Zambia 13 39S 28 38E
58 Kachiry, U.R.S.S. 53 20N 75 55E
70 Kaddi, Nigeria 13 40N 5 40E
79 Kadina, Australia 33 58S 137 48E
71 Kadugli, Sudán 11 0N 29 45E
70 Kaele, Camerún 10 15N 14 15E
65 Kaesong, Corea 38 0N 126 40E
72 Kafakumba, Zaire 9 40S 23 40E
51 Kafan, U.R.S.S. 39 10N 46 15E
70 Kafanchan, Nigeria 9 49N 8 20E
61 Kafr Kanna, Israel 32 45N 35 20E
73 Kafue, y R., Zambia 15 45S 28 25E
72 Kafulwe, Zambia 9 0S 29 10E
71 Kaga Baridero, Rep. Centroaf. 5 10N 17 31E
58 Kagan, U.R.S.S., 39 50N 64 30E
65 Kagoshima, y Pref., Japón 31 48N 130 40E
47 Kagul, U.R.S.S. 45 50N 28 15E
72 Kahama, Tanzania 3 50S 32 25E
55 Kai, I., Indon. 5 55S 132 45E
70 Kaiama, Nigeria 9 36N 4 1E
80 Kaiapoi, Nueva Zelanda 43 24S 172 40E
94 Kaieteur Falls, Cat., Guyana 5 5N 59 0W
80 Kaikohe, Nueva Zelanda 35 25S 173 49E
80 Kaikoura, y Sa., N.Z. 42 23S 173 43E
63 Kailas, Sa., Tíbet 31 0N 82 0E
80 Kaimanawa, Mtes., N.Z. 39 0S 176 15E
80 Kaipara Harbour, N.Z. 36 22S 174 10E
70 Kairouan, Tunicia 35 48N 10 8E
47 Kaiserslautern, Alemania 49 29N 7 46E
80 Kaitaia, Nueva Zelanda 36 7S 173 17E
80 Kaitangata, N.Z. 46 18S 170 0E
48 Kajaani, Finlandia 64 15N 27 45E
79 Kajabbi, Australia 20 0S 140 0E
71 Kajo Kaji, Sudán 3 58N 31 40E
71 Kaka, Sudán 10 38N 32 10E
80 Kakanui, Mtes., N.Z. 45 15S 170 35E
51 Kakhovka, Emb., U.R.S.S. 46 30N 33 50E
96 Kalaallit (Groenlandia), Am. del Norte 70 0N 40 0W
62 Kalabagh, Pakistán 33 0N 71 30E
41 Kalabaka, Grecia 39 40N 21 35E
73 Kalabo, Zambia 14 58S 22 33E
51 Kalach, U.R.S.S. 50 38N 41 10E
63 Kaladan, R., Birmania 21 15N 93 0E
73 Kalahari, Desierto, África 23 0S 22 0E
59 Kalakan, U.R.S.S. 55 20N 116 55E
41 Kalamata, Grecia 37 2N 22 7E
88 Kalamazoo, R., U.S.A. 42 35N 86 0W
88 Kalamazoo, U.S.A. 42 15N 85 35W
62 Kalat, Pakistán 29 5N 66 32E
61 Kalbuh, Wadi, Omán 22 0N 57 50E
72 Kalemie, Zaire 5 55S 29 9E
63 Kalewa, Birmania 23 5N 94 20E
48 Kálfafellstadur, Islandia 64 11N 15 45W
64 Kalgan, China 40 50N 114 50E
78 Kalgoorlie, Australia 30 40S 121 28E
41 Kaliakra, C., Bulgaria 43 23N 28 26E
72 Kalima, Zaire 2 38S 26 37E
66 Kalimantan, Prov., Indonesia 0 30S 115 0E
50 Kalinin, U.R.S.S. 56 47N 35 55E
59 Kalinina, U.R.S.S. 60 0N 108 10E
49 Kaliningrad, U.R.S.S. 54 42N 20 30E
86 Kalispell, U.S.A. 48 18N 114 27W
47 Kalisz, Polonia 51 48N 18 5E
72 Kaliua, Tanzania 5 0S 31 59E
48 Kalix, R., Sueca 67 30N 21 15E
61 Kallia, Jordania 31 46N 35 29E
48 Kallsjon, L., Suecia 63 35N 13 10E
49 Kalmar, y Co., Suecia 56 42N 16 20E
58 Kalmykovo, U.R.S.S. 49 0N 51 50E
47 Kalocsa, Hungría 46 31N 18 58E
73 Kalomo, Zambia 16 54S 26 30E
46 Kalsruhe, Alemania 49 3N 8 26E
50 Kaluga, U.R.S.S. 54 35N 36 20E
49 Kalundborg, Din. 55 41N 11 5E
63 Kalutara, Sri Lanka 6 35N 80 0E
50 Kalya, U.R.S.S. 60 25N 59 50E
50 Kama, R., U.R.S.S. 60 0N 56 0E
65 Kamaishi, Japón 39 20N 142 0E
60 Kamaran, I., Mar Rojo 15 28N 42 30E
59 Kamchatka, Pen., U.R.S.S. 56 0N 160 0E
58 Kamen, U.R.S.S. 53 50N 81 30E
51 Kamenets-Podolski, U.R.S.S. 48 45N 26 10E
47 Kamenka Bugskaya, Polonia 50 8N 24 16E
50 Kamenka, U.R.S.S. 65 58N 44 0E
51 Kamensk Shakhtinskiy, U.R.S.S. 48 23N 40 20E
59 Kamensk-Uralskiy, U.R.S.S. 56 30N 62 50E
59 Kamenskoye, U.R.S.S. 62 40N 165 0E
72 Kamina, Zaire 8 40S 25 3E
44 Kampken, Países Bajos 52 34N 45 54E
84 Kamloops, Canadá 50 40N 120 20W
72 Kampala, Uganda 0 20N 32 30E
66 Kampot, Camboya 10 30N 104 0E
84 Kamsack, Canadá 51 40N 102 0W
51 Kamyshin, U.R.S. 50 10N 45 30E
64 Kan-Kiang, R., China 27 0N 115 0E
65 Kanagawa, Pref., Japón 35 25N 139 20E
72 Kananga, Zaire 5 55S 22 18E
50 Kanash, U.R.S.S. 55 48N 47 32E
65 Kanazawa, Japón 36 40N 136 48E
63 Kanchenjunga, Mte., Nepal 27 45N 88 15E
64 Kanchow, China 25 50N 114 45E
72 Kanda Kanda, Zaire 6 55S 23 33E
62 Kandahar, Afganistán 31 42N 65 40E
62 Kandahar, Prov., Afganistán 31 0N 65 0E
50 Kandalaksha, G., U.R.S.S. 66 0N 35 0E
50 Kandalaksha, U.R.S.S. 67 3N 32 30E
62 Kandalu, Afganistán 29 55N 63 20E
80 Kandavu, I., Fiji 19 0S 178 15E
45 Kandersteg, Suiza 46 28N 7 40E
70 Kandi, Benin 11 15N 3 0E
62 Kandia, India 23 0N 70 7E
62 Kandy, Sri Lanka 7 20N 80 35E
79 Kangaroo, I., Australia 35 45S 137 15E
72 Kango, Gabón 0 11N 10 5E
59 Kangotovo, U.R.S.S. 63 30N 87 40E
85 Kaniapiskau, R., Canadá 56 20N 68 40W.
50 Kanin Nos, C., U.R.S.S. 68 45N 43 20E
50 Kanin, Pen., U.R.S.S. 68 0N 45 0E
88 Kankakee, U.S.A. 41 7N 87 50W
70 Kankan, Guinea 10 27N 9 15W
63 Kanker, India 20 10N 81 40E
62 Kannod, India 22 45N 76 40E
70 Kano, Nigeria 11 58N 8 20E
78 Kanowna, Australia 30 30S 121 37E
62 Kanpur, India 26 30N 80 23E
87 Kansas City, U.S.A. 39 4N 94 37W
83 Kansas, Estado y R., U.S.A. 38 30N 98 30W
64 Kansen, China 37 45N 92 35E
59 Kansk, U.R.S.S. 56 20N 95 30E
64 Kansu, Prov., China 39 0N 105 0E
64 Kantse, China 31 30N 100 25E
73 Kanye, Botswana 24 58S 25 25E
73 Kaoko Otavi, Namibia 18 12S 13 45E
70 Kaolack, Senegal 14 10N 15 47W
72 Kapanga, Zaire 6 15S 22 32E
58 Kapchagai, U.R.S.S. 44 10N 77 25E
46 Kapela, Mtes., Yugoslavia 44 40N 15 40E
80 Kapiti, I., N.Z. 40 45S 174 55E
47 Kaposvár, Hungría 46 20N 17 40E
64 Kapuas, R., Indonesia 0 5S 110 30E
80 Kapumi, N.Z. 39 30S 174 5E
88 Kapuskasing, Canadá 49 25N 82 25W
58 Kara Bogaz, L., U.R.S.S. 41 30N 53 30E
58 Kara Kum, Des., U.R.S.S. 39 40N 60 0E
58 Kara-Kalpak, R.A.S.S., U.R.S.S. 42 0N 60 0E
58 Kara, Mar de, U.R.S.S. 75 0N 62 0E
58 Kara, U.R.S.S. 69 15N 65 26E
62 Karachi, Pakistán 25 0N 67 0E
58 Karaganda, U.R.S.S. 49 50N 73 10E
62 Karaikal, India 10 55N 79 50E
62 Karaikkudi, India 10 2N 78 45E
58 Karakas, U.R.S.S. 48 26N 83 27E
62 Karakorum, Sa. y P., India 35 0N 78 0E
51 Karakose (Agri), Turquía 39 45N 43 0E
64 Karamay, China 45 30N 84 58E
80 Karamea Bight, N.Z. 41 40S 172 0E
73 Karasburg, Namibia 28 0S 18 44E
58 Karasino, U.R.S.S. 66 40N 86 50E
58 Karauzyak, U.R.S.S. 43 35N 59 25E
60 Karbala, Iraq 32 47N 44 2E
47 Karcag, Hungría 47 20N 21 0E
41 Kardhisa, Grecia 39 20N 21 55E
49 Kardla, U.R.S.S. 58 58N 22 46E
71 Kardofan, Prov., Sudán 12 0N 30 0E
71 Kareima, Sudán 18 35N 31 50E
72 Karema, Tanzania 6 45S 30 30E
58 Kargat, U.R.S.S. 55 20N 80 30E
73 Kariba y L., África 16 30S 29 15E
73 Karibib, Namibia 22 0S 15 50E
66 Karimata, Est., Indonesia 2 0S 109 0E
62 Karimnagar, India 18 28N 79 5E
58 Karkaralinsk, U.R.S.S. 49 27N 75 37E
60 Ksrkheh, R., Irán 33 0N 47 30E
51 Karkinitsk, Golfo de, U.R.S.S. 46 0N 33 0E
61 Karkur, Israel 32 28N 35 0E
46 Karl Marx Stadt (Chemnitz), Alemania 50 49N 12 50E
40 Karlovac, Yugoslavia 45 26N 15 34E
46 Karlovy Vary, Checoslovaquia 50 15N 12 55E
49 Karlsborg, Suecia 58 30N 14 29E
49 Karlshamn, Suecia 56 17N 14 50E
49 Karlskoga, Suecia 59 21N 14 26E
49 Karlskrona, Suecia 56 13N 15 37E
49 Karlstad, Suecia 59 21N 13 20E
62 Karnai, India 29 35N 76 58E
63 Karnaphuli, Embalse, Bangladesh 22 40N 92 20E
62 Karnataka, Estado, India 14 0N 76 0E
41 Karnobat, Bulgaria 42 40N 27 0E

72 Karonga, Malawi 9 57S 33 55E
64 Karora, Sudán 17 44N 38 15E
41 Karpathos, I., Grecia 35 47N 27 10E
50 Karpinsk, U.R.S.S. 59 45N 59 45E
50 Karpogori, U.R.S.S. 63 59N 44 27E
62 Karran, R., India 32 45N 71 0E
73 Kareeberge, Sudáfrica 30 50S 22 0E
51 Kars, Turquía 40 50N 43 0E
58 Karsakpay, U.R.S.S. 47 55N 66 50E
58 Karshi, U.R.S.S. 39 5N 65 50E
40 Karst, Meseta, Yugoslavia 45 35N 14 0E
50 Karsun, U.R.S.S. 54 10N 47 15E
58 Kartaly, U.R.S.S. 53 15N 60 50E
70 Kartsina, Nigeria 13 0N 7 35E
72 Karungu, Tanzania 0 45S 34 10E
62 Karur, India 10 55N 78 5E
62 Karwak, India 14 55N 74 13E
72 Kasai, R., Zaire 4 0S 19 30E
72 Kasama, Zambia 10 10S 31 12E
72 Kasanga, Tanzania 8 23S 31 12E
72 Kasangulu, Zaire 4 15S 15 15E
73 Kasempa, Zambia 13 15S 25 43E
60 Kashan, Irán 34 0N 51 30E
58 Kashgar, China 39 30N 76 10E
65 Kashing, China 30 50N 120 45E
62 Kashmir (Kachemira) y Jammu, Estado, Asia 34 45N 76 0E
48 Kaskinen (Kasko), Finlandia 62 22N 21 13E
84 Kaslo, Canadá 49 58N 117 0W
72 Kasongo-Lunda, Zaire 6 32S 16 59E
72 Kasongo, Zaire 4 18S 26 40E
71 Kassala, Prov., Sudán 15 0N 30 0E
71 Kassala, Sudán 15 35N 36 27E
46 Kassel, Alemania 51 22N 9 30E
51 Kastamonu, Turquía 41 35N 34 2E
39 Kastellorizon, Grecia 36 8N 29 35E
41 Kastoria, Grecia 40 31N 21 18E
72 Kasulu, Tanzania 4 29S 30 7E
72 Katanga, Reg., *véase* Shaba
62 Katangi, India 21 56N 79 50E
78 Katanning, Australia 33 40S 117 32E
62 Katchhki Rann, India 23 25N 71 25E
63 Katha, Birmania 24 16N 96 13E
78 Katherine, Australia 14 30S 132 15E
62 Kathgotlam, India, *véase* Haldwani
63 Katihar, India 25 40N 87 40E
63 Katmandu, Nepal 27 58N 85 23E
73 Katombora, Zambia 18 0S 25 30E
79 Katoomba (Blue Mountains), Australia 33 42S 150 18E
47 Katowice, Polonia 50 18N 19 2E
49 Katrineholm, Sueca 59 3N 16 12E
65 Katsuura, Japón 35 10N 140 20E
49 Kattegat, Europa 56 50N 11 15E
44 Katwijk-Aan-Zee, Países Bajos 52 12N 4 25E
59 Katylyktakh, U.R.S.S. 68 55N 134 10E
86 Kauai, I., Hawaiian, Is. 22 0N 159 40W
48 Kauliranta, Finlandia 66 28N 23 46E
49 Kaunas, U.R.S.S. 54 54N 23 54E
70 Kaura Namoda, Nigeria 12 40N 6 30E
48 Kautokeino, Noruega 69 0N 23 8E
65 Kawagoe, Japón 36 0N 139 30E
63 Kawardha, India 21 58N 81 15E
65 Kawasaki, Japón 35 40N 139 35E
80 Kawerau, N.Z. 38 5S 176 50E
80 Kawhia Harbour, N.Z. 38 5S 174 40E
63 Kawthoolei, Estado, Birmania 18 0N 97 0E
63 Kayah, Estado, Birmania 19 0N 97 30E
70 Kayes, Mali 14 15N 11 27W
51 Kayseri, Turquía 38 52N 35 30E
59 Kazache, U.R.S.S. 70 50N 137 0E
58 Kazakhstan, R.S.S., U.R.S.S. 49 0N 70 0E
50 Kazan, U.R.S.S. 55 48N 49 0E
41 Kazanluk, Bilgaria 42 39N 25 27E
39 Kazanskaya, U.R.S.S. 49 33N 41 25E
47 Kazatin, U.R.S.S. 49 45N 28 35E
51 Kazbek, Mtes., U.R.S.S. 42 48N 44 29E
60 Kazerun, Irán 29 30N 51 40E
58 Kazyn, R., U.R.S.S. 63 30N 69 2E
70 Ke-Macina, Mali 14 5N 5 20W
41 Kea, I., Grecia 37 36N 24 22E
48 Kebnekaise, Mte., Suecia 68 0N 18 30E
66 Kediri, Indonesia 7 44S 112 5E
70 Kedougou, Senegal 12 35N 12 10W
65 Keelung (Chilung), China 25 10N 121 45E
88 Keene, U.S.A. 42 58N 72 16W
73 Keetmanshoop, Namibia 26 30S 18 5E
84 Keewatin, Terr., Canadá 63 20N 88 30W
41 Kefallinia (Cefalonia), I., Grecia 38 15N 20 33E
61 Kefar-Sava, Israel 32 10N 34 55E
70 Keffi, Nigeria 8 58N 7 47E
48 Keflavik, Islandia 64 2N 22 35W
44 Kehl, Alemania 48 34N 7 50E
37 Keighley, Ingl., R. Unido 53 52N 1 54W
66 Keelang, Malaysia 3 0N 101 35E
51 Kelkit, R., Turquía 40 9N 38 0E
71 Kelo, Camerún 9 10N 15 45E
72 Kelle, Congo 0 7S 14 20E
70 Kelle, Níger 14 18N 10 10E
78 Kellerberrin, Australia 31 34N 117 42E
86 Kellogg, U.S.A. 47 37N 116 13W
84 Kellowna, Canadá 49 56N 119 26W
80 Kelso, N.Z. 45 53S 169 16E
66 Keluang, Malaysia 1 50N 103 30E
50 Kem, y R., U.R.S.S. 65 0N 34 40E
58 Kemerovo, U.R.S.S. 55 35N 86 7E
48 Kemi, y R., Finlandia 65 48N 24 43E
48 Kemijärvi, Finlandia 66 42N 27 30E
79 Kempsey, Australia 31 5N 152 53E
46 Kempten, Alemania 47 54N 10 20E
37 Kendal, Ingl., R. Unido 54 20N 2 45W
66 Kendari, Indonesia 4 0S 122 35E
70 Kenema, Sierra Leona 7 55N 11 13W
63 Keng Tawg, Birmania 20 0N 99 30E
63 Keng Twang, Birmania 20 50N 98 25E
72 Kenge, Zaire 5 0S 16 55E
73 Kenhardt, Sudáfrica 29 28S 21 6E
69 Kenia, África 0 30S 38 30E
72 Kenia, Mte., Kenia 0 12S 37 30E
70 Kenitra, Marruecos 34 15N 6 40W
89 Kennebec, R., U.S.A. 45 0N 69 50W
91 Kennedy, C. (C. Cañaveral), U.S.A. 28 28N 80 31W
86 Kennewick, U.S.A. 46 12N 119 8W
84 Keno Hill, Canadá 64 0N 135 40W
87 Kenogami, R., Canadá 50 0N 85 0W
85 Kenora, Canadá 49 48N 94 20W
88 Kenosha, U.S.A. 42 40N 87 49W
47 Kentrzyn, Polonia 54 5N 21 21E
87 Kentucky, Estado, U.S.A. 37 20N 85 0W
87 Kentucky, R., U.S.A. 37 30N 83 30W
85 Kentville, Canadá 45 6N 64 29W
87 Keokuk, U.S.A. 40 27N 91 28W
66 Kepulauan Natuna Selatan, Indonesia 2 50N 108 25E
62 Kerala, Estado, India 10 0N 77 0E
79 Kerang, Australia 35 47N 143 59E
51 Kerch, y Est., U.R.S.S. 45 12N 36 35E
61 Kerem Maharal, Israel 32 39N 35 0E
05 Kerguelen, I., Océano Índico 49 30S 69 40E
72 Kericho, Kenia 0 24S 35 14E
66 Kerinci, Mte., Indonesia 1 35S 100 40E
71 Kerkenna, I., Tunicia 34 48N 11 12E
58 Kerki, U.R.S.S. 37 50N 65 25E
41 Kerkira, I. (Corfu), Grecia 39 30N 19 50E
80 Kermadec, Is., Océano Pacífico 31 0S 178 0W
60 Kerman, Irán 30 15N 57 0E
41 Kerme, G., Turquía 36 55N 27 45E
84 Kerrobert, Canadá 52 0N 109 10W
88 Kesagami, Ont., Can. 50 30N 80 10W
48 Kerki Suomen, Co., Finlandia 63 0N 25 15E
58 Ket, R., U.R.S.S. 58 50N 85 0E
70 Keta, Ghana 5 49N 1 0E
66 Ketapang, Indonesia 1 55S 110 0E
87 Kewance, U.S.A. 41 17N 89 56W
88 Keweenaw, B., U.S.A. 47 0N 88 0W
88 Keweenaw, Pen., U.S.A. 47 0N 88 0W
87 Key West, U.S.A. 24 40N 82 45W
59 Kezhma, U.R.S.S. 59 15N 100 57E
61 Kfar Ata, Israel 32 48N 35 7E
59 Khabarovsk, U.R.S.S. 48 20N 135 5E
60 Khaibar, Arabia Saudí 26 2N 39 28E
63 Khairagarh, India 21 15N 81 0E
62 Khairpur, y Prov., Pakistán 27 32N 68 45E
41 Khalkis, Grecia 38 25N 23 40E
50 Khalmer Yu, U.R.S.S. 68 0N 65 10E
58 Khalmer-Sede, U.R.S.S. 67 25N 78 50E
50 Khalturin, U.R.S.S. 58 40N 48 50E
63 Khamba Dzong, Tíbet, China 28 25N 88 30E
62 Khanapur, India 15 25N 74 30E
60 Khanaqin, Iraq 34 30N 45 25E
62 Khandwa, India 21 59N 76 25E
62 Khanewal, Pakistán 30 25N 71 55E
64 Khangai, Mtes., Mongolia 47 0N 99 0E
41 Khania, Creta 35 20N 24 0E
62 Khanpur, Pakistán 28 35N 70 30E
71 Khanu, Irán 28 0N 57 45E
64 Khara Usu Nur, *véase* Har Us Nuur
63 Kharagpur, India 22 20N 87 20E
62 Kharda, India 18 40N 75 40E
62 Khargon, India 21 45N 75 35E
51 Kharkov, U.R.S.S. 49 40N 36 15E
60 Kharmis Mushait, Arabia Saudí 18 25N 42 45E
50 Kharovsk, U.R.S.S. 59 56N 40 13E
71 Khartum, Sudán 15 40N 32 52E
62 Khash, Afganistán 31 28N 62 40E
62 Khash, Des., Afganistán 31 45N 62 30E
71 Khashim el Girba, Sudán 14 52N 35 30E
41 Khaskovo, Bulgaria 41 56N 25 30E
59 Khatanga, U.R.S.S. 72 0N 102 40E
59 Khatyn, U.R.S.S. 62 10N 174 55E
62 Khed Brahma, India 24 7N 73 5E
70 Khemis Miliana, Argelia 36 14N 2 20E
70 Khenchela, Argelia 35 25N 7 12E
70 Khenifra, Marruecos 32 58N 5 46W
50 Kherson, U.R.S.S. 46 47N 32 43E
59 Kheta, R., U.R.S.S. 71 0N 97 0E
64 Khetinstring, Tíbet, China 33 0N 91 40E
59 Khilok, U.R.S.S. 51 30N 110 50E
65 Khingan, Mtes., China 47 0N 119 30E
41 Khios, Grecia 38 20N 26 0E
64 Khirgiz Nur, *véase* Hyargas Nuur
62 Khirsan, R., Irán 31 15N 51 10E
41 Khitira, Grecia 36 10N 22 57E
41 Khitira, I., Grecia 36 15N 23 0E
50 Khiuma, I., U.R.S.S. 59 0N 22 30E
58 Khiva, U.R.S.S. 41 27N 60 10E
60 Khoi, Irán 38 39N 45 0E
62 Khojak, P., Afganistán 30 57N 66 40E
50 Kholm, U.R.S.S. 57 10N 31 15E
59 Khonu, U.R.S.S. 66 36N 143 10E
50 Khoper, R., U.R.S.S. 52 0N 43 20E
60 Khor Dhahiya, Yemen del Sur 18 50N 51 35E
41 Khora Sfakion, Creta 35 15N 24 10E
58 Khorog, U.R.S.S. 37 50N 71 50E
65 Khotan, China 37 8N 79 57E
47 Khotin, U.R.S.S. 48 31N 26 27E
70 Khouribga, Marruecos 32 58N 6 50W
63 Khulna, Bangladesh 22 45N 89 34E
60 Khurramabad, Irán 36 37N 51 12E
62 Khush, Afganistán 32 55N 62 10E
62 Khushab, Pakistán 32 25N 72 20E
61 Khushniye, Siria 33 0N 35 49E
47 Khust, U.R.S.S. 48 10N 23 18E
62 Khyber, P., Pakistán-Afganistán 34 0N 71 15E
64 Kialing, R., China 33 0N 103 30E
72 Kiambi, Zaire 7 18S 27 99E
64 Kiang-si, Prov., China 27 45N 115 30E
65 Kiangsu, Prov., China 33 0N 120 0E
72 Kibombo, Zaire 3 54S 25 54E
84 Kicking Horse, P., Canadá 51 30N 116 10W
37 Kidderminster, Ingl., R. Unido 52 23N 2 15W
49 Kiel, B., y Can., Alemania 54 18N 10 5E
47 Kielce, Polonia 50 52N 20 38E
51 Kiev, U.R.S.S. 50 24N 30 28E
64 Kiffa, Mauritania 16 48N 11 15W
72 Kigali, Ruanda 1 58S 30 0E
72 Kigoma, Tanzania 4 49S 29 45E
41 Kikinda, Yugoslavia 45 47N 20 31E
41 Kikladhes (Cícladas), Arch., Grecia 37 30N 25 15E
72 Kikwit, Zaire 4 50S 18 45E
86 Kilauea, Mte., Hawai, I., 19 40N 155 30W
37 Kildare, Irlanda 53 9N 6 54W
72 Kilimanjaro, Mte., Tanzania 3 0S 37 0E
72 Kilindini, Kenia 4 10S 39 30E
47 Kiliya, U.R.S.S. 45 28N 29 16E
37 Kilkenny, Irlanda 52 39N 7 13W
37 Killala Bay, Irlanda 54 11N 5 13W
37 Killarney, Irlanda 52 4N 9 30W
41 Killini, Mtes., Grecia 37 57N 22 31E
37 Kilmarnock, Escocia, R. Unido 53 37N 4 29W
72 Kilosa, Tanzania 6 40S 37 2E
37 Kilrush, Irlanda 52 35N 9 35W
72 Kilwa Kisiwani, Tanzania 8 58S 39 12E
72 Kilwa Kivinje, Tanzania 8 45S 39 15E
72 Kilwa, Zaire 9 15S 28 15E
78 Kimba, Australia 33 14S 136 22E
73 Kimberley, Sudáfrica 28 42S 24 59E
50 Kimry, U.R.S.S. 56 55N 37 15E
66 Kinabalu, Mte., Malaysia 5 55N 116 45E
88 Kincardine, Canadá 44 8N 81 38W
70 Kindia, Guinea 10 0N 12 52W
72 Kindu, Zaire 3 0S 25 25E
50 Kineshma, U.R.S.S. 57 30N 42 0E
94 King George V Falls, Cat., Guyana 3 0N 58 0W
85 King George, Is., Canadá 57 30N 80 0W
78 King Leopold, Sa., Australia 17 0S 125 30E
84 King William, I., Canadá 69 0N 97 0W
73 King William's Town, Sudáfrica 32 50S 27 17E
78 King, Est., Australia 16 30S 123 15E
79 King, I., Australia 39 55S 144 0E
37 King's Lynn, Ingl., R. Unido 52 45N 0 24E
79 Kingaroy, Australia 26 35S 151 38S
49 Kingisepp, U.R.S.S. 58 15N 22 15E
86 Kingman, U.S.A. 35 15N 114 10W
79 Kingston South East, Australia 36 50S 139 52E
85 Kingston, Canadá 44 23N 76 37W
91 Kingston, Jamaica 18 0N 76 47W
80 Kingston, Nueva Zelanda 45 15S 168 47E
89 Kingston, U.S.A. 41 55N 74 0W
91 Kingstown, St. Vincent 13 10N 61 15W
86 Kingsville, U.S.A. 27 30N 97 55W
65 Kingtehchen, China 28 45N 118 50E
37 Kingussie, Escocia, R. Unido 57 5N 4 4W
72 Kinkala, Congo 4 18S 14 48E
88 Kinkardine, Ont., Can. 44 12N 81 36W
80 Kinleith, Nueva Zelanda 38 25S 176 0E
61 Kinneret, Israel 32 43N 35 33E
61 Kinneret, L. (Mar de Galilea), Israel 32 50N 35 25E
37 Kinross, Escocia, R. Unido 56 12N 3 25W
37 Kinsale, Irlanda 51 43N 8 31W
64 Kinsha, R., *véase* Yangtze R.
72 Kinshasa, Zaire 4 40S 15 30E
87 Kinston, U.S.A. 35 15N 77 34W
37 Kintyre, Pen., Escocia, R. Unido 55 35N 5 35W
72 Kioga, L., *véase* Kyoga, L., Uganda
41 Kiparissia, y G., Grecia 37 15N 21 32E
73 Kipushi, Zaire 11 55N 27 20E
59 Kirensk, U.R.S.S. 57 55N 108 30E
53 Kirgiz, Estepa, U.R.S.S. 50 0N 70 0E
58 Kirgizistan, R.S.S., U.R.S.S. 42 0N 75 0E
50 Kirillov, U.R.S.S. 59 58N 38 10E
65 Kirin, China 43 50N 127 2E
41 Kirkagac, Turquía 39 0N 27 45E
37 Kirkcaldy, Escocia, R. Unido 56 6N 3 9W
37 Kirkcudbrigght, Escocia, R. Unido 54 49N 4 3W
48 Kirkenes, Noruega 69 40N 30 1E
48 Kirkjubaejar, Islandia 63 50N 18 1W
85 Kirkland Lake, Canadá 48 15N 80 0W
41 Kirklareli, Turquía 41 45N 27 15E
87 Kirksville, U.S.A. 40 10N 92 40W
51 Kirkuk, Iraq 35 30N 44 21E
50 Kirov, U.R.S.S. 58 38N 49 30E
51 Kirovabad, U.R.S.S. 40 48N 46 35E
50 Kirovgrad, U.R.S.S. 57 30N 60 0E
51 Kirovograd, U.R.S.S. 48 35N 32 20E
58 Kirovsk, U.R.S.S. 38 0N 60 25E
50 Kirsanov, U.R.S.S. 52 40N 42 35E
51 Kirsehir, Turquía 39 20N 34 0E
48 Kiruna, Suecia 67 50N 20 8E
72 Kirundu, Zaire 0 50S 25 40E
72 Kisangani, Zaire 0 40N 25 18E
60 Kiseiba, Egipto 22 30N 30 0E
58 Kiselevsk, U.R.S.S. 54 10N 86 35E
47 Kishinev, U.R.S.S. 47 2N 28 52E
62 Kishtwar, India 33 25N 75 57E
72 Kisii, Kenia 0 42S 34 44E
72 Kisiju, Tanzania 7 15S 39 28E
47 Kiskörös, Hungría 46 40N 19 20E
47 Kiskunhalas, Hungría 46 28N 19 21E
70 Kissidougou, Guinea 9 0N 10 0W
72 Kisumu, Kenia 0 2S 34 57E
61 Kiswe, Siria 33 23N 36 14E
70 Kita, Mali 13 5N 9 25W
58 Kitab, U.R.S.S. 39 25N 66 55E
65 Kitakami, R., Japón 39 30N 141 8E
65 Kitayushu, Japón 33 52N 130 45E
72 Kitale, Kenia, 1 0N 35 5E.
85 Kitchener, Canadá 43 30N 80 41W
72 Kitega, Burundi 3 28S 29 59E
48 Kitenen, R., Finlandia 67 45N 26 40E
41 Kithnos, I., Grecia 37 27N 24 28E
84 Kitimat, Canadá 54 5N 128 30W
72 Kitui, Kenia 1 10S 38 0E
73 Kitwe, Zambia 12 55S 28 10E
48 Kivalo, Mtes., Finlandia 66 10N 26 3E
72 Kivu, L., Zaire 2 0S 29 5E
50 Kizel, U.R.S.S. 59 0N 57 0E
58 Kizil Kiva, U.R.S.S. 40 20N 72 25E
51 Kizil, R., Turquía 40 30N 34 15E
51 Kizlyar, U.R.S.S. 43 32N 46 45E
61 Kizyl Arvat, U.R.S.S. 38 55N 56 30E
09 Kjolen, Mtes., Europa 66 0N 15 0E
46 Kladno, Checoslovaquia 50 13N 14 2E
46 Klagenfurt, Austria 46 39N 14 19E
49 Klaipeda, U.R.S.S. 55 42N 21 6E
86 Klamath Falls, U.S.A. 42 15N 121 46W
86 Klamath, R., U.S.A. 42 30N 123 10W
49 Klar, R., Suecia 60 45N 13 0E
46 Klatovy, Checoslovaquia 49 20N 13 20E
73 Klawer, Sudáfrica 31 45S 18 40E
73 Klesksdorp, Sudáfrica 26 45S 27 11E
72 Kleve, Alemania 51 48N 6 9E
73 Klipplaat, Sudáfrica 33 0S 24 15E
46 Klodzko, Polonia 50 28N 16 35E
86 Klondike, Canadá 64 5N 139 0W
45 Klosters, Suiza 46 54N 9 50E
70 Klouto, Togo 7 0N 0 59E
59 Klyuchevsk, U.R.S.S. 55 45N 160 27E
44 Knokke, Bélgica 51 20N 3 17E
50 Knox Coast, Antártida 68 0S 108 0E
87 Knoville, U.S.A. 35 50N 83 55W
40 Kobarid, Yugoslavia 46 15N 13 30E
64 Kobdo, Mongolia, *véase* Hovd
65 Kobe, Japón 34 45N 135 12E
49 København, Dinamarca 55 40N 12 35E
48 Koblenz, Alemania 50 24N 7 32E
41 Kocane, Yugoslavia 41 55N 22 20E
40 Kocevje, Yugoslavia 45 40N 14 50E
59 Kocheya, U.R.S.S. 52 30N 120 27E
65 Kochi, y Pref., Japón 33 35N 133 40E
84 Kodiak, I., Alaska 57 0N 153 0W
71 Kodok, Sudán 9 57N 32 3E
73 Koes, Namibia 26 1S 19 8E
70 Koforidua, Ghana 6 19N 0 15W
65 Kofu, Japón 35 38N 138 30E
65 Kogota, Japón 38 30N 141 5E
61 Koh-i-Sagan, Mtes., Afganistán 33 30N 74 50E
62 Kohat, Pakistán 33 30N 71 33E
58 Kokand, U.R.S.S. 41 0N 71 0E
58 Kokchetau, U.R.S.S. 53 25N 69 30E
49 Kokemaen, Is., Finlandia 61 16N 21 0E
64 Kokiu, China 23 30N 103 55E
48 Kokkola (Gamlakarleby), Finlandia 63 56N 23 0E
63 Koko Shili, Mtes., China 35 40N 90 0E
59 Kokora, U.R.S.S. 71 40N 144 40E
73 Kokstad, Sudáfrica 30 25S 29 29E
65 Kokura, Japón 33 45N 131 0E
50 Kola, B. y Pen., U.R.S.S. 69 0N 35 0E
50 Kola, U.R.S.S. 68 50N 32 35E
62 Kolar Goldfields, India 12 55N 78 15E
62 Kolar, India 13 10N 78 5E
62 Kolayat, India 27 50N 72 50E
70 Kolda, Senegal 12 55N 14 50W
49 Kolding, Dinamarca 55 30N 9 24E
72 Kole, Zaire 3 16S 22 42E
50 Kolguyev, I., U.R.S.S. 69 20N 48 30E
62 Kolhapur, India 16 40N 74 15E
46 Kolin, Checoslovaquia 50 2N 15 16E
46 Köln (Colonia), Alemania 50 56N 6 56E
47 Kolo, Polonia 52 14N 18 45E
46 Kolobrzeg, Polonia 54 10N 15 32E
50 Kolomna, U.R.S.S. 55 10E 38 50E
51 Kolomyya, U.R.S.S. 48 30N 25 5E
58 Kolpashevo, U.R.S.S. 58 30N 83 5E
72 Kolwezi, Zaire 10 50S 25 20E
53 Kolyma, Llanura, U.R.S.S. 68 0N 155 0E
59 Kolyma, R., U.R.S.S. 65 0N 152 0E
71 Kom Ombo (Ciudad Nasser), Egipto 24 30N 32 57E
59 Komandorskiye, Is., U.R.S.S. 55 0N 167 0E
46 Komarno, Checoslovaquia 47 49N 18 5E
65 Komatsu, Japón 36 25N 136 30E

50 Komi, R.A.S.S., U.R.S.S. 62 0N 55 0E
41 Komotini, Grecia 41 6N 25 32E
66 Kompong Cham, Camboya 12 0N 105 30E
59 Komsomolsk, U.R.S.S. 50 9N 136 0E
96 Komsomolskaya, Antártida 74 30S 97 0E
63 Konam Dzong, China 29 5N 92 55E
72 Kondoa, Tanzania 5 0S 36 0E
59 Kondrashevo, U.R.S.S. 57 25N 98 30E
71 Konduga, Nigeria 11 35N 13 26E
50 Konevo, U.R.S.S. 62 50N 39 58E
64 Kongmoon, China 22 41N 113 5E
64 Kongolo, Zaire 5 15S 26 55E
49 Kongsberg, Noruega 59 41N 9 38E
49 Kongsvinger, Noruega 60 15N 12 0E
41 Konjic, Yugoslavia 43 42N 18 0E
50 Konosha, U.R.S.S. 61 0N 40 5E
51 Konotop, U.R.S.S. 51 20N 33 10E
79 Konsciusco, Mte., Australia 36 25S 148 12E
47 Konskie, Polonia 51 16N 20 22E
44 Konstantinovka, U.R.S.S. 48 33N 37 45E
46 Konstanz (Constanza), Alemania 47 41N 9 10E
70 Kontagora, Nigeria 10 30N 5 32E
79 Konya, Turquía 38 0N 32 35E
72 Konza, Kenia 1 50S 37 10E
86 Kootenay, L., y R., Canadá 49 30N 116 43W
41 Kopaonik, Meseta, Yugoslavia 45 55N 13 50E
49 Kopervik, Noruega 59 16N 5 18E
58 Kopeysk, U.R.S.S. 55 0N 61 50E
49 Köping, Suecia 59 30N 16 0E
49 Kopparberg, y Co., Suecia 61 0N 15 0E
41 Kora Sfakion, Creta 35 17N 24 9E
66 Korat, Tailandia, *véase* Nakhon Ratchssima
41 Korce, Albania 40 37N 20 50E
40 Korcula, I., Yugoslavia 42 55N 16 50E
59 Korda, U.R.S.S. 55 20N 104 25E
47 Korest, U.R.S.S. 50 30N 27 5E
41 Kórinthos, y G., Grecia 37 40N 22 58E
70 Koro, Costa de Marfil 8 40N 7 30W
80 Koro, Mar de, Fiji
59 Korsakov, U.R.S.S. 46 50N 142 50E
49 Korsør, Dinamarca 55 19N 11 8E
49 Korsze, Polonia 54 10N 21 3E
71 Korti, Sudán 18 2N 31 40E
44 Kortrijk, Bélgica 50 51N 3 20E
59 Koryak, Sa., U.R.S.S. 62 0N 170 0E
41 Kos, I., Grecia 36 40N 27 10E
51 Koschagyl, U.R.S.S. 46 45N 58 45E
46 Koscian, Polonia 52 2N 16 40E
47 Kosice, Checoslovaquia 48 42N 21 15E
50 Koslan, U.R.S.S. 62 28N 48 52E
41 Kosovska Mitrovica, Yugoslavia 42 50N 20 54E
60 Kosti, Sudán 13 7N 32 38E
50 Kostroma, U.R.S.S. 57 52N 41 0E
46 Kostrzyn, Polonia 52 24N 14 38E
46 Koszalin, Polonia 53 12N 16 8E
66 Kota Baharu, Malaysia 6 10N 102 22E
66 Kota Kinabalu (Jesselton), Malaysia 5 50N 116 13E
62 Kota, India 25 20N 7 50E
66 Kotabaru, Indonesia 3 20S 116 20E
61 Kotcha, R., Afganistán 36 5N 70 0E
58 Kotelnich, U.R.S.S. 58 20N 48 12E
59 Kotelny, I., U.R.S.S. 75 10N 140 0E
49 Kotka, Finlandia 60 27N 27 9E
50 Kotlas, U.R.S.S. 61 13N 46 40E
41 Kotor, Yugoslavia 42 23N 18 47E
47 Kotovsk, U.R.S.S. 47 55N 29 35E
62 Kotri, Pakistán 25 28N 68 15E
63 Kottagudem, India 17 30N 80 40E
62 Kottayan, India 9 30N 76 30E
62 Kotturu, India 14 45N 76 10E
71 Kouga, Chad 9 59N 21 30E
72 Koula Moutou, Gabón 1 10S 12 30E
70 Koulikoro, Mali 13 0N 7 42W
58 Kounrasdski, U.R.S.S. 47 15N 75 5E
66 Kousseri, Camerún 12 0N 14 55E
50 Kovel, U.R.S.S. 51 18N 24 39E
50 Kovrov, U.R.S.S. 56 25N 41 19E
64 Kowloon, Hong-Kong 22 7N 114 15E
41 Kozani, Grecia 40 13N 21 58E
50 Kozchva, U.R.S.S. 65 0N 56 50E
62 Kozhikode, *véase* Calicut
47 Kozienice, Polonia 51 32N 21 30E
70 Kpalimé, Togo 6 57N 0 44E
70 Kpandu, Ghana 6 58N 0 16E
66 Kra, Istmo de, Tailandia 10 25N 99 20E
48 KragerØ, Noruega 58 55N 9 22E
41 Kragujevac, Yugoslavia 44 2N 20 55E
66 Krakatau, Indonesia 6 10S 105 30E
47 Kraków (Cracovia), Polonia 50 7N 19 55E
41 Kraljevo, *véase* Rankovigevo, Yugoslavia
51 Kramatosk, U.R.S.S. 48 45N 37 55E
48 Kramfors, Suecia 62 55N 17 43E
50 Krasavino, U.R.S.S. 61 30N 46 20E
47 Kranik, Polonia 51 0N 22 5E
51 Krasnodar, U.R.S.S. 45 1N 39 0E
50 Krasnokamsk, U.R.S.S. 58 0N 56 0E
50 Krasnoturinsk, U.R.S.S. 59 45N 60 5E
50 Krasnoufimsk, U.R.S.S. 56 30N 57 37E
50 Krasnouralsk, U.R.S.S. 58 0N 60 0E
50 Krasnovishersk, U.R.S.S. 60 30N 57 0E
51 Krasnovodsk, U.R.S.S. 40 5N 53 5E
59 Krasnoyarsk, U.R.S.S. 56 20N 92 50E
66 Kratie, Camboya 12 30N 106 4E
46 Krefeld, Alemania 51 22N 6 34E
40 Kremen, Mte., Yugoslavia 44 28N 15 55E
51 Kremenchug, U.R.S.S. 49 10N 33 30E
47 Krements, U.R.S.S. 50 8N 25 43E
45 Krenzlingen, Suiza 47 38N 9 10E
59 Krestovski, U.R.S.S. 71 50N 101 40E
72 Kribi, Camerún 3 0N 10 0E
62 Krishna, R., India 16 20N 76 30E
63 Krishnanagar, India 23 25N 88 30E
48 Kristinestad (Kristiinankaupunki), Finlandia 62 18N 21 25E
49 Kristiansand, Noruega 58 7N 7 59E
49 Kristianstad, y Co., Sueca 56 6N 14 7E
48 Kristiansund, Noruega 63 9N 7 45E
48 Kristinehamn, Suecia 59 20N 14 8E
51 Krivoy Rog, U.R.S.S. 47 58N 33 20E
40 Krk, I., Yugoslavia 45 5N 14 35E
50 Kronoberg, Co., Suecia 56 45N 14 30E
49 Kronshtadt, I., U.R.S.S. 60 2N 30 39E
73 Kroonstadt, Sudáfrica 27 32S 27 48E
59 Kropotkin, U.R.S.S. 58 50N 115 10E
47 Krosno, Polonia 49 35N 21 55E
46 Krotoszyn, Polonia 51 41N 17 19E
73 Krugesdorp, Sudáfrica 26 10S 27 45E
41 Kruševac, Yugoslavia 43 35N 21 12E
70 Ksar el Kebir, Marruecos 35 0N 5 57W
70 Ksar es Souk, Marruecos 31 58N 4 28W
66 Kuala Lipis, Malaysia 4 5N 102 10E
66 Kuala Lumpur, Malaysia 3 10N 101 40E
66 Kuala Selangor, Malaysia 3 25N 101 20E
66 Kuala Terengganu, Malaysia 5 20N 103 15E
66 Kualakapuas, Indonesia 3 0S 114 30E
66 Kualakapuas, Indonesia 3 0S 114 30E
66 Kuantan, Malaysia 3 57N 103 15E
51 Kuba, U.R.S.S. 41 22N 48 21E
51 Kuban, R., U.R.S.S. 45 12N 40 0E
62 Kuch, India 26 0N 79 8E
65 Kuchihotsu, Japón 32 36N 130 8E
66 Kuching, Sarawak 1 40N 111 2E
62 Kuda, India 23 10N 71 15E
48 Kudafljot, Islandia 63 30N 18 15W
66 Kudus, Java 6 40S 111 0E
71 Kufra, Oasis, Libia 25 0N 23 0E
61 Kufrinja, Jordania 32 18N 35 42E
46 Kufstein, Austria 47 30N 12 10E
60 Kuh-i-Bul, Mte., Irán 30 35N 53 20E
61 Kuh-i-Lalekzar, Mte., Irán 29 30N 57 20E
61 Kuh-i-Taftan, Mte., Irán 28 55N 61 0E
73 Kuito, Angola 12 22S 16 55E
71 Kukawa, Nigeria 12 58N 13 30E
62 Kulasekharapatnam, India 8 20N 78 3E
49 Kuldiga, U.R.S.S. 57 0N 22 0E
43 Kulmbach, Alemania 50 5N 11 30E
58 Kulunda, U.R.S.S. 52 45N 79 20E
59 Kulyah, U.R.S.S. 38 0N 69 50E
58 Kum Tekei, U.R.S.S. 43 15N 79 18E
69 Kuma, R., U.R.S.S. 44 45N 44 30E
65 Kumamoto, y Pref., Japón 32 40N 130 45E
65 Kumano, B., Japón 33 50N 136 30E
41 Kumanovo, Yugoslavia 42 9N 21 42E
80 Kumara, N.Z. 42 37S 171 12E
70 Kumasi, Ghana 6 40N 1 35W
70 Kumba, Camerún 4 36N 9 24E
50 Kumertau, U.R.S.S. 53 10N 56 15E
49 Kumla, Suecia 59 8N 15 10E
70 Kumo, Nigeria 10 1N 11 12E
63 Kunar, y Prov., Afganistán 34 30N 71 3E
59 Kunashir, I., U.R.S.S. 44 0N 146 0E
49 Kunda, U.R.S.S. 59 31N 226 35E
49 Kungsbacka, Suecia 57 30N 12 7E
50 Kungar, U.R.S.S. 57 24N 56 45E
63 Kunlong, Birmania 23 30N 96 45E
64 Kunlun Shan, Mtes., Asia 36 0N 90 0E
65 Kunsan, Corea 36 0N 26 35E
48 Kuopio, Finlandia 62 59N 27 37E
40 Kupa, R., Yugoslavia 45 30N 15 10E
64 Kuqa, China 41 35N 82 30E
51 Kura, R., U.R.S.S. 41 40N 47 0E
51 Kurdistán, Dist., Turquía 37 30N 43 30E
65 Kure, Japón 34 15N 132 40E
59 Kurgen, U.R.S.S. 46 5N 172 50W
61 Kuria Muria, Is., de, Mar de Arabia 17 23N 56 0E
59 Kuriles, Islas, U.R.S.S. 45 0N 150 0E
64 Korla, China 41 58N 86 10E
71 Kurmuk, Sudán 10 30N 34 22E
62 Kurnool, India 15 54N 78 0E
80 Kurow, N.Z. 44 40S 170 30E
50 Kursk, U.R.S.S. 51 51N 36 5E
41 Kursumlija, Yugoslavia 43 10N 21 18E
73 Kuruman, Sudáfrica 27 8S 23 20E
65 Kurume, Japón 33 20N 130 27E
62 Kurunegala, Sri Lanka 6 52N 80 4E
60 Kurusku, Egipto 22 40N 32 12E
59 Kurya, U.R.S.S. 61 10N 108 10E
58 Kushevat, U.R.S.S. 65 15N 65 55E
70 Kushiro, Japón 43 0N 144 25E
62 Kushk, Afganistán 35 0N 62 15E
58 Kushka, U.R.S.S. 33 35N 62 20E
84 Kushkokwin, R., Alaska 61 0N 158 0W
63 Kushtia, Bangladesh 23 50N 89 5E
50 Kusliva, U.R.S.S. 58 0N 60 0E
45 Kusnacht, Suiza 47 19N 8 15E
58 Kustanai, U.R.S.S. 53 25N 63 45E
60 Kut al Imara, Iraq 32 37N 45 40E
51 Kutahya, Turquía 39 30N 30 2E
51 Kutaisi, U.R.S.S. 42 10N 42 58E
66 Kutaraja, Indonesia, *véase* Banda Aceh
56 Kutch, C., India 20 50N 63 15E
62 Kutch, Rann de, India 24 0N 70 0E
47 Kutno, Polonia 52 18N 19 20E
60 Kuwait, Asia 29 0N 47 30E
65 Kuwana, Japón 35 0N 136 43E
50 Kuybyshev, U.R.S.S. 53 12N 50 0E
50 Kuybyshev, U.R.S.S. 55 0N 49 0E
50 Kuyto, L., U.R.S.S. 64 40N 31 0E
59 Kuyumba, U.R.S.S. 61 0N 97 5E
50 Kuznetsk, U.R.S.S. 53 13N 46 29E
50 Kuzomen, U.R.S.S. 66 22N 36 50E
48 Kvarken, Is., Finlandia 63 20N 21 10E
40 Kvarnevic, B., Yugoslavia 44 50N 14 30E
72 Kwamouth, Zaire 3 9S 16 20E
65 Kwangju, Corea 35 10N 127 0E
49 Kwidzyn, Polonia 53 45N 18 58E
78 Kwinana, Australia 32 20S 115 50E
59 Kyakhta, U.R.S.S. 50 30N 106 25E
63 Kyaring Tso, L., Tíbet 31 0N 88 15E
63 Kyaukpyu, Birmania 19 28N 93 40E
37 Kyle of Lochalsh, Escocia, R. Unido 57 20N 5 50W
44 Kyllburg, Alemania 50 2N 6 34E
65 Kyo, C., Japón 35 40N 135 8E
72 Kyoga, L., Uganda 1 30N 33 20E
63 Kyonpyaw, Birmania 17 15N 95 0E
65 Kyoto, y Pref., Japón 35 0N 135 30E
59 Kystatym, U.R.S.S. 67 0N 123 20E
59 Kytalyktakh, U.R.S.S. 65 30N 123 30E
59 Kyulyunken, U.R.S.S. 64 10N 137 0E
63 Kyunhla, Birmania 23 25N 95 15E
55 Kyunzu, Arch., Birmania 11 30N 97 30E
65 Kyushu, I., Japón 32 30N 131 0E
41 Kyustendil, Bulgaria 42 2S 22 40E
58 Kyzyl Kum, Des., U.R.S.S. 42 10N 66 0E
58 Kyzyl Orda, U.R.S.S. 44 56N 65 30E
59 Kyzyl Rabat, U.R.S.S. 37 50N 74 50E
59 Kyzyl, U.R.S.S. 51 45N 94 35E
62 K2, Mte., Kashmir 36 0N 77 0E

L

42 L'Aigle, Francia 48 45N 0 40E
27 L'Ametlla de Mar, Cat., Esp. 40 51N 0 47E
40 L'Aquila, Italia 42 20N 13 24E
28 La Adrada, Cast.-León, Esp. 40 18N 4 38W
30 La Alberca de Záncara, Cast.-La M., Esp. 39 32N 2 30W
28 La Alberca, Cast.-León, Esp. 40 27N 6 8W
34 La Albuera, Extr., Esp. 38 45N 6 40W
31 La Albufera, Com. Val., Esp. 39 20N 0 15W
14 La Alcarria, Caca., Cast.-La M., Esp. 40 31N 2 40W
28 La Aldehuela, Cast.-León, Esp. 40 24N 5 27W
32 La Algaba, And., Esp. 37 28N 6 1W
28 La Aliseda de Tormes, Cast.-León, Esp. 40 20N 5 26W
30 La Almarcha, Cast.-La M., Esp. 39 41N 2 24W
26 La Almolda, Arag., Esp. 41 33N 0 12W
26 La Almudia de Doña Godina, Arag., Esp. 41 29N 1 23W
24 La Baña, Gal., Esp. 42 58N 8 42W
27 La Baña, Pta., Cat., Esp. 40 34N 0 41E
28 La Bañeza, Cast.-León, Esp. 42 17N 5 54W
27 La Bisbal, Cat., Esp. 41 58N 3 2E
91 La Blanquilla, I., Antillas 12 0N 64 35W
35 La Bocaina, Est., Canar., Esp. 28 45N 13 55W
28 La Bóveda de Toro, Cast.-León, Esp. 41 21N 5 24W
14 La Bureba, Cast.-León, Esp. 42 36N 2 24W
24 La Cañiza, Ga., Esp. 42 13N 8 16W
14 La Caleta, And., Esp. 36 25N 6 30W
30 La Calzada de Calatrava, *véase* Calzada de Calatrava
30 La Calzada de Oropesa, Cast.-La M., Esp. 39 54N 5 16W
32 La Campana, And., Esp. 37 34N 5 25W
14 La Campiña, And., Esp. 37 45N 4 45W
44 La Capelle, Francia 49 59N 3 52E
32 La Carlota, And., Esp. 37 40N 4 56W
33 La Carolina, And., Esp. 38 17N 3 38W
90 La Ceiba, Honduras 15 45N 86 50W
42 La Charité, Francia 47 16N 3 2E
45 La Chaux-de-Fonds, Suiza 47 7N 6 50E
90 La Chorrera, Panamá
36 La Coitat, Francia 43 10N 5 12E
34 La Codosera, Extr., Esp. 39 13N 7 14W
34 La Coronada, Extr., Esp. 38 55N 5 40W
24 La Coruña, y Prov., Gal., Esp. 43 20N 8 25W
88 La Crosse, U.S.A. 43 49N 91 13W
45 La Cure, Suiza 46 28N 6 4E
27 La Escala, Cat., Esp. 42 10N 3 10E
91 La Española, I., Antillas 17 30N 71 0W
24 La Espina, P. de Ast., Esp. 43 24N 6 20W
24 La Estrada, Gal., Esp. 42 43N 8 27W
30 La Estrella, Cast.-La M., Esp. 39 43N 5 7W
88 La Fayette, U.S.A. 40 24N 86 45W
42 La Ferté-Macé, Francia 48 38N 0 20W
42 La Flèche, Francia 47 42N 0 5W
28 La Fuente de San Esteban, Cast.-León, Esp. 40 49N 6 15W
29 La Gallega, Cast.-León, Esp. 41 53N 3 15W
27 La Garriga, Cat., Esp. 41 42N 2 17E
30 La Gineta, Cast.-La M., Esp. 39 8N 2 0W
86 La Grande, U.S.A. 45 22N 118 7W
87 La Grange, U.S.A. 33 3N 85 1W
28 La Granja, Cast.-León, Esp. 40 53N 4 0W
32 La Granjuela, And., Esp. 38 20N 5 20W
30 La Guardia, Cast.-La M., Esp. 39 47N 3 30W
24 La Guardia, Gal., Esp. 41 56N 8 52W
24 La Gudiña, Gal., Esp. 42 4N 7 8W
25 La Hermida, Cant., Esp. 43 15N 4 40W
28 La Hija de Dios, Cast.-León, Esp. 40 32N 4 59W
28 La Horcadaja, Cast.-León, Esp. 40 26N 5 28W
28 La Horra, Cast.-León, Esp. 41 44N 3 53W
27 La Junquera, Cat., Esp. 42 25N 2 53E
86 La Junta, U.S.A. 38 3N 103 35W
32 La Laguna, And., Esp. 37 10N 4 45W
35 La Laguna, Canar., Esp. 28 32N 16 18W
32 La Lantejuela, And., Esp. 37 19N 5 15W
32 La Línea de la Concepción, And., Esp. 36 15N 5 23W
28 La Lora, Cast.-León, Esp. 42 45N 4 0W
29 La Losa, Cca., Cast.-León, Esp. 43 2N 3 25W
44 La Louvière, Bélgica 50 20N 4 12E
32 La Luisiana, And., Esp. 37 31N 5 16W
30 La Mancha, Cast.-La M., Esp. 39 10N 2 30W
24 La Mariña, Gal., Esp. 43 30N 7 40W
31 La Marina, Cca., Com. Val., Esp. 38 40N 0 5W
28 La Matilla, Cast.-León, Esp. 41 13N 3 45W
28 La Maya, Cast.-León, Esp. 40 37N 5 40W
27 La Mola, C., Bal., Esp. 39 53N 2 19E
26 La Muela, Arag., Esp. 41 36N 1 7W
43 La Mûre, Francia 45 0N 5 30E
31 La Nao, C., Com. Val., Esp. 38 44N 0 14W
30 La Nava de Ricomalillo, Cast.-La M., Esp. 39 40N 4 59W
34 La Nava de Santiago, Extr., Esp. 39 5N 6 39W
31 La Nucia, Com. Val., Esp. 38 53N 0 35W
27 La Noguera, Cat., Esp. 41 48N 0 35E
35 La Oliva, Canar., Esp. 28 40N 13 55W
28 La Orbada, Cast.-León, Esp. 41 7N 5 31W
35 La Orotava, Canar., Esp. 28 27N 16 30W
94 La Oroya, Perú 11 42S 75 57W
32 La Palma del Condado, And., Esp. 37 21N 6 32W
27 La Palma de Ebro, Cat., Esp. 41 15N 0 38E
91 La Palma, Panamá 8 15N 78 2W
94 La Paz, Bolivia 16 30S 68 0W
90 La Paz, y B., México 24 5N 110 14W
27 La Pera, Cat., Esp. 42 3N 2 58E
24 La Peroja, Ga., Esp. 42 26N 7 48W
65 La Pérouse, Est., Japón 45 30N 142 0E
95 La Plata, Argentina 35 0S 57 50W
27 La Pobla de Lillet, Cat., Esp. 42 16N 1 59E
28 La Pola de Gordón, Cast.-León, Esp. 42 51N 5 41W
30 La Puebla de Almoradiel, Cast.-La M., Esp. 39 36N 3 7W
32 La Puebla de Cazalla, And., Esp. 37 14N 5 18W
32 La Puebla de los Infantes, And., Esp. 37 47N 5 24W
30 La Puebla de Montalbán, Cast.-La M., Esp. 39 52N 4 22W
30 La Puebla Nueva, Cast.-La M., Esp. 39 55N 4 41W
33 La Puerta de Segura, And., Esp. 38 21N 2 44W
26 La Puebla de Valverde, Arag., Esp. 40 14N 0 56W
27 La Puebla, Bal., Esp. 39 50N 3 0E
95 La Quiaca, Argentina 22 15S 65 45W
33 La Rábita, And., Esp. 36 45N 3 10W
32 La Rambla, And., Esp. 37 37N 4 45W
43 La Réole, Francia 44 38N 0 2W
34 La Restinga, Canar., Esp. 27 40N 18 0W
27 La Riera, Cat., Esp. 41 10N 1 48E
32 La Rinconada, And., Esp. 37 29N 6 0W
95 La Rioja, Argentina 29 20S 66 50W
29 La Rioja, Prov., Esp. 42 10N 2 20W
28 La Robla, Cast.-León, Esp. 42 50N 5 41W
34 La Roca de la Sierra, Extr., Esp. 39 8N 6 42W
42 La Roche-sur-Yon, Francia 46 41N 1 26W

43 La Rochelle, Francia 46 10N 1 10W
32 La Roda de Andalucía, And., Esp. 37 12N 4 46W
91 La Romana, República Dominicana 18 30N 68 55W
84 La Ronge, L., Canadá 55 10N 105 15W
30 La Sagra, Cast.-La M., Esp. 40 0N 4 0W
33 La Sagra, Sa., And., Esp. 37 57N 2 35W
28 La Salceda, Cast.-León, Esp. 41 6N 3 50W
88 La Salle, U.S.A. 44 25N 89 5W
28 La Seca, Cast.-León, Esp. 41 25N 4 55W
27 La Selva, y Cca., Cat., Esp. 41 13N 1 8E
34 La Serena, Cca., Extr., Esp. 38 45N 5 40W
95 La Serena, Chile 29 55S 71 25W
43 La Seyne, Francia 43 0N 5 50E
29 La Sierra, Cca., Madrid, Esp. 41 15N 3 15W
30 La Solana, Cast.-La M., Esp. 38 59N 3 14W
40 La Spezia, Italia 44 9N 9 47E
43 La Teste, Francia 44 40N 1 10W
89 La Tuque, Canadá 47 30N 72 57W
35 La Unión, Mur., Esp. 37 38N 0 53W
24 La Vega, Gal., Esp. 42 15N 7 0W
91 La Vega, República Dominicana 19 10N 70 35W
30 La Ventosa, Cast.-La M., Esp. 40 13N 2 26W
34 La Vera, Cca., Extr., Esp. 40 10N 5 40W
35 La Victoria de Acentejo, Canar., Esp. 28 26N 16 28W
30 La Villa de Don Fadrique, Cast.-La M., Esp. 39 38N 3 14W
46 Labe (Elba), R., Checoslovaquia 50 0N 15 30E
70 Labe, Guinea 11 24N 12 16W
85 Labrador, Dist., Canadá 55 50N 60 30W
66 Labuan, I., Sabah 5 22N 115 19E
50 Labythangi, U.R.S.S. 66 29N 66 40E
84 Lac la Biche, Canadá 54 45W 111 50W
85 Lachine, U.S.A. 45 30N 73 50W
79 Lachlan, R., Australia 33 46S 145 0E
89 Lachute, Canadá 45 42N 74 25W
84 Lacombe, Canadá 52 30N 113 50W
89 Laconia, U.S.A. 43 32N 71 30W
62 Ladakh, Sa., India 34 0N 77 30E
62 Ladis, Irán 29 0N 61 15E
50 Ladoga, L., U.R.S.S. 61 30N 31 0E
73 Lady Grey, Sudáfrica 30 45S 27 12E
84 Ladysmith, Canadá 49 0N 124 0W
73 Ladysmith, Sudáfrica 28 36S 29 42E
49 Laeso, I., Dinamarca 57 17N 11 0E
87 Lafayette, La., U.S.A. 30 16N 92 3W
70 Lafia, Nigeria 8 34N 8 30E
48 Lagar Fliot, R., Islandia 65 10N 14 40W
24 Lage, Gal., Esp. 43 13N 9 0W
49 Lågen, R., Noruega 61 30N 10 20E
70 Laghouat, Argelia 33 50N 2 49E
95 Lagôa dos Patos, Brasil 31 15S 51 0W
36 Lagôa, Port. 37 8N 8 27W
36 Lagoaça, Port. 41 11N 6 44W
71 Lagos Salados, Egipto 30 10N 32 0E
70 Lagos, Nigeria 6 20N 3 20E
36 Lagos, Port. 37 5N 8 41W
36 Lagos, Portugal 37 7N 8 42W
25 Laguardia, P. Vasco, Esp. 42 33N 2 35W
28 Laguna de Duero, Cast.-León, Esp. 41 35N 4 44W
90 Laguna de la Madre, México 24 55N 97 30W
90 Laguna de Términos, México 18 30N 91 30W
87 Laguna Madre, U.S.A. 26 30N 97 0W
66 Lahat, Sumatra 3 40S 103 35W
60 Lahej, Yemen del Sur 13 5N 44 50E
46 Lahn, R., Alemania 50 38N 8 20E
49 Laholm, Suecia 56 30N 12 3E
62 Lahore, Pakistán 31 30N 74 23E
50 Lahti, Finlandia 60 59N 25 42E
71 Lai, Chad 9 25N 16 30E
60 Laila, Arabia Saudí 22 25N 46 27E
64 Laipin, China 23 50N 108 25E
37 Lairg, Escocia, R. Unido 58 1N 4 23W
79 Lake Cargelligo, Australia 33 15S 146 22E
87 Lake Charles, U.S.A. 30 15N 93 7W
87 Lake City, U.S.A. 30 14N 93 10W
85 Lake of the Woods, L., Canadá 49 30N 94 30W
87 Lakeland, U.S.A. 28 4N 81 59W
88 Lakewood, U.S.A. 41 30N 81 54W
63 Lakhimpur, India 27 55N 80 55E
62 Lakhpat, India 23 48N 68 40E
48 Laki, Mte., Islandia 64 10N 18 19W
61 Lakkish, R., Israel 31 40N 34 42E
41 Lakonia, G. de, Grecia 36 30N 22 45E
70 Lakota, Costa de Marfil 5 50N 5 30W
48 Lakse Fjorden, Noruega 70 40N 27 0E
63 Lala Ghat, India 24 30N 92 35E
72 Lalibala, Etiopía 12 8N 39 10E
24 Lalín, Gal., Esp. 42 40N 8 12W
62 Lalitpur, India 24 45N 78 20E
24 Lama, Gal., Esp. 42 24N 8 26W
26 Lalueza, Arag., Esp. 41 51N 0 15W
63 Lamaing, Birmania 15 30N 97 50E
72 Lambarene, Gabón 0 50S 10 2E
70 Lamo, Nigeria 10 25N 9 20E
36 Lamego, Portugal 41 0N 7 50W
90 Lamentin, I., Martinica 14 37N 61 0W
44 Lammel, Bélgica 51 15N 5 20E
63 Lampang, Tailandia 18 15N 99 35E
40 Lampedusa, I., Italia 35 32N 12 33E
63 Lamphun, Tailandia 18 40N 99 5E
72 Lamu, Kenia 2 16N 40 55E
65 Lan Yu, I., Taiwan 22 0N 121 30E
86 Lanai, I., Hawai, U.S.A. 20 50N 157 0W
26 Lanaja, Arag., Esp. 41 45N 0 20W
24 Láncara, Gal., Esp. 42 52N 7 20W
85 Lancaster, Ensenada, Canadá 74 0N 84 0W
37 Lancaster, Ingl., R. Unido 54 3N 2 48W
87 Lancaster, Ohio, U.S.A. 39 44N 82 43E
88 Lancaster, Pa., U.S.A. 40 8N 76 18W
40 Lanciano, Italia 42 15N 14 22E
88 Lancing, U.S.A. 42 40N 84 30W
37 Land's End, Ingl., R. Unido 50 4N 5 43W
72 Landana, Angola 5 11S 12 5E
44 Landau, Alemania 49 11N 8 7E
46 Landeck, Austria 47 6N 10 37E
44 Landen, Bélgica 50 45N 5 5E
42 Landerneau, Francia 48 30N 4 20W
43 Landes, Dept., Francia 44 5N 0 40W
31 Landete, Cast.-La M., Esp. 39 52N 1 22W
62 Landi Muhamed Amin Kham, Afganistán 30 30N 63 50E
45 Landquart, Suiza 46 57N 9 32E
44 Landrecies, Francia 50 7N 3 42E
46 Landshut, Alemania 48 33N 12 10E
49 Landskrona, Suecia 56 0N 12 57E
48 Lang Jökull, Mtes., Islandia 64 35N 20 30W
29 Langa de Duero, Cast.-León, Esp. 41 40N 3 20W
48 Langanes, C., Islandia 66 27N 15 30W
43 Langeac, Francia 45 5N 3 30E
45 Langenthal, Suiza 47 11N 7 50E
45 Langnau, Suiza 46 57N 7 48E
43 Langon, Francia 44 35N 0 20W
24 Langreo, P. de Ast., Esp. 43 18N 5 40W
42 Langres, y Plat., Francia 47 54N 5 20E
66 Langsa, Indonesia 4 30N 97 48E
43 Languedoc, Prov., Francia 43 50N 3 30E
33 Lanjarón, And., Esp. 36 52N 3 28W
42 Lannion, Francia 48 41N 3 22W
88 Lansing, U.S.A. 42 42N 84 31W
32 Lantejuela, *véase* La Lantejuela
25 Lanz, Nav., Esp. 42 59N 1 40W
35 Lanzarote, I., Islas Canarias 29 0N 13 35W
64 Lanzhou, China 36 1N 103 52E
40 Lanzo, Italia 45 20N 7 40E
66 Laoag, Filipinas 18 25N 120 40E
42 Laon, Francia 49 35N 3 35E
55 Laos, Asia del Sureste 18 0N 105 0E
33 Lapeza, And., Esp. 37 18N 3 18W
48 Lapi, Co., Finlandia 67 0N 27 0E
09 Laponia, Norte de Europa 68 30N 25 0E
61 Laptev, Mar de, U.R.S.S. 76 0N 125 0E
71 Laqiya Arba'in, Sudán 19 50N 28 18E
53 Laquedivas, Is., Océano Índico 13 0N 72 30E
60 Lar, Irán 27 48N 54 2E
24 Laracha, Gal., Esp. 43 20N 8 45W
70 Larache, Marruecos 35 10N 6 5W
86 Laramie, y Sa., U.S.A. 41 22N 105 38W
29 Lardero, La Rioja, Esp. 42 26N 2 28W
25 Laredo, Cant., Esp. 43 26N 3 28W
86 Laredo, U.S.A. 27 32N 99 28W
44 Laren, Países Bajos 52 16N 5 12E
35 Larga, Sa., Mur., Esp. 38 25N 1 20W
41 Larisa, Grecia 39 38N 22 26E
62 Larkana, Pakistán 27 30N 68 0E
51 Larnaca, Chipre 34 58N 33 33E
37 Larne, Irl. Norte, R. Unido 54 50N 5 48W
24 Laroco, Gal., Esp. 42 18N 7 10W
49 Larvik, Noruega 59 7N 10 3E
58 Laryak, U.R.S.S. 61 20N 80 3E
33 Las Alpujarras, Cca., And., Esp. 36 50N 3 20W
30 Las Cabezadas, Cast.-La M., Esp. 41 8N 3 8W
32 Las Cabezas de San Juan, And., Esp. 37 0N 5 58W
24 Las Conchas, Emb., Ga., Esp. 42 0N 7 50W
86 Las Cruces, U.S.A. 32 25N 106 47W
28 Las Hormazas, Cast.-León, Esp. 42 34N 3 57W
31 Las Huertas, C., Com. Val., Esp. 38 22N 0 24W
32 Las Marismas, And., Esp. 37 5N 6 20W
30 Las Mesas, Cast.-La M., Esp. 39 23N 2 45W
32 Las Navas de la Concepción, And., Esp. 37 56N 5 30W
29 Las Navas del Rey, Madrid, Esp. 40 38N 4 22W
32 Las Pajanosas, And., Esp. 37 36N 6 10W
35 Las Palmas, Canar., Esp. 28 10N 15 24W
30 Las Pedroñeras, Cast.-La M., Esp. 30 26N 2 40W
27 Las Planas, Cat., Esp. 42 6N 2 32E
24 Las Regueras, P. de Ast., Esp. 43 25N 5 59W
29 Las Rozas, Madrid, Esp. 40 30N 3 52W
35 Las Torres de Cotillas, Mur., Esp. 38 2N 1 14W
90 Las Tres Marías, Is., México 21 25N 106 20W
86 Las Vegas, N. México, U.S.A. 35 35N 105 20W
86 Las Vegas, Nevada, U.S.A. 36 12N 115 12W
63 Lashio, Birmania 22 58N 97 58E
26 Laspaúles, Arag., Esp. 42 27N 0 36E
26 Laspuña, Arag., Esp. 42 30N 0 10E
72 Lastoursville, Gabón 0 48S 12 59E
40 Lastovo, I., Yugoslavia 42 47N 16 53E
24 Lastres, y C., P. de Ast., Esp. 43 30N 5 15W
95 Latacunga, Ecuador 0 45S 78 30W
60 Latakia, Siria 35 27N 35 58E
40 Latina, Italia 41 26N 12 53E
62 Latur, India 18 35N 76 42E
46 Lauenberg, Alemania 53 22N 10 34E
33 Laujar de Andarax, And., Esp. 37 0N 2 54W
79 Launceston, Australia 41 24S 147 5E
63 Launglon Bok, Is. (S. Moscos, Is.), Birmania 13 50N 97 50E
79 Laura, Australia 15 45S 144 30E
87 Laurel, U.S.A. 31 45N 89 0W
45 Lausanne, Suiza 46 31N 6 39E
46 Lausitz (Lusatian), Mtes., Checoslovaquia 50 40N 15 0E
66 Laut, I., Indonesia 3 39S 116 15E
45 Lauterbrunnen, Suiza 46 36N 7 54E
42 Laval, Francia 48 4N 0 46W
43 Lavaur, Francia 43 40N 1 50E
78 Laverton, Australia 28 36S 122 27E
24 Laviana, P. de Ast., Esp. 43 15N 5 33W
62 Lavinnia, Mte., Sri Lanka 6 50N 79 50E
36 Lavos, Port. 40 6N 8 49W
36 Lavre, Port. 38 46N 8 22W
41 Lavrion, Grecia 37 41N 24 2E
63 Lawng Pit, Mtes., Birmania 26 15N 98 15E
70 Lawra, Ghana 10 39N 2 51W
87 Lawrence, Kan., U.S.A. 38 59N 95 16W
87 Lawrence, Mass., U.S.A. 42 46N 71 2W
80 Lawrence, N.Z. 46 0S 169 45E
86 Lawton, U.S.A. 34 35N 98 30W
24 Laza, Gal., Esp. 42 10N 7 25W
40 Lazio, Prov., Italia 42 0N 12 20E
42 Le Blanc, Francia 46 40N 1 3E
44 Le Cateau, Francia 50 8N 3 30E
44 Le Chesne, Francia 49 31N 4 45E
42 Le Creusot, Francia 46 52N 4 25E
90 Le François, Martinique Fr., Ind. Occ. 14 35N 60 55W
42 Le Havre, Francia 49 32N 0 5E
45 Le Locle, Suiza 47 3N 6 44E
95 Le Maire, Est., Arg. 55 0S 65 0W
42 Le Mans, Francia 48 0N 0 15E
72 Le Marimel, Zaire 10 25S 25 25E
90 Le Moule, I. Guadalupe 16 17N 61 22W
43 Le Puy, Francia 45 3N 3 53E
44 Le Quesnoy, Francia 50 15N 3 37E
44 Le Touquet, Francia 50 20 1 45E
42 Le Verdon, Francia 45 33N 1 5W
86 Leadville, U.S.A. 39 20N 106 18W
76 Lealtad, Is., Océano Pacífico 20 20S 168 0E
73 Lealui, Zambia 15 10S 23 20E
37 Leamington, Ingl., R. Unido 52 17N 1 32W
88 Leamington, Ont., Can. 42 10N 82 30W
78 Learmonth, Australia 22 30S 114 10E
87 Leavenworth, U.S.A. 39 16N 94 59W
87 Lebanon, Mo., U.S.A. 37 43N 93 44W
87 Lebanon, Tenn., U.S.A. 36 13N 86 15W
32 Lebrija, And., Esp. 36 53N 6 5W
95 Lebu, Chile 37 47S 73 45W
41 Lecce, Italia 40 11N 18 12E
45 Lecco, Italia 45 51N 9 24E
26 Lecera, Arag., Esp. 41 13N 0 43W
46 Lech, R., Alemania 47 54N 10 45E
45 Lechtaler Alpen, Austria 47 10N 10 30E
26 Leciñena, Arag., Esp. 41 48N 0 36W
47 Leczyca, Polonia 52 2N 19 30E
31 Ledaña, Cast.-La M., Esp. 39 18N 1 44W
44 Ledeberg, Bélgica 51 3N 3 40E
28 Ledesma, Cast.-León, Esp. 41 6N 5 59W
28 Ledigos, Cast.-León, Esp. 42 20N 4 50W
84 Leduc, Canadá 53 20N 113 30W
37 Lee, R., Irlanda 51 54N 8 50W
37 Leeds, Ingl., R. Unido 53 49N 1 33W
44 Leer, Alemania 53 15N 7 22E
79 Leeton, Australia 34 23S 146 28E
44 Leeuwarden, Países Bajos 53 13N 5 48E
78 Leeuwin, C., Australia 34 21S 115 2E
29 Leganés, Madrid, Esp. 40 18N 3 47W
25 Legazpi, P. Vasco, Esp. 43 3N 2 20W
66 Legazpi, Filipinas 13 10E 123 46E
46 Legnica, Polonia 51 12N 16 10E
62 Leh, India 34 10N 77 50E
37 Leicester, Ingl., R. Unido 52 37N 1 6W
44 Leiden, Países Bajos 52 10N 4 30E
44 Leie, R., Bélgica 51 0N 3 30E
79 Leigh Creek, Australia 30 25S 138 20E
46 Leine, R., Alemania 52 35N 9 40E
46 Leipzig, Alemania 51 20N 12 21E
36 Leiria, Port. 39 46N 8 53W
37 Leith, Escocia, R. Unido 55 59N 3 10W
37 Leitrim, Irlanda 54 0N 8 3W
25 Leiza, Nav., Esp. 43 5N 1 55W
64 Leizhou, China 18 22N 109 6E
25 Lejona, P. Vasco, Esp. 43 20N 2 59W
44 Lek, R., Países Bajos 51 56N 4 50E
44 Lelystad, Países Bajos 52 32N 5 28E
45 Léman (Ginebra), L., Suiza 46 28N 6 30E
44 Lemmer, Países Bajos 52 49N 5 42E
49 Lemvig, Dinamarca 56 33N 8 20E
24 Lena, P. de Ast., Esp. 43 10N 5 49W
59 Lena, R., U.R.S.S. 64 30N 127 0E
55 Leninabad, U.R.S.S. 40 10N 69 40E
51 Leninakan, U.R.S.S. 41 0N 43 40E
50 Leningrad, U.R.S.S. 60 0N 30 25E
58 Leninogorsk, U.R.S.S. 50 30N 83 45E
50 Leninsk Kuznetskiy, U.R.S.S. 55 15N 86 15E
51 Leninsk, U.R.S.S. 48 40N 45 15E
45 Lenk, Suiza 46 28N 7 27E
51 Lenkoran, Azerbaiján 38 46N 48 50E
42 Lens, Francia 50 27N 2 49E
40 Lentini, Italia 37 20N 15 0E
70 Leo, Alto Volta 11 3N 2 2W
46 Leoben, Austria 47 22N 15 4E
43 León, Golfo de, Francia 43 0N 4 0E
90 León, México 21 3N 101 50W
28 León, Mtes., Cast.-León, Esp. 42 30N 6 30W
90 León, Nicaragua 12 25N 86 47W
28 León, y Prov., Reg., Cast.-León, Esp. 42 38N 5 40W
78 Leonora, Australia 28 49S 121 19E
32 Lepe, And., Esp. 37 15N 7 10W
50 Lepel, U.R.S.S. 54 45N 28 30E
59 Lepikha, U.R.S.S. 64 46N 126 55E
25 Lequeitio, P. Vasco, Esp. 43 20N 22 35W
90 Lerdo, México 25 35N 103 35W
70 Lere, Nigeria 10 22N 8 31E
24 Lerez, R., Gal., Esp. 42 30N 9 25W
27 Lérida, y Prov., Cat., Esp. 41 37N 0 40E
25 Lerin, Nav., Esp. 42 30N 1 56W
28 Lerma, Cast.-León, Esp. 42 5N 3 45W
37 Lerwick, Irlanda 60 9N 1 10W
42 Les Andelys, Francia 49 18N 1 30E
91 Les Cayes, Haití 18 0N 74 0W
43 Les Landes, Dist., Francia 44 20N 1 5W
42 Les Sables d'Olonne, Francia 46 34N 1 50W
27 Les, Cat., Esp. 42 47N 0 43E
25 Lesaca, Nav., Esp. 43 15N 1 42W
41 Lesbos, I., Grecia 39 10N 26 34E
64 Leshan, China 28 52N 105 20E
41 Leskovac, Yugoslavia 42 55N 21 59E
73 Lesotho, África 29 34S 28 0E
59 Lesozavodsk, U.R.S.S. 45 25N 133 30E
84 Lesser Slave, L., Canadá 55 30N 115 30W
44 Lessines, Bélgica 50 43N 3 50E
46 Leszno, Polonia 51 33N 16 37E
73 Lethakane, Botswana 24 0S 24 59E
84 Lethbridge, Canadá 49 45N 112 48W
66 Leti, Is., Indias Orientales 8 0S 128 0E
94 Leticia, Colombia 4 0S 70 0W
49 Letonia (Latvia), R.S.S., U.R.S.S. 56 50N 24 0E
45 Letpadan, Birmania 17 45N 96 0E
37 Letterkenny, Irlanda 54 57N 7 43W
30 Letur, Cast.-La M., Esp. 38 20N 2 7W
45 Leuk, Suiza 46 20N 7 38E
45 Leukerbad, Suiza 46 22N 7 38E
44 Leuven (Lovaina), Bélgica 50 53N 4 42E
44 Leuze, Bélgica 50 37N 3 36E
48 Lavanger, Noruega 63 47N 11 35E
37 Leven, Escocia, R. Unido 56 10N 3 25W
78 Leveque, C., Australia 16 15S 122 55E
44 Leverkusen, Alemania 51 2N 6 59E
80 Levin, N.Z. 40 35S 175 15E
85 Levis, Canadá 46 45N 71 15W
41 Levka Ori, Mte., Creta 35 20N 24 0E
41 Levkas, I., Grecia 38 40N 20 35E
80 Levuka, Fiji 17 34S 179 0E
37 Lewestoft, Ingl., R. Unido 52 29N 1 47E
37 Lexis, I., Escocia, R. Unido 58 10N 6 40W
86 Lewis, Sa., U.S.A. 48 15N 114 0W
86 Lewiston, Idaho, U.S.A. 46 27N 117 2W
86 Lewistown, Mont., U.S.A. 47 11N 109 30W
88 Lexington, U.S.A. 38 2N 84 37W
66 Leyte, I., Filipinas 10 30N 125 0E
29 Leza, R., La Rioja, Esp. 42 20N 2 27W
43 Lezignan, Francia 43 10N 2 50E
30 Lezuza, Cast.-La M., Esp. 38 57N 2 20W
62 Lhasa, Tíbet 29 42N 91 10E
64 Lhaze, China 29 5N 87 38E
27 Liñola, Cat., Esp. 41 44N 0 52E
65 Lianyungang, China 34 40N 119 11E
65 Liaoyang, China 41 15N 122 58E
65 Liaoyuan, China 43 52N 123 28E
84 Liard, R., Canadá 61 15N 122 30W
60 Líbano, Asia del Suroeste 33 30N 35 40E
89 Líbano, Mtes., Líbano 33 45N 35 45E
72 Libenge, Zaire 3 40N 18 55E
46 Liberec, Checoslovaquia 50 47N 15 7E
70 Liberia, África del Oeste 6 0N 9 30W
71 Libia, África del Norte 27 0N 16 0E
60 Libica, Meseta, Egipto 31 0N 26 0E
71 Líbica, Des., África del Norte 27 0N 27 0E
73 Libonda, Zambia 14 28S 23 12E
72 Libreville, Gabón 0 25N 9 25E
35 Librilla, Mur., Esp. 37 53N 1 21W
26 Libros, Arag., Esp. 40 11N 1 16W
40 Licata, Italia 37 8N 13 58E

73 Lichinga, Mozambique 13 8S 35 30E
73 Lichtenburg, Sudáfrica 26 10S 26 18E
49 Lida, U.R.S.S. 53 53N 25 15E
49 Lidköping, Suecia 58 31N 13 14E
46 Liechtenstein, Europa 47 2N 10 0E
44 Liège, y Prov., Bélgica 50 38N 5 30E
46 Lienz, Austria 46 50N 12 10E
49 Liepaja, U.R.S.S. 56 30N 21 0E
44 Lier, Bélgica 51 9N 4 34E
45 Liestal, Suiza 47 29N 7 44E
31 Liétor, Cast.-La M., Esp. 38 32N 1 57W
37 Lifford, Irlanda 54 49N 7 29W
40 Liguria, Mar de, Medit. S. 43 20N 8 40E
40 Liguria, Prov., Italia 44 20N 8 30E
64 Lijiang, China 26 55N 100 20E
72 Likati, Zaire 3 20N 24 0E
64 Likiang, China 26 50N 100 5E
72 Liksai, Zaire 10 52S 26 47E
49 Lille (Pequeño) Baelt, Dinamarca 55 8N 10 0E
42 Lille, Francia 50 38N 3 0E
49 Lillehammer, Noruega 61 10N 10 29E
49 Lillesand, Noruega 58 12N 8 23E
49 Lillestrøm, Noruega 59 56N 11 7E
30 Lillo, Cast.-La M., Esp. 39 45N 3 20W
84 lillooet, Canadá 50 41n 122 0W
73 Lilongwe, Malawi 14 0S 33 40E 49 Limfjorden, Dinamarca 56 38N 8 23E
94 Lima, Perú 12 10S 77 5W
88 Lima, U.S.A. 40 40N 84 5W
60 Limassol, Chipre 34 20N 33 0E
70 Limbe, Camerún 4 1N 9 10E
44 Limbourg, Prov., Bélgica 51 0N 5 30E
44 Limbourg, Alemania 50 25N 8 5E
44 Limburg, Prov., Países Bajos 51 15N 6 0E
37 Limerick, Irlanda 52 40N 8 37W
14 Limia, R., Gal., Esp. 41 55N 8 8W
45 Limmat, R., Suiza 47 26N 8 20E
41 Limnos, I., Grecia 39 50N 25 10E
43 Limoges, Francia 45 51N 1 15E
91 Limón, Costa Rica 10 0N 83 2W
73 Limpopo, R., Mozambique 25 10S 33 30E
43 Limousin, Prov., Francia 45 35N 1 30E
72 Limuru, Kenia 1 6S 36 38E
28 Linares de Riofrío, Cast.-León, Esp. 40 32N 5 56W
28 Linares del Arroyo, Emb., Cast.-León, Esp. 41 30N 3 35W
33 Linares, And., Esp. 38 10N 3 40W
95 Linares, Chile 36 0S 71 35W
90 Linares, México 24 50N 99 20W
37 Lincoln, Ingl., R. Unido 53 16N 0 33W
80 Lincoln, N.Z. 43 37S 172 30E
87 Lincoln, Neb., U.S.A. 40 55N 96 46W
45 Lindau, Alemania 47 33N 9 40E
49 Lindesnes, C., Noruega 57 58N 7 3E
36 Lindoso, Port. 41 50N 8 12W
88 Lindsay, Canadá 44 28N 78 53W
32 Línea de la Concepción, *véase* La Línea de la Concepción
64 Linfen, China 36 3N 111 30E
66 Lingayen Gulf, Filipinas 16 30N 120 20E
61 Lingeh, Irán 26 35N 54 47E
44 Lingen, Alemania 52 36N 7 19E
66 Lingga, Arch., Indias Orientales 0 0 104 37E
70 Linguere, Senegal 15 25N 15 5W
65 Linhai, China 28 50N 121 8E
64 Linhe, China 40 48N 107 20E
49 Linköping, Suecia 58 24N 15 35E
45 Linth, R., Suiza 47 0N 9 0E
45 Linthal, Suiza 46 54N 9 0E
64 Linxia, China 35 36N 103 10E
40 Lipari, Is., Italia 38 40N 15 7E
50 Lipetsk, U.R.S.S. 52 45N 39 45E
47 Lipno, Polonia 52 50N 19 15E
44 Lippe, R., Alemania 51 40N 7 20E
72 Lira, Uganda 2 15N 32 55E
31 Liria, Com. Val., Esp. 39 37N 0 35W
72 Lisala, Zaire 2 15N 21 37E
36 Lisboa, Portugal 38 43N 9 10W
37 Lisburn, Irl. Norte, R. Unido 54 31N 6 3W
79 Lismore, Australia 28 47S 153 20E
44 Lisse, Países Bajos 52 17N 4 33E
49 Lista, C., Nor. 58 7N 6 39E
88 Listowel, Canadá 43 45N 80 57W
37 Listowel, Irlanda 52 28N 9 28W
79 Lithgow, Australia 33 30S 150 14E
41 Lithinon, C., Creta 53 0N 24 45E
46 Litomerice, Checoslovaquia 50 33N 14 10E
87 Little Abaco, I., Bahamas 26 51N 77 45W
96 Little América, Antártida 79 0S 164 0W
88 Little Current, Canadá 45 58N 81 59W
86 Little Missouri, R., U.S.A. 46 0N 104 0W
87 Little Rock, U.S.A. 34 50N 92 25W
49 Lituania, R.S.S., U.R.S.S. 55 35N 24 0E
73 Liuwa, Llanura, Zambia 14 30S 22 35E
64 Liuzhou, China 24 22N 109 22E
79 Liverpool, Australia 33 59S 159 52E
85 Liverpool, Canadá 44 0N 65 0W
79 Liverpool, Sa., y Pl., Australia 31 40S 150 30E
37 Liverpool, y Bahía, Ingl., R. Unido 53 25N 3 0W
86 Livingston, U.S.A. 45 43N 110 41W
73 Livingstone, Zambia 17 48S 25 58E
72 Livingstonia, Malawi 10 33S 34 5E
50 Livny, U.R.S.S. 52 30N 37 30E
40 Livorno, Italia 43 32N 10 18E
95 Livramento, Brasil 30 30S 55 30W
72 Liwale, Tanzania 9 45S 38 0E
37 Lizard Point, Ingl., R. Unido 49 58N 5 11W
40 Ljubljana, Yugoslavia 46 4N 14 50E
48 Ljungan, R., Suecia 62 30N 14 30E
49 Ljungby, Suecia 56 55N 13 56E
49 Ljusdal, Sueca 61 50N 16 5E
49 Ljusnan, R., Suecia 62 0N 15 20E
49 Ljusne, Suecia 61 16N 17 12E
24 Loba, Sa., Gal., Esp. 43 30N 7 45W
24 Lobera, Gal., Esp. 41 59N 8 3W
73 Lobito, Angola 12 0S 13 0E
34 Lobón, Extr., Esp. 38 50N 6 40W
35 Lobos, I., Canar., Esp. 28 45N 13 50W
94 Lobos, Is., Perú 6 15S 81 0W
45 Locarno, Suiza 46 11N 8 48E
88 Loch Haven, U.S.A. 41 7N 77 33W
44 Lochen, Países Bajos 52 10N 6 26W
42 Loches, Francia 47 10N 1 0E
37 Lochgilphead, Escocia, R. Unido 56 3N 5 25W
87 Lockport, U.S.A. 43 10N 78 45W
61 Lod (Lydda), Israel 31 57N 34 54E
50 Lodeinoye Pole, U.R.S.S. 60 40N 33 40E
40 Lodi, Italia 45 20N 9 32E
72 Lodja, Zaire 3 38S 23 35E
25 Lodosa, Nav., Esp. 42 25N 2 4W
72 Lodwar, Kenia 2 58N 35 25E
47 Lodz, Polonia 51 48N 19 22E
48 Lofoten, Is., Noruega 68 30N 15 0E
82 Logan, Mte., Yukon, Canadá 60 48N 138 40W
86 Logan, U.S.A. 41 42N 111 47W
88 Logansport, U.S.A. 40 48N 86 20W
72 Loge, R., Angola 7 35S 14 15E
29 Logroño, La Rioja, Esp. 42 28N 2 28W
34 Logrosán, Extr., Esp. 39 20N 5 32W
63 Lohardaga, India 23 30N 84 36W
60 Loheia, Yemen 15 45N 42 40E
64 Loho, China 33 30N 114 0E
63 Loikaw, Birmania 19 43N 97 20E
49 Loimaa, Finlandia 60 51N 22 53E
43 Loir-et-Cher, Dept., Francia 47 33N 1 50E
43 Loire-Atlan., Dept., Francia 47 32N 1 48W
43 Loire, Dept., Francia 45 40N 4 5E
42 Loire, R., Francia 47 40N 2 30E
43 Loiret, Dept., Francia 48 5N 2 20E
94 Loja, Ecuador 4 0S 79 16W
33 Loja, y Sa., And., Esp. 37 10N 4 10W
44 Lokeren, Bélgica 51 6N 3 59E
72 Lokitaung, Kenia 4 18N 35 45E
48 Lokka, Emb., Finlandia 68 0N 27 30E
70 Lokoja, Nigeria 7 48N 6 43E
72 Lokolama, Zaire 2 10S 19 50E
49 Lolland, Dinamarca 54 50N 11 30E
41 Lom, Bulgaria 43 52N 23 20E
40 Lombardía, Prov., Italia 45 22N 9 50E
66 Lomblen, I., Indonesia 8 30S 123 32E
66 Lombok, I., Indonesia 8 35S 116 30E
70 Lome, Togo 6 8N 1 10E
72 Lomela, y R., Zaire 2 5S 23 52E
72 Lomie, Camerún 3 13N 13 38E
37 Lomond, L., Escocia, R. Unido 56 4N 4 34W
50 Lomza, Pol. 53 10N 22 30E
85 London, Canadá 43 0N 81 21W
37 Londonderry, Irl. Norte, R. Unido 55 0N 7 18W
37 Londres (London), Ingl., R. Unido 51 30N 0 5W
95 Londrina, Brasil 23 30S 50 45W
87 Long Bay, U.S.A. 33 30N 78 30W
86 Long Beach, Calif., U.S.A. 33 50N 116 6W
66 Long Xuyen, Vietnam 10 15N 105 25E
89 Long, I., U.S.A. 40 50N 73 0W
26 Longares, Arag., Esp. 41 24N 1 11W
63 Longdam, China 28 15N 98 15E
37 Longford, Irlanda 53 44N 7 46W
85 Longlac, Canadá 49 45N 86 25W
86 Longmont, U.S.A. 40 14N 105 10W
79 Longreach, Australia 23 95S 144 13E
42 Longuyon, Francia 49 27N 5 35E
87 Longview, U.S.A. 32 28N 94 29W
42 Longwy, Francia 49 31N 5 46E
64 Longyan, China 24 5N 116 17E
42 Lons le Saunier, Francia 46 42N 5 31E
48 Lønsdal, Noruega 66 45N 15 30E
55 Lopatka, C., U.R.S.S. 71 45N 149 39E
33 Lopera, And., Esp. 37 56N 4 14W
72 López, C., Gabón 0 47S 8 40E
37 Lopp Hd., Irlanda 52 34N 9 56W
32 Lora del Río, And., Esp. 37 39N 5 33W
63 Lora, R., Afganistán 32 0N 67 15E
28 Lora, *véase* La Lora
88 Lorain, U.S.A. 41 29N 82 10W
62 Loralai, Pakistán 30 25N 68 30E
35 Lorca, Mur., Esp. 37 41N 1 42W
79 Lord Howe, I., Océano Pacífico 31 0S 159 0E
24 Lorenzana, Gal., Esp. 43 28N 7 18W
40 Loreto, Italia 43 26N 13 40E
31 Lorguilla, Emb., Com. Val., Esp. 39 40N 0 50W
42 Lorient, Francia 47 45N 3 22W
35 Lorquí, Mur., Esp. 38 5N 1 15W
45 Lörrach, Alemania 47 37N 7 38E
42 Lorraine, Reg., Francia 48 58N 6 0E
95 Los Andes, Chile 32 42S 70 25W
95 Los Ángeles, Chile 37 42S 72 20W
86 Los Ángeles, U.S.A. 33 50N 118 22W
25 Los Arcos, Nav., Esp. 42 40N 2 12W
28 Los Ausines, Cast.-León, Esp. 42 15N 3 34W
32 Los Barrios, And., Esp. 36 11N 5 30W
32 Los Corrales, And., Esp. 37 6N 4 59W
25 Los Corrales, Cant., Esp. 43 15N 4 8W
35 Los Cristianos, Canar., Esp. 28 3N 16 42W
95 Los Estados, I., Argentina 54 50S 64 30W
33 Los Gallardos, And., Esp. 37 12N 1 50W
30 Los Hinojosos, Cast.-La M., Esp. 39 40N 2 50W
35 Los Islotes, Canar., Esp. 29 5N 13 45W
34 Los Llanos de Aridane, Canar., Esp. 28 45N 17 55W
90 Los Mochis, México 25 50N 109 0W
26 Los Monegros, Arag., Esp. 41 29N 0 16W
30 Los Navalmorales, Cast.-La M., Esp. 39 42N 4 40W
30 Los Navalucillos, Cast.-La M., Esp. 39 39N 4 40W
32 Los Palacios y Villafranca, And., Esp. 37 10N 5 55W
35 Los Realejos, Canar., Esp. 28 23N 16 35W
34 Los Santos de Maimona, Extr., Esp. 38 27N 6 22W
33 Los Villares, And., Esp. 37 42N 3 47W
30 Los Yébenes, Cast.-La M., Esp. ú9 46N 3 55W
29 Losa, *véase* La Losa
34 Losar de la Vera, Extr., Esp. 40 7N 5 36W
59 Loshkalah, U.R.S.S. 62 40N 147 5E
41 Losinj, I., Yugoslavia 44 55N 14 45E
37 Lossiemouth, Escocia, R. Unido 57 44N 3 16W
43 Lot-et-Garonne, Dept., Francia 44 33N 0 22E
43 Lot, Dept., Francia 44 52N 1 48E
43 Lot, R., Francia 44 30N 1 45E
95 Lota, Chile 37 15S 73 20W
72 Loto, Zaire 2 18S 23 0E
45 Lotschberg, Túnel, Suiza 46 25N 7 40E
48 Lotta, R., U.R.S.S. 68 30N 29 0E
42 Loudeac, Francia 48 15N 2 45W
70 Louga, Senegal 15 38N 16 7W
36 Louie, Portugal 37 8N 8 0W
73 Louis Trichardt, Sudáfrica 25 5S 29 50E
87 Louisiana, Estado, U.S.A. 31 0N 92 0W
88 Louisville, U.S.A. 36 16N 85 48W
36 Loule, Port. 37 12N 8 0W
43 Lourdes, Francia 43 15N 0 3W
73 Lourenço Marques, *véase* Maputo
36 Loures, Port. 38 48N 9 10W
36 Lourinha, Port. 39 15N 9 15W
42 Louviers, Francia 49 15N 1 10E
44 Lovaina, *véase* Leuven
45 Lovere, Italia 45 50N 10 5E
24 Lovios, Ga., Esp. 41 55N 8 4W
49 Lovisa (Loviisa), Finlandia 60 25N 26 20E
89 Lowell, U.S.A. 42 44N 71 15W
80 Lower Hutt, N.Z. 41 10S 174 55E
47 Lowicz, Polonia 52 3N 19 59E
79 Loxton, Australia 34 28S 140 31E
65 Loyang, China 34 55N 112 15E
43 Lozère, Dept., Francia 44 28N 3 30E
29 Lozoya, Madrid, Esp. 40 57N 3 45W
29 Lozoyuela, Madrid, Esp. 40 54N 3 35W
65 Lu-Ta (Dairen-Port-Arthur), China 39 0N 121 33E
72 Luacano, Angola 11 15S 21 40E
72 Luachimo, Angola 7 23S 20 48E
72 Luanda, Angola 8 58S 13 9E
64 Luang Prabang, Laos 19 52N 101 50E
73 Luangwa, R., Zambia 12 0S 32 28E
73 Luanshya, Zambia 13 8S 28 25E
24 Luarca, P. de Ast., Esp. 43 32N 6 32W
72 Luashi, Zaire 11 3S 23 38E
72 Luau, Angola 10 39S 22 14E
73 Lubango, Angola 22 35S 27 50E
86 Lubbock, U.S.A. 33 37N 101 50W
46 Lubeck, y B., Alemania 53 52N 10 41E
28 Lubián, Cast.-León, Esp. 42 6N 6 52W
47 Lublin, Polonia 51 18N 22 32E
33 Lubrin, And., Esp. 37 14N 2 4W
73 Lubumbashi, Zaire 11 30S 27 31E
84 Lucania, Mte., Alaska 61 10N 140 20W
40 Lucca, Italia 43 52N 10 35E
90 Lucea, Jamaica 18 25N 78 10W
31 Lucena del Cid, Com. Val., Esp. 40 9N 0 17W
32 Lucena, And., Esp. 37 27N 4 31W
76 Lucena, Filipinas 14 0N 121 35E
30 Luciana, Cast.-La M., Esp. 30 0N 4 17W
73 Lucira, Angola 14 0S 12 35E
46 Luckenwalde, Alemania 52 15N 13 10E
63 Lucknow, India 26 57N 80 59E
45 Lucomagno, Paso, Suiza 46 34N 8 49E
43 Luçon, Francia 46 30N 1 10W
73 Lüderitz, Namibia 26 40S 15 19E
62 Ludhiana, India 30 53N 76 2E
87 Ludington, U.S.A. 43 55N 86 29W
49 Ludvika, Suecia 60 15N 15 5E
45 Ludwigsburg, Alemania 48 53N 9 11E
45 Lugwigshafen, Alemania 49 30N 8 27E
72 Luebo, Zaire 5 10S 21 24E
73 Luena, Angola 11 45S 19 58E
72 Lufira, R., Zaire 9 20S 27 0E
87 Lufkin, U.S.A. 31 17N 94 46W
50 Luga, U.R.S.S. 58 40N 29 55E
45 Lugano, L., Suiza 46 2N 8 57E
45 Lugano, Suiza 46 1N 8 48E
73 Lugenda, R., Mozambique 12 30S 36 20E
24 Lugo, y Prov., Gal., Esp. 43 2N 7 35W
47 Lugoj, Rumania 45 38N 21 57E
24 Lugones, P. de Ast., Esp. 43 26N 5 50W
58 Lugovoi, U.R.S.S. 43 10N 72 50E
45 Luino, Italia 45 59N 8 43E
72 Luisa, Zaire 7 40S 22 30E
32 Luisiana, *véase* La Luisiana
73 Lukanga Swamp, Zambia 14 30S 27 50E
72 Lukenie, R., Zaire 3 0S 18 30E
72 Lukolela, Zaire 1 30S 17 8E
49 Luków, Polonia 51 58N 22 22E
48 Lule, R., Suecia 66 20N 21 0E
48 Luleå, Suecia 65 33N 22 8E
72 Lulonga, R., Zaire 1 0N 18 40E
72 Lulua, R., Zaire 6 20S 22 40E
72 Luluabourg, *véase* Kananga
73 Lumai, Angola 13 20S 21 25E
73 Lumbala, Angola 14 12S 21 20E
25 Lumbier, Nav., Esp. 42 40N 1 17W
28 Lumbrales, Cast.-León, Esp. 40 54N 6 44W
29 Lumbreras, La Rioja, Esp. 42 8N 2 38W
26 Lumpiaque, Arag., Esp. 41 39N 1 17W
80 Lumsden, N.Z. 45 41S 168 29E
26 Luna, Arag., Esp. 42 12N 0 54W
49 Lund, Suecia 55 44N 13 6E
73 Lundazi, Zambia 12 30S 33 20E
37 Lundy, I., Canal de Bristol, R. Unido 51 11N 4 40W
46 Luneburg, Alemania 53 13N 10 22E
43 Lunel, Francia 43 40N 4 5E
89 Lunenburg, Canadá 44 25N 64 32W
43 Luneville, Francia 48 39N 6 30E
48 Lungholt, Islandia 63 30N 18 5W
63 Lungleh, India 22 55N 92 45E
72 Luofu, Zaire 0 1N 29 15E
64 Luoyang, China 34 40N 112 26E
26 Lupiñen-Ortilla, Arag., Esp. 42 11N 0 35W
40 Luqa, Malta 35 50N 14 27E
33 Luque, And., Esp. 37 34N 4 17W
43 Lurem, Francia 47 40N 6 30E
73 Lusaka, Zambia 15 3S 28 30E
72 Lusambo, Zaire 4 55S 23 20E
72 Lushoto, Tanzania 4 50S 38 10E
37 Luton, Ingl., R. Unido 51 52N 0 25W
47 Lutsk, U.R.S.S. 50 50N 25 15E
72 Luwingu, Zambia 10 15S 30 2E
44 Luxembourg, Prov., Bélgica 49 58N 5 30E
44 Luxemburg, Luxemburgo 49 37N 6 8E
44 Luxemburgo, Europa 49 45N 6 20E
64 Luxi, China 28 20N 110 7E
71 Luxor, Egipto 25 40N 32 38E
43 Luz, Francia 42 50N 0 2W
50 Luza, U.R.S.S. 60 40N 47 10E
47 Luzenec, Checoslovaquia 48 18N 19 42E
45 Luzern, y Cn., Suiza 47 3N 8 18E
64 Luzhou, China 28 52N 105 20E
46 Luzicke Hory, Checoslovaquia, *véase* Lausitz, Mtes.
66 Luzón, I., Filipinas 16 30N 121 0E
47 Lvov, U.R.S.S. 49 51N 24 0E
59 Lyakhov, Is., U.R.S.S. 73 30N 143 0E
61 Lydda, *véase* Lod
73 Lydenburg, Sudáfrica 25 0S 30 27E
48 Lyeksele, Suecia 64 32N 18 40E
80 Lyell, y Sa., N.Z. 41 46S 172 4E
47 Lyna, R., Polonia 54 17N 21 0E
88 Lynchburg, U.S.A. 37 28N 79 12W
88 Lynn, U.S.A. 42 30N 71 0W
43 Lyon, Francia 45 47N 4 50E
43 Lyonnais, Prov., Francia 45 50N 4 20E
50 Lysva, U.R.S.S. 53 0N 57 20E
80 Lyttelton, N.Z. 43 38S 172 46E

LL

27 Lladorre, Cat., Esp. 42 40N 1 15E
27 Llagostera, Cat., Esp. 41 50N 2 50E
29 Llanada de Vitoria, La Rioja, Esp. 42 48N 2 33W
37 Llandrindod Wells, Gales, R. Unido 52 15N 3 23W
37 Llanelli, Gales, R. Unido 51 41N 4 8W
24 Llanera, P. de Ast., Esp. 43 26N 5 50W
24 Llanes, P. de Ast., Esp. 43 25N 4 50W
37 Llangefni, Gales, R. Unido 53 15N 4 20W
86 Llano Estacado, U.S.A. 33 30N 103 0W
34 Llanos de Aridane, *véase* Los Llanos de Aridane
26 Llanos de la Violada, Cca., Arag., Esp. 41 40N 0 30W
27 Llanos de Urgel, Cca., Cat., Esp. 41 40N 1 0E
31 Llanos de Vinaroz, Com. Val., Esp. 40 25N 0 15E
91 Llanos, Reg., Colombia y Ven. 5 0N 67 0W
95 Llanquihue, L., Chile 41 2S 72 55W
27 Llansá, Cat., Esp. 42 20N 3 12E
09 Llanura Central Rusa, U.R.S.S. 53 0N 35 0E
58 Llanura de Siberia Occidental, U.R.S.S. 62 0N 76 0E
09 Llanura Noreuropea 57 0N 26 0E
27 Llavorsi, Cat., Esp. 42 28N 1 12E
34 Llera, Extr., Esp. 38 27N 6 5W
34 Llerena, Extr., Esp. 38 17N 6 5W
27 Llivia, Cat., Esp. 42 27N 1 58E
27 Llobregat, R., Cat., Esp. 41 19N 2 0E
25 Llodio, P. Vasco, Esp. 43 9N 2 58W
27 Lloret de Mar, Cat., Esp. 41 41N 2 50E
31 Llosa de Renes, Com. Val., Esp. 39 1N 0 32W
27 Lloseta, Bal., Esp. 39 43N 2 52E
84 Lloydminster, Canadá 53 20N 110 3W
27 Lluchmayor, Bal., Esp. 39 29N 2 50E

95 Llullaillaco, Mte., Chile 24 40S 68 30W
27 Llusanés, Cca., Cat., Esp. 42 5N 2 0E
27 Llusuy, Cat., Esp. 42 25N 1 8E

M

64 Ma, R., *véase* Hwang
60 Ma'an, Jordania 30 15N 35 37E
49 Maarianhamina, Finlandia 60 12N 20 0E
44 Maas, R., Países Bajos 51 48N 5 30E
44 Maaseik, Bélgica 51 7N 5 47E
44 Maastricht, Países Bajos 50 52N 5 42E
71 Maatin-Es-Sarra, Libia 21 45N 22 0E
31 Mabora, Cast.-La M., Esp. 39 13N 1 42W
33 Macael, And., Esp. 37 20N 2 18W
36 Macao, Port. 39 35N 7 50W
64 Macao, y Terr. Port., China
94 Macapa, Brasil 0 5N 52 0W
37 Macclesfield, Ingl., R. Unido 53 16N 2 8W
78 MacDonald, L., Australia 23 30S 128 40E
78 MacDonnell, Sierras, Asutralia 23 30S 133 0E
84 MacDougall, L., Canadá 66 20N 98 30W
24 Maceda, Gal., Esp. 42 16N 7 39W
36 Macedo de Cavaleiros, Port. 41 31N 6 57W
41 Macedonia (Makedhonia), Prov., Grecia 40 45N 23 0E
41 Macedonia (Makedonija), Yugoslavia 41 30N 21 30E
94 Maceio, Brasil 9 30S 35 40W
36 Maceira, Port. 39 41N 8 55W
70 Macenia, Guinea 8 35N 9 20W
40 Macerata, Italia 43 18N 13 33E
37 Macgillyendy's Reeks, Mtes., Irlanda 52 0N 9 48W
94 Machala, Ecuador 3 10S 79 59W
59 Machevna, U.R.S.S. 61 5N 172 0E
89 Machias, U.S.A. 44 45N 67 30W
25 Machichaco, C., País Vasco, Esp. 43 28N 2 47W
63 Machilipatnam, India 16 12N 81 12E
79 Macintyre, R., Australia 28 32S 150 25E
09 Macizo Central, Mtes., Francia 44 50N 3 0E
24 Macizo Galaico, Gal., Esp. 42 30N 7 30W
79 Mackay, Australia 21 6S 149 14E
78 Mackay, L., Australia 23 0S 131 0E
84 Mackenzie, Mtes., Canadá 64 0N 130 0W
79 Mackenzie, R., Australia 23 30S 148 45E
84 Mackenzie, R., Canadá 62 0N 122 0W
84 Mackenzie, Terr., Canadá 64 30N 115 0W
76 Macksville, Australia 30 40S 152 56E
79 Maclean, Australia 29 29S 153 15E
43 Mâcon, Francia 46 21N 4 45E
87 Macon, U.S.A. 32 40N 83 28W
73 Macondo, Angola 12 40S 23 48E
28 Macotera, Cast.-León, Esp. 40 50N 5 17W
96 Macquarie, I., Océano Sur Atlántico 54 0S 159 0E
79 Macquarie, Puerto de Austral. 42 2S 145 10E
79 Macumba, R., Australia 27 0S 136 0E
61 Madaba, Jordania 31 42N 35 48E
71 Madagali, Nigeria 10 56N 13 33E
72 Madagascar, I., África 19 0S 46 0E
71 Madama, Níger 21 35N 13 50E
79 Madang, Papua Nueva Guinea 5 15S 145 46E
70 Madaoua, Níger 14 5N 6 27E
63 Madaripur, Bangladesh 23 10N 90 10E
40 Maddalena, I., Italia 41 20N 9 22E
90 Madden, L., Panamá 91 15N 79 35W
70 Madeira, I., Océano Atlántico 32 40N 17 20W
94 Madeira, R., Brasil 6 0S 61 0W
90 Madera, México 29 15N 107 55W
29 Maderuelo, Cast.-León, Esp. 41 30N 3 30W
62 Madhya Pradesh, Estado, India 23 0N 78 0E
72 Madingou, Congo 4 10S 13 33E
88 Madison, Wis., U.S.A. 43 15N 89 30W
66 Madiun, Indonesia 7 27S 111 30E
62 Madras, India 13 2N 80 22E
95 Madre de Dios, I., Chile 50 30S 75 30W
66 Madre, Sa., Filipinas 17 30N 122 0E
90 Madre, Sa., México 25 0N 106 0W
29 Madrid, y Prov., Madrid, Esp. 40 25N 3 40W
30 Madridejos, Cast.-La M., Esp. 39 28N 3 33W
28 Madrigal de las Altas Torres, Cast.-León, Esp. 41 5N 5 0W
34 Madrigalejo, Extr., Esp. 39 10N 5 38W
31 Madrigueras, Cast.-La M., Esp. 39 14N 1 46W
34 Madroñera, Extr., Esp. 39 26N 5 42W
30 Madrona, Sa., Cast.-La M., Esp. 38 27N 4 10W
66 Madura, I., Indonesia 7 0S 114 0E
62 Madurai, India 9 50N 78 5E
63 Mae Hong Son, Tailandia 19 25N 98 5E
26 Maella, Arag., Esp. 41 10N 0 8E
14 Maestrazgo, *véase* El Maestrazgo
25 Maestu, P. Vasco, Esp. 42 44N 2 27W
73 Maevatanana, Madagascar 16 57S 46 50E
73 Mafeking, Sudáfrica 25 48S 25 30E
36 Mafra, Port. 38 55N 9 20W
61 Mafraq, Jordania 32 21N 36 12E
29 Magaña, Cast.-León, Esp. 41 52N 2 11W
59 Magadán, U.R.S.S. 59 40N 150 50E
72 Magadi, Kenia 1 40S 36 20E
95 Magallanes, Estrecho de, Chile 52 20S 69 0W
26 Magallón, Arag., Esp. 41 48N 1 26W
94 Magangue, Colombia 9 15N 74 50W
28 Magaz, Cast.-León, Esp. 41 59N 4 24W
70 Magburaka, Sierra Leona 8 41N 11 45W
94 Magdalena, R., Colombia 9 0N 74 40W
46 Magdeburg, Alemania 52 8N 11 35E
66 Magelang, Indonesia 7 45S 110 20E
45 Maggia, R., Suiza 46 17N 8 40E
45 Maggiore, L., Italia 46 0N 8 40E
33 Mágina, Mte., And., Esp. 37 40N 3 30W
50 Magnitogorsk, U.R.S.S. 53 20N 59 0E
89 Magog, Canadá 45 20N 72 6W
31 Magro, R., Com. Val., Esp. 39 20N 0 45W
62 Mahabaleshwar, India 17 58N 73 50E
73 Mahajanga, R., Madagascar 15 33S 47 8E
66 Mahakam, R., Indonesia 0 25N 116 30E
73 Mahalapye, Botswana 23 0S 26 48E
71 Mahalla el Kubra, Egipto 31 10N 31 0E
63 Mahanadi, R., India 20 30N 84 30E
62 Mahbubnagar, India 16 45N 77 55E
71 Mahdia, Tunicia 35 30N 11 2E
80 Maheno, N.Z. 45 8S 170 50E
80 Mahia, Pen., N.Z. 39 12S 177 53E
27 Mahón, Bal., Esp., 39 50N 4 18E
72 Mai-ndombe, L., Zaire 2 0S 18 30E
60 Maidan-i-Naftan, Irán 32 0N 49 27E
37 Maidstone, Ing., R. Unido 51 15N 0 32W
71 Maiduguri, Nigeria 12 0N 13 5E
63 Maijdi, Bangladesh 22 45N 91 25E
63 Maikala, Sa., India 21 50N 81 0E
28 Maillo, *véase* El Maillo
62 Maimana, Afganistán 35 55N 64 35E
45 Main, R., Alemania 49 50N 9 30E
43 Maine-et-Loire, Dept., Francia 47 17N 0 23W
87 Maine, Estado, U.S.A. 45 0N 68 30W
42 Maine, Prov., Francia 48 10N 0 0
37 Mainland,I., Shetland, R. Unido 60 15N 1 20W
37 Mainland, I., Orcadas, R. Unido 59 0N 3 0W
42 Maintenon, Francia 48 35N 1 38E
73 Maintirano, Madagascar 18 3S 44 5E
46 Mainz (Maguncia), 50 0N 8 13E
95 Maipo, Vol., Chile 34 0S 70 0W
32 Mairena del Alcoz, And., Esp. 37 22N 5 45W
32 Mairena del Aljarafe, And., Esp. 37 21N 64 W
79 Maitland, Australia 32 49S 151 38E
65 Maizuru, Japón 35 25N 135 25E
32 Majaceite, R., And., Esp. 36 40N 5 40W
66 Majene, Indonesia 3 92S 119 4E
60 Majma'a, Arabia Saudí 25 52N 45 28E
73 Majunga, Madagascar 15 40S 46 25E
70 Maka-Koulibentane, Senegal 13 40N 14 13W
71 Makari, Nigeria 12 35N 14 28E
29 Majadahonda, Madrid, Esp. 40 28N 3 52W
73 Majarikari Salt Pan, Botswana 20 45S 26 20E
66 Makasar, Mar de, Indonesia 3 0S 117 0E
66 Makasar, *véase* Ujung Pandang 5 10S 119 20E
51 Makat, U.R.S.S. 47 40N 53 25E
70 Makeni, Sierra Leona 8 56N 12 5W
51 Makeyevka, U.R.S.S. 48 0N 38 0E
51 Makhachkala, U.R.S.S. 42 58N 47 40E
64 Makhai, China 38 30N 93 40E
47 Mako, Hungría 46 16N 20 27E
72 Makokou, Gabón 0 35N 12 55E
59 Makorovo, U.R.S.S. 57 30N 107 40E
62 Makrai, India 22 2N 77 0E
62 Makran Central, Sa., Pakistán 26 30N 64 0E
61 Makran, Dist., Irán 26 0N 60 30E
62 Makran, Sa. Costera, Pakistán 25 30N 64 0E
58 Maksimoyarskoye, U.R.S.S. 58 50N 87 5E
66 Malaca, Est. de, Malaysia 4 0N 100 0E
53 Malaca, Pen., Asia del Sureste 4 30N 102 0E
14 Maladeta, Mte., Pirineos, Esp. 42 40N 0 30E
14 Málaga, Ensenada, And., Esp. 36 40N 4 15W
33 Málaga y Prov., And., Esp. 36 43N 4 23W
30 Malagón, Cast.-La M., Esp. 39 11N 3 52W
32 Malagón, R., And., Esp. 37 40N 7 20W
71 Malakal, Sudán 9 37N 31 45E
62 Malakand, Pakistán 34 30N 72 0E
66 Malaku (Moluccas), Is., Indonesia 2 0S 127 30E
59 Malamyzh, U.R.S.S. 50 0N 136 50E
66 Malang, Indonesia 8 0S 112 34E
72 Malanga, Angola 9 30S 16 17E
49 Mälaren, L., Suecia 59 30N 16 50E
51 Malatya, Turquía 38 37N 38 35E
72 Malawi, África Oriental 12 30S 33 40E
73 Malawi, L., *véase* Nyasa L.
66 Malaysia Occ., Estado, Asia del Sureste 4 0N 103 0E
51 Malazgirt, Turquía 39 13N 42 30E
47 Malbork, Polonia 54 3N 19 10E
78 Malcolm, Australia 28 58S 121 30E
44 Maldegem, Bélgica 51 12N 3 27E
59 Maldivas, Is., Océano Índico 5 0N 73 0E
62 Malegaon, India 25 30N 74 25E
48 Malgomaj, L., Suecia 64 45N 16 5E
27 Malgrat de Mar, Cat., Esp. 41 39N 2 46E
27 Malgrat, I., Bal., Esp. 39 28N 2 28E
71 Malha, Sudán 15 8N 25 10E
14 Malhao, Sa. Do., Mtes., Portugal 37 25N 8 0W
86 Malheur, L., U.S.A. 43 20N 118 50W
70 Mali, África del Oeste 18 0N 1 0W
63 Mali, R., Birmania 26 30N 97 50E
37 Malin, Hd., Irlanda 55 23N 7 22W
37 Mallaig, Escocia, R. Unido 57 0N 5 48W
71 Mallawi, Egipto 27 44N 30 44E
26 Mallen, Arag., Esp. 41 52N 1 24W
27 Mallorca, I., Bal., Esp. 39 30N 3 0E
37 Mallow, Irlanda 52 9N 8 38W
48 Malmberget, Suecia 67 13N 20 32E
44 Malmédy, Bélgica 50 26N 6 2E
49 Malmö, Suecia 55 38N 12 57E
49 Malmöhus, Co., Suecia 55 45N 13 15E
50 Malozemelsk Tundra, U.R.S.S. 67 0N 50 0E
34 Malpartida de Cáceres, Extr., Esp. 39 26N 6 30W
34 Malpartida de Plasencia, Extr., Esp. 39 58N 6 5W
34 Malpaso, Mte., Canar., Esp. 27 40N 18 5W
24 Malpica, Gal., Esp. 43 19N 8 50W
40 Malta, I., Mar Mediterráneo 35 54N 14 28E
62 Malvan, India 16 0N 73 30E
59 Maly, I., U.R.S.S. 74 20N 140 30E
72 Mambilima, Catar., Zambia 10 45S 28 45E
42 Mamers, Francia 48 20N 0 20E
70 Mamfe, Camerún 5 59N 9 40E
94 Mamore, R., Bolivia 16 30S 63 20W
70 Mamuor, Guinea 10 15N 12 0W
63 Man-Na, Birmania 23 25N 97 20E
70 Man, Costa de Marfil 7 30N 7 40W
37 Man, I., Islas Birtánicas 54 10N 4 35W
27 Manacor, Bal., Esp. 38 32N 3 12E
66 Manado, Indonesia 1 35N 124 50E
90 Managua, Nicaragua 12 0N 86 20W
73 Manakara, Madagascar 22 5S 48 5E
60 Manakha, Yemen 15 2N 43 50E
73 Mananjary, Madagascar 21 10S 48 28E
73 Manantenina, Madagascar 24 6S 47 20E
80 Manapouri, N.Z. 45 30S 167 33E
63 Manasarowar, L., China 30 40N 81 20E
94 Manaus, Brasil 3 0S 60 10W
33 Mancha Real, And., Esp. 37 48N 3 39W
37 Mancha, Canal, 50 10N 0 0W
30 Mancha, *véase* La Mancha
43 Manche, Depart., Francia 48 57N 1 20W
37 Manchester, Ingl., R. Unido 53 28N 2 15W
89 Manchester, U.S.A. 43 0N 71 22W
53 Manchuria, Llanura de, China 45 0N 125 0E
65 Manchuria, Reg., China 44 30N 126 0E
76 Manda, Tanzania 10 37S 34 52E
73 Mandabe, Madagascar 21 0S 44 45E
49 Mandal, Noruega 58 0N 7 22E
63 Mandalay, Birmania 22 0N 96 12E
41 Mandalya, G., Turquía 37 15N 27 15E
66 Mandar, G., Indonesia 3 30S 119 30E
62 Mandi, India 31 40N 76 55E
63 Mandla, India 22 45N 80 26E
62 Mandya, India 12 30N 76 50E
60 Manfalut, Egipto 27 20N 31 0E
40 Manfredonia, G. de, Italia 41 39N 15 54E
47 Mangalia, Rumania 43 50N 28 47E
62 Mangalore, India 12 58N 75 0E
80 Mangaria, N.Z. 21 55S 157 55W
28 Manganeses de la Lampreana, Cast.-León, Esp. 41 45N 5 43W
80 Mangaweka, N.Z. 39 47S 175 43E
66 Manggar, Indonesia 3 0S 108 15E
63 Mangin, Sa., Birmania 24 15N 95 45E
64 Mangnai, China 37 52N 91 43E
73 Mangoche, Malawi 14 25S 35 16E
66 Mangole, I., Indonesia 1 45S 126 0E
36 Mangualde, Port. 40 38N 7 48W
58 Mangyshlak, Pen., U.R.S.S. 43 40N 52 30E
87 Manhattan, U.S.A. 39 20N 96 40W
63 Mani, Tíbet, China 34 45N 87 10E
85 Manicouagan, R., Canadá 50 25N 68 32W
70 Manila, Bahía de, Filipinas 14 20N 120 30E
70 Manila, Filipinas 14 30N 121 12E
32 Manilva, And., Esp. 36 23N 5 15W
63 Manipur, Estado, India 24 44N 94 0E
41 Manisa, Turquía 38 38N 27 24E
31 Manises, Com. Val., Esp. 39 28N 0 25W
88 Manistee, U.S.A. 44 19N 86 15W
88 Manistique, Mich., U.S.A. 45 59N 86 18W
84 Manitoba, L., y Prov., Canadá 51 0N 98 55W
88 Manitoulin, I., Ont., Can. 45 50N 82 30W
87 Manitowoc, U.S.A. 44 10N 87 42W
94 Manizales, Colombia 5 30N 75 56W
87 Maakato, U.S.A. 44 10N 94 0W
70 Mankono, Costa de Marfil 8 10N 6 10W
73 Mankoya, Zambia 14 58S 24 57E
27 Manlleu, Cat., Esp. 42 2N 2 17E
77 Manly, Australia 33 48S 151 20E
72 Mannar y G., Sri Lanka 9 0N 79 49E
46 Mannheim, Alemania 49 32N 8 32E
73 Manombo, Madagascar 22 55S 43 30E
72 Manono, Zaire 7 19S 27 23E
43 Manosque, Francia 43 50N 5 45E
27 Manresa, Cat., Esp. 41 43N 1 50E
72 Mansa, Zambia 11 7S 28 45E
85 Mansel, I., Canadá 62 10N 80 0W
37 Mansfield, Ingl., R. Unido 53 9N 1 12W
88 Manfield, U.S.A. 40 45N 82 38W
28 Mansilla de las Mulas, Cast.-León, Esp. 42 30N 5 25W
29 Mansilla, Emb., La Rioja, Esp. 42 10N 2 50W
94 Manta, Ecuador 1 0S 80 40W
42 Mantes, Francia 49 0N 1 45E
62 Manthani, India 18 40N 79 35E
94 Mantiqueira, Sa. Da, Mtes., Brasil 22 0S 44 30W
40 Mantova (Mantua), Italia 45 8N 10 47E
48 Mantta, Finlandia 61 59N 24 32E
40 Mantua, *véase* Mantova
80 Manukau, N.Z. 37 0S 174 40E
72 Manyara, L., Tanzania 3 40S 35 50E
51 Manych-Gudila, L., U.R.S.S. 46 17N 42 55E
72 Manyoni, Tanzania 5 55S 35 0E
62 Manzai, Pakistán 32 25N 70 12E
28 Manzanal, Pto., Montes de León, Esp. 42 35N 6 15W
30 Manzanares, Cast.-La M., Esp. 39 0N 3 22W
26 Manzanera, Arag., Esp. 40 6N 0 50W
91 Manzanillo, Cuba 20 25N 77 10W
90 Manzanillo, México 19 12N 104 12W
24 Mañón, Gal., Esp. 43 38N 7 42W
71 Mao, Chad 14 45N 15 50E
24 Mao, Emb., Gal., Esp. 42 20N 7 30W
64 Maoming, China 21 50N 110 54E
73 Maputo, Mozambique 25 59S 32 42E
60 Maqna, Arabia Saudí 28 30N 35 0E
30 Maqueda, Cast.-La M., Esp. 40 6N 4 23W
72 Maquela do Zombo, Angola 6 2S 15 22E
95 Maquinchao, Argentina 41 0S 68 30W
55 Mar Arábigo, Océano Índico 17 0N 65 0E
95 Mar Chiquita, Argentina 30 30S 62 40W
58 Mar de Aral, Asia Central 45 0N 59 0E
84 Mar de China Meridional 10 0N 112 0E
65 Mar de China Oriental, Asia 29 30N 125 0E
37 Mar de Irlanda, Islas Británicas 53 40N 4 0W
59 Mar de Siberia Oriental, U.R.S.S. 73 0N 160 0E
09 Mar del Norte, Europa 56 0N 3 0E
95 Mar del Plata, Argentina 38 0S 57 39W
35 Mar Menor, Mur., Esp. 37 40N 0 45W
61 Mar Muerto, Jordania-Israel 31 30N 35 25E
68 Mar Rojo, Arabia-África 20 0N 39 0E
95 Mar, Sa. do, Mtes., Brasil 23 0S 45 0W
26 Mara, Arag., Esp. 41 18N 1 31W
97 Marañón, R., Perú 4 40S 75 30W
94 Maraca, I., Brasil 2 10N 50 20W
94 Maracaby, Catar., Brasil 0 10S 66 50W
94 Maracaibo y L., Venezuela 10 37N 71 40W
94 Maracay, Venezuela 10 15N 67 35W
33 Maracena, And., Esp. 37 12N 3 38W
28 Maragatería, Cca., Cast.-León, Esp. 42 20N 6 15W
51 Maragheh, Irán 37 25N 46 10E
94 Marajó, I., Brasil 1 0S 49 30W
72 Maralal, Kenia 1 0N 36 38E
78 Maralinga, Australia 30 15S 131 30E
30 Maranchón, Cast.-La M., Esp. 41 6N 2 15W
73 Marandellas, Zimbabwe 18 5S 31 35E
94 Maranhão, Estado, Brasil 5 0S 44 30W
79 Maranoa, R., Australia 27 40S 148 0E
73 Maraoantsetra, Madagascar 15 28S 49 40E
51 Maraş, Turquía 37 50N 36 58E
36 Marateca, Port. 38 34N 8 40W
41 Marathon, Grecia 38 10N 23 55E
27 Maratxí, Bal., Esp. 39 37N 2 45E
32 Marbella, And., Esp. 36 30N 4 57W
78 Marble Bar, Australia 21 5S 119 43E
37 March, Ing., R. Unido 52 32N 0 6E
30 Marchamalo, Cas.-La M., Esp. 40 42N 3 12W
44 Marche, Bélgica 50 14N 5 21E
43 Marche, Prov., Francia 46 10N 1 40E
40 Marche, Prov., Italia 43 20N 13 20E
32 Marchena, And., Esp. 37 23N 5 27W
44 Marchin, Bélgica 50 26N 5 12E
62 Mardan, Pakistán 34 20N 72 0E
51 Mardin, Turquía 37 20N 41 0E
79 Mareeba, Australia 17 0S 145 27E
43 Marennes, Francia 45 50N 1 5W
94 Margarita, I., Venezuela 11 0N 64 0W
90 Margarita, Canal de Panamá

37 Margate, Ing., R. Unido 51 23N 1 25E
50 Mari, R.A.S.S., U.R.S.S. 56 30N 48 0E
24 Mariña, *véase* La Mariña
24 Mariñas, Las, Cca., Gal., Esp. 43 15N 8 30W
31 María Cristina, Emb., Com. Val., Esp. 40 0N 0 12W
80 María Van Diemen, C., N.Z. 34 29S 172 36E
33 María, y Sa., And., Esp. 37 42N 2 9W
05 Marianas, Is., Océano Pacífico 18 0N 146 0E
86 Marias, R., U.S.A. 48 30N 111 30W
40 Maribor, Yugoslavia 46 15N 15 40E
85 Maricourt, Canadá 61 30N 72 0W
90 Marie Galante, I., Antillas 16 0N 61 15W
44 Mariembourg, Bélgica 50 6N 4 31E
49 Mariestad, Suecia 58 43N 13 50E
88 Marietta, U.S.A. 39 28N 81 28W
58 Mariinsk, U.R.S.S. 56 10N 87 20E
94 Marilia, Brasil 22 0S 50 0W
24 Marín, Gal., Esp. 42 23N 8 42W
31 Marina, *véase* La Marina
19 Marines, Com. Val., Esp. 39 44N 0 32W
88 Marinette, U.S.A. 45 3N 87 38W
36 Marinha Grande, Port. 39 45N 8 56W
31 Mariola, Sa., Com. Val., Esp. 38 45N 0 35W
88 Marion, Ind., U.S.A. 40 35N 85 37W
88 Marion, Ohio, U.S.A.
40 33N 83 13W
32 Marismas, *véase* Las Marismas
41 Mariça, R., Bulgaria 42 10N 24 20E
44 Marken, Países Bajos 52 27N 5 6E
96 Markhan, Mte., Antártida 82 0S 160 0E
71 Markounda, Rep. Centroaf. 7 31N 17 10E
50 Marks, U.R.S.S. 51 43N 46 45E
80 Marlborough, Dist., N.Z. 41 46S 173 30E
44 Marle, Francia 49 43N 3 47E
62 Marmagao, India 15 25S 73 45E
43 Marmande, Francia 44 30N 0 10E
41 Mármara, Mar de, Turquía 40 40N 28 0E
40 Marmolada, Mte., Italia 46 20N 11 55E
33 Marmolejo, And., Esp. 38 3N 4 13W
43 Marne, Dept., Francia 49 12N 4 5E
42 Marne, R., Francia 48 30N 5 0E
94 Maroni, R., Sudamérica 50N 54 0W
71 Maroua, Camerún 10 50N 14 5E
73 Marovoay, Madagascar 16 20N 46 35E
36 Marqueira, Port. 38 40N 9 10W
88 Marquette, U.S.A. 46 30N 87 27W
25 Marquina-Jemein, P. Vasco, Esp. 43 18N 2 30W
70 Marrakech, Marruecos 31 32N 8 0W
79 Marree, Australia 29 35S 137 55E
73 Marromeu, Mozambique 18 8S 35 45E
32 Marroquí, Pta., And., Esp. 36 0N 5 37W
70 Marruecos, África del Norte 32 0N 5 0W
73 Marrupa, Mozambique 13 5S 37 40E
30 Marrupe, Cast.-La M., Esp. 40 8N 4 45W
71 Marsa Brega, Libia 30 30N 19 45E
72 Marsa Fatma, Etiopía 14 50N 40 15E
71 Marsa Susa, Libia 32 45N 21 48E
72 Marsabit, Kenia 2 10N 38 0E
40 Marsala, Italia 37 48N 12 25E
40 Marsaselokk, Malta 35 50N 14 32E
43 Marseille (Marsella), Francia 43 21N 5 22E
87 Marsh, I., U.S.A. 29 40N 91 50W
04 Marshall, Is., Océano Pacífico 9 30N 167 0E
70 Marshall, Liberia 6 8N 10 22W
87 Marshall, Mo., U.S.A. 39 11N 93 16W
87 Marshalltown, U.S.A. 42 5N 93 0W
88 Marshfield, U.S.A. 44 47N 90 10W
49 Marstrand, Suecia 57 53N 11 35E
63 Martaban y G., Birmania 16 42N 97 45E
71 Marte, Nigeria 12 23N 13 46S
44 Martelange, Bélgica 49 50N 5 44E
31 Martés, Sa., Com. Val., Esp. 39 20N 1 0W
89 Martha's Vineyard, I., U.S.A. 41 27N 70 43W
45 Martigny, Suiza 46 7N 7 5E
28 Martínez, Cast.-León, Esp. 40 37N 5 20W
91 Martinique, I., Fr., Antillas 14 40N 61 0W
80 Marton, N.Z. 40 5S 175 14E
27 Martorell, Cat., Esp. 41 28N 1 56E
33 Martos, And., Esp. 37 44N 3 58W
62 Marwar, India 25 40N 73 30E
79 Mary Kathleen, Australia 20 40S 139 55E
58 Mary, U.R.S.S. 37 40N 61 43E
79 Maryborough, Queensland, Australia 25 32S 152 30E
79 Maryborough, Victoria, Australia 37 0S 143 48E
87 Maryland, Estado, U.S.A. 39 30N 77 0W
71 Marzuq, Libia 25 50N 13 50E
27 Mas de Barberáns, Cat., Esp. 40 14N 0 22E
26 Mas de las Matas, Arag., Esp. 40 47N 0 15W
61 Masada, Israel 31 20N 35 19E
72 Masaka, Uganda 0 20S 31 48E
31 Masamagrell, Com. Val., Esp. 39 34N 0 20W
72 Masasi, Tanzania 11 0S 39 0E
66 Masbate, I., Filipinas 12 15N 123 30E
70 Mascara, Argelia 35 28N 0 2E
30 Masegoso, Cast.-La M., Esp. 38 13N 2 17W
73 Maseru, Lesotho 29 35S 27 20E
61 Mashhad, Irán 36 15N 59 30E
65 Mashike, Japón 43 48N 141 20E
62 Mashkel, R., Irán 27 7N 63 0E
62 Mashki Chad, Pakistán 29 0N 62 25E
72 Masi Manimba, Zaire 4 40S 18 5E
24 Maside, Gal., Esp. 42 25N 8 2W
87 Masillon, U.S.A. 40 52N 81 28W
72 Masindi, Uganda 1 40N 31 40E
61 Masira, G., Oman 20 0N 58 0E
37 Mask, L., Irlanda 53 36N 9 20W
24 Masma, R., Gal., Esp. 43 28N 7 20W
27 Masnou, Cat., Esp. 41 28N 2 30E
87 Mason City, U.S.A. 43 11N 93 17W
33 Maspalomas, y Pta., Canar., Esp. 27 40N 15 35W
40 Massa, Italia 44 1N 10 12E
89 Massachusetts, Estado, U.S.A. 42 20N 72 0W
71 Massaguet, Chad 12 28N 15 26E
27 Massanet de Cabrenys, Cat., Esp. 42 21N 2 43E
71 Massenya, Chad 11 45N 16 25E
73 Massinga, Mozambique 23 15S 35 22E
80 Masterton, N.Z. 40 51S 175 41E
62 Mastuj, Pakistán 36 20N 72 35E
63 Mastung, Pakistán 29 50N 66 42E
65 Masuda, Japón 34 48N 131 58E
28 Masueco, Cast.-León, Esp. 41 13N 6 38W
55 Masulipatnam, India 16 12N 81 12E
94 Mata da Corda, Sa. da, Mtes., Brasil 17 30S 45 30W
34 Matachel, R., Extr., Esp. 38 51N 6 16W
72 Matadi, Zaire 5 55S 13 13E
90 Matagalpa, Nicaragua 13 5N 85 36W
85 Matagami, L., Canadá 49 50N 77 35W
28 Matalavilla, Emb., Cast.-León, Esp. 42 50N 6 30W
62 Matale, Sri Lanka 7 37N 80 40E
28 Matallana, Cast.-León, Esp. 42 27N 6 1W
70 Matam, Senegal 15 34N 13 17W
90 Matamoros, México 25 50N 97 27W
85 Matane, Canadá 48 48N 67 37W
91 Matanzas, Cuba 23 0N 80 40W
62 Matara, Sri Lanka 5 58N 80 30E
66 Mataram, Indonesia 8 35S 116 18E
27 Mataró, Cat., Esp. 4 32N 2 29E
26 Matarraña, R., Arag., Esp. 41 15N 0 10E
90 Matchuala, México 23 50N 100 39W
40 Matera, Italia 40 40N 16 38E
62 Mathura, India 27 39N 77 48E
28 Matilla, *véase* La Matilla
94 Mato Grosso, Meseta y Estado, Brasil 15 0S 56 0W
68 Matopo, Sudáfrica 20 0S 30 0E
35 Matorral, Punta, Canar., Esp. 28 4N 14 20W
36 Matozinhos, Portugal 41 15N 8 24W
61 Matrah, Oman 23 31N 58 27E
65 Matsue, Japón 35 28N 133 5E
65 Matsumoto, Japón 36 8N 138 0E
65 Matsuyama, Japón 33 56N 132 56E
87 Mattagami, R., Canadá 49 40N 81 40W
62 Mattancheri, India 9 50N 76 15E
45 Matterhorn (Cervino), Mte., Suiza 45 58N 7 30E
88 Mattoon, U.S.A. 39 28N 88 27W
62 Matun, Afganistán 33 22N 69 55E
91 Maturín, Venezuela 9 42N 63 18W
58 Matylka, U.R.S.S. 63 55N 82 0E
43 Maubeuge, Francia 50 18N 3 58E
63 Mauganj, India 24 50N 81 55E
80 Mauke, N.Z. 20 9S 157 20W
86 Maui, Is., Hawai 21 0N 156 30W
73 Maun, Botswana 20 0S 23 30E
63 Maunmagan, Is., Birmania 14 10N 97 45E
43 Maures, Mtes., Francia 43 20N 6 30E
69 Mauricio, I., Océano Índico 20 20S 57 10E
70 Mauritania, África 20 0N 10 0W
60 Maushij, Yemen 3 44N 43 17E
95 Mawson, Antártida 67 0S 62 0E
89 May, C., U.S.A. 38 58N 75 0W
90 May, Pen., Jamaica 17 55N 77 12W
25 Maya del Baztán, Nav., Esp. 43 12N 1 29W
57 Maya, R., U.R.S.S. 58 20N 135 0E
28 Maya, *véase* La Maya
91 Mayaguana, I., Bahamas 22 12N 73 0W
91 Mayagüez, Puerto Rico 18 10N 67 0W
27 Mayals, Cat., Esp. 41 22N 0 30E
43 Mayenne, Dept., Francia 48 17N 0 40W
51 Maykop, U.R.S.S. 44 38N 40 11E
35 Mayor, I., Mur., Esp. 37 40N 0 48W
28 Mayorga, Cast.-León, Esp. 42 10N 5 16W
88 Maysville, Ky., U.S.A. 38 40N 83 45W
63 Mayum La, Paso, Tíbet, China 30 20N 82 20E
73 Mazabuka, Zambia 15 50S 27 45E
43 Mazamet, Francia 43 30N 2 20E
61 Mazar-i-Sharif, Afganistán 36 50N 67 0E
24 Mazaricos, Gal., Esp. 42 57N 8 59W
28 Mazariegos, Cast.-León, Esp. 42 3N 4 40W
14 Mazarrón, G., Mur., Esp. 37 27N 1 19W
35 Mazarrón, Pto. de, Mr., Esp. 37 38N 1 19W
94 Mazaruni, R., Guyana 6 0N 60 0W
90 Mazatlán, México 23 20N 106 20W
47 Mazuria, Lagos de, Polonia 53 45N 21 40E
73 Mbabane, Swazilandia 26 30S 31 30E
72 Mbaiki, África Central 4 0N 18 0E
72 Mbala, Zambia 8 49S 31 20E
72 Mbale, Uganda 1 10N 34 0E
72 Mbalmayo, Camerún 3 33N 11 33E
72 Mbandaka, Zaire 0 3S 18 20E
72 Mbanza Ngungu, Zaire 5 12S 14 53E
72 Mbuji-Mayi, Zaire 6 10S 23 29E
87 Mcalester, U.S.A. 34 58N 95 50W
82 Mcclure, Est., Canadá 4 20N 120 0W
87 Mccomb, U.S.A. 31 30N 90 27W
88 Mckeestport, U.S.A. 40 22N 79 41W
84 Mclennan, Canadá 55 50N 117 0W
96 Mcmurdo, Antártida 78 0S 166 0E
84 Mcmurray, Canadá 56 35N 111 30W
86 Mcpherson, U.S.A. 38 25N 97 45W
40 Mdina, Malta 35 54N 14 22E
61 Me'Ona, Israel 33 0N 35 15E
86 Mead, L., U.S.A. 36 10N 114 20W
88 Meadville, U.S.A. 41 39N 80 7W
36 Mealhada, Port. 40 22N 8 27W
24 Meaño, Gal., Esp. 42 26N 8 47W
42 Meaux, Francia 48 59N 2 52E
60 Meca, La, Arabia Saudí 21 20N 40 13E
44 Mechelen (Malinas), Bélgica 51 2N 4 29E
70 Mecheria, Argelia 33 35N 0 15W
33 Mecina-Bombarón, And., Esp. 36 58N 3 10W
36 Meda, Port. 40 57N 7 18W
66 Medan, Indonesia 3 45N 98 45E
70 Medea, Argelia 36 12N 2 50E
34 Medellín, Extr., Esp. 38 58N 5 57W
94 Medellín, Colombia 6 10N 75 40W
70 Medenine, Tunicia 33 15N 10 35E
70 Mederdra, Mauritania 17 0N 15 35W
86 Medford, U.S.A. 42 25N 123 0W
26 Median, Emb., Arag., Esp. 42 18N 0 12E
47 Medias, Rumania 46 5N 24 21E
86 Medicine Front, Sa., U.S.A. 41 0N 105 40W
84 Medicine Hat, Canadá 50 0N 110 30W
29 Medina de Pomar, Cast.-León, Esp. 42 54N 3 29W
28 Medina de Rioseco, Cast.-León, Esp. 41 53N 5 3W
28 Medina del Campo, Cast.-León, Esp. 41 18N 4 55W
32 Medina Sidonia, And., Esp. 36 28N 5 57W
60 Medina, Arabia Saudí 24 20N 39 55E
29 Medinaceli, Cast.-León, Esp. 41 12N 2 30W
60 Medinat As-Shaab, Yemen del Sur 13 0N 44 45E
25 Medio Cudeyo, Cant., Esp. 43 23N 3 44W
05 Mediterráneo, Mar 36 0N 15 0E
43 Médoc, Dist., Francia 45 15N 1 0W
51 Medveditsa, R., U.R.S.S. 50 20N 44 0E
59 Medvezhi, Is., U.R.S.S. 71 0N 161 0E
50 Medvezhyerovsk, U.R.S.S. 63 0N 34 40E
78 Meekatharra, Australia 26 30S 118 27E
62 Meerut, India 29 0N 77 45E
72 Mega, Etiopía 3 57N 38 30E
89 Megantic, Canadá 45 30N 70 42W
40 Megara, Grecia 38 0N 23 30E
63 Meghalaya, Estado, India 25 30N 91 0E
61 Megiddo, Israel 32 37N 35 9E
41 Mehadia, Rumania 44 55N 22 22E
60 Meheisa, Sudán 19 37N 33 0E
62 Mehsana, India 23 29N 72 26E
42 Méhun, Francia 47 15N 2 12E
64 Mei Xian, China 24 16N 116 6E
63 Meiktila, Birmania 20 56N 95 58E
24 Meira, Gal., Esp. 43 20N 7 18W
24 Meira, Sa., Gal., Esp. 43 15N 7 10W
45 Meiringen, Suiza 46 45N 8 10E
24 Meis, Gal., Esp. 42 29N 8 44W
46 Meissen, Alemania 51 11N 13 23E
64 Meitan, China 30 42N 108 20E
72 Meiyganga, Camerún 6 20N 14 10E
95 Mejillones, Chile 23 15S 70 32W
72 Mekambo, Gabón 1 5N 13 50E
71 Mekele, Etiopía 13 30N 39 20E
62 Mekhtah, Pakistán 30 30N 69 15E
70 Meknes (Mequínez), Marruecos 34 0N 5 25W
53 Mekong, R., Asia del Sureste 16 30N 104 50E
62 Melagiri, Colinas de, India 12 25N 77 30E
66 Melaka, Malaysia 2 20N 102 12E
79 Melbourne, Australia 37 45S 144 50E
50 Melekess, U.R.S.S. 54 20N 49 30E
71 Melfi, Chad 11 0N 17 59E
84 Melfort, Canadá 53 0N 104 56W
36 Melgaço, Port. 42 7N 8 15W
28 Melgar de Fernamental, Cast.-León, Esp. 42 27N 4 15W
70 Melilla, España 35 17N 2 55W
51 Melitopol, U.R.S.S. 46 53N 35 20E
46 Melk, Austria 48 15N 15 20E
48 Mellansel, Suecia 63 26N 18 12E
49 Mellerud, Suecia 58 40N 12 28E
24 Mellid, Gal., Esp. 42 55N 8 0W
95 Melo, Uruguay 32 15S 54 0W
24 Melón, Gal., Esp. 42 15N 8 15W
48 Melstaur, Islandia 65 20N 20 55W
42 Melun, Francia 48 35N 2 40E
60 Melut, Sudán 10 30N 32 20E
79 Melville, B., Australia 12 5S 136 45E
79 Melville, C., Australia 14 20S 144 50E
78 Melville, I., Australia 11 30S 131 0E
85 Melville, L., Canadá 53 40N 59 0W
85 Melville, Pen., Canadá 67 40N 84 0W
30 Membrilla, Cast.-La M., Esp. 38 58N 3 21W
25 Membrío, Nav., Esp. 39 31N 7 5W
46 Memmingen, Alemania 47 59N 10 12E
87 Memphis, U.S.A. 35 10N 89 49W
70 Menaka, Mali 16 0N 2 10E
66 Menam, R., Tailandia 15 0N 100 30E
30 Menasalbas, Cast.-La M., Esp. 39 38N 4 18W
88 Menasha, U.S.A. 44 18N 88 28W
25 Mendavia, Nav., Esp. 42 30N 2 12W
25 Mendaza, Nav., Esp. 42 40N 2 13W
43 Mende, Francia 44 33N 3 30E
86 Mendocino, C., U.S.A. 40 25 124 25W
63 Mendong Gomba, Tíbet, China 31 0N 85 15E
95 Mendoza, Argentina 32 45S 68 39W
41 Menemen, Turquía 38 18N 27 10E
40 Menfi, Italia 37 35N 12 55E
66 Menggala, Indonesia 4 25S 105 26E
33 Mengíbar, And., Esp. 37 58N 3 48W
65 Mengtsz, China 23 22N 103 45E
64 Mengzí, China 23 20N 103 22E
44 Menin, Bélgica 50 48N 3 8E
79 Menindee, Australia 32 22S 142 22E
88 Menominee, R., U.S.A. 45 50N 88 12W
88 Menominee, U.S.A. 45 15N 87 37W
73 Menongue, Angola 14 45S 17 59E
27 Menorca, I., Baleares, España 40 0N 4 0E
66 Mentawai, Is., Indonesia 2 30S 99 30E
38 Menton, Francia 43 50N 7 30E
30 Méntrida, Cast.-La M., Esp. 40 15N 4 12W
71 Menzel Temime, Tunicia 36 50N 11 0E
78 Menzies, Australia 29 42S 121 2E
44 Meppel, Países Bajos 52 42N 6 12E
26 Mequinenza, y Emb., Arag., Esp. 41 22N 0 17E
41 Merabellou, B., Grecia 35 15N 25 50E
40 Merano, Italia 46 39N 11 12E
24 Merca, Gal., Esp. 42 13N 7 54W
27 Mercadal, Bal., Esp. 39 58N 4 10E
62 Mercara, India 12 40N 75 40E
86 Merced, U.S.A. 37 16N 120 26W
95 Mercedes, Argentina 29 15S 58 10W
95 Mercedes, Argentina 33 5S 65 21W
95 Mercedes, Uruguay 33 58S 58 5W
80 Mercer, Nueva Zelanda 37 15S 175 5E
85 Mercy, C., Canadá 65 0N 62 30W
71 Mereke, África Central 7 35N 23 0E
66 Mergui, Birmania 12 30N 98 40E
34 Mérida, Extr., Esp. 38 55N 6 25W
90 Mérida, México 20 55N 89 40W
94 Mérida, Venezuela 8 30N 71 2W
89 Meriden, U.S.A. 41 28N 72 54W
29 Merindad de Montija, Cast.-León, Esp. 43 3N 3 30W
28 Merindad de Río Ubierna, Cast.-León, Esp. 42 26N 3 41W
44 Merksem, Bélgica 51 17N 4 25E
71 Merowe, Sudán 18 57N 32 15E
78 Merredin, Australia 31 29S 118 23E
88 Merrill, U.S.A. 45 16N 89 40W
44 Mersch, Luxemburgo 49 44N 6 7E
46 Merseburg, Alemania 51 22N 12 0E
51 Mersin, Turquía 36 52N 34 29E
66 Mersing, Malaysia 2 30N 103 50E
37 Merthur Tydfil, Gales, R. Unido 51 45N 3 22W
36 Mertola, Port. 37 40N 7 40W
72 Meru, Kenia 0 2N 37 35E
44 Merzig, Alemania 49 27N 6 39E
86 Mesa, U.S.A. 33 25N 111 50W
30 Mesas, véase Las Mesas
59 Meseta Central Siberiana, U.R.S.S. 65 0N 105 0E
86 Meseta del Borde del Missouri, U.S.A. 47 0N 100 0W
87 Meseta de las Praderas, U.S.A. 45 0N 93 30W
82 Meseta Mexicana, México 23 0N 104 0W
72 Mesewa, Etiopía 15 35N 39 25E
71 Meshra El Req, Sudán 8 25N 29 18E
24 Mesía, Gal., Esp. 43 7N 8 13W
45 Mesocco, Suiza 46 24N 9 14E
41 Mesolongion, Grecia 38 25N 21 25E
60 Mesopotamia, Reg., Asia del Suroeste 32 30N 45 0E
73 Messina, Sudáfrica 22 18S 29 50E
40 Messina, y Est., Italia 38 13N 15 33E
41 Messini, Grecia 37 0N 22 0E
41 Mesta, R., Grecia 41 10N 25 0E
94 Meta, R., Colombia 5 50N 70 0W
80 Methven, N.Z. 43 37S 171 40E
73 Metil, Mozambique 16 24S 39 0E
62 Mettur Dam, India 11 45N 77 45E
61 Metulla, Israel 33 17N 35 34E
42 Metz, Francia 49 10N 6 10E
43 Meurthe-et-Moselle, Dept., Francia 48 53N 5 53E
43 Meuse, Dept., Francia 49 3N 5 53E
42 Meuse, R., Fr.-Bélgica 50 29N 5 5E
94 Mexiana, I., Brasil 0 0 049 30E
90 Mexicali, México 32 40N 115 30W
90 México, América Central 23 0N 102 0W
90 México, Ciudad, México 19 25N 99 5W
90 México, G. de, México 25 0N 89 0W
50 Mezen, R., U.R.S.S. 64 34N 16 30E
47 Mezökövesd, Hungría 47 44N 20 35E
47 Mezötur, Hungría 47 0N 20 45E
62 Mhow, India 22 25N 75 51E
64 Min Xian, China 34 25N 105 0E
29 Miñana, Sa., Cast.-León, Esp. 41 35N 2 10W
24 Miño, R., Gal., Esp. 42 20N 8 10W
34 Miajadas, Extr., Esp. 39 9N 5 54W
87 Miami, Flo., U.S.A. 25 55N 80 23W

73 Miandrizavo, Madagascar 19 40S 45 40E
51 Mianeh, Irán 37 27N 47 39E
62 Mianwali, Pakistán 32 33N 71 43E
64 Mianyang, China 30 22N 104 47E
73 Miarinarivo, Madagascar 18 50S 46 58E
58 Miass, U.R.S. 55 0N 60 0E
41 Micenas, Grecia 37 45N 22 45E
88 Michigan City, U.S.A. 41 40N 86 58W
88 Michigan, Estado, U.S.A. 45 0N 85 30W
88 Michigan, L., América del Norte 44 0N 87 0W
85 Michikamau, L., Canadá 54 0N 64 0W
87 Michipicoten, I., Canadá 47 45N 86 0W
50 Michurinsk, U.R.S.S. 53 0N 40 30E
44 Middleburg, Países Bajos 51 31N 3 37E
87 Middlesboro, U.S.A. 36 42N 83 40W
37 Middlesbroug, Ingl., R. Unido 54 34N 1 16W
90 Middlesex, Hond. Brit. 16 50N 88 40W
89 Middletown, N.Y., U.S.A. 41 29N 74 28W
88 Middletown, Ohio, U.S.A. 39 30N 84 7W
78 Midland Junc., Australia 31 40S 116 0E
88 Midland, Mich., U.S.A. 43 35N 84 15W
88 Midland, Ont., Can. 44 45N 79 50W
86 Midland, Texas, U.S.A. 32 0N 102 8W
63 Midnapore, India 22 18N 87 30E
65 Mie, Pref., Japón 34 20N 136 30E
47 Miedzyrzec, Polonia 52 0N 22 45E
24 Mieres, P. de Ast., Esp. 43 15N 5 46W
61 Migdal, Israel 32 50N 35 30E
30 Miguel Esteban, Cast.-La M., Esp. 39 32N 3 6W
30 Miguelturra, Cast.-La M., Esp. 38 58N 3 53W
28 Mijares, Cast.-León, Esp. 40 18N 4 50W
31 Mijares, R., Com. Val., Esp. 40 15N 0 50W
32 Mijas, And., Esp. 36 36N 4 40W
41 Mikinai (Micenas), Grecia 37 45N 22 45E
72 Mikindani, Tanzania 10 0S 40 0E
48 Mikkeli, Co., Finlandia 62 0N 28 0E
49 Mikkeli, Finlandia 61 43N 27 25E
41 Mikonos, I., Grecia 37 30N 25 24E
50 Mikun, U.R.S.S. 62 20N 50 0E
65 Mikura Shina, I., Japón 33 50N 139 30E
25 Milagro, Nav., Esp. 42 17N 1 47W
28 Milagros, Cast.-León, Esp. 41 38N 3 40W
40 Milán, *véase* Milano
40 Milano, Italia 45 28N 9 12E
60 Milas, Turquía 37 20N 27 50E
40 Milazzo, Italia 38 14N 15 14E
79 Mildura, Australia 34 13S 142 5E
86 Miles City, U.S.A. 46 30N 105 47W
79 Miles, Australia 26 35S 150 18E
37 Milford Haven, Gales, R. Unido 51 41N 5 9W
80 Milford, Ensenada, N.Z. 44 35S 167 50E
86 Milk, R., América del Norte 49 0N 107 0W
43 Millau, Francia 44 8N 3 10E
87 Milledgeville, U.S.A. 33 0N 83 20W
79 Millicent, Australia 37 50S 140 25E
87 Millinocket, U.S.A. 45 44N 68 31W
31 Milmarcos, Cast.-La M., Esp. 41 6N 1 53W
41 Milos, I., Grecia 36 40N 24 27E
80 Milton, Nueva Zelanda 46 8S 169 59E
88 Milwaukee, U.S.A. 43 5N 88 5W
65 Milyakonojo, Japón 31 30N 131 0E
65 Mimitsu, Japón 32 55N 131 30E
60 Mina al Ahmadi, Kuwait 29 0N 47 0E
61 Minab, Irán 27 7N 57 7E
95 Minas (Lavalleja), Uruguay 34 20S 54 48W
89 Minas Basin, Canadá 45 14N 64 20W
32 Minas de Riotinto, And., Esp. 37 42N 6 30W
94 Minas Gerais, Estado, Brasil 19 5S 45 0W
65 Minato, Japón 36 24N 140 38E
30 Minaya, Cast.-La M., Esp. 39 16N 2 18W
66 Mindanao, I., Filipinas 8 0N 125 0E
46 Minden, Alemania 52 18N 8 57E
87 Minden, U.S.A. 32 44N 93 19W
66 Mindoro, I., Filipinas 12 40N 121 0E
96 Mineral Wells, U.S.A. 32 50N 98 10W
51 Mingechaur, Embalse, U.R.S.S. 40 45N 46 30E
63 Mingin, Birmania 22 25N 94 30E
31 Minglanilla, Cast.-La M., Esp. 39 34N 1 30W
28 Mingorria, Cast.-León, Esp. 40 45N 4 40W
64 Minhe, China 35 50N 101 2E
36 Minho, R., Portugal 41 25N 8 20W
30 Ministra, Sa., Cast.-La M., Esp. 41 10N 2 40W
87 Minneapolis, U.S.A. 45 0N 93 30W
87 Minnesota, Estado, U.S.A. 46 0N 94 30W
86 Minot, U.S.A. 48 15N 101 10W
47 Minsk Mazowiecki, Polonia 52 10N 21 30E
50 Minsk, U.R.S.S. 54 0N 27 30E
59 Minusinsk, U.R.S.S. 53 50N 92 15E
63 Minutang, India 28 20N 96 30E
72 Minvoul, Gabón 2 29N 12 8E
60 Minwakh, Yemen del Sur 15 59N 49 28E
24 Miño, Gal., Esp. 43 21N 8 12W
85 Miquelon, I., St. Pierre-et-Miquelon, América del Norte 47 0N 56 30W
71 Mir, Níger 14 6N 11 58E
36 Mira, Port. 40 26N 8 40W
31 Mira, y Sa., Cast.-La M., Esp. 39 42N 1 26W
29 Miraflores de la Sierra, Madrid, Esp. 40 50N 3 45W
90 Miraflores, Panamá
62 Miraj, India 16 57N 74 46E
62 Miram Shah, Pakistán 33 0N 70 0E
29 Miranda de Ebro, Cast.-León, Esp. 42 41N 2 50W
36 Miranda do Corvo, Port. 40 10N 8 30W
36 Miranda do Douro, Port. 41 30N 6 10W
43 Mirande, Francia 43 30N 0 20E
36 Mirandela, Port. 41 30N 7 10W
60 Mirfa, E.A.U. 24 0N 53 24E
66 Miri, Sarawak, Malaysia 4 30N 114 5E
95 Mirim, L., Sudamérica 33 0S 53 0W
96 Mirny, Antártida 66 30S 96 0E
28 Mironcillo, Cast.-León, Esp. 41 10N 4 12W
62 Mirpur Khas, Pakistán 25 33N 68 0E
63 Mirzapur, India 25 8N 82 39E
89 Miscou, I., Canadá 48 0N 64 32W
65 Mishan, China 45 30N 131 30E
61 Mishmar Aiyalon, Israel 31 57N 34 58E
47 Miskolc, Hungría 48 8N 20 46E
31 Mislata, Com. Val., Esp. 39 29N 0 25W
71 Misratah, Libia 32 20N 15 7E
88 Missinaibi, R., Canadá 49 30N 83 15W
87 Mississippi, Delta, U.S.A. 29 15N 90 30W
87 Mississippi, Estado, U.S.A. 33 0N 89 30W
87 Mississippi, R., U.S.A. 35 0N 90 0W
86 Missoula, U.S.A. 46 57N 113 58W
87 Missouri, Estado, U.S.A. 38 0N 92 30W
86 Missouri, R., U.S.A. 42 0N 98 30W
85 Mistassini, L., Canadá 51 0N 73 35W
94 Misti, Vol., Perú 16 30S 71 0W
40 Mistretta, Italia 38 0N 14 20E
65 Misumi, Japón 32 34N 130 32E
71 Misurata, Libia, *véase* Misratah
79 Mitchell, Australia 26 30S 147 58E
79 Mitchell, R., Australia 16 0S 142 30E
86 Mitchell, U.S.A. 43 45N 98 2W
80 Mitiaro, N.Z. 19 49S 157 43W
41 Mitilini, Grecia 39 8N 26 36E
65 Mito, Japón 36 28N 140 26E
73 Mitsinjo, Madagascar 15 35S 45 45E
45 Mittelland, Suiza 46 50N 7 23E
94 Mitu, Colombia 1 0N 70 0W
72 Mitumba, Mtes., Zaire 7 0S 27 0E
72 Mitwaba, Zaire 8 37S 27 28E
72 Mitzick, Gabón 0 45N 11 40E
65 Miyagi, Pref., Japón 38 15N 141 0E
65 Miyake Jima, Japón 34 0N 139 30E
65 Miyako, Japón 39 40N 141 45E
65 Miyasu, Japón 35 40N 135 8E
65 Miyazaki, y Pref., Japón 31 58N 131 30E
70 Mizdah, Libia 31 40N 13 12E
65 Mizoram, Estado, India 23 20N 93 0E
49 Mjölby, Suecia 58 19N 15 4E
49 Mjösa, L., y R., Noruega 60 40N 11 0E
46 Mlada Boleslav, Checoslovaquia 50 28N 15 0E
68 Mlanje, Mte., Mozambique 16 0S 35 55E
47 Mlawa, Polonia 53 6N 20 20E
50 Mo I Rana, Nor. 66 19N 14 9E
72 Moabi, Gabón 2 24S 10 59E
72 Moanda, Gabón 1 5S 13 0E
72 Moba, Zaire 7 0S 29 48E
72 Mobayi, Zaire 4 15N 21 8E
87 Moberley, U.S.A. 39 28N 92 27W
87 Mobile, U.S.A. 30 47N 88 10W
72 Mobutu Sese Seko, L., África Oriental 1 45N 31 0E
30 Mocejón, Cast.-La M., Esp. 39 54N 3 54W
73 Mochudi, Botswana 24 25S 26 5E
33 Moclín, And., Esp. 37 20N 3 47W
94 Mocoa, Colombia 1 15N 76 45W
43 Modane, Francia 45 20N 6 25E
40 Módena, Italia 44 38N 10 54E
86 Modesto, U.S.A. 37 36N 120 58W
40 Modica, Italia 36 54N 14 50E
79 Moe, Australia 38 12S 146 19E
37 Moffat, Escocia, R. Unido 55 18N 3 25W
69 Mogadishu, República de Somalia 2 1N 45 25E
70 Mogador, *véase* Essaouira
36 Mogadouro, Port. 41 22N 6 47W
65 Mogami, R., Japón 38 50N 140 0E
63 Mogaung, Birmania 25 26N 96 55E
51 Mogilev-Podolski, U.R.S.S. 48 25N 27 50E
50 Mogilev, U.R.S.S. 54 17N 30 30E
73 Mogincual, Mozambique 15 30S 40 22E
59 Mogocha, U.R.S.S. 53 40N 119 50E
63 Mogok, Birmania 23 0N 96 30E
32 Moguer, And., Esp. 37 15N 6 52W
47 Mohacs, Hungría 45 59N 18 40E
73 Mohembo, Botswana 18 15S 21 43E
58 Mointy, U.R.S.S. 47 40N 73 45E
49 Moisakula, U.R.S.S. 58 2N 25 12E
85 Moisie, Canadá 50 17N 66 0W
43 Moissac, Francia 44 8N 1 0E
71 Moissala, Chad 8 21N 17 46E
59 Moiyero, R., U.R.S.S. 67 30N 104 0E
33 Mojácar, And., Esp. 37 6N 1 55W
28 Mojados, Cast.-León, Esp. 41 25N 4 39W
86 Mojave, Des., U.S.A. 35 0N 116 20W
65 Moji, Japón 33 56N 131 0E
63 Mokokchung, India 26 15N 94 25E
65 Mokpo, Corea 34 50N 126 30E
44 Mol, Bélgica 21 11N 5 7E
27 Mola, C., Bal., Esp. 39 32N 2 20E
27 Mola, *véase* La Mola
29 Molar, *véase* El Molar
31 Molatón, Mte., Cast.-La M., Esp. 39 0N 1 25W
37 Mold, Gales, R. Unido 53 10N 3 9W
51 Moldavia, R.S.S., U.R.S.S. 47 40N 28 0E
48 Molde, Noruega 62 45N 7 8E
73 Molepolole, Botswana 24 28S 25 28E
40 Molfetta, Italia 41 12N 16 40E
31 Molina, Cast.-La M., Esp. 40 51N 1 52W
31 Molina de Segura, Com. Val., Esp. 38 5N 1 12W
88 Moline, Ill., U.S.A. 41 30N 90 30W
88 Moline, U.S.A. 41 30N 90 25W
30 Molinicos, Cast.-La M., Esp. 38 27N 2 14W
27 Molins de Rey, Cat., Esp. 41 25N 2 1E
72 Moliro, Zaire 8 5S 30 30E
40 Molise, Reg., Italia 41 30N 14 30E
25 Molledo, Cant., Esp. 43 8N 4 6W
27 Mollerusa, Cat., Esp. 41 37N 0 54E
27 Mollet, Cat., Esp. 41 4N 2 12E
32 Mollina, And., Esp. 37 8N 4 38W
27 Mollo, Cat., Esp. 42 20N 2 20E
49 Mölndal, Suecia 57 35N 12 0E
86 Molokai, I., Hawai
66 Molucas, mar de, Indonesia 4 0S 126 0E
69 Mombasa, Kenia 4 0S 39 40E
28 Mombeltrán, Cast.-León, Esp. 40 16N 5 1W
41 Momchilgrad, Bulgaria 41 33N 25 23E
66 Mompong Som, Camboya 10 35N 103 35E
94 Mompós, Colombia 9 15N 74 25W
49 Mon, I., Dinamarca 54 57N 12 23E
63 Mon, R., Birmania 20 30N 94 30E
39 Mónaco, Europa 43 46N 7 23E
37 Monagham, Irlanda 54 14N 6 58W
34 Monasterio, Extr., Esp. 38 7N 6 16W
71 Monastir, Tunicia 35 40N 10 50E
31 Moncada, Com. Val., Esp. 39 33N 0 24W
17 Moncada y Reixach, Cat., Esp. 41 29N 2 11E
36 Monção, Port. 42 4N 8 27W
36 Moncarapacho, Port. 37 7N 7 48W
26 Moncayo, Sa., Sist. Ibérico, Esp. 41 48N 1 50W
50 Monchegorsk, U.R.S.S. 67 10N 33 20E
46 Mönchen-Gladbach, Alemania 51 13N 6 26E
36 Monchique, Port. 37 19N 8 38W
36 Monchique, Sa. de, Portugal 37 20N 8 40W
90 Monclova, México 27 0N 101 20W
31 Moncófar, Com. Val., Esp. 39 47N 0 12W
89 Moncton, Canadá 46 10N 65 0W
24 Mondariz, Gal., Esp. 42 12N 8 30W
36 Mondego, C., Port. 40 15N 8 50W
36 Mondego, C., y R., Port. 40 11N 8 54W
30 Mondéjar, Cast.-La M., Esp. 40 18N 3 8W
24 Mondoñedo, Ga., Esp. 43 25N 7 23W
40 Mondovi, Italia 44 25N 7 50E
25 Mondragón, P. Vasco, Esp. 43 5N 2 30W
31 Monduber, Mte., Com. Val., Esp. 39 0N 0 20W
26 Monegrillo, Arag., Esp. 41 41N 0 26W
24 Monfero, Gal., Esp. 43 19N 8 1W
26 Monegros, *véase* Los Monegros
24 Monforte de Lemos, Gal., Esp. 42 31N 7 25W
31 Monforte del Cid, Com. Val., Esp. 38 23N 0 44W
36 Monforte, Port. 39 6N 7 25W
63 Mong Kung, Birmania 21 50N 97 35E
63 Mong Pawk, Birmania 22 0N 99 20E
63 Mong Ton, Birmania 20 20N 98 55E
63 Mong Wa, Birmania 21 25N 100 25E
71 Mongalla, Sudán 5 10N 31 50E
27 Mongay, Cat., Esp. 41 45N 0 58E
78 Monger, L., Australia 29 10S 117 0E
63 Monghyr, India 25 20N 86 22E
71 Mongo, Chad 12 14N 18 43E
31 Mongo, Mte., Com. Val., Esp. 38 48N 0 10E
64 Mongolia Interior, Reg. autónoma, China 42 0N 111 0E
64 Mongolia, Asia 45 20N 105 30E
71 Mongororo, Chad 12 1N 22 28E
73 Mongu, Zambia 15 16S 23 3E
72 Monkoto, Zaire 1 30S 20 45E
37 Monmouth, Gales, R. Unido 51 48N 2 43W
40 Monópoli, Italia 40 57N 17 18E
31 Monóvar, Com. Val., Esp. 38 28N 0 53W
26 Monreal del Campo, Arag., Esp. 40 47N 1 20W
25 Monreal, Nav., Esp. 42 43N 1 30W
87 Monroe, La., U.S.A. 32 30N 92 1W
88 Monroe, Mich., U.S.A. 41 54N 83 27W
70 Monrovia, Liberia 6 15N 10 43W
34 Monroy, Extr., Esp. 39 36N 6 18W
44 Mons, Bélgica 50 26N 3 58E
36 Monsaraz, Port. 38 28N 7 25W
73 Mont aux Sources, Sudáfrica 28 54S 28 50E
43 Mont Blanc, Fr. e Italia 45 52N 6 50E
43 Mont Cenis, Mte., Francia 45 20N 7 5E
43 Mont-de-Marsan, Francia 43 58N 0 34W
43 Mont Dore, Mte., Francia 45 32N 2 30E
89 Mont Joli, Canadá 48 35N 68 10W
89 Mont Laurier, Canadá 46 35N 75 30W
43 Mont Mézenc, Mte., Francia 44 45N 4 35E
42 Mont St. Michel, Francia 48 40N 1 32W
35 Montaña Clara, I., Canar., Esp. 29 20N 13 35W
26 Montalbán, Arag., Esp. 40 50N 0 45W
31 Montalegre del Castillo, Cast.-La M., Esp. 38 47N 1 17W
36 Montalegre, Port. 41 49N 7 47W
32 Montalbán de Córdoba, And., Esp. 37 35N 4 45W
28 Montamarta, Cast.-León, Esp. 41 39N 5 49W
86 Montana, Estado, U.S.A. 47 0N 109 0W
34 Montánchez, y Sa., Extr., Esp. 39 15N 6 8W
43 Montauban, Francia 44 1N 1 20E
42 Montbéliard, Francia 47 32N 6 48E
27 Montblanch, Cat., Esp. 41 23N 1 10E
42 Montbrison, Francia 45 35N 4 0E
42 Montceau, Francia 46 40N 4 25E
44 Montcornet, Francia 49 42N 4 0E
42 Montdidier, Francia 49 40N 2 30E
31 Monte Aragón, Cord., Cast.-La M., Esp. 39 0N 1 30W
40 Monte Argentario, Mte., Italia 42 25N 11 10E
78 Monte Bello, Is., Australia 20 30S 115 30E
40 Monte Carlo, Mónaco 43 46N 7 23E
95 Monte Caseros, Argentina 30 10S 57 50W
45 Monte Cervino, *véase* Matterhorn
40 Monte Cimone, Mte., Italia 44 10N 10 40E
43 Monte Cinto, Mte., Córcega 42 20N 9 10E
26 Monte Perdido, Pirineos, Esp. 42 40N 0 3E
36 Monte Redondo, Port. 39 53N 8 50W
40 Monte Rosa, Italia y Suiza 46 0N 16 0E
29 Monteagudo de las Vicarías, Cast.-León, Esp. 41 20N 2 11W
33 Montefrío, And., Esp. 37 20N 4 0W
91 Montegro Bay, Jamaica 18 30N 77 50W
34 Montehermoso, Extr., Esp. 40 6N 6 22W
33 Montejícar, And., Esp. 37 34N 3 30W
29 Montejo de Tiermes, Cast.-León, Esp. 41 22N 3 11W
43 Montélimar, Francia 44 34N 4 48E
32 Montellano, And., Esp. 36 59N 5 30W
28 Montemayor de Pinilla, Cast.-León, Esp. 41 32N 4 27W
36 Montemor-o-Novo, Port. 38 44N 8 12W
36 Montemor-o-Velho, Port. 40 15N 8 40W
90 Montemorelos, México 25 8N 99 30W
40 Montenegro, Rep. Feder., Yugoslavia 42 52N 19 20E
42 Montereau, Francia 48 20N 3 0E
24 Monterrey, Gal., Esp. 41 56N 7 27W
90 Monterrey, México 25 42N 100 22W
86 Monterrey, U.S.A. 36 39N 121 45W
24 Monterroso, Gal., Esp. 42 48N 7 52W
34 Monterrubio de la Serena, Extr., Esp. 38 35N 5 28W
94 Montes Claros, Brasil 16 20S 43 0W
28 Montes de León, Cast.-León, Esp. 42 20N 6 30W
30 Montes de Toledo, Cast.-La M., Esp. 39 30N 4 30W
26 Montes Malditos, Pirineos, Esp. 42 40N 0 30W
72 Monteverde, Angola 8 45S 16 45E
95 Montevideo, Uruguay 34 50S 56 15W
28 Montezinho, Sa., Esp., Port. 41 56N 6 50W
62 Montgomery, Pakistán, *véase* Sahiwal
87 Montgomery, U.S.A. 32 17N 86 20W
45 Monthey, Suiza 46 15N 6 55E
30 Montiel, Cast.-La M., Esp. 38 12N 2 52W
45 Montigny-les-Metz, Francia 49 6N 6 9E
36 Montijo, Portugal 38 40N 8 56W
34 Montijo, y Emb., Extr., Esp. 38 52N 6 40W
32 Montilla, And., Esp. 37 36N 4 40W
33 Montizón, And., Esp. 38 20N 3 6W
44 Montluçon, Francia 46 21N 2 37E
44 Montmédy, Francia 49 35N 5 25E
43 Montmorillon, Francia 46 23N 0 50E
79 Monto, Australia 24 58S 151 0E
33 Montoro, And., Esp. 38 1N 4 27W
30 Montoro, Emb., Cast.-La M., Esp. 38 32N 4 10W
87 Montpelier, Ver., U.S.A. 44 15N 72 30W
43 Montpellier, Francia 43 40N 3 50E
87 Montréal, Canadá 45 42N 73 50W
45 Montreux, Suiza 46 27N 6 54E
27 Montroig, Cat., Esp. 41 5N 0 58E
37 Montrose, Escocia, R. Unido 56 43N 2 28W
87 Montrose, U.S.A. 38 30N 107 53W
31 Montroy, Com. Val., Esp. 39 25N 0 38W
27 Montsant, Sa., Cat., Esp. 41 17N 1 0E
27 Montsec, Sa., Cat., Esp. 42 0N 0 45E

27 Montseny, Sa., Cat., Esp. 41 48N 2 24E
91 Montserrat, I., Caribe 16 30N 62 0W
27 Montsiá, Sa., Cat., Esp. 40 35N 0 30W
28 Montuenga, Cast.-León, Esp. 41 3N 4 38W
27 Montuiri, Bal., Esp. 39 34N 2 59E
72 Monveda, Zaire 3 0N 21 35E
63 Monywa, Birmania 22 5N 95 8E
62 Monze, C., Pakistán 24 47N 66 37E
73 Monze, Zambia 16 23S 27 28E
28 Monzón de Campos, Cast.-León, Esp. 42 10N 4 27W
26 Monzqn, Arag., Esp. 41 52N 0 10E
79 Moonie, R., Australia 28 0S 149 20E
78 Moore, L., Australia 30 0S 117 30E
87 Moorhead, U.S.A. 47 0N 96 42W
89 Moosehead, L., U.S.A. 45 45N 69 48W
84 Moosejaw, Canadá 50 24N 105 25W
70 Mopti, Mali 14 34N 4 0W
27 Mora de Ebro, Cat., Esp. 41 6N 0 38E
26 Mora de Rubielos, Arag., Esp. 40 15N 0 45W
27 Mora la Nueva, Cat., Esp. 41 7N 0 39E
30 Mora, Cast.-La M., Esp. 39 45N 3 50W
36 Mora, Port. 38 54N 8 10W
49 Mora, Suecia 61 2N 14 38E
28 Moraña, La, Cca., Cast.-León, Esp. 40 45N 4 45W
62 Moradabad, India 28 50N 78 54E
28 Moradillo de Roa, Cast.-León, Esp. 41 36N 3 45W
73 Morafenobe, Madagascar 17 50S 44 53E
30 Moral de Calatrava, Cast.-La M., Esp. 38 51N 3 33W
33 Moraleda de Zafayona, And., Esp. 37 12N 3 56W
34 Moraleja, Extr., Esp. 40 6N 6 43W
28 Moraleja del Vino, Cast.-León, Esp. 41 28N 5 39W
28 Morales de Toro, Cast.-León, Esp. 41 32N 5 18W
28 Morales del Rey, Cast.-León, Esp. 42 7N 5 48W
28 Moralina, Cast.-León, Esp. 41 31N 6 10W
73 Moramanga, Madagascar 18 58S 48 15E
90 Morant Point, Jamaica 17 55N 76 10W
24 Moraña, Gal., Esp. 42 35N 8 36W
28 Morasverdes, Cast.-León, Esp. 40 36N 6 17W
26 Morata de Jalón, Arag., Esp. 41 27N 1 28W
29 Morata de Tajuña, Madrid, Esp. 40 15N 3 26W
35 Moratalla, Mur., Esp. 38 14N 1 49W
62 Moratuwa, Sri Lanka 6 45N 80 0E
41 Morava, R., Yugoslavia 44 10N 21 20E
46 Moravia, Altos de, Checoslovaquia 49 20N 15 20E
46 Moravia, Dist., Checoslovaquia 49 27N 16 55E
43 Morbihan, Dept., Francia 47 55N 2 45W
43 Morcenx, Francia 44 0N 1 0W
24 Morcín, P. de Ast., Esp. 43 17N 5 52W
84 Morden, Canadá 49 12N 98 10W
50 Mordvinos, de los, R.A.S.S., U.R.S.S. 54 20N 44 30E
48 More og Romsdal, Co., Noruega 62 30N 8 0E
37 Morecambe Bay, Ingl., R. Unido 54 5N 2 52W
79 Moree, Australia 29 25S 149 46E
45 Morel, Suiza 46 23N 8 2E
90 Morelia, México 19 48N 101 0W
27 Morell, Cat., Esp. 41 10N 1 13E
31 Morella, Com. Val., Esp. 40 35N 0 2W
14 Morena, Sa., Esp. 38 20N 4 0W
79 Moreton, I., Australia 27 0S 153 15E
42 Morez, Francia 46 32N 6 0E
87 Morgantown, U.S.A. 39 43N 79 59W
45 Morges, Suiza 46 31N 6 30E
32 Moriles, And., Esp. 37 26N 4 36W
65 Morioka, Japón 39 48N 141 8E
42 Morlaix, Francia 48 38N 3 51W
79 Mornington, I., Australia 16 30S 139 20E
66 Moro, G., Filipinas 7 0N 123 0E
33 Moro, Pta., And., Esp. 36 40N 2 12W
72 Morogoro, Tanzania 7 0S 37 50E
73 Morombe, Madagascar 21 38S 43 27E
29 Morón de Almazán, Cast.-León, Esp. 41 29N 2 27W
32 Morón de la Frontera, And., Esp. 37 6N 5 28W
91 Morón, Cuba 21 0N 78 45W
72 Morondava, Madagascar 20 25S 44 30E
72 Moroto, Uganda 2 50N 34 0E
51 Morphou, Chipre 35 17N 32 56E
80 Morrinsville, N.Z. 37 38S 175 30E
87 Morristown, U.S.A. 36 25N 83 18W
27 Morro de Sa Vaca, C., Bal., Esp. 39 48N 2 48E
35 Morro del Jable, Canar., Esp. 28 4N 14 20W
33 Morrón, Pico, And., Esp. 36 52N 2 47W
50 Morshansk, U.R.S.S. 53 28N 41 48E
79 Morwell, Australia 38 12S 146 8E
24 Mos, Gal., Esp. 42 12N 8 37W
80 Mosburn, Nueva Zelanda 45 40S 168 15E
86 Moscow, U.S.A. 46 47N 117 2W
50 Moscú (Moskva), U.R.S.S. 55 50N 37 40E
42 Moselle (Mosela), R., Europa del Oeste 50 10N 7 10E
43 Moselle, Dept., Francia 49 5N 6 45E
86 Moses Lake, U.S.A. 41 5N 119 0W
80 Mosgiel, Nueva Zelanda 45 53S 177 21E
72 Moshi, Tanzania 3 10S 37 30E
48 Mosjoen, Noruega 66 0N 13 15E
48 Moskenstraumen, Noruega 67 45N 13 0E
50 Moskva (Moscova), R., U.R.S.S. 55 45N 36 0E
26 Mosqueruela, Arag., Esp. 40 21N 0 27W
99 Mosquitos, Costa de los, Nicaragua 13 0N 84 0W
49 Moss, Noruega 59 26N 10 40E
73 Mosselbaai, Sudáfrica 34 10S 22 9E
72 Mossendjo, Congo 2 55S 12 55E
95 Mossoro, Brasil 5 0S 37 15W
73 Mossuril, Mozambique 14 57S 40 42E
46 Most, Checoslovaquia 50 31N 13 38E
40 Mosta, Malta 35 56N 14 25E
41 Mostar, Yugoslavia 43 21N 17 46E
29 Móstoles, Madrid, Esp. 40 20N 3 50W
47 Mosty, U.R.S.S. 53 30N 24 30E
60 Mosul, Iraq 36 5N 43 15E
30 Mota del Cuervo, Cast.-La M., Esp. 39 30N 2 52W
28 Mota del Marqués, Cast.-León, Esp. 41 38N 5 11W
71 Mota, Etiopía 11 5N 37 50E
49 Motala, Suecia 58 30N 15 20E
37 Motherwell, Escocia, R. Unido 55 47N 4 0W
63 Motihari, India 26 45N 85 0E
31 Motilla del Palancar, Cast.-La M., Esp. 39 34N 1 54W
34 Motilla, Mte., Extr., Esp. 38 55N 5 0W
33 Motril, And., Esp. 36 44N 3 37W
41 Moudhros, Grecia 39 53N 25 18E
45 Moudon, Suiza 46 41N 6 49E
72 Mouila, Gabón 1 50S 11 0E
71 Mouka, África Central 7 18N 21 50E
42 Moulins, Francia 46 36N 3 21E
67 Moulmein, Birmania 16 30N 97 52E
71 Moundou, África Central 8 40N 16 10E
86 Mount Adams, Mte., U.S.A. 46 12N 121 35W
78 Mount Barker, Australia 34 40S 117 50E
73 Mount Darwin, Zimbabwe 16 30S 31 35E
79 Mount Gambier, Australia 37 45S 140 45E
78 Mount Goldsworthy, Australia 20 25S 119 39E
86 Mount Hood, Mte., U.S.A. 45 15N 121 40W
79 Mount Isa, Australia 20 40S 139 30E
86 Mount Lassen, Mte., U.S.A. 40 32N 121 15W
80 Mount Mauganui, N.Z. 37 35S 176 30E
79 Mount Morgan, Australia 23 53S 150 28E
86 Mount Rainier, Mte., U.S.A. 46 48N 121 43W
86 Mount Shasta, Mte., U.S.A. 41 30N 122 1W
86 Mount Taylor, Mte., U.S.A. 35 20N 107 35W
78 Mount Tom Price, Australia 22 40S 118 9E
88 Mount Vernon, U.S.A. 38 22N 88 44W
78 Mount Whaleback, Australia 24 38S 113 33E
86 Mount Whitney, Mte., U.S.A. 36 25N 118 13W
36 Moura, Port., 38 10N 7 28W
36 Mourão, Port. 38 25N 7 20W
70 Mourdhia, Mali 14 35N 7 25W
37 Mourne, Mtes., Irl. Norte, R. Unido 54 8N 6 22W
44 Mouscron, Bélgica 50 45N 3 15E
71 Moussoro, Chad 13 48N 16 48E
45 Moutier, Suiza 47 16N 7 21E
40 Moutiers, Francia 45 30N 6 30E
27 Moya, Cat., Esp. 41 46N 2 10E
35 Moya, Canar., Esp. 28 6N 15 34W
70 Moyamba, Sierra Leona 8 15N 12 30W
94 Moyobamba, Perú 6 5S 77 5W
73 Mozambique, África 19 0S 35 0E
68 Mozambique, Canal de, Océano Índico 18 0S 42 0E
73 Mozambique, Mozambique 15 3S 40 43E
28 Mozarbez, Cast.-León, Esp. 40 50N 5 40W
50 Mozyr, U.R.S.S. 52 0N 29 15E
72 Mpanda, Tanzania 6 22S 30 40E
73 Mpangwe, Zambia 14 8S 32 10E
73 Mpika, Zambia 11 54S 31 32E
72 Mpwapwa, Tanzania 6 30S 36 30E
71 Msaken, Tunicia 35 49N 10 33E
73 Msoro, Zambia 11 35S 32 0E
72 Mtwara, Tanzania 10 16S 40 10E
28 Muñana, Cast.-León, Esp. 40 35N 5 2W
28 Muñico, Cast.-León, Esp. 40 43N 5 2W
72 Muanda, Zaire 6 0S 12 20E
66 Muang Khon Kaen, Tailandia 16 59N 102 40E
66 Muang Nakhon Sawan, Tailandia 15 40N 100 5E
66 Muang Phetchabun, Tailandia 16 30N 101 10E
64 Muang Phitsanulak, Tailandia 16 45N 100 3E
66 Muang Ubon, Tailandia 15 20N 104 55E
66 Muar, Malaysia 2 0N 102 40E
66 Muaraenim, Indonesia 3 35S 103 50E
66 Mauratewe, Indonesia 0 55S 114 50E
60 Mubarraz, Arabia Saudí 25 29N 49 40E
72 Mubende, Uganda 0 40N 31 21E
72 Mubi, Nigeria 10 16N 13 17E
45 Mucten, Suiza 46 56N 6 7E
31 Muchamiel, Com. Val., Esp. 38 25N 0 27W
35 Muda, Mte., Canar., Esp. 28 35N 13 58W
65 Mudanjiang, China 44 38N 129 30E
79 Mudgee, Australia 32 33S 149 32E
14 Mudo, Pta., Canar., Esp. 28 50N 17 50W
26 Muela de San Juan, Mte., Sist. Ibérico, Esp. 40 20N 1 50W
35 Muela, Sa., Mur., Esp. 38 20N 2 0W
26 Muela, *véase* La Muela
28 Muelas de los Caballeros, Cast.-León, Esp. 42 10N 6 20W
28 Muelas del Pan, Cast.-León, Esp. 41 32N 5 58W
33 Muertos, Pta., And., Esp. 36 55N 1 50W
73 Mugulira, Zambia 12 40S 28 2E
27 Muga, R., Cat., Esp. 42 16N 3 5E
24 Mugardos, Gal., Esp. 43 27N 8 15W
36 Muge, y R., Port. 39 15N 8 15W
24 Mugia, Gal., Esp. 43 5N 9 17W
51 Mugla, Turquía 37 15N 28 30E
71 Muglad, Sudán 11 10N 27 35E
63 Mugu, Nepal 29 50N 82 30E
71 Muhammad Qol, Sudán 20 58N 37 0E
46 Mühlhausen, Alemania 51 14N 10 26E
24 Muiños, Gal., Esp. 41 58N 7 59W
61 Mujib Wadiel, Jordania 31 28N 35 45E
47 Mukachevo, U.R.S.S. 48 27N 22 45E
60 Mukala, Yemen del Sur 14 38N 49 0E
65 Mukden *véase* Shenyang
63 Muktinath, Nepal 28 37N 83 55E
62 Muktsar, India 30 40N 74 30E
35 Mula, Mur., Esp. 38 3N 1 33W
46 Mulde, R., Alemania 51 30N 12 38E
90 Muleje, México 26 50N 112 15W
89 Mulgrave, Canadá 45 40N 61 30W
33 Mulhacén, Mte., And., Esp. 37 4N 3 20W
44 Mülheim, Alemania 51 0N 7 0E
42 Mulhouse, Francia 47 46N 7 19E
37 Mull of Galloway, Escocia, R. Unido 54 28N 6 0W
62 Mullaitivu, Sri Lanka 9 15N 80 50E
78 Mullewa, Australia 28 33S 115 28E
37 Mullingar, Irlanda 53 31N 7 19W
62 Multan, Pakistán 30 3N 71 30E
73 Mumbwa, Zambia 15 0S 27 2E
66 Muna, I., Indonesia 5 0S 122 35E
62 Munabao, India 25 45N 70 15E
88 Muncie, U.S.A. 40 15N 85 22W
46 Munden, Alemania 51 25N 9 40E
31 Mundo, R., Cast.-La M., Esp. 38 30N 1 48W
30 Munera, Cast.-La M., Esp. 39 2N 2 29W
72 Mungbere, Zaire 2 35N 28 35E
79 Mungindi, Australia 28 55S 149 0E
25 Munguía, P. Vasco, Esp. 43 22N 2 49W
73 Munhango, Angola 12 15S 18 35E
46 Munich, Alemania 48 9N 11 30E
26 Muniesca, Arag., Esp. 41 3N 0 50W
82 Munising, U.S.A. 46 25N 87 0W
45 Munsigen, Suiza 46 54N 7 37E
46 Münster, Alemania 51 58N 7 39E
44 Munstereifel, Alemania 50 33N 6 47E
48 Muonio, Finlandia 68 20N 23 0E
73 Mupa, Angola 16 5S 15 50E
60 Muqainama, Arabia Saudí 22 9N 48 51E
46 Mur, R., Europa Central 46 30N 16 30E
24 Muras, Gal., Esp. 43 35N 7 48W
50 Murashi, U.R.S.S. 59 30N 49 0E
36 Murca, Port. 41 24N 7 28W
25 Murchante, Nav., Esp. 42 2N 1 39W
72 Murchison, Falls, *véase* Kabarega
80 Murchison, Nueva Zelanda 41 45S 172 23E
78 Murchison, R., Australia 27 35S 115 0E
78 Murchison, Sa., Australia 20 0S 135 0E
35 Murcia, Reg., y Prov., Esp. 38 2N 1 10W
47 Mureş, R., Rumania 46 0N 22 10E
43 Muret, Francia 43 26N 1 16E
62 Murghab, R., Afganistán 35 4N 64 5E
79 Murgon, Australia 26 5S 151 55E
25 Murguía, P. Vasco, Esp 42 57N 2 50W
45 Muri, Suiza 47 17N 8 21E
29 Murillo de Río Leza, La Rioja, Esp. 41 22N 3 18W
25 Murillo el Fruto, Nav., Esp. 42 25N 1 28W
46 Muritz, L., Alemania 53 30N 12 25E
50 Murmansk, U.R.S.S. 69 0N 33 50E
31 Muro de Alcoy, Com. Val., Esp. 38 45N 0 25W
41 Muro de Trajano, Rumania 44 18N 28 20E
27 Muro, Bal., Esp. 39 45N 3 3E
50 Murom, U.R.S.S. 55 31N 42 4E
31 Murón de Almansa, Mte., Com. Val., Esp. 39 0N 0 58W
65 Muroran, Japón 42 20N 141 5E
24 Muros y Noya, Ría, Gal., Esp. 42 45N 9 0W
24 Muros, Gal., Esp. 42 45N 9 5W
24 Muros, Ría, Gal., Esp. 42 45N 9 10W
24 Muros de Nalón, P. de Ast., Esp. 43 32N 6 5W
79 Murray Bridge, Australia 35 2S 139 8E
89 Murray Harbour, Canadá 46 0N 62 32W
79 Murray, R., Australia 34 30S 141 40E
62 Murree, Pakistán 33 50N 73 25E
45 Murren, Suiza 46 33N 7 58E
79 Murrumbidgee, R., Australia 34 37S 144 30E
45 Murten See, L., Suiza 46 56N 7 4E
36 Murtosa, Port. 40 45N 8 45W
80 Murupara, Nueva Zelanda 38 25S 176 45E
62 Murwara, India 23 46N 80 28E
79 Murwillumbah, Australia 28 21S 153 2E
71 Murzuq, Libia 25 53N 13 38E
46 Murzzuschlang, Austria 45 5N 15 35E
51 Mus, Turquía 38 50N 41 28E
62 Musa Qala, Afganistán 32 23N 64 48E
41 Musala, Mte., Bulgaria 42 15N 23 35E
61 Musallin, Wadi, Oman 22 0N 56 30E
61 Muscat y Oman, *véase* Oman
76 Musgrave, Sas., Australia 26 10E 131 30E
87 Muskegon, U.S.A. 43 13N 86 10W
88 Muskegon, y R., Mich., U.S.A. 43 25N 86 0W
87 Muskogee, U.S.A. 35 46N 95 32W
71 Musmar, Sudán 18 6N 35 40E
72 Musoma, Tanzania 13 1S 33 58E
60 Mussa Ali, Etiopía 12 25N 42 15E
86 Musselshell, R., U.S.A. 46 35N 108 30W
62 Mussooree, India 30 23N 78 10E
90 Mustique, I., Antillas 12 50N 61 10W
79 Muswellbrook, Australia 32 18S 151 0E
60 Mut, Egipto 25 27N 29 0E
73 Mutana, Angola 16 40S 15 1E
65 Mutankiang, Manchuria 44 34N 129 45E
59 Mutarai, U.R.S.S. 61 20N 100 55E
73 Mutare, Zimbabwe 18 58S 32 38E
72 Mutshatsha, Zaire 10 35S 24 20E
65 Mutsu, B., Japón 41 8N 141 0E
79 Muttaburra, Australia 22 30S 144 30E
73 Mvuma, Zimbabwe 19 16S 30 30E
60 Muwaih, Arabia Saudí 22 35N 41 32E
72 Muxima, Angola 9 25S 13 52E
53 Muyun Kum, U.R.S.S. 47 0S 65 0E
62 Muzaffarabad, Kachemira 34 30N 73 25E
62 Muzaffarnagar, India 29 27N 77 40E
63 Muzaffarpur, India 26 15N 85 29E
58 Muzhi, U.R.S.S. 65 25N 64 40E
72 Mwanza, Tanzania 2 30S 33 1E
72 Mwaya, Tanzania 9 30S 33 58E
72 Mweka, Zaire 4 12S 21 56E
73 Mwenezi, Zimbabwe 22 40S 31 50E
72 Mwenga, Zaire 3 7S 28 27E
72 Mweru Marsh, Zambia 8 40S 29 40E
72 Mweru, L., Zaire 9 0S 28 50E
73 Mwinilunga, Zambia 11 43N 24 27E
66 My Tho, Vietnam 10 0N 106 48E
72 Myadhi, Gabón 1 16N 13 10E
50 Myandoma, U.R.S.S. 62 0N 40 20E
63 Myaungmya, Birmania 16 27N 94 58E
64 Myingyan, Birmania 21 35N 94 40E
63 Myitkyina, Birmania 25 50N 97 15E
71 Mymensingh, Pakistán *véase* Nasirabad
48 Myrdals Jökull, Mtes., Islandia 63 40N 19 0W
62 Mysore, India 12 18N 76 37E
48 Myvatn, L., Islandia 65 35N 16 55W

N

27 N'amer, Pta., Bal., Esp. 39 34N 3 24E
61 Na'ar, Jordania 31 53N 35 50E
46 Naab, R. Alemania 49 40N 12 10E
44 Naaldwijk, Países Bajos 52 0N 4 5E
49 Naantali, Finlandia 60 32N 21 55E
63 Nabadwip, India 23 25N 88 20E
60 Naband, Irán 27 12N 52 38E
71 Nabeul, Tunicia 36 30N 10 40E
61 Nabulus, Jordania 32 13N 35 15E
73 Nacala, Mozambique 14 40S 40 40E
90 Nacaome, Honduras 13 40N 87 35W
72 Nachingwea, Tanzania 10 32S 38 48E
33 Nacimiento, R., And., Esp. 37 10N 2 35W
49 Nacka, Suecia 59 17N 18 14E
90 Nacozari, México 30 30N 109 50W
72 N'Djole, Gabón 0 10S 10 45E
62 Nadiad, India 22 41N 72 56E
50 Nadvoitsy, U.R.S.S. 64 0N 36 30E
47 Nadvornaya, U.R.S.S. 48 37N 24 30E
55 Nadym, y R., U.R.S.S. 65 30N 73 0E
70 Nafada, Nigeria 11 0N 11 20E
66 Naga, Filipinas 13 37N 123 5E
63 Nagaland, Estado, India 26 0N 94 30E
72 Nagalle, Etiopía 5 20N 39 30E
65 Nagano, y Pref., Japón 36 38N 138 6E
65 Nagaoka, Japón 37 30N 138 55E
63 Nagapattinam, India 10 40N 79 50E
62 Nagar Parkar, Pakistán 24 30N 70 35E
65 Nagasaki, y Pref., Japón 32 40N 129 48E
65 Nagashima, Japón 34 10N 136 15E
63 Nagchu Dzong, Tibet, Chinna 31 25N 91 57E
62 Nagercoil, India 8 12N 77 33E
64 Nagqu, China 32 5N 93 50E
63 Nagoya, Japón 35 17N 137 0E
62 Nagpur, India 21 5N 79 5E
47 Nagykóros, Hungría 46 55N 18 48E
65 Naha, Japón 26 10N 127 45E
61 Naharayim, Jordania 32 38N 35 34E

61 Nahariya, Israel 33 0N 35 6E
61 Nahr Bisri, R., Líbano 33 34N 35 25E
61 Nahr ed Damour, R., Líbano 33 44N 35 35E
61 Nahr El-Litani, R., Líbano 33 20N 35 20E
95 Nahuel Huapi, L., Argentina 41 0S 71 40W
85 Nain, Canadá 56 38N 62 0W
62 Nainpur, India 22 30N 80 10E
37 Nairn, Escocia, R. Unido 57 25N 3 51W
72 Nairobi, Kenia 1 15S 36 49E
72 Naivasha, enia 0 50S 36 30E
29 Nájera, La Rioja, Esp. 42 25N 2 45W
65 Najin, Corea 42 10N 13 10E
65 Nakadori Shima, Japón 33 0N 129 5E
65 Nakamura, Japón 33 0N 133 0E
65 Nakatsu, Japón 33 40N 131 15E
51 Nakhichevan, y R.A.S.S., U.R.S.S. 39 20N 45 30E
60 Nakhl, Egipto 29 55N 33 43E
65 Nakhodka, U.R.S.S. 45 50N 132 50E
66 Nakhom si Thammarat, Tailandia 8 30N 100 6E
66 Nakhon Rtchasima, Tailandia 15 0N 105 40E
88 Nakina, Canadá 50 8N 86 35W
73 Nakop, Namibia 28 1S 20 1E
49 Nakskov, Dinamarca 54 45N 11 12E
72 Nakuru, Kenia 0 10S 36 0E
51 Nalchik, U.R.S.S. 43 24N 43 32E
62 Nalgonda, India 17 4N 79 8E
62 Mallamalai, Colinas de, India 16 0N 79 0E
24 Nalón, R., P. de Ast., Esp. 43 25N 6 0W
71 Nalut, Libia 31 55N 11 2E
64 Nam Dinh, Vietnam 20 20N 106 15E
63 Nam Tso, L., Tíbet 30 45N 90 30E
58 Namangan, U.R.S.S. 41 30N 71 45E
79 Nambour, Australia 26 31S 152 50E
69 Namibe, Angola 15 75N 12 11E
73 NNamibia, África del Suroeste 22 0S 17 30E
68 Namibia, Des., Namibia 24 0S 15 0E
86 Nampa, U.S.A. 43 32N 116 35W
48 Namsen, R., Noruega 64 40N 12 45E
48 Namsos, Noruega 64 25N 11 30E
63 Namtu, Birmania 23 0N 97 25E
44 Namur, y Prov., Bélgica 50 28N 4 52E
73 Namutoni, Namibia 18 50S 17 0E
73 Namwala, Zambia 15 50S 26 12E
64 Nam Co, China 31 10N 91 10E
63 Nan Ling, Mtes., China 25 30N 112 30E
53 Nan Shan, Mtes., China 38 30N 98 0E
84 Nanaimo, Canadá 49 7N 123 58W
79 Nanango, Australia 26 40S 152 1E
65 Nanao, Japón 37 0N 137 0E
42 Nancy, Francia 48 44N 6 10E
64 Nanchong, China 33 50NN 106 2E
62 Nanda Devi, Mtes., India 30 45N 80 0E
63 Nander, India 19 10N 77 16E
80 Nandi, Viti Levu, Fiji 17 40S 177 20E
62 Nandurbar, India 21 20N 74 15E
62 Nanga Parbat, Mte., India 35 10N 75 0E
62 Nangrahar, Prov., Afganistán 35 0N 71 0E
65 Nanjing, China 32 5N 118 55E
78 Nannine, Australia 26 50S 118 16E
42 Nantes, Francia 47 17NN 1 34W
42 Nantua, Francia 46 10N 5 35E
65 Nantong, China 32 1N 120 52E
89 Nantucket, I., U.S.A. 41 5N 70 5W
76 Nanyuki, Kenia 0 1N 37 3E
31 Nao, *Véase* La Nao
65 Naoetsu, Japón 37 6N 138 9E
86 Napa, U.S.A. 38 24N 122 17W
69 Napaktos, Grecia 38 23N 21 26E
80 Napier, Nueva Zelanda 39 37S 176 52E
40 Nápoles, *Véase* Nápoli
40 Nápoli, Italia 40 53NN 14 18E
65 Nara, y Pref., Japón 34 30N 135 40E
25 Naranjo de Bulnes, Pico, Picos de Europa, Esp. 43 10N 4 48W
71 Narasapur, India 16 50N 81 48E
63 Narayanganj, Bangladesh 23 35N 90 30E
62 Narayanpet, India 16 50N 77 12E
43 Narbona, *Véase* Narbonne
43 Narbonne, Francia 43 12N 3 1E
24 Narcea, P. de Ast., Esp. 43 15N 6 30W
49 Narew, R., Polonia 53 12N 21 50E
62 Narmada, R., India 22 0N 75 15E
53 Narodnaya, Mte., U.R.S.S. 65 10N 60 50E
24 Narón, Gal., Esp. 43 30N 8 9W
79 Narrabri, Australia 30 26S 149 47W
79 Narrandera, Australia 34 46S 146 0E
78 Narrogin, Australia 32 50S 117 12E
79 Narromine, Australia 32 1S 148 8E
62 Narsinghpur, India 23 0N 79 6E
50 Narva, Estonia, U.R.S.S. 59 25N 28 5E
48 Narvik, Noruega 68 27N 17 30E
50 Naryann-Mar, U.R.S.S. 68 0N 53 0E
58 Narymskoye, U.R.S.S. 49 15N 84 15E
58 Naryn, U.R.S.S. 41 30N 76 10E
48 Nasa, Mte., Noruega 66 32N 16 0E
87 Nashua, U.S.A. 42 46N 71 30W
87 Nashville, U.S.A. 36 0N 86 50W
62 Nasik, India 20 0N 74 0E
71 Nasir, Sudán 8 30N 33 2E
63 Nasirabad, Bangladesh 24 50N 90 25E
62 Nasirabad, India 26 14N 74 44E
87 Nassau, Bahamas 25 2N 77 25W
71 Nasser, L., Egipto 24 0N 32 40E
49 Nässjö, Suecia 57 38N 14 45E
73 Nata, Botswana 20 12S 26 12E
95 Batal, Brasil 5 48S 35 20W
78 Natal, Prov., Sudáfrica 28 40S 30 30E
85 Natashquan, y R., Canadá 50 14N 61 46W
87 Natchez, U.S.A. 31 35N 91 20W
87 Natchitoches, U.S.A. 31 40N 93 3W
27 Nati, Pta., Bal., Esp. 40 5N 3 48E
72 Natron, L., Tanzania 2 0S 36 0E
78 Naturaliste, C., Australia 33 35S 115 1E
46 Naumburg, Alemania 51 10N 11 45E
63 Nauntanwa, India 27 20N 83 25E
62 Naushadra, Pakistán 34 0N 72 0
64 Naushki, U.R.S.S. 50 30N 106 0E
30 Nava de Ricomalillo, *Véase* La Nava de Ricomalillo
34 Nava de Santiago, *Véase* La Nava de Santiago
28 Nava de Arévalo, Cast.-León, Esp. 40 59N 4 46W
28 Nava del Rey, Cast.-León, Esp. 41 22N 5 6W
28 Nava de la Asunción, Cast.-León, Esp. 41 21N 4 30W
24 Nava, P. de Ast., Esp. 43 23N 5 30W
29 Navacerrada, Puerto, Cord. Central, Esp. 40 47N 4 0W
34 Navaconcejo, Extr., Esp. 40 11N 5 50N
30 Navahermosa, Cast.-La M., Esp. 39 41N 4 28W
30 Navalcán, Cast.-La M., Esp. 40 8N 5 8W
29 Navalcarnero, Madrid, Esp. 40 17N 4 5W
28 Navalmanzano, Cast.-León, Esp. 41 13N 4 15W
34 Navalmoral de la Mata, Extr., Esp. 39 52N 5 33W
30 Navalmorales, *Véase* Los Navalmorales
28 Navalperal de Pinares, Cast.-León, Esp. 40 31N 4 25W
30 Navalucillos, *Véase* Los Navalucillos
28 Navaluenga, Cast.-León, Esp. 40 22N 4 44W
34 Navalvillar de Pela, Extr., Esp. 39 4N 5 28W
27 Navareles, Cat., Esp. 41 45N 1 52E
95 Navarino, I., Chile 55 0S 67 30W
25 Navarra, Reg., y Prov., Esp. 42 35N 1 40W
31 Navarres, Com. Val., Esp. 39 8N 0 42W
29 Navarrete, La Rioja, Esp. 42 26N 2 34W
32 Navas de la Concepción, *Véase* Las Navas de la Concepción
28 Navas de Oro, Cast.-León, Esp. 41 14N 4 25W
33 Navas de San Juan, And., Esp. 38 12N 3 18W
34 Navas del Madroño, Extr., Esp. 39 37N 6 38W
29 Navas del Rey, *Véase* Las Navas del Rey
26 Navas, Emb., Arag., Esp. 42 23N 0 40W
25 Navascués, Nav., Esp. 42 45N 1 10W
34 Navezuelas, Extr., Esp. 39 28N 5 27W
24 Navia de Suarna, Gal, Esp. 42 58N 6 59W
24 Navia, Ría, P. de Ast., Esp. 43 35N 6 43W
90 Navojoa, México 27 10N 109 25W
50 Navolok, U.R.S.S. 62 50N 40 0E
41 Navplion, Grecia 37 30N 22 50E
62 Navsari, India 20 58N 72 45E
61 Nawa, Siria 32 54NN 36 3E
62 Nawabshah, Pakistán 26 20N 68 25E
63 Nawakot, Nepal 28 2N 83 55E
41 Naxos, I., Grecia 37 5N 25 29E
59 Nayakhon, U.R.S.S. 62 5N 159 0E
95 Nazaré, Brasil 12 52S 39 15W
36 Nazaré, Port. 39 40N 9 6W
61 Nazaret, Israel 32 42N 35 17E
90 Nazas, R., México 25 30N 104 0W
63 Nazir Hat, Bangladesh 22 40N 91 50E
72 Ndalatando, Angola 9 12S 14 48E
71 Ndele, África Central 8 30N 20 37E
71 Ndjamena, Chad 12 3N 15 3E
73 Ndola, Zambia 12 54S 28 35E
37 Neagh, L., Irl. Norte, R. Unisdo 54 35N 6 25W
58 Nebit Dag., U.R.S.S. 39 50N 54 30E
87 Nebraska City, U.S.A. 40 44N 95 55W
86 Nebraska, Estado, U.S.A. 42 15N 100 30W
40 Nebrodi, Mtes., Sicilia, Italia 37 48N 14 20E
46 Neckar, R., Alemania 48 37N 9 15E
95 Necochea, Argentina 38 30S 58 50W
24 Neda, Gal., Esp. 43 30N 8 10W
44 Nederland (Países Bajos), Europa 52 20N 6 0E
37 Needles, The, Ingl., R. Unido 50 40N 1 35W
62 Neemuch, India 24 25N 74 50E
84 Neepawa, Canadá 50 19N 99 30W
88 Negaunee, U.S.A. 46 30N 87 32W
89 Negev, Israel 30 50N 34 50E
51 Negoiu, Mte., Rumania 45 20N 25 0E
62 Negombo, Sri Lanka 7 10N 79 54E
41 Negotin, Yugoslavia 44 15N 22 34E
33 Negratin, Emb., And., Esp. 37 35N 2 47N
24 Negreira, al., Esp. 4 54N·8 45W
94 Negro, R., Brasil 1 0S 63 0W
51 Negro, Mar, Europa 43 0N 34 0W
95 Negro, R., Argentina 40 0S 64 0W
66 Negros, I., Filipinas 10 0N 123 0E
61 Neh, Irán 31 30N 59 58E
64 Neijiang, China 29 35N 104 55E
64 Neikiang, China 29 45N 104 25E
24 Neira de Jusa, Gal., Esp. 42 53N 7 14W
46 Neisse, R., Polonia-Alemania 51 27N 14 59E
94 Neiva, Clombia 3 0N 75 25W
60 Nejd, Reg., Arabia Saudí 25 15N 45 0E
72 Nekemte, Etiopía 9 4N 36 30E
49 Nekso, Dinamarca 55 4N 15 8E
36 Nelas, Port. 40 32N 7 52W
59 Nelka, U.R.S.S. 57 50N 136 0E
62 Nellore, India 14 30N 80 1E
59 Nelma, U.R.S.S. 47 30N 139 0E
84 Nelson, Canadá 49 25N 117 17W
80 Nelson, Dist., N.Z. 41 20S 173 23E
80 Nelson, Nueva Zelanda 41 18S 173 20E
84 Nelson, R., Canadá 56 22N 95 0W
73 Nelspruit, Sudáfrica 25 29S 30 59E
70 Nema, Mauritania 16 30N 7 0W
40 Neman, R., U.R.S.S. 55 5N 23 0E
42 Nemours, Francia 48 16N 2 40E
59 Nemui, U.R.S.S. 55 35N 136 0E
65 Nemur, Japón 43 20N 145 30E
37 Nenagh, Irlanda 52 53N 8 12W
65 Nenjiang, China 49 10N 125 10E
63 Nepal, Asia 28 0N 83 40E
63 Nepalganj, Nepa, 28 0N 81 30E
88 Nephi, U.S.A. 39 43N 111 50W
59 Nerchinsk, U.R.S.S. 52 1N 116 25E
59 Nerchinski Zavod, U.R.S.S. 51 10N 119 35E
41 Neretva, R., Yugoslavia 43 10N 17 53E
33 Nerja, And., Esp. 36 43N 3 55W
30 Nerpio, Cast.-La M., Esp. 38 11N 2 16W
32 Nerva, And., Esp. 37 42N 6 30W
48 Nes, Islandia 65 40N 17 18W
44 Nesle, Francia 49 45N 2 53E
37 Ness, L., Escocia, R. Unido 57 15N 4 28W
49 Nesttun, Noruega 60 17N 5 31E
61 Netanya, Istael 32 30N 34 51E
79 Netherdale, Australia 21 10S 148 33E
46 Neu Brandeburg, Alemania 53 35N 13 15E
45 Neuchâtel, y Cn., Suiza 47 0N 6 56E
45 Neuchâtel, L., Suiza 46 55NN 6 50E
44 Neufchâteau, Bélgica 49 50N 5 26E
44 Neufchâtel-sur-Aisne, Francia 49 27N 4 0E
45 Neuhausen, Suiza 47 41N 8 37E
46 Neumünster, Alemania 54 5N 10 0E
46 Neunkirchen, Alemania 49 20N 7 0E
95 Neuquen y R., Argentina 39 5S 68 50W
46 Neuruppin, Alemania 52 52N 12 48E
46 Neusiedler, L., de, Austria 47 58N 16 47E
44 Neuss, Alemania 51 13N 6 39E
45 Neustadt, Alemania 47 53N 8 14E
46 Neustrelitz, Alemania 53 19N 13 0E
44 Neuwied, Alemania 50 27N 7 30E
50 Neva, R., U.R.S.S. 59 55N 31 0E
91 Nevada de Chita, Colombia 6 30N 72 0W
87 Nevada, y Sa., U.S.A. 37 51N 94 28W
86 Nevada, Estado, U.S.A. 39 30N 118 0W
33 Nevada, Sa., And., Esp. 37 3N 3 15W
59 Nevelski, Mte., U.R.S.S. 50 0N 143 25E
42 Nevers, Francia 47 3N 3 12E
90 Nevis, I., Antillas 17 0N 62 30W
87 New Albany, U.S.A. 38 20N 85 50W
94 New Amsterdam, Guyana 6 12N 57 30W
87 New Bedford, U.S.A. 41 30N 71 0W
87 New Bern, U.S.A. 35 7N 77 4W
86 New Braunfels, U.S.A. 29 40N 98 13W
80 New Brighton, N. Z. 43 29S 172 43E
79 New Britain, I., Papua Nueva Guinea 6 0S 150 0E
89 New Britain, U.S.A. 41 35N 72 50W
85 New Brunswick, Prov., Canadá 46 30N 66 30W
88 New Castle, U.S.A. 41 2N 80 20W
79 New England, Sa., Australia 30 0S 152 0E
89 New Glasgow, Canadá 45 35N 62 57W
87 New Hampshire, Estado, U.S.A. 43 20N 71 30W
87 New Haven, U.S.S. 41 15N 72 58W
87 New Iberia, U.S.A. 30 0N 91 46W
79 New Ireland, I., Papua Nueva Guinea 3 0S 152 0E
89 New Jersey, Estado, U.S.A. 39 50N 74 30W
89 New London, U.S.A. 41 20N 72 5W
86 New México, Estado, U.S.A. 34 40N 106 0W
79 New Norfolk, Australia 42 45S 146 59E
87 New Orleans, U.S.A. 30 0N 90 0W
80 New Plymouth, N.Z. 39 2S 174 5E
87 New Providence, Bahamas 25 0N 77 25W
37 New Ross, Irlanda 52 25N 6 57W
79 New South Wales, Estado, Australia 32 20S 147 0E
87 New Ulm, U.S.A. 44 19N 94 35W
84 New Westminster, Canadá 48 12N 122 50W
89 New York, y Estado, U.S.A. 40 45N 74 0W
72 Newala, Tanzania 11 0S 39 0E
89 Newar, N. J., U.S.A. 40 45N 74 0W
89 Newark, Del., U.S.A. 39 45N 75 45W
88 Newark, Ohio, U.S.A. 40 8N 82 30W
89 Newburgh, U.S.A. 41 33N 74 0W
78 Newcastle Waters, Australia 17 1S 133 42E
79 Newcastle, Australia 32 59S 151 49E
37 Newcastle, Ingl., R. Unido 54 58N 1 36W
78 Newdegate, Australia 33 0S 119 30E
85 Newfoundland (Terranova), Prov., Canadá 49 0N 56 0W
37 Newhaven, Ingl., R. Unido 50 47N 0 3E
87 Newman, U.S.A. 33 32N 84 35W
90 Newmarket, Jamaica 18 8N 77 53W
87 Newport News, U.S.A. 37 6N 76 25W
89 Newport., R. I., U.S.A. 41 30N 71 17W
87 Newport, Ark., U.S.A. 35 44N 91 17W
37 Newport, Gales, R. Unido 51 35N 3 0W
37 Newport, Isla de Wight 50 42N 1 18W
87 Newport, Ken., U.S.A. 39 3N 84 28W
89 Newport, Vt., U.S.A. 44 47N 72 12W
37 Newry, Irl. Norte, R. Unido 54 10N 6 18W
87 Newton, Iowa, U.S.A. 41 43N 93 4W
87 Newton, Kansas, U.S.S. 38 6N 97 17W
50 Neya, U.R.S.S. 58 21N 43 40E
50 Nezhin, Ucrania, U.R.S.S. 51 3N 32 5E
73 Ngami, Botswana 20 35S 22 35E
71 Ngaoundere, Camerún 7 23N 13 20E
80 Ngapara, Nueva Zelanda 44 57S 170 46E
73 Ngiva, Angola 16 48S 15 50E
72 Ngudu, Tanzania 3 25S 32 2E
71 Nguigmi, Níger 14 20N 13 20E
72 Ngunza, Angola 11 3S 13 46E
66 Nha Trang,Vietnam 12 15N 109 15E
79 Nhulunbuy, Australia 12 18S 137 0E
88 Niagara Falls, Catar, América del Norte 43 12N 79 0W
70 Niamey, Níger 13 31N 2 20E
66 Nias, Is., Indonesia 1 0N 97 20E
90 Nicaragua, y L., América Cenntral 12 30N 85 0W
41 Nicastro, Italia 39 0N 16 18E
43 Nice, Francia 43 45N 7 17E
66 Nicobar, Is., India 8 0N 93 20E
60 Nicosia, Chipre 35 7N 33 2E
32 Niebla, And., Esp. 37 20N 6 40W
46 Nienburg, Alemania 52 38N 9 10E
45 Niesen, Mte., Suiza 46 38N 7 39E
44 Nieuwpoort, Bélgica 51 9N 2 46E
24 Nieves, Gal., Esp. 42 5N 8 25W
35 Nieves, Pozo, Canar., Esp. 27 58N 15 35W
43 Nièvre, Dept. Francia 47 17N 3 40E
51 Nigde, Turquía 38 0N 34 40E
70 Níger, Delta, Nigeria 4 0N 5 0E
70 Níger, África del Oeste 15 0N 9 0E
70 Níger, R., África del Oeste 16 0N 0 20E
70 Nigeria, África del Oeste 9 30N 8 0E
80 Nightcaps, Nueva Zelanda 45 58S 168 3E
24 Nigran, Gal., Esp. 42 9N 8 48W
64 Nigsia Hui, Región Autónoma, China 37 0N 106 0E
65 Niigata, y Pref., Japón 38 0N 139 5E
86 Niihua, Hawai 21 45N 160 10W
33 Níjar, And., Esp. 36 53N 2 15W
44 Nijkerk, Países Bajos 52 14N 5 29E
44 Nijmegen (Nimega), Países Bajos 51 50N 5 52E
65 Nikko, Japón 36 50N 139 30E
51 Niklayev, U.R.S.S. 46 58N 32 7E
59 Nikolayevski, Siberia 53 30N 140 10E
51 Nikopol, U.R.S.S. 47 20N 34 20E
41 Niksic, Yugoslavia 42 47N 18 57E
71 Nil el Azraq, Prov., Sudán 20 0N 33 0E
71 Nilo Azul, R., África del Norte 10 0N 35 0E
71 Nilo Blanco, *Véase* Bahr el Abiad
71 Nilo, R., África del Noreste 27 20N 31 0E
63 Nimai, Mtes., Birmania 25 45N 98 0E
43 Nîmes, Francia 43 51N 4 21E
44 Ninove, Bélgica 50 51N 4 2E
88 Nintocoke, U.S.A. 41 10N 76 0W
70 Nioro, Mali 15 30N 9 30W
43 Niort, Francia 46 22N 0 43W
84 Nipawin, Canadá 53 20N 104 0W
85 Nipigon, I., Canadá 49 40N 88 30W
85 Nipigon, y B. Canadá 49 10N 88 20W
88 Nipissing, L., Ont., Can. 46 20N 79 40W
60 Niriz, Irán 29 15N 54 5E
63 Nirmali, India 26 25N 86 30E
41 Nis, Yugoslavia 43 17N 21 53E
36 Nisa, Port. 39 35N 7 40W
95 Niteroi, Brasil 22 52S 42 55W
37 Nith, R., Escocia, R. Unido 55 27N 3 58W
47 Nitra, Checoslovaquia 48 20N 18 4E
80 Niuafo'ou, I., Océano Pacífico
44 Nivelles, Bélgica 50 36N 4 20E
42 Nivernais, Prov. Francia 47 20N 3 25E
62 Nizamabad, India 18 45N 78 7E
59 Nizhne Kolymsk, U.R.S.S. 68 35N 160 55E
59 Nizhneudinsk, U.R.S.S. 55 0N 99 25E
50 Nizhniy Tagil, U.R.S.S. 57 45N 60 0E
70 Nkambe, Camerún 6 35N 10 40E
72 Nkhata Bay, Malawi 11 35S 34 20E
73 Nkhota Kota, Malawi 13 0S 34 20E
63 Noakhali, *Véase* Maijdi
65 Nobeoka, Japón 32 35N 131 40E

30 Noblejas, Cast.-La M., Esp. 39 58N 3 26W
24 Nogales,Los,Gal., Esp.42 48N 7 7W
90 Nogales, México 31 30N 111 0W
86 Nogales, U.S.A. 31 25N 111 0W
42 Nogent-Le-Rotou, Francia 48 20N 0 50E
59 Noghinsk, U.R.S.S. 64 30N 90 50E
24 Nogueira de Ramuín, Gal., Esp. 42 25N 7 44W
27 Noguera Pallaresa, R., Cat., Esp. 42 15N 1 0E
27 Noguera Ribagorzana, R., Cat., Esp. 41 10N 0 40E
42 Noirmoutier, I. de, Francia 47 0N 2 17W
25 Noja, Cant., Esp. 43 30N 3 30W
62 Nok Kundi, Pakistán 28 55N 62 55E
59 Nokhtuisk, U.R.S.S. 60 10N 117 15E
84 Nokomis, Canadá 51 10N 105 10W
27 Nonó, C., Ba., Esp. 39 6N 1 20E
44 Noord Beveland, I., Países Bajos 51 35N 3 45E
44 Noord Brabant, Prov., Países Bajos 51 40N 5 0E
44 Noord Holland, Prov., Países Bajos 52 30N 4 45E
44 Noordoost Polder, Países Bajos 52 45N 5 45E
88 Noranda, Canadá 48 20N 79 0W
48 Nord Trondelag, Co., Noruega 64 15N 12 0E
43 Nord, Dept., Francia 50 27N 3 20E
84 Nordegg, Canadá 52 0N 116 47W
46 Norderney, I., Alemania 53 43N 7 12E
46 Nordhausen, Alemania 51 30N 10 43E
44 Nordhorn, Alemania 52 29N 7 3E
09 Nordkinn, C., Europa 71 3N 28 0E
48 Nordland, Co., Noruega 66 30N 14 30E
46 Nordrehain-Westfalen, Land. Alemania 51 0N 7 0E
59 Nordvik, U.R.S.S. 73 45N 110 57E
24 Noreña, P. de Ast., Esp. 43 24N 5 41W
76 Norfolk, I., Océano Pacífico 29 0S 167 55E
87 Norfolk, Neb., U.S.S. 42 6N 97 28W
87 Norfolk, Va. U.S.A. 36 55N 76 12W
55 Norilsk, U.R.S.S. 69 20N 88 0E
79 Norman, R., Australia 19 20S 142 25E
79 Normanby, R., Australia 15 0S 145 0E
42 Normandía, *Véase* Normandie
42 Normandie, Prov., Francia 49 0N 0 0
79 Normanton, Australia 17 52S 140 58E
48 Norrbotten, Co., Suecia 66 40N 20 0E
49 Nörresundby, Dinamarca 57 5N 9 52E
49 Norrköping, Suecia 58 39N 16 6E
78 Norseman, Australia 32 8S 121 45E
59 Norsk, U.R.S.S. 52 30N 130 5E
49 Norte, C., Noruega 71 0N 26 0E
34 Norte, Pta., Canar., Esp. 27 50N 17 55W
94 Norte, Sa do, Mtes., Brasil 12 0S 59 0W
84 North Battleford, Canadá 52 48N 108 6W
85 North Bay, Canadá 46 20N 79 30W
86 North Bend, U.S.A. 43 28N 124 15W
87 North Carolina, Estado, U.S.A. 35 30N 79 0W
88 North Channel, L. Huron 46 5N 83 0W
37 North Channel, R. Unido 55 0N 5 30W
86 North Dakota, Estado U.S.A. 47 30N 100 0W
37 North Downs, Ingl., R. Unido 51 18N 0 20E
37 North Minch, Escocia, R. Unido 58 0N 6 0W
86 North Platte, R., U.S.A. 42 30N 105 0W
37 North Ronaldsey, I., Escocia, R. Unido 59 25N 2 25W
84 North Saskatchewan, R., Canadá 54 0N 112 30W
88 North Tanawanda, N.Y., U.S.A. 43 5N 78 50W
80 North Taranaki Bight, Nueva Zelanda 38 50S 174 0E
88 North Tonawanda, U.S.A. 43 0N 78 50W
90 North Village, Bermudas 32 19N 64 47W
37 North Uist, Escocia, R. Unido 57 37N 7 20W
37 North West Hilands, Escocia, R. Unido 57 30N 5 2W
37 North York Moors, Ingl., R. Unido 54 25N 0 50W
85 North-West River, Canadá 53 45N 60 10W
78 North-Wes, C., Australia 21 42S 114 10E
89 North, C., Canadá 47 0N 60 28W
80 North, C., Nueva Zelanda 34 22S 173 1E
37 Northallerton, Ingl., R. Unido 54 21N 1 27W
78 Northam, Australia 31 40S 116 40E
78 Northampton, Australia 28 24S 114 37E
37 Northampton, Ingl., R. Unido 52 14N 0 54W
78 Northern Terr., Australia 19 30S 134 0E
80 Northland, Dist., N. Z. 35 30S 174 0E
79 Northumberland, C., Australia 38 0S 140 30E
89 Northumberland, Est. de. Canadá 46 20N 64 15W
84 Northwest Terr., Canadá 65 0N 97 0W
48 Noruega, Europea 65 30N 12 0E
12 Noruega, Mar de. 70 0N 0 2E
88 Norwalk, U.S.A. 41 6N 82 46W
37 Norwich, Ingl., R. Unido 52 38N 1 19W
65 Noshiro, y R., Japón 40 12N 140 0E
58 Nosok, U.R.S.S. 69 20N 82 20E
73 Nossi Bé, I., Madagascar 13 25S 48 15E
73 Nossi Mitsio, Madagascar 12 55S 48 20E
47 Notec, R., Europa 53 5N 17 10E
40 Noto, Sicilia, Italia 36 59N 15 10E
37 Nottingham, Ingl., R. Unido 52 58N 1 8W
70 Nouadhibou, Mauritania 21 0N 17 0W
73 Noupoort, Sudáfrica 31 10S 24 57E
44 Nouzonville, Francia 49 49N 4 45E
72 Nova Chaves, Angola 10 20S 21 26E
89 Nova Scotia, Prov., Canadá 45 0N 64 0W
40 Novara, Italia 45 27N 8 30E
58 Novaya Lyalya, U.R.S.S. 59 0N 60 50E
58 Novara Zemiya, Is., U.R.S.S. 75 0N 55 0E
47 Nove Zamky, Checoslovaquia 48 2N 18 8E
31 Novelda, Com. Val., Esp. 38 25N 0 45W
50 Novgorad Severskiy, U.R.S.S. 52 2N 33 40E
50 Novgorod, U.R.S.S. 58 30N 1 10E
41 Novi Pazar, Yugoslavia 43 8N 20 30E
41 Novi Sad, Yugoslavia 45 17N 19 44E
51 Novocherkassk, U.R.S.S. 47 22N 40 8E
47 Novograd Volynsk, U.R.S.S. 50 6N 27 33E
58 Novokazalinsk, U.R.S.S. 45 50N 62 5E
50 Novokuybyshevsk, U.R.S.S. 53 10N 49 52E
58 Novokuznetsk, U.R.S.S. 54 0N 87 10E
96 Novolazarevskaya, Antártida 70 45S 2 0E
51 Novomoskovsk, U.R.S.S. 54 5N 38 15E
51 Novorossiysk, U.R.S.S. 44 40N 37 50E
51 Novoshakhtinsk, U.R.S.S. 47 45N 39 55E
59 Novosibirsk, Is. (Nueva Zelanda), U.R.S.S. 75 30N 140 0E
58 Novosibirsk, U.R.S.S. 55 10N 83 5E
51 Novouzensk, U.R.S.S. 50 30N 48 10E
40 Novska, Yugoslavia 45 22N 16 59E
58 Novy Port, U.R.S.S. 67 40N 73 20E
63 Nowgong, India 26 22N 92 40E
79 Nowra, Australia 34 15S 150 38E
47 Nowy Sącz, Polonia 49 39N 20 42E
46 Nowy Tomyśl, Polonia 52 20N 16 5E
24 Noya, Gal., Esp. 4 48N 8 55W
42 Noyon, Francia 49 35N 3 0E
73 Nsanje, Malawi 16 55S 35 15E
71 Nubia, Des., Sudán 21 0N 33 0E
94 Nudo Coropuna, Mte. Perú 16 0S 72 30W
86 Nueces R., U.S.A. 28 40N 99 0W
84 Nueltin, L., Canadá 59 40N 99 30W
79 Nueva Caledonia, I., Océano Pacífico 21 15S 165 0E
33 Nueva Carteya, And., Esp. 37 35N 4 28W
89 Nueva Escocia, *véase* Nova Scotia
76 Nueva Guinea, I., Indias Orientales 5 0S 140 0E
90 Nueva Rosita, México 28 0N 101 20W
80 Nueva Zelanda 40 0S 173 0E
26 Nuévalos, Arag., Esp. 41 12N 1 45W
79 Nuevas Hébridas, Is., Océano Pacífico 16 0S 166 30E
29 Nuevo Baztán, Madrid, Esp. 40 50N 3 46W
90 Nuevo Laredo, México 27 25N 99 35W
80 Nuhaka, Nueva Zelanda 39 0S 177 47E
60 Nukha, U.R.S.S. 41 28N 47 5E
71 Nukheila, Oasis, Sudán 19 7N 26 15E
80 Nuku'Alofa, Is., Tonga N.Z. 21 9S 175 14W
58 Nukus, U.R.S.S. 42 30N 60 0E
78 Nularbor Plain, Australia 30 40S 129 30E
31 Nules, Com. Val., Esp. 39 51N 0 9W
71 Numan, Nigeria 9 29N 12 3E
65 Numata, Japón 36 45N 139 4E
65 Numazu, Japón 35 10N 138 50E
84 Munivak, Is., Alaska 60 0N 166 0W
44 Nunspeet, Países Bajos 52 22N 5 46E
34 Nuñomoral, Extr., Esp. 40 25N 6 15W
40 Nuoro, Cerdeña, Italia 40 20S 9 20E
46 Nuremberg, *véase* Nürnberg
46 Nürnberg (Nuremberg), Alemania 49 28N 11 7E
60 Nusaybin, Turquía 37 3N 41 10E
62 Nushki, Pakistán 29 35N 65 57E
73 Nuweveldberge, Mtes., Sudáfrica 32 10S 21 4E
78 Nuyts, Meseta, Australia 35 1S 116 40E
78 Nyabing, Australia 33 30S 118 10E
72 Nyahanga, Tanzania 2 10S 33 32E
72 Nyahururu, Kenia 0 2N.36 27E
71 Nyala, Sudán 12 2N 24 58E
63 Nyalam Dz., Tibet, China 28 10N 85 50E
71 Nyamlell, Sudán 9 0N 27 3E
73 Nyasa, L., África Oriental 12 0S 34 30E
72 Nyasaland, África Oriental *véase* Malawi
50 Nyazepetrovsk, U.R.S.S. 56 0N 59 30E
49 Nybro, Suecia 56 43N 15 55E
58 Nyda, U.R.S.S. 66 40N 73 28E
64 Nyenchen Tanghla, Sa., Asia 30 30N 90 0E
72 Nyeri, Kenia 0 34S 37 0E
47 Nyiregyhaza, Hungría 47 27N 21 43E
49 Nyköbing, Dinamarca 54 51N 11 50E
49 Nylöping, Suecia 58 46N 17 0E
73 Nylstroom, Sudáfrica 24 40S 28 0E
49 Nymashamm, Suecia 58 55N 17 57E
79 Nyngan, Australia 31 39S 147 13E
45 Nyon, Suiza 46 23N 6 14E
47 Nysa, Polonia 50 40N 17 22E
65 Nyudo, C., Japón 40 0N 139 30E
72 Nzega, Tanzania 4 12S 33 11E
70 Nzerekore, Guinea 7 46N 8 58W
76 Nzeto, Angola 7 18S 12 52E

O

86 Oahu, Hawai 21 30N 158 0W
37 Oakham, Ingl., R. Unido 52 40N 0 47W
86 Oakland, U.S.A. 37 55N 122 5W
80 Oamaru, Nueva Zelanda 45 1S 171 0E
96 Oasis, Antártida 77 0S 101 0E
96 Oates Coast. ntártida 70 0S 165 0E
90 Oaxaca, México 17 15N 96 38W
58 Ob., G. de, U.R.S.S. 70 0N 73 0E
58 O, R., U.R.S.S. 62 40N 66 0E
88 Oba, Canadá 48 50N 84 10W
37 Oban, Escocia, R. Unido 56 25N 5 27W
80 Oban, Nueva Zelanda 46 55S 168 10E
44 Oberhausen, Alemania 51 58N 6 50E
45 Oberland, Suiza 46 30N 7 30E
66 Obi, Is., Indonesia 1 40S 128 0E
94 Obidos, Brasil 1 48S 55 37W
36 Obidos, Port. 39 25N 9 10W
60 Obock, Djibouti 12 0N 43 15E
70 Obuasi, Ghana 6 17N 1 40W
30 Ocaña, Cast.-La M., Esp. 39 55N 3 30W
94 Ocaña, Colombia 8 0N 73 35W
04 Océano Antártico 60 0S 128 0E
96 Océano Ártico
04 Océano Pacífico 45 0S a 60 0N; 120 0E a 75 0W
25 Ochagavia, Nav., Esp. 42 55N 1 5W
36 Ocreza, R., Port. 39 50N 7 40W
48 Odadahraun, Islandia 65 10N 17 0W
49 Odda, Noruega 60 3N 6 35E
48 Oddeyri, Islandia 65 40N 18 5W
27 Odena, Cat., Esp. 41 36N 1 38E
49 Odense, Dinamarca 55 22N 10 23E
49 Oder, R., Alemania-Polonia 53 3N 14 20E
51 Odessa, U.R.S.S. 46 37N 30 16E
86 Odessa, U.S.A. 31 50N 102 25W
32 Odiel, R., And., Esp. 37 30N 6 55W
70 Odienne, Costa de Marfil 9 30N 7 15W
47 Odorhei, Rumanía 46 20N 25 20E
41 Odzak, Yugoslavia 45 3N 18 18E
73 Odzi, Zimbabwe 19 0S 32 20E
36 Oeiras, Port. 38 45N 9 20W
40 Ofanto, R., Italia 41 10N 16 50E
45 Ofenpass, Suiza 46 40N 10 20E
46 Offenbach, Alemania 50 7N 8 51E
45 Oftringen, Suiza 47 20N 7 56E
65 Ogaki, Japón 35 25N 136 30E
70 Ogbomosho, Nigeria 6 5N 4 10E
86 Ogden, U.S.A. 41 22N 111 50W
87 Ogdensburg, U.S.A. 44 42N 75 20W
65 Oginohama, Japón 38 27N 141 30E
40 Ogllo, R., Italia 46 0N 10 20E
80 Ohakune, Nueva Zelanda 39 26S 175 25E
44 Ohey, Bélgica 50 26N 5 8E
87 Ohio, Estado, U.S.A. 40 40N 82 30W
87 Ohio, R., U.S.A. 39 45N 81 30W
46 Ohre, R., Checoslovaquia 50 10N 12 30E
41 Ohrid, Yugoslavia 41 10N 20 50E
88 Oil City, Pa., U.S.A. 41 26N 79 40W
24 Oimbra, Gal., Esp. 41 54N 7 30W
59 Oimyakon, U.R.S.S. 63 20N 143 5E
58 Oirot-Tura, U.R.S.S. 52 0N 86 3E
43 Oise, Dept., Francia 49 35N 2 12E
42 Oise, R., R., Francia 49 20E 3 0E
44 Oisterwijk, Países Bajos 51 35N 5 12E
65 Oita y Pref., Japón 33 10N 131 30E
95 Ojos del Salado, Mte., Argentina 27 0S 68 0W
73 Okahandja, Mamibia 22 0S 16 52E
80 Okarito, Nueva Zelanda 43 15S 170 10E
73 Okavango Swamp, Botswana 19 30S 23 0E
65 Okayama, y Pref., Japón 34 40N 133 6E
65 Okazaki, Japón 34 55N 137 10E
87 Okeechobee, L., U.S.A. 27 0N 80 50W
70 Okene, Nigeria 7 32N 6 11E
62 Okha, India 22 25N 69 0E
59 Okha, U.R.S.S. 53 40N 142 50E
59 Okhotsk, Mar de, U.R.S.S. 57 0N 149 0E
59 Okhotsk, U.R.S.S. 59 25N 143 10E
65 Oki, Is., Japón 36 17N 133 10E
73 Okiep, Sudáfrica 29 41S 17 59E
65 Okinawa, I., Japón 26 30N 128 0E
86 Oklahoma City, U.S.A. 35 40N 97 20W
86 Oklahoma, Estado, U.S.A. 35 40N 97 0W
72 Okoyo, Congo 1 10S 15 48E
70 Okrika, Nigeria 4 47N 7 4E
51 Oktabrsk, U.R.S.S. 49 20N 57 15E
50 Oktyabrski, U.R.S.S. 54 30N 53 30E
80 Okuru, Nueva Zelanda 43 55S 168 58E
48 Olafsvik, Islandia 64 52N 23 45W
49 Oland, I., Suecia 56 50N 16 40E
24 Olas, Pta., Gal., Esp 43 20N 8 35W
95 Olavarría, Argentina 37 0S 60 20W
25 Olazagutia, Nav., Esp. 42 50N 2 12W
40 Olbia, Cerdeña, Italia 40 55N 9 30E
60 Old Sennar, Sudán 13 52N 33 32E
46 Oldenburg, Alemania 53 10N 8 15E
44 Oldenzaal, Países Bajos 52 19N 6 55E
37 Oldham, Ingl., R. Unido 53 34N 2 7W
88 Olean, U.S.A. 42 7N 78 27W
24 Oleiros, Gal., Esp. 43 20N 8 20W
36 Oleiros, Port. 39 56N 7 56W
59 Olekma, R., U.R.S.S. 57 30N 121 30E
59 Olekminsk, U.R.S.S. 60 40N 120 30E
59 Oleñek, R., U.R.S.S. 72 30N 122 30E
43 Oleron, I., Francia 46 0N 1 20W
27 Olesa de Monserrat, Cat., Esp. 41 33N 1 54E
47 Olesnica, Polonia 51 13N 17 22E
59 Olga, U.R.S.S. 43 50N 135 20E
36 Olhâo, Port. 37 1N 7 50W
27 Oliana, Cat., Esp. 42 6N 1 19E
26 Oliete, Arag., Esp. 40 59N 0 42W
73 Olifants, R., Sudáfrica 24 0S 31 25E
41 Olimpo, Mte., Grecia 40 2N 22 25E
25 Olite, Nav., Esp. 42 29N 1 45W
34 Oliva de la Frontera, Extr., Esp. 38 17N 6 55W
34 Oliva de Mérida, Extre., Esp. 38 47 6 7W
31 Oliva, Com. Val., Esp. 38 58N 0 10W
35 Oliva, *véase* La Oliva
32 Olivares, And., Esp. 37 25N 6 9W
30 Olivares del Júcar, Cast.-La M., Esp. 39 46N 2 15W
36 Oliveira de Azemeis, Port. 40 49N 8 35W
34 Olivenza, y R., Extr., Esp. 38 41N 7 8W
61 Olivos, Mte. de, Palestina 31 47N 35 14E
28 Olmedo, Cast.-León, Esp. 41 20N 4 45W
28 Olmos de Ojeda, Cast.-León, Esp. 42 43N 4 26W
31 Olocau del Rey, Com. Val., Esp. 40 40N 0 18W
28 Olombrada, Cast.-León, Esp. 41 24N 4 9W
46 Olomouc, Checoslovaquia 49 35N 17 8E
50 Olonets, U.R.S.S. 61 10N 33 10E
43 Olorón, Francia 43 10N 0 40W
27 Olost, Cat., Esp. 41 58N 2 10E
27 Olot, Cat., Esp. 42 11N 2 30W
59 Olovynnaya, U.R.S.S. 50 55N 115 30E
49 Olsztyn, Polonia 53 45N 20 30E
45 Olten, Suiza 47 22N 7 54E
33 Olula del Río, And., Esp. 37 21N 2 18W
32 Olvera, And., Esp. 36 55N 5 15W
87 Olympia, Ruinas de, Grecia 37 40N 21 39E
86 Olympia, U.S.A. 47 2N 122 50W
82 Olympus, Mte., U.S.A. 48 7N 124 0W
31 Ollería, Com. Val. Esp. 38 55N 0 33W
28 Omañas, R., Cast.-León, Esp. 42 40N 5 50W
37 Omagh, Irl. Norte, R. Unido 54 35N 7 18W
87 Omaha, U.S.A. 41 28N 96 12W
61 Omán, Arabia 22 0N 52 0E
61 Omán, G. Asia del Suroeste 24 30N 59 0E
66 Ombai Est., Indias Orientales 8 15S 124 45E
72 Omboue, Gabón 1 53S 9 15E
40 Ombrone, R., Italia 42 40N 11 3E
71 Omdurman, Sudán 15 50N 3 45E
65 Ominato, Japón 41 25N 141 8E
44 Ommen, Países Bajos 52 32N 6 26E
59 Omolón, R , U R.S.S. 64 30N 161 0E
65 Omoto, Japón 39 57N 142 0E
64 Ompor, U.R.S.S. 49 50N 117 0E
58 Omsk, U.R.S.S. 55 0N 73 30E
47 Omul, Mte., Rumania 45 20N 25 20E
73 Omuramba Omatako, R., Namibia 20 0S 17 50E
65 Omuta, Japón 33 0N 130 26E
31 Onda, Com. Val., Esp. 39 55N 0 15W
73 Ondangua, Namibia 28 0S 16 0E
31 Ondara, Com. Val. Esp. 38 50N 0 1E
25 Ondárroa, P. Vasco, Esp. 43 19N 2 30W
64 Ondorhaan, Mongolia 47 30N 110 15E
48 Ondverdarnes, Islandia 64 52N 24 0W
50 Onega, y G. y R., U.R.S.S. 60 40N 37 30E
80 Onehunga, Nueva Zelanda 36 58S 174 50E
59 Onekotan, I., U.R.S.S. 49 30N 154 30E
59 Onguren, U.R.S.S. 54 0N 108 0E
31 Onil, Com. Val., Esp. 38 38N 0 35W
70 Onitsha, Nigeria 6 8N 6 55E
65 Onomichi, Japón 34 30N 133 5E
24 Ons, Is., Gal., Esp. 42 23N 8 55W
78 Onslow, Australia 21 44S 115 1E
87 Onslow, B., U.S.A. 34 30N 77 0W
65 Ontake, Mte., Japón 35 57N 137 30E
88 Ontario, L., América del Norte 43 40N 78 0W
85 Ontario, Prov., Canadá 50 0N 86 0W
86 Ontario, U.S.A. 43 50N 117 0W
31 Onteniente, Com. Val., Esp. 38 50N 0 35W
88 Ontonagón, U.S.A. 46 58N 89 12W

31 Ontur, Cast.-La M., Esp. 38 38N 1 30W
29 Oña, Cast.-León, Esp. 42 43N 3 25W
25 Oñate, P. Vasco-Esp. 43 2N 2 25W
78 Oodnnadatta, Australia 27 30S 135 30E
78 Ooldea, Australia 30 30S 131 55E
44 Oostende, Bélgica 51 14N 2 56E
44 Oosterhout, Países Bajos 51 38N 4 51E
44 Oosterschelde, R., Países Bajos 51 39N 3 50E
62 Ootacamund, India 11 30N 76 40E
72 Opala, Zaire 1 13S 24 45E
62 Opanake, Sri Lanka 6 30N 80 35E
47 Opava, Checoslovaquia 49 57N 17 50E
78 Ophthalmia, Sa., Australia 23 14S 119 30E
36 Oporto (Porto), Portugal 41 10N 8 38W
49 Oppland, Dist., Noruega 61 10N 10 0E
80 Opua, Nueva Zelanda 35 13S 174 0E
80 Opunake, Nueva Zelanda 39 27S 173 52E
60 Oqair, Arabia Saudí 25 45N 50 10E
61 Or Yehuda, Israel 32 1N 34 53E
47 Oradea, Rumania 47 3N 21 57E
48 Oraefa Jökull, Mte., Islandia 64 10N 16 20W
62 Orai, India 26 3N 79 30E
70 Orán, Argelia 35 45N 0 38W
95 Orán, Argentina 23 5S 64 15W
73 Orange Free State, Prov., Sudáfrica 28 20S 27 0E
79 Orange, Australia 33 13S 149 0E
43 Orange, Francia 44 10N 4 50E
73 Orange, R., Namibia 28 40S 16 30E
87 Orange, U.S.A. 30 5N 93 47W
87 Orangeburg, U.S.A. 33 30N 80 51W
73 Orangemouth, Mamibia 23 38S 16 24E
88 Orangeville, Canadá 43 58N 80 2W
46 Oranienburg, Alemania 52 43N 13 14E
31 Orba, Com. Val., Esp. 38 47N 0 3W
28 Orbada, *véase* La Orbada
45 Orbe, Suiza 46 44N 6 30E
40 Orbetello, Italia 42 25N 11 5E
28 Órbigo, R., Cast.-León, Esp. 42 40N 5 54W
79 Orbost, Australia 37 40S 148 28E
96 Orcadas del Sur, Is., *véase* South Orkneys
37 Orcadas, Is., Escocia, R. Unido 59 5N 3 0W
33 Orcera, And., Esp. 38 20N 2 40W
44 Orchies, Francia 50 28N 3 14E
24 Órdenes, Gal., Esp. 43 5N 8 24W
26 Ordesa, P.N., Arag., Esp. 42 35N 0 2W
64 Ordos, Des., China 39 30N 108 0E
25 Orduña, P. Vasco, Esp. 42 58N 2 58W
51 Ordzhonikidze, U.R.S.S. 43 20N 44 30E
46 Ore, Mtes., Alemania *véase* Erz Gebirge
48 Orebro, y Co., Suecia 59 20N 15 18E
86 Oregon, Estado, U.S.A. 43 45N 120 30W
50 Orekhovo-Zuyevo, U.R.S.S. 55 0N 39 2E
50 Orel, U.R.S.S. 53 3N 36 8E
34 Orellana, y Emb., y Canal, Extr., Esp. 39 5N 5 10W
50 Orenburg, U.R.S.S. 51 42N 55 7E
24 Orense, y Prov., Gal., Esp. 42 19N 7 55W
26 Ores, Arag., Esp. 42 17N 0 59W
27 Organa, Cat., Esp. 42 13N 1 20E
34 Orgaños, Pta., Canar., Esp. 28 40N 17 15W
30 Orgaz, Cast.-La M., Esp. 39 39N 3 53W
25 Orhy, Mte., Pirineos, Esp.-Francia 43 0N 1 3W
33 Oria, And., Esp. 37 28N 2 15W
25 Oria, P. Vasco, Esp. 43 18N 2 12W
44 Origny-Ste. Benoite, Francia 49 50N 3 30E
26 Orihuela del Tremedal, Arag., Esp. 40 33N 1 39W
31 Orihuela, Com. Val., Esp. 38 7N 0 55W
88 Orilla, Canadá 44 42N 79 30W
94 Orinoco, Delta, Venezuela 9 0N 61 0W
94 Orinoco, R., Venezuela 8 0N 64 50W
63 Orissa, Prov., India 21 0N 85 0E
40 Oristano, Italia 39 57N 8 39E
33 Orjiva, And., Esp. 36 53N 3 24W
48 Orkanger, Noruega 63 16N 9 57E
48 Orkla, R., Noruega 63 0N 9 40E
96 Orkneys, Is., Océano Polar Antártico 61 0S 46 0W
87 Orlando, U.S.A. 28 30N 81 0W
42 Orléanais, Prov., Francia 47 50N 2 0E
42 Orléans, Francia 47 57N 1 53E
62 Ormara, Pakistán 25 13S 64 37E
66 Ormoc, Filipinas 11 5N 124 30E
80 Ormond, N.Z. 38 30S 177 55E
44 Ornans, Francia 47 7N 6 8E
43 Orne, Dept., Francia 48 40N 0 15W
48 Ornsköldsvik, Suecia 63 18N 18 44E
24 Orol, Gal., Esp. 43 40N 7 43W
30 Oropesa, Cast.-La M., Esp. 39 57N 5 10W
31 Oropesa, Com. Val., Esp. 40 8N 0 10E
65 Oroquen Zizhiqui, China 50 34N 123 43E
40 Orosei, Italia 40 20N 9 40E
24 Oroso, Gal., Esp. 43 0N 8 24W
35 Orotava, *véase* La Orotava
25 Orozno, P. Vasco, Esp. 43 8N 2 55W
50 Orsha, U.R.S.S. 54 30N 30 25E
45 Orsières, Suiza 46 2N 7 10E
50 Orsk, U.R.S.S. 51 8N 58 30E
47 Orsova, Rumania 44 42N 22 22E
45 Orta, L., Italia 45 48N 8 28E
24 Ortegal, C., Gal., Esp. 43 43N 7 52W
24 Ortigueira, Gal., Esp. 43 40N 7 50W
40 Ortles, Mte., Italia 46 19N 10 38E
40 Ortona, Italia 42 20N 14 22E
94 Oruro, Bolivia 17 50S 67 25W
29 Orusco, Madrid, Esp. 40 47N 3 15W
40 Orvieto, Italia 42 45N 12 5E
41 Oryakhovo, Bulgaria 43 43N 23 55E
50 Osa, U.R.S.S. 57 9N 55 57E
87 Osage, R., U.S.A. 38 0N 94 0W
65 Osaka, y Pref., Japón 34 40N 135 39E
28 Oseja de Sajambre, Cast.-León, Esp. 43 10N 5 3W
24 Osera, Gal., Esp. 42 30N 7 57W
51 Osetia Norte, R.A.S.S., U.R.S.S. 43 0N 44 10E
88 Oshawa, Canadá 44 0N 78 59W
73 Oshikango, Mamibia 17 9S 16 10E
88 Oshkosh, Vis., U.S.A. 44 3N 88 35W
70 Oshogbo, Nigeria 7 55N 4 50E
72 Oshwe, Zaire 3 10S 19 35E
41 Osijek, Yugoslavia 45 32N 18 42E
45 Osinino, U.R.S.S. 71 0N 148 57E
87 Oskaloosa, U.S.A. 41 17N 92 44W
49 Oskarshamm, Suecia 57 18N 16 23E
49 Oslo Fjord, Noruega 59 0N 10 30E
49 Oslo, Noruega 59 5N 10 50E
62 Osmanabad, India 18 6N 76 4E
51 Osmaniye, Turquía 37 7N 36 15E
44 Osnabrück, Alemania 52 19N 8 2E
28 Oso, *véase* El Oso
45 Osogna, Suiza 46 18N 8 58E
28 Osorno la Mayor, Cast.-León, Esp. 42 24N 4 22W
95 Osorno, Chile 40 30S 73 0W
44 Oss, Países Bajos 51 47N 5 32E
30 Ossa de Montiel, Cast.-La M., Esp. 38 58N 2 45W
79 Ossa, Mte., Australia 41 47S 146 0E
49 Öster Dal, R., Suecia 61 30N 13 50E
49 Östergötland, Suecia 58 20N 15 30E
48 Ostersund, Suecia 63 14N 14 40E
49 Østfold, Co., Noruega 59 30N 11 0E
44 Ostia, Italia 41 40N 12 20E
47 Ostrava, Checoslovaquia 49 55N 18 19E
49 Ostróda, Polonia 53 40N 20 1E
47 Ostróg, U.R.S.S. 50 20N 26 30E
47 Ostroleka, Polonia 53 1N 21 34E
47 Ostrów Mazowiecka, Polonia 52 48N 21 55E
47 Ostrów, Polonia 51 40N 17 50E
47 Ostrowiec, Polonia 51 0N 21 25E
65 Osumi, Canal Van Diemen, Est. Japón 30 55N 131 0E
32 Osuna, And., Esp. 37 14N 5 8W
87 Oswego, U.S.A. 43 25N 76 33W
65 Ota, Japón 36 42N 140 30E
80 Otago, Dist., N.Z. 45 20S 169 50E
80 Otaki, Nueva Zelanda 40 38S 175 10E
65 Otaru, Japón 43 10N 141 0E
73 Otavi, Mamibia 19 35S 17 25E
25 Oteiza, Nav., Esp. 42 40N 1 52W
28 Otero de Herreros, Cast.-León, Esp. 40 47N 4 11W
24 Otero del Rey, Gal., Esp. 43 6N 7 36W
33 Otivar, And., Esp. 36 46N 3 40W
73 Otjiwarongo, Mamibia 20 22S 16 37E
80 Otorohanga, N.Z. 38 10S 175 12E
40 Otranto, y Est., Italiá 40 11N 18 28E
65 Otsu, Japón 35 0N 136 0E
85 Ottawa, Is., Canadá 59 30N 81 0W
87 Ottawa, U.S.A. 38 40N 95 20W
89 Ottawa, y R., Canadá 45 20N 75 41W
87 Ottumwa, U.S.A. 41 5N 92 20W
70 Oturkpo, Nigeria 7 10N 8 15E
47 Otwock, Polonia 52 10N 21 20E
87 Ouachita, Mtes., U.S.A. 34 58N 94 20E
87 Ouachita, R., U.S.A. 32 30N 92 5W
71 Ouadda, África Central 8 15N 22 20E
70 Ouagadougou, Alto Volta 12 25N 1 30W
70 Ouallene, Argelia 24 30N 1 20E
72 Ouanda Djale, África Central 8 55N 22 53E
72 Ouango, África Central 4 19N 22 30E
70 Ouargla, Argelia 31 50N 5 20E
70 Ouarzazate, Marruecos 31 0N 6 40W
72 Oubangi, R., Congo 1 0N 17 30E
44 Oudenaarde, Bélgica 50 51N 3 37E
44 Oudensbock, Países Bajos 51 35N 4 30E
73 Oudtshoorn, Sudáfrica 33 32S 22 8E
72 Quesso, Congo 1 40N 16 10E
70 Quezzane, Marruecos 34 51N 5 42W
44 Ougrée, Bélgica 50 37N 5 30E
70 Ouidah, Benin 6 25N 2 0E
70 Oujeft, Mauritania 20 0N 13 0W
70 Ouled Djellal, Argelia 34 20N 6 30E
48 Oulu, Co., Finlandia 64 35N 25 23E
48 Oulu, L., y R. Finlandia 64 20N 27 15E
48 Ounas, R., Finlandia 67 45N 24 55E
71 Ourianga Serir, Chad 18 54N 19 51E
44 Our, R., Alemania 50 3N 6 8E
36 Ourique, Port. 37 40N 8 12W
95 Ouro Preto, Brasil 20 17S 43 48W
44 Ourthe, R., Bélgica 50 13N 5 33W
37 Ouse, Great, R., Ingl., R. Unido 52 21N 0 6E
24 Outes, Gal., Esp. 42 52N 8 55W
79 Ouyen, Australia 35 0S 142 30E
95 Ovalle, Chile 30 35S 71 17W
73 Ovamboland, Reg., Mamibia 17 40S 16 0E
36 Ovar, Port. 40 51N 8 40W
44 Overijssel, Prov., Países Bajos 52 24N 6 33E
48 Overtornea, Suecia 66 25N 23 32E
24 Oviedo, y Prov., P. de Ast., Esp. 43 21N 5 50W
80 Owaka, Nueva Zelanda 46 30S 169 48E
87 Owatonna, U.S.A. 44 8N 93 34W
88 Owen Sound, Canadá 44 40N 81 0W
87 Owensboro, U.S.A. 37 47N 87 7W
88 Owosso, U.S.A. 43 2N 84 12W
49 Oxelösund, Suecia 58 43N 17 15E
37 Oxford, Ingl., R. Unido 51 45N 1 15W
80 Oxford, Nueva Zelanda 43 20S 172 10E
24 Oya, Gal., Esp. 42 3N 8 53W
70 Oyo, Nigeria 7 58N 3 59E
25 Oyón, P. Vasco, Esp. 42 30N 2 26W
42 Oyonnax, Francia 46 15N 5 40E
24 Oza de los Ríos, Gal., Esp. 43 13N 8 15W
66 Ozamiz, Filipinas 8 10N 123 40E
87 Ozark Plateau, U.S.A. 37 0N 92 30W
87 Ozark, L. de los, U.S.A. 38 0N 93 0W

P

63 Paan, China 29 55N 99 5E
73 Paarl, Prov., Sudáfrica 33 45S 18 59E
48 Paatsi, R., U.R.S.S. 68 55N 29 0E
62 Pab, Mtes. Pakistán 26 20N 66 45E
63 Pabna, Bangladesh 24 0N 89 10E
94 Pacasmayo, Perú 7 28S 79 30W
62 Pachpadra, India 25 57N 72 0E
90 Pachuca, México 20 13N 98 45W
66 Padang, Indonesia 1 5S 100 25E
46 Paderborn, Alemania 51 47N 8 52E
24 Paderne, Gal., Esp. 43 16N 8 10W
84 Padlei, Canadá 62 10N 97 5W
40 Padova, Italia 45 23N 11 51E
24 Padrenda, Gal., Esp. 42 8N 8 11W
24 Padrón, Gal., Esp. 42 41N 8 39W
40 Padua, *véase* Padova
87 Paducah, U.S.A. 37 1N 88 29W
33 Padul, And., Esp. 37 1N 3 38W
80 Paeroa, Nueva Zelanda 37 18S 175 39E
40 Pag, I., Yugoslavia 44 20N 15 0E
66 Pagadian, Filipinas 7 55N 123 30E
66 Pagain, I., Indonesia 3 OS 100 10E
66 Pagais, Indonesia 3 0S 100 20E
33 Pagalojan, And., Esp. 37 44N 3 39W
69 Pagalú, I., Atlántico 1 35S 5 35E
86 Page, U.S.A. 37 0N 111 25W
80 Pago Pago, Samoa 14 5S 171 48W
66 Pahandut, Indonesia, *véase* Palangkaraya
80 Pahiatua, Nueva Zelanda 40 27S 175 48E
60 Pahlevi, *véase* Anzeli
65 Paicheng, China 45 40N 122 30E
49 Päijänne, L., Finlandia 61 40N 25 30E
42 Paimpol, Francia 48 42N 3 2W
86 Painted Desert, U.S.A. 36 0N 111 10W
31 Paiporta, Com. Val., Esp. 39 26N 0 25W
25 País Vasco, Reg., Esp.43 10N 2 40W
44 Países Bajos (Nederland), Europa 52 20N 6 0E
37 Paisley, Escocia, R. Unido 55 51N 4 25W
36 Paiva, R., Port. 40 50N 7 50W
32 Pajanosas, *véase* Las Pajanosas
24 Pajares, Puerto, Ast.-León, Esp. 43 0N 5 45W
66 Pakanbaru, Indonesia 0 30N 101 35E
62 Pakistán, Asia 27 0N 67 0E
63 Pakokku, Birmania 21 15N 95 6E
66 Pakse, Laos 15 5N 105 47E
62 Paktya, Prov., Afganistán 33 0N 69 0E
28 Palacios del Sil, Cast.-León, Esp. 42 50N 6 27W
32 Palacios y Villafranca, *véase* Los Palacios y Villafranca
27 Palafrugell, Cat., Esp. 41 55N 3 10W
62 Palam, India 19 0N 77 0E
27 Palamós, Cat., Esp. 41 50N 3 10E
05 Palan, Is., Océano Pacífico 7 20N 135 0E
31 Palancia, R., Com. Val., Esp. 39 50N 0 45W
66 Palangkaraya-(Pahandut), Indonesia 2 25S 114 0E
62 Palanpur, India 24 15N 72 30E
73 Palapye, Botswana 22 30S 27 28E
24 Palas de Rey, Gal., Esp. 42 50N 7 52W
46 Palatinado, *véase* Pfalz
87 Palatka, U.S.A. 29 37N 81 42W
66 Palawan, I., Filipinas 9 30N 119 0E
49 Paldiski, U.R.S.S. 59 23N 24 9E
66 Paleleh, Indonesia 1 0N 122 0E
66 Palembang, Indonesia 3 0S 104 47E
28 Palencia, y Prov., Cast.-León, Esp. 41 1N 4 34W
28 Palenzuela, Cast.-León, Esp. 42 9N 4 8W
40 Palermo, Italia 38 8N 13 18E
61 Palestina, *véase* Israel y Jordania
87 Palestine, U.S.A. 31 46N 95 40W
62 Palghat, India 11 1N 76 59E
62 Pali, India 25 45N 73 10E
62 Palitana, India 21 48N 71 49E
62 Palk, Bahía, Sri Lanka 9 20N 80 0E
62 Palk, Estado, India 10 0N 80 0E
45 Pallanza, Italia 45 58N 8 35E
27 Pallars, Cca., Cat., Esp. 42 15N 0 50E
27 Pallerols, Cat., Esp. 42 50N 1 16E
79 Palm, Is., Australia 18 45S 146 35E
32 Palma del Condado, *véase* La Palma del Condado
27 Palma del Ebro, *véase* La Palma del Ebro
32 Palma del Río, And., Esp. 37 43N 5 17W
34 Palma, I., Canar., Esp. 28 50N 17 50W
27 Palma, y Bal., Esp. 39 33N 2 40E
30 Palmaces, Emb., Cast.-La M., Esp. 41 5N 2 50W
40 Palmas, G. de, Italia 38 50N 8 25E
35 Palmas, *véase* Las Palmas
27 Palmerola, Cat., Esp. 42 12N 2 3E
80 Palmerston North, N. Z. 40 18S 175 36E
80 Palmerston, N. Z. 45 30S 170 45E
40 Palmi, Italia 38 20N 15 55E
94 Palmira, Colombia 3 40N 76 20W
60 Palmira, Siria 34 20N 37 55E
62 Palni, Alturas de, India 10 30N 77 30E
90 Palo Seco, Trinidad 10 5N 61 32W
30 Palomares del Campo, Cast.-La M.. Esp. 39 57N 2 36W
34 Palomas, Extr., Esp. 38 44N 6 12W
32 Palos de la Frontera, And., Esp. 37 13N 6 52W
35 Palos, C., Mur., Esp. 37 38N 0 40W
51 Palu, Turquía 38 37N 40 0E
43 Pamiers, Francia 43 5NN 1 40E
53 Pamir, Mtes., Asia Central 37 0NN 73 0E
95 Pampa, La, Argentina 36 20S 62 0W
86 Pampa, U.S.A. 35 32N 101 0W
28 Pampliega, Cast.-León, Esp. 42 12N 3 58W
25 Pamplona, Nav., Esp. 42 48N 1 38W
91 Panamá, América Central 9 0N 80 0W
91 Panamá, G., y Canal, 9 3N 79 30W
41 Pancevo, Yugoslavia 44 55N 20 42E
29 Pancorbo, y Paso, Cast.-León, Esp. 42 40N 3 7W
62 Pandharpur, India 17 36N 75 24E
66 Pangkal, Indonesia 2 0S 106 8E
62 Pangon Tso, L., Tibet 33 50N 78 50E
63 Pangyang, Birmania 22 10N 98 45E
62 Panjim, Goa, India 15 30N 73 45E
62 Panna, India 24 45N 80 15E
62 Pannanai, India 10 40N 75 55E
40 Pantelleria, I., Italia 36 50N 12 0E
27 Pantinat, Pta., Bal., Esp. 40 3N 4 12E
24 Panton, Gal., Esp. 42 31N 7 37W
90 Pánuco, R., México 21 30N 98 30W
70 Panyam, Nigeria 9 27N 9 8E
71 Paoua, África Central 7 25N 16 30E
47 Pápa, Hungría 47 20N 17 30E
35 Papagayo, Pta., Canar., Esp. 28 50N 13 48W
90 Papantla, México 20 27N 97 15W
79 Papua, Nueva Guinea 7 0S 145 0E
94 Pará, Estado, Brasil 4 0S 5 30W
94 Pará, *véase* Belém
91 Paracaima, Sa., Venezuela 4 0N 63 0W
66 Paracel, Is., Mar de China Merid. 16 30N 111 30E
32 Paradas, And., Esp. 37 17N 5 30W
24 Paradela, Gal., Esp. 42 45N 7 34W
87 Paragould, U.S.A. 36 4N 90 29W
94 Paraguaná, Pen. de, Venezuela 12 0N 70 0W
95 Paraguari, Paraguay 25 30S 57 15W
95 Paraguay, América del Sur 21 0S 60 0W
94 Paraiba, Estado, Brasil 7 12S 34 0W
49 Parainen, Finlandia 60 21N 22 17E
70 Parakou, Benin 9 30N 2 35E
94 Paramaribo, Surinam 5 45N 55 15W
28 Paramera de Ávila, Sa., Cast.-León, Esp. 40 30N 4 40W
30 Paramera de Molina, Sa., Arag., Esp. 40 50N 2 10W
28 Páramo del Sil, Cast.-León, Esp. 42 48N 6 30W
28 Páramo, El, Cca., Cast.-León, Esp. 42 28N 5 32W
59 Paramushir, I., U.R.S.S. 50 10N 156 0E
95 Paranná, Argentina 32 0S 60 30W
95 Paraná, Estado, Brasil 24 0S 52 0W
95 Paraná, R., Argentina 29 0S 59 30W
95 Paranagua, Brasil 25 45S 48 30W
95 Paranaiba, R., Brasil 18 40S 48 30W
95 Paranapanema, R., Brasil 22 30S 52 0W
95 Paranpiacaba, Sa., Brasil 24 30S 49 0W
33 Parapanda, Mte., And., Esp. 37 20N 3 50W
43 Paray-le-Monial, Francia 46 25N 4 5E
62 Parbhani, India 19 30N 77 0E
46 Parchim, Alemania 53 30N 11 50E
29 Pardo, *véase* El Pardo
46 Pardubice, Checoslovaquia 50 0N 14 45E
94 Parecis, Sa, dos, Brasil 13 50S 59 0W
28 Paredes de Nava, Cast.-León, Esp. 42 12N 4 40W
30 Pareja, Cast.-La M., Esp. 40 36N 2 40W
27 Parelada, Cat., Esp. 42 18N 3 1E
59 Paren, U.R.S.S. 62 30N 163 0E
89 Parent, Canadá 47 50N 74 40W
91 Paria, G. de, Sudamérica 10 15N 62 0W
95 Parintins, Brasil 2 30S 56 20W
42 París, Francia 48 52N 2 18E
87 Paris, U.S.A. 33 42N 95 34W
86 Park, Sa., U.S.A. 40 0N 106 30W
88 Parkersburg, U.S.A. 19 18N 81 35E
79 Parkes, Australia 33 0S 148 6E
29 Parla, Madrid, Esp. 40 14N 3 46W
40 Parma, Italia 44 48N 10 19E
94 Parnaiba, Brasil 3 01S 41 40W
94 Parnaiba, R., Brasil 6 45S 44 0W
41 Parnassos, Mte., Grecia 38 30N 22 40E

49 Parnu, U.R.S.S. 58 24N 24 37E
79 Paroo, R., Australia 30 0S 144 40E
62 Paropamisus, Sa., Afganistán 34 40N 63 0E
41 Paros, I., Grecia 37 3N 25 10E
24 Parrès, P. de Ast., Esp 42 23N 5 10W
88 Parry Sound, Ont., Can. 45 20N 89 0W
96 Parry, Is., Océano Ártico 78 30N 112 0W
87 Parsons, U.S.A. 37 18N 95 18W
42 Parthenay, Francia 46 40N 0 18W
94 Paru, R., Brasil 1 0N 54 40W
63 Parvatipuram, India 18 56N 83 30E
62 Parwan, Prov., Afganistán 35 0N 69 0E
43 Pas-de-Calais, Dept., Francia 50 27N 2 15E
86 Pasadena, Calif., U.S.A. 34 0N 118 0W
87 Pasadena, Texas, U.S.A. 29 42N 95 23W
87 Pascagoula, U.S.A. 30 30N 88 30W
25 Pasajes, P. Vasco, Esp. 43 19N 1 55W
86 Pasco, U.S.A. 46 16N 119 3W
04 Pascua, I., Océano Pacífico 27 0S 108 30W
66 Pasir Mas, Malaysia 6 0N 102 20E
62 Pasni, Pakistán 25 15N 63 25E
96 Paso de Drake, Sudamérica 57 0S 65 0W
47 Paso de los Tártaros, U.R.S.S. 48 20N 24 50E
26 Paso del Portalet, Arag. Esp. 42 46N 0 24W
46 Passau, Alemania 48 33N 13 21E
40 Passero, C., Sicilia, Italia 36 41N 15 10E
95 Passo Fundo, Brasil 28 10S 52 25W
94 Pastaza, R., Ecuador 3 30S 76 40W
94 Pasto, Colombia 1 12N 77 25W
24 Pastoriza, Gal., Esp. 43 15N 7 12W
30 Pastrana, Cast.-La M., Esp. 40 27N 2 53W
48 Pasvik, R., U.R.S.S. 69 15N 29 30E
95 Patagonia, Argentina 45 0S 69 0W
62 Patán, India 23 56N 72 5E
80 Patea, Nueva Zelanda 39 45S 174 28E
70 Pategi, Nigeria 8 50N 5 45E
32 Paterna de Rivera, And., Esp. 36 30N 5 50W
31 Paterna, Com. Val., Esp 39 32N 0 26W
32 Paterna del Campo, And., Esp. 37 25N 6 24W
40 Paterno, Italia 37 35N 14 50E
89 Paterson, U.S.A. 40 59N 74 10W
86 Pathfinder, Emb., U.S.A. 42 10N 105 50W
62 Patiala, India 30 22N 76 28E
63 Patkai Bum, Mtes., India 26 39N 95 0E
63 Patmos, I., Grecia 37 18N 26 35E
63 Patna, Bihar, India 25 40N 85 10E
41 Patrai, Grecia 38 15N 21 47E
40 Patti, Italia 38 10N 14 55E
63 Patuakhali, Bangladesh 22 20N 90 15E
43 Pau, Francia 43 21N 0 23W
63 Pauk, Birmania 21 25N 94 30E
72 Paulis, *véase* Isiro
92 Paulistana, Brasil 8 0S 41 15W
94 Paulo Alfonso, Rápidos, Brasil 9 20S 37 40W
40 Pavía, Italia 45 11N 9 11E
58 Pavlodar, U.R.S.S. 52 25N 77 10E
51 Pavlograd, U.R.S.S. 48 40N 36 0E
50 Pavlovo, U.R.S.S. 56 0N 43 10E
51 Pavlovsk, U.R.S.S. 50 32N 40 7E
89 Pawtucket, U.S.A. 41 55N 71 25W
66 Payakumbah, Indonesia 0 20S 100 40E
45 Payerne, Suiza 46 50N 6 56E
86 Payette, U.S.A. 44 6N 116 55W
32 Paymogo, And., Esp. 37 45N 7 19W
85 Payne, L., Cannadá 59 30N 74 30W
28 Payo, *véase* El Payo
95 Paysandú, Uruguay 32 19S 58 0W
86 Payson, U.S.A. 40 4N 111 45W
41 Pazardzhik, Bulgaria 42 12N 24 19E
24 Pazos de Borbén, Gal., Esp. 42 17N 8 31W
84 Peace River, Canadá 56 0N 117 18W
84 Peace, R., Canadá 58 47N 114 0W
78 Peak Hill, Australia 25 42S 118 47E
33 Peal de Becerro, And., Esp. 37 54N 3 8W
24 Peares, Emb., Gal., Esp. 42 55N 7 40W
86 Pearl City, Hawai 21 15N 157 55W
41 Pec, Yugoslavia 42 41N 20 14E
50 Pechegan, U.R.S.S. 69 30N 31 25E
35 Pechiguera, Pta., Canar., Esp 28 50N 13 50W
50 Pechora, R., y G., U.R.S.S. 68 40N 54 0E
86 Pecos, y R., U.S.A. 31 25N 103 35W
47 Pécs, Hungría 46 4N 18 13E
28 Pedrajas de San Esteban Cast.-León, Esp. 41 21N 4 36W
31 Pedralba, Com. Val., Esp. 39 37N 0 42W
33 Pedro Abad, And., Esp. 37 58N 4 27W
32 Pedrera, And., Esp. 37 13N 4 54W
96 Pedro, I., Océano Antártico 69 0S 91 0W
28 Pedro Bernardo, Cast.-León, Esp. 40 15N 4 54W
33 Pedro Martínez, And., Esp. 37 29N 3 13W
30 Pedro Muñoz y Lagunas, Cast.-La M., Esp. 39 25N 2 56W
30 Pedroñeras, *véase* Las Redroñeras
32 Pedroches, Los, Cca., And., Esp. 38 20N 4 40W
36 Pedrogão Grande, Port. 39 54N 8 10W
26 Pedrola, Arag., Esp. 41 46N 1 12W
34 Pedroso, Sa., Extr., Esp. 38 35N 5 38W
32 Pedroso, *véase* El Pedroso
37 Peebles, Escocia, R. Unido 55 39N 3 11W
89 Peekskill, U.S.A. 41 15N 73 57W
49 Peene, R., Alemania 53 52N 13 40E
80 Pegasus, B., Nueva Zelanda 43 13S 173 0E
31 Pego, Com. Val., Esp. 38 51N 0 8W
63 Pegu Yoma, Mtes., Birmania 19 0N 96 0E
63 Pegu, Birmania 17 33N 96 25E
66 Pekalongan, Indonesia 6 50S 109 45E
88 Pekín, U.S.A. 40 30N 89 43W
29 Pela, Sa., Sist. Central, Esp. 41 20N 3 0W
47 Peleaga, Mte., Rumanía 45 17N 22 58E
84 Pelly, R., Canadá 62 20N 133 0W
41 Peloponeso (Paleoponnisos), Pen., Grecia 37 50N 22 0E
40 Peloro, C., Italia 38 15N 15 40E
95 Pelotas, Brasil 31 45S 52 20W
43 Pelvoux, Mte., Francia 44 52N 6 10E
66 Pematang Siantar, Indonesia 3 0N 99 15E
73 Pemba, Zambia 16 30S 27 28E
68 Pemba, I., Tanzania 0 5S 39 40E
73 Pemba, Mozambique 13 0S 40 42E
78 Pemberton, Australia 34 28S 115 95E
88 Pembroke, Canadá 45 40N 77 10W
37 Pembroke, Gales, R. Unido 51 41N 4 55W
36 Peñafiel, Port. 41 12N 8 17W
36 Penamacor, Port. 40 15N 7 10W
95 Penas, G. de, Chile 47 30S 75 0W
86 Pend Oreille, L., U.S.A. 47 20N 116 30W
70 Pendembu, Sierra Leona 8 6N 10 45W
86 Pendleton, U.S.A. 45 42N 118 47W
61 Pendzhiken, U.R.S.S. 39 20N 67 30E
27 Penedés, *véase* El Penedés
35 Penedo, B., Canar., Esp. 29 10N 13 40W
42 Penmarch, Pta. de, Francia 47 50N 4 30W
88 Penn Yan, U.S.A. 42 40N 77 0W
62 Penner, R., India 14 40N 80 10E
37 Pennine, Sa., Ingl., R. Unido 54 20N 2 10W
88 Pennsylvania, Estado, U.S.A. 41 10N 77 30W
79 Penola, Australia 37 12S 140 51E
78 Penong, Australia 32 0S 133 0E
79 Penrith, Australia 33 48S 150 40E
96 Pensacola, Mtes., Antártida 84 0S 45 0W
87 Pensacola, U.S.A. 30 30N 87 15W
84 Penticton, Canadá 49 30N 119 30W
37 Pentland Firth, Escocia, R. Unido 58 41N 3 0W
79 Pentland, Australia 20 37S 145 27E
50 Penza, U.R.S.S. 53 8N 45 0E
37 Penzance, Ingl., R. Unido 50 8N 5 33W
59 Penzhina, G., U.R.S.S. 61 0N 163 0E
59 Penzhino, U.R.S.S. 63 50N 168 3E
24 Peña Cerredo, Picos de Europa, Esp. 43 12N 4 48W
28 Peña de Francia, Sa., Esp. 0 32N 6 10W
25 Peña Gorbea, Mte. P. Vasco, Esp., 43 2N 2 50W
34 Peña de Águila, Emb., Extr., Esp. 39 12N 6 55W
30 Peña Escrita, Cast.-La M., Esp. 38 26N 4 15W
25 Peña Gorbea, P. Vasco, Esp. 43 10N 2 50W
25 Peña Labra, Cord. Cantábr., Esp. 43 3N 4 25W
25 Peña Prieta, Cord. Cantábr., Esp. 43 0N 4 40W
24 Peña Ubiña, Cord. Cant., Esp. 43 10N 6 0W
26 Peña, Sa., Arag., Esp. 42 28N 0 30W
25 Peñacerrada, P. Vasco, Esp. 42 40N 2 45W
28 Pañafiel, Cast.-León, Esp. 41 35N 4 7W
32 Peñaflor, And., Esp. 37 43N 5 21W
31 Peñagolosa, Mte., Sist. Ibérico. Esp. 40 20N 0 20W
29 Peñalara, Pico, Guadarrama, Esp. 40 51N 3 47W
34 Peñalsordo, Extr., Esp. 38 49N 5 10W
24 Peñamellara Baja, P. de Ast., Esp. 43 18N 4 38W
28 Peñaparda, Cast.-León, Esp. 40 18N 6 42W
28 Peñaranda de Bracamonte, Cast.-León, Esp. 40 53N 5 13W
29 Peñaranda de Duero, Cast.-León, Esp. 41 41N 3 27W
26 Peñarroya de Tastavins, Arag., Esp. 40 45N 0 4E
32 Peñarroya-Pueblo Nuevo, And., Esp. 38 19N 5 16W
30 Peñarroya, Emb., Cast.-La M., Esp. 39 3N 2 55W
26 Peñarroya, Mte., Arag., Esp. 40 22N 0 40W
32 Peñarrubia, And., Esp. 36 55N 4 50W
30 Peñas de S. Pedro, Cast.-La M., Esp. 38 42N 1 59W
35 Peñas del Chache, Mte., Canar., Esp. 29 7N 13 35W
24 Peñas Libres, Esp.-Port. 41 45N 7 12W
24 Peñas, C., P. de Ast., Esp. 43 42N 5 52W
28 Peñausente, Cast.-León, Esp. 41 16N 5 48W
31 Peñíscola, Com. Val., Esp. 40 22N 0 24E
88 Peoria, U.S.A. 40 40N 89 35W
66 Pequeña Sonda, Is., *véase* Nusa Tenggara
91 Pequeñas Antillas, Indias Occid. 14 0N 61 30W
46 Pequeños Cárpatos (Malé Karpaty). Mtes., Checoslovaquia 48 30N 17 20E
27 Pera, *véase* La Pera
31 Peral, *véase* El Peral
34 Peraleda de la Mata, Extr., Esp. 39 51N 5 28W
34 Peraleda de Zancejo, Extr., Esp. 38 28N 5 35W
30 Paralejos de las Truchas, Cast.-La M., Esp. 40 38N 1 54W
26 Perales de Alfambra, Arag., Esp. 40 40N 1 0W
30 Perales de Tajuña, Cast.-La M., Esp. 40 15N 3 20W
25 Peralta, Nav., Esp. 42 21N 1 49W
26 Perdido, Mte., Pirineos, Esp. 42 40N 0 5E
26 Perdiguera, Arag., Esp. 41 45N 0 40W
26 Perdiguera, Mtes., Arag., Esp. 41 40N 0 35W
24 Pereiro de Aguiar, Gal., Esp. 42 21N 7 48W
28 Pereña, Cast.-León, Esp. 41 15N 6 32W
51 Perekop, U.R.S.S. 46 0N 33 0E
27 Perelló, Cat., Esp. 40 50N 0 43E
28 Pereruela, Cast.-León, Esp. 41 24N 5 50W
51 Pereyaslav Khmelnitski, U.R.S.S. 50 5N 31 27E
95 Pergamino, Argentina 33 45S 60 40W
33 Periana, And., Esp. 36 52N 4 14W
43 Perigueux, Francia 45 16N 0 42E
94 Perija, Sa. de, Colombia 9 30N 73 3W
60 Perim, I., Mar Rojo 12 40N 43 17E
50 Perm, U.R.S.S. 58 0N 55 15E
94 Pernambuco (Recife), Brasil 8 20S 35 0W
94 Pernanbuco, Estado, Brasil 8 0S 39 0W
41 Pernik, Bulgaria 42 37N 23 4E
42 Péronne, Francia 49 55N 2 55E
43 Perpiñán, *véase* Perpignan
43 Perpignan, Francia 42 43N 2 55E
14 Perro, Pta., And., Esp. 36 40N 6 30W
86 Perryton, U.S.A. 36 25N 100 55W
60 Persia, *véase* Irán
89 Perth Amboy, U.S.A. 40 30N 74 25W
78 Perth, Australia 32 0S 115 50E
88 Perth, Canadá 44 52N 76 28W
37 Perth, Escocia, R. Unido 56 25N 3 27W
26 Pertusa, Arag., Esp. 42 0N 0 8W
88 Peru, Ind., U.S.A. 40 42N 86 0W
92 Perú, Sudamérica 88 0S 75 0W
40 Perugia, Italia 43 8N 12 25E
50 Pervomaisk, U.R.S.S. 47 58N 31 0E
40 Pesaro, Italia 43 57N 12 55E
40 Pescara, Italia 42 30N 14 18E
35 Pesebre, Pta., Canar., Esp. 28 5N 14 32W
62 Peshawar, Pakistán 34 3N 71 30E
36 Peso da Regua, Port. 41 10N 7 50W
28 Pesquera de Duero, Cast.-León., Esp. 41 40N 4 10W
61 Petah Tiqva, Israel 32 5N 34 52E
44 Pétange, Luxemburgo 49 33N 5 55E
79 Peterborough, Australia 32 58S 138 49E
88 Peterborough, Canadá 44 21N 78 27W
37 Peterborough, Ingl., R. Unido 52 35N 0 14W
37 Peterhead, Escocia, R. Unido 57 32N 1 47W
88 Petersburg, Ind., U.S.A. 38 30N 87 10W
88 Petersburg, U.S.A. 37 17N 77 25W
85 Petitsikapau, L., Canadá 54 40N 66 30W
62 Petlad, India 22 30N 72 40E
90 Peto, México 20 3N 89 0W
80 Petone, Nueva Zelanda 41 5S 174 50E
88 Petoskey, U.S.A. 45 20N 84 58W
27 Petra, Bal., Esp. 39 37N 3 10E
31 Petrel, Com. Val. Esp. 38 29N 0 46W
41 Petrich, Bulgaria 41 25N 23 12E
41 Petrograd, *véase* Zrenjanin
31 Pétrola, Cast.-La M., Esp. 38 49N 1 33W
31 Pétrola, Laguna, Cast.-La M., Esp. 38 48N 1 30W
88 Petrolia, Canadá 42 54N 82 5W
59 Petropavlovsk-Kamchatsky, U.R.S.S. 53 10N 158 30E
55 Petropavlovsk, U.R.S.S. 55 0N 68 30E
95 Petrópolis, Brasil 22 30S 43 10W
47 Petroşeni, Rumania 45 30N 23 28E
41 Petrovaradin, Yugoslavia 45 15N 19 58E
59 Petrovsk, U.R.S.S. 51 20N 108 50E
50 Petrovsk, U.R.S.S. 52 23N 45 18E
50 Petrozavodsk, U.R.S.S. 61 50N 34 25E
59 Pevek, U.R.S.S. 69 35N 170 50E
43 Pézenas, Francia 43 28N 3 50E
46 Pfalz (Palatinado), Alemania 49 35N 7 15E
45 Pfafers-Dorf, Suiza 46 58N 9 28E
45 Pforzheim, Alemania 48 50N 8 25E
62 Phagwara, India 31 10N 75 40E
62 Phalodi, India 27 5N 72 25E
66 Phan Rang, Vietnam 11 38N 109 4E
66 Phan Thiet, Vietnam 11 0N 108 9E
66 Phanom Dang Rack, Mtes., Tailandia 14 30N 104 0E
89 Philadelphia, U.S.A. 39 55N 75 18W
44 Philippeville, Bélgica 50 12N 4 33E
79 Phillip, I., Australia 38 22S 145 18E
66 Phnom Penh, Camboya 11 40N 105 0E
04 Phoenix, Is., Océano Pacífico 4 0S 171 0W
86 Phoenix, U.S.A. 33 45N 111 50W
66 Phu Quoc, I., Vietnam 10 20N 104 0E
40 Piacenza, Italia 45 0N 9 40E
79 Pialba, Australia 25 18S 152 50E
40 Piamonte, *véase* Piemonte
28 Pías, Cast.-León, Esp. 42 8N 6 59W
36 Pías, Port. 38 2N 7 28W
47 Piatra Neamt, Rumanía 46 59N 26 20E
95 Piaui, Estado, Brasil 6 30S 42 30W
95 Piaui, R., Brasil 7 55S 42 30W
94 Piaui, Sa. do, Brasil 10 0S 43 0W
40 Piave, R., Italia 45 50N 12 9E
40 Piazza, Italia 37 20N 14 20E
42 Picardía, *véase* Picardie
42 Picardie, Prov., Francia 49 50N 3 0E
31 Picasent, Com. Val., Esp. 39 20N 0 26W
87 Picayune, U.S.A. 30 43N 89 43W
30 Picazo, *véase* El Picazo
95 Pichilemu, Chile 34 20S 72 5W
28 Pico, Puerto, Cast.-León, Esp. 40 20N 5 0W
24 Pico Gistal, Mte., Gal., Esp. 43 26N 7 34W
28 Picos Ancares, Sa., Esp. 42 51N 6 52W
28 Picos de Europa, Cord. Cant., Esp. 43 12N 4 50W
29 Picos de Urbión, Cast.-León, Esp. 42 0N 2 40W
88 Picton, Canadá 43 59N 77 0W
89 Pictou, Canadá 45 45N 63 5W
62 Pidurutalagala, Mte. Sri Lanka 7 0N 80 50E
87 Piedmont Plat, U.S.A. 34 0N 82 0W
33 Piedra Negra, Pta., And., Esp. 36 46N 1 55W
26 Piedra, R., Arag., Esp. 41 10N 1 45W
30 Piedrabuena, Cast.-La M., Esp. 39 0N 4 10W
24 Piedrafita, y Pto., Gal., Esp. 42 45N 7 0W
28 Piedrahita, Cast.-León, Esp. 40 28N 5 20W
28 Piedralaves, Cast.-León, Esp. 40 18N 4 45W
34 Piedras Albas, Extr., Esp. 39 48N 6 55W
90 Piedras Negras, México 28 50N 100 35W
32 Piedras, Emb., And., Esp. 37 20N 7 12W
25 Piélagos, Cant., Esp. 43 21N 3 57W
50 Pielinen, L., Fin. 68 0N 30 0E
40 Piemonte, Prov., Italia 45 0N 7 40E
27 Pineda, Cat., Esp. 41 38N 2 41E
27 Piera, Cat., Esp. 41 31N 1 45E
86 Pierre, U.S.A. 44 30N 100 15W
78 Piet Retief, Sudáfrica 27 2S 30 52E
73 Pietermaritzburg, Sudáfrica 29 38S 30 28E
73 Pietersburg, Sudáfrica 23 45S 29 30E
47 Pietroşul, Mte., Rumanía 47 36N 24 56E
47 Pietroşul, Mte., Rumanía 47 7N 25 13E
86 Pike's Pik, Mte., U.S.A. 38 50N 105 0W
78 Piletberg, Sudáfrica 32 54N 18 42E
35 Pila, Mte., Mur., Esp. 38 25N 1 15W
49 Pila, Polonia 53 10N 16 48E
95 Pilar, C., Chile 52 40S 75 0W
32 Pilas, And., Esp. 37 18N 6 18W
45 Pilatus, Mte., Suiza 46 59N 8 15E
78 Pilbara, Australia 21 13S 118 21E
95 Pilcomayo, R., América del Sur 22 30S 62 20W
62 Pilibhit, India 28 20N 79 58E
47 Pilica, R., Polonia 51 25N 20 45E
41 Pilion, Mte., Grecia 39 23N 23 0E
24 Piloña, P. de Ast., Esp. 43 21N 5 20W
41 Pilos, Grecia 36 55N 21 45E
26 Pina, Arag., Esp. 41 29N 0 33W
66 Pinang, I., Malaysia 5 20N 100 12E
91 Pinar del Río, Cuba 22 0N 84 30W
32 Pinar, Pico, And., Esp. 36 35N 5 20W
80 Pincton, N.Z. 41 20S 174 1E
47 Pinczow, Polonia 50 30N 20 35E
70 Pindiga, Nigeria 9 58N 10 53E
41 Pindo (Pindos Orasi), Mtes., Grecia 39 30N 21 30E
87 Pine Bluff, U.S.A. 34 5N 91 58W
78 Pine Creek, Australia 13 40S 131 37E
78 Pine Hill, Australia 23 42S 147 0E
50 Pinega, R., U.R.S.S. 63 48N 45 0E
40 Pinerolo, Italia 44 53N 7 23E
73 Pinetown, Sudáfrica 29 48S 30 54E
66 Ping, R., Tailandia 16 30N 99 40E
64 Ping Xian, China 22 28N 108 70E
64 Ping Xiang, China 27 43N 113 48E
64 Pingluo, China 38 52N 106 30E
36 Pinkel, Port. 40 44N 7 8W
41 Pinios, R., Grecia 39 37N 22 23E
79 Pinnaroo, Australia 35 5S 141 0E
34 Pinofranqueado, Extr., Esp. 40 18N 6 20W
95 Pino Hachado, P., Chile 38 45S 71 0W
33 Pinos Puente, And., Esp. 37 15N 3 45W
91 Pinos, Isla de, Cuba 21 45N 82 50W
31 Pinoso, Com. Val., Esp. 38 25N 1 3W
50 Pinsk, U.R.S.S. 52 10N 26 8E
34 Pintado, *véase* El Pintado
29 Pinto, Madrid, Esp. 40 18N 3 43W
50 Pinyug, U.R.S.S. 60 5N 48 0E
96 Pionerskaya, Antártida 69 30S 97 0E
47 Piotrków, Polonia 51 25N 19 40E
89 Pipmuacan, L., Canadá 49 40N 70 20W
88 Piqua, U.S.A. 40 10N 84 15W
29 Piqueras, Pto., Cast.-León, Esp. 42 5N 2 30W
41 Piraievs, Grecia 37 57N 23 30E
94 Pirapora, Brasil 17 25S 44 50W
41 Pirgos, Grecia 37 38N 21 32E
41 Pirin Pl., Bulgaria 41 40N 23 20E
14 Pirineos, Mtes., Europa 42 30N 1 0E

44 Pirmasens, Alemania 49 12N 7 36E
28 Pirón, R., Cast.-León, Esp. 41 10N 4 12W
41 Pirot, Yugoslavia 43 10N 22 39E
40 Pisa, Italia 43 42N 10 25E
40 Pisciotta, Italia 40 7N 15 12E
94 Pisco, Perú 13 55S 76 10W
24 Pisco, Sa., Esp.-Port. 41 45N 7 55W
46 Pisek, Checoslovaquia 49 20N 14 8E
40 Pistóia, Italia 43 57N 10 53E
28 Pisuerga, R., Cast.-León, Esp. 42 10N 4 15W
86 Pit, R., U.S.A. 41 30N 120 45W
70 Pita, Guinea 11 0N 12 15W
04 Pitcairn, I., Océano Pacífico 24 55S 131 0W
48 Piteå, y R., Suecia 65 24N 21 30E
47 Piteşti, Rumanía 44 52N 24 55E
63 Pithapuram, India 17 0N 82 20E
87 Pittsburg, Kan., U.S.A. 37 8N 94 40W
88 Pittsburgh, Pa., U.S.A. 40 30N 79 52W
89 Pittsfield, U.S.A. 42 28N 73 20W
94 Piura, Perú 5 20S 80 35W
45 Piz Bermina, Pico, Suiza 46 22N 9 55E
32 Pizarra, And., Esp. 36 42N 4 42W
40 Pizzo, Italia 38 42N 16 10E
85 Placentia, y B., Newf. 47 24N 54 2W
45 Plaffikon, Suiza 47 21N 8 48E
86 Plainview, U.S.A. 34 15N 101 44W
26 Plan, Arag., Esp. 42 8N 0 20E
27 Plana de Galera, Cca., Cat., Esp. 40 40N 0 25E
27 Planas, *véase* Las Planas
87 Plant City, U.S.A. 28 3N 82 15W
34 Plasencia, Extr., Esp. 40 3N 6 8W
40 Platani, R., Italia 37 28N 15 23E
42 Plateau de Langres, Francia 47 45N 5 30E
86 Platte, R., U.S.A. 41 0N 99 0W
46 Plauen, Alemania 50 30N 12 7E
95 Plaza Huincal, Argentina 39 0S 69 0W
66 Pleiku, Vietnam 14 0N 108 15E
25 Plencia, P. Vasco, Esp. 43 27N 2 55W
80 Plenty, B. de N.Z. 37 45S 177 0E
50 Plesetsk, U.R.S.S. 62 40N 40 10E
89 Plessisville, Canadá 46 15N 71 48W
41 Pleven, Bulgaria 43 22N 24 41E
35 Pliego, Mur. Esp. 38 0N 1 30W
47 Plock, Polonia 52 37N 19 40E
47 Ploesti, Rumania 44 58N 26 0E
41 Plovdiv, Bulgaria 42 7N 24 48E
71 Plumtree, Zimbabwe 20 27S 27 55E
37 Plymouth, Ingl., R. Unido 50 22N 4 10W
91 Plymouth, Montserrat, Antillas 16 38N 62 5W
46 Plzen, Checoslovaquia 49 48N 13 20E
40 Po, R., Italia 45 2N 9 20E
58 Pobedy, Pico, U.R.S.S. 42 10N 79 57E
27 Pobla de Lillet, *véase* La Pobla de Lillet
27 Pobla de Segur, Cat., Esp. 42 15N 0 58E
31 Pobo de Dueñas, *véase* El Pobo de Dueñas
86 Pocatello, U.S.A. 43 10N 111 0W
50 Podolsk, U.R.S.S. 55 20N 37 40E
70 Podor, Senegal 16 30N 14 50W
50 Podporozky, U.R.S.S. 60 55N 32 2E
73 Pofadder, Sudáfrica 29 10S 19 22E
90 Point Fortih, Trinidad 11 0N 61 50W
90 Point Saline, Grenada, Antillas 12 12N 61 40W
72 Pointe Noire, Congo 4 48S 12 0E
42 Poitiers, Francia 46 38N 0 20E
42 Poitou, Prov., Francia 46 40N 0 10W
44 Poix Terron, Francia 49 40N 4 38E
62 Pokarán, India 27 0N 71 50E
24 Pol, Gal., Esp. 43 9N 7 20W
28 Pola de Gordón, *véase* La Pola de Gordón
24 Pola de Siero, P. de Ast., Esp. 43 24N 5 39W
40 Pola, Yugoslavia, *véase* Pula
30 Polán, Cast.-La M., Esp. 39 47N 4 10W
25 Polancos, Cant., Esp. 43 23N 4 1W
26 Poleñino, Arag., Esp. 41 52N 0 19W
72 Poli, Camerún 8 34N 12 54E
66 Polillo, I., Filipinas 14 50N 121 50E
41 Poliyiros, Grecia 40 15N 23 10E
62 Pollachi, India 10 40N 77 0E
14 Pollensa, B., y C., Bal., Esp. 39 54N 3 5E
27 Pollensa, Bal., Esp. 39 54N 3 2E
58 Polnovat, U.R.S.S. 63 50N 66 10E
47 Polonia, Europa 52 20N 20 0E
50 Polotsk, U.R.S.S. 55 30N 28 42E
51 Pltava, U.R.S.S. 49 37N 34 30E
50 Polunochnoye, U.R.S.S. 61 0N 60 20E
50 Polyarny, U.R.S.S. 69 0N 33 10E
36 Pombal, Port. 39 50N 8 40W
87 Ponca City, U.S.A. 36 43N 97 13W
91 Ponce, Puerto Rico 18 7N 66 48W
63 Pondicherry, India 12 0N 79 50E
28 Ponferrada, Cast.-León, Esp. 42 32N 6 35W
63 Ponnyadaung, Mtes., Birmania 22 0N 94 0E
50 Ponoi, y R., U.R.S.S. 67 0N 41 15E
27 Pons, Cat., Esp. 41 55N 1 12E
36 Ponsul, R., Port. 39 45N 7 30W
27 Pont de Armentera, Cat., Esp. 41 20N 1 20E
27 Pont de Suert, Cat., Esp. 42 52N 0 45E
43 Pont St. Esprit, Francia 44 18N 4 40E
42 Pont-à-Mousson, Francia 48 58N 6 0E
42 Pont-l'Abbé, Francia 47 50N 4 16W
95 Ponta Grossa, Brasil 25 0S 50 10W
42 Pontarlier, Francia 46 52N 6 20E
87 Pontchartrain, L., U.S.A. 30 10N 90 10W
36 Ponte da Barca, Port. 41 48N 8 25W
36 Ponte de Sôro Port. 39 20N 7 55W
36 Ponte do Lima, Port. 41 46N 8 35W
24 Pontevedra, Ría, Gal., Esp. 42 22N 8 40W
24 Pontevedra, y Prov., Gal., Esp. 42 26N 8 40W
88 Pontiac, Ill., U.S.A. 40 50N 88 40W
51 Pónticos, Mtes., Turquía 40 40N 39 0E
42 Pontoise, Francia 49 5N 2 5E
33 Pontones, And., Esp. 38 10N 2 40W
40 Pontrenoli, Italia 44 22N 9 50E
45 Pontresina, Suiza 46 30N 9 53E
40 Ponzine, Is., Italia 40 58N 13 0E
37 Poole, Ingl., R. Unido 50 43N 1 59W
62 Poona, *véase* Pune
94 Poopo, L., Bolivia 19 0S 67 0W
94 Popayán, Colombia 2 10N 76 45W
44 Poperinge, Bélgica 50 51N 2 44E
59 Popigai, U.R.S.S. 72 55N 106 5E
87 Poplar Bluff, U.S.A. 36 45N 90 27W
90 Popocatepetl, Mte., México 18 45N 99 40W
72 Popokabala, Zaire 5 40S 16 33E
62 Porbandar, India 21 37N 69 46E
32 Porcuna, And., Esp. 37 52N 4 11W
84 Porcupine, R., Alaska 67 0N 143 0W
49 Pori, Finlandia 61 30N 21 35E
48 Porjus, Suecia 67 0N 19 50E
49 Porkkala, Finlandia 60 15N 24 30E
28 Porma, R., y Emb., Cast.-León, Esp. 42 35N 5 25W
42 Pornic, Francia 47 10N 2 10W
59 Poronaisk, U.R.S.S. 49 25N 142 57E
27 Porqueras, Cat., Esp. 42 7N 2 45E
45 Porrentruy, Suiza 47 25N 7 4E
27 Porreras, Bal. Esp. 39 46N 3 1E
40 Porreta, P., Italia 44 0N 11 10E
24 Porriño, Gal., Esp. 42 12N 8 39W
48 Porsangen Fjord, Noruega 70 45N 26 0E
79 Port Adelaide, Australia 34 50S 138 42E
84 Port Alberni, Canadá 49 20N 124 50W
73 Port Alfred, Sudáfrica 33 37S 26 58E
90 Port Antonio, Jamaica 18 12N 76 18W
79 Port Arthur, Australia 43 10S 147 40E
87 Port Arthur, U.S.A. 29 56N 94 5W
88 Port Arthur, *véase* Thunder Bay
91 Port-au-Prince, Haití 18 40N 72 20W
79 Port Augusta, Australia 32 22S 137 49E
85 Port-aux-Basques, Cannadá 47 43B 59 20W
27 Port Bou, Cat., Esp. 42 25N 3 5E
63 Port Canning, Bangladesh 22 25N 88 40E
85 Port Cartier, Canadá 50 10N 66 50W
80 Port Chalmers, N. Z. 45 45S 170 40E
43 Port-de-Boue, Francia 43 23N 5 0E
91 Port de Paix, Haití 19 50N 72 50W
66 Port Dickson, Malaysia 2 43N 101 45E
90 Port Elizabeth, Isla Bequia 13 0N 61 15W
73 Port Elizabeth, Sudáfrica 33 58S 25 42E
79 Port Fairy, Australia 38 8S 142 15E
72 Port Francqui, *véase* Ilebo
72 Port Gentil, Gabón 0 47S 8 40E
70 Port Harcourt, Nigeria 4 45N 7 20E
85 Port Hawkesbury, Canadá 45 35N 64 40W
78 Port Hedland, Australia 20 16S 118 36E
89 Port Hood, Canadá 46 2N 61 30W
88 Port Hope, Ont., Can. 44 0N 78 20W
88 Port Huron, U.S.A. 42 59N 82 30W
79 Port Jackson, Australia 33 55S 151 12E
66 Port Kelang, Malaysia 3 0N 101 20E
37 Port Laoise, Irlanda 53 3N 7 15W
87 Port Lavoca, U.S.A. 28 35N 96 50W
78 Port Lincoln, Australia 34 40S 135 47E
79 Port MacQuarie, Australia 31 29S 153 0E
79 Port Moresby, Papua Nueva Guinea 9 15S 147 12E
84 Port Nelson, Canadá 57 2N 93 0W
73 Port Nolloth, Sudáfrica 29 12S 16 55E
90 Port of Spain, Trinidad 10 47N 61 23W
79 Port Philip, B., Australia 38 17N 144 40E
79 Port Pirie, Australia 33 10S 138 0E
84 Port Radium, *véase* Echo Bay
71 Port Said, *véase* Bour Said
73 Port Shepstone, Sudáfrica 30 45S 30 30E
84 Port Simpson, Canadá 54 20N 130 28W
88 Port Stanley, Canadá 42 40N 81 12W
71 Port Sudán, *véase* Bur Sudan
37 Port Talbot, Gales, R. Unido 51 36N 3 48W
43 Port Vendres, Francia 42 30N 3 5E
66 Port Weld, Malaysia 4 45N 100 40E
84 Portage La Prairie, Canadá 50 0N 98 25W
88 Portage, U.S.A. 43 36N 89 28W
36 Portalegre y Prov., Portugal 39 18N 7 27W
24 Portas, Gal., Esp. 42 35N 8 40W
24 Portas, Emb., Gal., Esp. 42 8N 7 10W
27 Port, Pta., Bal., Esp. 38 46N 1 26E
36 Portel, Port. 38 19N 7 41W
28 Portillo. Cast.-León, Esp. 41 30N 4 34W
36 Portimao, Port. 37 8N 8 32W
85 Portland Promomtory, Canadá 58 40N 79 30W
89 Portland, Me., U.S.A. 43 42N 70 18W
86 Portland, Ore., U.S.A. 45 35N 122 37W
90 Portland, Pta., Jamaica 17 40N 77 0W
36 Porto (Oporto), y Prov., Port. 41 8N 8 35W
95 Porto Alegre, Brasil 30 7S 50 55W
73 Porto Alexandre, Angola 16 0S 11 40E
27 Porto Cristo, Bal., 39 32N 3 20E
40 Porto Empedocle, Italia 37 20N 13 25E
70 Porto Novo, Benin 6 27N 2 40E
70 Porto Santo, I., Madeira 33 0N 16 40W
40 Porto Torres, Italia 40 51N 8 22E
94 Porto Velho, Brasil 8 50S 63 56W
28 Porto, Cast.-León, Esp. 42 12N 6 50W
40 Portoferráio, Italia 42 48N 10 20E
24 Portomouro, Gal., Esp. 42 57N 8 42W
40 Portoscuso, Italia 39 10N 8 25E
94 Portoviejo, Ecuador 0 55S 80 30W
37 Portree, Escocia, R. Unido 57 25N 6 11W
37 Portrush, Irl. Norte, R. Unido 55 12N 6 45W
37 Portsmouth, Ingl., R. Unido 50 47N 1 7W
88 Portsmouth, Ohio, U.S.A. 38 46N 83 5W
87 Portsmouth, Va., U.S.A. 36 48N 76 25W
48 Porttipahta, Emb., Finlandia 68 10N 26 30E
36 Portugal, Europa 39 40N 8 0W
25 Portugalete, P. Vasco, Esp. 43 19N 3 4W
28 Porzuna, Cast.-La M., Esp. 39 9N 4 9W
32 Posadas, And., Esp. 37 47N 5 5W
95 Posados, Argentina 27 30S 56 0W
26 Posets, Mte., Pirineos, Esp. 4 39N 0 25W
70 Poste Maurice Cortier (Bidon 5), Argelina 22 20N 1 15E
59 Potapovskoye, U.R.S.S. 68 40N 86 55E
40 Potenza, Italia 40 41N 15 50E
80 Poteriteri, L., N.Z. 46 0S 166 0E
05 Potes, Cant., Esp. 43 10N 4 42W
73 Potgietersrus, Sudáfrica 24 10S 29 3E
51 Poti, U.R.S.S. 42 20N 41 30E
70 Potiskum, Nigeria 11 39N 11 2E
88 Potomac, R., U.S.A. 39 10N 77 20W
94 Potosí, Bolivia 19 45S 65 45W
46 Potsdam, Alemania 52 19N 13 15E
89 Potsmouth, N.H., U.S.A. 43 15N 71 0W
62 Pottuvil, Sri Lanka 6 55N 81 50E
44 Povenets, U.R.S.S. 62 48N 35 0E
80 Poverty, B., N. Z. 38 42S 178 0E
36 Póvoa de Lamhoso, Port. 41 33N 8 15W
36 Póvoa de Varzim. Portugal 41 28N 8 45W
86 Powder, R., U.S.A. 45 20N 105 40W
78 Powell Creek, Australia 18 0S 133 50E
86 Powell, L., U.S.A. 37 20N 110 35W
65 Poyarkova, U.R.S.S. 49 35N 128 45E
24 Poyo, Gal., Esp. 42 27N 8 40W
28 Pozáldez, Cast.-León, Esp. 41 22N 4 50W
41 Pozarevac, Yugoslavia 44 39N 21 10E
30 Pozito, Sa., Cast.-La M., Esp. 39 20N 4 10W
46 Poznan, Polonia 25 23N 16 57E
33 Pozo Alcón, And., Esp. 37 42N 2 56W
61 Pozo de Jacob, Jordania 32 12N 35 17E
35 Pozo Negro, Canar., Esp. 28 18N 13 52W
32 Pozoblanco, And., Esp. 38 23N 4 51W
31 Pozohondo, Cast.-La M., Esp. 38 42N 1 53W
26 Pozón de Vero, Arag., Esp. 42 6N 0 4E
29 Pozuelo de Alarcón, Madrid, Esp. 40 25N 3 48W
30 Pozuelo de Calatrava, Cast.-La M. Esp. 38 52N 3 14W
34 Pozuelo de Zarzón, Extr., Esp. 40 10N 6 27W
24 Prada, Emb., Gal., Esp. 42 15N 7 0W
28 Pradales, Cast.-León, Esp. 41 28N 3 40W
29 Pradejón, La Rioja, Esp. 42 20N 2 4W
27 Prades, Cat., Esp. 41 22N 1 0E
43 Prades, Francia 42 40N 2 28E
29 Pradillo, La Rioja, Esp. 42 12N 2 38W
33 Prado del Rey, And., Esp. 36 47N 5 33W
29 Pradoluengo, Cast.-León, Esp. 42 20N 3 11W
46 Praga, Checoslovaquia 50 8N 14 25E
46 Praha, *véase* Praga
41 Prahova, R., Rumania 45 0N 25 40E
81 Prairies, América del Norte 43 0N 97 0W
27 Prat de Llobregat, *véase* El Prat de Llobregat
40 Prato, Italia 43 53N 11 7E
27 Prats de Llusanés, Cat., Esp. 42 1N 2 3E
86 Pratt, U.S.A. 37 42N 98 46W
45 Pratteln, Suiza 47 31N 7 40E
45 Prattigau, Suiza 46 56N 9 40E
24 Pravia, P. de Ast., Esp. 43 30N 6 12W
95 Pre-Cordilleras, Mtes., Argentina 29 0S 68 0W
78 Premier Downs, Australia 30 30S 126 30E
49 Prenzlau, Alemania 53 18N 13 52E
63 Preparis, I., y Canales, India 15 0N 93 40E
47 Prerov, Checoslovaquia 49 27N 17 4E
89 Prescott, Canadá 44 46N 75 32W
86 Prescott, U.S.A. 34 24N 112 30W
86 Presidio, U.S.A. 29 35N 104 20W
47 Presov, Checoslovaquia 49 1N 21 33E
89 Presque Isle, U.S.A. 46 35N 68 3W
37 Preston, Ingl., R. Unido 53 47N 2 43W
86 Preston, U.S.A. 42 6N 111 50W
37 Prestwick, Escocia, R. Unido 55 30N 4 36W
73 Pretoria, Sudáfrica 25 36S 28 12E
41 Preveza, Grecia 38 58N 20 46E
46 Pribram, Checoslovaquia 49 42N 14 0E
86 Price, U.S.A. 39 33N 110 46W
88 Princenton, U.S.A. 37 14N 87 54W
33 Priego de Córdoba, And., Esp. 37 27N 4 15W
30 Priego, Cast.-La M., Esp. 40 26NN 2 20W
73 Prieska, Sudáfrica 29 40S 22 38E
41 Prilep, Yugoslavia 41 19N 21 34E
71 Primera Catarata del Nilo, Egipto 24 0N 32 50E
84 Prince Álbert, Cannadá 53 15N 105 47W
84 Prince Albert, Pen., Canadá 71 0NN 115 0W
85 Prince Charles, I., Canadá 67 0N 76 0W
89 Prince Edward, I., Prov., Canadá 46 30N 63 30W
69 Prince Edward, Is., Antillas 45 30S 38 0E
84 Prince George, Canadá 54 0N 123 0W
84 Prince of Wales, I., Canadá 73 0N 99 0W
84 Prince of Wales, I., Alaska 55 30N 132 30W
84 Prince Rupert, Canadá 54 20N 130 25W
90 Princes Town, Trinidad 10 15N 61 28W
79 Princess Charlotte, B., Australia 14 0S 144 0E
69 Príncipe, I., África del Oeste 1 45N 7 20E
24 Prior, C., Gal., Esp. 43 34N 8 17W
27 Priorato, El, Cca., Cat., Esp. 41 12N 1 0E
24 Prioriño, C., Gal., Esp. 43 26N 8 19W
50 Priozersk, U.R.S.S. 60 30N 30 10E
50 Pripyat, R., y Marismas, U.R.S.S. 52 10N 27 10E
41 Pristina, Yugoslavia 42 39N 21 9E
43 Privas, Francia 44 46N 4 40E
41 Prizren, Yugoslavia 42 12N 20 46E
24 Proaza, P. de Aast., Esp. 43 30N 6 2W
36 Proença-a-Nova, Port. 39 45N 7 52W
90 Progreso, México 21 31N 89 37W
58 Prokopyevsk, U.R.S.S. 53 58N 86 30E
63 Prome, Birmania 18 52N 95 25E
43 Propiano, Córcega, Francia 41 44N 8 55E
79 Proserpine, Australia 20 27S 148 40E
46 Prostejov, Checoslovaquia 49 5N 17 0E
43 Provence, Prov., Francia 43 55N 6 10E
30 Provencio, *véase* El Provencio
87 Providence Channels, Bahamas 26 0N 78 0W
89 Providence, U.S.A. 41 42N 71 23W
84 Provideniya, U.R.S.S. 64 25N 173 15W
42 Provins, Francia 48 37N 3 15E
86 Provo, U.S.A. 40 18N 111 36W
84 Prudhoe Bay, Alaska 70 20N 149 40W
32 Pruna, And., Esp. 36 58N 5 13W
47 Prut, R., Rumanía-U.R.S.S. 46 20N 28 32E
47 Przemysl, Polonia 49 44N 22 49E
47 Przeworsk, Polonia 50 5N 22 45E
58 Przhevalsk, U.R.S.S. 42 30N 78 30E
50 Pskov, U.R.S.S. 57 30N 28 30E
34 Puebla de Alcocer, Extr., Esp. 38 59N 5 14W
30 Puebla de Beleña, Cast.-La M., Esp. 40 51N 3 14W
24 Puebla de Caramiñal, Gal., Esp. 42 36N 8 54W
32 Puebla de Cazalla, *véase* La Puebla de Cazalla
33 Puebla de Don Fadrique, And., Esp. 37 58N 2 25W
28 Puebla de Don Rodrigo, Cast.-La M., Esp. 39 5N 4 37W
32 Puebla de Guzmán, Annd., Esp. 37 37N 7 15W
28 Puebla de Lillo, Cast.-León, Esp. 43 1N 5 15W
34 Puebla de la Reina, Extr., Esp. 38 40N 6 6N
32 Puebla de los Infantes, *véase* La Puebla de los Infantes
30 Puebla de Montalbán, *véase* La Puebla de Montalbán
34 Puebla de Obando, Extr. Esp. 39 11N 6 38N
28 Puebla de Sannabria, Cast.-León, Esp. 42 6N 6 39W
34 Puebla de Sancho Pérez, Extr., Esp. 38 24N 6 24W

24 Puebla de Trives, Gal., Esp. 42 20N 7 15W
31 Puebla de Vallbora, Com. Val., Esp. 39 25N 0 33W
26 Puebla de Valverde, *véase* La Puebla de Valverde
24 Puebla de Brollón, Gal., Esp. 42 35N 7 20W
31 Puebla del Duc., Com. Val., Esp. 38 55N 0 24W
90 Puebla, México 19 11N 98 15W
27 Puebla, *véase* La Puebla
31 Puebla Larga, Com. Val., Esp. 39 5N 0 28W
32 Puebla del Río, And., Esp. 37 16N 6 4W
86 Pueblo, U.S.A. 38 18N 104 48W
24 Puente Caldelas, Gal., Esp. 42 15N 8 38W
28 Puente de Domingo Flórez, Cast.-León, Esp. 42 24N 6 49W
33 Puente de Genave, And., Esp. 38 20N 2 48W
28 Puente del Arzobispo, Cast.-La M., Esp. 39 48N 5 10W
29 Pradejón, La Rioja, Esp. 42 20N 2 4W
32 Puente Genil, And., Esp. 37 22N 4 47W
25 Puente la Reina, Nav., Esp. 42 40N 1 49W
32 Puente Nuevo, Emb., And., Esp. 38 12N 5 10W
25 Puente Viesgo, Cant., Esp. 43 20N 3 55W
24 Puenteareas, Gal., Esp. 42 10N 8 28W
24 Puente-Ceso, Gal., Esp. 43 20N 8 56W
24 Puentecesures, Gal., Esp. 42 43N 8 39W
24 Puentedeume, Gal., Esp. 43 24N 8 10W
24 Puente Nuevo-Villaodrid, Gal., Esp. 43 20N 7 11W
24 Puentes de García Rodríguez, Gal., Esp. 43 27NN 7 51W
29 Puentes Viejas, Emb., Madrid, Esp. 41 5N 3 35W
35 Puentes, Emb., Mur., Esp. 37 45N 1 50W
41 Puerta de Trajano, Bulgaria 42 21N 23 46E
60 Puertas Cilicias, Turquía 37 20N 34 52E
47 Puertas de Hierro, Rumanía-Yug. 44 43N 22 25E
90 Puerto Barrios, Guatemala 15 50N 88 35W
91 Puerto Berrío, Colombia 6 30N 74 30W
91 Puerto Cabello, Venezuela 10 22N 67 58W
91 Puerto Cabezas, Nicaragua 14 5NN 83 20W
91 Puerto Colombia, Colombia 11 0N 75 0W
90 Puerto Cortés, Honduras 15 50N 88 0W
35 Puerto de la Cruz, Canar., Esp. 28 27N 16 32W
35 Puerto de Mazarrón, Mur., Esp. 37 34N 1 15W
28 Puerto de San Vicente, Cast.-La M., Esp. 39 33N 5 8W
32 Puerto de Santa María, And., Esp. 36 36N 6 13W
95 Puerto Deseado, Argentina 47 0S 68 0W
90 Puerto España, *véase* Port of Spain
94 Puerto Esperanza, Brasil 19 25S 57 25W
30 Puerto Lápice, Cast.-La M., Esp. 39 18N 3 31W
35 Puerto Lumbreras, Mur., Esp. 37 34N 1 49W
95 Puerto Madryn, Argentina 43 0S 65 0W
94 Puerto Maldonado, Perú 12 25S 69 0W
95 Puerto Montt, Chile 41 22S 72 40W
90 Puerto Morelos, México 21 0N 86 0W
32 Puerto Real, And., Esp. 36 33N 6 12W
04 Puerto Rico, Fosa, Océano Atlántico 20 0N 65 0W
91 Puerto Rico, I., Antillas 18 15N 66 30W
35 Puerto Rosario, Canar., Esp. 28 31N 13 50W
32 Puerto Serrano, And., Esp. 36 55N 5 34W
94 Puerto Suárez, Bolivia 19 0S 57 45W
94 Puerto Wilches, Colombia 6 25N 73 45W
34 Puerto, Canar., Esp. 28 6N 17 19W
30 Puertollano, Cast.-La M., Esp. 38 43N 4 7W
24 Puertomarín, Gal., Esp. 42 48N 7 37W
50 Pugachev, U.R.S.S. 52 0N 48 50E
86 Puget Sd., U.S.A. 48 0N 122 30W
40 Puglia, Reg., Italia 40 40N 17 20E
31 Puig, Com. Val., Esp. 39 35N 0 18W
27 Puig Mayor, Mte., Bal., Esp. 39 49N 2 47E
27 Puigcerdá, Cat., Esp. 42 24N 1 58E
27 Puigpelat, Cat., Esp. 41 15N 1 16E
27 Puigmal, Mte., Pirineos, 42 23N 2 7E
27 Puigpedrós, Mte., Cat., Esp. 42 28N 1 46E
27 Puigsacalm, Mte., Cat., Esp. 42 8N 2 16E
80 Pukekohe, Nueva Zelanda 37 12S 174 55E
40 Pula, Yugoslavia 44 53N 13 53E
94 Pulacayo, Bolivia 20 25S 66 40W
88 Pulaski, Va., U.S.A. 37 0N 80 54W
47 Pulawy, Polonia 51 28N 22 0E
62 Pulicat, L. de, India 13 45N 80 12E
86 Pullman, U.S.A. 46 45N 117 0W
33 Pulpi, And., Esp. 37 23N 1 43W
47 Pultusk, Polonia 52 45N 21 9E
95 Puna de Atacama, Meseta, Argentina 25 0S 67 0W
94 Puna, I., Ecuador 3 0S 80 20W
64 Punakha, Bhutan 28 0N 89 15E
62 Punch, India 33 40N 74 12E
62 Pune, India 18 25N 73 57E
62 Punjab, Prov., India 31 45N 74 30E
94 Puno, Perú 15 50S 70 12W
95 Punta Arenas, Chile 53 6S 71 5W
32 Punta Umbría, And., Esp. 37 11N 6 57W
34 Puntagorda, Canar., Esp. 28 48N 17 59W
90 Puntarenas, Costa Rica 9 58N 84 40W
50 Pur, R., U.R.S.S. 65 30N 78 0E
33 Purchena, And., Esp. 37 20N 2 18W
63 Puri, India 19 50N 85 57E
44 Purmerend, Países Bajos 52 30N 4 56E
63 Purnea, India 26 0N 87 38E
63 Purulia, India 23 30N 86 15E
33 Purullena, And., Esp. 37 17N 3 17W
94 Purus, R., Brasil 7 40S 66 0W
65 Pusán, Corea 35 12N 129 0E
59 Pushchino, U.R.S.S. 54 25N 158 10E
51 Pushkino, U.R.S.S. 51 16N 47 9E
63 Putao, Birmania 27 24N 97 28E
80 Putaruru, N.Z. 38 3S 175 46E
40 Putignano, Italia 40 52N 17 10E
62 Puttalam, Sri Lanka 8 1N 79 55E
44 Putten, Países Bajos 52 17N 5 37E
94 Putumayo, R., Colombia 2 15S 72 0W
43 Puy-de-Dôme, Dept., Francia 45 40N 2 52E
86 Puyallup, U.S.A. 47 15N 122 22W
31 Puzol, Com. Val., Esp. 39 36N 0 17W
37 Pwllheli, Gales, R. Unido 52 54N 4 26W
50 Pya, L., U.R.S.S. 66 8N 31 22E
65 Pyongyang, Corea del Norte 39 0N 126 0E
86 Pyramid, L., U.S.A. 38 47N 120 0W
43 Pyrénées Orientales, Dept., Francia 42 30N 2 30E

Q

61 Qabatiya, Jordania 32 25N 35 16E
60 Qadhima, Arabia Saudí 22 15N 39 15E
60 Qal'at el Mudauwara, Arabia Saudí 29 28N 36 3E
62 Qal'eh Shaharak, Afganistán 34 10N 64 20E
61 Qalqilyah, Jordania 32 10N 34 58E
60 Qamr, B., Yemen del Sur 16 0N 52 30E
61 Qandar, Afgan. 31 23N 65 30E
64 Qando, China 32 10N 95 10E
71 Qara, Egipto 29 38N 26 30E
61 Qasr Daha, Jordania 31 36N 36 2E
71 Qasr Farafra, Egipto 27 2N 28 0E
60 Qasr Umm Ramad, Arabia Saudí 23 10N 49 0E
64 Qitai, China 44 2N 89 35E
61 Qatana, Siria 33 27N 36 5E
60 Qatar Sheikhdom, Arabia 25 30N 51 0E
60 Qatif, Arabia Saudí 26 30N 50 0E
61 Qatrana, Estación, Jordania 31 12N 36 2E
60 Qattara, Depresión, Egipto 30 0N 28 0E
51 Qazvin, Irón 36 15N 50 0E
71 Qena, Egipto 26 16N 32 37E
62 Qila Safed, Pakistán 29 3N 61 27E
62 Qila Saifullah, Pakistán 30 45N 68 20E
65 Qingjiang, China 33 30N 119 2E
64 Qinling, China 33 50N 108 10E
64 Qingyang, China 36 2N 107 55E
65 Qiqiar, China 47 26N 124 0E
61 Qiryat Gat, Israel 31 36N 34 46E
61 Qishm, I., Irán 26 45N 56 0E
60 Qishnn, Yemen del Sur 15 30N 51 30E
60 Qizan, Arabia Saudí 16 58N 42 35E
51 Qizil Uzun, R., Irán 37 0N 48 40E
65 Qu Xian, China 28 57N 118 54E
66 Quan Long, Vietnam 7 10N 105 15E
66 Quang Ngai, Vietnam 15 2N 109 20E
66 Quang Tri, Vietnam 16 45N 107 7E
65 Quanzhon, China 24 55N 118 34E
84 Quatsino, Canadá 50 30N 127 40W
73 Que Que, Zimbabwe 18 54S 29 45E
79 Queanbeyan, Australia 35 23S 149 17E
85 Québec, y Prov., Canadá 46 50N 71 30W
84 Queen Charlotte, Is., Canadá 53 0N 132 0W
84 Queen Charlotte, Sd., Canadá 51 0N 128 0W
84 Queen Maud G., Canadá 68 25N 101 30W
79 Queenscliff, Australia 38 12S 144 35E
70 Queensland, Estado, Australia 24 0S 145 0E
79 Queenstown, Australia 41 1S 145 38E
73 Queenstown, Sudáfrica 31 55S 27 1E
24 Queija, Sa., Gal., Esp. 42 15N 7 15W
29 Quel, La Rioja, Esp. 42 14N 2 3W
72 Quela, Angola 9 10S 16 56E
73 Quelimane, Mozambique 17 55S 36 58E
90 Querétaro, México 20 47N 100 12W
33 Quesada, And., Esp. 37 51 3 5W
84 Quesnel, Canadá 52 25N 122 30W
88 Quetico, U.S.A. 48 43N 90 50W
62 Quetta, Pakistán 30 7N 66 55E
66 Quezon City, Filipinas 14 50N 120 35E
66 Qui Nhon, Vietnam 13 37N 109 10E
72 Quibaxi, Angola 8 24S 14 27E
94 Quibdo, Colombia 6 0N 76 50W
42 Quiberon, Francia 47 31N 3 7W
73 Quilengues, Angola 14 12S 14 12E
62 Quilón, India 9 0N 76 40E
79 Quilpie, Australia 26 33S 144 17E
42 Quimper, Francia 48 0N 4 7W
42 Quimperlé, Francia 47 52N 3 37W
87 Quincy, Ill., U.S.A. 39 55N 91 23W
89 Quincy, Mass., U.S.A. 42 15N 71 0W
34 Quintana de la Serena, Extr., Esp. 38 45N 5 45W
28 Quintana del Castillo, Cast.-León, Esp. 42 42N 6 2W
28 Quintana del Puente, Cast.-León, Esp. 42 7N 4 11W
30 Quintanar de la Orden, Cast.-La M., Esp. 39 37N 3 4W
29 Quintanar de la Sierra, Cast.-León, Esp. 42 0N 3 2W
31 Quintanar del Rey, Cast.-La M., Esp. 39 18N 1 54W
28 Quintanilla de Onésimo, Cast.-Leónn, Esp. 41 35N 4 21W
29 Quintanilla-San García, Cast.-León, Esp. 42 36N 3 11W
26 Quinto, Arag., Esp. 41 25N 0 30W
24 Quiroga, Gal., Esp. 4 28N 7 15W
24 Quirós, P. de Ast., Esp. 43 9N 5 59W
28 Quiruelas de Vidriales, Cast.-León, 42 1N 5 50W
94 Quito, Ecuador 0 20S 78 45W
60 Qum, Irán 34 30N 50 50E
60 Qumisheh, *véase* Shahriza, Irán
79 Quorn, Australia 32 30S 137 55E
88 Quorn, Canadá 49 30N 91 0W
71 Quseis, Egipto 26 8N 34 20E

R

49 Raahe, Finlandia 64 40N 24 30E
61 Ra'Anana, Israel 32 10N 34 53E
36 Rabaçal, R., Port. 41 40N 7 15W
28 Rabanales, Cast.-León, Esp. 41 45N 6 16W
40 Rabat, Malta 35 53N 14 22E
70 Rabat, Marruecos 34 0N 6 42W
79 Rabaul, Papua Nueva Guinea 4 15S 152 12E
60 Rabigh Qasr, Arabia Saudí 22 54N 39 1E
33 Rábita, *véase* La Rábita
85 Race, C., Canadá 46 40N 53 15W
61 Rachaya, Líbano 33 30N 35 50E
70 Rachid, Mauritania 18 45N 11 45W
87 Racine, U.S.A. 42 41N 87 49W
47 Radauti, Rumanía 47 53N 25 48E
47 Radekhov, U.R.S.S. 50 15N 24 40E
87 Radford, U.S.A. 37 8N 80 33W
79 Radium Hill, Australia 32 30S 140 35E
41 Radomir, Bulgaria 42 37N 23 4E
47 Radomsko, Polonia 51 5N 19 28E
63 Rae Bareli, India 26 20N 81 5E
85 Rae Isthmus, Canadá 66 40N 87 30W
84 Rae, Canadá 62 45N 115 50W
80 Raetihi, Nueva Zelanda 39 27S 175 20E
95 Rafaela, Argentina 31 10S 61 25W
71 Rafai, Zaire 4 59N 23 58E
71 Raga, Sudán 8 30N 25 45E
28 Ragama, Cast.-León, Esp. 41 0N 5 9W
62 Ragama, Sri Lanka 7 0N 79 50E
80 Raglan, Nueva Zelanda 37 55S 174 55E
40 Ragusa, Sicilia 37 0N 14 48E
72 Rahad el Berdi, Sudán 11 20N 23 40E
62 Raichur, India 16 15N 77 24E
61 Raifoun, Líbano 33 58N 35 33E
63 Raigarh, India 21 56N 83 25E
86 Rainier, Mte., U.S.A. 46 24N 121 40W
84 Rainy, L., Canadá 48 40N 93 0W
62 Raipipla, India 21 35N 73 30E
63 Raipur, India 21 16N 81 42E
24 Rairiz de Veiga, Gal., Esp. 42 5N 7 50W
63 Raj Nandgaon, India 21 0N 81 0E
66 Raja Ampat, Arch., Indonesia 1 0S 129 30E
63 Rajahmundry, I., India 16 0N 81 46E
62 Rajapalaiyim, India 9 20N 77 30E
62 Rajasthán, Prov., India 27 15N 73 0E
62 Rajgarh, India 24 3N 76 35E
62 Rajkot, India 22 15N 70 34E
63 Rajshahi, Bangladesh 24 30N 88 35E
80 Rakaia, y R., N.Z. 43 45S 172 1E
62 Rakaposhi, Kachemira 36 10N 74 0E
49 Rakvere, U.R.S.S. 59 20N 26 30E
87 Raleigh Bay, U.S.A. 34 50N 76 0W
87 Raleigh, U.S.A. 35 46N 78 43W
61 Ram Allah, Palestina 31 55N 35 11E
60 Ramadi, Iraq 33 26N 43 15E
25 Ramales de la Victoria, Cant., Esp. 43 15N 3 28W
62 Ramanathapuram (Ramnad), India 9 10N 78 57E
61 Ramat David, Israel 32 41N 35 11E
61 Ramat Gan, Israel 32 5N 34 48E
61 Ramat Hakovesh, Israel 32 12N 34 56E
61 Ramat Hashofet, Israel 32 39N 34 59E
32 Rambla, *véase* La Rambla
42 Rambouillet, Francia 48 40N 1 50E
63 Ramechhap, Nepal 27 20N 86 5E
63 Ramgarh, Bihar, India 23 23N 85 30E
62 Ramgarh, Rajasthán, India 27 25N 70 20E
24 Ramiranes, Gal., Esp. 42 11N 8 2W
61 Ramishk, Irán 26 59N 58 47E
61 Ramla, Israel 31 55N 34 52E
62 Ramnad, *véase* Ramanthapuram
47 Ramnicu Sarat, Rumanía 45 26N 27 3E
47 Ramnicu Valcea, Rumanía 45 6N 24 20E
63 Rampur Hat, India 24 15N 87 45E
62 Rampur, India 28 50N 79 10E
63 Ramree, I., Birmania 19 10N 93 50E
62 Ramter, India 21 20N 79 15E
63 Ranaghat, India 23 5N 88 35E
95 Rancagua, Chile 34 18S 70 45W
63 Ranchi, India 23 29N 85 18E
86 Randall, Emb., U.S.A. 43 25N 99 30W
49 Randers, Dinamarca 56 30N 10 0E
48 Råneå, y R., Suecia 65 52N 22 20E
80 Rangaunu, B., N.Z. 34 51S 173 15E
63 Rangia, India 26 30N 91 20E
80 Rangiora, Nueva Zelanda 43 26S 172 37E
63 Rangoon, y R., Birmania 16 55N 96 25E
63 Rangpur, Bangladesh 25 42N 89 2E
62 Ranibennur, India 14 40N 75 35E
63 Raniganj, India 23 35N 87 4E
62 Raniwara, India 24 50N 72 10E
41 Rankovicevo (Kraljevo), Yugoslavia 43 43N 20 40E
62 Rann de Kutch, India 24 0N 70 0E
73 Ranohiro, Madagascar 22 30S 45 25E
24 Rañadoiro, Sa., P. de Ast., Esp. 43 15N 6 40W
86 Rapid City, U.S.A. 44 0N 103 20W
45 Rapperwil, Suiza 47 15N 8 49E
51 Raqqa, Siria 36 2N 39 0E
71 Ras Abu Shagara, Egipto 21 0N 37 30E
61 Ras al Hadd, C., Omán 22 30N 59 48E
61 Ras al Madraka, C., Omán 19 0N 57 47E
69 Ras Asir, C., Rep. Somalí 11 50N 51 12E
71 Ras Banas, C., Egipto 24 0N 35 45E
72 Ras Dashen, Mte., Etiopía 13 8N 37 45E
71 Ras el Milh, C., Egipto 31 55N 25 10E
71 Ras Hadarba, C., Sudán 22 0N 36 50E
71 Ras Lanuf, Libia 30 30N 18 30E
60 Ras Rakan, C., Qatar 26 7N 51 20E
95 Rasa, Pta., Argentina 40 30S 62 0W
35 Rasca, Pta., Canar., Esp. 27 59N 16 41W
29 Rascafría, Madrid, Esp. 40 52N 3 50W
71 Rashad, Sudán 11 55N 31 0E
71 Rashid (Roseta), Egipto 31 20N 30 21E
60 Rasht, Irán 37 18N 49 40E
27 Rasquera, Cat., Esp. 41 0N 0 37E
84 Rat, Is., Alaska 50 10N 177 30E
62 Ratangarh, India 28 4N 74 56E
37 Rath Luirc, Irlanda 52 21N 8 40W
46 Rathenow, Alemania 52 36N 12 22E
45 Rätikon, Mtes., Alpes 46 50N 10 0E
62 Ratlam, India 23 21N 75 2E
62 Ratnagiri, India 17 1N 73 22E
86 Raton, U.S.A. 36 57N 104 30W
48 Raufarhofn, Islandia 66 30N 15 53W
80 Raukumara, Sa., N.Z. 38 0S 178 0E
49 Rauma, Finlandia 61 10N 21 20E
49 Raumo, *véase* Rauma
63 Raurkela, India 22 14N 84 50E
61 Ravar, Irán 31 10N 56 50E
40 Révena, *véase* Ravenna
40 Ravenna, Italia 44 26N 12 14E
46 Ravensburg, Alemania 47 48N 9 35E
79 Ravenshoe, Australia 17 45S 145 30E
78 Ravensthorpe, Australia 33 31S 120 7E
62 Ravi, R., Pakistán 31 0N 73 20E
62 Rawalpindi, Pakistán 33 40N 73 2E
78 Rawlinna, Australia 31 0S 125 25E
78 Rawlinson, Sa., Australia 25 0S 129 0E
85 Ray, C., Canadá 47 42N 59 25W
63 Rayagada, India 19 5N 83 15E
61 Rayak, Líbano 33 52N 36 0E
84 Raymond, Canadá 49 28N 112 42W
42 Raz, Pte. du, Francia 48 2N 4 47W
41 Razgrad, Bulgaria 43 33N 26 33E
42 Re, I. de, Francia 46 16N 1 25W
37 Reading, Ingl., R. Unido 51 27N 0 57W
86 Reading, U.S.A. 40 25N 75 46W
32 Real de la Jara, *véase* El Real de la Jara
30 Real de S. Vicente, *véase* El Real de S. Vicente
71 Rebiana, Libia 24 12N 22 10E
94 Recife (Pernambuco), Brasil 8 5S 35 0W
86 Red Bluff, U.S.A. 40 15N 122 25W
84 Red Deer, Canadá 52 14N 113 55W
84 Red Lake, Canadá 51 10N 93 45W
87 Red Lake, U.S.A. 48 0N 95 0W
90 Red Tank, Panamá
87 Red, R., U.S.A. 31 30N 92 30W
86 Redding, U.S.A. 49 35N 122 25W
29 Redecilla del Camino, Cast.-León, Esp. 42 30N 3 7W
86 Redlands, U.S.A. 34 2N 117 12W
24 Redondela, Gal., Esp. 42 15N 8 38W
36 Redondo, Port. 38 39N 7 37W
37 Redwing, U.S.A. 44 35N 92 40W
37 Ree, L., Irlanda 53 30N 7 57W
80 Reefton, Nueva Zelanda 42 1S 171 50E
46 Regensburg, Alemania 49 0N 12 5E
40 Reggio Calabria, Italia 38 7N 145 41E
40 Reggio, Emilia-Romagna, Italia 44 41N 10 39E
84 Regina, Canadá 50 30N 104 37W
36 Reguengos de Monsaraz, Port. 38 25N 7 32W
73 Rehoboth, Mamibia 23 18S 17 1E
61 Rehovot, Israel 31 55N 34 48E
46 Reichenbach, Alemania 50 37N 12 18E

37 Reigate, Ingl., R. Unido 51 13N 0 11W
42 Reims, Francia 49 18N 4 0E
45 Reinach, Aargau, Suiza 47 14N 8 11E
84 Reindeer, L., Canadá 57 30N 102 28W
80 Reinga, C., Nueva Zelanda 34 28S 172 36E
37 Reino Unido, Europa 55 0N 2 0W
25 Reinosa, Cant., Esp. 43 2N 4 15W
59 Rekiniki, U.R.S.S. 60 50N 163 20E
31 Relleu, Com. Val., Esp. 38 36N 0 17W
66 Rembang, Indonesia 6 38S 111 15E
42 Rémiremont, Francia 48 0N 6 35E
26 Remolinos, Arag., Esp. 41 48N 1 10W
46 Remscheid, Alemania 51 11N 7 12E
46 Renania, Alemania 52 17N 7 25E
49 Rendsburgs, Alemania 54 19N 9 41E
45 Renens, Suiza 46 31N 6 30E
88 Renfrew, Ont., Can. 45 30N 76 40W
66 Rengat, Indonesia 0 30S 102 40E
47 Reni, U.R.S.S. 45 30N 28 19E
29 Renieblas, Cast.-León, Esp. 41 47N 2 20W
60 Renk, Sudán 11 50N 32 50E
44 Renkum, Países Bajos 51 58N 5 43E
79 Renmark, Australia 34 9S 140 48E
42 Rennes, Francia 48 10N 1 41W
40 Reno, R., Italia 44 34N 11 30E
88 Reno, U.S.A. 39 35N 119 45W
25 Rentería, P. Vasco, Esp. 43 19N 1 55W
25 Reocín, Cant., Esp. 43 20N 4 6W
72 República Centroafricana 7 0N 20 0E
58 República S.F.S.R., Europa y Asia 58 0N 80 0E
86 Republican, R., U.S.A. 40 10 99 0W
28 Requejo, Cast.-León, Esp. 42 6N 6 44W
31 Requena, Com. Val., Esp. 39 30N 1 5W
95 Resistencia, Argentina 27 30S 59 0W
47 Resita, Rumania 45 18N 21 53E
80 Resolution, I., N.Z. 45 35S 166 40E
34 Restinga, Pta., Canar., Esp 27 50N 18 0W
42 Rethel, Francia 49 30N 4 20E
41 Rethimnon, Creta, Grecia 34 45N 24 30E
45 Réticos (Alpes), *véase* Rätikon
30 Retientas, Cast.-La M., Esp. 40 58N 3 17W
31 Retova, Com. Val., Esp. 38 56N 0 15W
30 Retuerta de Bullaque, Cast.-La M., Esp. 39 26N 4 27W
69 Reunión, I., Océano Índico 34 5S 18 20E
27 Reus, Cat., Esp. 41 10N 1 5E
45 Reuss, R., Suiza 47 16N 8 24E
50 Reutlingen, Alemania 48 30N 9 15E
43 Revel, Francia 43 26N 2 0E
84 Revelstoke, Canadá 50 59N 118 5W
82 Revilla Gigedo, Is., Océano Pacífico 18 50N 111 0W
44 Revin, Francia 49 57N 4 39E
35 Revolcadores, Pico, Mur., Esp. 38 5N 2 12W
59 Revolución de Octubre, I., U.R.S.S. 79 30N 97 0E
63 Rewa, India 24 35N 81 25E
62 Rewari, India 28 18N 76 43E
48 Reykjanaes, Islandia 63 50N 22 40W
48 Reykjavik, Islandia 64 10N 21 53W
78 Reynolds, Sa., Australia 22 30S 133 0E
90 Reynosa, México 26 0N 98 0W
51 Reza'Iyeh, Irán 37 40N 45 5E
45 Rheinfelden, Alemania y Suiza 47 32N 7 47E
46 Rheinland-Pfalz (Rin-Palatinado), Land, Alemania 50 55N 6 50E
44 Rheydt, Alemania 51 12N 6 27E
87 Rhinelander, U.S.A. 45 48N 89 27W
87 Rhode I., Estado, U.S.A. 41 20N 71 20W
73 Rhodesia, *véase* Zimbabwe
37 Rhondda, Gales, R. Unido 51 40N 3 29W
43 Rhône, R., y Dept., Francia 45 58N 4 35E
37 Rhum, I., Escocia, R. Unido 57 0N 6 20W
37 Rhyl, Gales, R. Unido 53 20N 3 28W
28 Riaño, y Sa., Cast.-León, Esp. 42 59N 5 0W
24 Rianjo, Gal., Esp. 42 40N 8 50W
30 Riánsares, R., Cast.-La M., Esp. 40 0N 3 0W
62 Riasi, Kashmir 33 10N 74 45E
66 Riau, Arch., Indonesia 0 50N 104 50E
29 Riaza, y R., Cast.-León, Esp. 41 18N 3 30W
24 Ribadavia, Gal., Esp. 42 17N 8 8W
24 Ribadedeva, P. de Ast., Esp. 43 25N 4 32W
24 Ribadeo, Gal., Esp. 43 35N 7 5W
24 Ribadeo, y Ría, P. deAst.-Gal., Esp. 43 35 70 3W
24 Ribadesella, P. de Ast., Esp. 43 30N 5 7W
24 Ribadumia, Gal., Esp. 42 31N 8 45W
25 Ribaforado, Nav., Esp. 42 0N 1 30W
27 Ribas de Fresser, Cat., Esp. 42 19N 2 15E
62 Ribat, Pakistán 29 50N 60 55E
37 Ribble, R., Ingl., R. Unido 53 56N 2 20W
49 Ribe, Dinamarca 55 20N 8 43E
24 Ribeira, Gal., Esp. 42 36N 8 58W
95 Ribeirao Preto, Brasil 21 15S 47 40W
24 Ribeiro, *véase* El Ribeiro
24 Ribera de Arriba, P. de Ast. Esp. 43 19N 5 51W
31 Ribera de Júcar, Com. Val., Esp. 39 12N 0 25W
25 Ribera, Nav., Esp. 42 26N 1 55W
34 Ribera del Fresno, Extr., Esp. 38 33N 6 15W
43 Riberac, Francia 45 15N 0 15E
94 Riberalta, Bolivia 11 0S 66 0W
31 Ribesalbes, Com. Val., Esp. 40 2N 0 15W
80 Riccarton, Nueva Zelanda 43 31S 172 28E
89 Richibucto, Canadá 46 39N 65 5W
86 Richland, U.S.A. 46 25N 119 30W
79 Richmond, Australia 20 45S 142 13E
87 Richmond, Ind., U.S.A. 39 47N 85 0W
87 Richmond, Ky., U.S.A. 37 45N 84 18W
80 Richmond, Nueva Zelanda 41 20S 173 14E
87 Richmond, Va., U.S.A. 37 30N 77 28W
26 Ricla, Arag. Esp. 41 30N 1 24W
28 Ricobayo, Emb., Cast.-León, Esp. 41 44N 5 45W
46 Ried, Austria 48 15N 13 30E
45 Riehen, Suiza 47 35N 7 39E
46 Riesen Geb., Mtes., Polonia 50 50N 16 0E
73 Rietfontein, Sudáfrica 26 45S 20 0E
40 Rieti, Italia 42 25N 12 50E
48 Rifstangi, Islandia 66 32N 16 0W
71 Rig Rig, Chad 14 15N 14 26E
49 Riga, y G., U.R.S.S. 56 58N 24 12E
45 Rigel Sptiz, Mte., Suiza 46 53N 5 19E
49 Riihimaki, Finlandia 60 44N 24 45E
40 Rijeka, Yugoslavia 45 1N 14 22E
44 Rijn, R., Países Bajos 52 5N 4 30E
44 Rijssen, Países Bajos 52 18N 6 31E
44 Rijswijk, Países Bajos 52 3N 4 20E
63 Rima, China 28 25N 97 5E
40 Rimini, Italia 44 2N 12 38E
85 Rimouski, Canadá 48 25N 68 30W
46 Rin (Rhein), R., Alemania 50 45N 7 10E
46 Rin-Palatinado, *véase* Rheinland-Pfalz
30 Rincón de Anchuras, Cast.-La M., Esp. 39 25N 4 50W
33 Rincón de la Victoria, And., Esp. 36 42W 4 17W
29 Rincón de Soto, La Rioja, Esp. 42 14N 1 51W
32 Rinconada, *véase* La Rinconada
48 Ringkøbing, Dinamarca 56 15N 8 15E
49 Ringvassøy, I., Noruega 69 53N 19 25E
41 Rinia, I., Grecia 37 15N 25 20E
24 Río, Gal., Esp. 42 22N 8 2W
90 Río Bravo del Norte, México 25 55N 97 12W
95 Río Claro, Brasil 22 20S 47 35W
90 Río Claro, Trinidad 10 12N 61 15W
95 Río Cuarto, Argentina 33 0S 64 0W
95 Río de Janeiro, y Estado, Brasil 22 5S 43 12W
95 Río de la Plata, Sudamérica 35 0S 57 0W
29 Junta de Río de Losa, Cast.-León, Esp. 42 57N 3 15W
36 Río Douro, Port. 41 33N 7 57W
95 Río Gallegos, Argentina 51 40S 69 10W
90 Río Grande de Santiago, México 22 0N 103 35W
95 Río Grande do Norte, Estado, Brasil 530S 36 0W
95 Río Grande do Sul, y Estado, Brasil 32 0S 52 0W
86 Río Grande, Nuevo México, U.S.A. 34 20N 106 48W
90 Río Grande, R., México 29 0N 107 0W
36 Río Maior, R., Port. 39 20N 8 55W
94 Riobamba, Ecuador 1 40S 78 48W
28 Riofrío de Aliste, Cast.-León, Esp. 41 49N 6 13W
94 Riohacha, Colombia11 33N 72 45W
29 Rioja Alavesa, Cca., La Rioja, Esp. 42 32N 2 35W
29 Rioja, *véase* La Rioja
43 Riom, Francia 45 52N 3 5E
28 Rionegro del Puente, Cast.-León, Esp. 42 2N 6 15W
34 Riolobos, Extr., Esp. 39 55N 6 18W
30 Riopar, Cast.-La M., Esp. 38 30N 2 26W
24 Ríos, Gal., Esp. 41 58N 7 16W
24 Ríosa, P. de Ast., Esp. 43 14N 5 52W
32 Riotinto, And., Esp. 37 42N 6 36W
27 Ripoll, Cat., Esp. 42 15N 2 13E
27 Ripollet, Cat., Esp. 41 30N 2 9E
37 Ripon,Ingl.,R.Unido 54 9N 1 32W
60 Riq'ai, Arabia Saudí 29 0N 46 33E
61 Rishon Le Zion, Israel 31 58N 34 47E
49 Risor, Noruega 58 43N 9 10E
27 Rindoms, Cat., Esp. 4 8N 1 3E
40 Riva, Italia 45 54N 10 52E
70 River Cess, Liberia 5 30N 9 25W
95 Rivera, Uruguay 31 0S 55 40W
73 Riverdale, Sudáfrica 34 10S 21 35E
86 Riverside, U.S.A. 33 55N 117 25W
84 Riverton, Canadá 51 5N 97 0W
80 Riverton, Nueva Zelanda 46 20S 168 5E
40 Riviera di Levante, Italia 44 23N 9 15E
40 Riviera di Ponente, Italia 43 58N 8 0E
89 Rivière au Renard, Canadá 49 5N 64 25W
89 Rivière du Loup, Canadá 47 50N 69 27W
90 Rivière Pilote, Martinique, Antillas 14 30N 60 50W
60 Riyadh, Arabia Saudí 24 40N 46 50E
60 Rize, Turquía 40 59N 40 30E
40 Rizzuto, C., Italia 38 5N 17 5E
49 Rjukan, Noruega 59 54N 8 40E
28 Roa de Duero, Cast.-León, Esp. 41 41N 3 56W
43 Roanne, Francia 46 4N 4 2E
87 Roanoke, y R., U.S.A. 37 18N 80 1W
90 Robert, Martinique, Antillas 14 40N 60 57W
78 Robertson, Sa., Australia 23 20S 121 0E
70 Robertsport, Liberia 6 45N 11 26W
89 Roberval, Cannadá 48 24N 72 20W
78 Robinson, Sas., Australia 25 40S 119 0E
28 Robla, *véase* La Robla
28 Robledo, Cast.-León, Esp. 40 17N 6 36W
29 Robledo de Chavela, Madrid, Esp. 40 30N 4 45W
29 Robregordo, Madrid, Esp. 41 8N 3 37W
26 Robres, Arag., Esp. 41 49N 0 27W
84 Robson, Mte., Canadá 53 15N 118 0W
34 Roca de la Sierra, *véase* La Roca de la Sierra
36 Roca, Cabo de, Portugal 38 46N 9 30W
27 Rocafort de Queralt, Cat., Esp. 41 27N 1 19E
43 Rocamadour, Francia 44 46N 1 40E
43 Rochechouart, Francia 45 50N 0 45E
44 Rochefort, Bélgica 50 12N 5 15E
43 Rochefort, Francia 45 57N 0 57W
87 Rochester, Minn., U.S.A. 44 2N 92 29W
89 Rochester, N.H., U.S.A. 43 18N 71 0W
87 Rochester, N.Y., U.S.A. 43 12N 77 40W
32 Rociana del Condado, And., Esp. 37 19N 6 36W
32 Rocina, Arroyo, And., Esp. 37 10N6 28W
87 Rock Island, U.S.A. 41 30N 90 32W
86 Rock Springs, U.S.A. 41 38N 109 13W
09 Rockall, I., Océano Atlántico 57 37W 13 42W
87 Rockford, U.S.A. 42 19N 89 8W
79 Rockhampton, Australia 23 28S 150 31E
87 Rockland, U.S.A. 44 10N 69 10W
87 Rocky Mount, U.S.A. 35 57N 75 52W
86 Rocosas, Montañas, América del Norte 40 0N 110 0W
32 Roda de Andalucía, *véase* La Roda de Andalucía
27 Roda del Ter, Cat., Esp. 41 58N 2 19E
43 Ródano, R., *véase* Rhône
41 Rodas, I., *véase* Rodhos
49 Rodby Haun, Din. 54 41N 11 23E
24 Rodeiro, Ga., Esp. 42 39N 7 57W
44 Roden, Países bajos 53 7N 6 20E
43 Rodez, Francia 44 22N 2 39E
41 Rodhos, I., Grecia 36 21N 28 77E
41 Ródope, Mtes., Bulgaria 41 40N 24 10E
78 Roebourne, Australia 20 43S 117 10E
78 Roebuck, B., Australia 18 10S 122 0E
44 Roermonde, Países Bajos 51 12N 6 0E
85 Roes Welcome, Est., Canadá 65 0N 87 0W
44 Roeselare, Bélgica 50 57N 3 7E
49 Rogaland, Co., Noruega 59 0N 6 30E
43 Rogliano, Córcega, Francia 42 55N 9 25E
62 Rohri, Pakistán 27 47N 68 50E
62 Rohtak, India 38 57N 76 30E
27 Roig, C., Bal., Esp. 39 0N 1 35E
35 Roig, C., Mur., Esp. 37 50N 0 40W
44 Roisel, Francia 49 58N 3 6E
90 Rojo, C., México 21 30N 97 20W
87 Rolla, U.S.A. 37 59N 91 46W
45 Rolle, Suiza 46 28N 6 20E
79 Roma, Australia 26 32S 148 49E
40 Roma, Italia 41 53N 1 33E
49 Roma, Suecia 57 35N 18 27E
85 Romaine, R., Canadá 51 40N 63 40W
47 Roman, Rumanía 46 50N 26 29E
59 Roman, U.R.S.S. 60 25N 112 10E
43 Romans, Francia 45 2N 5 0E
45 Romanshorn, Suiza 47 35N 9 22E
87 Rome, Ga., U.S.A. 34 15N 85 8W
87 Rome, N.Y., U.S.A., 43 15N 75 30W
44 Romilly, Francia 48 30N 3 46E
45 Romont, Suiza 46 42N 6 54E
42 Romorantin, Francia 47 20N 1 45E
48 Romsdale, Val., Noruega 62 30N 7 50E
25 Roncal, Nav., Esp. 42 50N 1 55W
25 Roncesvalles, Nav., Esp. 43 1N 1 20W
32 Ronda, And., Esp. 36 46N 5 10W
32 Ronda, Serranía, Esp. 36 44N 5 15W
49 Rønne, Dinamarca 55 5N 14 41E
32 Ronquillo, And., Esp. 37 45N 6 12W
44 Ronse, Bélgica 50 44N 3 36E
62 Roorkee, India 29 45N 78 20E
96 Roosevelt, I., Antártida 80 0S 161 0E
78 Roper, R., Australia 14 58S 134 0E
34 Roque de los Muchachos, Canar., Esp. 28 47N 17 50W
35 Roque, *véase* El Roque
33 Roquetas de Mar, And., Esp. 36 50N 2 25W
27 Roquetes, Cat., Esp. 40 49N 0 30E
94 Roraima, Estado, Brasil 2 30N 62 0W
94 Roraima, Mte., Venezuela 5 45N 62 0W
48 Røros, Noruega 62 35N 11 22E
45 Rorschach, Suiza 47 28N 9 28E
24 Rosal, Gal., Esp. 41 57N 8 51W
32 Rosal de la Frontera, And., Esp. 37 59N 7 13W
95 Rosario de la Frontera, Argentina 25 45N 65 0W
95 Rosario, Argentina 33 3S 60 40W
90 Rosario, México 23 0N 105 40W
30 Rosarito, Emb., Cast.-La M., Esp. 40 5N 5 20W
27 Rosas, Cat., Esp. 42 19N 3 10E
14 Rosas, G., Cat., Esp. 42 19N 3 15E
42 Roscoff, Francia 48 40N 4 0W
37 Roscommon, Irlanda 53 38N 8 8W
91 Roseau, Dominica, Antillas 15 15N 61 15W
86 Roseburg, U.S.A. 43 13N 123 20W
60 Roseires, Sudán 11 5N 34 30E
27 Roselló, Cat., Esp. 41 40N 0 37E
43 Rosellón, *véase* Roussillon
46 Rosenheim, Alemania 47 55N 12 5E
71 Roseta, *véase* Rashid
84 Rosetown, Canadá 51 30N 108 10W
49 Roskilde, Dinamarca 55 39N 12 3E
37 Roslare, Irlanda 52 15N 6 20W
50 Roslavl, U.R.S.S. 53 57N 32 40E
40 Rosmaninhal, Port. 39 44N 7 5W
96 Ross, Mar de, Antártida 75 0S 178 0E
80 Ross, Nueva Zelanda 42 55S 170 52E
84 Rossland, Canadá 49 5N 117 35W
70 Rosso, Mauritania 16 40N 15 45W
51 Rossosh, U.R.S.S. 50 17N 39 30E
84 Rosthern, Canadá 52 58N 106 10W
46 Rostock, Alemania 54 3N 12 7E
51 Rostow, U.R.S.S. 47 12N 39 40E
48 Røsvatn, L., Noruega 65 40N 14 0E
86 Roswell, U.S.A. 33 28N 104 36W
32 Rota, And., Esp. 36 37N 6 20W
37 Rotherham, Ingl., R. Unido 53 26N 1 20W
37 Rothesay, Escocia, R. Unido 55 50N 5 3W
46 Rothhaar, G., Mte., Alemania 51 6N 8 10E
80 Rotoroa, L., N.Z. 41 50S 172 39E
80 Rotorua, y L., N.Z. 38 13S 176 20E
45 Rotten, R., Suiza 46 18N 7 36E
44 Rotterdam, Países Bajos 51 55M 4 30E
46 Rottweil, Alemania 48 12N 8 20E
80 Rotuma, I., Océano Pacífico 12 0S 177 0E
42 Roubaix, Francia 50 43N 3 4E
42 Rouen, Francia 49 28N 1 7E
43 Roussillon, Dist., Francia 42 40N 2 40E
85 Rouyn, Canadá 48 6N 79 0W
48 Rovaniemi, Finlandia 66 35N 25 40E
40 Rovereto, Italia 45 53N 11 2E
40 Rovigo, Italia 45 2N 11 41E
40 Rovinj, Yugoslavia 45 18N 13 40E
51 Rovno, U.R.S.S. 50 30N 26 22E
66 Roxas, Filipinas 11 40N 122 45E
80 Roxburgh, Nueva Zelanda 45 30S 169 27E
29 Royo, *véase* El Royo
29 Rozas, *véase* Las Rozas
44 Rozoy-sur-Serre, Francia 49 40N 4 8E
50 Rtishchevo, U.R.S.S. 52 27N 43 50E
24 Rúa, La, Gal., Esp. 42 20N 7 8W
80 Ruahine Sa., N.Z. 39 45S 176 0E
27 Rubí, Cat., Esp. 41 30N 2 2E
24 Rubiana, Gal., Esp. 42 26N 6 57W
40 Rubicone (Rubicón), R., Italia 44 9N 12 29E
26 Rubielos de Mora, Arag., Esp. 40 13N 0 40W
32 Rubio, *véase* El Rubio
61 Rud-i-Khoran, R., Irán 29 0N 56 30E
50 Rudnichny, U.R.S.S. 59 40N 52 20E
62 Rudok, Tibet, China 33 30N 79 40E
72 Rudolf, L., *véase* Turkana, L.
28 Rueda, Cast.-León, Esp. 41 24N 4 57W
26 Ruesta, Arag., Esp. 42 36N 1 6W
43 Ruffec, Francia 46 0N 0 18E
72 Rufiji, R., Tanzania 8 0S 38 0E
70 Rufisque, Senegal 14 42N 17 8W
37 Rugby, Ingl., R. Unido 52 21 1 17W
46 Rugen, I., lemania 54 32N 13 30E
49 Ruhnu, I., U.R.S.S. 57 40N 23 30E
46 Ruhr, R., Alemania 51 25N 8 0E
30 Ruidera, Lagunas, Cast.-La M., Esp. 38 55N 2 49W
64 Ruijin, China 26 10N 116 40E
72 Ruki, R., Zaire 0 10S 18 30E
72 Rukwa, L., Tanzania 8 5S 33 0E
78 Rum Jumgle, Australia 13 20S 131 12E
47 Rumania, Europa 45 40N 25 20E
71 Rumbek, Sudán 6 50N 29 30E
33 Rumblar, Emb., And., Esp. 38 15N 3 40W
80 Runanga, Nueva Zelanda 42 25S 171 15E
72 Rungwa y R., Tanzania 6 40S 33 50E
64 Ruoqiang, China 38 55N 88 10E
63 Rupa, India 27 15N 92 25E
85 Rupert, R., Canadá 51 30N 78 40W
33 Rus, And., Esp. 38 3N 3 28W
73 Rusape, Zimbabwe 18 32S 32 5E
41 Ruse (Ruschuk), Bulgaria 43 53N 25 27E
50 Rusia Blanca (Bielorusia), R.S.S., U.R.S.S. 53 50N 30 0E
58 Russkaya Polyana, U.R.S.S. 54 5N 74 0E
73 Rustenburg, Sudáfrica 25 34S 27 10E
60 Rutba, Iraq 33 4N 40 1E
32 Rute, And., Esp. 37 19N 4 29W
47 Ruthenia, Reg., U.R.S.S. 48 30N 23 40E
37 Ruthin, Gales, R. Unido 53 8N 3 18W
87 Rutland, U.S.A. 43 47N 72 55W
72 Rutshuru, Zaire 1 0S 29 28E
44 Ruurlo, Países Bajos 52 5N 6 27E

72 Ruwenzori, Mte., Uganda 0 40N 29 50E
47 Ruzomberok, Checoslovaquia 49 12N 19 15E
72 Rwanda, África 2 0S 30 0E
50 Ryazan, U.R.S.S. 54 35N 39 45E
50 Ryazhsk, U.R.S.S. 53 43N 40 0E
58 Rybache, U.R.S.S. 46 40N 81 20E
50 Rybachi, Pen., U.R.S.S. 69 40N 32 50E
50 Rybinsk (Shcherbakov), U.R.S.S. 58 0N 38 51E
50 Rybinsk, Emb., U.R.S.S. 58 30N 37 50E
47 Rypin, Polonia 53 0N 19 30E
65 Ryukyu, Is., Japón 26 30N 128 0E
50 Rzhev, U.R.S.S. 56 20N 34 25E

S

27 Sa Calm, Pico, Pirineos, Esp. 42 10N 2 20E
45 Saanen, Suiza 46 29N 7 17E
46 Saar (Sarre), R., Francia y Alemania 49 20N 6 45E
46 Saar, Land, Alemania 49 38N 6 33E
46 Saarbrücken, Alemania 49 19N 7 0E
44 Saarburg, Alemania 49 38N 6 33E
50 Saaremaa, I., U.R.S.S. 58 20N 22 45E
44 Saarlouis, Alemania 49 18N 6 44E
45 Saas Fee, Suiza 46 8N 7 56E
27 Sabadell, Cat., Esp. 41 33N 2 7E
66 Sabah, Estado, Malaysia 6 0N 117 0E
61 Sabastiya, Jordania 32 16N 35 11E
40 Sabaudia, Italia 41 17N 13 2E
28 Sabero, Cast.-León, Esp. 42 49N 5 10W
60 Sabha, Wadi, Arabia Saudí 23 50N 50 0E
26 Sabiñánigo, Arag., Esp. 42 30N 0 22W
33 Sabinar, Pta., And., Esp. 36 46N 2 40W
90 Sabinas Hidalgo, México 26 25N 100 15W
90 Sabinas, México 27 40N 101 10W
87 Sabine, R., U.S.A. 31 45N 93 45W
40 Sabini, Mtes., Italia 42 20N 12 50E
33 Sabiote, And., Esp. 38 4N 3 18W
89 Sable, C., Canadá 43 28N 65 50W
87 Sable, C., U.S.A. 25 15N 81 5W
85 Sable, I., Canadá 43 57N 60 00W
36 Sabor, R., Port. 41 16N 7 10W
36 Sabugal, Port. 40 20N 7 5W
61 Sabzawar, Afganistán 33 12N 62 0E
61 Sabzawar, Irán 36 25N 57 55E
30 Sacecorbo, Cast.-La M., Esp. 40 48N 2 24W
30 Sacedón, Cast.-La M., Esp. 40 29N 2 41W
30 Saceruela, Cast.-La M., Esp. 38 57N 4 38W
86 Sacramento, Mtes., U.S.A. 32 20N 105 0W
86 Sacramento, y R., U.S.A. 38 37N 121 25W
33 Sacratif, C., And., Esp. 36 42N 3 28W
24 Sada, Gal., Esp. 43 22N 8 15WM
26 Sádaba, Arag., Esp. 42 19N 1 12W
65 Sado, I., Japón 38 0N 138 15E
36 Sado, R., Port. 38 10N 8 20W
63 Sadon, Birmania 25 25N 97 50E
30 Saelices, Cast.-La M., Esp. 39 55N 2 49W
49 Säffle, Suecia 59 9N 12 55E
62 Safi, Marruecos 32 15N 9 15W
65 Saga, y Pref., Japón 33 18N 130 6E
63 Sagaing, Birmania 21 58N 95 56E
65 Sagami, B., Japón 35 0N 139 30E
62 Sagar, India 23 50N 78 50E
27 S'Agaró, Cat., Esp. 41 47N 3 4E
87 Saginaw, y B., U.S.A. 43 29N 84 0W
36 Sagres, Port. 37 0N 8 56W
91 Sagua la Grande, Cuba 22 58N 80 2W
89 Saguenay, R., Canadá 48 18N 70 0W
31 Sagunto, Com. Val., Esp. 39 42N 0 18W
61 Sahab, Jordania 31 51N 36 0E
28 Sahagún, Cast.-León, Esp. 42 20N 5 3W
70 Sáhara Occidental, África 25 0N 13 0W
70 Sáhara, Des., África del Norte 20 0N 12 0E
62 Saharanpur, India 29 57N 77 38E
62 Sahiwal, Pakistán 30 48N 73 5E
72 Sa'id Bunndas, Sudán 8 24N 24 48E
61 Saida (Sidón), Líbano 33 33N 35 21E
61 Saidabad, Irán 29 27N 55 48E
62 Saidapet, India 13 0N 80 15E
62 Saidu, Pakistán 34 50N 72 15E
66 Saigón, *véase* Ho-Chi-Minch City
60 Saihut, Yemen del Sur 15 25N 51 20E
64 Saikhoa Ghat, India 28 5N 95 0E
50 Saimaa, L., Finlandia 61 20N 28 0E
43 St. Affrique, Francia 43 58N 2 55E
37 St. Albans, Ingl., R. Unido 51 46N 0 20W
87 St. Albans, U.S.A. 44 50N 73 0W
42 St. Amand-Montrond, Francia 46 40N 2 30E
44 St. Amand, Francia 50 26N 3 27E
44 St. Amandsberg, Bélgica 51 5N 3 42E
73 St. André, C., Madagascar 16 0S 44 25E
37 St. Andrews, Escocia, R. Unido 56 20N 2 48W
91 St. Ann's, y B., Jamaica 18 10N 77 15W
85 St. Augustin, Canadá 51 30N 58 30W
87 St. Augustine, U.S.A. 29 58N 81 21W
37 Austell, Ingl., R. Unido 50 20N 4 48W
44 St. Avold, Francia 49 8N 6 41E
90 St. Barthelemy, I., Antillas 17 56N 62 45W
37 St. Bee's Hd., Ingl., R. Unido 54 31N 3 39W
84 St. Boniface, Canadá 49 50N 97 0W
37 St. Boswells, Escocia, R. Unido 55 34N 2 39W
42 St. Brieuc, Francia 48 34N 2 45W
90 St. Catherine, Mte., Grenada, Antillas 12 13N 61 40W
88 St. Catherines, Ont., Can. 43 10N 79 10W
88 St. Charles, Mo., U.S.A. 38 46N 90 30W
82 St. Clair, L., Canadá-U.S.A. 42 38N 82 30W
87 St. Cloud, U.S.A. 45 28N 94 10W
91 St. Croix, Antillas 17 45N 64 45W
37 St. David's Hd., Gales, R. Unido 51 53N 5 16W
91 St. David's, I., Bermudas 32 23N 64 38W
42 St. Dizier, Francia 48 40NN 5 8E
84 St. Elias, Mte., Canadá 60 40N 140 0W
43 St. Etienne, Francia 45 27N 4 22E
90 St. Eustatius, I., Antillas 17 30N 63 30W
89 St. Félicien, Canadá 48 38N 72 30W
43 St. Florent, Córcega, Francia 42 40N 9 15E
43 St. Flour, Francia 45 0N 3 10E
45 St. Gallen, y Cantón, Suiza 47 26N 9 21E
43 St. Gaudens, Francia 43 5N 0 45E
91 St. George, Bermudas 32 25N 64 43W
86 St. George, U.S.A. 37 10N 113 35W
91 St. George's, Grenada, Antillas 12 5N 61 40W
44 St. Georges, Bélgica 50 36N 5 22E
43 St. Girons, Francia 43 0N 1 8E
73 St. Helena, B., Sudáfrica 32 40S 18 0E
05 St. Helana, I., 10 20S 7 50W
37 St. Helens, Ingl., R. Unido 53 28N 2 43W
86 St. Helens, U.S.A. 45 50N 122 52W
44 St. Hubert, Bélgica 50 2N 5 22E
85 St. Hyacinthe, Canadá 45 40N 73 0W
88 St. Ignace, Mich., Can. 48 45N 88 0W
44 St. Inghert, Alemania 49 16N 7 6E
43 St. Jean de Luz, Francia 43 25N 1 40W
40 St. Jean, Francia 45 20N 6 20E
89 St. Jean, L., Canadá 48 39N 72 10W
89 St. Jérôme, Canadá 45 57N 74 0W
89 St. John, N.B., Canadá 45 18N 65 55W
89 St. John, R., U.S.A. 46 42N 69 35W
85 St. John's, Newfd., Canadá 47 37N 52 40W
91 St. John's, Antigua, Antillas 17 0N 61 50W
85 St. Joseph, L., Canadá 51 10N 90 50W
88 St. Joseph, R., U.S.A. 42 8N 85 30W
87 St. Joseph, U.S.A. 39 49N 94 50W
43 St. Junien, Francia 45 50N 0 55E
37 St. Kilda, I., Océano Atlántico 57 50N 8 40W
80 St. Kilda, N.Z. 45 53S 170 31E
90 St. Kitts, I., Antillas 17 20N 62 49W
89 St. Lawrence (S. Lorenzo), G., de, Canadá 48 0N 62 0W
89 St. Lawrence (S. Lorenzo), R., Canadá 49 0N 68 30W
42 St. Lô, Francia 49 12N 1 5W
70 St. Louis, Senegal 16 0N 16 27W
87 St. Louis, U.S.A. 38 40N 90 20W
73 St. Lucia, L., Sudáfrica 27 45S 32 30E
90 St. Lucia I., y Canal, Pequeñas Antillas 14 0N 61 0W
90 St. Maarten, I., Antillas Neerlandesas 18 5N 63 0W
42 St. Malo, Francia 48 42N 2 2W
91 St. Marc, Haití, Caribe 19 0N 72 50W
91 St. Martin, I., Antillas 18 15N 63 0W
79 St. Mary, Pico, Australia 31 30S 138 40E
79 St. Mary's, Australia 41 30S 148 15E
42 St. Maur, Francia 48 44N 2 30E
45 St. Maurice, Suiza 46 30N 9 51E
42 St. Nazaire, Francia 47 20N 2 13W
44 St. Niklaas, Bélgica 51 10N 4 8E
42 St. Omer, Francia 50 42N 2 12E
40 St. Paul, Malta 36 57N 14 24E
87 St. Paul, U.S.A. 44 58N 93 6W
87 St. Petersburg, U.S.A. 27 49N 82 44W
85 St. Pierre-et-Miquelon, Francia Terr. de Ultramar 46 49N 56 15W
46 St. Polten, Austria 48 10N 15 37E
42 St. Quentin, Francia 49 54N 3 13E
43 St. Raphaël, Francia 43 22N 6 50E
42 St. Servan, Francia 48 40N 2 0W
89 St. Stephen, Canadá 45 12N 67 18W
88 St. Thomas, Canadá 42 45N 81 20W
91 St. Thomas, I., Antillas 18 20N 65 0W
44 St. Trond, Bélgica 50 49N 5 11E
43 St. Tropez, Francia 43 18N 6 35E
44 St. Valery-sur-Somme, Francia 50 10N 1 40E
79 St. Vicent, G., Australia 35 0S 138 0E
90 St. Vincent, I., Antillas 13 17N 61 15W
44 St. Vith, Bélgica 50 17N 6 5E
42 St. Dié, Francia 48 20N 7 0E
90 Sainte Anne, Guadeloupe, Caribe 16 13N 61 23W
90 Sainte Anne, Martinique, Caribe 14 25N 60 52W
73 Sainte Marie, I., Madagascar 16 55S 50 0E
90 Sainte Marie, Martinique, Caribe 14 46N 61 0W
43 Sainte Ménéhould, Francia 49 10N 4 52E
90 Sainte Rose, Guadeloupe, Caribe 16 18N 61 40W
43 Saintes, Francia 45 47N 0 40W
43 Saintonge, Dist., Francia 45 30N 0 40W
63 Sairang, India 23 50N 92 40E
65 Saitama, Pref., Japón 36 20N 139 45E
60 Saiun, Yemen del Sur 15 52N 48 55E
94 Sajama, Mte., Bolivia 17 30S 68 30W
50 Sajgatka, U.R.S.S. 57 10N 54 0E
65 Sakai, Japón 34 30N 135 30E
65 Sakashima Gunto, Is., Japón 25 0N 124 0E
65 Sakata, Japón 38 58N 139 56E
59 Sakhalin, U.R.S.S. 52 0N 143 0E
73 Sakrivier, Sudáfrica 31 10S 20 28E
49 Sala, Suecia 59 56N 16 30E
95 Salado, R., Argentina 29 0S 63 0W
70 Salaga, Ghana 8 35N 0 45W
28 Salamanca, y Prov., Cast.-León, Esp. 40 58N 5 39W
41 Salamis, Grecia 37 58N 23 30E
29 Salas de los Infantes, Cast.-León, Esp. 41 3N 3 16W
24 Salas, P. de Ast., Esp. 43 25N 6 15W
50 Salavat, U.R.S.S. 53 50N 55 50E
56 Salaverry, Perú 8 12S 79 0W
66 Salayar, I., Indonesia 6 12S 120 25E
42 Salbris, Francia 47 22N 2 8E
28 Salceda, *véase* La Salceda
24 Salceda de Casetas, Gal., Esp. 42 7N 8 33W
28 Saldaña, Cast.-León, Esp. 42 32N 4 48W
79 Sale, Australia 38 7S 147 0E
70 Salé, Marruecos 33 29N 6 47W
58 Salekhard, U.R.S.S. 66 30N 66 50E
62 Salem, India 11 35N 78 0E
89 Salem, Mass., U.S.A. 42 30N 71 0W
86 Salem, Ore., U.S.A. 44 48N 123 0W
40 Salerno, Italia 40 42N 14 50E
37 Salford, Ingl., R. Unido 53 29N 2 18W
86 Salida, U.S.A. 38 25N 106 0W
73 Salima, Malawi 13 50S 34 30E
24 Salime, Emb., P. de Ast., Esp. 43 12N 6 48W
90 Salina Cruz, México 16 23N 95 25W
40 Salina, I., Italia 38 35N 14 50E
86 Salina, U.S.A. 38 57N 97 58W
31 Salinas de la Mata, Com. Val., Esp. 38 3N 0 35W
35 Salinas de Torrevieja, Mur., Esp. 31 0N 0 40W
95 Salinas Grandes, Argentina 29 15S 63 30W
86 Salinas y R., U.S.A. 36 40N 121 42W
26 Salinas, Arag., Esp. 42 37N 0 13E
35 Salinas, Sa., Mur., Esp. 38 30N 0 55W
36 Salir, Port. 37 12N 8 6W
37 Salisbury Plain, Ingl., R. Unido 51 14N 1 57W
37 Salisbury, Ingl., R. Unido 51 5N 1 47W
87 Salisbury, Md., U.S.A. 38 25N 75 33W
87 Salisbury, N.C., U.S.A. 35 42N 80 30W
73 Salisbury, Zimbabwe 17 50S 31 2E
26 Sallent de Gállego, Arag., Esp. 41 49N 0 15W
27 Sallent, Cat., Esp. 41 48N 1 50E
60 Sallom, Sudán 19 22N 37 6E
30 Salmerón, Cast.-La M., Esp. 40 33N 2 29W
86 Salmon River, Mte., U.S.A. 44 45N 120 0W
86 Salmon, y R., U.S.A. 45 10N 113 50W
49 Salo, Finlandia 60 22N 23 3E
31 Salobral, Laguna, Cast.-La M., Esp. 38 50N 1 50W
33 Salobreña, And., Esp. 36 44N 3 35W
43 Salon, Francia 43 40N 5 5E
41 Salónica (Tesalónica), *véase* Thessaloniki
19 Salor, R., Extr., Esp. 39 33N 7 3W
27 Salou, C., Cat., Esp. 41 3N 1 10E
62 Salsette, I., India 18 30N 72 10E
51 Salsk, U.R.S.S. 46 10N 41 30E
40 Salso, R., Italia 37 6N 15 55E
86 Salt Fork, R., Texas, U.S.A. 33 15N 101 0W
86 Salt Lake City, U.S.A. 40 45N 111 50W
48 Salt, Fd., Noruega 67 10N 14 10E
95 Salta, Argentina 24 47S 65 20W
37 Saltcoats, Escocia, R. Unido 55 38N 4 47W
90 Saltillo, México 25 28N 101 0W
94 Salto Augusto, Catar., Brasil 8 30S 58 0W
95 Salto, Uruguay 31 25S 58 0W
86 Salton Sea, U.S.A. 33 20N 115 45W
70 Saltpond, Ghana 5 15N 1 3W
71 Salum, G. de Egipto 31 30N 25 10E
63 Salur, India 18 36N 82 12E
40 Saluzzo, Italia 44 40N 7 30E
31 Salvacañete, Cast.-La M., Esp. 40 7N 1 31W
95 Salvador (Bahía), Brasil 12 50S 38 25W
34 Salvaleón, Extr., Esp. 38 31N 6 47W
36 Salvaterra de Magos, Port. 39 1N 8 47W
25 Salvatierra, P. Vasco, Esp. 42 51N 2 23W
24 Salvatierra, Gal., Esp. 42 8N 8 32W
24 Sálvora, I., Gal., Esp. 42 30N 9 0W
46 Salzburg, y Prov., Austria 47 46N 13 1E
46 Salzgitter, Alemania 52 7N 10 19E
60 Sama, U.R.S.S. 60 25N 60 27E
59 Samagaltai, U.R.S.S. 51 40N 95 0E
66 Samar, I., Filipinas 11 30N 125 0E
61 Samar, Jordania 32 40N 35 47E
61 Samaria, Dist., Jordania 32 21N 35 15E
61 Samaria, Mtes., de, Jordania 32 15N 35 15E
66 Samarinda, Indonesia 0 48S 117 18E
58 Samarkand, U.R.S.S. 39 45N 66 55E
60 Samarra, Iraq 34 30N 43 55E
40 Samassi, R., Cerdeña, Italia 39 30N 9 0E
60 Samawa, Iraq 31 15N 45 15E
63 Sambalpur, India 21 32N 83 59E
66 Sambas, Indonesia 1 35 109 20E
73 Sambava, Madagascar 14 16S 50 10E
62 Sambhal, India 26 40N 78 35E
62 Sambhar, India 26 55N 74 45E
40 Sambiase, Italia 38 57N 16 16E
47 Sambor, U.R.S.S. 49 30N 23 15E
44 Sambre, R., Francia-Bélgica 50 20N 4 15E
72 Same, Tanzania 4 1S 37 45E
51 Samnan, Irán 35 31N 53 20E
80 Samoa Occidental, Océano Pacífico
24 Samos, Gal., Esp. 42 45N 7 20W
41 Samos, I., Grecia 37 41N 26 50E
41 Samothraki, I., Grecia 40 28N 25 38E
41 Samotracia, *véase* Samothraki
26 Samper de Calanda, Arag. Esp. 41 11N 0 23W
66 Sampit, Indonesia 2 23S 113 0E
51 Samsun, Turquía 41 20N 36 12E
66 Samut Songkhram, Tailandia 13 20N 100 0E
25 San Adrián, N., Esp. 42 20N 1 52W
27 San Adrián de Besós, Cat., Esp. 41 26N 2 13E
27 San Agustín de Llusanés, Cat., Esp. 42 8N 2 10E
90 San Andrés Tuxtla, México 18 25N 95 15W
91 San Andrés, I., Colombia 12 30N 81 35W
86 San Andrés, Mtes., U.S.A. 33 0N 106 40W
86 San Angelo, U.S.A. 31 25N 100 28W
27 San Antonio, C. Bal., Esp. 38 58N 1 17E
27 San Antonio Abad, Bal., Esp. 38 58N 1 22E
95 San Antonio Oeste, Argentina 40 40S 65 5W
14 San Antonio, C., Com. Val., Esp 38 50N 0 15E
90 San Antonio, C., Cuba 21 58N 85 0W
95 San Antonio, Chile 33 30S 71 40W
27 San Antonio, Emb., Cat., Esp. 42 12N 1 0E
87 San Antonio, R., U.S.A. 28 45N 97 30W
86 San Antonio, U.S.A. 29 27N 98 32W
29 San Asensio, La Rioja, Esp. 42 30N 2 45W
32 San Bartolomé de la Torre, And., Esp. 37 24N 7 10W
30 San Bartolomé de las Abiertas, Cast.-La M., Esp. 39 48N 4 44W
35 San Bartolomé de Tirajana, Canar., Esp. 27 54N 15 35W
27 San Baudilio (Boi) de Llobregat., Cat., Esp. 4 18N 2 4E
40 San Benedetto, Italia 4 57N 13 52E
87 San Benito, U.S.A. 26 5N 97 45W
66 San Bernardino, Estado, Filipinas 12 30N 124 17E
45 San Bernardino, Paso, Suiza 46 28N 9 11E
86 San Bernardino, U.S.A. 34 11N 117 25W
87 San Blas, C., U.S.A. 29 40N 85 20W
95 San Carlos de Bariloche, Argentina 41 20N 71 0W
27 San Carlos de la Rápita, Cat., Esp. 40 37N 0 35E
66 San Carlos, Filipinas 11 0N 124 20E
27 San Celoni, Cat., Esp. 41 42N 2 30E
28 San Ciprián, Cast.-León, Esp. 42 12NN 6 40W
24 San Ciprian de Viñas, Gal., Esp. 42 18N 7 52W
30 San Clemente, Cast.-La M., Esp. 39 23N 2 24W
86 San Clemente, I., U.S.A. 32 50N 118 30W
95 San Cristóbal, Argentina 30 25S 61 10W
28 San Cristóbal de Entreviñas, Cast.-León, Esp. 42 3N 5 41W
76 San Cristóbal, I., Islas Salomón 11 0S 162 0E
90 San Cristóbal, México 17 14N 92 32W
91 San Cristóbal, Venezuela 7 30N 72 15W
27 San Cugat del Vallés, Cat., Esp. 41 28N 2 5E
86 San Diego, U.S.A. 32 45N 117 12W
28 San Emiliano, Cast.-León, Esp. 42 59N 5 59W
29 San Esteban de Gormaz, Cast.-León, Esp. 41 34N 3 13W
28 San Esteban de la Sierra, Cast.-León, Esp. 40 30N 5 54W
26 San Esteban de Litera, Arag., Esp. 41 52N 0 20E
28 San Felices de los Gallegos, Cast.-León 40 47N 6 45W
95 San Felipe, Chile 32 40S 70 45W
30 San Felipe, Mte., Sist. Ibérico, Esp. 40 30N 1 40W
91 San Felipe, Venezuela 10 10N 68 50W
27 San Feliu de Codinas, Cat., Esp. 41 40N 2 12E
32 San Fernando, And., Esp. 36 22N 6 17W
90 San Fernando, México 24 50N 98 2W

91 San Fernando, Trinidad 10 10N 61 28W
94 San Fernando, Venezuela 7 50N 67 30W
27 San Filíu de Guixols, Cat., Esp. 41 45N 3 1E
29 San Fernando de Henares, Madrid, Esp. 40 26N 3 32W
27 San Filíu de Llobregat, Cat., Esp. 41 23N 2 2E
91 San Francisco de Macoris, Rep. Domin. 19 15N 70 5W
27 San Francisco Javier, Bal., Esp. 38 40N 1 25E
86 San Francisco, U.S.A. 37 40N 122 25W
45 San Gottardo, Paso, Suiza 46 33N 8 33E
27 San Hilario Sacalm, Cat., Esp. 41 53N 2 30E
27 San Hipólito de Voltregá, Cat., Esp. 42 2N 2 13E
95 San Ignacio, Bolivia 16 10S 61 0W
27 San Jaime de Domenys, Cat., Esp. 41 18N 1 20E
35 San Javier, Mur.,Esp. 37 49N 0 50W
86 San Joaquín, R., U.S.A. 37 0N 120 0W
90 San Jorge, B., México 31 0N 113 30W
37 San Jorge, Canal, Is. Británicas 55 38N 4 47W
27 San Jorge, G., Cat., Esp. 40 50N 0 55W
86 San Jorge, G., Argentina 46 0S 66 30W
27 San José, Bal., Esp. 38 55N 1 18E
94 San José, Bolivia 18 0S 60 30W
86 San José, Cal., U.S.A. 37 20N 122 50W
91 San José, Costa Rica 9 50N 84 2W
66 San José, Filipinas 10 45N 122 0E
95 San José, Uruguay 34 7S 57 0W
32 San Juan de Aznalfarache, And., Esp. 37 22N 6 2W
27 San Juan Bautista, Bal., Esp. 39 6N 1 32E
31 San Juan de Alicante, Com. Val., Esp. 38 55N 0 25W
27 San Juan de las Abadesas, Cat., Esp. 42 15N 2 16E
32 San Juan del Puerto, And., Esp. 37 20N 6 50W
27 San Juan Las Fonts, Cat., Esp. 42 13N 2 31E
95 San Juan, Argentina 31 38S 63 38W
29 Sann Juan, Emb., Madrid, Esp. 40 20N 4 25W
86 San Juan, Mtes., U.S.A. 37 30N 107 0W
91 San Juan, Puerto Rico 18 27N 66 10W
95 San Julián, SArgentina 49 20S 67 35W
26 San Just, Sa., Arag., Esp. 40 55N 0 40W
28 San Justo de la Vega, Cast.-León, Esp. 42 27N 6 1W
29 San Leandro de Yagüe, Cast.-León, Esp. 41 50N 3 4W
30 San Lorenzo de Calatrava, Cast.-La M., Esp. 38 30N 3 49W
29 San Lorenzo de El Escorial, *véase* El Escorial
30 San Lorenzo de la Parrilla, Cast.-La M., Esp. 39 51N 2 22W
27 San Lorenzo de Morunys, Cat., Esp. 42 8N 1 35W
27 San Lorenzo del Cardessar, C. Bal., Esp. 39 36N 3 18E
95 San Lorenzo, Mte., Argentina 47 30S 72 0W
29 San Lorenzo, Pico, Sist. Ibérico, Esp. 42 12N 3 0W
90 San Lucas, C., México 23 0N 110 0W
27 San Luis, C. Bal., Esp. 39 51N 4 16E
86 San Luis Obispo, U.S.A. 35 18N 120 38W
90 San Luis Potosí, México 22 10N 100 37W
95 San Luis, Argentina 33 24S 66 15W
24 San Mamed, Sa., Gal., Esp. 42 15N 7 30W
39 San Mamede, Sa., Extr., Esp. 39 25N 7 0W
40 San Marino, Italia 43 58N 12 30E
27 San Martín de Tous, Cat., Esp. 41 35N 1 32E
29 San Martín de Valdeiglesias, Madrid, Esp. 40 21N 4 24W
28 San Martín del Pimpollar, Cast.-León, Esp. 40 22N 5 6W
24 San Martín del Rey Aurelio, P. de Ast., Esp. 43 17N 5 35W
31 San Mateo, Com. Val., Esp. 40 28N 0 10E
86 San Mateo, U.S.A. 37 30N 122 15W
95 San Matías, G. de, Argentina 41 30S 64 0W
28 San Miguel de Bernuy, Cast.-León, Esp. 41 23N 3 57W
90 San Miguel, El Salvador 13 25N 88 10W
29 San Millán, Mte., Sist. Ibérico, Esp. 42 13N 3 15W
35 San Nicolás de Tolentino, Canar., Esp. 27 58N 15 47W
95 San Nicolás, Argentina 33 20S 60 10W
32 San Pedro de Alcántara, And., Esp. 36 27N 4 58W
91 San Pedro de Macoris, Rep. Domin. 18 30N 69 20W
28 San Pedro del Arroyo, Cast.-León, Esp. 40 46N 4 52W
35 San Pedro del Pinatar, Mur., Esp. 37 50N 0 50W
27 San Pedro Pescador, Cat., Esp. 42 13N 3 8E
94 San Pedro Sula, Honduras 15 35N 88 0W
30 San Pedro, Cast.-La M., Esp. 38 48N 2 12W
24 San Pedro, Emb., Gal., Esp. 42 20N 7 40W
90 San Pedro, México 26 0N 102 58W
95 San Pedro, Paraguay 24 0S 57 10W
30 San Pedro, Sa., Cast.-La M., Esp. 39 18N 6 40W
34 San Pedro, Sa., Extr., Esp. 39 15N 6 30W
27 San Pons, Emb., Cat., Esp. 41 58N 1 35E
95 San Rafael, Argentina 34 30S 68 20W
31 San Rafael del Río, Com. Val., Esp. 40 46N 0 20E
27 San Ramón, Cat., Esp. 41 42N 1 20E
40 San Remo, Italia 43 50N 7 50E
29 San Román de Cameros, La Rioja, Esp. 42 14N 2 27W
28 San Román de Hornija, Cast.-León, Esp. 41 30N 5 16W
32 San Roque, And., Esp. 36 17N 5 21W
27 San Sadurní de Noya, Cat., Esp. 41 26N 1 46E
90 San Salvador, El Salvador 13 59N 89 18W
91 San Salvador, I., Bahamas 24 0N 74 30W
34 San Salvador, Sa., Extr., Esp. 38 15N 6 40W
24 San Saturnino, Gal., Esp. 43 35N 8 5W
25 San Sebastián, P. Vasco, Esp. 43 17N 1 58W
34 San Sebastián de la Gomera, Canar., Esp. 28 6N 17 6W
29 San Sebastián de los Reyes, Madrid. Esp. 40 33N 3 38W
40 San Severo, Italia 41 40N 15 20E
32 San Silvestre de Guzmán, Annd., Esp. 37 23N 7 18W
34 San Vicente de Alcántara, Extr., Esp. 39 22N 7 8W
27 San Vicente de Castellet, Cat., Esp. 41 37N 1 50E
25 San Vicente de la Barquera, Cant., Esp. 43 30N 4 29W
31 San Vicente del Raspeig, Com. Val., Esp. 38 55N 0 31W
90 San Vicente, El Salvador 13 45N 88 50W
36 San Vicente, C., Portutal 37 0N 9 0W
60 San'a. Yemen 15 25N 44 15E
28 Sanabria, La, Cca., Cast.-León, Esp. 42 10N 6 30W
28 Sanabria, Lago, Cast.-León, Esp. 42 10N 6 40W
61 Sanamein, Siria 33 5N 36 10E
66 Sanana, I., Indonesia 2 20S 126 0E
91 Sánchez, República Dominicana 19 10N 69 35W
28 Sanchidrián, Cast.-León, Esp. 40 52N 4 33W
32 Sancho, Emb., And., Esp. 37 28N 7 0W
28 Sanchón de la Ribera, Cast.-León, Esp. 41 6N 6 26W
42 Sancoins, Francia 46 50N 2 58E
91 Sancti Spiritus, Cuba 22 0N 78 0W
28 Sancti-Spiritus, Cast.-León, Esp. 40 40N 6 24W
34 Sancti-Spiritus, Extr., Esp. 38 54N 5 12W
63 Sandakan, Malaysia 6 0N 118 12E
37 Sanday, I., Orcadas, Is. Británicas 59 12N 2 30W
49 Sandnes, Noruega 58 50N 5 45E
28 Sando, Cast.-León, Esp. 40 58N 6 8W
72 Sandoa, Zaire 9 48S 22 4E
47 Sandomierz, Polonia 50 40N 21 42E
63 Sandoway, Birmania 18 14N 94 30E
86 Sandpoint, U.S.A. 48 27N 116 35W
78 Sandtone, Australia 27 55S 119 25E
87 Sandusky, U.S.A. 41 25N 82 45W
49 Sandviken, Suecia 60 38N 16 58E
96 Sandwich del Sur, Is., *véase* South Sandwich
79 Sandy, C., Australia 24 45S 152 30E
62 Sandy, Des., Pakistán 28 0N 65 0E
84 Sanford, Mte., Alaska 62 5N 143 30W
87 Sanford, U.S.A. 28 48N 81 27W
62 Sangamner, India 19 35N 74 10E
57 Sangatolon, U.S.A. 61 50N 149 30E
24 Sangenjo, Gal., Esp. 42 25N 8 48W
64 Sangihe, Is., Indonesia 3 57N 125 14E
60 Sangli, India 16 55N 74 25E
70 Sangmelina, Camerún 2 57N 12 1E
14 Sangonera, R., Mur., Esp. 37 59N 1 15W
86 Sangre de Cristo, Sa., U.S.A. 37 30N 105 20W
90 Sangre Grande, Trinidad 10 36N 61 8W
25 Sangüesa, Nav., Esp. 42 37N 1 18W
33 Sanguhar, Escocia, R. Unido 55 22N 3 55W
70 Sangwa, Zaire 5 30S 26 5E
70 Sankuru, R., Zaire 4 0S 21 0E
32 Sanlúcar sde Barrameda, And., Esp. 36 43N 6 20W
32 Sanlúcar del Guadiana, And., Esp. 37 23N 7 26W
32 Sanlúcar la Mayor, And., Esp. 37 26N 6 12W
64 Sanmexia, China 34 47N 111 12E
64 Sanming, China 28 12N 117 34E
36 Sannicandro Garganico, Italia 41 50N 15 30E
59 Sannin, Mte., Líbano 33 56N 35 55E
43 Sanok, Polonia 49 35N 22 14E
68 Sansanne-Mango, Togo 10 28N 0 25E
34 Santa Amelia, Extr., Esp. 39 1N 6 1W
90 Santa Ana, El Salvador 14 0N 89 35W
26 Santa Ana, Emb., Cat.-Arag., Esp. 41 50N 0 35E
86 Santa Ana, U.S.A. 33 40N 117 48W
86 Santa Bárbara, Is., U.S.A. 33 15N 118 30W
86 Santa Bárbara, U.S.A. 34 30N 119 40W
32 Santa Bárbara de Casa, And., Esp. 37 47N 7 1W
27 Santa Bárbara, Cat., Esp. 40 24N 0 31E
33 Santa Bárbara, Mte., And., Esp. 37 22N 2 46W
86 Santa Blanca, Pico, U.S.A. 33 20N 105 45W
35 Santa Brígida, Canar., Esp. 28 2N 15 19W
95 Santa Catarina, I., Brasil 27 45S 48 20W
91 Santa Clara, Cuba 22 30N 79 40W
86 Santa Clara, U.S.A. 37 22N 122 3W
27 Santa Coloma de Farnés, Cat., Esp. 41 50N 50N 2 40E
27 Santa Coloma de Gramanet, Cat., Esp. 41 27N 2 15E
27 Santa Coloma de Queralt, Cat., Esp. 41 31N 1 20E
24 Santa Comba, Gal., Esp. 43 2N 8 50W
28 Santa Cristina de la Polvorosa, Cast.-León, Esp. 42 0N 5 43W
25 Santa Cruz de Bezana, Cant., Esp. 43 26N 3 35W
29 Santa Cruz de Campezo, P. Vasco, Esp. 42 40N 2 25W
30 Santa Cruz de Mudela, Cast.-La M., Esp. 38 39N 3 28W
30 Santa Cruz de Retamar, Cast.-La M., Esp. 40 8N 4 14W
94 Santa Cruz, Bolivia 17 50S 63 26W
86 Santa Cruz, I., U.S.A. 34 5N 119 50W
77 Santa Cruz, Is., Océano Pacífico 10 20S 168 0E
86 Santa Cruz, U.S.A. 36 57N 122 0W
34 Santa Cruz de la Palma, Canar., Esp. 28 45N 17 45W
30 Santa Cruz de la Zarza, Cast.-La M., Esp. 39 59N 3 12W
35 Santa Cruz de Tenerife, Canar., Esp. 28 31N 16 15W
33 Santa Elena, And., Esp. 38 20N 3 32W
32 Santa Eufemia, And., Esp. 38 37N 4 53W
90 Santa Eugenia, Pta., México 27 50N 115 5W
27 Santa Eulalia, Bal., Esp. 38 59N 1 31E
33 Santa Fe, And., Esp. 37 11N 3 43W
95 Santa Fe, Argentina 31 40S 60 45W
86 Santa Fe, U.S.A. 35 40N 105 50W
05 Santa Helena, *véase* St. Helena
95 Santa Inés, I., Chile 54 0S 73 0W
70 Santa Isabel, Guinea Ecuatorial 3 45N 8 50E
35 Santa Lucía, Canar., Esp. 28 2N 15 29W
90 Santa Lucía, *véase* St. Lucía
27 Santa Margarita, Bal., Esp. 39 42N 3 10E
25 Santa María de Cayón, Cant., Esp. 43 20N 3 50W
29 Santa María de Huerta, Cast.-León, Esp. 41 15N 2 10W
28 Santa María del Campo, Cast.-León, Esp. 41 11N 3 58W
28 Santa María del Páramo, Cast.-León, Esp. 42 20N 5 44W
27 Santa María, Bal., Esp. 39 11N 2 47E
30 Santa María del Campo, Cast.-La M., Esp. 39 39N 2 25W
41 Santa María di Leuca, Italia 39 50N 18 23E
28 Santa María la Real de Nieva, Cast.-León, Esp. 41 4N 4 24W
95 Santa María, Brasil 29 30S 53 40W
36 Santa María, C. Port. 36 57N 7 53W
86 Santa María, U.S.A. 34 50N 120 28W
28 Santa Marina del Rey, Cast.-León, Esp. 42 0N 5 43N
24 Santa Marta Ortigueira, Gal., Esp. 43 44N 7 45W
91 Santa Marta, Colombia 11 13N 74 12W
34 Santa Marta, Extr., Esp. 38 37N 6 39W
91 Santa Marta, Sa. Nevada de, Colombia 11 0N 73 0W
28 Santa Marta de Tormes, Cast.-León, Esp. 40 57N 5 38W
86 Santa Mónica, U.S.A. 34 5N 118 31W
32 Santa Olalla del Cala, And., Esp. 37 54N 6 14W
30 Santa Olalla, Cast.-La M., Esp. 40 2N 4 25W
34 Santa Olalla, Sa., Extr., Esp. 40 10N 6 40W
27 Santa Pau, Cat., Esp. 42 11N 2 35E
31 Santa Pola, Com. Val., Esp. 38 13N 0 35W
95 Santa Rosa, Argentina 36 35S 64 0W
90 Santa Rosa, Honduras 14 50N 88 45W
86 Santa Rosa, U.S.A. 38 25N 122 45W
90 Santa Rosalía, México 27 10N 112 32W
24 Santa Tecla, Pta., Gal., Esp. 41 50N 8 50W
28 Santa Teresa, Emb., Cast.-León, Esp. 40 40N 5 40W
35 Santa Úrsula, Canar., 28 25N 16 30W
32 Santaella, And., Esp. 37 34N 4 49W
64 Santai, China 31 20N 104 30E
25 Santander, y Prov., Cant., Esp. 43 10N 4 0W
27 Santanyi, Bal., Esp. 39 20N 3 5E
36 Santarém, y Prov., Portugal 39 17N 8 43W
94 Santarém, Brasil 3 12S 54 30W
28 Santas Martas, Cast.-León, Esp. 42 27N 5 2W
87 Santee, R., U.S.A. 33 30N 80 15W
33 Santiago de Calatrava, And., Esp. 37 45N 4 11W
24 Santiago de Compostela, Gal., Esp. 42 52N 8 37W
91 Santiago de Cuba, Cuba 20 5N 75 48W
33 Santiago de la Espada, And., Esp. 38 70N 2 32W
95 Santiago del Estero, Argentina 27 45S 64 27W
36 Santiago do Cacem, Port. 38 1N 8 45W
95 Santiago, Chile 33 35S 70 40W
91 Santiago, República Dominicana 19 25N 70 40W
29 Santibáñez de Ayllón, Cast.-León, Esp. 41 20N 3 16W
28 Santibáñez de Béjar, Cast.-León, Esp. 40 28N 5 40W
28 Santibáñez de Vidriales, Cast.-León, Esp. 42 8N 6 1W
28 Santibáñez de la Peña, Cast.-León, Esp. 42 49N 4 44W
25 Santillana del Mar, Cant., Esp. 43 24NN 4 6W
29 Santillana, Emb., Madrid, Esp. 40 45N 3 40W
32 Santiponce, And., Esp. 37 26N 6 2W
45 Santis, Mte., Suiza 47 15N 9 22E
24 Santiso, Gal., Esp. 42 51N 8 2W
33 Santisteban del Puerto, And., Esp. 38 17N 3 15W
28 Santiz, Cast.-León, Esp. 41 11N 5 47W
72 Santo Antonio do Zaire, Angola 5 50S 12 10E
94 Santo Antonio, Catar., Brasil 9 0S 64 0W
29 Santo Domingo de la Calzada, La Rioja, Esp. 42 26N 2 57W
91 Santo Domingo, República Dominicana 18 32N 69 50W
35 Santomara, Mur., Esp. 38 4N 1 3W
36 Santo Tirso, Port. 41 20N 8 29W
33 Santo Tomé, And., Esp. 38 2N 3 6W
25 Santoña, Cant., Esp. 43 29N 3 30W
26 Santolea, Emb., Arag., Esp. 40 45N 0 25W
34 Santos de Maimona, *véase* Los Santos de Maimona
95 Santos, Brasil 24 0S 46 10W
32 Santos, Sa., And., Esp. 38 7N 5 12W
28 Santovenia, Cast.-León, Esp. 41 52N 5 44W
25 Santurce Antiguo, P. Vasco, Esp. 43 20N 3 1W
72 Sanza Pombo, Angola 7 16S 15 5E
28 Sanzoles, Cast.-León, Esp. 41 24N 5 34W
36 São Bartolomeu de Messines, Port. 37 15N 8 15W
95 São Borja, Brasil 28 30S 56 0W
36 São Bras d'Aportel, Port. 37 12N 7 54W
94 São Francisco, R., Brasil 8 45S 40 0W
36 São Joao da Pesqueira, Port. 41 8N 7 24W
94 São Luiz (Maranhao), Brasil 2 45S 44 10W
94 São Manuel, R., Brasil 11 0S 55 35W
36 São Martinho, Port. 40 16N 8 6W
95 São Paulo, y Estado, Brasil 23 35S 46 30W
36 São Pedro do Sul, Port. 40 46N 8 4W
94 São Roque, C., Brasil 5 0S 35 0W
72 São Salvador do Congo, Angola 6 30S 14 25E
95 São Sebastiâo, I., Brasil 24 0S 45 30W
36 São Teotonio, Port. 37 28N 8 45W
95 São Tome, C. de, Brasil 22 0S 41 10W
43 Saône-et-Loire, Dept., Francia 46 42N 4 25E
43 Saône, R., Francia 46 10N 3 50E
70 Sapele, Nigeria 5 50N 5 40E
65 Sapporo, Japón 43 1N 141 15E
71 Saqota, Etiopía 12 30N 38 45E
41 Sar Planina, Mtes., Yugoslavia 42 0N 20 45E
41 Sarajevo, Yugoslavia 43 56N 18 46E
61 Sarakhs, U.R.S.S. 36 35N 61 2E
63 Sarangarh, India 21 30N 82 57E
50 Saransk, U.R.S.S. 54 13N 45 5E
50 Sarapul, U.R.S.S. 56 35N 53 47E
87 Sarasota, U.S.A. 27 15N 82 29W
87 Saratoga Springs, U.S.A. 43 6N 73 50W
50 Saratov, U.R.S.S. 51 3N 45 59E
66 Saravane, Laos 15 35N 106 25E
66 Sarawak, Estado, Malaysia 2 40N 113 15E
63 Sarda, R., India 28 55N 80 30E
70 Sardalas, Libia 25 48N 10 40E
27 Sardanyola, Cat., Esp. 41 30N 2 11E
61 Sardarshahr, India 28 30N 74 30E
35 Sardina, Pta., Canar., Esp. 28 12N 15 42W
48 Sarek, Finlandia 67 30N 17 30E
45 Sargans, uiza 47 4N 9 30E
62 Sargodha, Pakistán 32 10N 72 35E
58 Sargumei, U.R.S.S. 45 20N 74 35E
71 Sarh, Chad 9 5N 18 23E
26 Sariñena, Arag., Esp. 41 46N 0 10W
79 Sarina, Australia 21 22S 149 13E
45 Sarine, R., Suiza 46 32N 7 4E
43 Sarlat, Francia 44 52N 1 10E
95 Sarmiento, Argentina 45 30S 69 0W
45 Sarnen, Suiza 46 54N 8 14E
88 Sarnia, Canadá 43 0N 82 30W
47 Sarny, U.R.S.S. 51 18N 26 40E
41 Saros, G. de, Turquía 41 37N 2 35E
49 Sarpsborg, Noruega 59 16N 11 12E
28 Sarracín, Cast.-León, Esp. 42 18N 3 41W
27 Sarreal, Cat., Esp. 41 25N 1 15E
24 Sarreaus, Gal., Esp. 42 6N 7 40W
42 Sarrebourg, Francia 48 44N 7 2E
24 Sarria, Gal., Esp. 42 41N 7 29W
26 Sarrión, Arag., Esp. 40 10N 0 48W
27 Sarroca, Cat., Esp. 41 27N 0 34E

43 Sartène, Córcega, Francia 41 38N 8 55E
43 Sarthe, Dept., Francia 48 5N 0 3E
58 Sartynya, U.R.S.S. 63 25N 63 7E
61 Sarur, Oman 23 20N 58 7E
28 Sasamón, Cast.-León, Esp. 41 26N 4 3W
63 Sasaram, India 24 56N 84 0E
65 Sasebo, Japón 33 6N 129 50E
62 Saser, Mte., Kachemira 35 0N 77 45E
84 Saskatchewan, Prov., Canadá 54 0N 106 0W
84 Saskatchewan, R., Canadá 53 20N 104 30W
84 Saskatoon, Canadá 52 10N 106 38W
59 Saskylakh, U.R.S.S. 72 0N 114 40E
46 Sasnitz, Alemania 54 33N 13 35E
59 Sasnovka, U.R.S.S. 54 20N 109 50E
50 Sasovo, U.R.S.S. 54 25N 41 55E
70 Sassandra, y R., Costa de Marfil 5 0N 6 0W
40 Sassari, Italia 40 45N 8 35E
26 Sástago, Arag., Esp. 41 19N 0 21W
47 Sasyk, L., U.R.S.S. 45 32N 29 12E
70 Satadougou, Mali 12 40N 11 25W
62 Satara, India 17 50N 74 0E
62 Satmala, Colinas, India 19 30N 78 30E
63 Satna, India 24 40N 80 50E
47 Sátoraljaújhely, Hungría 48 25N 21 40E
62 Satpura, Mte., India 22 0N 77 0E
47 Satu-Mare, Hungría 47 50N 23 0E
32 Saucejo, *véase* El Saucejo
48 Saudharkrótur, Islandia 65 45N 19 37W
44 Sauer, R., Luxemburgo 49 51N 6 17E
42 Saulieu, Francia 47 20N 4 15E
88 Sault Ste. Marie, Canadá 46 35N 84 22W
87 Sault Ste. Marie, U.S.A. 46 30N 84 24W
42 Saumur, Francia 47 18N 0 10W
48 Saurboer, Islandia 64 21N 21 35W
72 Saurino, Angola 9 45S 20 30E
40 Sava, R., Yugoslavia 46 14N 14 20E
80 Savaii, I., Samoa
70 Savalou, Benin 8 0N 2 9E
91 Savanna la Mar, Jamaica 18 14N 78 6W
87 Savannah, y R., U.S.A. 32 0N 81 5W
66 Savannakhet, Laos 16 35N 105 0E
73 Save, R., Mozambique 21 16S 34 0E
51 Saveh, Irán 35 0N 50 10E
70 Savelugu, Ghana 9 38N 0 4W
24 Saviñão, Gal., Esp. 42 35N 7 38W
43 Savoie, Dept., Francia 45 33N 6 20E
40 Savona, Italia 44 21N 8 32E
50 Savonlinpa, Fin. 62 0N 29 0E
66 Sawah Lunto, Indonesia 0 30S 100 48E
62 Sawai Madhopur, India 26 5N 76 22E
65 Sawara, Japón 35 58N 140 36E
86 Sawatch, Sa., U.S.A. 38 30N 106 30W
71 Sawknah, Libia 29 10N 16 0E
73 Sawmills, Zimbabwe 19 30S 28 2E
66 Sawu, I., Indonesia 10 30S 122 0E
31 Sax, Com. Val., Esp. 38 31N 0 48W
70 Say, Níger 12 57N 2 25E
59 Sayan Oeste, U.R.S.S. 52 30N 94 0E
59 Sayan Orientales, Mtes., U.R.S.S. 54 0N 96 0E
59 Sayan, Mtes., U.R.S.S. 54 0N 98 0E
64 Saynshand, Mongolia 45 0N 110 8E
88 Sayre, Pa., U.S.A. 41 57N 76 35W
41 Sazan, Albania 40 30N 19 20E
46 Sazava, R., Checoslovaquia 49 42N 15 10E
62 Sazin, Kachemira 35 35N 73 25E
37 Scafellpiks, Pico, Ingl., R. Unido 54 28N 3 13W
37 Scarborough, Ingl., R. Unido 54 13N 0 25W
45 Schaffhausen, y Cantón, Suiza 47 43N 8 38E
85 Schefferville, Canadá 54 50N 66 55W
44 Schelde Oeste, R., Países Bajos 51 23N 3 50E
44 Schelde, R., Bélgica 51 10N 4 15E
89 Schenectady, U.S.A. 42 47N 73 55W
44 Scheveningen, Países Bajos 52 7N 4 20E
44 Schiedam, Países Bajos 51 55N 4 24E
44 Schiemonnikoog, Países Bajos 53 30N 6 15E
40 Schio, Italia 45 40N 11 20E
44 Schleiden, Alemania 50 32N 6 26E
46 Schleswig Holstein, Land, Alemania 54 30N 9 36E
46 Schleswig, Alemania 54 50N 9 30E
59 Schmidt, I., U.R.S.S. 81 0N 91 0E
44 Schoten, Bélgica 51 15N 4 30E
44 Schouwen, I., Países Bajo 51 41N 3 53E
88 Schreiber, Canadá 48 50N 87 20W
88 Schriber, Ont., Can. 48 45N 87 20W
46 Schwabische Alb (Jura Suabo), Mtes., Alemania 48 30N 9 30E
66 Schwaner, Sa., Indonesia 0 35S 112 30E
45 Schwarzenburg, Suiza 46 49N 7 20E
46 Schwarzwald (Selva Negra), lemania 48 15N 8 10E
46 Schweinfurt, Alemania 50 3N 10 12E
45 Schwyz, y Cn., Suiza 47 2N 8 39E
40 Sciacca, Italia 37 30N 13 0E
40 Scilla, Italia 38 18N 15 44E
37 Scilly, Is., Ingl., R. Unido 49 55N 6 20W
96 Scott, Antártida 78 15S 167 0E
86 Scottsbluff, U.S.A. 41 55N 103 37W
79 Scottsdale, Australia 41 9S 147 30E
87 Scranton, U.S.A. 41 25N 75 30W
37 Scunthorpe, Ingl., R. Unido 53 33N 0 35W
86 Seattle, U.S.A. 47 45N 122 20W
90 Sebastián Vizcaíno, B., México 28 30N 115 0W
51 Sebastopol, *véase* Sevastopol
51 Sebin Karahisar, Turquía 40 20N 38 21E
44 Seclin, Francia 50 33N 3 2E
80 Secretary, I., N.Z. 45 13S 166 58E
62 Secunderabad, India 17 40N 78 35E
87 Sedalia, U.S.A. 38 40N 93 20W
42 Sedan, Francia 49 40N 5 0E
28 Sedano, Cast.-León, Esp. 42 43N 3 49W
80 Seddon, N.Z. 41 42S 174 5E
80 Seddonville, N.Z. 41 30S 172 0E
70 Sedihou, Senegal 12 50N 15 30W
61 Sedom, Israel 31 4N 35 24E
58 Sedov, Pico, U.R.S.S. 73 30N 54 10E
73 Seecheim, África del Suroeste 26 48S 17 50E
50 Seg, L., U.R.S.S. 63 20N 33 20E
27 Segarra, Cca., Cat., Esp. 41 40N 1 25N
50 Segezersk, U.R.S.S. 64 0N 34 40E
31 Segorbe, Com. Val., Esp. 39 48N 0 29W
70 Segou, Mali 13 28N 6 16W
28 Segovia, y Prov., Cast.-León, Esp. 40 57N 4 10W
27 Segre, R., Cat., Esp. 41 40N 0 43E
70 Seguela, Costa de Marfil 8 5N 6 30W
71 Segunda, Catar, del Nilo, Sudán 21 45N 31 12E
34 Segura de León, Extr., Esp. 38 8N 6 34W
33 Segura de la Sierra, And., Esp. 38 18N 2 38W
35 Segura, R., Mur., Esp. 38 9N 0 40W
33 Segura, Sa., And., Esp. 38 5N 2 45W
62 Sehore, India 22 39N 77 4E
48 Seiland, Noruega 70 30N 23 15E
59 Seimchan, U.R.S.S. 62 50N 152 30E
48 Seinjäjoki, Finlandia 62 47N 22 58E
43 Seine-et-Marne, Dept., Francia 48 53N 3 0E
43 Seine-Maritime, Dept., Francia 49 40N 1 5E
43 Seine-St. Denis, Dept., Francia 49 0N 2 30E
42 Seine (Sena), R., Francia 48 57N 2 25E
70 Sekondi-Takoradi, Ghana 4 56N 1 43W
40 Sele, R., Italia 40 31N 15 0E
64 Selenge Moron, R., China 49 0N 102 0E
42 Selestat, Francia 48 18N 7 30E
70 Selibaby, Mauritania 15 20N 12 15W
71 Selima, Oasis, Sudán 21 20N 29 35E
84 Selkirk, Sa., Canadá 51 0N 117 0W
84 Selkirk, Canadá 50 8N 96 40W
37 Selkirk, Escocia, R. Unido 55 34N 2 51W
87 Selma, U.S.A. 32 30N 86 59W
73 Selukwe, Zimbabwe 19 37S 30 0E
46 Selva de Turinga, *véase* Thuringer Wald
27 Selva, Bal., Esp. 39 45N 2 54E
46 Selva Negra, *véase* Schwarzwald
27 Selva, *véase* La Selva
79 Selwyn, Australia 21 37S 140 32E
41 Semán, R., Albania 40 50N 19 50E
70 Semara, Sahara Occ., 26 48N 11 41W
66 Semarang, Indonesia 6 55S 110 40E
87 Seminole, U.S.A. 35 10N 96 45W
58 Semipalatinsk, U.R.S.S. 50 30N 80 20E
58 Semiyarsk, U.R.S.S. 50 58N 78 40E
46 Semmering, Paso, Austria 47 39N 15 50E
60 Semna, Sudán 20 28N 31 7E
44 Semois, R., Bélgica 49 48N 5 12E
45 Sempach, Suiza 487 9N 8 12E
42 Semur, Francia 47 30N 4 20E
94 Sena Madureira, Brasil 9 0S 68 45W
26 Sena, Arag., Esp. 41 43N 0 3W
42 Sena, R., *véase* Seine
73 Senanga, Zambia 15 59 23 15E
65 Sendai, Japón 38 15N 141 0E
88 Seneca, L., U.S.A. 42 30N 77 0W
70 Senegal, África 14 45N 15 0W
70 Senegal, R., Mali 13 35N 11 0W
70 Senegambia, África del Oeste 15 0N 14 0W
63 Senge Khambab (Indus), R., Tíbet 32 30N 81 0E
40 Senigallia, Italia 43 43N 13 12E
48 Senja, I., Noruega 69 25N 17 30E
44 Senlis, Francia 49 10N 2 35E
71 Sennar, Sudán 13 42N 33 57E
85 Senneterre, Canadá 48 25N 77 15W
42 Sens, Francia 48 12N 3 18E
41 Senta, Yugoslavia 45 59N 20 1E
27 Senterada, Cat., Esp. 42 19N 0 56E
27 Seo de Urgel, Cat., Esp. 42 18N 1 28E
85 Sept Iles, Canadá 50 10N 63 30W
28 Sepúlveda, Cast.-León, Esp. 41 18N 3 43W
28 Sequeros, Cast.-León, Esp. 40 31N 6 2E
14 Sequillo, R., Cast.-León, Esp. 41 50N 5 10W
86 Sequoia National Park, U.S.A. 36 20N 118 30W
44 Seraing, Bélgica 50 36N 5 33E
63 Serampore, India 22 44N 88 30E
66 Serang, Indonesia 5 55S 106 15E
41 Serbia, Unión Federativa, Yugoslavia 43 20N 21 20E
27 Serchs, Cat., Esp. 42 10N 1 49E
50 Serdobsk, U.R.S.S. 52 33N 44 8E
66 Seremban, Malaysia, 2 35N 102 10E
34 Serena, *véase* La Serena
73 Serenje, Zambia 13 2S 30 50E
41 Sereth, R., *véase* Siret, R.
36 Serfa, Port. 39 48N 8 6W
95 Sergipe, Estado, Brasil 10 40S 37 30W
66 Seria, Malaysia 4 30N 114 25E
41 Serifos, I., Grecia 37 11N 24 30E
58 Serny Zavod, U.R.S.S. 40 5N 59 10E
33 Serón, And., Esp. Ep. 37 20N 2 29W
27 Serós, Cat., Esp. 41 27N 0 24E
58 Serov, U.R.S.S. 59 45N 60 20E
73 Serowe, Botswana 22 19S 27 1E
36 Serpa, Port. 37 57N 7 38W
94 Serpiente, Mte. de la, Venezuela 10 0N 61 30W
50 Serpukhov, U.R.S.S. 54 52N 37 40E
28 Serrada, Cast.-León, Esp. 41 27N 4 50W
34 Serradilla, Extr., Esp. 39 50N 6 9W
41 Serrai, Grecia 41 0N 23 30E
30 Serranía de Cuenca, Sist. Ibérico, Esp. 40 30N 2 0W
28 Serranillos, Cast.-León, Esp. 40 20N 4 52W
43 Serres, Francia 44 22N 5 42E
28 Serrota, Mte., Sist. Central, Esp. 40 30N 5 10W
73 Serule, Botswana 21 52S 27 32E
34 Server, R., Extr., Esp. 39 30N 7 30W
27 Ses Salines, C. Bal., Esp. 39 16N 3 4E
30 Seseña, Cast.-La M., Esp. 40 10N 3 42W
73 Sesfontein, Namibia 19 7S 13 39E
36 Sesimbra, Port. 38 25N 9 6W
25 Sestao, P. Vasco, Esp. 43 18N 2 59W
43 Sête, Francia 43 21N 3 40E
70 Setif, Argelia 36 10N 5 23E
70 Settat, Marruecos 33 0N 7 35W
72 Sette Cama, Gabón 2 32S 9 57E
36 Setúbal, y Prov., y B., Portugal 38 33N 8 53W
65 Seul, Corea 37 49N 127 15E
84 Seul, L., Canadá 50 25N 92 30W
60 Sevan, L., U.R.S.S. 40 15N 45 20E
51 Sevastopol, U.R.S.S. 44 37N 33 30E
36 Sever, R., Port. 39 35N 7 30W
43 Sevérac, Francia 44 20N 3 5E
37 Severn, R., Ingl., R. Unido 51 40N 2 35W
59 Severnaya Zemiya, U.R.S.S. 79 30N 97 0E
59 Severo-Yeniseisky, U.R.S.S. 60 25N 93 25E
50 Severouralsk, U.R.S.S. 60 10N 59 30E
86 Sevier, R., y L., U.S.A. 39 0N 113 20W
32 Sevilla, y Prov., And., Esp. 37 23N 6 0W
30 Sevilleja de la Jara, Cast.-La M., Esp. 39 35N 4 58W
30 Sevilleja, Sa., Cast.-La M., Esp. 39 32N 4 50W
84 Seward, Alaska 60 0N 149 30W
71 Sexta Catarata, Sudán 16 20N 33 2E
05 Seychelles, Is., Océano Índico 4 30S 55 30E
48 Seydisfjördur, Islandia 65 15N 13 52W
44 S'ertogenbosch, Países Bajos 51 42N 5 18E
42 Sézanne, Francia 48 40N 3 45E
47 Sfantu Gheorghe, Rumania 45 50N 25 50E
71 Sfax, Tunicia 34 49N 10 24E
44 S'gravenhage, Países Bajos, *véase* La Haya
63 Shaba Gomba, China 32 10N 89 0E
72 Shaba, Reg., Zaire 9 50S 26 0E
73 Shabani, Zimbabwe 20 15S 30 14E
60 Shabicha, Iraq 30 52N 43 45E
96 Shackleton, Antártida 79 0S 39 0W
58 Shadrinsk, U.R.S.S. 56 15N 64 0E
62 Shahgarh, India 27 15N 69 50E
71 Shahhat (Cirene), Libia 32 40N 21 30E
61 Shahr-i-Zabul, Afganistán 41 0N 61 20E
62 Sharig, Pakistán 30 12N 67 35E
60 Shahriza, Irán 32 0N 51 57E
62 Shajapur, India 23 20N 76 15E
51 Shakhty, U.R.S.S. 47 40N 40 10E
50 Shakhunya, U.R.S.S. 57 40N 47 0E
70 Shaki, Nigeria 8 41N 3 21E
72 Shala, L., Etiopía 7 30N 38 30E
71 Shallal, El, Egipto 24 0N 33 0E
64 Shamo, Des., *véase* Des. de Gobi
72 Shamo, L., Etiopía 55 50N 37 40E
73 Shamva, Zimbabwe 17 15S 31 40E
63 Shan, Estado, Birmania 21 5N 100 0E
64 Shandan, China 38 47N 100 46E
70 Shanga, Nigeria 11 1N 4 40E
73 Shangani, R., Zimbabwe 18 37S 28 0E
65 Shanghai, China 31 15N 121 35E
37 Shannon, B., y R., Irlanda 52 36N 9 50W
80 Shannon, N.Z. 40 35S 175 40E
59 Shantar, I., U.R.S.S. 55 0N 137 30E
64 Shaoguan, China 28 48N 113 35E
61 Sharja, E.A.U. 25 17N 55 18E
61 Sharkh, Oman 21 20N 59 5E
61 Sharon, Israel 32 20N 34 55E
88 Sharon, U.S.A. 41 18N 80 30W
61 Sharqiya, Jordania 32 11N 35 15E
50 Sharya, U.R.S.S. 58 12N 45 40E
84 Shaunavon, Canadá 49 30N 108 40W
89 Shawinigan, Canadá 46 45N 73 0W
87 Shawnee, U.S.A. 35 16N 96 59W
63 Shazia, Tíbet, China 33 10N 82 40E
47 Shchara, R., U.R.S.S. 53 20N 25 10E
87 Sheboygan, U.S.A. 43 47N 87 43W
87 Shediac, Canadá 46 18N 64 28W
61 Shefar'am, Israel 32 48N 35 10E
37 Sheffield, Ingl., R. Unido 52 23N 1 28W
61 Sheikh Miskin, Siria 32 50N 36 10E
63 Shekar Dzong, China 28 45N 87 0E
89 Shelburne, Canadá 43 49N 65 19W
59 Shelekhov, G., U.R.S.S. 59 50N 157 0E
79 Shellharbour, Australia 34 35S 150 57E
87 Shenandoah, R., U.S.A. 38 30N 78 40W
87 Shenandoah, U.S.A. 40 48N 95 22W
70 Shendi, Sudán 16 57N 33 46E
63 Shentsa, Tíbet, China 30 52N 88 30E
62 Sheopur Kalan, India 25 40N 76 40E
47 Shepetovka, U.R.S.S. 50 10N 27 0E
79 Shepparton, Australia 36 25S 145 28E
70 Sherbro, I., Sierra Leona 7 25N 12 40W
89 Sherbrooke, Canadá 45 21N 71 57W
86 Sheridan, U.S.A. 44 48N 106 56W
87 Sherman, U.S.A. 33 40N 96 40W
84 Sherridon, Canadá 55 10N 101 20W
59 Shestakovo, U.R.S.S. 68 25N 147 5E
37 Shetland, Is., Is. Británicas 60 20N 1 20W
96 Shetlands del Sur, Is., *véase* South Shetlands
58 Shevchenko, U.R.S.S. 43 25N 51 30E
87 Sheyenne, R., U.S.A. 47 30N 98 15W
60 Shibam, Yemen del Sur 16 3N 48 45E
89 Shickshock, Mtes., Canadá 48 55N 66 30W
65 Shiga, Pref., Japón 35 15N 135 50E
71 Shigaib, Sudán 15 5N 23 35E
63 Shigatse, Tíbet, China 29 27N 88 55E
64 Shijianzhuang, China 38 2N 114 28E
62 Shikarpur, Pakistán 28 3N 68 40E
65 Shikoku, I., Japón 33 30N 133 30E
59 Shilka, U.R.S.S. 51 48N 116 0E
63 Shillong, India 25 30N 91 55E
59 Shilo, Jordania 32 4N 35 16E
65 Shimabara, Japón 32 40N 130 25E
65 Shimada, Japón 34 45N 138 10E
65 Shimane, Pref., Japón 35 0N 132 0E
65 Shimizu, Japón 35 6N 138 10E
62 Shimoga, India 13 57N 75 32E
65 Shimonoseki, Japón 33 58N 131 0E
37 Shin, L., Escocia, R. Unido 58 5N 4 30W
62 Shindand, Afganistán 33 15N 62 10E
65 Shinjo, Japón 38 55N 140 26E
72 Shinkolowe, Zaire 11 10S 26 40E
72 Shinyanga, Tanzania 3 38S 33 20E
65 Shio, C., Japón 33 30N 135 45E
65 Shiogama, Japón 38 16N 141 5E
64 Shiping, China 23 37N 102 58E
41 Shipka, Bulgaria 42 40N 25 25E
62 Shipki, India 31 45N 78 40E
89 Shippigan, Canadá 47 44N 64 48W
61 Shiqma, R., Israel 31 35N 34 35E
60 Shir Kuh, Mte., Irán 31 32N 54 10E
60 Shiraz, Irán 29 38N 52 38E
73 Shire, R., Malawi 16 30S 35 15E
62 Shivpuri, India 25 30N 77 36E
65 Shizuoka, y Pref., Japón 34 59N 138 30E
41 Shkodër, Albania 42 3N 19 34E
41 Shkumbin, R., Albania 41 0N 19 24E
62 Sholapur, India 17 40N 76 0E
73 Shoshong, Botswana 22 59S 26 41E
87 Shreveport, U.S.A. 32 30N 93 50W
37 Shrewsbury, Ingl., R. Unido 52 43N 2 44W
65 Shuangcheng, China 45 20N 126 15E
65 Shuanglido, China 43 29N 123 30E
64 Shaicheng, China 28 29N 105 15E
60 Shuqra, Yemen del Sur 13 25N 45 37E
65 Shuangyashan, China 46 28N 131 5E
73 Shurugwi, Zimbabwe 19 40S 30 0E
60 Shushtar, India 32 0N 48 47E
63 Shwero, Birmania 22 36N 95 50E
50 Shyaulyali (Stauliai), U.R.S.S. 56 0N 23 20E
62 Shyok, y R., Kachemira 34 15N 78 5E
62 Siahan, Sa., Pakistán 27 30N 64 30E
62 Sialkot, Pakistán 32 36N 74 37E
66 Siam, G. de, Asia del Sureste 11 0N 101 0E
55 Siam, *véase* Tailandia
64 Sian, China 34 15N 109 0E
66 iargao, I., Filipinas 9 50N 126 0E
50 Siauliai (Shyaylyali), U.R.S.S. 56 0N 23 20E*
40 Sibenik, Yugoslavia 43 46N 15 54E
58 Siberia, Asia del Norte 62 0N 110 0E
66 Siberut, I., Indonesia 1 30S 98 45E
72 Sibiti, Congo 3 38S 13 9E
47 Sibiu, Rumania 45 43N 24 11E
66 Sibolga, Indonesia 1 50N 98 45E
63 Sibsagar, India 27 0N 94 42E
66 Sibu, Sarawak, Malaysia 2 25N 111 50E
66 Sibuko, B., Malaysia 4 10N 118 0E
66 Sibuyan, I., Filipinas 12 30N 122 30E
66 Sibuyan, Mar de, Filipinas 12 30N 122 30E
31 Sichar, Emb., Com. Val., Esp. 40 0N 0 16W
40 Sicilia, I., Italia 37 40N 14 0E
71 Sidi Barrani, Egipto 31 35N 26 0E
70 Sidi-Bel Abbes, Argelia 35 12N 0 42W
86 Sidney, U.S.A. 41 18N 103 0W
61 Sidón, *véase* Saida
71 Sidra, G. de, Libia 31 30N 19 0E
44 Sieg, R., Alemania 50 48N 7 40E
44 Siegburg, Alemania 50 48N 7 12E
44 Siegen, Alemania 50 51N 8 5E

40 Siena, Italia 43 20N 11 20E
34 Sierra de Fuentes, Extr., Esp. 39 25N 6 19W
70 Sierra Leona, Sudáfrica 8 20N 12 0W
33 Sierra Morena, And., Esp. 38 20N 4 6W
33 Sierra Nevada, And., Esp. 37 10N 3 15W
86 Sierra Nevada, Mtes., U.S.A. 39 0N 119 0W
29 Sierra, *véase* La Sierra
41 Sífnos, I., Grecia 36 50N 24 40E
47 Sighet, Rumania 47 54N 23 57E
47 Sighisoara, Rumania 46 13N 24 50E
48 Siglufjördur, Islandia 66 10N 18 58W
45 Sigmaringen, Alemania 48 2N 9 13E
44 Signy l'Abbaye, Francia 49 40N 4 25E
49 Sigtuna, Suecia 59 40N 17 38E
30 Sigüenza, Cast.-La M., Esp. 41 3N 2 40W
26 Sigues, Arag., Esp. 42 40N 1 0W
70 Siguiri, Guinea 11 34N 9 5W
66 Sihanoukville, *véase* Kompong Som
70 Sikasso, Mali 11 25N 5 45W
59 Sikhote Alin, Sa., U.R.S.S. 47 0N 137 0E
41 Síkinos, I., Grecia 36 40N 25 5E
63 Sikkim, India del Noroeste 27 30N 88 30E
14 Sil, R., León-Gal., Esp. 42 23N 7 30W
63 Silchar, India 24 50N 93 2E
33 Siles, And., Esp. 38 24N 2 32W
63 Silgarhi Doti, Nepal 29 15N 81 0E
63 Silghat, India 26 40N 93 0E
60 Silifke, Turquía 36 20N 34 0E
63 Siliguri, India 26 45N 88 25E
64 Siling Co, China 32 50N 89 20E
49 Siljan, L., y Mte., Suecia 60 52N 14 50E
49 Silkeborg, Dinamarca 56 10N 9 32E
31 Silla, Com. Val., Esp. 39 20N 0 25W
24 Silleda, Gal., Esp. 42 40N 8 15W
24 Silleiro, C., Gal., Esp. 42 8N 8 50W
27 Sils, Cat., Esp. 41 46N 2 45E
24 Silva, La, Gal., Esp. 43 10N 8 40W
86 Silver City, U.S.A. 32 50N 108 20W
36 Silves, Port. 37 11N 8 20W
45 Silvretta, Mte., Suiza 46 55N 10 10E
28 Simancas, Cast.-León, Esp. 41 37N 4 50W
31 Simat de Valldigna, Com. Val., Esp. 39 3N 0 19W
50 Simbirsk, *véase* Ulyanovsk
88 Simcoe, Canadá 42 52N 80 20W
59 Simenga, U.R.S.S. 62 47N 107 50E
66 Simeulue, I., Indonesia 2 45N 96 0E
51 Simferopol, U.R.S.S. 44 55N 34 5E
63 Simikot, Nepal 30 0N 81 45E
62 Simla, India 31 5N 77 17E
48 Simo, L., y R., Finlandia 66 10N 27 0E
45 Simplon, Puerto y Túnel, Suiza 46 17N 8 7E
79 Simpson, Dis., Australia 25 0S 137 0E
59 Simushir, I., U.R.S.S. 47 20N 152 30E
71 Sinaí, Pen., Egipto 28 40N 33 40E
90 Sinaloa, México 25 50N 107 55W
31 Sinarcas, Com. Val., Esp. 39 43N 1 15W
70 Sinawan, Libia 31 0N 10 30E
62 Sind Sagar Doab, Mes., Pakistán 32 0N 71 30E
36 Sines, y C., Portugal 37 58N 8 53W
27 Sineu, Bal., Esp. 39 39N 3 2E
60 Singa, Sudán 13 15N 33 59E
66 Singapore, *véase* Singapur
66 Singapur (Sigapore) I., Asia 1 0N 104 30E
66 Singaraja, Indonesia 8 0S 115 15E
72 Singida, Tanzania 4 50S 34 50E
41 Singitkos, G., Grecia 40 5N 24 0E
79 Singleton, Australia 32 33S 151 10E
66 Singora, Tailandia, *véase* Songkhala
65 Singtao, China 39 0N 121 33E
40 Sinni, R., Italia 40 5N 16 20E
73 Sinoia, Zimbabwe 17 20S 30 2E
51 Sinop, Turquía 42 0N 35 7E
66 Sintang, Indonesia 0 10N 111 35E
36 Sintra, Portugal 38 45N 9 30W
45 Sion, Suiza 46 15N 7 23E
87 Sioux City, U.S.A. 42 40N 96 17W
87 Sioux Falls, U.S.A. 43 35N 96 48W
87 Sioux Lookout, Canadá 50 10N 92 30W
90 Siparia, Trinidad 10 50N 61 30W
66 Sipora, I., Indonesia 2 5S 99 40E
79 Sir Edward Pellew Group, Australia 15 30S 137 10E
40 Siracusa, Italia 37 7N 15 18E
63 Sirajoani, Bangladesh 23 56N 89 57E
62 Sire, Etiopía 9 10N 37 5E
47 Siret, R., Rumania 45 40N 27 20E
60 Sirham, Wadi, Jordania 30 45N 38 30E
60 Siria, Asia del Suroeste 35 0N 38 0E
60 Sirio, Des., Arabia Saudí 32 0N 40 0E
62 Sirohi, India 24 46N 72 50E
62 Sironj, India 24 8N 77 50E
41 Siros, I., Grecia 37 30N 24 55E
62 Sirsa, India 29 4N 75 1E
34 Siruela, Extr., Esp. 38 58N 5 3W
40 Sisak, Yugoslavia 45 30N 16 20E
66 Sisaket, Tailandia 15 10N 104 25E
30 Sisante, Cast.-La M., Esp. 39 25N 2 12W
24 Sisargas, Is., Gal., Esp. 43 21N 8 50W
44 Sissonne, Francia 49 36N 3 52E
62 Sistan, Reg., Afganistán 31 0N 61 30E
43 Sisteron, Francia 44 10N 5 58E
63 Sitapur, India 27 15N 81 0E
27 Sitges, Cat., Esp. 41 17N 1 47E
84 Sitka, Alaska 57 6N 135 12W
63 Sittang, R., Birmania 18 0N 97 0E
44 Sittard, Países Bajos 50 59N 5 48E
51 Sivas, Turquía 39 50N 37 2E
51 Sivrihisar, Turquía 39 35N 31 30E
71 Siwa, Egipto 29 18N 25 38E
63 Siwalik, Sa., Nepal 27 0N 84 0E
63 Siwan, India 26 15N 24 20E
49 Sjaelland, Dinamarca 55 30N 11 30E
48 Skaga Fjord, Islandia 66 0N 19 30W
49 Skagastølstindane, Mte., Noruega 61 25N 8 0E
49 Skagen, Dinamarca 57 45N 10 35E
49 Skagerrak, Escandinavia 57 30N 9 0E
84 Skagway, Alaska 59 22N 135 8W
49 Skara, Suecia 58 26N 13 23E
49 Skaraborg, Co., Suecia 58 45N 14 0E
62 Skardu, India 35 15N 75 40E
84 Skeena, R., Canadá 55 0N 128 30W
37 Skegness, Ingl., R. Unido 53 10N 0 20W
48 Skellefte, R., Suecia 65 30N 19 15E
48 Skellefteå, Suecia 64 48N 20 53E
48 Skelleftehamn, Suecia 64 32N 21 14E
49 Skien, Noruega 59 14N 9 32E
47 Skierniewice, Polonia 52 0N 20 20E
70 Skikda, Argelia 36 55N 6 58E
41 Skiros, I., Grecia 38 45N 24 38E
49 Skive, Dinamarca 56 33N 9 2E
49 Skjalfandafjót, R., Islandia 65 30N 17 30W
48 Skjalfandi, Fd., Islandia 66 0N 17 30W
49 Skoghall, Suecia 59 23N 13 7E
41 Skopje, Yugoslavia 42 1N 21 26E
49 Skövde, Suecia 58 15N 13 59E
59 Skovorodino, U.R.S.S. 54 0N 125 0E
49 Skudeneshavn, Noruega 59 10N 5 10E
46 Skwierzyna, Polonia 52 35N 15 30E
37 Skye, I., Escocia, R. Unido 57 25N 6 20W
47 Slatina, Rumania 44 23N 24 23E
58 Slavgorod, U.R.S.S. 53 20N 79 0E
46 Slavkov, Checoslovaquia 49 10N 16 52E
51 Slavyansk, U.R.S.S. 48 50N 37 35E
37 Sleaford, Ingl., R. Unido 53 0N 0 23W
44 Sliedrecht, Países Bajos 51 51N 4 45E
40 Sliema, Malta 35 56N 14 18E
37 Sligo, Irlanda 54 16N 8 28W
48 Slite, Suecia 57 41N 18 43E
41 Sliven, Bulgaria 42 41N 26 20E
50 Slobodskoy, U.R.S.S. 58 40N 50 6E
47 Slonim, U.R.S.S. 53 2N 25 19E
37 Slough, Ingl., R. Unido 51 30N 0 35W
47 Slovenske Rudohorie, Mtes., Checoslovaquia 48 30N 19 30E
47 Sluch, R., U.R.S.S. 50 48N 27 10E
88 Smith's Falls, Canadá 44 55N 76 0W
86 Smoky Hill, R., U.S.A. 38 55N 100 30W
48 Smøla, I., Noruega 63 23N 8 3E
50 Smolensk, U.R.S.S. 54 40N 31 50E
41 Smolikas, Mte., Grecia 40 15N 21 0E
41 Smolyan, Bulgaria 41 36N 24 38E
48 Snaefell, Mte., Islandia 64 47N 15 30W
48 Snaefells Jökull, Mte., Islandia 64 47N 23 45W
86 Snake, R., U.S.A. 43 30N 116 50W
44 Sneek, Países Bajos 53 2N 5 41E
46 Snezka, Mtes., Polonia 50 40N 15 55E
48 Snøhetta, Mte., Noruega 62 10N 9 40E
37 Snowdon, Mte., Gales, R. Unido 53 4N 4 10W
84 Snowdrift, Canadá 62 10N 110 0W
47 Snyatyn, U.R.S.S. 48 30N 25 40E
50 So Iletsk, U.R.S.S. 51 20N 54 50E
73 Soalala, Madagascar 16 3S 45 30E
24 Sobrado, Gal., Esp. 43 2N 8 2W
95 Sobral, Brasil 3 46S 40 30W
36 Sobreira Formosa, Port. 39 46N 7 51W
04 Sociedad, Is., Océano Pacífico 17 30S 151 0W
86 Socorro, U.S.A. 34 3N 106 50W
61 Socotora, *véase* Socotra
61 Socotra (Socotora), I., África Oriental 12 37N 54 0E
31 Socovos, Cast.-La M., Esp. 38 20N 1 56W
30 Socuéllamos, Cast.-La M., Esp. 39 16N 2 47W
49 Söderhamn, Suecia 61 20N 17 0E
49 Soderköping, Suecia 58 28N 16 20E
49 Södermanland, Co., Suecia 59 2N 17 20E
49 Södertalje, Suecia 59 12N 17 35E
44 Soest, Países Bajos 52 10N 5 19E
41 Sofía, Bulgaria 42 40N 23 20E
59 Sofiiski, U.R.S.S. 52 10N 133 55E
49 Sogn og Fjordane, Co., Noruega 61 30N 6 30E
49 Sogn, Fd., Noruega 61 8N 6 0E
49 Sogndalsfjøora, Noruega 61 15N 7 4E
71 Sohag, Egipto 26 30N 31 43E
44 Soignies, Bélgica 50 35N 4 5E
42 Soissons, Francia 49 25N 3 19E
47 Sokal, U.R.S.S. 50 30N 24 16E
70 Sokode, Togo 8 55N 1 12E
47 Sokolka, Polonia 53 28N 23 30E
70 Sokolo, Mali 14 50N 6 18W
70 Sokoto, Nigeria 13 3N 5 15E
50 Sol Ylets, U.R.S.S. 51 20N 54 50E
34 Solana de los Barros, Extr., Esp. 38 45N 6 35W
30 Solana del Pino, Cast.-La M., Esp. 38 28N 4 4W
30 Solana, *véase* La Solana
66 Solano, Filipinas 16 40N 121 15E
27 Soleras, Cat., Esp. 41 23N 0 40E
49 Solfonn, Mte., Noruega 60 2N 6 57E
50 Soligalich, U.R.S.S. 59 5N 42 10E
50 Solikamsk, U.R.S.S. 59 38N 56 50E
94 Solimoes, R., Brasil 2 30S 66 30W
44 Solingen, Alemania 51 11N 7 5E
27 Solivella, Can., Esp. 41 26N 1 12E
48 Sollefteø, Suecia 63 8N 17 5E
27 Sóller, Bal., Esp., Esp. 39 46N 2 44E
79 Solomon, Is., Océano Pacífico 7 0S 158 0E
28 Solosancho, Cast.-León, Esp. 40 30N 4 52W
45 Solothurn, Canton, Suiza 47 19N 7 42E
45 Solothurn, Suiza 47 14N 7 33E
27 Solsona, Cat., Esp. 42 0N 1 31E
49 Solverborg, Suecia 56 5N 14 35E
37 Solway Firth, Mar de Irlanda 54 50N 3 40W
73 Solwezi, Zambia 12 18S 26 20E
68 Somali, Pen., África Oriental 7 0N 44 0E
69 Somali, Rep., África Oriental 4 0N 45 0E
90 Sombrerete México 23 35N 103 35W
54 Somerset, e I., Bermudas 2 18N 64 52W
73 Somerset, E, Sudáfrica 32 42S 25 45E
84 Somerset, I., Canadá 73 0N 95 0W
87 Somerset, U.S.A. 37 5N 84 45W
47 Somes, R., Rumania 47 42N 23 10E
24 Somiedo P. de Ast., Esp. 43 6N 6 14W
43 Somme, Dept., Francia 49 55N 1 53E
42 omme, R., Francia 50 15N 1 30E
29 Somosierra, Madrid, Esp. 41 0N 3 40W
29 Somosierra, Pto., Madrid, Esp. 41 10N 3 35W
41 Somovit, Bulgaria 43 40N 24 45E
26 Somport, Pto., Arag., Esp. 42 48N 0 30W
27 Son Servera, Bal., Esp. 39 37N 3 24E
24 Son, Puerto de, Gal., Esp. 42 43N 8 59W
66 Sonda, Estrecho, Indonesia 6 0S 105 43E
55 Sonda, Mar, Indonesia 6 30S 118 0E
49 Sonderborg, Dinamarca 54 58N 9 49E
85 Sondre Stomfjord, Kalaallit 67 10N 50 10W
45 Sondrio, Italia 46 10N 9 52E
62 Sonepat, India 29 0N 77 0E
63 Sonepur, India 20 55N 83 45E
72 Songea, Tanzania 11 0S 35 45E
66 Songkhla (Singora), Tailandia 7 25N 100 40E
71 Songo, Sudán 10 0N 24 15E
64 Songpan, China 32 40N 103 30E
90 Sonora, R., México 29 5N 111 0W
30 Sonseca, Cast.-La M., Esp. 39 41N 3 58W
90 Sonsonate, El Salvador 13 45N 89 50W
26 Sopeira, Arag., Esp. 42 17N 0 44E
47 Sopot, Polonia 54 14N 18 17E
48 Sør Trøondelag, Co., Noruega 63 0N 9 30E
33 Sorbas, And., Esp. 37 6N 2 5W
85 Sorel, Canad 45 57N 73 10W
57 Soreq, R., Israel 31 50N 34 50E
40 Sorgono, Italia 40 0N 9 0E
29 Soria, y Prov., Cast.-León, Esp. 41 43N 2 30W
95 Sorocba, Brasil 23 30S 47 20W
50 Sorochinsk, U.R.S.S. 52 30N 53 0E
47 Soroki, U.R.S.S. 48 8N 28 12E
72 Soroti, Uganda 2 0N 33 45E
48 Sørøy, Est., Noruega 70 25N 23 0E
48 Sørøya, I., Noruega 70 40N 22 30E
36 Sorraia, R., Port. 38 59N 8 30W
40 Sorrento, Italia 40 38N 14 20E
50 Sorsele, U.R.S.S. 65 31N 17 20E
27 Sort, Cat., Esp. 42 24N 1 10E
26 Sos del Rey Católico, Arag., Esp. 42 29N 1 12W
50 Sosnogorsk, U.R.S.S. 63 15N 57 0E
47 Sosnowiec, Polonia 50 20N 19 30E
50 Sosva, U.R.S.S. 54 0N 62 40E
91 Sotavento, Caribe 17 0N 64 0W
28 Sotillo de la Adrada, Cast.-León, Esp. 40 18N 4 44W
28 Sotillo de la Rivera, Cst.-León, Esp. 41 45N 3 45W
24 Soto del Barco, P. de Ast., Esp. 43 30N 6 6W
28 Soto de la Vega, Cast.-León, Esp. 42 21N 5 53W
24 Sotomayor, Gal., Esp. 42 19N 8 34W
26 Sotonera, Emb., Arag., Esp. 42 12N 0 45W
25 Sotopalacios, Cast.-León, Esp. 41 26N 3 40W
28 Sotresgueo, Cast.-León, Esp. 41 38N 4 11W
41 Soudhas, B., Grecia 35 31N 24 10E
90 Soufrière, St. Lucia, Antillas 13 45N 61 4W
36 Soure, Port. 40 5N 8 45W
88 Souris, Canadá 49 35N 100 30W
86 Souris, R., U.S.A. y Canadá 48 30N 101 30W
36 Sousel, Port. 38 55N 7 40W
71 Sousse, Tunicia 35 51N 10 38E
80 South Auckland, Dist., N. 2. 38 0S 176 0E
80 South Australia, Estado 29 40S 135 0E
97 South Bend, U.S.A. 41 44N 86 17W
91 South Carolina, Estado, U.S.A. 34 0N 81 0W
86 South Dakota, Estado, U.S.A. 45 20N 100 0W
37 South Downs, Sa., Ingl., R. Unido 50 55N 0 30W
96 South Georgia, I., Antártico 54 30S 36 0W
72 South Horr, Kenia 2 20N 36 48E
96 South Ice, Antártico 81 30S 28 0W
80 South Invercargill, N. 2. 46 28S 168 22E
63 South Moscos, I., *véase* Launglon Bok, Is.
84 South Nahanni, y R., Canadá 61 5N 123 30W
96 South Orkneys (Orcadas del Sur), Is., Antártico 60 30S 45 0W
86 South Platte, R., U.S.A. 40 25N 104 0W
37 South Ronalsay, I., Escocia, R. Unido 58 47N 2 58W
96 South (Sandwich del Sur), Is., Antártico 59 0S 27 0W
84 South Saskatchewan, R., Canadá 51 0N 109 0W
96 South Shetlands, Is., Antártico 60 30S 60 0W
37 South Shields, Ingl., R. Unido 55 0N 1 27W
37 South Vist, I., Escocia, R. Unido 57 15N 7 22W
80 South West, C., N. Z. 47 32S 167 30E
85 Southampton, I., Canadá 64 30N 84 0W
37 Southampton, Ingl., R. Unido 50 55N 1 24W
80 Southbridge, N. Z. 43 45S 172 17E
37 Southend, Escocia, R. Unido 55 18N 5 38W
80 Southern Alps, N. Z. 43 30S 170 30E
78 Southern Cross, Australia 31 9S 119 21E
84 Southern Indian, L., Canadá 57 15N 99 0W
80 Southland, Dist., N. Z. 44 40S 167 30E
79 Southport, Australia 28 0S 153 30E
49 Sovetsk, U.R.S.S. 55 6N 21 50E
59 Sovetskaya Gavan, U.R.S.S. 48 5N 140 5E
72 Soyo, Angola 6 13S 12 20E
50 Sozh, U.R.S.S. 53 50N 27 42E
44 Spa. Bélgica 50 30N 5 53E
46 Spandau, Alemania 52 35N 13 7E
86 Spanish Fork, U.S.A. 40 6N 111 40W
91 Spanish Town, Jamaica, Antillas 18 0N 76 59W
86 Sparks, U.S.A. 39 30N 119 37W
87 Spartanburg, U.S.A. 34 58N 81 57W
41 Sparti, Grecia 37 7N 22 18E
40 Spartivento, C., Italia 37 58N 16 7E
40 Spartivento, C., Italia 38 56N 8 57E
65 Spassk-Dalmi, U.R.S.S. 44 45N 132 55E
41 Spatha, C., Grecia 35 40N 23 50E
90 Speightstown, Barbados, Antillas 13 15N 59 8W
79 Spencer, C., Australia 35 20S 136 50E
79 Spencer, G., Australia 34 0S 137 0E
80 Spenser, Mtes., N. Z. 42 0S 172 30E
46 Spessart, Mtes., Alemania 50 10N 9 25E
37 Spey, R., Escocia, R. Unido 57 40N 3 5W
46 Speyer, Alemania 49 22N 8 28E
45 Spiez, Suiza 46 40N 7 40E
40 Spinazzola, Italia 41 0N 16 5E
96 Spitsbergen (Svalbard), Océano Artico 80 0N 20 0E
40 Split, Yugoslavia 43 32N 16 30E
45 Splugen, Paso, Suiza 46 30N 9 20E
86 Spokane, U.S.A. 47 48N 118 25W
40 Spoleto, Italia 42 46N 12 47E
66 Spratly, I., Mar de China Merid. 8 45N 111 30E
46 Spree, R., Alemania 51 30N 14 30E
46 Spremberg, Alemania 51 33N 14 21E
73 Springbok, udáfrica 29 48S 17 57E
87 Springfield, Ill., U.S.A. 39 23N 89 42W
89 Springfield, Mass., U.S.A. 42 0N 73 0W
87 Springfield, Ohio, U.S.A. 39 42N 84 15W
86 Springfield, Ore., U.S.A. 44 0N 123 0W
89 Springhill, Canadá 45 45N 64 0W
73 Springs, Sudáfrica 26 14S 28 21E
79 Springsure, Australia 24 2S 148 0E
86 Springville, Utah, U.S.A. 40 13N 111 35W
73 Spungabera, Mozambique 20 28S 32 47E
37 Spurn Hd., Ingl., R. Unido 53 37N 0 8E
84 Squamish, Canadá 49 45N 123 10W
40 Squillace, Italia 38 50N 16 26E
59 Sredinyy, Sa., U.R.S.S. 57 0N 159 0E
59 Sredne Kolymsk, U.R.S.S. 67 20N 153 25E
59 Sredne Tambovskoye, U.R.S.S. 50 50N 137 50E
59 Sredne Vilyuik, U.R.S.S. 63 50N 123 10E
41 Sremska Motrovica, Yugoslavia 44 59N 19 35E
66 Srepok, R., Camboya y Vietnam 13 30N 107 0E
59 Sretensk, U.R.S.S. 52 10N 117 50E
62 Sri Lanka, Asia 8 0N 80 45E
62 Srinagar, Kachemira 34 5N 74 55E
40 Smetica, Yugoslavia 44 25N 16 35E
49 Stade, Alemania 53 38N 9 31E
37 Staffa, I., Escocia, R. Unido 56 26N 6 22W
37 Stafford, Ingl., R. Unido 52 40N 2 4W
51 Stakhanon, U.R.S.S. 48 39N 37 2E
51 Stalingrad, *véase* Volgograd
51 Stalino, U.R.S.S. *véase* Donetsk
89 Stamford, U.S.A. 45 5N 73 30W
73 Standerton, Sudáfrica 27 0S 29 30E
41 Stanke Dimitrov, Bulgaria 42 27N 23 9E
72 Stanleyville, *véase* Kisangani
59 Stanovoy, Sa., U.R.S.S. 55 0N 130 0E
45 Stans, Suiza 46 58N 8 21E
79 Stanthorpe, Australia 28 40S 152 0E

84 Stanton, Canadá 69 40N 128 40W
41 Stara Planina (Balcanes), Mtes., Bulgaria 42 50N 24 50E
41 Stara-Zagora, Bulgaria 42 22N 25 41E
50 Staraya Rusa U.R.S.S. 57 58N 31 10E
46 Stargard, Polonia 53 19N 15 1E
50 Staritsa, U.R.S.S. 56 33N 34 59E
47 Starogard, Polonia 53 59N 18 30E
47 Staroskonstantinov, U.R.S.S. 49 45N 27 8E
37 Start Pt., Ingl., R. Unido 50 14N 3 38W
59 Stary Kheidzhan, U.R.S.S. 60 0N 144 50E
87 Staunton, U.S.A. 38 11N 79 0W
49 Stavanger, Noruega 58 58N 5 32E
44 Stavelot, Bélgica 50 25N 5 56E
49 Stavern, Noruega 59 0N 10 3E
50 Stavropol, U.R.S.S. 45 5N 42 0E
79 Stawell, Australia 37 0S 142 48E
45 Steffisburg, Suiza 46 48N 7 40E
48 Steinkjer, Noruega 63 59N 11 40E
89 Stellarton, Canadá 45 32N 62 45W
73 Stellenbosch, Sudáfrica 34 0S 18 55E
40 Stelvio, Paso, Italia 46 32N 10 20E
44 Stenay, Francia 49 30N 5 15E
46 Stendal, Alemania 52 38N 11 50E
51 Stepno, U.R.S.S. *véase* Elista
51 Stepnoi Divnoe, U.R.S.S. 46 0N 43 20E
58 Stepnyak, U.R.S.S. 53 5N 70 55E
86 Sterling, U.S.A. 40 38N 103 15W
50 Sterlitamak, U.R.S.S. 53 34N 55 47E
46 Stettin, *véase* Szczecin
84 Stettler, Canadá 52 20N 112 45W
87 Steubenville, U.S.A. 40 24N 80 37W
87 Stevens Point, U.S.A. 44 40N 89 35W
84 Stewart River, Canadá 63 0N 139 30W
80 Stewart, I., N. Z. 47 0S 168 0E
46 Steyr, Austria 48 1N 14 21E
84 Stikine, R., Canadá 57 40N 132 0W
87 Stillwater, Minn., U.S.A. 45 2N 92 54W
80 Stillwater, N. Z. 42 27S 171 20E
87 Stillwater, Okla., U.S.A. 36 5N 97 7W
41 Stip, Yugoslavia 41 41N 22 10E
37 Stirling, Ecocia, R. Unido 56 7N 3 35W
78 Stirling, Sa., Australia 34 27S 118 0E
29 Sto. Domingo de la Calzada, La Rioja, Esp. 42 56N 2 56W
29 Sto. Domingo de Silos, Cast.-León, Esp. 41 58N 3 25W
34 Sto. Domingo, Sa., Extr., Esp. 39 40N 6 40W
29 Sto. Tomé del Puerto. Cast.-León, Esp. 41 14N 3 33W
46 Stockerau, Austria 48 25N 16 15E
49 Stockholm (Estocolmo), y Co., Suecia 59 21N 18 3E
37 Stockport, Ingl., R. Unido 53 25N 2 10W
37 Stockton, Ingl., R. Unido 54 34N 1 20W
86 Stockton, U.S.A. 37 58N 121 18W
37 Stok-on-Trent, Ingl., R. Unido 53 2N 2 12W
48 Stokkseyri, Islandia 63 47N 20 52W
41 Stolac, Yugoslavia 43 5N 18 0E
44 Stolberg, Alemania 50 47N 6 12E
59 Stolbovoi, I., U.R.S.S. 74 10N 135 30E
59 Stolbovoye, U.R.S.S. 64 50N 153 50E
49 Stomstad, Suecia 58 59N 11 10E
37 Stonehaven, Escocia, R. Unido 56 57N 2 12W
84 Stonewall, Canadá 50 10N 87 20W
48 Stora Lulevatten, uecia 67 10N 19 30E
48 Storavan, L., Suecia 66 0N 18 30E
48 Store Baelt, Dinamarca 55 30N 11 0E
48 Støren, Noruega 63 0N 10 20E
79 Storm, B., Australia 42 10S 147 22E
37 Stornoway, Escocia, R. Unido 58 12N 6 21W
47 Storozhinets, U.R.S.S. 48 14N 24 45E
48 Storsjön, L., uecia 63 15N 14 22E
48 Storuman, L., Suecia 65 20N 16 30E
79 Strahan, Australia 42 5S 145 15E
49 Stralsund, Alemania 54 18N 12 58E
73 Strand, Sudáfrica 34 5S 18 45E
37 Stranraer, Escocia, R. Unido 54 54N 5 1W
42 Strasbourg, Francia 48 35N 7 46E
37 Stratford-on-Avon, Ingl., R. Unido 52 11N 1 43W
88 Stratford, Canadá 43 20N 81 12W
80 Stratford, Nueva Zelanda 39 22S 174 20E
48 Straumnes, Islandia 66 27N 23 7W
78 Streaky, B., Australia 32 37S 134 10E
88 Streator, Ill., U.S.A. 41 9N 88 50W
59 Strelka, U.R.S.S. 58 5N 93 5E
40 Stromboli, I., Italia 38 50N 15 17E
48 Ströms Vattudal, L., Suecia 64 0N 15 30E
48 Strömsund, Suecia 63 52N 15 39E
37 Stronsay, I., Escocia, R. Unido 59 3N 2 35W
41 Struma, R., Bulgaria 41 50N 23 14E
41 Strumica, Yugoslavia 41 30N 22 41E
47 Stry, U.R.S.S. 49 18N 23 50E
78 Stuart, Sa., Australia 29 30S 135 30E
66 Stung-Treng, Camboya 13 42N 105 55E
78 Sturt, R., Australia 19 30S 127 40E
73 Stutterheim, udáfrica 32 33S 27 28E
46 Stuttgart, Alemania 48 49N 9 15E
87 Stuttgart, U.S.A. 34 32N 91 32W
48 Stykkisholmur, Islandia 65 5N 22 45W
47 Styr, R., U.R.S.S. 51 5N 25 40E
60 Suakin, Sudán 19 30N 37 25E
63 Subarnarekha, R., India 22 30N 86 45E
41 Subotica, Yugoslavia 46 2N 19 33E
47 Suceava, Rumania 47 32N 26 20E
65 Suchan, U.R.S.S. 43 5N 133 0E
94 Sucre, Bolivia 19 0S 65 20W
73 Sudáfrica, África 30 0S 24 0E
71 Sudán, África 15 30N 31 0E
68 Sudán, Reg., África 11 0N 8 0E
88 Sudbury, Canadá 46 35N 81 10W
46 Sudetes, Mtes de los Polonia-Chec 50 0N 17 20E
25 Suances, Cant., Esp. 43 26N 4 3W
31 Sueca, Com. Val., Esp. 39 12N 0 21W
12 Suecia, Europa 63 0N 16 0E
71 Suez, Canal, Egipto 30 30N 32 15E
71 Suez, Egipto 30 0N 32 30E
71 Suez, G. de, Egipto 29 0N 33 0E
24 Suido, Sa., Gal., Esp. 42 20N 8 15W
65 Suihma, China 46 32N 126 55E
45 Suiza, Europa 46 50N 8 10E
50 Sukhona, R., U.R.S.S. 59 30N 42 0E
60 Sukhumi, U.R.S.S. 43 10N 41 5E
85 Sukkertoppen, Kalaallit 65 40N 53 0W
62 Sukkur, Pakistán 27 45N 68 56E
62 Sulaiman, Sierra, Asia 31 0N 70 10E
51 Sulaimaniya, Irán 35 32N 45 25E
60 Sulaiyil, Arabia Saudí 20 30N 45 25E
66 Sulawesi, I., y Mar, Indonesia 2 0S 120 0E
47 Sulina, Rumania 45 0N 29 40E
48 Sulitjelma, Mte., Noruega 67 2N 16 30E
94 Sullana, Perú 5 0S 80 30W
63 Sultanpur, India 26 8N 82 5E
50 Sultsa, U.R.S.S. 63 40N 46 0E
66 Sulu, Arch., Filipinas 6 0N 121 0E
66 Sulu, Mar de, Filipinas 8 0N 120 0E
71 Siluq (oluk), Libia 31 44N 20 14E
44 Sulzbach, Alemania 49 17N 7 2E
66 Sumatra, I., Indonesia 0 30N 101 0E
66 Sumba, I., Indonesia 10 0S 120 0E
66 Sumbawa, I., Indonesia 8 30S 118 0E
72 Sumbawanga, Tanzania 8 0S 31 38E
25 Sumbilla, Nav., Esp. 43 12N 1 45W
41 Sumen, Bulgaria 43 17N 26 55E
89 Summerside, Canadá 46 25N 63 50W
46 Sumperk, Checoslovaquia 49 59N 17 0E
87 Sumter, U.S.A. 33 55N 80 17W
51 Sumy, U.R.S.S. 50 58N 34 45E
89 Sunbury, U.S.A. 40 50N 76 50W
49 Sund, Dinamarca 56 7N 12 30E
63 Sundarbans, Gangladesh 22 10N 89 30E
63 Sundargart, India 22 10N 84 7E
37 Sundarland, Ingl., R. Unido 54 55N 1 23W
48 Sundsvall, Suecia 62 21N 17 18E
65 Suo, B., Japón 33 56N 131 35E
50 Suoyarvi, U.R.S.S. 62 30N 32 40E
63 Supail, India 26 10N 86 35E
88 Superior, L., América del Norte 47 30N 88 0W
87 Superior, Wis., U.S.A. 46 40N 92 1W
61 Sur (Tiro), Libano 33 17N 35 12E
50 Sura, R., U.R.S.S. 55 0N 46 30E
66 Surabaya, Indonesia 7 12S 112 48E
66 Surakarta, Indonesia 7 45S 110 50E
66 Surat Thani, Malaysia 9 5N 99 25E
62 Surat, India 21 12N 73 5E
62 Suratgarh, India 29 15N 74 0W
44 Sure, R., Luxemburgo 49 50N 6 0E
58 Surgut, U.R.S.S. 61 27N 73 3E
63 Suri, India 23 55N 87 30E
27 Suria, Cat., Esp. 41 49N 1 45E
62 Suriapet, India 17 5N 79 30E
92 Surinam, Sudamérica 4 0N 56 0W
45 Sursee, Suiza 47 12N 8 6E
71 Surt, Libia 31 10N 16 50E
40 Susa, Italia 45 8N 7 3E
27 Susqueda, Emb., Cat., Esp. 41 57N 2 30E
88 Susquehanna, R., U.S.A. 42 0N 76 0W
89 Sussex, Canadá 45 42N 65 33W
73 Sutherland, Sudáfrica 32 21S 20 44E
62 Sutlej, R., India 30 7N 140 5E
80 Suva, Islas Fiji 18 5S 178 20E
47 Suwalki, Polonia 54 6N 22 53E
61 Suweilih, Jordania 32 2N 35 50E
50 Suzdal, U.R.S.S. 56 27N 40 20E
65 Suzhou, China 31 19N 120 38E
96 Svalbard (Spitsbergen), Océano Artico 78 0N 15 0E
48 Svartisen, Mte., Noruega 66 55N 13 30E
49 Svealand, Dist., Suecia 59 55N 15 0E
49 Sveg, Suecia 62 2N 14 27E
49 Svendborg, Dinamarca 55 7N 10 38E
58 Sverdlovsk, U.R.S.S. 56 52N 60 32E
96 Sverdrup, I., Océano Ártico 80 0N 100 0W
50 Sverodvinsk, U.R.S.S. 64 45N 40 0E
50 Svir, R., U.R.S.S. 61 0N 34 0E
41 Svishtov, Bulgaria 43 36N 25 23E
59 Svobodny, U.R.S.S. 51 30N 128 5E
48 Svolvaer, Noruega 68 20N 14 30E
73 Swakopmund, Namibia 22 33S 14 35E
37 Swale, R., Ingl., R. Unido 54 13N 1 28W
79 Swan Hill, Australia 35 15S 143 31E
37 Swansea, Gales, R. Unido 51 38N 3 57W
73 Swazilandia, África del Sureste 26 30S 31 30E
84 Swift Current, Canadá 50 20N 107 94W
37 Swindon, Ingl., R. Unido 51 33N 1 47W
46 Swinoujscie, Polonia 53 54N 14 16E
79 Sydney, Australia 33 55S 151 12E
85 Sydproven, Kalaallit 60 30N 45 20W
50 Syktyvkar, U.R.S.S. 61 45N 50 40E
48 Sylarna, Mte., Suecia 63 2N 12 20E
63 Sylhet, Bangladesh 24 50N 91 52E
48 Sylt, I., Dinamarca 55 0N 8 19E
58 Sym, U.R.S.S. 60 20N 87 55E
58 Syr Darya, R., U.R.S.S. 44 40N 65 0E
87 Syracuse, U.S.A. 43 0N 76 10W
50 Syzran, U.R.S.S. 53 12N 48 30E
50 Szczecin, Polonia 53 25N 14 31E
46 Szczecnek, Polonia 54 43N 16 41E
64 Szechwan, Prov., China 30 0N 104 0E
47 Szeged, Hungría 46 17N 20 9E
47 Székesfehérvár, Hungría 47 17N 18 24E
47 Szentes, Hungría 46 39N 20 19E
64 Szeping, China 43 15N 124 15E
47 Szolnok, Hungría 47 15N 20 10E
46 Szombathely, Hungría 47 17N 16 27E

T

64 Ta Liang Shan, Mtes., China 28 0N 102 20E
53 Ta-Khingan Shan, China 50 0N 120 0E
53 Ta-Liang Shan, China 28 20N 103 0E
60 Ta'izz, Yemen 13 43N 44 7E
28 Tábara, Cast.-León, Esp. 41 47N 5 57W
33 Tabernas, And., Esp. 37 4N 2 26W
31 Tabernes de Valldigna, Com. Val., Esp. 39 5N 0 13W
73 Table, Mte., Sudáfrica 34 1S 18 27E
24 Taboada, Gal., Esp. 42 45N 7 45W
46 Tabor, Checoslovaquia 49 23N 14 29E
72 Tabora, Tanzania 5 0S 33 0E
70 Tabou, Costa de Marfil 4 30N 7 20W
60 Tabriz, Irán 38 3N 46 24E
26 Tabuenca, Arag., Esp. 41 42N 1 31W
65 Tachima, Japón 37 9N 139 48E
66 Tacloban, Filipinas 10 15N 124 55E
94 Tacna, Perú 18 5S 70 20W
86 Tacoma, U.S.A. 47 15N 122 12W
35 Tacoronte, Canar., Esp. 28 29N 16 25W
95 Tacuarembo, Uruguay 31 30S 56 0W
94 Tacutu, R., Sudamérica 3 0N 59 40W
70 Tademait, Meseta, Argelia 28 28N 2 0E
58 Tadzhikistan, Rep., U.R.S.S. 39 0N 72 6E
65 Taegu, Corea 35 48N 129 30E
61 Tafa, Siria 32 44N 36 4E
25 Tafalla, Nav., Esp. 42 30N 1 42W
51 Taganrog, U.R.S.S. 47 16N 38 55E
84 Tagish, Canadá 60 20N 134 0W
40 Tagliamento, R., Italia 45 38N 13 5E
27 Tagomago, I., Bal., Esp. 39 3N 1 40E
66 Tahan, Mte., Malaysia 4 15N 102 50E
60 Tahiri, Irán 27 35N 52 20E
04 Tahití, Océano Pacífico 17 50S 149 40W
86 Tahoe, L., U.S.A. 39 0N 120 0W
71 Tahta, Egipto 26 44N 31 32E
64 Tai'an, China 36 12N 117 8E
30 Taibilla, Sa., Cast.-Mur., Esp 38 15N 2 12W
34 Taibique, Canar. Esp. 27 43N 17 58W
65 Taichung, Taiwan 24 10N 120 35E
60 Taif, Arabia Saudí 21 0N 41 2E
80 Taihape, Nueva Zelanda 39 42S 175 49E
58 Tailakovy, U.R.S.S. 59 20N 74 5E
55 Tailandia, Asia 15 0N 101 0E
60 Taima, Arabia Saudí 27 23N 39 20E
59 Taimyr Superior, R., U.R.S.S. 73 40N 96 0E
59 Taimyr, Pen., U.R.S.S. 70 0N 100 0E
65 Tainan, Taiwan 23 0N 120 22E
41 Tainaron (Matapan), C., Grecia 36 20N 22 30E
65 Taipei, Taiwan 25 0N 121 38E
66 Taiping, Malaysia 4 55N 100 45E
65 Taira, Japón 37 4N 140 58E
59 Taishet, U.R.S.S. 56 0N 98 5E
95 Taitao, Pen., Chile 46 0S 75 0W
65 Taitung, Taiwan 22 55 121 5E
65 Taiwan (Formosa). China 24 0N 121 0E
65 Taizhong, China 32 18N 119 55E
19 Tajo, R., Cast.-La M., Esp. 39 35N 7 0W
29 Tajuña, R., Madrid, Esp. 40 28N 3 8W
71 Tajura, Libia 32 51N 13 27E
65 Takamatsu, Japón 34 15N 134 0E
65 Takana, Japón 34 0N 135 6E
65 Takaoka, Japón 36 40N 137 4E
80 Takapuna, Nueva Zelanda 36 47S 174 47E
65 Takasaki, Japón 36 10N 139 0E
65 Takata, Japón 37 12N 138 12E
72 Takaungu, Kenia 3 35S 39 45E
65 Takefu, Japón 35 57N 136 5E
65 Taketoyo, Japón 34 56N 137 0E
59 Tala, U.R.S.S. 72 50N 113 57E
94 Talara, Perú 4 20S 81 10W
34 Talarrubias, Extr., Esp. 39 3N 5 15W
58 Talas, U.R.S.S. 42 45N 72 0E
66 Talaud, Is., Indonesia 4 10N 126 50E
34 Talavan, Extr., Esp. 39 44N 6 18W
30 Talave, Emb., Cast.-La M., Esp. 38 30N 1 50W
30 Talavera de la Reina, Cast.-La M., Esp. 39 55N 4 46W
34 Talavera la Real, Extr., Esp. 38 51N 6 45W
66 Talayan, Filipinas 6 55N 124 25E
34 Talayuela, Extr., Esp. 39 38N 5 40W
31 Talayuelas, Cast.-La M., Esp. 39 51N 1 17W
95 Talca, Chile 35 18S 71 45W
95 Talcahuano, Chile 36 35S 73 12W
63 Talcher, India 20 55N 85 3E
58 Taldy Kurgan, U.R.S.S. 45 5N 78 50E
62 Talguppa, India 14 10N 74 45E
72 Tali Post, Sudán 5 55N 30 44E
64 Tali, China 25 57N 100 7E
66 Taliabu, Indonesia 1 45S 125 0E
87 Tallahassee, U.S.A. 30 30N 84 10W
49 Tallinn, U.R.S.S. 59 29N 24 58E
60 Talodi, Sudán 10 42N 30 22E
95 Taltal, Chile 25 40S 70 35W
70 Tamale, Ghana 9 30N 0 38W
28 Tamames, Cast.-León, Esp. 40 41N 6 6W
70 Tamanrasset, Argelia 22 50N 5 30E
28 Tamara, Cast.-León, Esp. 42 11N 4 16W
26 Tamarite de Litera, Arag., Esp. 41 52N 0 25E
73 Tamatave, Madagascar 17 50S 49 40E
70 Tambacounda, Senegal 13 10N 13 40W
50 Tambov, U.R.S.S. 52 43N 41 30E
24 Tambre, R., Gal., Esp. 42 55N 8 30W
36 Tamega, R., Port-Esp. 41 15N 8 0W
70 Tamgak, Mtes., Níger 19 10N 8 35E
63 Tamil Nadu, Estado, India 11 0N 78 0E
45 Tamins, Suiza 46 50N 9 22E
49 Tammisaari, Fin. 60 0N 23 40E
87 Tampa, y B., U.S.A. 28 10N 82 20W
49 Tampere, Finlandia 61 34N 23 38E
90 Tampico, México 22 20N 98 12W
70 Tamsagout, Mali 24 5N 6 35W
79 Tamworth, ustralia 31 8S 151 0E
48 Tana Fjord, Noruega 70 45N 28 20E
71 Tana, L., Etiopía 12 0N 37 20E
72 Tana, R., Kenia 1 0S 40 0E
78 Tanami, Des., Australia 20 0S 136 0E
73 Tananarive, *véase* Antananarivo
40 Tanaro, R., Italia 44 47N 8 10E
72 Tandah, Etiopía 10 0N 40 45E
95 Tandil, Argentina 37 8S 59 10W
62 Tando Adam, Pakistán 25 40N 68 34E
65 Tanega Shima, I., Japón 30 40N 131 0E
70 Tenezroutf, dit., Argelia 22 30N 2 0E
72 Tanganyika, L., África Central 6 30S 29 40E
69 Tanganyika, *véase* Tanzania
70 Tánger, Marr. 35 46N 5 47W
64 Tanghla,Mtes., China 33 0N 92 0E
64 Tangshan, China 39 45N 118 0E
55 Tanimbar, I., Indon. 7 30S 131 30E
62 Tanjore, *véase* Thanjavur
66 Tanjungpandan, Indonesia 2 45S 107 40E
66 Tanjungselor, Indonesia 2 50N 116 40E
71 Tanta, Egipto 30 50N 30 84E
69 Tanzania, África 6 0S 34 30E
65 Taonan, China 45 29N 122 57E
70 Taourirt, Marruecos 34 20N 3 2W
94 Tapajós, R., Brasil 6 30S 57 30W
24 Tapia de Casariego, P. de Ast., Esp. 43 34N 6 56W
51 Tarabulus, Líbano, *véase* Trípoli
71 Tarabulus, Libia, *véase* Trípoli
27 Taradell, Cat., Esp. 41 50N 2 18E
66 Tarakan, Indonesia 3 15N 117 30E
35 Taralejo, Canar., Esp. 28 11N 14 6W
80 Taranaki, Dit., N. Z. 39 0S 174 50E
30 Tarancón, Cast.-La M., Esp. 40 1N 3 1W
40 Taranto, y G., Italia 40 30N 17 14E
42 Tarare, Francia 45 52N 4 30E
80 Tararua, Sa., N. Z. 40 47S 175 30E
70 Tarat, Argelia 26 4N 9 7E
80 Tarawera, N. Z. 39 2S 176 35E
26 Tarayuela, Mte., Arag., Esp. 40 28N 0 30W
31 Tarazona de la Mancha, Cast.-La M., Esp. 39 16N 1 55W
26 Tarazona, Arag., Esp. 41 45N 1 43W
43 Tarbes, Francia 43 13N 0 1E
78 Tarcoola, Australia 30 48S 134 52E
28 Tardejos, Cast.-León, Esp. 42 22N 3 48W
26 Tardienta, Arag., Esp. 41 59N 0 38W
79 Taree, Australia 31 48S 152 17E
70 Tarfaya, Marruecos 27 55N 12 55W
32 Tarifa, y Pta., And., Esp. 36 1N 5 36W
60 Tarim, Yemen del Sur 16 15N 49 22E
51 Tarkhankut, C., U.R.S.S. 45 25N 32 30E
70 Tarkwa, Ghana 5 23N 2 0W
66 Tarlac, Filipinas 15 25N 120 35E
43 Tarn-et-Garonne, Dept., Francia 44 10N 1 10E
43 Tarn, Dept., Francia 43 50N 2 10E
47 Tarnów, Polonia 50 1N 21 2E
47 Tarnowskie Góry, Polonia 50 30N 19 0E
70 Taroudant, Marruecos 30 30N 9 0W
27 Tarragona, y Prov., Cat., Esp. 41 5N 1 17E
27 Tarrasa, Cat., Esp. 41 34N 2 0E
27 Tárrega, Cat., Esp. 41 39N 1 9E
51 Tarsus, Turquía 37 0N 34 50E
50 Tartu, U.R.S.S. 58 22N 26 40E
71 Tasawah, Libia 26 0N 13 30E
85 Taschereau, Canadá 48 45N 78 45W
58 Tashauz, U.R.S.S. 42 7N 59 30E
58 Tashkent, U.R.S.S. 41 7N 63 15E
58 Tashkumyr, U.R.S.S. 41 40N 72 20E

68 Tasili, Meseta, África del Norte 25 30N 8 0E
48 Tasjön, L., Suecia 64 15N 16 0E
80 Tasman, B., N. Z. 41 0S 173 30E
80 Tasman, Mar, Australia 38 0S 163 0E
80 Tasman, Mtes., N. Z. 41 0S 172 40E
79 Tasman, Pen., Australia 43N 0S 147 40E
79 Tasmania, I., Australia 42 0S 146 30E
47 Tatabánya, Hungría 47 35N 18 30E
50 Tátaros, R.A.S.S. de los, U.R.S.S. 55 30N 51 30E
47 Tatarskiy, Est., U.R.S.S. 53 10N 141 30E
65 Tateyama, Japón 35 0N 139 58E
51 Tatvan, Turquía 38 33N 42 12E
46 Tauern, Mtes., Austria 47 15N 12 40E
80 Taumarunui, N. Z. 38 55S 175 15E
63 Taunggyi, Birmania 20 55N 97 3E
63 Taungun, y P., Birmania 18 50N 94 20E
37 Taunton, Ingl., R. Unido 51 1N 3 5W
46 Taunus, Mtes., Alemania 50 18N 8 20E
80 Taupo, y L., N. Z. 38 47S 175 50E
80 Tauranga, Nueva Zelanda 37 40S 176 12E
49 Taurege, U.R.S.S. 55 15N 22 18E
42 Taurianova, Italia 38 22N 16 1E
51 Taurus (Daglari), Mtes., Turquía 37 30N 34 30E
26 Tauste, y Canal, Arag., Esp. 41 58N 1 12W
59 Tavda, U.R.S.S. 58 7N 65 8E
40 Tavira, Port. 37 5N 7 40W
36 Tavora, R., Port. 40 45N 7 30W
64 Tavoy, Birmania 13 49N 98 22E
71 Taweisha, udán 12 25N 26 55E
66 Tawitawi, I., Filipinas 5 15N 120 0E
37 Tay, R., y L., Escocia, R. Unido 56 27N 3 4W
88 Taylorville, U.S.A. 39 32N 89 20W
66 Taytay, Filipinas 10 40N 119 25E
58 Taz, R., U.R.S.S. 65 40N 82 40E
51 Tbilisi, U.R.S.S. 41 45N 44 48E
72 Tchibanga, Gabón 2 45S 11 12E
80 Te Anau, L., N. Z. 45 12S 167 48E
80 Te Awamutu, N. Z. 38 1S 175 20E
80 Te Kuiti, N. Z. 38 20S 175 11E
70 Tebessa, Argelia 35 38N 8 5E
66 Tebingtinggi, Indonesia 3 30S 103 0E
40 Techachapi, P., U.S.A. 35 5N 119 30W
47 Tecuci, Rumania 45 20N 27 25E
66 Tegal, Indonesia 7 0S 108 35E
70 Tegina, Nigeria 10 5N 6 11E
90 Tegucigalpa, Honduras 14 20N 87 12W
60 Teherán, Irán 35 37N 51 22E
64 Tehtsin, China 28 45N 98 10E
90 Tehuantepec, y G., México 16 40N 95 35W
35 Teide, Pico, Canar., Esp. 28 17N 16 36W
33 Tejada, Sa, And. Esp. 36 52N 4 8W
36 Tejo, R., Portugal 39 15N 8 30W
80 Tekapo, L., N. Z. 43 55S 170 30E
41 Tekirdag, Turquía 41 0N 27 25E
61 Tel Aviv-Yafo, Israel 32 4N 34 45E
90 Tela, Honduras 15 45N 87 25W
66 Telanaipura, Indonesia, *véase* Jambi
51 Telavi, U.R.S.S. 42 0N 43 30E
35 Telde, Canar., Esp. 27 58N 15 25W
49 Telemark, Co., Noruega 59 32N 8 20E
28 Teleno, Mte., Cast.-León, Esp. 42 20N 6 52W
62 Tellicherry, India 11 45N 75 43E
66 Telok Anson, Malaysia 3 50N 101 0E
50 Telpos Iz, Mte., U.R.S.S. 64 12N 59 30E
49 Telsiai, U.R.S.S. 56 2N 22 30E
66 Teluk Betung, Indonesia 5 30S 105 20E
70 Tema, Ghana 5 41N 0 0E
90 Temax, México 21 15N 88 50W
30 Templeque, Cast.-La M., Esp. 39 41N 3 30W
58 Temir Tau, U.R.S.S. 53 15N 87 40E
58 Temir, U.R.S.S. 49 3N 57 3E
88 Temiskaming, Canadá 46 50N 79 0W
79 Temple, B., Australia 12 15S 143 3E
87 Temple, U.S.A. 31 3N 97 27W
95 Temuco, Chile 39 0S 72 0W
80 Temuka, N. Z. 44 14S 171 17E
63 Tenali, India 16 15N 80 30E
40 Tende, Francia 44 6N 7 39E
45 Tendre, Mte., Suiza 46 75N 6 18E
35 Tenerife, J., Canar., Esp. 28 15N 16 30W
62 Tenkasi, India 8 45N 77 10E
78 Tennant Creek, Australia 19 30S 134 15E
87 Tennessee, Estado, U.S.A. 35 40N 86 30W
87 Tennessee, R., U.S.A. 34 45N 87 30W
35 Teno, Pta., Canar., Esp. 28 25N 16 55W
65 Tenryu, R., Japón 35 30N 137 56E
79 Tenterfield, Australia 29 0S 152 0E
24 Teo, Gal., Esp. 42 48N 8 30W
94 Teófilo Otoni, Brasil 17 50S 41 30W
90 Tepic, México 21 20N 104 50W
46 Teplice, Checoslovaquia 50 39N 13 50E
27 Ter, R., Cat., Esp. 42 0N 2 30E
70 Tera, Níger 14 0N 0 57E
40 Teramo, Italia 42 39N 13 46E
94 Teresina, Brasil 5 2S 42 45W
36 Terges, R., Port. 37 48N 7 48W
44 Tergnier, Francia 49 49N 3 17E
61 Termez, U.R.S.S. 37 25N 67 12E
40 Términi, Italia 37 57N 13 45E
40 Termoli, Italia 42 0N 15 3E
41 Termópilas, Paso, Grecia 38 48N 22 45E
66 Ternate, I., Indonesia 0 45N 127 20E
40 Terni, Italia 42 35N 12 40E
41 Ternopol, U.R.S.S. 49 30N 25 40E
35 Teror, Canar. Esp. 28 3N 15 31W
40 Terracina, Italia 41 17N 13 12E
40 Terralba, Italia 39 42N 8 38E
85 Terranova, *véase* Newfoundland
87 Terre Haute, U.S.A. 39 29N 87 20W
29 Terriente, Madrid, Esp. 40 15N 1 30W
44 Terschelling, I., Países Bajos 53 23N 5 20E
26 Teruel, y Prov., Arag., Esp. 40 22N 1 8W
41 Tesanj, Yugoslavia 44 40N 18 0E
84 Teslin, Canadá 60 20N 132 45W
70 Tessalit, Mali 20 5N 0 57E
70 Tessaoua, Níger 13 55N 8 18E
24 Testeiro, Mte., Gal., Esp. 42 30N 8 10W
73 Tete, Mozambique 16 10S 33 37E
41 Teteve, Bulgaria 42 58N 24 15E
86 Teton, Mtes., U.S.A. 43 45N 110 45W
41 Tetovo, Yugoslavia 42 1N 21 2E
70 Tetuán, Marruecos 35 32N 5 22W
95 Teuco, R., Argentina 24 05 62 0W
31 Teulada, Com. Val., Esp. 38 45N 0 10E
40 Tévere, R., Italia 43 33N 12 10E
24 Teverga, P. de Ast., Esp. 43 12N 6 8W
87 Texarkana, U.S.A. 33 28N 94 11W
86 Texas, Estado, U.S.A. 31 15N 98 30W
44 Texel, I., Países Bajos 53 5N 4 48E
63 Tezpur, India 26 50N 92 40E
73 Thabana Ntlenyana, Mte., Lesotho 29 12S 29 22E
71 Thaih, E.A.U. 23 57N 54 0E
62 Thal, Pakistán 33 30N 70 30E
63 Thala, Paso, Birmania 28 15N 98 10E
66 Thale Luang, Tailandia 7 30N 100 15E
45 Thalwil, Suiza 47 17N 8 35E
37 Thames (Támesis), R., Ingl., R. Unido 51 29N 0 40E
80 Thames, N. Z. 37 3S 175 32E
88 Thames, R., Ont., Can. 42 25N 82 15W
62 Thana, India 19 30N 72 58E
55 Thaniwin, R., Bir. 18 0N 98 0E
62 Thanjavur, India 10 45N 79 17E
63 Thanlwin (Saluen), R., China-Birmania 19 30N 97 40E
62 Thar, Des., India-Pak. 27 30N 72 20E
62 Tharad, India 24 30N 71 30E
63 Tharrawaddy, Birmania 17 42N 95 57E
41 Thasos, I., Grecia 40 40N 24 40E
45 Thawil, Suiza 47 18N 8 32E
37 Thayader, Gales, R. Unido 52 18N 3 31W
64 Thazi, Birmania 21 0N 96 5E
71 Tchollire, Camerún 7 38N 14 10E
86 The Dalles, U.S.A. 45 35N 121 15W
37 The Fens, Ingl., R. Unido 52 45N 0 2E
78 The Johnston Lakes, Australia 32 30S 120 40E
84 The Pas, Canadá 53 40N 101 20W
79 The Warburton, R., Australia 27 50S 138 0E
37 The Wash, Ingl., R. Unido 53 0N 0 10E
37 The Weald, Ingl., R. Unido 51 9N 0 20E
79 Theodore, Australia 25 0S 150 1E
41 Thessalia, Dist., Grecia 39 30N 22 20E
41 Thessaloniki, Grecia 40 38N 23 0E
89 Thetford Mines, Canadá 46 15N 71 5W
64 Thientsin, China 39 0N 117 5E
43 Thiers, Francia 45 50N 3 32E
63 Thimphu, Bhutan 27 31N 89 45E
48 Thingvallavatn, Islandia 64 10N 21 5W
42 Thionville, Francia 49 20N 6 10E
41 Thira, I., Grecia 36 24N 25 26E
48 Thjorsa, R., Islandia 64 20N 19 15W
84 Thompson, R., Canada 51 0N 119 0W
84 Thomson, R., Autralia 23 50S 144 0E
43 Thonon, Francia 46 20N 6 30E
63 Thori, India 27 23N 84 30E
48 Thorisvatn, L., Islandia 64 10N 18 7W
48 Thorlakshorn, Islandia 63 50N 21 20W
78 Thorosell, Sa., Australia 22 0S 122 0E
48 Thorshofn, Islandia 66 12N 15 15W
42 Thouars, Francia 47 0N 0 18W
80 Three Kings, I., N. Z. 34 0S 172 0E
44 Thuin, Bélgica 50 20N 4 17E
96 Thule, Kalaallit 76 22N 69 0W
45 Thun, Suiza 46 46N 7 39E
88 Thunder Bay, Canadá 48 20N 89 23W
45 Thuner See, Suiza 46 42N 7 42E
45 Thur, R., Suiza 47 37N 8 40E
45 Thurgau, Cantón, Suiza 47 38N 9 4E
46 Thuringer Wald (Selva de Turinga), Alemania 50 35N 11 0E
37 Thurles, Irlanda 52 40N 7 53W
79 Thursday, I., Australia 10 35S 142 10E
45 Thusis, Suiza 46 43N 9 26E
72 Thysville, *véase* Mbanza Ngungu
64 Tianjún, China 37 8N 98 36E
64 Tianshui, China 34 32N 105 40E
71 Tibati, Camerún 6 30N 12 52E
40 Tíber, *véase* Tévere
61 Tiberias, Israel 32 47N 35 32E
71 Tibesti, Dist., Sahara 20 30N 17 0E
63 Tíbet, R. A. China 32 30N 88 0E
61 Tibnin, Líbano 33 11N 35 24E
90 Tiburón, I., México 29 0N 112 30W
70 Tichit, Mauritania 19 20N 8 55W
45 Ticino, Cantón, Suiza 46 20N 8 45E
40 Ticino, R., Italia 45 20N 8 53E
70 Tidjikja, Mauritania 18 25N 11 55W
44 Tiel, Países Bajos 51 54N 5 26E
44 Tielt, Bélgica 51 0N 3 20E
28 Tiemblo, *véase* El Tiemblo
53 Tien han, Mte., Asia 43 40N 86 0E
44 Tienen, Bélgica 50 49N 4 57E
26 Tierga, Arag., Esp. 41 37N 1 36W
28 Tierra de Arévalo, Cca., Cast.-León, Esp. 41 0N 4 50W
34 Tierra de Barros, Cca., Ext., Esp. 38 30N 6 0W
29 Tierra de Cameros, Cca., La Rioja, Esp. 42 15N 2 30W
28 Tierra de Campos, Cast.-León, Esp. 42 0N 4 30W
96 Tierra de la Reina Maud, Antártida 74 0S 15 0E
24 Tierra de Lemos, Cca., Gal., Esp. 42 26N 7 26W
96 Tierra del Fuego, Terr. de, Sudamérica 54 0S 68 0W
28 Tierra del Pan, Cast.-León, Esp. 41 40N 5 30W
28 Tierra del Vino, Cca., Cast.-León, Esp. 41 20N 5 30W
32 Tierra Llana de Huelva, Cca., And., Esp. 37 15N 7 0W
28 Tierras de Sayago, Cast.-León, Esp. 41 20N 6 10W
32 Tiesa, Mte., Sa. Morena, Esp. 37 58N 5 22W
34 Tiétar, R., Extr., Esp. 39 55N 5 50W
88 Tiffin, Ohio, U.S.A. 41 8N 83 10W
89 Tignish, Canadá 46 55N 64 15W
60 Tigris, R., Iraq 32 30N 46 0E
63 Tigu, Tíbet 28 45N 91 40E
63 Tigyaing, Birmania 23 45N 96 10E
33 Tijola, And., Esp. 37 19N 2 20W
90 Tijuana, México 32 30N 117 30W
80 Tikanui, Nueva Zelanda 46 51S 169 0E
51 Tikhoretsk, U.R.S.S. 45 55N 40 10E
59 Tiksi, U.R.S.S. 71 50N 129 0E
44 Tilburg, Países Bajos 51 34N 5 6E
59 Tilichikt, U.R.S.S. 60 50N 166 0E
70 Tillaberi, Níger 14 15N 1 40E
41 Tilos, I., Grecia 36 22N 27 21E
50 Timan, Sa., U.R.S.S. 64 30N 51 30E
14 Timanfaya, Canar., Esp. 29 0N 13 45W
80 Timaru, Nueva Zelanda 44 20S 171 21E
70 Timbuktu, *véase* Tombouctou
60 Timerein, Sudán 15 57N 36 30E
70 Timimoun, Argelia 29 10N 0 10E
47 Timisoara, Rumania 45 43N 21 8E
85 Timmins, Canadá 48 30N 81 30W
41 Timok, R., Yugoslavia 43 30N 22 18E
66 Timor, I., Indonesia 9 30S 125 0E
66 Timor, Mar de, Océano Índico 14 0S 120 0E
70 Tindouf, Argelia 27 30N 8 15W
63 TindzheDzong, China 28 25N 88 10E
71 Tine, Sudán 15 1N 22 17E
24 Tinco, P.de Ast., Esp. 43 20N 6 35W
70 Tinjoub, Argelia 29 20N 5 40W
49 Tinnoset, Noruega 59 42N 9 3E
95 Tinogasta, Argentina 28 0S 67 30W
41 Tinos, I., Grecia 37 38N 25 10E
32 Tinto, R., And., Esp. 37 17N 6 50W
35 Tiñoso, C., Mur., Esp. 37 30N 1 0W
63 Tipongpani, India 27 15N 95 50E
37 Tipperary, Irlanda 52 29N 8 8W
61 Tirak Karmel, Israel 32 46N 34 58E
41 Tirana, Albania 41 20N 19 50E
45 Tirano, Italia 46 15N 10 15E
47 Tiraspol, U.R.S.S. 46 50N 29 30E
51 Tirebolu, Turquía 40 59N 38 50E
47 Tirgoviste, Rumania 44 58N 25 30E
47 Tirgu Mureş, Rumania 46 31N 24 38E
47 Tirgu-Jiu, Rumania 45 0N 23 20E
34 Tiro, Mte., Extr., Esp. 38 42N 5 17W
61 Tiro, *véase* Sur
62 Tirodi, India 21 35N 79 35E
29 Tiron, R., La Rioja, Esp. 42 30N 3 10W
40 Tirreno, Mar Mediterráneo, S. 40 30N 12 0E
40 Tirso, R., Italia 40 0N 8 45E
62 Tiruchchirappalli, India 10 52N 78 40E
62 Tirunelveli, India 8 45N 77 45E
62 Tiruvannamalai, India 12 15N 79 10E
84 Tisdale, Canadá 52 50N 104 10W
49 Tisted, Dinamarca 56 58N 8 40E
47 Tisza (Tisa), R., Hungría 47 50N 21 0E
94 Titiaca, L., Bolivia-Perú 16 0S 69 30W
41 Titograd, Yugoslavia 42 30N 19 19E
41 Titov Vales, Yugoslavia 41 40N 21 49E
41 Titovo Uzice, Yugoslavia 43 55N 19 50E
72 Titule, Zaire 3 5N 25 25E
88 Titusville, U.S.A. 41 38N 79 40W
27 Tivisa, Cat., Esp. 41 4N 0 45E
40 Tívoli, Italia 41 58N 12 25E
70 Tiznit, Marruecos 29 48N 9 45W
48 Tjeggelvas, L., Suecia 66 30N 18 0E
66 Tjireban, Indonesia 6 5S 108 30E
90 Tlacotalpan, México 18 50N 95 40W
90 Tlaxcala, México 19 23N 98 10W
90 Tlaxiaco, México 17 15N 97 40W
70 Tlemcen, Argelia 34 55N 1 20W
62 Toba Kakar, Mtes., Pakistán 31 20N 68 40E
31 Toba, Emb., Cast.-La M., Esp. 40 14N 1 50W
66 Toba, L., Indonesia 2 30N 98 57E
90 Tobago, I., Antillas 11 17N 60 40W
31 Tobarra, Cast.-La M., Esp. 38 35N 1 41W
58 Tobol, R., U.R.S.S. 54 0N 63 30E
58 Tobolsk, U.R.S.S. 58 10N 68 30E
30 Toboso, *véase* El Toboso
71 Tobruk, Libia, *véase* Tubruq
94 Tocantins, R., Brasil 3 30S 49 30W
45 Toce, R., Italia 46 13N 8 19E
65 Tochigi, Pref., Japón 36 40N 139 45E
32 Tocina, And., Esp. 37 37N 5 44W
95 Tocopilla, Chile 22 12S 70 20W
45 Todi, Mte., Suiza 46 48N 8 55E
70 Togba, Mauritania 7 40N 10 20W
45 Toggenburg, Suiza 47 16N 9 9E
50 Togliatti, U.R.S.S. 53 37N 49 18E
70 Togo, África del Oeste 7 45N 1 0E
33 Tohal, And., Esp. 37 14N 2 15W
72 Toinya, Sudán 6 17N 29 46E
93 Tokaj, Hungría 48 7N 21 22E
80 Tokarahi, Nueva Zelanda 44 56S 170 39E
51 Tokat, Turquía 40 27N 36 35E
04 Tokelau, Is., Océano Pacífico 9 0S 172 0S
58 Tokmak, U.R.S.S. 42 55N 75 45E
65 Tokushima, y Pref., Japón 34 0N 134 30E
65 Tokuyama, Japón 34 0N 131 50E
65 Tokyo, y Pref., Japón 35 48N 139 45E
30 Toledo, Mtes., Cast.-La M., Esp. 39 30N 4 30W
88 Toledo, U.S.A. 41 47N 83 30W
30 Toledo, y Prov., Cast.-La M., Esp. 39 50N 4 2W
70 Tolga, Argelia 34 49N 5 26E
73 Toliary, Madagascar 213 21S 43 40E
94 Tolima, Mte., Colombia 4 0N 75 0W
66 Tolo, G. de, Indonesia 2 0S 121 30E
25 Tolosa, P. Vasco, Esp. 43 8N 2 5W
32 Tolox y Sa., And., Esp. 36 41N 4 54W
90 Toluca, México 19 25N 99 37W
36 Tomar, Portugal 39 35N 8 28W
47 Tomaszow, Mazowiecki, Polonia 51 30N 20 0E
94 Tombador, Sa. do, Brasil 12 0S 57 10W
70 Tombouctou, Mali 16 50N 3 0W
30 Tomelloso, Cast.-La M., Esp. 39 10N 3 2W
24 Tomiño, Gal., Esp. 41 59N 8 46W
66 Tomini, G., Indonesia 0 0 120 30E
59 Tommot, U.R.S.S. 59 0N 126 30E
41 Tomorrit, Mte., Albania 40 40N 20 30E
58 Tomsk, U.R.S.S. 56 30N 85 5E
27 Tona, Cat., Esp. 41 49N 2 15E
90 Tonala, México 16 10N 94 0W
36 Tondela, Port. 40 30N 8 5W
80 Tonga, Is., Océano Pacífico 19 50S 175 0W
80 Tongatapu, I., Océano Pacífico 21 0S 175 20W
64 Tongchuan, China 35 6N 109 3E
44 Tongeren, Bélgica 50 37N 5 20E
65 Tonghua, China 41 42N 125 58E
66 Tongian, Is., Indonesia 0 20S 122 30E
65 Tongliao, China 43 38N 122 18E
64 Tongling, China 30 55N 117 48E
95 Tongoy, Chile 30 10S 71 45W
86 Tongue, R., U.S.A. 45 20N 106 3W
62 Tonk, India 26 10N 76 0E
64 Tonkin, G. de, China 20 0N 109 0E
66 Tonle Sap, Camboya 12 30N 105 30E
42 Tonnerre, Francia 47 52N 3 58E
49 Tonning, Alemania 54 19N 8 58E
31 Tono, Emb., Com. Val., Esp. 39 12N 0 40W
86 Tonopah, U.S.A. 38 4N 117 13W
49 Tønsberg, Noruega 59 15N 10 25E
86 Tooele, U.S.A. 40 32N 113 22W
79 Toowoomba, Australia 27 30S 152 0E
62 Top, Afganistán 34 15N 68 35E
50 Top, L., U.R.S.S. 65 30N 32 0E
87 Topeka, U.S.A. 39 0N 95 40W
58 Topki, U.R.S.S. 55 40N 85 40E
90 Topolobampo, México 25 45N 108 48W
27 Tora, Cat., Esp. 41 49N 1 25W
29 Toranzo, Sa., Cast.-Arag., Esp. 41 40N 2 6W
24 Tordoya, Gal., Esp. 43 8N 8 32W
28 Toreno, Cast.-León, Esp. 42 42N 6 31W
27 Tordera, Cat., Esp. 41 41N 2 43E
28 Tordesillas, Cast.-León, Esp. 41 30N 5 0W
31 Tordesilos, Cast.-La M., Esp. 40 42N 1 38W
59 Torei, U.R.S.S. 50 45N 104 45E
27 Torello, Cat., Esp. 42 5N 2 15E
29 Torete, R., Cast.-León, Esp. 41 25N 2 45W
46 Torgau, Alemania 51 35N 12 58E
44 Torhout, Bélgica 51 4N 3 7E
30 Torija, Cast.-La M., Esp. 40 44N 3 2W
40 Torino, Italia 45 2N 7 43E
28 Torío, R., Cat.-León, Esp. 42 45N 5 30W
71 Torit, Sudán 4 29N 32 32E
28 Tormes, R., Cast.-León, Esp. 41 10N 6 0W
28 Tornadizos de Ávila, Cast.-León, Esp. 40 35N 4 36W
34 Tornavacas, Extr., Esp. 40 16N 5 43W
48 Torne, R., Suecia 67 30N 22 0E
48 Tornetrask, L., Suecia 68 20N 19 25E
28 Toro, Cast.-León, Esp. 41 31N 5 26W
95 Toro, Cord. del, Chile 29 10S 69 0W
27 Toro, Mte., Bal., Esp. 40 0N 4 10E
41 Toronaios, G., Grecia 40 0N 23 35E
88 Toronto, Canadá 43 42N 79 30W
50 Toropets, U.R.S.S. 56 30N 31 40E
72 Tororo, Uganda 0 43N 34 13E
37 Torquay, Ingl., R. Unido 50 28N 3 32W
28 Torquemada, Cast.-León, Esp. 42 2N 4 10W

30 Torralba de Calatrava, Cast.-La M., Esp. 39 1N 3 40W
36 Torrão, Port. 38 20N 8 12W
40 Torre Annunziata, Italia 40 45N 14 20E
30 Torre de Abrahán, E., Cast.-La M., Esp. 39 25N 4 17W
27 Torre de Capdella, Cat., Esp. 42 24N 1 0E
30 Torre de Juan Abad, Cast.-La M., Esp. 38 36N 3 4W
36 Torre de Moncorvo, Portugal 41 12N 7 10W
32 Torre del Agua, Emb., And., Esp. 37 3N 5 40W
28 Torre del Bierzo, Cast.-León, Esp. 42 38N 6 18W
33 Torre del Campo, And., Esp. 37 46N 3 51W
27 Torre del Español, Cat., Esp. 41 12N 0 37E
33 Torre del Mar, And., Esp. 36 44N 4 5W
31 Torre de Embesora, Com. Val., Esp. 40 18N 0 6W
47 Torre Roja, Rumania 45 38N 24 20E
35 Torre Pacheco, Mur., Esp. 37 45N 0 56W
31 Torreblanca, Com. Val., Esp. 40 14N 0 10E
28 Torrecaballeros, Cast.-León, Esp. 41 1N 4 1W
33 Torreblascopedro, And., Esp. 37 46N 3 54W
32 Torrecampo, And., Esp. 38 29N 4 40W
30 Torrecilla, Cast.-La M., Esp. 40 16N 2 12W
32 Torrecilla, Mte., And., Esp. 36 41N 5 1W
27 Torredembarra, Cat., Esp. 41 9N 1 20E
33 Torredonjimeno, And., Esp. 37 46N 3 58W
27 Torregrosa, Cat., Esp. 41 40N 0 50E
29 Torrejón de Ardoz, Madrid, Esp. 40 12N 3 40W
30 Torrejón del Rey, Cast.-La M., Esp. 40 40N 20W
34 Torrejón el Rubio, Extr., Esp. 39 46N 6 2W
34 Torrejón, Emb., Extr., Esp. 39 48N 5 46W
34 Torrejoncillo, Extr., Esp. 39 54N 6 27W
30 Torrejoncillo del Rey, Cast.-La M., Esp. 40 0N 2 34W
29 Torrelaguna, Madrid, Esp. 40 50N 3 35W
25 Torrelavega, Cant., Esp. 43 20N 4 2W
28 Torrelobatón, Cast.-León, Esp. 41 10N 5 3W
29 Torrelodones, Madrid, Esp. 40 31N 3 54W
34 Torremejía, Extr., Esp. 38 48N 6 25W
34 Torremocha, Extr., Esp. 39 19N 6 12W
33 Torremolinos, And., Esp. 36 38N 4 30W
79 Torrens, L., ustralia 31 0S 137 40E
31 Torrente, Com. Val., Esp. 39 27N 0 25W
26 Torrente de Cinca, Arag., Esp. 41 28N 0 20E
30 Torrenueva, Cast.-La M., Esp. 40 42N 2 35N
90 Torreón, México 25 30N 103 12W
33 Torreperogil, And., Esp. 38 2N 3 15W
36 Torres Novas, Port. 39 30N 8 40W
36 Torres Vedras, Portugal 39 3N 9 16W
90 Torres, México 28 40N 110 55W
31 Torrevieja, Com. Val., Esp. 37 59N 0 40W
30 Torrijos, Cast.-La M., Esp. 39 59N 4 15W
89 Torrington, U.S.A. 41 50N 73 5W
27 Torroella de Motgrí, Cat., Esp. 42 2N 3 5E
33 Torrox, And., Esp. 36 46N 3 58W
28 Tórtoles de Esgueva, Cast.-León, Esp. 41 49N 4 1W
27 Tortosa, C., Cat., Esp. 40 45N 0 50E
27 Tortosa, Cat., Esp. 40 49N 0 32E
36 Tortozendo, Port. 40 20N 7 30W
31 Tortuera, Cast.-La M., Esp. 40 58N 1 48W
94 Tortuga, I., Venezuela 11 0N 65 30W
47 Torun, Polonia 53 2N 18 37E
65 Tosa, B., Japón 33 15N 13 30E
27 Toses, Puerto, Cat., Esp. 42 56N 1 58E
40 Toscana, Reg., Italia 43 35N 11 20E
45 Toss, R., Suiza 47 32N 8 30E
27 Tossa, Cat., Esp. 41 43N 2 57E
35 Tostón, Punta, Canar., Esp. 28 45N 14 2W
35 Totana, Mur., Esp. 37 45N 1 30W
50 Totma, U.R.S.S. 60 0N 42 40E
65 Tottori, y Pref., Japón 35 30N 134 10E
70 Toubkal, Mte., Marruecos 31 15N 7 20W
70 Touggourt, Argelia 33 5N 6 0E
42 Toul, Francia 48 42N 5 53E
43 Toulon, Francia 43 9N 5 55E
43 Toulouse, Francia 43 37N 1 18E
42 Touraine, Dist., Francia 47 20N 0 40E
42 Tourcoing, Francia 50 46N 3 3E
24 Toriñana, C., Gal., Esp. 43 3N 9 17W
44 Tournai, Bélgica 50 37N 3 23E
42 Tournus, Francia 46 35N 4 50E
24 Touro, Gal., Esp. 42 51N 8 16W
42 Tours, Francia 47 24N 0 41E
79 Townshen, I., Australia 22 15S 150 38E
79 Townsville, Australia 19 15S 146 47E
65 Toyama, B., y Pref., Japón 36 40N 137 10E
65 Toyohashi, Japón 34 40N 137 28E
24 Trabada, Gal., Esp. 43 28N 7 12W
28 Trabanca, Cast.-León, Esp. 41 15N 6 52W
28 Trabancos, R., Cast.-León, Esp. 41 0N 5 3W
28 Trabazos, Cast.-León, Esp. 41 45N 6 30W
51 Trabzon, Turquía 40 58N 39 50E
89 Tracadie, Canadá 47 30N 65 0W
41 Tracia (Thraki), Prov., Grecia 41 27N 26 30E
32 Trafalgar, C., And., Esp. 36 10N 6 2W
31 Tragacete, Cast.-La M., Esp. 40 20N 1 50W
30 Tragoncillo, Mte., Cast.-La M., Esp. 38 15N 2 24W
31 Traiguera, Com. Val., Esp. 40 31N 0 20E
84 Trail, Canadá 49 6N 117 58W
37 Tralee, Irlanda 52 16N 9 43W
27 Tramuntana, So, Bal., Esp. 39 43N 2 43E
26 Tranquera, Emb., Arag., Esp. 41 18N 1 48W
49 Tranå, Suecia 58 5N 14 58E
33 Tranco de Beas, Emb., And., Esp. 38 12N 2 40W
36 Trancoso, Port. 40 49N 7 21W
66 Trang, Malaysia 7 30N 99 40E
40 Trani, Italia 41 17N 16 27E
47 Transilvania, Alpes de, Rumania 45 35N 24 30E
47 Transilvania, Reg., Rumania 46 18N 24 30E
73 Transkei, Sudáfrica 32 0S 28 0E
73 Transvaal, Prov., Sudáfrica 25 20S 28 30E
40 Trapani, Italia 38 1N 12 55E
79 Traralgon, Australia 38 17S 146 35E
36 Tras os Montes, Reg., Portugal 41 25N 7 20W
40 Trasimeno, L., Italia 43 8N 12 5E
24 Trasmiras, Gal., Esp. 42 2N 7 37W
80 Travers, Mte., N. Z. 42 1S 172 45E
88 Traverse City, U.S.A. 44 50N 85 40W
41 Travnik, Yugoslavia 44 12N 17 38E
24 Trazo, Gal., Esp. 43 1N 8 28W
40 Trebbia, R., Italia 44 50N 9 30E
46 Trebic, Checoslovaquia 49 15N 15 50E
41 Trebinje, Yugoslavia 42 43N 18 17E
46 Trebon, Checoslovaquia 49 0N 14 50E
32 Trebujena, And., Esp. 36 52N 6 11W
95 Treinta y Tres, Uruguay 33 30S 54 0W
49 Trelleborg, uecia 55 21N 13 2E
44 Trelon, Francia 50 5N 5 6E
27 Tremp, Cat., Esp. 42 10N 0 52E
37 Trent, R., Ingl., R. Unido 53 33N 0 44W
40 Trentino-Alto Adige, Reg., Italia 46 5N 11 0E
40 Trento, Italia 46 3N 11 5E
88 Trenton, Canadá 44 6N 77 37W
89 Trenton, Canadá 44 6N 77 37W
89 Trenton, U.S.A. 40 17N 74 39W
85 Trepassey, Canadá 46 34N 53 25W
95 Tres Arroyos, Argentina 38 30S 60 30W
95 Tres Puntas, C., Argentina 47 30S 65 0W
29 Trespaderne, Cst.-León, Esp. 42 47N 3 24W
29 Treviño, Condado, Cast.-León, Esp. 42 43N 2 44W
28 Trevinca, Peña, Cast.-León, Esp. 42 15N 6 46W
40 Treviso, Italia 45 41N 12 18E
24 Triacastela, Gal., Esp. 42 46N 7 15W
62 Trichur, India 10 30N 76 15E
46 Trier, Alemania 49 45N 6 40E
40 Trieste, Italia 45 39N 13 50E
32 Trigueros, And., Esp. 37 24N 6 50W
41 Trikkala, Grecia 39 35N 21 42E
30 Trillo, Cast.-La M., Esp. 40 42N 2 35W
62 Trincomalee, Sri Lanka 8 40N 81 12E
94 Trinidad, Bolivia 14 30 65 12W
91 Trinidad, Cuba 21 55N 80 7W
95 Trinidad, I., Argentina 39 0S 62 0W
90 Trinidad, I., Antillas 10 5N 61 0W
86 Trinidad, U.S.A. 37 5N 104 30W
90 Trimité, Martinique, Francia 14 42N 60 58W
90 Trinity, R., U.S.A. 31 30N 95 3W
71 Trinkitat, Sudán 17 30N 37 50E
28 Triollo, Cast.-León, Esp. 42 55N 4 40W
51 Trípoli, Líbano 34 40N 36 0E
71 Trípoli, Libia 32 58N 13 12E
41 Tripolis, Grecia 37 29N 22 37E
71 Tripolitania, Libia 30 0N 14 0E
63 Tripura, Pro., India 24 0N 91 40E
05 Tristan da Cunha, Océano Atlántico 38 0S 12 20W
62 Trivandrum, India 8 40N 76 50E
47 Trnava, Checoslovaquia 48 20N 17 30E
40 Troglav, Mte., Yugoslavia 43 53N 16 20E
89 Trois Rivières, Canadá 46 25N 72 45W
58 Troitsk, U.R.S.S. 54 20N 61 28E
65 Troitskoye, U.R.S.S. 49 43N 136 50E
48 Trolladyngia, Mte., Islandia 64 49N 17 29W
49 Trollhåtten, Suecia 58 11N 12 15E
48 Troms, Co., Noruega 69 15N 20 0E
48 Tromsø, Noruega 69 34N 18 49E
95 Tronador, Mte., Chile 41 30S 71 30W
48 Trøondelag, N., Co., Noruega 65 0N 12 0E
48 Trondheim, y Fd., Noruega 63 25N 10 23E
51 Troodos, Mte., Chipre 35 0N 32 45E
50 Trotsko Pechorsk, U.R.S.S. 62 40N 56 10E
84 Trout, L., Canadá 60 40N 121 40W
37 Trowbridge, Ingl., R. Unido 51 20N 2 12W
87 Troy, Ala., U.S.A. 31 45N 85 58W
89 Troy, N. Y., U.S.A. 42 48N 73 37W
41 Troya, Ciudad Antigua, Turquía 39 47N 26 18E
42 Troyes, Francia 48 19N 4 2E
28 Truchas, Cast.-León, Esp. 42 15N 6 57W
34 Trujillo, Extr., Esp. 39 29N 5 53W
94 Trujillo, Perú 8 7S 78 50W
91 Trujillo, Venezuela 9 25N 70 20W
89 Truro, Canadá 45 21N 63 30W
37 Truro, Ingl., R. Unido 50 15N 5 4W
46 Trutnov, Checoslovaquia 50 37N 15 54E
64 Tsaidam, Dist., China 37 30N 95 30E
63 Tsangpo, R., China 30 0N 83 0E
73 Tsau, Botswana 20 52S 22 50E
61 Tsefat, Israel 32 57N 35 29E
58 Tselinograd, U.R.S.S. 51 45N 71 5E
73 Tshane, Botswana 24 5S 21 54E
72 Ishikapa, Zaire 6 17S 21 0E
73 Tsihombe, Madagascar 25 9S 45 34E
51 Tsimlyansk, Emb., U.R.S.S. 48 0N 42 30E
51 Tskhinvali, U.R.S.S. 42 15N 43 30E
50 Tsna, R., U.R.S.S. 53 20N 41 40E
61 Tstl, Siria 32 50N 35 58E
65 Tsu Shima, I., Japón 34 20N 129 15E
65 Tsu, Japón 34 38N 136 28E
65 Tsugaru, Est., Japón 41 30N 141 0E
73 Tsumeb, Mamibia 19 11S 17 47E
65 Tsuruga, Japón 35 42N 136 4E
65 Tsuruoka, Japón 38 40N 139 52E
65 Tsuyama, Japón 35 7N 134 0E
36 Tua, R., Port. 41 25N 7 20W
04 Tuamoto, Arch., Océano Pacífico 17 0S 144 0W
51 Tuapse, U.R.S.S. 44 0N 39 0E
80 Tuatapere, Nueva Zelanda 46 5S 167 41E
95 Tubarão, Brasil 28 25S 49 0W
61 Tubas, Jordania 32 20N 35 22E
44 Tubingen, Alemania 48 30N 9 0E
71 Tubruq, Libia 32 0N 23 45E
90 Tucacas, Venezuela 10 48N 68 18W
86 Tucson, U.S.A. 32 12N 110 48W
95 Tucumán, Argentina 26 48S 65 30W
86 Tucumcari, U.S.A. 35 12N 103 45W
28 Tudela de Duero, Cat.-León, Esp. 41 37N 4 39W
25 Tudela, Nav., Esp. 42 4N 1 39W
34 Tudia, Sa., Extr., Esp. 38 2N 6 20W
36 Tuela, R., Port. 41 45N 7 3W
79 Tuen, Australia 28 33S 145 57E
28 Tuerto, R., Cast.-León, Esp. 42 12N 5 58W
59 Tugur, U.R.S.S. 53 40N 136 55E
35 Tuineje, Canar., Esp. 28 18N 14 4W
71 Tukrah, Libia 32 30N 20 20E
72 Tukuyu, Tanzania 9 0S 33 40E
62 Tukzar, Afganistán 35 35N 66 25E
61 Tul Karm, Jordania 32 29N 35 2E
90 Tula, México 22 55N 99 45W
50 Tula, U.R.S.S. 54 18N 37 35E
86 Tulare, y L., U.S.A. 36 0N 119 40W
94 Tulcán, Ecuador 0 50N 77 50W
47 Tulcea, Rumania 45 10N 28 47E
73 Tulear, Madagascar 23 20N 43 45E
37 Tullamore, Irlanda 53 17N 7 29W
43 Tulle, Francia 45 17N 1 41E
71 Tulmaythah, Libia 32 40N 20 55E
87 Tulsa, U.S.A. 36 5N 96 0W
59 Tulum, U.R.S.S. 54 45N 100 20E
94 Tumaco, Colombia 1 40N 78 45W
62 Tumkur, India 13 15N 77 6E
62 Tump, Pakistán 26 3N 62 18E
70 Tumu, Ghana 11 0N 2 0W
79 Tumut, Australia 35 17S 148 9E
72 Tunduru, Tanzania 11 10S 37 30E
71 Túnez, Tunicia 36 48N 10 13E
63 Tunga, Paso, China 29 5N 94 10E
62 Tungabhadra, R., India 15 30N 76 50E
72 Tungaru, Sudán 10 10N 30 50E
48 Tungnafells J., Mtes., Islandia 64 30N 18 20W
63 Tungpu, China 31 40N 98 25E
59 Tunguska, R., U.R.S.S. 64 0N 98 0E
64 Tunhwang, China 40 25N 94 15E
71 Tunicia, África del Norte 34 0N 9 0E
48 Tunnsjöen, L., Suecia 64 40N 14 0E
87 Tupelo, U.S.A. 34 23N 88 59W
59 Tura, U.R.S.S. 64 20N 99 40E
63 Tura, India 25 20N 90 25E
60 Turaba, Arabia Saudí 28 22N 43 14E
53 Turanain, Llanura, U.R.S.S. 44 0N 63 0E
28 Turcia, Cast.-León, Esp. 42 33N 5 54W
91 Turcos, Is., Antillas 21 15N 71 10W
28 Turégano, Cast.-León, Esp. 41 11N 3 59W
47 Turek, Polonia 52 0N 18 30E
41 Turgovishte, Bulgaria 43 17N 26 38E
51 Turgutlu, Turquía 38 30N 27 40E
65 Turi Rog, U.R.S.S. 45 5N 131 45E
31 Turia, R., Com. Val., Esp. 39 40N 0 15W
40 Turín, *véase* Torino
31 Turís, Com. Val. Esp. 39 23N 0 42W
47 Turka, U.R.S.S. 49 10N 23 0E
72 Turkana, L., Kenia 3 30N 36 0E
58 Turkestán, U.R.S.S. 43 12N 68 10E
58 Turkmenistán, R.S.S., U.R.S.S. 39 0N 60 0E
49 Turku, Finlandia 60 30N 22 19E
44 Turnhout, Bélgica 51 21N 4 47E
47 Turnu Magurele, Rumania 43 45N 24 50E
47 Turnu Severin, Rumania 44 38N 22 58E
51 Turquía, Asia y Europa 39 0N 33 0E
49 Turun-Porin, Co., Finlandia 61 15N 22 10E
87 Tuscaloosa, U.S.A. 33 14N 87 31W
46 Tutlingen, Alemania 48 0N 8 50E
46 Tushino, U.R.S.S. 55 50N 37 26E
62 Tuticorin, India 8 50N 78 12E
41 Tutrakan, Bulgaria 44 0N 26 34E
59 Tuva, R.A.S.S., U.R.S.S. 51 30N 95 0E
4 Tuvalu, Is., Océano Pacífico 7 40S 178 0E
90 Tuxpán, México 20 50N 97 23W
90 Tuxtla, México 16 50N 93 15W
24 Tuy, Gal., Esp. 42 3N 8 39W
51 Tuz, L., Turquía 38 45N 33 15E
41 Tuzla, Yugoslavia 44 35N 18 20E
86 Twin Falls, U.S.A. 42 30N 114 35W
87 Tyler, U.S.A. 32 18N 95 17W
37 Tyne, R., Ingl., R. Unido 54 58N 2 0W
37 Tynemouth, Ingl., R. Unido 55 1N 1 28W
49 Tyri, Fd., Noruega 60 8N 10 3E
46 Tyrol, Prov., Austria 46 58N 11 40E
48 Tys Fjord, Noruega 68 5N 16 30E
50 Tyulgan, U.R.S.S. 52 30N 56 0E
55 Tyumen, U.R.S.S. 57 0N 65 18E
73 Tzaneen, Sudáfrica 23 45S 30 5E
63 Tzuchien, China 27 45N 98 35E

U

61 Uassem, Siria 32 59N 36 2E
72 Ubangi, R., Congo, *véase*Oubangi, R.
65 Ube, Japón 33 55N 131 20E
33 Úbeda, And., Esp. 38 3N 3 23W
94 Uberaba, Brasil 19 50S 47 50W
94 Uberlandia, Brasil 19 0S 48 22W
32 Ubrique, And., Esp. 36 41N 5 27W
72 Ubundu, Zaire 0 22S 25 30E
94 Ucayali, R., Perú 8 30S 74 20
29 Ucero, Cast.-León, Esp. 41 12N 3 2W
58 Uchinya, U.R.S.S. 60 5N 65 15E
59 Uchur, R., U.R.S.S. 58 0N 131 0E
51 Ucrania, R.S.S., U.R.S.S. 49 20N 32 0E
54 Udaipur Garhi, Nepal 27 0N 86 30E
62 Udaipur, India 24 48N 73 42E
49 Uddevalla, Suecia 58 23N 11 57E
48 Uddjaur, L., Suecia 65 55N 17 50E
70 Udi, Nigeria 6 20N 7 30E
40 Udine, Italia 46 2N 13 18E
62 Udipi, India 13 15N 74 40E
50 Udmurtos, de los, R.A.S.S., U.R.S.S. 57 0N 52 30E
64 Udon Thani, Tailandia 17 45N 102 0E
65 Ueda, Japón 36 27N 138 7E
59 Uelen, U.R.S.S. 66 0N 170 10W
46 Uelzen, Alemania 53 0N 10 30E
50 Ufa, R., U.R.S.S. 56 0N 57 0E
50 Ufa, U.R.S.S. 54 50N 55 53E
72 Uganda, África Oriental 2 0N 32 30E
33 Úgijar, And., Esp. 36 58N 3 7W
59 Uglegorsk, U.R.S.S. 49 10N 142 5E
59 Ugolyak, U.R.S.S. 64 40N 120 10E
86 Uintah, Mtes., U.S.A. 40 45N 110 0W
73 Uitenhagen, Sudáfrica 33 47S 25 28E
44 Uithuizen, Países Bajos 53 24N 6 41E
70 Ujda, Marruecos 34 45N 2 0W
72 Ujiji, Tanzania 4 59S 29 43E
65 Ujiyamada, Japón 34 25N 136 50E
62 Ujjain, India 23 10N 75 45E
47 Ujpest, Hungría 47 36N 19 9E
72 Ukerewe, I., Tanzania 2 0S 32 0E
63 Ukhrul, India 25 10N 94 20E
50 Ukhta, U.R.S.S. 63 55N 54 0E
86 Ukian, U.S.A. 39 12N 123 10W
50 Ukmerge, U.R.S.S. 55 15N 24 40E
61 Ulan Udé, U.R.S.S. 51 50N 107 20E
64 Ulan-Bata (Ulaanbaatar), Mongolia 48 0N 106 59E
41 Ulcinj, Yugoslavia 42 0N 19 10E
48 Uleaborg, *véase* Oulu
24 Ulla, R., Gal., Esp. 42 45N 8 30W
37 Ullapool, Escocia, R. Unido 57 45N 5 9W
27 Ulldecona, y Emb., Cat., Esp. 40 36N 0 20E
27 Ulldemolins, Cat., Esp. 41 19N 0 53E
25 Ullivarri, Emb., P. Vasco, Esp. 42 50N 2 30W
46 Ulm, Alemania 48 27N 9 58E
49 Ulricehamn, Suecia 57 50N 13 24E
58 Ulutau, U.R.S.S. 48 50N 67 5E
79 Ulverstone, Australia 41 5S 146 8E
50 Ulyanovsk, U.R.S.S. 54 12N 48 25E
64 Ulyasutay, Mongolia 47 50N 96 40W
51 Uman, U.R.S.S. 48 30N 30 5E
63 Umaria, India 23 35N 80 50E
62 Umarkot, Pakistán 25 12N 69 58E
45 Umbrail, Paso, Suiza 46 35N 10 20E
30 Umbralejos, Cast.-La M., Esp. 41 10N 3 11W
40 Umbría, Reg., Italia 43 0N 12 40E
31 Umbría, Sa., Com. Val., Esp. 38 40N 0 35W
48 Ume, R., Suecia 64 15N 19 30E
48 Umeå, Suecia 63 49N 20 20E
71 Umm Damm, Sudán 13 50N 31 0E
60 Umm Lajj, Arabia Saudí 25 0N 37 23E
61 Umm Qays, Jordania 32 40N 35 40E
71 Umm Ruwaba, Sudán 12 50N 31 10E
73 Umtali, Zimbabwe 18 59S 32 41E
73 Umtata, Sudáfrica 31 40S 28 42E

40 Unac, R., Yugoslavia 44 50N 16 15E
84 Unalaska, Alaska 54 0N 164 30W
26 Uncastillo, Arag., Esp. 42 21N 1 8W
56 Uncía, Bolivia 18 30S 66 25W
85 Ungava, B., Canadá 59 30N 68 0W
85 Ungava, Península, Canadá 60 0N 75 0W
84 Unimak, I., y Paso, Alaska 54 30N 164 30W
88 Union City, U.S.A. 36 30N 89 2W
58 Unión de Repúblicas Socialistas Soviéticas (U.R.S.S.) 60 0N 90 0E
87 Union, U.S.A. 34 43N 81 32W
35 Unión, *véase* La Unión
88 Unionontown, U.S.A. 39 56N 79 45W
26 Universales, Mtes., Esp. 40 20N 1 30W
62 Unnao, India 26 45N 80 50E
37 Unst, I., Escocia, R. Unido 60 45N 0 50W
45 Unterwalden, Cn., Suiza 46 55N 8 15E
30 Uña, Laguna, Cast.-La M., Esp. 40 14N 2 0W
72 Upemba, L., Zaire 8 40S 26 22E
73 Upington, Sudáfrica 28 18S 21 12E
80 Upolu, I., Samoa
80 Upper Hutt, N.Z. 41 8S 175 5E
86 Upper Klamath, L., U.S.A. 42 30N 122 0W
37 Upper L. Erne, Irl. Norte, R. Unido 54 13N 7 32W
49 Uppsala, y Co., Suecia 59 52N 17 35E
94 Uraba, G. de, Colombia 8 30N 77 0W
51 Ural, R., U.R.S.S. 49 10N 52 0E
50 Urales, Mtes., U.R.S.S. 59 0N 60 0E
50 Uralsk, U.R.S.S. 51 12N 51 20E
84 Uranium City, Canadá 59 40N 108 30W
65 Urawa, Japón 36 0N 139 30E
88 Urbana, Ill., U.S.A. 40 7N 88 12W
25 Urbasa, Sa., P. Vasco, Esp. 42 48N 2 10W
40 Urbino, Italia 43 46N 12 41E
29 Urbión, Picos, Esp. 42 1N 2 52W
30 Urda, Cast.-La M., Esp. 39 24N 3 45W
51 Urda, U.R.S.S. 48 43N 48 27E
25 Urdax, Nav., Esp. 42 17N 1 39W
90 Ures, México 29 20N 110 30W
51 Urfa, Turquía 37 15N 39 5E
46 Urfahr, Austria 48 15N 14 20E
64 Urga, *véase* Ulan Bator
58 Urgench, U.R.S.S. 41 40N 60 30E
45 Uri, Cantón, Suiza 46 50N 8 40E
44 Urk, Países Bajos 52 40N 5 37E
60 Urmia, L., Irán 37 40N 45 30E
25 Urnieta, P. Vasco, Esp. 43 15N 1 59W
25 Urroz, Nav., Esp. 42 45N 1 30W
94 Urubamba, R., Perú 13 0S 72 30W
28 Urueñas, Cast.-León, Esp. 41 20N 3 45W
95 Uruguaiana, Brasil 29 45S 57 0W
95 Uruguay, R., Sudamérica 28 30S 56 0W
92 Uruguay, Sudamérica 33 0S 55 0W
64 Urumchi, *véase* Wulumuchi
64 Urumqi, China 43 45N 87 45E
65 Urup, I., U.R.S.S. 46 0N 150 0E
50 Usa R., U.R.S.S. 66 29N 61 0E
34 Usagre, Extr., Esp. 38 20N 6 13W
60 Usak, Turquía 38 43N 29 28E
73 Usakos, Namibia 21 58S 15 30E
72 Useko, Tanzania 5 9S 32 22E
95 Ushuaia, Argentina 54 54S 68 15W
51 Uskudar, Turquía 41 0N 29 5E
50 Usman, U.R.S.S. 52 5N 39 40E
59 Usole Sibirskoye, U.R.S.S. 52 40N 103 40E
95 Uspallata, P., Argentina 32 45S 70 0W
58 Uspenski, U.R.S.S. 48 50N 72 55E
43 Ussel, Francia 45 30N 2 15E
65 Ussuri, R., Asia 46 30N 133 30E
59 Ussuriysk, U.R.S.S. 43 40N 131 50E
59 Ust Bolsheretsk, U.R.S.S. 52 40N 156 30E
58 Ust Ishim, U.R.S.S. 57 45N 71 10E
59 Ust Kamchatsk, U.R.S.S. 56 10N 162 0E
58 Ust Kamenogorsk, U.R.S.S. 50 0N 82 20E
59 Ust Kut, U.R.S.S. 56 50N 105 10E
59 Ust Maya, U.R.S.S. 60 30N 134 20E
58 Ust Port, U.R.S.S. 70 0N 84 10E
50 Ust Tsilma, U.R.S.S. 65 25N 52 30E
59 Ust Tungir, U.R.S.S. 55 25N 120 15E
58 Ust Urt, Meseta, U.R.S.S. 43 10N 55 0E
50 Ust Usa, U.R.S.S. 66 0N 56 30E
59 Ust-Chaun, U.R.S.S. 68 30N 170 50E
45 Uster, Suiza 47 22N 8 45E
46 Usti Nad Labem, Checoslovaquia 50 40N 14 7E
40 Ústica, I., Italia 38 42N 13 14E
59 Ustye, U.R.S.S. 57 40N 94 50E
64 Usu, China 44 27N 84 40E
90 Usumacinta, R., América Central 17 0N 91 0W
25 Usúrbil, P. Vasco, Esp. 43 16N 2 3W
86 Utah, Estado, U.S.A. 39 40N 111 30W
86 Utah, L., U.S.A. 40 20N 111 45W
26 Utebo, Arag., Esp. 41 42N 0 59W
72 Utete, Tanzania 8 0S 38 50E
87 Utica, U.S.A. 43 0N 75 12W
31 Utiel, y Sa., Com. Val., Esp. 39 37N 1 12W
65 Uto, Japón 32 35N 130 48E
44 Utrecht, y Prov., Países Bajos 52 6M 5 8E
32 Utrera, And., Esp. 37 12N 5 60W
26 Utrillas, Arag., Esp. 40 48N 0 48W
65 Utsonomiya, Japón 36 30N 139 56E
63 Uttar Pradesh, Estado, India 27 20N 80 30E
64 Uttaradit, Tailandia 17 42N 100 1E
49 Uudenmaa, Co., Finlandia 60 30N 25 0E
48 Uusikaarlepyy, Finlandia 63 35N 22 30E
49 Uusikaupunki, Finlandia 60 50N 21 25E
50 Uva, U.R.S.S. 57 0N 51 40R
86 Uvalde, U.S.A. 29 14N 99 45W
58 Uvat, U.R.S.S. 59 5N 68 50E
72 Uvinza, Tanzania 5 0S 30 27E
72 Uvira, Zaire 3 19S 29 2E
59 Uvs Nuur, Mongolia 50 15N 92 30E
65 Uwajima, Japón 33 10N 132 30E
94 Uyuni, Salar de, Bolivia 20 0S 68 0W
58 Uzbekistán, R.S.S., U.R.S.S. 38 0N 68 0E
43 Uzerche, Francia 45 22N 1 30E
43 Uzès, Francia 44 0N 4 20E
47 Uzhgorod, U.R.S.S. 48 36N 22 18E
46 Uznam, I., Alemania-Polonia 54 0N 14 0E

V

73 Vaal, R., Sudáfrica 26 45S 25 30E
48 Vaasa, y Co., Finlandia 63 9N 21 30E
47 Vác, Hungría 47 50N 19 10E
29 Vadocondes, Cast.-León, Esp. 41 40N 3 32W
62 Vadodara, India 22 22N 73 17E
48 Vadsø, Noruega 70 3N 29 50E
45 Vaduz, Liechtenstein 47 9N 9 32E
36 Vagos, Port. 40 33N 8 42W
47 Vah, R., Checoslovaquia 49 10N 18 30E
40 Val d'Aosta, Reg., Italia 45 45N 7 20E
43 Val d'Oise, Dep., Francia 49 10N 2 10E
85 Val d'Or, Canadá 48 7N 77 47W
31 Val de Uxó, Com. Val., Esp. 39 49N 0 15W
43 Val-de-Marne, Dept., Francia 49 0N 2 30E
36 Valadares, Port. 41 5N 8 40W
45 Valais, Cantón, Suiza 46 10N 7 30E
25 Valcarlos, Nav., Esp. 43 10N 1 20W
50 Valdai, Meseta de, U.R.S.S. 58 0N 33 0E
26 Valdealgorfa, Arag., Esp. 40 59N 0 3W
34 Valdecañas, Emb., Extr., Esp. 39 50N 5 20W
34 Valdecaballeros, Extr., Esp. 39 15N 5 12W
28 Valdefresno, Cast.-León, Esp. 42 38N 5 23W
34 Valdefuentes, Extr., Esp. 39 17N 6 7W
31 Valdeganga, Cast.-La M., Esp. 39 10N 1 42W
25 Valdegovía, P. Vasco, Esp. 42 50N 3 6W
34 Valdelacasa de Tajo, Extr., Esp. 39 44N 5 17W
28 Valdelosa, Cast.-León, Esp. 41 12N 5 48W
31 Valdemeca, Sa., Sist. Central, Esp. 40 10N 1 40W
29 Valdemorillo, Madrid, Esp. 40 30N 4 4W
29 Valdemoro, Madrid, Esp. 40 11N 3 41W
30 Valdenoches, Cast.-La M., Esp. 40 42N 3 7W
34 Valdeobispo, E., Extr., Esp. 40 10N 6 10W
30 Valdeolivas, Cast.-La M., Esp. 40 30N 2 27W
33 Valdepeñas de Jaén, And., Esp. 37 33N 3 47W
30 Valdepeñas, Cast.-La M., Esp. 38 43N 3 25W
28 Valderaduey, R., Cast.-León, Esp. 42 0N 5 17W
28 Valderas, Cast.-León, Esp. 42 6N 5 26W
26 Valderrobles, Arag., Esp. 40 59N 10 1E
95 Valdés, Pen., Argentina 42 30S 64 0W
28 Valdestillas, Cast.-León, Esp. 41 28N 4 48W
84 Valdez, Alaska 61 14N 146 10W
25 Valdáliga, Cat., Esp. 43 20N 4 21W
95 Valdivia, Chile 40 3S 73 35W
87 Valdosta, U.S.A. 30 51N 83 21W
24 Valdoviño, Gal., Esp. 43 35N 8 9W
36 Valença do Minho, Port. 42 1N 8 34W
43 Valence, Francia 44 58N 4 59E
34 Valencia de Alcántara, Extr., Esp. 39 25N 7 14W
28 Valencia de Don Juan, Cast.-León, Esp. 42 17N 5 31W
32 Valencia de la Concepción, And., Esp. 37 25N 6 5W
34 Valencia de las Torres, Extr., Esp. 38 26N 6 2W
34 Valencia del Ventoso, Extr., Esp. 38 15N 6 29W
14 Valencia, G., Com. Val., Esp. 39 30N 0 20E
90 Valencia, Venezuela 10 37N 68 0W
31 Valencia, y Prov., Com. Val., Esp. 39 27N 0 23W
42 Valenciennes, Francia 50 20N 3 32E
33 Valenzuela, And., Esp. 37 49N 4 15W
30 Valera de Abajo, Cast.-La M., Esp. 39 45N 2 10W
90 Valera, Venezuela 9 20N 70 30W
24 Valga, Gal., Esp. 42 42N 8 38W
49 Valga, U.R.S.S. 57 41N 26 0E
47 Valjevo, Yugoslavia 44 18N 19 55E
31 Vall d'Alba, Com. Val., Esp. 40 11N 0 2W
27 Vall de Bas, Cat., Esp. 42 9N 2 21E
90 Valladolid, México 20 30N 88 10W
28 Valladolid, y Prov., Cast.-León, Esp. 41 38N 4 43W
27 Valldemosa, Bal., Esp. 39 40N 2 35E
32 Valle de Abdalagís, And., Esp. 36 52N 4 42W
30 Valle de Alcudia, Cca., Cast.-La M., Esp. 38 40N 4 30W
27 Valle de Aneu, Cat., Esp. 42 40N 1 10E
26 Valle de Ansó, Cca., Arag., Esp. 42 41N 0 40W
27 Valle de Arán, Cat., Esp. 42 45N 0 50E
26 Valle de Bielsa, Arag., Esp. 42 40N 0 10E
27 Valle de Bohí, Cat., Esp. 42 32N 0 50E
26 Valle de Hecho, Arag., Esp. 42 44N 0 45W
34 Valle de la Serena, 38 43N 5 48W
24 Valle de Oro, Gal., Esp. 43 33N 7 25W
24 Valle de Lorenzana, Cca., Gal., Esp. 43 25N 7 25W
29 Valle de Mena, Cast.-León, Esp. 43 6N 3 17W
34 Valle de Plasencia, Extr., Esp. 40 10N 5 55W
24 Valle de Sarria, Cca., Gal., Esp. 42 45N 7 25W
29 Valle de Tobalina, Cast.-León, Esp. 42 48N 3 16W
25 Valle del Irati, Nav., Esp. 42 50N 1 20W
25 Valle del Roncal, Nav., Esp. 42 45N 1 0W
25 Valle del Salazar, Nav., Esp. 42 45N 1 15W
30 Valle del Tiétar, Cast.-La M., Esp. 40 12N 5 15W
28 Valle de Valdebezana, Cast.-León, Esp. 42 58N 3 47W
34 Vallehermoso, Canar., Esp. 28 12N 17 15W
86 Vallejo, U.S.A. 38 12N 122 12W
95 Vallenar, Chile 28 35S 70 45W
28 Valles de Cerrato, Cast.-León, Esp. 41 50N 3 50W
27 Vallés, *véase* El Vallés
40 Valletta, Malta 35 55N 14 29E
86 Valley City, U.S.A. 47 0N 98 0W
89 Valleyfield, Canadá 45 10N 74 15W
45 Vallorbe, Suiza 46 43N 6 20E
27 Valls, Cat., Esp. 41 18N 1 15E
25 Valmaseda, P. Vasco, Esp. 43 15N 3 14W
49 Valmiera, U.R.S.S. 57 30N 25 27E
30 Valmojado, Cast.-La M., Esp. 40 14N 5 7W
41 Valona, *véase* Vlone
36 Valongo, Port. 41 11N 8 27W
33 Valor, And., Esp. 36 59N 3 8W
28 Valoria la Buena, Cast.-León, Esp. 41 48N 4 30W
36 Valpacos, Port. 41 36N 7 17W
26 Valpalmas, Arag., Esp. 42 10N 0 50W
95 Valparaíso, Chile 33 5S 71 50W
41 Valtellina, R., Italia 46 9N 9 50E
28 Valtiendas, Cast.-León, Esp. 41 30N 3 54W
25 Valtierra, Nav., Esp. 42 12N 1 45W
30 Valverde de Júcar, Cast.-La M., Esp. 39 42N 2 15W
28 Valverde de la Virgen, Cast.-León, Esp. 42 37N 5 40W
34 Valverde de Leganés, Extr., Esp. 38 42N 6 59W
34 Valverde de Llerena, Extr., Esp. 38 12N 5 50W
32 Valverde del Camino, And., Esp. 37 35N 6 47W
34 Valverde del Fresno, Extr., Esp. 40 15N 6 51W
28 Valverde del Majano, Cast.-León, Esp. 40 58N 4 12W
28 Valverde-Enrique, Cast.-León, Esp. 42 19N 5 10W
34 Valverde, Canar., Esp. 27 48N 17 54W
91 Valverde, Rep. Dominicana 19 30N 71 10W
28 Valverdón, Cast.-León, Esp. 41 6N 5 48W
78 Van Diemen, G., Australia 12 0S 132 0E
51 Van, y L., Turquía 38 30N 43 30E
84 Vancouver, Canadá 49 14N 122 50W
84 Vancouver, I., Canadá 49 30N 126 0W
88 Vancouver, U.S.A. 45 47N 122 46W
27 Vandellós, Cat., Esp. 41 1N 0 50E
49 Vänern, L., Suecia 58 47N 13 50E
49 Vanersborg, Suecia 58 26N 12 27E
72 Vanga, Kenia 4 33S 39 5E
48 Vännäs, Suecia 63 57N 19 30E
42 Vannes, Francia 47 42N 2 43W
48 Vannøy, I., Noruega 70 6N 19 50E
73 Vanrhynsdorp, Sudáfrica 31 32S 18 46E
49 Vansbro, Suecia 60 36N 14 12E
78 Vansittart, B., Australia 13 50S 126 30E
80 Vanua Levu, Océano Pacífico 16 45S 179 20E
43 Var, Dep., Francia 43 25N 6 5E
30 Vara del Rey, Cast.-La M., Esp. 39 26N 2 18W
45 Varallo Sesia, Italia 45 50N 8 16E
63 Varanasi (Benares), India 25 19N 82 57E
40 Varazdin, Yugoslavia 46 19N 16 21E
49 Varberg, Suecia 57 12N 12 19E
41 Vardar, R., Yugoslavia 41 30N 22 20E
47 Varena, U.R.S.S. 54 7N 24 30E
40 Varese, Italia 45 49N 8 50E
49 Varmland, Co., Suecia 59 45N 13 0E
41 Varna, Bulgaria 43 10N 28 0E
49 Varnamo, Suecia 57 10N 14 3E
46 Varsovia, *véase* Warszawa
36 Vascao, R., Port. 37 25N 7 48W
25 Vascongadas, Prov., Esp. 42 50N 2 45W
14 Vascos, Mtes., Esp. 42 50N 3 0W
72 Vasht, Irán 28 15N 61 15E
49 Väster-Dal, R., Suecia 60 30N 14 0E
49 Västeras, Suecia 59 37N 16 38E
48 Vasterbotten, Suecia 65 0N 17 0E
48 Vasternorrland, Co., Suecia 63 0N 17 30E
49 Vastervik, Suecia 57 48N 16 32E
49 Västmanland, Co., Suecia 59 45N 16 20E
40 Vasto, Italia 42 8N 14 50E
48 Vatna Jökull, Mte., Islandia 64 30N 16 30W
73 Vatomandry, Madagascar 19 17S 48 55E
47 Vatra-Dornei, Rumania 47 20N 25 30E
49 Vättern, L., Suecia 58 25N 14 30E
43 Vaucluse, Dept., Francia 44 7N 5 3E
45 Vaud, Cantón, Suiza 46 33N 6 30E
94 Vaupes, R., Sudamérica 1 15N 71 0W
49 Växjö, Suecia 56 56N 14 48E
94 Veadeiros, Chapada dos, Mes., Brasil 15 0S 48 0W
28 Vecinos, Cast.-León, Esp. 40 45N 5 51W
47 Vedea, R., Rumania 44 0N 25 20E
24 Vedra, Gal., Esp. 42 46N 8 27W
27 Vedrá, I., Bal., Esp. 38 52N 1 12E
44 Veendam, Países Bajos 53 6N 6 52E
28 Vega de Espinareda, Cast.-León, Esp. 42 45N 6 40W
33 Vega de Granada, Cca., And., Esp. 37 15N 4 0W
25 Vega de Pas, Cant., Esp. 43 12N 3 46W
28 Vega de Valcarce, Cast.-León, Esp. 42 42N 6 56W
48 Vega Fjord, Noruega 65 3N 12 8E
48 Vega, I., Noruega 65 42N 11 50E
24 Vega, *véase* La Vega
24 Vegadeo, Ast., Esp. 43 27N 7 4W
28 Vegas del Condado, Cast.-León, Esp. 42 42N 5 20W
44 Veghel, Países Bajos 51 37N 5 33E
84 Vegreville, Canadá 53 35N 112 10W
30 Veguillas, Cast.-La M., Esp. 41 0N 3 6W
32 Vejer de la Frontera, And., Esp. 36 15N 5 59W
49 Vejle, Dinamarca 55 47N 9 30E
30 Velada, Cast.-La M., Esp. 39 59N 4 59W
40 Velebit Planina, Mtes., Yugoslavia 44 40N 15 30E
33 Veleta, Pico, Sa. Nevada, Esp. 37 5N 3 25W
33 Vélez Blanco, And., Esp. 37 41N 2 6W
33 Vélez de Benandalla, And., Esp. 36 47N 3 30W
33 Vélez-Málaga, And., Esp. 36 48N 4 5W
33 Vélez Rubio, And., Esp. 37 41N 2 5W
50 Velikaya, R., U.R.S.S. 57 0N 28 50E
50 Velikiy Ustyug, U.R.S.S. 60 47N 46 20E
50 Velikike Luki, U.R.S.S. 56 25N 30 35E
28 Velilla del Rio Carrión, Cast.-León, Esp. 42 49N 4 50W
40 Velletri, Italia 41 43N 12 50E
29 Vellón, *véase* El Vellón
62 Vellore, India 13 0N 79 5E
50 Velsk, U.R.S.S. 61 10N 42 5E
44 Velzen, Países Bajos 52 27N 4 40E
33 Vendas de Zafarraya, And., Esp. 36 55N 4 10W
36 Vendas Novão, Port. 38 39N 8 27W
43 Vendée, Dept., Francia 46 30N 1 35E
42 Vendôme, Francia 47 44N 1 0E
27 Vendrell, Cat., Esp. 41 10N 1 30E
40 Venecia, *véase* Venezia
40 Véneto, Reg., Italia 46 0N 12 0E
40 Venezia, y G., Italia 45 27N 12 20E
94 Venezuela, G., Venezuela 11 30N 71 0W
92 Venezuela, Sudamérica 8 40N 67 0W
62 Vengurla, India 15 45N 73 35E
28 Venialbo, Cast.-León, Esp. 41 21N 5 32W
63 Venkatapuram, India 18 20N 80 30E
44 Venlo, Países Bajos 51 22N 6 10E
28 Venta de Baños, Cast.-León, Esp. 41 55N 4 27W
31 Venta del Moro, Com. Val., Esp. 39 29N 1 20W
33 Ventas de Huelma, And., Esp. 37 6N 3 49W
30 Ventosa, *véase* La Ventosa
49 Ventspils, U.R.S.S. 57 29N 21 33E
29 Venturada, Madrid, Esp. 40 50N 3 36W
26 Vera de Moncayo, Arag., Esp. 41 47N 1 42W
33 Vera, And., Esp. 37 15N 1 50W
25 Vera de Bidasoa, Nav., Esp. 43 20N 1 45W
34 Vera, *véase* La Vera
90 Veracruz, México 19 13N 96 8W
33 Veras, R., And., Esp. 38 12N 4 33W
62 Veraval, India 21 2N 70 17E
40 Vercelli, Italia 45 19N 8 28E
46 Verden, Alemania 52 58N 9 18E
42 Verdun, Francia 49 12N 5 20E
73 Vereeniging, Sudáfrica 26 42S 27 52E
25 Vergara, P. Vasco, Esp. 43 9N 2 28W
31 Vergel, Com. Val., Esp. 38 51N 0 1E
27 Verges, Cat., Esp. 42 3N 2 59E
24 Verín, Gal., Esp. 41 57N 7 27W
59 Verkh Vilyuisk, U.R.S.S. 63 25N 120 5E
59 Verkhne Kolymsk, U.R.S.S. 65 48N 150 30E

59 Verkhoyansk, Sa., U.R.S.S. 65 0N 132 0E
59 Verkhoyansk, U.R.S.S. 68 0N 133 30E
84 Vermilion, Canadá 53 20N 110 40W
87 Vermont, Estado, U.S.A. 44 0N 72 40W
45 Vernier, Suiza 46 13N 6 5E
84 Vernon, Canadá 50 15N 119 20W
86 Vernon, U.S.A. 34 12N 99 18W
41 Veroia, Grecia 40 35N 22 15E
40 Verona, Italia 45 26N 11 0E
44 Versailles, Francia 48 48N 2 7E
44 Versalles, *véase* Versailles
70 Vert (Verde), C., Senegal 14 45N 17 30W
28 Vertavillo, Cast.-León, Esp. 41 49N 4 17W
44 Verviers, Bélgica 50 35N 5 52E
51 Veselyy, Emb., U.R.S.S. 47 0N 41 0E
42 Vesoul, Francia 47 41N 6 8E
49 Vest-Agder, Co., Noruega 58 30N 7 0E
48 Vest Fjorden, Noruega 68 0N 15 0E
48 Vesteralen, Noruega 69 15N 15 45E
49 Vestfold, Co., Noruega 59 15N 10 10E
48 Vestmannaeyjar, Islandia 63 27N 20 15W
48 Vestvågøy, I., Noruega 68 15N 13 50E
40 Vesubio, Mte., Italia 40 54N 14 28E
47 Veszprem, Hungría 47 8N 17 55E
49 Vetlanda, Suecia 57 30N 15 8E
50 Vetluga, R., U.R.S.S. 57 0N 45 25E
45 Vevey, Suiza 46 28N 6 52E
95 Viña del Mar, Chile 33 0S 71 30W
24 Viana del Bollo, Gal., Esp. 42 11N 7 7W
36 Viana do Castello, Portugal 41 40N 8 50W
25 Viana, Nav., Esp. 42 31N 2 20W
36 Viana, Portugal 38 20N 8 0W
32 Viar, R., And., Esp. 37 36N 5 55W
49 Viborg, Dinamarca 56 28N 9 12E
33 Vícar, And., Esp. 36 50N 2 39W
30 Vicario, *véase* El Vicario
24 Vicedo, Gal., Esp. 43 43N 7 38W
40 Vicenza, Italia 45 35N 11 37E
27 Vich, Cat., Esp. 41 58N 2 19W
94 Vichada, R., Colombia 4 30N 70 0W
43 Vichy, Francia 46 18N 3 28E
87 Vicksburg, U.S.A. 32 12N 90 47W
26 Vicort, Sa., Arag., Esp. 41 20N 1 30W
79 Victor Harbour, Australia 35 50S 138 40E
78 Victoria River Downs, Australia 16 22S 131 8E
70 Victoria, Camerún 4 0N 9 12E
88 Victoria, Canadá 48 28N 123 20W
73 Victoria, Catar., Zimbabwe 17 59S 25 57E
79 Victoria, Estado, Australia 37 0S 145 0E
70 Victoria, Guinea 10 57N 14 50W
84 Victoria, I., Canadá 70 30N 109 0W
72 Victoria, L., África 1 0S 33 0E
40 Victoria, Malta 36 1N 14 18E
64 Victoria, Mte., Birmania 21 15N 94 5E
66 Victoria, Punta, Birmania 10 0N 98 30E
78 Victoria, R., Australia 15 40S 131 0E
66 Victoria, Sabah, Malaysia 5 15N 115 40E
96 Victoria, Tierra Antárt. 80 0S 160 0E
87 Victoria, U.S.A. 28 46N 97 0W
73 Victoria, Sudáfrica 31 37S 23 5E
89 Victoriaville, Canadá 46 0N 72 5W
84 Viden, Canadá 49 50N 100 55W
36 Vidigueira, Port. 38 15N 7 46W
41 Vidin, Yugoslavia 43 59N 22 52E
34 Vidrío, Sa., Extr., Esp. 39 12N 6 30W
95 Viedma, L., Argentina 49 30S 70 30W
36 Vieira, Port. 41 40N 8 10W
27 Viella Mitg-Arán, Cat., Esp. 42 42N 0 46E
46 Viena, *véase* Wien
43 Vienne, Dept., Francia 46 23N 0 20E
43 Vienne, Francia 45 32N 4 57E
42 Vienne, R., Francia 47 10N 0 20E
64 Vientiane, Laos 18 6N 102 30E
91 Vieques, I., Puerto Rico 18 10N 65 30W
44 Viersen, Alemania 51 16N 6 24E
45 Vierwaldstattersee (L. de Lucerna), Suiza 47 2N 8 10E
55 Vietnam, Asia 15 0N 108 0E
90 Vieux Fort, St. Lucia, Antillas 13 45N 60 58W
66 Viga, Filipinas 17 32N 120 20E
26 Vignemale, Mte., Arag., Esp. 42 45N 0 7W
24 Vigo, y Ría, Gal., Esp. 42 15N 8 41W
63 Vijayawada, India 16 30N 80 39E
41 Vijose, R., Albania 40 40N 20 21E
48 Vikna, I., Noruega 65 0N 11 0E
58 Vikulovo, U.R.S.S. 56 50N 70 40E
73 Vila coutinho, Mozambique 14 34S 34 21E
27 Viladecáns, Cat., Esp. 41 19N 2 1E
36 Vila de Rei, Port. 39 40N 8 12W
73 Vila de Sena, Mozambique 17 23S 34 40E
36 Vila do Bispo, Port. 37 10N 8 50W
36 Vila do Conde, Port. 41 20N 8 45W
36 Vila Franca de Xira, Port. 38 56N 8 59W
36 Vila Franca, Portugal 39 0N 8 58W
36 Vila Nova de Gaia, Port. 41 4N 7 9W
36 Vila Nova de Ourim, Port. 39 40N 8 35W
73 Vila Nova de Seles, Angola 11 35S 14 22E
36 Vila Nova do Fuzcoa, Port. 41 5N 7 9W
36 Vila Pouça de Aguiar, Port. 41 30N 7 38W
36 Vila Real de San Antonio, Port. 37 10N 7 28W
36 Vila Real, Portugal 41 15N 7 41W
36 Vila Real, y Prov., Port. 41 17N 7 48W
27 Vila-seca i Salou, Cat., Esp. 41 7N 1 8E
72 Vila Verissimo Sarmento, Angola 8 15S 20 50E
36 Vila Viçosa, Port. 38 45N 7 27W
24 Vilaboa, Gal., Esp. 42 21N 8 39W
43 Vilaine, R., Francia 47 50N 1 50W
36 Vilar Fermoso, Port. 40 38N 6 45W
27 Vilarrodona, Cat., Esp. 41 17N 1 35E
33 Vilches, And., Esp. 38 12N 3 30W
48 Vilhelmina, Suecia 64 38N 16 50E
59 Viliga, U.R.S.S. 61 20N 156 20E
49 Viljandi, U.R.S.S. 58 23N 25 38E
90 Villa Ahumada, México 30 35N 106 30W
30 Villa de Don Fadrique, *véase* La Villa de Don Fadrique
29 Villa del Prado, Madrid, Esp. 40 18N 4 19W
33 Villa del Río, And., Esp. 37 53N 4 19W
95 Villa Encarnación, Paraguay 27 20S 56 0W
95 Villa María, Argentina 32 20S 63 15W
25 Villabona, P. Vasco, Esp. 43 11N 2 3W
28 Villablino, Cast.-León, Esp. 42 55N 6 17W
28 Villabrágima, Cast.-León, Esp. 41 48N 5 10W
30 Villacañas, Laguna, Cast.-La M., Esp. 39 38N 3 20W
27 Villacarlos, Bal., Esp. 39 53N 4 17E
25 Villacarriedo, Cant., Esp. 43 14N 3 48W
33 Villacarrillo, And., Esp. 38 7N 3 3W
28 Villacastín, Cast.-León, Esp. 40 46N 4 25W
46 Villach, Austria 46 37N 13 45E
29 Villaconcejos, Madrid, Esp. 40 8N 3 32W
28 Villada, Cast.-León, Esp. 42 15N 4 59W
28 Villadecanes, Cast.-León, Esp. 42 35N 6 45W
28 Villadefrades, Cast.-León, Esp. 41 43N 5 15W
28 Villadiego, Cast.-León, Esp. 42 31N 4 1W
25 Villaescusa, Cant., Esp. 43 20N 4 21W
30 Villaescusa de Haro, Cast.-La M., Esp. 39 37N 2 40W
31 Villafamés, Com. Val., Esp. 40 7N 0 3W
34 Villafranca de los Barros, Extr., Esp. 38 35N 6 18W
33 Villafranca de Córdoba, And., Esp. 37 58N 4 33W
25 Villafranca de Ordizia, P. Vasco, Esp. 43 15N 2 12W
28 Villafranca del Bierzo, Cast.-León, Esp. 42 38N 6 50W
26 Villafranca del Campo, Arag., Esp. 40 41N 2 2W
31 Villafranca del Cid, Com. Val., Esp. 40 26N 0 16W
30 Villafranca de los Caballeros, Cast-La M., Esp. 39 26N 3 22W
27 Villafranca del Penedés, Cat., Esp. 41 21N 1 40E
29 Villafranca-Montes de Oca, Cast.-León, Esp. 42 23N 3 18W
28 Villafruela, Cast.-León, Esp. 41 54N 3 53W
24 Villagarcía de Arosa, Gal., Esp. 42 30N 8 46W
34 Villagonzalo, Extr., Esp. 38 49N 6 15W
30 Villahermosa, Cast.-La M., Esp. 38 46N 2 52W
90 Villahermosa, México 18 0N 92 55W
28 Villahoz, Cast.-León, Esp. 42 8N 3 52W
31 Villajoyosa, Com. Val., Esp. 38 30N 0 12W
30 Villalba de la Sierra, Cast.-La M., Esp. 40 12N 2 7W
32 Villalba del Alcor, And., Esp. 37 24N 6 28W
28 Villalba de los Alcores, Cast.-León, Esp. 41 50N 4 50W
24 Villalba, Gal., Esp. 43 17N 7 41W
30 Villagordo del Júcar, Cast.-La M., Esp. 39 17N 2 3W
28 Villalón de Campos, Cast.-León, Esp. 42 10N 5 4W
31 Villalonga, Com. Val., Esp. 38 53N 0 12W
28 Villalpando, Cast.-León, Esp. 41 51N 5 24W
31 Villalpardo, Cast.-La M., Esp. 39 28N 1 37W
30 Villaluenga de la Sagra, Cast.-La M., Esp. 40 2N 3 54W
28 Villamañán, Cast.-León, Esp. 42 19N 5 35W
31 Villamalea, Cast.-La M., Esp. 39 20N 1 36W
32 Villamanrique de la Condesa, And., Esp. 37 15N 6 15W
30 Villamanrique, Cast.-La M., Esp. 38 34N 2 59W
32 Villamartín, And., Esp. 36 52N 5 38W
31 Villamarchante, Com. Val., Esp. 39 34N 0 37W
24 Villamartín de Valdeorras, Gal., Esp. 42 25N 7 4W
30 Villamayor de Calatrava, Cast.-La M., Esp. 38 47N 4 10W
28 Villamayor de Campos, Cast.-León, Esp. 41 53N 5 20W
30 Villamayor de Santiago, Cast.-La M., Esp. 39 44N 2 56W
28 Villamuriel, Cast.-León, Esp. 41 57N 4 31W
24 Villano, C., Gal., Esp. 43 12N 9 12W
25 Villano, C., P. Vasco, Esp. 43 24N 2 55W
27 Villanova i la Geltrú, Cat., Esp. 41 14N 1 43E
28 Villanubla, Cast.-León, Esp. 41 42N 4 49W
30 Villanueva de Alcardete, Cast.-La M., Esp. 39 40N 3 1W
30 Villanueva de Alcorcón, Cast.-La M., Esp. 40 40N 2 15W
32 Villanueva del Ariscal, And., Esp. 37 24N 6 8W
28 Villanueva de Argano, Cast.-León, Esp. 42 23N 3 55W
24 Villanueva de Arosa, Gal., Esp. 42 38N 8 48W
31 Villanueva de Castellón, Com. Val., Esp. 39 5N 0 31W
32 Villanueva de Córdoba, And., Esp. 38 20N 4 38W
26 Villanueva de Gállego, Arag., Esp. 41 45N 0 48W
26 Villanueva de Huerva, Arag., Esp. 41 48N 1 3W
30 Villanueva de la Fuente, Cast.-La M., Esp. 38 41N 2 43W
30 Villanueva de la Jara, Cast.-La M., Esp. 39 26N 1 58W
33 Villanueva de la Reina, And., Esp. 38 0N 3 55W
34 Villanueva de la Serena, Extr., Esp. 38 59N 5 50W
34 Villanueva de la Sierra, Extr., Esp. 40 12N 6 24W
34 Villanueva de la Vera, Extr., Esp. 40 8N 5 28N
32 Villanueva de las Cruces, And., Esp. 37 40N 7 2W
33 Villanueva de las Torres, And., Esp. 37 33N 3 6W
32 Villanueva de los Castillejos, And., Esp. 37 30N 7 15W
30 Villanueva de los Infantes, *véase* Infantes
32 Villanueva de San Juan, And., Esp. 37 5N 5 12W
28 Villanueva del Aceral, Cast.-León, Esp. 41 7N 4 50W
33 Villanueva del Arzovispo, And., Esp. 38 10N 3 0W
28 Villanueva del Campo, Cast.-León, Esp. 42 0N 5 24W
34 Villanueva del Fresno, Extr., Esp. 38 23N 7 10W
28 Villanueva del Puente, Cast.-León, Esp. 41 24N 5 25W
32 Villanueva del Río y Minas, And., Esp. 37 38N 5 44W
28 Villaquejida, Cast.-León, Esp. 42 10N 5 36W
28 Villaquilambre, Cast.-León, Esp. 42 41N 5 33W
24 Villar de Barrio, Gal., Esp. 42 10N 7 36W
30 Villar de Cañas, Cast.-La M., Esp. 39 46N 2 35W
28 Villar de Ciervos, Cast.-León, Esp. 41 57N 6 16W
30 Villar de Domingo García, Cast.-La M., Esp. 40 11N 2 28W
31 Villar del Arzobispo, Com. Val., Esp. 39 44N 0 50W
34 Villar del Rey, Extr., Esp. 39 7N 6 50W
29 Villar del Río, La Rioja, Esp. 42 7N 2 20W
29 Villar, *véase* El Villar
28 Villaralvo, Cast.-León, Esp. 41 29N 5 41W
28 Villarcayo, Cast.-León, Esp. 42 56N 3 34W
24 Villardevós, Gal., Esp. 41 54N 7 19W
30 Villarejo de Fuentes, Cast.-La M., Esp. 39 47N 2 42W
28 Villarejo de Órbigo, Cast.-León, Esp. 42 28N 5 55W
29 Villarejo de Salvanés, Madrid, Esp. 40 10N 3 45W
30 Villares del Saz, Cast.-La M., Esp. 39 50N 2 31W
28 Villarín de Campos, Cast.-León, Esp. 41 48N 5 40W
28 Villarino, Cast.-León, Esp. 41 16N 6 28W
28 Villarmayor, Cast.-León, Esp. 41 2N 5 58W
26 Villarquemado, Arag., Esp. 40 31N 1 16W
28 Villarramiel, Cast.-León, Esp. 39 55N 0 3W
31 Villarreal de los Infantes, Com. Val., Esp. 39 50N 0 1W
95 Villarrica, Paraguay 25 45S 56 30W
30 Villarrobledo, Cast.-La M., Esp. 39 18N 2 36W
30 Villarrubia de los Ojos, Cast.-La M., Esp. 39 14N 3 36W
45 Villars, Suiza 46 18N 7 6E
34 Villarta de los Montes, Extr., Esp. 39 12N 4 48W
30. Villarta de San Juan, Cast.-La M., Esp. 39 15N 3 25W
31 Villarta, Cast.-La M., Esp. 39 26N 1 39W
30 Villarrubia de Santiago, Cast.-La M., Esp. 39 59N 3 22W
28 Villasandino, Cast.-León, Esp. 42 22N 4 8W
30 Villaseca de Henares, Cast.-La M., Esp. 40 58N 2 47W
28 Villaseca de los Gamitos, Cast.-León, Esp. 41 23N 6 7W
28 Villaseco de los Reyes, Cast.-León, Esp. 41 10N 6 12W
30 Villasequilla de Yepes, Cast.-La M., Esp. 39 53N 3 44W
30 Villatobas, Cast.-La M., Esp. 39 54N 3 20W
28 Villatoro, Cast.-León, Esp. 40 31N 5 10W
25 Villava, Nav., Esp. 42 50N 1 45W
32 Villaverde del Río, And., Esp. 37 35N 5 52W
31 Villavieja, Com. Val., Esp. 39 51N 0 11W
32 Villaviciosa de Córdoba, And., Esp. 38 7N 5 0W
29 Villaviciosa, P. de Ast., Esp. 43 32N 5 27W
24 Villaviciosa, y Ría, P. de Ast., Esp. 43 30N 5 20W
28 Villavieja de Yeltes, Cast.-León, Esp. 40 53N 6 28W
24 Villayón, P. de Ast., Esp. 43 25N 6 45W
43 Ville de Paris, Dept., Francia 49 0N 2 15E
43 Villefranche, Aveyron, Francia 44 20N 2 0E
43 Villefranche, Saône, Francia 46 0N 4 40E
26 Villel, Arag., Esp. 40 14N 1 12W
31 Villena, Com. Val., Esp. 38 39N 0 52W
43 Villeneuve, Francia 44 22N 0 40E
28 Villerías, Cast.-León, Esp. 41 56N 4 50W
28 Villoria, Cast.-León, Esp. 40 59N 5 22W
29 Villoruebo, Cast.-León, Esp. 42 12N 3 26W
28 Villoruela, Cast.-León, Esp. 41 0N 5 24W
28 Villota del Páramo, Cast.-León, Esp. 42 36N 4 50W
34 Villuercas, Sa., y Cca., Extr., Esp. 39 40N 5 30W
50 Vilnius, U.R.S.S. 54 24N 15 15E
27 Vilovi, Cat., Esp. 41 23N 1 40E
44 Vilvoorde, Bélgica 50 56N 4 28E
59 Vilyui, R., U.R.S.S. 63 58N 125 0E
59 Vilyuisk, U.R.S.S. 63 20N 121 20E
24 Vimianzo, Gal., Esp. 43 8N 9 2W
31 Vinalopó, R., Com. Val., Esp. 38 15N 0 35W
31 Vinaroz, Com. Val., Esp. 40 30N 0 27W
87 Vincennes, U.S.A. 38 49N 87 30W
66 Vinh Loi, Vietnam 9 29N 105 50E
64 Vinh, Vietnam 18 55N 105 49E
36 Vinhais, Port. 41 50N 7 5W
36 Vinioso, Port. 41 35N 6 30W
41 Vinkovci, Yugoslavia 45 20N 18 45E
47 Vinnitsa, U.R.S.S. 49 10N 28 30E
29 Vinuesa, Cast.-León, Esp. 41 53N 2 45W
62 Viramgam, India 23 12N 72 3E
95 Vírgenes, C., Argentina 52 15S 68 10W
91 Vírgenes, Is., Antillas 18 20N 65 0W
87 Virginia, Estado, U.S.A. 37 15N 79 0W
44 Virton, Bélgica 49 35N 5 33E
62 Virudhungar, India 9 30N 77 55E
40 Vis, I., Yugoslavia 43 0N 16 10E
86 Visalia, U.S.A. 36 23N 119 16W
66 Visayan, Mar, Filipinas 11 30N 123 30E
49 Visby, Suecia 57 41N 18 20E
84 Viscount Melville, Ensenada, Canadá 75 0N 110 0W
44 Visé, Bélgica 50 44N 5 42E
41 Visegrad, Yugoslavia 43 47N 19 15E
36 Viseu, y Prov., Portugal 40 40N 7 53W
63 Vishakhapatnam, India 17 44N 83 16E
30 Viso del Marqués, Cast.-La M., Esp. 38 32N 3 34W
40 Viso, Mte., Italia 44 45N 7 10E
45 Visp, Suiza 46 19N 7 54E
45 Vispa, R., Suiza 46 9N 7 41E
47 Vístula, R., *véase* Wisla
50 Vitebsk, U.R.S.S. 55 15N 30 20E
40 Viterbo, Italia 42 26N 12 10E
80 Viti Levu, I., Océano Pacífico 18 0S 178 0E
28 Vitigudino, Cast.-León, Esp. 41 1N 6 25W
59 Vitim, y R., U.R.S.S. 59 45N 112 25E
94 Vitoria, Brasil 20 15S 40 15W
25 Vitoria, P. Vasco, Esp. 42 50N 2 41W
42 Vitré, Francia 48 10N 1 18W
42 Vitry-les-François, Francia 48 42N 4 30E
40 Vittoria, Italia 37 0N 14 30E
40 Vittorio Véneto, Italia 45 58N 12 19E
31 Viver, Com. Val., Esp. 39 55N 0 36W
24 Vivero, y Ría, Gal., Esp. 43 39N 7 38W
30 Viveros, Cast.-La M., Esp. 38 45N 2 34W
14 Vizcaya, G., P. Vasco, Esp. 43 30N 2 10W
09 Vizcaya, Golfo de, Océano Atlántico 46 20N 4 0W
25 Vizcaya, y Prov., P. Vasco, Esp. 43 10N 2 45W
63 Vizianagaram, India 18 8N 83 24E
44 Vlaardingen, Países Bajos 51 55N 4 21E
50 Vladimir, U.R.S.S. 56 2N 40 35E
47 Vladimir Volynski, U.R.S.S. 50 50N 24 18E
59 Vladivostok, U.R.S.S. 42 58N 131 50E
44 Vlieland, I., Países Bajos 53 15N 4 57E
44 Vlissingen, Países Bajos 51 27N 3 35E
41 Vlore (Vlone), Albania 40 30N 19 31E
46 Vltava, R., Checoslovaquia 49 20N 14 10E
55 Vogelkop, Pen., Indonesia 1 25S 133 0E
46 Vogels Berg, Mte., Alemania 50 37N 9 30E.
73 Vohemar, Madagascar 13 25S 50 0E
73 Vohibinang, Madagascar 18 49S 49 4E
73 Vohimarina, Madagascar 13 25S 50 0E

73 Vohipeno, Madagascar 22 21S 47 51E
72 Voi, Kenia 3 20S 38 55E
42 Voiron, Francia 45 21N 5 38E
48 Vojmsjön, L., Suecia 65 0N 16 30E
48 Volda, Noruega 62 12N 6 5E
44 Volendam, Países Bajos 52 30N 5 4E
50 Volga, R., U.R.S.S. 57 30N 42 0E
51 Volgograd (Stalingrad), U.R.S.S. 48 42N 44 28E
50 Volkhov, R., U.R.S.S. 59 30N 32 0E
44 Volklingen, Alemania 49 15N 6 51E
47 Volkovysk, U.R.S.S. 53 10N 24 30E
59 Volochanka, U.R.S.S. 70 55N 94 10E
59 Volochayevka, U.R.S.S. 48 27N 134 40E
50 Vologda, U.R.S.S. 59 10N 39 57E
41 Volos, y G., Grecia 39 26N 22 57E
50 Volsk, U.R.S.S. 52 5N 47 30E
70 Volta, R., África del Oeste 5 40N 0 23E
40 Volterra, Italia 43 23N 10 54E
40 Volturno, R., Italia 41 3N 14 0E
51 Volzhskiy, U.R.S.S. 48 53N 44 55E
44 Voorburg, Países Bajos 52 4N 4 18E
48 Vopnafjördur, Islandia 65 45N 14 50W
46 Vorarlberg, Prov., Austria 47 15N 10 0E
50 Vorkuta, U.R.S.S. 67 0N 64 10E
50 Voronezh, U.R.S.S. 51 37N 39 10E
51 Voroshilovgrad, U.R.S.S. 48 35N 39 29E
43 Vosges, Dept., Francia 48 5N 6 25E
42 Vosges, Mtes., Francia 48 20N 7 0E
42 Vosgos, *véase* Vosges
49 Voss, Noruega 60 38N 6 28E
96 Vostok, I., Antártida 72 0S 97 0E
50 Votkinsk, U.R.S.S. 57 5N 53 50E
36 Vouga, R., Port. 40 45N 8 10W
36 Vouzela, Port. 40 45N 8 8W
42 Vouziers, Francia 49 20N 4 44E
51 Voznesensk, U.R.S.S. 47 30N 32 0E
59 Voznesenskaya, U.R.S.S. 55 15N 95 50E
50 Voznesenye, U.R.S.S. 61 6N 35 20E
59 Vrangel, I., U.R.S.S. 71 30N 180 0E
41 Vranje, Yugoslavia 42 33N 21 55E
41 Vratsa, Bulgaria 43 13N 23 30E
40 Vrbas, R., Yugoslavia 45 0N 17 22E
73 Vrede, Sudáfrica 27 30S 29 15E
73 Vredenburg, Sudáfrica 32 55S 18 0E
45 Vrin, Suiza 46 40N 9 6E
41 Vrsac, Yugoslavia 45 10N 21 15E
73 Vryburg, Sudáfrica 26 48S 24 44E
73 Vryheid, Sudáfrica 27 50S 30 40E
44 Vught, Países Bajos 51 39N 5 17E
40 Vulcano, Italia 38 29N 15 0E
50 Vyastkiye Polyany, U.R.S.S. 56 15N 51 30E
50 Vyatka, R., U.R.S.S. 57 30N 49 30E
50 Vyazma, U.R.S.S. 55 15N 34 20E
50 Vyborg, U.R.S.S. 60 45N 28 40E
50 Vychegda, R., U.R.S.S. 61 30N 48 0E
50 Vyg, L., U.R.S.S. 63 30N 34 0E
50 Vyshniy Volochek, U.R.S.S. 57 30N 34 30E
50 Vytegra, U.R.S.S. 61 15N 36 40E

W

70 Wa, Ghana 10 5N 2 27W
44 Waal, R., Países Bajos 51 33N 5 40E
44 Waalwyjk, Países Bajos 51 42N 5 2E
88 Wabash, y R., U.S.A. 40 54N 85 48W
84 Wabiskaw, R., Canadá 57 40N 115 30W
47 Wabrzezno, Polonia 53 15N 19 0E
86 Waco, U.S.A. 31 50N 97 0W
71 Wad Banda, Sudán 13 3N 27 58E
71 Wad Medani, Sudán 14 23N 33 58E
44 Wadden, Zee, Países Bajos 53 15N 5 0E
84 Waddington, Mte., Canadá 51 20N 125 25W
45 Wadenswil, Suiza 47 13N 8 40E
61 Wadi es Sir, Jordania 31 57N 35 50E
71 Wadi Halfa, Sudán 21 52N 31 22E
44 Wageningen, Países Bajos 51 85N 5 40E
85 Wager, B., Canadá 65 45N 90 0W
79 Wagga, Australia 35 10S 147 23E
78 Wagin, Australia 33 19S 117 20E
70 Wagin, Nigeria 12 42N 7 10E
66 Wahai, Indonesia 2 50S 129 35E
80 Waiau, Nueva Zelanda 42 54S 173 0E
80 Waihi, Nueva Zelanda 37 19S 175 58E
80 Waikaremoana, L., N.Z. 38 45S 177 5E
80 Waikato, R., N.Z. 37 18S 174 43E
80 Waikokopu, N.Z. 39 0S 177 58E
80 Waikouaiti, N.Z. 45 38S 170 41E
80 Waimarino, Nueva Zelanda 39 7S 175 26E
80 Waimate, Nueva Zelanda 44 45S 171 7E
62 Wainganga, R., India 21 30N 80 0E
84 Wainwright, Canadá 52 57N 111 0W
80 Waiouru, Nueva Zelanda 39 28S 175 36E
80 Waipara, Nueva Zelanda 43 3S 172 46E
80 Waipawa, Nueva Zelanda 39 54S 176 36E
80 Waipiro, Nueva Zelanda 38 2S 178 25E
80 Waipukurau, N.Z. 40 0S 176 31E
80 Wairoa, N.Z. 39 0S 177 31E
80 Waitaki, R., N.Z. 44 52S 171 14E
80 Waitara, Nueva Zelanda 38 57S 174 12E
80 Waiuku, Nueva Zelanda 37 6S 174 38E
65 Wajima, Japón 37 28N 137 0E
72 Wajir, Kenia 1 57N 40 10E
65 Wakamatsu, Honshu, Japón 37 30N 139 58E
65 Wakamatsu, Kyushu, Japón 33 58N 130 50E
65 Wakasa, B., Japón 35 50N 135 30E
80 Wakatipu, L., N.Z. 45 0S 168 30E
65 Wakayama, y Pre., Japón 34 10N 135 12E
37 Wakefield, Ingl., R. Unido 53 41N 1 30W
80 Wakefield, N.Z. 41 25S 173 7E
65 Wakkanai, Japón 45 20N 141 49E
47 Walaquia (Valahia, Reg.), Rumania 44 42N 25 20E
46 Walbrzych, Polonia 50 45N 16 18E
44 Walcheren, I., Países Bajos 51 39N 3 35E
49 Walcz, Polonia 53 17N 16 27E
45 Wald, Suiza 47 19N 8 54E
45 Walen See, L., Suiza 47 7N 9 13E
45 Walenstadt, Suiza 47 8N 9 19E
79 Walgett, Australia 30 15S 147 32E
86 Walker, L., U.S.A. 38 45N 118 42W
86 Walla Walla, U.S.A. 46 6N 118 25W
86 Wallace, U.S.A. 47 35N 115 58W
88 Wallaceburg, Canadá 42 33N 82 26W
37 Walsall, Ingl., R. Unido 52 35N 1 59W
86 Walsenburg, U.S.A. 37 42N 104 47W
73 Walvis Bay, Mamibia 22 40S 14 30E
63 Wampo, Tíbet, China 31 25N 86 35E
62 Wana, Pakistán 32 25N 69 30E
79 Wandoan, Australia 25 58S 149 59E
80 Wanganui, Nueva Zelanda 39 53S 175 7E
79 Wangaratta, Australia 36 25S 146 23E
73 Wankie, Zimbabwe 18 23S 26 25E
91 Wanks, R., América Central 15 0N 83 5W
64 Wanxian, China 30 42N 108 20E
62 Warangal, India 17 57N 79 36E
80 Ward, Nueva Zelanda 41 58S 174 2E
62 Wardha, India 20 53N 78 36E
79 Warialda, Australia 29 32S 150 30E
80 Warkwoeth, N.Z. 36 28S 174 35E
73 Warmbad, Mamibia 28 23S 18 40E
73 Warmbad, Sudáfrica 24 50S 28 10E
49 Warnemunde, Alemania 54 10N 12 0E
79 Warrego, R., Australia 29 20S 145 50E
88 Warren, Ohio, U.S.A. 41 8N 80 57W
87 Warren, Pa., U.S.A. 41 54N 79 12W
70 Warri, Nigeria 5 35N 5 57E
78 Warrina, Australia 28 7S 136 0E
47 Warszawa (Varsovia), Polonia 52 16N 21 0E
47 Warta (Warthe), R., Polonia 51 20N 19 0E
79 Warwick, Australia 28 15S 152 10E
37 Warwick, Ingl., R. Unido 52 18N 1 35W
86 Wasatch, Sa., U.S.A. 39 30N 111 30W
88 Washington, D.C., U.S.A. 38 58N 77 0W
86 Washington, Estado, U.S.A. 47 45N 121 0W
87 Washington, N.C., U.S.A. 35 32N 76 54W
62 Washir, Afganistán 32 15N 63 50E
44 Wassenar, Países Bajos 52 8N 4 24E
88 Waswanipi, L., y R., Canadá 49 30N 76 25W
73 Waterberg, Sudáfrica 20 23S 17 9E
89 Waterbury, U.S.A. 41 32N 73 0W
37 Waterford, Irlanda 52 15N 7 7W
44 Waterloo, Bélgica 50 43N 4 24E
70 Waterloo, Sierra Leona 8 26N 13 8W
87 Waterloo, U.S.A. 42 30N 92 16W
89 Watertown, N.Y., U.S.A. 43 57N 75 50W
87 Watertown, S.D., U.S.A. 44 58N 97 4W
89 Waterville, U.S.A. 44 30N 69 0W
89 Watervliet, U.S.A. 42 40N 73 40W
37 Watford, Ingl., R. Unido 51 39N 0 23W
91 Watling's, I., Bahamas 24 0N 74 35W
84 Watrous, Canadá 51 40N 105 30W
72 Watsa, Zaire 3 0N 29 30E
44 Watteren, Bélgica 51 0N 3 53E
45 Wattwil, Suiza 47 20N 9 6E
71 Wau, y R., Sudán 7 50N 28 2E
87 Waukegan, U.S.A. 42 23N 87 51W
88 Wausau, U.S.A. 45 0N 78 35W
78 Wave Hill, Australia 17 32S 130 58E
80 Waverley, N.Z. 39 46S 174 35E
44 Wavre, Bélgica 50 43N 4 37E
87 Waxahachie, U.S.A. 32 23N 96 52W
44 Waxweiler, Alemania 50 6N 6 22E
87 Waycross, U.S.A. 31 10N 82 25W
62 Wazi Khwa, Afganistán 32 5N 68 15E
62 Wazirabad, Pakistán 32 30N 74 5E
86 Watherford, U.S.A. 32 45N 97 47W
87 Webster City, U.S.A. 42 30N 93 48W
66 Weda, Indonesia 1 15N 127 50E
96 Weddell, Mar de, Antártida 68 0S 40 0W
44 Weert, Países Bajos 51 16N 5 44E
45 Weesen, Suiza 47 7N 9 40E
65 Weifang, China 36 45N 119 0E
65 Weihai, China 37 30N 122 0E
46 Weimar, Alemania 50 59M 11 15E
86 Weiser, U.S.A. 44 15N 117 3W
63 Weisi, China 27 10N 88 15E
60 Wejh, Arabia Saudí 26 15N 36 30E
47 Wejherowo, Polonia 54 36N 18 15E
88 Welch, W. Va., U.S.A. 37 29N 81 36W
73 Welkom, Sudáfrica 28 0S 26 45E
88 Welland, y Can., Canadá 43 0N 79 6W
79 Wellesley, Is., Australia 16 45S 139 30E
44 Welling, Bélgica 50 5N 5 6E
37 Wellingborough, Ingl., R. Unido 52 19N 0 42W
79 Wellington, Australia 32 30S 148 58E
95 Wellington, I., Chile 49 30S 75 0W
87 Wellington, U.S.A. 37 14N 97 26W
80 Wellington, y Dist., N.Z. 41 15S 176 46E
37 Wells, Ingl., R. Unido 51 13N 2 38W
78 Wells, L., Australia 27 0S 123 35E
88 Wellsville, N.Y., U.S.A. 42 9N 77 53W
46 Wels, Austria 48 10N 14 0E
37 Welshpool, Gales, R. Unido 52 39N 3 9W
86 Wenatchee, U.S.A. 47 25N 120 25W
45 Wengwn, Suiza 46 28N 7 56E
79 Wenlock, R., Australia 12 15S 142 0E
64 Wenshan, China 23 40N 104 36E
37 Wensun, R., Ingl., R. Unido 52 47N 0 55E
79 Wentworth, Australia 34 10S 141 50E
65 Wenzhou, China 28 0N 120 38E
73 Wepener, Sudáfrica 29 46S 27 1E
73 Werda, Botswana 25 24N 23 15E
46 Werra, R., Alemania 51 10N 10 0E
44 Wesel, Alemania 51 41N 6 39E
46 Weser, R., Alemania 52 30N 9 0E
87 West Frankfort, U.S.A. 37 49N 88 46W
73 West Nicholson, Zimbabwe 21 1S 29 20E
87 West Palm Beach, U.S.A. 26 40N 80 12W
89 West Point, C., Canadá 49 50N 64 40W
88 West Virginia, Estado, U.S.A. 39 0N 81 0W
46 Wester Wald, Mtes., Alemania 50 40N 8 0E
78 Western Australia, Estado, Australia 25 0S 121 30E
44 Westfriesche Eil Anden, Países Bajos 53 30N 5 15E
80 Westland Dist., N.Z. 43 0S 170 0E
37 Weston-Super-Mare, Ingl., R. Unido 51 21N 2 58W
37 Westport, Irlanda 53 48N 9 32W
80 Westport, Nueva Zelanda 41 50S 171 52E
37 Westray, I., Escocia, R. Unido 59 17N 2 58W
66 Wetar, I., Indonesia 7 50S 126 20E
84 Wetaskiwin, Canadá 52 58N 113 20W
45 Wetzikon, Suiza 47 19N 8 48E
37 Wexford, Irlanda 52 19N 6 28W
84 Weyburn, Canadá 49 40N 104 56W
85 Weymont, Canadá 47 50N 73 50W
37 Weymouth, Ingl., R. Unido 50 36N 2 28W
80 Whakatane, Nueva Zelanda 37 59S 177 0E
85 Whale, R., Canadá 55 25N 76 0W
96 Whales, B. de, Antártida 78 30S 165 0W
80 Whangamomona, N.Z. 39 8S 174 44E
80 Whangarei, N.Z. 35 41S 174 20E
86 Wheeler, Pico, U.S.A. 39 20N 114 30W
88 Wheeling, U.S.A. 40 0N 80 38W
37 Whirby, Ingl., R. Unido 54 29N 0 38W
80 White, I., Nueva Zelanda 37 29S 177 14E
86 White, Mtes., U.S.A. 37 15N 118 15W
80 Whitecliffs, N.Z. 43 26S 171 55E
87 Whitefish, B., U.S.A. 47 0N 85 0W
84 Whitehorse, Canadá 60 40N 135 5W
80 Whitianga, N.Z. 36 50S 175 40E
86 Whitney, Mte., U.S.A. 36 45N 118 30W
79 Whitsunday, I., Australia 20 15S 149 4E
84 Whittier, Alaska 60 5N 140 50W
84 Wholdaia, L., Canadá 60 40N 104 20W
79 Whyalla, Australia 33 0S 137 28E
86 Wichita Falls, U.S.A. 33 58N 98 36W
87 Wichita, U.S.A. 37 48N 97 12W
37 Wick, Escocia, R. Unido 58 27N 3 8W
47 Wieliczka, Polonia 49 59N 20 5E
47 Wielun, Polonia 51 12N 18 45E
46 Wien (Viena), Austria 48 12M 16 20E
46 Wiener Neustadt, Austria 47 48N 16 13E
46 Wiesbaden, Alemania 50 5N 8 14E
37 Wight, I., Ingl., R. Unido 50 40N 1 20W
37 Wigtown, Escocia, R. Unido 54 52N 4 27W
47 Wihelmshaven, Alemania 43 34N 8 8E
45 Wil, Suiza 47 28N 9 3E
79 Wilcannia, Australia 31 36S 143 20E
45 Wildhorn, Mte., Suiza 46 22N 7 21E
89 Wilkes Barre, U.S.A. 41 18N 75 48W
96 Wilkes Basin, Antártida 77 0S 138 0E
96 Wilkes, Antártida 66 0S 111 0E
84 Wilkie, Canadá 52 20N 108 40W
44 Willebroek, Bélgica 51 5N 4 20E
91 Willemstadt, Antillas Neerlandesas 12 0N 69 0W
84 Williams, L., Canadá 52 20N 122 10W
88 Williamson, U.S.A. 37 38N 82 10W
88 Williamsport, U.S.A. 41 19N 77 7W
45 Willisau, Suiza 47 7N 8 0E
86 Williston, U.S.A. 48 2N 104 3W
73 Willowmore, Sudáfrica 33 10S 23 73E
89 Wilmington, Del., U.S.A. 39 47N 75 35W
87 Wilmington, N.C., U.S.A. 34 12N 77 50W
87 Wilson, U.S.A. 35 44N 77 55W
37 Wilton, Ingl., R. Unido 51 5N 1 51W
44 Wiltz, Luxemburgo 49 58N 5 57E
78 Wiluna, Australia 26 30S 120 4E
88 Winchester, Ind., U.S.A. 40 10N 84 56W
37 Winchester, Ingl., R. Unido 51 4N 1 19W
88 Winchester, U.S.A. 39 18N 78 10W
86 Wind River, Sa., U.S.A. 43 45N 109 40W
37 Windermere, Ingl., R. Unido 54 20N 2 57W
73 Windhoek, Mamibia 22 37S 17 8E
37 Windsor, Ingl., R. Unido 51 28N 0 36W
89 Windsor, Nova Scotia, Canadá 45 0N 64 8W
89 Windsor, Ontario, Canadá 42 17N 83 0W
87 Winfield, U.S.A. 37 20N 97 15W
85 Winisk, R., Canadá 54 40N 87 0W
70 Winneba, Ghana 5 25N 0 36W
88 Winnebago, L., Wis., U.S.A. 44 0N 88 20W
86 Winnemucca, U.S.A. 40 59N 117 45W
84 Winnipeg, Canadá 49 55N 97 15W
84 Winnipeg, L., Canadá 52 0N 98 0W
84 Winnipegosis, L., Canadá 52 30N 99 50W
88 Winona, U.S.A. 44 0N 91 44W
44 Winschoten, Países Bajos 53 10N 7 3E
86 Winslow, U.S.A. 35 5N 100 45W
87 Winston Salem, U.S.A. 35 8N 80 24W
44 Winterswyk, Países Bajos 51 58N 6 44E
45 Winterthur, Suiza 47 30N 8 42E
79 Winton, Australia 22 23S 143 2E
80 Winton, Nueva Zelanda 46 10S 168 21E
87 Wisconsin Rapids, U.S.A. 44 26N 89 43W
88 Wisconsin, Estado, U.S.A. 45 0N 90 0W
47 Wisla (Vístula), Polonia 53 0N 18 55E
49 Wismar, Alemania 53 54N 11 23E
44 Wissembourg, Francia 49 0N 7 58E
73 Witbank, Sudáfrica 25 52S 29 8E
46 Wittenberge, Alemania 53 0N 11 41E
46 Wittenburg, Alemania 51 52N 12 45E
78 Wittenoom, Australia 22 15S 118 20E
44 Wittlich, Alemania 49 59N 6 52E
47 Wlocklawek, Polonia 52 36N 19 5E
47 Wlodawa, Polonia 51 30N 23 30E
45 Wolhusen, Suiza 47 4N 8 5E
46 Wolin, I., Polonia 53 40N 14 37E
84 Wollaston, L., Canadá 58 20N 103 20W
84 Wollaston, Pen., Canadá 69 30N 113 0W
79 Wollongong, Australia 34 25S 151 0E
44 Wolvega, Países Bajos 52 53N 6 0E
37 Wolverhampton, Ingl., R. Unido 52 36N 2 8W
79 Wondai, Australia 26 12S 151 48E
65 Wonsan, Corea 39 20N 127 25E
79 Wonthaggi, Australia 38 28S 145 38E
78 Woodroffe, Mte., Australia 26 16S 131 30E
78 Woods, L., Australia 18 0S 133 0E
84 Woods, L., de Canadá-U.S.A. 49 30N 94 30W
88 Woodstock, Ont., Canadá 43 7N 80 46W
89 Woodstock, N.B., Canadá 46 12N 67 45W
80 Woodville, Nueva Zelanda 40 19S 175 59E
79 Woomera, Australia 31 5S 136 50E
89 Woonsocket, U.S.A. 42 1N 71 30W
37 Worcester, Ingl., R. Unido 52 11N 2 13W
78 Worcester, Sudáfrica 33 40S 19 28E
87 Worcester, U.S.A. 42 18N 71 45W
44 Workum, Países Bajos 52 59N 5 27E
44 Wormerveer, Países Bajos 52 30N 4 45E
46 Worms, Alemania 49 40N 8 20E
37 Worthing, Ingl., R. Unido 50 48N 0 22W
72 Wota, Etiopía 7 4N 35 51E
71 Wour, Chad 21 20N 15 48E
84 Wrangell, Alaska 56 30N 132 52W
84 Wrangell, Mte., Alaska 61 40N 143 30W
37 Wrexham, Gales, R. Unido 53 4N 3 0W
66 Wright, Filipinas 11 45N 125 0E
84 Wrigley, Canadá 63 0N 123 0W
46 Wroclaw (Breslau), Polonia 51 6N 17 0E
46 Wtzlar, Alemania 50 34N 8 27E
64 Wudu, China 33 2N 104 30E
64 Wuhai, China 39 50N 106 29E
64 Wu-hu, China 31 12N 118 20E
62 Wun, India 20 0N 79 0E
63 Wuntho, Birmania 24 0N 95 30E
46 Wuppertal, Alemania 51 15N 7 15E
64 Wuzhong, China 38 2N 106 12E
46 Wurzburg, Alemania 49 45N 9 59E
64 Wutongiao, China 29 22N 103 50E
65 Wuxi, China 31 33N 120 8E
65 Wuxing, China 30 51N 120 8E

79 Wyandra, Australia 27 15S 145 58E
78 Wyndham, Australia 15 18S 127 58E
80 Wyndham, Nueva Zelanda 46 20S 168 51E
86 Wyoming, Estado, U.S.A. 43 30N 107 30W
79 Wyong, Australia 33 55 151 25E

X

73 Xai-Xai, Mozambique 25 24S 33 31E
64 Xainza, China 30 58N 88 35E
73 Xangongo, Angola 16 38S 15 0E
41 Xanthi, Grecia 41 5N 24 55E
64 Xiaguan, China 25 32N 100 16E
64 Xiamen, China 24 25N 128 4E
64 Xi'an, China 34 15N 109 0E
64 Xiangfan, China 32 2N 112 8E
64 Xiangyang, China 34 20N 108 40E
64 Xichang, China 27 51N 102 19E
64 Xigaze, China 29 5N 88 45E
73 Xinanavé, Mozambique 25 2S 32 47E
64 Xing'an, China 25 38N 110 40E
94 Xingú, R., Brasil 6 0S 53 0W
64 Xingyl, China 25 40N 105 45E
64 Xining, China 36 34N 102 40E
64 Xinxiang, China 27 43N 112 28E
64 Xuanhua, China 40 40N 115 2E

Y

61 Ya'Bad, Israel 32 27N 35 10E
72 Yaballo, Etiopía 4 57N 38 8E
61 Yabis, Wadi, Jordania 32 25N 35 40E
59 Yablonovy, Sa., U.R.S.S. 52 0N 114 0E
64 Yacheng, China 18 22N 109 6E
62 Yadgir, India 16 50N 77 0E
71 Yagoua, Camerún 10 20N 15 13E
35 Yaiza, Canar., Esp. 28 55N 13 48W
63 Yakiang, China 30 2N 101 10E
86 Yakima, U.S.A. 46 40N 120 35W
70 Yako, Alto Volta 12 58N 2 11W
71 Yakoma, Zaire 4 0N 22 17E
84 Yakutat, Alaska 59 38N 139 40W
59 Yakutia, R.A.S.S., U.R.S.S. 66 0N 130 0E
59 Yakutsk, U.R.S.S. 62 0N 129 0E
51 Yalta, U.R.S.S. 44 28N 34 10E
65 Yalu, R., Corea 40 40N 126 20E
65 Yamagata, y Pref., Japón 38 10N 140 6E
65 Yamaguchi, y Pref., Japón 34 8N 131 30E
56 Yamal, Pen., U.R.S.S. 70 0N 70 0E
50 Yaman Tau, Mte., U.R.S.S. 54 0N 59 0E
65 Yamanashi, Pref., Japón 35 30N 138 30E
77 Yamba, Australia 29 25S 152 15E
71 Yambio, Sudán 4 38N 28 24E
41 Yambol, Bulgaria 42 30N 26 33E
62 Yamdrok Tso, L., China 29 0N 90 30E
63 Yamethin, Birmania 20 29N 96 18E
79 Yamma Yamma, L., Australia 26 20S 141 25E
62 Yamuna, R. (Jumna), India 27 10N 79 0E
59 Yana, R., U.R.S.S. 69 0N 135 0E
64 Yan'an, China 36 35N 109 26E
50 Yanaul, U.R.S.S. 56 25N 55 0E
65 Yancheng, China 33 23N 120 8E
63 Yandoon, Birmania 17 0N 95 40E
64 Yanjiang, China 21 50N 110 59E
65 Yanji, China 42 59N 129 30E
64 Yanji, China 42 5N 86 35E
87 Yankton, U.S.A. 42 58N 97 26W
64 Yanqi, China 42 5N 86 35E
64 Yanquan, China 37 58N 112 40E
65 Yantai, China 37 34N 121 22E
72 Yao, Chad 12 58N 17 32E
70 Yaounde, Camerún 4 0N 11 20E
90 Yaqui, R., México 27 30N 110 0W
79 Yaraka, Australia 24 53S 144 3E
50 Yaransk, U.R.S.S. 57 13N 47 56E
50 Yarensk, U.R.S.S. 61 10N 49 8E
60 Yarim, Yemen 14 14N 43 23E
55 Yarkand, China 38 15N 77 0E
62 Yarkhun, R., Pakistán 36 30N 72 30E
89 Yarmouth, Canadá 43 50N 66 20W
50 Yaroslavl, U.R.S.S. 57 40N 40 0E
59 Yartsevo, U.R.S.S. 60 20N 90 0E
79 Yass, Australia 34 50S 148 58E
84 Yathkyed, L., Canadá 62 45N 98 0W
61 Yatta, Jordania 31 28N 35 5E
65 Yawata, Japón 33 54N 130 56E
62 Yazdan, Irán 33 30N 60 45E
87 Yazoo City, U.S.A. 32 51N 90 26W
87 Yazoo, R., U.S.A. 32 48N 90 45W
63 Ye-Byu, Birmania 14 10N 98 15E
30 Yébenes, *véase* Los Yébenes
35 Yecla, Mur., Esp. 38 35N 1 5W
47 Yedintsy, U.R.S.S. 48 5N 27 20E
70 Yeji, Ghana 8 11N 0 41W
50 Yelets, U.R.S.S. 52 42N 38 33E
70 Yelimane, Mali 15 4N 10 30W
55 Yelizabety, C., U.R.S.S. 54 0N 134 0E
37 Yell, I., Escocia, R. Unido 60 35N 1 5W
84 Yellowhead, P., Canadá 52 40N 117 45W
84 Yellowknife, R., Canadá ñá .4gnxxr 2W
86 Yellowstone National Park, U.S.A. 44 15N 110 0W
86 Yellowstone, R., U.S.A. 46 20N 107 0W
60 Yemen del Sur, Asia 15 0N 47 0E
60 Yemen, Arabia 16 0N 44 30E
64 Yenan, China 37 5N 108 55E
60 Yenbo, Arabia Saudí 24 0N 38 20E
58 Yenisey, G., y R., U.R.S.S. 72 20N 80 0E
59 Yeniseysk, U.R.S.S. 58 25N 91 30E
62 Yeola, India 20 0N 74 25E
62 Yeotmal, India 20 26N 78 4E
37 Yeovil, Ingl., R. Unido 50 57N 2 38W
30 Yepes, Cast.-La M., Esp. 39 55N 3 39W
79 Yeppoon, Australia 23 0S 150 45E
58 Yerbent, U.R.S.S. 39 30N 58 50E
51 Yerevan, U.R.S.S. 40 10N 44 20E
59 Yermakovo, U.R.S.S. 52 35N 126 20E
59 Yerofei Paulovich, U.R.S.S. 54 0N 122 0E
94 Yerupaja, Mte., Perú 10 20S 77 0W
26 Yesa, Emb., Arag., Esp. 42 45N 1 5W
59 Yessei, U.R.S.S. 68 25N 102 10E
30 Yeste, Cast.-La M., Esp. 38 22N 2 19W
42 Yeu, I. d', Francia 46 43N 2 20W
51 Yevpatoriya, U.R.S.S. 45 15N 33 20E
65 Yexian, China 37 8N 119 57E
51 Yeysk, U.R.S.S. 46 38N 38 10E
60 Yezd, Irán 31 55N 54 22E
41 Yiannitsa, Grecia 40 45N 22 22E
64 Yibin, China 28 45N 104 32E
64 Yining, China 43 58N 81 10E
64 Yichang, China 30 40N 111 20E
63 Yinmabin, Birmania 22 10N 94 55E
72 Yirol, Sudán 6 30N 30 30E
64 Yishan, China 24 28N 108 38E
41 Yithion, Grecia 36 40N 22 40E
48 Ylitornio, Finlandia 66 25N 23 45E
48 Ylivieska, Finlandia 64 2N 24 30E
70 Yobe, R., Nigeria 13 0N 12 0E
66 Yogyakarta, Indonesia 7 50S 119 24E
72 Yokadouma, Camerún 3 35N 14 50E
71 Yoko, Camerún 5 35N 12 28E
65 Yokohama, Japón 35 25N 139 35E
65 Yokosuka, Japón 35 18N 139 36E
65 Yokote, Japón 39 20N 140 30E
71 Yola, Nigeria 9 10N 12 37E
65 Yonago, Japón 35 30N 133 20E
65 Yonezawa, Japón 37 57N 140 4E
87 Yonkers, U.S.A. 41 0N 73 57W
43 Yonne, Dept., Francia 47 50N 3 45E
42 Yonne, R., Francia 48 0N 3 20E
85 York Factory, Canadá 56 4N 92 35W
78 York, Sd., Australia 14 57S 125 5E
78 York, Australia 31 50S 116 48E
79 York, C., Australia 10 50S 142 30E
37 York, Ingl., R. Unido 53 58N 1 5W
84 Yorkton, Canadá 51 17N 102 35W
86 Yosemite National Park, U.S.A. 37 30N 119 30W
50 Yoshkar Ola, U.R.S.S. 56 40N 47 50E
37 Youghal, Irlanda 51 57N 7 51W
79 Young, Australia 34 18S 148 18E
87 Youngstown, U.S.A. 41 2N 80 43W
51 Yozgat, Turquía 39 53N 34 48E
44 Ypres, Bélgica 50 50N 2 52E
88 Ypsilanti, Mich., U.S.A. 42 18N 83 45W
48 Ystad, Suecia 55 25N 13 48E
64 Yuanping, China 36 25N 112 25E
90 Yucatán, Dist., México 19 30N 89 30W
90 Yucatán, Est., México 22 0N 86 20W
64 Yuci, China 37 42N 112 46E
58 Yudino, U.R.S.S. 55 10N 67 55E
64 Yueyang, China 29 21N 113 5E
50 Yugoslavia, Europa 44 30N 18 0E
82 Yukon, R., Alaska 65 0N 154 0W
84 Yukon, Terr., Canadá 61 45N 133 30W
86 Yuma, U.S.A. 32 40N 114 35W
64 Yumen, China 39 50N 97 30E
30 Yuncos, Cast.-La M., Esp. 40 6N 3 52W
30 Yunquera de Henares, Cast.-La M., Esp. 40 47N 3 12W
25 Yurre, P. Vasco, Esp. 43 10N 2 47W
65 Yushan, Mte., Taiwan 23 30N 121 5E
64 Yuxi, China 24 20N 102 60E
65 Yuzhno Sakhalins, U.R.S.S. 46 50N 143 30E
43 Yvelines, Dept., Francia 49 0N 1 50E
45 Yverdon, Suiza 46 47N 6 39E

Z

44 Zaandam, Países Bajos 52 27N 4 48E
61 Zabdani, Siria 33 44N 36 7E
60 Zabid, Yemen 14 8N 43 15E
52 Zacapa, Guatemala 15 0N 89 35W
90 Zacatecas, México 22 52N 102 15W
90 Zacoalco, México 20 5N 103 33W
40 Zadar, Yugoslavia 44 9N 15 15E
25 Zadorra, R., P. Vasco, Esp. 42 45N 2 50W
34 Zafra, Extr., Esp. 38 26N 6 25W
60 Zagazig, Egipto 30 33N 31 12E
40 Zagreb, Yugoslavia 45 47N 15 38E
51 Zagros, Mte., Irán 33 45N 47 0E
62 Zahidan, Irán 29 35N 60 50E
34 Zahinos, Extr., Esp. 38 20N 6 57W
61 Zahleh, Líbano 33 50N 35 53E
26 Zaidín, Arag., Esp. 41 40N 0 16E
72 Zaire, R., África 2 0N 22 0E
72 Zaire, Rep. de, África 3 0S 23 0E
58 Zaisan, L., U.R.S.S. 48 10N 83 33E
41 Zakinthos, e I., Grecia 37 48N 20 57E
34 Zalamea de la Serena, Extr., Esp. 38 40N 5 38W
32 Zalamea la Real, And., Esp. 37 41N 6 38W
47 Zaleshchiki, U.R.S.S. 48 48N 23 45E
25 Zalla, P. Vasco, Esp. 43 13N 3 8W
73 Zambeze, R., África 18 50S 36 20E
73 Zambezi, Zambia 13 38S 23 7E
76 Zambia, África 15 0S 28 0E
66 Zamboanga, Filipinas 6 55N 122 0E
90 Zamora, México 20 0N 102 10W
28 Zamora, y Prov., Cast.-León, Esp. 41 30N 5 45W
47 Zamosc, Polonia 50 43N 23 18E
14 Záncara, R., Cast.-La M., Esp. 39 10N 3 40W
44 Zandvoort, Países Bajos 52 21N 4 33E
88 Zanesville, Ohio, U.S.A. 39 56N 82 0W
72 Zanzibar, I., África Oriental 6 0S 39 17E
30 Zaorejas, Cast.-La M., Esp. 40 45N 2 12W
70 Zaouiet el-Kahla, Argelia 27 10N 6 40E
95 Zapala, Argentina 39 0S 70 0W
28 Zapardiel, R., Cast.-León, Esp. 41 12N 4 50W
34 Zapatón, R., Extr., Esp. 39 10N 6 50W
51 Zaporozhye, U.R.S.S. 47 45N 35 10E
26 Zaragoza, y Prov., Arag., Esp. 41 39N 0 53W
28 Zaratán, Cast.-León, Esp. 41 41N 4 49W
95 Zárate, Argentina 34 0S 59 0W
25 Zarauz, P. Vasco, Esp. 43 18N 2 12W
70 Zaria, Nigeria 11 0N 7 25E
46 Zary, Polonia 51 37N 15 10E
34 Zarza de Alange, Extr., Esp. 38 49N 6 13W
34 Zarza de Granadilla, Extr., Esp. 40 14N 6 3W
34 Zarza la Mayor, Extr., Esp. 39 50N 6 50W
33 Zarza, Sa., And., Esp. 37 50N 2 5W
71 Zarzis, Libia 33 30N 11 0E
24 Zas, Gal., Esp. 43 4N 8 53W
59 Zashiversk, U.R.S.S. 67 25N 142 40E
62 Zaskar, Mtes., Kachemira, India 33 0N 77 20E
59 Zavitinsk, U.R.S.S. 50 10N 129 20E
47 Zawiercie, Polonia 50 20N 19 30E
64 Zayu, China 28 10N 26 40E
47 Zdunska Wola, Polonia 51 38N 19 0E
44 Zeebrugge, Bélgica 51 19N 3 12E
49 Zeeland, Prov., Países Bajos 51 30N 3 50E
73 Zeerust, Sudáfrica 24 33S 26 1E
60 Zeila, República Somalí 11 0N 43 30E
44 Zeist, Países Bajos 52 5N 5 15E
47 Zelenogradsk, U.R.S.S. 54 53N 20 21E
46 Zelzate, Bélgica 51 12N 3 49E
71 Zemio, África Central 5 3N 25 11E
96 Zemlya Frantsa Josifa (Tierra de Fco. José), U.R.S.S. 81 0N 60 0E
41 Zemun, Yugoslavia 44 51N 20 25E
51 Zenjan, Irán 36 39N 48 30E
46 Zerbst, Alemania 51 59N 12 8E
45 Zermatt, Suiza 46 1N 7 44E
45 Zernez, Suiza 46 43N 10 0E
59 Zeya, y R., U.R.S.S. 54 10N 127 20E
51 Zeytin, Turquía 37 53N 36 53E
36 Zêzere, R., Portugal 40 10N 7 40W
47 Zhabinka, U.R.S.S. 52 17N 24 3E
64 Zhangzhou, China 24 30N 117 35E
64 Zhanjiang, China 21 15N 110 20E
64 Zhangjiakou, China 40 48N 114 55E
64 Zhangye, China 38 50N 100 23E
64 Zhanyi, China 25 38N 103 20E
51 Zhdanov, U.R.S.S. 47 2N 37 36E
64 Zhaoqing, China 23 0N 112 20E
50 Zheleznodorozhny, U.R.S.S. 62 30N 51 0E
64 Zhengzhou, China 34 45N 113 34E
50 Zhitomir, U.R.S.S. 50 20N 28 42E
50 Zhlobin, U.R.S.S. 53 0N 30 0E
47 Zhmerinka, U.R.S.S. 49 1N 28 2E
64 Zhongdian, China 27 48N 99 42E
64 Zhongwei, China 37 30N 105 12E
64 Zhongxiang, China 31 12N 112 54E
59 Zhupanovo, U.R.S.S. 53 50N 199 35E
46 Zielona Gora, Polonia 51 57N 15 31E
44 Zierikzee, Países Bajos 51 40N 3 55E
64 Zigong, China 29 15N 104 48E
71 Ziguei, Chad 14 45N 15 48E
70 Ziguinchor, Senegal 12 25N 16 20W
61 Zikhron Yaagov, Israel 32 35N 34 57E
60 Zilfi, Arabia Saudí 26 30N 45 22E
47 Zilina, Checoslovaquia 49 15N 18 30E
71 Zillah, Libia 28 29N 17 50E
59 Zima, U.R.S.S. 54 0N 102 5E
70 Zinder, Níger 13 45N 9 3E
60 Zira, Irán 28 12N 51 29E
41 Zlatograd, Bulgaria 41 20N 25 0E
50 Zlatoust, U.R.S.S. 55 5N 59 25E
46 Znojmo, Checoslovaquia 48 50N 16 2E
45 Zofingen, Suiza 47 18N 7 57E
73 Zomba, Malawi 15 23S 35 19E
71 Zongo, Zaire 4 10N 18 50E
51 Zonguldak, Turquía 41 30N 32 0E
34 Zorita, Extr., Esp. 39 17N 5 39W
70 Zouar, Chad 20 28N 16 32E
70 Zouerabe, Mauritania 22 35N 12 30W
51 Zrenjanin, Yugoslavia 45 23N 20 26E
33 Zubia, And., Esp. 37 7N 3 35W
25 Zubieta, Nav., Esp. 43 10N 1 45W
31 Zucaina, Com. Val., Esp. 40 8N 0 24W
26 Zuera, Arag., Esp. 41 51N 0 44W
32 Zufre, And., Esp. 37 50N 6 20W
45 Zug, y Cn., Suiza 47 11N 8 31E
45 Zugersee, L., Suiza 47 10N 8 30E
44 Zuid Holland, Países Bajos 51 50N 4 30E
33 Zújar, And., Esp. 37 32N 2 47W
34 Zújar, Emb., Extr., Esp. 38 50N 5 16W
14 Zújar, R., Extr., Esp. 39 0N 5 50W
25 Zumárraga, P. Vasco, Esp. 43 5N 2 18W
25 Zumaya, P. Vasco, Esp. 43 19N 2 15W
73 Zumbo, Mozambique 15 30S 30 34E
70 Zungeru, Nigeria 9 57N 6 45E
64 Zunyi, China 27 42N 106 53E
45 Zurichsee (L. de Zurich), Suiza 47 15N 8 38E
45 Zurich, y Cantón, Suiza 47 23N 8 33E
40 Zurrieq, Malta 35 52N 14 26E
44 Zutphen, Países Bajos 52 18N 6 12E
71 Zuwarah, Libia 32 50N 12 5E
25 Zulla, P. Vasco, Esp. 42 57N 2 49W
58 Zverinogolovskoye, U.R.S.S. 54 30N 62 30E
58 Zverovo, U.R.S.S. 71 40N 83 20E
73 Zvishavane, Zimbabwe 20 17S 30 2E
47 Zvolen, Checoslovaquia 48 33N 19 10E
44 Zweibrucken, Alemania 49 14N 7 22E
45 Zweisimmen, Suiza 46 32N 7 24E
46 Zwettl, Austria 48 40N 15 10E
46 Zwickau, Alemania 50 42N 12 25E
44 Zwolle, Países Bajos 52 22N 6 7E
47 Zyrardow, Polonia 52 0N 20 30E
58 Zyryanovsk, U.R.S.S. 49 20N 85 12E

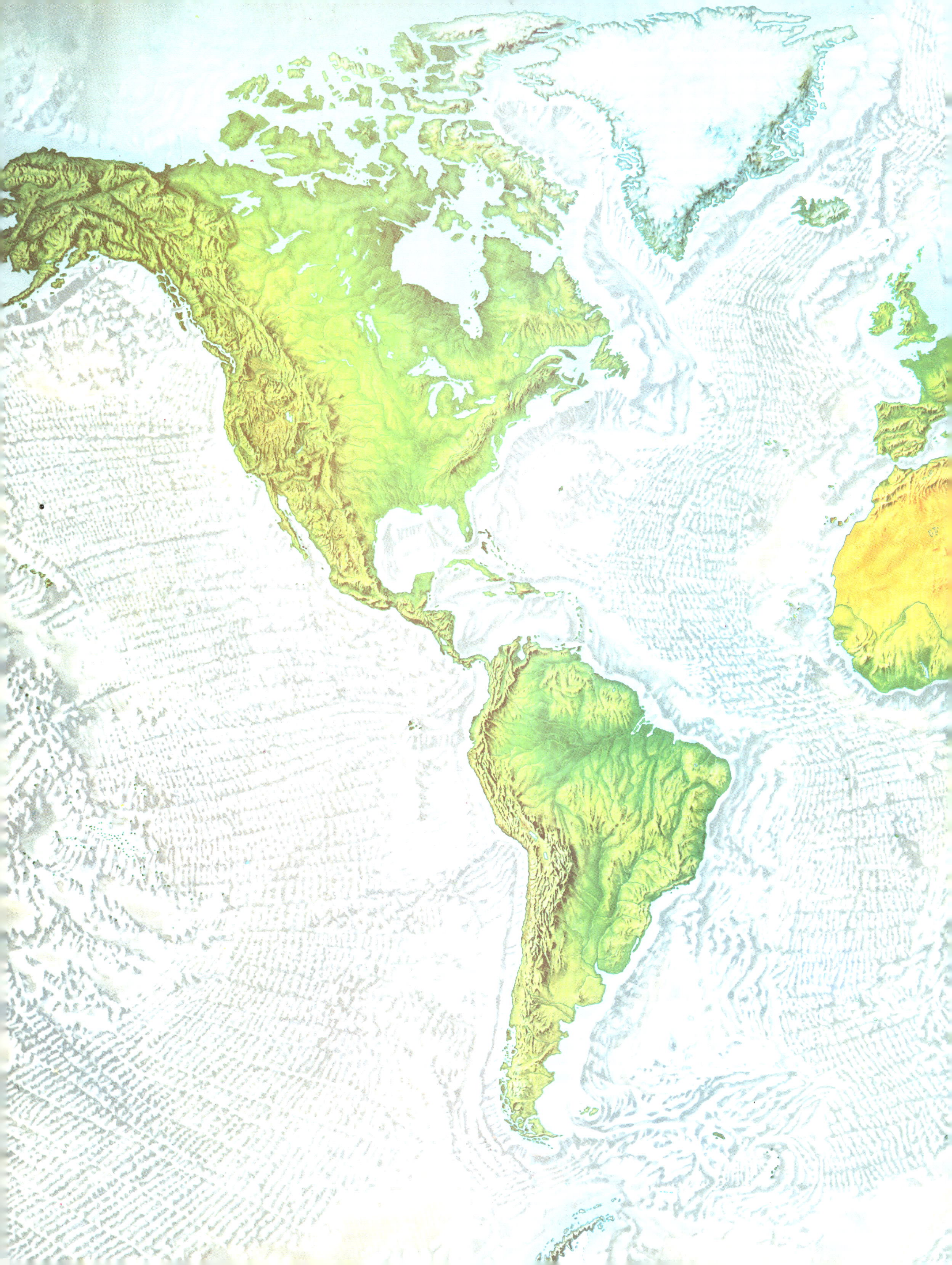